개정판

수리통계학

Mathematical Statistics

김 우 철 지음

민 영 사

머리말

오랜 망설임 후에 수리통계학 책을 펴내면서 이 책이 통계 이론의 기초를 학습하고자 하는 사람들에게 도움이 되기를 기대해본다. 이 책에서는 가급적 논리성을 잃지 않고 통계 이론을 설명하려고 노력하였으며, 이러한 논리 전개에 요구되는 수학의 내용들을 부록에 수록하여 관련되는 수학을 학습할 수 있도록 하였다.

이론에 대한 흥미를 잃지 않도록 지나친 수학적 엄밀성은 피하였고 이론의 이해에 도움이 되는 예를 다수 소개하였다. 독자들이 수리통계학의 입문 과정에서 요구되는 계산 능력을 함양할 수 있도록 예와 연습문제의 풀이 과정을 가능한 상세하게 수록하였다. 이러한 계산 능력 없이 통계 이론의 개념을 논하는 것은 전투의 경험 없이 전술을 논하는 것과 같으므로 이와 같은 상세한 풀이 과정을 통하여 독자들이 계산 능력을 함양할 것을 기대해본다.

이 책은 크게 나누어 두 부분으로 구성되어 있다. 1장부터 5장까지는 확률분포에 관한 내용이고, 6장부터 11장까지는 통계적 추론에 관한 내용으로서 각각 한 학기에 다룰 수 있을 정도의 분량이다.

1장과 2장은 확률분포와 확률변수에 관한 기본적인 내용을 소개하고 있으며, 3장에서는 통계분석에서 보편적으로 사용되는 확률분포들과 그 성질을 다루고 있다. 이러한 내용을 이해하는 데에 요구되는 수학을 부록 Ⅰ과 연관하여 소개하고 있으며, 패키지 R을 이용하여 이러한 분포들의 그래프를 그리거나 분포의 특성 값들을 구하는 방법을 부록 Ⅲ과 연관하여 소개하고 있다. 4장과 5장에서는 통계적 추론에서 사용되는 통계량의 분포 또는 그 근사분포를 구하는 방법을 소개하고, 그 결과의 이용을 다루고 있다. 특히 이러한 내용 중에서 다변량 정규분포의 이해에 요구되는 행렬에 관한 내용을 부록 Ⅱ와 연관하여 소개하고 있다.

6장과 7장은 통계적 추론의 중추가 되는 추정과 검정의 방법을 소개하고 있다. 특히 통계 이론의 핵심을 이루는 최대가능도 방법과 그 근사 이론을 중점적으로 다루고 있다. 8장과 9장에서는 추정과 검정 방법의 비교 기준을 소개하고, 그에 따른 최적의 방법을 찾는 이론을 다루고 있다. 또한 이러한 이론이 적용되는 보편적인 예를 다수 소개하고 있다. 이러한 내용 중에서 9장 3절의 내용은 생략하여도 이 책의 다른 부분을 이해하는 데에 지장이 없다. 10장은 통계분석에서 흔히 이용되는 분산분석과 회귀분석의 경우에 앞에서 소개된 이론을 적용하는 것을 다루고 있으며, 이러한 과정에서 행렬의 이용을 부록 II와 연관하여 소개하고 있다. 마지막으로 11장에서는 베이지안 추론의 개념과 방법을 소개하고 있다. 10장과 11장은 서로 연관이 없는 내용을 다루고 있으므로, 독자의 필요에 따라 선택하여 학습하여도 무방하다.

이 책이 출간되기까지 많은 도움을 준 서울대학교 대학원 통계학과의 최영민, 김민진 두 학생에게 감사를 전한다. 또한 출판을 위해 최선을 다해 주신 민영사와 편집과 수정에 수고해준 신설희 씨에게도 감사를 전한다.

많은 날들을 인내해준 나의 반려자에게 고마움을 전하며……

2012년 1월 관악에서

개정판을 내면서

2012년에 수리통계학을 출간한 후에 몇 번의 교정을 거치고 강의에서는 책에서 충분히 전달 못하였던 보충적인 내용을 추가하고 시험을 통하여 연습 문제를 보완하곤 하였다. 정년 퇴임 후에 이러한 내용들을 담은 개정판을 내고 싶다는 생각으로 개정판 원고를 준비하기 시작하였으나 깨달은 것은 학사 과정의 교재로는 이러한 내용들이 적합하지 않다는 것이었다.

이러한 깨달음 후에 개정판에는 연습 문제의 답을 모두 수록하여 독자 스스로 본문 내용에 대한 이해도를 확인할 수 있게 하고, 분포 이론에 대한 내용의 시각적 전달을 도울 수 있는 저자의 판서 방법을 책에 소개하자는 것이었다. 이러한 판서 방법은 개정판의 3장과 4장에서 표본분포의 대의적 정의에서 주로 사용되었으며, 이를 활용할 수 있는 연습 문제들을 4장, 5장과 7장에서 소개하였다. 이러한 과정에서 2장에서는 조건부기댓값의 의미와 분산행렬에 대한 이해를 높이려는 설명이, 3장에서는 포아송과정의 직관적 설명이 추가되었다.

2021년 1월 광교산 자락에서

차례

1

확률분포

1.1 확률의 뜻과 성질

확률은 상대도수를 추상화한 것으로서, 가능성을 수량화할 때 사용된다. 확률이 엄밀하게 정의되기 전까지는 상대도수의 극한으로 확률이 존재하는 것이라고 사람들은 생각했었다. 러시아의 수학자 콜모고로프(Kolmogorov, 1903~1987)는 이러한 생각을 논리적으로 체계화 하려면 확률의 공리(公理, axiom)가 필요함을 밝혔다.

과학적 실험이나 자연현상 또는 사회현상을 관측할 때 가능한 모든 관측 결과들의 집합을 표본공간(標本空間, sample space), 이의 부분집합인 특정한 결과들의 집합을 사건(事件, event)[1]이라고 한다. 각 사건의 가능성을 수량화하여 사건 A의 확률(確率, probability)이라고 하며 P(A)로 나타내고 이는 다음의 공리를 만족시킨다고 가정한다.

확률의 공리:

(1) (확률의 범위) 각 사건 A에 대하여 $P(A) \geq 0$

(2) (전체의 확률) 표본공간 S에 대하여 P(S)=1

(3) (가산가법성(countable additivity)) 사건 A_1, A_2, $\cdots$에 대하여 $A_i \cap A_j = \varnothing \ (i \neq j)$ 이면

$$P(A_1 \cup A_2 \cup \cdots) = P(A_1) + P(A_2) + \cdots$$

가산가법성의 공리는 사건의 확률을 구할 때 사건을 공통의 원소를 갖지 않는 사건들로 나누어 구할 수 있음을 뜻하는 것으로서, 확률의 공리로부터 다음의 성질을 얻을 수 있다.

정리 1.1.1 확률의 기본 성질

(a) 각 사건 A에 대하여 $0 \leq P(A) \leq 1$이고 $P(\varnothing) = 0$

(b) (여사건의 확률) $P(A^c) = 1 - P(A)$

(c) (단조성) $A \subseteq B$이면 $P(A) \leq P(B)$

[증명] 이 성질들은 다음의 관계식에 확률의 세 공리를 적용하면 얻을 수 있다.

$$A \cap A^c = \varnothing, \quad A \cup A^c = S, \quad \varnothing = S^c$$

$$A \subseteq B \text{이면 } A \cap (B - A) = \varnothing, \quad A \cup (B - A) = B$$

---

1) 사건의 엄밀한 정의와 그 의미는 부록 Ⅰ에 주어져 있다.

예 1.1.1 **베르누이 시행(Bernoulli trial)**

(a) 공정한 동전을 던져 나오는 면을 관찰하는 실험에서 앞면을 H, 뒷면을 T로 표기하여 표본공간 S와 사건의 확률을 다음과 같이 나타낸다.

$$S = \{H, T\} \text{이고 } P(\{H\}) = 1/2,\ P(\{T\}) = 1/2$$

(b) 동전 던지기와 같이 관측 결과가 두 가지 중의 하나뿐인 실험을 베르누이 시행이라고 하며, 두 가지 관측 결과를 흔히 성공과 실패로 부르고 각각 s 와 f 로 나타내며 표본공간과 사건의 확률을 다음과 같이 나타낸다.

$$S = \{s, f\} \text{이고 } P(\{s\}) = p,\ P(\{f\}) = 1 - p\ \ (0 \le p \le 1)$$

정리 1.1.2 **합사건의 확률**

(a) $P(A_1 \cup A_2) = P(A_1) + P(A_2) - P(A_1 \cap A_2)$

(b) $P(A_1 \cup A_2 \cup A_3) = P(A_1) + P(A_2) + P(A_3) - P(A_1 \cap A_2) - P(A_2 \cap A_3)$
$\qquad - P(A_3 \cap A_1) + P(A_1 \cap A_2 \cap A_3)$

(c) $P(A_1 \cup A_2 \cup \cdots \cup A_n) = P(A_1) + P(A_2) + \cdots + P(A_n)$
$\qquad - P(A_1 \cap A_2) - P(A_1 \cap A_3) - \cdots - P(A_{n-1} \cap A_n)$
$\qquad + \cdots\cdots + (-1)^{n-1} P(A_1 \cap A_2 \cap \cdots \cap A_n)$

(d) (가산반가법성, countable subadditivity)

$$P(A_1 \cup A_2 \cup \cdots) \le P(A_1) + P(A_2) + \cdots$$

[증명] 성질 (a)는 다음 관계식에 가산가법성을 적용하여 얻을 수 있다.

$$A_1 \cup A_2 = (A_1 - A_2) \cup (A_2 - A_1) \cup (A_1 \cap A_2)$$
$$A_1 = (A_1 - A_2) \cup (A_1 \cap A_2),\ A_2 = (A_2 - A_1) \cup (A_1 \cap A_2)$$

성질 (b)와 (c)는 (a)와 수학적 귀납법을 이용하여 밝힐 수 있다.
가산반가법성은 다음과 같이 정의되는 $B_1, B_2, \cdots$를 이용하여 밝힐 수 있다.

$$B_1 = A_1,\ B_2 = A_2 - A_1,\ \cdots\cdots,\ B_n = A_n - (A_1 \cup A_2 \cup \cdots \cup A_{n-1}),\ \cdots$$

이들 $B_1, B_2, \cdots$에 대하여

$$B_i \cap B_j = \varnothing\ (i \ne j),\ B_1 \cup B_2 \cup \cdots = A_1 \cup A_2 \cup \cdots$$

이 성립하므로 가산가법성으로부터 다음이 성립한다.

$$P(A_1 \cup A_2 \cup \cdots) = P(B_1 \cup B_2 \cup \cdots) = P(B_1) + P(B_2) + \cdots$$

그런데

$$B_1 \subseteq A_1,\ B_2 \subseteq A_2,\ \cdots,\ B_n \subseteq A_n,\ \cdots$$

이므로 단조성을 적용하면 성질 (d)가 성립하는 것을 알 수 있다.

예 1.1.2 짝 짓기 확률

n 쌍의 부부가 남편은 남편끼리 부인은 부인끼리 두 줄로 랜덤하게 늘어 설 때, 적어도 한 쌍의 부부가 서로 마주 보고 서게 될 확률을 구하여라.

[풀이] 1번부터 n 번까지의 부부 중에서 i 번째 부부가 서로 마주 보고 서는 사건을 A_i 라고 하면 적어도 한 쌍의 부부가 서로 마주 보고 서는 사건은

$$A_1 \cup A_2 \cup \cdots \cup A_n$$

이다.

한편, 어떤 부부이든 k 쌍의 부부가 서로 마주 보고 서게 될 확률은

$$P(A_{i1} \cap A_{i2} \cap \cdots \cap A_{ik}) = P(A_1 \cap A_2 \cap \cdots \cap A_k) = (n-k)!/n!$$

로서 동일하다. 즉,

$$P(A_1) = P(A_2) = \cdots = P(A_n) = (n-1)!/n!$$

$$P(A_1 \cap A_2) = P(A_1 \cap A_3) = \cdots = P(A_{n-1} \cap A_n) = (n-2)!/n!$$

$$\cdots\cdots$$

$$P(A_1 \cap A_2 \cap \cdots \cap A_n) = (n-n)!/n!$$

따라서 구하는 확률은

$$\begin{aligned}
&P(A_1 \cup A_2 \cup \cdots \cup A_n) \\
&= \binom{n}{1}(n-1)!/n! - \binom{n}{2}(n-2)!/n! + \cdots + (-1)^{n-1}\binom{n}{n}(0)!/(n)! \\
&= 1 - \frac{1}{2!} + \frac{1}{3!} - \cdots + (-1)^{n-1}\frac{1}{n!}
\end{aligned}$$

정리 1.1.3 확률측도의 연속성

(a) $A_1 \subseteq A_2 \subseteq \cdots \subseteq A_n \subseteq \cdots$ 이면 $P(\bigcup_{n=1}^{\infty} A_n) = \lim_{n \to \infty} P(A_n)$

(b) $B_1 \supseteq B_2 \supseteq \cdots \supseteq B_n \supseteq \cdots$ 이면 $P(\bigcap_{n=1}^{\infty} B_n) = \lim_{n \to \infty} P(B_n)$

[증명] (a) $A_1 \subseteq A_2 \subseteq \cdots \subseteq A_n \subseteq \cdots$ 인 경우에

$$C_1 = A_1,\ C_2 = A_2 - A_1,\ \cdots\cdots,\ C_n = A_n - A_{n-1},\ \cdots$$

이라고 하면 다음이 성립한다.

$$C_i \cap C_j = \varnothing\ (i \neq j),\ C_1 \cup C_2 \cup \cdots = A_1 \cup A_2 \cup \cdots$$
$$P(C_k) = P(A_k) - P(A_{k-1})\ (k=2,3,\cdots)$$

따라서 가산가법성을 $C_1,\ C_2,\ \cdots,\ C_n,\ \cdots$에 적용하면 (a)가 성립함을 알 수 있다.

$$P\left(\bigcup_{n=1}^{\infty} A_n\right) = P\left(\bigcup_{n=1}^{\infty} C_n\right) = \sum_{n=1}^{\infty} P(C_n) = \lim_{n\to\infty} \sum_{k=1}^{n} P(C_k) = \lim_{n\to\infty} P(A_n)$$

(b) $B_1 \supseteq B_2 \supseteq \cdots \supseteq B_n \supseteq \cdots$ 인 경우에 $A_n = (B_n)^c$이라고 하면

$$A_1 \subseteq A_2 \subseteq \cdots \subseteq A_n \subseteq \cdots,\quad \bigcup_{n=1}^{\infty} A_n = \left(\bigcap_{n=1}^{\infty} B_n\right)^c$$

이므로 (a)와 여사건의 확률 성질을 이용하면 (b)가 성립함을 알 수 있다.

포함 관계가 커지는 사건들 $A_1 \subseteq A_2 \subseteq \cdots \subseteq A_n \subseteq \cdots$에 대하여

$$A_1 \subseteq A_2 \subseteq \cdots \subseteq A_n \subseteq \cdots \subseteq \bigcup_{n=1}^{\infty} A_n$$

이므로 이러한 사건들의 극한을

$$\lim_{n\to\infty} A_n = \bigcup_{n=1}^{\infty} A_n$$

로 정의하고, 포함 관계가 작아지는 사건들 $B_1 \supseteq B_2 \supseteq \cdots \supseteq B_n \supseteq \cdots$의 경우에는

$$\lim_{n\to\infty} B_n = \bigcap_{n=1}^{\infty} B_n$$

로 정의하며, 성질 (a)와 성질 (b)를 다음과 같이 나타낸다.

$$P\left(\lim_{n\to\infty} A_n\right) = \lim_{n\to\infty} P(A_n),\quad P\left(\lim_{n\to\infty} B_n\right) = \lim_{n\to\infty} P(B_n)$$

즉, 포함 관계가 커지거나 작아지는 사건들에 대하여서는 연속인 실수 함수와 같이 확률의 계산이 가능하다는 의미이다. 이러한 뜻에서 <정리 1.1.3>의 성질을 확률측도(確率測度, probability measure)의 연속성이라고 한다.

예 1.1.3

표본공간이 $S=[0,\ 1]$이고 $P((a,\ b]) = b - a\ (a<b)$일 때, 한 점의 확률은

$$P(\{b\}) = P\left(\bigcap_{n=1}^{\infty} \left(b - \frac{1}{n},\ b\right]\right) = \lim_{n\to\infty} P\left(\left(b - \frac{1}{n},\ b\right]\right) = \lim_{n\to\infty} \frac{1}{n} = 0$$

1.2 조건부확률과 독립성

한 사건이 일어날 가능성은 그 사건에 관한 정보에 따라 다르다고 할 수 있다. 예를 들어 주사위를 던질 때 눈의 수가 3일 가능성은 1/6이라고 하지만, 그 눈의 수가 홀수인 것을 알고 있다면 눈의 수는 1, 3, 5 중의 하나로서 3일 가능성은 1/3이라고 할 것이다.

이와 같이, 한 사건 A가 일어났다는 전제하에서 사건 B가 일어날 가능성을 생각하는 경우의 확률을 조건부확률(條件附確率, conditional probability)이라고 하며 다음과 같이 정의한다.

조건부확률:

사건 A가 주어진 경우에 사건 B의 조건부확률은

$$P(B|A) = \frac{P(A \cap B)}{P(A)} \quad (\text{단, } P(A) > 0)$$

조건부확률의 의미는 주어진 사건 A를 새로운 표본공간과 같이 간주하여 축소된 실험에서의 가능성을 뜻하며, 복잡한 사건의 확률을 구할 때 다음과 같은 조건부확률의 성질을 이용하면 편리하다.

정리 1.2.1 조건부확률의 성질

(a) (곱셈공식) P(A)>0, P(B)>0이면

$$P(A \cap B) = P(B|A)P(A) = P(A|B)P(B)$$

(b) (전확률공식) 사건 $A_1, A_2, \cdots$이 표본공간 S를 공통부분이 없게 분할할 때, 즉 $A_i \cap A_j = \varnothing \ (i \neq j)$, $A_1 \cup A_2 \cup \cdots = S$일 때, $P(A_i) > 0$이면

$$P(B) = P(B|A_1)P(A_1) + P(B|A_2)P(A_2) + \cdots$$

[증명] 곱셈공식은 조건부확률의 정의로부터 명백하고, 전확률공식은 다음의 관계식에 가산가법성과 곱셈공식을 적용하여 밝힐 수 있다.

$$B = B \cap S = B \cap (A_1 \cup A_2 \cup \cdots) = (B \cap A_1) \cup (B \cap A_2) \cup \cdots$$

$$(B \cap A_i) \cap (B \cap A_j) = \varnothing \ (i \neq j)$$

예 1.2.1 Laplace의 해 뜰 확률

번호가 0번부터 N번까지 붙여진 $N+1$개의 상자가 있고, $k(k=0, 1, \cdots)$번 상자에는 빨간 공 k개와 흰 공 $N-k$개가 들어 있다. 이제 한 상자를 랜덤하게 택한 후에, 그 상자에서 공을 한 개 꺼내어 색깔을 확인하고 도로 넣는 작업을 n번 반복하였더니 n번 모두 빨간 공이었다. 같은 상자에서 공을 한 번 더 꺼내어 확인할 때 또 다시 빨간 공이 뽑힐 확률을 구하고, N이 큰 경우에 확률의 근사공식도 구하여라.

[풀이] 한 상자를 랜덤하게 택할 때 k번 상자가 택하여지는 사건을 A_k라고 하면

$$\mathrm{P}(\mathrm{A}_k) = \frac{1}{N+1} \quad (k=0, 1, \cdots, N).$$

처음 n번의 추출에서 모두 빨간 공이 나올 사건을 B, 다음 $n+1$번째 추출에서 빨간 공이 나올 사건을 C라고 하면

$$\mathrm{P}(\mathrm{B}|\mathrm{A}_k) = (k/N)^n, \ \mathrm{P}(\mathrm{B}\cap\mathrm{C}|\mathrm{A}_k) = (k/N)^{n+1}$$

이고 구하는 확률은 $\mathrm{P}(\mathrm{C}|\mathrm{B})$이다. 그런데, 전확률공식으로부터

$$\mathrm{P}(\mathrm{B}) = \sum_{k=0}^{N}\mathrm{P}(\mathrm{B}|\mathrm{A}_k)\mathrm{P}(\mathrm{A}_k) = \sum_{k=0}^{N}\left(\frac{k}{N}\right)^n \frac{1}{N+1}$$

$$\mathrm{P}(\mathrm{B}\cap\mathrm{C}) = \sum_{k=0}^{N}\mathrm{P}(\mathrm{B}\cap\mathrm{C}|\mathrm{A}_k)\mathrm{P}(\mathrm{A}_k) = \sum_{k=0}^{N}\left(\frac{k}{N}\right)^{n+1} \frac{1}{N+1}$$

이므로 구하는 확률은 다음과 같이 주어진다.

$$\mathrm{P}(\mathrm{C}|\mathrm{B}) = \frac{\mathrm{P}(\mathrm{B}\cap\mathrm{C})}{\mathrm{P}(\mathrm{B})} = \frac{\sum_{k=0}^{N}(k/N)^{n+1}}{\sum_{k=0}^{N}(k/N)^n}$$

한편, N이 큰 경우에는 근사식

$$\frac{1}{N}\sum_{k=0}^{N}\left(\frac{k}{N}\right)^m \simeq \int_0^1 x^m\,dx = \frac{1}{m+1}$$

으로부터 구하는 확률의 근사식은

$$\mathrm{P}(\mathrm{C}|\mathrm{B}) \simeq \frac{n+1}{n+2}$$

로 주어진다. 라플라스(1812)는 오늘까지 해가 뜬 것을 전제로 내일 해가 뜰 확률의 근삿값을 이 예에서와 같이 생각하여 계산하였다.

정리 1.2.2 베이즈(Bayes) 정리

사건 $A_1, A_2, \cdots$이 표본공간 S를 공통부분이 없게 분할하고 $P(A_i) > 0$일 때, $P(B) > 0$이면

$$P(A_j|B) \propto P(B|A_j)P(A_j) \quad (j = 1, 2, \cdots)$$

이고 이 비례식에서 비례상수는 좌변의 합이 1임으로부터 결정된다.

[증명] 조건부확률의 정의 또는 곱셈공식으로부터

$$P(A_j|B)P(B) = P(B \cap A_j) = P(B|A_j)P(A_j)(j = 1, 2, \cdots).$$

따라서 전확률공식으로부터

$$P(A_j|B) = \frac{P(B|A_j)P(A_j)}{P(B)} = \frac{P(B|A_j)P(A_j)}{P(B|A_1)P(A_1) + P(B|A_2)P(A_2) + \cdots}$$

한편 비례상수를 c라고 하여 위 비례식을 j에 대하여 더하면

$$\begin{aligned} P(A_1|B) + P(A_2|B) + \cdots &= c\{P(B|A_1)P(A_1) + P(B|A_2)P(A_2) + \cdots\} \\ P(A_1 \cup A_2 \cup \cdots |B) &= c\{P(B|A_1)P(A_1) + P(B|A_2)P(A_2) + \cdots\} \\ 1 = P(S|B) &= c\{P(B|A_1)P(A_1) + P(B|A_2)P(A_2) + \cdots\} \\ c &= 1/\{P(B|A_1)P(A_1) + P(B|A_2)P(A_2) + \cdots\} \end{aligned}$$

베이즈 정리는 베이지안 추론의 근본이 되는 정리로서, $P(A_1), P(A_2), \cdots$는 여러 모형의 가능성을 뜻하고, $P(A_1|B), P(A_2|B), \cdots$는 실험 결과를 뜻하는 B의 관측 후에 각 모형의 가능성을 뜻한다. 이러한 이유에서 $P(A_j), P(A_j|B)$를 각각 사전(事前, prior), 사후(事後, posterior) 확률이라 부르고 베이즈 정리는 이들 사이의 관계를 나타내는 것이다.

예 1.2.2

한 공장에서 전체 생산량의 20%, 30%, 50%를 세 기계 M_1, M_2, M_3로 생산하고 있고, 세 기계에서의 불량품 제조 비율은 각각 3%, 2%, 1%로 알려져 있다. 어느 날 이 공장에서 생산된 제품 중 임의로 1개를 택하여 검사하였더니 불량품이었다. 이 제품이 각 기계에서 생산되었을 확률을 구하여라.

[풀이] 검사 전 한 제품이 기계 M_1, M_2, M_3에서 생산되었을 확률은 각각

$$P(M_1)=0.2,\ P(M_2)=0.3,\ P(M_3)=0.5$$

이고, 한 제품이 불량품일 사건을 B라고 하면 각 기계에서의 불량품 제조 비율은

$$P(B|M_1)=0.03,\ P(B|M_2)=0.02,\ P(B|M_3)=0.01$$

따라서 베이즈 정리로부터

$$P(M_1|B)\propto 0.2\times 0.03,\ P(M_2|B)\propto 0.3\times 0.02,\ P(M_3|B)\propto 0.5\times 0.01$$

$$P(M_1|B):P(M_2|B):P(M_3|B)=6:6:5$$

검사 후 불량품으로 밝혀진 제품이 각 기계에서 생산되었을 확률은

$$P(M_1|B)=6/17,\ P(M_2|B)=6/17,\ P(M_3|B)=5/17$$

사건 A의 관측 여부가 사건 B가 일어날 가능성에 아무런 영향을 주지 않는 것을

$$P(B|A)=P(B)$$

와 같이 나타낼 수 있고, 이러한 관계식은 곱셈공식으로부터

$$P(A\cap B)=P(A)P(B)$$

와 같은 것임을 알 수 있다. 이러한 경우에는, A의 관측 여부와 '독립적'으로 B의 관측 가능성이 정해진다는 의미에서 두 사건이 서로 독립(獨立, mutually independent)이라고 한다.

예 1.2.3

두 개의 주사위를 던지는 경우에 다음 사건들을 생각해보자

A={첫 번째 주사위의 눈이 짝수}

B={두 번째 주사위의 눈이 홀수}

C={두 주사위의 눈의 합이 홀수}

(a) 사건 A와 B, 사건 B와 C, 사건 C와 A는 서로 독립임을 밝혀라.

(b) 사건 C와 $A\cap B$는 서로 독립이 아님을 밝혀라.

[풀이] 각각의 경우의 수를 구하여 전체 경우의 수로 나누면

$$P(A)=18/36,\ P(B)=18/36,\ P(C)=18/36$$

$$P(A\cap B)=9/36,\ P(B\cap C)=9/36,\ P(C\cap A)=9/36$$

$$\therefore\ P(A)=P(B)=P(C)=1/2,$$

$$P(A\cap B)=P(B\cap C)=P(C\cap A)=1/4$$

(a) 위의 계산으로부터 $P(A\cap B)=P(A)P(B)$이므로, 사건 A와 B는 서로 독립이다. 같은 방법으로 B와 C, C와 A도 서로 독립이다.

(b) $A\cap B\subset C$, 즉 $A\cap B\cap C=A\cap B$이므로

$$P(C|A\cap B)=P(A\cap B\cap C)/P(A\cap B)=1$$

따라서 $P(C|A\cap B)\neq P(C)$

즉, 사건 $A\cap B$의 관측은 C의 관측 가능성에 영향을 주게 되어 서로 독립이 아니다.

<예 1.2.3>에서와 같이, 사건 A, B 각각은 사건 C와 서로 독립이지만 사건 A와 B를 모두 관측하면 사건 C의 관측 가능성에 영향을 줄 수 있는 경우가 있다. 따라서 세 개의 사건이 서로 관측 가능성에 영향을 주지 않으려면 두 개씩 사이의 독립성만으로는 불충분하다.

따라서 세 개 이상의 사건의 독립성은 다음과 같이 정의하며, 서로 독립이 아닌 사건들은 서로 종속(從屬, mutually dependent)이라고 한다.

사건의 독립성:

(a) (두 사건이 서로 독립)

$$P(A\cap B)=P(A)P(B)$$

(b) (세 사건이 서로 독립)

$$P(A\cap B)=P(A)P(B),\ P(B\cap C)=P(B)P(C),\ P(C\cap A)=P(C)P(A)$$

$$P(A\cap B\cap C)=P(A)P(B)P(C)$$

(c) (n개 사건이 서로 독립)

$$P(A_i\cap A_j)=P(A_i)P(A_j)\ (1\leq i<j\leq n)$$

$$P(A_i\cap A_j\cap A_k)=P(A_i)P(A_j)P(A_k)\ (1\leq i<j<k\leq n)$$

$$\cdots\cdots\cdots$$

$$P(A_1\cap A_2\cap\cdots\cap A_n)=P(A_1)P(A_2)\cdots P(A_n)$$

예 1.2.4

두 개의 주사위를 던지는 경우에 다음 세 사건이 서로 독립임을 밝혀라.

A={첫 번째 주사위의 눈이 짝수}

B={두 번째 주사위의 눈이 홀수}

C={두 주사위의 눈의 합이 4 이하이고 차가 1 이하}

[풀이] 두 주사위의 눈의 합이 4 이하이고 차가 1 이하인 경우는

$$(1,1),\ (1,2),\ (2,1),\ (2,2)$$

의 네 가지 경우이다. 같은 방법으로 각각의 경우의 수를 구하여 전체 경우의 수로 나누면

$$P(A)=18/36,\ P(B)=18/36,\ P(C)=4/36$$

$$P(A\cap B)=9/36,\ P(B\cap C)=2/36,\ P(C\cap A)=2/36$$

$$P(A\cap B\cap C)=1/36$$

따라서 $P(A)=1/2,\ P(B)=1/2,\ P(C)=1/9$로부터

$$P(A\cap B)=1/4=P(A)P(B),\ P(B\cap C)=1/18=P(B)P(C),$$

$$P(C\cap A)=1/18=P(C)P(A)$$

$$P(A\cap B\cap C)=1/36=P(A)P(B)P(C)$$

가 성립하게 되어 세 사건 A, B, C는 서로 독립이다.

예 1.2.5

사건 A, B가 서로 독립이면 A, B^c도 서로 독립임을 밝혀라.

[풀이] $A=(A\cap B)\cup(A\cap B^c)$, $(A\cap B)\cap(A\cap B^c)=\varnothing$이므로, 가산가법성과 A, B의 독립성으로부터

$$P(A)=P(A\cap B)+P(A\cap B^c)=P(A)P(B)+P(A\cap B^c)$$

$$\therefore P(A\cap B^c)=P(A)-P(A)P(B)=P(A)(1-P(B))=P(A)P(B^c)$$

1.3 확률변수와 확률분포

농구 선수의 자유투 또는 야구 선수의 타격 결과나 새로이 개발된 전구의 수명과 같이 여러 가지의 결과가 가능할 때, 우리는 흔히 각 결과의 가능성을 확률로 나타내고자 한다. 이러한 문제에서 관심이 있는 것은 '자유투의 성공 횟수', '안타를 친 횟수', '전구의 수명시간'과 같이 가능한 결과들에 대응시킨 수 값들이다. 이들은 하나의 값을 갖는 것이 아니고 여러 가지의 값을 적절한 확률에 따라 갖게 되는 변수라고 생각할 수 있다.

일반적으로, 여러 가지의 결과가 가능하고 그 가능성을 확률로 나타낼 수 있는 실험을 랜덤한 실험(random experiment)이라 부르고, 이러한 실험의 모든 가능한 결과의

집합인 표본공간에서 정의된 실수 값 함수를 확률변수(確率變數, random variable)[2]라고 한다.

예 1.3.1 동전을 두 번 던지는 실험에서 앞면이 나오는 횟수

표본공간은 S={(T,T), (T,H), (H,T), (H,H)}이고 앞면이 나오는 횟수를 X라고 하면 확률변수 X의 값과 그 확률을 아래의 표와 같이 나타낼 수 있다.

결 과	(T,T)	(T,H)	(H,T)	(H,H)
X의 값	0	1	1	2
확 률	1/4	1/4	1/4	1/4

확률변수는 대문자를 사용하여 X, Y, Z 등으로 표기하고, 확률변수의 값에 관한 사건을

$$\{X = 1\},\ \{X \le 1\},\ \{1 < Y \le 3\},\ \{Z > 0\}$$

와 같이 나타낸다. 이러한 사건들은 표본공간에서의 대응하는 실험 결과들의 집합으로서 확률을 갖게 된다.

예 1.3.2 동전을 두 번 던지는 실험에서 앞면이 나오는 횟수의 확률분포표

<예 1.3.1>에서 앞면이 나오는 횟수 X는 0, 1, 2의 값을 갖고, 그 확률은

$$P(X=0)=P(\{(T,T)\})=1/4$$

$$P(X=1)=P(\{(T,H),\ (H,T)\})=1/4+1/4=1/2$$

$$P(X=2)=P(\{(H,H)\})=1/4$$

로 주어진다. 이를 표로 나타낸 것을 확률변수 X의 확률분포표라고 한다.

X의 값	0	1	2
확 률	1/4	1/2	1/4

일반적으로, 확률변수가 가질 수 있는 값들이 유한개인 경우에는 그 값들을 가질 확률을 표로 나타낼 수 있고, 그 표를 그 확률변수의 확률분포표 또는 분포표라고 한다. 한편, 무한개의 값을 가질 수 있는 확률변수에 대하여는 가질 수 있는 값들의 확률을 표로 나타낼 수 없고, 그 대응관계를 식으로 나타내게 된다.

---

2) 확률변수의 보다 엄밀한 정의는 이 책의 수준을 넘으므로 생략하기로 한다.

예 1.3.3 앞면이 나올 때까지 동전을 던지는 실험

앞면이 나올 때까지 동전을 던지는 실험에서 표본공간은

$$S=\{H, TH, TTH, TTTH, \cdots\}$$

이고, 던지게 될 횟수를 X라고 하면 확률변수 X가 가질 수 있는 값들은 자연수 전체이고 그 확률은 다음과 같이 주어진다.

$$P(X=1)=P(H)=1/2,\ P(X=2)=P(TH)=1/4,\ P(X=3)=P(TTH)=1/8,\ \cdots$$

이를 다음과 같은 대응 관계로 나타낼 수 있다.

$$P(X=x)=(1/2)^x,\ x=1, 2, \cdots$$

일반적으로, 확률변수가 가질 수 있는 값들의 집합을 $\{x_1, x_2, x_3, \cdots\}$과 같이 나타낼 수 있을 때 그 확률변수를 이산형(離散型, discrete type)이라 하고 각각의 값에 그 값을 가질 확률을 대응시키는 함수, 즉

$$f(x_k)=P(X=x_k)\ (k=1, 2, 3, \cdots)$$

를 X의 확률질량함수(確率質量函數, probability mass fuction) 또는 확률밀도함수(確率密度函數, probability density function)라고 하며 간략히 약자로 pdf로 나타내기로 한다. 이와 같이 정의된 확률밀도함수의 기본적인 성질이 성립함을 알 수 있다.

이산형 확률변수의 확률밀도함수:

(a)[3] $f(x) \geq 0\ \forall x: -\infty < x < +\infty$,
$f(x)=0\ \forall x: x \neq x_k\ (k=1,2,\cdots)$

(b)[4] $\sum_x f(x)=\sum_{k=1}^{\infty} f(x_k)=1$

(c) $\sum_{x:a \leq x \leq b} f(x)=P(a \leq X \leq b)$

그림 1.3.1 이산형의 확률밀도함수

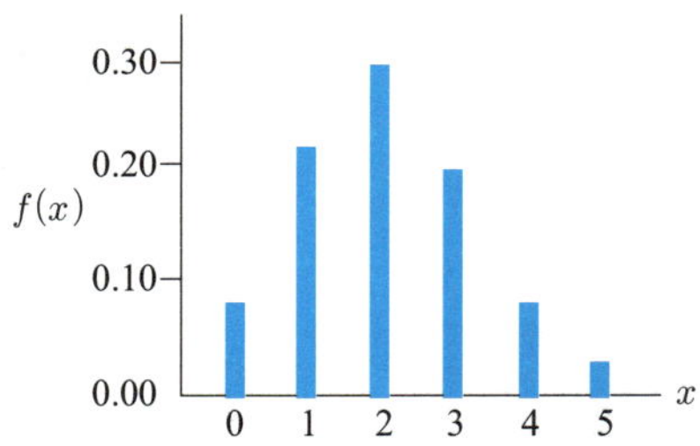

예 1.3.4

어느 병원에서 가까운 지하철역까지 15분 간격으로 왕복 셔틀버스가 운행되고 있다. 아무런 정보가 없는 사람이 지하철을 타고 와서 셔틀버스로 병원에 올 때

3) '$\forall x$'는 '모든 x에 대하여'를 뜻하며, $\forall$는 any, all, arbitrary에서의 A를 뒤집어 놓은 기호이다.

4) 앞으로 $\sum_x f(x)$의 의미는 $f(x) \neq 0$인 x에 대하여 $f(x)$를 더한다는 것을 뜻한다.

버스를 기다릴 시간을 X(분)이라고 하면 X는 실수 구간의 값들을 가질 수 있고 그 확률은 다음과 같이 길이의 비로 주어진다.

$$\mathrm{P}(0 \le \mathrm{X} \le 15) = 1,$$

$$\mathrm{P}(0 \le \mathrm{X} \le 5) = 5/15,$$

$$\mathrm{P}(a \le \mathrm{X} \le b) = (b-a)/15 \ (0 \le a < b \le 15)$$

확률변수가 실수 구간의 값들을 가질 수 있고 그에 관한 확률이 적분으로 주어질 때, 그 확률변수를 연속형(連續型, continuous type)이라 하고 확률을 정해주는 함수, 즉

$$\int_a^b f(x)\,dx = \mathrm{P}(a \le \mathrm{X} \le b) \quad (-\infty < a < b < +\infty)$$

인 함수 f 를 X의 확률밀도함수라고 한다.

연속형 확률변수의 확률밀도함수:

(a) $f(x) \ge 0 \ \forall x : -\infty < x < +\infty$

(b)[5] $\int_{-\infty}^{+\infty} f(x)\,dx = 1$

(c) $\int_a^b f(x)\,dx = \mathrm{P}(a \le \mathrm{X} \le b)$

$(-\infty < a < b < +\infty)$

그림 1.3.2 연속형의 확률밀도함수

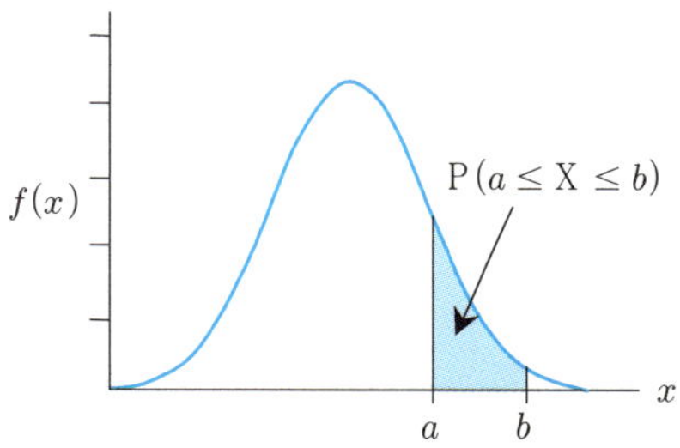

이산형이나 연속형 모두의 경우에 확률밀도함수는 확률변수에 관한 확률

$$\mathrm{P}(a \le \mathrm{X} \le b) \quad (-\infty < a < b < +\infty)$$

를 결정지어주는 역할을 하고 있다. 즉 확률변수 X에 관한 확률이 실직선 위에 어떻게 분포되는가를 나타내고 있다. 이러한 뜻에서, $\mathrm{P}(a \le \mathrm{X} \le b)(-\infty < a < b < +\infty)$를 X의 확률분포(確率分布, probability distribution) 또는 간단히 분포라고 하며, 기호로는

$$\mathrm{X} \sim f \ (pdf)$$

와 같이 X의 분포가 확률밀도함수(pdf) f 에 의해 정해지는 것을 표기한다.

5) 이상(異狀, improper) 적분의 정의와 성질은 부록 I 에 주어져 있다.

예 1.3.5

다음 함수가 확률밀도함수가 되기 위한 상수 c의 값을 구하고, 이 함수가 확률변수 X의 확률밀도함수일 때 확률 $P(1/2 \le X \le 3/4)$을 구하여라.

$$f(x) = \begin{cases} cx(1-x) & 0 \le x \le 1 \\ 0 & x < 0,\ x > 1 \end{cases}$$

[풀이] 전체 확률이 1이어야 하므로

$$\int_{-\infty}^{+\infty} f(x)\,dx = \int_0^1 cx(1-x)\,dx = 1$$

$$\therefore\quad c[x^2/2 - x^3/3]_0^1 = c/6 = 1$$

따라서 $c = 6$이고 구하는 확률은

$$P(1/2 \le X \le 3/4) = \int_{1/2}^{3/4} 6x(1-x)\,dx = 11/32$$

연속형 확률변수의 확률밀도함수를 나타낼 때

$$I_A(x) = \begin{cases} 1 & x \in A \\ 0 & x \notin A \end{cases}$$

로 정의되는 지표함수(指標函數, indicator function)를 이용하면 간결하게 나타낼 수 있다. 또한, 편의상 $I_A(x)$를 $I_{(x \in A)}$와 같이 표현하기도 한다. 즉 <예 1.3.5>의 확률밀도함수를

$$f(x) = 6x(1-x)I_{[0\ 1]}(x) \quad \text{또는} \quad f(x) = 6x(1-x)I_{(0 \le x \le 1)}$$

과 같이 간결하게 나타낼 수 있다.

한편, 연속형 확률변수의 경우에는 한 점에서의 적분 값이 0이므로

$$P(X = a) = \int_a^a f(x)\,dx = 0$$

이고 확률밀도함수의 값 $f(a)$는 $P(X = a)$가 아니며, 다음의 근사식만 성립하는 것이다.

$$\Delta x \fallingdotseq 0 \text{이면 } P(a \le X \le a + \Delta x) \fallingdotseq f(a)\Delta x$$

1.4 확률분포의 특성치

일상생활에서 흔히 사용하는 '평균 임금', '평균 성적'에서 '평균'의 의미는 무엇이고, 무슨 목적으로 '평균'을 사용할까? 예를 들어, 다음과 같은 두 반의 성적 분포에서 평균에 대하여 생각해보자.

그림 1.4.1 두 반의 성적 분포표와 막대그래프

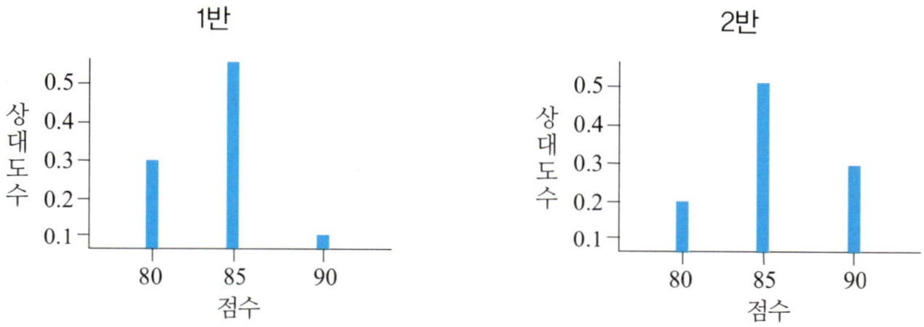

점 수	80	85	90	합 계
도 수	3	6	1	10
상대도수	3/10	6/10	1/10	1

점 수	80	85	90	합 계
도 수	2	5	3	10
상대도수	2/10	5/10	3/10	1

이 두 반의 성적 분포를 비교하면 2반의 성적 분포가 1반에 비해 큰 쪽에 위치하고 있음을 알 수 있다. 한편, 두 반의 평균 성적을 구해보면 1반과 2반의 평균 점수는 각각

$$(80\times3+85\times6+90\times1)/10=84.0,\ (80\times2+85\times5+90\times3)/10=85.5$$

로서 2반의 성적 분포가 큰 쪽에 위치하고 있는 것을 나타내고 있다. 즉 평균은 분포의 위치를 나타내는 값으로서, 성적 분포를 이루고 있는 점수들의 한 기준이 되는 것이다.

이제 평균의 개념을 확률분포에도 적용하기 위하여 위에서 평균 점수를 구하는 과정을 살펴보면, 두 반의 평균 점수를 구하는 과정을 각각 다음과 같이 나타낼 수 있다.

$$80\times\left(\frac{3}{10}\right)+85\times\left(\frac{6}{10}\right)+90\times\left(\frac{1}{10}\right)=84.0,$$

$$80\times\left(\frac{2}{10}\right)+85\times\left(\frac{5}{10}\right)+90\times\left(\frac{3}{10}\right)=85.5$$

즉, 평균은 가능한 각각의 점수에 대응하는 상대도수를 곱하여 더한 것임을 알 수 있다. 상대도수를 추상화한 것이 확률이므로, 확률변수가 가질 수 있는 가능한 각각의 값에 대응하는 확률 또는 확률밀도를 곱하여 더한 것을 그 확률변수 분포의 평균으로 정의한다.

확률분포의 평균:

확률변수 X의 확률밀도함수가 f일 때, X의 확률분포의 평균(平均, mean)[6]은

$$\mu=\begin{cases}\sum_x xf(x) & (\text{X가 이산형일 때})\\ \int_{-\infty}^{+\infty} xf(x)\,dx & (\text{X가 연속형일 때})\end{cases}$$

예 1.4.1

확률변수 X의 확률밀도함수가 다음과 같을 때 X의 확률분포의 평균 μ를 구하여라.

$$f(x)=\begin{cases}(-x^2+2x)/2, & 0\le x\le 1\\ (-x^2+2x+3)/8, & 1\le x\le 3\\ 0, & x<0,\ x>3\end{cases}$$

그림 1.4.2

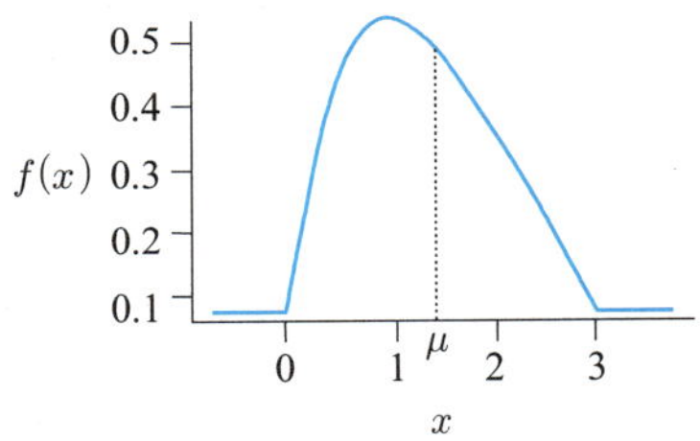

[풀이] 평균의 정의에 따라

$$\mu=\int_{-\infty}^{+\infty}xf(x)dx=\int_0^1 x(-x^2+2x)/2dx+\int_1^3 x(-x^2+2x+3)/8dx$$

$$\therefore\ \mu=[-x^4/8+x^3/3]_0^1+[-x^4/32+x^3/12+3x^2/16]_1^3=11/8$$

확률변수 X의 확률분포의 평균을 X의 기댓값(期待값, expected value)이라고도 부르며, 일반적으로 X의 함수 $g(\mathrm{X})$의 기댓값을 다음과 같이 정의한다.

기댓값:

확률변수 X의 확률밀도함수가 f일 때, 실수 값 함수 $g(x)$에 대하여

$$\begin{cases}\sum_x g(x)f(x) & (\text{X가 이산형일 때})\\ \int_{-\infty}^{+\infty} g(x)f(x)\,dx & (\text{X가 연속형일 때})\end{cases}$$

---

6) 여기에서 무한 합이나 이상 적분이 절대 수렴하는 경우에만 평균이 실수로 정의되는 것에 유의하여야 한다.

가 실수로 정의[7]되면 그 값을 $g(X)$의 기댓값이라 하고, 기호로는 $E[g(X)]$로 나타낸다.

$$E[g(X)] = \begin{cases} \sum_x g(x) f(x) & (X\text{가 이산형일 때}) \\ \int_{-\infty}^{+\infty} g(x) f(x)\, dx & (X\text{가 연속형일 때}) \end{cases}$$

예 1.4.2

동전을 두 번 던져서 앞면이 나오는 횟수를 X라고 할 때, 상금을 X^2(만원)만큼 받는다면 기대할 수 있는 상금은 얼마인가?

[풀이] <예 1.3.2>에서 X의 확률분포는

$$P(X=0)=1/4,\quad P(X=1)=1/2,\quad P(X=2)=1/4$$

따라서 기대할 수 있는 상금은

$$E(X^2) = \sum_x x^2 P(X=x) = 0^2(1/4) + 1^2(1/2) + 2^2(1/4) = 1.5\,(\text{만원})$$

즉 15,000원이다.

확률분포의 위치에 대한 정보를 주는 특성치인 평균만으로는 분포의 특성을 알기가 어렵다. 따라서 분포가 평균을 기준으로 어떻게 산포되어 있는가를 나타내는 특성치를 생각하게 된다. 이러한 특성치들 중에서 대표적인 것이 $(X-\mu)^2$의 기댓값인 분산(分散, variance)과 그 제곱근인 표준편차(標準偏差, standard deviation)로서, 기호로는 각각 Var(X), Sd(X)로 나타낸다.

확률분포의 분산과 표준편차:

확률변수 X의 확률밀도함수가 f이고 평균이 μ일 때, X의 확률분포의 분산과 표준편차는 각각

$$\mathrm{Var}(X) = E[(X-\mu)^2] = \begin{cases} \sum_x (x-\mu)^2 f(x) & (X\text{가 이산형일 때}) \\ \int_{-\infty}^{+\infty} (x-\mu)^2 f(x)\, dx & (X\text{가 연속형일 때}) \end{cases}$$

$$\mathrm{Sd}(X) = \sqrt{\mathrm{Var}(X)}$$

7) 여기에서 무한 합이나 이상적분이 실수로 정의되려면 합이나 적분이 절대 수렴하여야 한다.

예 1.4.3

다음 두 확률분포의 분산을 구하여라.

(a) $X \sim f_1(pdf)$

$$f_1(x) = I_{[0\ 1]}(x)$$

(b) $X \sim f_2(pdf)$

$$f_2(x) = (2 - 4|x - 1/2|)I_{[0\ 1]}(x)$$

그림 1.4.3 균등분포

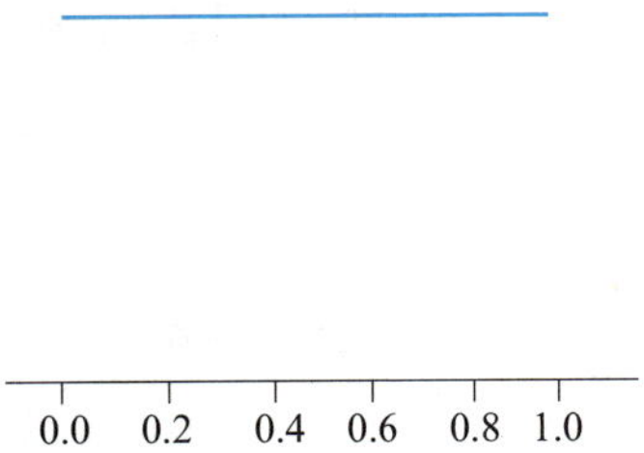

그림 1.4.4 삼각분포

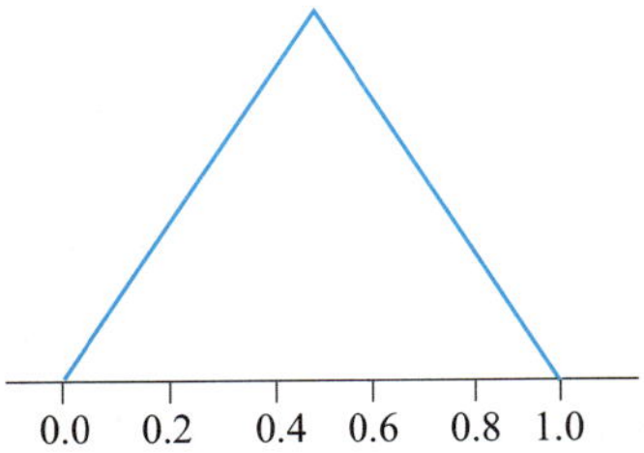

[풀이] 두 확률분포의 평균을 각각 μ_1, μ_2라고 하면

$$\mu_1 = \int_{-\infty}^{+\infty} x f_1(x)\,dx = \int_0^1 x\,dx = 1/2,$$

$$\mu_2 = \int_0^1 x(2 - 4|x - 1/2|)\,dx = \int_0^{1/2} x(4x)\,dx + \int_{1/2}^1 x(4 - 4x)\,dx = 1/2$$

두 확률분포의 분산을 각각 σ_1^2, σ_2^2이라고 하면

$$\sigma_1^2 = \int_{-\infty}^{+\infty} (x - \mu_1)^2 f_1(x)\,dx = \int_0^1 (x - 1/2)^2 dx = 1/12$$

$$\sigma_2^2 = \int_0^1 (x - 1/2)^2 (2 - 4|x - 1/2|)\,dx = \int_{-1/2}^{1/2} t^2 (2 - 4|t|)dt = 1/24$$

<예 1.4.3>에서와 같이 X의 확률분포의 평균, 분산을 간략히 X의 평균, 분산이라고도 하며 각각 μ_X, σ_X^2으로 나타내거나, X를 생략하여도 혼동이 없을 때에는 μ, σ^2으로 나타낸다.

한편 평균이나 분산과 같은 분포의 특성치를 계산할 때, 다음과 같은 기댓값의 성질을 이용하면 편리하다. 이러한 성질은 대응하는 합이나 적분의 성질로부터 명백하다.

정리 1.4.1 **기댓값의 성질**[8)]

(a) (선형성) $\mathrm{E}(a\mathrm{X}+b)=a\mathrm{E}(\mathrm{X})+b$ (a, b는 확률변수가 아닌 상수)

(b) (선형성) $\mathrm{E}[c_1 g_1(\mathrm{X})+c_2 g_2(\mathrm{X})]=c_1\mathrm{E}[g_1(\mathrm{X})]+c_2\mathrm{E}[g_2(\mathrm{X})]$ (c_1, c_2는 상수)

(c) (단조성) $g_1(\mathrm{X})\le g_2(\mathrm{X})$이면 $\mathrm{E}[g_1(\mathrm{X})]\le \mathrm{E}[g_2(\mathrm{X})]$

정리 1.4.2 **분산의 성질과 계산 공식**[9)]

(a) $\mathrm{Var}(a\mathrm{X}+b)=a^2\mathrm{Var}(\mathrm{X})$ (a, b는 상수)

(b) $\mathrm{Var}(\mathrm{X})=\mathrm{E}(\mathrm{X}^2)-\{\mathrm{E}(\mathrm{X})\}^2$

[증명] 확률변수 X의 평균을 $\mathrm{E}(\mathrm{X})=\mu$라고 하면 기댓값의 성질로부터

$$\mathrm{E}(a\mathrm{X}+b)=a\mathrm{E}(\mathrm{X})+b=a\mu+b$$

(a) $\mathrm{Y}=a\mathrm{X}+b$라고 하면

$$\begin{aligned}\mathrm{Var}(\mathrm{Y})&=\mathrm{E}[(\mathrm{Y}-\mathrm{E}(\mathrm{Y}))^2]=\mathrm{E}[(a\mathrm{X}+b-(a\mu+b))^2]\\&=\mathrm{E}[a^2(\mathrm{X}-\mu)^2]=a^2\mathrm{E}[(\mathrm{X}-\mu)^2]\\&=a^2\mathrm{Var}(\mathrm{X})\end{aligned}$$

(b) 분산의 정의와 기댓값의 선형성으로부터

$$\begin{aligned}\mathrm{Var}(\mathrm{X})&=\mathrm{E}[(\mathrm{X}-\mu)^2]=\mathrm{E}[(\mathrm{X}^2-2\mu\mathrm{X}+\mu^2)]\\&=\mathrm{E}(\mathrm{X}^2)-2\mu\mathrm{E}(\mathrm{X})+\mu^2=\mathrm{E}(\mathrm{X}^2)-2\mu^2+\mu^2\\&=\mathrm{E}(\mathrm{X}^2)-\{\mathrm{E}(\mathrm{X})\}^2\end{aligned}$$

예 1.4.4 **(〈예 1.4.3〉의 계속)**

(a) <예 1.4.3>에서의 균등분포 경우에

$$\mu=\mathrm{E}(\mathrm{X})=1/2,\quad \mathrm{E}(\mathrm{X}^2)=\int_0^1 x^2\,dx=1/3$$

$$\therefore\ \mathrm{Var}(\mathrm{X})=\mathrm{E}(\mathrm{X}^2)-\mu^2=1/3-(1/2)^2=1/12$$

(b) <예 1.4.3>에서의 삼각분포 경우에

$$\mu=\mathrm{E}(\mathrm{X})=1/2,\quad \mathrm{E}(\mathrm{X}^2)=\int_0^{1/2}x^2(4x)\,dx+\int_{1/2}^1 x^2(4-4x)\,dx=7/24$$

$$\therefore\ \mathrm{Var}(\mathrm{X})=\mathrm{E}(\mathrm{X}^2)-\mu^2=7/24-(1/2)^2=1/24$$

---

8) 이러한 선형성과 단조성은 각각의 기댓값이 실수로 정의되는 것을 전제로 하는 것이다.
9) 이러한 성질과 공식은 각 변수의 분산과 기댓값이 모두 실수라는 전제 하에 성립하는 것이다.

예 1.4.5 **확률변수의 표준화**

평균이 μ이고 표준편차가 σ이고 $\sigma > 0$일 때

$$Z = \frac{X - E(X)}{\sqrt{Var(X)}} = \frac{X - \mu}{\sigma}$$

라고 하면, 기댓값과 분산의 성질로부터

$$E(Z) = (E(X) - \mu)/\sigma = 0, \; Var(Z) = Var(X)/\sigma^2 = 1$$

임을 알 수 있다. 이때 Z는 X를 표준화(標準化, standardized)한 변수라고 한다.

한편, 평균이나 분산이 실수로 정의될 수 없는 확률분포가 있음에 유의하여야 한다. 예를 들어, 다음의 확률밀도함수를 갖는 확률변수에 대하여는 평균이나 분산을 정의할 수 없다.

$$f(k) = P(X = k) = \frac{1}{k(k+1)}, \quad k = 1, 2, \cdots$$

1.5 누적분포함수와 생성함수

확률밀도함수 이외에도 확률분포를 나타내는 방법은 여러 가지가 있다. 수열에서 일반항과 유한항까지의 합이 서로를 정해줄 수 있듯이, 이산형 확률변수의 경우에 누적 확률과 확률밀도함수는 서로를 정해줄 수 있다.

이산형 확률변수의 누적분포함수:

이산형 확률변수 X의 확률밀도함수가

$$f(x_k) = P(X = x_k) \; (k = 1,2,\cdots), \; f(x) = 0 \; \forall x : x \neq x_k \; (k = 1,2,\cdots)$$

일 때, X의 누적 확률을 나타내는 함수

$$F(x) = P(X \leq x) = \sum_{t : t \leq x} f(t)$$

를 X의 누적분포함수(累積分布函數, cumulative distribution function)라고 한다. 특히 $x_1 < x_2 < \cdots < x_{n-1} < x_n < \cdots$인 경우에는

$$F(x_n) = \sum_{k=1}^{n} f(x_k), \quad f(x_n) = F(x_n) - F(x_{n-1})$$

예 1.5.1 앞면이 나올 때까지 동전을 던지는 실험

<예 1.3.3>에서의 앞면이 나올 때까지 동전을 던지게 될 횟수 X의 확률밀도함수는

$$f(k) = P(X = k) = (1/2)^k \quad (k = 1, 2, \cdots),$$

$$f(x) = 0 \ \forall x : x \neq k \ (k = 1,2,\cdots)$$

그림 1.5.1 이산형 확률변수의 누적분포함수

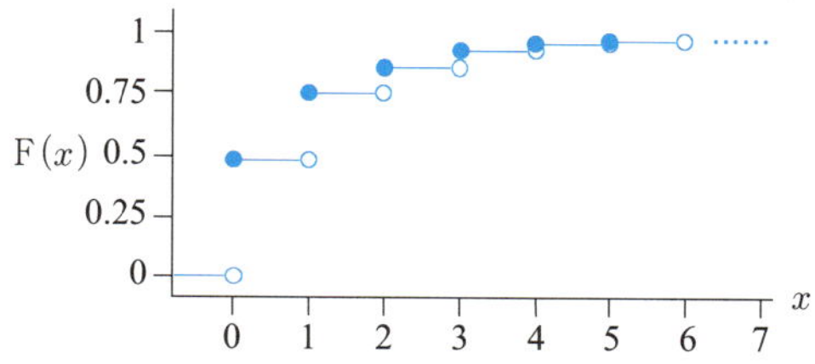

이고, 누적분포함수는 다음과 같이 주어진다.

$$F(n) = P(X \leq n) = \sum_{k=1}^{n} f(k) = \sum_{k=1}^{n} (1/2)^k = 1 - (1/2)^n \quad (n = 1,2,\cdots)$$

$$F(x) = \sum_{t : t \leq x} f(t) = \sum_{\substack{k=1 \\ k \leq x}}^{\infty} f(k) = \begin{cases} 0, & x < 1 \\ 1 - (1/2)^n, & n \leq x < n+1 \, (n = 1,2,\cdots) \end{cases}$$

연속형 확률변수의 누적분포함수:

연속형 확률변수 X의 확률밀도함수가 f일 때, X의 누적 확률을 나타내는 함수

$$F(x) = P(X \leq x) = \int_{-\infty}^{x} f(t)\, dt$$

를 X의 누적분포함수라고 한다. 특히, f가 연속인 x에 대하여는

$$\frac{d}{dx} F(x) = f(x)$$

예 1.5.2 표준지수분포

확률변수 X의 확률밀도함수가

$$f(x) = e^{-x} I_{(x \geq 0)}$$

일 때, X의 누적분포함수는 다음과 같이 주어진다.

$$F(x) = \int_{-\infty}^{x} e^{-t} I_{(t \geq 0)}\, dt$$

$$= \begin{cases} 0, & x < 0 \\ \displaystyle\int_{0}^{x} e^{-t} dt = 1 - e^{-x}, & x \geq 0 \end{cases}$$

그림 1.5.2 연속형 확률변수의 누적분포함수

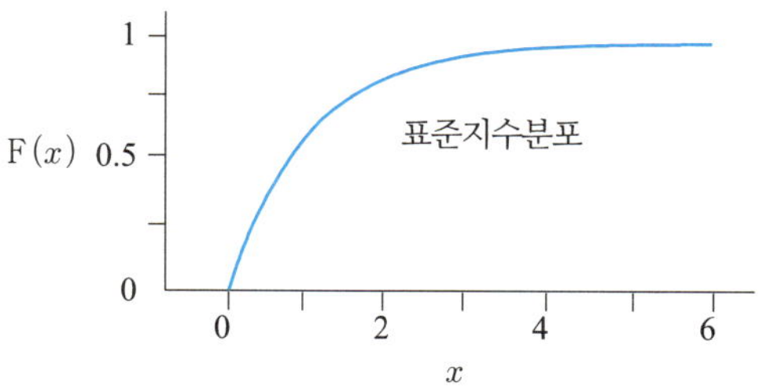

이 분포를 표준지수분포(標準指數分布, standard exponential distribution)라고 한다.

일반적으로 확률변수 X의 누적 확률을 나타내는 함수

$$F(x) = P(X \le x) \ (-\infty < x < +\infty)$$

를 X의 누적분포함수라고 하며, 간략히 약자로는 cdf로 나타내고 기호로는

$$X \sim F(cdf)$$

와 같이 X의 분포가 누적분포함수(cdf) F에 의해 정해지는 것을 표기한다. 이러한 누적분포함수의 성질은 다음과 같다.

정리 1.5.1 누적분포함수의 성질

(a) (증가성) $x_1 < x_2$이면 $F(x_1) \le F(x_2)$

(b) (전체 변동) $\lim_{x \to -\infty} F(x) = 0, \quad \lim_{x \to +\infty} F(x) = 1$

(c) (오른쪽 연속성) $\lim_{\substack{h \to 0 \\ h > 0}} F(x+h) = F(x)$

[증명] (a) 다음의 포함 관계와 확률의 단조성으로부터 증가성이 성립하는 것은 명백하다.

$$x_1 < x_2 \text{이면 } (X \le x_1) \subseteq (X \le x_2)$$

(b) 포함 관계가 작아지는 사건들 $(X \le -k)$와 커지는 사건들 $(X \le k)$ $(k = 1, 2, \cdots)$에 대하여

$$\lim_{k \to +\infty} (X \le -k) = \bigcap_{k=1}^{\infty} (X \le -k) = \varnothing, \quad \lim_{k \to +\infty} (X \le k) = \bigcup_{k=1}^{\infty} (X \le k) = S$$

이므로, 확률측도의 연속성으로부터

$$\lim_{k \to +\infty} P(X \le -k) = P(\varnothing) = 0, \quad \lim_{k \to +\infty} P(X \le k) = P(S) = 1$$

따라서 (a)의 증가성으로부터 전체 변동에 관한 성질이 성립한다.

(c) 포함 관계가 작아지는 사건들 $(X \le x + 1/n)(n = 1, 2, \cdots)$에 대하여

$$\lim_{n \to +\infty} (X \le x + 1/n) = \bigcap_{n=1}^{\infty} (X \le x + 1/n) = (X \le x)$$

이므로 확률측도의 연속성과 (a)의 증가성으로부터 오른쪽 연속성이 성립한다.

누적분포함수가 오른쪽 연속임을 나타내기 위하여, 오른쪽 극한을

$$F(a+) = \lim_{\substack{x \to a \\ x > a}} F(x) = \lim_{n \to +\infty} F(a + 1/n)$$

로 나타내어 오른쪽 연속성을 다음과 같이 표현하기도 한다.

$$F(a+) = F(a) = P(X \le a)$$

그림 1.5.3 누적분포함수의 여러 가지 형태

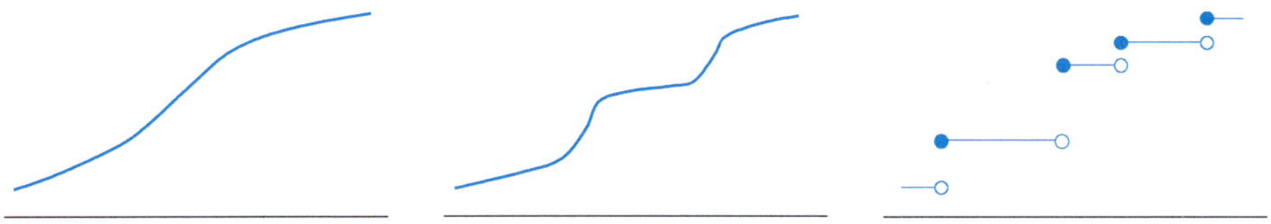

한편, <그림 1.5.1>이나 <그림 1.5.3>에서와 같이 누적분포함수는 왼쪽 연속이 아닐 수도 있다. 누적분포함수의 왼쪽 극한을 $F(a-)$라고 하면

$$F(a-) = \lim_{\substack{x \to a \\ x < a}} F(x) = \lim_{n \to +\infty} F(a - 1/n) = \lim_{n \to +\infty} P(X \le a - 1/n)$$

이다. 그런데 포함 관계가 커지는 사건들 $(X \le a - 1/n)(n = 1, 2, \cdots)$에 대하여

$$\lim_{n \to +\infty} (X \le a - 1/n) = \bigcup_{n=1}^{\infty} (X \le a - 1/n) = (X < a)$$

이므로 확률측도의 연속성에 의하여 다음 관계가 성립함을 알 수 있다.

$$F(a-) = \lim_{n \to +\infty} P(X \le a - 1/n) = P(\lim_{n \to +\infty} (X \le a - 1/n)) = P(X < a)$$

따라서 누적분포함수의 왼쪽 방향에서의 불연속성의 크기에 대하여 다음이 성립한다.

$$F(a) - F(a-) = P(X \le a) - P(X < a) = P(X = a)$$

예 1.5.3

어느 병원에서 가까운 지하철역까지 10분 간격으로 왕복 셔틀버스가 운행되고 있고, 지하철역에서 병원까지 버스로는 10분, 도보로는 15분이 걸린다. 아무런 정보가 없는 사람이 지하철을 타고 와서 동전을 던져 앞면이 나오면 버스로, 뒷면이 나오면 도보로

그림 1.5.4 불연속인 누적분포함수의 예

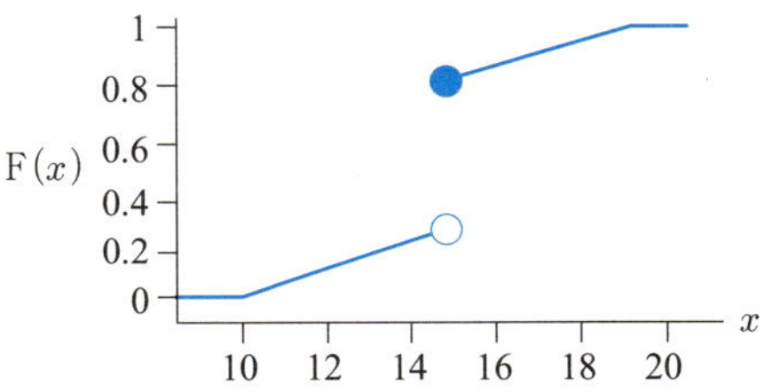

병원에 가려고 한다. 이 사람이 지하철역에서 병원에 도착할 때까지의 시간을 X (분)이라고 하면,

$$\mathrm{P}(\mathrm{X} \le x | \text{앞면}) = \begin{cases} 0, & x < 10 \\ (x-10)/10, & 10 \le x < 20 \\ 1, & x \ge 20 \end{cases}$$

$$\mathrm{P}(\mathrm{X} \le x | \text{뒷면}) = \begin{cases} 0, & x < 15 \\ 1, & x \ge 15 \end{cases}$$

$$\mathrm{P}(\text{앞면}) = \mathrm{P}(\text{뒷면}) = 1/2$$

따라서 $\mathrm{P}(\mathrm{X} \le x) = \mathrm{P}(\mathrm{X} \le x|\text{앞면})\mathrm{P}(\text{앞면}) + \mathrm{P}(\mathrm{X} \le x|\text{뒷면})\mathrm{P}(\text{뒷면})$으로부터 X의 누적분포함수는

$$\mathrm{F}(x) = \begin{cases} 0, & x < 10 \\ (x-10)/20, & 10 \le x < 15 \\ x/20, & 15 \le x < 20 \\ 1, & x \ge 20 \end{cases}$$

확률밀도함수나 누적분포함수 이외의 방법으로도 확률분포를 나타내는 방법이 있는가 생각해보자. 특별한 경우로서, 음이 아닌 정수의 값을 가질 수 있는 이산형 확률변수 X와 그 확률밀도함수 f를 생각해보자. 이 경우에는

$$f(x) = \mathrm{P}(\mathrm{X} = x), \ x = 0, 1, \cdots$$

로서

$$(f(0), f(1), f(2), \cdots)$$

의 값들이 X의 분포를 정하는 것임은 명백하다. 그런데 이들과 일대일 대응을 하는 것은

$$f(0)s^0 + f(1)s^1 + f(2)s^2 + \cdots = \sum_{x=0}^{\infty} s^x f(x), \ -1 < s < 1$$

로 표현되는 멱급수(冪級數, power series)임을 알고 있다. 구체적으로는 이 멱급수를 반복적으로 미분하여 $f(k)$ 값들을 구할 수 있다. 즉

$$\frac{d^k}{ds^k}\left\{\sum_{x=0}^{\infty} s^x f(x)\right\} = \sum_{x=k}^{\infty} x(x-1)\cdots(x-k+1)s^{x-k} f(x), \ -1 < s < 1$$

이므로 이 멱급수로부터 다음과 같이 $f(k)$ 값들이 결정된다.

$$f(k) = \left[\frac{d^k}{ds^k}\left\{\sum_{x=0}^{\infty} s^x f(x)\right\}\right]_{s=0} / k!$$

이러한 뜻에서 이 멱급수인

$$G(s) = E(s^X) = \sum_{x=0}^{\infty} s^x f(x), \quad -1 < s < 1$$

를 이와 같은 확률변수 X의 확률생성함수(確率生成函數, probability generating function)이라고 한다.

확률생성함수:

음이 아닌 정수의 값을 가질 수 있는 이산형 확률변수 X의 확률생성함수[10]는

$$G(s) = E(s^X) = \sum_{x=0}^{\infty} s^x P(X = x), \quad -1 < s < 1$$

이고, 그 확률밀도함수는

$$f(k) = P(X = k) = G^{(k)}(0)/k!, \quad k = 0, 1, 2, \cdots$$

예 1.5.4 앞면이 나올 때까지 동전을 던지는 실험

<예 1.3.3>에서의 앞면이 나올 때까지 동전을 던지게 될 횟수 X의 확률밀도함수는

$$f(k) = P(X = k) = (1/2)^k \ (k = 1, 2, \cdots), \ f(x) = 0 \ \forall x : x \neq k \ (k = 1, 2, \cdots)$$

이므로, X의 확률생성함수는

$$G(s) = E(s^X) = \sum_{k=1}^{\infty} s^k (1/2)^k = s/(2-s), \quad -2 < s < 2$$

확률생성함수 $G(s)$의 정의에서 s가 양수이면

$$G(s) = E(s^X) = E(e^{X \log s}) = E(e^{tX}), \quad t = \log s$$

와 같이 나타낼 수 있으므로 $E(e^{tX})$도 분포를 정할 수 있음을 알 수 있다.

일반적으로, 0을 포함하는 열린구간의 t 값에 대하여 $E(e^{tX})$가 실수일 때, 즉

$$E(e^{tX}) < +\infty \quad \forall t : -h < t < h \ (\exists h > 0)$$ [11]

일 때 $E(e^{tX})$를 확률변수 X의 적률생성함수(積率生成函數, moment generating function)라고 하며 간략히 약자로 mgf로 나타낸다.

---

10) 확률생성함수를 뜻하는 멱급수는 <예 1.5.4>에서와 같이 1보다 큰 s 값에 대해서도 절대 수렴할 수 있다.

11) $(\exists h > 0)$의 표현에서 $\exists$는 'exist'의 E를 뒤집어 표기한 것으로, '양수 h가 존재하여'라는 뜻이다.

적률생성함수[12]:

0을 포함하는 열린구간의 t 값에 대하여 $\mathrm{E}(e^{t\mathrm{X}})$가 실수일 때, 함수

$$\mathrm{M}(t)=\mathrm{E}(e^{t\mathrm{X}}),\quad -h<t<h\,(\exists h>0)$$

를 확률변수 X의 적률생성함수라고 한다.

예 1.5.5 **앞면이 나올 때까지 동전을 던지는 실험**

<예 1.3.3>에서의 앞면이 나올 때까지 동전을 던지게 될 횟수 X의 확률밀도함수는

$$f(k)=\mathrm{P}(\mathrm{X}=k)=(1/2)^k\ (k=1,2,\cdots)$$

이므로, $e^t/2<1$ 즉 $t<\log 2$ 일 때

$$\mathrm{E}(e^{t\mathrm{X}})=\sum_{k=1}^{\infty}e^{tk}(1/2)^k<+\infty$$

이다. 따라서 X의 적률생성함수는 다음과 같이 주어진다.

$$\mathrm{M}(t)=\mathrm{E}(e^{t\mathrm{X}})=\sum_{k=1}^{\infty}e^{tk}(1/2)^k=(e^t/2)/(1-e^t/2),\ t<\log 2$$

지수함수의 멱급수 전개식으로부터

$$e^{t\mathrm{X}}=1+\frac{t\mathrm{X}}{1!}+\frac{(t\mathrm{X})^2}{2!}+\cdots+\frac{(t\mathrm{X})^k}{k!}+\cdots$$

임을 알고 있다. 여기에서 오른쪽 변의 기댓값을 항별로 취하여 더할 수 있다면

$$\mathrm{M}(t)=\mathrm{E}(e^{t\mathrm{X}})=1+\frac{\mathrm{E}(\mathrm{X})}{1!}t+\frac{\mathrm{E}(\mathrm{X}^2)}{2!}t^2+\cdots+\frac{\mathrm{E}(\mathrm{X}^k)}{k!}t^k+\cdots$$

일 것으로 예상할 수 있다. 이러한 전개식의 각 항에서 나타나는

$$\mathrm{E}(\mathrm{X}^k)\quad(k=1,2,\cdots)$$

를 X의 k차 적률(積率, moment)이라고 하며, 기호로는 $m_k(\mathrm{X})$ 또는 m_k로 나타낸다.

---

12) $\mathrm{E}(e^{t\mathrm{X}})<+\infty\ \ \forall t:\ -h<t<h(h>0)$가 성립하지 않으면 적률생성함수가 존재하지 않는다고 한다.

적률[13]**:**

$E(|X|^k) < +\infty$일 때

$$m_k = E(X^k) = \begin{cases} \sum_x x^k f(x) & \text{(X 가 이산형일 때)} \\ \int_{-\infty}^{+\infty} x^k f(x)dx & \text{(X 가 연속형일 때)} \end{cases}$$

를 확률변수 X의 k차 적률($k=1, 2, \cdots$)이라고 한다.

정리 1.5.2 적률생성함수의 성질

(a) (적률생성 성질) 확률변수 X의 적률생성함수가 존재하면, 즉

$$M(t) = E(e^{tX}) < +\infty \quad \forall t: -h < t < h\,(\exists\, h > 0)$$

이면, X의 모든 적률이 존재하고

$$E(X^k) = M^{(k)}(0),\ M(t) = \sum_{k=0}^{\infty} \frac{E(X^k)}{k!} t^k, \ -\epsilon < t < \epsilon\,(\exists\, \epsilon > 0)$$

(b) (분포 결정성)[14] 두 확률변수 X, Y의 적률생성함수 $M_X(t), M_Y(t)$가 존재하고 0을 포함하는 열린구간에서 일치한다면, 즉

$$M_X(t) = M_Y(t) \quad \forall t: -h < t < h\,(\exists\, h > 0)$$

이면, X와 Y의 확률분포가 일치, 즉 X와 Y의 확률밀도함수, 누적분포함수가 일치한다.

[증명] (a) 지수함수의 멱급수 전개식

$$e^a = 1 + \frac{a}{1!} + \frac{a^2}{2!} + \cdots + \frac{a^k}{k!} + \cdots$$

으로부터 다음 부등식이 성립하는 것을 알 수 있다.

$$(|tx|)^k/k! \le e^{|tx|} \le e^{tx} + e^{-tx}$$

이 부등식의 각 변에 확률밀도함수를 곱하여 합하거나 적분하면

$$|t|^k E(|X|^k)/k! \le M(t) + M(-t) < +\infty \quad (-h < t < h)$$

따라서 X의 모든 적률이 존재한다.

---

13) 적률이 실수로 정의되기 위하여는 무한 합이나 이상적분이 절대 수렴, 즉 $E(|X|^k) < +\infty$이어야 한다.

14) 적률생성함수를 일반화한 특성함수(characteristic function)를 이용한 증명은 참고서적 [P. Billingsley] Probability and Measure 3rd ed. p.346~p.347을 참조하시오.

한편, 부록의 테일러 정리를 지수함수에 적용하면

$$e^{tx} - \sum_{k=0}^{n-1} \frac{(tx)^k}{k!} = \frac{1}{(n-1)!} \int_0^1 (1-u)^{n-1} e^{utx}\, du\, (tx)^n$$

따라서 다음의 부등식이 성립한다.

$$\begin{aligned} \left| e^{tx} - \sum_{k=0}^{n-1} \frac{(tx)^k}{k!} \right| &\le \int_0^1 (1-u)^{n-1} e^{u|tx|}\, du\, \frac{(|tx|)^{n-1}}{(n-1)!} \frac{|tx|}{1!} \\ &\le \int_0^1 (1-u)^{n-1} e^{|tx|}\, du\, e^{|tx|} e^{|tx|} \\ &\le \frac{1}{n}(e^{3tx} + e^{-3tx}) \end{aligned}$$

이 부등식의 각 변에 확률밀도함수를 곱하여 합하거나 적분하면

$$\left| \mathrm{M}(t) - \sum_{k=0}^{n-1} \mathrm{E}(\mathrm{X}^k) t^k / k! \right| \le \frac{1}{n}\{\mathrm{M}(3t) + \mathrm{M}(-3t)\}, \ -h < 3t < h$$

여기에서 n을 충분히 크게 하면

$$\mathrm{M}(t) = \sum_{k=0}^{\infty} \frac{\mathrm{E}(\mathrm{X}^k)}{k!} t^k, \ -\epsilon < t < \epsilon \, (\epsilon = h/3 > 0)$$

(b) 증명은 이 책의 수준을 넘으므로 생략하기로 한다.

확률변수의 모든 적률이 존재한다고 해서 적률생성함수가 존재하는 것은 아니다. 구체적인 예로서 로그정규분포[15)]의 경우에 모든 적률은 존재하지만 적률생성함수는 존재하지 않는 것이 알려져 있다.

예 1.5.6 표준지수분포의 적률생성함수와 적률

확률변수 X의 확률밀도함수가

$$f(x) = e^{-x} \mathrm{I}_{(x>0)}$$

일 때, X의 적률생성함수는

$$\mathrm{M}(t) = \int_0^{+\infty} e^{tx} e^{-x} dx = (1-t)^{-1}, \ t < 1$$

적률생성함수의 멱급수 전개식은

$$\mathrm{M}(t) = \sum_{k=0}^{\infty} t^k = \sum_{k=0}^{\infty} \frac{k!}{k!} t^k, \ t < 1$$

15) 3장 연습문제 (3.18)에서 로그정규분포와 그 성질이 소개될 것이다.

이므로 X의 k차 적률은

$$\mathrm{E}(\mathrm{X}^k) = \mathrm{M}^{(k)}(0) = k! \ (k=1, 2, \cdots)$$

이고, 이는 다음과 같이 부분적분을 이용하여 정의에 따라 구한 것과 같다.

$$\int_0^\infty x^k e^{-x}\,dx = \int_0^\infty x^k d(-e^{-x}) = \int_0^\infty e^{-x} d(x^k) = k\int_0^\infty x^{k-1}e^{-x}\,dx$$
$$= \cdots = k!$$

예 1.5.7 **적률생성함수의 분포결정성**

확률변수 X의 적률생성함수가 존재하는 것이 알려져 있고, 그 적률이

$$\mathrm{E}(\mathrm{X}^k) = 2^k k! \ (k=0,1, 2, \cdots)$$

이라면, 정리 1.5.2의 (a)로부터 X의 적률생성함수는

$$\mathrm{M}(t) = \sum_{k=0}^{\infty}\frac{\mathrm{E}(\mathrm{X}^k)}{k!}t^k = \sum_{k=0}^{\infty}(2t)^k = \frac{1}{1-2t}, \ -1 < 2t < 1$$

임을 알 수 있다. 한편, 확률밀도함수

$$f(x) = \frac{1}{2}e^{-\frac{1}{2}x}\mathrm{I}_{(0,+\infty)}(x)$$

에 대하여

$$\int_{-\infty}^{+\infty} e^{tx}\frac{1}{2}e^{-\frac{1}{2}x}\mathrm{I}_{(0,+\infty)}(x)\,dx = \frac{1}{1-2t}, t < \frac{1}{2}$$

이 성립함을 알 수 있으므로 적률생성함수의 분포결정성으로부터 이 함수 $f(x)$가 X의 확률밀도함수이다.[16)]

적률생성함수 $\mathrm{M}(t)$가 존재할 때, 로그를 취하여 얻어지는 함수

$$\mathrm{C}(t) = \log \mathrm{M}(t) = \log \mathrm{E}(e^{t\mathrm{X}}), \ -h < t < h(\exists h > 0)$$

를 확률변수 X의 누율생성함수(累率生成函數, cumulant generating function)라고 하며, 간략히 약자로 cgf로 나타낸다.

누율생성함수의 멱급수 전개식

$$\mathrm{C}(t) = \sum_{r=0}^{\infty}\frac{\mathrm{C}^{(r)}(0)}{r!}t^r, \ -h < t < h(\exists h > 0), \ r = 1, 2, \cdots$$

16) 적률생성함수에 대응하는 확률생성함수를 구하는 일반적인 과정은 라플라스변환의 역변환과정으로서 이 책의 수준에서는 다룰 수 없고, 이 책에서는 많은 확률밀도함수에 대응하는 적률생성함수들을 기억하여 역으로 대응관계를 이용하도록 한다.

에서 $C(0)=0$이고 $t^r/r!$의 계수인 $C^{(r)}(0)$를 X의 r차 누율(累率, cumulant) $(r=1, 2, \cdots)$이라고 하며, 기호로는 $c_r(X)$ 또는 c_r로 나타낸다. 즉

$$C(t)=\sum_{r=1}^{\infty}\frac{c_r(X)}{r!}t^r,\ -h<t<h(\exists h>0)$$

한편 누율 c_r과 적률 m_k의 관계는

$$\log\left(1+\sum_{k=1}^{\infty}\frac{m_k}{k!}t^k\right)=\sum_{r=1}^{\infty}\frac{c_r}{r!}t^r,\ -h<t<h(\exists h>0)$$

에서 구할 수 있다. 다음과 같이 로그함수의 멱급수 전개식을 이용하고

$$\log(1+A)=A-A^2/2+A^3/3-\cdots,\ (-1<A<1)$$
$$A=m_1t+m_2t^2/2!+m_3t^3/3!+\cdots$$

그 결과를 t의 오름차순으로 정리하면

$$c_1=m_1,\ c_2=2!\{m_2/2!-(m_1)^2/2\}=m_2-(m_1)^2,\ \cdots$$

즉 일차, 이차 누율은 각각 평균과 분산인 것을 알 수 있다.

예 1.5.8 표준지수분포의 누율생성함수와 누율

$$C(t)=\log M(t)=-\log(1-t)=t+t^2/2+t^3/3+\cdots,\ -1<t<1$$
$$c_r=(r-1)!\ (r=1, 2, \cdots)$$

예 1.5.9

예 1.5.7에서 확률변수 X의 적률생성함수가

$$M(t)=\frac{1}{1-2t},\ t<1/2$$

이므로, X의 누율생성함수와 누율은

$$C(t)=\log M(t)=-\log(1-2t)=2t+(2t)^2/2+(2t)^3/3+\cdots,\ -1<2t<1$$
$$c_r=(r-1)!\,2^r\ (r=1, 2, \cdots)$$

1.6 여러 가지 부등식

산술 평균과 기하 평균의 대소 관계와 같이 항상 성립하는 부등식은 확률에 관한 사실들을 증명하는 데에 유용하다. 이 절에서는 이러한 부등식들에 대해 알아보자.

정리 1.6.1 **젠센(Jensen)의 부등식**

수직선 위의 구간 I 에서의 값을 갖는 확률변수 X의 기댓값이 존재하면, 구간 I 에서 볼록한[17] 함수 ϕ에 대하여 다음 부등식이 성립한다.

$$\phi(\mathrm{E}(\mathrm{X})) \le \mathrm{E}(\phi(\mathrm{X}))$$

그림 1.6.1 볼록한 함수

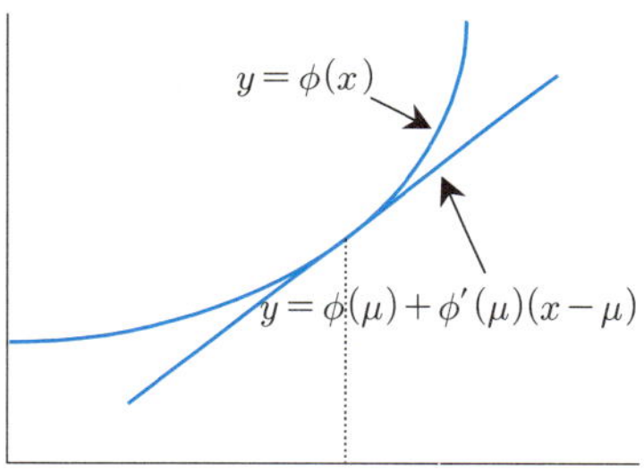

[증명] 일반적인 볼록함수에 대한 증명은 이 책의 수준을 넘으므로, 두 번 미분 가능한 볼록함수의 경우, 즉 이계도함수가 항상 0 이상인 함수 ϕ에 대하여 증명하기로 한다. 구간 I 에서의 값을 가지는 확률변수 X의 기댓값인 평균을 $\mu=\mathrm{E}(\mathrm{X})$ 라고 하면 μ는 구간 I 에 속하는 값이다. 따라서 테일러 정리로부터, 구간에 속하는 각각의 x에 대하여

$$\phi(x)=\phi(\mu)+\phi'(\mu)(x-\mu)+\phi''(\xi)(x-\mu)^2/2$$

을 만족시키는 ξ가 x와 μ 사이에 존재하는 것을 알고 있다. 여기에서 볼록함수 ϕ의 이계도함수가 항상 0 이상이므로 다음 부등식이 성립한다.

$$\phi(x) \ge \phi(\mu)+\phi'(\mu)(x-\mu) \quad \forall x \in \mathrm{I}$$

이 부등식의 양변에 확률밀도함수를 곱하여 합하거나 적분하면

$$\mathrm{E}(\phi(\mathrm{X})) \ge \phi(\mu)+\phi'(\mu)\mathrm{E}(\mathrm{X}-\mu)=\phi(\mu)$$

예 1.6.1

함수 $\phi(x)=x^2$은 수직선 전체에서 볼록함수이므로, 기댓값을 갖는 확률변수 X 에 대하여

$$\mathrm{E}(\mathrm{X}^2)=\mathrm{E}(\phi(\mathrm{X})) \ge \phi(\mathrm{E}(\mathrm{X}))=(\mathrm{E}(\mathrm{X}))^2$$

---

17) 볼록함수란 다음 부등식을 만족시키는 함수를 뜻한다.

$$\phi(\lambda x+(1-\lambda)y) \le \lambda\phi(x)+(1-\lambda)\phi(y) \quad \forall \lambda: 0 \le \lambda \le 1,\ \forall x \in \mathrm{I},\ \forall y \in \mathrm{I}$$

정리 1.6.2 리아푸노프(Liapounov) 부등식

확률변수 X에 대하여 $E(|X|^s) < \infty$이면 $0 < r < s$인 r에 대하여

$$(E(|X|^r))^{1/r} \le (E(|X|^s))^{1/s}$$

[증명] $p > 1$이면 함수 $\phi(y) = y^p I_{(y \ge 0)}$는 볼록함수이다. 따라서 0 이상의 값을 가지는 확률변수 Y의 기댓값이 존재하면 젠센의 부등식으로부터 다음이 성립한다.

$$(E(Y))^p \le E(Y^p)$$

여기에서 $p = s/r > 1$, $Y = |X|^r$이라고 하면

$$E(Y) = E(|X|^r (I_{(|X| \le 1)} + I_{(|X| > 1)})) \le E(1 + |X|^s) < \infty$$

$$\therefore \ (E(|X|^r))^{s/r} = (E(Y))^p \le E(Y^p) = E((|X|^r)^{s/r}) = E(|X|^s)$$

정리 1.6.3 마코프(Markov) 부등식과 체비셰프(Chebyshev) 부등식

(a) (마코프) 확률변수 Z에 대하여 $E(|Z|^r) < \infty \ (r > 0)$이면, 임의의 양수 k에 대하여

$$P(|Z| \ge k) \le E(|Z|^r)/k^r$$

(b) (체비셰프) 확률변수 X에 대하여 $Var(X) < \infty$이면, 임의의 양수 k에 대하여

$$P(|X - E(X)| \ge k) \le Var(X)/k^2$$

[증명] (a) 이 부등식 증명의 핵심은 다음과 같이 확률을 지표함수의 기댓값으로 나타내는 데에 있다.

$$P(|Z| \ge k) = E(I_{(|Z| \ge k)})$$

한편, 지표함수의 값은 0 또는 1이므로

$$I_{(|Z| \ge k)} = 1 \cdot I_{(|Z|/k \ge 1)} \le (|Z|/k)^r \cdot I_{(|Z|/k \ge 1)} \le |Z|^r/k^r$$

따라서 양변의 기댓값을 취하면

$$P(|Z| \ge k) = E(I_{(|Z| \ge k)}) \le E(|Z|^r)/k^r$$

(b) 마코프 부등식에서 다음과 같이 대입하면 체비셰프 부등식을 얻을 수 있다.

$$Z = X - E(X), \ r = 2$$

예 1.6.2 6 시그마 밖의 확률

확률변수 X의 평균, 표준편차를 각각 μ, $\sigma\,(0<\sigma<\infty)$라고 하면 체비셰프 부등식으로부터

$$P(|X-\mu|\geq 6\sigma)\leq 1/36=0.0277\cdots$$

즉 X의 분포가 무엇이든 평균으로부터 여섯 배의 표준편차 밖의 확률은 2.8% 이하이다.

정리 1.6.4 분산 0의 의미

확률변수 X의 평균이 $\mu=E(X)$이고 $Var(X)=0$이면

$$P(X=\mu)=1$$

[증명] 확률변수 X가 μ와 다른 값들을 가지는 사건을 다음과 같이 나타낼 수 있다.

$$(|X-\mu|>0)=\bigcup_{n=1}^{\infty}\left(|X-\mu|\geq\frac{1}{n}\right)$$

따라서 확률의 가산반가법성으로부터

$$P(|X-\mu|>0)=P\left\{\bigcup_{n=1}^{\infty}\left(|X-\mu|\geq\frac{1}{n}\right)\right\}\leq\sum_{n=1}^{\infty}P\left(|X-\mu|\geq\frac{1}{n}\right)$$

한편, 체비셰프 부등식과 $Var(X)=0$으로부터

$$0\leq P\left(|X-\mu|\geq\frac{1}{n}\right)\leq Var(X)/(1/n)^2=0,$$

$$\therefore\ P\left(|X-\mu|\geq\frac{1}{n}\right)=0\quad(n=1,2,\cdots)$$

그러므로

$$0\leq P(|X-\mu|>0)\leq\sum_{n=1}^{\infty}P\left(|X-\mu|\geq\frac{1}{n}\right)=0$$

$$\therefore\ P(|X-\mu|>0)=0$$

따라서

$$\therefore\ P(X=\mu)=1-P(|X-\mu|>0)=1$$

연습문제

1.1 세 개의 주사위를 던질 때, 세 주사위 중에서 적어도 한 개가 6의 눈이 나올 확률을 구하여라.

1.2 1부터 10까지의 수가 하나씩 적힌 카드들 중에서 한 장을 랜덤하게 뽑았을 때, 뽑힌 카드가 짝수임을 알고 있는 경우에 뽑힌 카드의 숫자가 5 이상의 숫자일 확률을 구하여라.

1.3 한 공장에서 기계 A, B, C를 사용하여 같은 종류의 스프링을 생산하고 있으며 기계 A, B, C에서 불량품이 생산될 확률은 각각 1%, 2%, 3%인 것으로 알려져 있다. 또한 이 공장에서 생산되는 전체 스프링의 30%는 기계 A에서, 50%는 기계 B에서, 20%는 기계 C에서 만들어진다고 한다.

(a) 어느 날 생산된 전체 스프링 중 하나를 랜덤하게 선택했을 때, 그것이 불량품일 확률을 구하여라.

(b) 어느 날 생산된 전체 스프링 중 하나를 랜덤하게 선택했을 때, 그것이 불량품이었다. 이러한 조건 하에서 그것이 기계 B에서 만들어졌을 조건부 확률을 구하여라.

1.4 한 기기의 내부에 부품 3개가 병렬로 연결되어 있어 적어도 하나가 작동을 하면 이 기기는 정상적으로 움직인다고 한다. 각 부품이 고장나는 사건은 독립적이고 각 부품이 고장날 확률이 0.05라고 할 때, 이 기기가 정상적으로 움직일 확률을 구하여라.

1.5 양의 실수 전체의 부분집합 A에 대하여

$$\mathrm{P}(A) = \int_A e^{-x} dx$$

로 확률이 정의되었을 때, $A_k = \left\{x : 2 - \frac{1}{k} < x \le 3\right\}$ $(k = 1, 2, \cdots)$에 대하여 다음 사건과 확률을 구하여라.

(a) $\lim_{k\to\infty} A_k$와 $\mathrm{P}(\lim_{k\to\infty} A_k)$ (b) $\mathrm{P}(A_k)$와 $\lim_{k\to\infty} \mathrm{P}(A_k)$

1.6 확률변수 X의 누적분포함수가

$$\mathrm{F}(x) = \begin{cases} 0 & x \le 0 \\ x^2/8 & 0 \le x < 2 \\ 1 & x \ge 2 \end{cases} \text{ 이고}$$

$$C_k = \{x : 1/k \le x \le 2 - 1/k\},$$

$$D_k = \{x : 2 - 1/k < x < 2 + 1/k\} \ \ (k = 1, 2, \cdots)$$

일 때 다음 사건과 확률을 구하여라.

(a) $\lim_{k\to\infty} C_k$와 $\mathrm{P}(\mathrm{X} \in \lim_{k\to\infty} C_k)$ (b) $\lim_{k\to\infty} D_k$와 $\mathrm{P}(\mathrm{X} \in \lim_{k\to\infty} D_k)$

1.7 확률변수 X의 누적분포함수가

$$\mathrm{F}(x) = \begin{cases} 0 & x < 0 \\ x/4 + 1/4 & 0 \le x < 2 \\ 1 & x \ge 2 \end{cases} \text{ 이고}$$

$$C_k = \{x : 1/k \le x \le 2 - 1/k\},$$

$$D_k = \{x : -1/k < x < 1 + 1/k\} \ \ (k = 1, 2, \cdots)$$

일 때 다음 사건과 확률을 구하여라.

(a) $\lim_{k\to\infty} C_k$와 $\mathrm{P}(\mathrm{X} \in \lim_{k\to\infty} C_k)$ (b) $\lim_{k\to\infty} D_k$와 $\mathrm{P}(\mathrm{X} \in \lim_{k\to\infty} D_k)$

1.8 확률변수 X의 누적분포함수가 다음과 같은 경우에 X의 확률밀도함수를 구하여라.

(a) $\mathrm{F}(x) = \begin{cases} 0 & x < 1 \\ 1 - (1/2)^k & k \le x < k+1 \ (k = 1, 2, \cdots) \end{cases}$

(b) $\mathrm{F}(x) = \begin{cases} 0 & x < 0 \\ x^2 & 0 \le x < 1 \\ 1 & x \ge 1 \end{cases}$

(c) $\mathrm{F}(x) = \begin{cases} 0 & x < 0 \\ 1 - e^{-x^2} & x \ge 0 \end{cases}$

1.9 확률변수 X의 확률밀도함수가 다음과 같은 경우에 상수 c의 값을 구하고 X의 누적분포함수를 구하여라.

(a) $f(x) = c(2/3)^x,\ x = 0, 1, 2, \cdots$

(b) $f(x) = cx^2(1-x)\mathrm{I}_{(0,1)}(x)$

(c) $f(x) = ce^{-2|x|},\ -\infty < x < +\infty$

1.10 확률변수 X의 확률밀도함수가 다음과 같은 경우에 X의 기댓값이 존재하기 위한, 즉 $\mathrm{E(X)} < +\infty$이기 위한 양수 α 값의 범위를 구하여라.

$$f(x) = \alpha x^{-\alpha-1}\mathrm{I}_{(1,\infty)}(\mathrm{x})$$

1.11 (a) 확률변수 X와 임의의 양수 k에 대하여 다음 부등식이 성립하는 것을 밝혀라.

$$k\mathrm{P}(\mathrm{X} > k) \le \mathrm{E}(\mathrm{X\,I}(\mathrm{X} > k))$$

(b) 0 또는 양수의 값을 갖는 연속형 확률변수 X의 기댓값이 존재할 때, 즉 $\mathrm{E(X)} < +\infty$일 때 다음이 성립하는 것을 밝혀라.

$$\lim_{x\to+\infty} x\mathrm{P}(\mathrm{X} > x) = 0$$

(c) 0 또는 양수의 값을 갖는 연속형 확률변수 X의 기댓값이 존재하고 그 누적분포함수 F가 모든 점에서 미분가능할 때 다음이 성립하는 것을 밝혀라.

$$\mathrm{EX} = \int_0^{+\infty}(1-\mathrm{F}(x))dx$$

1.12 확률변수 X의 확률밀도함수가 다음과 같은 경우에 (a), (b)의 값을 구하여라.

$$f(x) = \frac{2}{9}(2-x)(1+x)\mathrm{I}_{[-1,2]}(\mathrm{x})$$

(a) $\mathrm{E(X)}$, $\mathrm{Var(X)}$

(b) $\mathrm{E(2X+3)}$, $\mathrm{Var(2X+3)}$

1.13 확률변수 X에 대하여 $\mathrm{E(X^2)} < +\infty$ 일 때 실수 a에 대하여

$$\mathrm{E}[(\mathrm{X}-a)^2] = \mathrm{Var(X)} + (\mathrm{E(X)}-a)^2$$

임을 밝히고, 이로부터 $E[(X-a)^2]$을 최소로 하는 실수 a의 값은 $E(X)$임을 밝혀라.

1.14 연속형 확률변수 X에 대하여

$$P(X \le m) = 1/2$$

이 성립하는 m이 유일하게 있는 경우에 m을 X의 분포의 중앙값이라고 한다. 이와 같이 중앙값이 유일하게 존재하고 $E(|X|) < +\infty$인 연속형 확률변수 X에 대하여

$$E(|X-a|) = E(|X-m|) + 2\int_m^a (a-x)f(x)dx$$

임을 밝히고, 이로부터 $E[|X-a|]$을 최소로 하는 실수 a의 값은 중앙값 m임을 밝혀라. (참고 : $a > m$일 때 $|x-a| - |x-m| = (a-m)\{I(x \le m) - I(x > m)\} + 2(a-x)I(m < x \le a)$)

1.15 X의 확률밀도함수가 다음과 같은 경우에 X의 적률생성함수를 구하여라.

$$f(x) = \begin{cases} \frac{1}{2}e^{x}, & x < 0 \\ e^{-2x}, & x > 0 \end{cases}$$

1.16 X의 확률밀도함수가 다음과 같을 때 X의 적률생성함수와 평균, 분산을 구하여라.

$$f(x) = \frac{1}{2}e^{-|x|}, \quad -\infty < x < +\infty$$

1.17 확률변수 X의 적률생성함수가 존재하는 것이 알려져 있고

$$E(X^{2r}) = (2r)!/2^r r!, \quad r = 1, 2, 3, \cdots$$

$$E(X^{2r-1}) = 0, \quad r = 1, 2, 3, \cdots$$

일 때 X의 적률생성함수를 구하여라.

1.18 확률변수 X의 적률생성함수가 존재하는 것이 알려져 있고, k차 적률이

$$m_k = \frac{1}{3}k!\{2 + (-1/2)^k\} \ (k = 1, 2, \cdots)$$

로 주어지는 경우에 다음을 구하여라.

(a) X의 확률밀도함수 (b) X의 $r(r=1,2,\cdots)$차 누율

1.19 표준화된 확률변수 $Z=(X-\mu)/\sigma$의 적률 $m_r(Z)$와 누율 $c_r(Z)$의 관계로부터

$$c_3(Z)=m_3(Z),\ c_4(Z)=m_4(Z)-3$$

임을 밝혀라. Z의 3차 누율 $c_3(Z)=E\left[\left(\frac{X-\mu}{\sigma}\right)^3\right]$와 4차 누율 $c_4(Z)=E\left[\left(\frac{X-\mu}{\sigma}\right)^4\right]-3$을 각각 X의 왜도(歪度, skewness)와 첨예도(尖銳度, kurtosis)라고 한다.

1.20 표준화된 확률변수 $Z=(X-\mu)/\sigma$의 누율생성함수와 X의 누율생성함수의 관계로부터 $Z=(X-\mu)/\sigma$의 누율과 X의 누율 사이에 다음 관계가 성립하는 것을 밝혀라.

$$c_r\left(\frac{X-\mu}{\sigma}\right)=c_r(X)/\sigma^r \quad (r=3,\ 4,\ \cdots)$$

1.21 확률변수 X의 적률생성함수가

$$M(t)=(1-t)^{-3},\ t<1$$

인 경우에 연습문제 (1.19)에서 정의된 X의 왜도와 첨예도를 구하여라.

1.22 확률변수 X의 확률밀도함수가 다음과 같은 경우에 연습문제 (1.19)에서 정의된 X의 왜도와 첨예도를 구하여라.

(a) $f(x)=e^{-x}I_{(0,+\infty)}(x)$ (b) $f(x)=\frac{1}{2}e^{-|x|},\ -\infty<x<+\infty$

1.23 양수의 값을 갖는 확률변수 X에 대하여 다음 괄호 안에 올바른 부등호 기호를 써 넣어라.

(a) $E(-\log X)$ (　) $-\log EX$ (b) EX^r (　) $(EX)^r$ $(0<r<1)$

1.24 확률변수 X의 적률생성함수 $mgf_X(t)$가 $-h < t < h$ $(h > 0)$에서 존재할 때 다음이 성립함을 밝혀라.

$$P(X \geq a) \leq e^{-at} mgf_X(t) \quad \forall t : 0 \leq t < h$$

$$P(X \leq a) \leq e^{-at} mgf_X(t) \quad \forall t : -h < t \leq 0$$

1.25 확률변수 X의 적률생성함수 $mgf_X(t)$가 모든 실수 t에 대하여 존재하고

$$mgf_X(t) = \frac{e^t - e^{-t}}{2t}, \ t \neq 0, \ mgf_X(0) = 1$$

일 때 $P(-1 < X < 1) = 1$임을 밝혀라.

2

다차원 확률변수의 확률분포

2.1 두 확률변수의 분포

일반적으로 랜덤한 실험에서 관심의 대상이 되는 확률변수는 여러 개이다. 이제 이들의 분포를 나타내는 방법에 대하여 알아보자.

예 2.1.1

두 개의 흰 공, 세 개의 검은 공, 네 개의 빨간 공이 들어있는 상자에서 3개의 공을 함께 꺼낼 때, 추출되는 흰 공과 검은 공의 개수를 각각 X와 Y라고 하면

$$\mathrm{P}(\mathrm{X}=x, \mathrm{Y}=y)=\frac{\binom{2}{x}\binom{3}{y}\binom{4}{3-x-y}}{\binom{9}{3}},\ x=0,1,2,\ y=0,1,2,3,\ x+y \leq 3$$

여기에서 X와 Y가 가질 수 있는 값들과 그 확률을 아래의 표와 같이 나타낼 수 있고, 표의 세로 주변에는 X에 관한 확률이, 그리고 가로 주변에는 Y에 관한 확률이 주어져 있는 것을 알 수 있다.

표 2.1.1 두 확률변수 X와 Y의 확률분포표

		Y의 값				합 계
		Y=0	Y=1	Y=2	Y=3	
X의 값	X=0	4/84	18/84	12/84	1/84	35/84
	X=1	12/84	24/84	6/84	0	42/84
	X=2	4/84	3/84	0	0	7/84
합 계		20/84	45/84	18/84	1/84	1

두 확률변수 X, Y의 순서쌍인 (X, Y)가 가질 수 있는 순서쌍들의 집합이

$$\{(x_j, y_k) \mid j=1,2,\cdots, k=1,2,\cdots\}$$

일 때, 각각의 순서쌍에 그 순서쌍을 가질 확률을 대응시키는 함수

$$f(x_j, y_k)=\mathrm{P}(\mathrm{X}=x_j, \mathrm{Y}=y_k)$$

로 정의된 함수 f를 이산형 이차원[18] 확률변수 (X, Y)의 확률밀도함수라고 한다. 이러한 함수는 확률변수가 한 개일 때와 유사한 다음 성질들을 갖는다.

18) 이차원 확률변수를 이변량(bivariate) 확률벡터(random vector)라고도 한다.

이산형 이변량 확률벡터의 확률밀도함수:

(a) $f(x,y) \ge 0 \quad \forall x,y: -\infty < x < +\infty,\ -\infty < y < +\infty$
$f(x,y) = 0 \quad \forall (x,y) \ne (x_j, y_k)\ (j = 1,2,\cdots,\ k = 1,2,\cdots)$

(b) $\sum_x \sum_y f(x,y) = \sum_{j=1}^{\infty} \sum_{k=1}^{\infty} f(x_j, y_k) = 1$

(c) $\sum_{x: a \le x \le b} \sum_{y: c \le y \le d} f(x,y) = \mathrm{P}(a \le \mathrm{X} \le b,\ c \le \mathrm{Y} \le d)$

한편, 두 개의 확률변수 X, Y가 모두 실수 구간의 값을 가질 수 있고 그에 관한 확률이 적분으로 주어질 때, 두 확률변수의 순서쌍인 (X, Y)를 연속형의 이차원 확률변수 또는 이변량 확률벡터라고 하며 (X, Y)에 관한 확률을 정해주는 함수, 즉

$$\iint_{\substack{x: a \le x \le b \\ y: c \le y \le d}} f(x,y)\,dx\,dy = \mathrm{P}(a \le \mathrm{X} \le b,\ c \le \mathrm{Y} \le d)(a < b, c < d)$$

인 함수 f 를 (X, Y)의 확률밀도함수라고 한다.

연속형 이차원 확률변수의 확률밀도함수:

(a) $f(x,y) \ge 0 \quad \forall x,y: -\infty < x < +\infty,\ -\infty < y < +\infty$

(b) $\int_{-\infty}^{+\infty} \int_{-\infty}^{+\infty} f(x,y)\,dy\,dx = 1$

(c)[19] $\int_a^b \int_c^d f(x,y)\,dy\,dx = \mathrm{P}(a \le \mathrm{X} \le b,\ c \le \mathrm{Y} \le d)\ (a < b, c < d)$

예 2.1.2

다음 함수가 확률밀도함수가 되기 위한 상수 c 의 값을 구하고, 이 함수가 이차원 확률변수 (X, Y)의 확률밀도함수일 때 확률 $\mathrm{P}(\mathrm{X} \ge 2,\ \mathrm{Y} \ge 3)$을 구하여라.

$$f(x,y) = ce^{-x-y}\mathrm{I}_{(0 \le x \le y)}$$

[풀이] 전체 확률이 1이어야 하므로

19) 이중적분은 미분소인 $dy\,dx$가 나타나는 순서대로 적분해나가는 반복적분(iterated integral)을 뜻한다. 즉 $\int_a^b \int_c^d f(x,y)\,dy\,dx = \int_a^b \left\{ \int_c^d f(x,y)\,dy \right\} dx$

$$\int_{-\infty}^{+\infty}\int_{-\infty}^{+\infty} f(x,y)\,dy\,dx = \int_{0}^{+\infty}\int_{x}^{+\infty} c e^{-x-y}\,dy\,dx = 1$$

$$\therefore \int_{0}^{+\infty} c e^{-x}\left[-e^{-y}\right]_{x}^{+\infty} dx = c\int_{0}^{+\infty} e^{-2x}\,dx = c\left[-e^{-2x}/2\right]_{0}^{+\infty} = c/2 = 1$$

따라서 $c=2$이고 구하는 확률은

$$\mathrm{P}(\mathrm{X} \geq 2, \mathrm{Y} \geq 3) = \int_{2}^{+\infty}\int_{3}^{+\infty} 2e^{-x-y}\mathrm{I}_{(0 \leq x \leq y)}\,dy\,dx$$

그런데 $y \geq 3$, $y \geq x$을 간략히 $y \geq 3 \vee x$[20]로 나타내면

$$\int_{3}^{+\infty} 2e^{-x-y}\mathrm{I}_{(0 \leq x \leq y)}\,dy = \int_{3\vee x}^{+\infty} 2e^{-x-y}\,dy = 2e^{-x}\left[-e^{-y}\right]_{3\vee x}^{+\infty} = 2e^{-x-3\vee x}$$

$$\therefore \mathrm{P}(\mathrm{X} \geq 2, \mathrm{Y} \geq 3) = \int_{2}^{+\infty} 2e^{-x-3\vee x}\,dx = \int_{2}^{3} 2e^{-x-3}\,dx + \int_{3}^{+\infty} 2e^{-x-x}\,dx$$

$$\therefore \mathrm{P}(\mathrm{X} \geq 2, \mathrm{Y} \geq 3) = 2e^{-3}\left[-e^{-x}\right]_{2}^{3} + \left[-e^{-2x}\right]_{3}^{+\infty} = 2e^{-5} - e^{-6} \fallingdotseq 0.011$$

두 확률변수 X, Y가 주어지면, 이들의 순서쌍 (X, Y)의 분포는 물론 X의 분포와 Y의 분포를 생각할 수 있다. 이들을 구분하여 (X, Y)의 분포는 결합(結合, joint)확률분포, X의 분포와 Y의 분포는 각 확률변수의 주변(周邊, marginal)확률분포라고 한다.

<예 2.1.1>에서와 같이 결합확률분포로부터 주변확률분포를 구하는 방법을 알아보자.

$$\mathrm{P}(a \leq \mathrm{X} \leq b) = \mathrm{P}(a \leq \mathrm{X} \leq b, -\infty < \mathrm{Y} < +\infty)$$
$$= \begin{cases} \displaystyle\sum_{x:\,a \leq x \leq b}\sum_{y} f(x,y) & ((\mathrm{X},\mathrm{Y})\text{가 이산형일 때}) \\ \displaystyle\int_{a}^{b}\int_{-\infty}^{+\infty} f(x,y)\,dy\,dx & ((\mathrm{X},\mathrm{Y})\text{가 연속형일 때}) \end{cases}$$

따라서

$$f_1(x) = \begin{cases} \displaystyle\sum_{y} f(x,y) & ((\mathrm{X},\mathrm{Y})\text{가 이산형일 때}) \\ \displaystyle\int_{-\infty}^{+\infty} f(x,y)\,dy & ((\mathrm{X},\mathrm{Y})\text{가 연속형일 때}) \end{cases}$$

로 정의된 함수 f_1에 대하여

20) $a \vee b$는 a와 b 중 큰 수를 나타내는 기호이고, $a \wedge b$는 a와 b 중 작은 수를 나타내는 기호이다.

$$P(a \le X \le b) = \begin{cases} \displaystyle\sum_{x:a \le x \le b} f_1(x) & ((X,Y)\text{가 이산형일 때}) \\ \displaystyle\int_a^b f_1(x)\,dx & ((X,Y)\text{가 연속형일 때}) \end{cases}$$

와 같이 X에 관한 확률이 함수 f_1의 적분으로 주어지는 것을 알 수 있다. 즉 f_1은 X의 확률밀도함수로서, 이차원 확률변수 (X, Y)의 확률밀도함수와 구분하여 X의 주변확률밀도함수라고 한다. 한편, (X, Y)의 확률밀도함수는 결합확률밀도함수라고 한다.

결합확률밀도함수와 주변확률밀도함수:

이차원 확률변수 (X, Y)의 결합확률밀도함수가 $f(x,y)$일 때, X와 Y의 주변확률밀도함수 $f_1(x)$와 $f_2(y)$는 각각 다음과 같이 주어진다.

$$f_1(x) = \begin{cases} \displaystyle\sum_y f(x,y) \\ \displaystyle\int_{-\infty}^{+\infty} f(x,y)\,dy \end{cases} \quad f_2(y) = \begin{cases} \displaystyle\sum_x f(x,y) & ((X,Y)\text{가 이산형일 때}) \\ \displaystyle\int_{-\infty}^{+\infty} f(x,y)\,dx & ((X,Y)\text{가 연속형일 때}) \end{cases}$$

예 2.1.3

<예 2.1.1>에서 (X, Y)의 결합확률밀도함수는

$$f(x,y) = \frac{\binom{2}{x}\binom{3}{y}\binom{4}{3-x-y}}{\binom{9}{3}}, \quad x = 0,1,2, \; y = 0,1,2,3, \; x+y \le 3$$

이고, X와 Y의 주변확률밀도함수는 각각 다음과 같이 주어진다.[21] 이 결과는 <표 2.1.1>의 세로와 가로 각각의 주변에 주어진 X와 Y의 주변확률분포와 일치하는 것을 알 수 있다.

$$f_1(x) = \sum_y f(x,y) = \binom{2}{x}\sum_{y=0}^{3-x}\binom{3}{y}\binom{4}{3-x-y}\Big/\binom{9}{3} = \binom{2}{x}\binom{7}{3-x}\Big/\binom{9}{3}, \; x = 0,1,2$$

$$f_2(y) = \sum_x f(x,y) = \binom{3}{y}\sum_{x=0}^{2\wedge(3-y)}\binom{2}{x}\binom{4}{3-y-x}\Big/\binom{9}{3} = \binom{3}{y}\binom{6}{3-y}\Big/\binom{9}{3}, \; y = 0,1,2,3$$

---

21) $m \ge l$, $n \ge l$일 때 $\displaystyle\sum_{y=0}^{l}\binom{m}{y}\binom{n}{l-y} = \binom{m+n}{l}$은 $(1+t)^m(1+t)^n = (1+t)^{m+n}$에서 t^l의 계수이다.

예 2.1.4

<예 2.1.2>에서 (X, Y)의 결합확률밀도함수는

$$f(x, y) = 2e^{-x-y} I_{(0 \le x \le y)}$$

이고, X와 Y의 주변확률밀도함수는 각각 다음과 같이 주어진다.

$$f_1(x) = \int_{-\infty}^{+\infty} 2e^{-x-y} I_{(0 \le x \le y)} dy = \int_{x}^{+\infty} 2e^{-x-y} dy \, I_{(0 \le x)}$$

$$= 2e^{-2x} I_{(0 \le x)}$$

$$f_2(y) = \int_{-\infty}^{+\infty} 2e^{-x-y} I_{(0 \le x \le y)} dx = \int_{0}^{y} 2e^{-x-y} dx \, I_{(0 \le y)}$$

$$= 2e^{-y}(1 - e^{-y}) I_{(0 \le y)}$$

하나의 확률변수의 경우와 마찬가지로, 두 확률변수 X, Y의 결합확률분포를 나타내는 방법은 여러 가지가 있다. 두 확률변수 X, Y의 결합 누적 확률을 정해주는 함수

$$F(x, y) = P(X \le x, Y \le y), \ -\infty < x < +\infty, \ -\infty < y < +\infty$$

를 (X, Y)의 결합누적분포함수라고 하며, 이는 다음과 같이 (X, Y)의 결합확률밀도함수와 대응하게 되어 결합확률분포를 정해준다.

결합누적분포함수와 결합확률밀도함수:

(a) (이산형인 경우)

X, Y가 가질 수 있는 값들이 각각 $x_1 < x_2 < \cdots < x_m < \cdots$, $y_1 < y_2 < \cdots < y_n < \cdots$일 때,

$$F(x_m, y_n) = P(X \le x_m, Y \le y_n) = \sum_{j=1}^{m} \sum_{k=1}^{n} f(x_j, y_k)$$

$$f(x_j, y_k) = P(X = x_j, Y = y_k)$$

$$= \{F(x_j, y_k) - F(x_{j-1}, y_k)\} - \{F(x_j, y_{k-1}) - F(x_{j-1}, y_{k-1})\}$$

(b) (연속형인 경우)

$$F(x, y) = P(X \le x, Y \le y) = \int_{-\infty}^{x} \int_{-\infty}^{y} f(t, u) \, du \, dt$$

f가 연속인 점 (x, y)에서 $f(x, y) = \dfrac{\partial^2}{\partial x \partial y} F(x, y)$

예 2.1.5

<예 2.1.2>에서 (X, Y)의 결합누적분포함수는

$$F(x,y)=\int_{-\infty}^{x}\int_{-\infty}^{y} 2e^{-t-u}I_{(0\le t\le u)}du\,dt$$

그런데

$$\int_{-\infty}^{y} 2e^{-t-u}I_{(0\le t\le u)}du=2e^{-t}\int_{t}^{y}e^{-u}du\,I_{(y\ge t\ge 0)}=2e^{-t}(e^{-t}-e^{-y})I_{(y\ge t\ge 0)}$$

$$\begin{aligned}\therefore F(x,y)&=\int_{-\infty}^{x}2e^{-t}(e^{-t}-e^{-y})I_{(0\le t\le y)}dt\\&=\int_{0}^{x\wedge y}2(e^{-2t}-e^{-t-y})dt\,I_{(x\wedge y\ge 0)}\\&=\{1-e^{-2x\wedge y}+2e^{-y}(e^{-x\wedge y}-1)\}I_{(x\ge 0,\,y\ge 0)}\end{aligned}$$

확률밀도함수의 경우와 마찬가지로, X와 Y의 결합누적분포함수와 각 확률변수의 누적분포함수를 구분하기 위하여 각 확률변수의 누적분포함수를 주변누적분포함수라고 한다. 즉

$$F_1(x)=P(X\le x),\quad F_2(y)=P(Y\le y)$$

를 각각 X의 주변누적분포함수, Y의 주변누적분포함수라고 한다.

한편, 확률측도의 연속성으로부터

$$P(X\le x)=P(X\le x,\,Y<+\infty)=\lim_{y\to+\infty}P(X\le x,\,Y\le y)$$

이므로, 다음과 같이 주변누적분포함수는 결합누적분포함수로부터 구할 수 있다.

$$F_1(x)=\lim_{y\to+\infty}F(x,y),\quad F_2(y)=\lim_{x\to+\infty}F(x,y)$$

예 2.1.6

<예 2.1.5>에서 (X, Y)의 결합누적분포함수는

$$F(x,y)=\{1-e^{-2x\wedge y}+2e^{-y}(e^{-x\wedge y}-1)\}I_{(x\ge 0,\,y\ge 0)}$$

따라서 X, Y의 주변누적분포함수는 각각 다음과 같이 구할 수 있다.

$$F_1(x)=\lim_{y\to+\infty}\{1-e^{-2x\wedge y}+2e^{-y}(e^{-x\wedge y}-1)\}I_{(x\ge 0)}=(1-e^{-2x})I_{(x\ge 0)}$$

$$F_2(y)=\lim_{x\to+\infty}\{1-e^{-2x\wedge y}+2e^{-y}(e^{-x\wedge y}-1)\}I_{(y\ge 0)}=(1+e^{-2y}-2e^{-y})I_{(y\ge 0)}$$

이들을 미분하면 그 도함수가 <예 2.1.4>에서 구한 주변확률밀도함수

$$f_1(x) = 2e^{-2x} \mathrm{I}_{(x \geq 0)}, \quad f_2(y) = 2e^{-y}(1-e^{-y}) \mathrm{I}_{(y \geq 0)}$$

와 연속인 점에서 일치하는 것을 알 수 있다.

정리 2.1.1 결합누적분포함수의 성질

(a) (증가성)

(i) $\mathrm{F}(x, y) \leq \mathrm{F}(x+h, y)$, $\mathrm{F}(x, y) \leq \mathrm{F}(x, y+k) \quad \forall h > 0, k > 0$

(ii) $\mathrm{F}(x_2, y_2) - \mathrm{F}(x_1, y_2) - \mathrm{F}(x_2, y_1) + \mathrm{F}(x_1, y_1) \geq 0,$

$\forall x_1 < x_2, \ \forall y_1 < y_2$

(b) (전체변동)

$$\lim_{x \to -\infty} \mathrm{F}(x, b) = 0, \quad \lim_{y \to -\infty} \mathrm{F}(a, y) = 0, \quad \lim_{\substack{x \to +\infty \\ y \to +\infty}} \mathrm{F}(x, y) = 1, \quad \forall a, b$$

(c) (오른쪽 연속성)

$$\lim_{\substack{h \to 0 \\ h > 0}} \mathrm{F}(x+h, y) = \mathrm{F}(x, y), \qquad \lim_{\substack{k \to 0 \\ k > 0}} \mathrm{F}(x, y+k) = \mathrm{F}(x, y) \quad \forall x, y$$

[증명] (a) (i), (b), (c)는 하나의 확률변수 경우와 같은 방법으로 증명할 수 있으므로 생략한다. 한편, (a) (ii)는 다음으로부터 명백하다.

$$\mathrm{P}(x_1 < \mathrm{X} \leq x_2, y_1 < \mathrm{Y} \leq y_2) = \mathrm{F}(x_2, y_2) - \mathrm{F}(x_1, y_2) - \mathrm{F}(x_2, y_1) + \mathrm{F}(x_1, y_1)$$

하나의 확률변수의 경우와 마찬가지로, 결합누적분포함수의 왼쪽 극한에 대하여 다음이 성립하고 결합누적분포함수는 왼쪽 연속이 아닐 수 있다.

$$\mathrm{F}(x-, y) = \lim_{\substack{h \to 0 \\ h > 0}} \mathrm{F}(x-h, y) = \mathrm{P}(\mathrm{X} < x, \mathrm{Y} \leq y)$$

따라서 결합누적분포함수의 왼쪽 방향에서의 불연속성의 크기에 대하여 다음이 성립한다.

$$\begin{aligned} \mathrm{P}(\mathrm{X} = x, \mathrm{Y} \leq y) &= \mathrm{P}(\mathrm{X} \leq x, \mathrm{Y} \leq y) - \mathrm{P}(\mathrm{X} < x, \mathrm{Y} \leq y) \\ &= \mathrm{F}(x, y) - \mathrm{F}(x-, y) \end{aligned}$$

2.2 결합확률분포의 특성치

두 확률변수 X, Y의 평균과 분산 또는 표준편차는 대응하는 각각의 주변확률분포에 대한 정보는 제공하지만 결합확률분포의 특성, 예를 들면, 두 변수 사이의 관계에 관한 특성을 설명하지는 못한다. 이러한 결합확률분포의 특성치는 다음과 같은 기댓값을 이용하여 나타내어진다.

결합확률분포에 대한 기댓값:

이차원 확률변수 (X, Y)의 확률밀도함수가 $f(x,y)$일 때, 실수 값 함수 $g(x,y)$에 대하여

$$\begin{cases} \sum_x \sum_y g(x,y)\,f(x,y) & ((\mathrm{X},\mathrm{Y})\text{가 이산형일 때}) \\ \int_{-\infty}^{+\infty}\int_{-\infty}^{+\infty} g(x,y)f(x,y)\,dy\,dx & ((\mathrm{X},\mathrm{Y})\text{가 연속형일 때}) \end{cases}$$

가 실수로 정의되면 그 값을 $g(\mathrm{X},\mathrm{Y})$의 기댓값이라 하고, 기호로는 $\mathrm{E}[g(\mathrm{X},\mathrm{Y})]$로 나타낸다.

$$\mathrm{E}[g(\mathrm{X},\mathrm{Y})] = \begin{cases} \sum_x \sum_y g(x,y)\,f(x,y) & ((\mathrm{X},\mathrm{Y})\text{가 이산형일 때}) \\ \int_{-\infty}^{+\infty}\int_{-\infty}^{+\infty} g(x,y)f(x,y)\,dy\,dx & ((\mathrm{X},\mathrm{Y})\text{가 연속형일 때}) \end{cases}$$

예 2.2.1

이차원 확률변수 (X, Y)의 확률밀도함수가

$$f(x,y) = 120\,xy(1-x-y)\mathrm{I}_{(x \ge 0,\, y \ge 0,\, x+y \le 1)}$$

일 때, $\mathrm{E}(\mathrm{X}\mathrm{Y})$를 구하여라.

[풀이] $$\mathrm{E}(\mathrm{X}\mathrm{Y}) = \iint_{\substack{0 \le x, 0 \le y \\ x+y \le 1}} xy \cdot 120xy(1-x-y)\,dy\,dx$$

$$= \int_0^1 \left\{ 120x^2 \int_0^{1-x} y^2(1-x-y)\,dy \right\} dx$$

$$= 10\int_0^1 x^2(1-x)^4 dx$$

$$= 10\int_0^1 (1-t)^2 t^4\,dt$$

$$= 2/21$$

하나의 확률변수인 경우와 마찬가지로 다음과 같은 기댓값의 성질이 성립하는 것은 대응하는 이중 합이나 이중 적분의 성질로부터 명백하다.

정리 2.2.1 결합분포에 대한 기댓값의 성질[22)]

(a) (선형성) $E[c_1 g_1(X,Y)+c_2 g_2(X,Y)] = c_1 E[g_1(X,Y)] + c_2 E[g_2(X,Y)]$

(c_1, c_2는 상수)

(b) (단조성) $g_1(X,Y) \le g_2(X,Y)$이면 $E[g_1(X,Y)] \le E[g_2(X,Y)]$

기댓값의 정의에서 하나의 확률변수에만 의존하는 함수의 기댓값은 주변확률분포에 대한 기댓값임을 알 수 있다. 예를 들면, 연속형 경우에 X에만 의존하는 함수 $g(X)$의 기댓값은

$$E[g(X)] = \int_{-\infty}^{+\infty}\int_{-\infty}^{+\infty} g(x)f(x,y)\,dy\,dx = \int_{-\infty}^{+\infty} g(x)\left\{\int_{-\infty}^{+\infty} f(x,y)dy\right\}dx$$

그런데 X의 주변확률밀도함수가

$$f_1(x) = \int_{-\infty}^{+\infty} f(x,y)dy$$

이므로, 다음과 같이 $g(X)$의 기댓값은 주변확률분포에 대한 기댓값으로 주어진다.

$$E[g(X)] = \int_{-\infty}^{+\infty} g(x)\left\{\int_{-\infty}^{+\infty} f(x,y)dy\right\}dx = \int_{-\infty}^{+\infty} g(x)f_1(x)dx$$

예 2.2.2

<예 2.2.1>에서 (X, Y)의 확률밀도함수가

$$f(x,y) = 120\,xy(1-x-y)I_{(x\ge 0,\, y\ge 0,\, x+y\le 1)}$$

일 때, X의 기댓값은

$$E(X) = \iint_{\substack{0\le x, 0\le y \\ x+y\le 1}} x \cdot 120xy(1-x-y)\,dy\,dx$$

$$= \int_0^1 x\left\{120x\int_0^{1-x} y(1-x-y)\,dy\right\}dx$$

---

22) 이러한 선형성과 단조성은 각각의 기댓값이 실수로 정의되는 것을 전제로 하는 것이다.

$$= \int_0^1 x \cdot 20x(1-x)^3 dx$$

$$= \int_0^1 20(1-t)^2 t^3 dt$$

$$= 1/3$$

이다. 이 계산과정에서 알 수 있듯이 X의 주변확률밀도함수는

$$f_1(x) = 120x \int_0^{1-x} y(1-x-y)dy \, \mathrm{I}_{(0 \le x \le 1)} = 20x(1-x)^3 \, \mathrm{I}_{(0 \le x \le 1)}$$

로 주어지고 X의 기댓값은 이 주변확률분포에 대한 기댓값임을 알 수 있다.

두 확률변수 사이의 관계를 설명하는 특성치로는 다음의 공분산과 상관계수가 가장 많이 사용된다.

공분산과 상관계수:

(a) (공분산) 확률변수 X의 평균과 표준편차를 각각 μ_1과 σ_1, Y의 평균과 표준편차를 각각 μ_2과 σ_2라고 할 때, $(X-\mu_1)(Y-\mu_2)$의 기댓값을 X와 Y의 공분산(共分散, covariance)이라 하고 기호로는 Cov(X, Y), $\sigma_{X,Y}$ 또는 간략히 $\sigma_{1,2}$로 나타낸다. 즉

$$\mathrm{Cov}(X, Y) = E[(X-\mu_1)(Y-\mu_2)]$$

(b) (상관계수) 두 확률변수 X, Y의 표준편차 σ_1, σ_2가 0이 아닐 때, X와 Y의 공분산을 두 표준편차의 곱으로 나눈 수를 X와 Y의 상관계수(相關係數, correlation coefficient)라고 하며 기호로는 Corr(X, Y)로 나타낸다. 즉

$$\mathrm{Corr}(X, Y) = \frac{\mathrm{Cov}(X, Y)}{\sqrt{\mathrm{Var}(X)}\sqrt{\mathrm{Var}(Y)}}$$

공분산은 두 변수가 각각의 기준인 평균으로부터 변화하는 방향과 변화의 양에 대한 정보를 주는 특성치이다. 한 변수가 그 평균보다 커질 때 다른 변수도 평균보다 커지는 확률이 많다면 $(X-\mu_1)(Y-\mu_2)$의 값이 양수로서 큰 값이 될 것을 기대할 수 있다. 즉, 이러한 경우에는 공분산의 값이 큰 양수일 것이고, 서로가 반대 방향으로 변화하는 확률이 클 경우에는 공분산의 값이 음수로 주어질 것이다.

두 변수의 변화 관계의 방향과 크기에 대한 특성치인 공분산은 그러나 각 변수의 측정단위에 의존함으로서 그 크기가 측정 단위에 기인한 것인지 또는 변화량의 크기에

기인한 것인지를 구분하기 어려운 단점이 있다. 이러한 이유에서 각 변수의 표준편차로 나누어 줌으로써 각 변수의 측정 단위와는 무관한 특성치로서 상관계수를 생각한 것이다.

그림 2.2.1 여러 가지 분포의 모양과 상관계수의 값

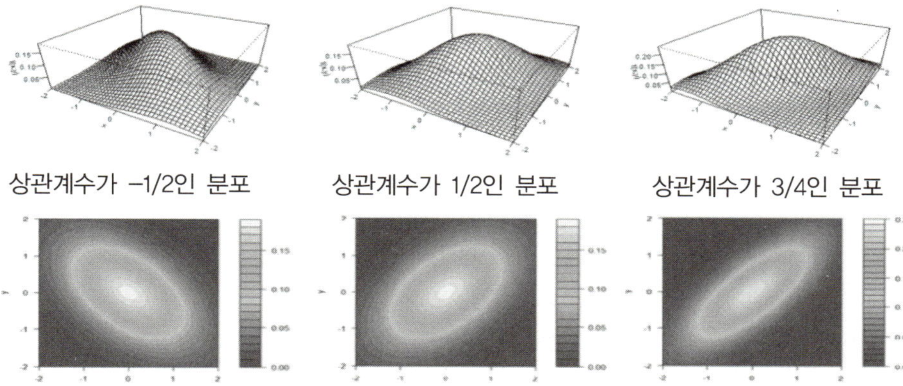

정리 2.2.2 공분산의 성질과 계산 공식[23]

(a) $\mathrm{Cov}(X, Y) = \mathrm{Cov}(Y, X)$, $\mathrm{Cov}(X, X) = \mathrm{Var}(X)$

(b) $\mathrm{Cov}(aX + b, cY + d) = ac\,\mathrm{Cov}(X, Y)$, (a, b, c, d)는 상수

(c) $\mathrm{Cov}(X, Y) = E(XY) - [E(X)][E(Y)]$

[증명] (a)의 성질은 공분산의 정의로부터 명백하고, X, Y의 평균을 각각 μ_1, μ_2라고 하면

$$E(aX + b) = a\mu_1 + b, \quad E(cY + d) = c\mu_2 + d$$

(b) $V = aX + b$, $W = cY + d$라고 하면

$$V - E(V) = a(X - \mu_1), \quad W - E(W) = c(Y - \mu_2)$$

$$\begin{aligned} \therefore\ \mathrm{Cov}(V, W) &= E[\{V - E(V)\}\{W - E(W)\}] \\ &= E[a(X - \mu_1)c(Y - \mu_2)] \\ &= ac\,\mathrm{Cov}(X, Y) \end{aligned}$$

---

23) 이러한 성질과 공식은 우변에 나타나는 기댓값과 공분산이 모두 실수라는 전제 하에 성립하는 것이다.

(c) 공분산의 정의와 기댓값의 선형성으로부터

$$\begin{aligned}\mathrm{Cov}(X,Y) &= E[(X-\mu_1)(Y-\mu_2)] \\ &= E[(XY-\mu_1 Y - X\mu_2 + \mu_1\mu_2)] \\ &= E(XY) - 2\mu_1\mu_2 + \mu_1\mu_2 \\ &= E(XY) - [E(X)][E(Y)]\end{aligned}$$

예 2.2.3

<예 2.2.1>과 <예 2.2.2>에서 (X, Y)의 확률밀도함수가

$$f(x,y) = 120xy(1-x-y)I_{(x \geq 0,\, y \geq 0,\, x+y \leq 1)}$$

일 때,

$$E(XY) = 2/21, \quad E(X) = 1/3$$

같은 방법으로 $E(Y) = 1/3$임을 알 수 있고, 공분산의 계산 공식으로부터

$$\mathrm{Cov}(X,Y) = E(XY) - [E(X)][E(Y)] = 2/21 - (1/3)(1/3) = -1/63$$

예 2.2.4

<예 2.2.1>, <예 2.2.2>에서 (X, Y)의 확률밀도함수가

$$f(x,y) = 120xy(1-x-y)I_{(x \geq 0,\, y \geq 0,\, x+y \leq 1)}$$

일 때, X의 주변확률밀도함수는

$$f_1(x) = 20x(1-x)^3 I_{(0 \leq x \leq 1)}$$

이고 X의 평균은 $E(X) = 1/3$임을 알고 있다. 따라서 X의 분산은

$$\begin{aligned}\mathrm{Var}(X) = E(X^2) - \{E(X)\}^2 &= \int_0^1 x^2 \cdot 20x(1-x)^3 dx - (1/3)^2 \\ &= 1/7 - 1/9 = 2/63\end{aligned}$$

같은 방법으로 Y의 분산을 구하면 $\mathrm{Var}(Y) = 2/63$이고, <예 2.2.3>에서 X와 Y의 공분산은 $\mathrm{Cov}(X,Y) = -1/63$이므로, X와 Y의 상관계수는

$$\mathrm{Corr}(X,Y) = \frac{\mathrm{Cov}(X,Y)}{\sqrt{\mathrm{Var}(X)}\sqrt{\mathrm{Var}(Y)}} = \frac{-1/63}{\sqrt{2/63}\sqrt{2/63}} = -1/2$$

정리 2.2.3 **상관계수의 성질**

확률변수 X의 평균과 표준편차를 각각 μ_1과 $\sigma_1(\sigma_1 > 0)$, Y의 평균과 표준편차를 각각 μ_2와 $\sigma_2(\sigma_2 > 0)$, X와 Y의 상관계수를 ρ라고 하면 다음이 성립한다.

(a) $\mathrm{Var}\left(\frac{Y-\mu_2}{\sigma_2} - \rho\frac{X-\mu_1}{\sigma_1}\right) = 1-\rho^2$

(b) $-1 \le \rho \le 1$

(c) $\rho = 1 \Leftrightarrow P\left(\frac{Y-\mu_2}{\sigma_2} = \frac{X-\mu_1}{\sigma_1}\right) = 1,$

$\rho = -1 \Leftrightarrow P\left(\frac{Y-\mu_2}{\sigma_2} = -\frac{X-\mu_1}{\sigma_1}\right) = 1$

[증명] (a) $E\left(\frac{Y-\mu_2}{\sigma_2} - \rho\frac{X-\mu_1}{\sigma_1}\right) = 0$이므로

$$\mathrm{Var}\left(\frac{Y-\mu_2}{\sigma_2} - \rho\frac{X-\mu_1}{\sigma_1}\right) = E\left[\left(\frac{Y-\mu_2}{\sigma_2} - \rho\frac{X-\mu_1}{\sigma_1}\right)^2\right]$$

$$= E\left[\left(\frac{Y-\mu_2}{\sigma_2}\right)^2\right] - 2\rho E\left[\left(\frac{Y-\mu_2}{\sigma_2}\right)\left(\frac{X-\mu_1}{\sigma_1}\right)\right] + \rho^2 E\left[\left(\frac{X-\mu_1}{\sigma_1}\right)^2\right]$$

$$= 1 - 2\rho\frac{\mathrm{Cov}(Y,X)}{\sigma_2\sigma_1} + \rho^2 = 1-\rho^2$$

(b) 확률변수의 분산은 0 이상이므로, (a)로부터 $1-\rho^2 \ge 0$. 따라서 $-1 \le \rho \le 1$ 이다.

(c) $\rho = \pm 1$인 경우는 (a)에서의 분산이 0인 경우로서 <정리 1.6.4>로부터 (c)가 성립하는 것을 알 수 있다.

<정리 2.2.3>에서와 같이, X, Y의 상관계수를 $\rho_{X,Y}$ 또는 $\rho_{1,2}$로 나타내거나 X, Y를 생략하여도 혼동이 없을 때에는 ρ로 나타낸다.

한편, <정리 2.2.3>에서 주어진 상관계수의 범위를 공분산과 표준편차의 관계로 나타내면 다음의 부등식[24)]이 성립하는 것을 알 수 있다.

24) 일반적으로 다음의 부등식이 성립하고, 이를 코쉬-슈바르츠(Cauchy-Schwartz) 부등식이라고 한다.

$$|E(VW)| \le \sqrt{E(V^2)}\sqrt{E(W^2)}$$

$$|\mathrm{Cov}(X,Y)| \le \sqrt{\mathrm{Var}(X)}\sqrt{\mathrm{Var}(Y)}$$

<정리 2.2.3>에서 알 수 있듯이 상관계수의 절댓값이 커질수록 (X, Y)의 분포는 직선 $\frac{y-\mu_2}{\sigma_2}=\rho\frac{x-\mu_1}{\sigma_1}$ 주위에 가깝게 분포되어 나타날 것이다. 이러한 뜻에서 상관계수는 두 변수 사이의 직선 관계를 나타내는 특성치라고 할 수 있다.

상관계수나 공분산이 두 확률변수의 직선 관계의 특성을 설명하는 것과 같이, 결합확률분포의 특성을 나타내는 것으로는 다음과 같은 결합적률이 있다.

결합적률:

$E(|X^rY^s|)<+\infty$일 때

$$E(X^rY^s)=\begin{cases}\sum_x\sum_y x^ry^sf(x,y) & ((X,Y)\text{가 이산형일 때})\\ \int_{-\infty}^{+\infty}\int_{-\infty}^{+\infty}x^ry^sf(x,y)dydx & ((X,Y)\text{가 연속형일 때})\end{cases}$$

를 (X, Y)의 $(r+s)$차의 (r,s)번째 결합적률(結合積率, joint moment)이라고 하며. 기호로는 $m_{r,s}(X,Y)$ 또는 $m_{r,s}$로 나타낸다.

하나의 확률변수의 경우와 같이, 이러한 결합적률의 생성함수를 생각해보자. 지수함수의 멱급수 전개식으로부터

$$e^{t_1X}e^{t_2Y}=\sum_{r=0}^{\infty}\frac{(t_1X)^r}{r!}\sum_{s=0}^{\infty}\frac{(t_2Y)^s}{s!}=\sum_{r=0}^{\infty}\sum_{s=0}^{\infty}\frac{X^rY^s}{r!s!}t_1^rt_2^s$$

임을 알고 있고, 여기에서 오른쪽 변의 기댓값을 항별로 취하여 더할 수 있다면

$$E(e^{t_1X+t_2Y})=\sum_{r=0}^{\infty}\sum_{s=0}^{\infty}\frac{E(X^rY^s)}{r!s!}t_1^rt_2^s$$

일 것으로 예상할 수 있다. 이러한 이유에서 다음과 같이 결합적률생성함수를 정의한다.

이와 같이 정의된 결합적률생성함수는 결합적률을 생성할 뿐만 아니라 결합확률분포를 결정하는 성질을 갖는다.

결합적률생성함수:

0을 포함하는 열린구간들의 t_1, t_2 값에 대하여 $E(e^{t_1X+t_2Y})$가 실수일 때, 함수

$$M(t_1,t_2)=E(e^{t_1X+t_2Y}),\ -h_1<t_1<h_1,\ -h_2<t_2<h_2\ (\exists h_1>0,\ h_2>0)$$

를 (X, Y)의 결합적률생성함수(joint moment generating function)라고 한다.

정리 2.2.4 결합적률생성함수의 성질

(a) (결합적률 생성) 이차원 확률변수 (X, Y)의 결합적률생성함수가 존재하면, 즉

$$M(t_1,t_2)=E(e^{t_1X+t_2Y})<+\infty,$$
$$-h_1<t_1<h_1,\ -h_2<t_2<h_2\,(\exists\, h_1>0,\ h_2>0)$$

이면, (X, Y)의 모든 결합적률이 존재하고

$$E(X^rY^s)=\left[\frac{\partial^{r+s}}{\partial t_1^r\partial t_2^s}M(t_1,t_2)\right]_{\substack{t_1=0\\t_2=0}}$$

$$M(t_1,t_2)=\sum_{r=0}^{\infty}\sum_{s=0}^{\infty}\frac{E(X^rY^s)}{r!s!}t_1^rt_2^s,$$
$$-h_1<t_1<h_1,\ -h_2<t_2<h_2\,(\exists\, h_1>0,\ h_2>0)$$

(b) (분포 결정성) 두 이차원 확률변수 (X_1,X_2)와 (Y_1,Y_2)의 결합적률생성함수 $M_{X_1,X_2}(t_1,t_2)$, $M_{Y_1,Y_2}(t_1,t_2)$가 존재하고 0을 포함하는 열린구간들에서 일치한다면, 즉

$$M_{X_1,X_2}(t_1,t_2)=M_{Y_1,Y_2}(t_1,t_2)\ \ \forall t_i:-h_i<t_i<h_i\,(\exists\, h_i>0)(i=1,2)$$

이면, (X_1,X_2)와 (Y_1,Y_2)의 확률분포가 일치, 즉 (X_1,X_2)와 (Y_1,Y_2)의 결합확률밀도함수, 결합누적분포함수가 일치한다.

확률변수가 하나인 경우와 마찬가지로, 결합적률생성함수 $M(t_1,t_2)$가 존재할 때

$$C(t_1,t_2)=\log M(t_1,t_2)=\log E(e^{t_1X+t_2Y}),\ -h_i<t_i<h_i(\exists\, h_i>0)(i=1,2)$$

를 (X, Y)의 결합누율생성함수(joint cumulant generating function)라고 하며, 이의 멱급수 전개식

$$C(t_1,t_2)=\sum_{\substack{r=0\\r+s\ge1}}^{\infty}\sum_{s=0}^{\infty}\frac{C^{(r,s)}(0,0)}{r!s!}t_1^rt_2^s,\quad C^{(r,s)}(0,0)=\left[\frac{\partial^{r+s}}{\partial t_1^r\partial t_2^s}C(t_1,t_2)\right]_{\substack{t_1=0\\t_2=0}}$$

에서 $t_1^rt_2^s/r!s!$의 계수인 $C^{(r,s)}(0,0)$를 (X, Y)의 $(r+s)$차의 (r,s)번째 결합누율(joint cumulant)이라고 하고 기호로는 $c_{r,s}(X,Y)$ 또는 $c_{r,s}$로 나타낸다.

한편, 결합누율 $c_{r,s}$와 결합적률 $m_{j,k}$의 관계는

$$\log\left(1+\sum_{\substack{j=0\\ j+k\geq 1}}^{\infty}\sum_{k=0}^{\infty}\frac{m_{j,k}}{j!k!}t_1^j t_2^k\right)=\sum_{\substack{r=0\\ r+s\geq 1}}^{\infty}\sum_{s=0}^{\infty}\frac{c_{r,s}}{r!s!}t_1^r t_2^s,$$
$$-h_i < t_i < h_i(\exists h_i > 0)(i=1,2)$$

에서 구할 수 있다.

다음과 같이 로그함수의 멱급수 전개식을 이용하고

$$\log(1+\mathrm{A})=\mathrm{A}-\mathrm{A}^2/2+\mathrm{A}^3/3-\cdots,\ (-1<\mathrm{A}<1)$$
$$\mathrm{A}=(m_{1,0}t_1+m_{0,1}t_2)+(m_{2,0}t_1^2/2!+m_{1,1}t_1t_2+m_{0,2}t_2^2/2!)+\cdots$$

그 결과를 t_1, t_2의 오름차순으로 정리하면

$$c_{1,0}=m_{1,0}=\mathrm{E}(\mathrm{X}),\qquad c_{0,1}=m_{0,1}=\mathrm{E}(\mathrm{Y})$$
$$c_{2,0}=m_{2,0}-(m_{1,0})^2=\mathrm{E}(\mathrm{X}^2)-[\mathrm{E}(\mathrm{X})]^2=\mathrm{Var}(\mathrm{X})$$
$$c_{1,1}=m_{1,1}-m_{1,0}m_{0,1}=\mathrm{E}(\mathrm{XY})-[\mathrm{E}(\mathrm{X})][\mathrm{E}(\mathrm{Y})]=\mathrm{Cov}(\mathrm{X},\mathrm{Y})$$
$$c_{0,2}=m_{0,2}-(m_{0,1})^2=\mathrm{E}(\mathrm{Y}^2)-[\mathrm{E}(\mathrm{Y})]^2=\mathrm{Var}(\mathrm{Y})$$

와 같이 일차 누율과 이차 누율은 각각 평균과 분산 또는 공분산이 되는 것을 알 수 있다.

예 2.2.5

<예 2.1.2>에서 (X, Y)의 결합확률밀도함수는

$$f(x,y)=2e^{-x-y}\mathrm{I}_{(0\leq x\leq y)}$$

이므로, (X, Y)의 결합적률생성함수는

$$\mathrm{M}(t_1,t_2)=\int_{-\infty}^{+\infty}\int_{-\infty}^{+\infty}e^{t_1x+t_2y}f(x,y)dydx=\int_0^{+\infty}\int_x^{+\infty}e^{t_1x+t_2y}2e^{-x-y}dydx$$
$$\therefore \mathrm{M}(t_1,t_2)=\int_0^{+\infty}2e^{-(1-t_1)x}\left[-\frac{1}{1-t_2}e^{-(1-t_2)y}\right]_x^{+\infty}dx$$
$$=\frac{1}{1-t_2}\int_0^{+\infty}2e^{-(2-t_1-t_2)x}dx=\frac{1}{1-t_2}\frac{2}{2-t_1-t_2},$$
$$t_2<1,\ t_1+t_2<2$$

따라서 결합누율생성함수를 멱급수로 전개하면

$$\mathrm{C}(t_1,t_2)=-\log(1-t_2)-\log(1-(t_1+t_2)/2),\ t_1+t_2<2,\ t_2<1$$
$$=\left\{t_2+t_2^2/2+\cdots\right\}+\left\{(t_1+t_2)/2+[(t_1+t_2)/2]^2/2+\cdots\right\}$$
$$=\left\{(1/2)t_1+(3/2)t_2\right\}+\left\{(1/4)t_1^2/2+(1/4)t_1t_2+(5/4)t_2^2/2\right\}+\cdots$$

그러므로

$$E(X) = c_{1,0} = 1/2,\ E(Y) = c_{0,1} = 3/2$$

$$Var(X) = c_{2,0} = 1/4,\ Cov(X,Y) = c_{1,1} = 1/4,\ Var(Y) = c_{0,2} = 5/4$$

이로부터

$$Corr(X,Y) = \frac{Cov(X,Y)}{\sqrt{Var(X)}\sqrt{Var(Y)}} = 1/\sqrt{5}$$

확률밀도함수의 경우와 마찬가지로, X와 Y의 결합적률생성함수와 각 확률변수의 적률생성함수를 구분하기 위하여 각 확률변수의 적률생성함수를 주변적률생성함수라고 한다. 즉

$$M_X(s) = E(e^{sX}),\ -h_1 < s < h_1 (\exists h_1 > 0)$$

$$M_Y(t) = E(e^{tY}),\ -h_2 < t < h_2 (\exists h_2 > 0)$$

를 각각 X의 주변적률생성함수, Y의 주변적률생성함수라고 하며, 이들의 로그를 취한 함수를 각각의 주변누율생성함수라고 한다. 이러한 주변적률생성함수와 주변누율생성함수는 대응하는 결합생성함수로부터 다음과 같이 구할 수 있다.

$$M_X(s) = M_{X,Y}(s,0),\ C_X(s) = C_{X,Y}(s,0)$$

$$M_Y(t) = M_{X,Y}(0,t),\ C_Y(t) = C_{X,Y}(0,t)$$

예 2.2.6

<예 2.1.2>의 결합확률밀도함수의 경우에, X의 주변확률밀도함수는

$$f_1(x) = 2e^{-2x} I_{(x \geq 0)}$$

로 주어지는 것을 <예 2.1.4>에서 알고 있다. 따라서 X의 주변적률생성함수는

$$M_X(s) = \int_0^{+\infty} e^{sx} 2e^{-2x} dx = (1 - s/2)^{-1},\ s < 2$$

로 주어지고, 이는 <예 2.2.5>의 $M_{X,Y}(s,0)$와 일치한다.

2.3 조건부분포와 조건부기댓값

확률변수 X, Y가 모두 이산형일 때, $X = x$인 조건에서 Y에 관한 조건부확률이

$$P(Y = y | X = x) = \frac{P(X = x, Y = y)}{P(X = x)}$$

로 정의되기 위하여는 $\mathrm{P}(\mathrm{X}=x)>0$이어야 한다. 즉 이산형의 경우에는 변수 X가 가질 수 있는 값이 주어진 조건에서의 조건부확률은 언제나 정의된다.

예 2.3.1 조건부확률의 분포표

두 개의 흰 공, 세 개의 검은 공, 네 개의 붉은 공이 들어있는 상자에서 3개의 공을 함께 꺼낼 때, 추출되는 흰 공의 개수 X와 검은 공의 개수 Y에 관한 확률분포가 아래의 표와 같이 주어지는 것을 <예 2.1.1>로부터 알고 있다. 흰 공이 추출되지 않았다는 조건에서 검은 공의 개수에 관한 확률을 표로 나타내어 보자.

		Y의 값				합 계
		Y = 0	Y = 1	Y = 2	Y = 3	
X의 값	X = 0	4/84	18/84	12/84	1/84	35/84
	X = 1	12/84	24/84	6/84	0	42/84
	X = 2	4/84	3/84	0	0	7/84
합 계		20/84	45/84	18/84	1/84	1

구하는 조건부확률은

$$\mathrm{P}(\mathrm{Y}=y|\mathrm{X}=0)=\mathrm{P}(\mathrm{X}=0,\mathrm{Y}=y)/\mathrm{P}(\mathrm{X}=0)\quad(y=0,1,2,3)$$

이므로 위의 분포표로부터 다음과 같은 조건부확률의 분포표를 구할 수 있다.

표 2.3.1 X=0인 조건에서 Y에 관한 조건부확률의 분포표

P(Y = y|X = 0)의 값				합 계
Y = 0|X = 0	Y = 1|X = 0	Y = 2|X = 0	Y = 3|X = 0	
4/35	18/35	12/35	1/35	1

이차원 확률변수 (X, Y)가 이산형으로서 (X, Y)의 결합확률밀도함수가 $f_{1,2}(x,y)$이고 X의 주변확률밀도함수가 $f_1(x)$일 때, $\mathrm{X}=x$인 조건에서 Y의 가능한 값에 조건부확률을 대응시키는 함수

$$f_{2|1}(y|x)=\frac{f_{1,2}(x,y)}{f_1(x)}=\frac{\mathrm{P}(\mathrm{X}=x,\mathrm{Y}=y)}{\mathrm{P}(\mathrm{X}=x)}=\mathrm{P}(\mathrm{Y}=y|\mathrm{X}=x)$$

를 $\mathrm{X}=x$인 조건에서 Y의 조건부(條件附, conditional)확률밀도함수라고 한다.

이산형인 경우의 조건부확률밀도함수:

$$f_{2|1}(y|x) = \frac{f_{1,2}(x,y)}{f_1(x)} = \mathrm{P}(\mathrm{Y}=y|\mathrm{X}=x) \ \ (x : f_1(x) > 0)$$

(a) $f_{2|1}(y|x) \geq 0 \ \ \forall y: -\infty < y < +\infty$

$f_{2|1}(y|x) = 0 \ \ \forall y : y \neq y_k (k = 1,2,\cdots)$

(b) $\sum_y f_{2|1}(y|x) = 1$

이차원 확률변수 (X, Y)가 연속형인 경우에는

$$\mathrm{P}(c \leq \mathrm{Y} \leq d, \mathrm{X} = x) = 0, \ \ \mathrm{P}(\mathrm{X} = x) = 0$$

이므로, 1.2절의 조건부확률의 정의로는 $\mathrm{X} = x$ 인 조건에서 Y에 관한 조건부확률을 생각할 수 없다. 그러나 양수 h 에 대하여 조건부확률

$$\mathrm{P}(c \leq \mathrm{Y} \leq d | x \leq \mathrm{X} \leq x+h) = \frac{\mathrm{P}(c \leq \mathrm{Y} \leq d, x \leq \mathrm{X} \leq x+h)}{\mathrm{P}(x \leq \mathrm{X} \leq x+h)}$$

을 생각할 수 있다. 그런데, (X, Y)의 결합밀도함수 $f_{1,2}$ 와 X의 주변밀도함수 f_1 이 연속함수인 경우에는 양수 h 가 0으로 가까이 갈 때 다음의 극한식이 성립한다.

$$\mathrm{P}(c \leq \mathrm{Y} \leq d, x \leq \mathrm{X} \leq x+h)/h = \frac{1}{h}\int_x^{x+h}\left\{\int_c^d f_{1,2}(s,y)dy\right\}ds \rightarrow \int_c^d f_{1,2}(x,y)dy$$

$$\mathrm{P}(x \leq \mathrm{X} \leq x+h)/h = \frac{1}{h}\int_x^{x+h} f_1(s)ds \rightarrow f_1(x)$$

따라서 이산형의 경우와 같이, $f_1(x) > 0$ 일 때

$$f_{2|1}(y|x) = \frac{f_{1,2}(x,y)}{f_1(x)}$$

로 정의된 함수 $f_{2|1}(y|x)$ 에 대하여 다음 등식이 성립한다.

$$\lim_{\substack{h \to 0 \\ h > 0}} \mathrm{P}(c \leq \mathrm{Y} \leq d | x \leq \mathrm{X} \leq x+h) = \int_c^d f_{2|1}(y|x)dy$$

이러한 뜻에서 왼쪽 변의 극한을 $\mathrm{X} = x$ 인 조건에서 Y에 관한 조건부확률로 정의하며

$$\mathrm{P}(c \leq \mathrm{Y} \leq d | \mathrm{X} = x) = \int_c^d f_{2|1}(y|x)dy$$

와 같이 나타내고 $f_{2|1}(y|x)$ 은 $\mathrm{X} = x$ 인 조건에서 Y의 조건부확률밀도함수라고 한다.

연속형인 경우의 조건부확률밀도함수:

$$f_{2|1}(y|x) = \frac{f_{1,2}(x,y)}{f_1(x)} \quad (x : f_1(x) > 0)$$

(a) $f_{2|1}(y|x) \geq 0 \quad \forall y : -\infty < y < +\infty$

(b) $\int_{-\infty}^{+\infty} f_{2|1}(y|x)dy = 1$

(c) $P(c \leq Y \leq d|X = x) = \int_c^d f_{2|1}(y|x)\,dy$

예 2.3.2

<예 2.1.2>, <예 2.1.4>에서 (X, Y)의 결합확률밀도함수와 X의 주변확률밀도함수는 각각

$$f_{1,2}(x,y) = 2e^{-x-y} I_{(0 \leq x \leq y)}, \quad f_1(x) = 2e^{-2x} I_{(x \geq 0)}$$

따라서 $X = x\ (x \geq 0)$인 조건에서 Y의 조건부확률밀도함수는

$$f_{2|1}(y|x) = e^{-(y-x)} I_{(y \geq x)}$$

이고, 조건부확률은 그 정의에 따라 다음과 같이 주어진다.

$$P(Y \geq c|X = x) = \int_c^{+\infty} e^{-(y-x)} I_{(y \geq x)} dy = \int_{c \vee x}^{+\infty} e^{-(y-x)} dy = e^{-(c \vee x - x)}$$

정리 2.3.1 조건부확률의 성질

$$P(a \leq X \leq b,\, c \leq Y \leq d) = \begin{cases} \displaystyle\sum_{a \leq x \leq b} P(c \leq Y \leq d|X = x) f_1(x) & (\text{이산형인 경우}) \\ \displaystyle\int_a^b P(c \leq Y \leq d|X = x) f_1(x) dx & (\text{연속형인 경우}) \end{cases}$$

[증명] 이산형의 경우는 같은 방법으로 밝힐 수 있으므로 연속형의 경우만 증명한다.

$$\begin{aligned} \int_a^b P(c \leq Y \leq d|X = x) f_1(x) dx &= \int_a^b \left\{ \int_c^d f_{2|1}(y|x)dy \right\} f_1(x) dx \\ &= \int_a^b \int_c^d f_{1,2}(x,y) dy\, dx \\ &= P(a \leq X \leq b,\, c \leq Y \leq d) \end{aligned}$$

예 2.3.3

<예 2.1.2>와 <예 2.3.2>에서, (X, Y)의 결합확률밀도함수가

$$f_{1,2}(x, y) = 2e^{-x-y}\mathrm{I}_{(0 \le x \le y)}$$

인 경우에 X의 주변확률밀도함수와 조건부확률은 각각 다음과 같다.

$$f_1(x) = 2e^{-2x}\mathrm{I}_{(x \ge 0)},\ \mathrm{P}(\mathrm{Y} \ge c|\mathrm{X} = x) = e^{-(c \vee x - x)}$$

따라서

$$\begin{aligned}\mathrm{P}(\mathrm{X} \ge 2, \mathrm{Y} \ge 3) &= \int_2^{+\infty} e^{-(3 \vee x - x)} 2e^{-2x} dx \\ &= \int_2^3 2e^{-3-x}dx + \int_3^{+\infty} 2e^{-2x}dx \\ &= 2e^{-5} - e^{-6}\end{aligned}$$

으로, <예 2.1.2>에서 구한 결과와 같다.

결합확률분포나 주변확률분포와 마찬가지로, 조건부확률

$$\mathrm{P}(c \le \mathrm{Y} \le d|\mathrm{X} = x)\ (-\infty < c < d < +\infty)$$

가 실직선 위의 구간에 분포되는 것을 $\mathrm{X} = x$인 조건에서 Y의 조건부확률분포 또는 간략히 조건부분포라고 한다. 이러한 조건부분포의 특성치로서 조건부평균은 다음과 같이 정의되며 이는 두 변수 사이의 관계를 설명하는 데에 중요한 역할을 한다.

조건부평균:

$\mathrm{X} = x$인 조건에서 Y의 조건부확률밀도함수가 $f_{2|1}(y|x)$일 때,

$$\begin{cases} \sum_y y f_{2|1}(y|x) & \text{(이산형인 경우)} \\ \int_{-\infty}^{+\infty} y f_{2|1}(y|x)\, dy & \text{(연속형인 경우)} \end{cases}$$

가 실수로 정의되면 그 값을 $\mathrm{X} = x$인 조건에서 Y의 조건부평균(conditional mean of Y, given $\mathrm{X} = x$)이라 하고, 기호로는 $\mathrm{E}(\mathrm{Y}|\mathrm{X} = x)$ 또는 $\mu_{2|1}(x)$로 나타낸다.

$$\mu_{2|1}(x) = \mathrm{E}(\mathrm{Y}|\mathrm{X} = x) = \begin{cases} \sum_y y f_{2|1}(y|x) & \text{(이산형인 경우)} \\ \int_{-\infty}^{+\infty} y f_{2|1}(y|x)\, dy & \text{(연속형인 경우)} \end{cases}$$

예 2.3.4

<예 2.2.1>과 <예 2.2.2>에서, (X, Y)의 결합확률밀도함수와 X의 주변확률밀도함수가 각각

$$f_{1,2}(x, y) = 120\,xy(1-x-y)\mathrm{I}_{(x \geq 0,\, y \geq 0,\, x+y \leq 1)},\quad f_1(x) = 20x(1-x)^3\mathrm{I}_{(0 \leq x \leq 1)}$$

이므로 $\mathrm{X} = x$인 조건에서 Y의 조건부확률밀도함수는 다음과 같이 주어진다.

$$f_{2|1}(y|x) = \frac{f_{1,2}(x,y)}{f_1(x)} = \frac{6y(1-x-y)}{(1-x)^3}\mathrm{I}_{(0 \leq y \leq 1-x)}$$

따라서 $\mathrm{X} = x$인 조건에서 Y의 조건부평균은

$$\mu_{2|1}(x) = \mathrm{E}(\mathrm{Y}|\mathrm{X} = x) = \int_0^{1-x} y \cdot 6y(1-x-y)/(1-x)^3 dy = (1-x)/2$$

결합분포나 주변분포의 경우와 마찬가지로 조건부분포의 특성을 설명하려면 조건부평균 이외의 특성치들을 필요로 하고, 이러한 특성치들은 다음과 같이 정의되는 조건부기댓값을 이용하여 나타내어진다.

조건부기댓값:

$\mathrm{X} = x$인 조건에서 Y의 조건부확률밀도함수가 $f_{2|1}(y|x)$일 때, 실수 값 함수 $g(x,y)$에 대해

$$\begin{cases} \sum_y g(x,y) f_{2|1}(y|x) & \text{(이산형인 경우)} \\ \int_{-\infty}^{+\infty} g(x,y) f_{2|1}(y|x)\, dy & \text{(연속형인 경우)} \end{cases}$$

가 실수로 정의되면 그 값을 $\mathrm{X} = x$인 조건에서 $g(\mathrm{X},\mathrm{Y})$의 조건부기댓값(conditional expected value of Y, given $\mathrm{X} = x$)이라 하고, 기호로는 $\mathrm{E}(g(\mathrm{X},\mathrm{Y})|\mathrm{X} = x)$로 나타낸다.

$$\mathrm{E}(g(\mathrm{X},\mathrm{Y})|\mathrm{X} = x) = \begin{cases} \sum_y g(x,y) f_{2|1}(y|x) & \text{(이산형인 경우)} \\ \int_{-\infty}^{+\infty} g(x,y) f_{2|1}(y|x)\, dy & \text{(연속형인 경우)} \end{cases}$$

조건부분산:

$\mathrm{X} = x$인 조건에서 Y의 조건부평균을 $\mu_{2|1}(x) = \mathrm{E}(\mathrm{Y}|\mathrm{X} = x)$라고 할 때, 조건부기댓값

$$\mathrm{E}[(\mathrm{Y} - \mu_{2|1}(x))^2|\mathrm{X} = x]$$

를 $\mathrm{X} = x$인 조건에서 Y의 조건부분산(conditional variance of Y, given $\mathrm{X} = x$)이라

하고 기호로는 $\mathrm{Var}(Y|X=x)$ 또는 $\sigma^2_{2|1}(x)$로 나타낸다.

$$\mathrm{Var}(Y|X=x) = E[(Y-\mu_{2|1}(x))^2|X=x]$$
$$= \begin{cases} \sum_y (y-\mu_{2|1}(x))^2 f_{2|1}(y) & \text{(이산형인 경우)} \\ \int_{-\infty}^{+\infty} (y-\mu_{2|1}(x))^2 f_{2|1}(y)\,dy & \text{(연속형인 경우)} \end{cases}$$

이러한 조건부분산이나 조건부기댓값을 구할 때 다음의 성질을 이용하면 편리하다.

정리 2.3.2 조건부기댓값의 성질

(a) (i) $E[c_1g_1(Y)+c_2g_2(Y)|X=x] = c_1E[g_1(Y)|X=x]+c_2E[g_2(Y)|X=x]$

(c_1, c_2는 상수)

(ii) $E[c(X)g(Y)|X=x] = c(x)E[g(Y)|X=x]$

(b) $g_1(Y) \le g_2(Y)$이면 $E[g_1(Y)|X=x] \le E[g_2(Y)|X=x]$

정리 2.3.3 조건부분산의 계산공식

$$\mathrm{Var}(Y|X=x) = E(Y^2|X=x) - \{E(Y|X=x)\}^2$$

[증명] 조건부분산의 정의와 조건부기댓값의 성질로부터

$$\begin{aligned}\mathrm{Var}(Y|X=x) &= E[(Y-\mu_{2|1}(x))^2|X=x] \\ &= E[Y^2-2\mu_{2|1}(x)Y+\mu^2_{2|1}(x)|X=x] \\ &= E(Y^2|X=x)-2\mu^2_{2|1}(x)+\mu^2_{2|1}(x) \\ &= E(Y^2|X=x)-\{E(Y|X=x)\}^2\end{aligned}$$

예 2.3.5

<예 2.3.4>에서, $X=x$인 조건에서 Y의 조건부확률밀도함수와 조건부평균은 각각

$$f_{2|1}(y|x) = \frac{f_{1,2}(x,y)}{f_1(x)} = \frac{6y(1-x-y)}{(1-x)^3} I_{(0\le y\le 1-x)}$$

$$\mu_{2|1}(x) = E(Y|X=x) = (1-x)/2$$

따라서 $X=x$ 인 조건에서 Y의 조건부분산은

$$\begin{aligned} Var(Y|X=x) &= E(Y^2|X=x) - \{E(Y|X=x)\}^2 \\ &= \int_0^{1-x} y^2 \cdot 6y(1-x-y)/(1-x)^3 dy - \{(1-x)/2\}^2 \\ &= (1-x)^2/20 \end{aligned}$$

조건부평균 $\mu_{2|1}(x) = E(Y|X=x)$는 확률변수 X의 값 x에 따라 그 값이 정해지는 함수이다. 따라서 $\mu_{2|1}(X)$는 X의 분포에 따라 $\mu_{2|1}(x)$ 값들을 가지는 새로운 확률변수이다. 이러한 확률변수를 X가 주어진 조건에서 Y의 조건부평균(conditional mean of Y, given X)이라 하고, 기호로는 $E(Y|X)$로 나타낸다. 마찬가지로 $\sigma^2_{2|1}(X)$도 X의 분포에 따라 $\sigma^2_{2|1}(x) = Var(Y|X=x)$ 값들을 가지는 확률변수이고, 이를 X가 주어진 조건에서 Y의 조건부분산(conditional variance of Y, given X)이라 하고, 기호로는 $Var(Y|X)$로 나타낸다.

확률변수로서의 조건부기댓값 $E[g(Y)|X]$:

$X=x$인 조건에서 $g(Y)$의 조건부기댓값을

$$h(x) = E[g(Y)|X=x]$$

라고 할 때, X의 분포에 따라 $h(x)$ 값들을 가지는 확률변수를 X가 주어진 조건에서 $g(Y)$의 조건부기댓값(conditional expectation of Y, given X)이라 하고 기호로는 $E[g(Y)|X]$로 나타낸다. 즉

$$E[g(Y)|X] = h(X)$$

예 2.3.6

<예 2.3.4>와 <예 2.3.5>에서,

$\mu_{2|1}(x) = E(Y|X=x) = (1-x)/2,\ \sigma^2_{2|1}(x) = Var(Y|X=x) = (1-x)^2/20$

따라서

$$E(Y|X) = \mu_{2|1}(X) = (1-X)/2,\ Var(Y|X) = \sigma^2_{2|1}(X) = (1-X)^2/20$$

정리 2.3.4 확률변수로서의 조건부기댓값의 성질[25)]

(a) $E[E(Y|X)] = E(Y)$

(b) $Cov(Y - E(Y|X), v(X)) = 0,\ \forall v(X)$

---

25) 이러한 성질은 (a) $E(|Y|) < +\infty$ (b) $E(Y^2) < +\infty, E(v^2(X)) < +\infty$를 전제로 하는 것이다.

[증명] (X, Y)의 결합확률밀도함수를 $f_{1,2}(x, y)$, X와 Y의 주변확률밀도함수를 각각 $f_1(x)$와 $f_2(y)$, $X = x$ 인 조건에서 Y의 조건부밀도함수를 $f_{2|1}(y|x)$로 나타내고, (X, Y)가 연속형인 경우만 증명한다. 이산형인 경우는 적분 대신 합을 이용하여 증명할 수 있다.

(a) $$\begin{aligned} E[E(Y|X)] &= \int_{-\infty}^{+\infty} E(Y|X=x) f_1(x)dx \\ &= \int_{-\infty}^{+\infty} \left\{ \int_{-\infty}^{+\infty} y f_{2|1}(y|x)dy \right\} f_1(x)dx \\ &= \int_{-\infty}^{+\infty} \left\{ \int_{-\infty}^{+\infty} y f_{2|1}(y|x) f_1(x)dy \right\} dx \\ &= \int_{-\infty}^{+\infty} \int_{-\infty}^{+\infty} y f_{1,2}(x, y)dy\,dx \\ &= E(Y) \end{aligned}$$

(b) $Z = Y - E(Y|X)$라고 하면, 조건부기댓값의 성질과 (a)로부터

$$E(Z|X) = E(Y|X) - E\{E(Y|X)|X\} = E(Y|X) - E(Y|X) = 0,$$

$$E(Z) = E[E(Z|X)] = 0$$

따라서 공분산의 계산공식, 조건부기댓값의 성질과 (a)로부터

$$\begin{aligned} Cov(Z, v(X)) &= E(Zv(X)) - E(Z)E(v(X)) \\ &= E\{E(Zv(X)|X)\} = E\{v(X)E(Z|X)\} \\ &= 0 \end{aligned}$$

예 2.3.7

<예 2.2.1>과 <예 2.2.2>에서, (X, Y)의 결합확률밀도함수와 X의 주변확률밀도함수가 각각

$$f_{1,2}(x, y) = 120\,xy(1-x-y)I_{(x \geq 0,\, y \geq 0,\, x+y \leq 1)},$$

$$f_1(x) = 20x(1-x)^3 I_{(0 \leq x \leq 1)}$$

이고, <예 2.3.4>와 <예 2.3.6>에서 $E(Y|X) = (1-X)/2$이므로

$$E[E(Y|X)] = E[(1-X)/2] = (1-E(X))/2$$

그런데, <예 2.2.2>에서 $E(X) = 1/3$이고 같은 방법으로 $E(Y) = 1/3$임을 알 수 있다. 따라서

$$E[E(Y|X)] = (1-E(X))/2 = 1/3 = E(Y)$$

한편,

$$\begin{aligned} Cov(Y-E(Y|X), X) &= E[\{Y-E(Y|X)\}X] \\ &= E[\{Y-(1-X)/2\}X] \\ &= E(XY)-(E(X)-E(X^2))/2 \end{aligned}$$

그런데, <예 2.2.2>, <예 2.2.3>, <예 2.2.4>에서

$$E(X)=1/3,\ E(XY)=2/21,\ E(X^2)=1/7$$

$$\therefore\ Cov(Y-E(Y|X), X)=2/21-(1/3-1/7)/2=0$$

조건부평균 $E(Y|X)$는 두 확률변수 Y와 X 사이의 관계를 설명하는 데에 특별한 의미를 갖는다. 다음 정리에서 설명하듯이 $E(Y|X)$는 Y를 예측하는 "가장 좋은" X의 함수라는 뜻을 갖고 있고, 흔히 회귀함수(回歸函數, regression function)라고 한다.

정리 2.3.5 최소제곱예측자(least squares predictor)

확률변수 X의 함수 $u(X)$로서 $E[(Y-u(X))^2]$을 최소로 하는 함수는 $E(Y|X)$이다. 즉

$$E[(Y-E(Y|X))^2] \le E[(Y-u(X))^2],\quad \forall u(X)$$

이고, 평균제곱예측오차(mean squared prediction error) $E[(Y-u(X))^2]$ 의 최소값은

$$E[(Y-E(Y|X))^2]=E[Var(Y|X)]$$

[증명] 증명의 핵심은 다음과 같이 예측 오차를 상관계수가 0인 두 확률변수의 합으로 분해하여 나타내는 것이다.[26]

$$Y-u(X)=(Y-E(Y|X))\oplus(E(Y|X)-u(X))$$

여기에서 $v(X)=E(Y|X)-u(X)$라고 하면

$$\begin{aligned} (Y-u(X))^2 &= ((Y-E(Y|X))\oplus v(X))^2 \\ &= (Y-E(Y|X))^2+2(Y-E(Y|X))v(X)+v^2(X) \end{aligned}$$

그런데

$$E[(Y-E(Y|X))v(X)]=Cov(Y-E(Y|X), v(X))=0$$

$$\therefore\ E[(Y-u(X))^2]=E[(Y-E(Y|X))^2]+E[v^2(X)] \ge E[(Y-E(Y|X))^2]$$

26) 이제부터 확률변수의 합을 $\oplus$의 기호로 나타낼 때에는 확률변수 사이의 상관계수가 0인 것을 전제로 하는 것으로 약속한다.

한편, $W=(Y-E(Y|X))^2$라고 하면 조건부기댓값의 성질로부터

$$E(W|X)=E[(Y-E(Y|X))^2|X]=Var(Y|X)$$

$$\therefore E[(Y-E(Y|X))^2]=E(W)=E[E(W|X)]=E[Var(Y|X)]$$

정리 2.3.6 분산의 분해

$$Var(Y)=E[Var(Y|X)]+Var[E(Y|X)]$$

[증명] Y의 평균을 μ라고 할 때, 편차 $Y-\mu$를 다음과 같이 분해하여 나타낼 수 있다.

$$Y-\mu=(Y-E(Y|X))\oplus(E(Y|X)-\mu)$$

그런데

$E[(Y-E(Y|X))(E(Y|X)-\mu)]=Cov(Y-E(Y|X),E(Y|X))=0$이므로

$$E[(Y-\mu)^2]=E[(Y-E(Y|X))^2]+E[(E(Y|X)-\mu)^2]$$

여기에서 $E[E(Y|X)]=E(Y)=\mu$이므로

$$Var(Y)=E[Var(Y|X)]+Var[E(Y|X)]$$

예 2.3.8

<예 2.2.1>에서 (X, Y)의 결합확률밀도함수가

$$f_{1,2}(x,y)=120xy(1-x-y)I_{(x\geq 0,\, y\geq 0,\, x+y\leq 1)}$$

인 경우에 <예 2.3.6>에서

$$E(Y|X)=(1-X)/2,\quad Var(Y|X)=(1-X)^2/20$$

한편, <예 2.2.2>와 <예 2.2.4>에서

$$E(X)=1/3,\ E(X^2)=1/7,\ Var(X)=2/63$$

따라서

$$\begin{aligned}Var[E(Y|X)]+E[Var(Y|X)]&=Var[(1-X)/2]+E[(1-X)^2/20]\\&=Var(X)/4+[E(X^2)-2E(X)+1]/20\\&=2/63\end{aligned}$$

로서 <예 2.2.4>에서의 $Var(Y)=2/63$와 일치하는 것을 알 수 있다.

조건부기댓값에 관한 정리 2.3.4, 2.3.5, 2.3.6을 요약하여 시각화하면 아래 그림과 같이 나타낼 수 있다. 이 그림에서 직각으로 나타낸 것은 서로 상관계수가 0인 것을 뜻하고 있는 것이다. 즉

$$\mathrm{Y}-\mathrm{E}(\mathrm{Y})=(\mathrm{Y}-\mathrm{E}(\mathrm{Y}\mid\mathrm{X}))\oplus(\mathrm{E}(\mathrm{Y}\mid\mathrm{X})-\mathrm{E}(\mathrm{Y}))$$

이러한 편차 $\mathrm{Y}-\mathrm{E}(\mathrm{Y})$의 분해는 반응변수 Y가 여러 다른 값을 갖게 되는 원인을 설명변수 X에 따른 부분 $(\mathrm{E}(\mathrm{Y}\mid\mathrm{X})-\mathrm{E}(\mathrm{Y}))$과 그 이외의 부분$(\mathrm{Y}-\mathrm{E}(\mathrm{Y}\mid\mathrm{X}))$으로 나누어 생각하는 것을 수식으로 나타내고 있는 것이다. 이러한 생각은 10장에서 소개되는 회귀분석과 분산분석의 기초가 되는 것이다.

그림 2.2.2 조건부기댓값의 성질

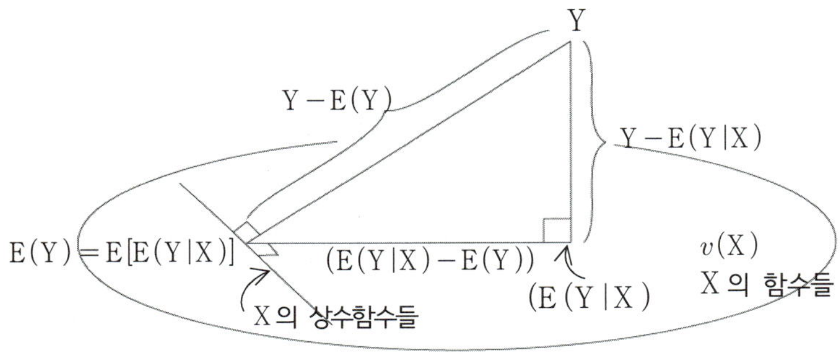

2.4 확률변수의 독립성

한 사건의 관측 여부가 다른 사건이 일어날 가능성에 아무런 영향을 주지 않는 경우와 같이, 확률변수 X가 어떠한 범위의 값을 갖든 확률변수 Y에 관한 사건의 가능성에 아무런 영향을 주지 않는 경우를 생각해보자. 즉 a, b, c, d의 값에 관계없이

$$\mathrm{P}(c\le \mathrm{Y}\le d\mid a\le \mathrm{X}\le b)=\mathrm{P}(c\le \mathrm{Y}\le d)$$

가 성립하는 경우로서, X에 관한 어떠한 사건도 Y에 관한 사건과 서로 독립인 경우이다.

이와 같이, 두 확률변수 X, Y에 대하여

$$\begin{aligned}&\mathrm{P}(a\le \mathrm{X}\le b, c\le \mathrm{Y}\le d)\\&=\mathrm{P}(a\le \mathrm{X}\le b)\mathrm{P}(c\le \mathrm{Y}\le d),\ \ \forall\, a,b,c,d(a<b, c<d)\end{aligned}\tag{2.4.1}$$

가 성립할 때, 확률변수 X와 Y가 서로 독립(mutually independent)이라고 한다.

정리 2.4.1 확률변수의 독립성[27]

다음의 조건은 모두 확률변수 X와 Y가 서로 독립일 필요충분조건이다.

(a) (누적분포함수) $cdf_{1,2}(x,y) = cdf_1(x)cdf_2(y)$,

$$\forall x,y: -\infty < x < +\infty,\ -\infty < y < +\infty$$

(b) (확률밀도함수) $pdf_{1,2}(x,y) = pdf_1(x)pdf_2(y)$,

$$\forall x,y: -\infty < x < +\infty,\ -\infty < y < +\infty$$

(c) (적률생성함수)[28] $mgf_{1,2}(t_1,t_2) = mgf_1(t_1)mgf_2(t_2)$,

$$\forall t_i: -h_i < t_i < h_i\,(\exists\, h_i > 0)(i = 1,2)$$

(d) (확률측도)[29] $\mathrm{P}(\mathrm{X} \in \mathrm{A}, \mathrm{Y} \in \mathrm{B}) = \mathrm{P}(\mathrm{X} \in \mathrm{A})\mathrm{P}(\mathrm{Y} \in \mathrm{B}),\ \forall \mathrm{A}, \mathrm{B}$

[증명] (a)와 (b)가 동치임은 누적분포함수와 확률밀도함수의 관계로부터 명백하고, 적률생성함수가 존재하는 경우에 적률생성함수와 확률밀도함수가 일대일 대응관계에 있으므로 (b)와 (c)가 동치인 것도 명백하다. 또한, 확률측도와 확률밀도함수가 일대일 대응관계이므로 (b)와 (d)도 동치이다.

한편, 확률밀도함수를 구간 위에서 적분하거나 더하면 구간 위의 확률이 주어지므로 (b)가 성립하면 (2.4.1)이 성립한다. 역으로 (2.4.1)이 $a = c = -n$, $b = x,\ d = y\,(n = 1,2,\cdots)$에 대하여 성립하면 n에 대해 극한을 취함으로써 확률측도의 연속성으로부터 (a)가 성립하는 것을 알 수 있다.

예 2.4.1

확률변수 X와 Y의 결합확률밀도함수가

$$f_{1,2}(x,y) = 2e^{-x-2y}\mathrm{I}_{(x \ge 0, y \ge 0)}$$

인 경우에 X와 Y의 주변확률밀도함수는 각각

$$f_1(x) = \int_{-\infty}^{+\infty} 2e^{-x-2y}\mathrm{I}_{(x \ge 0, y \ge 0)}dy = e^{-x}\mathrm{I}_{(x \ge 0)},$$

$$f_2(y) = \int_{-\infty}^{+\infty} 2e^{-x-2y}\mathrm{I}_{(x \ge 0, y \ge 0)}dx = 2e^{-2y}\mathrm{I}_{(y \ge 0)}$$

이로부터

$$f_{1,2}(x,y) = 2e^{-x-2y}\mathrm{I}_{(x \ge 0)}\mathrm{I}_{(y \ge 0)} = f_1(x)f_2(y)\ \ \forall x,y$$

이므로 X와 Y는 서로 독립이다.

---

27) *cdf*, *pdf*, *mgf* 는 각각 누적분포함수, 확률밀도함수, 적률생성함수를 뜻한다.
28) (c)의 조건은 적률생성함수가 존재할 때에 나머지 조건들과 동치이다.
29) $\mathrm{X} \in \mathrm{A}$는 $\{s : \mathrm{X}(s) \in \mathrm{A}\}$, 즉 역사상(inverse image)을 뜻한다.

예 2.4.2

<예 2.1.2>와 <예 2.1.4>에서 X와 Y의 결합확률밀도함수는

$$f_{1,2}(x,y)=2e^{-x-y}\mathrm{I}_{(0\le x\le y)}$$

이고, X와 Y의 주변확률밀도함수는 각각

$$f_1(x)=2e^{-2x}\mathrm{I}_{(x\ge 0)},\quad f_2(y)=2e^{-y}(1-e^{-y})\mathrm{I}_{(y\ge 0)}$$

이로부터

$$f_{1,2}(x,y)=f_1(x)f_2(y)\ \ \forall\, x,y$$

가 명백히 성립하지 않으므로, X와 Y는 서로 독립이 아니다.

<예 2.4.2>에서와 같이 서로 독립이 아닌 확률변수는 서로 종속(從屬, mutually dependent)이라고 하며, 서로 종속인 관계를 밝히려면 <정리 2.4.1>의 항등식들이 성립하지 않는 하나의 예를 찾아야 한다.

한편, <예 2.4.1>에서와 같이 확률밀도함수를 이용하여 서로 독립인 관계를 밝히는 과정에서 반드시 주변확률밀도함수를 구할 필요는 없다. 즉 <정리 2.4.1>의 (b) 대신 다음의 (b')을 적용하여도 된다.

(b') 다음 항등식이 성립하는 x만의 함수 $g_1(x)$와 y만의 함수 $g_2(y)$가 존재한다.

$$(\ pdf_{1,2}(x,y)=g_1(x)g_2(y)\ \forall\, x,y\ )$$

(b')이 성립하는 연속형의 경우에, 항등식의 양변을 모든 x와 y에 대하여 적분하면

$$\int_{-\infty}^{+\infty}g_1(x)dx\int_{-\infty}^{+\infty}g_2(y)dy=\int_{-\infty}^{+\infty}\int_{-\infty}^{+\infty}pdf_{1,2}(x,y)dydx=1$$

이므로 다음 등식으로부터 (b)가 성립하는 것을 알 수 있다.

$$g_1(x)g_2(y)=\left\{g_1(x)/\int_{-\infty}^{+\infty}g_1(x)dx\right\}\left\{g_2(y)/\int_{-\infty}^{+\infty}g_2(y)dy\right\}=pdf_1(x)pdf_2(y)$$

예를 들어, <예 2.4.1>의 경우에 주변확률밀도함수를 구하지 않고도

$$f_{1,2}(x,y)=2e^{-x-2y}\mathrm{I}_{(x\ge 0,y\ge 0)}=2e^{-x}\mathrm{I}_{(x\ge 0)}e^{-2y}\mathrm{I}_{(y\ge 0)}=g_1(x)g_2(y)$$

꼴이므로 X와 Y가 서로 독립이라고 할 수 있다.

누적분포함수나 적률생성함수를 이용할 때에도 <정리 2.4.1>의 (a) 또는 (c)의 항등식의 오른쪽 변에 나오는 주변누적분포함수나 주변적률생성함수를 구하지 않고도 독립성 여부를 판단할 수 있다.

정리 2.4.2 독립인 확률변수들의 함수

확률변수 X, Y가 서로 독립이면 각각의 함수인 $g_1(X)$와 $g_2(Y)$도 서로 독립이다.

[증명] 함수 g의 역사상을 $g^{-1}(A) = \{x : g(x) \in A\}$로 나타내면

$$(g_1(X) \in A, g_2(Y) \in B) = (X \in g_1^{-1}(A), Y \in g_2^{-1}(B))$$

$$(g_1(X) \in A) = (X \in g_1^{-1}(A)), \quad (g_2(Y) \in B) = (Y \in g_2^{-1}(B))$$

한편, X, Y가 서로 독립이면 <정리 2.4.1>의 (d)로부터

$$P(X \in g_1^{-1}(A), Y \in g_2^{-1}(B)) = P(X \in g_1^{-1}(A))P(X \in g_2^{-1}(B))$$

$$\therefore P(g_1(X) \in A, g_2(Y) \in B) = P(g_1(X) \in A)P(g_2(Y) \in B)$$

따라서 $g_1(X)$와 $g_2(Y)$도 서로 독립이다.

정리 2.4.3 독립인 확률변수들의 곱의 기댓값[30)]

확률변수 X와 Y가 서로 독립이면

$$E[g_1(X)g_2(Y)] = E[g_1(X)]E[g_2(Y)]$$

[증명] 연속형인 경우의 증명은 다음과 같고, 이산형인 경우는 적분 대신 합을 이용하여 증명할 수 있다.

$$\begin{aligned} E[g_1(X)g_2(Y)] &= \int_{-\infty}^{+\infty}\left\{\int_{-\infty}^{+\infty} g_1(x)g_2(y)pdf_{1,2}(x,y)dy\right\}dx \\ &= \int_{-\infty}^{+\infty} g_1(x)pdf_1(x)\left\{\int_{-\infty}^{+\infty} g_2(y)pdf_2(y)dy\right\}dx \\ &= \int_{-\infty}^{+\infty} g_1(x)pdf_1(x)dx\int_{-\infty}^{+\infty} g_2(y)pdf_2(y)dy \\ &= E[g_1(X)]E[g_2(Y)] \end{aligned}$$

정리 2.4.4 독립성과 상관관계[31)]

확률변수 X와 Y가 서로 독립이면

$$\mathrm{Cov}(X, Y) = 0$$

30) 이 정리는 $g_1(X)$, $g_2(Y)$의 기댓값이 실수로 정의된다는 것을 전제로 한다.
31) 이 정리는 두 확률변수의 공분산이 실수로 정의된다는 것을 전제로 한다.

[증명] 공분산의 계산공식

$$\text{Cov}(X,Y) = E(XY) - [E(X)][E(Y)]$$

과 <정리 2.4.3>으로부터 이 정리가 성립하는 것을 알 수 있다.

예 2.4.3 상관계수는 0이지만 독립이 아닌 경우

확률변수 X와 Y의 결합확률밀도함수가

$$f_{1,2}(x,y) = \frac{9}{40}(1+x^2y^2)I_{(-1 \le x \le 1,\ -1 \le y \le 1)}$$

이면, 각각의 주변확률밀도함수는 다음과 같이 주어진다.

$$f_1(x) = \frac{3}{20}(3+x^2)I_{(-1 \le x \le 1)},\quad f_2(y) = \frac{3}{20}(3+y^2)I_{(-1 \le y \le 1)}$$

이 경우에 X와 Y는 명백히 서로 독립이 아니지만,

$$E(X)=0,\ E(Y)=0,\ E(XY)=0 \quad \therefore \text{Cov}(X,Y)=0$$

즉 <정리 2.4.4>의 역이 항상 성립하는 것은 아니다.

정리 2.4.5 확률변수의 합의 분산[32]

(a) $\text{Var}(X+Y) = \text{Var}(X) + \text{Var}(Y) + 2\text{Cov}(X,Y)$

(b) X와 Y가 서로 독립이면 $\text{Var}(X+Y) = \text{Var}(X) + \text{Var}(Y)$

[증명] X와 Y의 평균을 각각 μ_1, μ_2라고 하면, 분산의 정의와 기댓값의 선형성으로부터

$$\begin{aligned} \text{Var}(X+Y) &= E[(X+Y-\mu_1-\mu_2)^2] \\ &= E[(X-\mu_1)^2 + (Y-\mu_2)^2 + 2(X-\mu_1)(Y-\mu_2)] \\ &= \text{Var}(X) + \text{Var}(Y) + 2\text{Cov}(X,Y) \end{aligned}$$

X와 Y가 독립이면 <정리 2.4.4>와 (a)로부터 (b)가 성립하는 것을 알 수 있다.

2.5 다차원 확률변수의 분포

확률변수 $X_1, X_2, \cdots, X_k$를 각 성분으로 하는 벡터[33] $(X_1, X_2, \cdots, X_k)^t$를 k차원 확률변수 또는 k변량(k variate) 확률벡터라고 하며, 이차원 확률변수인 경우와 마찬

32) 이 정리는 각 확률변수의 분산이 실수로 정의된다는 것을 전제로 한다.

33) 이후로는 특별한 언급이 없는 한 벡터는 언제나 세로로 나열된 열벡터(column vector)이고, t는 벡터 또는 행렬의 전치(transpose)를 나타내는 기호이다.

가지로 이산형과 연속형인 다차원 확률변수의 결합확률밀도함수는 다음과 같이 정의된다.

이산형 다차원 확률변수의 결합확률밀도함수:

(a) $f(x_1,\cdots,x_k) \geq 0 \quad \forall x_i : -\infty < x_i < +\infty \ (i=1,2,\cdots,k)$

$f(x_1,\cdots,x_k) = 0 \quad \forall x_i \notin \{x_{i1}, x_{i2}, \cdots\} \ (i=1,2,\cdots,k)$

(b) $\sum_{x_1}\cdots\sum_{x_k} f(x_1,\cdots,x_k) = 1$

(c) $\sum_{x_1 : a_1 \leq x_1 \leq b_1} \cdots \sum_{x_k : a_k \leq x_k \leq b_k} f(x_1,\cdots,x_k) = \mathrm{P}(a_1 \leq \mathrm{X}_1 \leq b_1, \cdots, a_k \leq \mathrm{X}_k \leq b_k)$

연속형 다차원 확률변수의 결합확률밀도함수:

(a) $f(x_1,\cdots,x_k) \geq 0 \quad \forall x_i : -\infty < x_i < +\infty \quad (i=1,2,\cdots,k)$

(b) $\int_{-\infty}^{+\infty}\cdots\int_{-\infty}^{+\infty} f(x_1,\cdots,x_k)\,dx_k \cdots dx_1 = 1$

(c) $\int_{a_1}^{b_1}\cdots\int_{a_k}^{b_k} f(x_1,\cdots,x_k)\,dx_k \cdots dx_1 = \mathrm{P}(a_1 \leq \mathrm{X}_1 \leq b_1, \cdots, a_k \leq \mathrm{X}_k \leq b_k)$

예 2.5.1

두 개의 흰 공, 세 개의 검은 공, 네 개의 빨간 공, 다섯 개의 노란 공이 들어있는 상자에서 4개의 공을 함께 꺼낼 때, 추출되는 흰 공과 검은 공, 빨간 공의 개수를 각각 X_1, X_2, X_3이라고 하면 $(\mathrm{X}_1, \mathrm{X}_2, \mathrm{X}_3)^t$의 결합확률밀도함수는

$$f(x_1, x_2, x_3) = \frac{\binom{2}{x_1}\binom{3}{x_2}\binom{4}{x_3}\binom{5}{4-x_1-x_2-x_3}}{\binom{14}{4}},$$

$$x_1 = 0,1,2,\ x_2 = 0,1,2,3,\ x_3 = 0,1,2,3,4,\ x_1 + x_2 + x_3 \leq 4$$

예 2.5.2

다음 함수가 $(\mathrm{X}_1, \mathrm{X}_2, \mathrm{X}_3)^t$의 결합확률밀도함수가 되기 위한 상수 c의 값을 구하여라.

$$f(x_1, x_2, x_3) = ce^{-x_1-x_2-x_3}\mathrm{I}_{(0 \leq x_1 \leq x_2 \leq x_3)}$$

[풀이] 전체 확률이 1이어야 하므로

$$\int_{-\infty}^{+\infty}\int_{-\infty}^{+\infty}\int_{-\infty}^{+\infty} f(x_1, x_2, x_3)dx_3dx_2dx_1$$

$$= \int_{0}^{+\infty}\int_{x_1}^{+\infty}\int_{x_2}^{+\infty} ce^{-x_1-x_2-x_3}dx_3dx_2dx_1 = 1$$

$$\therefore\ c\int_{0}^{+\infty} e^{-x_1}\left[-e^{-2x_2}/2\right]_{x_1}^{+\infty} dx_1 = \frac{c}{2}\int_{0}^{+\infty} e^{-3x_1}dx_1 = c/6 = 1,\ \text{즉}\ c = 6$$

확률변수 $X_1, X_2, \cdots, X_k$ 중에서 일부의 분포인 주변분포를 나타내는 주변확률밀도함수는 이차원 확률변수의 경우와 마찬가지로 다음과 같이 주어진다.

주변확률밀도함수:

다차원 확률변수 $(X_1, X_2, \cdots, X_k)^t$의 결합확률밀도함수가 $f(x_1, \cdots, x_k)$일 때, X_1과 $(X_1, X_2)^t$의 주변확률밀도함수 $f_1(x)$와 $f_{1,2}(x,y)$는 각각 다음과 같이 주어진다.

(a) $$f_1(x) = \begin{cases} \sum_{x_2}\cdots\sum_{x_k} f(x, x_2, \cdots, x_k) & \text{(이산형인 경우)} \\ \int_{-\infty}^{+\infty}\cdots\int_{-\infty}^{+\infty} f(x, x_2, \cdots, x_k)dx_k\cdots dx_2 & \text{(연속형인 경우)} \end{cases}$$

(b) $$f_{1,2}(x,y) = \begin{cases} \sum_{x_3}\cdots\sum_{x_k} f(x, y, x_3, \cdots, x_k) & \text{(이산형인 경우)} \\ \int_{-\infty}^{+\infty}\cdots\int_{-\infty}^{+\infty} f(x, y, x_3, \cdots, x_k)dx_k\cdots dx_3 & \text{(연속형인 경우)} \end{cases}$$

예 2.5.3

<예 2.5.1>에서, X_1, X_2, X_3 중에서 $(X_1, X_2)^t$의 주변확률밀도함수는

$$f_{1,2}(x,y) = \sum_{x_3} f(x, y, x_3) = \binom{2}{x}\binom{3}{y}\sum_{x_3}\binom{4}{x_3}\binom{5}{4-x-y-x_3}\Big/\binom{14}{4}$$

$$\therefore\ f_{1,2}(x,y) = \binom{2}{x}\binom{3}{y}\binom{9}{4-x-y}\Big/\binom{14}{4},\ x = 0,1,2,\ y = 0,1,2,3,\ x+y \le 4$$

예 2.5.4

<예 2.5.2>에서, $(X_1, X_2, X_3)^t$의 결합확률밀도함수가

$$f(x_1, x_2, x_3) = 6e^{-x_1-x_2-x_3} I_{(0 \le x_1 \le x_2 \le x_3)}$$

이므로 $(X_1, X_3)^t$의 주변확률밀도함수는

$$f_{1,3}(x,z) = \int_{-\infty}^{+\infty} f(x, x_2, z)dx_2 = 6e^{-x-z}\int_{x}^{z} e^{-x_2}dx_2 I_{(0 \le x \le z)}$$

$$\therefore\ f_{1,3}(x,z) = 6(e^{-2x-z} - e^{-x-2z})I_{(0 \le x \le z)}$$

한편, X_1의 주변밀도함수는

$$f_1(x) = \int_{-\infty}^{+\infty}\int_{-\infty}^{+\infty} f(x, x_2, x_3)dx_3 dx_2 = 6\int_{x}^{+\infty}(e^{-2x-z} - e^{-x-2z})dz I_{(0 \le x)}$$

$$\therefore\ f_1(x) = 6(e^{-2x}e^{-x} - e^{-x}e^{-2x}/2)I_{(0 \le x)} = 3e^{-3x}I_{(x \ge 0)}$$

일차원의 경우와 마찬가지로, 다차원의 경우에도 확률밀도함수와 누적분포함수는 일대일로 대응한다. 예를 들어, 연속형인 경우에는 다음과 같은 대응 관계가 성립한다.

$$F(x_1, \cdots, x_k) = P(X_1 \le x_1, \cdots, X_k \le x_k) = \int_{-\infty}^{x_1}\cdots\int_{-\infty}^{x_k} f(t_1, \cdots t_k)dt_k \cdots dt_1$$

f가 연속인 점 $(x_1, \cdots, x_k)$에서 $f(x_1, \cdots, x_k) = \dfrac{\partial^k}{\partial x_1 \cdots \partial x_k} F(x_1, \cdots, x_k)$

확률벡터의 함수의 기댓값:

확률벡터 $(X_1, \cdots, X_k)^t$의 결합확률밀도함수가 $f(x_1, \cdots, x_k)$일 때, 실수 값 함수 $g(x_1, \cdots, x_k)$에 대하여

$$\begin{cases} \sum_{x_1}\cdots\sum_{x_k} g(x_1, \cdots, x_k) f(x_1, \cdots, x_k) & \text{(이산형인 경우)} \\ \int_{-\infty}^{+\infty}\cdots\int_{-\infty}^{+\infty} g(x_1, \cdots, x_k) f(x_1, \cdots, x_k) dx_k \cdots dx_1 & \text{(연속형인 경우)} \end{cases}$$

가 실수로 정의되면 그 값을 $g(X_1, \cdots, X_k)$의 기댓값이라 하고, 기호로는 $E[g(X_1, \cdots, X_k)]$로 나타낸다.

$$E[g(X_1, \cdots, X_k)] = \begin{cases} \sum_{x_1}\cdots\sum_{x_k} g(x_1, \cdots, x_k) f(x_1, \cdots, x_k) & \text{(이산형인 경우)} \\ \int_{-\infty}^{+\infty}\cdots\int_{-\infty}^{+\infty} g(x_1, \cdots, x_k) f(x_1, \cdots, x_k) dx_k \cdots dx_1 & \text{(연속형인 경우)} \end{cases}$$

예 2.5.5

확률벡터 $(X_1, X_2, X_3)^t$의 결합확률밀도함수가

$$f(x_1,x_2,x_3) = 120\,x_1(1-x_1-x_2-x_3)I_{(x_1 \ge 0, x_2 \ge 0, x_3 \ge 0, x_1+x_2+x_3 \le 1)}$$

일 때, $E(X_1X_2)$를 구하여라.

[풀이] $$E(X_1X_2) = \iiint_{\substack{0 \le x, 0 \le y, 0 \le z \\ x+y+z \le 1}} xy \cdot 120x(1-x-y-z)\,dz\,dy\,dx$$
$$= \int_0^1 \left\{ 120x^2 \int_0^{1-x} y \left\{ \int_0^{1-x-y} (1-x-y-z)dz \right\} dy \right\} dx$$
$$= \int_0^1 \left\{ 120x^2 \int_0^{1-x} y(1-x-y)^2/2\,dy \right\} dx$$
$$= \int_0^1 5x^2(1-x)^4 dx$$
$$= 1/21$$

다중 합이나 다중 적분의 성질로부터 밝힐 수 있는 다음과 같은 기댓값의 성질은 기댓값을 구할 때 매우 유용하다.

정리 2.5.1 기댓값의 성질[34)]

(a) (선형성) 임의의 상수 c_1, c_2에 대하여

$$E[c_1g_1(X_1,\cdots,X_k)+c_2g_2(X_1,\cdots,X_k)] = c_1E[g_1(X_1,\cdots,X_k)] + c_2E[g_2(X_1,\cdots,X_k)]$$

(b) (단조성)

$g_1(X_1,\cdots,X_k) \le g_2(X_1,\cdots,X_k)$이면 $E[g_1(X_1,\cdots,X_k)] \le E[g_2(X_1,\cdots,X_k)]$

다차원 확률변수 $(X_1, \cdots, X_k)^t$의 분포의 특성을 나타내는 데에는 각 변수의 평균, 분산과 변수 사이의 공분산이 중요한 역할을 한다.

확률벡터의 평균과 분산행렬:

확률벡터[35)] $X = (X_1, \cdots, X_k)^t$의 성분들인 $X_1, \cdots, X_k$의 평균, 분산·공분산인

$$\mu_i = E(X_i),\ \sigma_{i,j} = Cov(X_i, X_j)\ (i,j = 1,2,\cdots,k)$$

34) 이러한 선형성과 단조성은 각각의 기댓값이 실수로 정의되는 것을 전제로 하는 것이다.

를 대응하는 원소로 갖는 벡터와 행렬을 각각 X의 평균벡터(mean vector), 분산· 공분산행렬(variance-covariance matrix) 또는 간략히 X의 평균, 분산행렬이라고 하며, 기호로는 $\mathrm{E}(\mathrm{X})$, $\mathrm{Var}(\mathrm{X})$로 나타낸다. 즉,

$$\mathrm{E}(\mathrm{X}) = (\mu_1, \cdots, \mu_k)^t = (\mathrm{E}(\mathrm{X}_1), \cdots, \mathrm{E}(\mathrm{X}_k))^t$$

$$\mathrm{Var}(\mathrm{X}) = \begin{pmatrix} \sigma_{1,1} \cdots \sigma_{1,k} \\ \cdots \cdots \cdots \\ \sigma_{k,1} \cdots \sigma_{k,1} \end{pmatrix} = (\mathrm{Cov}(\mathrm{X}_i, \mathrm{X}_j))_{\substack{1 \le i \le k \\ 1 \le j \le k}}$$

예 2.5.6

<예 2.2.1>에서 확률벡터 $\mathrm{X} = (\mathrm{X}_1, \mathrm{X}_2)^t$의 결합확률밀도함수가

$$f(x, y) = 120\,xy(1 - x - y)\mathrm{I}_{(x \ge 0,\, y \ge 0,\, x + y \le 1)}$$

일 때, <예 2.2.2>, <예 2.2.3>, <예 2.2.4>의 계산으로부터

$$\mathrm{E}(\mathrm{X}) = \begin{pmatrix} 1/3 \\ 1/3 \end{pmatrix}, \ \mathrm{Var}(\mathrm{X}) = \begin{pmatrix} 2/63 & -1/63 \\ -1/63 & 2/63 \end{pmatrix}$$

예 2.5.7

<예 2.1.2>에서 확률벡터 $\mathrm{X} = (\mathrm{X}_1, \mathrm{X}_2)^t$의 결합확률밀도함수가

$$f(x, y) = 2\,e^{-x-y}\mathrm{I}_{(0 \le x \le y)}$$

일 때, <예 2.2.5>의 계산으로부터

$$\mathrm{E}(\mathrm{X}) = \begin{pmatrix} 1/2 \\ 3/2 \end{pmatrix}, \ \mathrm{Var}(\mathrm{X}) = \begin{pmatrix} 1/4 & 1/4 \\ 1/4 & 5/4 \end{pmatrix}$$

확률벡터 $(\mathrm{X}_1, \cdots, \mathrm{X}_k)^t$의 기댓값을 $\mathrm{E}[(\mathrm{X}_1, \cdots, \mathrm{X}_k)^t] = (\mathrm{E}(\mathrm{X}_1), \cdots, \mathrm{E}(\mathrm{X}_k))^t$로 나타내는 것과 같이, 확률변수 $\mathrm{W}_{i,j}(i, j = 1, \cdots, k)$를 성분으로 갖는 확률변수의 행렬 $(\mathrm{W}_{i,j})$의 기댓값은 $\mathrm{E}(\mathrm{W}_{i,j})$를 대응하는 성분으로 갖는 행렬로 나타낸다. 즉,

$$\mathrm{E}[(\mathrm{W}_{i,j})] = (\mathrm{E}(\mathrm{W}_{i,j})), \ E\left[\begin{pmatrix} W_{1,1} \cdots W_{1,k} \\ \cdots \ \cdots \ \cdots \\ W_{k,1} \cdots W_{k,k} \end{pmatrix}\right] = \begin{pmatrix} E(W_{1,1}) \cdots E(W_{1,k}) \\ \cdots \ \cdots \ \cdots \\ E(W_{k,1}) \cdots E(W_{k,k}) \end{pmatrix}$$

이고, 이러한 확률변수 행렬의 기댓값도 다음과 같은 선형성을 갖는다.

---

35) 벡터의 기호로는 $\underline{\mathrm{X}}$, $\underline{a}$, $\underline{\mu}$와 같이 나타내어 실수 값의 X, a, μ와 구분하기도 하지만 이 책에서는 같은 기호를 사용하기로 한다. 따라서 문장이나 문단의 맥락에서 X, a, μ가 벡터 또는 실수인가를 판단하여야 한다.

정리 2.5.2 확률변수 행렬의 기댓값의 성질[36)]

확률변수의 행렬 $V = (V_{i,j})$, $W = (W_{i,j})$에 대하여 다음이 성립한다.

(a) $E(CWD) = CE(W)D$ (C, D는 모든 원소가 상수인 행렬)

(b) $E(V+W) = E(V)+E(W)$

확률변수의 행렬을 이용하면 평균벡터, 분산행렬 등을 간략하게 나타낼 수 있다. 확률벡터 $X = (X_1, \cdots, X_k)^t$의 평균을 $\mu = (\mu_1, \cdots, \mu_k)^t$라고 하면

$$(X-\mu)(X-\mu)^t = ((X_i - \mu_i)(X_j - \mu_j))$$

이므로 X의 분산행렬을 다음과 같이 나타낼 수 있다.

$$Var(X) = (Cov(X_i, X_j)) = (E[(X_i - \mu_i)(X_j - \mu_j)]) = E[(X-\mu)(X-\mu)^t]$$

또한, 분산행렬을 일반화하여 $X = (X_1, \cdots, X_k)^t$와 $Y = (Y_1, \cdots, Y_l)^t$의 공분산행렬을

$$Cov(X, Y) = (Cov(X_i, Y_j))_{\substack{1 \le i \le k \\ 1 \le j \le l}} \quad (k \times l)$$

라고 정의하며, $Y = (Y_1, \cdots, Y_l)^t$의 평균을 $\eta = (\eta_1, \cdots, \eta_l)^t$라고 하여 공분산행렬을

$$Cov(X, Y) = (Cov(X_i, Y_j)) = (E[(X_i - \mu_i)(Y_j - \eta_j)]) = E[(X-\mu)(Y-\eta)^t]$$

와 같이 나타낼 수 있다.

분산행렬과 공분산행렬:

$X = (X_1, \cdots, X_k)^t$, $Y = (Y_1, \cdots, Y_l)^t$의 평균을 각각 $\mu = (\mu_1, \cdots, \mu_k)^t$, $\eta = (\eta_1, \cdots, \eta_l)^t$ 라고 하면 X의 분산행렬과 X와 Y의 공분산행렬은 각각

$$Var(X) = E[(X-\mu)(X-\mu)^t], \quad Cov(X, Y) = E[(X-\mu)(Y-\eta)^t]$$

정리 2.5.3 평균벡터와 공분산행렬의 성질[37)]

(a) $E(AX+b) = AE(X)+b$ (A, b는 상수의 행렬과 벡터)

(b) $Var(AX+b) = AVar(X)A^t$ (A, b는 상수의 행렬과 벡터)

---

36) 이러한 성질은 각각의 기댓값이 실수로 정의되는 것을 전제로 하는 것이다.
37) 이러한 성질은 각 확률변수의 분산이 실수로 정의되는 것을 전제로 하는 것이다.

(c) $\text{Cov}(AX+b, CY+d) = A\text{Cov}(X,Y)C^t$

$(A, C, b, d$는 상수의 행렬과 벡터)

(d) $\text{Cov}(X+Y, Z) = \text{Cov}(X, Z) + \text{Cov}(Y, Z)$,

$\text{Cov}(X, Z+W) = \text{Cov}(X, Z) + \text{Cov}(X, W)$

(e) $\text{Cov}(Y, X) = (\text{Cov}(X, Y))^t$, $\text{Var}(X) = \text{Cov}(X, X)$

(f) $\text{Var}(X+Y) = \text{Var}(X) + \text{Var}(Y) + \text{Cov}(X, Y) + \text{Cov}(Y, X)$

[증명] 기댓값의 성질과 공분산행렬의 정의로부터 명백하다.

예 2.5.8

<예 2.1.2>에서 확률벡터 $X = (X_1, X_2)^t$의 결합확률밀도함수가

$$f(x, y) = 2e^{-x-y} I_{(0 \le x \le y)}$$

일 때, <예 2.5.7>에서

$$E(X) = \begin{pmatrix} 1/2 \\ 3/2 \end{pmatrix}, \quad \text{Var}(X) = \begin{pmatrix} 1/4 & 1/4 \\ 1/4 & 5/4 \end{pmatrix}$$

여기에서 $Y = (Y_1, Y_2)^t = (2X_1, X_2 - X_1)^t$라고 하면

$$Y = AX, \quad A = \begin{pmatrix} 2 & 0 \\ -1 & 1 \end{pmatrix}$$

따라서 Y의 평균과 분산행렬은

$$E(Y) = A\begin{pmatrix} 1/2 \\ 3/2 \end{pmatrix} = \begin{pmatrix} 1 \\ 1 \end{pmatrix}, \quad \text{Var}(Y) = A\begin{pmatrix} 1/4 & 1/4 \\ 1/4 & 5/4 \end{pmatrix}A^t = \begin{pmatrix} 1 & 0 \\ 0 & 1 \end{pmatrix}$$

정리 2.5.4 분산행렬의 성질

확률벡터 $X = (X_1, \cdots, X_k)^t$의 분산행렬 $\text{Var}(X)$는 음이 아닌 정부호(nonnegative definite)의 대칭행렬이다. 즉

$$\text{Var}(X) = (\text{Var}(X))^t, \quad a^t \text{Var}(X) a \ge 0, \quad \forall a \in R^k$$

[증명] 분산행렬이 대칭행렬임은 명백하고, a^tX은 실수 값을 가지는 확률변수이므로

$$a^t \text{Var}(X) a = \text{Var}(a^t X) \ge 0, \quad \forall a \in R^k$$

분산행렬이 음이 아닌 정부호의 대칭행렬이므로, 부록 p.500의 대각화정리와 p.504에 주어진 음이 아닌 정부호 행렬의 조건으로부터

$$\mathrm{Var}(\mathrm{X}) = \mathrm{P}\,\mathrm{diag}(\lambda_i)\mathrm{P}^t, \mathrm{P}\mathrm{P}^t = \mathrm{P}^t\mathrm{P} = \mathrm{I}, \lambda_1 \ge \lambda_2 \ge \cdots \ge \lambda_k \ge 0$$

와 같이 나타낼 수 있는 직교 행렬

$$\mathrm{P} = (p_1, \cdots, p_k), p_i^t p_i = 1, p_i^t p_j = 0 (i \ne j)$$

와 고유값 $\lambda_1 \ge \lambda_2 \ge \cdots \ge \lambda_k \ge 0$이 존재하는 것을 알 수 있다. 이로 부터

$$\mathrm{Var}(\mathrm{P}^t\mathrm{X}) = \mathrm{diag}(\lambda_i), \lambda_1 \ge \lambda_2 \ge \cdots \ge \lambda_k \ge 0$$

임을 알 수 있다. 즉 직교행렬 $\mathrm{P} = (p_1, \cdots, p_k)$의 열벡터 $p_1, \cdots, p_k$를 기저로 하여 확률변수 X를 나타내는 좌표계의 변수 $\mathrm{P}^t\mathrm{X}$에서는 성분끼리 상관계수가 0이고 그 성분의 분산이 $\lambda_1 \ge \lambda_2 \ge \cdots \ge \lambda_k \ge 0$으로 주어진다는 뜻이다. 이러한 뜻에서 $\mathrm{P}^t\mathrm{X}$의 성분에서 $\lambda_1 \ge \lambda_2 \ge \cdots \ge \lambda_k \ge 0$에 대응하는 성분을 각각 제1 주성분, 제2 주성분, …과 같이 부른다. 이러한 설명에서 알 수 있듯이 분산행렬의 고유벡터와 고유값들은 그 분포의 주된 방향과 산포의 크기를 나타내는 것이다.

이차원 확률변수의 경우와 마찬가지로, 다차원 확률변수의 결합적률을 생각할 수 있고 결합적률생성함수는 그 분포를 결정하는 성질을 갖는다.

다차원 확률변수의 결합적률:

$\mathrm{E}(|\mathrm{X}_1^{r_1} \cdots \mathrm{X}_k^{r_k}|) < +\infty$일 때

$$\mathrm{E}(\mathrm{X}_1^{r_1} \cdots \mathrm{X}_k^{r_k}) = \begin{cases} \sum_{x_1} \cdots \sum_{x_k} x_1^{r_1} \cdots x_k^{r_k} f(x_1, \cdots, x_k) & \text{(이산형인 경우)} \\ \int_{-\infty}^{+\infty} \cdots \int_{-\infty}^{+\infty} x_1^{r_1} \cdots x_k^{r_k} f(x_1, \cdots, x_k) dx_k \cdots dx_1 & \text{(연속형인 경우)} \end{cases}$$

를 $\mathrm{X} = (\mathrm{X}_1, \cdots, \mathrm{X}_k)^t$의 $(r_1, \cdots, r_k)$차 결합적률(結合積率, joint moment)이라고 하며, 기호로는 $m_{r_1, \cdots, r_k}(\mathrm{X}_1, \cdots, \mathrm{X}_k)$ 또는 $m_{r_1, \cdots, r_k}$로 나타낸다.

다차원 확률변수의 결합적률생성함수:

0을 포함하는 열린구간들의 $t_1, \cdots, t_k$ 값에 대하여 $\mathrm{E}(e^{t_1\mathrm{X}_1 + \cdots + t_k\mathrm{X}_k})$가 실수일 때, 함수

$$\mathrm{M}(t_1, \cdots, t_k) = \mathrm{E}(e^{t_1\mathrm{X}_1 + \cdots + t_k\mathrm{X}_k}), \ -h_i < t_i < h_i, \ (\exists h_i > 0)(i = 1, \cdots, k)$$

를 $\mathrm{X} = (\mathrm{X}_1, \cdots, \mathrm{X}_k)^t$의 결합적률생성함수(joint moment generating function)라고 한다.

정리 2.5.5 **결합적률생성함수의 성질**

(a) (결합적률 생성) 다차원 확률변수 $X=(X_1, \cdots, X_k)^t$ 의 결합적률생성함수가 존재하면, 즉

$$M(t_1, \cdots, t_k)=E(e^{t_1X_1+\cdots+t_kX_k})<+\infty,\ -h_i<t_i<h_i,\ (\exists h_i>0)(i=1, \cdots, k)$$

이면, $X=(X_1, \cdots, X_k)^t$ 의 모든 결합적률이 존재하고

$$E(X_1^{r_1}\cdots X_k^{r_k})=\left[\frac{\partial^{r_1+\cdots+r_k}}{\partial t_1^{r_1}\cdots \partial t_k^{r_k}}M(t_1, \cdots, t_k)\right]_{t_1=\cdots=t_k=0}$$

$$M(t_1, \cdots, t_k)=\sum_{r_1=0}^{\infty}\cdots\sum_{r_k=0}^{\infty}\frac{E(X_1^{r_1}\cdots X_k^{r_k})}{r_1!\cdots r_k!}t_1^{r_1}\cdots t_k^{r_k}$$

$$-h_i<t_i<h_i(\exists h_i>0)(i=1, \cdots, k)$$

(b) (분포 결정성) 다차원 확률변수 $X=(X_1, \cdots, X_k)^t$, $Y=(Y_1, \cdots, Y_k)^t$ 의 결합적률생성함수 $M_{X_1,\cdots,X_k}(t_1, \cdots, t_k)$, $M_{Y_1,\cdots,Y_k}(t_1, \cdots, t_k)$가 존재하고 0을 포함하는 열린구간에서 일치하면, 즉

$$M_{X_1,\cdots,X_k}(t_1, \cdots, t_k)=M_{Y_1,\cdots,Y_k}(t_1, \cdots, t_k)$$

이면, X와 Y의 확률분포가 일치, 즉 $X=(X_1, \cdots, X_k)^t$와 $Y=(Y_1, \cdots, Y_k)^t$ 의 결합확률밀도함수, 결합누적분포함수가 일치한다.

이차원 확률변수의 경우와 마찬가지로, 결합적률생성함수 $M(t_1, \cdots, t_k)$가 존재할 때

$$C(t_1, \cdots, t_k)=\log M(t_1, \cdots, t_k)=\log E(e^{t_1X_1+\cdots+t_kX_k})$$

$$-h_i<t_i<h_i(\exists h_i>0)(i=1, \cdots, k)$$

를 $X=(X_1, \cdots, X_k)^t$의 결합누율생성함수라고 하며, 이를 미분하거나 멱급수 전개를 하여 이차항까지 구하면 평균이나 분산행렬을 간편하게 구할 수 있다. 즉,

$$\left[\frac{\partial}{\partial t_i}C(t_1, \cdots, t_k)\right]_{t_1=\cdots=t_k=0}=E(X_i),$$

$$\left[\frac{\partial^2}{\partial t_i\partial t_j}C(t_1, \cdots, t_k)\right]_{t_1=\cdots=t_k=0}=Cov(X_i, X_j)$$

결합누율생성함수와 평균, 분산:

$$\mathrm{C}(t)=\log \mathrm{M}(t)=\log \mathrm{E}(e^{t_1 \mathrm{X}_1+\cdots+t_k \mathrm{X}_k}),\ -h_i<t_i<h_i(\exists h_i>0)(i=1,\cdots,k)$$

$\mathrm{C}(t)$의 일차 편도함수 벡터[38]와 이차 편도함수 행렬[39]을 각각 $\dot{\mathrm{C}}(t)$, $\ddot{\mathrm{C}}(t)$라고 하면

$$\mathrm{C}(t)=\dot{\mathrm{C}}(0)^t t+\frac{1}{2}t^t \ddot{\mathrm{C}}(0)t+\cdots,\ \mathrm{E}(\mathrm{X})=\dot{\mathrm{C}}(0),\ \mathrm{Var}(\mathrm{X})=\ddot{\mathrm{C}}(0)$$

예 2.5.9

<예 2.5.2>에서 확률벡터 $\mathrm{X}=(\mathrm{X}_1,\mathrm{X}_2,\mathrm{X}_3)^t$ 의 결합확률밀도함수가

$$f(x_1,x_2,x_3)=6e^{-x_1-x_2-x_3}\mathrm{I}_{(0\le x_1\le x_2\le x_3)}$$

이므로, 결합적률생성함수를 구하면 다음과 같다.

$$\begin{aligned}\mathrm{M}_{\mathrm{X}}(t)&=\iiint_{0\le x_1\le x_2\le x_3} e^{t_1x_1+t_2x_2+t_3x_3}\cdot 6e^{-x_1-x_2-x_3}dx_3dx_2dx_1\\&=6\int_0^{+\infty}\left\{\int_{x_1}^{+\infty}\left[\int_{x_2}^{+\infty}e^{-(1-t_3)x_3}dx_3\right]e^{-(1-t_2)x_2}dx_2\right\}e^{-(1-t_1)x_1}dx_1\\&=6(3-t_1-t_2-t_3)^{-1}(2-t_2-t_3)^{-1}(1-t_3)^{-1},\\&\quad t_1+t_2+t_3<3,\ t_2+t_3<2,\ t_3<1\end{aligned}$$

따라서 결합누율생성함수는 $(t_1+t_2+t_3)/3<1,(t_2+t_3)/2<1,t_3<1$인 범위에서

$$\mathrm{C}(t)=-\log\left(1-\frac{t_1+t_2+t_3}{3}\right)-\log\left(1-\frac{t_2+t_3}{2}\right)-\log(1-t_3)$$

여기에서 로그함수의 멱급수 전개식

$$-\log(1-\mathrm{A})=\mathrm{A}+\mathrm{A}^2/2+\mathrm{A}^3/3+\cdots,\ (-1<\mathrm{A}<1)$$

을 이용하여 $\mathrm{C}(t)$를 멱급수 전개하고, 그 결과를 t_1, t_2, t_3의 오름차순으로 정리하면

$$\begin{aligned}\mathrm{C}(t)&=\frac{1}{3}t_1+\frac{5}{6}t_2+\frac{11}{6}t_3\\&\quad+\frac{1}{2}\left(\frac{1}{9}t_1^2+\frac{13}{36}t_2^2+\frac{49}{36}t_3^2+\frac{1}{9}2t_1t_2+\frac{1}{9}2t_1t_3+\frac{13}{36}2t_2t_3\right)+\cdots\end{aligned}$$

이 전개식의 일차항과 이차항의 계수로부터

---

38) 일차 편도함수 벡터 $\dot{\mathrm{C}}(t)=\left(\frac{\partial}{\partial t_1}\mathrm{C}(t),\cdots,\frac{\partial}{\partial t_k}\mathrm{C}(t)\right)^t$를 기울기벡터(gradient vector)라고 한다.

39) 이차 편도함수 행렬 $\ddot{\mathrm{C}}(t)=\left(\frac{\partial^2}{\partial t_i\partial t_j}\mathrm{C}(t)\right)$을 헤시안행렬(Hessian matrix)이라고 한다.

$$\mathrm{E}(\mathrm{X}) = \begin{pmatrix} 1/3 \\ 5/6 \\ 11/6 \end{pmatrix}, \ \mathrm{Var}(\mathrm{X}) = \frac{1}{36}\begin{pmatrix} 4 & 4 & 4 \\ 4 & 13 & 13 \\ 4 & 13 & 49 \end{pmatrix}$$

이차원 확률변수 (X, Y)에 대하여 조건부분포를 생각하였듯이 다차원 확률변수의 경우에도 조건부분포를 생각할 수 있다.

예를 들어, 다차원 확률변수 $(\mathrm{X}_1, \mathrm{X}_2, \cdots, \mathrm{X}_k)^t$의 결합확률밀도함수가 $f_{1,2,\cdots,k}(x_1, x_2, \cdots, x_k)$이고 X_1의 주변확률밀도함수가 $f_1(x_1)$일 때 $\mathrm{X}_1 = x_1$인 조건에서 $(\mathrm{X}_2, \cdots, \mathrm{X}_k)^t$의 조건부확률밀도함수는 다음과 같이 주어진다.

$$f_{2,\cdots,k|1}(x_2,\cdots,x_k|x_1) = \frac{f_{1,2,\cdots,k}(x_1,x_2,\cdots,x_k)}{f_1(x_1)} \quad (x_1 : f_1(x_1) > 0)$$

또한, 조건으로 주어지는 확률변수가 다차원인 경우로서 $(\mathrm{X}_2, \cdots, \mathrm{X}_k)^t = (x_1, \cdots, x_k)^t$인 조건에서 X_1의 조건부확률밀도함수를 생각할 수 있다. $(\mathrm{X}_2, \cdots, \mathrm{X}_k)^t$의 주변확률밀도함수를 $f_{2,\cdots,k}(x_2, \cdots, x_k)$라고 하면 $(\mathrm{X}_2, \cdots, \mathrm{X}_k)^t = (x_1, \cdots, x_k)^t$인 조건에서 X_1의 조건부밀도함수는

$$f_{1|2,\cdots,k}(x_1|x_2,\cdots,x_k) = \frac{f_{1,2,\cdots,k}(x_1, x_2, \cdots, x_k)}{f_{2,\cdots,k}(x_2, \cdots, x_k)}$$
$$((x_2, \cdots, x_k)^t : f_{2,\cdots,k}(x_2, \cdots, x_k) > 0)$$

일반적으로 다차원 확률변수의 경우에도 조건부확률밀도함수의 정의는 2.3절의 일차원인 경우와 같이 결합확률밀도함수를 주변확률밀도함수로 나누어준 함수로 정의된다.

다차원 확률변수에 대한 조건부확률밀도함수:

다차원 확률변수 X, Y에 대하여, X와 Y의 결합확률밀도함수가 $f_{\mathrm{X,Y}}(x, y)$이고 X의 주변확률밀도함수가 $f_{\mathrm{X}}(x)$일 때 $\mathrm{X}=x$인 조건에서 Y의 조건부확률밀도함수는

$$f_{\mathrm{Y|X}}(y|x) = \frac{f_{\mathrm{X,Y}}(x, y)}{f_{\mathrm{X}}(x)} \quad (x : f_{\mathrm{X}}(x) > 0)$$

예 2.5.10

<예 2.5.5>에서 확률벡터 $(\mathrm{X}_1, \mathrm{X}_2, \mathrm{X}_3)^t$의 결합확률밀도함수가

$$f(x_1, x_2, x_3) = 120\,x_1(1 - x_1 - x_2 - x_3)\mathrm{I}_{(x_1 \ge 0,\ x_2 \ge 0,\ x_3 \ge 0,\ x_1 + x_2 + x_3 \le 1)}$$

일 때, X_1과 $(\mathrm{X}_2, \mathrm{X}_3)^t$의 주변확률밀도함수는 각각

$$\begin{aligned} f_1(x_1) &= \iint_{\substack{x_2 \ge 0, x_3 \ge 0 \\ x_2 + x_3 \le 1 - x_1}} 120x_1(1 - x_1 - x_2 - x_3)dx_3dx_2\mathrm{I}_{(0 \le x_1 \le 1)} \\ &= 20x_1(1 - x_1)^3\mathrm{I}_{(0 \le x_1 \le 1)} \end{aligned}$$

$$\begin{aligned} f_{2,3}(x_2, x_3) &= \int_0^{1 - x_2 - x_3} 120\,x_1(1 - x_2 - x_3 - x_1)dx_1\mathrm{I}_{(x_2 \ge 0, x_3 \ge 0, x_2 + x_3 \le 1)} \\ &= 20(1 - x_2 - x_3)^3\mathrm{I}_{(x_2 \ge 0, x_3 \ge 0, x_2 + x_3 \le 1)} \end{aligned}$$

따라서, $\mathrm{X}_1 = x_1$인 조건에서 $(\mathrm{X}_2, \mathrm{X}_3)^t$의 조건부밀도함수는

$$f_{2,3|1}(x_2, x_3|x_1) = \frac{f_{1,2,3}(x_1, x_2, x_3)}{f_1(x_1)} = \frac{6(1 - x_1 - x_2 - x_3)}{(1 - x_1)^3}\mathrm{I}_{(x_2 \ge 0, x_3 \ge 0, x_2 + x_3 \le 1 - x_1)}$$

이고, $(\mathrm{X}_2, \mathrm{X}_3)^t = (x_2, x_3)^t$인 조건에서 X_1의 조건부밀도함수는

$$f_{1|2,3}(x_1|x_2, x_3) = \frac{f_{1,2,3}(x_1, x_2, x_3)}{f_{2,3}(x_2, x_3)} = \frac{6x_1(1 - x_2 - x_3 - x_1)}{(1 - x_2 - x_3)^3}\mathrm{I}_{(0 \le x_1 \le 1 - x_2 - x_3)}$$

다차원 확률변수의 경우에도 조건부기댓값은 2.3절의 이차원인 경우와 마찬가지로 다음과 같이 정의된다.

다차원 확률변수의 조건부기댓값[40]**:**

다차원 확률변수 $\mathrm{X} = (\mathrm{X}_1, \cdots, \mathrm{X}_k)^t$, $\mathrm{Y} = (\mathrm{Y}_1, \cdots, \mathrm{Y}_l)^t$에 대하여 $\mathrm{X} = x$인 조건에서 Y의 조건부확률밀도함수가 $f_{\mathrm{Y}|\mathrm{X}}(y|x)$일 때, $\mathrm{X} = x$인 조건에서 실수 값 함수 $g(\mathrm{X}, \mathrm{Y})$의 조건부기댓값을 기호로는 $\mathrm{E}(g(\mathrm{X}, \mathrm{Y})|\mathrm{X} = x)$로 나타내고 다음과 같이 정의한다.

$$\mathrm{E}(g(\mathrm{X}, \mathrm{Y})|\mathrm{X} = x) = \begin{cases} \displaystyle\sum_{y_1} \cdots \sum_{y_l} g(x, y_1, \cdots, y_l) f_{\mathrm{Y}|\mathrm{X}}(y_1, \cdots, y_l|x) & \text{(이산형)} \\ \displaystyle\int_{-\infty}^{+\infty} \cdots \int_{-\infty}^{+\infty} g(x, y_1, \cdots, y_l) f_{\mathrm{Y}|\mathrm{X}}(y_1, \cdots, y_l|x)\, dy_l \cdots dy_1 & \text{(연속형)} \end{cases}$$

한편, 다차원확률변수 $\mathrm{X} = (\mathrm{X}_1, \cdots, \mathrm{X}_k)^t$, $\mathrm{Y} = (\mathrm{Y}_1, \cdots, \mathrm{Y}_l)^t$의 경우에 조건부평균과 조건부분산행렬을 다음과 같이 나타낸다.

$$\mathrm{E}(\mathrm{Y}|\mathrm{X}) = (\mathrm{E}(\mathrm{Y}_1|\mathrm{X}), \cdots, \mathrm{E}(\mathrm{Y}_l|\mathrm{X}))^t,\ \mathrm{Var}(\mathrm{Y}|\mathrm{X}) = (\mathrm{Cov}(\mathrm{Y}_i, \mathrm{Y}_j|\mathrm{X}))_{\substack{1 \le i \le l \\ 1 \le j \le l}}$$

따라서 다음 조건부기댓값의 성질은 X, Y가 다차원 확률변수일 때에도 성립한다.

---

40) 조건부기댓값의 정의에서 오른쪽 변의 합이나 적분은 절대 수렴하는 것을 전제로 하는 것이다.

정리 2.5.6 조건부기댓값의 성질

(a) $E[E(Y|X)] = E(Y)$

(b) $Cov(Y - E(Y|X), v(X)) = 0, \ \forall v(X)$

예 2.5.11

<예 2.5.10>에서, $X_1 = x_1$인 조건에서 $(X_2, X_3)^t$의 조건부밀도함수는

$$f_{2,3|1}(x_2, x_3|x_1) = \frac{f_{1,2,3}(x_1, x_2, x_3)}{f_1(x_1)} = \frac{6(1-x_1-x_2-x_3)}{(1-x_1)^3} I_{(x_2 \geq 0, x_3 \geq 0, x_2+x_3 \leq 1-x_1)}$$

이므로

$$\begin{aligned} E(X_2|X_1 = x_1) &= \int_0^{1-x_1}\int_0^{1-x_1-x_2} x_2 \cdot 6(1-x_1-x_2-x_3)dx_3dx_2/(1-x_1)^3 \\ &= (1-x_1)/4 \end{aligned}$$

$$\begin{aligned} E(X_2^2|X_1 = x_1) &= \int_0^{1-x_1}\int_0^{1-x_1-x_2} x_2^2 \cdot 6(1-x_1-x_2-x_3)dx_3dx_2/(1-x_1)^3 \\ &= (1-x_1)^2/10 \end{aligned}$$

$$\begin{aligned} E(X_2X_3|X_1 = x_1) &= \int_0^{1-x_1}\int_0^{1-x_1-x_2} x_2x_3 \cdot 6(1-x_1-x_2-x_3)dx_3dx_2/(1-x_1)^3 \\ &= (1-x_1)^2/20 \end{aligned}$$

$$Var(X_2|X_1 = x_1) = (1/10 - 1/16)(1-x_1)^2 = (3/80)(1-x_1)^2$$

$$Cov(X_2, X_3|X_1 = x_1) = (1/20 - 1/16)(1-x_1)^2 = (-1/80)(1-x_1)^2$$

$$\therefore \ E\left[\begin{pmatrix} X_2 \\ X_3 \end{pmatrix} \Big| X_1\right] = \begin{pmatrix} 1/4 \\ 1/4 \end{pmatrix}(1-X_1), \ Var\left[\begin{pmatrix} X_2 \\ X_3 \end{pmatrix} \Big| X_1\right] = \frac{1}{80}\begin{pmatrix} 3 & -1 \\ -1 & 3 \end{pmatrix}(1-X_1)^2$$

정리 2.5.7 분산행렬의 분해

$$Var(Y) = E[Var(Y|X)] + Var[E(Y|X)]$$

[증명] 조건부기댓값의 성질로부터

$$Cov(Y - E(Y|X), \ E(Y|X)) = 0$$

이므로, 다음이 성립한다.

$$\begin{aligned} Var(Y) &= Var[(Y - E(Y|X)) \oplus E(Y|X)] \\ &= Var(Y - E(Y|X)) + Var[E(Y|X)] \end{aligned}$$

한편, $W = Y - E(Y|X)$라고 하면,

$$E(WW^t|X) = E[(Y - E(Y|X))(Y - E(Y|X))^t|X] = Var(Y|X)$$

이므로

$$Var(W) = E(WW^t) = E[E(WW^t|X)] = E[Var(Y|X)]$$

$$\therefore\ Var(Y) = Var(W) + Var[E(Y|X)] = E[Var(Y|X)] + Var[E(Y|X)]$$

예 2.5.12 6 시그마 밖의 확률

<예 2.5.10>에서, $(X_2, X_3)^t$의 주변확률밀도함수는

$$f_{2,3}(x_2, x_3) = 20(1 - x_2 - x_3)^3 I_{(x_2 \geq 0,\, x_3 \geq 0,\, x_2 + x_3 \leq 1)}$$

따라서 $Y = (X_2, X_3)^t$의 분산행렬을 구하면

$$Var(Y) = \begin{pmatrix} Var(X_2) & Cov(X_2, X_3) \\ Cov(X_2, X_3) & Var(X_3) \end{pmatrix} = \frac{1}{252}\begin{pmatrix} 5 & -1 \\ -1 & 5 \end{pmatrix}$$

한편, <예 2.5.11>에서

$$E(Y|X_1) = \begin{pmatrix} 1/4 \\ 1/4 \end{pmatrix}(1 - X_1),\quad Var(Y|X_1) = \frac{1}{80}\begin{pmatrix} 3 & -1 \\ -1 & 3 \end{pmatrix}(1 - X_1)^2$$

그런데 <예 2.5.10>에서 X_1의 주변확률밀도함수는

$$f_1(x_1) = 20x_1(1 - x_1)^3 I_{(0 \leq x_1 \leq 1)}$$

이므로,

$$E[(1 - X_1)^2] = 10/21,\quad Var(X_1) = 2/63$$

따라서

$$E[Var(Y|X_1)] = \frac{1}{80}\begin{pmatrix} 3 & -1 \\ -1 & 3 \end{pmatrix}E[(1 - X_1)^2] = \frac{1}{168}\begin{pmatrix} 3 & -1 \\ -1 & 3 \end{pmatrix}$$

$$Var[E(Y|X_1)] = \begin{pmatrix} 1/4 \\ 1/4 \end{pmatrix}Var(1 - X_1)\begin{pmatrix} 1/4 \\ 1/4 \end{pmatrix}^t = \frac{1}{504}\begin{pmatrix} 1 & 1 \\ 1 & 1 \end{pmatrix}$$

$$\therefore\ E[Var(Y|X_1)] + Var[E(Y|X_1)] = \frac{1}{252}\begin{pmatrix} 5 & -1 \\ -1 & 5 \end{pmatrix} = Var(Y)$$

정리 2.5.8 다차원 확률변수의 최소제곱예측자

다차원 확률변수 X의 벡터 값 함수 $u(X) = (u_1(X), \cdots, u_k(X))^t$로서

$$E[\| Y - u(X) \|^2] = E[(Y_1 - u_1(X))^2 + \cdots + (Y_k - u_k(X))^2]$$

을 최소로 하는 벡터 값 함수는 $E(Y|X) = (E(Y_1|X), \cdots, E(Y_k|X))^t$이다. 즉

$$E[\| Y - E(Y|X) \|^2] \leq E[\| Y - u(X) \|^2],\quad \forall u(X)$$

[증명] 조건부기댓값의 성질 (b)를 이용하여 <정리 2.3.5>와 같은 방법으로 증명할 수 있다.

여러 개의 확률변수 $X_1, \cdots, X_n$에 대하여

$$P(X_1 \in A_1, \cdots, X_n \in A_n) = P(X_1 \in A_1) \cdots P(X_n \in A_n) \quad \forall A_i (i = 1, \cdots, n)$$

가 성립할 때, 확률변수 $X_1, \cdots, X_n$이 서로 독립이라고 한다. 이러한 확률변수의 독립성은 다차원 확률변수에 대하여도 마찬가지로 정의되며, 다음의 정리가 성립한다.

정리 2.5.9 다차원 확률변수의 독립성[41]

다음의 조건은 모두 다차원 확률변수 $X_1, \cdots, X_n$이 서로 독립일 필요충분조건이다.

(a) (확률밀도함수)

$$pdf_{1, \cdots, n}(x_1, \cdots, x_n) = pdf_1(x_1) \cdots pdf_n(x_n), \quad \forall x_i (i = 1, \cdots, n)$$

(b) (적률생성함수)[42]

$$mgf_{1, \cdots, n}(t_1, \cdots, t_n) = mgf_1(t_1) \cdots mgf_n(t_n),$$
$$\forall t_i : \| t_i \| < h_i (\exists h_i > 0)(i = 1, \cdots, n)$$

예 2.5.13

<예 2.5.2>에서, $(X_1, X_2, X_3)^t$의 결합확률밀도함수가

$$f_{1,2,3}(x_1, x_2, x_3) = 6e^{-x_1 - x_2 - x_3} I_{(0 \le x_1 \le x_2 \le x_3)}$$

일 때 X_1, X_2, X_3의 주변밀도함수는 각각 다음과 같이 주어진다.

$$f_1(x_1) = 6e^{-x_1} \int_{x_1}^{+\infty} e^{-x_2} \int_{x_2}^{+\infty} e^{-x_3} dx_3 dx_2 = 3e^{-3x_1} I_{(x_1 \ge 0)}$$

$$f_2(x_2) = 6e^{-x_2} \int_0^{x_2} e^{-x_1} \int_{x_2}^{+\infty} e^{-x_3} dx_3 dx_1 = 6e^{-2x_2}(1 - e^{-x_2}) I_{(x_2 \ge 0)}$$

$$f_3(x_3) = 6e^{-x_3} \int_0^{x_3} e^{-x_1} \int_{x_1}^{x_3} e^{-x_2} dx_2 dx_1 = 3e^{-x_3}(1 - e^{-x_3})^2 I_{(x_3 \ge 0)}$$

따라서 결합밀도함수가 주변밀도함수의 곱으로 나타내어지지 않으므로 X_1, X_2, X_3는 서로 독립이 아니다.

---

41) pdf, mgf는 각각 확률밀도함수, 적률생성함수를 뜻한다.
42) (b)의 조건은 적률생성함수가 존재하는 것을 전제로 하는 것이다.

한편, 두 확률변수가 서로 독립임을 밝힐 때와 마찬가지로 <정리 2.5.9>를 이용하여 여러 확률변수가 서로 독립임을 밝히는 과정에서 주변확률밀도함수나 주변적률생성함수를 반드시 구할 필요는 없다. 즉, 위의 (a), (b) 대신 다음의 (a'), (b')을 적용하여도 된다.

(a') 다음 항등식이 성립하는 함수 $g_1, \cdots, g_n$이 존재한다.

$$pdf_{1,\cdots,n}(x_1, \cdots, x_n) = g_1(x_1)\cdots g_n(x_n), \ \forall x_i(i=1, \cdots, n)$$

(b') 다음 항등식이 성립하는 함수 $m_1, \cdots, m_n$이 존재한다.

$$mgf_{1,\cdots,n}(t_1, \cdots, t_n) = m_1(t_1)\cdots m_n(t_n),$$
$$\forall t_i : \| t_i \| < h_i(\exists h_i > 0)(i=1, \cdots, n)$$

예 2.5.14

<예 2.5.9>에서의 확률벡터 $X = (X_1, X_2, X_3)^t$에 대하여 $Y_1 = X_1$, $Y_2 = X_2 - X_1$, $Y_3 = X_3 - X_2$라고 할 때, Y_1, Y_2, Y_3가 서로 독립임을 밝혀라.

[풀이] <예 2.5.9>에서 $X = (X_1, X_2, X_3)^t$의 결합적률생성함수는

$$\begin{aligned} M_X(t_1, t_2, t_3) &= E(e^{t_1X_1 + t_2X_2 + t_3X_3}) \\ &= 6(3-t_1-t_2-t_3)^{-1}(2-t_2-t_3)^{-1}(1-t_3)^{-1}, \\ &\quad t_1+t_2+t_3 < 3, \ t_2+t_3 < 2, \ t_3 < 1 \end{aligned}$$

이로부터 $Y = (Y_1, Y_2, Y_3)^t$의 결합적률생성함수는

$$\begin{aligned} &M_Y(s_1, s_2, s_3) = E(e^{s_1Y_1 + s_2Y_2 + s_3Y_3}) \\ &= E[e^{s_1X_1 + s_2(X_2 - X_1) + s_3(X_3 - X_2)}] \\ &= E[e^{(s_1 - s_2)X_1 + (s_2 - s_3)X_2 + s_3X_3}] \\ &= 6(3-(s_1-s_2)-(s_2-s_3)-s_3)^{-1}(2-(s_2-s_3)-s_3)^{-1}(1-s_3)^{-1} \\ &= 6(3-s_1)^{-1}(2-s_2)^{-1}(1-s_3)^{-1}, \ s_1 < 3, \ s_2 < 2, \ s_3 < 1 \end{aligned}$$

로서 $m_1(s_1)m_2(s_2)m_3(s_3)$꼴로 주어진다. 따라서 Y_1, Y_2, Y_3는 서로 독립이다.

서로 독립인 두 확률변수의 경우와 같은 방법으로 여러 개의 서로 독립인 다차원 확률변수들도 다음과 같은 성질을 갖는 것을 밝힐 수 있다.

정리 2.5.10 독립인 다차원 확률변수들의 성질

(a) (독립인 확률변수들의 함수) 다차원 확률변수 $X_1, \cdots, X_n$이 서로 독립이면 각각의 함수인 $g_1(X_1), \cdots, g_n(X_n)$ 도 서로 독립이다.

(b) (독립인 확률변수들의 곱의 기댓값[43]) 다차원 확률변수 $X_1, \cdots, X_n$이 서로 독립이면, 실수 값 함수 $g_1, \cdots, g_n$에 대하여

$$E[g_1(X_1) \cdots g_n(X_n)] = E[g_1(X_1)] \cdots E[g_n(X_n)]$$

(c) (독립성과 상관관계[44]) 다차원 확률변수 $X_1, \cdots, X_n$이 서로 독립이면,

$$\mathrm{Cov}(X_i, X_j) = 0 \quad (i \neq j)(i, j = 1, \cdots, n)$$

정리 2.5.11 서로 독립인 확률변수의 합

(a) (합의 분산행렬[45]) 다차원 확률변수 $X_1, \cdots, X_n$이 서로 독립이면

$$\mathrm{Var}(X_1 + \cdots + X_n) = \mathrm{Var}(X_1) + \cdots + \mathrm{Var}(X_n)$$

(b) (합의 적률생성함수[46]) 다차원 확률변수 $X_1, \cdots, X_n$이 서로 독립이면

$$mgf_{X_1 + \cdots + X_n}(t) = mgf_{X_1}(t) \cdots mgf_{X_n}(t)$$

[증명] (a) 공분산행렬의 선형성을 뜻하는 <정리 2.5.3>의 (d)로부터

$$\begin{aligned} \mathrm{Var}(X_1 + \cdots + X_n) &= \mathrm{Cov}\left(\sum_{i=1}^{n} X_i, \sum_{j=1}^{n} X_j\right) \\ &= \sum_{i=1}^{n}\sum_{j=1}^{n} \mathrm{Cov}(X_i, X_j) \end{aligned}$$

따라서 <정리 2.5.10>의 독립성과 상관관계로부터 성질 (a)가 성립하는 것을 알 수 있다.

(b) 적률생성함수의 정의와 <정리 2.5.10>의 성질 (b)로부터

$$\begin{aligned} mgf_{X_1 + \cdots + X_n}(t) &= E[e^{t^t(X_1 + \cdots + X_n)}] \\ &= E(e^{t^t X_1}) \cdots E(e^{t^t X_n}) \\ &= mgf_{X_1}(t) \cdots mgf_{X_n}(t) \end{aligned}$$

---

43) 이 성질은 $g_1(X_1), \cdots, g_n(X_n)$의 기댓값이 실수로 정의된다는 것을 전제로 한다.

44) 이 성질은 두 확률변수 사이의 공분산 행렬이 실수 행렬로 정의된다는 것을 전제로 한다.

45) 이 성질은 각 확률변수의 분산 행렬이 실수 행렬로 정의된다는 것을 전제로 한다.

46) 이 성질은 각 확률변수의 적률생성함수가 원점 근방의 열린 집합에서 정의될 수 있는 것을 전제로 한다.

연습문제

2.1 확률변수 X와 Y의 결합확률밀도함수가

$$f_{1,2}(x,y) = 10xy^2 \mathrm{I}_{(0<x<y<1)}$$

일 때 다음 확률을 구하여라.

(a) $\mathrm{P}(\mathrm{Y} \le 1/2)$ (b) $\mathrm{P}(\mathrm{X}+\mathrm{Y} \le 1)$

2.2 확률변수 X와 Y의 결합확률밀도함수가

$$f_{1,2}(x,y) = cx^2y \mathrm{I}_{(0<x<y<1)}$$

일 때 다음의 값들을 구하여라.

(a) 상수 c (b) $\mathrm{P}(\mathrm{Y} \le 1/2)$ (c) $\mathrm{P}(\mathrm{Y} \le 2\mathrm{X})$

2.3 확률변수 X와 Y의 결합확률밀도함수가

$$f_{1,2}(x,y) = e^{-y} \mathrm{I}_{(0<x<y<\infty)}$$

일 때 다음 확률을 구하여라.

(a) $\mathrm{P}(\mathrm{X} \le 1)$ (b) $\mathrm{P}(\mathrm{X}+\mathrm{Y} \le 1)$

2.4 확률변수 X와 Y의 결합확률밀도함수가 다음과 같을 때, X의 주변확률밀도함수를 구하여라.

(a) $f_{1,2}(x,y) = 2\mathrm{I}_{(0<x<y<1)}$ (b) $f_{1,2}(x,y) = e^{-y}\mathrm{I}_{(0<x<y<\infty)}$

2.5 확률변수 X와 Y의 결합누적분포함수가 다음과 같을 때, X와 Y의 결합확률밀도함수를 구하여라.

(a) $\mathrm{F}_{1,2}(x,y) = \begin{cases} x^2(1-e^{-2y}), & 0 \le x < 1, y \ge 0 \\ (1-e^{-2y}), & x \ge 1, y \ge 0 \\ 0, & y < 0 \end{cases}$

(b) $F_{1,2}(x,y)=\begin{cases}1-2e^{-y}-e^{-2x}+2e^{-x-y}, & 0<x<y \\ 1-2e^{-y}+e^{-2y}, & 0<y\le x \\ 0, & x\le 0 \text{ 또는 } y\le 0\end{cases}$

2.6 확률변수 X와 Y의 결합확률밀도함수가

$$f_{1,2}(x,y)=xe^{-y}\mathrm{I}_{(0<x<y<\infty)}$$

일 때 X와 Y의 공분산 Cov(X, Y)를 구하여라.

2.7 확률변수 X와 Y의 결합확률밀도함수가

$$f_{1,2}(x,y)=e^{-y}\mathrm{I}_{(0<x<y<\infty)}$$

일 때 다음을 구하여라.

(a) X와 Y의 결합적률생성함수 $\mathrm{M}(t_1,t_2)$ (b) X와 Y의 상관계수 Corr(X, Y)

2.8 확률변수 X와 Y의 결합확률밀도함수가

$$f_{1,2}(x,y)=10xy^2\mathrm{I}_{(0<x<y<1)}$$

일 때 다음을 구하여라.

(a) Y의 주변확률밀도함수 $f_2(y)$

(b) $\mathrm{Y}=y(0<y<1)$가 주어진 조건에서 X의 조건부확률밀도함수 $f_{1|2}(x|y)$

(c) E(X|Y), Var(X|Y)

(d) Var[E(X|Y)], E[Var(X|Y)]

(e) X의 주변확률밀도함수 $f_1(x)$와 Var(X)

2.9 확률변수 X와 Y의 결합확률밀도함수가

$$f_{1,2}(x,y)=e^{-y}\mathrm{I}_{(0<x<y<\infty)}$$

일 때 다음을 구하여라.

(a) Y의 주변확률밀도함수 $f_2(y)$

(b) $\mathrm{Y}=y(y>0)$가 주어진 조건에서 X의 조건부확률밀도함수 $f_{1|2}(x|y)$

(c) E(X|Y), Var(X|Y)

(d) Var[E(X|Y)], E[Var(X|Y)]

(e) X의 주변확률밀도함수 $f_1(x)$와 Var(X)

2.10 확률변수 X와 Y의 결합확률밀도함수가 다음과 같은 경우에 $\text{Var}[\text{E}(\text{X}|\text{Y})]$와 $\text{E}[\text{Var}(\text{X}|\text{Y})]$를 구하여라.

(a) $f_{1,2}(x, y) = 2\text{I}_{(0<x<y<1)}$ (b) $f_{1,2}(x, y) = xe^{-y}\text{I}_{(0<x<y<\infty)}$

2.11 확률변수 X와 Y의 결합확률밀도함수가 다음과 같은 경우에 $\text{Var}[\text{Y} + \text{X} - \text{E}(\text{X}|\text{Y})]$를 구하여라.

(a) $f_{1,2}(x, y) = 2\text{I}_{(0<x<y<1)}$ (b) $f_{1,2}(x, y) = 10xy^2\text{I}_{(0<x<y<1)}$

2.12 1차원 확률변수 Y와 k차원 확률변수 $\text{X} = (\text{X}_1, \cdots, \text{X}_k)^t$에 대하여

$\mu_2 = \text{E}(\text{Y}), \sigma_{22} = \text{Var}(\text{Y}), \mu_1 = \text{E}(\text{X}), \Sigma_{11} = \text{Var}(\text{X}), \sigma_{21} = \text{Cov}(\text{Y}, \text{X})$

로 나타내고, $\sigma_{22} > 0$이고 Σ_{11}의 역행렬 Σ_{11}^{-1}이 존재할 때 다음에 답하여라.

(a) 임의의 상수 벡터 c와 실수 d에 대하여 다음을 밝혀라.

$$\text{Cov}(\text{Y} - \mu_2 - \sigma_{21}\Sigma_{11}^{-1}(\text{X} - \mu_1), c^t\text{X} + d) = 0$$

(b) 다차원 확률변수 X의 실수값 1차 함수 $a^t\text{X} + b$로서 1차원 확률변수 Y를 예측할 때 평균제곱예측오차인

$$\text{E}[\{\text{Y} - (a^t\text{X} + b)\}^2]$$

을 최소로하는 최소제곱선형예측자가 $\mu_2 + \sigma_{21}\Sigma_{11}^{-1}(\text{X} - \mu_1)$로 주어지는 것을 밝혀라.

(c) 다음이 성립하는 것을 밝혀라.

$$\max_{a,\, b} Corr(\text{Y}, a^t\text{X} + b) = \left(\frac{\sigma_{21}\Sigma_{11}^{-1}\sigma_{12}}{\sigma_{22}}\right)^{1/2} = \text{Corr}(\text{Y}, \mu_2 + \sigma_{21}\Sigma_{11}^{-1}(\text{X} - \mu_1))$$

여기에서 우변의 상관계수를 Y와 $\text{X} = (\text{X}_1, \cdots, \text{X}_k)^t$ 사이의 중상관계수 (multiple correlation coefficient)라고 부르며 $\rho_{\text{Y};\text{X}_1, \cdots, \text{X}_k}$로 나타낸다.

(d) 다음 등식이 성립하는 것을 밝혀라.

$$\text{Var}(\text{Y} - \mu_2 - \sigma_{21}\Sigma_{11}^{-1}(\text{X} - \mu_1)) = (1 - \rho^2_{\text{Y};\text{X}_1, \cdots, \text{X}_k})\sigma_{22}$$

이러한 등식으로부터 최소제곱선형예측자 $\mu_2 + \sigma_{21}\Sigma_{11}^{-1}(\text{X} - \mu_1)$를 Y 분포의 중심 위치로 이용하면 Y의 산포 σ_{22}를 $100 \times \rho^2_{\text{Y};\text{X}_1, \cdots, \text{X}_k}(\%)$만큼 줄

일 수 있다는 뜻이다. 이러한 뜻에서 $\rho^2_{Y;X_1,\cdots,X_k}$를 결정계수(coefficient of determination)라고 부른다.

2.13 확률변수 X와 Y의 결합확률밀도함수가 다음과 같은 각 경우에 X와 Y가 서로 독립인가를 판단하고, 독립이 아닌 경우에는 X와 Y의 공분산을 구하여라.

(a) $f_{1,2}(x, y) = 2e^{-x-2y} I_{(x>0, y>0)}$

(b) $f_{1,2}(x, y) = 2e^{-x-y} I_{(0<x<y)}$

(c) $f_{1,2}(x, y) = \dfrac{25}{104}(1+x^4y^4) I_{(-1\le x\le 1, -1\le y\le 1)}$

(d) $f_{1,2}(x,y) = (1/6)^x(1/3)^y(1/2)^{1-x-y},\ x,y=0,1,\ x+y=0,1$

2.14 확률변수 X와 Y의 결합확률밀도함수가

$$f_{1,2}(x, y) = 6e^{-x-2y} I_{(0<x<y<\infty)}$$

일 때 다음에 답하여라.

(a) X와 Y의 결합적률생성함수 $mgf_{1,2}(t_1, t_2)$를 구하여라.

(b) X + Y의 분산을 구하여라.

(c) X와 Z = Y − X의 결합적률생성함수 $M_{X,Z}(s, t)$를 구하고, X와 Z가 서로 독립인가를 판단하여라.

2.15 확률변수 X_1, X_2, X_3의 결합확률밀도함수가

$$f_{1,2,3}(x_1, x_2, x_3) = 48x_1x_2x_3 I_{(0<x_1<x_2<x_3<1)}$$

일 때 다음에 답하여라.

(a) $X_3 = z$인 조건에서, X_1과 X_2의 조건부확률밀도함수 $f_{1,2|3}(x_1, x_2|z)$를 구하여라.

(b) 세 확률변수 X_1, X_2, X_3는 서로 독립인가를 판단하여라.

2.16 확률변수 X_1, X_2, X_3의 결합확률밀도함수가

$$f_{1,2,3}(x, y, z) = 90e^{-(x+2y+3z)} I_{(0<x<y<z<\infty)}$$

일 때 다음에 답하여라.

(a) 세 확률변수 X_1, X_2, X_3 의 결합적률생성함수 $mgf_{1,2,3}(t_1, t_2, t_3)$를 구하여라.

(b) $X = (X_1, X_2, X_3)'$의 분산행렬 $Var(X)$을 구하여라.

(c) $X_1 + X_2 + X_3$ 의 분산을 구하여라.

(d) X_1, $X_2 - X_1$, $X_3 - X_2$ 가 서로 독립인가를 판단하여라.

2.17_ 확률변수 X_1, X_2, X_3의 결합확률밀도함수가

$$f_{1,2,3}(x,y,z) = 90e^{-(x+2y+3z)} I_{(0<x<y<z<\infty)}$$

일 때 다음에 답하여라.

(a) $X_1 = x$인 조건에서, X_2와 X_3의 조건부확률밀도함수 $f_{2,3|1}(x_2, x_3|x)$를 구하여라.

(b) $Y = (X_2, X_3)^t$라고 할 때 $E(Y|X_1)$, $Var(Y|X_1)$를 구하여라.

(c) $Y = (X_2, X_3)^t$라고 할 때 $Var[E(Y|X_1)]$, $E[Var(Y|X_1)]$를 구하여라.

3

여러 가지 확률분포

3.1 초기하분포

통계 조사에서 관심의 대상이 N개의 개체일 때 이들 중에서 n개를 '랜덤'하게 택하여 조사한 후 전체에 대한 추측을 한다고 하자. 이 때 조사와 추측의 대상이 되는 전체를 모집단(母集團, population)이라 하고, 전체가 흩어져 있는 상황을 묘사하는 분포를 모집단분포(母集團分布, population distribution)라고 한다. N개의 개체로 구성된 모집단에서 '랜덤'하게 n개를 택한다는 것은 축차적으로 한 개씩 동일한 확률로 뽑아 나가며 한 번 뽑힌 것은 되돌려 넣지 않는 비복원추출(sampling without replacement)을 뜻한다. 이러한 추출방법을 단순랜덤추출(單純랜덤抽出, simple random sampling)이라 하고, 추출된 n개를 랜덤표본(random sample) 또는 간단히 표본(標本, sample)이라고 한다.

이제 가장 간단한 경우로서, 각 개체의 특성을 '양호 또는 불량', '성공 또는 실패' 등과 같이 두 가지로 분류하는 경우를 생각해보자. 두 가지 분류를 '0 또는 1'로 나타내고, 조사와 추측의 대상이 되는 전체에 '0'과 '1'이 각각 $N-D$개, D개 있다고 하자. 이 때 '1'의 비율인 $p=D/N$를 모비율(母比率, population proportion)이라 하고, 모집단분포는 '1'과 '0'에 각각 p와 $1-p$를 대응시키는 분포이다.

그림 3.1.1 두 가지 분류의 모집단과 모집단분포

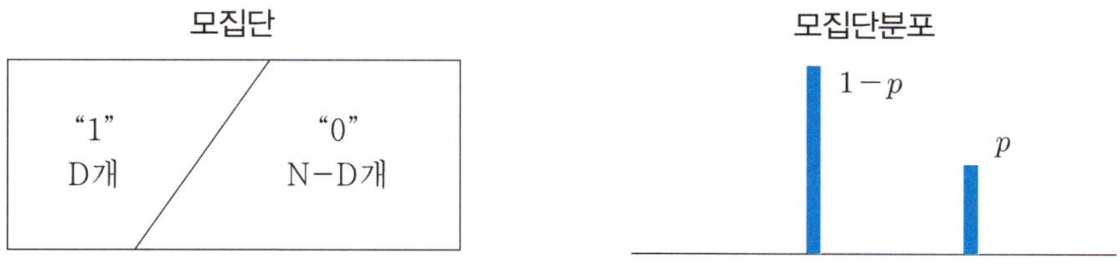

이러한 모집단에서 n개를 단순랜덤추출하여 얻은 표본 중 '1'의 개수를 X라고 하면 X의 확률밀도함수는 다음과 같이 주어진다.

$$f(x)=\mathrm{P}(\mathrm{X}=x)=\binom{D}{x}\binom{N-D}{n-x}\Big/\binom{N}{n},\ 0\le x\le D,\ 0\le n-x\le N-D$$

이러한 X의 분포를 초기하분포(超幾何分布, hypergeometric distribution)라고 하며 기호로는 $\mathrm{X}\sim\mathrm{H}(n;N,D)$와 같이 나타낸다.

이러한 초기하분포 $\mathrm{H}(n;N,D)$의 평균은 다음과 같이 구할 수 있다.

$$\begin{aligned}E(X) &= \sum_x x\binom{D}{x}\binom{N-D}{n-x}\Big/\binom{N}{n} \\ &= D\sum_x \binom{D-1}{x-1}\binom{N-1-(D-1)}{n-1-(x-1)}\Big/\binom{N}{n} \\ &= D\binom{N-1}{n-1}\Big/\binom{N}{n} \\ &= nD/N\end{aligned}$$

이 유도과정에서 세 번째 등식은 아래의 다항식에서 t^{n-1}의 계수를 비교하여 밝힐 수 있다.

$$(1+t)^{D-1}(1+t)^{N-1-(D-1)} = (1+t)^{N-1}$$

같은 방법으로

$$E[X(X-1)] = D(D-1)\binom{N-2}{n-2}\Big/\binom{N}{n} = n(n-1)D(D-1)/N(N-1)$$

임을 밝힐 수 있고, 이를 이용하여 초기하분포의 분산을 구하면

$$\begin{aligned}Var(X) &= E(X^2) - (E(X))^2 \\ &= E[X(X-1)] + E(X) - (E(X))^2 \\ &= \frac{N-n}{N-1}n\frac{D}{N}\left(1-\frac{D}{N}\right)\end{aligned}$$

초기하분포의 평균과 분산:

$X \sim H(n; N, D)$일 때, 모비율을 $p = D/N$라고 하면

$$E(X) = np,\ Var(X) = \frac{N-n}{N-1}np(1-p)$$

예 3.1.1

품질관리를 위해 $N=60$개씩의 제품 로트에서 $n=5$개를 단순랜덤추출하여 표본에 있는 불량품의 개수가 미리 정해 놓은 허용 한계를 초과하면 그 로트를 불합격시키는 경우를 생각해보자. 실제 불량률이 10%, 즉 불량품이 $D=6$개 들어 있는 로트를 불합격시킬 확률을 1% 이하로 하려면 로트의 합격을 위한 표본에서의 불량품 허용한계는 얼마인가?

[풀이] 합격을 위한 표본에서의 불량품 허용 개수를 c개라고 하면, 부등식

$$\sum_{x=c+1}^{5}\binom{6}{x}\binom{54}{5-x}\Big/\binom{60}{5} \le 0.01,\ \text{즉}\ \sum_{x=0}^{c}\binom{6}{x}\binom{54}{5-x}\Big/\binom{60}{5} \ge 0.99$$

를 만족시키도록 c를 정해야 한다. 그런데 초기하분포의 누적분포함수의 값을 계산하는 패키지 R의 언어가 부록 III에 주어져 있으므로, 이를 이용하여 계산하면 누적확률은 <표 3.1.1>과 같이 주어진다. 이로부터 $c=2$, 즉 불량품의 개수가 2개 이하일 때 합격시키면 된다.

표 3.1.1 초기하분포 H(5;60,6)의 누적확률

c	0	1	2	3	4	5
$\sum_{x=0}^{c}\binom{6}{x}\binom{54}{5-x}/\binom{60}{5}$	0.57905	0.92648	0.99461	0.99985	0.99999	1.00000

초기하분포 $\mathrm{H}(n;N,D)$에서 모집단 크기 N이 표본 크기 n에 비해 충분히 큰 경우에는 다음과 같이 초기하분포의 확률에 대한 근사계산을 할 수 있다.

$$\binom{D}{x}\binom{N-D}{n-x}\Big/\binom{N}{n}=\frac{D!}{x!(D-x)!}\,\frac{(N-D)!}{(n-x)!(N-D-n+x)!}\,\frac{n!(N-n)!}{N!}$$
$$=\binom{n}{x}\frac{D(D-1)\cdots(D-x+1)}{N(N-1)\cdots(N-x+1)}\,\frac{(N-D)\cdots(N-D-n+x+1)}{(N-x)\cdots(N-n+1)}$$
$$\fallingdotseq\binom{n}{x}\left(\frac{D}{N}\right)^{x}\left(1-\frac{D}{N}\right)^{n-x}$$

이러한 근사계산에서 우변의 확률은 한 개씩 뽑을 때 매번 뽑은 것을 되돌려 넣고 n개를 뽑는 복원추출(復元抽出, sampling with replacement)에 의한 확률임을 알 수 있다. 즉 모집단 크기 N이 커짐에 따라 비복원추출의 효과가 없어지고 마치 복원추출을 하는 것과 같게 된다는 뜻이다.

3.2 이항분포와 다항분포

모집단을 구성하고 있는 각 개체의 특성이 '0' 또는 '1'의 두 가지로 분류되어 있고 '1'의 비율이 p일 때, 모집단에서 한 개씩 동일한 확률로 뽑아 나가며 복원추출에 의해 뽑은 n개 중에서 '1'의 개수를 X라고 하면 X의 확률밀도함수는

$$f(x)=\binom{n}{x}p^{x}(1-p)^{n-x},\ x=0,1,\cdots,n$$

로 주어진다. 이 분포를 이항분포(二項分布, binomial distribution)라고 하며, 기호로는 $\mathrm{X}\sim\mathrm{B}(n,p)$로 나타낸다. 이항분포의 확률을 계산하기 위한 패키지 R의 언어가 부

록 Ⅲ에 소개되어 있으며, 이를 이용하면 <그림 3.2.1>과 같이 이항분포의 형태를 그릴 수 있다.

그림 3.2.1 이항분포의 형태

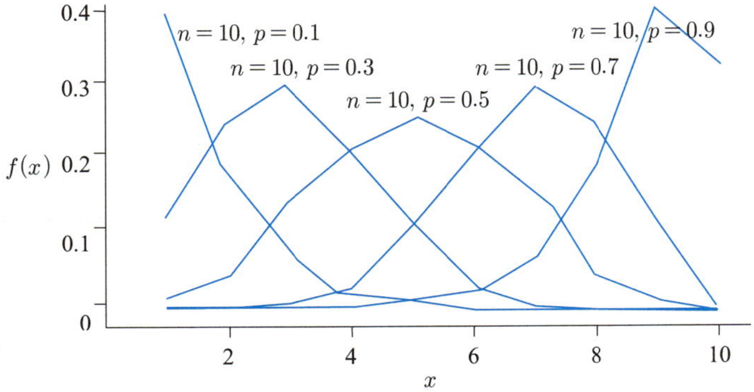

이항분포 $B(n,p)$의 평균은 이항정리를 이용하여 다음과 같이 구할 수 있다.

$$E(X) = \sum_{x=0}^{n} x\binom{n}{x}p^{x}(1-p)^{n-x} = \sum_{x=1}^{n} n\binom{n-1}{x-1}p^{(x-1)+1}(1-p)^{n-1-(x-1)}$$
$$= np\sum_{k=0}^{n-1}\binom{n-1}{k}p^{k}(1-p)^{n-1-k} = np(p+(1-p))^{n-1} = np$$

같은 방법으로

$$E[X(X-1)] = n(n-1)p^2$$

임을 밝힐 수 있고, 이를 이용하여 이항분포의 분산을 구하면

$$Var(X) = E(X^2) - (E(X))^2 = E[X(X-1)] + E(X) - (E(X))^2$$
$$= np(1-p)$$

임을 알 수 있다.

이항분포의 평균과 분산:

$X \sim B(n,p)$ 이면

$$E(X) = np,\ Var(X) = np(1-p)$$

이항분포의 유도 과정에서 복원추출의 역할에 대하여 생각해보자. 각 개체가 '0' 또는 '1'의 두 가지로 분류되고 '1'의 비율이 p인 모집단에서 한 개씩 복원추출하는 경우에는 각각의 추출결과가 서로 독립이고 같은 분포를 따르는 확률변수로 나타내어

진다. 즉 한 개씩의 추출 결과를 $Z_1, Z_2, \cdots, Z_n, \cdots$이라고 하면 이들은 서로 독립이고 각각의 분포는

$$P(Z_i = 1) = p, P(Z_i = 0) = 1 - p \quad (i = 1, 2, \cdots, n)$$

로서 동일하다. 여기에서 각 Z_i의 분포는 베르누이(Bernoulli)분포라고 하며 모집단의 분포를 뜻하고, 기호로는 $Z_i \sim \text{Bernoulli}(p)$와 같이 나타낸다.

이와 같이 두 가지로 분류된 모집단을 관측하는 것을 베르누이시행(Bernoulli trial)이라고 하며, 서로 독립인 베르누이시행이란 서로 독립이고 베르누이분포를 따르는 확률변수들을 관측하는 것을 뜻한다. 또한 '1'과 '0'을 각각 '성공'과 '실패'로 부르고, 이항분포란 서로 독립인 베르누이시행에서 나오는 '성공' 횟수의 분포라고도 한다. 즉 서로 독립인 베르누이시행을 이용하여 이항분포를 다음과 같이 정의할 수 있고, 이를 이용하여 이항분포의 평균이나 분산의 공식을 쉽게 유도할 수 있을 뿐만 아니라 이항분포의 여러 가지 성질을 쉽게 밝힐 수 있다.

이항분포의 대의적 정의(代意的 定義, representational definition)[47]:

$$B(n,p) \overset{d}{\equiv} \text{Bernoulli}_1(p) \oplus \cdots \oplus \text{Bernoulli}_n(p)$$

$$\text{즉 } X \sim B(n,p) \Leftrightarrow X \overset{d}{\equiv} Z_1 + \cdots + Z_n,\ Z_i \overset{iid}{\sim} \text{Bernoulli}(p)(i = 1, \cdots, n)$$

정리 3.2.1 이항분포의 성질

(a) $X \sim B(n,p)$이면 그 적률생성함수는

$$mgf_X(t) = (pe^t + q)^n, \quad -\infty < t < +\infty \quad (q = 1 - p)$$

(b) $X_1 \sim B(n_1, p)$, $X_2 \sim B(n_2, p)$이고 X_1, X_2가 서로 독립이면

$$X_1 + X_2 \sim B(n_1 + n_2, p)$$

[증명] (a) 이항분포의 대의적 정의와 독립인 확률변수의 합에 관한 <정리 2.5.11>을 이용하면

$$mgf_X(t) = mgf_{Z_1}(t) \cdots mgf_{Z_n}(t), \ Z_i \overset{iid}{\sim} \text{Bernoulli}(p) \ (i = 1, \cdots, n)$$

---

47) $X \overset{d}{\equiv} Y$는 '확률변수 X와 Y가 같은 분포를 갖는다'는 뜻이며, *iid*는 independent and identically distributed에서 앞 글자를 따서 표기한 것으로 '서로 독립이고 같은 분포를 갖는다'는 뜻이다. 또한, 확률분포의 이름과 그 분포를 따르는 확률변수를 같은 기호로 나타내고, $\oplus$ 의기호는 서로 독립이거나 상관계수가 0인 확률변수들의 합을 나타낸다.

그런데 베르누이분포의 적률생성함수는 그 정의에 따라

$$mgf_{Z_i}(t) = E(e^{tZ_i}) = e^{t \cdot 1}P(Z_i = 1) + e^{t \cdot 0}P(Z_i = 0) = pe^t + q \quad (i = 1, \cdots, n)$$

$$\therefore mgf_X(t) = (pe^t + q)^n, \ -\infty < t < +\infty$$

(b) (a)로부터

$$mgf_{X_i}(t) = (pe^t + q)^{n_i}, \ -\infty < t < +\infty \quad (i = 1, 2)$$

한편, 서로 독립인 확률변수의 합에 관한 <정리 2.5.11>을 이용하면

$$mgf_{X_1 + X_2}(t) = mgf_{X_1}(t) mgf_{X_2}(t) = (pe^t + q)^{n_1 + n_2}, \ -\infty < t < +\infty$$

우변은 이항분포 $B(n_1 + n_2, p)$의 적률생성함수이므로, 적률생성함수의 분포 결정성으로부터

$$X_1 + X_2 \sim B(n_1 + n_2, p)$$

예 3.2.1

서로 독립이고 $\text{Bernoulli}(p)(0 < p < 1)$분포를 따르는 확률변수들 $X_1, \cdots, X_N$에 대하여

$$X_1 + \cdots + X_D | X_1 + \cdots + X_N = n \sim H(n; N, D) \quad (D \le N)$$

즉 $X_1 + \cdots + X_N = n$인 조건에서 $X_1 + \cdots + X_D$의 조건부분포가 초기하분포 $H(n; N, D)$임을 밝혀라.

[증명] 조건부확률의 정의로부터

$$P(X_1 + \cdots + X_D = x | X_1 + \cdots + X_N = n)$$

$$= \frac{P(X_1 + \cdots + X_D = x, \ X_{D+1} + \cdots + X_N = n - x)}{P(X_1 + \cdots + X_N = n)}$$

그런데 $X_1 + \cdots + X_D$와 $X_{D+1} + \cdots + X_N$은 서로 독립이고 각각 이항분포 $B(D, p)$, $B(N - D, p)$를 따르므로, 위의 조건부확률은 다음과 같이 초기하분포의 확률로 주어짐을 알 수 있다.

$$P(X_1 + \cdots + X_D = x | X_1 + \cdots + X_N = n)$$

$$= \frac{\binom{D}{x} p^x (1-p)^{D-x} \binom{N-D}{n-x} p^{n-x} (1-p)^{N-D-(n-x)}}{\binom{N}{n} p^n (1-p)^{N-n}}$$

$$= \binom{D}{x} \binom{N-D}{n-x} \Big/ \binom{N}{n}$$

이제 모집단을 구성하고 있는 각 개체의 특성이 세 가지 이상의 유형으로 분류되어 있는 경우를 생각해보자. 모집단에서 각 유형의 비율이 p_1, p_2, $\cdots$, p_k인 경우에 한 개씩 동일한 확률로 뽑아나가며 복원추출한 n개의 랜덤표본에 있는 각 유형의 개수를 X_1, X_2, $\cdots$, X_k라고 하면 $\mathrm{X}=(\mathrm{X}_1, \mathrm{X}_2, \cdots, \mathrm{X}_k)^t$의 결합확률밀도함수는 다항계수[48]를 이용하여 다음과 같이 나타낼 수 있다.

$$f(x_1, x_2, \cdots, x_k) = \binom{n}{x_1 x_2 \cdots x_k} p_1^{x_1} p_2^{x_2} \cdots p_k^{x_k}$$

$$x_i = 0, \cdots, n (i=1, 2, \cdots, k) \quad x_1 + x_2 + \cdots + x_k = n$$

이러한 결합확률분포를 다항분포(多項分布, multinomial distribution)[49]라고 하며 기호로는 $\mathrm{X}=(\mathrm{X}_1, \mathrm{X}_2, \cdots, \mathrm{X}_k)^t \sim \mathrm{Multi}(n, (p_1, p_2, \cdots, p_k)^t)$와 같이 나타낸다.

이와 같이 여러 가지 유형으로 분류되는 모집단에서 한 개씩 추출하여 관측하는 것을 다항시행(多項試行, multinomial trial)이라고 하며, 복원추출하는 것은 서로 독립인 다항시행을 뜻한다. 즉 한 개씩의 복원추출 결과를 $\mathrm{Z}_i = (\mathrm{Z}_{i1}, \mathrm{Z}_{i2}, \cdots, \mathrm{Z}_{ik})^t$ $(i=1, \cdots, n)$이라고 하면 이들은 서로 독립이고 각각의 분포는

$$\mathrm{P}(\mathrm{Z}_i = (1, 0, \cdots, 0)) = p_1, \cdots, \mathrm{P}(\mathrm{Z}_i = (0, \cdots, 0, 1)) = p_k \quad (i=1, \cdots, n)$$

로서 동일하다. 그런데 이 분포를 하나의 식으로 나타내면

$$\mathrm{P}(\mathrm{Z}_{i1} = z_1, \mathrm{Z}_{i2} = z_2, \cdots, \mathrm{Z}_{ik} = z_k) = p_1^{z_1} p_2^{z_2} \cdots p_k^{z_k},$$

$$z_i = 0, 1 (i=1, \cdots, k), \; z_1 + \cdots + z_k = 1$$

임을 알 수 있다. 즉 Z_i의 분포는 $n=1$인 다항분포 $\mathrm{Multi}(1, (p_1, p_2, \cdots, p_k)^t)$이다.

서로 독립인 n번의 다항시행에서 나오는 각 유형의 개수는 서로 독립인 각 시행에서의 결과를 합한 것이므로 다음과 같이 다항분포가 정의되는 것을 알 수 있다.

다항분포의 대의적 정의:

$$\mathrm{Multi}(n, p) \overset{d}{\equiv} \mathrm{Multi}_1(1, p) \oplus \cdots \oplus \mathrm{Multi}_n(1, p) \text{, 즉}$$

$$\mathrm{X} = (\mathrm{X}_1, \mathrm{X}_2, \cdots, \mathrm{X}_k)^t \sim \mathrm{Multi}(n, (p_1, p_2, \cdots, p_k)^t)$$

$$\Leftrightarrow \mathrm{X} \overset{d}{\equiv} \mathrm{Z}_1 + \cdots + \mathrm{Z}_n, \mathrm{Z}_i = (\mathrm{Z}_{i1}, \mathrm{Z}_{i2}, \cdots, \mathrm{Z}_{ik})^t \overset{iid}{\sim} \mathrm{Multi}(1, (p_1, p_2, \cdots, p_k)^t) \; (i=1, \cdots, n)$$

---

48) $\binom{n}{x_1 x_2 \cdots x_k}$는 서로 다른 유형의 x_1, x_2, $\cdots$, x_k개를 나열하는 방법의 수인 $\dfrac{n!}{x_1! x_2! \cdots x_k!}$를 나타내는 다항계수(多項係數, multinomial coefficient)이다.

49) $k=2$인 경우의 다항분포 $\mathrm{Multi}(n, (p, 1-p)^t)$는 이항분포 $\mathrm{B}(n, p)$를 따르는 확률변수 X에 대하여 X와 $n-\mathrm{X}$의 결합분포를 뜻하고 있는 것이다. 즉 $(\mathrm{X}, n-\mathrm{X})^t \sim \mathrm{Multi}(n, (p, 1-p)^t)$

정리 3.2.2 다항분포의 성질

(a) $X = (X_1, X_2, \cdots, X_k)^t \sim \text{Multi}(n, (p_1, p_2, \cdots, p_k)^t)$이면

$$E(X_l) = np_l \quad (l = 1, \cdots, k)$$

$$Var(X_l) = np_l(1-p_l), \ Cov(X_l, X_m) = -np_lp_m \ (l \neq m, \ l,m = 1,\cdots,k)$$

(b) $X = (X_1, X_2, \cdots, X_k)^t \sim \text{Multi}(n, (p_1, p_2, \cdots, p_k)^t)$이면 그 적률생성함수는

$$mgf_X(t) = (p_1e^{t_1} + \cdots + p_ke^{t_k})^n, \ -\infty < t_l < +\infty \ (l = 1,\cdots,k)$$

[증명] 다항분포의 대의적 정의와 <정리 2.5.11>로부터 X의 평균벡터, 분산행렬과 적률생성함수는

$$E(X) = E(Z_1 + \cdots + Z_n) = nE(Z_1)$$

$$Var(X) = Var(Z_1 + \cdots + Z_n) = nVar(Z_1)$$

$$mgf_X(t) = mgf_{Z_1 + \cdots + Z_n}(t) = (mgf_{Z_1}(t))^n$$

한편, $Z_1 = (Z_{11}, Z_{12}, \cdots, Z_{1k})^t \sim Mlti(1, (p_1, p_2, \cdots, p_k)^t)$이므로

$$P(Z_{1l} = 1) = p_l, \ P(Z_{1l} = 0) = 1 - p_l, \ Z_{1l}Z_{1m} = 0 \ (l \neq m, \ l, m = 1,\cdots,k)$$

$$\therefore \begin{cases} E(Z_{1l}) = p_l & (l = 1,\cdots,k) \\ Cov(Z_{1l}, Z_{1m}) = E(Z_{1l}Z_{1m}) - E(Z_{1l})E(Z_{1m}) = -p_lp_m & (l \neq m, \ l,m = 1,\cdots,k) \end{cases}$$

또한, $Z_1 = (Z_{11}, Z_{12}, \cdots, Z_{1k})^t$의 적률생성함수는

$$mgf_{Z_1}(t) = E(e^{t_1Z_{11} + \cdots + t_kZ_{1k}}) = p_1e^{t_1} + \cdots + p_ke^{t_k}$$

3.3 기하분포와 음이항분포

서로 독립이고 성공률이 p인 베르누이시행 $X_1, \ \cdots, X_n, \cdots$을 관측할 때, 첫 번째 성공을 관측할 때까지의 시행횟수를 W_1이라고 하면, 연속된 실패 후에 처음으로 성공이 관측되어야 하므로

$$P(W_1 = x) = (1-p)^{x-1}p, \ x = 1,2,\cdots$$

임은 명백하다. 이러한 확률분포를 기하분포[50](幾何分布, geometric distribution)라고 하며 기호로는 $W_1 \sim Geo\ (p)$로 나타낸다.

---

50) 무한급수 $\sum_{x=1}^{\infty} q^{x-1}$을 기하급수라고 부르는 데에서 기하분포의 이름이 유래되었다.

정리 3.3.1	기하분포의 성질

(a) $W_1 \sim \geq o(p)$이면 그 적률생성함수는

$$mgf_{W_1}(t) = (1-qe^t)^{-1}e^tp,\ t < -\log q\ (q=1-p)$$

(b) $W_1 \sim \geq o(p)$이면

$$E(W_1) = 1/p,\ Var(W_1) = q/p^2\ (q=1-p)$$

[증명] (a) 기하분포 $\geq o(p)$의 적률생성함수는 기하급수의 공식으로부터

$$\begin{aligned} E(e^{tW_1}) &= \sum_{x=1}^{\infty} e^{tx}(1-p)^{x-1}p \\ &= \sum_{x=1}^{\infty}(qe^t)^{x-1}e^tp\ \ (q=1-p) \\ &= (1-qe^t)^{-1}e^tp,\ qe^t < 1 \end{aligned}$$

(b) 기하분포의 누율생성함수는

$$\begin{aligned} cgf_{W_1}(t) &= -\log(1-qe^t)+t+\log p \\ &= t-\log\{p-q(e^t-1)\}+\log p \\ &= t-\log\left\{1-\frac{q}{p}(e^t-1)\right\},\ t<-\log q \end{aligned}$$

여기에서 로그함수의 멱급수 전개식인

$$-\log(1-A) = A + A^2/2 + A^3/3 + \cdots,\ (A \simeq 0)$$

을 이용하여, 누율생성함수를 멱급수 전개하고 t의 올림차순으로 정리하면

$$\begin{aligned} cgf_{W_1}(t) &= t+\frac{q}{p}(e^t-1)+\frac{1}{2}\left\{\frac{q}{p}(e^t-1)\right\}^2+\cdots \\ &= t+\frac{q}{p}t+\frac{1}{2}\left\{\frac{q}{p}+\left(\frac{q}{p}\right)^2\right\}t^2+\cdots \\ &= \frac{1}{p}t+\frac{1}{2}\frac{q}{p^2}t^2+\cdots,\ t<-\log q \end{aligned}$$

$$\therefore E(W_1) = c\dot{g}f_{W_1}(0) = 1/p,\ Var(W_1) = c\ddot{g}f_{W1}(0) = q/p^2$$

한편 서로 독립이고 성공률이 p인 베르누이시행 $X_1, \cdots, X_n, \cdots$을 관측할 때 r번째 성공까지의 시행횟수를 W_r이라고 하면

$(W_r = x)$ =($(x-1)$번의 시행 중에서 $(r-1)$번의 성공, 그리고 x번째 시행은 성공)

이므로

$$\mathrm{P}(\mathrm{W}_r = \mathrm{x}) = \binom{\mathrm{x}-1}{\mathrm{r}-1}\mathrm{p}^{\mathrm{r}-1}(1-\mathrm{p})^{(\mathrm{x}-1)-(\mathrm{r}-1)}\mathrm{p}$$
$$= \binom{x-1}{r-1}p^r(1-p)^{x-r},\ x = r, r+1, \cdots$$

임을 알 수 있다. 이 분포를 음이항분포[51](陰二項分布, negative binomial distribution)라고 하며 기호로는 $\mathrm{W}_r \sim \mathrm{Negbin}(r,p)$로 나타낸다.

음이항분포나 기하분포의 확률은 부록 III에 소개되어 있는 패키지 R을 이용하여 계산할 수 있으며, 이를 이용하여 <그림 3.3.1>과 같이 음이항분포의 형태를 그릴 수 있다.

그림 3.3.1 음이항분포의 형태

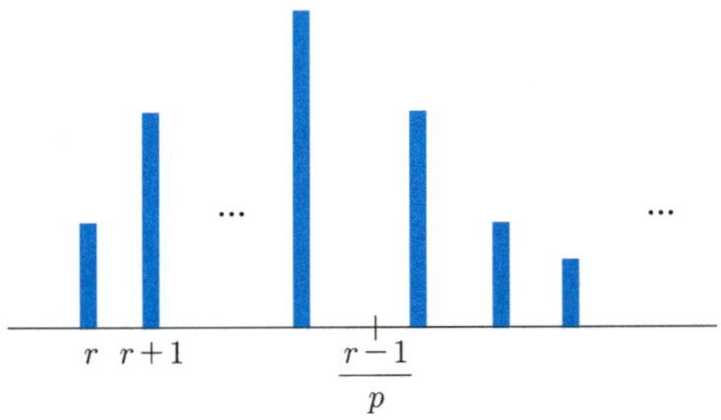

한편, 각각의 성공 후 다음 성공까지의 시행횟수를 나타내는 W_1, $\mathrm{W}_2 - \mathrm{W}_1$, $\cdots$, $\mathrm{W}_r - \mathrm{W}_{r-1}$의 결합 확률에 대하여 다음이 성립하는 것을 알 수 있다.

$$\mathrm{P}(\mathrm{W}_1 = x_1, \mathrm{W}_2 - \mathrm{W}_1 = x_2, \cdots, \mathrm{W}_r - \mathrm{W}_{r-1} = x_r)$$
$$= \mathrm{P}(\text{연속된 } (x_i - 1)\text{번의 실패 후 성공},\ i = 1, \cdots, r)$$
$$= \{(1-p)^{x_1-1}p\}\{(1-p)^{x_2-1}p\}\cdots\{(1-p)^{x_r-1}p\},\ x_i = 1, 2, \cdots\ (i = 1, \cdots, r)$$

따라서 $\mathrm{W}_1, \mathrm{W}_2 - \mathrm{W}_1, \cdots, \mathrm{W}_r - \mathrm{W}_{r-1}$은 서로 독립이고 동일한 기하분포를 따른다. 즉

$$\mathrm{W}_1, \mathrm{W}_2 - \mathrm{W}_1, \cdots, \mathrm{W}_r - \mathrm{W}_{r-1} \overset{iid}{\sim} \geq \mathrm{o}(p)$$

그러므로 이들의 합인 W_r의 분포인 음이항분포를 다음과 같이 정의할 수 있다.

---

51) 음의 정수를 지수로 갖는 함수 $(1+t)^{-r}$의 다음과 같은 멱급수 전개식을 음이항전개식(negative binomial expansion)이라고 부르는 데에서 음이항분포의 명칭이 유래하였다.

$$(1+t)^{-r} = \sum_{k=0}^{\infty}\frac{(-r)(-r-1)\cdots(-r-k+1)}{k!}t^k = \sum_{k=0}^{\infty}\frac{(r+k-1)!}{k!(r-1)!}(-t)^k,\ -1 < t < 1$$

우변의 무한합에서 $x = r+k$로 치환하고 $-t = q = 1-p$를 대입하면 다음이 성립함을 알 수 있다.

$$p^{-r} = \sum_{x=r}^{\infty}\binom{x-1}{r-1}(1-p)^{x-r},\ \text{즉}\ \sum_{x=r}^{\infty}\binom{x-1}{r-1}p^r(1-p)^{x-r} = 1$$

음이항분포의 대의적 정의:

$$\text{Negbin}(r,p) \overset{d}{\equiv} \text{Geo}_1(\text{p}) \oplus \cdots \oplus \text{Geo}_r(p), \text{ 즉}$$

$$X \sim \text{Negbin}(r,p) \Leftrightarrow X \overset{d}{\equiv} Z_1 + \cdots + Z_r,\ Z_i \overset{iid}{\sim} \text{Geo}(p)(i=1, \cdots, r)$$

정리 3.3.2 음이항분포의 성질

(a) $X \sim \text{Negbin}(r,p)$이면 $E(X) = r/p$, $Var(X) = rq/p^2$

(b) $X \sim \text{Negbin}(r,p)$이면 그 적률생성함수는

$$mgf_X(t) = \{pe^t(1-qe^t)^{-1}\}^r,\ t < -\log q\ \ (q = 1-p)$$

(c) $X_1 \sim \text{Negbin}(r_1, p)$, $X_2 \sim \text{Negbin}(r_2, p)$이고 X_1, X_2가 서로 독립이면

$$X_1 + X_2 \sim \text{Negbin}(r_1 + r_2, p)$$

[증명] 음이항분포의 대의적 정의와 <정리 2.5.11>로부터 서로 독립이고 기하분포 $\text{Geo}(p)$를 따르는 $Z_1, \cdots, Z_r$에 대하여

$$E(X) = E(Z_1 + \cdots + Z_r) = rE(Z_1)$$

$$Var(X) = Var(Z_1) + \cdots + Var(Z_r) = rVar(Z_1)$$

$$mgf_X(t) = mgf_{Z_1}(t) \cdots mgf_{Z_r}(t) = (mgf_{Z_1}(t))^r$$

따라서 <정리 3.3.1>로부터 (a)와 (b)가 성립하는 것을 알 수 있다. 또한 (b)와 <정리 2.5.11>과 적률생성함수의 분포 결정성으로부터 (c)가 성립한다.

3.4 포아송분포

이항분포 $B(n,p)$에서 시행횟수 n이 큰 경우에는 그 확률 계산을 정확히 하는 것이 매우 어렵게 되어서 근사 계산을 하게 된다. 특히, 시행횟수 n이 크고 비율 p가 작은 경우에는 다음과 같이 근사 계산을 할 수 있다.

$$\begin{aligned}\binom{n}{x}p^x(1-p)^{n-x} &= n(n-1)\cdots(n-x+1)p^x(1-p)^{n-x}/x! \\ &= \frac{n}{n}\left(1-\frac{1}{n}\right)\cdots\left(1-\frac{x-1}{n}\right)(np)^x\left(1-\frac{np}{n}\right)^{n-x}/x! \\ &\simeq (np)^x e^{-np}/x!\end{aligned}$$

이 근사 계산에서는 시행횟수 n은 크고 비율 p의 값은 작게 되어 np의 값이 어떤 양수 λ로 근사할 수 있다는 것을 전제로 하고 있다. 이러한 근사 계산을 다음과 같이 나타낼 수 있고, 이를 이항확률의 포아송(Poisson) 근사라고 한다.

이항확률의 포아송 근사[52]:

$$\lim_{\substack{n\to\infty \\ np_n\to\lambda}} \binom{n}{x} p_n^x (1-p_n)^{n-x} = e^{-\lambda}\lambda^x/x! \ (\lambda > 0)$$

예 3.4.1

지난 시즌에서 100타석 당 홈런을 2개 친 야구 선수가 금년에 400타석에서 15개의 홈런을 칠 확률을 구하여라.

[풀이] 이항분포 B(400,0.02)에서 15일 확률이므로 포아송 근사를 이용하면 구하는 확률은

$$\binom{400}{15} 0.02^{15} 0.98^{385} \simeq e^{-400\times 0.02}(400\times 0.02)^{15}/15 \neq 0.0090$$

이항확률의 근사 계산에서 주어지는 함수 $f(x) = e^{-\lambda}\lambda^x/x!,\ x = 0,1,2,\cdots\ \ (\lambda > 0)$를 포아송분포의 확률밀도함수라고 하며, 확률변수 X의 확률밀도함수가 이 함수로 주어지는 것을 기호로는 $X \sim \text{Poisson}(\lambda)$로 나타낸다. 포아송분포의 확률은 부록 Ⅲ에 소개되어 있는 패키지 R을 이용하여 계산할 수 있으며, 이를 이용하여 <그림 3.4.1>과 같이 포아송분포의 형태를 그릴 수 있다.

그림 3.4.1 포아송분포의 형태

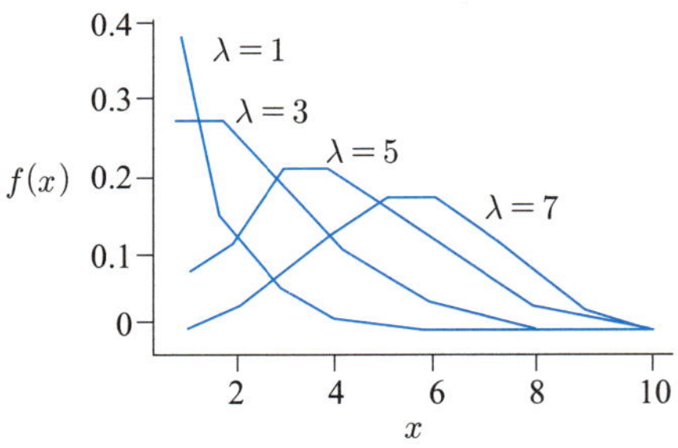

---

52) 이 근사 계산의 과정에서는 다음과 같은 극한 값 계산 결과를 이용하고 있다.

$$\lim_{\substack{n\to\infty \\ a_n\to a}} \left(1+\frac{a_n}{n}\right)^n = e^a,\ \text{즉}\ \lim_{\substack{n\to\infty \\ a_n\to a}} n\log\left(1+\frac{a_n}{n}\right) = a$$

정리 3.4.1 포아송분포의 성질

(a) $X \sim \text{Poisson}(\lambda)$이면 그 적률생성함수는

$$mgf_X(t) = e^{-\lambda + \lambda e^t}, \quad -\infty < t < +\infty$$

(b) $X \sim \text{Poisson}(\lambda)$이면

$$E(X) = \lambda, \ Var(X) = \lambda$$

(c) $X_1 \sim \text{Poisson}(\lambda_1)$, $X_2 \sim \text{Poisson}(\lambda_2)$이고 X_1, X_2가 서로 독립이면

$$X_1 + X_2 \sim \text{Poisson}(\lambda_1 + \lambda_2)$$

[증명] (a) 포아송분포 $\text{Poisson}(\lambda)$의 적률생성함수는

$$E(e^{tX}) = \sum_{x=0}^{\infty} e^{tx} e^{-\lambda} \lambda^x / x \neq e^{-\lambda} \sum_{x=0}^{\infty} (\lambda e^t)^x / x \neq e^{-\lambda + \lambda e^t},$$

$$-\infty < t < +\infty$$

(b) 포아송분포의 누율생성함수는

$$cgf_X(t) = -\lambda + \lambda e^t = \lambda t + \frac{\lambda}{2!} t^2 + \frac{\lambda}{3!} t^3 + \cdots$$

$$\therefore \ E(X) = \dot{cgf}_X(0) = \lambda, \ Var(X) = \ddot{cgf}_X(0) = \lambda$$

(c) 서로 독립인 확률변수의 합에 관한 <정리 2.5.11>과 (a)로부터

$$mgf_{X_1 + X_2}(t) = mgf_{X_1}(t) mgf_{X_2}(t) = e^{-(\lambda_1 + \lambda_2) + (\lambda_1 + \lambda_2) e^t},$$

$$-\infty < t < +\infty$$

우변은 $\text{Poisson}(\lambda_1 + \lambda_2)$ 분포의 적률생성함수이므로, 적률생성함수의 분포 결정성으로부터

$$X_1 + X_2 \sim \text{Poisson}(\lambda_1 + \lambda_2)$$

강이나 하천에서 일정한 부피의 물에 존재하는 부유생물의 수라든가, 일정한 시간 동안 컴퓨터 서버에 요청되는 접속 횟수 등에 대한 확률 모형으로 흔히 포아송분포가 이용된다. 시간이 경과하며 특정한 현상이 발생하는 횟수에 대한 확률모형을 생각할 때, 몇 가지의 기본적인 조건들을 만족하면 발생횟수의 분포가 포아송분포인 것을 밝힐 수 있다.

포아송과정(Poisson process):

시각 0에서 t까지 특정한 현상이 발생하는 횟수를 N_t라고 할 때, 다음의 조건들이 만족되면 $\{N_t : t \geq 0\}$를 발생률(occurrence rate) λ인 포아송과정(Poisson process)이라고 한다.

(a) (정상성, stationarity) 현상이 발생하는 횟수의 분포는 시작하는 시각에 관계없다. 즉 N_t의 분포와 $N_{s+t} - N_s$의 분포가 같고, $N_0 = 0$이다.

(b) (독립증분성, independent increment) 시각 0부터 t까지 현상이 발생하는 횟수와 시각 t 후부터 $t+h(h>0)$까지 발생하는 횟수는 서로 독립이다. 즉 N_t와 $N_{t+h} - N_t$는 서로 독립이다.

(c) (비례성, proportionality) 짧은 시간 동안에 현상이 한 번 발생할 확률은 시간에 비례한다. 즉

$$P(N_h = 1) = \lambda h + o(h), \ h \to 0$$

여기에서 λ는 양수의 비례상수이고, $o(h)$의 의미는 $\lim_{h\to 0} o(h)/h = 0$임을 뜻한다.

(d) (희귀성, rareness) 짧은 시간 동안에 현상이 두 번 이상 발생할 확률은 매우 작다. 즉

$$P(N_h \geq 2) = o(h), \ h \to 0$$

이제 이러한 포아송과정에서 시각 0부터 t까지 현상 발생횟수 N_t의 분포에 대하여 생각해보자. 구간 $(0,t]$을 n개의 구간으로 나누어 $i(i=1,\cdots,n)$번째 구간 $((i-1)\frac{t}{n}, i\frac{t}{n}]$에서의 발생횟수 $N_{i\frac{t}{n}} - N_{(i-1)\frac{t}{n}}$를 생각하면 이들의 합이 N_t, 즉

$$N_t = \sum_{i=1}^{n} (N_{i\frac{t}{n}} - N_{(i-1)\frac{t}{n}}), \ \forall n = 1,2,\cdots$$

임을 알 수 있다. 그런데 조건 (a), (c), (d)로부터

$$P(N_{i\frac{t}{n}} - N_{(i-1)\frac{t}{n}} = 1) = \lambda\frac{t}{n} + o(\lambda\frac{t}{n}), \ n \to +\infty$$

$$P(N_{i\frac{t}{n}} - N_{(i-1)\frac{t}{n}} \geq 2) = o(\lambda\frac{t}{n}), \ n \to +\infty$$

이므로, 구간 개수 n이 크면 $N_{i\frac{t}{n}} - N_{(i-1)\frac{t}{n}}$는 근사적으로 비율이 $\lambda\frac{t}{n}$인 Bernoulli$(\lambda\frac{t}{n})$ 분포를 따른다고 할 수 있다. 또한 조건 (b)로부터 이들은 서로 독립적이므로 이항분포의 대의적 정의로부터 이들 합의 분포는 이항분포 $B(n, \lambda\frac{t}{n})$임을 알 수 있다. 따라서 이항확률의 포아송 근사로부터 이들 합의 분포인 N_t의 분포는 구간 개

수 n을 충분히 크게 함으로써 평균이 λt인 포아송분포일 것이라고 생각할 수 있다. 이러한 생각을 논리적으로 밝히는 과정은 다음의 정리 3.4.2에 소개되어 있다.

정리 3.4.2 포아송과정에서 발생횟수의 분포

발생률이 λ인 포아송과정 $\{N_t : t \geq 0\}$에서 시각 t까지 발생횟수 N_t의 분포는 평균이 λt인 포아송분포이다. 즉

$$N_t \sim \text{Poisson}(\lambda t)$$

[증명] 포아송과정의 독립증분성, 정상성, 희귀성으로부터

$$\begin{aligned}
&P(N_{t+h} = x) \\
&= P(N_{t+h} = x, N_t = x) + P(N_{t+h} = x, N_t = x-1) \\
&\quad + P(N_{t+h} = x, N_t \leq x-2) \\
&= P(N_t = x, N_{t+h} - N_t = 0) + P(N_t = x-1, N_{t+h} - N_t = 1) \\
&\quad + P(N_{t+h} = x, N_{t+h} - N_t \geq 2) \\
&= P(N_t = x)P(N_h = 0) + P(N_t = x-1)P(N_h = 1) + o(h),\ h \to 0
\end{aligned}$$

따라서 $g(x,t) = P(N_t = x)$라고 하면, 비례성과 희귀성으로부터 $h \to 0$일 때

$$g(x,t+h) = g(x,t)\{1-(\lambda h + o(h)) - o(h)\} + g(x-1,t)\{\lambda h + o(h)\} + o(h)$$

임을 알 수 있다. 이로부터

$$\frac{d}{dt}g(x,t) = -\lambda g(x,t) + \lambda g(x-1,t)$$

$$\therefore \frac{d}{dt}\{e^{\lambda t}g(x,t)/\lambda^x\} = e^{\lambda t}g(x-1,t)/\lambda^{x-1}$$

한편 $N_0 = 0$이므로

$$g(0,0) = 1,\ g(1,0) = g(2,0) = \cdots = 0$$

임을 이용하여 위의 미분방정식을 $x = 0,\ 1,\ \cdots$에 대하여 차례로 풀면

$$P(N_t = x) = g(x,t) = e^{-\lambda t}(\lambda t)^x / x!,\ x = 0,1,\cdots$$

예 3.4.2

단위 길이당 평균 결점수가 0.05로 알려진 전선을 생산하는 공정에서 나타나는 결점수의 모형으로서 포아송과정이 타당하다고 할 때, 100단위의 길이에 해당하는 전선에서 10개 이상의 결점이 나타날 확률을 구하여라.

[풀이] 단위 길이당 평균 결점수가 0.05이므로 100단위에서 나타나는 결점수를 N_{100}이라고 하면 N_{100}은 평균이

$$\lambda t = 0.05 \times 100 = 5$$

인 포아송분포를 따른다. 부록 III에서와 같이 R을 이용하여 구하는 확률을 계산하면

$$P(N_{100} \geq 10) = 1 - P(N_{100} \leq 9) = 1 - \text{ppois}(9,5) = 0.032$$

3.5 지수분포와 감마분포

발생률이 λ인 포아송과정 $\{N_t : t \geq 0\}$에서 첫 번째 현상이 시각 t 후에 발생한다는 것은 시각 t까지 현상이 발생하지 않은 것을 뜻하므로, 첫 번째 현상이 발생할 때까지의 시간을 W_1이라고 하면 다음의 관계가 성립한다.

$$(W_1 > t) = (N_t = 0)$$

이로부터 W_1의 누적분포함수를 구하면 다음과 같다.

$$P(W_1 > t) = P(N_t = 0) = e^{-\lambda t},\ t \geq 0$$

$$P(W_1 \leq t) = \begin{cases} 1 - e^{-\lambda t}, & t \geq 0 \\ 0, & t < 0 \end{cases}$$

$$= \int_{-\infty}^{t} \lambda e^{-\lambda x} I_{(x \geq 0)} dx$$

따라서 첫 번째 현상이 발생할 때까지의 시간 W_1의 확률밀도함수는

$$f(x) = \lambda e^{-\lambda x} I_{(x \geq 0)}$$

로 주어진다. 이 분포를 지수분포(指數分布, exponential distribution)라고 하며, 기호로는 $W_1 \sim \text{Exp}(1/\lambda)\ (\lambda > 0)$로 나타낸다.

정리 3.5.1　지수분포의 성질

(a) $W_1 \sim \text{Exp}(1/\lambda)\ (\lambda > 0)$이면 그 적률생성함수는

$$mgf_{W_1}(t) = (1 - t/\lambda)^{-1},\ t < \lambda$$

(b) $W_1 \sim \text{Exp}(1/\lambda)\ (\lambda > 0)$이면

$$E(W_1) = 1/\lambda,\ Var(W_1) = 1/\lambda^2$$

[증명] (a) W_1의 적률생성함수는

$$\begin{aligned}E(e^{tW_1}) &= \int_{-\infty}^{+\infty} e^{tx}\lambda e^{-\lambda x} I_{(x \ge 0)} dx \\ &= \lambda \int_0^{+\infty} e^{-(\lambda - t)x} dx \\ &= (1 - t/\lambda)^{-1},\ t < \lambda\end{aligned}$$

(b) W_1의 누율생성함수를 멱급수 전개하면

$$\begin{aligned}cgf_{W_1}(t) &= -\log(1 - t/\lambda),\ t/\lambda < 1 \\ &= t/\lambda + (t/\lambda)^2/2 + (t/\lambda)^3/3 + \cdots\end{aligned}$$

$$\therefore\ E(W_1) = c\dot{g}f_{W_1}(0) = 1/\lambda,\ Var(W_1) = c\ddot{g}f_{W_1}(0) = 1/\lambda^2$$

한편 발생률이 λ인 포아송과정 $\{N_t : t \ge 0\}$에서 r번째 현상이 시각 t 후에 발생한다는 것은 시각 t까지 $(r-1)$개 이하의 현상이 발생한 것을 뜻하므로, r번째 현상이 발생할 때까지의 시간을 W_r이라고 하면 다음의 관계가 성립한다.

$$(W_r > t) = (N_t \le r - 1)$$

$$P(W_r \le t) = 1 - P(W_r > t) = 1 - P(N_t \le r-1) = 1 - \sum_{k=0}^{r-1} e^{-\lambda t}(\lambda t)^k / k!,$$
$$t \ge 0$$

이로부터 양변을 미분하여 W_r의 확률밀도함수를 구하면 다음과 같다.

$$\begin{aligned}pdf_{W_r}(t) &= \frac{d}{dt} cdf_{W_r}(t) \\ &= -\sum_{k=0}^{r-1}\{(-\lambda)e^{-\lambda t}(\lambda t)^k/k! + e^{-\lambda t}k\lambda(\lambda t)^{k-1}/k!\} \\ &= \lambda e^{-\lambda t}\left\{\sum_{k=0}^{r-1}(\lambda t)^k/k! - \sum_{k=1}^{r-1}(\lambda t)^{k-1}/(k-1)!\right\} \\ &= \lambda^r t^{r-1} e^{-\lambda t}/(r-1)!,\ t > 0\end{aligned}$$

이 분포를 감마분포(gamma distribution)라고 하며 기호로는 $W_r \sim Gamma(r, 1/\lambda)$로 나타낸다. 감마분포나 지수분포의 확률은 부록 Ⅲ에 소개되어 있는 패키지 R을 이용하여 계산할 수 있으며, 이를 이용하여 <그림 3.5.1>과 같이 감마분포의 형태를 그릴 수 있다.

그림 3.5.1 감마분포 Gamma$(r, 1/\lambda)$ 의 형태

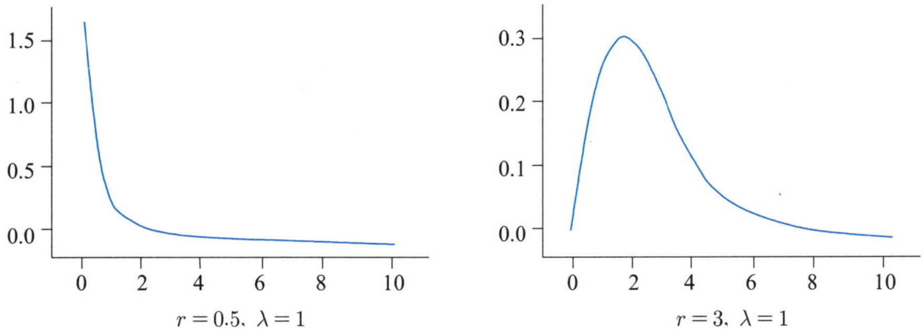

이러한 감마분포의 그림에서 알 수 있듯이 그 주된 형태가 r 값에 따라 달라지므로 r을 형상모수(形狀母數, shape parameter)라고 하며, 발생률의 역수인 $\beta = 1/\lambda$을 척도모수(尺度母數, scale parameter)라고 한다. 일반적으로는 형상모수가 자연수로 제한되지 않고 양수일 수 있으며, 이러한 경우에는 흔히 형상모수를 α로 나타내며 이와 관련하여

$$\Gamma(\alpha) = \int_0^{+\infty} x^{\alpha-1} e^{-x}\, dx,\ \alpha > 0$$

로 정의되는 감마함수[53]를 이용하여 Gamma(α, β)분포의 확률밀도함수를 다음과 같이 나타낸다.

$$f(x) = \frac{1}{\Gamma(\alpha)\beta^{\alpha}} x^{\alpha-1} e^{-x/\beta} \mathrm{I}_{(x>0)}\ \ (\alpha > 0, \beta > 0)$$

정리 3.5.2 감마분포의 성질

(a) $\mathrm{X} \sim \mathrm{Gamma}(\alpha, \beta)$ 이면

$$\mathrm{E}(\mathrm{X}) = \alpha\beta,\ \mathrm{Var}(\mathrm{X}) = \alpha\beta^2$$

(b) $\mathrm{X} \sim \mathrm{Gamma}(\alpha, \beta)$ 이면 그 적률생성함수는

$$mgf_{\mathrm{X}}(t) = (1-\beta t)^{-\alpha},\ t < 1/\beta$$

(c) $\mathrm{X}_1 \sim \mathrm{Gamma}(\alpha_1, \beta)$, $\mathrm{X}_2 \sim \mathrm{Gamma}(\alpha_2, \beta)$이고 X_1, X_2 가 서로 독립이면

$$\mathrm{X}_1 + \mathrm{X}_2 \sim \mathrm{Gamma}(\alpha_1 + \alpha_2, \beta)$$

---

53) 부록 Ⅰ의 <예 Ⅰ.6.2>에 소개된 감마 함수 $\Gamma(\alpha)$ $(\alpha > 0)$의 성질은 다음과 같다.
(i) $\Gamma(\alpha) = (\alpha-1)\Gamma(\alpha-1)$, $\alpha > 1$ 특히 $\Gamma(n) = (n-1)!$, $n = 1, 2, \cdots$
(ii) $\Gamma(1/2) = \sqrt{\pi}$

[증명] (a) 다음과 같이 $x/\beta = y$로 치환하여 적분하면 X와 X^2의 기댓값을 구할 수 있다.

$$\int_0^{+\infty} x \frac{1}{\Gamma(\alpha)\beta^\alpha} x^{\alpha-1} e^{-x/\beta} dx = \frac{\beta}{\Gamma(\alpha)} \int_0^{+\infty} y^\alpha e^{-y} dy = \frac{\Gamma(\alpha+1)}{\Gamma(\alpha)} \beta = \alpha\beta$$

$$\int_0^{+\infty} x^2 \frac{1}{\Gamma(\alpha)\beta^\alpha} x^{\alpha-1} e^{-x/\beta} dx = \frac{\beta^2}{\Gamma(\alpha)} \int_0^{+\infty} y^{\alpha+1} e^{-y} dy = \frac{\Gamma(\alpha+2)}{\Gamma(\alpha)} \beta^2$$
$$= \alpha(\alpha+1)\beta^2$$

$\therefore\ \mathrm{E}(\mathrm{X}) = \alpha\beta,\ \mathrm{Var}(\mathrm{X}) = \mathrm{E}(\mathrm{X}^2) - (\mathrm{E}(\mathrm{X}))^2 = \alpha(\alpha+1)\beta^2 - (\alpha\beta)^2 = \alpha\beta^2$

(b) 다음과 같이 $(1/\beta - t)x = y$로 치환하여 적분하면

$$mgf_{\mathrm{X}}(t) = \int_0^{+\infty} e^{tx} \frac{1}{\Gamma(\alpha)\beta^\alpha} x^{\alpha-1} e^{-x/\beta} dx$$
$$= \frac{1}{\Gamma(\alpha)\beta^\alpha} (1/\beta - t)^{-\alpha} \int_0^{+\infty} y^{\alpha-1} e^{-y} dy,\ 1/\beta - t > 0$$
$$= (1-\beta t)^{-\alpha},\ t < 1/\beta$$

(c) 서로 독립인 확률변수의 합에 관한 <정리 2.5.11>과 (b)로부터

$$mgf_{\mathrm{X}_1+\mathrm{X}_2}(t) = mgf_{\mathrm{X}_1}(t) mgf_{\mathrm{X}_2}(t) = (1-\beta t)^{-\alpha_1-\alpha_2},\ t < 1/\beta$$

우변은 $\Gamma(\alpha_1+\alpha_2, \beta)$분포의 적률생성함수이므로, 적률생성함수의 분포결정성으로부터

$$\mathrm{X}_1 + \mathrm{X}_2 \sim \Gamma(\alpha_1+\alpha_2, \beta)$$

지수분포는 감마분포에서 형상모수가 1인 경우이므로, 감마분포의 성질로부터 형상모수가 자연수인 경우의 감마분포를 다음과 같이 정의할 수도 있다.

형상모수가 자연수인 감마분포의 대의적 정의:

형상모수 r이 자연수인 경우에 $\mathrm{Gamma}(r,\beta) \overset{d}{\equiv} \mathrm{Exp}_1(\beta) \oplus \cdots \oplus \mathrm{Exp}_r(\beta)$, 즉

$$\mathrm{X} \sim \mathrm{Gamma}(r,\beta) \Leftrightarrow \mathrm{X} \overset{d}{\equiv} \mathrm{Z}_1 + \cdots + \mathrm{Z}_r,\ \mathrm{Z}_i \overset{iid}{\sim} \mathrm{Exp}(\beta)$$

한편 발생률이 λ인 포아송과정에서 각각의 현상 발생 후 다음 현상의 발생까지의 시간을 나타내는 $\mathrm{W}_1, \mathrm{W}_2 - \mathrm{W}_1, \cdots, \mathrm{W}_r - \mathrm{W}_{r-1}$은 서로 독립이고 동일한 지수분포 $\mathrm{Exp}(1/\lambda)$를 따르고, 이들의 합인 W_r은 감마분포 $\mathrm{Gamma}(r, 1/\lambda)$을 따르는 것이 알려져 있다. 즉

$$\mathrm{W}_r = \mathrm{W}_1 \oplus \cdots \oplus (\mathrm{W}_r - \mathrm{W}_{r-1}),\ \mathrm{W}_1, \cdots, \mathrm{W}_r - \mathrm{W}_{r-1} \overset{\mathrm{iid}}{\sim} \mathrm{Exp}(1/\lambda)$$

3.6 정규분포

이항분포의 누적 확률을 적분으로 나타내는 근사식[54]

$$\sum_{x:a \le \frac{x-np}{\sqrt{np(1-p)}} \le b} \binom{n}{x} p^x (1-p)^{n-x} \sim \int_a^b \frac{1}{\sqrt{2\pi}} e^{-\frac{1}{2}z^2} dz, \quad n \to \infty$$

에서의 함수

$$\phi(z) = \frac{1}{\sqrt{2\pi}} e^{-\frac{1}{2}z^2}, \quad -\infty < z < +\infty$$

는 그 적분 값[55]이 1이 되는 함수로서 표준정규분포(標準正規分布, standard normal distribution)의 확률밀도함수라고 한다. 일반적으로 함수

$$\frac{1}{\sigma}\phi\left(\frac{x-\mu}{\sigma}\right) = \frac{1}{\sqrt{2\pi}\,\sigma} e^{-\frac{1}{2}\frac{(x-\mu)^2}{\sigma^2}}, \quad -\infty < x < +\infty \quad (\mu\text{는 실수, } \sigma\text{는 양수})$$

를 정규분포의 확률밀도함수라고 하고, 이 분포를 기호로는 $N(\mu, \sigma^2)$으로 나타낸다.

정규분포의 확률은 부록 Ⅲ에 소개되어 있는 패키지 R을 이용하여 계산할 수 있으며 이를 이용하여 <그림 3.6.1>과 같이 정규분포의 형태를 그릴 수 있다. 이러한 정규분포의 형태는 $x = \mu$에 대칭인 종 모양의 곡선으로서, σ는 분포의 흩어진 정도를 나타내고 있다.

그림 3.6.1 정규분포 $N(\mu,\sigma^2)$ 의 형태

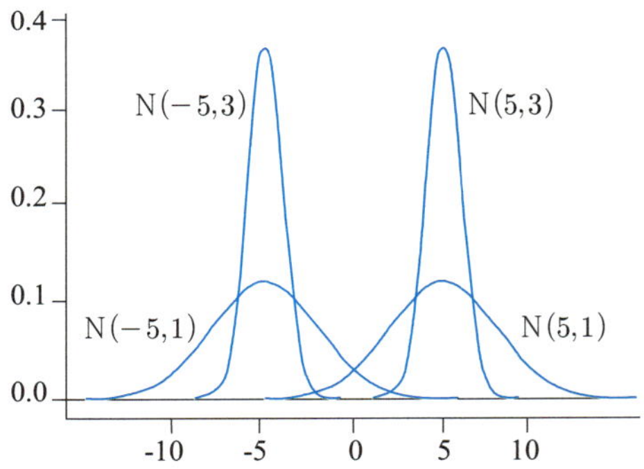

정리 3.6.1 정규분포의 성질

(a) $X \sim N(\mu, \sigma^2)$이면

$$E(X) = \mu, \quad Var(X) = \sigma^2$$

---

54) 드모아브르(De Moivre)-라플라스(Laplace) 정리로 알려진 이 근사식의 증명은 부록 Ⅰ.7.에 주어져 있다.

55) 이 함수의 적분 값은 극좌표 변환을 이용하여 구할 수 있음을 부록 Ⅰ의 <예 Ⅰ.6.1>에서 밝혔다.

(b) $X \sim N(\mu, \sigma^2)$이면 그 적률생성함수는

$$mgf_X(t) = e^{\mu t + \frac{1}{2}\sigma^2 t^2}, \quad -\infty < t < +\infty$$

(c) $X_1 \sim N(\mu_1, \sigma_1^2)$, $X_2 \sim N(\mu_2, \sigma_2^2)$이고 X_1, X_2가 서로 독립이면

$$X_1 + X_2 \sim N(\mu_1 + \mu_2, \sigma_1^2 + \sigma_2^2)$$

[증명] (a) $\dfrac{x-\mu}{\sigma} = z$로 치환하여 $\phi(z) = \dfrac{1}{\sqrt{2\pi}} e^{-\frac{1}{2}z^2}$에 관한 적분으로 나타내면

$$E(X) = \int_{-\infty}^{+\infty} x \frac{1}{\sigma} \phi\left(\frac{x-\mu}{\sigma}\right) dx = \sigma \int_{-\infty}^{+\infty} z\phi(z)\,dz + \mu$$

여기에서 $z^2/2 = y$로 치환하여 적분하면

$$\int_{-\infty}^{+\infty} z\phi(z)\,dz = -\frac{1}{\sqrt{2\pi}} \int_0^{+\infty} e^{-y} dy + \frac{1}{\sqrt{2\pi}} \int_0^{+\infty} e^{-y} dy = 0 \quad \therefore\ E(X) = \mu$$

같은 방법으로

$$Var(X) = \int_{-\infty}^{+\infty} (x-\mu)^2 \frac{1}{\sigma} \phi\left(\frac{x-\mu}{\sigma}\right) dx = \sigma^2 \int_{-\infty}^{+\infty} z^2 \phi(z)\,dz$$

$$\int_{-\infty}^{+\infty} z^2\phi(z)dz = 2\int_0^{+\infty} z^2\phi(z)dz = \frac{2}{\sqrt{2\pi}} \int_0^{+\infty} \sqrt{2y}\, e^{-y} dy = \frac{2\Gamma(3/2)}{\sqrt{\pi}}$$

그런데 부록 I의 <예 I.6.2>에서

$$2\Gamma(3/2) = 2\Gamma(1/2+1) = 2(1/2)\Gamma(1/2) = \sqrt{\pi}$$

$$\therefore \int_{-\infty}^{+\infty} z^2\phi(z)dz = 1, \quad Var(X) = \sigma^2$$

(b) $\dfrac{x-\mu}{\sigma} = z$로 치환하여 $\phi(z) = \dfrac{1}{\sqrt{2\pi}} e^{-\frac{1}{2}z^2}$에 관한 적분으로 나타내면

$$mgf_X(t) = \int_{-\infty}^{+\infty} e^{tx} \frac{1}{\sigma} \phi\left(\frac{x-\mu}{\sigma}\right) dx = \int_{-\infty}^{+\infty} e^{t(\sigma z + \mu)} \phi(z)dz$$

여기에서 다음과 같이 $z - \sigma t = y$로 치환하여 적분하면

$$\int_{-\infty}^{+\infty} e^{t\sigma z}\phi(z)dz = \int_{-\infty}^{+\infty} \frac{1}{\sqrt{2\pi}} e^{-\frac{1}{2}(z-\sigma t)^2} dz\, e^{\frac{1}{2}\sigma^2 t^2}$$

$$= e^{\frac{1}{2}\sigma^2 t^2} \int_{-\infty}^{+\infty} \frac{1}{\sqrt{2\pi}} e^{-\frac{1}{2}y^2} dy = e^{\frac{1}{2}\sigma^2 t^2}$$

$$\therefore\ mgf_X(t) = \int_{-\infty}^{+\infty} e^{t(\sigma z + \mu)} \phi(z)dz = e^{\mu t + \frac{1}{2}\sigma^2 t^2}, \quad -\infty < t < +\infty$$

(c) 서로 독립인 확률변수의 합에 관한 <정리 2.5.11>과 (b)로부터

$$mgf_{X_1+X_2}(t) = mgf_{X_1}(t)mgf_{X_2}(t) = \exp\left\{(\mu_1+\mu_2)t + \frac{1}{2}(\sigma_1^2+\sigma_2^2)t^2\right\},$$
$$-\infty < t < +\infty$$

우변은 $N(\mu_1+\mu_2,\ \sigma_1^2+\sigma_2^2)$분포의 적률생성함수이므로, 적률생성함수의 분포 결정성으로부터

$$X_1 + X_2 \sim N(\mu_1+\mu_2, \sigma_1^2+\sigma_2^2)$$

정리 3.6.2 정규분포의 대의적 정의

(a) $X \sim N(\mu, \sigma^2)$이면 상수 a, b에 대하여

$$aX + b \sim N(a\mu + b, a^2\sigma^2)$$

(b) $X \sim N(\mu, \sigma^2) \Leftrightarrow \dfrac{X-\mu}{\sigma} \sim N(0,1) \Leftrightarrow X \overset{d}{\equiv} \sigma Z + \mu,\ Z \sim N(0,1)$

[증명] (a) $aX + b$의 적률생성함수가

$$mgf_{aX+b}(t) = E[e^{t(aX+b)}] = mgf_X(at)e^{bt}$$

로 주어지므로,

$$mgf_{aX+b}(t) = \exp\left\{bt + \mu(at) + \frac{1}{2}\sigma^2(at)^2\right\} = \exp\left\{(a\mu+b)t + \frac{1}{2}(a^2\sigma^2)t^2\right\},$$
$$-\infty < t < +\infty$$

우변은 $N(a\mu+b, a^2\sigma^2)$분포의 적률생성함수이므로, 적률생성함수의 분포 결정성으로부터

$$aX + b \sim N(a\mu+b, a^2\sigma^2)$$

이고, (b)는 (a)의 특별한 경우이다.

이러한 정규분포의 성질로부터 정규분포의 누적확률은 표준정규분포를 이용하여 구할 수 있음을 알 수 있다. 즉 표준정규분포의 누적분포함수를

$$\Phi(x) = \int_{-\infty}^{x} \frac{1}{\sqrt{2\pi}} e^{-z^2/2} dz$$

라고 하면, 일반적인 정규분포 $N(\mu, \sigma^2)$를 따르는 X의 누적확률은

$$P(X \le x) = P\left(\frac{X-\mu}{\sigma} \le \frac{x-\mu}{\sigma}\right) = \Phi\left(\frac{x-\mu}{\sigma}\right)$$

와 같이 구할 수 있다.

이러한 누적확률은 부록 Ⅲ에 소개되어 있는 패키지 R을 이용하여 계산할 수 있으며, 특히 표준정규분포의 누적확률은 부록 Ⅳ에 표로도 주어져 있다. 이 표에서 예를 들면

$$\Phi(1.64) = 0.9495,\ \Phi(1.65) = 0.9505,\ \Phi(1.96) = 0.9750$$

한편, 표준정규분포는 0에 관해 대칭이므로 <그림 3.6.2>에서 알 수 있듯이

$$\Phi(-z) = 1 - \Phi(z)$$

이다. 즉 다음과 같이 음수 이하의 누적확률을 구할 수 있다.

$$\Phi(-1.96) = 1 - \Phi(1.96) = 0.0250$$

그림 3.6.2 표준정규분포의 누적확률

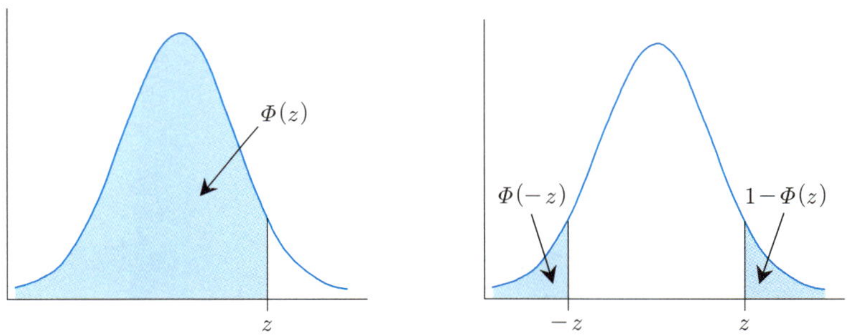

예 3.6.1

X ~ N(3,4)일 때 부록 Ⅳ의 표를 이용하여 다음 확률을 구하여라.

(a) $P(5 < X \le 7)$ (b) $P(1 < X \le 4)$ (c) $P(X > 0)$

[풀이] $Z = \dfrac{X-3}{\sqrt{4}} \sim N(0,1)$이므로 구하는 확률을 다음과 같이 계산할 수 있다.

(a) $$P(5 < X \le 7) = \Phi\left(\frac{7-3}{2}\right) - \Phi\left(\frac{5-3}{2}\right) = \Phi(2.0) - \Phi(1.0)$$
$$= 0.9772 - 0.8413 = 0.1359$$

(b) $$P(1 < X \le 4) = \Phi\left(\frac{4-3}{2}\right) - \Phi\left(\frac{1-3}{2}\right) = \Phi(0.5) - \Phi(-1.0)$$
$$= \Phi(0.5) - (1 - \Phi(1.0))$$
$$\therefore\ P(1 < X \le 4) = 0.6915 - (1 - 0.8413) = 0.5328$$

(c) $P(X > 0) = 1 - P(X \le 0) = 1 - \Phi\left(\frac{0-3}{2}\right) = 1 - \Phi(-0.5)$

$$\therefore\ P(X > 0) = 1 - \Phi(-0.5) = \Phi(0.5) = 0.6915$$

한편, $Z \sim N(0,1)$일 때

$$P(Z > z_{\alpha}) = \alpha \quad (0 < \alpha < 1)$$

를 만족시키는 값 z_{α}를 표준정규분포의 상방 α 분위수(upper α quantile)라고 한다. 이러한 상방 분위수는 패키지 R이나 부록 IV의 표를 이용하여 구할 수 있다. 예를 들면

$$z_{0.025} = 1.96,\ z_{0.05} = 1.645$$

그림 3.6.3 표준정규분포의 상방 분위수

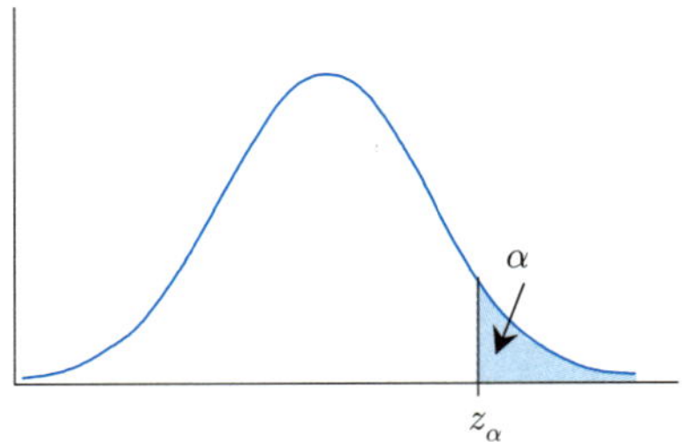

따라서 <정리 3.6.2>로부터 정규분포 $N(\mu, \sigma^2)$의 상방 α 분위수는 $\mu + \sigma z_{\alpha}$로 주어진다.

즉 $X \sim N(\mu, \sigma^2)$일 때

$$P(X > \mu + \sigma z_{\alpha}) = \alpha$$

예 3.6.2

$X \sim N(3,4)$일 때 다음 분위수 $q_{0.95}$와 $q_{0.025}$를 구하여라.

(a) $P(X \le q_{0.95}) = 0.95$ (b) $P(X \le q_{0.025}) = 0.025$

[풀이]

(a) $P(X > q_{0.95}) = 0.05$ 이므로

$$q_{0.95} = 3 + 2z_{0.05} = 6.290$$

(b) $P(X > q_{0.025}) = 0.975$ 이므로

$$q_{0.025} = 3 + 2z_{0.975} = 3 - z_{0.025} = -0.92$$

정규분포의 성질 :

(1) $N(\mu, \sigma^2) \overset{d}{\equiv} \sigma N(0,1) + \mu$

(2) $aN(\mu, \sigma^2) + b \overset{d}{\equiv} N(a\mu + b, a^2\sigma^2)$

(3) $N(\mu_1, \sigma_1^2) \oplus N(\mu_2, \sigma_2^2) \overset{d}{\equiv} N(\mu_1 + \mu_2, \sigma_1^2 + \sigma_2^2)$

여러 가지 분포의 정의

분포의 명칭과 기호 (distribution)	확률밀도함수 (pdf)	대의적 정의 (representational definition)
이항분포 $B(n,p)\ \ 0 \le p \le 1$	$\binom{n}{x} p^x (1-p)^{n-x}$, $x = 0, 1, \cdots, n$	$X \sim B(n,p) \Leftrightarrow X \overset{d}{\equiv} Z_1 + \cdots + Z_n$, $Z_i \overset{iid}{\sim} \text{Bernoulli}(p)(i=1,\cdots,n)$
베르누이분포 $\text{Bernoulli}(p)$ $0 \le p \le 1$	$p^x (1-p)^{1-x},\ x = 0, 1$	$B(1,p)$
음이항분포 $\text{Negbin}(r,p)$ $0 < p < 1$, r:자연수	$\binom{x-1}{r-1} p^r (1-p)^{x-r}$ $x = r, r+1, \cdots$	$X \sim \text{Negbin}(r,p) \Leftrightarrow X \overset{d}{\equiv} Z_1 + \cdots + Z_r$ $Z_i \overset{iid}{\sim} \text{Geo}(p)(i=1,\cdots,r)$
기하분포 $\text{Geo}(p)\ \ 0 < p < 1$	$(1-p)^{x-1}p,\ x = 1, 2, \cdots$	$\text{Negbin}(1,p)$
포아송분포 $\text{Poisson}(\lambda)\ \ \lambda \ge 0$	$\dfrac{e^{-\lambda}\lambda^x}{x!},\ x = 0, 1, \cdots$	
다항분포 $\text{Multi}(n,(p_1,p_2,\cdots,p_k)^t)$ $p_j \ge 0,\ \sum_{j=1}^{k} p_j = 1$	$\binom{n}{x_1 x_2 \cdots x_k} p_1^{x_1} p_2^{x_2} \cdots p_k^{x_k}$ $x_i = 0, \cdots, n\ (i = 1,2,\cdots,k)$ $x_1 + x_2 + \cdots + x_k = n$	$X = (X_1,\cdots,X_k)^t,\ p = (p_1,\cdots,p_k)^t$ $X \sim \text{Multi}(n,p) \Leftrightarrow X \overset{d}{\equiv} Z_1 + \cdots + Z_n$, $Z_i \overset{iid}{\sim} \text{Multi}(1,p)\ (i=1,\cdots,n)$ $Z_i = (Z_{i1},\cdots,Z_{ik})^t$
감마분포 $\text{Gamma}(\alpha,\beta)$ $\alpha > 0,\ \beta > 0$	$\dfrac{1}{\Gamma(\alpha)\beta^\alpha} x^{\alpha-1} e^{-x/\beta} I_{(0,\infty)}(x)$	$\alpha = r$이 자연수인 경우: $X \sim \text{Gamma}(r,\beta) \Leftrightarrow X \overset{d}{\equiv} Z_1 + \cdots + Z_r$ $Z_i \overset{iid}{\sim} \text{Exp}(\beta)(i=1,\cdots,r)$
지수분포 $\text{Exp}(1/\lambda)\ \ \lambda > 0$	$\lambda e^{-\lambda x} I_{(0,\infty)}(x)$	$\text{Gamma}(1,1/\lambda)$
정규분포 $N(\mu,\sigma^2)$ μ:실수, $\sigma > 0$	$\dfrac{1}{\sqrt{2\pi}\,\sigma} e^{-\frac{1}{2}\frac{(x-\mu)^2}{\sigma^2}}$ $-\infty < x < +\infty$	$X \sim N(\mu,\sigma^2)$ $\Leftrightarrow X \overset{d}{\equiv} \sigma Z + \mu,\ Z \sim N(0,1)$

여러 가지 분포의 생성함수

분포의 명칭과 기호 (distribution)	적률생성함수 (mgf)	누율생성함수 (cgf)
이항분포 $B(n,p)\ \ 0 \le p \le 1$	$(pe^t+q)^n,\ q=1-p$ $-\infty < t < +\infty$	$n\log\{1+p(e^t-1)\}$ $=n\sum_{k=1}^{\infty}\frac{1}{k}(-1)^{k-1}p^k\left(\sum_{j=1}^{\infty}\frac{t^j}{j!}\right)^k$
음이항분포 $\text{Negbin}(r,p)$ $0<p<1,\ r$:자연수	$\{pe^t(1-qe^t)^{-1}\}^r,\ q=1-p$ $t<-\log q$	$-r\log(1-p^{-1}(1-e^{-t}))$ $=r\sum_{k=1}^{\infty}\frac{1}{k}(p^{-1})^k\left(\sum_{j=1}^{\infty}(-1)^{j+1}\frac{t^j}{j!}\right)^k$
포아송분포 $\text{Poisson}(\lambda)\ \ \lambda \ge 0$	$e^{-\lambda+\lambda e^t}$ $-\infty < t < +\infty$	$-\lambda+\lambda e^t=\sum_{k=1}^{\infty}\lambda\frac{t^k}{k!}$
다항분포 $\text{Multi}(n,(p_1,p_2,\cdots,p_k)^t)$ $p_j \ge 0,\ \sum_{j=1}^{k}p_j=1$	$(p_1e^{t_1}+\cdots+p_ke^{t_k})^n$ $-\infty < t_j < +\infty$ $(j=1,\cdots,k)$	$n\log\left\{1+\sum_{j=1}^{k}p_j(e^{t_j}-1)\right\}$
감마분포 $\text{Gamma}(\alpha,\beta)$ $\alpha>0,\ \beta>0$	$(1-\beta t)^{-\alpha}$ $t<1/\beta$	$-\alpha\log(1-\beta t)=\alpha\sum_{k=1}^{\infty}\frac{1}{k}\beta^k t^k$
정규분포 $N(\mu,\sigma^2)$ μ:실수, $\sigma>0$	$e^{\mu t+\frac{1}{2}\sigma^2t^2}$ $-\infty < t < +\infty$	$\mu t+\frac{1}{2}\sigma^2t^2$

연습문제

3.1 이항분포 B(n,p)의 확률밀도함수

$$f(x)=\binom{n}{x}p^x(1-p)^{n-x},\ x=0,1,\cdots,n$$

에 대하여 부등식 $f(x)\geq f(x-1)$을 풀고, 이로부터 $f(x)$를 최대로 하는 x값은

$$x=[(n+1)p]:(n+1)p \text{ 이하의 최대 정수}$$

임을 밝혀라. 이와 같이 확률밀도함수를 최대로 하는 값을 최빈값(最頻値, mode)이라고 한다.

3.2 확률변수 X가 이항분포 B(n,p)를 따를 때

$$\mathrm{E}[\mathrm{X}(\mathrm{X}-1)\cdots(\mathrm{X}-r+1)]=n(n-1)\cdots(n-r+1)p^r\ (r=1,\cdots,n)$$

임을 밝혀라. 이와 같은 기댓값을 r차 계승적률(階乘積率, factorial moment)이라고 한다.

3.3 확률변수 X가 이항분포 B$(n,p)\ (0<p<1)$를 따를 때 연습문제 (1.19)에서 정의된 X의 왜도와 첨예도를 구하여라.

3.4 $\mathrm{X}=(\mathrm{X}_1,\cdots,\mathrm{X}_k)^t\sim \mathrm{Multi}(n,(p_1,\cdots,p_k)^t)$일 때 다음을 밝혀라.

(a) $(\mathrm{X}_1,\cdots,\mathrm{X}_r,n-\mathrm{X}_1-\cdots-\mathrm{X}_r)^t\sim \mathrm{Multi}(n,(p_1,\cdots,p_r,1-p_1-\cdots-p_r)^t)$ $(1\leq r<k)$

(b) $\mathrm{X}_1=x_1,\cdots,\mathrm{X}_r=x_r$인 조건에서 $(\mathrm{X}_{r+1},\cdots,\mathrm{X}_k)^t$의 조건부확률밀도함수

$$f_{r+1,\cdots,k|1,\cdots,r}(x_{r+1},\cdots,x_k|x_1,\cdots,x_r)$$

를 구하여라.

3.5_ 확률변수 X가 기하분포 Geo$(p)\ (0<p<1)$를 따를 때

$$\mathrm{P}(\mathrm{X}>k+j|\mathrm{X}>k)=\mathrm{P}(\mathrm{X}>j)\ \ (j,k=0,1,\cdots)$$

임을 밝혀라. 이를 기하분포의 무기억증(無記憶症, memoryless property)이라고 한다.

3.6 음이항분포 Negbin(r,p) 의 확률밀도함수

$$f(x) = \binom{x-1}{r-1} p^r (1-p)^{x-r}, \ x = r, r+1, \cdots$$

에 대하여 부등식 $f(x) \ge f(x-1)$ 을 풀고, 이로부터 $f(x)$를 최대로 하는 x 값은

$$x = [(r-1)/p] + 1$$

임을 밝혀라.

3.7 확률변수 X가 음이항분포 Negbin $(r,p)(0 < p < 1)$를 따를 때 연습문제 (1.19)에서 정의된 X의 왜도와 첨예도를 구하여라.

3.8 서로 독립이고 성공률이 $p\ (0 < p < 1)$인 베르누이시행 $X_1, \cdots, X_n, \cdots$을 관측할 때 r번째 성공까지의 시행횟수를 W_r이라고 하면 $\mathrm{Cov}(W_1, W_r)$ $(r \ge 2)$를 구하여라.

3.9 포아송분포 Poisson(λ)의 확률밀도함수

$$f(x) = e^{-\lambda} \lambda^x / x!, \ x = 0,1,2, \cdots$$

에 대하여 부등식 $f(x) \ge f(x-1)$ 을 풀고, 이로부터 $f(x)$가 $x = [\lambda]$에서 최대가 되는 것을 밝혀라.

3.10 확률변수 X가 포아송분포 Poisson$(\lambda)(\lambda > 0)$를 따를 때 연습문제 (1.19)에서 정의된 X의 왜도와 첨예도를 구하여라.

3.11 확률변수 $X_1, \cdots, X_k$가 서로 독립이고 각각이 포아송분포 Poisson(λ_i) $(i = 1, \cdots, k)$를 따를 때, $X_1 + \cdots + X_k = n$인 조건에서 $(X_1, \cdots, X_k)'$의 조건부확률밀도함수를 구하여라.

3.12 발생률이 λ인 포아송과정 $\{N_t : t \geq 0\}$에서 r번째 현상이 발생할 때까지의 시간을

$$W_r = \min\{t : N_t \geq r\}(r = 1, 2, \cdots)$$

이라고 할 때 다음에 답하여라.

(a) 사건 $(W_r > t)$을 N_t에 관한 식으로 표현하고, 다음 등식이 성립하는 이유를 설명하여라.

$$\int_t^{\infty} \frac{1}{\Gamma(r)} \lambda^r y^{r-1} e^{-\lambda y} dy = \sum_{k=0}^{r-1} \frac{e^{-\lambda t}(\lambda t)^k}{k!}$$

(b) $\mathrm{Cov}(W_1, W_r)(r \geq 2)$을 구하여라.

3.13 확률변수 X가 지수분포 $\mathrm{Exp}(1/\lambda)(\lambda > 0)$를 따를 때

$$P(X > x + y | X > x) = P(X > y)(x > 0, y > 0)$$

임을 밝혀라. 이를 지수분포의 무기억증이라고 한다.

3.14 감마분포 $\mathrm{Gamma}(\alpha, \beta)$의 확률밀도함수

$$f(x) = \frac{1}{\Gamma(\alpha)\beta^{\alpha}} x^{\alpha-1} e^{-x/\beta} I_{(0,+\infty)}(x)$$

에 대하여 $\alpha > 1$인 경우에 $f(x)$를 최대로 하는 x 값은 $x = (\alpha - 1)\beta$임을 밝혀라.

3.15 확률변수 X가 감마분포 $\mathrm{Gamma}(\alpha, \beta)$를 따를 때 연습문제 (1.19)에서 정의된 X의 왜도와 첨예도를 구하여라.

3.16 확률변수 X의 적률생성함수가 존재하고

$$E(X^{2k}) = (2k)!/(2^k k!),\ E(X^{2k-1}) = 0,\ k = 1, 2, \cdots$$

일 때 X의 적률생성함수와 확률밀도함수를 구하여라.

3.17 확률변수 X가 정규분포 $N(\mu, \sigma^2)(\sigma > 0)$를 따를 때 연습문제 (1.19)에서 정의된 X의 왜도와 첨예도를 구하여라.

3.18 양수의 값을 취하는 확률변수 X에 대하여 $\log X \sim N(\mu, \sigma^2)$일 때 X의 분포를 로그정규분포(log normal distribution)라고 하며 기호로는 $X \sim \text{Lognormal}(\mu, \sigma^2)$ 이라고 나타낸다. 이러한 로그정규분포에 관한 다음 성질을 밝혀라.

(a) $X \sim \text{Lognormal}(\mu, \sigma^2)$이면 $E(X^k) = \exp(k\mu + k^2\sigma^2/2),\ k = 1, 2, \cdots$

(b) $X \sim \text{Lognormal}(0, 1)$일 때 X의 적률생성함수는 존재하지 않는다.

(참고: $\int_{z > \sqrt{12/t}} \exp(te^z) \frac{1}{\sqrt{2\pi}} e^{-z^2/2} dz = +\infty,\ \forall t > 0$)

4

표본분포

4.1 통계량의 분포

모집단의 개수가 유한개일 경우에 비복원추출에 의한 표본을 이용하여 모집단에 대한 추측을 하는 방법의 타당성과 효율성을 연구하려면 비복원추출로 인한 추출 결과의 종속성에서 야기되는 어려움이 많다. 한편 복원추출에 의한 표본의 경우에는 추출 결과 사이의 독립성이 있기 때문에 추측 방법의 성질을 연구하는 것이 용이하다. 또한, 초기하분포의 이항분포 근사에서 알 수 있듯이 모집단 크기가 커짐에 따라 비복원추출에 따른 추측 방법의 성질이 복원추출에 의한 방법의 성질과 거의 같게 된다.

이러한 용이성과 근사성 때문에 통계적 추측 방법의 성질을 연구할 때에는 흔히 유한모집단에서의 복원추출을 개념화 하여 동일한 모집단을 독립적으로 관측하는 것을 전제로 한다.

이러한 이유에서 앞으로는 랜덤표본(random sample)이란 서로 독립이고 동일한 분포를 따르는 확률변수들을 뜻한다. 또한, 이러한 연구에서 가능한 모집단의 분포들을 모형으로 설정할 때 모형의 설정에 사용되는 매개변수를 모수(母數, population parameter)라고 하며, 가능한 모수 전체의 집합을 모수공간(母數空間, parameter space)이라고 한다.

예 4.1.1

(a) 공정의 불량률에 대한 통계 조사의 경우에 모집단분포는 베르누이분포 $\mathrm{Bernoulli}(p)$로 나타낼 수 있고, 불량률 p가 모수이고 미지인 불량률의 집합 $\Omega=\{p: 0 \leq p \leq 1\}$가 모수공간이다.

(b) 하천의 오염도를 조사할 때 하천 물의 단위 부피당 부유생물의 수에 대한 모형으로 포아송분포 $\mathrm{Poisson}(\lambda)$를 설정한다면, 평균 부유생물의 수 λ가 모수이고 미지인 λ의 집합 $\Omega=\{\lambda: \lambda \geq 0\}$가 모수공간이다.

(c) 많은 과학 실험에서 오차의 분포에 대한 모형으로 정규분포 $\mathrm{N}(\mu, \sigma^2)$을 모형으로 설정한다. 이 경우에는 평균과 분산을 나타내는 $\theta=(\mu, \sigma^2)^t$가 모수이고, 미지의 평균과 분산의 집합 $\Omega=\{(\mu, \sigma^2)^t: -\infty<\mu<+\infty,\ \sigma^2>0\}$가 모수공간이다.

이들 예에서 알 수 있듯이, 모수는 모집단 분포를 결정짓는 미지의 특성치로서 흔히 θ로 나타내고 모수공간은 Ω로 나타내며 모집단 분포는 확률밀도함수 $f(x;\theta)$로 나타낸다. 이러한 미지의 모집단 분포 또는 모수에 대한 추측을 목적으로 사용하는 랜덤표본의 관측 가능한 함수를 통계량(統計量, statistic)이라고 한다.

랜덤표본과 통계량:

모집단 분포가 확률밀도함수 $f(x;\theta)$, $\theta \in \Omega$인 모집단에서의 랜덤표본 $X_1, X_2, \cdots, X_n$ 이란

$$X_1, X_2, \cdots, X_n \overset{iid}{\sim} f(x;\theta),\ \theta \in \Omega$$

을 뜻하고, 통계량 $u(X_1, X_2, \cdots, X_n)$이란 랜덤표본의 함수로서 랜덤표본의 값이 주어지면 그 값이 정해지는 함수를 뜻한다.

예 4.1.2

(a) 불량률 p를 모수로 하는 베르누이분포 $\text{Bernoulli}(p)$에서의 랜덤표본을 $X_1, X_2, \cdots, X_n$이라고 할 때, 표본 중 불량개수의 합계 $X_1 + X_2 + \cdots + X_n$ 와 표본에서의 불량률을 나타내는 표본비율(標本比率, sample proportion)

$$\hat{p} = (X_1 + X_2 + \cdots + X_n)/n$$

은 모두 통계량이다.

(b) 랜덤표본 $X_1, X_2, \cdots, X_n$의 함수로서

$$\overline{X} = \frac{1}{n}(X_1 + X_2 + \cdots + X_n),\ S^2 = \frac{1}{n-1}\sum_{i=1}^{n}(X_i - \overline{X})^2$$

을 각각 표본평균(標本平均, sample mean), 표본분산(標本分散, sample variance)이라고 하며, 모평균과 모분산의 추측에 사용되는 통계량이다.

(c) 모집단 분포가 연속형인 경우에 이 모집단에서의 랜덤표본 $X_1, X_2, \cdots, X_n$ 을 크기 순서로 늘어놓은 것을 $X_{(1)} < X_{(2)} < \cdots < X_{(n)}$이라고 할 때, 이들을 순서통계량(順序統計量, order statistics)이라고 한다. 또한 이들 크기의 가운데를 나타내는 통계량

$$\underset{1 \le i \le n}{med}\ X_i = \begin{cases} X_{(m+1)}, & n = 2m+1\text{일 때} \\ (X_{(m)} + X_{(m+1)})/2, & n = 2m\text{일 때} \end{cases}$$

을 표본중앙값(標本中央값, sample median)이라고 하며, 모집단 분포의 중심부분에 대한 추측에 사용되는 통계량이다.

랜덤표본 $X_1, X_2, \cdots, X_n$의 함수인 통계량 $u(X_1, X_2, \cdots, X_n)$은 확률변수로서 분포를 가지며, 이는 모집단 분포에 따라 결정된다. 이러한 통계량의 분포를 일반적으로 **표본분포**(標本分布, sampling distribution)라고 한다.

예 4.1.3

(a) 불량률 p를 모수로 하는 베르누이분포 $\text{Bernoulli}(p)$에서의 랜덤표본을 $X_1, X_2, \cdots, X_n$이라고 할 때, 표본 중 불량품의 개수인 $X_1 + \cdots + X_n$은 이항분포 $\text{Bin}(n, p)$를 갖는다. 따라서 표본비율 $\hat{p} = (X_1 + \cdots + X_n)/n$은

$$P(\hat{p} = k/n) = \binom{n}{k} p^k (1-p)^{n-k}, \; k = 0, 1, \cdots, n$$

으로 주어지는 분포를 가지며 그 평균과 분산은 각각

$$E(\hat{p}) = p, \; \text{Var}(\hat{p}) = p(1-p)/n$$

이다. 즉 표본비율 $\hat{p}$은 표본크기가 커짐에 따라 모비율 p 주위에 집중되는 분포를 갖는다.

(b) 단위 부피당 평균 부유생물의 수가 λ인 포아송분포 $\text{Poisson}(\lambda)$에서의 랜덤표본을 $X_1, X_2, \cdots, X_n$이라고 할 때, <정리 3.4.1>로부터 표본 중 부유 생물의 합계 $X_1 + X_2 + \cdots + X_n$은 포아송분포 $\text{Poisson}(n\lambda)$를 갖는다. 따라서 표본평균 $\overline{X}$는

$$P(\overline{X} = k/n) = e^{-n\lambda}(n\lambda)^k / k!, \; k = 0, 1, \cdots$$

으로 주어지는 분포를 가지며 그 평균과 분산은 각각

$$E(\overline{X}) = \lambda, \; \text{Var}(\overline{X}) = \lambda/n$$

이다. 즉 표본평균 $\overline{X}$는 표본크기가 커짐에 따라 모평균 λ 주위에 집중되는 분포를 갖는다.

이제 랜덤표본의 함수인 통계량의 분포를 일반적인 경우에 구하는 방법을 알아보자. 일반적으로 확률변수 $X = (X_1, \cdots, X_n)^t$의 분포로부터 X의 함수인 $Y = u(X) = u(X_1, \cdots, X_n)$의 분포를 구하려면 Y에 관한 확률을 대응하는 X에 관한 확률로 바꾸어 계산해야 한다.

변수 변환과 확률밀도함수의 기본 관계:

(a) 이산형 경우

$$P(Y=y)=P(u(X)=y)=\sum_{x:u(x)=y} P(X=x)$$

$$\therefore pdf_Y(y)=\sum_{x:u(x)=y} pdf_X(x)$$

(b) 연속형 경우

$$P(Y\in y\pm|\Delta y|)=P(u(X)\in y\pm|\Delta y|)\approx\sum_{x:u(x)=y} P(X\in x\pm|\Delta x|)$$

$$\therefore pdf_Y(y)|\Delta y|\approx\sum_{x:u(x)=y} pdf_X(x)|\Delta x|,\ \text{즉}\ pdf_Y(y)\approx\sum_{x:u(x)=y} pdf_X(x)|\Delta y/\Delta x|^{-1}$$

예 4.1.4

(a) 서로 독립이고 각각 이항분포 $\mathrm{Bin}(n_1,p)$, $\mathrm{Bin}(n_2,p)$를 따르는 확률변수 X_1, X_2에 대하여 $Y=X_1+X_2$의 확률밀도함수는 다음과 같이 구할 수 있다.

$$\begin{aligned} pdf_Y(y) &= \sum_{x:x_1+x_2=y}\binom{n_1}{x_1}p^{x_1}(1-p)^{n_1-x_1}\binom{n_2}{x_2}p^{x_2}(1-p)^{n_2-x_2} \\ &= \left\{\sum_{x_1=0}^{y}\binom{n_1}{x_1}\binom{n_2}{y-x_1}\right\}p^y(1-p)^{n_1+n_2-y} \\ &= \binom{n_1+n_2}{y}p^y(1-p)^{n_1+n_2-y},\quad y=0,1,\cdots,n_1+n_2 \end{aligned}$$

즉 $Y=X_1+X_2$의 분포는 이항분포 $\mathrm{Bin}(n_1+n_2,p)$로서 <정리 3.2.1>의 결과와 일치한다.

(b) 서로 독립이고 각각 포아송분포 $\mathrm{Poisson}(\lambda_1)$, $\mathrm{Poisson}(\lambda_2)$를 따르는 확률변수 X_1, X_2에 대하여 $Y=X_1+X_2$의 확률밀도함수는 다음과 같이 구할 수 있다.

$$\begin{aligned} pdf_Y(y) &= \sum_{x:x_1+x_2=y}\frac{e^{-\lambda_1}\lambda_1^{x_1}}{x_1!}\frac{e^{-\lambda_2}\lambda_2^{x_2}}{x_2!} \\ &= \left\{\sum_{x_1=0}^{y}\binom{y}{x_1}\lambda_1^{x_1}\lambda_2^{y-x_1}\right\}\frac{e^{-\lambda_1-\lambda_2}}{y!} \\ &= \frac{e^{-\lambda_1-\lambda_2}(\lambda_1+\lambda_2)^y}{y!},\quad y=0,1,\cdots \end{aligned}$$

즉 $Y=X_1+X_2$의 분포는 포아송분포 $\mathrm{Poisson}(\lambda_1+\lambda_2)$로서 <정리 3.4.1>의 결과와 일치한다.

(c) 표준정규분포를 따르는 확률변수 X에 대하여 $Y = X^2$의 확률밀도함수는 누적분포함수를 미분하여 다음과 같이 구할 수 있다.

$$\frac{d}{dy}cdf_Y(y) = \frac{d}{dy}\{P(X \le \sqrt{y}) - P(X \le -\sqrt{y})\}$$
$$= \frac{1}{2}y^{-1/2}\{pdf_X(\sqrt{y}) + pdf_X(-\sqrt{y})\}$$
$$\therefore pdf_Y(y) = \frac{d}{dy}cdf_Y(y) = \sum_{x:x^2=y} pdf_X(x)\left|\frac{dy}{dx}\right|^{-1} = \frac{1}{\sqrt{2\pi}}y^{-1/2}e^{-y/2},\ y > 0$$

그런데 $\Gamma(1/2) = \sqrt{\pi}$ 이므로, $Y = X^2$의 분포는 $\text{Gamma}(1/2, 2)$분포임을 알 수 있다.

정리 4.1.1 연속형 변수의 일대일 변환과 확률밀도함수

연속형의 k차원 확률변수 $X = (X_1, \cdots, X_k)^t$와 함수 $u = (u_1, \cdots, u_k)^t : \mathscr{X} \to \mathscr{Y}$에 대하여 다음이 성립한다고 하자.

(a) $P(X \in \mathscr{X}) = 1$

(b) 벡터값 함수 $u = (u_1, \cdots, u_k)^t : \mathscr{X} \to \mathscr{Y}$는 정의역이 $\mathscr{X}$이고 치역이 $\mathscr{Y}$인 일대일 함수이다.

(c) 함수 $u = (u_1, \cdots, u_k)^t$의 정의역 $\mathscr{X}$는 k차원 공간 R^k에서 열린집합이고, 함수 u가 미분가능하며 1차 편도함수가 연속함수로서 0이 아닌 야코비안(Jacobian) 행렬식을 갖는다. 즉

$$J_u(x) = \det\left(\frac{\partial}{\partial x_i}u_j(x)\right) \ne 0 \quad \forall x \in \mathscr{X}$$

이 때, 확률변수 $X = (X_1, \cdots, X_k)^t$와 함수 u를 이용하여 정의된 k차원 확률변수

$$Y = u(X),\ \text{즉}\ Y = (Y_1, \cdots, Y_k)^t = (u_1(X), \cdots, u_k(X))^t$$

의 확률밀도함수는 다음과 같이 주어진다.

$$pdf_Y(y) = pdf_X(u^{-1}(y))|J_{u^{-1}}(y)|,\ y \in \mathscr{Y}$$

즉

$$pdf_Y(y) = pdf_X(x)\left|\det\left(\frac{\partial y}{\partial x}\right)\right|^{-1},\ y = u(x) \in \mathscr{Y}$$

[증명] 부록 I의 치환적분법으로부터 $\mathscr{Y}$의 임의의 부분 집합 B에 대하여 다음이 성립함을 알 수 있다. 따라서 $Y = u(X)$의 확률밀도함수가 위에서와 같이 주어진다.

$$
\begin{aligned}
P(Y \in B) &= P(u(X) \in B) \\
&= \int_{x \in u^{-1}(B)} pdf_X(x)dx \\
&= \int_{y \in B} pdf_X(u^{-1}(y))|J_{u^{-1}}(y)|dy \ (\because x = u^{-1}(y)\text{로 치환})
\end{aligned}
$$

예 4.1.5 **위치모수와 척도모수를 이용한 확률분포**

연속형 확률변수 Z의 확률밀도함수가 $f(z)$일 때, 양수 σ와 실수 μ에 대하여

$$X = \sigma Z + \mu$$

로 정의된 확률변수 X의 확률밀도함수는

$$
\begin{aligned}
pdf_X(x) &= f(z)\left|\frac{dx}{dz}\right|^{-1}, \ x = \sigma z + \mu \\
&= \frac{1}{\sigma} f\left(\frac{x-\mu}{\sigma}\right)
\end{aligned}
$$

로 주어진다. 이러한 꼴의 확률밀도함수에서 μ와 σ를 각각 위치모수(位置母數, location parameter)와 척도모수(尺度母數, scale parameter)라고 한다.

(a) 정규분포 $N(\mu, \sigma^2)$, $N(\mu, \sigma^2) \overset{d}{\equiv} \sigma N(0,1) + \mu$

$$pdf_X(x) = \frac{1}{\sigma}\phi\left(\frac{x-\mu}{\sigma}\right), \ \phi(z) = \frac{1}{\sqrt{2\pi}} e^{-\frac{1}{2}z^2} I_{(-\infty < z < +\infty)}$$

$$X \sim N(\mu, \sigma^2) \Leftrightarrow X \overset{d}{\equiv} \sigma Z + \mu, \ Z \sim N(0,1)$$

(b) 로지스틱(logistic)분포 $L(\mu, \sigma)$, $L(\mu, \sigma) \overset{d}{\equiv} \sigma L(0,1) + \mu$

$$pdf_X(x) = \frac{1}{\sigma} f\left(\frac{x-\mu}{\sigma}\right), \ f(z) = \frac{e^z}{(1+e^z)^2} I_{(-\infty < z < +\infty)}$$

$$X \sim L(\mu, \sigma) \Leftrightarrow X \overset{d}{\equiv} \sigma Z + \mu, \ Z \sim L(0,1)$$

(c) 이중지수(double exponential)분포 $DE(\mu, \sigma)$, $DE(\mu, \sigma) \overset{d}{\equiv} \sigma DE(0,1) + \mu$

$$pdf_X(x) = \frac{1}{\sigma} f\left(\frac{x-\mu}{\sigma}\right), \ f(z) = \frac{1}{2} e^{-|z|} I_{(-\infty < z < +\infty)}$$

$$X \sim DE(\mu, \sigma) \Leftrightarrow X \overset{d}{\equiv} \sigma Z + \mu, \ Z \sim DE(0,1)$$

(d) 코쉬(Cauchy)분포 $C(\mu, \sigma)$, $C(\mu, \sigma) \overset{d}{\equiv} \sigma C(0,1) + \mu$

$$pdf_X(x) = \frac{1}{\sigma} f\left(\frac{x-\mu}{\sigma}\right), \ f(z) = \frac{1}{\pi}\frac{1}{1+z^2} I_{(-\infty < z < +\infty)}$$

$$X \sim C(\mu, \sigma) \Leftrightarrow X \overset{d}{\equiv} \sigma Z + \mu, \ Z \sim C(0,1)$$

(e) 지수분포 $\mathrm{Exp}(\sigma)$, $\mathrm{Exp}(\sigma) \overset{d}{\equiv} \sigma \mathrm{Exp}(1)$

$$pdf_{\mathrm{X}}(x) = \frac{1}{\sigma} f\left(\frac{x}{\sigma}\right),\ f(z) = e^{-z} \mathrm{I}_{(0 \le z < +\infty)}$$

$$\mathrm{X} \sim \mathrm{Exp}(\sigma) \Leftrightarrow \mathrm{X} \overset{d}{\equiv} \sigma \mathrm{Z},\ \mathrm{Z} \sim \mathrm{Exp}(1)$$

(f) 감마분포 $\mathrm{Gamma}(\alpha, \beta)$, $\mathrm{Gamma}(\alpha, \beta) \overset{d}{\equiv} \beta \mathrm{Gamma}(\alpha, 1)$

$$pdf_{\mathrm{X}}(x) = \frac{1}{\beta} f\left(\frac{x}{\beta}\right),\ f(z) = \frac{1}{\Gamma(\alpha)} z^{\alpha - 1} e^{-z} \mathrm{I}_{(0 \le z < +\infty)}$$

$$\mathrm{X} \sim \mathrm{Gamma}(\alpha, \beta) \Leftrightarrow \mathrm{X} \overset{d}{\equiv} \beta \mathrm{Z},\ \mathrm{Z} \sim \mathrm{Gamma}(\alpha, 1)$$

예 4.1.6

서로 독립이고 각각 감마분포 $\mathrm{Gamma}(\alpha_1, \beta)$, $\mathrm{Gamma}(\alpha_2, \beta)$를 따르는 확률변수 X_1, X_2에 대하여

$$\mathrm{Y}_1 = \frac{\mathrm{X}_1}{\mathrm{X}_1 + \mathrm{X}_2},\ \mathrm{Y}_2 = \mathrm{X}_1 + \mathrm{X}_2$$

라고 할 때, Y_1, Y_2의 결합확률밀도함수와 각각의 주변확률밀도함수를 구하여라.

[풀이] X_1, X_2의 결합확률밀도함수는

$$pdf_{\mathrm{X}_1, \mathrm{X}_2}(x_1, x_2) = \frac{1}{\Gamma(\alpha_1)\Gamma(\alpha_2)\beta^{\alpha_1 + \alpha_2}} x_1^{\alpha_1 - 1} x_2^{\alpha_2 - 1} e^{-(x_1 + x_2)/\beta} \mathrm{I}_{(x_1 > 0,\, x_2 > 0)}$$

이므로, 정의역이

$$\mathscr{X} = \left\{(x_1, x_2)^t : pdf_{\mathrm{X}_1, \mathrm{X}_2}(x_1, x_2) > 0\right\} = \left\{(x_1, x_2)^t : x_1 > 0, x_2 > 0\right\}$$

인 함수 $u(x_1, x_2) = \left(\frac{x_1}{x_1 + x_2}, x_1 + x_2\right)^t$가 <정리 4.1.1>의 조건을 만족시키는가 확인해보자.

함수 u의 값을 $(y_1, y_2)^t$라고 할 때 다음이 성립하는 것을 알 수 있다.

$$u : \begin{cases} y_1 = \dfrac{x_1}{x_1 + x_2} \\ y_2 = x_1 + x_2 \end{cases} \qquad u^{-1} : \begin{cases} x_1 = y_1 y_2 \\ x_2 = y_2(1 - y_1) \end{cases}$$

$$\mathscr{Y} = \left\{(y_1, y_2)^t : y_1 y_2 > 0, y_2(1 - y_1) > 0\right\} = \left\{(y_1, y_2)^t : 0 < y_1 < 1, y_2 > 0\right\}$$

이로부터 함수 u는 $\mathscr{X}$에서 $\mathscr{Y}$로의 일대일 함수로서 <정리 4.1.1>의 조건을 만족시키고 그 역함수 u^{-1}의 야코비안 행렬식이 다음과 같이 주어지는 것을 알 수 있다.

$$J_{u^{-1}} = \det\begin{pmatrix} y_2 & -y_2 \\ y_1 & 1-y_1 \end{pmatrix} = y_2$$

따라서 <정리 4.1.1>로부터 Y_1, Y_2의 결합확률밀도함수는

$$\begin{aligned} & pdf_{Y_1, Y_2}(y_1, y_2) \\ &= \frac{1}{\Gamma(\alpha_1)\Gamma(\alpha_2)\beta^{\alpha_1+\alpha_2}}(y_1 y_2)^{\alpha_1 - 1}(y_2(1-y_1))^{\alpha_2-1}e^{-y_2/\beta}\mathrm{I}_{(0,1)}(y_1)\mathrm{I}_{(0,\infty)}(y_2)|y_2| \\ &= \frac{1}{\Gamma(\alpha_1)\Gamma(\alpha_2)\beta^{\alpha_1+\alpha_2}}y_1^{\alpha_1-1}(1-y_1)^{\alpha_2-1}\mathrm{I}_{(0,1)}(y_1)y_2^{\alpha_1+\alpha_2-1}e^{-y_2/\beta}\mathrm{I}_{(0,\infty)}(y_2) \end{aligned}$$

로 주어진다. 이는 y_1만의 함수와 y_2만의 함수의 곱이므로 Y_1, Y_2는 서로 독립이고 각각의 주변확률밀도함수는 다음과 같이 주어진다.

$$\begin{aligned} pdf_{Y_1}(y_1) &= \int_{-\infty}^{+\infty} pdf_{Y_1, Y_2}(y_1, y_2)dy_2 \\ &= \frac{\Gamma(\alpha_1+\alpha_2)}{\Gamma(\alpha_1)\Gamma(\alpha_2)}y_1^{\alpha_1-1}(1-y_1)^{\alpha_2-1}\mathrm{I}_{(0,1)}(y_1) \end{aligned}$$

$$pdf_{Y_2}(y_2) = \frac{1}{\Gamma(\alpha_1+\alpha_2)\beta^{\alpha_1+\alpha_2}}y_2^{\alpha_1+\alpha_2-1}e^{-y_2/\beta}\mathrm{I}_{(0,\infty)}(y_2)$$

<예 4.1.6>에서 구한 Y_1의 분포를 베타분포[56]라고 하며 기호로는 $\mathrm{Beta}(\alpha_1, \alpha_2)$로 나타낸다.

베타분포의 정의:

$$\mathrm{Beta}(\alpha_1,\alpha_2) \overset{d}{\equiv} \mathrm{Gamma}(\alpha_1)/(\mathrm{Gamma}(\alpha_1,\beta) \oplus \mathrm{Gamma}(\alpha_2,\beta))$$

$X \sim \mathrm{Beta}(\alpha_1,\alpha_2) \Leftrightarrow X \overset{d}{\equiv} Z_1/(Z_1+Z_2)$, $Z_i \sim \mathrm{Gamma}(\alpha_i,\beta)(i=1,2)$이고 서로 독립

$$\Leftrightarrow pdf_X(x) = \frac{\Gamma(\alpha_1+\alpha_2)}{\Gamma(\alpha_1)\Gamma(\alpha_2)}x^{\alpha_1-1}(1-x)^{\alpha_2-1}\mathrm{I}_{(0,1)}(x)$$

56) <예 4.1.6>에서 Y_1의 확률밀도함수의 적분 값은 1이므로, 양수 α_1, α_2에 대하여

$$\int_0^1 x^{\alpha_1-1}(1-x)^{\alpha_2-1}dx = \frac{\Gamma(\alpha_1)\Gamma(\alpha_2)}{\Gamma(\alpha_1+\alpha_2)}$$

임을 알 수 있다. 이러한 정적분으로 정의된 함수를 베타함수라고 하며 $B(\alpha_1, \alpha_2)$로 나타내기도 한다.

예 4.1.7

확률변수 X_1, X_2이 서로 독립이고 동일한 확률밀도함수

$$f(x) = I_{(0,1)}(x)$$

를 가질 때, $Y = (X_1 + X_2)/2$ 의 확률밀도함수를 구하여라.

[풀이] 이차원 확률변수 사이의 일대일 변환을 생각하기 위하여

$$Y = (X_1 + X_2)/2,\ Z = (X_1 - X_2)/2$$

라고 하면, 다음과 같이 함수 u와 그 정의역 $\mathscr{X}$, 치역 $\mathscr{Y}$, 역함수 u^{-1}를 생각할 수 있다.

$$u : \begin{cases} y = (x_1 + x_2)/2 \\ z = (x_1 - x_2)/2 \end{cases} \qquad u^{-1} : \begin{cases} x_1 = y + z \\ x_2 = y - z \end{cases}$$

$$\mathscr{X} = \left\{(x_1, x_2)^t : pdf_{X_1, X_2}(x_1, x_2) > 0\right\} = \left\{(x_1, x_2)^t : 0 < x_1 < 1,\ 0 < x_2 < 1\right\}$$

$$\mathscr{Y} = \left\{(y, z)^t : 0 < y + z < 1,\ 0 < y - z < 1\right\}$$

이로부터 함수 u는 $\mathscr{X}$에서 $\mathscr{Y}$로의 일대일 함수로서 <정리 4.1.1>의 조건을 만족시키고 그 역함수 u^{-1}의 야코비안 행렬식이 다음과 같이 주어지는 것을 알 수 있다.

$$J_{u^{-1}} = \det\begin{pmatrix} 1 & 1 \\ 1 & -1 \end{pmatrix} = -2$$

따라서 <정리 4.1.1>로부터 Y, Z의 결합확률밀도함수는

$$pdf_{Y,Z}(y, z) = I_{(0 < y+z < 1,\ 0 < y-z < 1)}|-2|$$

이로부터 Y의 주변확률밀도함수를 구하기 위하여, 지표함수의 연립부등식을 z에 대한 부등식으로 나타내면

$$-y < z < 1 - y,\ y - 1 < z < y$$

즉 $a \vee b = \max(a, b)$, $a \wedge b = \min(a, b)$이라고 하면

$$(-y) \vee (y - 1) < z < (1 - y) \wedge y$$

그러므로 $y \le 1/2$ 인 경우와 $y > 1/2$인 경우로 나누어 Y의 주변확률밀도함수를 구하면 다음과 같다.

(i) $y \le 1/2$ 인 경우에, $(-y) \vee (y-1) = -y$, $(1-y) \wedge y = y$이고 $-y < y \Leftrightarrow y > 0$이므로

$$pdf_Y(y) = \int_{-\infty}^{+\infty} pdf_{Y,Z}(y, z)dz = \int_{-y}^{y} 2dz\, I_{(0, 1/2]}(y) = 4y\, I_{(0, 1/2]}(y)$$

(ii) $y > 1/2$ 인 경우에, $(-y) \vee (y-1) = y-1$, $(1-y) \wedge y = 1-y$이고 $y-1 < 1-y \Leftrightarrow y < 1$이므로

$$pdf_{\mathrm{Y}}(y) = \int_{-\infty}^{+\infty} pdf_{\mathrm{Y,Z}}(y,z)dz = \int_{y-1}^{1-y} 2dz\, \mathrm{I}_{(1/2,\,1)}(y) = 4(1-y)\mathrm{I}_{(1/2,\,1)}(y)$$

따라서 Y의 주변확률밀도함수를 하나의 식으로 나타내면 <예 1.4.3>에서와 같이

$$pdf_{\mathrm{Y}}(y) = (2-4|y-1/2|)\mathrm{I}_{(0\quad 1)}(y)$$

임을 알 수 있다.

<예 4.1.7>에서 서로 독립인 $\mathrm{X}_1, \mathrm{X}_2$의 공통 분포를 구간 (0,1)에서의 균등분포(均等分布, uniform distribution)라고 하며, 이들의 평균인 $\mathrm{Y} = (\mathrm{X}_1 + \mathrm{X}_2)/2$의 분포를 구간 (0,1)에서의 삼각분포(三角分布, triangular distribution)라고 한다.

한편, 일반적인 구간 (a, b)에서의 균등분포는 다음과 같이 정의한다.

균등분포의 정의:

$$\mathrm{U}(a,b) \overset{d}{\equiv} (b-a)\mathrm{U}(0,1) + a$$

$$\mathrm{X} \sim \mathrm{U}(a,b) \Leftrightarrow pdf_{\mathrm{X}}(x) = \frac{1}{b-a}\mathrm{I}_{(a,b)}(x)$$

$$\Leftrightarrow \mathrm{X} \overset{d}{\equiv} (b-a)\mathrm{Z} + a,\ \mathrm{Z} \sim \mathrm{U}(0,1)$$

그림 4.1.1 균등분포

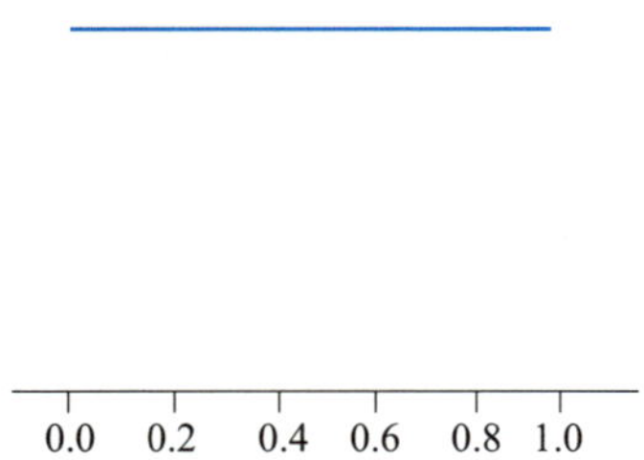

$f(x) = \mathrm{I}_{(0,\,1)}(x)$

그림 4.1.2 삼각분포

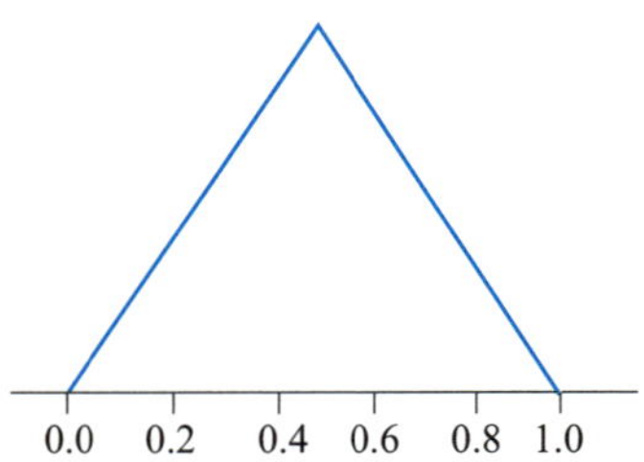

$f(y) = (2-4|y-1/2|)\mathrm{I}_{(0,\,1)}(y)$

예 4.1.8

서로 독립이고 표준정규분포 $N(0,1)$를 따르는 확률변수 X, Y 에 대하여, 극좌표 변환인

$$\begin{cases} X = R\cos\Theta \\ Y = R\sin\Theta, \ 0 \le R < +\infty, \ 0 \le \Theta < 2\pi \end{cases}$$

를 만족시키는 R, Θ의 결합확률밀도함수를 구하여라.

[풀이] X, Y 결합확률밀도함수는

$$pdf_{X,Y}(x,y) = \frac{1}{2\pi} e^{-\frac{1}{2}(x^2+y^2)} I_{(-\infty < x < +\infty, \ -\infty < y < +\infty)}$$

이고, 주어진 극좌표 변환

$$w : \begin{cases} x = r\cos\theta \\ y = r\sin\theta, \ 0 \le r < +\infty, \ 0 \le \theta < 2\pi \end{cases}$$

는 정의역이

$$\mathscr{Y} = \{(r,\theta) : 0 \le r < +\infty, \ 0 \le \theta < 2\pi\}$$

이고 치역이

$$\mathscr{X} = \{(x,y) : -\infty < x < +\infty, \ -\infty < y < +\infty\}$$

인 일대일 함수로서, 미분가능하고 그 야코비안 행렬식이

$$J_w(y) = \det\begin{pmatrix} \dfrac{\partial x}{\partial r} & \dfrac{\partial y}{\partial r} \\ \dfrac{\partial x}{\partial \theta} & \dfrac{\partial y}{\partial \theta} \end{pmatrix} = \det\begin{pmatrix} \cos\theta & \sin\theta \\ -r\sin\theta & r\cos\theta \end{pmatrix} = r$$

그림 4.1.3 직교좌표와 극좌표

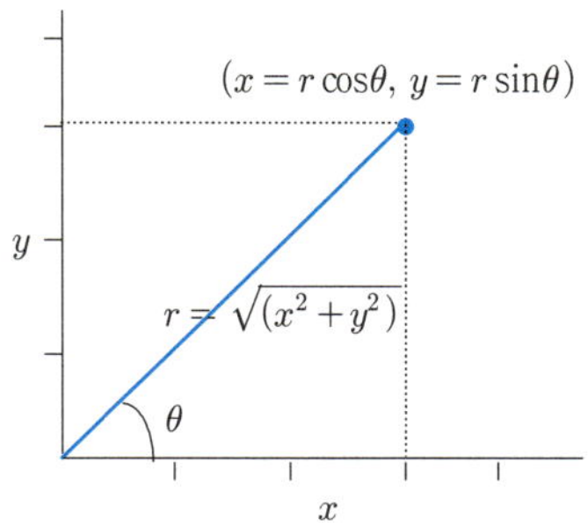

임을 알 수 있다. 따라서 극좌표 변환 w의 역함수를 $u = w^{-1}$라고 하면 역함수 정리로부터 함수 $u(x,y)$가 <정리 4.1.1>의 조건을 만족시키는 것을 알 수 있다.

그러므로 <정리 4.1.1>로부터 R, Θ의 결합확률밀도함수는

$$\begin{aligned} pdf_{R,\Theta}(r,\theta) &= \frac{1}{2\pi} e^{-\frac{1}{2}r^2(\cos^2\theta + \sin^2\theta)} I_{[0,+\infty)}(r) I_{[0,2\pi)}(\theta)|r| \\ &= re^{-\frac{1}{2}r^2} I_{[0,+\infty)}(r) \frac{1}{2\pi} I_{[0,2\pi)}(\theta) \end{aligned}$$

로 주어진다. 즉 R, Θ는 서로 독립이고

$$R^2/2 \sim \mathrm{Exp}(1),\ \Theta \sim U[0, 2\pi)$$

예 4.1.9

서로 독립이고 각각 감마분포 $\mathrm{Gamma}(\alpha_i, \beta)$를 따르는 확률변수 $X_i (i=1, \cdots, k+1)$들에 대하여

$$Y_1 = \frac{X_1}{X_1 + \cdots + X_{k+1}}, \cdots\cdots, Y_k = \frac{X_k}{X_1 + \cdots + X_{k+1}}$$

라고 할 때, $Y_1, \cdots, Y_k$의 결합확률밀도함수를 구하여라.

[풀이] $X_1, \cdots, X_{k+1}$의 결합확률밀도함수는

$$pdf_{1,\cdots,k+1}(x_1, \cdots, x_{k+1}) = \prod_{i=1}^{k+1} \left\{ \frac{1}{\Gamma(\alpha_i)\beta^{\alpha_i}} x_i^{\alpha_i - 1} e^{-x_i/\beta} I_{(0,+\infty)}(x_i) \right\}$$

이고, $(k+1)$개 확률변수 사이의 일대일 변환을 생각하기 위하여 다음 변수를 생각해보자.

$$Y_{k+1} = X_1 + \cdots + X_{k+1}$$

이로부터 다음과 같이 함수 u와 그 정의역 $\mathscr{X}$, 치역 $\mathscr{Y}$, 역함수 u^{-1}를 생각할 수 있다.

$$u : \begin{cases} y_1 = x_1/(x_1 + \cdots + x_{k+1}) \\ \quad\vdots \\ y_k = x_k/(x_1 + \cdots + x_{k+1}) \\ y_{k+1} = x_1 + \cdots + x_{k+1} \end{cases} \qquad u^{-1} : \begin{cases} x_1 = y_1 y_{k+1} \\ \quad\vdots \\ x_k = y_k y_{k+1} \\ x_{k+1} = y_{k+1}(1 - y_1 - \cdots - y_k) \end{cases}$$

$$\mathscr{X} = \left\{ (x_1, \cdots, x_{k+1})^t : x_i > 0 (i = 1, \cdots, k+1) \right\}$$

$$\mathscr{Y} = \left\{ (y_1, \cdots, y_k, y_{k+1})^t : y_i > 0 (i = 1, \cdots, k),\ y_1 + \cdots + y_k < 1,\ y_{k+1} > 0 \right\}$$

이로부터 함수 u는 $\mathscr{X}$에서 $\mathscr{Y}$로의 일대일 함수로서 <정리 4.1.1>의 조건을 만족시키고 그 역함수 u^{-1}의 야코비안 행렬식이 다음과 같이 주어지는 것을 알 수 있다.

$$J_{u^{-1}} = \det \begin{pmatrix} y_{k+1} \cdots & 0 & & -y_{k+1} \\ \vdots & \vdots & \vdots & -y_{k+1} \\ 0 & \cdots & y_{k+1} & -y_{k+1} \\ y_1 & \cdots & y_k & (1 - y_1 - \cdots - y_k) \end{pmatrix} = y_{k+1}^k$$

따라서 $Y_1, \cdots, Y_k, Y_{k+1}$의 결합확률밀도함수는

$$pdf_{Y_1,\cdots,Y_k,Y_{k+1}}(y_1,\cdots,y_k,y_{k+1})$$

$$=\left\{\prod_{i=1}^{k+1}\frac{1}{\Gamma(\alpha_i)\beta^{\alpha_i}}\right\}\times\left\{\prod_{i=1}^{k}(y_iy_{k+1})^{\alpha_i-1}\right\}\times\{y_{k+1}(1-y_1-\cdots-y_k)\}^{\alpha_{k+1}-1}$$

$$\times e^{-y_{k+1}/\beta}|y_{k+1}^k|,\ (y_1,\cdots,y_{k+1})^t\in\mathscr{Y}$$

$$\therefore\ pdf_{Y_1,\cdots,Y_k,Y_{k+1}}$$

$$=\left\{\prod_{i=1}^{k}\frac{1}{\Gamma(\alpha_i)}y_i^{\alpha_i-1}\right\}(1-y_1-\cdots-y_k)^{\alpha_{k+1}-1}I_{(y_1>0,\cdots,y_k>0,y_1+\cdots+y_k<1)}$$

$$\times\left\{\frac{1}{\Gamma(\alpha_{k+1})\beta^{\alpha_1+\cdots+\alpha_{k+1}}}y_{k+1}^{\alpha_1+\cdots+\alpha_{k+1}-1}e^{-y_{k+1}/\beta}I_{(y_{k+1}>0)}\right\}$$

그런데

$$\int_0^{+\infty}\frac{1}{\beta^{\alpha_1+\cdots+\alpha_{k+1}}}y_{k+1}^{\alpha_1+\cdots+\alpha_{k+1}-1}e^{-y_{k+1}/\beta}dy_{k+1}=\Gamma(\alpha_1+\cdots+\alpha_{k+1})$$

이므로 $Y_1,\ \cdots,\ Y_k,\ Y_{k+1}$의 결합확률밀도함수를 y_{k+1}에 대하여 적분하면

$$pdf_{Y_1,\cdots,Y_k}(y_1,\cdots,y_k)$$

$$=\int_{-\infty}^{+\infty}pdf_{Y_1,\cdots,Y_k,Y_{k+1}}(y_1,\cdots,y_k,y_{k+1})\,dy_{k+1}$$

$$=\frac{\Gamma(\alpha_1+\cdots+\alpha_{k+1})}{\Gamma(\alpha_1)\cdots\Gamma(\alpha_{k+1})}\left\{\prod_{i=1}^{k}y_i^{\alpha_i-1}\right\}(1-y_1-\cdots-y_k)^{\alpha_{k+1}-1}I_{(y_1>0,\cdots,y_k>0,y_1+\cdots+y_k<1)}$$

<예 4.1.9>에서 구한 $Y_1,\ \cdots,\ Y_k$의 결합분포는 베타분포를 다차원으로 일반화한 분포로서 디리클레(Dirichlet)분포라고 하며, 기호로는 $(Y_1,\cdots,Y_k)^t\sim\mathrm{Dirichlet}(\alpha_1,\cdots,\alpha_k,\alpha_{k+1})$로 나타낸다.

디리클레분포의 정의:

$$\mathrm{Dirichlet}(\alpha_1,\cdots,\alpha_k,\alpha_{k+1})\stackrel{d}{\equiv}\left(\frac{\mathrm{Gamma}(\alpha_i)}{\mathrm{Gamma}(\alpha_1,\beta)\oplus\cdots\oplus\mathrm{Gamma}(\alpha_{k+1},\beta)}\right)_{1\le i\le k}$$

$$Y=(Y_1,\cdots,Y_k)^t\sim\mathrm{Dirichlet}(\alpha_1,\cdots,\alpha_k,\alpha_{k+1})$$

$$\Leftrightarrow Y\stackrel{d}{\equiv}\left(\frac{X_1}{X_1+\cdots+X_{k+1}},\ \cdots,\ \frac{X_k}{X_1+\cdots+X_{k+1}}\right),$$

$X_i\sim\mathrm{Gamma}(\alpha_i,\beta)$이고 서로 독립$(i=1,\cdots,k+1)$

$$\Leftrightarrow pdf_{Y_1,\cdots,Y_k}(y_1,\cdots,y_k)$$

$$=\frac{\Gamma(\alpha_1+\cdots+\alpha_{k+1})}{\Gamma(\alpha_1)\cdots\Gamma(\alpha_{k+1})}\left\{\prod_{i=1}^{k}y_i^{\alpha_i-1}\right\}(1-y_1-\cdots-y_k)^{\alpha_{k+1}-1}I_{(y_1>0,\cdots,y_k>0,y_1+\cdots+y_k<1)}$$

이제까지는 연속형 확률변수의 일대일 변환으로 정의된 새로운 확률변수의 확률밀도함수를 구하는 방법에 대하여 알아보았다. 그러나 <예 4.1.4>의 (c)에서와 같이 이러한 방법은 다대일 함수의 경우에도 적용될 수 있다. 다음 정리는 다대일 변환의 경우에 정의역을 분할하여 각각의 정의역에서의 일대일 변환에 대하여 치환적분의 원리를 이용하면 다대일 변환의 경우에도 앞에서 소개된 방법을 이용할 수 있음을 밝히고 있다.

정리 4.1.2 연속형 변수의 다대일 변환과 확률밀도함수

연속형의 k차원 확률변수 $X=(X_1,\cdots,X_k)^t$와 함수 $u=(u_1,\cdots,u_k)^t : \mathscr{X}\to\mathscr{Y}$에 대하여 다음이 성립한다고 하자.

(a) $P(X\in\mathscr{X})=1$

(b) 벡터값 함수 $u=(u_1,\cdots,u_k)^t : \mathscr{X}\to\mathscr{Y}$는 정의역이 $\mathscr{X}$이고 치역이 $\mathscr{Y}$인 m대일 함수이다.

(c) 함수 $u=(u_1,\cdots,u_k)^t$의 정의역 $\mathscr{X}$는 서로 공통 부분이 없는 열린집합 $\mathscr{X}_1$, $\cdots$, $\mathscr{X}_m$의 합집합으로 나타낼 수 있고, 함수 u에서 정의역을 $\mathscr{X}_r\,(r=1,\cdots,m)$로 제한한 함수

$$u^r(x)=u(x),\ x\in\mathscr{X}_r\quad(r=1,\cdots,m)$$

는 각각 $\mathscr{X}_r$에서 $\mathscr{Y}$로의 일대일 함수로서 미분가능하며 1차 편도함수가 연속함수로서 0이 아닌 야코비안(Jacobian) 행렬식을 갖는다. 즉 $u^r(x)=(u_1^r(x),\cdots,u_k^r(x))^t$라고 할 때

$$J_{u^r}(x)=\det\left(\frac{\partial}{\partial x_i}u_j^r(x)\right)\neq 0\quad\forall x\in\mathscr{X}_r$$

이러한 조건하에서 확률변수 $X=(X_1,\cdots,X_k)^t$와 함수 u를 이용하여 정의된 k차원 확률변수

$$Y=u(X),\ 즉\ Y=(Y_1,\cdots,Y_k)^t=(u_1(X),\cdots,u_k(X))^t$$

의 확률밀도함수는 다음과 같이 주어진다.

$$pdf_Y(y)=\sum_{r=1}^{m}pdf_X((u^r)^{-1}(y))|J_{(u^r)^{-1}}(y)|,\ y\in\mathscr{Y}$$

즉 $$pdf_Y(y)=\sum_{x:u(x)=y}pdf_X(x)\left|\det\left(\frac{\partial u(x)}{\partial x}\right)\right|^{-1},\ y\in\mathscr{Y}$$

[증명] <정리 4.1.1>의 증명에서와 같이 분할된 각각의 정의역 $\mathscr{X}_r\,(r=1,\cdots,m)$에서의 일대일 함수 $y=u^r(x)\,(r=1,\cdots,m)$의 역함수 $x=(u^r)^{-1}(y)$를 이용한 치환적분법을 적용하면 $\mathscr{Y}$의 임의의 부분 집합 B에 대하여 다음이 성립함을 알 수 있다.

$$\begin{aligned}
\mathrm{P}(\mathrm{Y}\in \mathrm{B}) &= \mathrm{P}(u(\mathrm{X})\in \mathrm{B}) \\
&= \sum_{r=1}^{m} \mathrm{P}(u^r(\mathrm{X})\in \mathrm{B}, \mathrm{X}\in \mathscr{X}_r) \\
&= \sum_{r=1}^{m} \int_{x\in (u^r)^{-1}(\mathrm{B})} pdf_{\mathrm{X}}(x)dx \\
&= \int_{y\in \mathrm{B}} \sum_{r=1}^{m} pdf_{\mathrm{X}}((u^r)^{-1}(y))|J_{(u^r)^{-1}}(y)|dy \quad (\because x=(u^r)^{-1}(y))
\end{aligned}$$

$$\therefore\ pdf_{\mathrm{Y}}(y) = \sum_{r=1}^{m} pdf_{\mathrm{X}}((u^r)^{-1}(y))|J_{(u^r)^{-1}}(y)|,\ y\in \mathscr{Y}$$

따라서 $pdf_{\mathrm{Y}}(y) = \displaystyle\sum_{x:u(x)=y} pdf_{\mathrm{X}}(x)\left|\det\left(\frac{\partial u(x)}{\partial x}\right)\right|^{-1},\ y\in \mathscr{Y}$

예 4.1.10

(−1, 1)에서 균등분포를 따르는 확률변수 X에 대하여 $\mathrm{Y}=\mathrm{X}^2$의 확률밀도함수를 구하여라.

[풀이] 함수 $y=x^2$은 $\mathscr{X}=(-1,0)\cup(0,1)$에서 $\mathscr{Y}=(0,1)$로의 이대일 함수이고, <정리 4.1.2>의 조건을 만족시킨다. 따라서

$$\begin{aligned}
pdf_{\mathrm{Y}}(y) &= \sum_{x:x^2=y} pdf_{\mathrm{X}}(x)|dx^2/dx|^{-1}\mathrm{I}_{(0,1)}(y) \\
&= \sum_{x:x^2=y} \frac{1}{2}|2x|^{-1}\mathrm{I}_{(0,1)}(y) \\
&= \frac{1}{2\sqrt{y}}\mathrm{I}_{(0,1)}
\end{aligned}$$

예 4.1.11

확률변수 $\mathrm{X}=(\mathrm{X}_1, \mathrm{X}_2)^t$의 결합확률밀도함수가

$$pdf_{\mathrm{X}}(x_1,x_2) = \frac{1}{\pi}\mathrm{I}_{(0<x_1^2+x_2^2<1)}$$

일 때, 다음과 같이 정의된 $\mathrm{Y}=(\mathrm{Y}_1, \mathrm{Y}_2)^t$의 결합확률밀도함수를 구하여라.

$$\mathrm{Y}_1=\mathrm{X}_1^2+\mathrm{X}_2^2,\ \mathrm{Y}_2=\frac{\mathrm{X}_1^2}{\mathrm{X}_1^2+\mathrm{X}_2^2}$$

[풀이] 함수

$$\begin{cases} y_1 = x_1^2 + x_2^2 \\ y_2 = \dfrac{x_1^2}{x_1^2+x_2^2} \end{cases}$$

의 표현에서 x_1, x_2를 y_1, y_2로 나타내면

$$\begin{cases} x_1^2 = y_1 y_2 \\ x_2^2 = y_1 - y_1 y_2 \end{cases} \qquad \therefore \begin{cases} x_1 = \pm\sqrt{y_1 y_2} \\ x_2 = \pm\sqrt{y_1(1-y_2)} \end{cases}$$

따라서 위에서 정의된 함수는 다음과 같이 정의된 $\mathscr{X}$에서 $\mathscr{Y}$로의 사대일 함수이다.

$$\mathscr{X}=\left\{(x_1,x_2)^t : 0 < x_1^2+x_2^2 < 1,\ x_1 \neq 0,\ x_2 \neq 0\right\},$$
$$\mathscr{Y}=\left\{(y_1,y_2)^t : 0 < y_1 < 1,\ 0 < y_2 < 1\right\}$$

또한, 이 함수의 야코비안 행렬식의 절대값은

$$\left|\det\left(\frac{\partial y}{\partial x}\right)\right| = \left|\det\begin{pmatrix} 2x_1 & 2x_2 \\ \dfrac{2x_1x_2^2}{(x_1^2+x_2^2)^2} & \dfrac{-2x_1^2x_2}{(x_1^2+x_2^2)^2}\end{pmatrix}\right| = \left|\frac{-4x_1x_2}{x_1^2+x_2^2}\right| = 4\sqrt{y_2(1-y_2)}$$

$$\begin{aligned}\therefore\ pdf_{\mathrm{Y}}(y_1,y_2) &= \sum_{\substack{x\,:\,x_1^2+x_2^2=y_1 \\ x_1^2/(x_1^2+x_2^2)=y_2}} \frac{1}{\pi}\left|\det\left(\frac{\partial y}{\partial x}\right)\right|^{-1} \mathrm{I}_{(0<y_1<1,\,0<y_2<1)} \\ &= \frac{4}{\pi}\left(4\sqrt{y_2(1-y_2)}\right)^{-1}\mathrm{I}_{(0,1)}(y_1)\mathrm{I}_{(0,1)}(y_2) \\ &= \mathrm{I}_{(0,1)}(y_1)\frac{1}{\pi}y_2^{-1/2}(1-y_2)^{-1/2}\mathrm{I}_{(0,1)}(y_2)\end{aligned}$$

그런데 $\Gamma(1/2)=\sqrt{\pi}$이므로 $\mathrm{Y}_1, \mathrm{Y}_2$는 서로 독립이고 $\mathrm{Y}_1 \sim \mathrm{U}(0,1)$, $\mathrm{Y}_2 \sim \mathrm{Beta}(1/2,1/2)$임을 알 수 있다.

4.2 대표적인 표본분포

모집단의 분포가 정규분포임을 가정하는 경우에 사용되는 통계량인 표본평균, 표본분산의 분포를 나타내는 대표적인 표본분포에 대하여 알아보자.

예 4.2.1

서로 독립이고 표준정규분포 $N(0,1)$를 따르는 확률변수들 $X_1, \cdots, X_r$에 대하여

$$Y = X_1^2 + \cdots + X_r^2$$

의 확률밀도함수를 구하여라.

[풀이] <예 4.1.4>의 (c)로부터 $X_i^2 (i = 1, \cdots, r)$은 각각 $Gamma(1/2, 2)$분포를 따르고 이들이 서로 독립이므로, <정리 3.5.2>에 주어진 감마분포의 성질로부터

$$Y = X_1^2 + \cdots + X_r^2 \sim Gamma(r/2, 2)$$

$$\therefore\ pdf_Y(y) = \frac{1}{\Gamma(r/2)2^{r/2}} y^{r/2-1} e^{-y/2} I_{(0,\infty)}(y)$$

<예 4.2.1>에서의 분포인 $Gamma(r/2, 2)$분포를 자유도(自由度, degrees of freedom)가 r인 카이제곱분포(chi-squared distribution)라고 하며 기호로는 $Y \sim \chi^2(r)$로 나타낸다.

카이제곱분포의 정의:

$$\chi^2(r) \overset{d}{\equiv} N_1(0,1)^2 \oplus \cdots \oplus N_r(0,1)^2 \overset{d}{\equiv} Gamma(r/2, 2)$$

$$Y \sim \chi^2(r)(r > 0) \Leftrightarrow Y \sim Gamma(r/2, 2)$$

$$\Leftrightarrow pdf_Y(y) = \frac{1}{\Gamma(r/2)2^{r/2}} y^{r/2-1} e^{-y/2} I_{(0,\infty)}(y)$$

$$\Leftrightarrow Y \overset{d}{\equiv} X_1^2 + \cdots + X_r^2,\ X_i \overset{iid}{\sim} N(0,1)(i = 1, \cdots, r)$$ (r이 자연수인 경우)

카이제곱분포의 확률밀도함수나 누적확률은 부록 III에 소개되어 있는 패키지 R을 이용하여 계산할 수 있으며, 이를 이용하여카이제곱분포의 형태를 그려보면 <그림 4.2.1>과 같다. 또한 표준정규분포의 경우와 같이, $Y \sim \chi^2(r)$일 때

$$P(Y > \chi^2_\alpha(r)) = \alpha\ (0 < \alpha < 1)$$

그림 4.2.1 카이제곱분포 $\chi^2(r)$의 형태와 상방 α 분위수

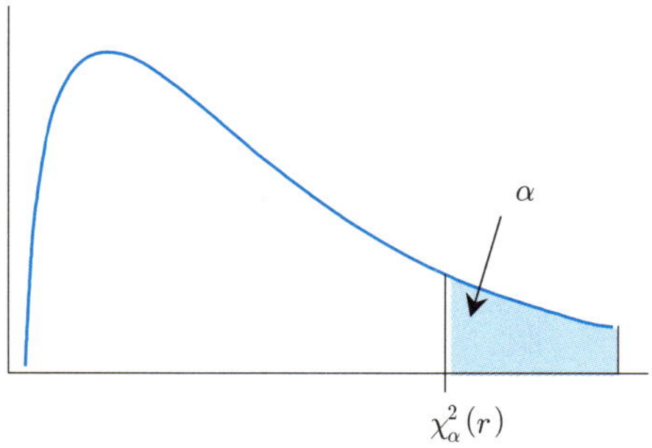

를 만족시키는 값 $\chi_{\alpha}^{2}(r)$를 자유도 r인 카이제곱분포 $\chi^{2}(r)$의 상방 α 분위수라고 한다.

이러한 카이제곱분포의 상방 분위수는 부록 Ⅳ에 주어진 카이제곱분포의 누적확률 분포표로부터 구하거나 패키지 R을 이용하여 구할 수 있다. 예를 들면,

$$\chi_{0.990}^{2}(5)=0.554,\ \chi_{0.975}^{2}(5)=0.831,\ \chi_{0.025}^{2}(5)=12.833,\ \chi_{0.010}^{2}(5)=15.086$$

또한, <예 4.1.5>의 (f)에서 알 수 있듯이

$$X \sim \mathrm{Gamma}(\nu,\beta) \Leftrightarrow X/\beta \sim \mathrm{Gamma}(\nu,1) \Leftrightarrow 2X/\beta \sim \mathrm{Gamma}(\nu,2)=\chi^{2}(2\nu)$$

이므로 감마분포의 상방 분위수를 카이제곱분포의 상방 분위수로 나타낼 수 있다. 즉

$$P(X>\beta\chi_{\alpha}^{2}(2\nu)/2)=P(2X/\beta>\chi_{\alpha}^{2}(2\nu))=\alpha$$

이므로 감마분포 $\mathrm{Gamma}(\nu,\beta)$ 의 상방 α 분위수는 $\beta\chi_{\alpha}^{2}(2\nu)/2$로 주어진다.

예 4.2.2

감마분포 $\mathrm{Gamma}(2,3)$의 상방 0.05 분위수는 $3\chi_{0.05}^{2}(4)/2$로서, 부록 Ⅳ에 주어진 카이제곱분포의 누적확률 분포표로부터

$$3\chi_{0.05}^{2}(4)/2=3\times 9.488/2=14.232$$

정리 4.2.1 카이제곱분포의 성질

(a) $Y \sim \chi^{2}(r)$ 이면

$$E(X)=r,\ Var(X)=2r$$

(b) $Y \sim \chi^{2}(r)$이면 그 적률생성함수는

$$mgf_{Y}(t)=(1-2t)^{-r/2},\ t<1/2$$

(c) $Y_1 \sim \chi^{2}(r_1)$, $Y_2 \sim \chi^{2}(r_2)$이고 Y_1, Y_2가 서로 독립이면

$$Y_1+Y_2 \sim \chi^{2}(r_1+r_2)$$

[증명] 카이제곱분포 $\chi^{2}(r)$는 감마분포 $\mathrm{Gamma}(r/2,2)$이므로 이 정리는 <정리 3.5.2>에 주어진 감마분포의 성질을 특별한 경우에 정리해 놓은 것이다.

예 4.2.3

두 확률변수 Z와 V가 서로 독립이고, $Z \sim N(0,1)$, $V \sim \chi^2(r)$일 때

$$X = \frac{Z}{\sqrt{V/r}}$$

의 확률밀도함수를 구하여라.

[풀이] $Y = V$라고 하면, (Z, V)에서 (X, Y)로의 변환은 그 역변환이

$$\begin{cases} Z = X\sqrt{Y/r} \\ V = Y \end{cases}$$

로 주어지는 일대일 변환이므로 X, Y의 결합확률밀도함수는 다음과 같이 주어진다.

$$pdf_{X,Y}(x,y) = pdf_{Z,V}(z,v)\left|\det\left(\frac{\partial(z,v)}{\partial(x,y)}\right)\right|$$

$$= \frac{1}{\sqrt{2\pi}}e^{-z^2/2}\frac{1}{\Gamma(r/2)2^{r/2}}v^{r/2-1}e^{-v/2}I_{(v>0)}\left|\det\begin{pmatrix}\sqrt{y/r} & 0 \\ xy^{-1/2}/2\sqrt{r} & 1\end{pmatrix}\right|$$

$$= \frac{1}{\Gamma(1/2)\Gamma(r/2)2^{(r+1)/2}\sqrt{r}}y^{(r+1)/2-1}e^{-(1+x^2/r)y/2}I_{(y>0)}$$

이로부터 X의 주변확률밀도함수를 구하면

$$pdf_X(x) = \int_{-\infty}^{+\infty} pdf_{X,Y}(x,y)dy$$

$$= \frac{1}{\Gamma(1/2)\Gamma(r/2)2^{(r+1)/2}\sqrt{r}}\int_0^{+\infty} y^{(r+1)/2-1}e^{-(1+x^2/r)y/2}dy$$

여기에서 $(1+x^2/r)y/2 = t$로 치환하여 적분하면

$$pdf_X(x) = \frac{1}{\Gamma(1/2)\Gamma(r/2)2^{(r+1)/2}\sqrt{r}}$$

$$\int_0^{+\infty} t^{(r+1)/2-1}e^{-t}dt\,((1+x^2/r)/2)^{-(r+1)/2}$$

$$= \frac{\Gamma((r+1)/2)}{\Gamma(1/2)\Gamma(r/2)\sqrt{r}}(1+x^2/r)^{-(r+1)/2}$$

<예 4.2.3>에서의 분포를 자유도가 r인 t 분포(t distribution)라고 하며 기호로는 $X \sim t(r)$로 나타낸다.

t 분포의 정의[57] **:**

$$t(r) \overset{d}{\equiv} \frac{N(0,1)}{\sqrt{\chi^2(r)/r}},\ N(0,1) \perp \chi^2(r)$$

$$X \sim t(r)(r>0) \Leftrightarrow X \overset{d}{\equiv} \frac{Z}{\sqrt{V/r}},\ Z \sim N(0,1),\ V \sim \chi^2(r),\ \text{Z와 V는 서로 독립}$$

$$\Leftrightarrow pdf_X(x) = \frac{\Gamma((r+1)/2)}{\Gamma(1/2)\Gamma(r/2)\sqrt{r}}(1+x^2/r)^{-(r+1)/2}$$

t 분포의 확률밀도함수나 누적확률은 부록 Ⅲ에 소개되어 있는 패키지 R을 이용하여 계산할 수 있으며 이를 이용하여 t 분포의 형태를 그려보면 0을 기준으로 좌우 대칭인 형태로서 <그림 4.2.2>와 같다. 또한 표준정규분포의 경우와 같이, $X \sim t(r)$일 때

$$P(X > t_\alpha(r)) = \alpha \ (0 < \alpha < 1)$$

를 만족시키는 값 $t_\alpha(r)$을 자유도 r인 t 분포의 상방 α 분위수라고 한다.

그림 4.2.2 t 분포 $t(r)$의 형태와 상방 α 분위수

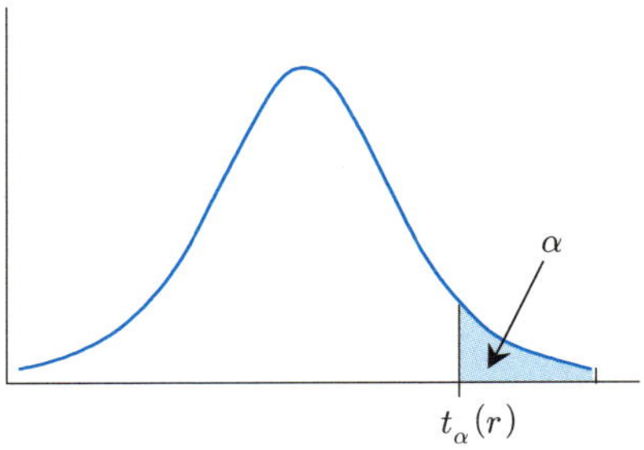

이러한 t 분포의 상방 분위수는 부록 Ⅳ에 주어진 t 분포의 누적확률 분포표로부터 구하거나 패키지 R을 이용하여 구할 수 있다. 예를 들면,

$$t_{0.10}(5) = 1.476,\ t_{0.05}(5) = 2.015,\ t_{0.025}(5) = 2.571,\ t_{0.005}(5) = 4.032$$

또한 t 분포의 대칭성으로부터

$$t_{0.90}(5) = -t_{0.10}(5) = -1.476,\ t_{0.975}(5) = -t_{0.025}(5) = -2.571$$

정리 4.2.2 정규모집단 경우의 표본분포에 관한 기본 정리

정규분포 $N(\mu, \sigma^2)$에서의 랜덤표본을 $X_1, X_2, \cdots, X_n$이라고 할 때, 다음이 성립한다.

(a) 표본평균 $\overline{X} = (X_1 + \cdots + X_n)/n$의 분포는 $N(\mu, \sigma^2/n)$이고,

(b) 표본분산 $S^2 = \sum_{i=1}^{n}(X_i - \overline{X})^2/(n-1)$와 표본평균 $\overline{X}$는 서로 독립이며,

(c) $(n-1)S^2/\sigma^2$은 자유도 $(n-1)$인 카이제곱분포를 따른다. 즉

57) 이제부터 $X \perp Y$라고 표현할 때에는 X와 Y가 서로 독립임을 뜻한다.

$$(n-1)S^2/\sigma^2 = \sum_{i=1}^{n}(X_i - \overline{X})^2/\sigma^2 \sim \chi^2(n-1)$$

[증명] (a) <정리 2.5.11>에 주어진 합의 적률생성함수의 공식으로부터

$$\begin{aligned} mgf_{\overline{X}}(s) &= mgf_{X_1+\cdots+X_n}(s/n) \\ &= mgf_{X_1}(s/n)\cdots mgf_{X_n}(s/n) \\ &= \prod_{i=1}^{n}\exp\{\mu(s/n)+\sigma^2(s/n)^2/2\} \\ &= \exp\{\mu s + (\sigma^2/n)s^2/2\} \end{aligned}$$

이고, 이는 정규분포 $N(\mu, \sigma^2/n)$의 적률생성함수이므로 표본평균의 분포를 알 수 있다. 이 결과는 <정리 3.6.1>과 <정리 3.6.2>에 주어진 정규분포의 성질을 반복 적용하여 밝힐 수도 있다.

(b) 표본분산 $S^2 = \sum_{i=1}^{n}(X_i - \overline{X})^2/(n-1)$은 $(X_1 - \overline{X}, \cdots, X_n - \overline{X})^t$의 함수이므로, <정리 2.5.10>에 따라 $\overline{X}$와 $(X_1 - \overline{X}, \cdots, X_n - \overline{X})^t$가 서로 독립임을 밝히면 $\overline{X}$와 S^2도 서로 독립임을 알 수 있다. 한편 $\overline{X}$와 $Y = (X_1 - \overline{X}, \cdots, X_n - \overline{X})^t$의 결합적률생성함수를 구하면 다음과 같다.

$$\begin{aligned} mgf_{\overline{X},Y}(s,(t_1,\cdots,t_n)) &= E[\exp\{s\overline{X} + t_1(X_1 - \overline{X}) + \cdots + t_n(X_n - \overline{X})\}] \\ &= E[\exp\{(s/n + (t_1 - \bar{t}))X_1 + \cdots + (s/n + (t_n - \bar{t}))X_n\}] \\ &= \prod_{i=1}^{n} mgf_{X_i}(s/n + (t_i - \bar{t})) \\ &= \exp\left[\sum_{i=1}^{n}\left\{\mu(s/n + (t_i - \bar{t})) + \frac{1}{2}\sigma^2(s/n + (t_i - \bar{t}))^2\right\}\right] \\ &= \exp\left(\mu s + \frac{1}{2}\frac{\sigma^2}{n}s^2\right)\exp\left(\frac{1}{2}\sigma^2\sum_{i=1}^{n}(t_i - \bar{t})^2\right) \end{aligned}$$

이로부터 $\overline{X}$와 $Y = (X_1 - \overline{X}, \cdots, X_n - \overline{X})^t$의 결합적률생성함수는 각각의 주변적률생성함수의 곱인 s의 함수와 $t = (t_1, \cdots, t_n)^t$의 함수의 곱으로 나타내어진다. 따라서 <정리 2.5.9>로부터 $\overline{X}$와 $Y = (X_1 - \overline{X}, \cdots, X_n - \overline{X})^t$는 서로 독립이다.

(c) 표본편차 $X_i - \overline{X}\,(i = 1, \cdots, n)$의 합이 0이므로 다음 등식이 성립함을 알 수 있다.

$$\sum_{i=1}^{n}(X_i - \mu)^2 = \sum_{i=1}^{n}\left\{(X_i - \overline{X}) + (\overline{X} - \mu)\right\}^2 = \sum_{i=1}^{n}(X_i - \overline{X})^2 + n(\overline{X} - \mu)^2$$

그러므로

$$\mathrm{U} = \sum_{i=1}^{n}(\mathrm{X}_i - \mu)^2/\sigma^2,\ \mathrm{V} = \sum_{i=1}^{n}(\mathrm{X}_i - \overline{\mathrm{X}})^2/\sigma^2 = (n-1)\mathrm{S}^2/\sigma^2,\ \mathrm{W} = n(\overline{\mathrm{X}} - \mu)^2/\sigma^2$$

라고 하면 $\mathrm{U} = \mathrm{V} + \mathrm{W}$이고, (b)로부터 V와 W는 서로 독립이다. 따라서

$$mgf_{\mathrm{U}}(t) = mgf_{\mathrm{V}}(t)\ mgf_{\mathrm{W}}(t)$$

한편, $(\mathrm{X}_i - \mu)/\sigma\ (i = 1, \cdots, n)$는 서로 독립이고 표준정규분포 $\mathrm{N}(0,1)$을 따르므로

$$\mathrm{U} = \sum_{i=1}^{n}\left(\frac{\mathrm{X}_i - \mu}{\sigma}\right)^2 \sim \chi^2(n),\ \text{즉}\ mgf_{\mathrm{U}}(t) = (1-2t)^{-n/2}\mathrm{I}_{(t<1/2)}$$

또한 (a)로부터 $(\overline{\mathrm{X}} - \mu)/(\sigma/\sqrt{n})$도 표준정규분포 $\mathrm{N}(0,1)$을 따르므로

$$\mathrm{W} = \left(\frac{\overline{\mathrm{X}} - \mu}{\sigma/\sqrt{n}}\right)^2 \sim \chi^2(1),\ \text{즉}\ mgf_{\mathrm{W}}(t) = (1-2t)^{-1/2}\mathrm{I}_{(t<1/2)}$$

$$\therefore\ mgf_{\mathrm{V}}(t) = (1-2t)^{-(n-1)/2}\mathrm{I}_{(t<1/2)},\ \text{즉}\ \mathrm{V} = (n-1)\mathrm{S}^2/\sigma^2 \sim \chi^2(n-1)$$

정리 4.2.3 정규모집단에서 모평균의 추론

정규분포 $\mathrm{N}(\mu, \sigma^2)$에서의 랜덤표본을 $\mathrm{X}_1, \mathrm{X}_2, \cdots, \mathrm{X}_n$이라고 할 때, 다음이 성립한다.

$$\frac{\overline{\mathrm{X}} - \mu}{\mathrm{S}/\sqrt{n}} \sim t(n-1)$$

$$\mathrm{P}\left\{\overline{\mathrm{X}} - t_{\alpha/2}(n-1)\mathrm{S}/\sqrt{n} \le \mu \le \overline{\mathrm{X}} + t_{\alpha/2}(n-1)\mathrm{S}/\sqrt{n}\right\} = 1 - \alpha$$

[증명] $\mathrm{Z} = \dfrac{\overline{\mathrm{X}} - \mu}{\sigma/\sqrt{n}},\ \mathrm{V} = (n-1)\mathrm{S}^2/\sigma^2$이라고 하면, <정리 4.2.2>로부터

$$\mathrm{Z} \sim \mathrm{N}(0,1),\ \mathrm{V} \sim \chi^2(n-1)$$

이고 Z와 V는 서로 독립이다. 따라서

$$\frac{\overline{\mathrm{X}} - \mu}{\mathrm{S}/\sqrt{n}} = \frac{\mathrm{Z}}{\sqrt{\mathrm{V}/(n-1)}} \sim t(n-1)$$

이고, 분위수 정의에 따라

$$\mathrm{P}\left\{\left|\frac{\overline{\mathrm{X}} - \mu}{\mathrm{S}/\sqrt{n}}\right| \le t_{\alpha/2}(n-1)\right\} = 1 - \alpha$$

<정리 4.2.3>에서의 모집단의 평균 μ에 관한 구간

$$\left[\overline{X}-t_{\alpha/2}(n-1)S/\sqrt{n},\ \overline{X}+t_{\alpha/2}(n-1)S/\sqrt{n}\right]$$

을 신뢰수준(信賴水準, confidence level) $(1-\alpha)$의 신뢰구간(信賴區間, confidence interval)이라고 하며, 이 때 신뢰수준이란 표본으로부터 계산되는 구간이 미지의 모수 μ를 포함하게 되는 경우가 전체의 $100(1-\alpha)\%$일 것이라는 적중률을 의미한다.

모집단의 분포가 정규분포인 경우에 평균에 관한 신뢰구간과 마찬가지로 모집단의 분산에 관한 신뢰구간도 다음과 같이 주어진다.

정리 4.2.4 정규모집단에서 모분산의 추론

정규분포 $N(\mu,\sigma^2)$에서의 랜덤표본을 $X_1, X_2, \cdots, X_n$이라고 할 때, 다음이 성립한다.

$$P\left\{\frac{n-1}{\chi^2_{\alpha/2}(n-1)}S^2 \le \sigma^2 \le \frac{n-1}{\chi^2_{1-\alpha/2}(n-1)}S^2\right\}=1-\alpha$$

[증명] <정리 4.2.2>로부터 $(n-1)S^2/\sigma^2 \sim \chi^2(n-1)$이므로, 분위수의 정의에 따라

$$P\left\{\chi^2_{1-\alpha/2}(n-1) \le (n-1)S^2/\sigma^2 \le \chi^2_{\alpha/2}(n-1)\right\}=1-\alpha$$

이고 부등식을 σ^2에 관하여 정리하여 신뢰구간을 나타낸 것이다.

예 4.2.4

두 확률변수 V_1과 V_2가 서로 독립이고 $V_1 \sim \chi^2(r_1)$, $V_2 \sim \chi^2(r_2)$일 때

$$X=\frac{V_1/r_1}{V_2/r_2}$$

의 확률밀도함수를 구하여라.

[풀이] $Y=V_2$라고 하면, (V_1, V_2)에서 (X, Y)로의 변환은 그 역변환이

$$\begin{cases} V_1 = r_1XY/r_2 \\ V_2 = Y \end{cases}$$

로 주어지는 일대일 변환이므로 X, Y의 결합확률밀도함수는 다음과 같이 주어진다.

$$pdf_{X,Y}(x,y)$$
$$= pdf_{V_1,V_2}(v_1,v_2)\left|\det\left(\frac{\partial(v_1,v_2)}{\partial(x,y)}\right)\right|$$
$$= \prod_{i=1}^{2}\left\{\frac{1}{\Gamma(r_i/2)2^{r_i/2}}v_i^{r_i/2-1}e^{-v_i/2}I_{(v_i>0)}\right\}\left|\det\begin{pmatrix} r_1y/r_2 & 0 \\ r_1x/r_2 & 1\end{pmatrix}\right|$$
$$= \frac{1}{\Gamma(r_1/2)\Gamma(r_2/2)2^{(r_1+r_2)/2}}\left(\frac{r_1}{r_2}xy\right)^{r_1/2-1}y^{r_2/2-1}e^{-(1+r_1x/r_2)y/2}\left(\frac{r_1}{r_2}y\right)I_{(x>0,\,y>0)}$$

이로부터 X의 주변확률밀도함수를 구하면

$$pdf_X(x) = \int_{-\infty}^{+\infty} pdf_{X,Y}(x,y)dy$$
$$= \frac{1}{\Gamma(r_1/2)\Gamma(r_2/2)2^{(r_1+r_2)/2}}\left(\frac{r_1}{r_2}\right)^{r_1/2}x^{r_1/2-1}I_{(x>0)}$$
$$\times\int_0^{+\infty} y^{(r_1+r_2)/2-1}e^{-(1+r_1x/r_2)y/2}dy$$

여기에서 $(1+r_1x/r_2)y/2=t$로 치환하여 적분하면

$$pdf_X(x) = \frac{1}{\Gamma(r_1/2)\Gamma(r_2/2)2^{(r_1+r_2)/2}}\left(\frac{r_1}{r_2}\right)^{r_1/2}x^{r_1/2-1}I_{(x>0)}$$
$$\times\int_0^{+\infty} t^{(r_1+r_2)/2-1}e^{-t}dt\,((1+r_1x/r_2)/2)^{-(r_1+r_2)/2}$$
$$= \frac{\Gamma((r_1+r_2)/2)}{\Gamma(r_1/2)\Gamma(r_2/2)}\left(\frac{r_1}{r_2}\right)^{r_1/2}x^{r_1/2-1}(1+r_1x/r_2)^{-(r_1+r_2)/2}I_{(x>0)}$$

<예 4.2.4>에서의 분포를 자유도가 (r_1,r_2)인 F 분포(F distribution)라고 하며 기호로는 $X \sim F(r_1,r_2)$로 나타낸다.

F 분포의 정의:

$$F(r_1,r_2)\overset{d}{\equiv}\frac{\chi^2(r_1)/r_1}{\chi^2(r_2)/r_2},\ \chi^2(r_1)\perp\chi^2(r_2)$$
$$X\sim F(r_1,r_2)(r_i>0,\ i=1,2)$$

$\Leftrightarrow X\overset{d}{\equiv}\frac{V_1/r_1}{V_2/r_2}$, $V_i\sim\chi^2(r_i)(i=1,2)$, V_1과 V_2는 서로 독립

$$\Leftrightarrow pdf_X(x) = \frac{\Gamma((r_1+r_2)/2)}{\Gamma(r_1/2)\Gamma(r_2/2)}\left(\frac{r_1}{r_2}\right)^{r_1/2}x^{r_1/2-1}(1+r_1x/r_2)^{-(r_1+r_2)/2}I_{(x>0)}$$

F 분포의 확률밀도함수나 누적확률은 부록 Ⅲ에 소개되어 있는 패키지 R을 이용하여 계산할 수 있으며, 이를 이용하여 F 분포의 형태를 그려보면 <그림 4.2.3>과 같다. 또한 카이제곱분포의 경우와 같이, $X \sim F(r_1, r_2)$일 때

$$P(X > F_\alpha(r_1, r_2)) = \alpha \ (0 < \alpha < 1)$$

를 만족시키는 값 $F_\alpha(r_1, r_2)$을 자유도가 (r_1, r_2)인 F 분포의 상방 α 분위수라고 한다.

그림 4.2.3 F 분포 $F(r_1, r_2)$의 형태와 상방 α 분위수

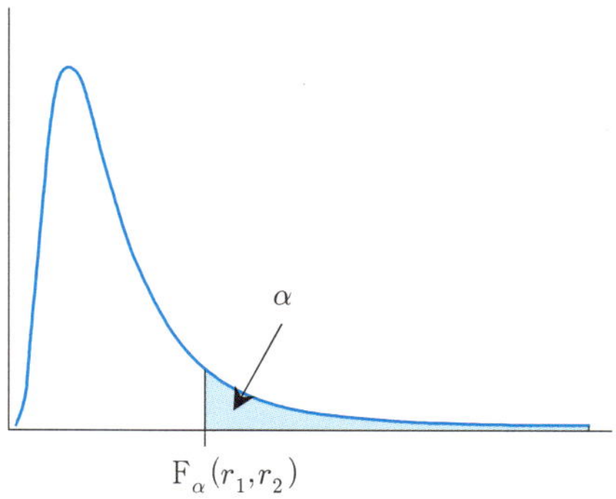

이러한 F 분포의 상방 분위수는 부록 Ⅳ에 주어진 F 분포의 누적확률 분포표로부터 구하거나 패키지 R을 이용하여 구할 수 있다. 예를 들면,

$$F_{0.05}(5,10) = 3.330,\ F_{0.025}(5,10) = 4.240,\ F_{0.01}(5,10) = 5.640$$

정리 4.2.5 F 분포의 성질

(a) $X \sim F(r_1, r_2)$이면 $1/X \sim F(r_2, r_1)$이다. 따라서

$$F_{1-\alpha}(r_1, r_2) = 1/F_\alpha(r_2, r_1)$$

(b) $X \sim t(r)$이면 $X^2 \sim F(1, r)$이다. 따라서

$$t^2_{\alpha/2}(r) = F_\alpha(1, r)$$

[증명] (a) F 분포의 정의로부터

$$X \sim F(r_1, r_2) \Leftrightarrow X \stackrel{d}{\equiv} \frac{V_1/r_1}{V_2/r_2},\ V_i \sim \chi^2(r_i)(i=1,2),\ V_1\text{과 } V_2\text{는 서로 독립}$$

$$\therefore 1/X \stackrel{d}{\equiv} \frac{V_2/r_2}{V_1/r_1},\ V_i \sim \chi^2(r_i)(i=1,2),\ V_1\text{과 } V_2\text{는 서로 독립}$$

$$\therefore 1/X \sim F(r_2, r_1)$$

한편 분위수 사이의 관계는 다음 등식으로부터 알 수 있다.

$$1-\alpha = P\{X \geq F_{1-\alpha}(r_1, r_2)\},\ \alpha = P\{1/X \geq F_\alpha(r_2, r_1)\}$$

$$\therefore \alpha = P\{X \leq F_{1-\alpha}(r_1, r_2)\} = P\{X \leq 1/F_\alpha(r_2, r_1)\}$$

(b) t 분포의 정의로부터

$$\mathrm{X} \sim t(r) \Leftrightarrow \mathrm{X} \overset{d}{\equiv} \frac{\mathrm{Z}}{\sqrt{\mathrm{V}/r}},\ \mathrm{Z} \sim \mathrm{N}(0,1),\ \mathrm{V} \sim \chi^2(r),\ \mathrm{Z}\text{와 V는 서로 독립}$$

$$\therefore \mathrm{X}^2 \overset{d}{\equiv} \frac{\mathrm{Z}^2}{\mathrm{V}/r},\ \mathrm{Z} \sim \mathrm{N}(0,1),\ \mathrm{V} \sim \chi^2(r),\ \mathrm{Z}\text{와 V는 서로 독립}$$

그런데 $\mathrm{Z}^2 \sim \chi^2(1)$이고 Z^2과 V가 서로 독립이므로 $\mathrm{X}^2 \sim \mathrm{F}(1,r)$이다. 한편 분위수 사이의 관계는 다음 등식으로부터 알 수 있다.

$$\alpha = \mathrm{P}\left\{\mathrm{X}^2 \geq \mathrm{F}_\alpha(1,r)\right\},\ \alpha = \mathrm{P}\left\{|\mathrm{X}| \geq t_{\alpha/2}(r)\right\} = \mathrm{P}\left\{\mathrm{X}^2 \geq t_{\alpha/2}^2(r)\right\}$$

예 4.2.5

부록 Ⅳ의 분포표로부터

$$\mathrm{F}_{0.975}(5,10) = 1/\mathrm{F}_{0.025}(10,5) = 1/6.620 = 0.151$$

$$t_{0.025}^2(5) = 2.571^2 = 6.610,\ \mathrm{F}_{0.05}(1,5) = 6.610$$

정리 4.2.6 두 정규모집단에서 모분산의 비교

두 정규분포 $\mathrm{N}(\mu_1, \sigma_1^2)$, $\mathrm{N}(\mu_2, \sigma_2^2)$에서의 랜덤표본이 각각 $\mathrm{X}_{11}, \mathrm{X}_{12}, \cdots, \mathrm{X}_{1n_1}$과 $\mathrm{X}_{21}, \mathrm{X}_{22}, \cdots, \mathrm{X}_{2n_2}$이고 두 랜덤표본이 서로 독립일 때,

$$\overline{\mathrm{X}_i} = \sum_{j=1}^{n_i} \mathrm{X}_{ij}/n_i,\ \mathrm{S}_i^2 = \sum_{j=1}^{n_i} (\mathrm{X}_{ij} - \overline{\mathrm{X}_i})^2/(n_i - 1)\ \ (i = 1,2)$$

라고 하면

$$\frac{\mathrm{S}_1^2/\sigma_1^2}{\mathrm{S}_2^2/\sigma_2^2} \sim \mathrm{F}(n_1 - 1, n_2 - 1)$$

$$\mathrm{P}\left\{\frac{\mathrm{S}_1^2}{\mathrm{S}_2^2}\frac{1}{\mathrm{F}_{\alpha/2}(n_1 - 1, n_2 - 1)} \leq \frac{\sigma_1^2}{\sigma_2^2} \leq \frac{\mathrm{S}_1^2}{\mathrm{S}_2^2}\mathrm{F}_{\alpha/2}(n_2 - 1, n_1 - 1)\right\} = 1 - \alpha$$

[증명] 표본분포에 관한 기본 정리인 <정리 4.2.2>로부터

$$(n_1 - 1)\mathrm{S}_1^2/\sigma_1^2 \sim \chi^2(n_1 - 1),\ (n_2 - 1)\mathrm{S}_2^2/\sigma_2^2 \sim \chi^2(n_2 - 1)$$

이고 두 랜덤표본이 독립이므로 S_1^2, S_2^2은 서로 독립이다. 따라서 F 분포의 정의로부터

$$\frac{S_1^2/\sigma_1^2}{S_2^2/\sigma_2^2} \sim F(n_1-1, n_2-1)$$

$$\therefore P\left\{F_{1-\alpha/2}(n_1-1, n_2-1) \le \frac{S_1^2/\sigma_1^2}{S_2^2/\sigma_2^2} \le F_{\alpha/2}(n_1-1, n_2-1)\right\} = 1-\alpha$$

이 확률 표현에서 부등식을 σ_1^2/σ_2^2에 관하여 정리하면

$$\frac{S_1^2}{S_2^2}\frac{1}{F_{\alpha/2}(n_1-1, n_2-1)} \le \frac{\sigma_1^2}{\sigma_2^2} \le \frac{S_1^2}{S_2^2}\frac{1}{F_{1-\alpha/2}(n_1-1, n_2-1)}$$

이고, <정리 4.2.5>에 주어진 F 분포의 분위수에 관한 성질을 이용하면 정리에 주어진 σ_1^2/σ_2^2에 관한 신뢰구간의 표현을 얻게 된다.

여러 개의 모집단을 비교할 때 각 모집단의 분산이 동일하다는 전제 하에서 모평균의 비교를 하는 경우가 많다. 이러한 비교를 목적으로 가장 흔히 사용되는 모형이 다음의 일원분류모형(一元分類模型, one way classification model)이다. 이는 분산이 동일한 여러 개의 정규모집단 $N(\mu_i, \sigma^2)$에서 서로 독립인 랜덤표본 $X_{i1}, \cdots, X_{in_i}$ $(i=1, \cdots, k)$을 관측한다는 뜻이다.

일원분류모형:

$$\begin{cases} X_{ij} = \mu_i + e_{ij} \\ e_{ij} \overset{iid}{\sim} N(0, \sigma^2), \ i=1, \cdots, k; \ j=1, \cdots, n_i \end{cases}$$

정리 4.2.7 여러 개의 정규모집단에서 모평균의 비교

일원분류모형

$$\begin{cases} X_{ij} = \mu_i + e_{ij} \\ e_{ij} \overset{iid}{\sim} N(0, \sigma^2), \ i=1, \cdots, k; \ j=1, \cdots, n_i \end{cases}$$

에서

$$\overline{X}_i = \sum_{j=1}^{n_i} X_{ij}/n_i, \ \overline{X} = \sum_{i=1}^{k}\sum_{j=1}^{n_i} X_{ij}/n, \ \bar{\mu} = \sum_{i=1}^{k} n_i\mu_i/n, \ n = n_1 + \cdots + n_k$$

라고 할 때 다음이 성립한다.

(a) $\sum_{i=1}^{k} n_i(\overline{X_i} - \overline{X} - (\mu_i - \overline{\mu}))^2/\sigma^2 \sim \chi^2(k-1)$

(b) $\sum_{i=1}^{k}\sum_{j=1}^{n_i}(X_{ij} - \overline{X_i})^2/\sigma^2 \sim \chi^2(n-k)$

(c) $\sum_{i=1}^{k} n_i(\overline{X_i} - \overline{X} - (\mu_i - \overline{\mu}))^2$과 $\sum_{i=1}^{k}\sum_{j=1}^{n_i}(X_{ij} - \overline{X_i})^2$ 은 서로 독립이다.

따라서 $\widehat{\sigma^2} = \sum_{i=1}^{k}\sum_{j=1}^{n_i}(X_{ij} - \overline{X_i})^2/(n-k)$ 라고 하면

$$\frac{1}{k-1}\sum_{i=1}^{k} n_i(\overline{X_i} - \overline{X} - (\mu_i - \overline{\mu}))^2/\widehat{\sigma^2} \sim F(k-1, n-k)$$

$$P\left\{\sum_{i=1}^{k} n_i(\mu_i - \overline{\mu} - (\overline{X_i} - \overline{X}))^2 \le (k-1)\widehat{\sigma^2}F_\alpha(k-1, n-k)\right\} = 1-\alpha$$

[증명] $N(\mu_i, \sigma^2)$에서의 랜덤표본 $X_{i1}, \cdots, X_{in_i}$에 표본분포의 기본 <정리 4.2.2>를 적용하면

$$\begin{cases} \overline{X_i} \sim N(\mu_i, \sigma^2/n_i), \ (n_i - 1)S_i^2/\sigma^2 = \sum_{j=1}^{n_i}(X_{ij} - \overline{X_i})^2/\sigma^2 \sim \chi^2(n_i - 1) \\ \overline{X_i}\text{와 } S_i^2\text{은 서로 독립} \end{cases}$$

이고 각 랜덤표본이 서로 독립이므로, $\overline{X_1}, \cdots, \overline{X_k}, S_1^2, \cdots, S_k^2$은 서로 독립이다. 따라서 $\overline{X_1}, \cdots, \overline{X_k}$의 함수와 $\sum_{i=1}^{k}(n_i - 1)S_i^2 = \sum_{i=1}^{k}\sum_{j=1}^{n_i}(X_{ij} - \overline{X_i})^2$은 서로 독립이고, (c)가 성립한다.

또한 <정리 4.2.1>의 (c)에 주어진 카이제곱분포의 성질로부터

$$\sum_{i=1}^{k}\sum_{j=1}^{n_i}(X_{ij} - \overline{X_i})^2/\sigma^2 = \sum_{i=1}^{k}(n_i - 1)S_i^2/\sigma^2 \sim \chi^2\left(\sum_{i=1}^{k}(n_i - 1)\right) = \chi^2(n-k)$$

이므로 (b)가 성립하는 것을 알 수 있다.

(a)의 일반적 증명은 4장 4절에서 다룰 것이고 여기에서는 표본크기가 같은 경우, 즉 $n_1 = \cdots = n_k = \overline{n}$인 경우에 국한하여 증명하기로 한다. 이 경우에

$$Z_i = (\overline{X_i} - \mu_i)/(\sigma/\sqrt{n_i}) = \sqrt{\overline{n}}(\overline{X_i} - \mu_i)/\sigma \quad (i = 1, \cdots, k)$$

는 서로 독립이고 각각 $N(0,1)$을 따르는 확률변수이다. 따라서 $Z_1, \cdots, Z_k$에 <정리 4.2.2>를 적용하면 다음이 성립하는 것을 알 수 있다.

$$\sum_{i=1}^{k}\overline{n}(\overline{X_i} - \overline{X} - (\mu_i - \overline{\mu}))^2/\sigma^2 = \sum_{i=1}^{k}(Z_i - \overline{Z})^2 \sim \chi^2(k-1)$$

마지막으로

$$\frac{1}{k-1}\sum_{i=1}^{k} n_i(\overline{X}_i - \overline{X} - (\mu_i - \overline{\mu}))^2/\hat{\sigma}^2 = \frac{\sum_{i=1}^{k} n_i(\overline{X}_i - \overline{X} - (\mu_i - \overline{\mu}))^2/(k-1)\sigma^2}{\sum_{i=1}^{k}\sum_{j=1}^{n_i}(X_{ij} - \overline{X}_i)^2/(n-k)\sigma^2}$$

이므로 (a), (b), (c)와 F 분포의 정의로부터

$$\frac{1}{k-1}\sum_{i=1}^{k} n_i(\overline{X}_i - \overline{X} - (\mu_i - \overline{\mu}))^2/\hat{\sigma}^2 \sim F(k-1, n-k)$$

임을 알 수 있다. 따라서 다음과 같은 확률 표현이 성립한다.

$$P\left\{\frac{1}{k-1}\sum_{i=1}^{k} n_i(\overline{X}_i - \overline{X} - (\mu_i - \overline{\mu}))^2/\hat{\sigma}^2 \le F_\alpha(k-1, n-k)\right\} = 1-\alpha$$

이 확률 표현에서 부등식을 $\mu_i - \overline{\mu}(i = 1, \cdots, k)$에 관한 타원체 내부의 방정식 형태로 바꾸어 나타내면 다음과 같이 정리에 주어진 표현을 얻게 된다.

$$P\left\{\sum_{i=1}^{k} n_i(\mu_i - \overline{\mu} - (\overline{X}_i - \overline{X}))^2 \le (k-1)\hat{\sigma}^2 F_\alpha(k-1, n-k)\right\} = 1-\alpha$$

<정리 4.2.7>에 주어진 $\mu_i - \overline{\mu}\,(i = 1, \cdots, k)$에 관한 집합은 신뢰수준 $100(1-\alpha)\%$의 신뢰집합(信賴集合, confidence set)이라고 하며 이는 신뢰구간을 일반화한 것이다. 이의 이해를 위하여 두 모평균의 비교를 하는 경우인 $k=2$인 경우를 생각해보자. $k=2$인 경우에는

$$\begin{cases} \mu_1 - \overline{\mu} = \dfrac{n_2}{n_1+n_2}(\mu_1 - \mu_2), & \mu_2 - \overline{\mu} = \dfrac{n_1}{n_1+n_2}(\mu_2 - \mu_1) \\ \overline{X}_1 - \overline{X} = \dfrac{n_2}{n_1+n_2}(\overline{X}_1 - \overline{X}_2), & \overline{X}_2 - \overline{X} = \dfrac{n_1}{n_1+n_2}(\overline{X}_2 - \overline{X}_1) \end{cases}$$

이므로

$$\frac{1}{k-1}\sum_{i=1}^{k} n_i(\overline{X}_i - \overline{X} - (\mu_i - \overline{\mu}))^2 = \frac{n_1 n_2}{n_1+n_2}(\overline{X}_2 - \overline{X}_1 - (\mu_2 - \mu_1))^2$$

$$\therefore \frac{1}{k-1}\sum_{i=1}^{k} n_i(\overline{X}_i - \overline{X} - (\mu_i - \overline{\mu}))^2/\hat{\sigma}^2 = \left\{\frac{\overline{X}_2 - \overline{X}_1 - (\mu_2 - \mu_1)}{\sqrt{n_1^{-1} + n_2^{-1}}\,\hat{\sigma}}\right\}^2$$

또한 <정리 4.2.5>로부터

$$F_\alpha(k-1, n-k) = F_\alpha(1, n_1+n_2-2) = t_{\alpha/2}^2(n_1+n_2-2)$$

이므로, $k=2$인 경우에 위에서의 확률 표현은 다음과 같이 나타낼 수 있다.

$$\mathrm{P}\left\{\left|\frac{\overline{\mathrm{X}_2}-\overline{\mathrm{X}_1}-(\mu_2-\mu_1)}{\sqrt{n_1^{-1}+n_2^{-1}}\,\hat{\sigma}}\right| \le t_{\alpha/2}(n_1+n_2-2)\right\}=1-\alpha$$

그러므로 $k=2$인 경우에 신뢰집합은 $\mu_2-\mu_1$에 관한 신뢰구간

$$\Big[\overline{\mathrm{X}_2}-\overline{\mathrm{X}_1}-t_{\alpha/2}(n_1+n_2-2)\sqrt{n_1^{-1}+n_2^{-1}}\,\hat{\sigma},$$
$$\overline{\mathrm{X}_2}-\overline{\mathrm{X}_1}+t_{\alpha/2}(n_1+n_2-2)\sqrt{n_1^{-1}+n_2^{-1}}\,\hat{\sigma}\Big]$$

으로 주어지는 것을 알 수 있다.

이러한 신뢰구간 또는 <정리 4.2.7>의 신뢰집합이 원점을 포함하는가에 따라 여러 개의 모평균의 동일성 여부에 대한 추론을 할 수 있다.

4.3 순서통계량의 분포

모집단 분포가 연속형인 경우에 모집단의 중심 부분에 대한 추론에는 표본평균과 더불어 표본중앙값도 많이 사용된다. 이러한 표본중앙값은 랜덤표본 $\mathrm{X}_1, \mathrm{X}_2, \cdots, \mathrm{X}_n$을 크기 순서로 늘어놓은 순서통계량 $\mathrm{X}_{(1)}<\mathrm{X}_{(2)}<\cdots<\mathrm{X}_{(n)}$ 중의 하나이다. 이러한 순서통계량의 분포에 대하여 알아보자.

예 4.3.1

표준지수분포 $\mathrm{Exp}(1)$에서의 랜덤표본 $\mathrm{X}_1, \mathrm{X}_2, \mathrm{X}_3$을 크기 순서로 늘어놓은 순서통계량을 $\mathrm{X}_{(1)}<\mathrm{X}_{(2)}<\mathrm{X}_{(3)}$이라고 할 때 $\mathrm{Y}=(\mathrm{X}_{(1)},\mathrm{X}_{(2)},\mathrm{X}_{(3)})^t$의 결합확률밀도함수를 구하여라.

[풀이] 순서통계량을 나타내는 함수를 $\mathrm{u}(\mathrm{X}_1,\mathrm{X}_2,\mathrm{X}_3)=(\mathrm{X}_{(1)},\mathrm{X}_{(2)},\mathrm{X}_{(3)})^t$라고 하면, 함수 u는

$$\mathscr{X}=\left\{(x_1,x_2,x_3)^t : x_i>0\ (i=1,2,3),\ x_1\neq x_2,\ x_2\neq x_3,\ x_3\neq x_1\right\}$$

에서

$$\mathscr{Y}=\left\{(y_1,y_2,y_3)^t : 0<y_1<y_2<y_3\right\}$$

로의 3!대일 함수로서 다대일 변환에 관한 <정리 4.1.2>의 조건을 만족하는 것을 알 수 있다.

구체적으로 $\{1,2,3\}$에서의 치환(置換, permutation)을 π로 나타내고

$$\mathscr{X}_\pi=\left\{(x_1,x_2,x_3)^t : 0 < x_{\pi 1} < x_{\pi 2} < x_{\pi 3}\right\}$$

라고 하면 함수 u에서 정의역을 $\mathscr{X}_\pi$로 제한한 함수

$$u^\pi(x_1,x_2,x_3) = (x_{\pi 1},x_{\pi 2},x_{\pi 3})^t,\ x\in \mathscr{X}_\pi$$

는 각각 $\mathscr{X}_\pi$에서 $\mathscr{Y}$로의 일대일 함수로서 미분가능하며

$$J_{u^\pi}(x) = \det\left(\frac{\partial x_{\pi j}}{\partial x_i}\right) = \pm 1 \quad \forall x\in \mathscr{X}_\pi$$

임을 알 수 있다. 예를 들어 $(\pi 1,\pi 2,\pi 3)=(3,2,1)$인 경우에

$$J_{u^\pi}(x) = \det\begin{pmatrix}0&0&1\\0&1&0\\1&0&0\end{pmatrix} = -1$$

따라서 <정리 4.1.2>의 공식으로부터 $\mathrm{Y}=(\mathrm{X}_{(1)},\mathrm{X}_{(2)},\mathrm{X}_{(3)})^t$의 결합확률밀도함수는 다음과 같이 주어진다.

$$\begin{aligned} pdf_{\mathrm{Y}}(y) &= \sum_\pi pdf_{\mathrm{X}}((u^\pi)^{-1}(y))|J_{(u^\pi)^{-1}}(y)|,\ y\in\mathscr{Y} \\ &= \sum_\pi pdf_{\mathrm{X}}(y_{\pi^{-1}1},y_{\pi^{-1}2},y_{\pi^{-1}3})|\pm 1|,\ y\in\mathscr{Y} \end{aligned}$$

한편 $\mathrm{X}=(\mathrm{X}_1,\mathrm{X}_2,\mathrm{X}_3)^t$의 결합확률밀도함수는

$$pdf_{\mathrm{X}}(x_1,x_2,x_3) = e^{-(x_1+x_2+x_3)}\mathrm{I}_{(x_1>0,\,x_2>0,\,x_3>0)}$$

이고 치환 π의 개수는 3!=6개이므로

$$\begin{aligned} pdf_{\mathrm{Y}}(y_1,y_2,y_3) &= \sum_\pi e^{-(y_{\pi^{-1}1}+y_{\pi^{-1}2}+y_{\pi^{-1}3})},\ y\in\mathscr{Y} \\ &= 6e^{-(y_1+y_2+y_3)}\mathrm{I}_{(0<y_1<y_2<y_3)} \end{aligned}$$

정리 4.3.1 순서통계량의 결합확률밀도함수

모집단 분포가 연속형이고 그 확률밀도함수가 $f(x)$일 때, 랜덤표본 $\mathrm{X}_1,\ \mathrm{X}_2,\ \cdots,\ \mathrm{X}_n$을 크기 순서로 늘어놓은 순서통계량을 $\mathrm{X}_{(1)}<\mathrm{X}_{(2)}<\cdots<\mathrm{X}_{(n)}$이라고 하면 $\mathrm{Y}=(\mathrm{X}_{(1)},\mathrm{X}_{(2)},\cdots,\mathrm{X}_{(n)})^t$의 결합확률밀도함수는 다음과 같이 주어진다.

$$pdf_{\mathrm{Y}}(y_1,\cdots,y_n) = n!f(y_1)\cdots f(y_n)\mathrm{I}_{(y_1<\cdots<y_n)}$$

[증명] 순서통계량을 나타내는 함수를 $u(\mathrm{X}_1,\cdots,\mathrm{X}_n)=(\mathrm{X}_{(1)},\cdots,\mathrm{X}_{(n)})^t$이라고 하면, 함수 u는

$$\mathscr{X} = \{ (x_1,\cdots,x_n)^t : f(x_i) > 0\,(i=1,\cdots,n),\ x_1,\cdots,x_n\text{은 서로 다른 실수}\}$$

에서

$$\mathscr{Y} = \left\{(y_1,\cdots,y_n)^t : f(y_i) > 0\,(i=1,\cdots,n),\ y_1 < \cdots < y_n\right\}$$

로의 $n!$대일 함수로서 다대일 변환에 관한 <정리 4.1.2>의 조건을 만족하는 것을 알 수 있다.

구체적으로 $\{1,\cdots,n\}$에서의 치환을 π로 나타내고

$$\mathscr{X}_\pi = \left\{(x_1,\cdots,x_n)^t : f(x_i) > 0\,(i=1,\cdots,n),\ x_{\pi 1} < \cdots < x_{\pi n}\right\}$$

라고 하면 함수 u에서 정의역을 $\mathscr{X}_\pi$로 제한한 함수

$$u^\pi(x_1,\cdots,x_n) = (x_{\pi 1},\cdots,x_{\pi n})^t,\ x \in \mathscr{X}_\pi$$

는 각각 $\mathscr{X}_\pi$에서 Y로의 일대일 함수로서 미분가능하며 일차편도함수의 행렬 $\left(\dfrac{\partial x_{\pi j}}{\partial x_i}\right)$은 단위행렬의 행과 열을 치환해놓은 행렬인 것을 알 수 있다. 따라서

$$J_{u^\pi}(x) = \det\left(\frac{\partial x_{\pi j}}{\partial x_i}\right) = \pm 1 \quad \forall\, x \in \mathscr{X}_\pi$$

이고 <정리 4.1.2>의 공식으로부터 $\mathrm{Y} = (\mathrm{X}_{(1)},\cdots,\mathrm{X}_{(n)})^t$의 결합확률밀도함수는

$$\begin{aligned} pdf_{\mathrm{Y}}(y) &= \sum_\pi pdf_{\mathrm{X}}((u^\pi)^{-1}(y))|J_{(u^\pi)^{-1}}(y)|,\ y \in \mathscr{Y} \\ &= \sum_\pi pdf_{\mathrm{X}}(y_{\pi^{-1}1},\cdots,y_{\pi^{-1}n})|\pm 1|,\ y \in \mathscr{Y} \end{aligned}$$

한편 $\mathrm{X} = (\mathrm{X}_1,\cdots,\mathrm{X}_n)^t$의 결합확률밀도함수는

$$pdf_{\mathrm{X}}(x_1,\cdots,x_n) = f(x_1)\cdots f(x_n)$$

이고 치환 π의 개수는 $n!$개이므로

$$\begin{aligned} pdf_{\mathrm{Y}}(y_1,\cdots,y_n) &= \sum_\pi f(y_{\pi^{-1}1})\cdots f(y_{\pi^{-1}n}),\ y \in \mathscr{Y} \\ &= n!f(y_1)\cdots f(y_n)\mathrm{I}_{(y_1 < \cdots < y_n)} \end{aligned}$$

순서통계량의 주변확률밀도함수는 <정리 4.3.1>의 결합확률밀도함수를 적분하여 구할 수 있으나 우선 직관적으로 그 분포에 대하여 생각해보자.

$\mathrm{X}_{(r)}$이 x 근방에 있을 사건 $(x < \mathrm{X}_{(r)} \le x + |\Delta x|)$은 $\mathrm{X}_1, \cdots, \mathrm{X}_n$들 중에서 $(r-1)$개는 x 이하이고 1개는 x와 $x+|\Delta x|$ 사이에, 그리고 나머지 $(n-r)$개는 $x+|\Delta x|$를 초과하는 사건으로 나타내어진다. 그런데 $\mathrm{X}_1, \cdots, \mathrm{X}_n$은 서로 독립이고

동일한 분포를 따르므로 이러한 사건의 확률은 다음과 같이 나타낼 수 있다.

$$\mathrm{P}(x < \mathrm{X}_{(r)} \le x + |\Delta x|)$$
$$\approx c_r [\mathrm{P}(\mathrm{X}_1 \le x)]^{r-1} \mathrm{P}(x < \mathrm{X}_1 \le x + |\Delta x|)[\mathrm{P}(\mathrm{X}_1 > x + |\Delta x|)]^{n-r}$$

여기에서 c_r은 서로 다른 n개 중에서 $(r-1)$개, 1개, $(n-r)$개를 뽑아서 각각 세 개의 구간 $(-\infty, x]$, $(x, x+|\Delta x|]$, $(x+|\Delta x|, +\infty)$에 넣는 방법의 수를 나타내는 상수이다. 즉

$$c_r = \frac{n!}{(r-1)!1!(n-r)!}$$

따라서 모집단의 확률밀도함수와 누적분포함수를 각각 f 와 F 라고 하면

$$pdf_{\mathrm{X}_{(r)}}(x)|\Delta x| \approx c_r [\mathrm{F}(x)]^{r-1} f(x)|\Delta x|[1-\mathrm{F}(x)]^{n-r}$$

정리 4.3.2 순서통계량의 주변확률밀도함수

모집단 분포가 연속형이고 그 확률밀도함수가 $f(x)$이고 누적분포함수가 $\mathrm{F}(x)$일 때, 랜덤표본 $\mathrm{X}_1, \cdots, \mathrm{X}_n$을 크기 순서로 늘어놓은 순서통계량을 $\mathrm{X}_{(1)} < \cdots < \mathrm{X}_{(n)}$ 이라고 하면 이들의 일차원 또는 이차원 주변확률밀도함수가 다음과 같이 주어진다.

(a) ($\mathrm{X}_{(r)}$의 확률밀도함수) $(1 \le r \le n)$

$$pdf_{\mathrm{X}_{(r)}}(x) = \frac{n!}{(r-1)!(n-r)!}[\mathrm{F}(x)]^{r-1} f(x)[1-\mathrm{F}(x)]^{n-r}$$

(b) ($(\mathrm{X}_{(r)}, \mathrm{X}_{(s)})^t$ 의 확률밀도함수) $(1 \le r < s \le n)$

$$pdf_{\mathrm{X}_{(r)},\mathrm{X}_{(s)}}(x,y)$$
$$= \frac{n!}{(r-1)!(s-1-r)!(n-s)!}[\mathrm{F}(x)]^{r-1} f(x)[\mathrm{F}(y)-\mathrm{F}(x)]^{s-1-r} f(y)[1-\mathrm{F}(y)]^{n-s}$$

[증명] <정리 4.3.1>에 주어진 $(\mathrm{X}_{(1)}, \cdots, \mathrm{X}_{(n)})^t$ 의 결합확률밀도함수를 $f_{1,\cdots,n}(y_1, \cdots, y_n)$으로 나타내고, $\mathrm{X}_{(r)}$과 $(\mathrm{X}_{(r)}, \mathrm{X}_{(s)})^t$ 의 주변확률밀도함수를 각각 $f_r(x)$, $f_{r,s}(x,y)$로 나타내면

$$f_r(x) = \int_{-\infty}^{+\infty} \cdots \int_{-\infty}^{+\infty} f_{1,\cdots,n}(y_1, \cdots, x, \cdots, y_n) dy_1 \cdots dy_{r-1} dy_{r+1} \cdots dy_n$$

$$f_{r,s}(x,y) = \int_{-\infty}^{+\infty} \cdots \int_{-\infty}^{+\infty} f_{1,\cdots,n}(y_1, \cdots, x, \cdots, y, \cdots y_n)$$
$$\times dy_1 \cdots dy_{r-1} dy_{r+1} \cdots dy_{s-1} dy_{s+1} \cdots dy_n$$

(a) 이 경우에 피적분함수인 $f_{1,\cdots,n}(y_1,\cdots,x,\cdots,y_n)$에서 $f(y_1)\cdots f(y_{r-1})$은 $y_1,\ \cdots,\ y_{r-1}$의 치환에 변함이 없고 $f(y_{r+1})\cdots f(y_n)$은 $y_{r+1},\ \cdots,\ y_n$의 치환에 변함이 없으므로

$$\int_{-\infty}^{+\infty}\cdots\int_{-\infty}^{+\infty} f(y_1)\cdots f(y_{r-1})\mathrm{I}_{(y_1<\cdots<y_{r-1}<x)}dy_1\cdots dy_{r-1}$$

$$=\frac{1}{(r-1)!}\int_{-\infty}^{x}\cdots\int_{-\infty}^{x} f(y_1)\cdots f(y_{r-1})dy_1\cdots dy_{r-1}$$

$$=\frac{1}{(r-1)!}[\mathrm{F}(x)]^{r-1}$$

이고

$$\int_{-\infty}^{+\infty}\cdots\int_{-\infty}^{+\infty} f(y_{r+1})\cdots f(y_n)\mathrm{I}_{(x<y_{r+1}<\cdots<y_n)}dy_{r+1}\cdots dy_n$$

$$=\frac{1}{(n-r)!}\int_{x}^{+\infty}\cdots\int_{x}^{+\infty} f(y_{r+1})\cdots f(y_n)dy_{r+1}\cdots dy_n$$

$$=\frac{1}{(n-r)!}[1-\mathrm{F}(x)]^{n-r}$$

$$\therefore\ f_r(x)=n!f(x)\frac{1}{(r-1)!}[\mathrm{F}(x)]^{r-1}\frac{1}{(n-r)!}[1-\mathrm{F}(x)]^{n-r}$$

(b) 이 경우에는 피적분함수 $f_{1,\cdots,n}(y_1,\cdots,x,\cdots y,\cdots,y_n)$에서 $f(y_1)\cdots f(y_{r-1})$은 $y_1,\cdots,y_{r-1}$의 치환에, $f(y_{r+1})\cdots f(y_{s-1})$은 $y_{r+1},\cdots,y_{s-1}$의 치환에, $f(y_{s+1})\cdots f(y_n)$은 $y_{s+1},\cdots,y_n$의 치환에 변함이 없으므로 (a)와 같은 방법으로 적분을 할 수 있다. 예를 들면

$$\int_{-\infty}^{+\infty}\cdots\int_{-\infty}^{+\infty} f(y_{r+1})\cdots f(y_{s-1})\mathrm{I}_{(x<y_{r+1}<\cdots<y_{s-1}<y)}dy_{r+1}\cdots dy_{s-1}$$

$$=\frac{1}{(s-1-r)!}\int_{x}^{y}\cdots\int_{x}^{y} f(y_{r+1})\cdots f(y_{s-1})dy_{r+1}\cdots dy_{s-1}$$

$$=\frac{1}{(s-1-r)!}[\mathrm{F}(y)-\mathrm{F}(x)]^{s-1-r}$$

$$\therefore\ f_{r,s}(x,y)=n!f(x)f(y)\frac{1}{(r-1)!}[\mathrm{F}(x)]^{r-1}$$

$$\times\frac{1}{(s-1-r)!}[\mathrm{F}(y)-\mathrm{F}(x)]^{s-1-r}\frac{1}{(n-s)!}[1-\mathrm{F}(y)]^{n-s}$$

예 4.3.2 균등분포에서의 순서통계량

균등분포 $U(0,1)$에서의 랜덤표본 n개에 기초한 순서통계량을 $X_{(1)} < \cdots < X_{(n)}$이라고 할 때 다음을 밝혀라.

(a) $X_{(r)} \sim \text{Beta}(r, n-r+1)$, 즉 $X_{(r)}$의 확률밀도함수는

$$f_r(x) = \frac{n!}{(r-1)!(n-r)!} x^{r-1}(1-x)^{n-r} I_{(0,1)}(x)$$

(b) $Z = (X_{(1)}, X_{(2)} - X_{(1)}, \cdots, X_{(n)} - X_{(n-1)})^t \sim \text{Dirichlet}(1, \cdots, 1)$, 즉 Z의 확률밀도함수는

$$pdf_Z(z_1, \cdots, z_n) = \frac{\Gamma(n+1)}{\Gamma(1)\cdots\Gamma(1)} I_{(z_1>0,\ \cdots,\ z_n>0,\ z_1+\cdots+z_n<1)}$$

[풀이] 균등분포 $U(0,1)$의 확률밀도함수와 누적분포함수는 각각

$$f(x) = I_{(0,1)}(x),\ F(x) = \begin{cases} 0, & x \le 0 \\ x, & 0 \le x \le 1 \\ 1, & x \ge 1 \end{cases}$$

이므로 (a)는 <정리 4.3.2>로부터 명백하다. 또한 <정리 4.3.1>로부터 $Y = (X_{(1)}, \cdots, X_{(n)})^t$의 결합확률밀도함수는

$$pdf_Y(y_1, \cdots, y_n) = n! I_{(0<y_1<\cdots<y_n<1)}$$

한편 $Z = (X_{(1)}, X_{(2)} - X_{(1)}, \cdots, X_{(n)} - X_{(n-1)})^t$와 $Y = (X_{(1)}, \cdots, X_{(n)})^t$에 대하여

$$Z = (Z_1, \cdots, Z_n)^t = u((Y_1, \cdots, Y_n)^t) = u(Y)$$

라고 하면 다음과 같이 함수 u와 그 정의역 $\mathscr{Y}$, 치역 $\mathscr{Z}$, 역함수 u^{-1}를 생각할 수 있다.

$$u: \begin{cases} z_1 = y_1 \\ z_2 = y_2 - y_1 \\ \quad\vdots \\ z_n = y_n - y_{n-1} \end{cases} \qquad u^{-1}: \begin{cases} y_1 = z_1 \\ y_2 = z_1 + z_2 \\ \quad\vdots \\ y_n = z_1 + z_2 + \cdots + z_n \end{cases}$$

$$\mathscr{Y} = \{(y_1, \cdots, y_n)^t : 0 < y_1 < \cdots < y_n < 1\}$$

$$\mathscr{Z} = \{(z_1, \cdots, z_n)^t : z_i > 0 (i = 1, \cdots, n),\ z_1 + \cdots + z_n < 1\}$$

함수 u는 $\mathscr{Y}$에서 $\mathscr{Z}$로의 일대일 함수로서 <정리 4.1.1>의 조건을 만족시키고 그 역함수 u^{-1}의 야코비안 행렬식은 1이므로 $Z = (X_{(1)}, X_{(2)} - X_{(1)},$

$\cdots, X_{(n)} - X_{(n-1)})^t$의 결합확률밀도함수는

$$pdf_Z(z_1, \cdots, z_n) = n!\, I_{(z_1 > 0,\ \cdots,\ z_n > 0,\ z_1 + \cdots + z_n < 1)}$$

예 4.3.3 지수분포에서의 순서통계량

지수분포 Exp(1)에서의 랜덤표본 n개에 기초한 순서통계량 $X_{(1)} < \cdots < X_{(n)}$에 대하여

$$Z_1 = nX_{(1)},\ Z_2 = (n-1)(X_{(2)} - X_{(1)}),\ \cdots,\ Z_n = X_{(n)} - X_{(n-1)}$$

이라고 할 때 $Z_1, Z_2, \cdots, Z_n$은 서로 독립이고 각각 지수분포 Exp(1)를 따르는 것을 밝혀라.

[풀이] $Y = (Y_1, Y_2, \cdots, Y_n) = (X_{(1)}, X_{(2)}, \cdots, X_{(n)})^t$ 이라고 하면 <정리 4.3.1>로부터

$$pdf_Y(y_1, \cdots, y_n) = n!\, e^{-(y_1 + \cdots + y_n)} I_{(0 < y_1 < \cdots < y_n)}$$

한편 $Z = (nX_{(1)}, (n-1)(X_{(2)} - X_{(1)}), \cdots, X_{(n)} - X_{(n-1)})^t$와 $Y = (X_{(1)}, X_{(2)}, \cdots, X_{(n)})^t$ 에 대하여

$$Z = (Z_1, \cdots, Z_n)^t = u((Y_1, \cdots, Y_n)^t) = u(Y)$$

라고 하면 다음과 같이 함수 u와 그 정의역 $\mathscr{Y}$, 치역 $\mathscr{Z}$, 역함수 u^{-1}를 생각할 수 있다.

$$u : \begin{cases} z_1 = ny_1 \\ z_2 = (n-1)(y_2 - y_1) \\ \quad \vdots \\ z_n = y_n - y_{n-1} \end{cases} \qquad u^{-1} : \begin{cases} y_1 = \dfrac{1}{n} z_1 \\ y_2 = \dfrac{1}{n} z_1 + \dfrac{1}{n-1} z_2 \\ \quad \vdots \\ y_n = \dfrac{1}{n} z_1 + \dfrac{1}{n-1} z_2 + \cdots + \dfrac{1}{1} z_n \end{cases}$$

$$\mathscr{Y} = \left\{ (y_1, \cdots, y_n)^t : 0 < y_1 < \cdots < y_n \right\}$$

$$\mathscr{Z} = \left\{ (z_1, \cdots, z_n)^t : z_1 > 0, \cdots, z_n > 0 \right\}$$

함수 u는 $\mathscr{Y}$에서 $\mathscr{Z}$로의 일대일 함수로서 <정리 4.1.1>의 조건을 만족시키고 그 역함수 u^{-1}의 야코비안 행렬식은 $1/n!$, $y_1 + \cdots + y_n = z_1 + \cdots + z_n$이므로 Z의 결합확률밀도함수는

$$pdf_Z(z_1, \cdots, z_n) = n!\, e^{-(z_1 + \cdots + z_n)} I_{(z_1 > 0,\ \cdots,\ z_n > 0)} \frac{1}{n!} = \prod_{i=1}^{n} \left\{ e^{-z_i} I_{(0, \infty)}(z_i) \right\}$$

지수분포에서의 순서통계량 분포의 대의적 정의:

지수분포 Exp(1)에서의 랜덤표본 n개에 기초한 순서통계량을 $X_{(1)} < \cdots < X_{(n)}$이라고 하면

$$(X_{(r)})_{1 \le r \le n} \overset{d}{\equiv} \left(\frac{1}{n} Z_1 + \cdots + \frac{1}{n-r+1} Z_r \right)_{1 \le r \le n}, \; Z_r \overset{iid}{\sim} \text{Exp}(1) \; (r = 1, \cdots, n)$$

정리 4.3.3 확률적분변환(確率積分變換, probability integral transformation)[58]

확률변수 X가 연속형이고 그 누적분포함수 F가 순증가함수, 즉

$$x_1 < x_2 \text{이면 } F(x_1) < F(x_2)$$

일 때 그 역함수를 F^{-1}라고 하면 다음이 성립한다.

(a) $F(X) \sim U(0,1)$, 즉 $F(X)$는 균등분포 $U(0,1)$을 따른다.

(b) 균등분포 $U(0,1)$을 따르는 확률변수 U에 대하여

$$F^{-1}(U) \overset{d}{\equiv} X$$

즉 $F^{-1}(U)$의 누적분포함수는 F로서 $F^{-1}(U)$와 X는 같은 분포를 갖는다.

[증명] 주어진 조건하에서 역함수 F^{-1}도 순증가하고 다음이 성립하는 것을 알 수 있다.

$$F(x) \le u \Leftrightarrow x \le F^{-1}(u), \; F^{-1}(u) \le x \Leftrightarrow u \le F(x), \; F(F^{-1}(u)) = u$$

(a) $P(F(X) \le u) = P(X \le F^{-1}(u)) = F(F^{-1}(u)) = u \;\; \forall u : 0 \le u \le 1$

$$\therefore F(X) \sim U(0,1)$$

(b) $P(F^{-1}(U) \le x) = P(U \le F(x)) = F(x) \;\; \forall x : -\infty < x < +\infty$

$$\therefore F^{-1}(U) \overset{d}{\equiv} X$$

예 4.3.4 균등분포와 지수분포에서의 순서통계량

균등분포 $U(0,1)$에서의 랜덤표본 n개에 기초한 순서통계량을 $U_{(1)} < \cdots < U_{(n)}$이라고 하고 지수분포 Exp(1)에서의 랜덤표본 n개에 기초한 순서통계량을 $Y_{(1)} < \cdots < Y_{(n)}$이라고 하면

---

58) 누적분포함수가 순증가는 아닌 증가함수인 경우에는 F의 역변환을

$$F^{-1}(u) = inf\{x : F(x) \ge u\} \; (0 \le u \le 1)$$

로 정의하고, 이 역변환에 대하여 정리의 (b)가 일반적인 확률변수에 대하여도 성립한다.

$$\left(\mathrm{U}_{(r)}\right)_{1 \le r \le n} \stackrel{d}{\equiv} \left(1-e^{-\mathrm{Y}_{(r)}}\right)_{1 \le r \le n}$$

[풀이] 지수분포 Exp(1)에서의 랜덤표본을 $\mathrm{Y}_1, \mathrm{Y}_2, \cdots, \mathrm{Y}_n$이라고 할 때, 지수분포의 누적분포함수가

$$\mathrm{G}(y) = \begin{cases} 1-e^{-y}, & y \ge 0 \\ 0, & y < 0 \end{cases}$$

이므로 <정리 4.3.3>으로부터

$$\mathrm{G}(\mathrm{Y}_i) \stackrel{iid}{\sim} \mathrm{U}(0,1)$$

또한 누적분포함수는 증가함수이므로

$$\left(\mathrm{G}(\mathrm{Y}_{(r)})\right)_{1 \le r \le n} \stackrel{d}{\equiv} \left(\mathrm{U}_{(r)}\right)_{1 \le r \le n}$$

정리 4.3.4 순서통계량 분포의 대의적 정의

모집단 분포가 연속형이고 그 누적분포함수가 $\mathrm{F}(x)$일 때 랜덤표본 n개에 기초한 순서통계량을 $\mathrm{X}_{(1)} < \cdots < \mathrm{X}_{(n)}$이라고 하면 $h(y) = \mathrm{F}^{-1}(1-e^{-y})\mathrm{I}_{(0,+\infty)}(y)$로 정의된 함수 h에 대하여

$$\left(\mathrm{X}_{(r)}\right)_{1 \le r \le n} \stackrel{d}{\equiv} \left(h\left(\frac{1}{n}\mathrm{Z}_1 + \cdots + \frac{1}{n-r+1}\mathrm{Z}_r\right)\right)_{1 \le r \le n}, \quad \mathrm{Z}_r \stackrel{iid}{\sim} \mathrm{Exp}(1)\,(r=1,\cdots,n)$$

[증명] 균등분포 U(0,1)에서의 랜덤표본 n개에 기초한 순서통계량을 $\mathrm{U}_{(1)} < \cdots < \mathrm{U}_{(n)}$이라고 하면 <정리 4.3.3>으로부터

$$\left(\mathrm{X}_{(r)}\right)_{1 \le r \le n} \stackrel{d}{\equiv} \left(\mathrm{F}^{-1}(\mathrm{U}_{(r)})\right)_{1 \le r \le n}$$

한편 지수분포 Exp(1)에서의 랜덤표본 n개에 기초한 순서통계량을 $\mathrm{Y}_{(1)} < \cdots < \mathrm{Y}_{(n)}$이라고 하면 <예 4.3.4>로부터

$$\left(\mathrm{U}_{(r)}\right)_{1 \le r \le n} \stackrel{d}{\equiv} \left(1-e^{-\mathrm{Y}_{(r)}}\right)_{1 \le r \le n}$$

$$\therefore \left(\mathrm{X}_{(r)}\right)_{1 \le r \le n} \stackrel{d}{\equiv} \left(h(\mathrm{Y}_{(r)})\right)_{1 \le r \le n}$$

또한 <예 4.3.3>으로부터

$$\left(\mathrm{Y}_{(r)}\right)_{1 \le r \le n} \stackrel{d}{\equiv} \left(\frac{1}{n}\mathrm{Z}_1 + \cdots + \frac{1}{n-r+1}\mathrm{Z}_r\right)_{1 \le r \le n}, \quad \mathrm{Z}_r \stackrel{iid}{\sim} \mathrm{Exp}(1)\,(r=1,\cdots,n)$$

따라서 정리에 주어진 대의적 정의를 얻게 된다.

4.4 다변량 정규분포

통계 조사에서는 조사 대상의 한 가지 특성보다는 서로 연관을 가지고 있는 여러 개의 특성을 동시에 관측하고 이들에 기초하여 추론을 하게 된다. 이러한 다차원 자료를 이용하는 경우에 추론을 위한 기본 모형으로서는 일차원 정규분포를 다차원으로 확장한 다변량 정규분포(多變量 正規分布, multivariate normal distribution) 모형이 흔히 이용된다.

정리 4.4.1

표준정규분포 $\mathrm{N}(0,1)$을 따르고 서로 독립인 확률변수 $Z_1, Z_2, \cdots, Z_n$과 상수의 행렬과 벡터

$$A=(a_{ij})_{\substack{1\le i\le n\\ 1\le j\le n}},\ \mu=(\mu_1,\mu_2,\cdots,\mu_n)^t$$

에 대하여

$$\begin{cases} X_1=a_{11}Z_1+\cdots+a_{1n}Z_n+\mu_1 \\ \quad\vdots \\ X_n=a_{n1}Z_1+\cdots+a_{nn}Z_n+\mu_n \end{cases}$$

$$\text{즉, } X=AZ+\mu,\ X=(X_1,\cdots,X_n)^t,\ Z=(Z_1,\cdots,Z_n)^t$$

이라고 할 때, 다음이 성립한다.

(a) 행렬 A가 정칙행렬(正則行列, nonsingular matrix)이면 $X=AZ+\mu$의 확률밀도함수는

$$pdf_X(x)=(\det(2\pi\Sigma))^{-1/2}\exp\{-(x-\mu)^t\Sigma^{-1}(x-\mu)/2\},\ x\in R^n\ \ (\Sigma=AA^t)$$

(b) $X=AZ+\mu$의 적률생성함수는

$$mgf_X(t)=\exp\left(\mu^t t+\frac{1}{2}t^t\Sigma t\right),\ t\in R^n$$

[증명] <정리 3.6.1>로부터 $Z=(Z_1,Z_2,\cdots,Z_n)^t$의 확률밀도함수와 적률생성함수는 각각

$$pdf_Z(z)=(2\pi)^{-\frac{n}{2}}e^{-\frac{1}{2}(z_1^2+\cdots+z_n^2)}=(2\pi)^{-\frac{n}{2}}e^{-\frac{1}{2}z^tz},\ z\in R^n$$

$$mgf_Z(s)=e^{\frac{1}{2}(s_1^2+\cdots+s_n^2)}=e^{\frac{1}{2}s^ts},\ s\in R^n$$

(a) $X=u(Z)=AZ+\mu$라고 할 때 A가 정칙행렬이면 함수 u는 R^n에서 R^n으로의 일대일 함수로서 <정리 4.1.1>의 조건을 만족시키고, 그 역함수

$u^{-1}(x) = A^{-1}(x-\mu)$의 야코비안 행렬식은

$$J_{u^{-1}} = \det(A^{-1}) = (\det(A))^{-1}$$

로 주어진다. 따라서

$$pdf_X(x) = pdf_Z(u^{-1}(x))|J_{u^{-1}}(x)|$$
$$= (2\pi)^{-n/2}\exp\left\{-\frac{1}{2}(A^{-1}(x-\mu))^t A^{-1}(x-\mu)\right\}(\det(A))^{-1}$$

여기에서 $\Sigma = AA^t$라고 하면

$$\det(2\pi\Sigma) = (2\pi)^n(\det(A))^2$$

이므로

$$pdf_X(x) = (\det(2\pi\Sigma))^{-1/2}\exp\left\{-\frac{1}{2}(x-\mu)^t\Sigma^{-1}(x-\mu)\right\}$$

(b) $mgf_X(t) = \mathrm{E}[\exp\{t^t(AZ+\mu)\}] = mgf_Z(A^t t)\exp(t^t\mu)$

$$\therefore\ mgf_X(t) = \exp\left\{\mu^t t + \frac{1}{2}(A^t t)^t(A^t t)\right\} = \exp\left(\mu^t t + \frac{1}{2}t^t\Sigma t\right)$$

<정리 4.4.1>에서 구한 X의 분포를 다변량 정규분포라고 하며 기호로는 $X \sim N_n(\mu,\Sigma)$ 또는 변수의 개수를 생략하고 간략히 $X \sim N(\mu,\Sigma)$로 나타낸다. 특히 (a)의 경우와 같이 Σ가 역행렬을 갖는 정칙행렬인 경우에는 X의 분포를 정칙 다변량 정규분포(正則 多變量 正規分布, nonsingular multivariate normal distribution)라고 한다.

정리 4.4.2

(a) $X \sim N(\mu,\Sigma)$이면 $E(X) = \mu$, $Var(X) = \Sigma$

(b) 분산행렬 Σ에 대하여 $AA^t = \Sigma$, $A = A^t$인 행렬 A를 $\Sigma^{1/2}$이라고 하면[59)]

$$X \sim N_n(\mu,\Sigma) \Leftrightarrow X \overset{d}{\equiv} \Sigma^{1/2}Z + \mu,\ Z \sim N_n(0,I)$$

[증명] (a) 2장 5절에서 밝혔듯이 다차원 확률변수의 평균벡터와 분산행렬은 누율생성함수를 편미분하여 구할 수 있다. 그런데 $N(\mu,\Sigma)$의 누율생성함수는

$$C(t) = \log mgf_X(t) = \mu^t t + \frac{1}{2}t^t\Sigma t$$

---

59) <정리 2.5.4>로부터 분산행렬 Σ는 음이 아닌 정부호의 행렬이고, 부록 II에서 이러한 행렬에 대하여 $\Sigma^{1/2}\Sigma^{1/2} = \Sigma$인 대칭행렬 $\Sigma^{1/2}$이 존재하는 것을 밝히고 있다.

따라서 이 누율생성함수를 편미분하여 평균벡터와 분산행렬을 구하면

$$\mathrm{E}(\mathrm{X}) = \dot{\mathrm{C}}(0) = \mu \quad \mathrm{Var}(\mathrm{X}) = \ddot{\mathrm{C}}(0) = \Sigma$$

(b) <정리 4.4.1>의 (b)에서와 같은 방법으로 $\Sigma^{1/2}\Sigma^{1/2} = \Sigma$인 대칭행렬 $\Sigma^{1/2}$에 대하여

$$mgf_{\Sigma^{1/2}Z+\mu}(t) = \exp\left(\mu^t t + \frac{1}{2}t^t \Sigma t\right),\ t \in R^n$$

임을 밝힐 수 있으므로 $\mathrm{X} \sim \mathrm{N}_n(\mu, \Sigma)$이다.

다변량 정규분포의 정의:

$\mathrm{Z} \sim \mathrm{N}_n(0,\mathrm{I}) \Leftrightarrow \mathrm{Z} = (\mathrm{Z}_1,\cdots,\mathrm{Z}_n)^t,\quad \mathrm{Z}_i \overset{iid}{\sim} \mathrm{N}(0,1)\ (i=1,\cdots,n)$

$\mathrm{X} \sim \mathrm{N}_n(\mu,\Sigma) \Leftrightarrow$ (1)[60] $\mathrm{X} \overset{d}{\equiv} AZ+\mu,\ \mathrm{Z} \sim \mathrm{N}(0,\mathrm{I}),\ AA^t = \Sigma$

$\Leftrightarrow$ (2) $\mathrm{X} \overset{d}{\equiv} \Sigma^{1/2}\mathrm{Z}+\mu,\ \mathrm{Z} \sim \mathrm{N}_n(0,\mathrm{I}),\ \Sigma^{1/2}\Sigma^{1/2} = \Sigma,\ \Sigma^{1/2} = (\Sigma^{1/2})^t$

$\Leftrightarrow$ (3) $mgf_{\mathrm{X}}(t) = \exp\left(\mu^t t + \frac{1}{2}t^t \Sigma t\right),\ t \in R^n$

$\Leftrightarrow$ (4) (분산행렬 Σ가 정칙행렬인 경우)

$pdf_{\mathrm{X}}(x) = (\det(2\pi\Sigma))^{-1/2}\exp\left\{-\frac{1}{2}(x-\mu)^t\Sigma^{-1}(x-\mu)\right\},\ x \in R^n$

예 4.4.1 이변량 정규분포 $\mathrm{N}\left(\begin{pmatrix}\mu_1\\ \mu_2\end{pmatrix}, \begin{pmatrix}\sigma_1^2 & \rho\sigma_1\sigma_2\\ \rho\sigma_1\sigma_2 & \sigma_2^2\end{pmatrix}\right)$ 또는 $\mathrm{N}(\mu_1,\mu_2;\sigma_1^2,\sigma_2^2,\rho)$

분산행렬 Σ에 대하여 $\det(\Sigma) = \sigma_1^2\sigma_2^2(1-\rho^2)$이므로, $\sigma_1 > 0$, $\sigma_2 > 0$, $-1 < \rho < 1$이면

$$\Sigma^{-1} = \frac{1}{\sigma_1^2\sigma_2^2(1-\rho^2)}\begin{pmatrix}\sigma_2^2 & -\rho\sigma_1\sigma_2\\ -\rho\sigma_1\sigma_2 & \sigma_1^2\end{pmatrix}$$

따라서 $\sigma_1 > 0,\ \sigma_2 > 0,\ -1 < \rho < 1$이면 확률밀도함수가 다음과 같이 주어진다.

$$f(x_1,x_2) = \frac{1}{2\pi\sigma_1\sigma_2\sqrt{1-\rho^2}}e^{-\frac{1}{2}Q}$$

$$Q = \frac{1}{1-\rho^2}\left\{\left(\frac{x_1-\mu_1}{\sigma_1}\right)^2 - 2\rho\left(\frac{x_1-\mu_1}{\sigma_1}\right)\left(\frac{x_2-\mu_2}{\sigma_2}\right) + \left(\frac{x_2-\mu_2}{\sigma_2}\right)^2\right\}$$

---

60) 정의 (1)에서 A가 $n\times n$ 정방행렬이어야만 하는 것은 아니며 $AA^t = \Sigma$인 $n\times m$ 행렬이어도 무방하다.

한편 $\sigma_1 > 0$, $\sigma_2 > 0$, $\rho = \pm 1$인 경우에는 분산행렬의 역행렬이 존재하지 않고 <정리 2.2.3>으로부터 다음과 같이 두 변수 사이에 선형 관계가 성립하는 것을 알 수 있다.

$$\rho = 1 \Leftrightarrow P\left(\frac{X_2 - \mu_2}{\sigma_2} = \frac{X_1 - \mu_1}{\sigma_1}\right) = 1,\ \rho = -1 \Leftrightarrow P\left(\frac{X_2 - \mu_2}{\sigma_2} = -\frac{X_1 - \mu_1}{\sigma_1}\right) = 1$$

정리 4.4.3 다변량 정규분포의 성질

(a) $X \sim N(\mu, \Sigma)$이면 상수의 행렬과 벡터 A와 b에 대하여

$$AX + b \sim N(A\mu + b, A\Sigma A^t)$$

(b) $\begin{pmatrix} X_1 \\ X_2 \end{pmatrix} \sim N\left(\begin{pmatrix} \mu_1 \\ \mu_2 \end{pmatrix}, \begin{pmatrix} \Sigma_{11} & \Sigma_{12} \\ \Sigma_{21} & \Sigma_{22} \end{pmatrix}\right)$일 때, $Cov(X_1, X_2) = \Sigma_{12} = 0$이면 X_1과 X_2는 서로 독립이다.

(c) $X \sim N(\mu, \Sigma)$이고 A, B가 상수의 행렬일 때, $Cov(AX, BX) = A\Sigma B^t = 0$이면 AX와 BX는 서로 독립이다.

[증명] (a) 다변량 정규분포의 정의 (2)로부터

$$X \overset{d}{\equiv} \Sigma^{1/2}Z + \mu,\ Z \sim N(0, I),\ \Sigma^{1/2}\Sigma^{1/2} = \Sigma,\ \Sigma^{1/2} = (\Sigma^{1/2})^t$$

$$\therefore AX + b \overset{d}{\equiv} (A\Sigma^{1/2})Z + (A\mu + b),\ Z \sim N(0, I),\ (A\Sigma^{1/2})(A\Sigma^{1/2})^t = A\Sigma A^t$$

따라서 다변량 정규분포의 정의 (1)로부터

$$AX + b \sim N(A\mu + b, A\Sigma A^t)$$

(b) 다변량 정규분포의 정의 (3)으로부터 X_1과 X_2의 결합적률생성함수는

$$mgf_{X_1, X_2}(t_1, t_2) = \exp\left\{\begin{pmatrix} \mu_1 \\ \mu_2 \end{pmatrix}^t \begin{pmatrix} t_1 \\ t_2 \end{pmatrix} + \frac{1}{2}\begin{pmatrix} t_1 \\ t_2 \end{pmatrix}^t \begin{pmatrix} \Sigma_{11} & \Sigma_{12} \\ \Sigma_{21} & \Sigma_{22} \end{pmatrix} \begin{pmatrix} t_1 \\ t_2 \end{pmatrix}\right\}$$

여기에서 $Cov(X_1, X_2) = \Sigma_{12} = 0$이면 $\Sigma_{21} = (\Sigma_{12})^t = 0$이므로 결합적률생성함수가

$$mgf_{X_1, X_2}(t_1, t_2) = \exp\left\{\mu_1^t t_1 + \frac{1}{2} t_1^t \Sigma_{11} t_1\right\} \exp\left\{\mu_2^t t_2 + \frac{1}{2} t_2^t \Sigma_{22} t_2\right\}$$

로서 t_1만의 함수와 t_2만의 함수의 곱으로 주어진다. 따라서 X_1과 X_2는 서로 독립이다.

(c) (a)로부터

$$\begin{pmatrix} AX \\ BX \end{pmatrix} = \begin{pmatrix} A \\ B \end{pmatrix} X \sim N\left(\begin{pmatrix} A\mu \\ B\mu \end{pmatrix}, \begin{pmatrix} A\Sigma A^t & A\Sigma B^t \\ B\Sigma A^t & B\Sigma B^t \end{pmatrix}\right)$$

따라서 (b)로부터 $\mathrm{Cov}(AX, BX) = A\Sigma B^t = 0$이면 AX와 BX는 서로 독립이다.

예 4.4.2 이변량 정규분포에서의 독립성

<정리 2.4.4>와 <예 2.4.3>으로부터 두 확률변수 X_1과 X_2가 서로 독립이면

$$\mathrm{Cov}(X_1, X_2) = 0$$

이지만 그 역이 항상 성립하는 것은 아니라는 것을 알고 있다. 그러나 이변량 정규분포를 따르는 $(X_1, X_2)^t$의 경우에는 $\mathrm{Cov}(X_1, X_2) = 0$이면 X_1과 X_2가 서로 독립이다.

정리 4.4.4 다변량 정규분포의 주변분포와 조건부분포

(a) (주변분포) $\begin{pmatrix} X_1 \\ X_2 \end{pmatrix} \sim N\left(\begin{pmatrix} \mu_1 \\ \mu_2 \end{pmatrix}, \begin{pmatrix} \Sigma_{11} & \Sigma_{12} \\ \Sigma_{21} & \Sigma_{22} \end{pmatrix}\right)$이면

$$X_1 \sim N(\mu_1, \Sigma_{11})$$

(b) (조건부분포) $\begin{pmatrix} X_1 \\ X_2 \end{pmatrix} \sim N\left(\begin{pmatrix} \mu_1 \\ \mu_2 \end{pmatrix}, \begin{pmatrix} \Sigma_{11} & \Sigma_{12} \\ \Sigma_{21} & \Sigma_{22} \end{pmatrix}\right)$이고 분산행렬이 정칙행렬이면

$$X_{2|X_1 = x_1} \sim N(\mu_2 + \Sigma_{21}\Sigma_{11}^{-1}(x_1 - \mu_1), \Sigma_{22} - \Sigma_{21}\Sigma_{11}^{-1}\Sigma_{12})$$

[증명] (a) $X_1 = (I, 0)\begin{pmatrix} X_1 \\ X_2 \end{pmatrix}$이므로, <정리 4.4.3>의 (a)로부터

$$X_1 \sim N\left((I, 0)\begin{pmatrix} \mu_1 \\ \mu_2 \end{pmatrix}, (I, 0)\begin{pmatrix} \Sigma_{11} & \Sigma_{12} \\ \Sigma_{21} & \Sigma_{22} \end{pmatrix}\begin{pmatrix} I \\ 0 \end{pmatrix}\right), \quad \therefore X_1 \sim N(\mu_1, \Sigma_{11})$$

(b) 이 경우의 분산행렬과 같이 부분행렬로 분할되어 있는 정칙행렬에 대하여

$$\det\left[\begin{pmatrix} \Sigma_{11} & \Sigma_{12} \\ \Sigma_{21} & \Sigma_{22} \end{pmatrix}\right] = \det(\Sigma_{11})\det(\Sigma_{22} - \Sigma_{21}\Sigma_{11}^{-1}\Sigma_{12})$$

이고 $\Sigma_{22\cdot 1} = \Sigma_{22} - \Sigma_{21}\Sigma_{11}^{-1}\Sigma_{12}$ 라고 하면

$$\begin{pmatrix} \Sigma_{11} & \Sigma_{12} \\ \Sigma_{21} & \Sigma_{22} \end{pmatrix}^{-1} = \begin{pmatrix} \Sigma_{11}^{-1} + \Sigma_{11}^{-1}\Sigma_{12}\Sigma_{22\cdot 1}^{-1}\Sigma_{21}\Sigma_{11}^{-1} & -\Sigma_{11}^{-1}\Sigma_{12}\Sigma_{22\cdot 1}^{-1} \\ -\Sigma_{22\cdot 1}^{-1}\Sigma_{21}\Sigma_{11}^{-1} & \Sigma_{22\cdot 1}^{-1} \end{pmatrix}$$

임이 알려져 있다.[61] 이 사실을 이용하여 조건부분포의 확률밀도함수

61) 부분행렬로 분할된 행렬에 관한 이러한 사실은 부록 Ⅱ에 증명되어 있다.

$$pdf_{X_2|X_1=x_1}(x_2|x_1) = pdf_{X_1,X_2}(x_1,x_2)/pdf_{X_1}(x_1)$$

를 계산하여 (b)를 밝힐 수 있다. 또는 (b)와

$$X_2 - \mu_2 - \Sigma_{21}\Sigma_{11}^{-1}(X_1-\mu_1)_{|X_1=x_1} \sim N(0, \Sigma_{22}-\Sigma_{21}\Sigma_{11}^{-1}\Sigma_{12})$$

가 동등한 것을 이용하여 다음과 같이 (b)를 밝힐 수도 있다.

$$\begin{pmatrix} X_1-\mu_1 \\ X_2-\mu_2-\Sigma_{21}\Sigma_{11}^{-1}(X_1-\mu_1) \end{pmatrix} = \begin{pmatrix} I & 0 \\ -\Sigma_{21}\Sigma_{11}^{-1} & I \end{pmatrix}\begin{pmatrix} X_1-\mu_1 \\ X_2-\mu_2 \end{pmatrix}$$

$$\begin{pmatrix} I & 0 \\ -\Sigma_{21}\Sigma_{11}^{-1} & I \end{pmatrix}\begin{pmatrix} \Sigma_{11} & \Sigma_{12} \\ \Sigma_{21} & \Sigma_{22} \end{pmatrix}\begin{pmatrix} I & 0 \\ -\Sigma_{21}\Sigma_{11}^{-1} & I \end{pmatrix}^t = \begin{pmatrix} \Sigma_{11} & 0 \\ 0 & \Sigma_{22}-\Sigma_{21}\Sigma_{11}^{-1}\Sigma_{12} \end{pmatrix}$$

따라서 <정리 4.4.3>의 (a)로부터

$$\begin{pmatrix} X_1-\mu_1 \\ X_2-\mu_2-\Sigma_{21}\Sigma_{11}^{-1}(X_1-\mu_1) \end{pmatrix} \sim N\left(\begin{pmatrix} 0 \\ 0 \end{pmatrix}, \begin{pmatrix} \Sigma_{11} & 0 \\ 0 & \Sigma_{22}-\Sigma_{21}\Sigma_{11}^{-1}\Sigma_{12} \end{pmatrix}\right)$$

그러므로 <정리 4.4.3>의 (b)로부터 $X_1-\mu_1$과 $X_2-\mu_2-\Sigma_{21}\Sigma_{11}^{-1}(X_1-\mu_1)$은 서로 독립이고

$$X_2-\mu_2-\Sigma_{21}\Sigma_{11}^{-1}(X_1-\mu_1) \sim N(0, \Sigma_{22}-\Sigma_{21}\Sigma_{11}^{-1}\Sigma_{12})$$

이다. 따라서 (b)의 조건부분포가 성립한다.

예 4.4.3 이변량 정규분포 $N(\mu_1,\mu_2;\sigma_1^2,\sigma_2^2,\rho)$에서의 조건부분포

$$X_{2|X_1=x_1} \sim N(\mu_2+\rho\sigma_2(x_1-\mu_1)/\sigma_1, \sigma_2^2(1-\rho^2))$$

정리 4.4.5 이차형식의 분포

(a) $X \sim N_k(\mu, \Sigma)$이고 분산행렬 Σ가 정칙행렬이면

$$(X-\mu)^t\Sigma^{-1}(X-\mu) \sim \chi^2(k)$$

(b) $Z \sim N(0,I)$일 때, $A^2 = A$이면 $Z^tAZ \sim \chi^2(r)$이고 자유도는 $r = trace(A)$이다.[62)]

---

62) 일반적으로 $x^tAx = x^t\left(\frac{A+A^t}{2}\right)x$이므로 이차형식 Z^tAZ에서 행렬 A는 언제나 대칭행렬인 것으로 가정되어 있으며, (b)에서의 조건 $A^2=A$는 $Z^tAZ \sim \chi^2(r)$이기 위한 충분조건일 뿐만 아니라 필요조건인 것도 알려져 있다. 여기에서 $trace(A)$는 행렬 A의 모든 대각원소의 합이다.

[증명] (a) $\Sigma^{1/2}\Sigma^{1/2}=\Sigma$인 대칭행렬 $\Sigma^{1/2}$의 역행렬을 $\Sigma^{-1/2}$이라고 하면

$$\Sigma^{-1/2}\Sigma(\Sigma^{-1/2})^t=\Sigma^{-1/2}\Sigma^{1/2}\Sigma^{1/2}\Sigma^{-1/2}=\mathrm{I}$$

이므로 <정리 4.4.3>의 (a)로부터

$$\Sigma^{-1/2}(\mathrm{X}-\mu)\sim \mathrm{N}_k(0,\mathrm{I})$$

따라서 $\mathrm{Z}=(\mathrm{Z}_1,\cdots,\mathrm{Z}_k)^t=\Sigma^{-1/2}(\mathrm{X}-\mu)$라고 하면

$$(\mathrm{X}-\mu)^t\Sigma^{-1}(\mathrm{X}-\mu)=\mathrm{Z}^t\mathrm{Z}=\mathrm{Z}_1^2+\cdots+\mathrm{Z}_k^2,\ \mathrm{Z}_i\overset{iid}{\sim}\mathrm{N}(0,1)(i=1,\cdots,k)$$

그러므로 카이제곱분포의 대의적 정의로부터

$$(\mathrm{X}-\mu)^t\Sigma^{-1}(\mathrm{X}-\mu)\sim\chi^2(k)$$

(b) 행렬 A는 원소가 실수인 대칭행렬이므로 다음과 같이 대각화가 가능하다.[63]

$$A=P^t\begin{bmatrix}\lambda_1 & 0 & \cdots & 0\\ 0 & \lambda_2 & \cdots & 0\\ \vdots & \vdots & \ddots & \vdots\\ 0 & 0 & \cdots & \lambda_n\end{bmatrix}P,\ \ P^tP=PP^t=\mathrm{I}$$

여기에서 $\lambda_1,\ \cdots,\ \lambda_n$은 $\det(A-\lambda\mathrm{I})=0$을 만족하는 λ 값들로서, $A^2=A$인 경우에는 $\lambda_i^2=\lambda_i$이어야 하므로 λ_i는 0 또는 1임을 알 수 있다. 이들 중 r개만 1이고 나머지는 0이라고 하면 $\lambda_1=\cdots=\lambda_r=1,\ \lambda_{r+1}=\cdots=\lambda_n=0$이라고 가정할 수 있다. 따라서 $r\times r$인 단위행렬을 I_r이라고 하면

$$\mathrm{Z}^tA\mathrm{Z}=(P\mathrm{Z})^t\begin{bmatrix}\mathrm{I}_r & 0\\ 0 & 0\end{bmatrix}(P\mathrm{Z})$$

그러므로 $\mathrm{X}=(\mathrm{X}_1,\cdots,\mathrm{X}_n)^t=P\mathrm{Z}$라고 하면

$$\mathrm{Z}^tA\mathrm{Z}=\mathrm{X}^t\begin{bmatrix}\mathrm{I}_r & 0\\ 0 & 0\end{bmatrix}\mathrm{X}=\mathrm{X}_1^2+\cdots+\mathrm{X}_r^2,\ \mathrm{X}\sim\mathrm{N}_n(0,PP^t)=\mathrm{N}_n(0,\mathrm{I})$$

$$\therefore\ \mathrm{Z}^tA\mathrm{Z}=\mathrm{X}_1^2+\cdots+\mathrm{X}_r^2,\ \mathrm{X}_i\overset{iid}{\sim}\mathrm{N}(0,1)(i=1,\cdots,r)$$

그러므로 카이제곱분포의 대의적 정의로부터

$$\mathrm{Z}^tA\mathrm{Z}\sim\chi^2(r)$$

---

63) 원소가 실수인 대칭행렬의 대각화에 대한 정리는 부록 II에 주어져 있으며, $\det(A-\lambda\mathrm{I})=0$을 만족하는 λ 값은 행렬 A의 고유값(固有값, eigen value)이라고 한다.

예 4.4.4 **일원분류모형에서의 표본분포**

<정리 4.2.7>의 (a)에서는 일원분류모형에서 정규분포 $N(\mu_i, \sigma^2/n_i)$를 따르고 서로 독립인 표본평균 $\overline{X}_i (i=1,\cdots,k)$에 관한 다음의 표본분포를 소개하고 있다.

$$\sum_{i=1}^{k} n_i(\overline{X}_i - \overline{X} - (\mu_i - \overline{\mu}))^2/\sigma^2 \sim \chi^2(k-1)$$

이제 <정리 4.4.5>를 이용하여 이 결과를 밝히기 위하여

$$Y_i = \overline{X}_i - \overline{X} - (\mu_i - \overline{\mu})\ (i=1,\cdots,k),\ Y = (Y_1,\cdots,Y_r)^t,\ r=k-1$$

라고 하면,

$$\overline{X} = \sum_{i=1}^{k} n_i \overline{X}_i/n,\ \overline{\mu} = \sum_{i=1}^{k} n_i \mu_i/n,\ n = n_1 + \cdots + n_k$$

로부터 Y_i들의 평균, 분산, 공분산을 다음과 같이 구할 수 있다.

$$E(Y_i) = 0,\ Var(Y_i) = (n_i^{-1} - n^{-1})\sigma^2,$$
$$Cov(Y_i, Y_j) = -n^{-1}\sigma^2\ (i,j=1,\cdots,k)(i \neq j)$$

따라서

$$Y = (Y_1,\cdots,Y_r)^t \sim N_r(0, \Sigma),\ \Sigma = [D(n_i^{-1}) - n^{-1}11^t]\sigma^2$$

$$D(n_i^{-1}) = \begin{bmatrix} n_1^{-1} & 0 & \cdots & 0 \\ 0 & n_2^{-1} & \cdots & 0 \\ \vdots & \vdots & \ddots & 0 \\ 0 & 0 & \cdots & n_r^{-1} \end{bmatrix},\ 1 = (1,\cdots,1)^t$$

한편 부록 II의 특수한 형태의 행렬에 관한 연산[64)]으로부터

$$[D(n_i^{-1}) - n^{-1}11^t]^{-1} = [I - n^{-1}D^{-1}(n_i^{-1})11^t]^{-1}D^{-1}(n_i^{-1})$$
$$= D(n_i) + n_k^{-1}(n_1,\cdots,n_r)^t(n_1,\cdots,n_r)$$

$$D(n_i) = \begin{bmatrix} n_1 & 0 & \cdots & 0 \\ 0 & n_2 & \cdots & 0 \\ \vdots & \vdots & \ddots & 0 \\ 0 & 0 & \cdots & n_r \end{bmatrix}$$

$$\therefore\ Y^t\Sigma^{-1}Y = \sum_{i=1}^{r} n_i Y_i^2/\sigma^2 + n_k^{-1}\left(\sum_{i=1}^{r} n_i Y_i\right)^2/\sigma^2 = \sum_{i=1}^{k} n_i Y_i^2/\sigma^2$$

또한 <정리 4.4.5>의 (a)로부터 $Y^t\Sigma^{-1}Y \sim \chi^2(r)$이므로

$$\sum_{i=1}^{k} n_i(\overline{X}_i - \overline{X} - (\mu_i - \overline{\mu}))^2/\sigma^2 \sim \chi^2(k-1)$$

---

64) 벡터 a, b에 대하여 $1 + b^t a \neq 0$이면

$$(I + ab^t)^{-1} = I + cab^t,\ c = -1/(1 + b^t a)$$

예 4.4.5 **표본분산의 표본분포**

정규분포 $N(\mu,\sigma^2)$에서의 랜덤표본을 $X_1, X_2, \cdots, X_n$이라고 할 때, 표본평균 $\overline{X}$와 표본분산 $S^2 = \sum_{i=1}^{n}(X_i - \overline{X})^2/(n-1)$은 서로 독립이고 $(n-1)S^2/\sigma^2 \sim \chi^2(n-1)$인 것을 <정리 4.2.2>로부터 이미 알고 있다. 이제 다변량 정규분포에 관한 정리들을 이용하여 이를 밝히는 방법을 알아보자. 이를 위하여 $X = (X_1,\cdots,X_n)^t$라고 하면

$$X \sim N_n(\mu 1, \sigma^2 I),\ 1 = (1,\cdots,1)^t$$

$$\overline{X} = n^{-1}1^t X,\ (n-1)S^2 = \sum_{i=1}^{n}(X_i - \overline{X})^2 = X^t(I - n^{-1}11^t)X$$

한편 $I - n^{-1}11^t$은 대칭행렬이고 $1^t(I - n^{-1}11^t) = 0$이므로

$$Cov(1^t X, (I - n^{-1}11^t)X) = 1^t(\sigma^2 I)(I - n^{-1}11^t)^t = 0$$

따라서 <정리 4.4.3>의 (c)로부터 $\overline{X} = n^{-1}1^t X$와 $(I - n^{-1}11^t)X$은 서로 독립이다. 그런데

$$(I - n^{-1}11^t)^2 = I - n^{-1}11^t$$

이므로

$$X^t(I - n^{-1}11^t)X = [(I - n^{-1}11^t)X]^t[(I - n^{-1}11^t)X]$$

그러므로 $\overline{X}$와 $(n-1)S^2 = X^t(I - n^{-1}11^t)X$은 서로 독립이다. 또한

$$X^t(I - n^{-1}11^t)X/\sigma^2 = (X - \mu 1)^t(I - n^{-1}11^t)(X - \mu 1)/\sigma^2$$

이고

$$(X - \mu 1)/\sigma \sim N_n(0,I),\ (I - n^{-1}11^t)^2 = I - n^{-1}11^t,\ trace(I - n^{-1}11^t) = n-1$$

이므로 <정리 4.4.5>의 (b)로부터

$$(n-1)S^2/\sigma^2 = X^t(I - n^{-1}11^t)X/\sigma^2 \sim \chi^2(n-1)$$

통계 조사에서 변수 사이의 함수관계를 파악하고자 하는 경우가 많이 있다. 이러한 함수관계 조사를 목적으로 가장 기본적으로 사용되는 모형이 다음의 선형회귀모형(線型回歸模型, linear regression model)이다. 이는 설명변수(說明變數, explanatory variable) $x_0, x_1, \cdots, x_p$와 오차항 e에 의해 반응변수(反應變數, response variable) Y가 정해진다는 전제 하에 그 관계가 선형이라고 가정하고 반복 관측된 Y 값을 이용하여 선형관계의 구체적 형태를 추측하고자 하는 것이다.

선형회귀모형(정규 오차항을 갖는 경우):

$$\begin{cases} Y_i = x_{i0}\beta_0 + x_{i1}\beta_1 + \cdots + x_{ip}\beta_p + e_i \\ e_i \overset{iid}{\sim} N(0,\sigma^2),\ i=1,\cdots,n \end{cases}$$

이러한 선형회귀모형을 벡터와 행렬을 사용하여 나타내기 위하여

$$Y = \begin{pmatrix} Y_1 \\ \vdots \\ Y_n \end{pmatrix},\ X = \begin{pmatrix} x_{10} & x_{11} & \cdots & x_{1p} \\ \vdots & \vdots & & \vdots \\ x_{n0} & x_{n1} & \cdots & x_{np} \end{pmatrix},\ \beta = \begin{pmatrix} \beta_0 \\ \beta_1 \\ \vdots \\ \beta_p \end{pmatrix},\ e = \begin{pmatrix} e_1 \\ \vdots \\ e_n \end{pmatrix}$$

라고 하면 위의 모형을 다음과 같이 간략하게 나타낼 수 있다.

$$\begin{cases} Y = X\beta + e \\ e \sim N_n(0, \sigma^2 I) \end{cases}$$

여기에서 설명변수의 행렬 X는 주어진 상수의 행렬로서 $n \times (p+1)$의 계수(計數, rank)[65]가 $(p+1)$인 것으로 가정하고, 선형관계의 구체적 형태를 나타내는 $\beta = (\beta_0, \beta_1, \cdots, \beta_p)^t$를 회귀계수(回歸係數, regression coefficient)라고 하며, 이의 추측 값으로는 흔히

$$\hat{\beta} = (X^t X)^{-1} X^t Y$$

로 정의되는 표본회귀계수(標本回歸係數, sample regression coefficient)를 사용한다.

예 4.4.6 단순선형회귀모형에서 표본회귀계수

선형회귀모형에서 $p=1$이고 $x_0 = 1$인 경우, 즉

$$\begin{cases} Y_i = \beta_0 + x_{i1}\beta_1 + e_i \\ e_i \overset{iid}{\sim} N(0,\sigma^2),\ i=1,\cdots,n \end{cases}$$

로 나타내어지는 모형을 단순(單純, simple)선형회귀모형이라고 한다. 이 경우에는

$$X = \begin{pmatrix} 1 & x_{11} \\ \vdots & \vdots \\ 1 & x_{n1} \end{pmatrix},\ X^t X = \begin{pmatrix} n & \sum_{i=1}^n x_{i1} \\ \sum_{i=1}^n x_{i1} & \sum_{i=1}^n x_{i1}^2 \end{pmatrix},\ X^t Y = \begin{pmatrix} \sum_{i=1}^n Y_i \\ \sum_{i=1}^n x_{i1} Y_i \end{pmatrix}$$

$$(X^t X)^{-1} = \frac{1}{n\sum_{i=1}^n x_{i1}^2 - \left(\sum_{i=1}^n x_{i1}\right)^2} \begin{pmatrix} \sum_{i=1}^n x_{i1}^2 & -\sum_{i=1}^n x_{i1} \\ -\sum_{i=1}^n x_{i1} & n \end{pmatrix}$$

65) 행렬의 계수에 대한 정의와 설명은 부록 II에 주어져 있다.

이므로 표본회귀계수 $\hat{\beta} = (\hat{\beta_0}, \hat{\beta_1})^t$는 다음과 같이 주어진다.

$$\hat{\beta_1} = \frac{\mathrm{S}_{x\mathrm{Y}}}{\mathrm{S}_{xx}},\ \mathrm{S}_{x\mathrm{Y}} = \sum_{i=1}^{n}(x_{i1} - \overline{x_1})\mathrm{Y}_i,\ \mathrm{S}_{xx} = \sum_{i=1}^{n}(x_{i1} - \overline{x_1})^2,\ \overline{x_1} = \sum_{i=1}^{n} x_{i1}/n$$

$$\hat{\beta_0} = \overline{\mathrm{Y}} - \overline{x_1}\hat{\beta_1},\ 즉\ \hat{\beta_0} + x_{i1}\hat{\beta_1} = \overline{\mathrm{Y}} + (x_{i1} - \overline{x_1})\hat{\beta_1}$$

선형회귀모형에서 오차항의 분산 σ^2의 추측값으로는 흔히

$$\begin{aligned}\widehat{\sigma^2} &= (\mathrm{Y} - X\hat{\beta})^t(\mathrm{Y} - X\hat{\beta})/(n-p-1)\\ &= \sum_{i=1}^{n}(\mathrm{Y}_i - \hat{\beta_0}x_{i0} - \hat{\beta_1}x_{i1} - \cdots - \hat{\beta_p}x_{ip})^2/(n-p-1)\end{aligned}$$

로 정의되는 평균오차제곱합(平均誤差제곱합, mean squared error sum of squares)을 사용한다.

예 4.4.7 단순선형회귀모형에서 평균오차제곱합

<예 4.4.6>의 단순선형회귀모형에서 평균오차제곱합은

$$\widehat{\sigma^2} = \sum_{i=1}^{n}(\mathrm{Y}_i - \hat{\beta_0} - \hat{\beta_1}x_{i1})^2/(n-2) = \sum_{i=1}^{n}(\mathrm{Y}_i - \overline{\mathrm{Y}} - \hat{\beta_1}(x_{i1} - \overline{x_1}))^2/(n-2)$$

정리 4.4.6 선형회귀모형에서 표본분포에 관한 기본 정리

선형회귀모형

$$\begin{cases}\mathrm{Y} = X\beta + e\\ e \sim \mathrm{N}_n(0, \sigma^2\mathrm{I})\end{cases}$$

에서 주어진 상수의 행렬 X는 $n \times (p+1)$ 행렬로서 계수가 $(p+1)$인 것으로 가정할 때 다음이 성립한다.

(a) $\hat{\beta} \sim \mathrm{N}_{p+1}(\beta, \sigma^2(X^tX)^{-1})$

(b) 표본회귀계수 $\hat{\beta}$와 평균오차제곱합 $\widehat{\sigma^2}$은 서로 독립이다.

(c) $(n-p-1)\widehat{\sigma^2}/\sigma^2 \sim \chi^2(n-p-1)$

[증명] (a) $\mathrm{Y} \sim \mathrm{N}(X\beta, \sigma^2\mathrm{I})$이므로 <정리 4.4.3>의 (a)로부터

$$\hat{\beta} = (X^tX)^{-1}X^t\mathrm{Y} \sim \mathrm{N}((X^tX)^{-1}X^tX\beta, \sigma^2[(X^tX)^{-1}X^t][(X^tX)^{-1}X^t]^t)$$

$$\therefore\ \hat{\beta} \sim \mathrm{N}(\beta, \sigma^2((XX)^{-1}))$$

(b) $\Pi = X(X^tX)^{-1}X^t$라고 하면 Π는 대칭행렬로서

$\Pi^2 = X(X^tX)^{-1}X^tX(X^tX)^{-1}X^t = \Pi,\ \Pi X = X(X^tX)^{-1}X^tX = X$

인 것을 알 수 있다. 한편

$$Y - X\hat{\beta} = Y - \Pi Y = (I - \Pi)Y$$

$$\therefore \mathrm{Cov}((X^tX)^{-1}X^tY,\ (I-\Pi)Y) = (X^tX)^{-1}X^t(\sigma^2 I)(I-\Pi)^t = 0$$

따라서 <정리 4.4.3>의 (c)로부터 $\hat{\beta} = (X^tX)^{-1}X^tY$와 $Y - X\hat{\beta} = (I-\Pi)Y$는 서로 독립이고, 이로부터 $\hat{\beta}$와 $\widehat{\sigma^2} = (Y - X\hat{\beta})^t(Y - X\hat{\beta})/(n-p-1)$이 서로 독립임을 알 수 있다.

(c) (b)에서의 행렬 Π에 대하여

$$(I-\Pi)^2 = I - \Pi,\ (I-\Pi)X = 0$$

이므로

$$\begin{aligned}(Y - X\hat{\beta})^t(Y - X\hat{\beta}) &= Y^t(I-\Pi)^t(I-\Pi)Y \\ &= (Y - X\beta)^t(I-\Pi)(Y - X\beta)\end{aligned}$$

$$\therefore (n-p-1)\widehat{\sigma^2}/\sigma^2 = (Y - X\hat{\beta})^t(Y - X\hat{\beta})/\sigma^2 = (Y - X\beta)^t(I-\Pi)(Y - X\beta)/\sigma^2$$

여기에서

$(Y - X\beta)/\sigma \sim N_n(0, I),\ (I-\Pi)^2 = (I-\Pi),\ trace(I-\Pi) = n-p-1$[66)]

이므로 <정리 4.4.5>의 (b)로부터

$$(n-p-1)\widehat{\sigma^2}/\sigma^2 = (Y - X\beta)^t(I-\Pi)(Y - X\beta)/\sigma^2 \sim \chi^2(n-p-1)$$

예 4.4.8 단순선형회귀모형에서의 표본분포

<예 4.4.6>, <예 4.4.7>과 <정리 4.4.6>으로부터 단순선형회귀모형에서는

$$\hat{\beta} = \begin{pmatrix}\hat{\beta}_0 \\ \hat{\beta}_1\end{pmatrix} \sim N\left(\begin{pmatrix}\beta_0 \\ \beta_1\end{pmatrix}, \frac{\sigma^2}{S_{xx}}\begin{pmatrix}\sum_{i=1}^{n} x_{i1}^2/n & -\overline{x_1} \\ -\overline{x_1} & 1\end{pmatrix}\right)$$

$$(n-2)\widehat{\sigma^2}/\sigma^2 = \sum_{i=1}^{n}(Y_i - \overline{Y} - \hat{\beta}_1(x_{i1} - \overline{x_1}))^2/\sigma^2 \sim \chi^2(n-2)$$

이고 $\hat{\beta}$과 $\widehat{\sigma^2}$이 독립이다. 따라서 t 분포의 대의적 정의로부터

66) 행렬의 덧셈과 곱셈의 정의로부터 대각합에 대한 다음 성질이 성립하는 것은 명백하다.

$$trace(A+B) = trace(A) + trace(B),\ trace(AB) = trace(BA)$$

$$\therefore trace(I_{n\times n} - X(X^tX)^{-1}X) = n - trace((X^tX)^{-1}X^tX) = n-p-1$$

$$\frac{\widehat{\beta_1}-\beta_1}{\sqrt{\widehat{\sigma^2}/S_{XX}}}=\frac{(\widehat{\beta_1}-\beta_1)/\sqrt{\sigma^2/S_{XX}}}{\sqrt{(n-2)(\widehat{\sigma^2}/\sigma^2)/(n-2)}}\sim t(n-2)$$

이 경우에 평균오차제곱합은 다음의 공식을 이용하여 계산할 수 있다.

$$\widehat{\sigma^2}=\sum_{i=1}^{n}(Y_i-\overline{Y}-\widehat{\beta_1}(x_{i1}-\overline{x_1}))^2/(n-2)=\left\{S_{YY}-(S_{xY})^2/S_{xx}\right\}/(n-2)$$

$$S_{YY}=\sum_{i=1}^{n}(Y_i-\overline{Y})^2$$

다변량 정규분포의 성질 :

(1) $N(\mu,\Sigma)\overset{d}{\equiv}\Sigma^{1/2}N(0,I)+\mu$

(2) $AN(\mu,\Sigma)+b\overset{d}{\equiv}N(A\mu+b,A\Sigma A^t)$

(3) $N(\mu_1,\Sigma_1)\oplus N(\mu_2,\Sigma_2)\overset{d}{\equiv}N(\mu_1+\mu_2,\Sigma_1+\Sigma_2)$

(4) $X\sim N(\mu,\Sigma)$**일 때,**

$$AX\perp BX\Leftrightarrow Cov(AX,BX)=A\Sigma B^t=0$$

(5) $\begin{pmatrix}X_1\\X_2\end{pmatrix}\sim N\left(\begin{pmatrix}\mu_1\\\mu_2\end{pmatrix},\begin{pmatrix}\Sigma_{11}&\Sigma_{12}\\\Sigma_{21}&\Sigma_{22}\end{pmatrix}\right)$

$\Leftrightarrow$ (a) $X_1\sim N(\mu_1,\Sigma_{11})$ and

(b) $X_{2|X_1=x_1}\sim N(\mu_2+\Sigma_{21}\Sigma_{11}^{-1}(x_1-\mu_1),\Sigma_{22}-\Sigma_{21}\Sigma_{11}^{-1}\Sigma_{12})$

(6) $N(0,I)^tAN(0,I)\sim\chi^2(r)\Leftrightarrow A^2=A,\ r=trace(A)$

대표적 표본분포

분포의 명칭과 기호 (distribution)	대의적 정의 (representational definition) / 확률밀도함수 (pdf)
카이제곱분포 $\chi^2(r)$ $(r=1,2,\cdots)$	$X \sim \chi^2(r) \Leftrightarrow X \sim \mathrm{Gamma}(r/2,2)$ $\Leftrightarrow X \overset{d}{\equiv} Z_1^2+\cdots+Z_r^2,\ Z_i \overset{iid}{\sim} N(0,1)(i=1,\cdots,r)$
	$pdf_X(x)=\dfrac{1}{\Gamma(r/2)2^{r/2}}x^{r/2-1}e^{-x/2}I_{(0,\infty)}(x)$
t 분포 $t(r)$ $(r=1,2,\cdots)$	$X \sim t(r)$ $\Leftrightarrow X \overset{d}{\equiv} \dfrac{Z}{\sqrt{V/r}},\ Z \sim N(0,1),\ V \sim \chi^2(r)$, Z, V는 서로 독립
	$pdf_X(x)=\dfrac{\Gamma((r+1)/2)}{\Gamma(1/2)\Gamma(r/2)\sqrt{r}}(1+x^2/r)^{-(r+1)/2}$
F 분포 $F(r_1,r_2)$ $(r_i=1,2,\cdots)(i=1,2)$	$X \sim F(r_1,r_2)$ $\Leftrightarrow X \overset{d}{\equiv} \dfrac{V_1/r_1}{V_2/r_2},\ V_i \sim \chi^2(r_i)(i=1,2)$, V_1, V_2는 서로 독립
	$pdf_X(x)$ $=\dfrac{\Gamma((r_1+r_2)/2)}{\Gamma(r_1/2)\Gamma(r_2/2)}\left(\dfrac{r_1}{r_2}\right)^{r_1/2}x^{r_1/2-1}\left(1+\dfrac{r_1}{r_2}x\right)^{-(r_1+r_2)/2}I_{(x>0)}$
베타분포 $\mathrm{Beta}(\alpha_1,\alpha_2)$ $(\alpha_1>0,\ \alpha_2>0)$	$X \sim \mathrm{Beta}(\alpha_1,\alpha_2)$ $\Leftrightarrow X \overset{d}{\equiv} Z_1/(Z_1+Z_2),\ Z_i \sim \mathrm{Gamma}(\alpha_i,\beta)(i=1,2)$이고 서로 독립
	$pdf_X(x)=\dfrac{\Gamma(\alpha_1+\alpha_2)}{\Gamma(\alpha_1)\Gamma(\alpha_2)}x^{\alpha_1-1}(1-x)^{\alpha_2-1}I_{(0,1)}(x)$
디리클레분포 $\mathrm{Dirichlet}(\alpha_1,\cdots,\alpha_{k+1})$ $(\alpha_i>0,\ i=1,\cdots,k+1)$	$X=(X_1,\cdots,X_k)^t \sim \mathrm{Dirichlet}(\alpha_1,\cdots,\alpha_k,\alpha_{k+1})$ $\Leftrightarrow X \overset{d}{\equiv}\left(\dfrac{X_1}{X_1+\cdots+X_{k+1}},\cdots,\dfrac{X_k}{X_1+\cdots+X_{k+1}}\right)$ $X_i \sim \mathrm{Gamma}(\alpha_i,\beta)$이고 서로 독립$(i=1,\cdots,k+1)$
	$pdf_{X_1,\cdots,X_k}(x_1,\cdots,x_k)$ $=c\left\{\prod_{i=1}^{k}x_i^{\alpha_i-1}\right\}(1-x_1-\cdots-x_k)^{\alpha_{k+1}-1}I_{(x_1>0,\cdots,x_k>0,x_1+\cdots+x_k<1)}$ $c=\dfrac{\Gamma(\alpha_1+\cdots+\alpha_{k+1})}{\Gamma(\alpha_1)\cdots\Gamma(\alpha_{k+1})}$

연습문제

4.11 균등분포 $U(-\pi/2, \pi/2)$를 따르는 확률변수 X에 대하여 $Y = \tan X$의 확률밀도함수를 구하여라.

4.2 확률변수 X_1, X_2의 결합확률밀도함수가

$$f(x_1, x_2) = 2e^{-x_1 - x_2} I_{(0 < x_1 < x_2)}$$

일 때 $Y_1 = X_1, Y_2 = X_2 - X_1$의 결합확률밀도함수를 구하고, Y_1과 Y_2가 서로 독립인가를 판단하여라.

4.3 확률변수 X_1, X_2의 결합확률밀도함수가

$$f(x_1, x_2) = 8x_1 x_2 I_{(0 < x_1 < x_2 < 1)}$$

일 때 $Y_1 = X_1/X_2, Y_2 = X_2$의 결합확률밀도함수를 구하고, Y_1과 Y_2가 서로 독립인가를 판단하여라.

4.4 확률변수 X_1, X_2, X_3의 결합확률밀도함수가

$$f(x_1, x_2, x_3) = 6e^{-x_1 - x_2 - x_3} I_{(0 \le x_1 \le x_2 \le x_3)}$$

일 때 $Y_1 = X_1, Y_2 = X_2 - X_1, Y_3 = X_3 - X_2$의 결합확률밀도함수를 구하고, Y_1, Y_2, Y_3가 서로 독립인가를 판단하여라.

4.5 확률변수 X_1, X_2, X_3가 서로 독립이고 각각의 주변확률밀도함수가

$$f(x) = e^{-x} I_{(0, \infty)}(x)$$

일 때 다음에 답하여라.

(a) $Y_1 = X_1, Y_2 = X_1 + X_2, Y_3 = X_1 + X_2 + X_3$의 결합확률밀도함수를 구하여라.

(b) Y_1, Y_3의 결합확률밀도함수를 구하여라.

4.6 확률변수 X_1, X_2 의 결합확률밀도함수가

$$f_{1,2}(x_1, x_2) = 2e^{-x_1 - x_2} I_{(0 < x_1 < x_2 < \infty)}$$

이고, $Y_1 = X_1/X_2$, $Y_2 = X_2$라고 할 때 다음에 답하여라.

(a) Y_1의 확률밀도함수를 구하여라.

(b) $E(Y_2 | Y_1)$와 $Var(Y_2 | Y_1)$을 구하여라.

4.7 확률변수 X_1, X_2의 결합확률밀도함수가

$$f(x_1, x_2) = 2e^{-x_1 - x_2} I_{(0 < x_1 < x_2)}$$

일 때 $Y = X_1 + X_2$의 확률밀도함수를 구하여라.

4.8 확률변수 X의 확률밀도함수가 다음과 같은 경우에 $Y = X^2$의 확률밀도함수를 구하여라.

(a) $f(x) = \frac{1}{4} I_{(-2,2)}(x)$ (b) $f(x) = \frac{1}{4} I_{(-1,3)}(x)$

4.9 확률변수 X_1, X_2의 결합확률밀도함수가

$$f(x_1, x_2) = \frac{1}{\pi} I_{(x_1^2 + x_2^2 < 1)}$$

일 때 다음에 답하여라.

(a) 극좌표 형식인 $X_1 = R\cos\Theta$, $X_2 = R\sin\Theta$, $R \geq 0$, $0 \leq \Theta < 2\pi$로 정의되는 R, Θ의 결합확률밀도함수를 구하여라.

(b) $Y_1 = \sqrt{X_1^2 + X_2^2}$, $Y_2 = \dfrac{X_1}{\sqrt{X_1^2 + X_2^2}}$ 일 때 Y_1, Y_2 의 결합확률밀도함수를 구하여라.

4.10 발생률이 λ인 포아송과정 $\{N_t : t \geq 0\}$에서 r번째 현상이 발생할 때까지의 시간을

$$W_r = \min\{t : N_t \geq r\} \ (r = 1, 2, \cdots)$$

이라고 할 때 다음에 답하여라.

(a) $(Y_1, Y_2, \cdots, Y_k)'$
$= (W_1/W_{k+1}, (W_2 - W_1)/W_{k+1}, \cdots, (W_k - W_{k-1})/W_{k+1})'$의 결합확률밀도함수를 구하여라.

(b) $(X, Y)' = (W_2/W_5, W_4/W_5)'$의 결합확률밀도함수를 구하여라.

4.11 확률변수 X가 $F(r_1, r_2)$ 분포를 따를 때

$$Y = \frac{(r_1/r_2)X}{1+(r_1/r_2)X}$$

는 $Beta(r_1/2, r_2/2)$ 분포를 따르는 것을 밝혀라.

4.12 확률변수 $X_1, X_2, \cdots, X_n$이 서로 독립이고 동일한 주변확률밀도함수

$$f(x) = 3x^2 I_{(0,1)}(x)$$

를 따를 때 다음에 답하여라.

(a) $Y = \min_{1 \le i \le n} X_i$ 의 누적분포함수를 구하고, 그 도함수로서 확률밀도함수를 구하여라.

(b) $Y = \max_{1 \le i \le n} X_i$ 의 누적분포함수를 구하고, 그 도함수로서 확률밀도함수를 구하여라.

4.13 확률밀도함수

$$f(x) = 2x I_{(0,1)}(x)$$

를 따르는 세 확률변수에 기초한 순서통계량을 $X_{(1)} < X_{(2)} < X_{(3)}$이라고 할 때 다음에 답하여라.

(a) $Y_1 = X_{(1)}/X_{(2)}$, $Y_2 = X_{(2)}/X_{(3)}$, $Y_3 = X_{(3)}$가 서로 독립임을 밝혀라.

(b) 조건부기댓값 $E(X_{(2)}|X_{(3)})$을 구하여라.

4.14 $U_{(1)} < U_{(2)} < \cdots < U_{(n)}$이 균등분포 $U(0,1)$로부터의 랜덤표본 U_1, U_2, $\cdots$, U_n에 기초한 순서통계량일 때 다음에 답하여라.

(a) $Y_1 = U_{(1)}/U_{(2)}, \cdots, Y_{n-1} = U_{(n-1)}/U_{(n)}$의 결합확률밀도함수를 구하여라.

(b) $Y_r (1 \le r \le n-1)$의 주변확률밀도함수를 구하여라.

4.15 $U_{(1)} < U_{(2)} < \cdots < U_{(n)}$이 균등분포 $U(0,1)$로부터의 랜덤표본 U_1, U_2, $\cdots$, U_n에 기초한 순서통계량일 때

$$(U_{(r)} > p) = \left(\sum_{i=1}^{n} I_{(0,p]}(U_i) \le r-1\right)$$

임을 설명하고, 이를 이용하여 다음 등식이 성립함을 밝혀라.

$$\int_p^1 \frac{n!}{(r-1)!(n-r)!} u^{r-1}(1-u)^{n-r} du = \sum_{k=0}^{r-1} \binom{n}{k} p^k (1-p)^{n-k},\ 0 < p < 1$$

4.16 $U_{(1)} < U_{(2)} < \cdots < U_{(n)} (n \ge 2)$이 균등분포 $U(0,1)$로부터의 랜덤표본 U_1, U_2, $\cdots$, U_n에 기초한 순서통계량일 때, $Y = U_{(n)} - U_{(1)}$의 확률밀도함수를 구하여라.

4.17 $X_{(1)} < X_{(2)} < \cdots < X_{(n)} (n \ge 2)$이 지수분포 $\text{Exp}(1)$로부터의 랜덤표본 X_1, $\cdots$, X_n에 기초한 순서통계량일 때, $Y = X_{(n)} - X_{(1)}$의 확률밀도함수를 구하여라.

4.18 균등분포 $U(0,1)$를 따르는 확률변수 U에 대하여

$$X = \beta(-\log(1-U))^{1/\alpha},\ \alpha > 0,\ \beta > 0$$

라고 할 때 다음에 답하여라.

(a) X의 확률밀도함수가 다음과 같이 주어지는 것을 밝혀라.

$$f(x) = \frac{\alpha}{\beta^\alpha} x^{\alpha-1} \exp(-x^\alpha/\beta^\alpha) I_{(0,+\infty)}(x)$$

이 분포를 와이불(Weibull)분포라고 하며 기호로는 $X \sim \text{Weibull}(\alpha,\beta)$로 나타낸다.

(b) X의 확률밀도함수와 누적분포함수를 각각 $f(x)$, $F(x)$라고 할 때

$$\frac{f(x)}{1-F(x)} = \frac{\alpha}{\beta^\alpha} x^{\alpha-1},\ \alpha > 0$$

임을 밝혀라. 확률변수 X가 수명을 나타낼 때 이러한 함수는 수명이 x 인 순간에서의 사망률(mortality rate)을 나타내는 함수로서 흔히 위험률(危險率, hazard rate) 함수라고 불리운다.

4.19_ 균등분포 $\mathrm{U}(0,1)$을 따르는 확률변수 U에 대하여

$$\mathrm{X} = \log\left(\frac{\mathrm{U}}{1-\mathrm{U}}\right)$$

라고 할 때 X가 로지스틱분포 $\mathrm{L}(0,1)$을 따르는 것을 밝혀라.

4.20 균등분포 $\mathrm{U}(0,1)$을 따르는 확률변수 U에 대하여

$$\mathrm{X} = \tan((\mathrm{U}-1/2)\pi)$$

라고 할 때 X가 코쉬분포 $\mathrm{C}(0,1)$을 따르는 것을 밝혀라.

4.21 $\mathrm{U}_{(1)} < \mathrm{U}_{(2)} < \cdots < \mathrm{U}_{(n)}$이 균등분포 $\mathrm{U}(0,1)$로부터의 랜덤표본 U_1, U_2, $\cdots$, U_n에 기초한 순서통계량일 때 다음을 밝혀라.

(a) $(\mathrm{U}_{(r)})_{1\le r\le n} \overset{d}{\equiv} (1-\mathrm{U}_{(n-r+1)})_{1\le r\le n}$,

$(-\log\mathrm{U}_{(r)})_{1\le r\le n} \overset{d}{\equiv} (-\log(1-\mathrm{U}_{(n-r+1)}))_{1\le r\le n}$

(b) $(-\log\mathrm{U}_{(r)})_{1\le r\le n} \overset{d}{\equiv} \left(\frac{1}{n}\mathrm{Z}_1+\cdots+\frac{1}{r}\mathrm{Z}_{n-r+1}\right)_{1\le r\le n}$, $\mathrm{Z}_r \overset{iid}{\sim} \mathrm{Exp}(1)$

(c) $\mathrm{U}_{(n+1)}=1$이라고 할 때

$(-\log[\mathrm{U}_{(r)}/\mathrm{U}_{(r+1)}]^r)_{1\le r\le n} \overset{d}{\equiv} (\mathrm{Z}_{n-r+1})_{1\le r\le n}$, $\mathrm{Z}_r \overset{iid}{\sim} \mathrm{Exp}(1)$

(d) $\mathrm{U}_{(n+1)}=1$이라고 할 때 $(\mathrm{U}_{(r)}/\mathrm{U}_{(r+1)})^r \overset{iid}{\sim} \mathrm{U}(0,1)$, $r=1,\cdots,n$

4.22 함수

$$f(x,y) = \frac{1}{2\pi}\exp\left[-\frac{1}{2}(x^2+y^2)\right]\left\{1+xy\exp\left[-\frac{1}{2}(x^2+y^2-2)\right]\right\}$$

가 확률밀도함수임을 밝히고, 이 함수가 확률변수 X, Y의 결합확률밀도함수일 때 X, Y의 주변분포가 각각 $\mathrm{N}(0,1)$임을 밝혀라. 이로부터 주변분포가 일차원의 정규분포이면서도 결합분포는 이변량 정규분포가 아닐 수 있음을 알 수 있다.

4.23 확률변수 $\mathrm{X}_1, \mathrm{X}_2, \mathrm{X}_3$가 서로 독립이고 각각이 $\mathrm{N}(0,1)$을 따를 때, 다음과 같이 이들을 구면좌표로 나타내는 R, Θ_1, Θ_2의 결합확률밀도함수를 구하여라.

$$\begin{cases}\mathrm{X}_1 = \mathrm{R}\cos\Theta_1\sin\Theta_2,\ \mathrm{X}_2 = \mathrm{R}\sin\Theta_1\sin\Theta_2,\ \mathrm{X}_3 = \mathrm{R}\cos\Theta_2 \\ 0 \le \mathrm{R} < +\infty,\ 0 \le \Theta_1 < 2\pi,\ 0 \le \Theta_2 < \pi\end{cases}$$

4.24 $X = (X_1, X_2, X_3)' \sim N(\mu, \Sigma)$이고 μ와 Σ가 아래와 같을 때 다음에 답하여라.

$$\mu = \begin{pmatrix} 1 \\ 2 \\ 3 \end{pmatrix}, \quad \Sigma = \begin{pmatrix} 1 & -1 & 0 \\ -1 & 2 & 1 \\ 0 & 1 & 2 \end{pmatrix}$$

(a) $Y = (X_1 - X_2 + X_3,\ 2X_1 + X_2 - X_3)'$의 분포를 구하여라.

(b) $X_3 = x_3$이 주어진 조건에서, $(X_1, X_2)'$의 조건부분포를 구하여라.

4.25 <예 4.4.6>과 <예 4.4.7>에서의 단순선형회귀모형에서 다음이 성립하는 것을 밝혀라.

$$\frac{\widehat{\beta_0} + \widehat{\beta_1} x_1 - (\beta_0 + \beta_1 x_1)}{\sqrt{\widehat{\sigma^2}\left(\dfrac{1}{n} + \dfrac{(x_1 - \overline{x_1})^2}{S_{xx}}\right)}} \sim t(n-2)$$

4.26 $(X_1, Y_1)', \cdots, (X_n, Y_n)'\ (n > 2)$이 이변량 정규분포

$$N_2\left(\begin{pmatrix} \mu_1 \\ \mu_2 \end{pmatrix}, \begin{pmatrix} \sigma_1^2 & \rho\sigma_1\sigma_2 \\ \rho\sigma_1\sigma_2 & \sigma_2^2 \end{pmatrix}\right),\ \sigma_1^2 > 0,\ \sigma_2^2 > 0,\ -1 < \rho < 1$$

에서의 랜덤표본이고, r이 표본상관계수 즉

$$r = \frac{\sum_1^n (X_i - \overline{X})(Y_i - \overline{Y})}{\sqrt{\sum_1^n (X_i - \overline{X})^2}\sqrt{\sum_1^n (Y_i - \overline{Y})^2}}$$

이라고 하자. 또한,

$$Z_i = (X_i - \mu_1)/\sigma_1$$
$$W_i = \{(Y_i - \mu_2)/\sigma_2 - \rho(X_i - \mu_1)/\sigma_1\}/\sqrt{1-\rho^2}\ (i = 1, \cdots, n)$$

이라고 할 때, 다음에 답하여라.

(a) $$\frac{r}{\sqrt{1-r^2}} = \frac{S_{ZZ}\,\rho/\sqrt{1-\rho^2} + S_{ZW}}{\sqrt{S_{ZZ}S_{WW} - S_{ZW}^2}}$$

임을 밝혀라. 여기에서

$$S_{ZZ} = \sum_1^n (Z_i - \overline{Z})^2,\ S_{WW} = \sum_1^n (W_i - \overline{W})^2,\ S_{ZW} = \sum_1^n (Z_i - \overline{Z})(W_i - \overline{W})$$

(b) $\mathrm{T} = ((\mathrm{Z}_1 - \overline{\mathrm{Z}})/\sqrt{S_{\mathrm{ZZ}}}, \cdots, (\mathrm{Z}_n - \overline{\mathrm{Z}})/\sqrt{S_{\mathrm{ZZ}}})'$라고 할 때, 다음을 밝혀라.

$$\{S_{\mathrm{WW}} - S_{\mathrm{ZW}}^2/S_{\mathrm{ZZ}} = \mathrm{W}'\{I - 1(1'1)^{-1}1' - \mathrm{T}(\mathrm{T}'\mathrm{T})^{-1}\mathrm{T}'\}\mathrm{W}$$

(c) $(\mathrm{Z}_1, \cdots, \mathrm{Z}_n)'$과 $(\mathrm{W}_1, \cdots, \mathrm{W}_n)'$이 서로 독립임을 밝히고, 이를 이용하여 다음을 밝혀라.

(i) $S_{\mathrm{WW}} - S_{\mathrm{ZW}}^2/S_{\mathrm{ZZ}} \sim \chi^2(n-2)$이고, $(\mathrm{Z}_1, \cdots, \mathrm{Z}_n)'$과는 독립이다.

(ii) $S_{\mathrm{ZW}}/\sqrt{S_{\mathrm{ZZ}}} \sim \mathrm{N}(0,1)$ 이고 $(\mathrm{Z}_1, \cdots, \mathrm{Z}_n)'$과는 독립이다.

(iii) $S_{\mathrm{WW}} - S_{\mathrm{ZW}}^2/S_{\mathrm{ZZ}}$, $S_{\mathrm{ZW}}/\sqrt{S_{\mathrm{ZZ}}}$, S_{ZZ}는 서로 독립이다.

(d) 다음이 성립함을 밝혀라.

$$\frac{r}{\sqrt{1-r^2}} \overset{d}{\equiv} \frac{\sqrt{\mathrm{V}_1}\,\rho/\sqrt{1-\rho^2} + \mathrm{U}}{\sqrt{\mathrm{V}_2}}$$

$\mathrm{V}_1 \sim \chi^2(n-1)$, $\mathrm{V}_2 \sim \chi^2(n-2)$, $\mathrm{U} \sim \mathrm{N}(0,1)$ 이고 $\mathrm{V}_1, \mathrm{V}_2, \mathrm{U}$는 서로 독립.

5

표본분포의 근사

5.1 중심극한정리

이항분포의 누적확률의 근사값을 표준정규분포의 확률로 나타내는 근사식

$$\sum_{x : a \le \frac{x-np}{\sqrt{np(1-p)}} \le b} \binom{n}{x} p^x (1-p)^{n-x} \sim \int_a^b \frac{1}{\sqrt{2\pi}} e^{-\frac{1}{2}z^2} dz, \; n \to \infty$$

은 3장 6절에서 소개되었다. 한편, 불량률 p를 모수로 하는 베르누이분포 $\mathrm{Bernoulli}(p)$에서의 랜덤표본을 $X_1, X_2, \cdots, X_n$이라고 할 때, 표본 중 불량품의 개수인 $X_1 + \cdots + X_n$은 이항분포 $B(n,p)$를 갖는다. 따라서 표준정규분포를 따르는 확률변수 Z에 대하여

$$\lim_{n \to \infty} P\left(a \le \frac{X_1 + \cdots + X_n - np}{\sqrt{np(1-p)}} \le b\right) = P(a \le Z \le b)$$

즉 표본비율 $\hat{p} = (X_1 + X_2 + \cdots + X_n)/n$에 관한 확률의 근사식을 다음과 같이 나타낼 수 있다.

$$\lim_{n \to \infty} P\left(a \le \frac{\hat{p} - p}{\sqrt{p(1-p)/n}} \le b\right) = P(a \le Z \le b)$$

이와 같이 통계량에 관한 확률의 근사식이 표준정규분포에 관한 확률로 주어지는 경우가 많이 있다. 이러한 근사식이 성립할 수 있는 통계량 중에서 가장 기본이 되고 유용한 통계량이 표본평균이다. 다음의 중심극한정리(中心極限整理, central limit theorem)는 그와 같은 근사식을 소개하고 있으며, 모든 확률의 근사식에서 가장 중요한 역할을 하고 있다.

정리 5.1.1 중심극한정리

확률변수 $X_1, \cdots, X_n$이 서로 독립이고 동일한 분포를 따르며 $\mathrm{Var}(X_1)$이 양의 실수일 때

$$E(X_1) = \mu, \; \mathrm{Var}(X_1) = \sigma^2 \; (0 < \sigma < +\infty)$$

이라고 하면, 표준정규분포 $N(0,1)$을 따르는 확률변수 Z에 대하여 다음이 성립한다.

$$\lim_{n \to \infty} P\left(\frac{(X_1 + \cdots + X_n)/n - \mu}{\sigma / \sqrt{n}} \le x\right) = P(Z \le x) \;\; \forall x : -\infty < x < +\infty$$

[증명] 이 정리는 주어진 조건하에서 일반적으로 성립하지만 그 증명은 이 책의 수준을 넘으므로 여기에서는 추가적인 조건으로서 X_1의 적률생성함수가 존재하는 경우만을 다루기로 한다. 또한, 정리에 주어진 것과 같이 표준화된 표본평균인

$$\sqrt{n}(\overline{X_n}-\mu)/\sigma = \frac{(X_1+\cdots+X_n)/n-\mu}{\sigma/\sqrt{n}}$$

의 누적확률의 근사 대신 그 적률생성함수가 Z의 적률생성함수 $mgf_Z(t) = \exp(t^2/2)$로 근사될 수 있는 것을 밝히기로 한다.[67] 즉 다음의 근사식을 밝히기로 한다.

$$\lim_{n\to\infty} mgf_{\sqrt{n}(\overline{X_n}-\mu)/\sigma}(t) = mgf_Z(t) = \exp(t^2/2)$$

적률생성함수의 정의와 <정리 2.5.11>에 주어진 서로 독립인 확률변수의 합의 성질로부터

$$\begin{aligned} mgf_{\sqrt{n}(\overline{X_n}-\mu)/\sigma}(t) &= E[\exp(t\sqrt{n}(\overline{X_n}-\mu)/\sigma)] \\ &= E\left[\exp\left\{\frac{t}{\sqrt{n}}\left(\frac{X_1-\mu}{\sigma}+\cdots+\frac{X_n-\mu}{\sigma}\right)\right\}\right] \\ &= \left\{E\left[\exp\left(\frac{t}{\sqrt{n}}\frac{X_1-\mu}{\sigma}\right)\right]\right\}^n \\ &= [mgf_{(X_1-\mu)/\sigma}(t/\sqrt{n})]^n \end{aligned}$$

여기에서 $m(s) = mgf_{(X_1-\mu)/\sigma}(s)$라고 하면 적률생성함수의 성질과 테일러 정리로부터

$$\begin{aligned} m\left(\frac{t}{\sqrt{n}}\right) &= m(0) + \frac{m^{(1)}(0)}{1!}\frac{t}{\sqrt{n}} + \frac{m^{(2)}(0)}{2!}\left(\frac{t}{\sqrt{n}}\right)^2 + R_{n,t} \\ &= 1 + E\left(\frac{X_1-\mu}{\sigma}\right)\frac{t}{\sqrt{n}} + E\left[\left(\frac{X_1-\mu}{\sigma}\right)^2\right]\frac{t^2}{2n} + R_{n,t}, R_{n,t}/\left(\frac{t}{\sqrt{n}}\right)^2 \underset{n\to\infty}{\to} 0 \end{aligned}$$

$$\therefore m\left(\frac{t}{\sqrt{n}}\right) = 1 + \frac{1}{2}\frac{t^2}{n} + R_{n,t},\ \lim_{n\to\infty} nR_{n,t} = 0$$

따라서[68]

---

67) 일반적으로, Z의 누적분포함수가 연속함수일 때 다음이 성립하는 것이 알려져 있다.
$\lim_{n\to\infty} mgf_{Z_n}(t) = mgf_Z(t)\ \forall t : |t| < h(\exists h > 0)$이면 $\lim_{n\to\infty} P(Z_n \le x) = P(Z \le x)\ \forall x$

68) 이 근사 계산의 과정에서는 다음과 같은 전개 공식을 사용하고 있다.

$$\log mgf_{\sqrt{n}(\overline{X}_n-\mu)/\sigma}(t) = n\log\left(1+\frac{1}{2}\frac{t^2}{n}+R_{n,t}\right),\ \lim_{n\to\infty} nR_{n,t}=0$$

$$= n\left\{\frac{1}{2}\frac{t^2}{n}+r_{n,t}\right\},\ \lim_{n\to\infty} n r_{n,t}=0$$

$$\therefore \lim_{n\to\infty} mgf_{\sqrt{n}(\overline{X}_n-\mu)/\sigma}(t) = \exp(t^2/2)$$

예 5.1.1

(a) (포아송분포의 정규근사)

서로 독립이고 포아송분포 $\mathrm{Poisson}(\lambda)$를 따르는 $X_1, \cdots, X_n$에 대하여

$$E(X_1) = Var(X_1) = \lambda \ (0<\lambda<+\infty)$$

이므로

$$\lim_{n\to\infty} P\left(\frac{(X_1+\cdots+X_n)/n-\lambda}{\sqrt{\lambda/n}} \le x\right) = P(Z\le x),\ Z\sim N(0,1)$$

한편 포아송분포의 성질로부터 $X_1+\cdots+X_n \sim \mathrm{Poisson}(n\lambda)$이므로

$$\lim_{n\to\infty} \sum_{k:\frac{k-n\lambda}{\sqrt{n\lambda}}\le x} \frac{e^{-n\lambda}(n\lambda)^k}{k!} = \int_{-\infty}^{x} \frac{1}{\sqrt{2\pi}} e^{-\frac{1}{2}z^2} dz$$

따라서 $Y_n \sim \mathrm{Poisson}(n)$이고 n이 충분히 크면 표준정규분포의 누적분포 함수 Φ를 이용하여 다음과 같이 근사계산을 할 수 있다.[69)]

$$P(a<Y_n\le b) \simeq \Phi\left(\frac{b-n}{\sqrt{n}}\right) - \Phi\left(\frac{a-n}{\sqrt{n}}\right)$$

(b) (감마분포 또는 카이제곱분포의 정규근사)

서로 독립이고 감마분포 $\mathrm{Gamma}(\alpha,\beta)$를 따르는 $X_1, \cdots, X_n$에 대하여

$$E(X_1) = \alpha\beta,\ Var(X_1) = \alpha\beta^2 \ (\alpha>0, \beta>0)$$

이므로

$$\lim_{n\to\infty} P\left(\frac{(X_1+\cdots+X_n)/n-\alpha\beta}{\sqrt{\alpha\beta^2/n}} \le x\right) = P(Z\le x),\ Z\sim N(0,1)$$

$$\log(1+x) = x-\frac{1}{2}x^2+\frac{1}{3}x^3-\cdots = x+R(x),\ \lim_{x\to 0} R(x)/x=0$$

69) 이러한 근사계산은 중심극한정리에서 정규분포로의 수렴이 균등수렴(연습문제 (5.9) 참조)이기 때문에 가능한 것이다.

한편 $Y_n \sim \chi^2(n)$이면

$$Y_n \overset{d}{\equiv} X_1 + \cdots + X_n,\ X_i \overset{iid}{\sim} \chi^2(1) = \mathrm{Gamma}(1/2, 2)\ (i = 1, \cdots, n)$$

이므로

$$\lim_{n\to\infty} P\left(\frac{Y_n - n}{\sqrt{2n}} \le x\right) = P(Z \le x),\ Z \sim N(0,1)$$

따라서 $Y_n \sim \chi^2(n)$이고 n이 충분히 크면 (a)에서와 마찬가지로

$$P(a < Y_n \le b) \simeq \Phi\left(\frac{b-n}{\sqrt{2n}}\right) - \Phi\left(\frac{a-n}{\sqrt{2n}}\right)$$

중심극한정리는 다차원 확률변수의 경우에도 성립하며 많은 통계량의 표본분포를 근사하는 데에 핵심적인 역할을 한다. 그 증명은 일차원의 경우와 마찬가지이므로 생략하기로 한다.

정리 5.1.2 다차원 경우의 중심극한정리

다차원 확률변수 $X_1 = (X_{11}, \cdots, X_{1k})^t$, $\cdots$, $X_n = (X_{n1}, \cdots, X_{nk})^t$이 서로 독립이고 동일한 분포를 따르며 분산행렬 $Var(X_1)$이 존재할 때

$$E(X_1) = \mu,\ Var(X_1) = \Sigma$$

라고 하면, $N_k(0, \Sigma)$를 따르는 $Z = (Z_1, \cdots, Z_k)^t$에 대하여 다음이 성립한다.[70]

$$\lim_{n\to\infty} P\left\{\sqrt{n}\left((X_{1j} + \cdots + X_{nj})/n - \mu_j\right) \le x_j,\ j = 1, \cdots, k\right\}$$
$$= P(Z_1 \le x_1, \cdots, Z_k \le x_k)\quad \forall x_j$$

예 5.1.2 다항분포의 다변량 정규근사

다항분포의 대의적 정의로부터 $X_n = (X_{n1}, \cdots, X_{nk})^t \sim \mathrm{Multi}(n, (p_1, p_2, \cdots, p_k)^t)$ 이면

$$X_n \overset{d}{\equiv} Z_1 + \cdots + Z_n,\ Z_i = (Z_{i1}, Z_{i2}, \cdots, Z_{ik})^t \overset{iid}{\sim} \mathrm{Multi}(1, (p_1, p_2, \cdots, p_k)^t)\ (i = 1, \cdots, n)$$

한편 p_1, $\cdots$, p_k를 대각원소로 하는 대각행렬을 $D(p_j)$라고 하면 <정리 3.2.2>로부터

---

70) 다차원 확률변수에 관한 이러한 결합확률을 간략히 다음과 같이 나타내기도 한다.

$$\lim_{n\to\infty} P\left\{\sqrt{n}\left((X_1 + \cdots + X_n)/n - \mu\right) \le x\right\} = P(Z \le x),\ \forall x \in R^k,\ Z \sim N_k(0, \Sigma)$$

$$\mathrm{E}(\mathrm{X}_1) = p = (p_1, \cdots, p_k)^t, \ \mathrm{Var}(\mathrm{X}_1) = D(p_j) - pp^t$$

따라서 중심극한정리로부터

$$\lim_{n \to \infty} \mathrm{P}\left\{(\mathrm{X}_n - np)/\sqrt{n} \le x\right\} = \mathrm{P}(\mathrm{Z} \le x), \ \mathrm{Z} \sim \mathrm{N}_k(0, D(p_j) - pp^t)$$

이 때 분산행렬 $D(p_j) - pp^t$은 특이행렬로서 역행렬을 갖지 않는 점에 유의하여야 한다.

5.2 극한분포와 확률적 수렴

중심극한정리에서 근사에 이용되는 분포가 정규분포로서 그 누적분포함수가 연속함수이다.

그러나 이항확률의 포아송근사에서와 같이 근사에 이용되는 분포의 누적분포함수가 연속이 아닐 수도 있다. 이제 일반적인 경우, 분포의 근사에 대하여 생각해보자.

예 5.2.1

동전을 던져서 앞면이 나오면 0부터 $1+n^{-1}$ 사이의 수를 랜덤하게 선택하여 보여주고, 뒷면이 나오면 $1+n^{-1}$을 보여주는 실험에서 보게 될 숫자를 $\mathrm{X}_n (n=1,2,\cdots)$이라고 하자.

확률변수 $\mathrm{X}_n (n=1,2,\cdots)$의 누적분포함수가 다음과 같은 경우에 분포의 근사를 생각해보자.

$$cdf_{\mathrm{X}_n}(x) = \mathrm{P}(\mathrm{X}_n \le x) = \begin{cases} 0, & x < 0 \\ \dfrac{1}{2}\dfrac{1}{1+n^{-1}}x, & 0 \le x < 1+n^{-1} \\ 1, & x \ge 1+n^{-1} \end{cases}$$

이러한 누적분포함수들의 극한으로 정의되는 함수는

$$\begin{aligned} \mathrm{G}(x) &= \lim_{n \to \infty} cdf_{\mathrm{X}_n}(x) \\ &= \begin{cases} 0, & x < 0 \\ \dfrac{1}{2}x, & 0 \le x \le 1 \\ 1, & x > 1 \end{cases} \end{aligned}$$

로서, $x=1$의 오른쪽에서 연속이 아닌 함수이다. 따라서 <정리 1.5.1>로부터 이 함수는 누적분포함수가 아니다.

그림 5.1.1 누적분포함수의 극한이 연속이 아닌 경우

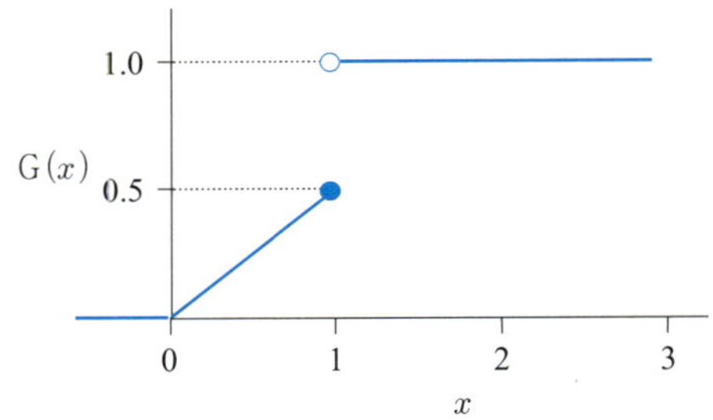

<예 5.2.1>에서 극한 함수가 연속이 아닌 점 $x=1$의 오른쪽에서 연속이도록 수정한 함수를

$$F(x)=\begin{cases} 0, & x<0 \\ \frac{1}{2}x, & 0\le x<1 \\ 1, & x\ge 1 \end{cases}$$

라고 하면 함수 $F(x)$는 누적분포함수이고, <예 5.2.1>의 확률변수들 $X_n (n=1,2,\cdots)$에 대하여

$$\lim_{n\to\infty} cdf_{X_n}(x)=F(x) \ \ \forall x : x\ne 1$$

임을 알 수 있다. 이 경우에 동전을 던져서 앞면이 나오면 0부터 1 사이의 수를 랜덤하게 선택하여 보여주고, 뒷면이 나오면 1을 보여주는 실험에서 보게 될 숫자를 X라고 하면 함수 $F(x)$는 확률변수 X의 누적분포함수이다. 따라서

$$\lim_{n\to\infty} cdf_{X_n}(x)=cdf_X(x) \ \ \forall x : x\ne 1$$

이고 $X_n (n=1,2,\cdots)$의 분포가 X의 분포로 근사된다고 할 수 있을 것이다.

<예 5.2.1>의 경우와 같이 극한으로 주어지는 분포의 누적분포함수가 연속이 아닌 경우까지도 다루기 위하여 극한분포(極限分布, limiting distribution)를 다음과 같이 정의한다.

극한분포:

확률변수의 열 $X_n (n=1,2,\cdots)$과 Z에 대하여

$$\lim_{n\to\infty} P(X_n\le x)=P(Z\le x)$$

가 Z의 누적분포함수 cdf_Z가 연속인 모든 점 x에서 성립할 때, Z의 분포를 X_n 분포들의 극한분포 또는 점근분포(漸近分布, asymptotic distribution)라고 하며 기호로는

$$X_n \xrightarrow[n\to\infty]{d} Z$$

로 나타낸다. 즉 cdf_Z가 연속인 점들의 집합을 $\mathrm{Conti}(cdf_Z)$라고 하면

$$X_n \xrightarrow[n\to\infty]{d} Z \Leftrightarrow \lim_{n\to\infty} cdf_{X_n}(x)=cdf_Z(x) \ \ \forall x : x\in \mathrm{Conti}(cdf_Z)$$

예 5.2.2 이항분포의 포아송근사

이항분포 $B(n, \lambda/n)\,(0 < \lambda/n < 1)$을 따르는 확률변수 X_n과 포아송분포 $\text{Poisson}(\lambda)$를 따르는 확률변수 X에 대하여 다음이 성립하는 것은 3장 4절에서 소개되었다.

$$P(X_n = k) = \binom{n}{k}\left(\frac{\lambda}{n}\right)^k \left(1 - \frac{\lambda}{n}\right)^{n-k} \underset{n\to\infty}{\longrightarrow} \frac{1}{k!}\lambda^k e^{-\lambda} = P(X = k),\ k = 1, 2, \cdots$$

. 한편 이들 확률변수들은 0 또는 자연수의 값만을 가지므로 모든 점 x에서

$$cdf_{X_n}(x) = \sum_{k:0\le k\le x} P(X_n = k) \underset{n\to\infty}{\longrightarrow} \sum_{k:0\le k\le x} P(X = k) = cdf_X(x)$$

임을 알 수 있다. 따라서 X의 분포 $\text{Poisson}(\lambda)$는 X_n의 분포 $B(n, \lambda/n)$의 극한분포이고 이를 기호로 다음과 같이 나타내기도 한다.

$$B(n, \lambda/n) \approx \text{Poisson}(\lambda),\ n\to\infty$$

예 5.2.3

균등분포 $U(0,1)$에서의 랜덤표본 n개에 기초한 순서통계량을 $U_{(1)} < \cdots < U_{(n)}$이라고 할 때

$$P\{n(1 - U_{(n)}) \le x\} = 1 - P\left\{U_{(n)} < 1 - \frac{x}{n}\right\}$$

이고

$$P\left\{U_{(n)} < 1 - \frac{x}{n}\right\} = \begin{cases} 0, & 1 - x/n < 0 \text{ 즉 } x > n \\ \left(1 - \dfrac{x}{n}\right)^n, & 0 \le 1 - x/n < 1 \text{ 즉 } 0 < x \le n \\ 1, & 1 \le 1 - x/n \text{ 즉 } x \le 0 \end{cases}$$

$$\lim_{n\to\infty} P\left\{U_{(n)} < 1 - \frac{x}{n}\right\} = \begin{cases} e^{-x}, & 0 < x < +\infty \\ 1, & x \le 0 \end{cases}$$

이므로 $n(1 - U_{(n)})$의 극한분포를 다음과 같이 구할 수 있다.

$$\lim_{n\to\infty} P\{n(1 - U_{(n)}) \le x\} = \begin{cases} 1 - e^{-x}, & x \ge 0 \\ 0, & x < 0 \end{cases}$$

$$\therefore\ n(1 - U_{(n)}) \underset{n\to\infty}{\overset{d}{\longrightarrow}} Z,\ Z \sim \text{Exp}(1)$$

정리 5.2.1 극한분포가 상수의 분포인 경우

확률변수의 열 $X_n\,(n=1,2,\cdots)$의 극한분포가 상수 c의 분포일 조건은 다음과 같다.

$$X_n \underset{n\to\infty}{\overset{d}{\to}} X,\ P(X=c)=1 \Leftrightarrow \lim_{n\to\infty} P(|X_n-c|\geq \epsilon)=0\ \ \forall\epsilon>0$$

[증명] $P(X=c)=1$인 경우에 그 누적분포함수는

$$cdf_X(x)=\begin{cases}0, & x<c\\ 1, & x\geq c\end{cases}$$

이므로 cdf_X는 $x=c$ 이외의 모든 점에서 연속인 함수이다.

(⇒) 극한분포의 정의에 따라

$$\lim_{n\to\infty} cdf_{X_n}(x)=cdf_X(x)\ \ \forall x : x\neq c$$

따라서 임의의 양수 ϵ에 대하여 다음이 성립하는 것을 알 수 있다.

$$\lim_{n\to\infty} P(X_n\leq c-\epsilon)=cdf_X(c-\epsilon)=0$$

$$0\leq \lim_{n\to\infty} P(X_n\geq c+\epsilon)\leq \lim_{n\to\infty} P(X_n>c+\epsilon/2)=1-cdf_X(c+\epsilon/2)=0$$

$$\therefore \lim_{n\to\infty} P(|X_n-c|\geq\epsilon)=0$$

(⇐) 주어진 조건이 성립한다면, 임의의 양수 ϵ에 대하여 다음이 성립하게 된다.

$$0\leq cdf_{X_n}(c-\epsilon)=P(X_n\leq c-\epsilon)\leq P(|X_n-c|\geq\epsilon)\underset{n\to\infty}{\to}0$$

$$0\leq 1-cdf_{X_n}(c+\epsilon)=P(X_n>c+\epsilon)\leq P(|X_n-c|\geq\epsilon)\underset{n\to\infty}{\to}0$$

$$\therefore \lim_{n\to\infty} cdf_{X_n}(x)=cdf_X(x)\ \ \forall x : x\neq c$$

확률수렴:

〈정리 5.2.1〉의 조건이 성립할 때, 확률변수 X_n이 상수 c로 확률수렴(確率收斂, converge in probability)한다고 하며, 기호로는 $X_n \underset{n\to\infty}{\overset{P}{\to}} c$ 또는 $\operatorname*{plim}_{n\to\infty} X_n=c$와 같이 나타낸다. 즉

$$\operatorname*{plim}_{n\to\infty} X_n=c \Leftrightarrow \lim_{n\to\infty} P(|X_n-c|\geq\epsilon)=0\ \ \forall\epsilon>0$$

정리 5.2.2 **대수의 법칙(大數의 法則, law of large numbers)**

확률변수 $X_1, \cdots, X_n$이 서로 독립이고 동일한 분포를 따르며 $E(X_1)$이 실수로 정의되면[71)]

$$\underset{n\to\infty}{\mathrm{plim}} \frac{1}{n}\sum_{i=1}^{n} X_i = E(X_1)$$

[증명] 이 정리는 주어진 조건하에서 일반적으로 성립하지만 그 증명은 이 책의 수준을 넘으므로 여기에서는 추가적인 조건으로서 $Var(X_1) < +\infty$인 경우만을 다루기로 한다.

체비셰프의 부등식을 표본평균 $\overline{X_n} = (X_1 + \cdots + X_n)/n$에 적용하면, 임의의 양수 ϵ에 대하여

$$\begin{aligned} 0 \le P(|\overline{X_n} - E(X_1)| \ge \epsilon) &\le Var(\overline{X_n})/\epsilon^2 \\ &= Var(X_1)/n\epsilon^2 \end{aligned}$$

$$\therefore \lim_{n\to\infty} P(|\overline{X_n} - E(X_1)| \ge \epsilon) = 0$$

랜덤표본 $X_1, \cdots, X_n$을 관측할 때 관측값이 A에 속하는 상대도수는

$$\frac{1}{n}\sum_{i=1}^{n} I_A(X_i)$$

로 주어진다. 이 상대도수에 대수의 법칙을 적용하면 다음이 성립하는 것을 알 수 있다.

$$\underset{n\to\infty}{\mathrm{plim}} \frac{1}{n}\sum_{i=1}^{n} I_A(X_i) = E(I_A(X_1)) = P(X_1 \in A)$$

즉 시행 횟수가 많아짐에 따라 상대도수가 확률에 한없이 가까이 가는 것을 뜻한다.

대수의 법칙의 의미를 통계적 추론의 관점에서 생각해보자. 표본크기가 커짐에 따라 추측에 사용되는 표본평균이 추측 대상인 모평균에 한없이 가까이 가는 것을 뜻하는 것이 대수의 법칙이다. 이러한 확률수렴의 개념을 많은 통계량에 적용하려면 그 정의를 다차원 확률변수의 경우로 확장시킬 필요가 있다.

71) 기댓값의 정의에 따라 이는 $E(|X_1|) < +\infty$임을 뜻한다.

다차원 경우의 확률수렴:

다차원 확률변수 $X_n = (X_{n1},\cdots,X_{nk})^t$과 상수의 벡터 $c=(c_1,\cdots,c_k)^t$에 대하여

$$\| X_n - c \| = \sqrt{(X_{n1}-c_1)^2+\cdots+(X_{nk}-c_k)^2}$$

라고 할 때 다음이 성립하면 $X_n = (X_{n1},\cdots,X_{nk})^t$이 $c=(c_1,\cdots,c_k)^t$로 확률수렴한다고 하며 일차원 경우와 마찬가지로 기호로는 $X_n \underset{n\to\infty}{\overset{P}{\to}} c$ 또는 $\underset{n\to\infty}{\text{plim}}\, X_n = c$로 나타낸다.

$$\lim_{n\to\infty} P(\| X_n - c \| \ge \epsilon) = 0 \quad \forall \epsilon > 0$$

정리 5.2.3

다차원 확률변수 $X_n = (X_{n1},\cdots,X_{nk})^t$이 상수의 벡터 $c=(c_1,\cdots,c_k)^t$로 확률수렴하는 것, 즉 $\underset{n\to\infty}{\text{plim}}\, X_n = c$와 다음의 조건들은 같은 뜻이다.

(a) $\lim_{n\to\infty} P(\max_{1\le i\le k} |X_{ni} - c_i| \ge \epsilon) = 0$

(b) $\underset{n\to\infty}{\text{plim}}\, X_{n1} = c_1, \cdots, \underset{n\to\infty}{\text{plim}}\, X_{nk} = c_k$

[증명] (a) 다차원의 경우에 주어진 $\| X_n - c \|$의 정의로부터

$$\max_{1\le i\le k} |X_{ni}-c_i| \le \| X_n - c \| \le k \max_{1\le i\le k} |X_{ni}-c_i|$$

$$\therefore P(\max_{1\le i\le k} |X_{ni}-c_i| \ge \epsilon) \le P(\| X_n - c \| \ge \epsilon) \le P(\max_{1\le i\le k} |X_{ni}-c_i| \ge \epsilon/k)$$

이로부터 확률수렴의 정의와 조건 (a)가 같은 뜻임을 알 수 있다.

(b) 포함 관계

$$(|X_{ni}-c_i| \ge \epsilon) \subseteq (\max_{1\le i\le k} |X_{ni}-c_i| \ge \epsilon) = \bigcup_{i=1}^{k} (|X_{ni}-c_i| \ge \epsilon)\,(i=1,\cdots,k)$$

로부터 다음의 부등식이 성립한다.

$$\max_{1\le i\le k} P(|X_{ni}-c_i| \ge \epsilon) \le P(\max_{1\le i\le k} |X_{ni}-c_i| \ge \epsilon) \le \sum_{i=1}^{k} P(|X_{ni}-c_i| \ge \epsilon)$$

따라서 (a)와 (b)가 같은 뜻임을 알 수 있다.

정리 5.2.4

다차원 확률변수 $X_1 = (X_{11},\cdots,X_{1k})^t, \cdots, X_n = (X_{n1},\cdots,X_{nk})^t$이 서로 독립이고 동일한 분포를 따르며 $E(X_1) = (E(X_{11}),\cdots,E(X_{1k}))^t$이 정의될 수 있으면[72)]

$$\operatorname*{plim}_{n\to\infty}\frac{1}{n}\sum_{i=1}^{n}X_i = E(X_1)$$

[증명] 일차원 경우에 대수의 법칙과 <정리 5.2.3>으로부터 이 정리는 명백히 성립한다.

예 5.2.4 **표본적률 벡터의 확률수렴**

랜덤표본 $X_1, \cdots, X_n$의 함수로서

$$\widehat{m_r} = \frac{1}{n}\sum_{i=1}^{n}X_i^r$$

을 r차 표본적률(標本積率, sample moment)이라고 하며, 이는 모집단 적률인 $m_r = E(X_1^r)$의 추론에 사용된다. 한편 <정리 1.6.2>로부터 $E(|X_1^k|) < +\infty$이면, 즉 k차 적률 $E(X_1^k)$가 실수로 정의될 수 있으면 더 낮은 차의 적률이 모두 실수로 정의될 수 있는 것을 알고 있다. 따라서 대수의 법칙으로부터 $E(|X_1^k|) < +\infty$이면

$$\operatorname*{plim}_{n\to\infty}\frac{1}{n}\sum_{i=1}^{n}(X_i,\cdots,X_i^k)^t = (E(X_1),\cdots,E(X_1^k))^t$$

이로부터 표본적률의 벡터인

$$(\widehat{m_1},\cdots,\widehat{m_k})^t = \left(\frac{1}{n}\sum_{i=1}^{n}X_i,\cdots,\frac{1}{n}\sum_{i=1}^{n}X_i^k\right)^t = \frac{1}{n}\sum_{i=1}^{n}(X_i,\cdots,X_i^k)^t$$

은 표본크기가 커짐에 따라 그 추측 대상인 모집단의 적률벡터에 한없이 가까이 간다는 것을 알 수 있다.

정리 5.2.5 **연속함수와 확률수렴**

다차원 확률변수 $X_n = (X_{n1},\cdots,X_{nk})^t$이 상수의 벡터 $c = (c_1,\cdots,c_k)^t$로 확률수렴하고 실수값 함수 g가 c에서 연속이면 $g(X_n)$이 $g(c)$로 확률수렴한다. 즉 함수 g가 c에서 연속일 때

$$\operatorname*{plim}_{n\to\infty}X_n = c \text{이면 } \operatorname*{plim}_{n\to\infty}g(X_n) = g(c)$$

---

72) 기댓값의 정의에 따라 이는 $E(|X_{11}|) < +\infty, \cdots, E(|X_{1k}|) < +\infty$임을 뜻한다.

[증명] 함수 g가 c에서 연속이므로, 다음이 성립한다.

$$\forall \epsilon > 0,\ \exists \delta > 0 : (\| x - c \| < \delta \Rightarrow |g(x) - g(c)| < \epsilon)$$

따라서 임의의 양수 ϵ에 대하여 이러한 양수 δ를 선택하면

$$(\| \mathrm{X}_n - c \| < \delta) \subseteq (|g(\mathrm{X}_n) - g(c)| < \epsilon)$$

$$\therefore\ (|g(\mathrm{X}_n) - g(c)| \geq \epsilon) \subseteq (\| \mathrm{X}_n - c \| \geq \delta)$$

$$\therefore\ \mathrm{P}(|g(\mathrm{X}_n) - g(c)| \geq \epsilon) \leq \mathrm{P}(\| \mathrm{X}_n - c \| \geq \delta)$$

그런데 $\operatorname*{plim}_{n\to\infty} \mathrm{X}_n = c$이므로

$$0 \leq \lim_{n\to\infty} \mathrm{P}\ (|g(\mathrm{X}_n) - g(c)| \geq \epsilon) \leq \lim_{n\to\infty} \mathrm{P}(\| \mathrm{X}_n - c \| \geq \delta) = 0$$

정리 5.2.6 확률수렴과 사칙연산[73)]

확률변수 X_n, Y_n $(n=1,2,\cdots)$이 각각 실수 a, b로 확률수렴할 때 다음이 성립한다.

(a) $\operatorname*{plim}_{n\to\infty}(\mathrm{X}_n + \mathrm{Y}_n) = \operatorname*{plim}_{n\to\infty}\mathrm{X}_n + \operatorname*{plim}_{n\to\infty}\mathrm{Y}_n = a + b$

(b) $\operatorname*{plim}_{n\to\infty}(\mathrm{X}_n - \mathrm{Y}_n) = \operatorname*{plim}_{n\to\infty}\mathrm{X}_n - \operatorname*{plim}_{n\to\infty}\mathrm{Y}_n = a - b$

(c) $\operatorname*{plim}_{n\to\infty}(\mathrm{X}_n \times \mathrm{Y}_n) = \operatorname*{plim}_{n\to\infty}\mathrm{X}_n \times \operatorname*{plim}_{n\to\infty}\mathrm{Y}_n = a \times b$

(d) $\operatorname*{plim}_{n\to\infty}(\mathrm{X}_n \div \mathrm{Y}_n) = \operatorname*{plim}_{n\to\infty}\mathrm{X}_n \div \operatorname*{plim}_{n\to\infty}\mathrm{Y}_n = a \div b\ (b \neq 0)$

[증명] <정리 5.2.3>으로부터 이차원 확률변수 $(\mathrm{X}_n, \mathrm{Y}_n)^t$가 벡터$(a,b)^t$로 확률수렴한다. 즉

$$\operatorname*{plim}_{n\to\infty}(\mathrm{X}_n, \mathrm{Y}_n)^t = (a,b)^t$$

따라서 <정리 5.2.5>에 의해 연속인 이변수 함수를 적용하면 확률수렴성이 보존된다.

한편 사칙연산은 이변수 함수로서 그 정의역에서 연속인 함수이므로 이 정리가 성립한다. 구체적으로는 <정리 5.2.5>를 다음 함수들에 적용하면 이 정리의 결과를 얻게 된다.

$$g_1(x,y) = x + y,\ g_2(x,y) = x - y,\ g_3(x,y) = x \times y,\ g_4(x,y) = x \div y$$

---

73) 이 정리에서 확률변수 X_n이나 Y_n이 각각 상수 x_n이나 y_n $(n=1,2,\cdots)$인 경우에도 그 결과가 성립한다. 이는 X_n이나 Y_n이 하나의 값만 갖는 상수의 확률변수들인 경우로 생각할 수 있기 때문이다.

예 5.2.5 표본분산과 표본표준편차의 확률수렴

랜덤표본 $X_1, X_2, \cdots, X_n (n \geq 2)$을 이용하여 모분산에 관한 추론에 사용되는 표본분산

$$S_n^2 = \frac{1}{n-1}\sum_{i=1}^{n}(X_i - \overline{X})^2$$

은 다음과 같이 두 표본적률 $\left(\sum_{i=1}^{n}X_i/n, \sum_{i=1}^{n}X_i^2/n\right)^t$의 함수로 나타낼 수 있다.

$$S_n^2 = \frac{1}{n-1}\sum_{i=1}^{n}(X_i - \overline{X})^2 = \frac{n}{n-1}\left\{\frac{1}{n}\sum_{i=1}^{n}X_i^2 - \left(\frac{1}{n}\sum_{i=1}^{n}X_i\right)^2\right\}$$

한편 <예 5.2.4>에서와 같이 대수의 법칙으로부터, $E(X_1^2) < +\infty$이면

$$\underset{n\to\infty}{\text{plim}}\frac{1}{n}\sum_{i=1}^{n}X_i^2 = E(X_1^2),\ \underset{n\to\infty}{\text{plim}}\frac{1}{n}\sum_{i=1}^{n}X_i = E(X_1)$$

따라서 <정리 5.2.6>으로부터

$$\underset{n\to\infty}{\text{plim}}\,S_n^2 = \underset{n\to\infty}{\text{plim}}\frac{n}{n-1}\left\{\frac{1}{n}\sum_{i=1}^{n}X_i^2 - \left(\frac{1}{n}\sum_{i=1}^{n}X_i\right)^2\right\} = 1\times\left\{E(X_1^2) - [E(X_1)]^2\right\}$$

그러므로 모분산 $\sigma^2 = Var(X_1)$이 양의 실수일 때

$$\underset{n\to\infty}{\text{plim}}\,S_n^2 = \sigma^2$$

또한 표본표준편차는 $S_n = \sqrt{S_n^2}$이고 제곱근함수는 연속함수이므로 <정리 5.2.5>로부터

$$\underset{n\to\infty}{\text{plim}}\,S_n = \sqrt{\underset{n\to\infty}{\text{plim}}\,S_n^2} = \sqrt{\sigma^2} = \sigma$$

다음 정리는 대수의 법칙을 적용하기 어려운 경우에 확률수렴을 밝히는 데 유용하다.

정리 5.2.7

분산이 실수로 정의될 수 있는 확률변수 $X_n (n = 1, 2, \cdots)$에 대하여 다음이 성립한다.

$$\lim_{n\to\infty} Var(X_n) = 0,\ \lim_{n\to\infty} E(X_n) = a \text{ 이면 } \underset{n\to\infty}{\text{plim}}\,X_n = a$$

[증명] <정리 1.6.3>의 마코프 부등식으로부터, 임의의 양수 ϵ에 대하여 다음이 성립한다.

$$\mathrm{P}(|\mathrm{X}_n - a| \geq \epsilon) \leq \mathrm{E}[(\mathrm{X}_n - a)^2]/\epsilon^2$$

한편

$$\mathrm{E}[(\mathrm{X}_n - a)^2] = \mathrm{Var}(\mathrm{X}_n) + \{\mathrm{E}(\mathrm{X}_n) - a\}^2$$

이므로, $\lim_{n\to\infty} \mathrm{Var}(\mathrm{X}_n) = 0,\ \lim_{n\to\infty} \mathrm{E}(\mathrm{X}_n) = a$이면

$$0 \leq \lim_{n\to\infty} \mathrm{P}(|\mathrm{X}_n - a| \geq \epsilon) \leq \lim_{n\to\infty} \mathrm{E}[(\mathrm{X}_n - a)^2]/\epsilon^2 = 0$$

예 5.2.6

균등분포 $\mathrm{U}(0,1)$에서의 랜덤표본 n개에 기초한 순서통계량을 $\mathrm{U}_{(1)} < \cdots < \mathrm{U}_{(n)}$이라고 할 때 $\mathrm{U}_{(n)}$의 확률밀도함수가

$$pdf_{\mathrm{U}_{(n)}}(x) = n x^{n-1} \mathrm{I}_{(0,1)}(x)$$

이므로

$$\mathrm{E}(\mathrm{U}_{(n)}) = \frac{n}{n+1},\ \mathrm{Var}(\mathrm{U}_{(n)}) = \frac{n}{n+2} - \left(\frac{n}{n+1}\right)^2$$

따라서

$$\lim_{n\to\infty} \mathrm{Var}(\mathrm{U}_{(n)}) = 0,\ \lim_{n\to\infty} \mathrm{E}(\mathrm{U}_{(n)}) = 1$$

$$\therefore\ \mathrm{p}\lim_{n\to\infty} \mathrm{U}_{(n)} = 1$$

예 5.2.7 표본분위수의 확률수렴

모집단 분포가 연속형이고 그 누적분포함수 $\mathrm{F}(x)$가 순증가함수[74]일 때 누적확률이 α가 되는 값 $\mathrm{F}^{-1}(\alpha)(0 < \alpha < 1)$를 모집단의 α 분위수(分位數, quantile)라고 한다. 한편 랜덤표본 n개에 기초한 순서통계량을 $\mathrm{X}_{(1)} < \cdots < \mathrm{X}_{(n)}$이라고 할 때

$$r_n \sim \alpha n,\ \text{즉}\ \lim_{n\to\infty} r_n/n = \alpha \quad (0 < \alpha < 1)$$

---

74) 확률적분변환에 관한 <정리 4.3.3>에서와 마찬가지로 누적분포함수가 순증가가 아닌 경우에는 F의 역변환을

$$\mathrm{F}^{-1}(u) = inf\{x : \mathrm{F}(x) \geq u\}(0 \leq u \leq 1)$$

로 정의하고, 일반적으로는 이 역변환을 이용하여 분위수를 정의한다.

를 만족하는 자연수 r_n에 대하여 $X_{(r_n)}$을 표본분위수(標本分位數, sample quantile)[75]라고 한다. 이러한 표본분위수의 분포는 <정리 4.3.4>로부터

$$X_{(r_n)} \overset{d}{\equiv} h\left(\frac{1}{n}Z_1+\cdots+\frac{1}{n-r_n+1}Z_{r_n}\right),\ Z_i \overset{iid}{\sim} \mathrm{Exp}(1)\ (i=1,\cdots,n)$$

와 같이 나타낼 수 있다. 여기에서 h는 $h(y)=F^{-1}(1-e^{-y})\ (y>0)$로 정의된 함수이다.

한편 표준지수분포의 평균과 분산은 1이므로

$$Y_n=\frac{1}{n}Z_1+\cdots+\frac{1}{n-r_n+1}Z_{r_n}$$

이라고 하면

$$E(Y_n)=\frac{1}{n}+\cdots+\frac{1}{n-r_n+1},\ Var(Y_n)=\frac{1}{n^2}+\cdots+\frac{1}{(n-r_n+1)^2}$$

그런데 이들 합을 적분으로 근사하면

$$\frac{1}{n}+\cdots+\frac{1}{n-r_n+1}=\frac{1}{n}\sum_{k=1}^{r_n-1}\frac{1}{1-k/n}\sim\int_0^{\alpha}\frac{1}{1-x}dx=-\log(1-\alpha)$$

$$\frac{1}{n^2}+\cdots+\frac{1}{(n-r_n+1)^2}=\frac{1}{n}\frac{1}{n}\sum_{k=0}^{r_n-1}\frac{1}{(1-k/n)^2}\sim\frac{1}{n}\int_0^{\alpha}\frac{1}{(1-x)^2}dx=\frac{1}{n}\frac{\alpha}{1-\alpha}$$

따라서

$$\lim_{n\to\infty}Var(Y_n)=\lim_{n\to\infty}\frac{1}{n}\frac{\alpha}{1-\alpha}=0,\ \lim_{n\to\infty}E(Y_n)=-\log(1-\alpha)$$

$$\therefore\ \operatorname*{plim}_{n\to\infty}Y_n=\operatorname*{plim}_{n\to\infty}\left(\frac{1}{n}Z_1+\cdots+\frac{1}{n-r_n+1}Z_{r_n}\right)=-\log(1-\alpha)$$

그러므로 함수 $h(y)=F^{-1}(1-e^{-y})\ (y>0)$가 연속인 경우에 <정리 5.2.5>로부터

$$\operatorname*{plim}_{n\to\infty}h\left(\frac{1}{n}Z_1+\cdots+\frac{1}{n-r_n+1}Z_{r_n}\right)=h(-\log(1-\alpha))=F^{-1}(\alpha)$$

이고, <정리 5.2.1>의 필요조건으로부터 이러한 경우에

$$h\left(\frac{1}{n}Z_1+\cdots+\frac{1}{n-r_n+1}Z_{r_n}\right)\underset{n\to\infty}{\overset{d}{\to}}F^{-1}(\alpha)$$

---

75) 표본분위수에 대한 이러한 정의는 표본크기가 충분히 큰 경우에 사용하는 정의이며, 이는 <예 4.1.2>의 표본 중앙값의 정의와 다른 것을 알 수 있다. 이러한 정의는 확률수렴과 같은 극한 성질을 간략히 밝히기 위한 것이며, 일반적인 정의에 따른 표본분위수의 경우에도 모집단의 분위수로 확률수렴하는 것이 알려져 있다.

그런데 $X_{(r_n)} \overset{d}{\equiv} h\left(\frac{1}{n}Z_1 + \cdots + \frac{1}{n-r_n+1}Z_{r_n}\right)$이므로 이러한 경우에

$$X_{(r_n)} \underset{n\to\infty}{\overset{d}{\to}} F^{-1}(\alpha)$$

따라서 누적분포함수의 역함수 F^{-1}이 연속일 때 <정리 5.2.1>의 충분조건으로부터

$$\underset{n\to\infty}{\text{plim}}\, X_{(r_n)} = F^{-1}(\alpha)$$

5.3 극한분포의 계산

정리 5.3.1 슬럿츠키(Slutsky)의 정리

확률변수 X_n, $Y_n (n=1,2,\cdots)$, Z와 실수의 상수 c에 대하여

$$X_n \underset{n\to\infty}{\overset{d}{\to}} Z, \quad \underset{n\to\infty}{\text{plim}}\, Y_n = c$$

이면 다음이 성립한다.

(a) $X_n + Y_n \underset{n\to\infty}{\overset{d}{\to}} Z + c$

(b) $X_n - Y_n \underset{n\to\infty}{\overset{d}{\to}} Z - c$

(c) $Y_n X_n \underset{n\to\infty}{\overset{d}{\to}} cZ$

(d) $X_n / Y_n \underset{n\to\infty}{\overset{d}{\to}} Z/c \quad (c \neq 0)$

[증명] 이 정리는 일반적인 경우에 성립하지만 여기에서는 Z의 누적분포함수가 연속함수인 경우만 증명하기로 한다.

(a) 임의의 양수 ϵ에 대하여

$$\begin{aligned} P(X_n + Y_n \le z) &= P(X_n + Y_n \le z, |Y_n - c| < \epsilon) \\ &\quad + P(X_n + Y_n \le z, |Y_n - c| \ge \epsilon) \\ &\le P(X_n \le z - c + \epsilon) + P(|Y_n - c| \ge \epsilon) \end{aligned}$$

그런데 $X_n \underset{n\to\infty}{\overset{d}{\to}} Z$, $\underset{n\to\infty}{\text{plim}}\, Y_n = c$이므로

$$\overline{\lim_{n\to\infty}} P(X_n + Y_n \le z) \le P(Z \le z - c + \epsilon) \underset{\epsilon \downarrow 0}{\to} P(Z + c \le z)$$

한편 같은 방법으로 부등식

$$\mathrm{P}(\mathrm{X}_n+\mathrm{Y}_n>z)=\mathrm{P}(\mathrm{X}_n+\mathrm{Y}_n>z, |\mathrm{Y}_n-c|<\epsilon)+\mathrm{P}(\mathrm{X}_n+\mathrm{Y}_n>z, |\mathrm{Y}_n-c|\geq\epsilon)$$
$$\leq \mathrm{P}(\mathrm{X}_n>z-c-\epsilon)+\mathrm{P}(|\mathrm{Y}_n-c|\geq\epsilon)$$

으로부터 주어진 조건하에서

$$\overline{\lim_{n\to\infty}}\mathrm{P}(\mathrm{X}_n+\mathrm{Y}_n>z)\leq\mathrm{P}(\mathrm{Z}>z-c-\epsilon)$$

따라서 Z의 누적분포함수가 연속함수라는 추가 조건하에서

$$\underline{\lim_{n\to\infty}}\mathrm{P}(\mathrm{X}_n+\mathrm{Y}_n\leq z)\geq\mathrm{P}(\mathrm{Z}\leq z-c-\epsilon)\underset{\epsilon\downarrow 0}{\to}\mathrm{P}(\mathrm{Z}+c\leq z)$$

그러므로 $\mathrm{X}_n\underset{n\to\infty}{\overset{d}{\to}}\mathrm{Z}$, $\operatorname*{plim}_{n\to\infty}\mathrm{Y}_n=c$이면 Z의 누적분포함수가 연속함수라는 추가 조건하에서

$$\lim_{n\to\infty}\mathrm{P}(\mathrm{X}_n+\mathrm{Y}_n\leq z)=\mathrm{P}(\mathrm{Z}+c\leq z),\ \text{즉}\ \mathrm{X}_n+\mathrm{Y}_n\underset{n\to\infty}{\overset{d}{\to}}\mathrm{Z}+c$$

(b) $\operatorname*{plim}_{n\to\infty}\mathrm{Y}_\mathrm{n}=\mathrm{c}$ 이면 $\operatorname*{plim}_{n\to\infty}(-\mathrm{Y}_n)=-c$이고 (a)가 성립하므로 (b)도 성립한다.

(c) 첫째로 $c=0$인 경우를 먼저 생각해보자. 이 경우에는 임의의 양수 ϵ에 대하여

$$\mathrm{P}(|\mathrm{Y}_n\mathrm{X}_n|\geq\epsilon)=\mathrm{P}(|\mathrm{Y}_n\mathrm{X}_n|\geq\epsilon, |\mathrm{X}_n|>k)+\mathrm{P}(|\mathrm{Y}_n\mathrm{X}_n|\geq\epsilon, |\mathrm{X}_n|\leq k)$$
$$\leq\mathrm{P}(|\mathrm{X}_n|>k)+\mathrm{P}(k|\mathrm{Y}_n|\geq\epsilon)$$
$$\leq\mathrm{P}(\mathrm{X}_n>k)+\mathrm{P}(\mathrm{X}_n\leq-k)+\mathrm{P}(|\mathrm{Y}_n|\geq\epsilon/k),\ \forall k>0$$

따라서 $\mathrm{X}_n\underset{n\to\infty}{\overset{d}{\to}}\mathrm{Z}$, $\operatorname*{plim}_{n\to\infty}\mathrm{Y}_n=0$이면 Z의 누적분포함수가 연속함수라는 추가 조건하에서

$$0\leq\lim_{n\to\infty}\mathrm{P}(|\mathrm{Y}_n\mathrm{X}_n|\geq\epsilon)\leq\mathrm{P}(\mathrm{Z}>k)+\mathrm{P}(\mathrm{Z}\leq-k)\underset{k\uparrow\infty}{\to}0\ \therefore\ \operatorname*{plim}_{n\to\infty}\mathrm{Y}_n\mathrm{X}_n=0$$

다음에는 일반적인 c의 경우를 생각해보자. 이 경우에는 주어진 조건이

$$\operatorname*{plim}_{n\to\infty}(\mathrm{Y}_n-c)=0,\ \mathrm{X}_n\underset{n\to\infty}{\overset{d}{\to}}\mathrm{Z}$$

이므로 첫 번째 경우의 증명에 따라 주어진 조건이 성립하면

$$\operatorname*{plim}_{n\to\infty}(\mathrm{Y}_n-c)\mathrm{X}_n=0$$

또한 Z의 누적분포함수에 대한 추가 조건하에서 명백히 $\mathrm{cX}_n\underset{n\to\infty}{\overset{d}{\to}}c\mathrm{Z}$이므로 (a)로부터

$$\mathrm{Y}_n\mathrm{X}_n=(\mathrm{Y}_n-c)\mathrm{X}_n+c\mathrm{X}_n\underset{n\to\infty}{\overset{d}{\to}}0+c\mathrm{Z}=c\mathrm{Z}$$

(d) $\underset{n\to\infty}{\text{plim}}\, Y_n = c\ (c \neq 0)$이면 $\underset{n\to\infty}{\text{plim}}\, 1/Y_n = 1/c$이고 (c)가 성립하므로 (d)도 성립한다.

예 5.3.1 스튜던트화 된 표본평균의 극한분포

모평균이 μ이고 모표준편차가 $\sigma\ (0 < \sigma < +\infty)$인 모집단에서의 랜덤표본 n개로부터의 표본평균과 표본표준편차를 각각 $\overline{X_n}$, S_n이라고 할 때

$$\frac{\overline{X_n} - \mu}{S_n / \sqrt{n}}$$

를 스튜던트화(Studentized) 된 표본평균이라고 한다. 한편 중심극한정리와 <예 5.2.5>로부터

$$\frac{\overline{X_n} - \mu}{\sigma / \sqrt{n}} \underset{n\to\infty}{\overset{d}{\to}} Z,\ Z \sim N(0,1)\text{이고 } \underset{n\to\infty}{\text{plim}}\, S_n = \sigma$$

이므로 슬럿츠키의 정리로부터

$$\frac{\overline{X_n} - \mu}{S_n / \sqrt{n}} = \frac{\overline{X_n} - \mu}{\sigma / \sqrt{n}} \Big/ \frac{S_n}{\sigma} \underset{n\to\infty}{\overset{d}{\to}} Z/1 = Z,\ Z \sim N(0,1)$$

특히, 모집단의 분포가 정규분포인 경우에는 스튜던트화 된 표본평균은 자유도가 $n-1$인 t 분포를 따르므로 위의 결과는 자유도가 충분히 큰 t 분포는 표준정규분포로 근사된다는 것을 뜻하며 이를 기호로 다음과 같이 나타내기도 한다.

$$t(n-1) \approx N(0,1),\ n\to\infty$$

또한 모집단의 분포가 무엇이든 양수의 분산이 정의될 수만 있으면

$$\lim_{n\to\infty} P\left(-z_{\alpha/2} < \frac{\overline{X_n} - \mu}{S_n / \sqrt{n}} \leq z_{\alpha/2}\right) = 1 - \alpha$$

$$\therefore\ P\left\{\overline{X_n} - z_{\alpha/2} S_n / \sqrt{n} \leq \mu < \overline{X_n} + z_{\alpha/2} S_n / \sqrt{n}\right\} \simeq 1 - \alpha,\ n\to\infty$$

이므로, 모평균 μ에 관한 $100(1-\alpha)\%$ 점근(漸近, asymptotic) 신뢰구간이 다음과 같이 주어진다.

$$\mu \in [\overline{X_n} - z_{\alpha/2} S_n / \sqrt{n},\ \overline{X_n} + z_{\alpha/2} S_n / \sqrt{n})$$

예 5.3.2 표본분산의 극한분포

모평균이 μ이고 모표준편차가 $\sigma\,(0<\sigma<+\infty)$인 모집단에서의 랜덤표본 n개로부터의 표본분산 S_n^2의 표본분포에 대하여 생각해보자. 표본평균을 $\overline{X_n}$라고 하면

$$S_n^2=\frac{1}{n-1}\sum_{i=1}^{n}[(X_i-\mu)-(\overline{X_n}-\mu)]^2=\frac{n}{n-1}\left\{\frac{1}{n}\sum_{i=1}^{n}(X_i-\mu)^2-(\overline{X_n}-\mu)^2\right\}$$

한편 $Y_i=(X_i-\mu)^2\,(i=1,\cdots,n)$이라고 하면 이들은 서로 독립이고 동일한 분포를 따르므로, 중심극한정리로부터 $Var(Y_1)<+\infty$일 때

$$\sqrt{n}\left(\frac{1}{n}\sum_{i=1}^{n}Y_i-E(Y_1)\right)\underset{n\to\infty}{\overset{d}{\to}}W,\ W\sim N(0,Var(Y_1))$$

그런데

$$E(Y_1)=\sigma^2,\ Var(Y_1)=E(Y_1^2)-(EY_1)^2=E[(X_1-\mu)^4]-\sigma^4$$

이므로 $E[(X_1-\mu)^4]<+\infty$일 때

$$\sqrt{n}\left\{\frac{1}{n}\sum_{i=1}^{n}(X_i-\mu)^2-\sigma^2\right\}\underset{n\to\infty}{\overset{d}{\to}}W,\ W\sim N(0,E[(X_1-\mu)^4]-\sigma^4)$$

임을 알 수 있다.

또한 중심극한정리와 대수의 법칙으로부터

$$\sqrt{n}(\overline{X_n}-\mu)\underset{n\to\infty}{\overset{d}{\to}}Z,\ Z\sim N(0,\sigma^2),\ \underset{n\to\infty}{\operatorname{plim}}(\overline{X_n}-\mu)=0$$

이므로 슬럿츠키의 정리와 <정리 5.2.1>로부터

$$\sqrt{n}(\overline{X_n}-\mu)(\overline{X_n}-\mu)\underset{n\to\infty}{\overset{d}{\to}}0\times Z=0,\ Z\sim N(0,\sigma^2)$$

$$\therefore\ \underset{n\to\infty}{\operatorname{plim}}\sqrt{n}(\overline{X_n}-\mu)^2=0$$

따라서 $E[(X_1-\mu)^4]<+\infty$일 때, $W\sim N(0,E[(X_1-\mu)^4]-\sigma^4)$라고 하면

$$\sqrt{n}\left(\frac{1}{n}\sum_{i=1}^{n}(X_i-\overline{X_n})^2-\sigma^2\right)$$

$$=\sqrt{n}\left\{\frac{1}{n}\sum_{i=1}^{n}(X_i-\mu)^2-\sigma^2\right\}-\sqrt{n}(\overline{X_n}-\mu)^2\underset{n\to\infty}{\overset{d}{\to}}W-0=W$$

그러므로 $E[(X_1-\mu)^4]<+\infty$일 때 $\rho_4=E\left[\left(\frac{X_1-\mu}{\sigma}\right)^4\right]-3$이라고 하면[76)]

$$\sqrt{n}\,(\mathrm{S}_n^2-\sigma^2)$$

$$=\sqrt{n}\left\{\frac{1}{n}\sum_{i=1}^{n}(\mathrm{X}_i-\overline{\mathrm{X}})^2-\sigma^2\right\}+\frac{1}{\sqrt{n}}\mathrm{S}_n^2 \underset{n\to\infty}{\overset{d}{\to}} \mathrm{W},\ \mathrm{W}\sim \mathrm{N}(0,(\rho_4+2)\sigma^4)$$

통계량의 극한분포를 구할 때 많은 경우에 <예 5.3.1>과 <예 5.3.2>에서와 같이 중심극한정리를 이용하게 된다. 이러한 경우에 흔히 <정리 5.1.2>에 주어진 다차원 확률변수에 대한 중심극한정리를 이용하게 된다. 이와 같은 다차원 확률변수에 대한 극한분포의 정의는 다음과 같다.

다차원 경우의 극한분포:

다차원 확률변수의 열 $\mathrm{X}_n=(\mathrm{X}_{n1},\cdots,\mathrm{X}_{nk})^t$ $(n=1,2,\cdots)$과 $\mathrm{Z}=(\mathrm{Z}_1,\cdots,\mathrm{Z}_k)^t$ 에 대하여

$$\lim_{n\to\infty}\mathrm{P}(\mathrm{X}_{n1}\le x_1,\cdots,\mathrm{X}_{nk}\le x_k)=\mathrm{P}(\mathrm{Z}_1\le x_1,\cdots,\mathrm{Z}_k\le x_k)^{77)}$$

가 $\mathrm{Z}=(\mathrm{Z}_1,\cdots,\mathrm{Z}_k)^t$의 결합누적분포함수 $cdf_{\mathrm{Z}}(x_1,\cdots,x_k)$가 연속인 모든 점 $x=(x_1,\cdots,x_k)^t$에서 성립할 때, $\mathrm{Z}=(\mathrm{Z}_1,\cdots,\mathrm{Z}_k)^t$ 의 분포를 $\mathrm{X}_n=(\mathrm{X}_{n1},\cdots,\mathrm{X}_{nk})^t$분포들의 극한분포 또는 점근분포라고 하며 기호로는 일차원의 경우와 마찬가지로 다음과 같이 나타낸다.

$$\mathrm{X}_n \underset{n\to\infty}{\overset{d}{\to}} \mathrm{Z} \text{ 또는 } (\mathrm{X}_{n1},\cdots,\mathrm{X}_{nk})^t \underset{n\to\infty}{\overset{d}{\to}} (\mathrm{Z}_1,\cdots,\mathrm{Z}_k)^t$$

정리 5.3.2 연속함수와 극한분포

다차원 확률변수 $\mathrm{X}_n=(\mathrm{X}_{n1},\cdots,\mathrm{X}_{nk})^t$ $(n=1,2\cdots)$과 $\mathrm{Z}=(\mathrm{Z}_1,\cdots,\mathrm{Z}_k)^t$에 대하여

$$(\mathrm{X}_{n1},\cdots,\mathrm{X}_{nk})^t \underset{n\to\infty}{\overset{d}{\to}} (\mathrm{Z}_1,\cdots,\mathrm{Z}_k)^t$$

일 때, 연속함수 g에 대하여

$$g(\mathrm{X}_n) \underset{n\to\infty}{\overset{d}{\to}} g(\mathrm{Z})$$

[증명] 이 정리의 증명은 이 책의 수준을 넘으므로 생략한다.

---

76) 여기에서 정의된 ρ_4를 모집단의 첨예도(尖銳度, kurtosis)라고 하며 이는 모집단 분포가 평균 부근에 밀집되어 있는 정도를 나타내는 측도이고, 모집단의 분포가 정규분포인 경우에 첨예도는 0이다.

77) 이러한 결합확률을 간략히 $\mathrm{P}(\mathrm{Z}_1\le x_1,\cdots,\mathrm{Z}_k\le x_k)=\mathrm{P}(\mathrm{Z}\le x)$ 로 나타내기로 한다.

예 5.3.3 이항분포와 카이제곱근사

이항분포의 정규근사로부터 $X_n \sim B(n,p)\,(0<p<1)$일 때

$$\frac{X_n - np}{\sqrt{np(1-p)}} \xrightarrow[n\to\infty]{d} Z,\ Z \sim N(0,1)$$

또한 제곱 함수는 연속함수이므로 <정리 5.3.2>로부터

$$\left(\frac{X_n - np}{\sqrt{np(1-p)}}\right)^2 \xrightarrow[n\to\infty]{d} Z^2,\ Z \sim N(0,1)$$

$$\therefore\ \frac{(X_n - np)^2}{np(1-p)} \xrightarrow[n\to\infty]{d} W,\ W \sim \chi^2(1)$$

한편, $X_{n1} = X_n,\ X_{n2} = n - X_n,\ p_1 = p,\ p_2 = 1-p$ 라고 하면

$$(X_{n1}, X_{n2})^t \sim \mathrm{Multi}(n, (p_1, p_2)^t)$$

이고 다음 등식이 성립함을 알 수 있다.

$$\begin{aligned}\frac{(X_{n1}-np_1)^2}{np_1} + \frac{(X_{n2}-np_2)^2}{np_2} &= \frac{(X_n - np)^2}{np} + \frac{(n - X_n - n(1-p))^2}{n(1-p)} \\ &= \frac{(X_n - np)^2}{np(1-p)}\end{aligned}$$

따라서 $(X_{n1}, X_{n2})^t \sim \mathrm{Multi}(n, (p_1, p_2)^t)$ 이고

$$\sum_{j=1}^{2} \frac{(X_{nj} - np_j)^2}{np_j} \xrightarrow[n\to\infty]{d} W,\ W \sim \chi^2(1)$$

예 5.3.4 다항분포와 카이제곱근사

<예 5.3.3>을 일반화 하여

$(X_{n1}, \cdots, X_{nk})^t \sim \mathrm{Multi}(n, (p_1, \cdots, p_k)^t)\,(p_1 + \cdots + p_k = 1,\ p_i > 0,\ i = 1, \cdots, k)$

일 때 다음과 같은 카이제곱근사가 성립하는 것을 알아보자.

$$\sum_{j=1}^{k} \frac{(X_{nj} - np_j)^2}{np_j} \xrightarrow[n\to\infty]{d} W,\ W \sim \chi^2(k-1)$$

여기에서 $X_n = (X_{n1}, \cdots, X_{nk})^t,\ p = (p_1, \cdots, p_k)^t$ 라고 하면 <예 5.1.2>에서와 같이 다차원 경우의 중심극한정리로부터

$$(X_n - np)/\sqrt{n} \xrightarrow[n\to\infty]{d} X,\ X \sim N_k(0, D(p_j) - pp^t)$$

이제 <정리 5.3.2>를 이용하여 이 결과를 밝히기 위하여

$$\mathrm{Y}_{nj} = \mathrm{X}_{nj},\ \mu_j = p_j\,(j = 1,\cdots,r),\ \mathrm{Y}_n = (\mathrm{Y}_{n1},\cdots,\mathrm{Y}_{nr})^t,$$
$$\mu = (\mu_1,\cdots,\mu_r)^t,\ r = k-1$$

이라고 하고, $\mu_1,\ \cdots,\ \mu_r$을 대각원소로 하는 대각행렬을 $D(\mu_j)$라고 하면

$$(\mathrm{Y}_n - n\mu)/\sqrt{n} \underset{n\to\infty}{\overset{d}{\to}} \mathrm{Z},\ \mathrm{Z} \sim \mathrm{N}_r(0,\Sigma),\ \Sigma = D(\mu_j) - \mu\mu^t$$

또한 이차형식 $z^t\Sigma^{-1}z$은 연속함수이므로 <정리 5.3.2>로부터

$$\left\{(\mathrm{Y}_n - n\mu)/\sqrt{n}\right\}^t\Sigma^{-1}\left\{(\mathrm{Y}_n - n\mu)/\sqrt{n}\right\} \underset{n\to\infty}{\overset{d}{\to}} \mathrm{Z}^t\Sigma^{-1}\mathrm{Z},\ \mathrm{Z}\sim\mathrm{N}_r(0,\Sigma)$$

<정리 4.4.5>로부터 $\mathrm{Z}\sim\mathrm{N}_r(0,\Sigma)$이면 $\mathrm{Z}^t\Sigma^{-1}\mathrm{Z}\sim\chi^2(r)$, $r = k-1$이므로

$$\left\{(\mathrm{Y}_n - n\mu)/\sqrt{n}\right\}^t\Sigma^{-1}\left\{(\mathrm{Y}_n - n\mu)/\sqrt{n}\right\} \underset{n\to\infty}{\overset{d}{\to}} \mathrm{W},\ \mathrm{W}\sim\chi^2(k-1)$$

한편 <예 4.4.5>에서와 같이 특수한 형태의 행렬에 관한 연산[78]을 이용하여 계산하면

$$\Sigma^{-1} = (D(\mu_j) - \mu\mu^t)^{-1} = (\mathrm{I} - D^{-1}(\mu_j)\mu\mu^t)^{-1}D^{-1}(\mu_j) = D^{-1}(\mu_j) + \frac{1}{p_k}11^t$$

이므로

$$\left\{(\mathrm{Y}_n - n\mu)/\sqrt{n}\right\}^t\Sigma^{-1}\left\{(\mathrm{Y}_n - n\mu)/\sqrt{n}\right\} = \sum_{j=1}^{k-1}\frac{(\mathrm{Y}_{nj} - n\mu_j)^2}{n\mu_j} + \frac{(\mathrm{X}_{nk} - np_k)^2}{np_k}$$
$$\therefore\ \sum_{j=1}^{k}\frac{(\mathrm{X}_{nj} - np_j)^2}{np_j} \underset{n\to\infty}{\overset{d}{\to}} \mathrm{W},\ \mathrm{W}\sim\chi^2(k-1)$$

정리 5.3.3 일차근사를 이용한 극한분포 계산

다차원 확률변수 $\mathrm{X}_n = (\mathrm{X}_{n1},\cdots,\mathrm{X}_{nk})^t\,(n = 1,2,\cdots)$, $\mathrm{Z} = (\mathrm{Z}_1,\cdots,\mathrm{Z}_k)^t$와 벡터 $\theta = (\theta_1,\cdots,\theta_k)^t$에 대하여

$$\sqrt{n}(\mathrm{X}_n - \theta) \underset{n\to\infty}{\overset{d}{\to}} \mathrm{Z}$$

이고 함수 $g(\theta)$의 일차편도함수[79] $\dot{g}(\theta)$가 연속함수이면 다음이 성립한다.

$$\sqrt{n}(g(\mathrm{X}_n) - g(\theta)) \underset{n\to\infty}{\overset{d}{\to}} (\dot{g}(\theta))^t\mathrm{Z}$$

---

78) (부록 II 참조) 벡터 a, b에 대하여 $1 + b^ta \neq 0$이면

$$(\mathrm{I} + ab^t)^{-1} = \mathrm{I} + cab^t,\ c = -1/(1 + b^ta)$$

79) 일차원 경우에는 $\dot{g}(\theta) = dg(\theta)/d\theta$, 다차원 경우에는 $\dot{g}(\theta) = (\partial g(\theta)/\partial\theta_1,\cdots,\partial g(\theta)/\partial\theta_k)^t$

[증명] 다차원의 경우도 일차원 경우와 마찬가지이므로 일차원의 경우만 증명하기로 한다.

함수 $g(\theta)$가 미분가능하므로 다음을 만족하는 $r(x)(=r_\theta(x))$가 존재한다.

$$g(x)=g(\theta)+\{\dot{g}(\theta)+r(x)\}(x-\theta),\ r(x)\underset{x\to\theta}{\to}0$$

여기에서 잉여항의 $r(x)$에 대한 조건으로부터 다음이 성립하는 것을 알 수 있다.

$$\forall\epsilon>0,\ \exists\delta>0:(|x-\theta|<\delta\Rightarrow|r(x)|<\epsilon)$$

따라서 임의의 양수 ϵ에 대하여 이러한 양수 δ를 선택하면

$$(|X_n-\theta|<\delta)\subseteq(|r(X_n)|<\epsilon),\text{즉 }(|r(X_n)|\ge\epsilon)\subseteq(|X_n-\theta|\ge\delta)$$

$$\therefore P(|r(X_n)|\ge\epsilon)\le P(|X_n-\theta|\ge\delta)$$

한편 $\sqrt{n}(X_n-\theta)\underset{n\to\infty}{\overset{d}{\to}}Z$이므로 슬럿츠키의 정리와 <정리 5.2.1>로부터

$$X_n-\theta=\frac{1}{\sqrt{n}}\times\sqrt{n}(X_n-\theta)\underset{n\to\infty}{\overset{d}{\to}}0\times Z=0$$

$$\therefore \underset{n\to\infty}{\text{plim}}\,X_n=\theta,\text{ 즉 }\lim_{n\to\infty}P(|X_n-\theta|\ge\delta)=0$$

$$\therefore 0\le\lim_{n\to\infty}P(|r(X_n)|\ge\epsilon)\le\lim_{n\to\infty}P(|X_n-\theta|\ge\delta)=0,\text{즉 }\underset{n\to\infty}{\text{plim}}\,r(X_n)=0$$

따라서

$$\sqrt{n}(g(X_n)-g(\theta))=(\dot{g}(\theta)+r(X_n))\sqrt{n}(X_n-\theta),\ \underset{n\to\infty}{\text{plim}}(\dot{g}(\theta)+r(X_n))=\dot{g}(\theta)$$

그러므로 슬럿츠키의 정리로부터 $\sqrt{n}(g(X_n)-g(\theta))\underset{n\to\infty}{\overset{d}{\to}}\dot{g}(\theta)Z$

예 5.3.5 표본표준편차의 극한분포

모평균이 μ이고 모표준편차가 $\sigma\ (0<\sigma<+\infty)$인 모집단에서의 랜덤표본 n개로부터의 표본분산을 S_n^2이라고 할 때, $E[(X_1-\mu)^4]<+\infty$라는 조건하에서 다음과 같이 표본분산의 극한분포가 주어지는 것은 <예 5.3.2>에서 알아보았다.

$$\sqrt{n}(S_n^2-\sigma^2)\underset{n\to\infty}{\overset{d}{\to}}W,\ W\sim N(0,(\rho_4+2)\sigma^4),\ \rho_4=E\left[\left(\frac{X_1-\mu}{\sigma}\right)^4\right]-3$$

표본표준편차 S_n은 표본분산의 제곱근 $\sqrt{S_n^2}$이고 제곱근함수 $g(x)=\sqrt{x}$의 도함수가 $\dot{g}(x)=1/(2\sqrt{x})$이므로, <정리 5.3.3>으로부터 $E[(X_1-\mu)^4]<+\infty$라는 조건하에서

$$\sqrt{n}\,(\sqrt{S_n^2}-\sqrt{\sigma^2})\ \underset{n\to\infty}{\overset{d}{\to}}\ \frac{1}{2\sqrt{\sigma^2}}W,\ W \sim N(0, (\rho_4+2)\sigma^4)$$

$$\therefore\ \sqrt{n}\,(S_n-\sigma)\ \underset{n\to\infty}{\overset{d}{\to}}\ Z,\ Z\sim N(0, (\rho_4+2)\sigma^2/4)$$

예 5.3.6 표본상관계수의 극한분포

모평균이 각각 μ_1, μ_2이고 모분산이 각각 σ_1^2, $\sigma_2^2(0<\sigma_1<+\infty,$ $0<\sigma_2<+\infty)$이며 모상관계수가 $\rho\,(-1<\rho<1)$인 이변량의 모집단에서의 랜덤표본을 $(X_1, Y_1)^t$, $\cdots$, $(X_n, Y_n)^t\,(n>2)$이라고 할 때, 모상관계수의 추측에 사용되는 표본상관계수(標本相關係數, sample correlation coefficient)는 다음과 같이 정의된다.

$$\widehat{\rho_n}=\frac{\sum_{i=1}^{n}(X_i-\overline{X})(Y_i-\overline{Y})}{\sqrt{\sum_{i=1}^{n}(X_i-\overline{X})^2}\sqrt{\sum_{i=1}^{n}(Y_i-\overline{Y})^2}}$$

이러한 표본상관계수의 표현에서 X_i, Y_i 대신 각각 $\dfrac{X_i-\mu_1}{\sigma_1}$, $\dfrac{Y_i-\mu_2}{\sigma_2}$를 대입하여도 그 값에 변화가 없는 것을 알 수 있다. 따라서 표본상관계수의 표본분포를 구할 때에는

$$\mu_1=0,\ \mu_2=0,\ \sigma_1=1,\ \sigma_2=1$$

이라고 가정해도 좋다. 또한 간략한 표현을 위하여

$$\overline{X_n}=\sum_{i=1}^{n}X_i/n,\ \overline{Y_n}=\sum_{i=1}^{n}Y_i/n,\ \overline{(XY)_n}=\sum_{i=1}^{n}X_iY_i/n$$
$$\overline{(X^2)_n}=\sum_{i=1}^{n}X_i^2/n,\ \overline{(Y^2)_n}=\sum_{i=1}^{n}Y_i^2/n$$

라고 하면, 함수 $g(t_1, t_2, t_3, t_4, t_5)=(t_3-t_1t_2)(t_4-t_1^2)^{-1/2}(t_5-t_2^2)^{-1/2}$에 대하여

$$\widehat{\rho_n}=\frac{\overline{(XY)_n}-\overline{X_n}\,\overline{Y_n}}{\sqrt{\overline{(X^2)_n}-(\overline{X_n})^2}\sqrt{\overline{(Y^2)_n}-(\overline{Y_n})^2}}=g(\overline{X_n}, \overline{Y_n}, \overline{(XY)_n}, \overline{(X^2)_n}, \overline{(Y^2)_n})$$

와 같이 표본상관계수를 $(X_i, Y_i, X_iY_i, X_i^2, Y_i^2)^t\,(i=1,\cdots,n)$의 평균의 함수로 나타낼 수 있다.

또한 $Z_i=(X_i, Y_i, X_iY_i, X_i^2, Y_i^2)^t\,(i=1,\cdots,n)$이라고 하면 $Z_i\,(i=1,\cdots,n)$는

서로 독립이고 동일한 분포를 따르는 5차원의 확률변수이므로 그 분산행렬이 존재할 때 다음이 성립한다.

$$\sqrt{n}\left(\frac{1}{n}\sum_{i=1}^{n} Z_i - E(Z_1)\right) \xrightarrow[n\to\infty]{d} V, \ V \sim N_5(0, Var(Z_1))$$

한편 추가된 가정으로부터

$$E(Z_1) = (0,0,\rho,1,1)^t, \ \rho = g(0,0,\rho,1,1) = g(E(Z_1))$$

이고 함수 $g(t_1, t_2, t_3, t_4, t_5) = (t_3 - t_1 t_2)(t_4 - t_1^2)^{-1/2}(t_5 - t_2^2)^{-1/2}$의 편도함수들이 연속이므로, <정리 5.3.3>으로부터 분산행렬 $Var(Z_1)$이 존재할 때[80] $\theta = E(Z_1) = (0,0,\rho,1,1)^t$라고 하면

$$\sqrt{n}(\hat{\rho}_n - \rho) = \sqrt{n}\left(g\left(\frac{1}{n}\sum_{i=1}^{n} Z_i\right) - g(\theta)\right) \xrightarrow[n\to\infty]{d} (\dot{g}(\theta))^t V, \ V \sim N_5(0, Var(Z_1))$$

여기에서 함수 g의 일차편도함수를 구하여 계산하면

$$\dot{g}(\theta) = \dot{g}(0,0,\rho,1,1) = (0, 0, 1, -\rho/2, -\rho/2)^t$$

이고

$$(\dot{g}(\theta))^t V \sim N(0, (\dot{g}(\theta))^t Var(Z_1)(\dot{g}(\theta))) = N(0, Var[(\dot{g}(\theta))^t Z_1])$$

$$(\dot{g}(\theta))^t Z_1 = X_1 Y_1 - \frac{\rho}{2} X_1^2 - \frac{\rho}{2} Y_1^2$$

이므로, $E(X_1^4) < +\infty$, $E(Y_1^4) < +\infty$일 때

$$\sqrt{n}(\hat{\rho}_n - \rho) \xrightarrow[n\to\infty]{d} W, \ W \sim N\left(0, Var\left(X_1 Y_1 - \frac{\rho}{2} X_1^2 - \frac{\rho}{2} Y_1^2\right)\right)$$

예 5.3.7 표본상관계수와 분산안정변환

<예 5.3.6>에서 이변량 정규분포 $N(\mu_1, \mu_2; \sigma_1^2, \sigma_2^2, \rho)$ $(\sigma_1 > 0, \ \sigma_2 > 0, -1 < \rho < 1)$가 모집단의 분포일 때 표본상관계수의 극한분포에 대하여 알아보자. 이 경우에는 <예 4.4.3>으로부터

$$Y_1 - \rho X_{1|X_1 = x_1} \sim N(0, 1-\rho^2)$$

으로서 조건부분포가 조건 $X_1 = x_1$에 의존하지 않으므로 $Y_1 - \rho X_1$은 X_1과 서로 독립이다. 따라서 $\mu_1 = \mu_2 = 0, \sigma_1 = \sigma_2 = 1$ 인 경우에

80) $Z_1 = (X_1, Y_1, X_1 Y_1, X_1^2, Y_1^2)^t$이므로 <정리 1.6.2>로부터 $E(X_1^4) < +\infty$, $E(Y_1^4) < +\infty$이면 Z_1의 분산행렬이 존재하는 것을 알 수 있다.

$$\mathrm{T} = \frac{\mathrm{Y}_1 - \rho \mathrm{X}_1}{\sqrt{1-\rho^2}}$$

이라고 하면, X_1과 T는 서로 독립이고 각각 표준정규분포 $\mathrm{N}(0,1)$을 따른다.

한편 $\mathrm{Y}_1 = \rho \mathrm{X}_1 + \sqrt{1-\rho^2}\,\mathrm{T}$를 대입하여 정리하면

$$\mathrm{X}_1\mathrm{Y}_1 - \frac{\rho}{2}\mathrm{X}_1^2 - \frac{\rho}{2}\mathrm{Y}_1^2 = \frac{\rho}{2}(1-\rho^2)\mathrm{X}_1^2 + (1-\rho^2)^{3/2}\mathrm{X}_1\mathrm{T} - \frac{\rho}{2}(1-\rho^2)\mathrm{T}^2$$

이고, 이 표현을 이용하여 계산하면 $\mu_1 = \mu_2 = 0, \sigma_1 = \sigma_2 = 1$인 경우에

$$\mathrm{Var}\left(\mathrm{X}_1\mathrm{Y}_1 - \frac{\rho}{2}\mathrm{X}_1^2 - \frac{\rho}{2}\mathrm{Y}_1^2\right) = (1-\rho^2)^2$$

$$\therefore\ \sqrt{n}\,(\hat{\rho}_n - \rho) \underset{n\to\infty}{\overset{d}{\to}} \mathrm{W},\ \mathrm{W} \sim \mathrm{N}(0, (1-\rho^2)^2)$$

여기에서 표본상관계수 $\hat{\rho}_n$의 함수 $g(\hat{\rho}_n)$의 극한분포를 구해보면 <정리 5.3.3>으로부터

$$\sqrt{n}\,(g(\hat{\rho}_n) - g(\rho)) \underset{n\to\infty}{\overset{d}{\to}} \dot{g}(\rho)\mathrm{W},\ \dot{g}(\rho)\mathrm{W} \sim \mathrm{N}(0, [\dot{g}(\rho)]^2(1-\rho^2)^2)$$

이 때 극한분포의 분산을 ρ에 의존하지 않게 하는 $g(\hat{\rho}_n)$을 $\hat{\rho}_n$의 분산안정변환(分散安定變換, variance syabilizing transformation)이라고 한다. 특히

$$g(\hat{\rho}_n) = \frac{1}{2}\log\frac{1+\hat{\rho}_n}{1-\hat{\rho}_n}$$

은 피셔의 변환이라고 불리우며 $[\dot{g}(\rho)]^2(1-\rho^2)^2 = 1$이 되어 극한분포가 $\mathrm{N}(0,1)$이 된다. 즉

$$\sqrt{n}\,(g(\hat{\rho}_n) - g(\rho)) \underset{n\to\infty}{\overset{d}{\to}} \mathrm{Z},\ \mathrm{Z} \sim \mathrm{N}(0,1)$$

예 5.3.8 표본분위수의 극한분포

<예 5.2.7>에서는 표본분위수 $\mathrm{X}_{(r_n)}\,(r_n \underset{n\to\infty}{\sim} \alpha n,\ 0<\alpha<1)$의 확률수렴에 대하여 알아보았다. 여기에서는 <예 5.2.7>에서의 조건이 만족될 때에 표본분위수의 극한분포에 대하여 생각해보자.

모집단의 누적분포함수의 역함수를 F^{-1}이라 하고 $h(y) = \mathrm{F}^{-1}(1-e^{-y})\,(y>0)$라고 하면 표본분위수의 분포는 <정리 4.3.4>로부터

$$\mathrm{X}_{(r_n)} \overset{d}{\equiv} h\left(\frac{1}{n}\mathrm{Z}_1 + \cdots + \frac{1}{n-r_n+1}\mathrm{Z}_{r_n}\right),\ \mathrm{Z}_i \overset{iid}{\sim} \mathrm{Exp}(1)\,(i=1,\cdots,n)$$

한편

$$Y_n = \frac{1}{n}Z_1 + \cdots + \frac{1}{n-r_n+1}Z_{r_n}$$

이라고 하면 그 평균과 분산이 다음과 같이 근사되는 것을 알고 있다.

$$E(Y_n) = \frac{1}{n} + \cdots + \frac{1}{n-r_n+1} \underset{n\to\infty}{\sim} -\log(1-\alpha)$$

$$Var(Y_n) = \frac{1}{n^2} + \cdots + \frac{1}{(n-r_n+1)^2} \underset{n\to\infty}{\sim} \frac{1}{n}\frac{\alpha}{1-\alpha}$$

이를 이용하여

$$W_n = \sqrt{n}\,\frac{Y_n - (-\log(1-\alpha))}{\sqrt{\alpha/(1-\alpha)}}$$

의 적률생성함수를 근사해보면[81] 다음이 성립하는 것을 알 수 있다.

$$\lim_{n\to\infty} mgf_{W_n}(t) = \exp\left(\frac{1}{2}t^2\right) = mgf_W(t)\ ,\ \ W \sim N(0,1)$$

$$\therefore\ W_n \underset{n\to\infty}{\overset{d}{\to}} W,\ W \sim N(0,1)$$

$$\therefore\ \sqrt{n}(Y_n - (-\log(1-\alpha))) \underset{n\to\infty}{\overset{d}{\to}} \sqrt{\alpha/(1-\alpha)}\,W$$

따라서 <정리 5.3.3>으로부터 함수 h가 미분가능할 때[82]

$$\sqrt{n}\{h(Y_n) - h(-\log(1-\alpha))\} \underset{n\to\infty}{\overset{d}{\to}} \dot{h}(-\log(1-\alpha))\sqrt{\alpha/(1-\alpha)}\,W$$

그런데 이러한 조건하에서 $\dot{h}(-\log(1-\alpha)) = (1-\alpha)/f(F^{-1}(\alpha)),\ f = \dot{F}$ 이므로

$$\sqrt{n}\left\{X_{(r_n)} - F^{-1}(\alpha)\right\} \underset{n\to\infty}{\overset{d}{\to}} Z,\ Z \sim N(0, \alpha(1-\alpha)/[f(F^{-1}(\alpha))]^2)$$

5.4 모의실험을 이용한 근사

이 절에서는 랜덤표본의 관측값을 이용하여 통계량의 분포를 근사하거나 그 특성을 연구하는 방법을 알아보기로 한다. 특정한 분포를 따르는 확률변수의 관측값을 흔히 난수(亂數, random number)라고 부르고, 최근에는 이러한 난수들을 생성할 수 있는 기능이 많은 통계패키지에 주어져 있다.

---

81) 연습문제 (5.15)에 이러한 적률생성함수를 근사하는 과정이 소개되어 있다.

82) 확률밀도함수가 $f(x) = dF(x)/dx$로 주어지고 $f(F^{-1}(\alpha)) > 0$이면 이 조건이 만족된다.

이러한 난수의 생성에 기본이 되는 것은 균등분포 $U(0,1)$에서의 관측값으로서 이를 균등난수(均等亂數, uniform random number)라고 하며, 부록 Ⅲ에서는 패키지 R에서 균등난수를 생성하는 기능이 소개되어 있다. 또한 이러한 균등난수로부터 확률적분변환에 관한 <정리 4.3.3>을 이용하여 임의의 분포로부터의 난수를 생성할 수 있다.

예 5.4.1 **로지스틱분포에서의 난수 생성**

<예 4.1.5>에서 소개된 로지스틱분포 $L(0,1)$의 확률밀도함수와 누적분포함수는 각각

$$f(z)=\frac{e^z}{(1+e^z)^2},\ F(z)=1-\frac{1}{(1+e^z)},\ -\infty<z<+\infty$$

로 주어진다. 이로부터 누적분포함수의 역함수는 다음과 같이 주어지는 것을 알 수 있다.

$$F^{-1}(u)=\log\frac{u}{1-u}$$

따라서 <정리 4.3.3>으로부터 균등분포 $U(0,1)$을 따르는 확률변수 U에 대하여

$$Z=\log\frac{U}{1-U}\sim L(0,1)$$

임을 알 수 있고, 이를 이용하여 로지스틱분포 $L(0,1)$에서의 난수를 구할 수 있다. 또한

$$\sigma Z+\mu=\sigma\log\frac{U}{1-U}+\mu\sim L(\mu,\sigma)$$

임을 이용하여 일반적인 로지스틱분포 $L(\mu,\sigma)$에서의 난수를 생성할 수 있다.

<예 5.4.1>에서와 마찬가지로, 균등분포 $U(0,1)$을 따르는 확률변수 U에 대하여

$$-\log(1-U)\sim Exp(1),\ \sigma\{-\log(1-U)\}\sim Exp(\sigma)$$

임을 이용하여 지수분포 $Exp(\sigma)$에서의 난수를 생성할 수 있고, 표준정규분포의 누적분포함수의 역함수 $\Phi^{-1}(u)$에 대하여

$$\Phi^{-1}(U)\sim N(0,1),\ \sigma\Phi^{-1}(U)+\mu\sim N(\mu,\sigma^2)$$

임을 이용하여 정규분포 $N(\mu,\sigma^2)$에서의 난수를 생성할 수 있다. 이러한 방법을 이용하여 여러 가지 분포에서의 난수를 생성하는 기능이 부록 Ⅲ에 소개된 R에 패키지화 되어 있다.

정리 5.4.1 **난수를 이용한 정적분의 근사**

서로 독립이고 균등분포 $\mathrm{U}(0,1)$을 따르는 U_1, $\cdots$, U_n과 구간 $[a,b]$에서 연속인 함수 $g(x)$에 대하여 다음이 성립한다.

$$\mathrm{X}_i = (b-a)\mathrm{U}_i + a \overset{iid}{\sim} \mathrm{U}(a,b)(i=1,\cdots,n)$$

$$\underset{n\to\infty}{\mathrm{p}\lim}\frac{b-a}{n}\sum_{i=1}^{n} g(\mathrm{X}_i) = \int_a^b g(x)dx$$

[증명] X_1, $\cdots$, X_n이 서로 독립이고 확률밀도함수가

$$pdf_{\mathrm{X}_1}(x) = \frac{1}{b-a}\mathrm{I}_{(a,b)}(x)$$

로 주어지는 균등분포 $\mathrm{U}(a,b)$를 따르고

$$\mathrm{E}[g(\mathrm{X}_1)] = \frac{1}{(b-a)}\int_a^b g(x)dx$$

로 주어진다. 따라서 대수의 법칙으로부터

$$\underset{n\to\infty}{\mathrm{p}\lim}\frac{b-a}{n}\sum_{i=1}^{n} g(\mathrm{X}_i) = (b-a)\mathrm{E}[g(\mathrm{X}_1)] = \int_a^b g(x)dx$$

<정리 5.4.1>에서의 확률수렴을 이용하여 정적분의 근사값을 구하는 방법을 몬테칼로적분(Monte Carlo integration)이라고 한다. 즉 서로 독립적으로 생성된 균등난수 u_1, $\cdots$, u_n을 이용하여

$$y_i = (b-a)g((b-a)u_i + a)\,(i=1,\cdots,n)$$

$$\int_a^b g(x)dx \simeq \frac{1}{n}\sum_{i=1}^{n} y_i,\ n\to\infty$$

와 같이 정적분의 근사값을 구하는 방법을 몬테칼로적분이라고 한다. 이는

$$\mathrm{Y}_i = (b-a)g((b-a)\mathrm{U}_i + a)(i=1,\cdots,n)$$

의 관측값을 이용하여 $\mathrm{E}(\mathrm{Y}_1)$에 대한 추측을 하는 것이므로 $\mathrm{E}(\mathrm{Y}_1)$에 대한 점근신뢰구간으로 이러한 근사의 정밀도를 나타낼 수 있다.

예 5.4.2

적분 공식을 이용하면 정적분 $\int_1^3 x^2 dx$의 값이 26/3임은 잘 알고 있다. 한편 독립적으로 생성된 $\mathrm{U}(0,1)$에서의 난수 $u_1, \cdots, u_n$에 대하여

$$x_i = 2u_i + 1,\ y_i = 2x_i^2\ (i = 1, \cdots, n)$$

이라고 하여

$$\int_1^3 x^2 dx \simeq \frac{2}{n}\sum_{i=1}^{n} x_i^2 = \frac{1}{n}\sum_{i=1}^{n} y_i$$

와 같이 정적분의 근사값을 구할 수 있다.

R 패키지를 이용하여 생성된 난수들을 이용하여 이 정적분의 근사값과 95% 점근신뢰구간을 구해보면 다음과 같이 주어진다. 이 결과에서 볼 수 있듯이 난수의 개수 n이 커질수록 이러한 근사의 정밀도가 좋아진다.

표 5.4.1 몬테칼로적분에 의한 정적분 $\int_1^3 x^2 dx\ (= 8.666\cdots)$의 근사값과 95% 오차한계

n	100	1000	10000	100000
$\bar{y}$	8.7612	8.5633	8.6515	8.6473
$\bar{y} - 1.96 s_y / \sqrt{n}$	7.8241	8.2728	8.5604	8.6185
$\bar{y} + 1.96 s_y / \sqrt{n}$	9.6983	8.8538	8.7426	8.6762

예 5.4.3 로지스틱분포의 분산

로지스틱분포 $\mathrm{L}(0,1)$은 $x = 0$에 관해 대칭인 분포로서 그 분산은[83)]

$$\int_{-\infty}^{+\infty} x^2 \frac{e^x}{(1+e^x)^2} dx = \frac{\pi^2}{3}$$

임이 알려져 있다. 한편 <예 5.4.1>로부터 균등분포 $\mathrm{U}(0,1)$을 따르는 확률변수 U에 대하여

$$\mathrm{X} = \log\frac{\mathrm{U}}{1-\mathrm{U}} \sim \mathrm{L}(0,1)$$

83) 부분적분을 이용하고 무한급수로 나타내어 적분하면

$$\int_{-\infty}^{+\infty} x^2 \frac{e^x}{(1+e^x)^2} dx = 4\int_0^{+\infty} \frac{e^{-x}}{1+e^{-x}} x\, dx = 4\int_0^{+\infty} \sum_{n=1}^{\infty} (-e^{-x})^{n-1} e^{-x} x\, dx = 4\sum_{n=1}^{\infty} \frac{(-1)^{n-1}}{n^2}$$

한편 후리에급수를 이용한 다음의 항등식에서 $x = 0$을 대입하면 위의 무한급수의 값을 얻을 수 있다.

$$x^2 = \frac{1}{3}\pi^2 + 4\sum_{n=1}^{\infty} \frac{(-1)^n}{n^2} \cos(nx)\ (-\pi \le x \le \pi)$$

따라서 독립적으로 생성된 U(0,1)에서의 난수 $u_1, \cdots, u_n$에 대하여

$$x_i = \log\frac{u_i}{1-u_i},\ y_i = x_i^2\ (i=1,\cdots,n)$$

이라고 하여 다음과 같이 로지스틱분포 L(0,1)의 분산의 근사값을 구할 수 있다.

$$\int_{-\infty}^{+\infty} x^2 \frac{e^x}{(1+e^x)^2}dx = \mathrm{E}(\mathrm{X}^2) \simeq \frac{1}{n}\sum_{i=1}^{n} x_i^2 = \frac{1}{n}\sum_{i=1}^{n} y_i$$

R 패키지를 이용하여 생성된 난수들을 이용하여 이 정적분의 근사값과 95% 점근신뢰구간을 구해보면 다음과 같이 주어진다.

표 5.4.2 로지스틱분포 L(0,1) 의 분산 $\pi^2/3(=3.289\cdots)$의 근사값과 95% 오차한계

n	100	1000	10000	100000
$\bar{y}$	2.9775	3.3375	3.3201	3.2949
$\bar{y}-1.96 s_y/\sqrt{n}$	2.0043	2.9799	3.2034	3.2584
$\bar{y}+1.96 s_y/\sqrt{n}$	3.9506	3.6951	3.4369	3.3313

예 5.4.4 표본비율의 극한분포

모비율이 $p\,(0<p<1)$인 베르누이시행을 독립적으로 n번 관측한 결과를 $\mathrm{X}_1, \cdots, \mathrm{X}_n$이라고 할 때, 대수의 법칙과 중심극한정리로부터 표본비율 $\hat{p}_n = (\mathrm{X}_1+\cdots+\mathrm{X}_n)/n$에 대하여 다음이 성립하는 것을 알고 있다.

$$\underset{n\to\infty}{\mathrm{p}\lim}\,\hat{p}_n = p,\ \frac{\hat{p}_n - p}{\sqrt{p(1-p)/n}} \xrightarrow[n\to\infty]{d} \mathrm{Z},\ \mathrm{Z}\sim\mathrm{N}(0,1)$$

따라서 슬럿츠키의 정리와 <정리 5.3.2>로부터 $\dfrac{\hat{p}_n - p}{\sqrt{\hat{p}_n(1-\hat{p}_n)/n}} \xrightarrow[n\to\infty]{d} \mathrm{Z}$, $\mathrm{Z}\sim\mathrm{N}(0,1)$이므로

$$\lim_{n\to\infty}\mathrm{P}\left(-z_{\alpha/2} \le \frac{\hat{p}_n - p}{\sqrt{\hat{p}_n(1-\hat{p}_n)/n}} \le z_{\alpha/2}\right) = 1-\alpha$$

$$\therefore\ \lim_{n\to\infty}\mathrm{P}\left\{\hat{p}_n - z_{\alpha/2}\sqrt{\hat{p}_n(1-\hat{p}_n)/n} \le p \le \hat{p}_n + z_{\alpha/2}\sqrt{\hat{p}_n(1-\hat{p}_n)/n}\right\} = 1-\alpha$$

이로부터 모비율 p에 관한 $100(1-\alpha)\%$ 점근(漸近, asymptotic)신뢰구간을 다음과 같이 나타낼 수 있다.

$$p \in \left[\hat{p}_n - z_{\alpha/2}\sqrt{\hat{p}_n(1-\hat{p}_n)/n},\ \hat{p}_n + z_{\alpha/2}\sqrt{\hat{p}_n(1-\hat{p}_n)/n}\right]$$

예 5.4.5 표본비율의 극한분포를 이용한 원주율 π의 근사

서로 독립이고 균등분포 $\mathrm{U}(0,1)$을 따르는 두 확률변수 U_1, U_2에 대하여 이들을 좌표로 하는 점 $(\mathrm{U}_1, \mathrm{U}_2)$을 관측한다는 것은 각 변의 길이가 1인 정사각형 내에 한 점을 랜덤하게 떨어뜨리는 것으로 생각할 수 있다. 이 실험에서 떨어뜨린 점이 사분원 내에 떨어질 확률은

$$\mathrm{P}(\mathrm{U}_1^2+\mathrm{U}_2^2 \le 1)=\pi/4$$

그림 5.4.1 랜덤하게 떨어뜨린 점들 (u_{i1}, u_{i2})

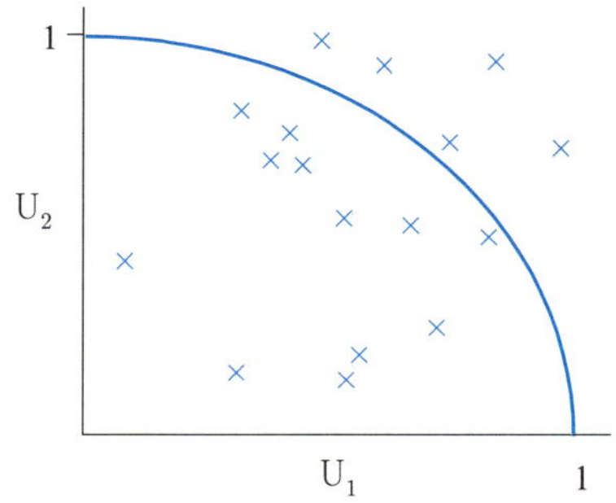

이제 이러한 실험을 독립적으로 반복하여 랜덤하게 떨어뜨린 점들이 사분원 내에 떨어지는 상대도수가 이 사건의 확률 $\pi/4$에 가까워진다는 것이 대수의 법칙의 뜻이다. 따라서 독립적으로 생성된 $\mathrm{U}(0,1)$에서의 난수 $u_{11}, u_{12}; \cdots; u_{n1}, u_{n2}$에 대하여

$$x_i = u_{i1}^2 + u_{i2}^2 \quad (i=1,\cdots,n)$$

이라고 하면 표본비율의 관측값

$$\hat{p}_n = \frac{1}{n}\sum_{i=1}^{n} \mathrm{I}_{(x_i \le 1)}$$

은 확률 $p=\mathrm{P}(\mathrm{U}_1^2+\mathrm{U}_2^2 \le 1)=\pi/4$의 근사값이며 $4\hat{p}_n$을 $4p=\pi$의 근사값으로 사용할 수 있다. 또한 <예 5.4.4>로부터 $4p$에 관한 점근신뢰구간으로 근사의 정밀도를 나타낼 수 있다. R 패키지를 이용하여 생성된 난수들을 이용하여 $4p=\pi$의 근사값과 95% 점근신뢰구간을 구해보면 다음과 같이 주어진다.

표 5.4.3 $4p=\pi(=3.14159\cdots)$의 근사값과 95% 오차한계

n	100	1000	10000	100000
$4\hat{p}_n$	3.3600	3.1320	3.1344	3.1452
$4\hat{p}_n - 4\times 1.96\sqrt{\hat{p}_n(1-\hat{p}_n)/n}$	3.0755	3.0308	3.1024	3.1351
$4\hat{p}_n + 4\times 1.96\sqrt{\hat{p}_n(1-\hat{p}_n)/n}$	3.6445	3.2331	3.1664	3.1552

연습문제

5.1 확률변수 X가 자유도 32인 카이제곱분포 $\chi^2(32)$를 따를 때 중심극한정리를 이용하여 확률 $P(20 < X < 40)$의 근사값을 구하고, R을 이용하여 구한 값과 비교하여라.

5.2 확률변수 X가 포아송분포 Poisson(25)를 따를 때 중심극한정리를 이용하여 다음 확률의 근사값을 구하고, R을 이용하여 구한 값과 비교하여라.

(a) $P(19 < X \le 33)$ (b) $P(19.5 < X < 33.5)$

5.3 확률밀도함수가

$$f(x;\theta) = e^{-(x-\theta)} I_{(\theta, +\infty)}(x) \quad (\theta\text{는 실수})$$

인 모집단으로부터의 랜덤표본 $X_1, \cdots, X_n$에 대하여 $Y_n = \min_{1 \le i \le n} X_i$이라고 할 때

$$\operatorname*{plim}_{n \to \infty} Y_n = \theta$$

임을 밝혀라.

5.4 베타분포 $\mathrm{Beta}(1, \alpha)$로부터의 랜덤표본 $X_1, \cdots, X_n$에 대하여 $Y_n = \max_{1 \le i \le n} X_i$ 이라고 할 때 $n^{1/\alpha}(1 - Y_n)$의 극한분포를 구하여라.

5.5 확률밀도함수가

$$f(x) = \alpha x^{-\alpha - 1} I_{[1, \infty)}(x)$$

인 모집단으로부터의 랜덤표본 $X_1, \cdots, X_n$에 대하여 $Y_n = \max_{1 \le i \le n} X_i$이라고 할 때 $n^{-1/\alpha} Y_n$의 극한분포를 구하여라.

5.6 표준지수분포 Exp(1)로부터의 랜덤표본 $X_1, \cdots, X_n$에 대하여 $Y_n = \max_{1 \le i \le n} X_i$ 이라고 할 때 $Y_n - \log n$의 극한분포를 구하여라.

5.7 베타분포 $\text{Beta}(\alpha, 1)(\alpha > 0)$로부터의 랜덤표본 $X_1, \cdots, X_n$에 대하여 $Y_n = \min_{1 \le i \le n} X_i$이라고 할 때 $n^r Y_n (r > 0)$의 극한분포가 존재하기 위한 r의 값을 구하고, 그 극한분포를 구하여라.

5.8 균등분포 $U(0,1)$로부터의 랜덤표본 $U_1, \cdots, U_n$에 대하여

$$X_n = \min_{1 \le i \le n} U_i,\ Y_n = \max_{1 \le i \le n} U_i,\ R_n = Y_n - X_n$$

이라고 할 때 다음에 답하여라.

(a) $\text{plim}_{n \to \infty} (X_n, Y_n)^t = (0,1)^t$임을 밝혀라.

(b) $n(1 - R_n)$의 극한분포를 구하여라.

5.9 확률변수 X_n과 Z에 대하여

$$X_n \underset{n \to \infty}{\overset{d}{\rightarrow}} Z$$

이고, Z의 누적분포함수가 모든 실수에서 연속인 함수일 때 다음이 성립함을 밝혀라.[84)]

$$\lim_{n \to \infty} \sup_x |P(X_n \le x) - P(Z \le x)| = 0$$

5.10_ 확률변수의 열 $X_n\ (n = 1, 2, \cdots)$에 대하여

$$\lim_{k \to \infty} \sup_n P(|X_n| > k) = 0$$

이 성립하면 $X_n\ (n = 1, 2, \cdots)$이 확률적으로 유계(bounded in probability)라고 하고 기호로는

$$X_n = O_P(1),\ n \to \infty$$

로 나타낸다. 한편 $\text{plim}_{n \to \infty} Z_n = 0$인 $Z_n\ (n = 1, 2, \cdots)$에 대하여는

$$Z_n = o_P(1),\ n \to \infty$$

와 같이 나타낸다. 이제

$$X_n = O_P(1),\ Y_n = O_P(1),\ Z_n = o_P(1),\ n \to \infty$$

일 때 다음이 성립함을 밝혀라.

---

84) 이러한 균등수렴의 결과로부터 $P(X_n \le x_n) \simeq P(Z \le x_n)$과 같이 n에 의존하는 값 x_n까지의 누적확률의 근사계산이 가능한 것이다.

(a) $X_n + Y_n = O_P(1),\ n \to \infty$ (b) $X_n Y_n = O_P(1),\ n \to \infty$

(c) $Z_n X_n = o_P(1),\ n \to \infty$ (d) $Z_n = O_P(1),\ n \to \infty$

5.11 확률변수 X_n과 Z의 누적분포함수가 모든 실수에서 연속인 경우에

$$X_n \underset{n\to\infty}{\overset{d}{\to}} Z$$

이면 $X_n = O_P(1),\ n \to \infty$ 임을 밝혀라.

5.12 포아송분포 Poisson(λ)로부터의 랜덤표본 $X_1, \cdots, X_n$을 이용한 표본평균 $\overline{X_n}$에 대하여

$$\sqrt{n}\,(g(\overline{X_n}) - g(\lambda)) \underset{n\to\infty}{\overset{d}{\to}} Z,\ Z \sim N(0,1)$$

가 성립하는 분산안정변환 g를 구하고, 이 결과를 이용하여 λ에 관한 점근 신뢰구간을 구하는 방법을 설명하여라.

5.13 베르누이분포 Bernoulli(p)로부터의 랜덤표본 $X_1, \cdots, X_n$을 이용한 표본비율 $\hat{p_n} = \sum_{i=1}^{n} X_i/n$에 대하여

$$\sqrt{n}\,(g(\hat{p_n}) - g(p)) \underset{n\to\infty}{\overset{d}{\to}} Z,\ Z \sim N(0,1)$$

가 성립하는 분산안정변환 g를 구하고, 이 결과를 이용하여 p에 관한 점근 신뢰구간을 구하는 방법을 설명하여라.

5.14 서로 독립이고 성공률이 $p\ (0 < p < 1)$인 베르누이시행 $X_1, \cdots, X_n, \cdots$에서 r 번째 성공까지의 시행횟수를 W_r 이라고 할 때

$$\hat{p_r} = r/W_r$$

에 대한 다음 질문에 답하여라.

(a) r이 한없이 커질 때 $\sqrt{r}\,(\hat{p_r} - p)$의 극한분포를 구하여라.

(b) r이 한없이 커질 때

$$\sqrt{r}\,(g(\hat{p_r}) - g(p)) \xrightarrow[n\to\infty]{d} N(0,1)$$

이 성립하는 분산안정변환 g를 구하고, 이 결과를 이용하여 r이 클 때 p에 관한 95% 근사신뢰구간을 구하는 방법을 설명하여라.

5.15 <예 5.3.8>에서 표본분위수의 극한분포를 구하는 과정에서

$$\mathrm{Y}_n = \frac{1}{n}\mathrm{Z}_1 + \cdots + \frac{1}{n-r_n+1}\mathrm{Z}_{r_n},\ \mathrm{Z}_i \overset{iid}{\sim} \mathrm{Exp}(1)(i=1,\cdots,n)$$

$$\mathrm{W}_n = \sqrt{n}\,\frac{\mathrm{Y}_n - (-\log(1-\alpha))}{\sqrt{\alpha/(1-\alpha)}}$$

으로 정의된 확률변수들에 대하여 다음이 성립함을 설명하여라.

(a) Y_n의 누율생성함수 $cgf_{\mathrm{Y}_n}(s)$에 대하여

$$cgf_{\mathrm{Y}_n}(s) \underset{n\to\infty}{\sim} -s\log(1-\alpha) + \frac{s^2}{2n}\frac{\alpha}{1-\alpha}$$

(b) W_n의 누율생성함수 $cgf_{\mathrm{W}_n}(t)$에 대하여

$$cgf_{\mathrm{W}_n}(t) = cgf_{\mathrm{Y}_n}(\sqrt{n}t/\sqrt{\alpha/(1-\alpha)}) + \sqrt{n}t\log(1-\alpha)/\sqrt{\alpha/(1-\alpha)}$$

(c) $cgf_{\mathrm{W}_n}(t) \underset{n\to\infty}{\sim} \frac{1}{2}t^2$

5.16 <예 5.3.8>에서와 같은 가정하에서 $r_n \underset{n\to\infty}{\sim} \alpha n,\ s_n \underset{n\to\infty}{\sim} \beta n (0<\alpha<\beta<1)$ 인 경우에 표본분위수 $\mathrm{X}_{(r_n)}$과 $\mathrm{X}_{(s_n)}$의 결합분포에 대한 극한분포를 유도하고, 이로부터 표본 사분위수범위인

$$\mathrm{X}_{(s_n)} - \mathrm{X}_{(r_n)} (r_n \underset{n\to\infty}{\sim} n/4,\ s_n \underset{n\to\infty}{\sim} 3n/4)$$

의 극한분포를 유도하여라.

5.17 확률밀도함수가

$$f(x;\mu,\sigma) = \frac{1}{\sigma}\frac{e^{-(x-\mu)/\sigma}}{(1+e^{-(x-\mu)/\sigma})^2}\mathrm{I}_{(-\infty,+\infty)}(x)$$

인 로지스틱분포 $\mathrm{L}(\mu,\sigma), -\infty<\mu<+\infty, \sigma>0$ 모형에서의 랜덤표본 $\mathrm{X}_1,\cdots,\mathrm{X}_n (n\ge 2)$에 기초한 표본사분위수 $\mathrm{X}_{([n/4])}, \mathrm{X}_{([n/2])}, \mathrm{X}_{([3n/4])}$ 들로부터 정의되는 다음과 같은 통계량들을 이용하여 μ, σ에 대한 추론을 하려고한다.

$$\widehat{\mu_n} \equiv \mathrm{X}_{([n/2])},\ \widehat{\sigma_n} \equiv (\mathrm{X}_{([3n/4])} - \mathrm{X}_{([n/4])})/(2\log 3)$$

표본 크기 n이 한없이 커질 때 $\sqrt{n}\,\dfrac{\widehat{\mu_n}-\mu}{\widehat{\sigma_n}}$의 극한분포를 구하고, 이 결과를 이용하여 μ에 관한 95%근사신뢰구간을 구하는 방법을 설명하여라.

5.18 확률밀도함수가

$$f(x;\mu,\sigma)=\frac{1}{2\sigma}e^{-|x-\mu|/\sigma}\mathrm{I}_{(-\infty,+\infty)}(x),-\infty<\mu<+\infty,\sigma>0$$

인 이중지수분포 $\mathrm{DE}(\mu,\sigma)$ 모형에서의 랜덤표본 $\mathrm{X}_1,\cdots,\mathrm{X}_n(n\geq 2)$에 기초한 표본중앙값과 표본평균절대편차(mean absolute deviation)를 각각

$$\widehat{\mu_n}\equiv \mathrm{X}_{([n/2])},\widehat{\sigma_n}\equiv\frac{1}{n}\sum_{i=1}^{n}|\mathrm{X}_i-\mathrm{X}_{([n/2])}|$$

이라고 하자.

(a) $\widehat{\sigma_n}\underset{n\to\infty}{\overset{\mathrm{P}}{\to}}\sigma$ 임을 밝혀라.

(b) 표본 크기 n이 한없이 커질 때 $\sqrt{n}\,\dfrac{\widehat{\mu_n}-\mu}{\widehat{\sigma_n}}$의 극한분포를 구하고, 이 결과를 이용하여 μ에 관한 95% 근사신뢰구간을 구하는 방법을 설명하여라.

6

추정

6.1 적률이용 추정법

랜덤표본을 이용하여 모평균 $\mu = E(X_1)$에 관한 추측을 하는 경우에 표본평균

$$\overline{X} = (X_1 + \cdots + X_n)/n$$

를 이용하는 것과 마찬가지로 모집단 적률 $m_r = E(X_1^r)$에 관한 추측을 할 때에는 표본적률

$$\widehat{m_r} = \frac{1}{n}(X_1^r + \cdots + X_n^r)$$

을 이용하는 것이 자연스럽다.

일반적으로 모집단 적률의 함수로 표현되는 모수 $\eta = g(m_1, \cdots, m_k)$에 관한 추측을 할 때 대응하는 표본적률의 함수

$$\hat{\eta} = g(\widehat{m_1}, \cdots, \widehat{m_k}),\ \ \widehat{m_r} = \frac{1}{n}(X_1^r + \cdots + X_n^r)\ (r = 1, \cdots, k)$$

를 이용하는 방법을 적률이용법이라고 하며, 모수 η의 추측에 사용하는 통계량 $\hat{\eta} = g(\widehat{m_1}, \cdots, \widehat{m_k})$을 적률이용추정량(積率利用推定量, method of moments estimator(MME)) 이라고 한다.

예 6.1.1 **모분산과 모표준편차의 적률이용추정량**

모분산이 $\sigma^2 (0 \le \sigma^2 < +\infty)$인 모집단에서의 랜덤표본을 $X_1, \cdots, X_n$이라고 하면

$$\sigma^2 = Var(X_1) = E(X_1^2) - (EX_1)^2 = m_2 - m_1^2,\ \ \sigma = \sqrt{m_2 - m_1^2}$$

이므로 모분산과 모표준편차의 적률이용추정량은 각각

$$\widehat{\sigma^{2}}^{MME} = \widehat{m_2} - (\widehat{m_1})^2 = \frac{1}{n}\sum_{i=1}^{n} X_i^2 - (\overline{X})^2 = \frac{1}{n}\sum_{i=1}^{n}(X_i - \overline{X})^2$$

$$\widehat{\sigma}^{MME} = \sqrt{\widehat{m_2} - (\widehat{m_1})^2} = \sqrt{\frac{1}{n}\sum_{i=1}^{n}(X_i - \overline{X})^2}$$

예 6.1.2 **적률이용추정량의 비유일성**

포아송분포 $Poisson(\lambda)\ (\lambda > 0)$에서의 랜덤표본을 $X_1, \cdots, X_n$이라고 하면, 이 경우에는 모평균과 모분산이 모두 λ이므로

$$\lambda = E(X_1) = m_1,\ \ \lambda = Var(X_1) = m_2 - m_1^2$$

따라서 λ를 어떤 적률의 함수로 나타내는가에 따라

$$\widehat{\lambda_1}^{MME} = \widehat{m_1} = \overline{X},\ \widehat{\lambda_2}^{MME} = \widehat{m_2} - (\widehat{m_1})^2 = \frac{1}{n}\sum_{i=1}^{n}(X_i - \overline{X})^2$$

와 같은 두 가지의 적률이용추정량을 얻게 된다.

<예 6.1.2>에서 알 수 있듯이 모집단을 특정한 분포로 가정하는 경우에는 적률 사이에 함수 관계가 성립하게 되어 하나의 모수에 대해 여러 가지의 적률이용추정량이 정의될 수 있다.

모집단이 다차원일 경우에도 모집단의 결합적률에 대응하여 표본적률을 이용하는 적률이용추정량을 생각할 수 있다. 예를 들어 이차원의 경우에 랜덤표본을 $(X_1, Y_1)^t$, $\cdots$, $(X_n, Y_n)^t$ 이라고 할 때 모집단의 결합적률 $m_{r,s} = E(X_1^r Y_1^s)$ 대신 표본적률

$$\widehat{m_{r,s}} = \frac{1}{n}\sum_{i=1}^{n} X_i^r Y_i^s$$

을 대입하여 적률이용추정량을 얻을 수 있다.

예 6.1.3 모상관계수의 적률이용추정량

모평균이 각각 μ_1, μ_2이고 모분산이 각각 σ_1^2, $\sigma_2^2 (0 < \sigma_1^2 < +\infty,\ 0 < \sigma_2^2 < +\infty)$ 이며 모상관계수가 $\rho\,(-1 < \rho < 1)$인 이차원 모집단에서의 랜덤표본을 $(X_1, Y_1)^t$, $\cdots$, $(X_n, Y_n)^t\,(n > 2)$이라고 할 때, 모상관계수를 모집단의 결합적률로 나타내면 다음과 같다.

$$\rho = \frac{Cov(X_1, Y_1)}{\sqrt{Var(X_1)}\sqrt{Var(Y_1)}} = \frac{E(X_1Y_1) - E(X_1)E(Y_1)}{\sqrt{E(X_1^2) - [E(X_1)]^2}\sqrt{E(Y_1^2) - [E(Y_1)]^2}}$$

여기에서 모집단의 결합적률에 표본결합적률을 대응시키면 ρ의 적률이용추정량은

$$\widehat{\rho_n}^{MME} = \frac{\frac{1}{n}\sum_{i=1}^{n} X_iY_i - \overline{X}\,\overline{Y}}{\sqrt{\frac{1}{n}\sum_{i=1}^{n} X_i^2 - (\overline{X})^2}\sqrt{\frac{1}{n}\sum_{i=1}^{n} Y_i^2 - (\overline{Y})^2}}$$

$$= \frac{\sum_{i=1}^{n}(X_i - \overline{X})(Y_i - \overline{Y})}{\sqrt{\sum_{i=1}^{n}(X_i - \overline{X})^2}\sqrt{\sum_{i=1}^{n}(Y_i - \overline{Y})^2}}$$

즉 모상관계수의 적률이용추정량은 표본상관계수인 것을 알 수 있다.

정리 6.1.1 적률이용추정량의 확률수렴

랜덤표본 $X_1, \cdots, X_n$을 이용하여 모집단 적률 $m_r = E(X_1^r)(r=1,\cdots,k)$의 함수로 표현되는 모수 $\eta = g(m_1,\cdots,m_k)$를 추측할 때, 이 적률들이 실수로 정의되고[85] 함수 g가 연속함수이면 적률이용추정량

$$\hat{\eta}_n^{MME} = g\left(\sum_{i=1}^{n} X_i/n, \cdots, \sum_{i=1}^{n} X_i^k/n\right)$$

은 표본크기가 커짐에 따라 η로 확률수렴한다. 즉

$$\underset{n\to\infty}{\text{plim}}\, \hat{\eta}_n^{MME} = \eta$$

[증명] <예 5.2.4>에서의 표본적률 벡터의 확률수렴과 <정리 5.2.5>에서의 연속함수와 확률수렴에 관한 정리로부터 이 정리에 주어진 적률이용추정량의 확률수렴은 명백하다.

일반적으로 모집단의 특성을 나타내는 모수의 값을 추측하는 것을 추정(推定, estimation)한다고 하며, 추정에 사용하는 통계량을 추정량(推定量, estimator)이라고 한다. 모집단에서의 랜덤표본을 $X_1, \cdots, X_n$이라고 할 때, 추정 대상인 η의 추정량이라는 뜻에서 ^을 씌워

$$\hat{\eta}(X_1,\cdots,X_n) \text{ 또는 간략히 } \hat{\eta}$$

으로 나타내거나 표본크기를 강조하기 위하여 $\hat{\eta}_n$으로 나타내기도 한다.

흔히 모집단 분포에 대한 모형으로는 모수 $\theta \in \Omega$에 따라 정해지는 확률밀도함수 $f(x;\theta)$를 가정하게 되고 추정대상은 모수 θ이거나 모수의 함수인 $\eta = \eta(\theta)$이다. 이때 모집단 분포가 무엇이든 표본크기가 커짐에 따라 추정량 $\hat{\eta}_n$이 추정대상인 $\eta = \eta(\theta)$에 확률수렴하는 것을 추정량 $\hat{\eta}_n$의 일치성(一致性, consistency)이라고 하며, 이는 추정량에 요구되는 기본적인 성질이다.

추정량의 일치성[86]:

$$\hat{\eta}_n \xrightarrow[n\to\infty]{P_\theta} \eta(\theta) \quad \forall \theta \in \Omega \Leftrightarrow \lim_{n\to\infty} P_\theta(|\hat{\eta}_n - \eta(\theta)| \geq \epsilon) = 0 \quad \forall \epsilon > 0, \forall \theta \in \Omega$$

85) 기댓값의 정의와 <정리 1.6.2>로부터 이는 $E(|X_1|^k) < +\infty$인 경우를 뜻한다.

예 6.1.4 모분산의 적률이용추정량의 일치성

모분산 $\sigma^2(0 \le \sigma^2 < +\infty)$을 적률로 나타내면

$$\sigma^2 = g(m_1, m_2) = m_2 - m_1^2$$

이고 함수 g가 연속함수이므로 <정리 6.1.1>로부터 <예 6.1.1>에서의 적률이용추정량

$$\widehat{\sigma_n^2}^{MME} = \frac{1}{n}\sum_{i=1}^{n}(\mathrm{X}_i - \overline{\mathrm{X}})^2$$

은 일치성을 갖는다. 한편 표본분산을 이러한 적률이용추정량으로 나타내면

$$\mathrm{S}_n^2 = \frac{1}{n-1}\sum_{i=1}^{n}(\mathrm{X}_i - \overline{\mathrm{X}})^2 = \frac{n}{n-1}\widehat{\sigma_n^2}^{MME}$$

이므로 표본분산도 일치성을 갖는 σ^2의 추정량인 것을 알 수 있고 이는 <예 5.2.5>의 결과와 일치하는 것임을 알 수 있다.

<정리 6.1.1>은 일차원 경우에 적률이용추정량의 일치성을 밝힌 것이고, 다차원의 경우에도 같은 정리가 성립하는 것은 명백하다. 예를 들면 모상관계수의 적률이용추정량인 표본상관계수가 일치성을 갖는 것은 <예 5.3.6>으로부터 명백하다. 따라서 일치성을 갖는 추정량을 찾을 때 우선적으로 생각할 수 있는 것이 적률이용추정량이다.

또한 적률이용추정량은 다음과 같은 극한분포를 갖는 것이 알려져 있다. 이는 표본적률들에 대한 다차원 경우의 중심극한정리와 <정리 5.3.3>을 이용하여 밝힐 수 있다.

정리 6.1.2 적률이용추정량의 극한분포

랜덤표본 $\mathrm{X}_1, \cdots, \mathrm{X}_n$을 이용한 모수 $\eta = g(m_1, \cdots, m_k)$의 적률이용추정량

$$\widehat{\eta_n} = g\left(\sum_{i=1}^{n}\mathrm{X}_i/n, \cdots, \sum_{i=1}^{n}\mathrm{X}_i^k/n\right)$$

에 대하여, $\mathrm{E}(\mathrm{X}_1^{2k}) < +\infty$이고 함수 $g(m) = g(m_1, \cdots, m_k)$의 일차편도함수 $\dot{g}(m)$이 연속함수이면

$$\sqrt{n}(\widehat{\eta_n} - \eta) \xrightarrow[n\to\infty]{d} \mathrm{Z},\ \ \mathrm{Z} \sim \mathrm{N}(0, \sigma^2),\ \ \sigma^2 = (\dot{g}(m))^t \Sigma \dot{g}(m),\ \Sigma = (m_{r+s} - m_r m_s)$$

---

86) 확률이나 기댓값을 나타낼 때 모집단 분포가 모수 $\theta \in \Omega$에 따라 정해지는 것을 나타내기 위하여 $\mathrm{P}(\mathrm{X} \in A)$, $\mathrm{E}(\mathrm{X})$, $\cdots$ 대신 $\mathrm{P}_\theta(\mathrm{X} \in A)$, $\mathrm{E}_\theta(\mathrm{X})$, $\cdots$와 같은 표현을 사용한다.

6.2 최대가능도 추정법

모집단 분포가 확률밀도함수 $f(x;\theta)$, $\theta \in \Omega$ 중의 하나라고 모형을 설정한 경우에 이 모집단으로부터의 랜덤표본 $X_1, \cdots, X_n$을 이용하여 실제의 모집단을 추측하는 것이 추정의 과정이다. 이 때 관측 결과 $x = (x_1, \cdots, x_n)^t$가 모수 θ로 표현되는 모형에서 생성될 확률은 대략

$$pdf_X(x;\theta)|\Delta x| = \prod_{i=1}^{n} f(x_i;\theta)|\Delta x_1| \cdots |\Delta x_n|$$

이므로 모수의 값이 θ와 θ'인 두 모형에서 $x = (x_1, \cdots, x_n)^t$가 생성되었을 가능성을 비교하여

$$\prod_{i=1}^{n} f(x_i;\theta) > \prod_{i=1}^{n} f(x_i;\theta') \ \text{ 또는 } \ \prod_{i=1}^{n} f(x_i;\theta) < \prod_{i=1}^{n} f(x_i;\theta')$$

인가에 따라 모수의 값이 θ인 모형에서 또는 θ'인 모형에서 관측 결과가 생성되었다고 추측할 수 있을 것이다. 이러한 가능성의 비교에서는 $\theta \in \Omega$의 변화에 따른 $\prod_{i=1}^{n} f(x_i;\theta)$의 변화가 주된 관심의 대상이므로, 관측 결과 $x = (x_1, \cdots, x_n)^t$를 고정시키고 $\theta \in \Omega$의 함수로서

$$L(\theta;x) = \prod_{i=1}^{n} f(x_i;\theta), \ \theta \in \Omega$$

로 정의된 함수를 가능도함수(可能度函數, likelihood function) 또는 우도(又度)함수라고 하며, 그 값이 가장 크게 되는 모수의 값 $\hat{\theta}(x)$로 추측하자는 것이 최대가능도 추정법(最大可能度 推定法, maximum likelihood estimation)이다.

가능도함수와 최대가능도 추정:

(a) 가능도함수: 고정된 관측 결과 $x = (x_1, \cdots, x_n)^t$에 대하여 $\theta \in \Omega$의 함수로서

$$L(\theta;x) = \prod_{i=1}^{n} f(x_i;\theta), \ \theta \in \Omega$$

(b) 최대가능도 추정: 다음을 만족시키는 $\hat{\theta}^{MLE}(x)$를 θ의 최대가능도 추정값[87]이라고 한다.

$$L(\hat{\theta}^{MLE}(x);x) = \max_{\theta \in \Omega} L(\theta;x)$$

각각의 관측 결과 $x=(x_1,\cdots,x_n)^t$에 대하여 최대가능도 추정값 $\hat{\theta}^{MLE}(x)$가 정의될 때 통계량 $\hat{\theta}^{MLE}=\hat{\theta}^{MLE}(\mathrm{X})$를 최대가능도 추정량 또는 최대우도 추정량이라고 한다.

한편 가능도함수를 최대로 하기 위하여는 주로 미분을 하게 되는데 곱의 꼴보다는 합의 꼴로 주어진 경우의 미분이 용이하므로 가능도함수의 로그를 취한 함수로서

$$l(\theta;x)=\log L(\theta;x)=\sum_{i=1}^{n}\log f(x_i;\theta)$$

로 정의된 로그가능도함수(log likelihood function)를 사용한다. 이 때 고정된 관측 결과 $x=(x_1,\cdots,x_n)^t$를 생략하고 이들을 간략히 $L(\theta)$ 또는 $l(\theta)$로 나타내기도 한다.

예 6.2.1 포아송분포에서의 최대가능도 추정

포아송분포 $\mathrm{Poisson}(\lambda)$ $(\lambda\geq 0)$[88]에서의 랜덤표본을 $\mathrm{X}_1,\ \cdots,\ \mathrm{X}_n$이라고 할 때 λ의 최대가능도 추정량을 구하여라.

[풀이] 랜덤표본의 결합확률밀도함수가

$$pdf_{\mathrm{X}_1,\cdots,\mathrm{X}_n}(x_1,\cdots,x_n;\lambda)=\prod_{i=1}^{n}\frac{e^{-\lambda}\lambda^{x_i}}{x_i!}$$

이므로, 가능도함수는 다음과 같이 주어진다.

$$L(\lambda;x_1,\cdots,x_n)=e^{-n\lambda}\lambda^{x_1+\cdots+x_n}/(x_1!\cdots x_n!),\ \lambda\geq 0$$

따라서 $\lambda>0$일 때 로그가능도함수는

$$l(\lambda)=-n\lambda+\sum_{i=1}^{n}x_i\log\lambda-\log(x_1!\cdots x_n!)$$

이고, 로그가능도함수의 일차도함수와 이차도함수는 각각 다음과 같다.

---

87) 추정값 $\hat{\theta}(x)$란 관측결과가 x인 경우에 대응하는 추정량 $\hat{\theta}=\hat{\theta}(\mathrm{X})$의 관측값을 뜻하고, 최대가능도 추정값의 정의는 가능도함수를 최대로 하는 $\theta\in\Omega$의 값이 존재하는 것을 전제로 하고 있다.

88) 이러한 표현은 모수공간이 $\Omega=\{\lambda:\lambda\geq 0\}$임을 뜻하는 것이다. 한편 $\lambda=0$인 경우의 포아송분포 $\mathrm{Poisson}(\lambda)$는 상수 0에 집중된 분포를 뜻하고, 이러한 분포가 모형에 포함되어 있으므로 관측 결과에 관계 없이 최대가능도 추정값이 존재하게 되고 최대가능도 추정량을 정의할 수 있는 것이다.

$$\dot{l}(\lambda) = -n + n\bar{x}/\lambda,\ \bar{x} = \sum_{i=1}^{n} x_i/n$$
$$\ddot{l}(\lambda) = -n\bar{x}/\lambda^2,\ \lambda > 0$$

이로부터 로그가능도함수의 증가, 감소를 조사하면 다음이 성립하는 것을 알 수 있다.

(i) $\bar{x} > 0$이면 $\max_{\lambda > 0} l(\lambda) = l(\bar{x})$

(ii) $\bar{x} = 0$이면 $l(\lambda) = -n\lambda - \log(x_1! \cdots x_n!)$ $\therefore \sup_{\lambda > 0} l(\lambda) = \lim_{\lambda \to 0} l(\lambda)$

그런데 가능도함수는 $\lambda = 0$에서 정의되어 있고 연속함수이므로, 어느 경우에나

$$\sup_{\lambda > 0} L(\lambda; x_1, \cdots, x_n) = L(\bar{x}; x_1, \cdots, x_n)$$
$$\therefore \max_{\lambda \geq 0} L(\lambda; x_1, \cdots, x_n) = L(\bar{x}; x_1, \cdots, x_n)\quad \forall\, x = (x_1, \cdots, x_n)^t$$

그러므로 λ의 최대가능도 추정량은 $\hat{\lambda}^{MLE} = \bar{X}$로 주어진다.

<예 6.2.1>에서와 같이 로그가능도함수 $l(\theta; x) = \log L(\theta; x)$의 증가, 감소를 조사하는 데에는 그 도함수들을 이용한다. 특히 그 일차도함수를 0으로 하는 모수 값을 찾는 방정식

$$\dot{l}(\theta; x) = 0$$

을 가능도방정식(可能度方程式, likelihood equation)이라고 하며, 이 방정식의 근 $\hat{\theta}(x)$ 중에서 최대가능도 추정값을 찾으면 된다. 이와 관련하여 다음의 정리들은 매우 유용하다.

정리 6.2.1

수직선 위의 열린구간 Ω_o에서 정의된 함수 $l(\theta)$가 두 번 미분가능하고 이차도함수가 연속함수일 때,

$$\ddot{l}(\theta) < 0,\ \forall\, \theta \in \Omega_o \text{이고 } \dot{l}(\hat{\theta}) = 0,\ \hat{\theta} \in \Omega_o$$

이면

$$\max_{\theta \in \Omega_o} l(\theta) = l(\hat{\theta})$$

[증명] 부록 I의 테일러 정리로부터

$$l(\theta) = l(\hat{\theta}) + \dot{l}(\hat{\theta})(\theta - \hat{\theta}) + \frac{1}{2}\ddot{l}(\theta^*)(\theta - \hat{\theta})^2,\ \exists\, \theta^* \in \Omega_o$$

따라서 주어진 조건으로부터

$$l(\theta) = l(\hat{\theta}) + \frac{1}{2}\ddot{l}(\theta^*)(\theta - \hat{\theta})^2 < l(\hat{\theta}),\ \ \forall\, \theta \in \Omega_o : \theta \neq \hat{\theta}$$

예 6.2.2 이항분포에서의 최대가능도 추정

베르누이분포 Bernoulli(p) $(0 \le p \le 1)$로부터의 랜덤표본을 $X_1, \cdots, X_n$이라고 할 때 p의 최대가능도 추정량을 구하여라.

[풀이] 이 경우에 가능도함수는

$$L(p; x_1, \cdots, x_n) = \prod_{i=1}^{n} p^{x_i}(1-p)^{1-x_i},\ \ 0 \le p \le 1$$

이므로, $0 < p < 1$일 때 로그가능도함수는 다음과 같이 주어진다.

$$l(p) = \sum_{i=1}^{n} x_i \log p + \left(n - \sum_{i=1}^{n} x_i\right) \log(1-p)$$

이로부터 로그가능도함수의 일차도함수와 이차도함수는 각각 다음과 같다.

$$\dot{l}(p) = \frac{1}{p}\sum_{i=1}^{n} x_i - \frac{1}{1-p}\left(n - \sum_{i=1}^{n} x_i\right) = \frac{n\hat{p}}{p} - \frac{n(1-\hat{p})}{1-p},\ \ \hat{p} = \sum_{i=1}^{n} x_i / n$$

$$\ddot{l}(p) = -n\hat{p}/p^2 - n(1-\hat{p})/(1-p)^2,\ \ 0 < p < 1$$

이로부터 $0 < p < 1$일 때 <정리 6.2.1>을 이용하고 로그가능도함수의 증가, 감소를 조사하면 다음이 성립하는 것을 알 수 있다.

(i) $0 < \hat{p} < 1$이면 $\dot{l}(\hat{p}) = 0,\ \ddot{l}(p) < 0\ \ \forall\, p : 0 < p < 1$

$$\therefore \max_{0 < p < 1} l(p) = l(\hat{p})$$

(ii) $\hat{p} = 0$이면 $l(p) = n\log(1-p)\ \ \therefore \sup_{0<p<1} l(p) = \lim_{p \to 0} l(p)$

(iii) $\hat{p} = 1$이면 $l(p) = n\log p\ \ \therefore \sup_{0<p<1} l(p) = \lim_{p \to 1} l(p)$

그런데 가능도함수는 $p = 0,\ p = 1$에서 정의되고 연속함수이므로, 어느 경우에나

$$\sup_{0<p<1} L(p; x_1, \cdots, x_n) = L(\hat{p}; x_1, \cdots, x_n)$$

또한 $p = 0$인 경우는 $x_1 = \cdots = x_n = 0$이고, $p = 1$인 경우는 $x_1 = \cdots = x_n = 1$이므로

$$\therefore \max_{0 \le p \le 1} L(p; x_1, \cdots, x_n) = L(\hat{p}; x_1, \cdots, x_n) \quad \forall x = (x_1, \cdots, x_n)^t$$

그러므로 p의 최대가능도 추정량은 $\hat{p}^{MLE} = \frac{1}{n}\sum_{i=1}^{n} X_i$로 주어진다.

<정리 6.2.1>에서의 조건

$$\ddot{l}(\theta) < 0, \ \forall \theta \in \Omega_o$$

은 함수 $l(\theta)$가 순오목함수(strictly concave function) 즉

$$l(\alpha\theta_1 + (1-\alpha)\theta_2) > \alpha l(\theta_1) + (1-\alpha) l(\theta_2) \ \ \forall \alpha : 0 < \alpha < 1,$$
$$\forall \theta_i \in \Omega_o (i = 1, 2)(\theta_1 \neq \theta_2)$$

이기 위한 충분조건으로서 이는 선분의 내분점에서의 함수 값이 선분의 양 끝점에서의 값들의 내분 값보다 커지는 것을 뜻하는 조건이다.

로그가능도함수가 이러한 조건을 만족하는 경우에는 <예 6.2.2>에서와 같이 가능도방정식의 근을 찾기만 하면 <정리 6.2.1>로부터 그 근이 최대가능도 추정값이 된다. 그러나 가능도방정식의 구체적 풀이가 어려울 때도 많이 있으며 그러한 경우에는 순오목함수에 관한 다음의 정리가 매우 유용하다.

정리 6.2.3 분산 0의 의미

수직선 위의 열린구간 Ω_o에서 정의된 함수 $l(\theta)$가 두 번 미분가능하고 이차도함수가 연속함수일 때

$$\ddot{l}(\theta) < 0, \ \forall \theta \in \Omega_o \text{이고} \ \lim_{\theta \to \partial(\Omega_o)} l(\theta) = -\infty$$ [89]

이면 방정식 $\dot{l}(\theta) = 0, \ \theta \in \Omega_o$의 근 $\hat{\theta}$이 존재하고 그러한 근은 하나뿐이다.

[증명] 정의역이 무한구간으로서 $\Omega_o = (-\infty, +\infty)$인 경우에 증명하기로 한다.

이 경우에

$$\lim_{\theta \to -\infty} l(\theta) = -\infty, \quad \lim_{\theta \to +\infty} l(\theta) = -\infty$$

이고 $l(\theta)$가 연속함수이므로 $l(\theta)$는 최대값을 갖는다. 즉

$$l(\hat{\theta}) = \max_{\theta \in \Omega_o} l(\theta), \ \hat{\theta} \in \Omega_o$$

---

89) 여기에서 $\partial(\Omega_o)$는 수직선 위의 구간 Ω_o의 경계(境界, boundary)를 나타내는 기호이고, $\theta \to \partial(\Omega_o)$가 뜻하는 것은 유한구간의 경우에는 구간의 끝점으로 가까이 가고, 무한구간의 경우에는 무한히 커지거나 작아지는 것을 뜻한다.

인 $\hat{\theta}$이 존재한다. 만약 $l(\theta)$가 서로 다른 두 점 $\widehat{\theta_1}, \widehat{\theta_2}$에서 최대가 된다면

$$l(\widehat{\theta_1}) = l(\widehat{\theta_2}) = \max_{\theta \in \Omega_o} l(\theta),\ \widehat{\theta_1} < \widehat{\theta_2}$$

그런데 $l(\theta)$가 순오목함수이므로

$$l\left(\frac{1}{2}\widehat{\theta_1} + \frac{1}{2}\widehat{\theta_2}\right) > \frac{1}{2}l(\widehat{\theta_1}) + \frac{1}{2}l(\widehat{\theta_2}) = \max_{\theta \in \Omega_o} l(\theta),\ \frac{1}{2}\widehat{\theta_1} + \frac{1}{2}\widehat{\theta_2} \in \Omega_o$$

가 성립하게 되어 모순이다. 따라서 $l(\theta)$는 한 점 $\hat{\theta} \in \Omega_o$에서만 최대가 된다. 이러한 점 $\hat{\theta}$에 대하여 $\dot{l}(\hat{\theta}) = 0$ 임은 명백하므로 $\hat{\theta}$은 가능도방정식의 하나뿐인 근이다.

가능도방정식의 근이 존재하는 것을 알지만 구체적 풀이가 어려울 때에는 테일러 정리를 이용하여 일차방정식으로 근사한 방정식[90]

$$0 = \dot{l}(\hat{\theta}^1) \simeq \dot{l}(\hat{\theta}^0) + \ddot{l}(\hat{\theta}^0)(\hat{\theta}^1 - \hat{\theta}^0)$$

을 반복적으로 적용하여 근을 구하고, 초기값인 $\hat{\theta}^0$로는 흔히 적률이용 추정값을 사용한다.

일단계 반복법(one step iteration)에 의한 가능도방정식의 풀이:

$$\hat{\theta}^{r+1} = \hat{\theta}^r + [-\ddot{l}(\hat{\theta}^r)]^{-1}\dot{l}(\hat{\theta}^r),\ (r = 0,1,\cdots),\ \hat{\theta}^0 = \hat{\theta}^{MME}$$

예 6.2.3 로지스틱분포에서의 최대가능도 추정

<예 4.1.5>의 로지스틱분포 $L(\theta,1)\ (-\infty < \theta < +\infty)$로부터의 랜덤표본을 $X_1, \cdots, X_n$이라고 할 때 θ의 최대가능도 추정값을 찾는 알고리즘을 구하여라.

[풀이] 로지스틱분포 $L(\theta,1)$의 확률밀도함수는

$$pdf(x;\theta) = \frac{e^{x-\theta}}{(1+e^{x-\theta})^2} = \frac{e^{-x+\theta}}{(1+e^{-x+\theta})^2},\ -\infty < x < +\infty$$

이므로 로그가능도함수와 그 도함수들은 다음과 같이 주어진다.

---

90) 이러한 반복법을 뉴톤-랩슨(Newton-Raphson) 방법이라고 하며 많은 패키지에 함수화 되어 있다.

$$l(\theta) = n\bar{x} - n\theta - 2\sum_{i=1}^{n}\log(1+e^{x_i-\theta}) = -n\bar{x} + n\theta - 2\sum_{i=1}^{n}\log(1+e^{-x_i+\theta})$$

$$\dot{l}(\theta) = n - 2\sum_{i=1}^{n} e^{-x_i+\theta}/(1+e^{-x_i+\theta}),\ \ddot{l}(\theta) = -2\sum_{i=1}^{n} e^{-x_i+\theta}/(1+e^{-x_i+\theta})^2$$

$$\therefore\ \ddot{l}(\theta) < 0,\ \forall\theta : -\infty < \theta < +\infty,\ \lim_{\theta\to-\infty} l(\theta) = -\infty,\ \lim_{\theta\to+\infty} l(\theta) = -\infty$$

그러므로 <정리 6.2.2>로부터 θ의 최대가능도 추정값은 가능도방정식

$$\dot{l}(\theta) = n - 2\sum_{i=1}^{n} e^{-x_i+\theta}/(1+e^{-x_i+\theta}) = 0$$

의 하나뿐인 근으로 주어진다. 한편 로지스틱분포 $\mathrm{L}(\theta,1)$의 평균은 θ이므로 θ의 적률이용 추정값은 $\hat{\theta}^{MME} = \bar{x}$이다. 따라서 다음과 같은 반복법을 이용하여 최대가능도 추정값을 구할 수 있다.

$$\hat{\theta}^{r+1} = \hat{\theta}^{r} + [-\ddot{l}(\hat{\theta}^{r})]^{-1}\dot{l}(\hat{\theta}^{r}),\ (r = 0,1,\cdots),\ \hat{\theta}^{0} = \bar{x}$$

정리 6.2.3 모수의 일대일 변환과 최대가능도 추정

모수 θ의 최대가능도 추정량이 존재할 때, θ의 일대일 변환으로서

$$\eta = g(\theta),\ \theta \in \Omega$$

로 정의된 새로운 모수의 최대가능도 추정량은 다음과 같이 주어진다.

$$\hat{\eta}^{MLE} = g(\hat{\theta}^{MLE})$$

[증명] 정규분포 $\mathrm{N}(0,\sigma^2)$에서 모분산인 σ^2을 모수로 하거나 모표준편차인 $\sigma = \sqrt{\sigma^2}$를 모수로 하거나 확률밀도함수가 변하지 않는 것과 같이 랜덤표본의 확률밀도함수는 모수의 일대일 변환에 따라 변하지 않는다. 즉, θ의 일대일 변환인 $\eta = g(\theta),\ \theta \in \Omega$에 대하여

$$pdf(x_1,\cdots,x_n;\theta) = pdf(x_1,\cdots,x_n;g^{-1}(\eta)),\ \eta \in g(\Omega)$$

따라서 $\eta = g(\theta)$를 모수로 할 때의 가능도함수는 다음과 같이 주어진다.

$$L(g^{-1}(\eta);x_1,\cdots,x_n) = pdf(x_1,\cdots,x_n;g^{-1}(\eta))$$

한편

$$\max_{\eta\in g(\Omega)} L(g^{-1}(\eta);x_1,\cdots,x_n) = \max_{\theta\in\Omega} L(\theta;x_1,\cdots,x_n) = L(\hat{\theta}^{MLE}) = L[g^{-1}(g(\hat{\theta}^{MLE}))]$$

이므로 이 가능도함수는 $g(\hat{\theta}^{MLE})$에서 최대가 된다. 즉

$$\hat{\eta}^{MLE} = g(\hat{\theta}^{MLE})$$

예 6.2.4 지수분포에서의 최대가능도 추정

지수분포 $\mathrm{Exp}(\theta)\,(0<\theta<+\infty)$로부터의 랜덤표본을 $X_1, \cdots, X_n$이라고 할 때 θ의 최대가능도 추정량을 구하여라.

[풀이] 지수분포 $\mathrm{Exp}(\theta)$의 확률밀도함수는

$$pdf(x;\theta)=\frac{1}{\theta}e^{-x/\theta},\ x>0$$

이므로 로그가능도함수와 그 도함수들은 다음과 같이 주어진다.

$$l(\theta)=-n\log\theta-n\bar{x}/\theta,\ \dot{l}(\theta)=-n/\theta+n\bar{x}/\theta^2,\ \ddot{l}(\theta)=n/\theta^2-2n\bar{x}/\theta^3$$

이로부터 이 로그가능도함수는 순오목함수가 아니어서 <정리 6.2.2>를 적용할 수 없고, 다른 방법으로 그 증가, 감소를 조사하여야 한다.

한편 $\lambda=1/\theta$를 모수로 하는 경우에 로그가능도함수와 그 도함수들은

$$l(\lambda)=n\log\lambda-n\bar{x}\lambda,\ \dot{l}(\lambda)=n/\lambda-n\bar{x},\ \ddot{l}(\lambda)=-n/\lambda^2$$

으로 주어지고 다음이 성립하는 것을 알 수 있다.

$$\ddot{l}(\lambda)=-n/\lambda^2<0,\ \ \forall\lambda:0<\lambda<+\infty,$$

$$\lim_{\lambda\to 0}l(\lambda)=-\infty,\ \lim_{\lambda\to\infty}l(\lambda)=-\lim_{\lambda\to\infty}n\lambda\left(\bar{x}-\frac{\log\lambda}{\lambda}\right)=-\infty$$

그러므로 $\lambda=1/\theta$를 모수로 하는 경우에는 로그가능도함수가 순오목함수이고 <정리 6.2.2>를 적용할 수 있다. 가능도방정식 $\dot{l}(\lambda)=0$을 풀면 λ의 최대가능도 추정량은

$$\hat{\lambda}^{MLE}=1/\bar{X}$$

따라서 <정리 6.2.3>으로부터 $\theta=1/\lambda$의 최대가능도 추정량은

$$\hat{\theta}^{MLE}=1/\hat{\lambda}^{MLE}=\bar{X}$$

<예 6.2.4>에서와 같이 모수의 일대일 변환을 하여 로그가능도함수가 순오목함수가 되면 최대가능도 추정량을 찾는 것이 용이해진다. 다음의 정리에서는 이러한 성질을 가지고 있는 특정한 형태의 확률 모형에서의 최대가능도 추정을 소개하고 있다.

정리 6.2.4 **지수족에서의 최대가능도 추정**

확률밀도함수가

$$pdf(x;\eta) = \exp\{\eta \mathrm{T}(x) - \mathrm{A}(\eta) + \mathrm{S}(x)\},\ x \in \mathscr{X},\ \eta \in N$$

의 꼴로 주어지고 다음 조건 (i), (ii), (iii)을 만족하는 모집단[91]에서의 랜덤표본을 $\mathrm{X}_1, \mathrm{X}_2, \cdots, \mathrm{X}_n$이라고 할 때, 가능도방정식

$$\dot{\mathrm{A}}(\eta) = \frac{1}{n}\sum_{i=1}^{n} \mathrm{T}(x_i),\ \text{또는}\ \mathrm{E}_\eta[\mathrm{T}(\mathrm{X}_1)] = \frac{1}{n}\sum_{i=1}^{n} \mathrm{T}(x_i),\ \eta \in N$$

이 근 $\hat{\eta} = \hat{\eta}(x_1, \cdots, x_n)$을 갖는다면, $\hat{\eta}$은 η의 최대가능도 추정값이다.

(i) 분포의 토대 $\mathscr{X} = \{x : pdf(x;\eta) > 0\}$가 모수에 따라 변하지 않으며,

(ii) 모수공간 N이 수직선 위의 열린구간이고,

(iii) $\mathrm{Var}(\mathrm{T}(\mathrm{X}_1)) > 0$, 즉 $\mathrm{T}(x)$는 상수가 아니다.

[증명] 이 정리 증명의 핵심은 다음과 같은 누율생성함수에 관한 사실이다.

$$cgf_{\mathrm{T}(\mathrm{X}_1);\eta}(s) = \log mgf_{\mathrm{T}(\mathrm{X}_1);\eta}(s) = \log \mathrm{E}_\eta(e^{s\mathrm{T}(\mathrm{X}_1)}) = \mathrm{A}(s+\eta) - \mathrm{A}(\eta)\ ,$$

$$-\epsilon < s < \epsilon\ (\exists s > 0)$$

$$\mathrm{E}_\eta[\mathrm{T}(\mathrm{X}_1)] = \dot{\mathrm{A}}(\eta),\ \mathrm{Var}_\eta[\mathrm{T}(\mathrm{X}_1)] = \ddot{\mathrm{A}}(\eta),\ \eta \in N$$

이러한 누율생성함수에 관한 사실을 밝히기 위하여 연속형의 경우를 생각하면 다음과 같고 이산형의 경우도 같은 방법으로 밝힐 수 있다.

$$\begin{aligned}
\mathrm{E}(e^{s\mathrm{T}(\mathrm{X}_1)}) &= \int_{-\infty}^{+\infty} e^{s\mathrm{T}(x)} pdf(x;\eta)dx \\
&= \int_{-\infty}^{+\infty} pdf(x;s+\eta)\,dx\ \exp\{\mathrm{A}(s+\eta) - \mathrm{A}(\eta)\} \\
&= \exp\{\mathrm{A}(s+\eta) - \mathrm{A}(\eta)\},\ s+\eta \in N,\ \eta \in N,\ |s| < \epsilon\ (\exists \epsilon > 0)
\end{aligned}$$

여기에서 s의 범위가 원점이 포함된 열린구간으로 정해질 수 있는 것은 조건 (ii) 때문이다.

$$\therefore\ cgf_{\mathrm{T}(\mathrm{X}_1);\eta}(s) = \log \mathrm{E}_\eta(e^{s\mathrm{T}(\mathrm{X}_1)}) = \mathrm{A}(s+\eta) - \mathrm{A}(\eta),\ |s| < \epsilon\ (\exists \epsilon > 0)$$

한편 2장에서 밝혔듯이 일차, 이차 누율이 각각 평균과 분산이므로

---

91) 이러한 조건을 만족하는 <정리 6.2.4>에 주어진 형태의 확률밀도함수의 집합을 단일모수 지수족(指數族, single parameter exponential family of pdf's)이라고 한다.

$$\mathrm{E}_\eta[\mathrm{T}(\mathrm{X}_1)] = \left[\frac{d}{ds} cgf_{\mathrm{T}(\mathrm{X}_1);\eta}(s)\right]_{s=0} = \dot{\mathrm{A}}(\eta)$$

$$\mathrm{Var}_\eta[\mathrm{T}(\mathrm{X}_1)] = \left[\frac{d^2}{ds^2} cgf_{\mathrm{T}(\mathrm{X}_1);\eta}(s)\right]_{s=0} = \ddot{\mathrm{A}}(\eta),\ \eta \in N$$

따라서 조건 (iii)과 <정리 1.6.4>로부터

$$\ddot{\mathrm{A}}(\eta) > 0 \quad \forall \eta \in N$$

그러므로 이 경우의 로그가능도함수

$$l(\eta) = \eta \sum_{i=1}^{n} \mathrm{T}(x_i) - n\mathrm{A}(\eta) + \sum_{i=1}^{n} \mathrm{S}(x_i)$$

에 대하여 다음이 성립하게 되어 로그가능도함수는 순오목함수이다.

$$\ddot{l}(\eta) = -n\ddot{\mathrm{A}}(\eta) < 0 \quad \forall \eta \in N$$

따라서 <정리 6.2.1>로부터 가능도방정식의 근 $\hat{\eta} = \hat{\eta}(x_1, \cdots, x_n)$이 존재하면, 즉

$$\dot{l}(\hat{\eta}) = \sum_{i=1}^{n} \mathrm{T}(x_i) - n\dot{\mathrm{A}}(\hat{\eta}) = 0$$

인 $\hat{\eta}$이 존재하면 $\hat{\eta}$은 η의 최대가능도 추정값이다.

<정리 6.2.4>를 이용하는 많은 경우에 지수족의 표현에 사용되는 모수 η는

$$\eta = g(\theta),\ \theta \in \Omega$$

와 같은 일대일 변환을 통하여 정의되는 모수이다. 즉 <정리 6.2.4>의 확률밀도함수가

$$pdf(x;\theta) = \exp\{g(\theta)\mathrm{T}(x) - \mathrm{A}(g(\theta)) + \mathrm{S}(x)\},\ x \in \mathscr{X},\ \theta \in \Omega$$

의 꼴로 모수 $\theta \in \Omega$를 이용하여 주어지는 것을 뜻한다. 따라서 <정리 6.2.4>의 조건이 만족되는 경우에 θ의 최대가능도 추정값은 <정리 6.2.3>으로부터 모수 θ를 이용한 가능도방정식

$$\mathrm{E}_\theta[\mathrm{T}(\mathrm{X}_1)] = \frac{1}{n}\sum_{i=1}^{n} \mathrm{T}(x_i),\ \theta \in \Omega$$

의 근 $\hat{\theta} = \hat{\theta}(x_1, \cdots, x_n)$으로 주어진다.

지수족에서 모수의 일대일 변환과 가능도방정식:

$$pdf(x;\theta) = \exp\{g(\theta)\mathrm{T}(x) - \mathrm{A}(g(\theta)) + \mathrm{S}(x)\},\ x \in \mathscr{X},\ \theta \in \Omega$$

이고 $\eta = g(\theta)$로 모수화하여 〈정리 6.2.4〉의 조건이 만족되면 θ를 이용한 가능도방정식은

$$\mathrm{E}_\theta[\mathrm{T}(\mathrm{X}_1)] = \frac{1}{n}\sum_{i=1}^{n} \mathrm{T}(x_i),\ \theta \in \Omega$$

예 6.2.5 **정리 6.2.4의 조건을 만족시키는 지수족의 예**

(a) 베르누이분포 모형 Bernoulli(p), $0 < p < 1$:

$$f(x;p) = p^x(1-p)^{1-x} = \exp\left\{\left(\log\frac{p}{1-p}\right)x + \log(1-p)\right\},\ x = 0,1$$

$\eta = \log\frac{p}{1-p}$ 로 모수의 변환을 하면

$$pdf(x;\eta) = \exp\{\eta x - \log(1+e^{\eta})\},\ x = 0,1,\ -\infty < \eta < +\infty$$

크기 n인 랜덤표본에 기초한 가능도방정식의 근 $\hat{\eta}$과 대응하는 $\hat{p}$은

$$\frac{1}{n}\sum_{i=1}^{n} x_i = \dot{A}(\hat{\eta}) = \frac{e^{\hat{\eta}}}{1+e^{\hat{\eta}}} = \hat{p},\ 0 < \hat{p} < 1$$

임을 알 수 있다. 한편 모수 p를 이용한 가능도방정식은

$$\frac{1}{n}\sum_{i=1}^{n} x_i = E_p(X_1) = p,\ 0 < p < 1$$

로 주어지고 이는 η를 이용한 가능도방정식과 일치하는 것을 알 수 있다. 이로부터 <예 6.2.2>의 (ⅰ)의 경우와 같이 $0 < \sum_{i=1}^{n} x_i/n < 1$인 경우에

$$\hat{p}^{MLE} = \frac{1}{n}\sum_{i=1}^{n} x_i$$

(b) 포아송분포 모형 Poisson(λ), $\lambda > 0$:

$$f(x;\lambda) = \frac{e^{-\lambda}\lambda^x}{x!},\ x = 0,1,\cdots$$

$\eta = \log\lambda$ 로 모수의 변환을 하면

$$pdf(x;\eta) = \exp(\eta x - e^{\eta} - \log x!),\ x = 0,1,\cdots,\ -\infty < \eta < +\infty$$

크기 n인 랜덤표본에 기초한 가능도방정식을 모수 λ를 이용하여 나타내면

$$\frac{1}{n}\sum_{i=1}^{n} x_i = E_{\lambda}(X_1) = \lambda,\ \lambda > 0$$

이로부터 <예 6.2.1>의 (ⅰ)의 경우와 같이 $\sum_{i=1}^{n} x_i > 0$인 경우에

$$\hat{\lambda}^{MLE} = \frac{1}{n}\sum_{i=1}^{n} x_i$$

(c) 기하분포 모형 Geo(p), $0 < p < 1$:

$$f(x;p) = (1-p)^{x-1}p,\ x = 1,2,\cdots$$

$\eta = \log(1-p)$ 로 모수의 변환을 하면

$$pdf(x;\eta) = \exp(\eta x - \eta + \log(1-e^{\eta})),\ x = 0,1,\cdots,\ -\infty < \eta < +\infty$$

크기 r인 랜덤표본에 기초한 가능도방정식을 모수 p를 이용하여 나타내면

$$\frac{1}{r}\sum_{i=1}^{r} x_i = \mathrm{E}_p(\mathrm{X}_1) = 1/p,\ 0 < p < 1$$

이로부터 $\sum_{i=1}^{r} x_i / r > 1$인 경우에 $\hat{p}^{MLE} = 1/\frac{1}{r}\sum_{i=1}^{r} x_i$

(d) 지수분포 모형 $\mathrm{Exp}(\theta),\ \theta > 0$:

$$f(x;\theta) = \frac{1}{\theta} e^{-x/\theta},\ x > 0$$

$\eta = -1/\theta$ 로 모수의 변환을 하면

$$pdf(x;\eta) = \exp\{\eta x + \log(-\eta)\},\ x > 0,\ \eta < 0$$

크기 n인 랜덤표본에 기초한 가능도방정식을 모수 θ를 이용하여 나타내면

$$\frac{1}{n}\sum_{i=1}^{n} x_i = \mathrm{E}_\theta(\mathrm{X}_1) = \theta,\ \theta > 0$$

이로부터 <예 6.2.4>에서와 같이 모든 관측 결과에 대하여

$$\hat{\theta}^{MLE} = \frac{1}{n}\sum_{i=1}^{n} x_i$$

(e) 파레토분포 모형 $\mathrm{Pareto}(1,\theta),\ \theta > 0$:

$$f(x;\theta) = \theta x^{-\theta-1},\ x > 1$$

이 경우에는 $\eta = \theta$인 경우이므로 모수의 변환이 없이

$$pdf(x;\theta) = \exp\{\theta(-\log x) + \log\theta - \log x\},\ x > 1,\ \theta > 0$$

크기 n인 랜덤표본에 기초한 가능도방정식의 근 $\hat{\theta}$은

$$\frac{1}{n}\sum_{i=1}^{n}(-\log x_i) = \dot{\mathrm{A}}(\hat{\theta}) = -\frac{1}{\hat{\theta}},\ \hat{\theta} > 0$$

임을 알 수 있다. 한편 이 경우에

$$\mathrm{X}_1^{-\theta} \sim \mathrm{U}(0,1),\ \theta\log\mathrm{X}_1 \sim \mathrm{Exp}(1),\ \mathrm{E}_\theta(-\log\mathrm{X}_1) = -1/\theta$$

이므로 $\dot{\mathrm{A}}(\theta) = \mathrm{E}_\theta(-\log\mathrm{X}_1)$이고, 위의 가능도방정식과 $\mathrm{E}_\theta(-\log\mathrm{X}_1)$을 이용한 가능도방정식이 일치하는 것을 알 수 있다. 이로부터 모든 관측 결과에 대하여

$$\hat{\theta}^{MLE} = 1/\frac{1}{n}\sum_{i=1}^{n}\log x_i$$

이제까지의 모든 예에서는 가능도함수가 미분가능한 경우를 다루었으나, 미분 불가능하거나 불연속함수인 경우도 있다. 이러한 경우에는 가능도함수 또는 로그가능도함수의 증가, 감소를 조사하여 최대가능도 추정값을 찾아야 한다. 또한, 최대가능도 추정량이 유일하게 정해지지 않는 경우도 있다.

예 6.2.6 이중지수분포에서의 최대가능도 추정

이중지수분포 $\mathrm{DE}(\theta,1)(-\infty<\theta<+\infty)$로부터의 랜덤표본을 $\mathrm{X}_1, \cdots, \mathrm{X}_n$ $(n=2m+1)$이라고 할 때 θ의 최대가능도 추정량을 구하여라.

[풀이] 이중지수분포 $\mathrm{DE}(\theta,1)$의 확률밀도함수는

$$pdf(x;\theta)=\frac{1}{2}e^{-|x-\theta|},\quad -\infty<x<+\infty$$

따라서 로그가능도함수는

$$l(\theta)=-\sum_{i=1}^{n}|x_i-\theta|-n\log 2$$

로 주어지고 이 함수는 $\theta=x_1,\cdots,\theta=x_n$에서 미분 불가능인 것을 알 수 있다.

한편 순서통계량의 관측값을 $x_{(1)}<\cdots<x_{(n)}$이라 하고 $x_{(0)}=-\infty$, $x_{(n+1)}=+\infty$이라고 할 때, $x_{(r)}\le\theta<x_{(r+1)}(r=0,\cdots,n)$인 경우에

$$l(\theta)=-\sum_{i=1}^{n}|\theta-x_{(i)}|-n\log 2=-\sum_{i=1}^{r}(\theta-x_{(i)})-\sum_{i=r+1}^{n}(x_{(i)}-\theta)-n\log 2$$

$$\therefore\ l(\theta)=(n-2r)\theta+\sum_{i=1}^{r}x_{(i)}-\sum_{i=r+1}^{n}x_{(i)}-n\log 2$$

이로부터 $n=2m+1$인 경우에 다음이 성립하는 것을 알 수 있다.

(i) $n-2r>0$ 즉 $r=0,\ \cdots,m$일 때 구간 $[x_{(r)},x_{(r+1)})$에서 $l(\theta)$는 증가하고,

(ii) $n-2r<0$ 즉 $r=m+1,\ \cdots,n$일 때 구간 $[x_{(r)},x_{(r+1)})$에서 $l(\theta)$는 감소한다.

따라서 로그가능도함수 $l(\theta)$는 $\hat{\theta}=x_{(m+1)}$에서 최대값을 갖는다.

$$\therefore\ \hat{\theta}^{MLE}=\mathrm{X}_{(m+1)}$$

예 6.2.7 균등분포에서의 최대가능도 추정

구간 $[0,\theta]$에서의 균등분포 $U[0,\theta]\,(0<\theta<+\infty)$로부터의 랜덤표본을 $X_1, \cdots, X_n$이라고 할 때 θ의 최대가능도 추정량을 구하여라.

[풀이] 이 경우에 랜덤표본의 결합확률밀도함수는

$$pdf(x_1,\cdots,x_n;\theta)=\prod_{i=1}^{n}\frac{1}{\theta}I_{[0,\theta]}(x_i)=\theta^{-n}I_{(0\le \min x_i,\,\max x_i\le\theta)}$$

따라서 가능도함수는

$$L(\theta)=\theta^{-n}I_{[x_{(n)},+\infty)}(\theta),\ x_{(n)}=\max_{1\le i\le n}x_i$$

이로부터 가능도함수는 $\hat{\theta}=x_{(n)}$에서 최대값을 갖는 것을 알 수 있다.

$$\therefore\ \hat{\theta}^{MLE}=X_{(n)}$$

예 6.2.8 최대가능도 추정량이 유일하지 않은 경우

구간 $[\theta-1,\theta+1]$에서의 균등분포 $U[\theta-1,\theta+1]\,(-\infty<\theta<+\infty)$로부터의 랜덤표본을 $X_1, \cdots, X_n$이라고 할 때 이들의 결합확률밀도함수는

$$pdf(x_1,\cdots,x_n;\theta)=\prod_{i=1}^{n}\frac{1}{2}I_{[\theta-1,\theta+1]}(x_i)=2^{-n}I_{(\theta-1\le \min x_i,\,\max x_i\le\theta+1)}$$

따라서 가능도함수는

$$L(\theta)=2^{-n}I_{[x_{(n)}-1,\,x_{(1)}+1]}(\theta),\ x_{(1)}=\min_{1\le i\le n}x_i,\ x_{(n)}=\max_{1\le i\le n}x_i$$

이로부터 가능도함수는 구간 $[x_{(n)}-1, x_{(1)}+1]$의 모든 점에서 최대값 2^{-n}을 갖는 것을 알 수 있다. 그러므로 이 경우에는 최대가능도 추정량은 유일하게 정해지지 않으며

$$X_{(n)}-1\le\hat{\theta}^{MLE}\le X_{(1)}+1$$

을 만족하는 모든 통계량이 θ의 최대가능도 추정량이다. 예를 들어

$$\alpha(X_{(n)}-1)+(1-\alpha)(X_{(1)}+1),\ 0\le\alpha\le1$$

은 모두 θ의 최대가능도 추정량이다. 이러한 경우에는 가능한 추정량 중에서 효율성이나 해석의 용이성 등의 추가적인 판단 기준에 따라 추정량을 선택하여야 한다.

6.3 다차원 모수의 최대가능도 추정

정규분포 $N(\mu,\sigma^2)$에서 $(\mu,\sigma^2)^t$과 같이 모수가 다차원 벡터인 경우의 최대가능도 추정에 대하여 생각해보자. 다차원 모수의 최대가능도 추정의 개념은 일차원의 경우와 같으며 구체적으로는 다음과 같이 정의한다.

다차원 모수의 최대가능도 추정:

모집단 분포가 확률밀도함수 $f(x;\theta)$, $\theta=(\theta_1,\cdots,\theta_k)^t\in\Omega$ 중의 하나인 모형에서 랜덤 표본 $X_1, \cdots, X_n$을 관측한 결과를 $x=(x_1,\cdots,x_n)^t$라고 할 때 다음과 같이 정의한다.

(a) 가능도함수와 로그가능도함수: 모수 벡터 $\theta=(\theta_1,\cdots,\theta_k)^t\in\Omega$의 함수로서

$$L(\theta;x)=\prod_{i=1}^{n}f(x_i;\theta),\ \theta=(\theta_1,\cdots,\theta_k)^t\in\Omega$$

$$l(\theta;x)=\log L(\theta;x)=\sum_{i=1}^{n}\log f(x_i;\theta)$$

(b) 모수 벡터의 최대가능도 추정: 가능도함수를 최대로 하는 $\hat{\theta}^{MLE}(x)$를 $\theta=(\theta_1,\cdots,\theta_k)^t$의 최대가능도 추정값이라고 한다.

$$L(\hat{\theta}^{MLE}(x);x)=\max_{\theta\in\Omega}L(\theta;x),\ \hat{\theta}^{MLE}(x)\in\Omega$$

(c) 모수 벡터 각 성분의 최대가능도 추정: $\hat{\theta}^{MLE}(x)$의 각 성분을 대응하는 $\theta=(\theta_1,\cdots,\theta_k)^t$ 성분의 최대가능도 추정값이라고 한다. 즉

$$\hat{\theta}^{MLE}(x)=(\hat{\theta}_1^{MLE}(x),\cdots,\hat{\theta}_k^{MLE}(x))^t$$

다차원 모수의 최대가능도 추정값을 구하는 과정은 다변수 함수의 최대값을 구하는 것과 마찬가지이다. 한 변수씩 단계적으로 최대값을 구해 나갈 수도 있고 또는 일차원 모수의 경우와 같이 가능도방정식을 이용하여 구할 수도 있다.

예 6.3.1 **이중지수분포에서의 최대가능도 추정**

이중지수분포 $DE(\mu,\sigma)(-\infty<\mu<+\infty,\sigma>0)$로부터의 랜덤표본을 $X_1, \cdots, X_n$ $(n=2m+1)$이라고 할 때 $\theta=(\mu,\sigma)^t$의 최대가능도 추정량을 구하여라.

[풀이] 이중지수분포 $DE(\mu,\sigma)$의 확률밀도함수는

$$pdf(x;\theta)=\frac{1}{2\sigma}e^{-|(x-\mu)/\sigma|},\ -\infty<x<+\infty,\ \theta=(\mu,\sigma)^t$$

따라서 로그가능도함수는

$$l(\mu,\sigma) = -\sum_{i=1}^{n}|x_i - \mu|/\sigma - n\log\sigma - n\log 2$$

로 주어지고, <예 6.2.5>로부터 이 로그가능도함수가 μ의 함수로서 중앙값 $\hat{\mu} = x_{(m+1)}$에서 최대로 되는 것을 알 수 있다. 즉 순서통계량의 관측값을 $x_{(1)} < \cdots < x_{(n)}$이라고 할 때

$$\max_{-\infty<\mu<+\infty} l(\mu,\sigma) = l(\hat{\mu},\sigma),\ \hat{\mu} = x_{(m+1)}\ (n = 2m+1)$$

또한 $l(\hat{\mu},\sigma)$의 증가, 감소를 조사하면

$$\frac{\partial}{\partial\sigma} l(\hat{\mu},\sigma) = \sum_{i=1}^{n}|x_i - \hat{\mu}|/\sigma^2 - n/\sigma > 0 \Leftrightarrow \sigma < \frac{1}{n}\sum_{i=1}^{n}|x_i - \hat{\mu}|$$

따라서 $l(\hat{\mu},\sigma)$은 $\hat{\sigma} = \frac{1}{n}\sum_{i=1}^{n}|x_i - \hat{\mu}|$에서 최대가 된다.

$$\therefore \max_{\sigma>0}\max_{-\infty<\mu<+\infty} l(\mu,\sigma) = \max_{\sigma>0} l(\hat{\mu},\sigma) = l(\hat{\mu},\hat{\sigma}),$$

$$\hat{\mu} = x_{(m+1)},\ \hat{\sigma} = \frac{1}{n}\sum_{i=1}^{n}|x_i - x_{(m+1)}|$$

$$\therefore\ \hat{\theta}^{MLE} = (\hat{\mu}^{MLE}, \hat{\sigma}^{MLE})^t = \left(X_{(m+1)}, \frac{1}{n}\sum_{i=1}^{n}|X_i - X_{(m+1)}|\right)^t$$

예 6.3.2 정규분포에서의 최대가능도 추정

정규분포 $N(\mu,\sigma^2)(-\infty < \mu < +\infty, \sigma^2 > 0)$으로부터의 랜덤표본을 $X_1, \cdots, X_n$이라고 할 때 $\theta = (\mu,\sigma^2)^t$의 최대가능도 추정량을 구하여라.

[풀이] 정규분포 $N(\mu,\sigma^2)$의 확률밀도함수는

$$pdf(x;\theta) = (2\pi\sigma^2)^{-1/2}\exp\left\{-\frac{1}{2}\frac{(x-\mu)^2}{\sigma^2}\right\},\ -\infty < x < +\infty$$

따라서 로그가능도함수는

$$l(\mu,\sigma^2) = -\frac{1}{2\sigma^2}\sum_{i=1}^{n}(x_i - \mu)^2 - \frac{n}{2}\log\sigma^2 - \frac{n}{2}\log 2\pi$$

로 주어지고, 이 로그가능도함수가 μ의 함수로서 표본평균 $\hat{\mu} = \bar{x}$에서 최대로 되는 것은 다음 등식에서 알 수 있다.

$$\sum_{i=1}^{n}(x_i-\mu)^2=\sum_{i=1}^{n}(x_i-\overline{x})^2+n(\overline{x}-\mu)^2$$

$$\therefore \max_{-\infty<\mu<+\infty} l(\mu,\sigma^2)=l(\hat{\mu},\sigma^2),\ \hat{\mu}=\overline{x}=\frac{1}{n}\sum_{i=1}^{n}x_i$$

또한 $\theta_2=\sigma^2$이라고 하여 $l(\hat{\mu},\sigma^2)=l(\hat{\mu},\theta_2)$의 증가, 감소를 조사하면

$$\frac{\partial}{\partial\theta_2}l(\hat{\mu},\theta_2)=\frac{1}{2\theta_2^2}\sum_{i=1}^{n}(x_i-\overline{x})^2-\frac{n}{2\theta_2}>0 \Leftrightarrow \sigma^2=\theta_2<\frac{1}{n}\sum_{i=1}^{n}(x_i-\overline{x})^2$$

따라서 $l(\hat{\mu},\sigma^2)$은 $\widehat{\sigma^2}=\frac{1}{n}\sum_{i=1}^{n}(x_i-\overline{x})^2$에서 최대가 된다.

$$\therefore \max_{\sigma^2>0}\ \max_{-\infty<\mu<+\infty} l(\mu,\sigma^2)=\max_{\sigma^2>0} l(\hat{\mu},\sigma^2)=l(\hat{\mu},\widehat{\sigma^2}),\ \hat{\mu}=\overline{x},\ \widehat{\sigma^2}=\frac{1}{n}\sum_{i=1}^{n}(x_i-\overline{x})^2$$

$$\therefore \hat{\theta}^{MLE}=(\hat{\mu}^{MLE},\widehat{\sigma^2}^{MLE})^t=\left(\overline{\mathrm{X}},\ \frac{1}{n}\sum_{i=1}^{n}(\mathrm{X}_i-\overline{\mathrm{X}})^2\right)^t$$

정리 6.3.1 모수의 함수와 최대가능도 추정

모수 θ의 최대가능도 추정량이 존재하고 $\eta=(\eta_1,\eta_2)^t=(g_1(\theta),g_2(\theta))^t$, $\theta\in\Omega$가 일대일 변환일 때, $\eta_1=g_1(\theta)$의 최대가능도 추정량은 다음과 같이 주어진다.

$$\widehat{\eta_1}^{MLE}=g_1(\hat{\theta}^{MLE})$$

[증명] <정리 6.2.3>으로부터 일대일 변환인

$$\eta=(\eta_1,\eta_2)^t=(g_1(\theta),g_2(\theta))^t=g(\theta),\quad \theta\in\Omega$$

의 최대가능도 추정량은

$$\hat{\eta}^{MLE}=g(\hat{\theta}^{MLE})=(g_1(\hat{\theta}^{MLE}),g_2(\hat{\theta}^{MLE}))^t$$

로 주어지는 것을 알고 있다.

한편 $\eta_1=g_1(\theta)$는 다차원 모수 $\eta=(\eta_1,\eta_2)^t=(g_1(\theta),g_2(\theta))^t$의 첫 성분이므로 각 성분의 최대가능도 추정량의 정의에 따라 $\eta_1=g_1(\theta)$의 최대가능도 추정량은 $\hat{\eta}^{MLE}$의 첫 성분인

$$\widehat{\eta_1}^{MLE}=g_1(\hat{\theta}^{MLE})$$

로 주어진다.

<정리 6.3.1>을 이용하여 모수 θ의 함수인 $\eta_1=g_1(\theta)$의 최대가능도 추정값을 찾을 때에는 또 다른 함수 $\eta_2=g_2(\theta)$를 찾아

$$\eta = (\eta_1, \eta_2)^t = (g_1(\theta), g_2(\theta))^t, \ \theta \in \Omega$$

가 일대일 변환이 되도록 해야 한다.

예 6.3.3

(a) 정규분포 $N(\mu, \sigma^2)(-\infty < \mu < +\infty, \sigma^2 > 0)$에서 모평균 μ의 부호를 나타내는 함수를

$$sgn(\mu) = \begin{cases} +1, & \mu > 0 \\ 0, & \mu = 0 \\ -1, & \mu < 0 \end{cases}$$

라고 하면 $\eta = (|\mu|, sgn(\mu), \sigma^2)^t$는 $\theta = (\mu, \sigma^2)^t$의 일대일 변환이다.

따라서 크기 n인 랜덤표본을 이용한 η의 최대가능도 추정량은

$$\hat{\eta}^{MLE} = (|\hat{\mu}^{MLE}|, sgn(\hat{\mu}^{MLE}), \hat{\sigma^2}^{MLE})^t = \left(|\overline{X}|, sgn(\overline{X}), \frac{1}{n}\sum_{i=1}^{n}(X_i - \overline{X})^2\right)^t$$

이로부터 $\eta_1 = |\mu|$의 최대가능도 추정량은

$$\hat{\eta_1}^{MLE} = |\overline{X}|$$

(b) 베르누이분포 $\mathrm{Bernoulli}(p)\,(0 \le p \le 1)$의 모분산 $\sigma^2 = p(1-p)$에 대하여

$$\eta = (p(1-p), sgn(p - 1/2))^t$$

는 p의 일대일 변환이다. 따라서 크기 n인 랜덤표본을 이용한

$$\eta_1 = \sigma^2 = p(1-p)$$

의 최대가능도 추정량은 다음과 같이 주어진다.

$$\hat{\eta_1}^{MLE} = \hat{\sigma^2}^{MLE} = \hat{p}^{MLE}(1 - \hat{p}^{MLE}), \ \hat{p}^{MLE} = \frac{1}{n}\sum_{i=1}^{n} X_i$$

다차원 모수의 경우에도 일차원의 경우와 마찬가지로 로그가능도함수의 일차편도함수를 0으로 하는 다음과 같은 가능도방정식의 근 $\hat{\theta}(x)$ 중에서 최대가능도 추정값을 찾을 수 있다.

$$\dot{l}(\theta; x) = (\partial l(\theta; x)/\partial\theta_1, \cdots, \partial l(\theta; x)/\partial\theta_k)^t = 0$$

이와 관련하여 다음의 정리들은 <정리 6.2.1>, <정리 6.2.2>를 다차원의 경우로 확장한 것이다.

정리 6.3.2

k차원 공간 R^k의 열린구간다면체 $\Omega_o = (a_1, b_1) \times \cdots \times (a_k, b_k)$에서 정의된 함수 $l(\theta)$가 두 번 편미분 가능하고 이차편도함수들이[92] 연속함수일 때,

$$c^t \ddot{l}(\theta) c < 0,\ \forall c \neq 0,\ \forall \theta \in \Omega_o \text{이고}\ \dot{l}(\hat{\theta}) = 0,\ \hat{\theta} \in \Omega_o$$

이면

$$\max_{\theta \in \Omega_o} l(\theta) = l(\hat{\theta})$$

정리 6.3.3

k차원 공간 R^k의 열린구간다면체 $\Omega_o = (a_1, b_1) \times \cdots \times (a_k, b_k)$에서 정의된 함수 $l(\theta)$가 두 번 편미분 가능하고 이차편도함수들이 연속함수일 때

$$c^t \ddot{l}(\theta) c < 0,\ \forall c \neq 0,\ \forall \theta \in \Omega_o \text{이고}\ \lim_{\theta \to \partial(\Omega_o)} l(\theta) = -\infty$$ [93]

이면 방정식 $\dot{l}(\theta) = 0,\ \theta \in \Omega_o$의 근 $\hat{\theta}$이 존재하고 그러한 근은 하나뿐이다.

한편 일차원 모수의 경우와 같이 로그가능도함수가 이들 정리에서의 조건

$$c^t \ddot{l}(\theta) c < 0,\ \forall c \neq 0,\ \forall \theta \in \Omega_o$$

을 만족하는 경우로서 다음의 정리는 매우 유용하다. 이들 정리는 일차원의 경우와 같은 방법으로 증명할 수 있으므로 생략하기로 한다.

정리 6.3.4 다중모수 지수족에서의 최대가능도 추정

확률밀도함수가

$$pdf(x;\eta) = \exp\left\{ \sum_{j=1}^{k} \eta_j \mathrm{T}_j(x) - \mathrm{A}(\eta) + \mathrm{S}(x) \right\},\ x \in \mathscr{X};\ \eta = (\eta_1, \cdots, \eta_k)^t \in N$$

의 꼴로 주어지고 다음 조건 (i), (ii), (iii)을 만족하는 모집단[94]에서의 랜덤

---

92) $\ddot{l}(\theta) = \left(\dfrac{\partial^2}{\partial\theta_i \partial\theta_j} l(\theta) \right)$은 헤시안행렬이라고 불리우는 이차편도함수들의 행렬을 뜻한다.

93) 여기에서 $\partial(\Omega_o)$는 열린구간다면체 Ω_o의 경계(境界, boundary)를 나타내는 기호이고, $\theta \to \partial(\Omega_o)$가 뜻하는 것은 θ의 각 성분이 유한구간의 끝점으로 가까이 가거나 또는 무한히 커지거나 작아지는 것을 뜻한다.

94) 이러한 조건을 만족하는 <정리 6.2.4>에 주어진 형태의 확률밀도함수의 집합을 다중모수 지수족(多重母數 指數族, multi-parameter exponential family of pdf's)이라고 한다.

표본을 $X_1, X_2, \cdots, X_n$이라고 할 때, 가능도방정식[95]

$$\dot{A}(\eta) = \frac{1}{n}\sum_{i=1}^{n} T(x_i), \text{ 즉 } E_\eta[T(X_1)] = \frac{1}{n}\sum_{i=1}^{n} T(x_i), \ \eta \in N$$

이 근 $\hat{\eta} = \hat{\eta}(x_1, \cdots, x_n)$을 갖는다면 $\hat{\eta}$은 η의 최대가능도 추정값이다.

(i) 분포의 토대 $\mathscr{X} = \{x : pdf(x;\eta) > 0\}$가 모수에 따라 변하지 않으며,

(ii) 모수공간 N이 k차원 공간 R^k의 열린구간다면체 $(a_1, b_1) \times \cdots \times (a_k, b_k)$를 포함하고,

(iii) 모두가 0은 아닌 어떠한 실수 $c_1, \cdots, c_k$에 대해서도 $c^t T(x) = c_1 T_1(x) + \cdots + c_k T_k(x)$는 상수가 아니다. 즉

$$Var(c^t T(X_1)) > 0 \quad \forall c \in R^k : c \neq 0$$

단일모수 지수족의 경우와 마찬가지로 <정리 6.3.4>를 이용하는 많은 경우에 지수족의 표현에 사용되는 모수 η는

$$\eta = g(\theta) = (g_1(\theta), \cdots, g_k(\theta))^t, \ \theta \in \Omega$$

와 같은 일대일 변환을 통하여 정의되는 모수이다. 즉 <정리 6.3.4>의 확률밀도함수가

$$pdf(x;\theta) = \exp\left\{\sum_{j=1}^{k} g_j(\theta) T_j(x) - A(g(\theta)) + S(x)\right\}, \ x \in \mathscr{X}, \ \theta \in \Omega$$

의 꼴로 모수 $\theta \in \Omega$를 이용하여 주어지는 것을 뜻한다. 따라서 <정리 6.3.4>의 조건이 만족되는 경우에 θ의 최대가능도 추정값은 모수의 일대일 변환에 관한 <정리 6.2.3>으로부터 모수 θ를 이용한 가능도방정식

$$E_\theta[T(X_1)] = \frac{1}{n}\sum_{i=1}^{n} T(x_i), \ \theta \in \Omega$$

의 근 $\hat{\theta} = \hat{\theta}(x_1, \cdots, x_n)$으로 주어진다.

지수족에서 모수의 일대일 변환과 가능도방정식:

모집단의 확률밀도함수가

$$pdf(x;\theta) = \exp\{g(\theta)^t T(x) - A(g(\theta)) + S(x)\}, \ x \in \mathscr{X}, \ \theta \in \Omega$$

이고 $\eta = g(\theta)$로 모수화한 경우에 〈정리 6.3.4〉의 조건이 만족되면 θ에 대한 가능도방정식은

$$E_\theta[T_1(X_1)] = \frac{1}{n}\sum_{i=1}^{n} T_1(x_i), \cdots, E_\theta[T_k(X_1)] = \frac{1}{n}\sum_{i=1}^{n} T_k(x_i), \ \theta \in \Omega$$

95) 여기에서 $\dot{A}(\eta) = (\partial A(\eta)/\partial\eta_1, \cdots, \partial A(\eta)/\partial\eta_k)^t$, $T(x) = (T_1(x), \cdots, T_k(x))^t$

예 6.3.4 다중모수 지수족으로서 정규분포 모형 $N(\mu,\sigma^2)$, $-\infty<\mu<+\infty$, $\sigma^2>0$

$$f(x;\theta)=(2\pi\sigma^2)^{-1/2}\exp\left\{-\frac{1}{2}\frac{(x-\mu)^2}{\sigma^2}\right\},\ -\infty<x<+\infty,\ \theta=(\mu,\sigma^2)^t$$

$\eta_1=\dfrac{\mu}{\sigma^2}$, $\eta_2=-\dfrac{1}{2\sigma^2}$로 모수의 변환을 하면 확률밀도함수가

$$pdf(x;\eta)=\exp\{\eta_1 x+\eta_2 x^2-A(\eta)\},\ -\infty<x<+\infty,\ -\infty<\eta_1<+\infty,\ \eta_2<0$$

$$A(\eta)=\eta_1^2/(-4\eta_2)-\{\log(-\eta_2/\pi)\}/2$$

의 꼴로 주어지고 <정리 6.3.4>의 조건이 만족되는 것을 알 수 있다.

이로부터 크기 n인 랜덤표본에 기초한 로그가능도함수는

$$l(\eta_1,\eta_2)=\eta_1\sum_{i=1}^n x_i+\eta_2\sum_{i=1}^n x_i^2-nA(\eta)$$

로 주어지고, 모수 $\theta=(\mu,\sigma^2)^t$를 이용하여 가능도방정식을 나타내면

$$E_\theta(X_1)=\frac{1}{n}\sum_{i=1}^n x_i,\ E_\theta(X_1^2)=\frac{1}{n}\sum_{i=1}^n x_i^2,\ \theta=(\mu,\sigma^2)^t,\ -\infty<\mu<+\infty,\ \sigma^2>0$$

따라서 μ, σ^2의 최대가능도 추정값을 각각 $\hat{\mu}$, $\widehat{\sigma^2}$이라고 하면

$$\hat{\mu}=\frac{1}{n}\sum_{i=1}^n x_i=\bar{x},\ \widehat{\sigma^2}+(\hat{\mu})^2=\frac{1}{n}\sum_{i=1}^n x_i^2$$

$$\therefore\ \hat{\mu}^{MLE}=\overline{X},\ \widehat{\sigma^2}^{MLE}=\frac{1}{n}\sum_{i=1}^n(X_i-\overline{X})^2$$

예 6.3.5 이변량 정규분포 모형

이변량 정규분포 $N(\mu_1,\mu_2;\sigma_1^2,\sigma_2^2,\rho)(-\infty<\mu_j<+\infty,\ \ \sigma_j^2>0(j=1,2),$ $-1<\rho<1)$의 확률밀도함수는

$$f(x,y;\theta)=\frac{1}{2\pi\sigma_1\sigma_2\sqrt{1-\rho^2}}e^{-\frac{1}{2}Q},\ \theta=(\mu_1,\mu_2,\sigma_1^2,\sigma_2^2,\rho)^t$$

$$Q=\frac{1}{1-\rho^2}\left\{\left(\frac{x-\mu_1}{\sigma_1}\right)^2-2\rho\left(\frac{x-\mu_1}{\sigma_1}\right)\left(\frac{y-\mu_2}{\sigma_2}\right)+\left(\frac{y-\mu_2}{\sigma_2}\right)^2\right\}$$

$$\eta_1=\frac{\mu_1}{(1-\rho^2)\sigma_1^2},\ \eta_2=\frac{\mu_2}{(1-\rho^2)\sigma_2^2},\ \eta_3=\frac{\rho}{(1-\rho^2)\sigma_1\sigma_2},$$

$$\eta_4=-\frac{1}{2(1-\rho^2)\sigma_1^2},\ \eta_5=-\frac{1}{2(1-\rho^2)\sigma_2^2}$$

로 모수의 변환을 하면 확률밀도함수가

$$pdf(x;\eta) = \exp\{\eta_1 x + \eta_2 y + \eta_3 xy + \eta_4 x^2 + \eta_5 y^2 - A(\eta)\},$$

$$-\infty < x < +\infty,\ -\infty < y < +\infty$$

의 꼴로 나타낼 수 있고, 모수의 범위는 $-\infty < \eta_j < +\infty\,(j=1,2,3)$, $\eta_j < 0\,(j=4,5)$이며 <정리 6.3.2>의 조건이 만족되는 것을 알 수 있다.

이로부터 모수 $\theta = (\mu_1, \mu_2, \sigma_1^2, \sigma_2^2, \rho)^t$를 이용하여 크기 n인 랜덤표본에 기초한 가능도방정식을 나타내면 다음과 같이 주어진다.

$$E_\theta(X_1) = \frac{1}{n}\sum_{i=1}^{n} x_i,\ E_\theta(Y_1) = \frac{1}{n}\sum_{i=1}^{n} y_i$$

$$E_\theta(X_1 Y_1) = \frac{1}{n}\sum_{i=1}^{n} X_i Y_i,\ E_\theta(X_1^2) = \frac{1}{n}\sum_{i=1}^{n} X_i^2,\ E_\theta(Y_1^2) = \frac{1}{n}\sum_{i=1}^{n} Y_i^2$$

따라서 μ_j, $\sigma_j^2(j=1,2)$, ρ의 최대가능도 추정값을 각각 $\widehat{\mu_j}$, $\widehat{\sigma_j^2}(j=1,2)$, $\hat{\rho}$라고 하면

$$\widehat{\mu_1} = \frac{1}{n}\sum_{i=1}^{n} x_i = \bar{x},\ \widehat{\mu_2} = \frac{1}{n}\sum_{i=1}^{n} y_i = \bar{y}$$

$$\hat{\rho}\widehat{\sigma_1}\widehat{\sigma_2} + \widehat{\mu_1}\widehat{\mu_2} = \frac{1}{n}\sum_{i=1}^{n} x_i y_i,\ \widehat{\sigma_1^2} + (\widehat{\mu_1})^2 = \frac{1}{n}\sum_{i=1}^{n} x_i^2,\ \widehat{\sigma_2^2} + (\widehat{\mu_2})^2 = \frac{1}{n}\sum_{i=1}^{n} y_i^2$$

이로부터 모상관계수 ρ의 최대가능도 추정량은

$$\hat{\rho}^{MLE} = \frac{\sum_{i=1}^{n}(X_i - \bar{X})(Y_i - \bar{Y})}{\sqrt{\sum_{i=1}^{n}(X_i - \bar{X})^2}\sqrt{\sum_{i=1}^{n}(Y_i - \bar{Y})^2}}$$

예 6.3.6 **다항분포 모형** $\text{Multi}(n,(p_1,\cdots,p_k)^t),\ p_1+\cdots+p_k=1,\ p_j>0,\ j=1,\cdots,k$

$X = (X_1,\cdots,X_k)^t \sim \text{Multi}(n,(p_1,\cdots,p_k)^t)$일 때, X의 확률밀도함수는

$$f(x;p) = \binom{n}{x_1 \cdots x_k} p_1^{x_1}\cdots p_k^{x_k},\ x_1+\cdots+x_k = n,$$

$$x_j = 0,\cdots,n\,(j=1,\cdots,k),\ p = (p_1,\cdots,p_k)^t$$

여기에서 $X_1+\cdots+X_k = n$, $p_1+\cdots+p_k = 1$이므로 이러한 종속성을 없애기 위하여

$Y_j = X_j,\ \mu_j = p_j\,(j=1,\cdots,r),\ Y=(Y_1,\cdots,Y_r)^t,\ \mu=(\mu_1,\cdots,\mu_r)^t,\ r=k-1$
이라고 하고

$$\eta_j = \log p_j/p_k\,(j=1,\cdots,r)$$

를 모수로 하여 $Y=(Y_1,\cdots,Y_r)^t$의 확률밀도함수를 나타내면

$$pdf(y;\eta)=\exp\{\eta_1 y_1+\cdots+\eta_r y_r - nA(\eta)+S(y)\}$$

$$A(\eta)=\log(1+e^{\eta_1}+\cdots+e^{\eta_r}),\ S(y)=\log\binom{n}{y_1\ \cdots\ y_r\ x_k},\ x_k=n-y_1-\cdots-y_r$$

의 꼴로 나타낼 수 있고, 모수의 범위는 $-\infty<\eta_j<+\infty\ (j=1,\cdots,r)$이며 <정리 6.3.4>의 조건이 만족되는 것을 알 수 있다.

따라서 모수 $p=(p_1,\cdots,p_k)^t$를 이용하여 가능도방정식을 나타내면 다음과 같이 주어진다.

$$E_p(Y_1)=y_1,\cdots,E_p(Y_r)=y_r,\ 0<p_j(j=1,\cdots,r),\ p_1+\cdots+p_r<1$$

이로부터 $p=(p_1,\cdots,p_k)^t$의 최대가능도 추정값을 $\hat{p}=(\hat{p_1},\cdots,\hat{p_k})^t$라고 하면

$$n\hat{p_1}=y_1,\cdots,n\hat{p_r}=y_r,\ 0<\hat{p_j}\,(j=1,\cdots,r),\ \hat{p_1}+\cdots+\hat{p_r}<1$$

그러므로 <예 6.2.5>의 (a)에서와 같이 $0<x_j/n<1\,(j=1,\cdots,k)$인 경우에

$$\hat{p}_j^{MLE}=x_j/n\ \ (j=1,\cdots,k)$$

6.4 최대가능도 추정량의 점근적 성질

표본크기가 커짐에 따라 추정값이 추정대상의 참값에 가까워져야 한다는 일치성은 추정량에 요구되는 가장 기본적인 성질이다. 이러한 기본적인 성질에 추가하여 추정량의 극한분포를 안다면 그 추정량을 이용한 추정대상의 신뢰구간 제공과 같은 통계적 추론을 할 수 있다. 이 절에서는 최대가능도 추정량의 일치성에 대하여 알아보고 로그가능도함수의 여러 가지 성질로부터 최대가능도 추정량의 극한분포를 유도할 수 있음을 알아본다.

예 6.4.1 **최대가능도 추정량의 일치성과 극한분포**

(a) 베르누이분포 모형 $\mathrm{Bernoulli}(p),\ 0\le p\le 1$:
크기 n인 랜덤표본 $X_1,\ \cdots,\ X_n$을 이용한 p의 최대가능도 추정량이

$$\widehat{p}_n^{MLE} = \sum_{i=1}^{n} \mathrm{X}_i / n$$

임은 <예 6.2.2>와 <예 6.2.5>에서 밝혔다. 이는 적률이용추정량과 일치하며 <정리 6.1.1>에서와 같이 대수의 법칙으로부터 다음과 같은 일치성을 갖는 것을 알 수 있다.

$$\widehat{p}_n^{MLE} \underset{n\to\infty}{\overset{\mathrm{P}_p}{\longrightarrow}} p \ \ \forall p : 0 \le p \le 1, \text{ 즉}$$

$$\lim_{n\to\infty} \mathrm{P}_p(|\widehat{p}_n^{MLE} - p| \ge \epsilon) = 0 \ \ \forall \epsilon > 0, \ \ \forall p : 0 \le p \le 1$$

또한, 중심극한정리로부터 다음과 같이 정규분포를 극한분포로 갖는 것을 알 수 있다.

$$\sqrt{n}\,(\widehat{p}_n^{MLE} - p) \underset{n\to\infty}{\overset{d}{\longrightarrow}} \mathrm{N}(0, p(1-p))$$[96)]

(b) 포아송분포 모형 $\mathrm{Poisson}(\lambda),\ \lambda \ge 0$:

크기 n인 랜덤표본 $\mathrm{X}_1, \cdots, \mathrm{X}_n$을 이용한 λ의 최대가능도 추정량이

$$\widehat{\lambda}_n^{MLE} = \sum_{i=1}^{n} \mathrm{X}_i / n$$

임은 <예 6.2.1>과 <예 6.2.5>에서 밝혔다. 이는 적률이용추정량과 일치하며 <정리 6.1.1>에서와 같이 대수의 법칙으로부터 다음과 같은 일치성을 갖는 것을 알 수 있다.

$$\widehat{\lambda}_n^{MLE} \underset{n\to\infty}{\overset{\mathrm{P}_\lambda}{\longrightarrow}} \lambda \ \ \forall \lambda : \lambda \ge 0$$

또한, 중심극한정리로부터 다음과 같이 정규분포를 극한분포로 갖는 것을 알 수 있다.

$$\sqrt{n}\,(\widehat{\lambda}_n^{MLE} - \lambda) \underset{n\to\infty}{\overset{d}{\longrightarrow}} \mathrm{N}(0, \lambda)$$

(c) 지수분포 모형 $\mathrm{Exp}(\theta),\ \theta > 0$:

크기 n인 랜덤표본 $\mathrm{X}_1, \cdots, \mathrm{X}_n$을 이용한 θ의 최대가능도 추정량이

$$\widehat{\theta}_n^{MLE} = \sum_{i=1}^{n} \mathrm{X}_i / n$$

---

96) 이러한 표현은 다음과 같은 표현을 간략하게 나타낸 것이다.

$$\sqrt{n}\,(\widehat{p}_n^{MLE} - p) \underset{n\to\infty}{\overset{d}{\longrightarrow}} \mathrm{Z},\ \mathrm{Z} \sim \mathrm{N}(0, p(1-p))$$

임은 <예 6.2.4>와 <예 6.2.5>에서 밝혔다. 이는 적률이용추정량과 일치하며 <정리 6.1.1>에서와 같이 대수의 법칙으로부터 다음과 같은 일치성을 갖는 것을 알 수 있다.

$$\hat{\theta}_n^{MLE} \underset{n\to\infty}{\overset{P_\theta}{\to}} \theta \ \ \forall\, \theta : \theta > 0$$

또한, 중심극한정리로부터 다음과 같이 정규분포를 극한분포로 갖는 것을 알 수 있다.

$$\sqrt{n}\,(\hat{\theta}_n^{MLE} - \theta) \underset{n\to\infty}{\overset{d}{\to}} \mathrm{N}(0, \theta^2)$$

(d) 정규분포모형 $\mathrm{N}(\mu, \sigma^2),\ -\infty < \mu < +\infty,\ \sigma^2 > 0$:

<예 6.3.4>로부터 크기 n인 랜덤표본 $X_1, \cdots, X_n$을 이용한 μ, σ^2의 최대가능도 추정량은

$$\hat{\mu}_n^{MLE} = \overline{X},\ \ \hat{\sigma}_n^{2\,MLE} = \frac{1}{n}\sum_{i=1}^{n}(X_i - \overline{X})^2$$

이는 적률이용추정량과 일치하며 <정리 6.1.1>에서와 같이 대수의 법칙으로부터 다음과 같은 일치성을 갖는 것을 알 수 있다.

$$\hat{\mu}_n^{MLE} \underset{n\to\infty}{\overset{P_\theta}{\to}} \mu,\ \ \hat{\sigma}_n^{2\,MLE} \underset{n\to\infty}{\overset{P_\theta}{\to}} \sigma^2 \ \ \forall\, \theta = (\mu, \sigma^2)^t : -\infty < \mu < +\infty,\ \sigma^2 > 0$$

한편 이 경우에는 <정리 4.2.2>의 표본분포에 관한 기본 정리로부터 표본크기에 관계없이

$$\sqrt{n}\,(\hat{\mu}_n^{MLE} - \mu) = \sqrt{n}\,(\overline{X} - \mu) \sim \mathrm{N}(0, \sigma^2)$$

즉 이 경우에는 $\hat{\mu}_n^{MLE}$의 표본분포는 표본크기에 관계없이 정규분포이다.

또한 σ^2의 최대가능도 추정량에 대해서도 이 경우에는 <정리 4.2.2>로부터 표본크기에 관계없이 카이제곱분포로 주어지는 표본분포, 즉

$$n\hat{\sigma}_n^2/\sigma^2 \sim \chi^2(n-1)$$

임을 알고 있다. 한편 표본크기가 큰 경우에는 <예 5.3.2>로부터 다음과 같이 정규분포를 표본분포의 극한분포로 가지는 것을 알 수 있다.

$$\sqrt{n}\,(\hat{\sigma}_n^{2\,MLE} - \sigma^2) \underset{n\to\infty}{\overset{d}{\to}} \mathrm{N}(0, 2\sigma^4)$$

(e) 이변량 정규분포모형

이변량 정규분포 $\mathrm{N}(\mu_1, \mu_2; \sigma_1^2, \sigma_2^2, \rho)(-\infty < \mu_j < +\infty,\ \ \sigma_j^2 > 0(j = 1, 2),$ $-1 < \rho < 1)$에서 크기 n인 랜덤표본을 이용한 모수의 최대가능도 추정량

은 <예 6.3.5>에서 알아보았다. 이로부터 모상관계수 ρ의 최대가능도 추정량은

$$\hat{\rho}_n^{MLE} = \frac{\sum_{i=1}^{n}(X_i - \overline{X})(Y_i - \overline{Y})}{\sqrt{\sum_{i=1}^{n}(X_i - \overline{X})^2}\sqrt{\sum_{i=1}^{n}(Y_i - \overline{Y})^2}}$$

로 주어진다. 이는 적률이용추정량과 일치하며 <예 6.1.3>으로부터 일치성을 가질 뿐만 아니라 <예 5.3.6>, <예 5.3.7>로부터 다음과 같이 정규분포를 극한분포로 가지는 것을 알 수 있다.

$$\sqrt{n}(\hat{\rho}_n^{MLE} - \rho) \xrightarrow[n\to\infty]{d} N(0, (1-\rho^2)^2)$$

<예 6.4.1>에서의 최대가능도 추정량은 모두 일치성을 갖고 표본분포의 극한분포가 정규분포이었다. 그러나 이 경우에는 최대가능도 추정량이 모두 적률이용추정량과 일치하는 예로서 그 성질 또한 적률이용추정량의 성질로부터 밝혀낸 것이다. 이제 일반적인 경우에도 최대가능도 추정량이 이러한 성질을 갖는지 알아보자.

첫째로 최대가능도 추정량이 일치성을 가지기 위하여는 어떤 조건들이 필요한가를 직관적으로 살펴보기로 하자. 크기 n인 랜덤표본 $X_1, \cdots, X_n$을 이용한 로그가능도함수가

$$l_n(\theta) = \sum_{i=1}^{n} \log f(X_i;\theta)$$

로서 n개의 서로 독립이고 동일한 분포를 따르는 확률변수의 합이므로, 평균 로그가능도를

$$\overline{l_n}(\theta) = \frac{1}{n}\sum_{i=1}^{n} \log f(X_i;\theta)$$

로 나타내자. 또한 최대가능도 추정량이 유일하게 정해질 수 있다는 전제하에 최대가능도 추정량을 다음과 같이[97] 나타내자.

$$\hat{\theta}_n = \underset{\theta\in\Omega}{\arg\max}\, l_n(\theta) = \underset{\theta\in\Omega}{\arg\max}\, \overline{l_n}(\theta)$$

---

97) 여기에서 $\underset{\theta\in\Omega}{\arg\max}\,\overline{l_n}(\theta)$는 'argument of maximizing'의 약자로서 $\overline{l_n}(\theta)$를 최대로 하는 $\theta\in\Omega$ 값을 뜻하는 기호이다. 이 기호가 명확한 의미를 가지려면 최대로 하는 $\theta\in\Omega$의 값이 유일하게 존재하여야 하는 것이다.

여기에서 $\overline{l_n}(\theta)$는 서로 독립이고 동일한 분포를 따르는 확률변수들의 평균이므로 기댓값이 존재한다는 전제하에 모수의 참값이 θ^0라고 하면 대수의 법칙으로부터

$$\overline{l_n}(\theta) = \frac{1}{n}\sum_{i=1}^{n}\log f(\mathrm{X}_i;\theta) \underset{n\to\infty}{\overset{\mathrm{P}_{\theta^0}}{\longrightarrow}} \mathrm{E}_{\theta^0}[\log f(\mathrm{X}_1;\theta)]$$

이로부터 다음과 같은 추측을 할 수 있을 것이다.

$$Q : \widehat{\theta_n} = \underset{\theta\in\Omega}{\arg\max}\,\overline{l_n}(\theta) \underset{n\to\infty}{\overset{\mathrm{P}_{\theta^0}}{\longrightarrow}} \underset{\theta\in\Omega}{\arg\max}\,\mathrm{E}_{\theta^0}[\log f(\mathrm{X}_1;\theta)]\ ?$$

그런데 다음 정리에서 알 수 있듯이 $\underset{\theta\in\Omega}{\arg\max}\,\mathrm{E}_{\theta^0}[\log f(\mathrm{X}_1;\theta)] = \theta^0$ 이므로 위의 추측은 최대가능도 추정량 $\widehat{\theta_n}$이 참값 θ^0로 확률수렴하는 일치성을 뜻하는 추측이다.

정리 6.4.1 쿨백 라이블러 괴리도[98](Kullback–Leibler divergence)

확률변수 X의 분포에 대한 모형으로서 확률밀도함수의 모형 $f(x;\theta),\ \theta\in\Omega$가 다음의 두 조건을 만족한다고 하자.

$(R0)$ (식별 가능성)[99] $f(\circ\,;\theta) = f(\circ\,;\theta^0) \Rightarrow \theta = \theta^0$

$(R1)$ (공통의 토대) $\{x : f(x;\theta) > 0\} = \mathscr{X}$로서 $\theta\in\Omega$에 의존하지 않는다.

이 때

$$KL(\theta,\theta^0) = -\mathrm{E}_{\theta^0}[\log\{f(\mathrm{X};\theta)/f(\mathrm{X};\theta^0)\}]$$

라고 하면 다음이 성립한다.

(i) $KL(\theta,\theta^0) \geq 0 \quad \forall\,\theta\in\Omega$

(ii) $KL(\theta,\theta^0) = 0 \Leftrightarrow \theta = \theta^0$

[증명] 모든 실수 t에 대하여 성립하는 부등식

$$-\log t \geq -t+1$$

로부터 다음 부등식이 성립한다.

$$-\log\{f(\mathrm{X};\theta)/f(\mathrm{X};\theta^0)\} \geq -f(\mathrm{X};\theta)/f(\mathrm{X};\theta^0)+1$$

따라서 이 부등식의 양변에 θ^0일 때의 분포에 대한 기댓값을 취하고 조건 $(R1)$을 이용하면

98) <정리 6.4.1>에서의 $KL(\theta,\theta^0)$는 두 분포가 서로 다른 정도를 나타내는 측도로서 쿨백-라이블러(Kullback-Leibler) 괴리도(乖離度, divergence)라고 한다.

99) 식별 가능성의 정확한 뜻은 θ일 때의 분포와 θ^0일 때의 분포가 같으면 $\theta = \theta^0$인 것을 뜻한다.

$$KL(\theta,\theta^0) = -\mathrm{E}_{\theta^0}[\log\{f(\mathrm{X};\theta)/f(\mathrm{X};\theta^0)\}] \geq \mathrm{E}_{\theta^0}[-f(\mathrm{X};\theta)/f(\mathrm{X};\theta^0)+1] = 0$$

이므로 (i)이 성립한다. 한편 이들 부등식에서 등호가 성립하는 것은 $t=1$ 일 때, 즉 $f(\mathrm{X};\theta)=f(\mathrm{X};\theta^0)$일 때이므로 두 조건하에서 (ii)가 성립하는 것을 밝힐 수 있다.

최대가능도 추정량의 일치성에 대한 직관적 배경:

(대수의 법칙)	$\overline{l}_n(\theta) = \frac{1}{n}\sum_{i=1}^{n}\log f(\mathrm{X}_i;\theta)$	$\underset{n\to\infty}{\overset{\mathrm{P}_{\theta^0}}{\longrightarrow}}$	$\mathrm{E}_{\theta^0}[\log f(\mathrm{X}_1;\theta)]$
(유일한 결정)	$\Downarrow$		$\Downarrow$
(직관적 추측)	$\hat{\theta}_n = \underset{\theta\in\Omega}{\operatorname{argmax}}\,\overline{l}_n(\theta)$	$\underset{n\to\infty}{\overset{\mathrm{P}_{\theta^0}}{\longrightarrow}}$	$\theta^0 = \underset{\theta\in\Omega}{\operatorname{argmax}}\,\mathrm{E}_{\theta^0}[\log f(\mathrm{X}_1;\theta)]$

이와 같은 최대가능도 추정량의 일치성을 일반적으로 밝히기 위하여는 평균 로그가능도의 확률수렴보다는 강한 다음과 같은 조건이 요구되는 것이 알려져 있다.[100)]

(균등 확률수렴성)

$$\sup_{|\theta-\theta^0|\leq K} |\overline{l}_n(\theta) - \mathrm{E}_{\theta^0}[\log f(\mathrm{X}_1;\theta)]| \underset{n\to\infty}{\overset{\mathrm{P}_{\theta^0}}{\longrightarrow}} 0,\ \forall K>0$$

(기대 로그가능도의 연속성)

$\mathrm{E}_{\theta^0}[\log f(\mathrm{X}_1;\theta)]$가 θ에 관한 연속함수이다.

이와 관련하여 로그가능도함수가 <정리 6.3.3>의 조건인

(순오목 단봉 로그가능도)

$$c^t\ddot{l}_n(\theta)c < 0,\ \forall c \neq 0,\ \forall \theta \in \Omega \text{이고} \lim_{\theta\to\partial(\Omega)} l_n(\theta) = -\infty$$

을 만족하면 균등 확률수렴성의 조건이 만족되는 것이 알려져 있다.[101)]

정리 6.4.2 최대가능도 추정량의 일치성

모수공간 Ω가 k차원 공간 R^k의 열린구간다면체이고 <정리 6.4.1>의 두 규칙 $(R0)$, $(R1)$을 만족하는 모집단에서의 크기 n인 랜덤표본을 이용한 로그가능도

100) 참고서적 [P. J. Bickel & K. A. Doksum] Mathematical Statistics, p.304~p.305를 참조하시오.

101) 참고서적 [D. Pollard](1991) Econometric Theory, 7, p.186~p.199를 참조하시오.

함수 $l_n(\theta)$가 두 번 편미분 가능하고 이차편도함수들이 연속함수이며 두 조건

(순오목 단봉 로그가능도)

$$c^t \ddot{l}_n(\theta)c < 0,\ \forall c \neq 0,\ \forall \theta \in \Omega \text{이고} \lim_{\theta \to \partial(\Omega)} l_n(\theta) = -\infty$$

(기대 로그가능도의 연속성)

$$\forall \theta^0 \in \Omega,\ \mathrm{E}_{\theta^0}[\log f(\mathrm{X}_1;\theta)] \text{가 존재하고 } \theta \in \Omega \text{에 관한 연속함수}$$

이 만족될 때, 최대가능도 추정량 $\hat{\theta}_n^{MLE}$은 가능도방정식의 유일한 근이며 일치성을 갖는다. 즉

$$\dot{l}_n(\hat{\theta}_n^{MLE}) = 0,\ \hat{\theta}_n^{MLE} \underset{n\to\infty}{\overset{\mathrm{P}_\theta}{\to}} \theta,\ \forall \theta \in \Omega$$

예 6.4.2 **로지스틱분포 모형** $\mathrm{L}(\theta,1),\ -\infty < \theta < +\infty$

로지스틱분포 $\mathrm{L}(\theta,1)$의 확률밀도함수는

$$f(x;\theta) = \frac{e^{x-\theta}}{(1+e^{x-\theta})^2} = \frac{e^{-x+\theta}}{(1+e^{-x+\theta})^2},\ -\infty < x < +\infty$$

이고 로그가능도함수

$$l_n(\theta) = n\bar{x} - n\theta - 2\sum_{i=1}^{n}\log(1+e^{x_i-\theta}) = -n\bar{x} + n\theta - 2\sum_{i=1}^{n}\log(1+e^{-x_i+\theta})$$

에 대하여 순오목 단봉 로그가능도의 조건이 만족되는 것은 <예 6.2.3>에서 밝혔으며 기대 로그가능도의 연속성 조건 또한 성립하는 것을 밝힐 수 있다. 따라서 가능도방정식

$$\dot{l}_n(\theta) = n - 2\sum_{i=1}^{n} e^{-x_i+\theta}/(1+e^{-x_i+\theta}) = 0$$

의 근으로 주어지는 최대가능도 추정량 $\hat{\theta}_n^{MLE}$은 일치성을 갖는다.

예 6.4.3 **감마분포 모형** $\mathrm{Gamma}(\alpha,\beta),\ \alpha > 0,\ \beta > 0$

감마분포 $\mathrm{Gamma}(\alpha,\beta)$의 확률밀도함수는

$$f(x;\theta) = \frac{1}{\Gamma(\alpha)\beta^\alpha} x^{\alpha-1} e^{-x/\beta} \mathrm{I}_{(x>0)},\ \theta = (\alpha,\beta)^t$$

이고 크기 n인 랜덤표본을 이용한 로그가능도함수는 다음과 같이 주어진다.

$$l_n(\theta) = -n\log\Gamma(\alpha) - n\alpha\log\beta + (\alpha-1)\sum_{i=1}^{n}\log x_i - \sum_{i=1}^{n} x_i/\beta,\ \theta = (\alpha,\beta)^t$$

이 경우에 확률밀도함수는 다중모수 지수족에 속하는 경우로서 <정리 6.4.2>의 조건이 만족되는 것을 알 수 있다. 한편 간략한 표현을 위하여

$$\overline{(\log x)} = n^{-1}\sum_{i=1}^{n}\log x_i,\ \bar{x} = n^{-1}\sum_{i=1}^{n} x_i,\ \Psi(\alpha) = \frac{\partial}{\partial\alpha}\log\Gamma(\alpha)$$

라고 하면 가능도방정식은 다음과 같이 주어진다.

$$\begin{cases} \partial l_n(\theta)/\partial\alpha = -n\Psi(\alpha) - n\log\beta + n\overline{(\log x)} = 0 \\ \partial l_n(\theta)/\partial\beta = -n\alpha/\beta + n\bar{x}/\beta^2 = 0 \end{cases}$$

따라서 이 방정식의 근으로 주어지는 최대가능도 추정량 $\widehat{\alpha_n}^{MLE}$, $\widehat{\beta_n}^{MLE}$은 일치성을 갖는다.

다음에는 최대가능도 추정량의 일치성에 추가하여 그 극한분포에 대하여 알아보자. 대수의 법칙과 중심극한정리를 이용하여 그 극한분포에 대하여 알아볼 것이므로, 최대가능도 추정량을 확률변수들의 산술평균들에 의해 표현할 수 있는지 직관적으로 생각해보자.

최대가능도 추정량을 $\widehat{\theta_n}$이라고 하고 평균 로그가능도함수를

$$\overline{l_n}(\theta) = n^{-1}l_n(\theta) = n^{-1}\sum_{i=1}^{n}\log f(X_i;\theta)$$

라고 하면 최대가능도 추정량은 가능도방정식의 근이므로 적절한 조건하에서

$$0 = \dot{\overline{l_n}}(\widehat{\theta_n}) \simeq \dot{\overline{l_n}}(\theta) + \ddot{\overline{l_n}}(\theta)(\widehat{\theta_n} - \theta)$$

$$\therefore\ \sqrt{n}(\widehat{\theta_n} - \theta) \simeq (-\ddot{\overline{l_n}}(\theta))^{-1}\sqrt{n}\,\dot{\overline{l_n}}(\theta)$$

한편 대수의 법칙으로부터 적절한 조건하에서

$$-\ddot{\overline{l_n}}(\theta) = \frac{1}{n}\sum_{i=1}^{n}\left[-\frac{\partial^2}{\partial\theta^2}\log f(X_i;\theta)\right] \underset{n\to\infty}{\overset{P_\theta}{\to}} E_\theta\left[-\frac{\partial^2}{\partial\theta^2}\log f(X_1;\theta)\right]$$

따라서

$$I(\theta) = E_\theta\left[-\frac{\partial^2}{\partial\theta^2}\log f(X_1;\theta)\right]$$

라고 하면

$$\sqrt{n}(\widehat{\theta_n} - \theta) \simeq [I(\theta)]^{-1}\sqrt{n}\,\dot{\overline{l_n}}(\theta)$$

그런데 $\frac{\partial}{\partial\theta}\log f(\mathrm{X}_i;\theta)\,(i=1,\cdots,n)$는 서로 독립이고 동일한 분포를 따르는 확률변수이므로 중심극한정리로부터 다음과 같은 극한분포를 얻는다.

$$\sqrt{n}\left(n^{-1}\sum_{i=1}^{n}\frac{\partial}{\partial\theta}\log f(\mathrm{X}_i;\theta)-\mathrm{E}_\theta\left[\frac{\partial}{\partial\theta}\log f(\mathrm{X}_1;\theta)\right]\right)$$

$$\underset{n\to\infty}{\overset{d}{\to}}\mathrm{N}\left(0,\mathrm{Var}_\theta\left[\frac{\partial}{\partial\theta}\log f(\mathrm{X}_1;\theta)\right]\right)$$

$$\therefore\ \sqrt{n}\left(\bar{\dot{l}}_n(\theta)-\mathrm{E}_\theta\left[\frac{\partial}{\partial\theta}\log\ f(\mathrm{X}_1;\theta)\right]\right)\underset{n\to\infty}{\overset{d}{\to}}\mathrm{N}\left(0,\mathrm{Var}_\theta\left[\frac{\partial}{\partial\theta}\log f(\mathrm{X}_1;\theta)\right]\right)$$

한편 적절한 조건하에서 이 기댓값은

$$\begin{aligned}\mathrm{E}_\theta\left[\frac{\partial}{\partial\theta}\log f(\mathrm{X}_1;\theta)\right]&=\int_{-\infty}^{+\infty}\left\{\frac{\partial}{\partial\theta}f(x;\theta)/f(x;\theta)\right\}f(x;\theta)\,dx\\&=\int_{-\infty}^{+\infty}\frac{\partial}{\partial\theta}f(x;\theta)\,dx\\&=\frac{\partial}{\partial\theta}\int_{-\infty}^{+\infty}f(x;\theta)\,dx\\&=0\end{aligned}$$

인 것을 알 수 있으므로

$$\sqrt{n}\,\bar{\dot{l}}_n(\theta)\underset{n\to\infty}{\overset{d}{\to}}\mathrm{N}\left(0,\mathrm{Var}_\theta\left[\frac{\partial}{\partial\theta}\log f(\mathrm{X}_1;\theta)\right]\right)$$

$$\therefore\ \sqrt{n}(\hat{\theta}_n-\theta)\simeq[I(\theta)]^{-1}\sqrt{n}\,\bar{\dot{l}}_n(\theta)\underset{n\to\infty}{\overset{d}{\to}}\mathrm{N}\left(0,\,[I(\theta)]^{-2}\mathrm{Var}_\theta\left[\frac{\partial}{\partial\theta}\log f(\mathrm{X}_1;\theta)\right]\right)$$

따라서 적절한 조건하에서 최대가능도 추정량의 극한분포가 정규분포로 주어질 것이라고 추측할 수 있다. 이러한 성질을 점근 정규성(漸近 正規性, asymptotic normality)이라고 한다.

이러한 직관적 논의에서 분명히 해야 할 것은 잉여항의 처리, 분산의 정의와 기댓값의 계산에서 적분과 미분 순서의 교환 등에 관한 조건들이다.

최대가능도 추정량의 점근 정규성을 위한 기본 조건:

($R0$) (식별 가능성) $f(\circ\,;\theta)=f(\circ\,;\theta^0)\Rightarrow\theta=\theta^0$

($R1$) (공통의 토대) $\{x:f(x;\theta)>0\}=\mathscr{X}$로서 $\theta\in\Omega$에 의존하지 않는다.

($R2$) (열린 모수공간) 모수공간 Ω는 k 차원 공간 R^k에서의 열린집합이다.

($R3$) (미분가능한 로그가능도) 모든 관측 결과 $(x_1,\cdots,x_k)^t$, $x_i\in\mathscr{X}$ $(i=1,\cdots,n)$에

대하여 로그가능도함수 $l_n(\theta)=\sum_{i=1}^{n}\log f(x_i;\theta)$ 의 일차 및 이차 편도함수[102)] $\dot{l}_n(\theta), \ddot{l}_n(\theta)$가 존재하며 이들은 모두 연속함수이다.

$(R4)$ (적분 또는 합과 미분의 순서 교환 가능) 랜덤표본 $\mathrm{X}=(\mathrm{X}_1,\cdots,\mathrm{X}_n)^t$의 함수 $u(\mathrm{X})$의 기댓값 $\mathrm{E}_\theta[u(\mathrm{X})]$이 존재할 때, 모수 θ에 대한 미분[103)]을 ∂_θ, ∂_θ^2으로 나타내면

$$\partial_\theta^r \mathrm{E}_\theta[u(\mathrm{X})]=\begin{cases}\displaystyle\int_{R^n} u(x)\partial_\theta^r(pdf(x;\theta))dx & \text{(연속형인 경우)}\\ \displaystyle\sum_{x\in R^n} u(x)\partial_\theta^r(pdf(x;\theta)) & \text{(이산형인 경우)}\end{cases} \qquad (r=1,2)$$

여기에서 $pdf(x;\theta)=\prod_{i=1}^{n}f(x_i;\theta)$

$(R5)$ (정보량의 존재) 모든 $\theta\in\Omega$에 대하여

$$I(\theta)=\mathrm{Var}_\theta\left(\frac{\partial}{\partial\theta}\log f(\mathrm{X}_1;\theta)\right)$$

가 실수 또는 실수 행렬로 잘 정의될 수 있으며 그 역수 또는 역행렬이 존재한다.

로그가능도의 도함수 $\dot{l}_n(\theta)$는 점수함수(score function)라고 불리우며 최대가능도 추정량의 성질을 알아보는 데 중요한 역할을 하는 함수이다. 이와 관련하여 $\dot{l}_1(\theta)=\partial\log f(\mathrm{X}_1;\theta)/\partial\theta$ 의 다음과 같은 성질은 논리 전개에 가장 중추적인 역할을 한다.

정리 6.4.3 점수함수의 성질

조건 $(R0)\sim(R5)$가 만족되면 다음이 성립한다.

(a) $\mathrm{E}_\theta\left\{\frac{\partial}{\partial\theta}\log f(\mathrm{X}_1;\theta)\right\}=0$

(b) $I(\theta)=\mathrm{Var}_\theta\left\{\frac{\partial}{\partial\theta}\log f(\mathrm{X}_1;\theta)\right\}=\mathrm{E}_\theta\left\{-\frac{\partial^2}{\partial\theta^2}\log f(\mathrm{X}_1;\theta)\right\}$

[증명] 이산형이나 다차원의 경우도 같은 방법으로 밝힐 수 있으므로 연속형이고 일차원의 경우만 증명하기로 한다. 조건 $(R1)$으로부터 모든 $\theta\in\Omega$에 대하여 항등적으로

---

102) $\dot{l}_n(\theta)=\left(\frac{\partial}{\partial\theta_1}l_n(\theta),\cdots,\frac{\partial}{\partial\theta_k}l_n(\theta)\right)^t$, $\ddot{l}_n(\theta)=\left(\frac{\partial^2}{\partial\theta_i\partial\theta_j}l(\theta)\right)$

103) $\partial_\theta g(\theta)=\left(\frac{\partial}{\partial\theta_1}g(\theta),\cdots,\frac{\partial}{\partial\theta_k}g(\theta)\right)^t$, $\partial_\theta^2 g(\theta)=\left(\frac{\partial^2}{\partial\theta_i\partial\theta_j}g(\theta)\right)$

$$\int_{\mathscr{X}} f(x;\theta)\,dx = 1,\ \text{즉}\ \int_{\mathscr{X}} \exp(\log f(x;\theta))dx = 1$$

조건 $(R2)$~$(R4)$로부터 이 항등식의 양변을 θ에 관하여 미분하면

$$\int_{\mathscr{X}} \left\{\frac{\partial}{\partial\theta}\log f(x;\theta)\right\}\exp(\log f(x;\theta))dx = 0,\quad \text{즉 } \mathrm{E}_\theta\left\{\frac{\partial}{\partial\theta}\log f(\mathrm{X}_1;\theta)\right\} = 0$$

한번 더 미분하면

$$\int_{\mathscr{X}} \left\{\frac{\partial^2}{\partial\theta^2}\log f(x;\theta) + \left[\frac{\partial}{\partial\theta}\log f(x;\theta)\right]^2\right\}\exp(\log f(x;\theta))dx = 0$$

$$\mathrm{E}_\theta\left\{\frac{\partial^2}{\partial\theta^2}\log f(\mathrm{X}_1;\theta) + \left[\frac{\partial}{\partial\theta}\log f(\mathrm{X}_1;\theta)\right]^2\right\} = 0,\ \text{즉}$$

$$\mathrm{E}_\theta\left\{\left[\frac{\partial}{\partial\theta}\log f(\mathrm{X}_1;\theta)\right]^2\right\} = -\mathrm{E}_\theta\left\{\frac{\partial^2}{\partial\theta^2}\log f(\mathrm{X}_1;\theta)\right\}$$

$$\therefore\ \mathrm{Var}_\theta\left\{\frac{\partial}{\partial\theta}\log f(\mathrm{X}_1;\theta)\right\} = \mathrm{E}_\theta\left\{-\frac{\partial^2}{\partial\theta^2}\log f(\mathrm{X}_1;\theta)\right\}$$

조건 $(R5)$와 <정리 6.4.3>에서의 $I(\theta)$를 일차원 모수의 경우에는 정보량(情報量, information number), 다차원 모수의 경우에는 정보량 행렬이라고 하며 추정량의 효율성을 연구하는 데에 매우 중요한 역할을 한다.

정리 6.4.4 최대가능도 추정량의 점근 정규성

확률밀도함수가 $f(x;\theta)$, $\theta \in \Omega$인 확률모형에서 조건 $(R0) \sim (R5)$ 이외에 추가로 다음 조건들이 만족된다고 하자.

$(R6)$ (일치성) 랜덤표본 $\mathrm{X}_1, \cdots, \mathrm{X}_n$을 이용한 θ의 최대가능도 추정량 $\hat{\theta}_n^{MLE}$가 가능도방정식

$$\dot{l}_n(\theta) = \sum_{i=1}^{n} \frac{\partial}{\partial\theta}\log f(\mathrm{X}_i;\theta) = 0$$

의 단 하나뿐인 근이고 일치성을 갖는다. 즉

$$\hat{\theta}_n^{MLE} \xrightarrow[n\to\infty]{\mathrm{P}_\theta} \theta$$

$(R7)$ (잉여항의 크기) 로그가능도함수의 삼차 편도함수[104]가 연속함수로 존재하며

104) 삼차 편도함수는 $\dfrac{\partial^2}{\partial\theta_h\partial\theta_i\partial\theta_j} l_n(\theta)$을 뜻하고,

$$\max_{\theta \in \Omega} \| \partial_\theta^3 \log f(\mathrm{X}_1;\theta) \| \le \mathrm{M}(\mathrm{X}_1),\ \mathrm{E}_\theta \mathrm{M}(\mathrm{X}_1) < +\infty$$

을 만족하는 $\mathrm{M}(\mathrm{X}_1)$이 존재한다.

이러한 조건들이 만족된다면 최대가능도 추정량은 다음의 극한분포를 갖는다.

$$\sqrt{n}(\hat{\theta}_n^{MLE} - \theta) \underset{n\to\infty}{\overset{d}{\to}} \mathrm{N}(0,[I(\theta)]^{-1})$$

[증명] 다차원 모수의 경우도 같은 방법으로 밝힐 수 있으므로 일차원의 경우만 증명하기로 한다. 또한 표현의 간결성을 위하여 평균 로그가능도함수의 편도함수들을

$$\overline{\dot{l}_n}(\theta) = \dot{l}_n(\theta)/n,\ \overline{\ddot{l}_n}(\theta) = \ddot{l}_n(\theta)/n,\ \overline{l_n^{(3)}}(\theta) = \partial_\theta^3 l_n(\theta)/n$$

으로 나타내고 최대가능도 추정량을 $\hat{\theta}_n$으로 나타내며, 증명을 네 단계로 나누어 요약한다.

(1단계: 가능도방정식의 일차 근사와 잉여항)

조건 $(R6)$, $(R7)$과 부록 I의 테일러 정리로부터

$$0 = \overline{\dot{l}_n}(\hat{\theta}_n) = \overline{\dot{l}_n}(\theta) + \overline{\ddot{l}_n}(\theta)(\hat{\theta}_n - \theta) + \frac{1}{2}\overline{l_n^{(3)}}(\theta_n^*)(\hat{\theta}_n - \theta)^2,\ \exists\, \theta_n^* : |\theta_n^* - \theta| \le |\hat{\theta}_n - \theta|$$

(2단계: 잉여항의 확률수렴)

$$R_n = \frac{1}{2}\overline{l_n^{(3)}}(\theta_n^*)(\hat{\theta}_n - \theta)$$

이라고 하면 임의의 양수 ϵ과 K에 대하여 다음 부등식이 성립한다.

$$\begin{aligned}\mathrm{P}_\theta(|R_n| \ge \epsilon) &= \mathrm{P}_\theta(|\overline{l_n^{(3)}}(\theta_n^*)| > K,\ |R_n| \ge \epsilon) + \mathrm{P}_\theta(|\overline{l_n^{(3)}}(\theta_n^*)| \le K,\ |R_n| \ge \epsilon) \\ &\le \mathrm{P}_\theta(|\overline{l_n^{(3)}}(\theta_n^*)| > K) + \mathrm{P}_\theta(|\hat{\theta}_n - \theta| \ge 2\epsilon/K)\end{aligned}$$

여기에서 조건 $(R7)$과 <정리 1.6.3>의 마코프 부등식으로부터

$$\begin{aligned}\mathrm{P}_\theta(|\overline{l_n^{(3)}}(\theta_n^*)| > K) &\le \mathrm{P}_\theta\left(n^{-1}\sum_{i=1}^n \mathrm{M}(\mathrm{X}_i) > K\right) \\ &\le \mathrm{E}_\theta\left[n^{-1}\sum_{i=1}^n \mathrm{M}(\mathrm{X}_i)\right]/K = \mathrm{E}_\theta \mathrm{M}(\mathrm{X}_1)/K\end{aligned}$$

$$\| \partial_\theta^3 \log f(\mathrm{X}_1;\theta) \| = \max_{1 \le h,i,j \le k} \left| \frac{\partial^3}{\partial\theta_h \partial\theta_i \partial\theta_j} \log f(\mathrm{X}_1;\theta) \right|$$

따라서 임의의 양수 ϵ과 K에 대하여

$$\mathrm{P}_\theta(|R_n| \geq \epsilon) = \mathrm{E}_\theta \mathrm{M}(\mathrm{X}_1)/K + \mathrm{P}_\theta(|\hat{\theta}_n - \theta| \geq 2\epsilon/K)$$

여기에서 조건 $(R6)$의 일치성으로부터

$$\lim_{n\to\infty} \mathrm{P}_\theta(|R_n| \geq \epsilon) = \mathrm{E}_\theta \mathrm{M}(\mathrm{X}_1)/K + \lim_{n\to\infty} \mathrm{P}_\theta(|\hat{\theta}_n - \theta| \geq 2\epsilon/K) = \mathrm{E}_\theta \mathrm{M}(\mathrm{X}_1)/K$$

이로부터 K를 한없이 크게 하면

$$0 \leq \lim_{n\to\infty} \mathrm{P}_\theta(|R_n| \geq \epsilon) \leq \mathrm{E}_\theta \mathrm{M}(\mathrm{X}_1)/K \underset{K\to\infty}{\to} 0, \ \therefore \lim_{n\to\infty} \mathrm{P}_\theta(|R_n| \geq \epsilon) = 0$$

$$\therefore R_n = \frac{1}{2}\overline{l_n^{(3)}}(\theta_n^*)(\hat{\theta}_n - \theta) \overset{\mathrm{P}_\theta}{\underset{n\to\infty}{\to}} 0$$

(3단계: 최대가능도 추정량의 점수)

1, 2단계의 결과로부터

$$0 = \overline{\dot{l}_n}(\theta) + \left\{\overline{\ddot{l}_n}(\theta) + \frac{1}{2}\overline{l_n^{(3)}}(\theta_n^*)(\hat{\theta}_n - \theta)\right\}(\hat{\theta}_n - \theta), \ R_n = \frac{1}{2}\overline{l_n^{(3)}}(\theta_n^*)(\hat{\theta}_n - \theta) \overset{\mathrm{P}_\theta}{\underset{n\to\infty}{\to}} 0$$

한편 조건 $(R5)$, <정리 6.4.3>과 대수의 법칙으로부터

$$-\overline{\ddot{l}_n}(\theta) = n^{-1}\sum_{i=1}^{n}\left[-\frac{\partial^2}{\partial\theta^2}\log f(\mathrm{X}_i;\theta)\right] \overset{\mathrm{P}_\theta}{\underset{n\to\infty}{\to}} \mathrm{E}_\theta\left[-\frac{\partial^2}{\partial\theta^2}\log f(\mathrm{X}_1;\theta)\right] = I(\theta)$$

$$\therefore \sqrt{n}(\hat{\theta}_n - \theta) = (I(\theta) + r_n)^{-1}\sqrt{n}\,\overline{\dot{l}_n}(\theta), \ r_n \overset{\mathrm{P}_\theta}{\underset{n\to\infty}{\to}} 0$$

(마지막 단계: 최대가능도 추정량의 극한분포)

<정리 6.4.3>과 중심극한정리로부터

$$\sqrt{n}\,\overline{\dot{l}_n}(\theta) = \sqrt{n}\left(n^{-1}\sum_{i=1}^{n}\frac{\partial}{\partial\theta}\log f(\mathrm{X}_i;\theta) - \mathrm{E}_\theta\left[\frac{\partial}{\partial\theta}\log f(\mathrm{X}_1;\theta)\right]\right) \underset{n\to\infty}{\to} \mathrm{N}(0, I(\theta))$$

따라서 3단계의 점수화와 <정리 5.3.1>의 극한분포 계산법으로부터

$$\sqrt{n}(\hat{\theta}_n - \theta) = (I(\theta) + r_n)^{-1}\sqrt{n}\,\overline{\dot{l}_n}(\theta), \ r_n \overset{\mathrm{P}_\theta}{\underset{n\to\infty}{\to}} 0$$

$$\sqrt{n}(\hat{\theta}_n - \theta) \overset{d}{\underset{n\to\infty}{\to}} [I(\theta)]^{-1}\mathrm{Z}, \ \mathrm{Z} \sim \mathrm{N}(0, I(\theta))$$

$$\therefore \sqrt{n}(\hat{\theta}_n - \theta) \overset{d}{\underset{n\to\infty}{\to}} \mathrm{N}(0, [I(\theta)]^{-1})$$

<정리 6.4.4>에서 잉여항의 확률수렴을 위한 조건 $(R7)$은 간결한 증명을 위하여 필요 이상으로 강한 형태로 주어졌으나 더 약한 형태의 조건으로 바뀔 수 있다.

한편 <정리 6.4.4> 증명의 마지막 단계에서 알 수 있듯이 적절한 조건하에서

$$\sqrt{n}\,(\hat{\theta}_n^{\,MLE}-\theta) = [I(\theta)]^{-1}\sqrt{n}\,\dot{\bar{l}}_n(\theta)+o_n,\ \ o_n \xrightarrow[n\to\infty]{P_\theta} 0$$

이라는 근사식이 성립하는 것을 알 수 있다. 즉 최대가능도 추정량의 추정 오차는 $\sqrt{n}\,\dot{\bar{l}}_n(\theta)$에 따라 정해지고 그 정밀도는 $I(\theta)$가 커질수록 좋아지는 것을 알 수 있고, 이러한 의미에서 $\sqrt{n}\,\dot{\bar{l}}_n(\theta)$를 최대가능도 추정량의 추정점수를 나타내는 점수함수, $I(\theta)$를 최대가능도 추정량의 추정 정밀도를 나타내는 정보량이라고 부르는 것이다.

<예 6.4.2> 또는 <예 6.4.3>에서와 같이 최대가능도 추정량의 구체적인 형태를 모르고 가능도방정식의 근으로 주어지는 경우에는 2절에서 소개된 것과 일단계 반복법에 의하여 최대가능도 추정량을 근사하게 된다. 이러한 일단계 반복법에 의한 근사 추정량에 대하여 다음이 성립하는 것을 <정리 6.4.4>와 같은 방법으로 밝힐 수 있다.

정리 6.4.5 일단계 반복법에 의한 최대가능도 추정량의 근사

확률밀도함수가 $f(x;\theta),\ \theta\in\Omega$인 확률모형에서 <정리 6.4.4>의 조건 $(R0)\sim(R7)$이 만족되고, 다음 조건을 만족하는 추정량 $\hat{\theta}_n^{(0)}$이 있다고 하자.

$(R8)$ $\sqrt{n}\,(\hat{\theta}_n^{(0)}-\theta)$가 극한분포를 갖는다. 즉 $\sqrt{n}\,(\hat{\theta}_n^{(0)}-\theta) \xrightarrow[n\to\infty]{d} Z$인 확률변수 Z가 있다. 이 때 초기 추정량 $\hat{\theta}_n^{(0)}$과 가능도방정식의 일차 근사를 이용하여

$$\hat{\theta}_n^{(1)} = \hat{\theta}_n^{(0)} + [-\ddot{\bar{l}}_n(\hat{\theta}_n^{(0)})]^{-1}\dot{\bar{l}}_n(\hat{\theta}_n^{(0)})$$

로 정의된 $\hat{\theta}_n^{(1)}$은 최대가능도 추정량과 같은 극한분포를 갖는다. 즉

$$\sqrt{n}\,(\hat{\theta}_n^{(1)}-\theta) \xrightarrow[n\to\infty]{d} \mathrm{N}(0,[I(\theta)]^{-1})$$

예 6.4.4 로지스틱분포 모형 $\mathrm{L}(\theta,1),\ -\infty<\theta<+\infty$

로지스틱분포 $\mathrm{L}(\theta,1)$의 확률밀도함수는

$$f(x;\theta) = \frac{e^{x-\theta}}{(1+e^{x-\theta})^2} = \frac{e^{-x+\theta}}{(1+e^{-x+\theta})^2},\ \ -\infty<x<+\infty$$

이고 크기 n인 랜덤표본을 이용한 로그가능도함수와 그 도함수들은 다음과 같이 주어진다.

$$l_n(\theta) = n\bar{x} - n\theta - 2\sum_{i=1}^{n}\log(1+e^{x_i - \theta}) = -n\bar{x} + n\theta - 2\sum_{i=1}^{n}\log(1+e^{-x_i+\theta})$$

$$\dot{l}_n(\theta) = n - 2\sum_{i=1}^{n} e^{-x_i+\theta}/(1+e^{-x_i+\theta}),\ \ \ddot{l}_n(\theta) = -2\sum_{i=1}^{n} e^{-x_i+\theta}/(1+e^{-x_i+\theta})^2$$

이로부터 <예 6.4.2>에서 밝혔듯이 θ의 최대가능도 추정값은 가능도방정식

$$\dot{l}_n(\theta) = 0$$

의 하나뿐인 근으로 주어지고, 표본평균인 $\widehat{\theta_n}^{(0)} = \overline{x_n}$와 가능도방정식의 일차 근사로부터

$$\widehat{\theta_n}^{(1)} = \widehat{\theta_n}^{(0)} + [-\ddot{l}_n(\widehat{\theta_n}^{(0)})]^{-1}\dot{l}_n(\widehat{\theta_n}^{(0)}),\ \ \widehat{\theta_n}^{(0)} = \overline{x_n}$$

로 정의되는 반복법을 이용하여 최대가능도 추정값의 근사값인 $\widehat{\theta_n}^{(1)}$을 구할 수 있다.

한편 로지스틱분포 $\mathrm{L}(\theta,1)$의 평균은 θ이고 분산은 <예 5.4.3>에서 밝혔듯이 $\pi^2/3$이므로 이 경우에 적률이용추정량인 $\widehat{\theta_n}^{(0)} = \overline{\mathrm{X}}_n$의 극한분포는 중심극한정리로부터

$$\sqrt{n}\,(\widehat{\theta_n}^{(0)} - \theta) \underset{n\to\infty}{\overset{d}{\rightarrow}} \mathrm{N}(0, \pi^2/3)$$

또한 <예 5.4.3>에서 밝혔듯이

$$\mathrm{X}_1 - \theta \overset{d}{\equiv} \log\frac{\mathrm{U}}{1-\mathrm{U}},\ \ \frac{1}{1+e^{-(\mathrm{X}_1-\theta)}} \overset{d}{\equiv} \mathrm{U},\ \ \mathrm{U} \sim \mathrm{U}(0,1)$$

이므로 이 경우에 정보량은 다음과 같이 주어진다.

$$I(\theta) = \mathrm{E}_\theta[-\ddot{l}_1(\theta)] = 2\mathrm{E}\,[\mathrm{U}(1-\mathrm{U})] = 1/3$$

이 경우에 <정리 6.4.5>의 다른 조건들도 성립하는 것이 알려져 있으므로 일단계 반복법에 의한 추정량 $\widehat{\theta_n}^{(1)}$은 다음의 극한분포를 갖는다.

$$\sqrt{n}\,(\widehat{\theta_n}^{(1)} - \theta) \underset{n\to\infty}{\overset{d}{\rightarrow}} \mathrm{N}(0, 3)$$

예 6.4.5 감마분포 모형 $\mathrm{Gamma}(\alpha,\beta),\ \alpha>0,\ \beta>0$

감마분포 $\mathrm{Gamma}(\alpha,\beta)$의 확률밀도함수는

$$f(x;\theta) = \frac{1}{\Gamma(\alpha)\beta^\alpha}x^{\alpha-1}e^{-x/\beta}\mathrm{I}_{(x>0)},\ \ \theta = (\alpha,\beta)^t$$

이고 크기 n인 랜덤표본을 이용한 로그가능도함수는 다음과 같다.

$$l_n(\theta) = -n\log\Gamma(\alpha) - n\alpha\log\beta + n(\alpha-1)\overline{(\log x)} - n\bar{x}/\beta,\ \overline{(\log x)} = n^{-1}\sum_{i=1}^{n}\log x_i$$

이 경우에 확률밀도함수는 다중모수 지수족에 속하는 경우로서 <정리 6.4.4>의 조건들이 만족되는 것이 알려져 있다. 한편 <예 6.4.3>에서와 같이 간략한 표현을 위하여

$$\overline{(\log x)} = n^{-1}\sum_{i=1}^{n}\log x_i,\ \Psi(\alpha) = \frac{\partial}{\partial\alpha}\log\Gamma(\alpha),$$

$$\partial_\alpha = \frac{\partial}{\partial\alpha},\ \partial_\beta = \frac{\partial}{\partial\beta},\ \partial^2_{\alpha\alpha} = \frac{\partial^2}{\partial\alpha^2},\ \partial^2_{\alpha\beta} = \frac{\partial^2}{\partial\alpha\partial\beta},\ \partial^2_{\beta\beta} = \frac{\partial^2}{\partial\beta^2}$$

라고 하면 로그가능도함수의 도함수들은 다음과 같이 주어진다.

$$\dot{l}_n(\theta) = \begin{pmatrix}\partial_\alpha l_n(\theta)\\ \partial_\beta l_n(\theta)\end{pmatrix} = \begin{pmatrix}-n\Psi(\alpha) - n\log\beta + n\overline{(\log x)}\\ -n\alpha/\beta + n\bar{x}/\beta^2\end{pmatrix}$$

$$\ddot{l}_n(\theta) = \begin{pmatrix}\partial^2_{\alpha\alpha} l_n(\theta) & \partial^2_{\alpha\beta} l_n(\theta)\\ \partial^2_{\alpha\beta} l_n(\theta) & \partial^2_{\beta\beta} l_n(\theta)\end{pmatrix} = \begin{pmatrix}-n\dot{\Psi}(\alpha) & -n/\beta\\ -n/\beta & n\alpha/\beta^2 - 2n\bar{x}/\beta^3\end{pmatrix}$$

한편 <예 6.4.3>에서 밝혔듯이 θ의 최대가능도 추정값은 가능도방정식 $\dot{l}_n(\theta) = 0$의 하나뿐인 근으로 주어지고, 가능도방정식의 일차 근사로부터 정의되는 반복법과 적률이용 추정값을 이용하여 최대가능도 추정값의 근사값인 $\hat{\theta}_n^{(1)} = (\hat{\alpha}_n^{(1)}, \hat{\beta}_n^{(1)})^t$을 다음과 같이 구할 수 있다.

$$\hat{\theta}_n^{(1)} = \hat{\theta}_n^{(0)} + [-\ddot{l}_n(\hat{\theta}_n^{(0)})]^{-1}\dot{l}_n(\hat{\theta}_n^{(0)}),\ \hat{\theta}_n^{(0)} = \hat{\theta}_n^{MME}$$

한편 감마분포 $\mathrm{Gamma}(\alpha,\beta)$의 평균과 분산은 각각 $\alpha\beta$, $\alpha\beta^2$이므로, $\theta = (\alpha,\beta)^t$의 적률이용 추정량 $\hat{\theta}_n^{MME} = (\hat{\alpha}_n, \hat{\beta}_n)^t$은 다음 연립방정식의 해로 주어지고 <정리 6.1.2>로부터 이 추정량은 <정리 6.4.5>의 조건 $(R8)$을 만족하는 것을 알 수 있다.

$$\begin{cases}\hat{\alpha}_n\hat{\beta}_n = \overline{\mathrm{X}_n}\\ \hat{\alpha}_n(\hat{\beta}_n)^2 = n^{-1}\sum_{i=1}^{n}(\mathrm{X}_i - \overline{\mathrm{X}_n})^2\end{cases}$$

한편 이 경우에 정보량 행렬과 그 역행렬은 각각

$$I(\theta) = \mathrm{E}_\theta[-\ddot{l}_1(\theta)] = \begin{pmatrix}\dot{\Psi}(\alpha) & 1/\beta\\ 1/\beta & \alpha/\beta^2\end{pmatrix},\ [I(\theta)]^{-1} = \frac{1}{\alpha\dot{\Psi}(\alpha) - 1}\begin{pmatrix}\alpha & -\beta\\ -\beta & \dot{\Psi}(\alpha)\beta^2\end{pmatrix}$$

로 주어지고 일단계 반복법에 의한 추정량 $\hat{\theta}_n^{(1)} = (\hat{\alpha}_n^{(1)}, \hat{\beta}_n^{(1)})^t$에 대하여

$$\sqrt{n}(\hat{\theta}_n^{(1)} - \theta) \underset{n\to\infty}{\overset{d}{\to}} \mathrm{N}(0, [I(\theta)]^{-1})$$

이 성립한다.

6.5 최소제곱 추정법

변수 사이의 함수관계 조사를 목적으로 할 때 가장 기본적으로 사용되는 모형인 다음의 선형회귀모형에서 모수의 추정에 사용되는 최소제곱 추정법(least squares estimation)에 대하여 알아보자.

선형회귀모형:

$$\begin{cases} Y_i = x_{i0}\beta_0 + x_{i1}\beta_1 + \cdots + x_{ip}\beta_p + e_i \\ E(e_i) = 0,\ Var(e_i) = \sigma^2,\ i = 1,\cdots,n,\ Cov(e_i, e_j) = 0\ (i \neq j) \\ -\infty < \beta_j < +\infty,\ j = 0,1,\cdots,p,\ 0 < \sigma^2 < +\infty \end{cases}$$

이러한 선형회귀모형에서는 반응변수인 Y_i의 평균이 설명변수의 선형함수라는 가정하에서 평균 반응의 추정을 하는 것이 목적이다. 따라서 가정된 선형함수 중에서 관측값들과의 거리의 제곱을 최소로 하는 것을 찾아 추측에 사용하자는 것이 최소제곱 추정법이다. 즉

$$\sum_{i=1}^{n} \{Y_i - (x_{i0}\beta_0 + x_{i1}\beta_1 + \cdots + x_{ip}\beta_p)\}^2$$

을 최소로 하는 $\hat{\beta} = (\hat{\beta}_0, \hat{\beta}_1, \cdots, \hat{\beta}_p)^t$을 찾아 설명변수가 $(x_{i0}, x_{i1}, \cdots, x_{ip})$일 때 평균 반응을

$$\widehat{E(Y_i)} = x_{i0}\hat{\beta}_0 + x_{i1}\hat{\beta}_1 + \cdots + x_{ip}\hat{\beta}_p$$

로 추정하는 것이 최소제곱 추정법이다.

선형회귀모형에서의 최소제곱 추정:

오차의 제곱합인

$$\sum_{i=1}^{n} \{Y_i - (x_{i0}\beta_0 + x_{i1}\beta_1 + \cdots + x_{ip}\beta_p)\}^2$$

을 최소로 하는 $\hat{\beta}^{LSE} = (\hat{\beta}_0^{LSE}, \cdots, \hat{\beta}_p^{LSE})^t$을 회귀계수 $\beta = (\beta_0, \beta_1, \cdots, \beta_p)^t$의 최소제곱 추정량(least squares estimator)이라고 하며, 평균반응

$$\mu(x_0, x_1, \cdots, x_p) = E(Y | x_0, x_1, \cdots, x_p)$$

의 최소제곱 추정량은 다음과 같이 정의한다.

$$\hat{\mu}^{LSE}(x_0, x_1, \cdots, x_p) = x_0\hat{\beta}_0^{LSE} + x_1\hat{\beta}_1^{LSE} + \cdots + x_p\hat{\beta}_p^{LSE}$$

이러한 선형회귀모형을 벡터와 행렬을 사용하여 나타내기 위하여

$$\mathrm{Y}=\begin{pmatrix}\mathrm{Y}_1\\ \vdots \\ \mathrm{Y}_n\end{pmatrix},\ X=\begin{pmatrix}x_{10}\ x_{11}\cdots x_{1p}\\ \vdots\quad \vdots \qquad \vdots \\ x_{n0}\ x_{n1}\cdots x_{np}\end{pmatrix},\ \beta=\begin{pmatrix}\beta_0\\ \beta_1\\ \vdots\\ \beta_p\end{pmatrix},\ e=\begin{pmatrix}e_1\\ \vdots\\ e_n\end{pmatrix}$$

라고 하면 선형회귀모형과 최소제곱 추정량을 다음과 같이 간략하게 나타낼 수 있다.[105)]

벡터와 행렬을 이용한 선형회귀모형과 최소제곱 추정량:

$$\begin{cases}\mathrm{Y}=X\beta+e\\ \mathrm{E}(e)=0,\ \mathrm{Var}(e)=\sigma^2\mathrm{I}_n\\ \beta\in R^{p+1},\ \sigma^2>0,\ rank(X)=p+1\end{cases}$$

$$\hat{\beta}^{LSE}=\underset{\beta\in R^{p+1}}{\mathrm{argmin}}\ \|\mathrm{Y}-X\beta\|^2,\quad \|\mathrm{Y}-X\hat{\beta}^{LSE}\|^2=\min_{\beta\in R^{p+1}}\|\mathrm{Y}-X\beta\|^2$$

정리 6.5.1 선형회귀모형에서의 최소제곱 추정

(a) $\Pi=X(X^tX)^{-1}X^t$라고 하면[106)]

$$\Pi^t=\Pi,\ \Pi^t(\mathrm{I}-\Pi)=0,\ \Pi X=X$$

(b) $\|\mathrm{Y}-X\beta\|^2=\|\Pi(\mathrm{Y}-X\beta)\|^2+\|(\mathrm{I}-\Pi)\mathrm{Y}\|^2$

$$X\hat{\beta}^{LSE}=\Pi\mathrm{Y},\ \hat{\beta}^{LSE}=(X^tX)^{-1}X^t\mathrm{Y}$$

[증명] (a) 전치행렬과 역행렬의 성질로부터

$$\Pi^t=(X^t)^t((X^tX)^{-1})^tX^t=X(X^tX)^{-1}X=\Pi$$
$$\Pi^t(\mathrm{I}-\Pi)=X(X^tX)^{-1}X^t(\mathrm{I}-X(X^tX)^{-1}X)$$
$$=X(X^tX)^{-1}X^t-X(X^tX)^{-1}X^t=0$$
$$\Pi X=X(X^tX)^{-1}X^tX=X$$

(b) $\Pi X=X$이므로

$$\mathrm{Y}-X\beta=\Pi(\mathrm{Y}-X\beta)+(\mathrm{I}-\Pi)\mathrm{Y}$$

$$\therefore\ \|\mathrm{Y}-X\beta\|^2=\|\Pi(\mathrm{Y}-X\beta)\|^2+\|(\mathrm{I}-\Pi)\mathrm{Y}\|^2+2(\Pi(\mathrm{Y}-X\beta))^t(\mathrm{I}-\Pi)\mathrm{Y}$$

---

105) 여기에서 $rank(X)$는 행렬 X의 계수(rank)를 뜻하고, $\underset{\beta\in R^{p+1}}{\mathrm{argmin}}\|\mathrm{Y}-X\beta\|^2$에서 argmin은 'argument of minimizing'의 약자이다.

106) 선형회귀모형의 가정에서 행렬 X가 $n\times(p+1)$의 행렬로서 그 계수가 $p+1$이므로 X^tX의 역행렬이 존재하고, 행렬 $\Pi=X(X^tX)^{-1}X^t$를 X의 열벡터공간(column space)으로의 정사영(正射影, orthogonal projection)이라고 한다.

그런데 $\Pi^t(\mathrm{I}-\Pi)=0$이므로

$$\| \mathrm{Y}-X\beta \|^2 = \| \Pi(\mathrm{Y}-X\beta) \|^2 + \| \mathrm{I}-\Pi)\mathrm{Y} \|^2$$

여기에서

$$\| \Pi(\mathrm{Y}-X\beta) \|^2 = \| \Pi\mathrm{Y}-X\beta \|^2 = \| X(X^tX)^{-1}X^t\mathrm{Y}-X\beta \|^2$$

이므로

$$X\hat{\beta}^{LSE} = X(X^tX)^{-1}X^t\mathrm{Y}$$

선형회귀모형에서 오차항 분산의 추정량으로는 다음의 평균오차제곱합을 사용한다.

$$\widehat{\sigma^2} = \| \mathrm{Y}-X\hat{\beta}^{LSE} \|^2/(n-p-1)$$

정리 6.5.2 최소제곱 추정량의 성질

선형회귀모형

$$\begin{cases} \mathrm{Y}=X\beta+e \\ \mathrm{E}(e)=0,\ \mathrm{Var}(e)=\sigma^2\mathrm{I}_n \\ \beta\in R^{p+1},\ \sigma^2>0,\ rank(X)=p+1 \end{cases}$$

에서 다음이 성립한다.

(a) $\mathrm{E}(\hat{\beta}^{LSE})=\beta,\ \mathrm{Var}(\hat{\beta}^{LSE})=\sigma^2(X^tX)^{-1}$

(b) $\mathrm{E}(\widehat{\sigma^2})=\sigma^2$

(c) 추가적으로 오차항의 분포가 정규분포라면, 즉 $e\sim \mathrm{N}_n(0,\sigma^2\mathrm{I})$라면

$$\hat{\beta}^{LSE}\sim \mathrm{N}(\beta,\sigma^2(X^tX)^{-1}),\ (n-p-1)\widehat{\sigma^2}/\sigma^2\sim\chi^2(n-p-1)$$

이고 $\hat{\beta}^{LSE}$과 $\widehat{\sigma^2}$은 서로 독립이다.

[증명] (a) $\hat{\beta}^{LSE}=(X^tX)^{-1}X^t\mathrm{Y}$이고 $\mathrm{E}(\mathrm{Y})=X\beta,\ \mathrm{Var}(\mathrm{Y})=\sigma^2\mathrm{I}_n$이므로

$$\mathrm{E}(\hat{\beta}^{LSE})=(X^tX)^{-1}X^t\mathrm{E}(\mathrm{Y})=(X^tX)^{-1}X^tX\beta=\beta$$

$$\mathrm{Var}(\hat{\beta}^{LSE})=(X^tX)^{-1}X^t\mathrm{Var}(\mathrm{Y})((X^tX)^{-1}X^t)^t=\sigma^2(X^tX)^{-1}$$

(b) <정리 6.5.1>의 (b)로부터

$$\widehat{\sigma^2} = \| \mathrm{Y}-X\hat{\beta}^{LSE} \|^2/(n-p-1) = \| (\mathrm{I}-\Pi)\mathrm{Y} \|^2/(n-p-1)$$

또한 <정리 6.5.1>의 (a)로부터

$$(\mathrm{I}-\Pi)X\beta=0,\ \ (\mathrm{I}-\Pi)\mathrm{Y}=(\mathrm{I}-\Pi)(\mathrm{Y}-X\beta)=(\mathrm{I}-\Pi)e$$

$$\|(\mathrm{I}-\Pi)e\|^2=e^t(\mathrm{I}-\Pi)^t(\mathrm{I}-\Pi)e=e^t(\mathrm{I}-\Pi)e$$

$$\therefore\ \widehat{\sigma^2}=\|(\mathrm{I}-\Pi)(\mathrm{Y}-\mathrm{X}\beta)\|^2/(n-p-1)=e^t(\mathrm{I}-\Pi)e/(n-p-1)$$

그런데 $e^t(\mathrm{I}-\Pi)e=trace(e^t(\mathrm{I}-\Pi)e)=trace((\mathrm{I}-\Pi)ee^t)$이므로

$$(n-p-1)\mathrm{E}(\widehat{\sigma^2})=\mathrm{E}[e^t(\mathrm{I}-\Pi)e]=\mathrm{E}[trace((\mathrm{I}-\Pi)ee^t)]=trace((\mathrm{I}-\Pi)\mathrm{E}[ee^t])$$

$$\therefore\ (n-p-1)\mathrm{E}(\widehat{\sigma^2})=trace((\mathrm{I}-\Pi)\mathrm{Var}(e))=\sigma^2trace(\mathrm{I}-\Pi)$$

한편 $trace(A+B)=trace(A)+trace(B)$, $trace(AB)=trace(BA)$이므로

$$\begin{aligned}trace(\mathrm{I}_n-X(X^tX)^{-1}X^t)&=n-trace((X^tX)^{-1}X^tX)\\&=n-trace(\mathrm{I}_{p+1})=n-p-1\end{aligned}$$

$$\therefore\ \mathrm{E}(\widehat{\sigma^2})=\sigma^2trace(\mathrm{I}_n-\Pi)/(n-p-1)=\sigma^2$$

(c)의 증명은 4장의 <정리 4.4.6>에 주어져 있다.

선형회귀모형에서 설명변수의 값들로 주어진 행렬 X의 열들이 서로 직교하면 X^tX가 대각행렬이 되어 계산이 쉬울 뿐만 아니라 변수 사이의 관계에 대한 해석도 용이하다. 한편 행렬 X의 열들이 서로 직교하지 않는 경우에는 이들을 직교하는 행렬로 변형하여 최소제곱 추정을 비롯한 추론을 하면 편리하다.

설명변수의 $n\times(p+1)$ 행렬 X에 대하여 $rank(X)=p+1$일 때

$$X=(X_0,X_1),\ X_0:n\times p_0,\ X_1:n\times p_1\ (p_0+p_1=p+1)$$

$$\Pi_0=X_0(X_0^tX_0)^{-1}X_0^t,\ \beta^t=(\beta_0^t,\beta_1^t)$$

라고 하면 평균반응을 다음과 같이 나타낼 수 있다.

$$X\beta=X_0\beta_0+X_1\beta_1=X_0(\beta_0+(X_0^tX_0)^{-1}X_0^tX_1\beta_1)+(\mathrm{I}-\Pi_0)X_1\beta_1$$

즉 $X_{1|0}=(\mathrm{I}-\Pi_0)X_1$이라고 하면, $X_{1|0}$의 열은 X_0의 열과 직교하고 평균반응을

$$X\beta=X_0\beta_0+X_1\beta_1=X_0\gamma_0+X_{1|0}\beta_1,\ \gamma_0=\beta_0+(X_0^tX_0)^{-1}X_0^tX_1\beta_1$$

과 같이 나타낼 수 있으므로 설명변수의 행렬 $X=(X_0,X_1)$을 $(X_0,X_{1|0})$로 대신하여 선형회귀모형을 나타낼 수 있다. 따라서 이와 같이 직교하는 $(X_0,X_{1|0})$를 이용하여

$$\Pi_{0,1}=X(X^tX)^{-1}X^t,\ \Pi_0=X_0(X_0^tX_0)^{-1}X_0^t,\ \Pi_{1|0}=X_{1|0}(X_{1|0}^tX_{1|0})^{-1}X_{1|0}^t$$

에 대하여 다음이 성립하는 것을 알 수 있다.

$$\Pi_{0,1}=\Pi_0+\Pi_{1|0},\ \Pi_0^t\Pi_{1|0}=0$$

즉 정사영 행렬 $\Pi_{0,1}$을 서로 직교하는 두 정사영 행렬의 합으로 분해할 수 있는 것이다.

이와 같은 정사영 행렬의 분해를 이용하면 다음 정리가 성립하는 것을 알 수 있다.

정리 6.5.3 설명변수의 직교화와 최소제곱 추정

<정리 6.5.2>의 선형회귀모형에서

$$X=(X_0,X_1),\ X_0: n\times p_0,\ X_1: n\times p_1\ (p_0+p_1=p+1)$$

$$\Pi_0=X_0(X_0^tX_0)^{-1}X_0^t,\ X_{1|0}=(\mathrm{I}-\Pi_0)X_1,\ \Pi_{1|0}=X_{1|0}(X_{1|0}^tX_{1|0})^{-1}X_{1|0}^t$$

라고 하면 다음이 성립한다.

(a)
$$X\hat{\beta}^{LSE}=X_0\hat{\beta}_0^{LSE}+X_1\hat{\beta}_1^{LSE}=X_0\hat{\gamma}_0^{LSE}+X_{1|0}\hat{\beta}_1^{LSE}$$

$$X_0\hat{\gamma}_0^{LSE}=\Pi_0\mathrm{Y},\ X_{1|0}\hat{\beta}_1^{LSE}=\Pi_{1|0}\mathrm{Y}$$

$$\hat{\beta}_0^{LSE}=\hat{\gamma}_0^{LSE}-(X_0^tX_0)^{-1}X_0^tX_1\hat{\beta}_1^{LSE}$$

(b)
$$\mathrm{Cov}(\hat{\gamma}_0^{LSE},\hat{\beta}_1^{LSE})=0$$

$$\mathrm{E}(\hat{\gamma}_0^{LSE})=\gamma_0,\ \mathrm{Var}(\hat{\gamma}_0^{LSE})=\sigma^2(X_0^tX_0)^{-1}$$

$$\mathrm{E}(\hat{\beta}_1^{LSE})=\beta_1,\ \mathrm{Var}(\hat{\beta}_1^{LSE})=\sigma^2(X_{1|0}^tX_{1|0})^{-1}$$

예 6.5.1 절편이 포함된 선형회귀모형

선형회귀모형에서 평균반응이

$$\mathrm{E}(\mathrm{Y}_i|x_{i0},x_{i1},\cdots,x_{ip})=\beta_0+\beta_1x_{i1}+\cdots+\beta_px_{ip}\,(i=1,\cdots,n)$$

로 가정된 경우에 $\overline{x_{.j}}=(x_{1j}+\cdots+x_{nj})/n\,(j=1,\cdots,p)$라고 하면 평균반응을

$$\beta_0+\beta_1x_{i1}+\cdots+\beta_px_{ip}=\gamma_0+\beta_1(x_{i1}-\overline{x_{.1}})+\cdots+\beta_p(x_{ip}-\overline{x_{.p}})$$

로 나타낼 수 있다. 이 경우에

$$X_0=(1,\cdots,1)^t,\ X_{1|0}=(x_{i1}-\overline{x_{.1}},\cdots,x_{ip}-\overline{x_{.p}})_{1\le i\le p}$$

이므로

$$S_{jk}=\sum_{i=1}^n(x_{ij}-\overline{x_{.j}})(x_{ik}-\overline{x_{.k}}),\ S_{j\mathrm{Y}}=\sum_{i=1}^n(x_{ij}-\overline{x_{.j}})(\mathrm{Y}_i-\overline{\mathrm{Y}})$$

라고 하면

$$X_{1|0}^t X_{1|0} = (S_{jk}),\ X_{1|0}^t \mathrm{Y} = (S_{j\mathrm{Y}})$$

임을 알 수 있다. 따라서 최소제곱 추정량은 다음과 같이 주어진다.

$$\widehat{\gamma_0} = \overline{\mathrm{Y}},\ \begin{pmatrix} S_{11} \cdots S_{1p} \\ \vdots \quad\quad \vdots \\ S_{p1} \cdots S_{pp} \end{pmatrix} \begin{pmatrix} \widehat{\beta_1} \\ \vdots \\ \widehat{\beta_p} \end{pmatrix} = \begin{pmatrix} S_{1\mathrm{Y}} \\ \vdots \\ S_{p\mathrm{Y}} \end{pmatrix}$$

연습문제

6.1 모평균이 μ, 모표준편차가 $\sigma\,(\sigma > 0)$인 모집단 분포에서의 랜덤표본을 $X_1, \cdots, X_n$이라고 할 때 모집단 분포의 왜도 $\rho_3 = E\left[\left(\frac{X-\mu}{\sigma}\right)^3\right]$와 첨예도 $\rho_4 = E\left[\left(\frac{X-\mu}{\sigma}\right)^4\right] - 3$의 적률이용추정량을 구하여라.

6.2 다음 각 모형에서의 랜덤표본을 $X_1, \cdots, X_n$이라고 할 때, 각 경우에 α, β의 적률이용추정량을 구하여라.

(a) $\mathrm{Gamma}(\alpha, 2)$, $\alpha > 0$

(b) $\mathrm{Gamma}(2, \beta)$, $\beta > 0$

(c) $\mathrm{Gamma}(\alpha, \beta)$, $\alpha > 0$, $\beta > 0$

6.3 확률밀도함수가

$$f(x;\alpha) = \alpha x^{\alpha-1}\exp(-x^{\alpha})I_{(0,+\infty)}(x)$$

인 와이블분포 $\mathrm{Weibull}(\alpha, 1)$, $\alpha > 0$ 모형에서의 랜덤표본을 $X_1, \cdots, X_n$이라고 할 때

$$E_{\alpha}(\log X_1) = \int_0^{\infty}(\log z)e^{-z}dz/\alpha = -0.577/\alpha$$

임[107]을 밝히고, 이로부터 $\log X_1, \cdots, \log X_n$을 이용한 α의 적률이용추정량을 구하여라.

6.4 확률밀도함수가 다음과 같이 주어지는 각 모형에서의 랜덤표본을 $X_1, \cdots, X_n$이라고 할 때, 각 경우에 θ의 적률이용추정량과 최대가능도 추정량을 구하여라.

(a) $f(x;\theta) = (3x^2/\theta^3)I_{[0,\theta]}(x)$, $\theta > 0$

(b) $f(x;\theta) = 2\theta^2 x^{-3}I_{[\theta,+\infty)}(x)$, $\theta > 0$

---

107) 로그감마함수의 일차도함수를 $\Psi(\alpha) = \frac{\partial}{\partial\alpha}\log\Gamma(\alpha)$ 라고 하면 $\int_0^{\infty}(\log z)e^{-z}dz = \Psi(1)$ 임을 알 수 있으며, $\Psi(\alpha)$는 다이감마(digamma)함수라고 불리우며 패키지 R을 이용하여 그 값을 계산할 수 있다.

6.5 다음 각 모형에서의 랜덤표본을 $X_1, \cdots, X_n$이라고 할 때, 각 경우에 θ의 최대가능도 추정량과 그 극한분포를 구하여라. (a)의 경우에는 그 극한분포의 분산과 적률이용추정량 극한분포의 분산을 비교하여라.

(a) $\text{Beta}(\theta,1),\ \theta > 0$ (b) $\text{Pareto}(1,\theta),\ \theta > 2$

6.6 다음 각 모형에서의 랜덤표본을 $X_1, \cdots, X_n$이라고 할 때, 각 경우에

$$\eta = P_\theta(X_1 > a)\ (a\text{는 주어진 양수})$$

의 최대가능도 추정량을 구하여라.

(a) $\text{Exp}(\theta),\ \theta > 0$ (b) $\text{Pareto}(1,\theta),\ \theta > 0$

6.7 기하분포 $\text{Geo}(p),\ 0 < p \le 1$에서의 랜덤표본 $X_1, \cdots, X_n$을 관측하는 대신

$$Y_i = \min\{X_i, r+1\},\ i = 1,\cdots,n\ (r\text{은 주어진 자연수})$$

를 관측할 수 있을 때, $Y_1, \cdots, Y_n$을 이용한 p의 최대가능도 추정량을 구하여라.

6.8 연습문제 (6.3)에서의 $\text{Weibull}(\alpha,1),\ \alpha > 0$ 모형에서 α의 최대가능도 추정량은 가능도방정식의 근으로 주어지는 것을 밝히고, 이의 일단계 반복법에 의한 풀이를 설명하여라.

6.9 4장에서 소개된 일원분류모형

$$\begin{cases} X_{ij} = \mu_i + e_{ij}, & -\infty < \mu_i < +\infty \\ e_{ij} \overset{iid}{\sim} N(0,\sigma^2), & i = 1,\cdots,k;\ j = 1,\cdots,n_i,\ \sigma^2 > 0 \end{cases}$$

에서 $\mu_1, \cdots, \mu_k$와 σ^2의 최대가능도 추정량을 구하여라.

6.10 정규분포 $N(\mu,\sigma^2),\ -\infty < \mu < +\infty,\ \sigma > 0$ 모형에서의 랜덤표본 $X_1, \cdots, X_n$을 이용하여 다음 모수의 최대가능도 추정량을 구하여라.

(a) $P_{\mu,\sigma}(X_1 > \xi_\alpha) = \alpha\ (0 < \alpha < 1)$인 ξ_α

(b) $\eta = P_{\mu,\sigma}(X_1 > a)$ (a는 주어진 수)

6.11 연습문제 (6.10)의 (b)에서의 추정량의 극한분포를 구하여라.

6.12 다음 모형에서의 확률밀도함수들이 지수족을 이루는 것을 밝히고 <정리 6.3.4>의 조건을 만족시키는지 답하여라.

(a) $\mathrm{Beta}(\alpha,\beta),\ \alpha>0,\ \beta>0$ (b) $\mathrm{N}(\theta,\theta^2),\ 0<\theta<+\infty$

6.13 공통의 평균을 갖는 두 정규분포 $\mathrm{N}(\mu,\sigma_1^2)$, $\mathrm{N}(\mu,\sigma_2^2)$, $-\infty<\mu<+\infty$, $\sigma_1^2>0$, $\sigma_2^2>0$에서의 랜덤표본을 각각 $X_1, \cdots, X_m$과 $Y_1, \cdots, Y_n$이라고 하고 이들 랜덤표본이 서로 독립인 경우에 이들의 결합확률밀도함수가 지수족을 이루는 것을 밝히고 <정리 6.3.4>의 조건을 만족시키는지 답하여라.

6.14 확률밀도함수가

$$f(x;\mu,\sigma)=\frac{1}{\sigma}e^{-\frac{x-\mu}{\sigma}}\mathrm{I}_{[\mu,\infty)}(x)$$

로 주어지는 두 개의 모수를 갖는 지수분포 $\mathrm{Exp}(\mu,\sigma)$, $-\infty<\mu<+\infty$, $\sigma>0$ 모형에서의 랜덤표본 $X_1, \cdots, X_n$을 이용한 다음 모수의 최대가능도 추정량을 구하여라.

(a) $\theta=(\mu,\sigma)^t$ (b) $\eta=\mathrm{P}_{\mu,\sigma}(X_1>a)$($a$는 주어진 값)

6.15 연습문제 (6.14)의 (b)에서의 추정량의 극한분포를 구하여라.

6.16 확률밀도함수가

$$f(x;\alpha,\beta)=\beta\alpha^{\beta}x^{-\beta-1}\mathrm{I}_{[\alpha,\infty)}(x)$$

로 주어지는 두 개의 모수를 갖는 파레토분포 $\mathrm{Pareto}(\alpha,\beta),\ \alpha>0,\ \beta>0$ 모형에서의 랜덤표본 $X_1, \cdots, X_n$을 이용한 모수 α, β의 최대가능도 추정량을 구하여라.

6.17 균등분포 $\mathrm{U}[\theta_1-\theta_2,\theta_1+\theta_2]$, $-\infty<\theta_1<+\infty$, $\theta_2>0$에서의 랜덤표본 $X_1, \cdots, X_n$을 이용한 모수 θ_1, θ_2의 최대가능도 추정량을 구하여라.

6.18 정규분포 $N(\mu,\sigma^2)$ 모형에서 $0 \le \mu < +\infty$, $\sigma^2 > 0$인 경우에 랜덤표본 $X_1, \cdots, X_n$을 이용한 모수 μ, σ^2의 최대가능도 추정량을 구하여라.

6.19 확률밀도함수가

$$f(x;\alpha,\beta) = \alpha\beta^{-\alpha}x^{\alpha-1}\exp(-x^\alpha/\beta^\alpha)I_{(0,+\infty)}(x)$$

인 와이불분포 $\text{Weibull}(\alpha,\beta)$, $\alpha > 0$, $\beta > 0$ 모형에서의 랜덤표본을 $X_1, \cdots, X_n$이라고 할 때 모수 α, β의 최대가능도 추정량을 구하는 과정을 설명하여라. (참고: $b = 1/\beta^\alpha$를 이용)

6.20 확률밀도함수가

$$f(x;\mu,\sigma) = \frac{1}{\sigma}\frac{e^{(x-\mu)/\sigma}}{(1+e^{(x-\mu)/\sigma})^2}I_{(-\infty,+\infty)}(x)$$

인 로지스틱분포 $L(\mu,\sigma)$, $-\infty < \mu < +\infty$, $\sigma > 0$ 모형에서의 랜덤표본을 $X_1, \cdots, X_n$이라고 할 때 모수 μ, σ의 최대가능도 추정량을 구하는 과정을 설명하여라. (참고: $\eta_1 = 1/\sigma$, $\eta_2 = \mu/\sigma$를 이용)

6.21 <정리 6.5.3>의 (b)를 증명하여라.

6.22 회귀모형

$$\begin{cases} Y_i = \beta_0 + \beta_1 i + \beta_2 i^2 + e_i, \ i = 1,\cdots,5 \\ E(e_i) = 0, \ Var(e_i) = \sigma^2, \ Cov(e_i,e_j) = 0 \ (i \ne j) \\ \beta = (\beta_0,\beta_1,\beta_2)^t \in R^3, \ \sigma^2 > 0 \end{cases}$$

에서 직교화를 통하여 다음과 같이 모형을 나타내려고 한다.

$$\begin{cases} \beta_0 + \beta_1 i + \beta_2 i^2 = \gamma_0 + \gamma_1 x_{1i} + \gamma_2 x_{2i}, \ i = 1,\cdots,5 \\ \sum_{i=1}^{5} x_{1i} = 0, \ \sum_{i=1}^{5} x_{2i} = 0, \ \sum_{i=1}^{5} x_{1i}x_{2i} = 0 \end{cases}$$

(a) x_{1i}, x_{2i}를 구하여라.

(b) γ_0, γ_1, γ_2의 최소제곱 추정량을 구하여라.

(c) σ^2의 추정량을 제안하여라.

7
검정

7.1 검정의 형식 논리

랜덤한 현상의 모형을 탐색하는 과정에 대하여 생각해보자. 이러한 경우에 경험이나 지식을 근거로 모형을 설정하고 관측 결과가 설정된 모형과 얼마나 부합하는지 또는 얼마나 괴리가 있는지 살펴볼 것이다. 특히 설정된 모형에서는 일어나기 매우 어려운 관측 결과를 얻었다면 그 설정된 모형을 부정하고 대신할 수 있는 다른 모형을 찾아보게 될 것이다. 이러한 논리에 따라 설정된 모형을 '채택'할 것인지 또는 '기각'하고 대안을 모색할 것인지를 판단하는 것을 통계적 가설검정(統計的 假說檢定, statistical hypothesis testing) 또는 간략히 검정(testing)이라고 한다.

예 7.1.1

한 제약회사에서 생산하고 있는 진통제는 복용 후 진통효과가 나타날 때까지의 시간이 평균 30분, 표준편차 5분의 정규분포를 따르는 것으로 알려져 있다. 이 제약회사의 연구원들은 새로운 진통제를 개발하고 그 진통효과가 기존의 제품보다 빨리 나타난다고 주장한다. 이 회사의 경영진은 이들의 주장을 확인하기 위하여 100명의 환자를 랜덤하게 추출하여 새로운 진통제를 복용시킨 후에 진통효과가 나타나는 시간의 평균 $\overline{X}$를 관측하기로 하였다. 이러한 조사에서 새로운 진통제의 진통효과가 더 빠르다는 증거가 뚜렷하다고 판단되면 생산공정을 변경하여 새로운 진통제를 양산하려고 할 때 어떠한 방법으로 판단해야 하는가?

<예 7.1.1>에서 새로운 진통제의 진통효과가 나타나는 평균시간을 μ(분)라고 하면, "기존의 진통제와 마찬가지라는" 가설(假說, hypothesis)은 "$H_0 : \mu = 30$"으로 나타낼 수 있고 "기존의 제품보다 빠르다는" 가설은 "$H_1 : \mu < 30$"으로 나타낼 수 있으며 이 예제에서는 기존 제품보다 새로운 진통제의 진통효과가 빠르다는 뚜렷한 증거가 관측되었는지가 관심의 대상이다.

따라서 "$H_0 : \mu = 30$" 하에서 나타나기는 어렵고 "$H_1 : \mu < 30$" 하에서는 나타나기 쉬운 관측 결과를 얻게 되면 가설 "$H_0 : \mu = 30$"을 기각하고 대안으로서 "$H_1 : \mu < 30$"을 택하겠다고 할 수 있다. 예를 들어 "$\overline{X} \le 29$"인 관측 결과가 "$H_0 : \mu = 30$" 하에서 관측될 확률은[108)]

108) 여기에서는 새로운 진통제의 진통효과가 나타나는 시간의 분포가 정규분포이고 평균은

$$P(\overline{X} \le 29 | H_0) = P\left(\frac{\overline{X} - 30}{5/\sqrt{100}} \le -2 | H_0\right) \fallingdotseq 0.023$$

으로서 100번의 실험에서 약 두세 번 정도 밖에 나올 수 없는 결과인 것이다. 따라서 이러한 결과가 관측되면 이는 "$H_0 : \mu = 30$"에 대한 뚜렷한 반증(反證)이라고 할 수 있다.

이러한 예에서 "$H_0 : \mu = 30$"을 귀무가설(歸無假說, null hypothesis), "$H_1 : \mu < 30$"을 대립가설(對立假說, alternative hypothesis)이라 하고, "$\overline{X} \le 29$"과 "$\overline{X} > 29$"을 각각 귀무가설 H_0의 기각역(棄却域, rejection region)과 채택역(採擇域, acceptance region)이라고 한다.

일반적으로 관측 결과로부터 뚜렷한 반증이 있을 때에 부정하고자 하는 가설을 귀무가설이라 하고 이러한 경우에 대안으로 제시되는 가설을 대립가설이라고 하며, 표본을 이용하여 귀무가설의 기각 또는 채택 여부를 판단하는 것을 검정이라고 하는 것이다. 따라서 검정은 귀무가설의 기각역으로 나타내어지고, 앞의 예에서 표본평균과 같이 귀무가설의 기각역을 나타내는 데에 사용되는 통계량을 검정통계량(檢定統計量, test statistic)이라고 한다.

이러한 검정에서 귀무가설을 기각하거나 채택하는 어느 경우에도 잘못 판단하는 오류를 다음과 같이 생각할 수 있다.

표 7.1.1 검정에서 두 가지의 오류

		가설의 사실 여부	
		H_0가 사실	H_1이 사실
검정 결과	H_0를 채택	옳은 결정	제 2종의 오류
	H_0를 기각(H_1의 채택)	제 1종의 오류	옳은 결정

이와 같은 오류를 범할 확률을 가능한 한 작게 해주는 것이 바람직할 것이다. 특히 뚜렷한 반증이 있을 때에 기각하고자 하는 가설이 귀무가설이므로 이러한 결정에 따르는 오류, 즉 제 1종의 오류를 범할 확률이 미리 지정한 작은 값 이하인 검정을 사용하도록 한다. 이러한 경우에 제 1종의 오류를 범할 확률의 최대 허용한계로 제시된 값 α를 유의수준(有意水準, significance level)이라고 하며, 흔히 $\alpha = 0.10$, $\alpha = 0.05$, $\alpha = 0.01$ 등의 유의수준을 사용한다.

μ, 표준편차는 5분이라고 가정하고 계산한 값이며, 표준편차가 미지의 모수인 경우는 7장 2절에서 다룬다.

유의수준:

귀무가설 H_0가 참일 때 기각하는 오류, 즉 대립가설 H_1을 채택하는 오류를 범할 확률의 최대 허용한계를 유의수준이라고 한다. 즉

$$\mathrm{P}(\text{기각}|H_0) \le \alpha$$

인 검정을 유의수준 α의 검정이라고 한다.

예 7.1.2

<예 7.1.1>에서 귀무가설과 대립가설은

$$H_0 : \mu = 30 \quad vs \quad H_1 : \mu < 30$$

이고 $\overline{\mathrm{X}} \sim \mathrm{N}(\mu, 5^2/100)$, 즉 $Z = \dfrac{\overline{\mathrm{X}} - \mu}{5/\sqrt{100}} \sim \mathrm{N}(0,1)$이므로 기각역이 "$\overline{\mathrm{X}} \le 29$"인 검정은

$$\mathrm{P}(\overline{\mathrm{X}} \le 29|H_0) = \mathrm{P}\left(\frac{\overline{\mathrm{X}} - 30}{5/\sqrt{100}} \le -2\right) \fallingdotseq 0.023 \le 0.05$$

를 만족하므로 유의수준 $\alpha = 0.05$의 검정이다. 한편 유의수준이 $\alpha = 0.05$로 주어진 경우에

$$\mathrm{P}\left(\frac{\overline{\mathrm{X}} - 30}{5/\sqrt{100}} \le -z_{0.05}|H_0\right) = 0.05 \le \alpha$$

를 만족하므로 기각역이 "$\overline{\mathrm{X}} \le 30 - 1.645 \times 5/\sqrt{100} = 29.1775$"인 검정도 유의수준 $\alpha = 0.05$의 검정이다.

예 7.1.3

<예 7.1.1>에서 귀무가설과 대립가설은

$$H_0 : \mu = 30 \ vs \ H_1 : \mu < 30$$

이고 $\overline{\mathrm{X}} \sim \mathrm{N}(\mu, 5^2/100)$, 즉

$$Z = \frac{\overline{\mathrm{X}} - \mu}{5/\sqrt{100}} \sim \mathrm{N}(0,1)$$

이므로, 실제 평균이 μ일 때 <예 7.1.2>의 검정들에

그림 7.1.1 모평균 μ에 따른 기각확률의 변화

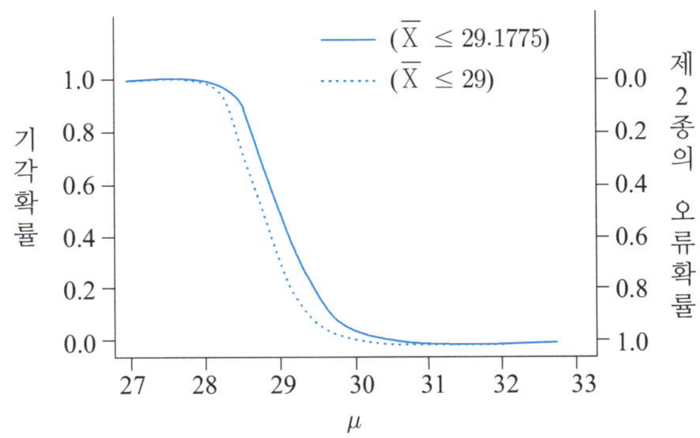

의하여 귀무가설이 기각될 확률은 다음과 같이 표준정규분포의 누적분포함수 Φ를 이용하여 나타낼 수 있고, 이를 그림으로 나타내면 <그림 7.1.1>과 같다.

$$\mathrm{P}_{\mu}(\overline{\mathrm{X}} \le 29) = \mathrm{P}\left(\frac{\overline{\mathrm{X}} - \mu}{5/\sqrt{100}} \le \frac{29 - \mu}{5/\sqrt{100}}\right) = \Phi(58 - 2\mu)$$

$$\mathrm{P}_{\mu}(\overline{\mathrm{X}} \le 29.1775) = \mathrm{P}\left(\frac{\overline{\mathrm{X}} - \mu}{5/\sqrt{100}} \le \frac{29.1775 - \mu}{5/\sqrt{100}}\right) = \Phi(58.355 - 2\mu)$$

대립가설 $H_1 : \mu < 30$이 사실인 경우에 귀무가설을 채택할 확률이 제 2종의 오류를 범할 확률이므로, <그림 7.1.1>에서 알 수 있듯이 기각역이 "$\overline{\mathrm{X}} \le 30 - 1.645 \times 5/\sqrt{100} = 29.1775$"인 검정이 유의수준 $\alpha = 0.05$이면서 기각역이 "$\overline{\mathrm{X}} \le 29$"인 검정보다 제 2종의 오류를 범할 확률이 더 적게 된다. 즉 허용된 한계 내에서 기각역을 크게 해줄수록 제 2종의 오류를 범할 확률이 더 적게 되는 것을 알 수 있다.

<예 7.1.3>에서 알 수 있듯이 유의수준이 주어지면 허용된 한계 내에서 기각역을 가능한 크게 함으로써 잘못된 채택의 확률을 줄이도록 한다. 따라서 유의수준 α가 주어지면

$$\mathrm{P}(\text{기각}|H_0) = \alpha$$

이도록 하여 허용된 범위 내에서 가능한 기각역을 크게 잡는다. 따라서 <예 7.1.1>에서

$$H_0 : \mu = 30 \quad vs \quad H_1 : \mu < 30$$

을 유의수준 α에서 검정하려면 기각역을 $\mathrm{P}(\text{기각}|H_0) = \alpha$, 즉

$$\mathrm{P}\left(\frac{\overline{\mathrm{X}} - 30}{5/\sqrt{100}} \le -z_{\alpha} | H_0\right) = \alpha$$

이도록 정하여 준다. 따라서 유의수준 α의 기각역은 다음과 같이 주어진다.

$$\text{유의수준 } \alpha\text{의 기각역} : \overline{\mathrm{X}} \le 30 - z_{\alpha} \times 5/\sqrt{100}$$

예 7.1.4

평균이 θ인 포아송분포에서 크기 100인 랜덤표본의 평균 $\overline{\mathrm{X}}$를 이용하여 귀무가설 $H_0 : \theta = 0.1$을 대립가설 $H_1 : \theta < 0.1$에 대하여 검정하려고 한다. 유의수준 $\alpha = 0.05$에서

$$\mathrm{P}(\text{기각}|H_0) = \alpha$$

가 만족되도록 기각역을 정할 수 있는지 알아보자.

이 경우에 표본평균이 작게 관측되는 것은 대립가설에 대한 증거로서 귀무가설에 대한 반증이므로 기각역의 형태는 "$\overline{X} \le c$"인 것으로 생각하자. 한편 포아송분포의 성질로부터

$$100\overline{X} = X_1 + \cdots + X_{100} \sim \text{Poisson}(100\theta)$$

임을 알고 있으므로, 표본의 합을 이용하여 기각역의 형태가

$$\text{"}X_1 + \cdots + X_{100} \le k \ (k = 100c)\text{"}$$

인 것으로 생각하자. 귀무가설 하에서 $X_1 + \cdots + X_{100} \sim \text{Poisson}(10)$이므로 기각역의 확률은

$$P(\text{기각}|H_0) = P_{0.1}(X_1 + \cdots + X_{100} \le k) = P(\text{Poisson}(10) \le k)$$

로 주어진다. 부록 IV에 주어진 포아송분포의 누적확률 분포표로부터 이러한 기각역의 확률을 여러 가지의 k 값에 대하여 정리하면 다음과 같다.

k 값	0	1	2	3	4	5	…
$P_{0.1}(X_1+\cdots+X_{100} \le k)$	0.000	0.000	0.002	0.010	0.029	0.067	…

이로부터 어떠한 k 값에 대해서도 기각역 "$X_1 + \cdots + X_{100} \le k$"를 크게 하여 유의수준 0.05와 같게 할 수는 없는 것을 알 수 있다. 한편 다음과 같이 기각역의 확률이 0.05 미만에서 초과하는 것으로 변하게 되는 경계에서 확률적으로 기각하는 방법을 생각할 수 있다. 이러한 검정을 랜덤화 검정(randomized test)이라고 한다.

$$\begin{cases} X_1 + \cdots + X_{100} \le 4\text{이면 } H_0\text{를 기각} \\ X_1 + \cdots + X_{100} = 5\text{이면 } H_0\text{를 } \gamma\text{의 확률로 기각} \\ X_1 + \cdots + X_{100} \ge 6\text{이면 } H_0\text{를 채택} \end{cases}$$

이러한 랜덤화 검정의 기각확률은

$$P_{0.1}(X_1 + \cdots + X_{100} \le 4) + \gamma P(X_1 + \cdots + X_{100} = 5) = 0.029 + \gamma(0.067 - 0.029)$$

임을 알 수 있다. 따라서 이러한 기각확률을 유의수준 0.05와 같게 다음과 같이 γ를 정할 수 있다.

$$P_{0.1}(X_1 + \cdots + X_{100} \le 4) + \gamma P(X_1 + \cdots + X_{100} = 5) = 0.05$$

$$\therefore \gamma = (0.05 - 0.029)/(0.067 - 0.029) = 21/38$$

일반적으로 모집단 분포가 확률밀도함수 $f(x;\theta),\ \theta \in \Omega$ 중의 하나라고 모형이 설정된 경우에 귀무가설 H_0과 대립가설 H_1은

$$H_0 : \theta \in \Omega_0 \quad vs \quad H_1 : \theta \in \Omega_1 \quad (\Omega_0 \cap \Omega_1 = \varnothing,\ \Omega_0 \cup \Omega_1 = \Omega)$$

과 같이 나타내어지고, 랜덤표본 $\mathrm{X}_1, \cdots, \mathrm{X}_n$의 관측 결과가 대립가설의 증거로서 귀무가설에 대한 반증의 정도가 뚜렷한가를 판단하는 것이 검정의 과정이다.

이러한 검정에서 잘못하여 귀무가설을 기각하는 확률의 최대 허용한계를 유의수준 α로 정해놓고 귀무가설의 기각역 "$(\mathrm{X}_1,\cdots,\mathrm{X}_n)^t \in C_\alpha$"를 정하게 된다.

$$H_0 : \theta \in \Omega_0 \text{가 사실일 때 } \mathrm{P}_\theta\left\{(\mathrm{X}_1,\cdots,\mathrm{X}_n)^t \in C_\alpha\right\} \le \alpha$$

유의수준 α의 검정 중에서 제 2종의 오류를 범할 확률, 즉 잘못하여 귀무가설을 채택할 확률을 작게 하는 것이 좋으므로 가능한 기각역을 크게 하여 주기 위하여

$$\max_{\theta \in \Omega_0} \mathrm{P}_\theta\left\{(\mathrm{X}_1,\cdots,\mathrm{X}_n)^t \in C_\alpha\right\} = \alpha$$

이도록 C_α를 정하여 주고 다음과 같이 검정을 하는 것이다.

$$\begin{cases} (\mathrm{X}_1,\cdots,\mathrm{X}_n)^t \in C_\alpha \text{이면 } H_0\text{를 기각 } (H_1\text{을 채택}) \\ (\mathrm{X}_1,\cdots,\mathrm{X}_n)^t \notin C_\alpha \text{이면 } H_0\text{를 채택} \end{cases}$$

한편 <예 7.1.4>에서와 같이 이를 만족하는 기각역이 없을 경우에는 적절한 랜덤화 검정을 고려하게 된다. 랜덤화 검정은 다음과 같이 귀무가설을 기각할 확률을 나타내는 함수 $\phi(x_1,\cdots,x_n)$로 나타낼 수 있다.

$$\begin{cases} \phi(x_1,\cdots,x_n) = 1 \text{이면 } H_0\text{를 기각} \\ 0 < \sum\phi(x_1,\cdots,x_n) < 1 \text{이면 } H_0\text{를 } \phi(x_1,\cdots,x_n)\text{의 확률로 기각} \\ \phi(x_1,\cdots,x_n) = 0 \text{이면 } H_0\text{를 채택} \end{cases}$$

이러한 랜덤화 검정의 기각확률은 $\mathrm{E}_\theta\phi(\mathrm{X}_1,\cdots,\mathrm{X}_n)$으로 주어지고, 이를 모수 θ의 함수로서 검정력함수(檢定力函數, test function)라고 하며 기호로는

$$\gamma_\phi(\theta) = \mathrm{E}_\theta\phi(\mathrm{X}_1,\cdots,\mathrm{X}_n),\ \theta \in \Omega$$

로 나타낸다. 한편 제 1종의 오류를 범할 확률의 최대값인

$$\max_{\theta \in \Omega_0} \mathrm{E}_\theta\phi(\mathrm{X}_1,\cdots,\mathrm{X}_n)$$

를 검정 $\phi(\mathrm{X}_1,\cdots,\mathrm{X}_n)$의 크기(size)라고 하며, 유의수준 α를 만족시키는 검정은 크기가 α 이하인 검정을 뜻하는 것이다. 즉

$$\max_{\theta \in \Omega_0} \mathrm{E}_\theta\phi(\mathrm{X}_1,\cdots,\mathrm{X}_n) \le \alpha$$

이도록 $\phi(X_1,\cdots,X_n)$를 정하여 주면 유의수준 α의 검정을 얻게 된다. 이러한 검정 중에서 잘못하여 귀무가설을 채택할 확률을 작게 하는 것이 좋으므로 가능한 기각확률을 크게 하여 주기 위하여 그 크기가 지정된 유의수준과 같게 되는, 즉

$$\max_{\theta \in \Omega_0} E_\theta \phi(X_1,\cdots,X_n) = \alpha$$

인 검정을 사용하는 것이다.

예 7.1.5

정규분포의 모평균 μ에 대한 귀무가설이 $H_0 : \mu \geq 30$인 경우에 유의수준 α에서

$$H_0 : \mu \geq 30 \quad vs \quad H_1 : \mu < 30$$

을 검정하는 방법을 알아보자. 이 때 <예 7.1.1>에서와 같이 모집단의 분포는 표준편차가 $\sigma = 5$이고 평균이 μ인 정규분포이며 크기가 100인 랜덤표본의 표본평균을 이용하여 검정을 한다고 하자.

<예 7.1.1>에서와 같이 표본평균의 작은 값이 대립가설의 증거로서 귀무가설에 대한 반증이므로 기각역의 형태는 "$\overline{X} \leq c$"인 것으로 생각하자. 이 경우에 기각역의 확률은 다음과 같이 표준정규분포의 누적분포함수 Φ를 이용하여 나타낼 수 있고 모평균 μ의 감소함수임을 알 수 있다.

$$P_\mu(\overline{X} \leq c) = P\left(\frac{\overline{X} - \mu}{5/\sqrt{100}} \leq \frac{c-\mu}{5/\sqrt{100}}\right) = \Phi\left(\frac{c-\mu}{5/\sqrt{100}}\right)$$

따라서 귀무가설 $H_0 : \mu \geq 30$이 사실일 때 기각할 확률이 최대가 되는 것은 $\mu = 30$인 경우인 것을 알 수 있다. 이러한 잘못된 기각확률의 최대값을 유의수준 α와 같게 하려면, 즉

$$\max_{\mu \geq 30} P_\mu(\overline{X} \leq c) = P_{30}(\overline{X} \leq c) = \Phi\left(\frac{c-30}{5/\sqrt{100}}\right) = \alpha$$

이려면 $c = 30 - z_\alpha \times 5/\sqrt{100}$이어야 한다. 이로부터 가설

$$H_0 : \mu \geq 30 \quad vs \quad H_1 : \mu < 30$$

을 검정하는 경우에도 <예 7.1.3>에서와 같이 유의수준 α의 기각역은

$$\text{“}\overline{X} \leq 30 - z_\alpha \times 5/\sqrt{100}\text{”}$$

으로 주어진다. 유의수준 5% 즉 $\alpha = 0.05$인 검정의 기각역은

$$\overline{X} \leq 30 - 1.645 \times 5/\sqrt{100} = 29.1775$$

이며 이 검정의 검정력함수는 다음과 같이 주어지고 그 그래프는 <그림 7.1.1>과 같다.

$$\gamma(\mu) = P_{\mu}(\overline{X} \le 29.1775) = P\left(\frac{\overline{X}-\mu}{5/\sqrt{100}} \le \frac{29.1775-\mu}{5/\sqrt{100}}\right) = \Phi(58.355-2\mu)$$

예 7.1.6

<예 7.1.4>에서 포아송분포 $\mathrm{Poisson}(\theta)$의 평균 θ에 관한 귀무가설과 대립가설은

$$H_0 : \theta = 0.1 \quad vs \quad H_1 : \theta < 0.1$$

이고 크기가 100인 랜덤표본 $X_1, \cdots, X_{100}$을 이용하여 유의수준 5% 즉 $\alpha = 0.05$인 검정으로서

$$\phi(x_1,\cdots,x_{100}) = \begin{cases} 1, & x_1+\cdots+x_{100} \le 4 \\ 21/38, & x_1+\cdots+x_{100} = 5 \\ 0, & x_1+\cdots+x_{100} \ge 6 \end{cases}$$

로 정의된 랜덤화 검정을 생각하였다. 한편 표본분포 이론으로부터

$$X_1+\cdots+X_{100} \sim \mathrm{Poisson}(100\theta)$$

이므로 이 검정의 검정력함수는 기각확률로서

$$\begin{aligned}\gamma(\theta) &= P_{\theta}(X_1+\cdots+X_{100} \le 4) \\ &\quad + \frac{21}{38}P(X_1+\cdots+X_{100} = 5) \\ &= \sum_{x=0}^{4} e^{-100\theta}(100\theta)^x/x! \\ &\quad + \frac{21}{38}e^{-100\theta}(100\theta)^5/5!\end{aligned}$$

그림 7.1.2

모평균 θ에 따른 기각확률 $\gamma(\theta)$ 의 변화

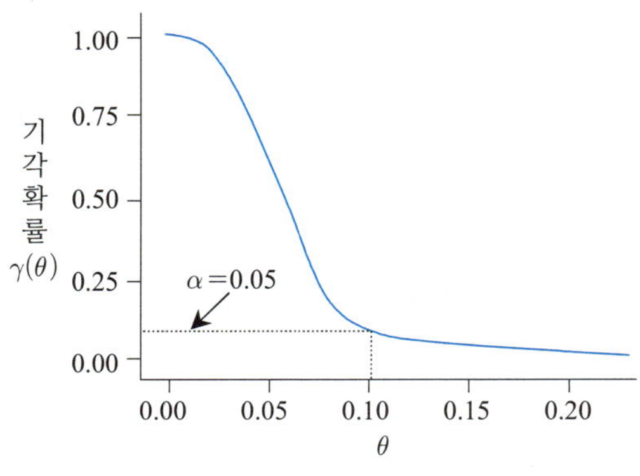

로 주어지고 패키지 R을 이용하여 이의 그래프를 그리면 <그림 7.1.2>와 같다.

7.2 최대가능도 검정법

모집단 분포가 확률밀도함수 $f(x;\theta)$, $\theta \in \Omega$ 중의 하나라고 모형을 설정한 경우에 이 모집단으로부터의 랜덤표본 $X_1, \cdots, X_n$을 이용하여 가설을 검정하는 방법을 알아보자.

귀무가설과 대립가설이

$$H_0 : \theta \in \Omega_0 \quad vs \quad H_1 : \theta \in \Omega_1 \quad (\Omega_0 \cap \Omega_1 = \varnothing,\ \Omega_0 \cup \Omega_1 = \Omega)$$

로 주어진 경우에 각 가설 하에서 관측 결과 $x = (x_1, \cdots, x_n)^t$가 생성되었을 가능성이 가장 큰 경우의 가능도를 비교하자는 것이 검정에서의 최대가능도를 이용하는 방법이다. 즉 가능도함수를

$$L(\theta;x) = \prod_{i=1}^{n} f(x_i;\theta),\ \theta \in \Omega$$

라고 할 때, 각 가설 하에서의 최대가능도인 $\max_{\theta \in \Omega_0} L(\theta;x)$와 $\max_{\theta \in \Omega_1} L(\theta;x)$를 비교하여

$$\max_{\theta \in \Omega_1} L(\theta;x) / \max_{\theta \in \Omega_0} L(\theta;x)$$

이 크면 이는 대립가설 H_1에 대한 증거로서 귀무가설 H_0에 대한 반증이 뚜렷하므로 귀무가설을 기각하자는 것이다. 그런데 전체 모수공간에서의 최대가능도인 $\max_{\theta \in \Omega} L(\theta;x)$은 각 가설 하에서의 최대가능도인 $\max_{\theta \in \Omega_0} L(\theta;x)$와 $\max_{\theta \in \Omega_1} L(\theta;x)$ 중에서 큰 것이므로

$$\max_{\theta \in \Omega} L(\theta;x) / \max_{\theta \in \Omega_0} L(\theta;x) = \max\left\{1, \max_{\theta \in \Omega_1} L(\theta;x) / \max_{\theta \in \Omega_0} L(\theta;x)\right\}$$

이고, $\max_{\theta \in \Omega_1} L(\theta;x) / \max_{\theta \in \Omega_0} L(\theta;x)$이 크다는 것은 $\max_{\theta \in \Omega} L(\theta;x) / \max_{\theta \in \Omega_0} L(\theta;x)$이 큰 것을 뜻한다.

따라서 최대가능도를 이용한 검정의 기각역은

$$\text{“} \max_{\theta \in \Omega} L(\theta;x) / \max_{\theta \in \Omega_0} L(\theta;x) \geq \lambda \text{”}$$

로 주어지고 지정된 유의수준 α를 만족하도록 λ 값을 정해준다. 이 때 로그가능도와 각 모수공간에서의 최대가능도 추정값을 이용하여 기각역을 다음과 같이 나타내기도 한다.

$$l(\theta;x) = \log L(\theta;x),\quad \hat{\theta}^{\Omega} = \arg\max_{\theta \in \Omega} l(\theta;x),\quad \hat{\theta}^{\Omega_0} = \arg\max_{\theta \in \Omega_0} l(\theta;x)$$

$$\text{기각역 “} 2\left(l(\hat{\theta}^{\Omega};x) - l(\hat{\theta}^{\Omega_0};x)\right) \geq c \text{”}$$

최대가능도를 이용한 검정법:

유의수준 α에서

$$H_0 : \theta \in \Omega_0 \;\; vs \;\; H_1 : \theta \in \Omega_1 \;\; (\Omega_0 \cap \Omega_1 = \varnothing,\, \Omega_0 \cup \Omega_1 = \Omega)$$

를 검정할 때 최대가능도를 이용하여 다음과 같이 검정하는 방법을 최대가능도비 검정(最大可能度比 檢定, maximum likelihood ratio test) 또는 간략히 가능도비 검정(likelihood ratio test)이나 우도비(又度比) 검정이라고 한다.

1) 기각역의 형태: $C_\alpha = \left\{ x : \max_{\theta \in \Omega} L(\theta;x) / \max_{\theta \in \Omega_0} L(\theta;x) \geq \lambda \right\}$

$$= \left\{ x : 2(l(\hat{\theta}^{\Omega};x) - l(\hat{\theta}^{\Omega_0};x)) \geq c \right\}$$

2) 유의수준 조건[109]: $\max_{\theta \in \Omega_0} \mathrm{P}_\theta \left\{ (\mathrm{X}_1, \cdots, \mathrm{X}_n)^t \in C_\alpha \right\} = \alpha$

예 7.2.1 정규분포의 평균에 대한 양쪽 검정

정규분포 $\mathrm{N}(\mu, \sigma^2)$, $-\infty < \mu < +\infty$, $0 < \sigma^2 < +\infty$에서의 랜덤표본 $\mathrm{X}_1, \cdots, \mathrm{X}_n$ $(n \geq 2)$을 이용하여

$$H_0 : \mu = \mu_0 \;\; vs \;\; H_1 : \mu \neq \mu_0 \;\; (\mu_0\text{는 주어진 값})$$

을 검정할 때 유의수준 $\alpha(0 < \alpha < 1)$의 최대가능도비 검정을 구하여라.

[풀이] 로그가능도와 각 모수공간에서의 최대가능도 추정값을 구하면 다음과 같다.

$$l(\mu, \sigma^2) = -\frac{1}{2\sigma^2} \sum_{i=1}^{n} (x_i - \mu)^2 - \frac{n}{2} \log \sigma^2 - \frac{n}{2} \log 2\pi$$

$$\theta = (\mu, \sigma^2)^t, \; \hat{\theta}^{\Omega} = \left(\bar{x}, \sum_{i=1}^{n} (x_i - \bar{x})^2 / n \right)^t, \; \hat{\theta}^{\Omega_0} = \left(\mu_0, \sum_{i=1}^{n} (x_i - \mu_0)^2 / n \right)^t$$

$$\therefore \; 2(l(\hat{\theta}^{\Omega}) - l(\hat{\theta}^{\Omega_0})) = n \log (\widehat{\sigma^2}^{\Omega_0} / \widehat{\sigma^2}^{\Omega}) = n \log (1 + (\bar{x} - \mu_0)^2 / \widehat{\sigma^2}^{\Omega})$$

따라서 최대가능도비 검정의 기각역 형태는 다음과 같다.

$$\left| \frac{\bar{x} - \mu_0}{s / \sqrt{n}} \right| \geq c, \; s^2 = \sum_{i=1}^{n} (x_i - \bar{x})^2 / (n-1)$$

한편 표본분포 이론으로부터 $H_0 : \mu = \mu_0$가 사실일 때

$$\frac{\bar{\mathrm{X}} - \mu_0}{\mathrm{S} / \sqrt{n}} \sim t(n-1)$$

109) 필요한 경우에는 이 조건을 만족시키기 위하여 <예 7.1.4>에서와 같이 랜덤화 검정을 고려한다.

이므로, 유의수준 α의 최대가능도비 검정의 기각역은 다음과 같이 주어지고 이 검정을 양쪽 t 검정(two sided t test)이라고 한다.

$$\text{유의수준 } \alpha \text{의 기각역: } \left| \frac{\overline{X} - \mu_0}{S/\sqrt{n}} \right| \geq t_{\alpha/2}(n-1)$$

예 7.2.2 정규분포의 평균에 대한 한쪽 검정

정규분포 $N(\mu,\sigma^2)$, $-\infty < \mu < +\infty$, $0 < \sigma^2 < +\infty$에서의 랜덤표본 $X_1, \cdots, X_n$ $(n \geq 2)$을 이용하여

$$H_0 : \mu \leq \mu_0 \ \ vs \ \ H_1 : \mu > \mu_0 \ \ (\mu_0\text{는 주어진 값})$$

을 검정할 때 유의수준 $\alpha(0 < \alpha < 1)$의 최대가능도비 검정을 구하여라.

[풀이] 로그가능도와 전체 모수공간에서의 최대가능도 추정값은 <예 7.2.1>에서와 같이

$$\theta = (\mu,\sigma^2)^t, \ \hat{\theta}^{\Omega} = \left(\overline{x}, \sum_{i=1}^{n}(x_i - \overline{x})^2/n\right)^t$$

이고, 귀무가설 하에서의 최대가능도 추정값은 다음과 같이 구할 수 있다.

$$\sum_{i=1}^{n}(x_i - \mu)^2 = \sum_{i=1}^{n}(x_i - \overline{x})^2 + n(\overline{x} - \mu)^2$$

$$\underset{\mu \leq \mu_0}{\text{argmin}}(\mu - \overline{x})^2 = \begin{cases} \overline{x}, & \overline{x} \leq \mu_0 \\ \mu_0, & \overline{x} > \mu_0 \end{cases} \quad \therefore \hat{\mu}^{\Omega_0} = \overline{x} \wedge \mu_0$$

$$\frac{\partial}{\partial \sigma^2} l(\hat{\mu}^{\Omega_0},\sigma^2) = \frac{1}{2(\sigma^2)^2}\sum_{i=1}^{n}(x_i - \hat{\mu}^{\Omega_0})^2 - \frac{n}{2\sigma^2} > 0 \Leftrightarrow \sigma^2 < \frac{1}{n}\sum_{i=1}^{n}(x_i - \hat{\mu}^{\Omega_0})^2$$

$$\therefore \ \widehat{\sigma^2}^{\Omega_0} = \frac{1}{n}\sum_{i=1}^{n}(x_i - \hat{\mu}^{\Omega_0})^2$$

$$\therefore 2(l(\hat{\theta}^{\Omega}) - l(\hat{\theta}^{\Omega_0})) = n\log(\widehat{\sigma^2}^{\Omega_0}/\widehat{\sigma^2}^{\Omega}) = n\log(1 + (\overline{x} - \overline{x} \wedge \mu_0)^2/\widehat{\sigma^2}^{\Omega})$$

따라서 최대가능도비 검정의 기각역 형태는 다음과 같다.

$$\frac{(\overline{x} - \overline{x} \wedge \mu_0)}{s/\sqrt{n}} \geq c, \ s^2 = \sum_{i=1}^{n}(x_i - \overline{x})^2/(n-1)$$

그러나 유의수준을 α라고 할 때, $\alpha < 1$인 경우에 $c > 0$이어야 하고 기각역의 형태는

$$\frac{\overline{x} - \mu_0}{s/\sqrt{n}} \geq c \ \ (c > 0)$$

의 꼴로 주어진다.

이러한 기각역의 확률은

$$\gamma(\mu,\sigma^2) = \mathrm{P}_{\mu,\sigma^2}\left(\frac{\overline{\mathrm{X}} - \mu_0}{\mathrm{S}/\sqrt{n}} \ge c\right)$$

로 주어지고, 표본분포에 관한 <정리 4.2.2>로부터

$$\mathrm{Z} = \frac{\overline{\mathrm{X}} - \mu}{\sigma/\sqrt{n}} \sim \mathrm{N}(0,1),\ \mathrm{V} = (n-1)\mathrm{S}^2/\sigma^2 \sim \chi^2(n-1)$$

이며 Z와 V가 서로 독립임을 알고 있다. 그러므로 기각역의 확률이

$$\gamma(\mu,\sigma^2) = \mathrm{P}\left(\frac{\mathrm{Z} + (\mu-\mu_0)/(\sigma/\sqrt{n})}{\sqrt{\mathrm{V}/(n-1)}} \ge c\right) = \mathrm{P}\left(c\sqrt{\mathrm{V}/(n-1)} - \mathrm{Z} \le \frac{\mu-\mu_0}{\sigma/\sqrt{n}}\right)$$

와 같이 나타내어지고, 이는 $\dfrac{\mu-\mu_0}{\sigma/\sqrt{n}}$의 증가함수임을 알 수 있다. 그러므로 귀무가설 $H_0 : \mu \le \mu_0$가 사실인데도 기각하게 되는 확률이 최대가 되는 것은 $\mu = \mu_0$인 경우이다. 즉

$$\max_{(\mu,\sigma^2)^t \in \Omega_0} \mathrm{P}_{\mu,\sigma^2}\left(\frac{\overline{\mathrm{X}} - \mu_0}{\mathrm{S}/\sqrt{n}} \ge c\right) = \mathrm{P}_{\mu_0,\sigma^2}\left(\frac{\overline{\mathrm{X}} - \mu_0}{\mathrm{S}/\sqrt{n}} \ge c\right)$$

또한 $H_0 : \mu = \mu_0$가 사실일 때

$$\frac{\overline{\mathrm{X}} - \mu_0}{\mathrm{S}/\sqrt{n}} \sim t(n-1)$$

이므로 $c = t_\alpha(n-1)$로 하면 이러한 검정은 크기가 α인 유의수준 α의 검정이다. 즉 유의수준 $\alpha(0<\alpha<1)$의 최대가능도비 검정의 기각역은 다음과 같이 주어지고 이 검정을 한쪽 t 검정(one sided t test)이라고 한다.

$$\text{유의수준 } \alpha \text{의 기각역: } \frac{\overline{\mathrm{X}} - \mu_0}{\mathrm{S}/\sqrt{n}} \ge t_\alpha(n-1)$$

예 7.2.3 지수분포의 평균에 대한 검정

지수분포 $\mathrm{Exp}(\theta),\ 0<\theta<+\infty$에서의 랜덤표본 $\mathrm{X}_1, \cdots, \mathrm{X}_n$을 이용하여

$$H_0 : \theta = \theta_0 \quad vs \quad H_1 : \theta \ne \theta_0$$

(θ_0는 주어진 값)

을 검정할 때 유의수준 $\alpha(0<\alpha<1)$의 최대가능도비 검정을 구하여라.

[풀이] 로그가능도와 각 모수공간에서의 최대가능도 추정값을 구하면 다음과 같다.

$$l(\theta) = -n\log\theta - n\bar{x}/\theta,\ \hat{\theta}^{\Omega} = \bar{x},$$

$$\hat{\theta}^{\Omega_0} = \theta_0$$

$$\therefore\ 2(l(\widehat{\theta^{\Omega}}) - l(\widehat{\theta^{\Omega_0}}))$$

$$= 2n(\bar{x}/\theta_0 - 1 - \log(\bar{x}/\theta_0))$$

그림 7.2.1

$2n(\bar{x}/\theta_0 - 1 - \log(\bar{x}/\theta_0))$**의 그래프**

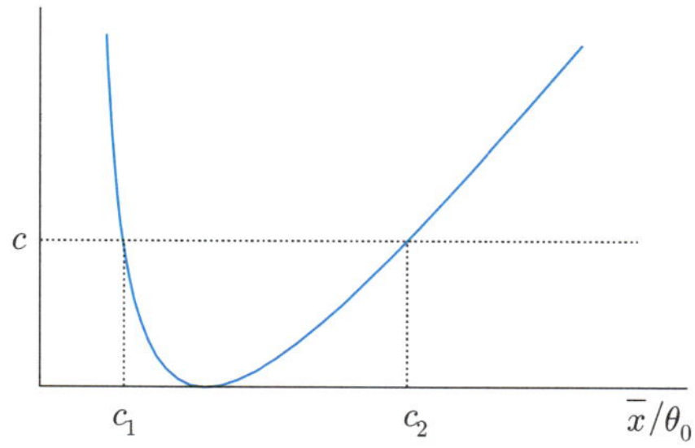

따라서 최대가능도비 검정의 기각역 형태는 "$2n(\bar{x}/\theta_0 - 1 - \log(\bar{x}/\theta_0)) \geq c$"로 주어진다. <그림 7.2.1>에서 알 수 있듯이 이 기각역은 다음과 같이 주어진다.

$$\begin{cases} \bar{x}/\theta_0 \leq c_1 \text{ 또는 } \bar{x}/\theta_0 \geq c_2 \\ c_1 - \log c_1 = c_2 - \log c_2 \end{cases}$$

한편 표본분포 이론으로부터 $H_0 : \theta = \theta_0$가 사실일 때

$$2n\bar{X}/\theta_0 = 2\sum_{i=1}^{n} X_i/\theta_0 \sim \chi^2(2n)$$

이므로 유의수준 α의 최대가능도비 검정의 기각역은 다음과 같이 주어진다.

$$\text{유의수준 } \alpha \text{의 기각역}^{110)}: \begin{cases} \bar{X}/\theta_0 \leq c_1 \text{ 또는 } \bar{X}/\theta_0 \geq c_2 \\ c_1 - \log c_1 = c_2 - \log c_2 \\ \int_{2nc_1}^{2nc_2} pdf_{\chi^2(2n)}(y)dy = 1 - \alpha \end{cases}$$

예 7.2.4 두 정규분포의 평균 비교를 위한 검정

두 정규분포 $N(\mu_1, \sigma^2)$, $N(\mu_2, \sigma^2)$, $-\infty < \mu_i < +\infty\ (i = 1, 2)$, $0 < \sigma^2 < +\infty$에서 서로 독립인 랜덤표본 $X_{11}, \cdots, X_{1n_1}$과 $X_{21}, \cdots, X_{2n_2}$ $(n_1 \geq 2, n_2 \geq 2)$를 이용하여

$$H_0 : \mu_1 = \mu_2 \quad vs \quad H_1 : \mu_1 \neq \mu_2$$

을 검정할 때 유의수준 $\alpha(0 < \alpha < 1)$의 최대가능도비 검정을 구하여라.

---

110) 표본크기 n이 클 경우에는 다음의 근사식이 성립하는 것이 알려져 있다.

$$c_1 \simeq \chi^2_{1-\alpha/2}(2n)/2n \simeq 1 - z_{\alpha/2}/\sqrt{n},\ c_2 \simeq \chi^2_{\alpha/2}(2n)/2n \simeq 1 + z_{\alpha/2}/\sqrt{n}$$

기각역의 근사: "$(\sqrt{n}(\bar{X}/\theta_0 - 1))^2 \geq z^2_{\alpha/2} = \chi^2_{\alpha}(1)$"

[풀이] 로그가능도와 각 모수공간에서의 최대가능도 추정값을 구하면 다음과 같다.

$$l(\mu_1,\mu_2,\sigma^2) = -\frac{1}{2\sigma^2}\sum_{i=1}^{2}\sum_{j=1}^{n_i}(x_{ij}-\mu_i)^2 - \frac{n_1+n_2}{2}\log(2\pi\sigma^2)$$

$$\theta = (\mu_1,\mu_2,\sigma^2)^t,\ \hat{\theta}^{\Omega} = \left(\overline{x_1},\overline{x_2},\sum_{i=1}^{2}\sum_{j=1}^{n_i}(x_{ij}-\overline{x_i})^2/(n_1+n_2)\right)^t$$

$$\hat{\theta}^{\Omega_0} = \left(\hat{\mu}^{\Omega_0},\hat{\mu}^{\Omega_0},\sum_{i=1}^{2}\sum_{j=1}^{n_i}(x_{ij}-\hat{\mu}^{\Omega_0})^2/(n_1+n_2)\right)^t,\ \hat{\mu}^{\Omega_0} = (n_1\overline{x_1}+n_2\overline{x_2})/(n_1+n_2)$$

$$\therefore\ 2(l(\hat{\theta}^{\Omega})-l(\hat{\theta}^{\Omega_0})) = (n_1+n_2)\log(\widehat{\sigma^2}^{\Omega_0}/\widehat{\sigma^2}^{\Omega})$$
$$= (n_1+n_2)\log(1+n_1n_2(n_1+n_2)^{-2}(\overline{x_1}-\overline{x_2})^2/\widehat{\sigma^2}^{\Omega})$$

따라서 최대가능도비 검정의 기각역 형태는

$$\left|\frac{\overline{x_1}-\overline{x_2}}{\sqrt{n_1^{-1}+n_2^{-1}}\,s_p}\right| \ge c,\ s_p^2 = \sum_{i=1}^{2}\sum_{j=1}^{n_i}(x_{ij}-\overline{x_i})^2/(n_1+n_2-2)$$

와 같은 꼴로 주어진다.

한편 표본분포 이론으로부터 $H_0:\mu_1=\mu_2$가 사실일 때

$$\frac{\overline{X_1}-\overline{X_2}}{\sqrt{n_1^{-1}+n_2^{-1}}\,S_p} \sim t(n_1+n_2-2)$$

이므로 유의수준 α의 최대가능도비 검정의 기각역은 다음과 같이 주어진다.

$$\text{유의수준 } \alpha\text{의 기각역: } \left|\frac{\overline{X_1}-\overline{X_2}}{\sqrt{n_1^{-1}+n_2^{-1}}\,S_p}\right| \ge t_{\alpha/2}(n_1+n_2-2)$$

예 7.2.5 두 정규분포의 분산 비교를 위한 검정

두 정규분포 $N(\mu_1,\sigma_1^2)$, $N(\mu_2,\sigma_2^2)$, $-\infty<\mu_i<+\infty$, $0<\sigma_i^2<+\infty\,(i=1,2)$에서 서로 독립인 랜덤표본 $X_{11},\cdots,X_{1n_1}$과 $X_{21},\cdots,X_{2n_2}(n_1\ge 2, n_2\ge 2)$를 이용하여

$$H_0:\sigma_1^2=\sigma_2^2\ \ vs\ \ H_1:\sigma_1^2\ne\sigma_2^2$$

을 검정할 때 유의수준 $\alpha(0<\alpha<1)$의 최대가능도비 검정을 구하여라.

[풀이] 로그가능도와 각 모수공간에서의 최대가능도 추정값을 구하면 다음과 같다.

$$l(\mu_1,\mu_2,\sigma_1^2,\sigma_2^2) = -\sum_{i=1}^{2}\sum_{j=1}^{n_i}(x_{ij}-\mu_i)^2/(2\sigma_i^2) - \sum_{i=1}^{2}(n_i/2)\log(2\pi\sigma_i^2)$$

$$\theta = (\mu_1,\mu_2,\sigma_1^2,\sigma_2^2)^t,\ \hat{\theta}^{\Omega} = (\overline{x}_1,\overline{x}_2,\widehat{\sigma_1^2},\widehat{\sigma_2^2})^t,\ \hat{\theta}^{\Omega_0} = (\overline{x}_1,\overline{x}_2,\widehat{\sigma^2},\widehat{\sigma^2})^t$$

$$\widehat{\sigma_i^2} = \sum_{j=1}^{n_i}(x_{ij}-\overline{x}_i)^2/n_i\ (i=1,2),\ \widehat{\sigma^2} = (n_1\widehat{\sigma_1^2}+n_2\widehat{\sigma_2^2})/(n_1+n_2)$$

$$\therefore 2(l(\hat{\theta}^{\Omega}) - l(\hat{\theta}^{\Omega_0})) = (n_1+n_2)\log\widehat{\sigma^2} - n_1\log\widehat{\sigma_1^2} - n_2\log\widehat{\sigma_2^2}$$

여기에서 $t = n_1\widehat{\sigma_1^2}/(n_1\widehat{\sigma_1^2}+n_2\widehat{\sigma_2^2})$이라고 하면

$$2(l(\hat{\theta}^{\Omega}) - l(\hat{\theta}^{\Omega_0})) = -n_1\log t - n_2\log(1-t) + \sum_{i=1}^{2}n_i\log(n_i/(n_1+n_2))$$

이고 우변의 함수는 $0 < t \le n_1/(n_1+n_2)$에서 0까지 감소하고 $t \ge n_1/(n_1+n_2)$에서는 증가하는 함수이다. 따라서 최대가능도비 검정의 기각역 형태는

$$\begin{cases} t \le c_1 \text{ 또는 } t \ge c_2,\ t = n_1\widehat{\sigma_1^2}/(n_1\widehat{\sigma_1^2}+n_2\widehat{\sigma_2^2}) \\ n_1\log c_1 + n_2\log(1-c_1) = n_1\log c_2 + n_2\log(1-c_2) \end{cases}$$

와 같은 꼴로 주어진다.

한편 표본분포 이론으로부터 $H_0 : \sigma_1^2 = \sigma_2^2$가 사실일 때

$$\mathrm{S}_1^2/\mathrm{S}_2^2 \sim \mathrm{F}(n_1-1, n_2-1),\ \mathrm{S}_i^2 = \sum_{j=1}^{n_i}(\mathrm{X}_{ij}-\overline{\mathrm{X}}_i)^2/(n_i-1)$$

이고

$$t = n_1\widehat{\sigma_1^2}/(n_1\widehat{\sigma_1^2}+n_2\widehat{\sigma_2^2}) = r_1\mathrm{S}_1^2/(r_1\mathrm{S}_1^2+r_2\mathrm{S}_2^2),\ r_i = n_i - 1\,(i=1,2)$$

이므로 유의수준 α의 최대가능도비 검정의 기각역은 다음과 같이 주어진다.

$$\begin{cases} \mathrm{S}_1^2/\mathrm{S}_2^2 \le d_1 \text{ 또는 } \mathrm{S}_1^2/\mathrm{S}_2^2 \ge d_2 \\ n_1\log\dfrac{r_1d_1}{r_1d_1+r_2} + n_2\log\dfrac{r_2}{r_1d_1+r_2} = n_1\log\dfrac{r_1d_2}{r_1d_2+r_2} + n_2\log\dfrac{r_2}{r_1d_2+r_2} \\ \displaystyle\int_{d_1}^{d_2} pdf_{\mathrm{F}(r_1,r_2)}(y)dy = 1-\alpha \end{cases}$$

예 7.2.6 포아송분포의 평균에 대한 검정

포아송분포 $\mathrm{Poisson}(\theta),\ 0 < \theta < +\infty$에서의 $n = 100$개의 랜덤표본 $\mathrm{X}_1, \cdots, \mathrm{X}_{100}$을 이용하여

$$H_0 : \theta \geq 0.1 \ \ vs \ \ H_1 : \theta < 0.1$$

을 검정할 때 유의수준 $\alpha = 0.05$의 최대가능도비 검정을 구하여라.

[풀이] 로그가능도와 각 모수공간에서의 최대가능도 추정값을 구하면 다음과 같다.

$$l(\theta) = -n\theta + n\bar{x}\log\theta - \log(x_1! \cdots x_n!),\ \hat{\theta}^{\Omega} = \bar{x},\ \hat{\theta}^{\Omega_0} = \max(\bar{x}, 0.1),\ n = 100$$

$$\therefore\ 2(l(\hat{\theta}^{\Omega}) - l(\hat{\theta}^{\Omega_0})) = 2n(\bar{x}\log\bar{x} - \bar{x}(1+\log 0.1) + 0.1)\mathrm{I}_{(\bar{x} \leq 0.1)}$$

여기에서 우변의 함수는 $\bar{x} \leq 0.1$일 때 $\bar{x}$의 감소함수이므로 최대가능도비 검정의 기각역 형태는 다음과 같이 주어진다.

$$\text{“}\bar{x} \leq c\text{” 즉 “}x_1 + \cdots + x_n \leq k\text{”}\ (k = nc,\ n = 100)$$

한편 표본분포 이론으로부터

$$\mathrm{X}_1 + \cdots + \mathrm{X}_n \sim \mathrm{Poisson}(n\theta)$$

이므로

$$\mathrm{P}_\theta(\mathrm{X}_1 + \cdots + \mathrm{X}_n \leq k) = \sum_{x=0}^{k} e^{-n\theta}(n\theta)^x / x! = \int_{n\theta}^{\infty} \frac{1}{k!} z^k e^{-z} dz$$

따라서 기각역의 확률은 θ에 관한 감소함수이다. 그러므로

$$\max_{\theta \geq 0.1} \mathrm{P}_\theta(\mathrm{X}_1 + \cdots + \mathrm{X}_n \leq k) = \mathrm{P}_{0.1}(\mathrm{X}_1 + \cdots + \mathrm{X}_n \leq k)\ (n = 100)$$

그런데 <예 7.1.4>에서 알 수 있듯이 이 확률을 주어진 유의수준 $\alpha = 0.05$와 같게 하여주는 k 값은 존재하지 않는다. 그러므로 <예 7.1.4>에서와 같이

$$\phi(\mathrm{X}_1, \cdots, \mathrm{X}_{100}) = \begin{cases} 1, & \mathrm{X}_1 + \cdots + \mathrm{X}_{100} \leq 4 \\ 21/38, & \mathrm{X}_1 + \cdots + \mathrm{X}_{100} = 5 \\ 0, & \mathrm{X}_1 + \cdots + \mathrm{X}_{100} \geq 6 \end{cases}$$

로 정의된 랜덤화 검정을 생각하면,

$$\mathrm{X}_1 + \cdots + \mathrm{X}_{100} \sim \mathrm{Poisson}(100\theta)$$

이므로 이 검정의 기각확률은 다음과 같이 주어진다.

$$\begin{aligned}\gamma(\theta) &= \mathrm{E}_\theta \phi(\mathrm{X}_1, \cdots, \mathrm{X}_{100}) \\ &= \mathrm{P}_\theta(\mathrm{X}_1 + \cdots + \mathrm{X}_{100} \leq 4) + \frac{21}{38}\mathrm{P}(\mathrm{X}_1 + \cdots + \mathrm{X}_{100} = 5) \\ &= \sum_{x-0}^{4} e^{-100\theta}(100\theta)^x / x! + \frac{21}{38} e^{-100\theta}(100\theta)^5 / 5!\end{aligned}$$

이 기각확률은 <예 7.1.6>의 <그림 7.1.2>가 나타내듯이 θ에 관한 감소함수임을 밝힐 수 있다. 따라서

$$\max_{\theta \ge 0.1} \mathrm{E}_{\theta}\phi(\mathrm{X}_1,\cdots,\mathrm{X}_{100}) = \mathrm{E}_{0.1}\phi(\mathrm{X}_1,\cdots,\mathrm{X}_{100})$$

한편 <예 7.1.4>에서와 같이

$$\begin{aligned}\mathrm{E}_{0.1}\phi(\mathrm{X}_1,\cdots,\mathrm{X}_{100}) &= \mathrm{P}_{0.1}(\mathrm{X}_1+\cdots+\mathrm{X}_{100} \le 4) + \frac{21}{38}\mathrm{P}_{0.1}(\mathrm{X}_1+\cdots+\mathrm{X}_{100}=5)\\ &= 0.029 + \frac{21}{38}(0.067-0.029)\\ &= 0.05\end{aligned}$$

이므로 이 검정은 크기가 0.05인 유의수준 $\alpha = 0.05$의 검정이다.

7.3 최대가능도 검정법의 근사

표본크기가 클 때 최대가능도 추정량의 분포를 정규분포로 근사할 수 있음을 이용하면 최대가능도비 검정통계량의 분포를 근사할 수 있다. 이제 크기 n인 랜덤표본 $\mathrm{X}_1, \cdots, \mathrm{X}_n$을 이용한 로그가능도함수와 평균 로그가능도함수를 각각

$$l(\theta) = \sum_{i=1}^{n} \log f(\mathrm{X}_i;\theta), \quad \bar{l}(\theta) = \frac{1}{n}\sum_{i=1}^{n} \log f(\mathrm{X}_i;\theta)$$

라고 하고 모수공간 Ω가 k차원 공간 R^k의 열린집합일 때 최대가능도비 검정통계량의 극한분포에 대하여 알아보자.

6장에서 밝혔듯이 표본크기가 클 때 최대가능도 추정량의 추정오차는 정보량과 평균점수함수를 이용하여 다음과 같이 근사할 수 있다.

$$\sqrt{n}(\hat{\theta}_n^{MLE} - \theta) \simeq [I(\theta)]^{-1}\sqrt{n}\,\dot{\bar{l}}(\theta)$$

여기에서 정보량과 평균점수함수는 각각 다음과 같이 주어진다.

$$I(\theta) = \mathrm{Var}_{\theta}\left\{\frac{\partial}{\partial\theta}\log f(\mathrm{X}_1;\theta)\right\} = \mathrm{E}_{\theta}\left\{-\frac{\partial^2}{\partial\theta^2}\log f(\mathrm{X}_1;\theta)\right\}$$

$$\dot{\bar{l}}(\theta) = \left(\frac{\partial}{\partial\theta_1}\bar{l}(\theta),\cdots,\frac{\partial}{\partial\theta_k}\bar{l}(\theta)\right)^t$$

귀무가설이 $H_0 : \theta = \theta_0$로 주어진 경우에 최대가능도비의 검정통계량은

$$2\left\{l(\hat{\theta}_n^{MLE}) - l(\theta_0)\right\}$$

으로 주어진다. 이제 최대가능도 추정량을 간략하게 $\hat{\theta}_n$으로 나타내고 이 검정통계량

의 극한분포에 대하여 알아보자.

테일러 정리를 적용하여 로그가능도함수를 $\hat{\theta}_n$ 근방에서 전개하면 다음과 같다.

$$l(\theta_0) = l(\hat{\theta}_n) + \dot{l}(\hat{\theta}_n)^t(\theta_0 - \hat{\theta}_n) + (\theta_0 - \hat{\theta}_n)^t \ddot{l}(\theta_n^*)(\theta_0 - \hat{\theta}_n)/2,$$

$$\exists\, \theta_n^* : |\theta_n^* - \theta_0| \le |\hat{\theta}_n - \theta_0|$$

적절한 조건하에서 $\hat{\theta}_n$은 가능도방정식의 근이므로 $\dot{l}(\hat{\theta}_n) = 0$이고, 최대가능도 추정량은 모수의 일치추정량이므로 $H_0 : \theta = \theta_0$가 사실일 때 $\hat{\theta}_n \simeq \theta_0$이고 θ_n^* 또한 θ_0에 가까이 간다. 따라서 대수의 법칙으로부터 다음의 근사식이 성립한다.

$$-\frac{1}{n}\ddot{l}(\theta_n^*) \simeq -\bar{\ddot{l}}(\theta_0) \simeq \mathrm{E}_{\theta_0}\left[-\frac{\partial^2}{\partial\theta_0^2}\log f(\mathrm{X}_1;\theta_0)\right] = I(\theta_0)$$

그러므로 $H_0 : \theta = \theta_0$가 사실일 때

$$l(\theta_0) \simeq l(\hat{\theta}_n) - \sqrt{n}(\theta_0 - \hat{\theta}_n)^t I(\theta_0)\sqrt{n}(\theta_0 - \hat{\theta}_n)/2$$

$$\therefore\ 2\left\{l(\hat{\theta}_n) - l(\theta_0)\right\} \simeq \sqrt{n}(\hat{\theta}_n - \theta_0)^t I(\theta_0)\sqrt{n}(\hat{\theta}_n - \theta_0)$$

한편 $H_0 : \theta = \theta_0$가 사실일 때 적절한 조건하에서 $\sqrt{n}(\hat{\theta}_n - \theta_0) \xrightarrow[n\to\infty]{d} \mathrm{N}(0, [I(\theta_0)]^{-1})$ 이므로

$$\sqrt{n}(\hat{\theta}_n - \theta_0)^t I(\theta_0)\sqrt{n}(\hat{\theta}_n - \theta_0) \xrightarrow[n\to\infty]{d} \mathrm{Z}^t I(\theta_0)\mathrm{Z},\ \mathrm{Z} \sim \mathrm{N}_k(0, [I(\theta_0)]^{-1})$$

따라서 <정리 5.3.2>와 <정리 4.4.5>로부터 $H_0 : \theta = \theta_0$가 사실일 때 다음이 성립한다.

$$2\left\{l(\hat{\theta}_n) - l(\theta_0)\right\} \simeq \sqrt{n}(\hat{\theta}_n - \theta_0)^t I(\theta_0)\sqrt{n}(\hat{\theta}_n - \theta_0) \xrightarrow[n\to\infty]{d} \chi^2(k)$$

정리 7.3.1 단순귀무가설의 경우 최대가능도비 검정통계량의 극한분포

확률밀도함수가 $f(x;\theta),\ \theta \in \Omega \subseteq R^k$인 확률모형에서 <정리 6.4.4>의 조건 $(R0) \sim (R7)$이 만족되는 경우에 가설

$$H_0 : \theta = \theta_0 \quad vs \quad H_1 : \theta \ne \theta_0$$

을 검정하기 위한 최대가능도비 검정통계량에 대하여 다음이 성립한다.

(a) $H_0 : \theta = \theta_0$가 사실일 때

$$2\left\{l(\hat{\theta}_n^{\Omega}) - l(\theta_0)\right\} \xrightarrow[n\to\infty]{d} \chi^2(k)$$

이다. 따라서 표본크기가 클 때 근사적으로 유의수준 α인 최대가능도비의 기각역은

$$\text{“}2\left\{l(\hat{\theta}_n^{\Omega}) - l(\theta_0)\right\} \geq \chi^2_\alpha(k)\text{”}$$

(b) $H_0 : \theta = \theta_0$가 사실일 때

$$2\left\{l(\hat{\theta}_n^{\Omega}) - l(\theta_0)\right\} = n(\hat{\theta}_n^{\Omega} - \theta_0)^t I(\theta_0)(\hat{\theta}_n^{\Omega} - \theta_0) + r_n,\ r_n \underset{n\to\infty}{\overset{P_{\theta_0}}{\longrightarrow}} 0$$

이다. 따라서 표본크기가 클 때 근사적으로 유의수준 α인 기각역은

$$\text{“}n(\hat{\theta}_n^{\Omega} - \theta_0)^t I(\theta_0)(\hat{\theta}_n^{\Omega} - \theta_0) \geq \chi^2_\alpha(k)\text{”}$$

(c) $H_0 : \theta = \theta_0$가 사실일 때

$$2\left\{l(\hat{\theta}_n^{\Omega}) - l(\theta_0)\right\} = n\bar{\dot{l}}(\theta_0)^t [I(\theta_0)]^{-1} \bar{\dot{l}}(\theta_0) + r_n,\ r_n \underset{n\to\infty}{\overset{P_{\theta_0}}{\longrightarrow}} 0$$

이다. 따라서 표본크기가 클 때 근사적으로 유의수준 α인 기각역은

$$\text{“}n\bar{\dot{l}}(\theta_0)^t [I(\theta_0)]^{-1} \bar{\dot{l}}(\theta_0) \geq \chi^2_\alpha(k)\text{”}$$

[증명] 이러한 극한분포에 대한 논의의 엄밀한 증명은 잉여항의 엄밀한 처리를 필요로 하고 이는 <정리 6.4.4>에서와 같이 할 수 있으므로 증명은 생략하기로 한다.

<정리 7.3.1> (b), (c)에서의 검정통계량을 각각 왈드(Wald)의 검정통계량, 라오(Rao)의 검정통계량이라고 하며 다음과 같이 나타낸다.

$$W_n(\theta_0) = n(\hat{\theta}_n^{\Omega} - \theta_0)^t I(\theta_0)(\hat{\theta}_n^{\Omega} - \theta_0),\ \ R_n(\theta_0) = n\bar{\dot{l}}(\theta_0)^t [I(\theta_0)]^{-1} \bar{\dot{l}}(\theta_0)$$

예 7.3.1 지수분포의 평균에 대한 검정의 근사

지수분포 $\mathrm{Exp}(\theta),\ 0 < \theta < +\infty$에서의 랜덤표본 $X_1, \cdots, X_n$을 이용하여

$$H_0 : \theta = \theta_0 \ \ vs \ \ H_1 : \theta \neq \theta_0$$

을 검정할 때 유의수준 α의 최대가능도비 검정은 <예 7.2.3>에서 구하였다. 한편

$$l(\theta) = -n\log\theta - n\bar{x}/\theta,\ \ \bar{\dot{l}}_n(\theta) = -\frac{1}{\theta} + \frac{\bar{x}}{\theta^2},\ \ \hat{\theta}^{\Omega} = \bar{x},\ \ I(\theta) = 1/\theta^2$$

따라서 최대가능도비 검정통계량과 그를 근사하는 검정통계량은 다음과 같다.

(a) 최대가능도비 검정통계량: $2\left\{l(\hat{\theta}^{\Omega}) - l(\theta_0)\right\} = 2n(\bar{x}/\theta_0 - 1 - \log(\bar{x}/\theta_0))$

(b) 왈드의 검정통계량: $W_n(\theta_0) = n(\bar{x} - \theta_0)^2/\theta_0^2$

(c) 라오의 검정통계량: $R_n(\theta_0) = n(\bar{x} - \theta_0)^2/\theta_0^2$

귀무가설 $H_0 : \theta = \theta_0$하에서 이들 검정통계량의 극한분포는 $\chi^2(1)$이므로 이들 검정통계량이 $\chi^2_\alpha(1)$ 이상이면 기각하는 검정은 모두 근사적으로 유의수준 α인 검정이다.

예 7.3.2 다항분포 모형에 대한 검정의 근사

서로 독립인 n번의 다항시행 $\mathrm{Multi}(1,(p_1,\cdots,p_k)^t)(p_1+\cdots+p_k=1,\ p_i>0,$ $i=1,\cdots,k)$의 결과인 $Z_1,\ \cdots,\ Z_n$을 이용하여 $p=(p_1,\cdots,p_k)^t$에 대한 가설

$$H_0 : p = p_0 \ \ vs \ \ H_1 : p \neq p_0$$

을 검정하려고 한다. 최대가능도비 검정을 근사하는 왈드와 라오의 검정통계량과 근사적으로 유의수준 α인 기각역을 구하여라.

[풀이]

$$X_i = \sum_{j=1}^{n} Z_{ij}(i=1,\cdots,k),\ \theta=(p_1,\cdots,p_r)^t(r=k-1),\ \theta_{\cdot} = \theta_1+\cdots+\theta_r = 1-p_k$$

를 이용하여 로그가능도함수와 그 편도함수를 나타내면

$$l(\theta) = \sum_{i=1}^{r} x_i \log\theta_i + x_k \log(1-\theta_{\cdot}),\ \dot{l}(\theta) = (x_i/\theta_i - x_k/(1-\theta_{\cdot}))_{1 \le i \le r}$$

이로부터 최대가능도 추정값과 정보량 행렬을 구하면

$$\hat{\theta}^{\Omega} = (x_1/n,\cdots,x_r/n)^t,\ \hat{p}_i^{\Omega} = x_i/n\ (i=1,\cdots,k)$$

$$-\ddot{l}(\theta) = diag(x_i/\theta_i^2) + (x_k/(1-\theta_{\cdot})^2)11^t,\ I(\theta) = diag(1/\theta_i) + p_k^{-1}11^t$$

따라서

$$\begin{aligned} I(\theta)(\hat{\theta}^{\Omega}-\theta) &= (\hat{\theta}_i^{\Omega}/\theta_i)_{1\le i\le r} + 1(1-\hat{p}_k^{\Omega})/p_k - 1 - 1(1-p_k)/p_k \\ &= \left(\frac{x_i - np_i}{np_i}\right)_{1\le i\le r} - \left(\frac{x_k - np_k}{np_k}\right)1 \\ &= \bar{\dot{l}}(\theta) \end{aligned}$$

$$\therefore\ n(\hat{\theta}^{\Omega}-\theta)^t I(\theta)(\hat{\theta}^{\Omega}-\theta) = \sum_{i=1}^{k}\frac{(x_i-np_i)^2}{np_i} = n\bar{\dot{l}}(\theta)^t[I(\theta)]^{-1}\bar{\dot{l}}(\theta)$$

그러므로 최대가능도비 검정통계량과 그를 근사하는 검정통계량은 다음과 같고, 귀무가설 $H_0 : p = p_0$하에서 이들 검정통계량의 극한분포는 $\chi^2(k-1)$이

므로 이들 검정통계량이 $\chi^2_\alpha(k-1)$ 이상이면 기각하는 검정은 모두 근사적으로 유의수준 α인 검정이다.

(a) 최대가능도비 검정통계량: $2\left\{l(\hat{\theta}^{\Omega})-l(\theta_0)\right\}=2\sum_{i=1}^{k}\mathrm{X}_i\log(\mathrm{X}_i/np_{0i})$

(b) 왈드의 검정통계량: $W_n(\theta_0)=\sum_{i=1}^{k}(\mathrm{X}_i-np_{0i})^2/(np_{0i})$

(c) 라오의 검정통계량: $R_n(\theta_0)=\sum_{i=1}^{k}(\mathrm{X}_i-np_{0i})^2/(np_{0i})$

<예 7.2.1>의 정규분포의 평균에 관한 검정에서와 같이 모수는 평균과 분산의 이차원 모수인데도 귀무가설은 평균에만 관한 것일 경우도 있다. 이와 같이 다차원 모수 중 일부에 관한 귀무가설을 검정하는 경우에도 최대가능도비 검정통계량의 근사가 다음과 같이 가능하다.

정리 7.3.2 일반적인 귀무가설의 경우 최대가능도비 검정통계량의 극한분포

모수공간이 k차원의 열린집합이고 확률밀도함수가 $f(x;\theta),\ \theta\in\Omega\subseteq R^k$인 확률모형에서 <정리 6.4.4>의 조건 $(R0)\sim(R7)$이 만족되고 모수 $\theta=(\xi^t,\eta^t)^t$의 일부 성분인 ξ에 대한 귀무가설 $H_0:\xi=\xi_0$에 대응하는 모수공간이 $\Omega_0=\left\{(\xi_0^t,\eta^t)^t\in\Omega:\eta\in R^{k_0}\right\}$로서 k_0차원의 열린집합일 때, 가설

$$H_0:\xi=\xi_0\quad vs\quad H_1:\xi\neq\xi_0$$

을 검정하기 위한 최대가능도비 검정통계량에 대하여 다음이 성립한다.

(a) $H_0:\xi=\xi_0$가 사실일 때

$$2\left\{l(\hat{\theta}_n^{\Omega})-l(\hat{\theta}_n^{\Omega_0})\right\}\xrightarrow[n\to\infty]{d}\chi^2(k-k_0)$$

이다. 따라서 표본크기가 클 때 근사적으로 유의수준 α인 최대가능도비의 기각역은

$$2\left\{l(\hat{\theta}_n^{\Omega})-l(\hat{\theta}_n^{\Omega_0})\right\}\geq\chi^2_\alpha(k-k_0)$$

(b) $H_0:\xi=\xi_0$가 사실이고 $\theta_0=(\xi_0^t,\eta_0^t)^t\in\Omega_0$일 때

$$2\left\{l(\hat{\theta}_n^{\Omega})-l(\hat{\theta}_n^{\Omega_0})\right\}=n(\hat{\theta}_n^{\Omega}-\hat{\theta}_n^{\Omega_0})^tI(\theta_0)(\hat{\theta}_n^{\Omega}-\hat{\theta}_n^{\Omega_0})+r_n,\quad r_n\xrightarrow[n\to\infty]{\mathrm{P}_{\xi_0,\eta}}0$$

(c) $H_0 : \xi = \xi_0$가 사실이고 $\theta_0 = (\xi_0^t, \eta_0^t)^t \in \Omega_0$일 때[111]

$$2\left\{l(\hat{\theta}_n^{\Omega}) - l(\hat{\theta}_n^{\Omega_0})\right\} = n\bar{\dot{l}}(\hat{\theta}_n^{\Omega_0})^t [I(\theta_0)]^{-1} \bar{\dot{l}}(\hat{\theta}_n^{\Omega_0}) + r_n,\ \ r_n \underset{n\to\infty}{\overset{P_{\xi_0,\eta}}{\longrightarrow}} 0$$

[증명] 이러한 근사식은 <정리 6.4.4>에서와 같이 잉여항의 엄밀한 처리를 하여 밝힐 수 있으므로 여기에서는 증명의 개요만 소개하기로 한다.

로그가능도의 편도함수와 정보량을 성분별로 구분하기 위하여

$$\dot{l}(\theta) = \begin{pmatrix} \dot{l}_1(\theta) \\ \dot{l}_2(\theta) \end{pmatrix} = \begin{pmatrix} \partial l(\theta)/\partial\xi \\ \partial l(\theta)/\partial\eta \end{pmatrix},\ I(\theta) = \begin{pmatrix} I_{11}(\theta)\ I_{12}(\theta) \\ I_{21}(\theta)\ I_{22}(\theta) \end{pmatrix}$$

로 나타내고, 전체 모수공간과 귀무가설 하에서의 모수공간에서의 최대가능도 추정량인 $\hat{\theta}_n^{\Omega}$와 $\hat{\theta}_n^{\Omega_0}$를 각각 간략하게 $\hat{\theta}_n$와 $\hat{\theta}_n^0$로 나타내기로 하자.

귀무가설 $H_0 : \xi = \xi_0$이 사실일 때의 한 모수를 $\theta_0 = (\xi_0^t, \eta_0^t)^t \in \Omega_0$라고 하면 <정리 7.3.2>의 증명에서와 같이 다음의 근사식이 성립한다.

$$\sqrt{n}(\hat{\theta}_n - \theta_0) \simeq [I(\theta_0)]^{-1}\sqrt{n}\,\bar{\dot{l}}(\theta_0)$$

$$l(\theta_0) \simeq l(\hat{\theta}_n) - \sqrt{n}(\theta_0 - \hat{\theta}_n)^t I(\theta_0)\sqrt{n}(\theta_0 - \hat{\theta}_n)/2$$

따라서

$$2\left\{l(\hat{\theta}_n) - l(\theta_0)\right\} \simeq \sqrt{n}\,\bar{\dot{l}}(\theta_0)^t [I(\theta_0)]^{-1}\sqrt{n}\,\bar{\dot{l}}(\theta_0)$$

같은 방법으로

$$\sqrt{n}(\hat{\eta}_n^0 - \eta_0) \simeq [I_{22}(\theta_0)]^{-1}\sqrt{n}\,\bar{\dot{l}}_2(\theta_0)$$

$$l(\theta_0) \simeq l(\hat{\theta}_n^0) - \sqrt{n}(\eta_0 - \hat{\eta}_n^0)^t I_{22}(\theta_0)\sqrt{n}(\eta_0 - \hat{\eta}_n^0)/2$$

$$2\left\{l(\hat{\theta}_n^0) - l(\theta_0)\right\} \simeq \sqrt{n}\,\bar{\dot{l}}_2(\theta_0)^t [I_{22}(\theta_0)]^{-1}\sqrt{n}\,\bar{\dot{l}}_2(\theta_0)$$

$$\therefore\ 2\left\{l(\hat{\theta}_n) - l(\hat{\theta}_n^0)\right\} \simeq \sqrt{n}\,\bar{\dot{l}}(\theta_0)^t [I(\theta_0)]^{-1}\sqrt{n}\,\bar{\dot{l}}(\theta_0) - \sqrt{n}\,\bar{\dot{l}}_2(\theta_0)^t [I_{22}(\theta_0)]^{-1}\bar{\dot{l}}_2(\theta_0)$$

그런데 $\Sigma_{11\cdot 2} = \Sigma_{11} - \Sigma_{12}\Sigma_{22}^{-1}\Sigma_{21}$ 라고 하면

$$\begin{pmatrix} \Sigma_{11}\ \Sigma_{12} \\ \Sigma_{21}\ \Sigma_{22} \end{pmatrix}^{-1} = \begin{pmatrix} \Sigma_{11\cdot 2}^{-1} & -\Sigma_{11\cdot 2}^{-1}\Sigma_{12}\Sigma_{22}^{-1} \\ -\Sigma_{22}^{-1}\Sigma_{21}\Sigma_{11\cdot 2}^{-1} & \Sigma_{22}^{-1}\Sigma_{21}\Sigma_{11\cdot 2}^{-1}\Sigma_{12}\Sigma_{22}^{-1} + \Sigma_{22}^{-1} \end{pmatrix}$$

---

111) (b), (c)에서 θ_0는 미지의 η_0가 포함되어 있으므로 이를 $\hat{\theta}_n^{\Omega_0}$로 추정한 검정통계량을 사용한다.

임이 알려져 있다.[112] 이를 $[I(\theta_0)]^{-1}$에 적용하여 위의 식을 정리하면

$$2\left\{l(\hat{\theta}_n)-l(\hat{\theta}_n^{\,0})\right\}\simeq \sqrt{n}\,Z_n^t\,[I_{11\,\cdot\,2}(\theta_0)]^{-1}\sqrt{n}\,Z_n,$$

$$Z_n=\dot{\bar{l}}_1(\theta_0)-I_{12}(\theta_0)I_{22}(\theta_0)^{-1}\dot{\bar{l}}_2(\theta_0)$$

한편 중심극한정리로부터

$$\sqrt{n}\,Z_n\underset{n\to\infty}{\overset{d}{\to}}\mathrm{N}_{k_1}(0,I_{11\,\cdot\,2}(\theta_0)),\ k_1=k-k_0$$

$$\therefore\ 2\left\{l(\hat{\theta}_n)-l(\hat{\theta}_n^{\,0})\right\}\simeq \sqrt{n}\,Z_n^t\,[I_{11\,\cdot\,2}(\theta_0)]^{-1}\sqrt{n}\,Z_n$$

따라서 (a)의 근사가 성립함을 알 수 있다.

한편 $I(\theta_0)(\hat{\theta}_n-\theta_0)\simeq\dot{\bar{l}}(\theta_0),\ \hat{\eta}_n^{\,0}-\eta_0\simeq[I_{22}(\theta_0)]^{-1}\dot{\bar{l}}_2(\theta_0)$임을 이용하면

$$\hat{\eta}_n-\hat{\eta}_n^{\,0}\simeq -I_{22}(\theta_0)^{-1}I_{21}(\theta_0)(\hat{\xi}_n-\xi_0),$$

$$I_{11\,\cdot\,2}(\theta_0)(\hat{\xi}_n-\xi_0)\simeq\dot{\bar{l}}_1(\theta_0)-I_{12}(\theta_0)I_{22}(\theta_0)^{-1}\dot{\bar{l}}_2(\theta_0)$$

$$\therefore\ \hat{\theta}_n-\hat{\theta}_n^{\,0}\simeq((\hat{\xi}_n-\xi_0)^t,(-I_{22}(\theta_0)^{-1}I_{21}(\theta_0)(\hat{\xi}_n-\xi_0))^t)^t$$

$$\therefore\ n(\hat{\theta}_n-\hat{\theta}_n^{\,0})^tI(\theta_0)(\hat{\theta}_n-\hat{\theta}_n^{\,0})\simeq Z_n^t[I_{11\,\cdot\,2}(\theta_0)]^{-1}Z_n\simeq 2\left\{l(\hat{\theta}_n)-l(\hat{\theta}_n^{\,0})\right\}$$

따라서 (b)의 근사가 성립함을 알 수 있다.

같은 방법으로 (c)의 근사가 성립하는 것을 알 수 있고 증명은 생략하기로 한다.

<정리 7.3.2> (b)와 (c)의 근사식으로부터 각각

$$W_n(\hat{\theta}_n^{\,0})=n(\hat{\theta}_n-\hat{\theta}_n^{\,0})^tI(\hat{\theta}_n^{\,0})(\hat{\theta}_n-\hat{\theta}_n^{\,0}),\ \ R_n(\hat{\theta}_n^{\,0})=n\dot{\bar{l}}(\hat{\theta}_n^{\,0})^t[I(\hat{\theta}_n^{\,0})]^{-1}\dot{\bar{l}}(\hat{\theta}_n^{\,0})$$

와 같은 검정통계량을 생각할 수 있다. 이들을 각각 각각 왈드와 라오의 검정통계량이라고 하며, 이들은 $H_0:\theta=\theta_0$를 검정하는 통계량인

$$W_n(\theta_0)=n(\hat{\theta}_n-\theta_0)^tI(\theta_0)(\hat{\theta}_n-\theta_0),\ \ R_n(\theta_0)=n\dot{\bar{l}}(\theta_0)^t[I(\theta_0)]^{-1}\dot{\bar{l}}(\theta_0)$$

에서 부분적으로 미지인 θ_0를 추정값 $\hat{\theta}_n^{\,0}$로 대신하여 얻은 것임을 알 수 있다. 정보량 행렬 $I(\theta)$가 θ의 연속함수일 때에는 이들 검정통계량에 대해서도 <정리 7.3.2>에서와 같은 근사식이 성립한다.

---

112) 부분행렬로 분할된 행렬에 관한 이러한 사실은 부록 II에 증명되어 있다.

한편 귀무가설의 형태가 미분가능한 함수 $g_1(\theta),\ \cdots,\ g_{k_1}(\theta)$를 이용하여

$$H_0 : g_1(\theta) = 0,\ \cdots,\ g_{k_1}(\theta) = 0\ \ (k_1 = k - k_0)$$

과 같이 주어진 경우에는

$$\xi_1 = g_1(\theta), \cdots, \xi_{k_1} = g_{k_1}(\theta),\ \eta_1 = g_{k_1+1}(\theta), \cdots, \eta_{k_0} = g_k(\theta)\ \ (k_1 + k_0 = k)$$

와 같이 미분가능한 함수들을 이용한 모수의 변환을 생각하여 <정리 7.3.2>에서의 귀무가설인

$$H_0 : \xi = 0$$

을 검정하는 것으로 생각할 수 있다. 따라서 이러한 형태의 귀무가설의 검정에서도 <정리 7.3.2>의 근사 검정을 할 수 있다.

예 7.3.3 분할표에서의 독립성 검정

이원분류의 $r \times c$ 분할표에서 관측 값들 $\mathrm{X}_{ij}(i = 1, \cdots, r)(j = 1, \cdots, c)$의 확률모형으로서

$$\mathrm{X} = (\mathrm{X}_{ij}) \sim \mathrm{Multi}(n, (p_{ij})),\ \sum_{i=1}^{r}\sum_{j=1}^{c} p_{ij} = 1,\ p_{ij} > 0\ \ (i = 1, \cdots, r)(j = 1, \cdots, c)$$

와 같은 다항분포 모형을 전제할 때, 독립성을 뜻하는 귀무가설

$$H_0 : p_{ij} = p_{i\cdot}\, p_{\cdot j}\ (i = 1, \cdots, r)(j = 1, \cdots, c) \left(p_{i\cdot} = \sum_{j=1}^{c} p_{ij},\ p_{\cdot j} = \sum_{i=1}^{r} p_{ij} \right)$$

을 "$H_1 : H_0$가 아니다."에 대하여 검정하려고 한다. 표본크기가 클 때 근사적으로 유의수준 α인 검정을 구하여라.

[풀이] 이 경우에 로그가능도함수는

$$l(p) = \sum_{i=1}^{r}\sum_{j=1}^{c} x_{ij} \log p_{ij} + (\text{상수}),\ p_{ij} > 0,\ \sum_{i=1}^{r}\sum_{j=1}^{c} p_{ij} = 1\ \ (i = 1, \cdots, r)(j = 1, \cdots, c)$$

이고, $x_{i\cdot} = \sum_{j=1}^{c} x_{ij},\ x_{\cdot j} = \sum_{i=1}^{r} x_{ij},\ p^0 = (p^0_{i\cdot}\, p^0_{\cdot j})$라고 하면 H_0 하에서의 로그가능도함수는

$$l(p^0) = \sum_{i=1}^{r} x_{i\cdot} \log p^0_{i\cdot} + \sum_{j=1}^{c} x_{\cdot j} \log p^0_{\cdot j} + (\text{상수}),$$

$$p^0_{i\cdot} > 0,\ \sum_{i=1}^{r} p^0_{i\cdot} = 1,\ p^0_{\cdot j} > 0,\ \sum_{j=1}^{c} p^0_{\cdot j} = 1$$

로 나타내어진다. 이들은 모두 <예 6.3.6>과 <예 7.3.2>에서 다룬 다항분포의

로그가능도함수이거나 그러한 함수의 합의 꼴이다. 따라서 전체 모수공간과 귀무가설 하에서의 최대가능도 추정값은 각각

$$\hat{p}_{ij} = x_{ij}/n,\ \ \hat{p}^0_{ij} = \hat{p}^0_{i\,\cdot}\,\hat{p}^0_{\cdot\,j} = (x_{i\,\cdot}/n)(x_{\cdot\,j}/n)$$

로 주어진다.

따라서 최대가능도비 검정통계량은 다음과 같이 주어진다.

$$2\left\{l(\hat{p}) - l(\hat{p}^0)\right\} = 2\sum_{i=1}^{r}\sum_{j=1}^{c}\mathrm{X}_{ij}\log[\mathrm{X}_{ij}/(n\hat{p}^0_{i\,\cdot}\,\hat{p}^0_{\cdot\,j})]$$

한편 귀무가설 하에서의 모수 $p^0 = (p^0_{i\,\cdot}\,p^0_{\cdot\,j})$가 특정한 값으로 지정되었다면, 즉

$$H_0(p^0) : p_{ij} = p^0_{i\,\cdot}\,p^0_{\cdot\,j}\,(i=1,\cdots,r)(j=1,\cdots,c)$$

와 같이 귀무가설이 주어졌다면 <예 7.3.2>에서 밝혔듯이 왈드와 라오의 검정통계량은 모두

$$W_n(p^0) = R_n(p^0) = \sum_{i=1}^{r}\sum_{j=1}^{c}(\mathrm{X}_{ij} - np^0_{i\,\cdot}\,p^0_{\cdot\,j})^2/(np^0_{i\,\cdot}\,p^0_{\cdot\,j})$$

로 주어진다.

그러므로 <정리 7.3.2>에서 밝혔듯이 미지의 $p^0 = (p^0_{i\,\cdot}\,p^0_{\cdot\,j})$를 귀무가설 H_0하에서의 추정값인 $\hat{p}^0$으로 대입하면 다음과 같은 검정통계량을 얻을 수 있다.

$$W_n(\hat{p}^0) = R_n(\hat{p}^0) = \sum_{i=1}^{r}\sum_{j=1}^{c}(\mathrm{X}_{ij} - n\hat{p}^0_{i\,\cdot}\,\hat{p}^0_{\cdot\,j})^2/(n\hat{p}^0_{i\,\cdot}\,\hat{p}^0_{\cdot\,j})$$

이 경우에 전체 모수공간과 귀무가설 하의 모수공간은 각각

$$\Omega = \left\{(p_{ij}) : \sum_{i=1}^{r}\sum_{j=1}^{c}p_{ij} = 1,\, p_{ij} > 0\right\}$$

$$\Omega_0 = \left\{(p_{i\,\cdot}\,p_{\cdot\,j}) : \sum_{i=1}^{r}p_{i\,\cdot} = 1,\ \sum_{j=1}^{c}p_{\cdot\,j} = 1,\, p_{i\,\cdot} > 0,\, p_{\cdot\,j} > 0\right\}$$

이고 각각의 차원은

$$k = rc - 1,\ \ k_0 = (r-1) + (c-1)$$

임을 알 수 있다. 따라서 귀무가설하에서 검정통계량의 극한분포는

$$\chi^2(k - k_0) = \chi^2((r-1)(c-1))$$

로 주어진다. 흔히 왈드나 라오의 검정통계량을 이용한 기각역을

$$\sum_{i=1}^{r}\sum_{j=1}^{c}\frac{(O_{ij}-\widehat{E}_{ij}^{\,0})^2}{\widehat{E}_{ij}^{\,0}} \ge \chi^2_\alpha((r-1)(c-1))$$

로 나타내고, 여기에서 $O_{ij}=\mathrm{X}_{ij}$로서 관측 도수를, $\widehat{E}_{ij}^{\,0}$는 귀무가설 하에서의 기대 도수를 나타내는 기호이며 이러한 검정을 분할표에서의 카이제곱 검정이라고도 한다.

이제까지는 서로 독립이고 동일한 분포를 따르는 관측 결과를 뜻하는 랜덤표본에 기초한 최대가능도의 이용만을 다루었으나, 보다 일반적인 경우의 관측값들에 기초하여 최대가능도를 이용한 추정이나 검정을 할 수 있다. 특히 서로 독립인 관측 결과에 기초한 경우에는 적절한 조건하에서 <정리 7.3.1>, <정리 7.3.2>와 유사한 극한분포의 결과를 얻을 수 있다.

이러한 경우에는 가능도와 로그가능도의 정의는 마찬가지이고 정보량 행렬은

$$I_n(\theta)=\mathrm{E}_\theta\left[-\frac{\partial^2}{\partial\theta^2}\sum_{i=1}^{n}\log f(\mathrm{X}_i;\theta)\right],\ \ \overline{I_n}(\theta)=I_n(\theta)/n$$

와 같이 정의되며, 귀무가설 $H_0:\theta=\theta_0$의 경우에 왈드나 라오의 검정통계량은

$$W_n(\theta_0)=n(\widehat{\theta}_n^{\,\Omega}-\theta_0)^t\,\overline{I_n}(\theta_0)(\widehat{\theta}_n^{\,\Omega}-\theta_0),\ \ R_n(\theta_0)=n\,\bar{\dot{l}}(\theta_0)^t[\overline{I_n}(\theta_0)]^{-1}\bar{\dot{l}}(\theta_0)$$

로 주어지고 일반적인 귀무가설의 경우에는 부분적으로 미지인 θ_0를 추정값 $\widehat{\theta}_n^{\,0}$로 대신한 검정통계량을 사용하여 <정리 7.3.2>와 같이 근사 검정을 할 수 있다.

예 7.3.4 **분할표에서의 동일성 검정**

서로 독립인 다항분포의 관측 결과를 나타내는 모형

$$\begin{cases}\mathrm{X}_i=(\mathrm{X}_{i1},\cdots,\mathrm{X}_{ic})^t\sim \mathrm{Multi}(n_i,p_i),\ p_i=(p_{i1},\cdots,p_{ic})^t,\ i=1,\cdots,r\\ \mathrm{X}_1,\cdots,\mathrm{X}_r\text{은 서로 독립}\end{cases}$$

에서 동일성을 뜻하는 귀무가설의 검정, 즉 가설

$$H_0:p_1=\cdots=p_r\ \ vs\ \ H_1:p_1,\cdots,p_r\text{은 서로 다르다.}$$

의 검정에서도 다음의 검정통계량을 이용한 카이제곱 근사 검정을 할 수 있으며, 이 경우에 자유도는 $k-k_0=r(c-1)-(c-1)=(r-1)(c-1)$로 주어진다.

(a) 최대가능도비 검정통계량:

$$2\left\{l(\hat{p})-l(\hat{p}^0)\right\}=2\sum_{i=1}^{r}\sum_{j=1}^{c}\mathrm{X}_{ij}\log[\mathrm{X}_{ij}/(n_i\hat{p}_{ij}^0)]$$

$$\hat{p}_{1j}^0=\cdots=\hat{p}_{rj}^0=\sum_{i=1}^{r}\mathrm{X}_{ij}/n,\ j=1,\cdots,c$$

(b) 왈드와 라오의 검정통계량

$$W_n(\hat{p}^0)=R_n(\hat{p}^0)=\sum_{i=1}^{r}\sum_{j=1}^{c}(\mathrm{X}_{ij}-n_i\hat{p}_{ij}^0)^2/(n_i\hat{p}_{ij}^0)$$

여기에서 근사계산은 다음과 같이 $n_i(i=1,\cdots,r)$가 커지는 것을 전제로 하고 있으며 계산 과정을 요약하면 아래와 같다.

$$n_i\to\infty\ \frac{n_i}{n_1+\cdots+n_r}\to\gamma_i(0<\gamma_i<1),\ n=n_1+\cdots+n_r$$

(1) $2(l(\hat{\theta})-l(\hat{\theta}^0))$: $l(\theta)=\sum_{i=1}^{r}\sum_{j=1}^{c}x_{ij}\log p_{ij}+$ 상수

$$\hat{p}_i=x_i/n_i,\ \hat{p}_1^0=\cdots=\hat{p}_r^0=x_{\cdot}/n=(x_1+\cdots+x_r)/n$$

$$\therefore\ 2(l(\hat{\theta})-l(\hat{\theta}^0))=2\sum_{i=1}^{r}\sum_{j=1}^{c}n_i\hat{p}_{ij}\log(\hat{p}_{ij}/\hat{p}_{ij}^0)$$

(2) $2(l(\hat{\theta})-l(\hat{\theta}^0))$의 근사:

$$\begin{aligned}2(l(\hat{\theta})-l(\hat{\theta}^0))&=2\sum_{i=1}^{r}\sum_{j=1}^{c}n_i\hat{p}_{ij}^0(\hat{p}_{ij}/\hat{p}_{ij}^0)\log(\hat{p}_{ij}/\hat{p}_{ij}^0)\\&\simeq 2\sum_{i=1}^{r}\sum_{j=1}^{c}n_i\hat{p}_{ij}^0\left\{(\hat{p}_{ij}/\hat{p}_{ij}^0-1)+\frac{1}{2}(\hat{p}_{ij}/\hat{p}_{ij}^0-1)^2\right\}\\&=\sum_{i=1}^{r}\sum_{j=1}^{c}\frac{(O_{ij}-\widehat{E}_{ij}^0)^2}{\widehat{E}_{ij}^0},\ O_{ij}=x_{ij},\ \widehat{E}_{ij}^0=n_i\hat{p}_{ij}^0=n_i\sum_{i=1}^{r}x_{ij}/n\end{aligned}$$

(3) $H_0:p_1=\cdots=p_r\equiv p^0$하에서의 분포 근사: 귀무가설 H_0 하에서 $\hat{p}_i^0\simeq p^0$이므로

$$\begin{aligned}\sum_{i=1}^{r}\sum_{j=1}^{c}\frac{(O_{ij}-\widehat{E}_{ij}^0)^2}{\widehat{E}_{ij}^0}&=\sum_{i=1}^{r}\sum_{j=1}^{c}n_i(\hat{p}_{ij}-\hat{p}_{ij}^0)^2/\hat{p}_{ij}^0\\&\simeq\sum_{i=1}^{r}\sum_{j=1}^{c}n_i(\hat{p}_{ij}-\hat{p}_{ij}^0)^2/p_j^0\\&=\sum_{i=1}^{r}n_i(\hat{\theta}_i-\hat{\theta}_i^0)^t\Sigma_0^{-1}(\hat{\theta}_i-\hat{\theta}_i^0)\end{aligned}$$

여기에서 $\hat{\theta}_i,\ \hat{\theta}_i^0$는 각각 $\hat{p}_i,\ \hat{p}_i^0$의 첫 (c-1) 성분으로 구성된 벡터를 뜻하고

$$\Sigma_0 = diag(\theta_j^0) - \theta^0 \theta^{0^t},\ \theta^0 = (p_1^0, \cdots, p_{c-1}^0)^t$$

이제 $Z_i = \Sigma_0^{-1/2} \sqrt{n_i}(\hat{\theta}_i - \theta^0)$라고 하면 Z_i는 서로 독립이고 귀무가설 H_0 하에서

$$Z_i \approx N_d(0, I),\ d = c - 1,$$

$$\hat{\theta}_i^0 - \theta^0 = \sum_{l=1}^{r} n_l(\hat{\theta}_l - \theta^0)/n = \sum_{l=1}^{r} \sqrt{n_l}\, \Sigma_0^{1/2} Z_l / n,$$

$$\therefore\ \Sigma_0^{-1/2}(\hat{\theta}_i^0 - \theta^0) = \sum_{l=1}^{r} w_l Z_l / w^t w,\ w_l = \sqrt{n_l},\ w = (w_1, \cdots, w_r)^t$$

따라서

$$A \otimes B \equiv (a_{ij}B)$$

라고 하면 멱등행렬

$$I_r \otimes I_d - w(w^t w)^{-1} w^t \otimes I_d$$

를 사용하여

$$\sum_{i=1}^{r} n_i(\hat{\theta}_i - \hat{\theta}_i^0)^t \Sigma_0^{-1}(\hat{\theta}_i - \hat{\theta}_i^0)$$
$$= (Z_1^t, \cdots, Z_r^t)(I_r \otimes I_d - w(w^t w)^{-1} w^t \otimes I_d)(Z_1^t, \cdots, Z_r^t)^t$$

와 같이 나타낼 수 있다. 그런데

$$(Z_1^t, \cdots, Z_r^t)^t \approx N_{rd}(0, I)$$

이므로 이 이차형식의 분포는 근사적으로

$$\chi^2(rd - d) = \chi^2((r-1)(c-1))$$

임을 알 수 있다.

연습문제

7.1 평균이 μ이고 표준편차가 $\sigma=5$인 정규모집단에서 크기 $n=25$인 랜덤표본을 추출하여 다음의 가설을 검정하려고 한다.

$$H_0 : \mu \le 60 \quad vs \quad H_1 : \mu > 60$$

(a) 표본평균 $\overline{X}$의 큰 값에 대하여 귀무가설 H_0를 기각하는 기각역 "$\overline{X} > c$"를 이용하는 검정의 크기가 5%이도록 c의 값을 정하여라.

(b) $\mu = 65$일 때 (a)의 검정의 검정력 $\gamma(65)$를 구하여라.

(c) (a)의 검정의 검정력함수 $\gamma(\mu)$의 그래프를 그려보아라.

7.2 연습문제 (7.1)에서 유의수준이 5%로 주어지고 $\mu=62$일 때 검정력을 0.9, 즉 제 2종의 오류를 범할 확률을 0.1로 하려고 할 때 최소한의 표본크기를 구하여라.

7.3 포아송분포 $\text{Poisson}(\mu)$ 모형에서 크기 $n=10$인 랜덤표본 $X_1, \cdots, X_{10}$을 추출하여 다음의 가설을 검정하려고 한다.

$$H_0 : \mu = 0.5 \quad vs \quad H_1 : \mu > 0.5$$

(a) 귀무가설 H_0를 기각하는 기각역 "$X_1 + \cdots + X_{10} \ge c$"를 이용하는 검정의 유의수준이 5%이기 위한 가장 작은 정수 c의 값을 구하여라.

(b) (a)의 결과를 이용하여 귀무가설 $H_0 : \mu = 0.5$가 사실일 때 이를 기각하는 확률이 5%인 랜덤화 검정을 구하여라.

(c) (b)의 검정의 검정력함수 $\gamma(\mu)$의 그래프를 그려라.

7.4 서로 독립인 베르누이 $\text{Bernoulli}(p)$ 시행을 7회 한 결과 $X_1, \cdots, X_7$을 이용하여 다음의 가설을 검정하려고 한다.

$$H_0 : p = 0.5 \quad vs \quad H_1 : p > 0.5$$

(a) 귀무가설 H_0를 기각하는 기각역 "$X_1+\cdots+X_7 \ge c$"를 이용하는 검정의 유의수준이 10%이기 위한 가장 작은 정수 c의 값을 구하여라.

(b) (a)의 결과를 이용하여 귀무가설 $H_0: p=0.5$가 사실일 때 이를 기각하는 확률이 10%인 랜덤화 검정을 구하여라.

(c) (b)의 검정의 검정력함수 $\gamma(p)$의 그래프를 그려라.

7.5 일반적으로 검정통계량의 주어진 관측값보다 귀무가설 H_0에 더 반대되는 결과를 관측할 확률을 유의확률(significance probability)이라고 하며, 이는 그 관측 결과에 의해 귀무가설 H_0를 기각할 수 있는 최소의 유의수준이다. 연습문제 (7.4)에서 관측 결과가

$$X_1+\cdots+X_7=6$$

인 경우에 이 관측 결과에 의한 유의확률을 구하여라.

7.6 정규분포 $N(\mu,\sigma^2)$, $-\infty<\mu<+\infty$, $0<\sigma^2<+\infty$의 평균에 대한 가설

$$H_0: \mu=\mu_0 \quad vs \quad H_1: \mu \neq \mu_0 \quad (\mu_0\text{는 주어진 값})$$

의 최대가능도비 검정통계량으로서

$$t=\frac{\overline{X}-\mu_0}{S/\sqrt{n}}$$

를 사용하여 양쪽 검정을 하는 것을 <예 7.2.1>에서 알고 있다.

(a) 이 t 검정통계량에 대하여 다음과 같은 대의적 정의가 성립하는 것을 밝혀라.[113]

$$t \overset{d}{\equiv} \frac{Z+\delta}{\sqrt{V/(n-1)}},\ \delta=\frac{\mu-\mu_0}{\sigma/\sqrt{n}},\ Z\sim N(0,1),\ V\sim\chi^2(n-1),\ Z,\ V\text{는 서로 독립}$$

(b) 이 양쪽 검정의 검정력함수는 $|\delta|=\left|\dfrac{\mu-\mu_0}{\sigma/\sqrt{n}}\right|$의 함수로서, 즉

$$\gamma(|\delta|)=P_{\mu,\sigma^2}\{|t|\ge t_{\alpha/2}(n-1)\}$$

이고 이 함수가 $|\delta|$의 증가함수임을 밝혀라.

113) 이와 같이 정의되는 분포를 비중심(非中心, noncentral) t 분포라고 하며, δ를 비중심 모수라고 한다. 패키지 R을 이용하여 비중심 t 분포와 관련된 확률을 계산할 수 있으며 연습문제 (7.6)에서의 검정력함수의 그래프를 그릴 수 있다.

7.7 지수분포 $\mathrm{Exp}(\theta)$, $0 < \theta < +\infty$ 에서의 랜덤표본 $X_1, \cdots, X_n$을 이용하여

$$H_0 : \theta \le \theta_0 \quad vs \quad H_1 : \theta > \theta_0 \quad (\theta_0\text{는 주어진 값})$$

을 검정할 때 유의수준 $\alpha(0 < \alpha < 1)$의 최대가능도비 검정을 구하여라.

7.8 확률밀도함수가

$$f(x;\theta) = \theta x^{-\theta-1} I_{(1,+\infty)}(x)$$

로 주어지는 파레토분포 $\mathrm{Pareto}(1,\theta)$, $\theta > 0$ 에서의 랜덤표본 $X_1, \cdots, X_n$을 이용하여

$$H_0 : \theta = 1 \quad vs \quad H_1 : \theta \ne 1$$

을 검정할 때 유의수준 $\alpha(0 < \alpha < 1)$의 최대가능도비 검정을 구하여라.

7.9 확률밀도함수가

$$f(x;\theta) = \theta x^{\theta-1} I_{(0,1)}(x)$$

로 주어지는 베타분포 $\mathrm{Beta}(\theta,1)$, $\theta > 0$에서의 랜덤표본 $X_1, \cdots, X_n$을 이용하여

$$H_0 : \theta \le 1 \quad vs \quad H_1 : \theta > 1$$

을 검정할 때 유의수준 $\alpha(0 < \alpha < 1)$의 최대가능도비 검정을 구하여라.

7.10 두 정규분포 $N(\mu_1,\sigma^2)$, $N(\mu_2,\sigma^2)$, $-\infty < \mu_i < +\infty\,(i=1,2)$, $0 < \sigma^2 < +\infty$ 에서 서로 독립인 랜덤표본 $X_{11}, \cdots, X_{1n_1}$과 $X_{21}, \cdots, X_{2n_2}$ $(n_1 \ge 2, n_2 \ge 2)$를 이용하여

$$H_0 : \mu_1 \le \mu_2 \quad vs \quad H_1 : \mu_1 > \mu_2$$

을 검정할 때 유의수준 $\alpha(0 < \alpha < 1)$의 최대가능도비 검정을 구하여라.

7.11 두 정규분포 $N(\mu_1,\sigma^2)$, $N(\mu_2,\sigma^2)$, $-\infty < \mu_i < +\infty\,(i=1,2)$, $0 < \sigma^2 < +\infty$ 에서 서로 독립인 랜덤표본 $X_{11}, \cdots, X_{1n_1}$과 $X_{21}, \cdots, X_{2n_2}$ $(n_1 \ge 2, n_2 \ge 2)$를 이용하여

$$H_0 : \mu_1 = \mu_2 \quad vs \quad H_1 : \mu_1 \ne \mu_2$$

을 검정할 때 사용하는 <예 7.2.4>에서의 양쪽 검정, 즉 기각역이

$$\left| \frac{\overline{X}_1 - \overline{X}_2}{\sqrt{n_1^{-1} + n_2^{-1}}\, S_p} \right| \geq t_{\alpha/2}(n_1 + n_2 - 2)$$

로 주어지는 검정의 검정력함수는 $|\delta| = \left| \frac{\mu_1 - \mu_2}{\sigma\sqrt{n_1^{-1} + n_2^{-1}}} \right|$의 증가함수임을 밝혀라.

7.12 두 정규분포 $N(\mu_1, \sigma_1^2)$, $N(\mu_2, \sigma_2^2)$, $-\infty < \mu_i < +\infty$, $0 < \sigma_i^2 < +\infty$ $(i = 1, 2)$에서 서로 독립인 랜덤표본 $X_{11}, \cdots, X_{1n_1}$과 $X_{21}, \cdots, X_{2n_2}$ $(n_1 \geq 2, n_2 \geq 2)$를 이용하여

$$H_0 : \sigma_1^2 \leq \sigma_2^2 \quad vs \quad H_1 : \sigma_1^2 > \sigma_2^2$$

을 검정할 때 유의수준 $\alpha(0 < \alpha < 1)$의 최대가능도비 검정을 구하여라.

7.13 확률밀도함수가

$$f(x; \mu, \sigma) = \frac{1}{\sigma} e^{-\frac{x - \mu}{\sigma}} I_{[\mu, \infty)}(x)$$

로 주어지는 두 개의 모수를 갖는 지수분포 $Exp(\mu, \sigma)$, $-\infty < \mu < +\infty$, $\sigma > 0$에서의 랜덤표본 $X_1, \cdots, X_n$을 이용하여

$$H_0 : \mu = \mu_0 \quad vs \quad H_1 : \mu \neq \mu_0 \ (\mu_0\text{는 주어진 값})$$

을 검정할 때 유의수준 $\alpha(0 < \alpha < 1)$의 최대가능도비 검정을 구하여라.

7.14 연습문제 (7.13)에서 가설

$$H_0 : \sigma = \sigma_0 \quad vs \quad H_1 : \sigma \neq \sigma_0 \ (\sigma_0\text{는 주어진 값})$$

을 검정할 때 유의수준 $\alpha(0 < \alpha < 1)$의 최대가능도비 검정을 구하여라.

7.15 균등분포 $U[0, \theta]$, $\theta > 0$에서의 랜덤표본 $X_1, \cdots, X_n$을 이용하여 다음 가설을 검정할 때 유의수준 $\alpha(0 < \alpha < 1)$의 최대가능도비 검정을 구하여라.

(a) $H_0 : \theta = \theta_0 \ vs \ H_1 : \theta \neq \theta_0$ (θ_0는 주어진 값)

(b) $H_0 : \theta \geq \theta_0 \ vs \ H_1 : \theta < \theta_0$ (θ_0는 주어진 값)

7.16 $k\,(k \geq 3)$개의 베르누이분포 $\text{Bernoulli}(p_i),\ 0 \leq p_i \leq 1\ (i = 1, \cdots, k)$에서 서로 독립인 랜덤표본 $X_{i1}, \cdots, X_{in_i}$를 이용하여 다음 가설을 검정하려고 할 때 다음에 답하여라.

$$H_0 : p_1 = \cdots = p_k \ \ vs \ \ H_1 : p_1, \cdots, p_k \text{가 모두 같지는 않다.}$$

(a) 최대가능도비 검정통계량이 다음과 같이 주어지는 것을 밝혀라.

$$2\{l(\hat{p}) - l(\hat{p}^0)\} = 2\sum_{i=1}^{k}\{n_i\hat{p}_i\log(\hat{p}_i/\hat{p}_i^0) + n_i\hat{q}_i\log(\hat{q}_i/\hat{q}_i^0)\}$$

$$\hat{p}_i = \sum_{j=1}^{n_i} X_{ij}/n_i = 1 - \hat{q}_i,\ \hat{p}_i^0 = \sum_{i=1}^{k}\sum_{j=1}^{n_i} X_{ij}/n = 1 - \hat{q}^0,\ n = n_1 + \cdots + n_k$$

(b) 표본크기에 대하여

$$n_i \to \infty,\ n_i/(n_1 + \cdots + n_k) \to \gamma_i \ \ (0 < \gamma_i < 1)(i = 1, \cdots, k)$$

이 만족된다고 할 때, 귀무가설 H_0 하에서 최대가능도 검정통계량의 다음과 같은 근사에 대하여 설명하여라.

$$2\{l(\hat{p}) - l(\hat{p}^0)\} \simeq \sum_{i=1}^{k}\left(\frac{X_{i\cdot} - n_i\hat{p}_i^0}{\sqrt{n_i\hat{p}_i^0\hat{q}_i^0}}\right)^2,\ X_{i\cdot} = \sum_{j=1}^{n_i} X_{ij}$$

(c) (b)로부터 최대가능도비 검정통계량이 귀무가설 H_0 하에서 근사적으로 $\chi^2(k-1)$ 분포를 따르는 것을 설명하여라.

7.17 $k\,(k \geq 3)$개의 포아송분포 $\text{Poisson}(\theta_i),\ \theta_i \geq 0\ (i = 1, \cdots, k)$에서의 서로 독립인 랜덤표본 $X_{i1}, \cdots, X_{in_i}\,(i = 1, \cdots, k)$를 이용하여 다음 가설을 검정하려고 할 때 다음에 답하여라.

$$H_0 : \theta_1 = \cdots = \theta_k \ \ vs \ \ H_1 : \theta_1, \cdots, \theta_k \text{가 모두 같지는 않다.}$$

(a) 최대가능도비 검정통계량이 다음과 같이 주어지는 것을 밝혀라.

$$2\{l(\hat{\theta}) - l(\hat{\theta}^0)\} = 2\sum_{i=1}^{k} n_i\hat{\theta}_i^0\{-\hat{\theta}_i/\hat{\theta}_i^0 + 1 + \hat{\theta}_i/\hat{\theta}^0\log(\hat{\theta}_i/\hat{\theta}_i^0)\}$$

$$\hat{\theta}_i = \sum_{j=1}^{n_i} X_{ij}/n_i,\ \hat{\theta}_i^0 = \sum_{i=1}^{k}\sum_{j=1}^{n_i} X_{ij}/n,\ n = n_1 + \cdots + n_k$$

(b) 표본크기에 대하여

$$n_i \to \infty,\ n_i/(n_1 + \cdots + n_k) \to \gamma_i \ \ (0 < \gamma_i < 1)(i = 1, \cdots, k)$$

이 만족된다고 할 때, 귀무가설 H_0 하에서 최대가능도 검정통계량의 다음과 같은 근사에 대하여 설명하여라.

$$2\left\{l(\hat{\theta})-l(\hat{\theta}^0)\right\}\simeq\sum_{i=1}^{k}\left(\frac{\mathrm{X}_{i\cdot}-n_i\hat{\theta}_i^0}{\sqrt{n_i\hat{\theta}_i^0}}\right)^2,\ \mathrm{X}_{i\cdot}=\sum_{j=1}^{n_i}\mathrm{X}_{ij}$$

(c) (b)로부터 최대가능도비 검정통계량이 귀무가설 H_0 하에서 근사적으로 $\chi^2(k-1)$ 분포를 따르는 것을 설명하여라.

7.18 $k(k\geq 3)$개의 지수분포 $\mathrm{Exp}(\theta_i),\ \theta_i>0\,(i=1,\cdots,k)$에서의 서로 독립인 랜덤표본 $\mathrm{X}_{i1},\ \cdots,\ \mathrm{X}_{in_i}(i=1,\cdots,k)$를 이용하여 다음 가설을 검정하려고 할 때 다음에 답하여라.

$$H_0:\theta_1=\cdots=\theta_k\ \ vs\ \ H_1:\theta_1,\cdots,\theta_k\text{가 모두 같지는 않다.}$$

(a) 최대가능도비 검정통계량이 다음과 같이 주어지는 것을 밝혀라.

$$2\left\{l(\hat{\theta})-l(\hat{\theta}^0)\right\}=2\sum_{i=1}^{k}n_i\left\{\hat{\theta}_i/\hat{\theta}_i^0-1-\log(\hat{\theta}_i/\hat{\theta}_i^0)\right\}$$

$$\hat{\theta}_i=\sum_{j=1}^{n_i}\mathrm{X}_{ij}/n_i,\ \hat{\theta}_i^0=\sum_{i=1}^{k}\sum_{j=1}^{n_i}\mathrm{X}_{ij}/n,\ n=n_1+\cdots+n_k$$

(b) 표본크기에 대하여

$$n_i\to\infty,\ n_i/(n_1+\cdots+n_k)\to\gamma_i\ \ (0<\gamma_i<1)\,(i=1,\cdots,k)$$

이 만족된다고 할 때, 귀무가설 H_0 하에서 최대가능도 검정통계량의 다음과 같은 근사에 대하여 설명하여라.

$$2\left\{l(\hat{\theta})-l(\hat{\theta}^0)\right\}\simeq\sum_{i=1}^{k}n_i(\hat{\theta}_i/\hat{\theta}_i^0-1)^2$$

(c) (b)로부터 최대가능도비 검정통계량이 귀무가설 H_0 하에서 근사적으로 $\chi^2(k-1)$ 분포를 따르는 것을 설명하여라.

7.19 $k(k\geq 3)$개의 정규분포 $\mathrm{N}(\mu_i,\sigma^2),\ -\infty<\mu_i<+\infty,\ \sigma^2>0\,(i=1,\cdots,k)$에서의 서로 독립인 랜덤표본 $\mathrm{X}_{i1},\ \cdots,\ \mathrm{X}_{in_i}(i=1,\cdots,k)$를 이용하여 다음 가설을 검정하려고 할 때 다음에 답하여라.

$$H_0:\mu_1=\cdots=\mu_k\ \ vs\ \ H_1:\mu_1,\cdots,\mu_k\text{가 모두 같지는 않다.}$$

(a) 최대가능도비 검정통계량이 다음과 같이 주어지는 것을 밝혀라.

$$2\{l(\hat{\theta})-l(\hat{\theta}^0)\}=n\log(\widehat{\sigma^2}^0/\widehat{\sigma^2})$$

$$\widehat{\sigma^2}=\sum_{i=1}^{k}\sum_{j=1}^{n_i}(X_{ij}-\widehat{\mu_i})^2/n,\ \widehat{\mu_i}=\sum_{j=1}^{n_i}X_{ij}/n_i,\ n=n_1+\cdots+n_k$$

$$\widehat{\sigma^2}^0=\sum_{i=1}^{k}\sum_{j=1}^{n_i}(X_{ij}-\hat{\mu}^0)^2/n,\ \hat{\mu}_i^0=\sum_{i=1}^{k}\sum_{j=1}^{n_i}X_{ij}/n$$

(b) 표본크기에 대하여

$$n_i\to\infty,\ n_i/(n_1+\cdots+n_k)\to\gamma_i\ \ (0<\gamma_i<1)(i=1,\cdots,k)$$

이 만족된다고 할 때, 귀무가설 H_0 하에서 최대가능도 검정통계량의 다음과 같은 근사에 대하여 설명하여라.

$$2\{l(\hat{\theta})-l(\hat{\theta}^0)\}\simeq\sum_{i=1}^{k}n_i(\hat{\mu}_i-\hat{\mu}_i^0)^2/\widehat{\sigma^2}$$

(c) (b)로부터 최대가능도비 검정통계량이 귀무가설 H_0 하에서 근사적으로 $\chi^2(k-1)$ 분포를 따르는 것을 설명하여라.

7.20 $k\,(k\geq 3)$개의 정규분포 $N(\mu_i,\sigma_i^2),\ -\infty<\mu_i<+\infty,\ \sigma_i^2>0\,(i=1,\cdots,k)$에서의 서로 독립인 랜덤표본 $X_{i1},\ \cdots,\ X_{in_i}(i=1,\cdots,k)$를 이용하여 다음 가설을 검정하려고 할 때 다음에 답하여라.

$$H_0:\sigma_1^2=\cdots=\sigma_k^2\ \ vs\ \ H_1:\sigma_1^2,\cdots,\sigma_k^2\text{이 모두 같지는 않다.}$$

(a) 최대가능도비 검정통계량이 다음과 같이 주어지는 것을 밝혀라.

$$2\{l(\hat{\theta})-l(\hat{\theta}^0)\}=-\sum_{i=1}^{k}n_i\log(\widehat{\sigma_i^2}/\widehat{\sigma_i^2}^0)$$

$$\widehat{\sigma_i^2}=\sum_{j=1}^{n_i}(X_{ij}-\hat{\mu}_i)^2/n_i,\ \hat{\mu}_i=\sum_{j=1}^{n_i}X_{ij}/n_i,\ \widehat{\sigma_i^2}^0=\sum_{i=1}^{k}n_i\widehat{\sigma_i^2}/n,\ n=n_1+\cdots+n_k$$

(b) 표본크기에 대하여

$$n_i\to\infty,\ n_i/(n_1+\cdots+n_k)\to\gamma_i\ \ (0<\gamma_i<1)(i=1,\cdots,k)$$

이 만족된다고 할 때, 귀무가설 H_0 하에서 최대가능도 검정통계량의 다음과 같은 근사에 대하여 설명하여라.

$$2\{l(\hat{\theta})-l(\hat{\theta}^0)\}\simeq\frac{1}{2}\sum_{i=1}^{k}n_i(\widehat{\sigma_i^2}/\widehat{\sigma_i^2}^0-1)^2$$

(c) (b)로부터 최대가능도비 검정통계량이 귀무가설 H_0 하에서 근사적으로 $\chi^2(k-1)$ 분포를 따르는 것을 설명하여라.

7.21 이변량 정규분포

$$N_2\left(\begin{pmatrix}\mu_1\\ \mu_2\end{pmatrix},\begin{pmatrix}\sigma_1^2 & \rho\sigma_1\sigma_2\\ \rho\sigma_1\sigma_2 & \sigma_2^2\end{pmatrix}\right),\ \sigma_1^2>0,\ \sigma_2^2>0,\ -1<\rho<1$$

에서의 랜덤표본 $(X_1, Y_1)', \cdots, (X_n, Y_n)'\ (n>2)$을 이용하여 가설

$$H_0:\rho=\rho_0 \quad vs \quad H_1:\rho\neq\rho_0 \quad (\rho_0\text{는 주어진 값})$$

을 검정할 때 다음에 답하여라.

(a) 귀무가설 $H_0:\rho=\rho_0$ 하에서 $\mu_1, \mu_2, \sigma_1^2, \sigma_2^2$ 의 최대가능도추정량 $\widehat{\mu_1}^0, \widehat{\mu_2}^0, \widehat{\sigma_1^2}^0, \widehat{\sigma_2^2}^0$이 다음과 같이 주어지는 것을 밝혀라.

$$\widehat{\mu_1}^0=\overline{X}, \widehat{\mu_2}^0=\overline{Y}, \widehat{\sigma_i^2}^0=\frac{1-r_n\rho_0}{1-\rho_0^2}\widehat{\sigma_i^2}\ (i=1,2)$$

여기에서 r_n은 표본상관계수이고

$$\widehat{\sigma_1^2}=\frac{1}{n}\sum_{i=1}^{n}(X_i-\overline{X})^2, \widehat{\sigma_2^2}=\frac{1}{n}\sum_{i=1}^{n}(Y_i-\overline{Y})^2$$

(b) $\rho_0=0$인 경우, 즉 가설 $H_0:\rho=0 \quad vs \quad H_1:\rho\neq 0$을 검정할 때 유의수준 $\alpha(0<\alpha<1)$의 최대가능도비 검정의 기각역이 다음과 같이 주어지는 것을 밝혀라.

$$\left|\sqrt{n-2}\frac{r_n}{\sqrt{1-r_n^2}}\right|\geq t_{\alpha/2}(n-2)$$

(c) 일반적인 경우, 즉 가설 $H_0:\rho=\rho_0 \quad vs \quad H_1:\rho\neq\rho_0$을 검정할 때 표본크기 n이 큰 경우에 근사적으로 유의수준 $\alpha(0<\alpha<1)$인 최대가능도비 검정의 기각역이 다음과 같이 주어지는 것을 밝혀라.

$$\left|\frac{1}{2}\sqrt{n}\left(\log\frac{1+r_n}{1-r_n}-\log\frac{1+\rho_0}{1-\rho_0}\right)\right|>z_{\alpha/2}$$

7.22 이변량 정규분포

$$N_2\left(\begin{pmatrix}\mu_1\\ \mu_2\end{pmatrix}, \begin{pmatrix}\sigma_1^2 & \rho\sigma_1\sigma_2\\ \rho\sigma_1\sigma_2 & \sigma_2^2\end{pmatrix}\right),\ \sigma_1^2>0,\ \sigma_2^2>0,\ -1<\rho<1$$

에서의 랜덤표본 $(X_1, Y_1)', \cdots, (X_n, Y_n)'\ (n>2)$을 이용하여 가설

$$H_0: \rho \le \rho_0 \quad vs \quad H_1: \rho > \rho_0 \quad (\rho_0\text{는 주어진 값})$$

을 검정할 때 다음에 답하여라.

(a) $\rho_0 = 0$인 경우에 유의수준 $\alpha(0<\alpha<1)$인 최대가능도비 검정의 기각역이 다음과 같이 주어지는 것을 밝혀라.

$$\sqrt{n-2}\,\frac{r_n}{\sqrt{1-r_n^2}} \ge t_\alpha(n-2)$$

(b) 표본크기 n이 큰 경우에 근사적으로 유의수준 $\alpha(0<\alpha<1)$인 최대가능도비 검정의 기각역이 다음과 같이 주어지는 것을 밝혀라.

$$\frac{1}{2}\sqrt{n}\left(\log\frac{1+r_n}{1-r_n} - \log\frac{1+\rho_0}{1-\rho_0}\right) \ge z_\alpha$$

8

추정량의 비교

8.1 추정량 비교의 기준

모집단 분포가 확률밀도함수 $f(x;\theta)$, $\theta \in \Omega$ 중의 하나라고 모형을 설정한 경우에 랜덤표본 $X_1, \cdots, X_n$을 이용하여 모수 θ 또는 모수의 함수 $\eta=\eta(\theta)$를 추측하는 경우에 좋은 추정량이란 참값에 가까운 추정값을 제공할 수 있는 추정량일 것이다. 이러한 추정량의 성능을 측정하는 방법은 여러 가지가 있을 수 있으나 가장 보편적으로 사용되는 것은

$$E_\theta[(\hat{\eta}(X_1,\cdots,X_n)-\eta(\theta))^2]$$

으로 정의되는 평균제곱오차(平均제곱誤差, mean squared error)이며, 이를 간략히

$$MSE(\hat{\eta},\theta)=E_\theta[(\hat{\eta}-\eta(\theta))^2]$$

와 같이 나타내기로 한다.

예 8.1.1 **비교가 가능한 경우**

균등분포 $U[0,\theta]$, $\theta>0$에서의 랜덤표본 $X_1, \cdots, X_n (n \ge 2)$을 이용한 θ의 추정량으로서

$$\hat{\theta}^{MLE}=X_{(n)},\quad \hat{\theta}^{MME}=2\overline{X}$$

의 평균제곱오차는 각각 다음과 같다.

$$MSE(\hat{\theta}^{MLE},\theta)=E_\theta(X_{(n)}-\theta)^2=\frac{2}{(n+1)(n+2)}\theta^2$$

$$MSE(\hat{\theta}^{MME},\theta)=E_\theta(2\overline{X}-\theta)^2=\frac{1}{3n}\theta^2$$

따라서

$$MSE(\hat{\theta}^{MLE},\theta)\le MSE(\hat{\theta}^{MME},\theta)\quad \forall\,\theta>0$$

일뿐만 아니라, 각 평균제곱오차가 0으로 수렴하는 속도도

$$MSE(\hat{\theta}^{MLE},\theta)\approx n^{-2},\quad MSE(\hat{\theta}^{MME},\theta)\approx n^{-1}$$

로서 이 경우에는 최대가능도추정량이 적률이용추정량보다 좋은 추정량임을 알 수 있다.

예 8.1.2 **비교가 어려운 경우**

정규분포 $N(\theta,1)$, $-\infty<\theta<+\infty$에서의 랜덤표본 $X_1, \cdots, X_n$을 이용한 추정량으로서

$$\hat{\theta}^0 = 0,\ \ \hat{\theta}^{MLE} = \overline{X}$$

의 평균제곱오차는 각각

$$MSE(\hat{\theta}^0, \theta) = E_\theta(0-\theta)^2 = \theta^2,\ \ MSE(\hat{\theta}^{MLE}, \theta) = E_\theta(\overline{X}-\theta)^2 = \frac{1}{n}$$

따라서 $|\theta| < 1/\sqrt{n}$ 이면 관측 결과를 이용하지 않는 $\hat{\theta}^0 = 0$가 $\hat{\theta}^{MLE} = \overline{X}$보다 더 적은 평균제곱오차를 갖는다.

그러므로 평균제곱오차의 값을 기준으로 최대가능도추정량인 $\overline{X}$가 언제나 $\hat{\theta}^0 = 0$보다 좋다고 할 수는 없는 것이다. 그러나 표본크기가 증가함에 따라 평균제곱오차가 0으로 수렴하는 속도라는 기준으로 보면 $\hat{\theta}^{MLE} = \overline{X}$가 $\hat{\theta}^0 = 0$보다 좋은 추정량이다.

한편 $\hat{\theta}^0 = 0$와의 비교에서 착안하여 검정 결과를 이용하는 혼합(hybrid) 추정량으로서

$$\hat{\theta}^H = \begin{cases} 0, & |\overline{X}| < 1.96/\sqrt{n} \\ \overline{X}, & |\overline{X}| \ge 1.96/\sqrt{n} \end{cases}$$

를 생각하면 그 평균제곱오차는 표준정규분포를 따르는 확률변수 Z를 이용하여

$$E_\theta(\hat{\theta}^H - \theta)^2 = n^{-1}\{(\sqrt{n}\theta)^2 P(|Z+\sqrt{n}\theta| < 1.96) + EZ^2 I(|Z+\sqrt{n}\theta| \ge 1.96)\}$$

로 나타낼 수 있다. 이러한 표현에서 평균제곱오차는 항상 $|\sqrt{n}\theta|$에 의존하는 것을 알 수 있으며 그 그래프를 그려보면 <그림 8.1.1>과 같이 주어진다. 또한 표본크기가 커짐에 따라 평균제곱오차가 0으로 수렴하는 속도가

$$MSE(\hat{\theta}^H, \theta) \approx n^{-1}$$

로서 $\hat{\theta}^{MLE} = \overline{X}$의 속도와 같은 것을 알 수 있다.[114)]

즉 혼합추정량 $\hat{\theta}^H$는 평균제곱오차가 0으로 수렴하는 속도라는 기준에서 $\hat{\theta}^{MLE} = \overline{X}$와 거의 같은

그림 8.1.1 혼합추정량 $\hat{\theta}^H$의 평균제곱오차

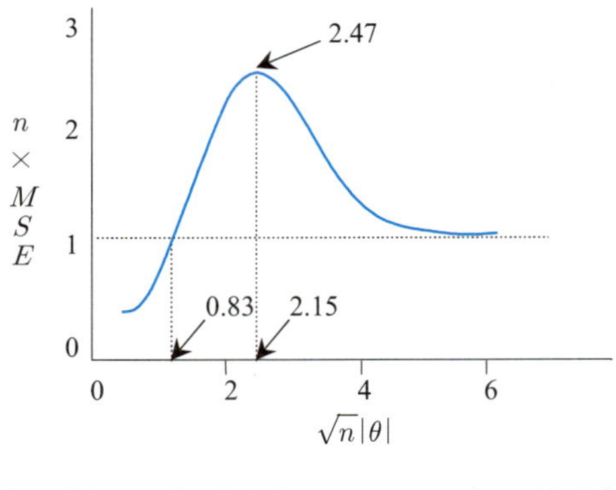

114) 표준정규분포의 확률밀도함수 ϕ와 누적분포함수 Φ에 대하여 Mill's ratio라고 불리우는 다음의 근사식이 성립하는 것이 알려져 있다.

$$x(1-\Phi(x)) \sim \phi(x),\ \ x \to +\infty$$

이로부터 $MSE(\hat{\theta}^H, \theta) \approx n^{-1}$임을 밝힐 수 있다.

성능을 갖는다고 할 수 있으며, <그림 8.1.1>에서 알 수 있듯이 $\theta=0$ 근방에서는 표본평균 $\overline{X}$보다 작은 평균제곱오차를 갖는 추정량이다. 즉 평균제곱오차를 기준으로 두 추정량을 비교한다면, 표본크기가 클 때는 혼합추정량이 표본평균과 거의 같은 성능을 가지며, 표본크기가 작을 때에는 거의 모든 경우에 표본평균이 더 좋지만 혼합추정량이 좋은 경우도 있을 수 있다는 것이다.

<예 8.1.2>에서 알 수 있듯이 평균제곱오차를 기준으로 두 추정량의 비교가 어려운 경우가 많이 있다. 미지인 모수의 값의 범위에 따라 비교우위인 추정량이 바뀌므로 비교가 어려운 점이 있다. 따라서 모수의 값에 의존하지 않는 비교 기준을 고안하여 추정량을 비교하곤 한다. 이러한 비교 기준 중에서 보편적인 것으로서 다음의 최대평균제곱오차(最大平均제곱誤差, maximum MSE)와 베이지안평균제곱오차(Bayesian MSE)가 있다.

최대평균제곱오차와 베이지안평균제곱오차:

(a) 최대평균제곱오차 기준: 평균제곱오차의 최댓값인 최대평균제곱오차, 즉

$$\max_{\theta\in\Omega} \mathrm{E}_\theta[(\hat{\eta}-\eta(\theta))^2]$$

을 기준으로 $\eta=\eta(\theta)$의 추정량 $\hat{\eta}$을 비교하는 것을 뜻하며, 이를 최소로 하는 추정량 $\hat{\eta}^*$을 최소최대(最小最大, minimax)평균제곱오차 추정량이라고 한다.

$$\max_{\theta\in\Omega} \mathrm{E}_\theta[(\hat{\eta}^*-\eta(\theta))^2]=\min_{\hat{\eta}}\max_{\theta\in\Omega} \mathrm{E}_\theta[(\hat{\eta}-\eta(\theta))^2]$$

(b) 베이지안평균제곱오차 기준: 모수공간의 함수인 π에 대한 평균제곱오차의 가중평균인

$$r(\pi,\hat{\eta})=\int_\Omega \mathrm{E}_\theta[(\hat{\eta}-\eta(\theta))^2]\pi(\theta)\,d\theta$$

를 기준으로 $\eta=\eta(\theta)$의 추정량 $\hat{\eta}$을 비교하는 것을 뜻하며, 이를 최소로 하는 추정량 $\hat{\eta}^\pi$를 사전밀도함수(事前密度函數, prior density) π에 대한 베이지안(Bayesian)평균제곱오차 추정량이라고 한다. 이 때 사전밀도함수 π는 양수 또는 0의 값을 갖는 함수이거나 확률밀도함수로서 가중치의 정도를 반영하는 함수로 선택한다.

추정대상인 $\eta=\eta(\theta)$가 양수인 경우에는 평균제곱오차 대신 평균제곱상대오차인

$$\mathrm{E}_\theta(\hat{\eta}/\eta-1)^2$$

을 사용하여 최대평균제곱상대오차나 베이지안평균제곱상대오차를 기준으로 추정량을 비교하기도 한다.

예 8.1.3

정규분포 $N(\mu,\sigma^2)$, $-\infty<\mu<+\infty$, $\sigma^2>0$에서의 랜덤표본 $X_1, \cdots, X_n$을 이용한 모분산의 추정량으로서

$$\widehat{\sigma_c^2}=c\sum_{i=1}^{n}(X_i-\overline{X})^2,\ 0<c<+\infty$$

중에서 다음에 정의된 최대평균제곱상대오차를 최소로 하는 추정량을 구하여라.

$$\max_{\theta\in\Omega} E_\theta[(\widehat{\sigma_c^2}/\sigma^2-1)^2],\ \theta=(\mu,\sigma^2)^t$$

[풀이] 이 경우에는 <정리 4.2.2>로부터

$$\sum_{i=1}^{n}(X_i-\overline{X})^2/\sigma^2\sim\chi^2(n-1)$$

이므로 다음과 같이 평균제곱상대오차가 주어진다.

$$\begin{aligned}E_\theta[(\widehat{\sigma_c^2}/\sigma^2-1)^2]&=E[(cV-1)^2],\ V\sim\chi^2(n-1)\\&=E[\{c(V-(n-1))+c(n-1)-1\}^2]\\&=2(n-1)c^2+((n-1)c-1)^2\end{aligned}$$

$$\therefore\ \max_{\theta\in\Omega} E_\theta[(\widehat{\sigma_c^2}/\sigma^2-1)^2]=2(n-1)c^2+((n-1)c-1)^2$$

따라서 이를 최소로 하는 추정량은 $c=1/(n+1)$일 때의 추정량으로서 다음과 같이 주어진다.

$$\widehat{\sigma^2}=\frac{1}{n+1}\sum_{i=1}^{n}(X_i-\overline{X})^2$$

한편 평균제곱오차를 기준으로 추정량을 비교할 때에 비교 대상인 추정량을 특정한 성질을 갖는 것으로 제한하여 비교하기도 한다. 특히[115]

$$E_\theta[\hat{\eta}(X_1,\cdots,X_n)]=\eta(\theta),\ ^\forall\theta\in\Omega$$

를 만족하는 추정량을 치우침 없는 추정량 또는 간략히 불편추정량(不偏推定量, unbiased estimator)이라고 하며 이들 중에서 평균제곱오차를 최소로 하는 추정량을 찾기도 한다. 이러한 불편추정량 $\hat{\eta}^{UE}$의 경우에는

$$MSE(\hat{\eta}^{UE},\theta)=E_\theta[(\hat{\eta}^{UE}-\eta(\theta))^2]=E_\theta[(\hat{\eta}^{UE}-E_\theta\hat{\eta}^{UE})^2]=Var_\theta(\hat{\eta}^{UE})$$

115) 불편추정량임을 나타내는 이러한 항등식을 간략히 $E_\theta\hat{\eta}^{UE}\overset{\theta\in\Omega}{\equiv}\eta(\theta)$로 나타내기로 한다.

이므로, 불편추정량 중에서 분산을 최소로 하는 추정량이 이러한 비교 기준에서는 최적의 추정량이다. 불편추정량 중에서 모수 θ의 참값이 무엇이든 그 분산을 최소로 하는 추정량이 있다면 그러한 추정량을 전역최소분산불편추정량(全域最小分散不偏推定量, uniformly minimum variance unbiased estimator(UMVUE))이라고 한다.

전역최소분산불편추정량:

(i) $\mathrm{E}_\theta \hat{\eta}^* \overset{\theta \in \Omega}{\equiv} \eta(\theta)$

(ii) $\mathrm{E}_\theta \hat{\eta}^{UE} \overset{\theta \in \Omega}{\equiv} \eta(\theta)$이면 $\mathrm{Var}_\theta(\hat{\eta}^{UE}) \ge \mathrm{Var}_\theta(\hat{\eta}^*) \quad \forall \theta \in \Omega$

가 성립할 때 추정량 $\hat{\eta}^*$를 $\eta = \eta(\theta)$의 전역최소분산불편추정량이라고 하며 $\hat{\eta}^{UMVUE}$로 나타내기도 한다.

정리 8.1.1 최소분산불편추정량의 유일성

$\eta = \eta(\theta)$의 전역최소분산불편추정량의 분산이 실수이면 이러한 전역최소분산불편추정량은 하나뿐이다. 즉 $\hat{\eta_1}$, $\hat{\eta_2}$가 $\eta = \eta(\theta)$의 전역최소분산불편추정량이고 그 분산이 실수이면

$$\mathrm{P}_\theta(\hat{\eta_1} = \hat{\eta_2}) = 1 \quad {}^\forall \theta \in \Omega$$

[증명] $\hat{\eta_1}$, $\hat{\eta_2}$가 모두 $\eta = \eta(\theta)$의 불편추정량이므로, $\hat{\eta_3} = (\hat{\eta_1} + \hat{\eta_2})/2$라고 하면

$$\mathrm{E}_\theta(\hat{\eta_3}) = \mathrm{E}_\theta[(\hat{\eta_1} + \hat{\eta_2})/2] = [\mathrm{E}_\theta(\hat{\eta_1}) + \mathrm{E}_\theta(\hat{\eta_2})]/2 = \eta(\theta), \ \theta \in \Omega$$

이다. 즉 $\hat{\eta_3}$도 불편추정량이다. 따라서 위의 성질 (ii)로부터

$$\mathrm{Var}_\theta(\hat{\eta_3}) \ge \mathrm{Var}_\theta(\hat{\eta_1}) = \mathrm{Var}_\theta(\hat{\eta_2}) \quad {}^\forall \theta \in \Omega$$

$$\therefore \ \frac{1}{4}\{\mathrm{Var}_\theta(\hat{\eta_1}) + 2\mathrm{Cov}_\theta(\hat{\eta_1}, \hat{\eta_2}) + \mathrm{Var}_\theta(\hat{\eta_2})\} \ge \mathrm{Var}_\theta(\hat{\eta_1}) = \mathrm{Var}_\theta(\hat{\eta_2})$$

$$\therefore \ \mathrm{Cov}_\theta(\hat{\eta_1}, \hat{\eta_2}) \ge \mathrm{Var}_\theta(\hat{\eta_1}) = \mathrm{Var}_\theta(\hat{\eta_2})$$

$$\therefore \ 0 \le \mathrm{Var}_\theta(\hat{\eta_1} - \hat{\eta_2}) = \mathrm{Var}_\theta(\hat{\eta_1}) + \mathrm{Var}_\theta(\hat{\eta_2}) - 2\mathrm{Cov}_\theta(\hat{\eta_1}, \hat{\eta_2}) \le 0,$$

$$\text{즉 } \mathrm{Var}_\theta(\hat{\eta_1} - \hat{\eta_2}) = 0$$

그런데 $\hat{\eta_1}$, $\hat{\eta_2}$가 모두 $\eta = \eta(\theta)$의 불편추정량이므로

$$\mathrm{E}_\theta(\hat{\eta_1} - \hat{\eta_2}) = \eta(\theta) - \eta(\theta) = 0$$

따라서 <정리 1.6.4>로부터

$$\mathrm{P}_\theta(\hat{\eta_1} - \hat{\eta_2} = 0) = 1 \quad {}^\forall \theta \in \Omega$$

8.2 충분통계량

랜덤표본 $X_1, \cdots, X_n$을 이용하여 모수에 대한 추측을 할 때 n개의 표본 전부가 아닌 일부만으로도 추측의 정밀도가 같게 추측할 수 있다면 표본 전부 대신 그 일부만의 관측 값을 기록하고 관리하는 이점이 있을 것이다. 이러한 자료의 축약(縮約, reduction)에 대한 개념으로서 충분성(充分性, sufficiency)에 대하여 생각해보자.

예 8.2.1

서로 독립인 두 번의 베르누이 시행 Bernoulli(θ), $0<\theta<1$의 관측 결과인 $(X_1, X_2)^t$ 대신 $Y = X_1 + X_2$의 관측 결과만 있다면 이로부터 원래의 자료를 θ의 값에 무관하게 복원할 수 있을까?

[풀이] X_1, X_2는 모두 0 또는 1인 경우이므로, $Y = X_1 + X_2$의 값은 0, 1 또는 2 중의 하나이고, $Y=0$이면 $(X_1=0,\ X_2=0)$이고 $Y=2$이면 $(X_1=1,\ X_2=1)$인 것은 분명하다. 한편 $Y=1$이면 $(X_1=0,\ X_2=1)$이거나 $(X_1=1,\ X_2=0)$이므로 이들을 각각 정해진 조건부확률

$$P_\theta(X_1=0, X_2=1|Y=1),\ P_\theta(X_1=1, X_2=0|Y=1)$$

에 따라 복원해야 할 것이다. 그런데

$$P_\theta(X_1=0, X_2=1|Y=1) = \frac{P_\theta(X_1=0, X_2=1)}{P_\theta(X_1+X_2=1)} = \frac{(1-\theta)\theta}{\binom{2}{1}\theta^1(1-\theta)^{2-1}} = \frac{1}{2}$$

$$P_\theta(X_1=1, X_2=0|Y=1) = \frac{P_\theta(X_1=1, X_2=0)}{P_\theta(X_1+X_2=1)} = \frac{\theta(1-\theta)}{\binom{2}{1}\theta^1(1-\theta)^{2-1}} = \frac{1}{2}$$

이므로, 이러한 복원은 θ의 값에 무관하게 행하여질 수 있다.

<예 8.2.1>이 뜻하는 것은 미지의 성공률 $0<\theta<1$에 대한 추론을 위한 두 번의 독립적인 베르누이 시행을 관측한다면 성공의 횟수를 아는 경우에 성공과 실패가 나오는 순서의 확률은 θ에 무관하므로 θ의 추론에는 성공의 횟수만으로 충분하다는 것이다.

충분통계량:

모집단 분포가 확률밀도함수 $f(x;\theta)$, $\theta \in \Omega$ 중의 하나라고 모형을 설정한 경우에 랜덤표본 $X_1, \cdots, X_n$을 이용한 통계량 $Y = u(X_1,\cdots,X_n)$에 대하여

$$P_{\theta_1}\{(X_1,\cdots,X_n)^t \in A|Y=y\} = P_{\theta_2}\{(X_1,\cdots,X_n)^t \in A|Y=y\} \ \forall A, \forall y, \forall \theta_1 \in \Omega, \theta_2 \in \Omega$$

일 때, 즉 $Y = u(X_1,\cdots,X_n) = y$인 조건하에서 랜덤표본 $(X_1,\cdots,X_n)^t$의 조건부확률이 미지의 모수 $\theta \in \Omega$에 의존하지 않으면 통계량 $Y = u(X_1,\cdots,X_n)$를 $\theta \in \Omega$에 관한 충분통계량(充分統計量, sufficient statistic for $\theta \in \Omega$)이라고 한다.

예 8.2.2 베르누이 독립시행에서의 충분통계량

$X_1, \cdots, X_n$이 서로 독립인 베르누이 시행 Bernoulli(θ), $0 < \theta < 1$을 나타내는 랜덤표본일 때,

$$Y = X_1 + \cdots + X_n \sim B(n,\theta)$$

이므로 $Y = X_1 + \cdots + X_n = y$인 조건하에서 랜덤표본 $(X_1,\cdots,X_n)^t$의 조건부확률은 다음과 같이 주어지고, 이 조건부확률이 모수 $\theta \in \Omega$에 의존하지 않는 것을 알 수 있다.

$$\begin{aligned} P_\theta(X_1 = x_1,\cdots,X_n = x_n | X_1 + \cdots + X_n = y) &= \frac{\prod_{i=1}^n \theta^{x_i}(1-\theta)^{1-x_i}}{\binom{n}{y}\theta^y(1-\theta)^{n-y}} I_{(x_1+\cdots+x_n=y)} \\ &= \binom{n}{y}^{-1} I_{(x_1+\cdots+x_n=y)}, \ \forall \theta : 0 < \theta < 1 \end{aligned}$$

따라서 $Y = X_1 + \cdots + X_n$은 $\theta \in (0,1)$에 관한 충분통계량이다.

정리 8.2.1 분해 정리(分解 定理, factorization theorem)

모집단 분포가 확률밀도함수 $f(x;\theta)$, $\theta \in \Omega$ 중의 하나일 때 랜덤표본 $X_1, \cdots, X_n$을 이용한 통계량 $Y = u(X_1,\cdots,X_n)$이 $\theta \in \Omega$에 관한 충분통계량일 필요충분조건은 다음과 같은 항등식이 성립하는 함수 k_1, k_2가 존재하는 것이다.

$$\prod_{i=1}^n f(x_i;\theta) = k_1(u(x),\theta)k_2(x) \ \ \forall x = (x_1,\cdots,x_n), \forall \theta \in \Omega$$

[증명] 이 정리는 일반적으로 성립하는 것이지만 이산형의 경우만 증명하기로 한다.

(충분조건의 증명)

주어진 조건으로부터

$$\mathrm{P}_\theta(\mathrm{X}=x)=\prod_{i=1}^{n} f(x_i;\theta)=k_1(u(x),\theta)k_2(x) \quad \forall x=(x_1,\cdots,x_n),\ \forall \theta\in\Omega$$

이므로 모든 $\theta\in\Omega$와 $x=(x_1,\cdots,x_n)^t$, y에 대하여 다음이 성립한다.

$$\begin{aligned}
\mathrm{P}_\theta(\mathrm{X}=x|\mathrm{Y}=y) &= \mathrm{P}_\theta(\mathrm{X}=x,\mathrm{Y}=u(\mathrm{X})=y)/\mathrm{P}_\theta(\mathrm{Y}=u(\mathrm{X})=y) \\
&= \mathrm{P}_\theta(\mathrm{X}=x)\mathrm{I}_{(u(x)=y)}/\sum_{z:u(z)=y}\mathrm{P}_\theta(\mathrm{X}=z) \\
&= \frac{k_1(u(x),\theta)k_2(x)\mathrm{I}_{(u(x)=y)}}{\sum_{z:u(z)=y}k_1(u(z),\theta)k_2(z)} \\
&= \frac{k_1(y,\theta)k_2(x)\mathrm{I}_{(u(x)=y)}}{k_1(y,\theta)\sum_{z:u(z)=y}k_2(z)} \\
&= \frac{k_2(x)\mathrm{I}_{(u(x)=y)}}{\sum_{z:u(z)=y}k_2(z)}
\end{aligned}$$

즉 이 조건부확률이 모수 $\theta\in\Omega$에 의존하지 않는다. 따라서 $\mathrm{Y}=u(\mathrm{X}_1,\cdots,\mathrm{X}_n)$은 $\theta\in\Omega$에 관한 충분통계량이다.

(필요조건의 증명)

$\mathrm{Y}=u(\mathrm{X}_1,\cdots,\mathrm{X}_n)$가 $\theta\in\Omega$에 관한 충분통계량이라면, 모든 x, y에 관하여 조건부확률 $\mathrm{P}_\theta(\mathrm{X}=x|\mathrm{Y}=y)$이 모수 $\theta\in\Omega$에 의존하지 않는다. 따라서

$$\mathrm{P}_\theta(\mathrm{X}=x|\mathrm{Y}=u(x))=\mathrm{P}(\mathrm{X}=x|\mathrm{Y}=u(x))=k_2(x)$$

라고 나타낼 수 있다. 또한

$$\mathrm{P}_\theta(\mathrm{Y}=u(x))=k_1(u(x),\theta)$$

라고 할 수 있으므로 모든 $\theta\in\Omega$와 $x=(x_1,\cdots,x_n)^t$에 대하여 다음이 성립한다.

$$\mathrm{P}_\theta(\mathrm{X}=x)=\mathrm{P}_\theta(\mathrm{X}=x,\mathrm{Y}=u(\mathrm{X})=u(x))=\mathrm{P}(\mathrm{X}=x|\mathrm{Y}=u(x))\mathrm{P}_\theta(\mathrm{Y}=u(x))$$

$$\therefore\ \prod_{i=1}^{n} f(x_i;\theta)=\mathrm{P}(\mathrm{X}=x|\mathrm{Y}=u(x))\mathrm{P}_\theta(\mathrm{X}=x)=k_1(u(x),\theta)k_2(x)$$

예 8.2.3 Poisson(θ), $\theta > 0$의 경우

포아송분포 Poisson(θ), $\theta > 0$에서의 랜덤표본 $X_1, \cdots, X_n$의 결합확률밀도함수는

$$\prod_{i=1}^{n} f(x_i;\theta) = \prod_{i=1}^{n} (e^{-\theta}\theta^{x_i}/x_i!) I_{\{0,1,2,\cdots\}}(x_i)$$

이므로, $e^{-n\theta}\theta^{x_1+\cdots+x_n} = k_1(x_1+\cdots+x_n, \theta)$라고 하면

$$\prod_{i=1}^{n} f(x_i;\theta) = k_1(x_1+\cdots+x_n, \theta)\prod_{i=1}^{n}(1/x_i!) I_{\{0,1,2,\cdots\}}(x_i)$$

라고 할 수 있으므로 $u(X) = X_1+\cdots+X_n$이 $\theta > 0$에 관한 충분통계량이다.

예 8.2.4 Exp(θ), $\theta > 0$의 경우

지수분포 Exp(θ), $\theta > 0$에서의 랜덤표본 $X_1, \cdots, X_n$의 결합확률밀도함수는

$$\prod_{i=1}^{n} f(x_i;\theta) = \prod_{i=1}^{n} \frac{1}{\theta} e^{-x_i/\theta} I_{(0,\infty)}(x_i) = \theta^{-n}\exp\left(-\sum_{i=1}^{n} x_i/\theta\right)\prod_{i=1}^{n} I_{(0,\infty)}(x_i)$$

이므로, $\theta^{-n}\exp\left(-\sum_{i=1}^{n} x_i/\theta\right) = k_1(x_1+\cdots+x_n, \theta)$라고 하면

$$\prod_{i=1}^{n} f(x_i;\theta) = k_1(x_1+\cdots+x_n, \theta)\prod_{i=1}^{n} I_{(0,\infty)}(x_i)$$

로 나타낼 수 있으므로 $u(X) = X_1+\cdots+X_n$이 $\theta > 0$에 관한 충분통계량이다.

예 8.2.5 Gamma(α,β), $\alpha > 0$, $\beta > 0$의 경우

감마분포 Gamma(α,β), $\alpha > 0$, $\beta > 0$에서의 랜덤표본 $X_1, \cdots, X_n$의 결합확률밀도함수는

$$\prod_{i=1}^{n} f(x_i;\alpha,\beta) = \prod_{i=1}^{n} \frac{1}{\Gamma(\alpha)\beta^{\alpha}} x_i^{\alpha-1} e^{-x_i/\beta} I_{(0,\infty)}(x_i)$$

이므로

$$\left(\frac{1}{\Gamma(\alpha)\beta^{\alpha}}\right)^n \left(\prod_{i=1}^{n} x_i\right)^{\alpha-1} \exp\left(-\sum_{i=1}^{n} x_i/\beta\right) = k_1\left(\sum_{i=1}^{n} x_i, \prod_{i=1}^{n} x_i, \alpha, \beta\right)$$

라고 하면

$$\prod_{i=1}^{n} f(x_i;\alpha,\beta) = k_1\left(\sum_{i=1}^{n} x_i, \prod_{i=1}^{n} x_i, \alpha, \beta\right)\prod_{i=1}^{n} I_{(0,\infty)}(x_i)$$

로 나타낼 수 있으므로

$$u(X) = (X_1 + \cdots + X_n, X_1 \cdots X_n)^t$$

이 $(\alpha,\beta)^t \in (0,\infty)\times(0,\infty)$에 관한 충분통계량이다.

정리 8.2.2 **다중모수 지수족에서의 충분통계량**

확률밀도함수가

$$f(x;\theta) = \exp\left\{\sum_{j=1}^{k} g_j(\theta)T_j(x) - A(g(\theta)) + S(x)\right\},\ x \in \mathscr{X},\ \theta \in \Omega$$

의 꼴로 주어지고 분포의 토대 $\mathscr{X} = \{x : f(x;\theta) > 0\}$가 모수에 따라 변하지 않는 모집단에서의 랜덤표본을 $X_1, X_2, \cdots, X_n$라고 할 때,

$$\sum_{i=1}^{n} T(X_i) = \left(\sum_{i=1}^{n} T_1(X_i), \cdots, \sum_{i=1}^{n} T_k(X_i)\right)^t$$

가 $\theta \in \Omega$에 관한 충분통계량이다.

[증명] 랜덤표본 $X_1, X_2, \cdots, X_n$의 결합확률밀도함수를

$$\prod_{i=1}^{n} f(x_i;\theta) = \exp\left\{\sum_{j=1}^{k} g_j(\theta)\sum_{i=1}^{n} T_j(x_i) - nA(g(\theta))\right\}\exp\left\{\sum_{i=1}^{n} S(x_i)\right\},$$

$$x_i \in \mathscr{X}\ (i = 1, \cdots, n)$$

와 같이 나타낼 수 있으므로 분해정리로부터

$$\sum_{i=1}^{n} T(X_i) = \left(\sum_{i=1}^{n} T_1(X_i), \cdots, \sum_{i=1}^{n} T_k(X_i)\right)^t$$

가 $\theta \in \Omega$에 관한 충분통계량이다.

정리 8.2.3 **충분통계량의 일대일 함수**

모집단 분포가 확률밀도함수 $f(x;\theta)$, $\theta \in \Omega$ 중의 하나일 때 랜덤표본 X_1, $\cdots$, X_n을 이용한 통계량 $Y = u(X_1, \cdots, X_n)$이 $\theta \in \Omega$에 관한 충분통계량일 때,

Y의 일대일 함수로 주어지는 통계량 $W = g(Y)$도 $\theta \in \Omega$에 관한 충분통계량이다.

[증명] $Y = u(X_1, \cdots, X_n)$이 $\theta \in \Omega$에 관한 충분통계량이므로 조건부확률

$$P_\theta\{(X_1, \cdots, X_n)^t \in A | Y = y\}$$

이 모든 y값에 대하여 모수 $\theta \in \Omega$에 의존하지 않는다. 그런데 $W = g(Y)$가 일대일 함수이므로 그 치역에 속하는 임의의 w 값에 대하여 $(W = w)$가 $(Y = g^{-1}(w))$에 대응한다. 따라서 $W = g(Y)$가 주어진 조건부확률

$$P_\theta\{(X_1, \cdots, X_n)^t \in A | W = w\} = P_\theta\{(X_1, \cdots, X_n)^t \in A | Y = g^{-1}(w)\}$$

도 모수 $\theta \in \Omega$에 의존하지 않는다. 즉 통계량 $W = g(Y)$도 $\theta \in \Omega$에 관한 충분통계량이다.

예 8.2.6 정규모집단의 경우

정규분포 $N(\mu, \sigma^2)$, $-\infty < \mu < +\infty$, $\sigma^2 > 0$의 확률밀도함수는

$$\begin{aligned} f(x;\mu,\sigma^2) &= (2\pi\sigma^2)^{-1/2} \exp\left\{-\frac{(x-\mu)^2}{2\sigma^2}\right\} \\ &= \exp\left\{\frac{\mu}{\sigma^2}x + \frac{-1}{2\sigma^2}x^2 - \frac{\mu^2}{2\sigma^2} - \frac{1}{2}\log(2\pi\sigma^2)\right\} \end{aligned}$$

와 같이 나타내어지고 분포의 토대는 실수 전체의 집합이므로 지수족의 경우이다. 따라서 <정리 8.2.2>로부터 랜덤표본 $X_1, \cdots, X_n$을 이용한 통계량

$$Y = \left(\sum_{i=1}^n X_i, \sum_{i=1}^n X_i^2\right)^t$$

은 $(\mu, \sigma^2)^t \in (-\infty, +\infty) \times (0, \infty)$에 관한 충분통계량이다. 또한 Y의 일대일함수

$$\left(\overline{X}, \sum_{i=1}^n (X_i - \overline{X})^2/(n-1)\right)^t$$

도 $(\mu, \sigma^2)^t \in (-\infty, +\infty) \times (0, \infty)$에 관한 충분통계량이다.

예 8.2.7 Beta$(\alpha, 1)$, $\alpha > 0$의 경우

베타분포 Beta$(\alpha, 1)$, $\alpha > 0$의 확률밀도함수는

$$f(x;\alpha) = \alpha x^{\alpha-1} I_{(0,1)}(x) = \exp\{(\alpha-1)\log x + \log\alpha\} I_{(0,1)}(x)$$

와 같이 나타내어지므로 지수족의 경우이다. 따라서 <정리 8.2.2>로부터 랜덤표본 $X_1, \cdots, X_n$을 이용한 통계량

$$Y = \sum_{i=1}^{n} \log X_i$$

또는 Y의 일대일 함수인

$$\overline{(\log X)} = \frac{1}{n}\sum_{i=1}^{n} \log X_i$$

는 $\alpha > 0$에 관한 충분통계량이다.

모집단 분포의 토대가 모수에 의존하는 경우에는 <정리 8.2.2>를 적용할 수가 없으나 그 토대를 나타내는 지표함수를 고려하여 분해정리를 이용하면 충분통계량을 찾을 수 있다.

예 8.2.8 **두 개의 모수를 갖는 지수분포[116]의 경우**

확률밀도함수가

$$f(x;\mu,\sigma) = \frac{1}{\sigma}\exp\left(\frac{x-\mu}{\sigma}\right) I_{[\mu,\infty)}(x), \ -\infty < \mu < +\infty, \ \sigma > 0$$

인 모집단에서의 랜덤표본 $X_1, \cdots, X_n$의 결합확률밀도함수는

$$\prod_{i=1}^{n} f(x_i;\mu,\sigma) = \frac{1}{\sigma^n}\exp\left(\frac{x_1+\cdots+x_n-n\mu}{\sigma}\right) I_{[\mu,\infty)}(\min_{1\le i\le n} x_i)$$

로 주어지고, 이 등식의 우변을 $k_1(x_1+\cdots+x_n, \min_{1\le i\le n} x_i, \mu, \sigma)$과 $k_2(x_1,\cdots,x_n) = 1$과의 곱으로 나타낼 수 있으므로 $(X_1+\cdots+X_n, \min_{1\le i\le n} X_i)^t$이 $(\mu,\sigma)^t \in (-\infty,+\infty)\times(0,+\infty)$에 관한 충분통계량이다.

예 8.2.9 **$U[\theta_1,\theta_2], -\infty < \theta_1 < \theta_2 < +\infty$의 경우**

균등분포 $U[\theta_1,\theta_2], -\infty < \theta_1 < \theta_2 < +\infty$에서의 랜덤표본 $X_1, \cdots, X_n$의 결합확률밀도함수는

$$\prod_{i=1}^{n} f(x_i;\theta) = \prod_{i=1}^{n} \frac{1}{\theta_2-\theta_1} I_{[\theta_1,\theta_2]}(x_i) = (\theta_2-\theta_1)^{-n} I_{[\theta_1 \le \min x_i, \max x_i \le \theta_2]}$$

116) 이와 같이 두 개의 모수를 갖는 지수분포를 기호로는 $\text{Exp}(\mu,\sigma)$로 나타낸다.

로 주어지고, 이 등식의 우변을 $k_1(\min_{1 \le i \le n} x_i, \max_{1 \le i \le n} x_i, \theta_1, \theta_2)$과 $k_2(x_1,\cdots,x_n) = 1$과의 곱으로 나타낼 수 있으므로 $(\min_{1 \le i \le n} X_i, \max_{1 \le i \le n} X_i)^t$이 $(\theta_1,\theta_2)^t$ $(-\infty < \theta_1 < \theta_2 < +\infty)$에 관한 충분통계량이다.

정리 8.2.4 최대가능도추정량과 충분통계량

모집단 분포가 확률밀도함수 $f(x;\theta)$, $\theta \in \Omega$ 중의 하나일 때 랜덤표본 X_1, $\cdots$, X_n을 이용한 θ의 최대가능도추정량 $\hat{\theta}^{MLE}(X_1,\cdots,X_n)$이 유일하게 존재한다면 이 최대가능도추정량은 $\theta \in \Omega$에 관한 임의의 충분통계량 $S = u(X_1,\cdots,X_n)$의 함수이다. 즉

$$\hat{\theta}^{MLE}(X_1,\cdots,X_n) = function(S)$$

[증명] 최대가능도추정량의 정의와 충분통계량 $S = u(X_1,\cdots,X_n)$에 대한 분해정리로부터

$$\hat{\theta}^{MLE}(x_1,\cdots,x_n) = \arg\max_{\theta \in \Omega} \prod_{i=1}^{n} f(x_i;\theta) = \arg\max_{\theta \in \Omega} k_1(u(x),\theta)k_2(x)$$

$$= \arg\max_{\theta \in \Omega} k_1(u(x),\theta)$$

$$\therefore\ Y = \hat{\theta}(X_1,\cdots,X_n) = function(u(X_1,\cdots,X_n)) = function(S)$$

<정리 8.2.4>에서 유일하게 존재한다고 가정된 최대가능도추정량 $Y = \hat{\theta}^{MLE}(X_1,\cdots,X_n)$가 추가적으로 $\theta \in \Omega$에 관한 충분통계량이라면 이는 임의의 다른 충분통계량 $S = u(X_1,\cdots,X_n)$의 함수로 나타내어지는 충분통계량으로서 이러한 충분통계량을 최소충분통계량(最小充分統計量, minimal sufficient statistic)이라고 한다.

<예 8.2.2>부터 <예 8.2.9>까지의 모형에서의 최대가능도추정량은 모두 유일하게 존재하고 모수에 관한 충분통계량이므로 이들은 모두 모수에 관한 최소충분통계량인 것을 알 수 있다.

정리 8.2.5 충분통계량을 이용한 추정량의 개선(Rao-Blackwell 정리)

확률밀도함수가 $f(x;\theta)$, $\theta \in \Omega$ 중의 하나인 모집단에서의 랜덤표본 X_1, $\cdots$, X_n을 이용한 통계량 $Y = u(X_1,\cdots,X_n)$이 $\theta \in \Omega$에 관한 충분통계량일 때, $\eta = \eta(\theta)$

의 추정량 $\hat{\eta}$에 대하여

$$\hat{\eta}^{RB}(\mathrm{Y}) = \mathrm{E}[\hat{\eta}(\mathrm{X}_1,\cdots,\mathrm{X}_n)|\mathrm{Y}]$$

라고 정의하면 $\hat{\eta}^{RB} = \hat{\eta}^{RB}(\mathrm{Y})$는 추정량이고 다음이 성립한다.

$$MSE(\hat{\eta}^{RB},\theta) = \mathrm{E}_\theta[(\hat{\eta}^{RB} - \eta(\theta))^2] \le \mathrm{E}_\theta[(\hat{\eta} - \eta(\theta))^2] = MSE(\hat{\eta},\theta),\ \ ^\forall\theta \in \Omega$$

[증명] $\mathrm{Y} = u(\mathrm{X}_1,\cdots,\mathrm{X}_n)$이 $\theta \in \Omega$에 관한 충분통계량이므로 Y가 주어진 조건 하에서 랜덤표본 $(\mathrm{X}_1,\cdots,\mathrm{X}_n)^t$의 조건부분포가 모수 $\theta \in \Omega$에 의존하지 않으므로 조건부기댓값 $\mathrm{E}_\theta[\hat{\eta}(\mathrm{X}_1,\cdots,\mathrm{X}_n)|\mathrm{Y}]$은 모수 $\theta \in \Omega$에 의존하지 않는다. 즉

$$\mathrm{E}_\theta[\hat{\eta}(\mathrm{X}_1,\cdots,\mathrm{X}_n)|\mathrm{Y}] \overset{\theta\in\Omega}{\equiv} \mathrm{E}[\hat{\eta}(\mathrm{X}_1,\cdots,\mathrm{X}_n)|\mathrm{Y}]$$

로서 $\hat{\eta}^{RB}(\mathrm{Y}) = \mathrm{E}[\hat{\eta}(\mathrm{X}_1,\cdots,\mathrm{X}_n)|\mathrm{Y}]$는 통계량이다.

한편 <정리 2.3.4>와 <정리 2.3.6>에 주어진 조건부기댓값의 성질로부터

$$\mathrm{E}[\mathrm{E}(\mathrm{V}|\mathrm{W})] = \mathrm{E}(\mathrm{V}),\ \mathrm{Var}(\mathrm{V}) = \mathrm{E}[\mathrm{Var}(\mathrm{V}|\mathrm{W})] + \mathrm{Var}[\mathrm{E}(\mathrm{V}|\mathrm{W})]$$

여기에서 V에 $\hat{\eta}$, W에 Y를 대입하면 $\mathrm{E}(\mathrm{V}|\mathrm{W}) = \mathrm{E}(\hat{\eta}|\mathrm{Y}) = \hat{\eta}^{RB}$이므로

$$\mathrm{E}_\theta[\hat{\eta}^{RB}] = \mathrm{E}_\theta[\mathrm{E}(\hat{\eta}|\mathrm{Y})] = \mathrm{E}_\theta(\hat{\eta})$$

$$\mathrm{Var}_\theta(\hat{\eta}^{RB}) = \mathrm{Var}_\theta[\mathrm{E}(\hat{\eta}|\mathrm{Y})] \le \mathrm{Var}_\theta(\hat{\eta})$$

그런데 $MSE(\hat{\eta},\theta) = \mathrm{E}_\theta[(\hat{\eta} - \eta(\theta))^2] = \mathrm{Var}_\theta(\hat{\eta}) + (\mathrm{E}_\theta\hat{\eta} - \eta(\theta))^2$이므로

$$MSE(\hat{\eta}^{RB},\theta) = \mathrm{E}_\theta[(\hat{\eta}^{RB} - \eta(\theta))^2] \le \mathrm{E}_\theta[(\hat{\eta} - \eta(\theta))^2] = MSE(\hat{\eta},\theta),\ \ ^\forall\theta \in \Omega$$

예 8.2.10 $U[0,\theta],\ \theta > 0$의 경우

균등분포 $U[0,\theta],\ \theta > 0$에서의 랜덤표본 $\mathrm{X}_1,\ \cdots,\ \mathrm{X}_n$의 결합확률밀도함수는

$$\prod_{i=1}^{n} f(x_i;\theta) = \prod_{i=1}^{n} \frac{1}{\theta}\mathrm{I}_{[0,\theta]}(x_i) = \frac{1}{\theta^n}\mathrm{I}_{(\max x_i \le \theta)}\mathrm{I}_{(0 \le \min x_i)}$$

와 같이 나타낼 수 있으므로 $\mathrm{Y} = \max\limits_{1\le i\le n} \mathrm{X}_i$가 $\theta > 0$에 관한 충분통계량이다.

그런데 $\mathrm{E}_\theta \mathrm{X}_1 = \theta/2$이므로 θ의 적률이용추정량은

$$\hat{\theta} = 2\overline{\mathrm{X}}$$

이고 이 추정량의 평균제곱오차는 다음과 같이 주어진다.

$$MSE(\hat{\theta},\theta) = \mathrm{E}_\theta(2\overline{\mathrm{X}} - \theta)^2 = 4\mathrm{Var}_\theta(\overline{\mathrm{X}}) = \frac{\theta^2}{3n}$$

한편 순서통계량을 $X_{(1)} < \cdots < X_{(n)}$이라고 하면

$$E(2\overline{X}|X_{(n)} = y) = \frac{2}{n}E(X_{(1)} + \cdots + X_{(n-1)} + X_{(n)}|X_{(n)} = y)$$

$$= \frac{2}{n}\left\{\sum_{r=1}^{n-1} E(X_{(r)}|X_{(n)} = y) + y\right\}$$

여기에서 $X_{(n)} = y$인 조건하에서 $X_{(r)}(1 \le r \le n-1)$의 확률밀도함수를 구해보면

$$pdf_{r|n}(x|y) = \frac{(n-1)!}{(r-1)!(n-r-1)!}\left(\frac{x}{y}\right)^{r-1}\left(1-\frac{x}{y}\right)^{n-r-1}\frac{1}{y}I_{(0,y)}(x)$$

$$\therefore E(X_{(r)}|X_{(n)} = y) = \int_0^y x\, pdf_{r|n}(x|y)dx = \frac{r}{n}y \quad (1 \le r \le n-1)$$

따라서 $\hat{\theta}^{RB} = E(\hat{\theta}|X_{(n)})$라고 하면

$$\hat{\theta}^{RB} = E(2\overline{X}|X_{(n)}) = \frac{2}{n}\left(\sum_{r=1}^{n-1}\frac{r}{n}X_{(n)} + X_{(n)}\right) = \frac{n+1}{n}X_{(n)}$$

이고 이 추정량의 평균제곱오차는 다음과 같이 주어진다.

$$MSE(\hat{\theta}^{RB}, \theta) = E_\theta\left(\frac{n+1}{n}X_{(n)} - \theta\right)^2$$

$$\therefore MSE(\hat{\theta}^{RB}, \theta) = \int_0^\theta \left(\frac{n+1}{n}x - \theta\right)^2 \frac{1}{\theta^n}nx^{n-1}dx = \frac{\theta^2}{n(n+2)}$$

그러므로 이 경우에 <정리 8.2.5>에서 밝힌 것과 같이 충분통계량에 의한 조건부기댓값을 취하여 얻은 통계량 $\hat{\theta}^{RB} = E(\hat{\theta}|X_{(n)})$에 대하여 다음이 성립한다.

$$MSE(\hat{\theta}^{RB}, \theta) = \frac{\theta^2}{n(n+2)} \le \frac{\theta^2}{3n} = MSE(\hat{\theta}, \theta)$$

8.3 최소분산불편추정

<정리 8.2.5>에 따라 충분통계량에 의한 조건부기댓값을 취하여 주면 주어진 추정량을 개선시키는 추정량을 얻을 수 있음을 알고 있다. 특히 주어진 추정량이 추정 대상의 불편추정량일 때, 충분통계량이 추가적으로 다음의 성질을 가지는 경우에 이러한 방법으로부터 전역최소분산불편추정량을 찾을 수 있는 것이 알려져 있다.

완비통계량과 완비충분통계량:

모집단 분포가 확률밀도함수 $f(x;\theta)$, $\theta \in \Omega$ 중의 하나라고 모형을 설정한 경우에 랜덤표본 $X_1, \cdots, X_n$을 이용한 통계량 $Y = u(X_1, \cdots, X_n)$에 대하여[117]

$$E_\theta g(Y) = 0 \ \forall \theta \in \Omega \text{이면 } g(Y) = 0 \text{ 즉 } P_\theta(g(Y) = 0) = 1 \ \forall \theta \in \Omega$$

이 성립할 때 통계량 $Y = u(X_1, \cdots, X_n)$를 $\theta \in \Omega$에 관한 완비통계량(完備統計量, complete statistic for $\theta \in \Omega$)이라고 한다. 통계량 $Y = u(X_1, \cdots, X_n)$가 $\theta \in \Omega$에 관해 완비통계량이며 충분통계량이면 $Y = u(X_1, \cdots, X_n)$를 $\theta \in \Omega$에 관한 완비충분통계량(complete sufficient statistic)이라고 한다.

정리 8.3.1 완비충분통계량을 이용한 전역최소분산불편추정량(UMVUE)

확률밀도함수가 $f(x;\theta)$, $\theta \in \Omega$ 중의 하나인 모집단에서의 랜덤표본 $X_1, \cdots, X_n$을 이용한 통계량 $Y = u(X_1, \cdots, X_n)$ 이 $\theta \in \Omega$에 관한 완비충분통계량일 때 다음이 성립한다.

(a) $\eta = \eta(\theta)$의 불편추정량 $\hat{\eta}_0^{UE} = \hat{\eta}_0^{UE}(X_1, \cdots, X_n)$ 에 대하여

$$\hat{\eta}_0^{RB}(Y) = E[\hat{\eta}_0^{UE}(X_1, \cdots, X_n) | Y]$$

라고 정의하면 $\hat{\eta}_0^{RB} = \hat{\eta}_0^{RB}(Y)$는 $\eta = \eta(\theta)$의 전역최소분산불편추정량이다.

(b) 통계량 $Y = u(X_1, \cdots, X_n)$의 함수인 $\delta(Y)$가 $\eta = \eta(\theta)$의 불편추정량이면 $\delta(Y)$는 $\eta = \eta(\theta)$의 전역최소분산불편추정량이다.

[증명] (a) (i) 조건부기댓값의 성질로부터

$$E_\theta \hat{\eta}_0^{RB}(Y) = E_\theta[E(\hat{\eta}_0^{UE} | Y)] = E_\theta(\hat{\eta}_0^{UE}) \overset{\theta \in \Omega}{\equiv} \eta(\theta)$$

(ii) $\eta = \eta(\theta)$의 임의의 불편추정량을 $\hat{\eta}_1^{UE} = \hat{\eta}_1^{UE}(X_1, \cdots, X_n)$라고 하면

$$\hat{\eta}_1^{RB}(Y) = E[\hat{\eta}_1^{UE}(X_1, \cdots, X_n) | Y]$$

로 정의된 $\hat{\eta}_1^{RB} = \hat{\eta}_1^{RB}(Y)$에 대하여 다음이 성립하는 것을 <정리 8.2.5>로부터 알고 있다.

$$E_\theta[\hat{\eta}_1^{RB}(Y)] = E_\theta \hat{\eta}^{UE} \overset{\theta \in \Omega}{\equiv} \eta(\theta)$$

---

117) 이러한 항등식들을 $E_\theta g(Y) \overset{\theta \in \Omega}{\equiv} 0$이면 $P_\theta(g(Y) = 0) \overset{\theta \in \Omega}{\equiv} 1$과 같이 나타내기로 한다.

$$\mathrm{Var}_\theta(\hat{\eta}_1^{RB}) = MSE(\hat{\eta}_1^{RB},\theta) \le MSE(\hat{\eta}_1^{UE},\theta) = \mathrm{Var}_\theta(\hat{\eta}_1^{UE}) \ \forall\theta\in\Omega$$

그러므로 $\hat{\eta}_0^{RB}(\mathrm{Y})$와 $\hat{\eta}_1^{RB}(\mathrm{Y})$는 모두 $\eta=\eta(\theta)$의 불편추정량이다. 따라서

$$\mathrm{E}_\theta[\hat{\eta}_0^{RB}(\mathrm{Y})-\hat{\eta}_1^{RB}(\mathrm{Y})] \overset{\theta\in\Omega}{\equiv} \eta(\theta)-\eta(\theta)=0$$

이고 Y가 $\theta\in\Omega$에 관한 완비충분통계량이므로

$$\mathrm{P}_\theta[\hat{\eta}_0^{RB}(\mathrm{Y})-\hat{\eta}_1^{RB}(\mathrm{Y})=0] \overset{\theta\in\Omega}{\equiv} 1$$

$$\therefore\ \mathrm{Var}_\theta(\hat{\eta}_0^{RB}) = \mathrm{Var}_\theta(\hat{\eta}_1^{RB}) \le \mathrm{Var}_\theta(\hat{\eta}_1^{UE}) \ \forall\theta\in\Omega$$

따라서 (i), (ii)로부터 $\hat{\eta}_0^{RB}=\hat{\eta}_0^{RB}(\mathrm{Y})$는 $\eta=\eta(\theta)$의 전역최소분산불편추정량이다.

(b) (a)의 증명 (ii)에서 $\hat{\eta}_0^{RB}(\mathrm{Y})$의 역할을 $\delta(\mathrm{Y})$로 바꾸어 놓으면 (b)가 성립하는 것을 알 수 있다.

예 8.3.1 베르누이 독립시행에서의 완비충분통계량

$\mathrm{X}_1, \cdots, \mathrm{X}_n$이 서로 독립인 베르누이 시행 $\mathrm{Bernoulli}(\theta)$, $0<\theta<1$을 나타내는 랜덤표본일 때, $\mathrm{Y}=\mathrm{X}_1+\cdots+\mathrm{X}_n$이 $\theta\in(0,1)$에 관한 충분통계량임은 <예 8.2.2>에서 알고 있다. 한편

$$\mathrm{Y} \sim \mathrm{B}(n,\theta)$$

이므로, 다음이 성립하는 것을 알 수 있다.

$$\begin{aligned}
\mathrm{E}_\theta g(\mathrm{Y}) \overset{\theta\in(0,1)}{\equiv} 0 &\Rightarrow \sum_{y=0}^{n} g(y)\binom{n}{y}\theta^y(1-\theta)^{n-y} \overset{\theta\in(0,1)}{\equiv} 0\\
&\Rightarrow \sum_{y=0}^{n} g(y)\binom{n}{y}\lambda^y \overset{\lambda>0}{\equiv} 0 \ \left(\lambda=\frac{\theta}{1-\theta}\right)\\
&\Rightarrow g(y)\binom{n}{y} \overset{y}{\equiv} 0 \ (\because \text{다항식 전개의 유일성})\\
&\Rightarrow g(\mathrm{Y})=0
\end{aligned}$$

따라서 $\mathrm{Y}=\mathrm{X}_1+\cdots+\mathrm{X}_n$은 $\theta\in(0,1)$에 관한 완비충분통계량이고,

$$\mathrm{E}_\theta(\mathrm{Y}/n) \overset{\theta\in(0,1)}{\equiv} \theta$$

이므로 <정리 8.3.1>의 (b)로부터 $\mathrm{Y}/n=\sum_{i=1}^{n}\mathrm{X}_i/n$은 모비율 θ의 전역최소분산불편추정량이다.

예 8.3.2 Poisson(θ), $\theta > 0$에서의 랜덤표본으로부터의 완비충분통계량

$X_1, \cdots, X_n$이 포아송분포 Poisson(θ), $\theta > 0$에서의 랜덤표본일 때, $Y = X_1 + \cdots + X_n$이 $\theta > 0$에 관한 충분통계량임은 <예 8.2.3>에서 알고 있다. 한편

$$Y \sim \text{Poisson}(n\theta)$$

이므로, 다음이 성립하는 것을 알 수 있다.

$$\begin{aligned} E_\theta g(Y) \overset{\theta>0}{\equiv} 0 &\Rightarrow \sum_{y=0}^{\infty} g(y) \frac{e^{-n\theta}(n\theta)^y}{y!} \overset{\theta>0}{\equiv} 0 \\ &\Rightarrow \sum_{y=0}^{\infty} \frac{g(y)}{y!} \lambda^y \overset{\lambda>0}{\equiv} 0 \quad (\lambda = n\theta) \\ &\Rightarrow \frac{g(y)}{y!} \overset{y}{\equiv} 0 \quad (\because \text{ 멱급수 전개의 유일성}) \\ &\Rightarrow g(Y) = 0 \end{aligned}$$

따라서 $Y = X_1 + \cdots + X_n$은 $\theta > 0$에 관한 완비충분통계량이고,

$$E_\theta(Y/n) \overset{\theta>0}{\equiv} \theta$$

이므로 <정리 8.3.1>의 (b)로부터 $Y/n = \sum_{i=1}^{n} X_i/n$은 모평균 θ의 전역최소분산불편추정량이다.

예 8.3.3 Exp(θ), $\theta > 0$에서의 랜덤표본으로부터의 완비충분통계량

$X_1, \cdots, X_n$이 지수분포 Exp(θ), $\theta > 0$에서의 랜덤표본일 때, $Y = X_1 + \cdots + X_n$이 $\theta > 0$에 관한 충분통계량임은 <예 8.2.4>에서 알고 있다. 한편

$$Y \sim \text{Gamma}(n, \theta)$$

이므로, 다음이 성립하는 것을 알 수 있다.

$$\begin{aligned} E_\theta g(Y) \overset{\theta>0}{\equiv} 0 &\Rightarrow \int_0^\infty g(y) \frac{1}{\Gamma(n)\theta^n} y^{n-1} e^{-y/\theta} dy \overset{\theta>0}{\equiv} 0 \\ &\Rightarrow \int_0^\infty g(y) y^{n-1} e^{-\lambda y} dy \overset{\lambda>0}{\equiv} 0 \quad (\lambda = 1/\theta) \\ &\Rightarrow g(y) y^{n-1} \overset{y>0}{\equiv} 0^{118)} \quad (\because \text{ 라플라스 변환의 유일성}) \\ &\Rightarrow g(Y) = 0 \end{aligned}$$

---

118) 정의역이 양수 전체 집합이고 적분가능한 함수 f에 대하여

$$L_f(\lambda) = \int_0^\infty f(x) e^{-\lambda x} dx$$

를 f의 라플라스(Laplace) 변환이라고 하며, 라플라스 변환은 함수 f와 일대일로 대응하는 것이 알려져 있다.

따라서 $Y = X_1 + \cdots + X_n$은 $\theta > 0$에 관한 완비충분통계량이고,

$$E_\theta(Y/n) \overset{\theta > 0}{\equiv} \theta$$

이므로 <정리 8.3.1>의 (b)로부터 $Y/n = \sum_{i=1}^{n} X_i/n$은 모평균 θ의 전역최소분산 불편추정량이다.

<예 8.3.1>부터 <예 8.3.3>의 경우는 모두 단일모수 지수족의 경우이며 일반적으로 <정리 8.2.2>에서 다중모수 지수족의 경우에 주어진 충분통계량은 적절한 조건하에서 완비통계량임이 알려져 있다. 이러한 다중모수 지수족의 성질은 라플라스 변환의 유일성을 이용하는 것으로서 이 책의 수준을 넘으므로 그 증명은 생략하고 결과만을 소개하면 다음과 같다.

정리 8.3.2 다중모수 지수족에서의 완비충분통계량

확률밀도함수가

$$f(x;\eta) = \exp\left\{\sum_{j=1}^{k} \eta_j T_j(x) - A(\eta) + S(x)\right\},\ x \in \mathscr{X},\ \eta = (\eta_1, \cdots, \eta_k)^t \in N$$

의 꼴로 주어지고 다음 조건 (i), (ii), (iii)을 만족하는 모집단에서의 랜덤표본을 $X_1, X_2, \cdots, X_n$이라고 할 때,

$$\sum_{i=1}^{n} T(X_i) = \left(\sum_{i=1}^{n} T_1(X_i), \cdots, \sum_{i=1}^{n} T_k(X_i)\right)^t$$

가 $\eta \in N$에 관한 완비충분통계량이다.

(i) 분포의 토대 $\mathscr{X} = \{x : f(x;\eta) > 0\}$가 모수에 따라 변하지 않으며,

(ii) 모수공간 N이 k차원 공간 R^k의 열린구간다면체 $(a_1, b_1) \times \cdots \times (a_k, b_k)$를 포함하고,

(iii) 모두가 0은 아닌 어떠한 실수 $c_1, \cdots, c_k$에 대해서도 $c^t T(X) = c_1 T_1(X) + \cdots + c_k T_k(X)$는 상수가 아니다.

<정리 8.3.2>를 적용하는 경우에 지수족의 표현에 사용되는 모수 η는

$$\eta = g(\theta) = (g_1(\theta), \cdots, g_k(\theta))^t,\ \theta \in \Omega$$

와 같은 일대일 변환을 통하여 정의되는 모수이다. 즉 <정리 8.3.2>의 확률밀도함수가

$$pdf(x;\theta) = \exp\left\{\sum_{j=1}^{k} g_j(\theta)\mathrm{T}_j(x) - \mathrm{A}(g(\theta)) + \mathrm{S}(x)\right\},\ x \in \mathscr{X},\ \theta \in \Omega$$

의 꼴로 모수 $\theta \in \Omega$를 이용하여 주어지는 것을 뜻한다. 따라서 조건 (ii)는

$$\left\{(g_1(\theta), \cdots, g_k(\theta))^t : \theta \in \Omega\right\} \supseteq (a_1, b_1) \times \cdots \times (a_k, b_k)$$

를 만족시키는 열린구간다면체 $(a_1, b_1) \times \cdots \times (a_k, b_k)$가 존재하는 것을 뜻한다.

예 8.3.4 정규모집단에서 랜덤표본으로부터의 완비충분통계량

정규분포 $\mathrm{N}(\mu, \sigma^2)$, $-\infty < \mu < +\infty$, $\sigma^2 > 0$의 확률밀도함수는

$$\begin{aligned} f(x;\mu,\sigma^2) &= (2\pi\sigma^2)^{-1/2}\exp\left\{-\frac{(x-\mu)^2}{2\sigma^2}\right\} \\ &= \exp\left\{\frac{\mu}{\sigma^2}x + \frac{-1}{2\sigma^2}x^2 - \frac{\mu^2}{2\sigma^2} - \frac{1}{2}\log(2\pi\sigma^2)\right\} \end{aligned}$$

와 같이 나타내어지는 지수족의 경우이고, 분포의 토대는 실수 전체의 집합이며 조건 (iii)이 성립하는 것은 명백하고 모수공간이

$\left\{(\mu/\sigma^2, -1/(2\sigma^2))^t : -\infty < \mu < +\infty, \sigma^2 > 0\right\} = (-\infty, +\infty) \times (-\infty, 0)$

로서 이차원의 열린구간다면체를 포함한다. 따라서 <정리 8.3.2>로부터 랜덤표본 $\mathrm{X}_1, \cdots, \mathrm{X}_n$ 을 이용한 통계량

$$\left(\sum_{i=1}^{n} \mathrm{X}_i, \sum_{i=1}^{n} \mathrm{X}_i^2\right)^t$$

이 $\theta = (\mu, \sigma^2)^t \in (-\infty, +\infty) \times (0, +\infty)$에 관한 완비충분통계량이다. 또한 완비충분통계량의 일대일 함수인 통계량도 완비충분통계량이므로 이들의 일대일 함수인

$$(\overline{\mathrm{X}}, \mathrm{S}^2)^t = \left(\overline{\mathrm{X}}, \sum_{i=1}^{n}(\mathrm{X}_i - \overline{\mathrm{X}})^2/(n-1)\right)^t$$

도 $\theta = (\mu, \sigma^2)^t \in (-\infty, +\infty) \times (0, +\infty)$에 관한 완비충분통계량이다. 또한

$$\mathrm{E}_\theta \overline{\mathrm{X}} = \mu,\ \mathrm{E}_\theta \mathrm{S}^2 = \sigma^2$$

이므로 <정리 8.3.1>의 (b)로부터 표본평균 $\overline{\mathrm{X}}$와 표본분산 S^2은 각각 모평균 μ와 모분산 σ^2의 전역최소분산불편추정량이다.

예 8.3.5 **제한된 모수공간을 갖는 정규모집단의 경우**

제한된 모수공간을 갖는 정규분포 $\mathrm{N}(\mu, \mu^2)$, $\mu > 0$의 확률밀도함수는

$$f(x;\mu) = (2\pi\mu^2)^{-1/2}\exp\left\{-\frac{(x-\mu)^2}{2\mu^2}\right\} = \exp\left\{\frac{1}{\mu}x + \frac{-1}{2\mu^2}x^2 - \frac{1}{2} - \frac{1}{2}\log(2\pi\mu^2)\right\}$$

와 같이 나타내어지고, $\eta_1 = 1/\mu$, $\eta_2 = -1/(2\mu^2)$이라고 하면 모수공간이

$$N = \left\{(\eta_1, \eta_2)^t : \eta_2 = -\frac{1}{2}\eta_1^2,\ \eta_1 > 0\right\}$$

인 지수족에 속하는 경우이다. 이 경우에는 모수공간 N이 이차원의 열린구간다면체를 포함할 수 없는 것이 명백하므로 <정리 8.3.2>를 적용할 수가 없다. 실제로 이 경우에는

$$\mathrm{Y} = \left(\sum_{i=1}^{n}\mathrm{X}_i, \sum_{i=1}^{n}\mathrm{X}_i^2\right)^t$$

에 대하여 다음이 성립하는 것을 알 수 있다.

$$\mathrm{E}_\mu(\mathrm{Y}_2/n) = \mathrm{E}_\mu \mathrm{X}_1^2 = \mathrm{Var}_\mu(\mathrm{X}_1) + (\mathrm{E}_\mu \mathrm{X}_1)^2 = 2\mu^2$$

$$\mathrm{E}_\mu[(\mathrm{Y}_1/n)^2] = \mathrm{E}_\mu[(\overline{\mathrm{X}})^2] = \mathrm{Var}_\mu(\overline{\mathrm{X}}) + (\mathrm{E}_\mu \overline{\mathrm{X}})^2 = \left(\frac{1}{n}+1\right)\mu^2$$

$$\therefore\ \mathrm{E}_\mu\left[\frac{1}{2n}\mathrm{Y}_2 - \frac{1}{n(n+1)}\mathrm{Y}_1^2\right] \overset{\mu>0}{\equiv} 0$$

즉 항등적으로 0이 아닌 함수 $g(\mathrm{Y}) = \frac{1}{2n}\mathrm{Y}_2 - \frac{1}{n(n+1)}\mathrm{Y}_1^2$에 대하여 그 기댓값이 항상 0인 것을 알 수 있다. 따라서 이 경우에는 $\mathrm{Y} = \left(\sum_{i=1}^{n}\mathrm{X}_i, \sum_{i=1}^{n}\mathrm{X}_i^2\right)^t$는 $\mu > 0$에 관한 완비통계량이 아니고, 표본평균 $\overline{\mathrm{X}}$가 μ의 전역최소분산불편추정량이라고 할 수 없다.

예 8.3.6 **$U[0,\theta]$, $\theta > 0$에서의 랜덤표본으로부터의 완비충분통계량**

$\mathrm{X}_1, \cdots, \mathrm{X}_n$이 균등분포 $U[0,\theta]$, $\theta > 0$에서의 랜덤표본일 때, $\mathrm{Y} = \max_{1\le i\le n}\mathrm{X}_i$이 $\theta > 0$에 관한 충분통계량임은 <예 8.2.10>에서 알고 있다. 한편 $\mathrm{Y} = \max_{1\le i\le n}\mathrm{X}_i$의 확률밀도함수는

$$pdf(y;\theta) = \frac{n}{\theta^n}y^{n-1}\mathrm{I}_{[0,\theta]}(y)$$

이므로, 적분과 미분의 관계로부터 다음이 성립하는 것을 알 수 있다.

$$\mathrm{E}_\theta g(\mathrm{Y}) \overset{\theta>0}{\equiv} 0 \Rightarrow \int_0^\theta g(y)\frac{n}{\theta^n}y^{n-1}dy \overset{\theta>0}{\equiv} 0 \Rightarrow g(\theta)\theta^{n-1} \overset{\theta>0}{\equiv} 0 \Rightarrow g(\mathrm{Y}) = 0$$

따라서 $\mathrm{Y} = \max_{1\le i\le n} \mathrm{X}_i$은 $\theta > 0$에 관한 완비충분통계량이고,

$$\mathrm{E}_\theta\left(\frac{n+1}{n}\mathrm{Y}\right) = \frac{n+1}{n}\int_0^\theta y\frac{n}{\theta^n}y^{n-1}dy \overset{\theta>0}{\equiv} \theta$$

이므로 <정리 8.3.1>의 (b)로부터 $\frac{n+1}{n}\mathrm{Y} = \frac{n+1}{n}\max_{1\le i\le n} \mathrm{X}_i$은 θ의 전역최소분산불편추정량이다.

예 8.3.7 베르누이분포에서 모분산의 불편추정

$\mathrm{X}_1, \cdots, \mathrm{X}_n (n \ge 2)$이 서로 독립인 베르누이 시행 Bernoulli(θ), $0<\theta<1$을 나타내는 랜덤표본일 때, $\mathrm{Y} = \mathrm{X}_1 + \cdots + \mathrm{X}_n$이 $\theta \in (0,1)$에 관한 완비충분통계량임은 <예 8.3.1>에서 알고 있다. 이제 <정리 8.3.1>을 이용하여 모분산 $\eta = \theta(1-\theta)$의 불편추정에 대하여 생각해보자.

$$\mathrm{E}_\theta \mathrm{X}_1(1-\mathrm{X}_2) = \mathrm{E}_\theta \mathrm{X}_1 \mathrm{E}_\theta(1-\mathrm{X}_2) = \theta(1-\theta)$$

이므로 $\hat{\eta}_0^{UE} = \mathrm{X}_1(1-\mathrm{X}_2)$는 $\eta = \theta(1-\theta)$의 불편추정량이고, <정리 8.3.1>로부터

$$\hat{\eta}_0^{RB}(\mathrm{Y}) = \mathrm{E}\left[\mathrm{X}_1(1-\mathrm{X}_2)|\mathrm{Y}\right]$$

는 $\eta = \theta(1-\theta)$의 전역최소분산불편추정량이다. 한편 $\hat{\eta}_0^{RB}(\mathrm{Y})$의 구체적 형태는 다음과 같이 구할 수 있다.

$$\begin{aligned}
\mathrm{E}\left[\mathrm{X}_1(1-\mathrm{X}_2)|\mathrm{Y}=y\right] &= \mathrm{P}(\mathrm{X}_1=1, \mathrm{X}_2=0|\mathrm{X}_1+\mathrm{X}_2+\cdots+\mathrm{X}_n=y)\\
&= \frac{\mathrm{P}(\mathrm{X}_1=1, \mathrm{X}_2=0, \mathrm{X}_3+\cdots+\mathrm{X}_n=y-1)}{\mathrm{P}(\mathrm{X}_1+\cdots+\mathrm{X}_n=y)}\\
&= \binom{n-2}{y-1}\Big/\binom{n}{y}\\
&= y(n-y)/n(n-1)
\end{aligned}$$

따라서 표본비율을 $\hat{\theta} = \mathrm{Y}/n$라고 하면

$$\hat{\eta}_0^{RB} = \frac{n}{n-1}\hat{\theta}(1-\hat{\theta})$$

예 8.3.8 포아송분포에서 모평균의 함수의 불편추정

$X_1, \cdots, X_n$이 포아송분포 $\text{Poisson}(\theta),\ \theta > 0$에서의 랜덤표본일 때, $Y = X_1 + \cdots + X_n$이 $\theta > 0$에 관한 완비충분통계량임은 <예 8.3.2>에서 알고 있다. 이제 <정리 8.3.1>을 이용하여

$$\eta = e^{-2\theta}$$

의 불편추정에 대하여 생각해보자. <정리 8.3.1>의 (b)로부터

$$E_\theta \delta(Y) \overset{\theta > 0}{\equiv} e^{-2\theta}$$

를 만족시키는 Y의 함수 $\delta(Y)$가 있다면 $\delta(Y)$가 $\eta = e^{-2\theta}$의 전역최소분산불편추정량이다.

$$Y = X_1 + \cdots + X_n \sim \text{Poisson}(n\theta)$$

이므로 위의 항등식을 멱급수 전개식으로 나타내면 다음과 같다.

$$\sum_{y=0}^{\infty} \delta(y) \frac{e^{-n\theta}(n\theta)^y}{y!} \overset{\theta > 0}{\equiv} e^{-2\theta}$$

$$\sum_{y=0}^{\infty} \frac{\delta(y)}{y!} \lambda^y \overset{\lambda > 0}{\equiv} e^{(1-2/n)\lambda} \overset{\lambda > 0}{\equiv} \sum_{y=0}^{\infty} \frac{1}{y!}((1-2/n)\lambda)^y$$

$$\therefore\ \delta(y) = (1-2/n)^y$$

따라서 $\hat{\eta}_n^{UMVUE} = (1-2/n)^{n\overline{X}}$가 $\eta = e^{-2\theta}$의 전역최소분산불편추정량이다. 참고로 표본크기 n이 큰 경우에는

$$\hat{\eta}_n^{UMVUE} = (1-2/n)^{n\overline{X}} \simeq e^{-2\overline{X}} = \hat{\eta}_n^{MLE}$$

이고 이 추정량은 $\eta = e^{-2\theta}$의 최대가능도추정량과 같은 극한분포를 갖는다. 반면에 $n=1$인 경우에는 $\hat{\eta}_1^{UMVUE} = (-1)^{X_1}$이 되어 상식을 벗어나는 꼴의 추정량인 것을 알 수 있다. 즉 맹목적인 불편추정은 특이한 결과를 가져오기도 하는 것을 알 수 있다.

예 8.3.9 정규분포에서 신뢰도의 불편추정

$X_1, \cdots, X_n (n \ge 2)$이 정규분포 $N(\theta, 1),\ -\infty < \theta < +\infty$에서의 랜덤표본일 때, 표본평균 $\overline{X}$가 θ에 관한 완비충분통계량인 것은 <정리 8.3.2>로부터 알 수 있다. 이제 <정리 8.3.1>을 이용하여 a에서의 신뢰도라고 불리우는

$$\eta = P_\theta(X_1 > a)$$

의 불편추정에 대하여 생각해보자.

$$\eta = P_\theta(X_1 > a) = E_\theta I_{(a,\infty)}(X_1)$$

이므로 $\hat{\eta}_0^{UE} = I_{(a,\infty)}(X_1)$는 $\eta = P_\theta(X_1 > a)$의 불편추정량이고, <정리 8.3.1>로부터

$$\hat{\eta}_0^{RB}(\overline{X}) = E[I_{(a,\infty)}(X_1)|\overline{X}] = P(X_1 > a|\overline{X})$$

는 $\eta = P_\theta(X_1 > a)$의 전역최소분산불편추정량이다. 한편 $\hat{\eta}_0^{RB}(\overline{X})$의 구체적 형태는 $X_1 - \overline{X}$와 $\overline{X}$의 독립성을 이용하여 다음과 같이 구할 수 있다.

$$\begin{aligned} P(X_1 > a|\overline{X} = y) &= P(X_1 - \overline{X} > a - y|\overline{X} = y) \\ &= P(X_1 - \overline{X} > a - y)\ (\because X_1 - \overline{X}\text{와 } \overline{X}\text{는 서로 독립}) \\ &= P\left(\sqrt{\frac{n-1}{n}} Z > a - y\right),\ Z \sim N(0,1)\left(\because X_1 - \overline{X} \sim N\left(0, \frac{n-1}{n}\right)\right) \end{aligned}$$

여기에서 표준정규분포의 누적분포함수를 Φ로 나타내면

$$P(X_1 > a|\overline{X} = y) = 1 - \Phi\left(\sqrt{\frac{n}{n-1}}(a-y)\right)$$

따라서

$$\hat{\eta}_0^{RB} = 1 - \Phi\left(\sqrt{\frac{n}{n-1}}(a-\overline{X})\right)$$

정리 8.3.3 완비충분통계량과 보조통계량[119]의 독립성

확률밀도함수가 $f(x;\theta)$, $\theta \in \Omega$ 중의 하나인 모집단에서의 랜덤표본 $X_1, \cdots, X_n$을 이용한 통계량 $Z = v(X_1, \cdots, X_n)$의 분포가 모수 $\theta \in \Omega$에 의존하지 않는다면, 이러한 통계량은 $\theta \in \Omega$에 관한 완비충분통계량 $Y = u(X_1, \cdots, X_n)$와는 서로 독립이다.

[증명] $Y = u(X_1, \cdots, X_n)$가 $\theta \in \Omega$에 관한 충분통계량이므로, Y가 주어진 조건부확률

$$P(Z \in B | Y) = P(v(X_1, \cdots, X_n) \in B | Y)$$

은 모수 $\theta \in \Omega$에 의존하지 않는다. 또한 조건부기댓값의 성질로부터

$$E_\theta[P(Z \in B|Y)] = E_\theta[E(I_B(Z)|Y)] = E_\theta I_B(Z) = P_\theta(Z \in B)\ \ \forall \theta \in \Omega$$

---

119) <정리 8.3.3>에서의 $Z = v(X_1, \cdots, X_n)$와 같이 모수 $\theta \in \Omega$에 의존하지 않는 분포를 갖는 통계량을 $\theta \in \Omega$에 관한 보조통계량(補助統計量, ancillary statistic)이라고 한다.

이고 $Z=v(X_1,\cdots,X_n)$의 분포가 모수 $\theta\in\Omega$에 의존하지 않으므로

$$P_\theta(Z\in B)=P(Z\in B)\ \forall\theta\in\Omega$$

$$\therefore E_\theta[P(Z\in B|Y)-P(Z\in B)]\overset{\theta\in\Omega}{\equiv}0$$

그런데 $Y=u(X_1,\cdots,X_n)$가 $\theta\in\Omega$에 관한 완비통계량이므로

$$P(Z\in B|Y)-P(Z\in B)=0,\ 즉\ P(Z\in B|Y)=P(Z\in B)$$

따라서 Z와 Y는 서로 독립이다.

<예 8.3.9>에서 알 수 있듯이 완비충분통계량이 주어진 조건하에서의 조건부기댓값을 계산할 때 완비충분통계량과 서로 독립인 보조통계량을 이용하면 그 계산이 간편해진다.

예 8.3.10 지수분포에서 신뢰도의 불편추정

$X_1,\ \cdots,\ X_n$이 지수분포 $Exp(\theta),\ \theta>0$에서의 랜덤표본일 때, $Y=X_1+\cdots+X_n$이 $\theta>0$에 관한 완비충분통계량임은 <예 8.3.3>에서 알고 있다. 이제 <정리 8.3.1>을 이용하여 a에서의 신뢰도라고 불리우는

$$\eta=P_\theta(X_1>a)=e^{-a/\theta}$$

의 불편추정에 대하여 생각해보자.

$$\eta=P_\theta(X_1>a)=E_\theta I_{(a,\infty)}(X_1)$$

이므로 $\hat{\eta}_0^{UE}=I_{(a,\infty)}(X_1)$는 $\eta=P_\theta(X_1>a)$의 불편추정량이고, <정리 8.3.1>로부터

$$\hat{\eta}_0^{RB}(Y)=E[I_{(a,\infty)}(X_1)|Y]=P(X_1>a|Y)$$

가 $\eta=P_\theta(X_1>a)$의 전역최소분산불편추정량이다.

한편 지수분포의 대의적 정의로부터

$$(X_i)_{1\le i\le n}\overset{d}{\equiv}(\theta Z_i)_{1\le i\le n},\ Z_i\overset{iid}{\sim}Exp(1)\ (i=1,\cdots,n)$$

$$\therefore\ \frac{X_1}{X_1+\cdots+X_n}\overset{d}{\equiv}\frac{Z_1}{Z_1+\cdots+Z_n},\ Z_i\overset{iid}{\sim}Exp(1)\ (i=1,\cdots,n)$$

따라서 $X_1/\sum_{i=1}^n X_i$는 $\theta>0$에 관한 보조통계량이며 <정리 8.3.3>에 따라 완비충분통계량 $Y=\sum_{i=1}^n X_i$와 독립이다. $\hat{\eta}_0^{RB}(Y)$의 구체적 형태는 이러한 독립성을 이용하여 다음과 같이 구할 수 있다.

$$
\begin{aligned}
&\mathrm{P}(\mathrm{X}_1 > a|\mathrm{Y}=y)\\
&=\mathrm{P}\left(\mathrm{X}_1/\sum_{i=1}^{n}\mathrm{X}_i > a/y|\mathrm{Y}=y\right)\\
&=\mathrm{P}\left(\mathrm{X}_1/\sum_{i=1}^{n}\mathrm{X}_i > a/y\right)\left(\because \mathrm{X}_1/\sum_{i=1}^{n}\mathrm{X}_i\text{와 } \mathrm{Y}=\sum_{i=1}^{n}\mathrm{X}_i\text{는 서로 독립}\right)\\
&=\mathrm{P}(\mathrm{Z}>a/y),\ \mathrm{Z}\sim \mathrm{Beta}(1,n-1)\ \left(\because \mathrm{X}_1/\sum_{i=1}^{n}\mathrm{X}_i\sim \mathrm{Beta}(1,n-1)\right)
\end{aligned}
$$

$$
\begin{aligned}
\therefore \mathrm{P}(\mathrm{X}_1 > a|\mathrm{Y}=y) &= \int_{a/y}^{1}\frac{\Gamma(n)}{\Gamma(1)\Gamma(n-1)}z^{1-1}(1-z)^{n-1-1}dz\,\mathrm{I}_{(a/y<1)}\\
&=(1-a/y)^{n-1}\mathrm{I}_{(a,\infty)}(y)
\end{aligned}
$$

따라서 $\eta=\mathrm{P}_\theta(\mathrm{X}_1>a)=e^{-a/\theta}$의 전역최소분산불편추정량은

$$\hat{\eta}_0^{RB}=\left(1-\frac{a/\overline{\mathrm{X}}}{n}\right)^{n-1}\mathrm{I}_{(a/n,\infty)}(\overline{\mathrm{X}})$$

로 주어진다. 참고로 표본크기 n이 큰 경우에는

$$\hat{\eta}_n^{UMVUE}=\left(1-\frac{a/\overline{\mathrm{X}}}{n}\right)^{n-1}\mathrm{I}_{(a/n,\infty)}(\overline{\mathrm{X}})\simeq e^{-a/\overline{\mathrm{X}}}=\hat{\eta}_n^{MLE}$$

이고 이 추정량은 $\eta=e^{-a/\theta}$의 최대가능도추정량과 같은 극한분포를 갖는다.

8.4 추정량의 점근적 비교

표본크기가 커짐에 따라 추정값이 추정 대상의 참값에 가까워지는 일치성을 가진 추정량들을 비교하는 경우에 그 극한분포의 산포가 작을수록 추정 오차가 작은 것을 뜻하므로 일치추정량의 비교 기준으로서 극한분포의 분산을 흔히 사용한다.[120] 이 절에서는 이와 같은 극한분포의 분산을 이용한 추정량의 비교에 대하여 알아본다.

---

120) 크기 n인 표본에 기초한 추정량의 평균제곱오차는

$$MSE(\hat{\eta}_n,\theta)=\mathrm{E}_\theta[(\hat{\eta}_n-\eta(\theta))^2]=\mathrm{Var}_\theta(\hat{\eta}_n)+[\mathrm{E}_\theta(\hat{\eta}_n)-\eta(\theta)]^2$$

와 같이 추정량의 분산 $\mathrm{Var}_\theta(\hat{\eta}_n)$과 치우침 또는 편의(偏倚, bias)라고 불리우는

$$\mathrm{Bias}_\theta(\hat{\eta}_n)=\mathrm{E}_\theta(\hat{\eta}_n)-\eta(\theta)$$

의 제곱의 합으로 주어진다. 그런데 많은 일치추정량에 대하여 편의의 제곱 $[\mathrm{Bias}_\theta(\hat{\eta}_n)]^2$은 n^{-2}의 속도로 0에 가까워지고 분산 $\mathrm{Var}_\theta(\hat{\eta}_n)$은 n^{-1}의 속도로 0에 가까워지므로, 표본크기가 커질 때 추정량을 비교하는 경우에는 극한분포의 분산을 비교 기준으로 하는 것이다.

예 8.4.1 **로지스틱분포에서의 추정량 비교**

로지스틱분포 $L(\theta,1),\ -\infty<\theta<+\infty$ 에서 θ는 모집단의 중앙값이며 평균이기도 하다. 따라서 랜덤표본 $X_1, \cdots, X_n$을 이용하는 θ의 추정량으로는 표본중앙값[121] $\hat{\theta}_n^{med}=X_{([(n+1)/2])}$, 표본평균 $\hat{\theta}_n^{mean}=\overline{X}$ 또는 <예 6.4.2>의 최대가능도추정량 $\hat{\theta}_n^{MLE}$을 생각할 수 있다.

한편 <예 4.1.5>에 주어진 로지스틱분포의 확률밀도함수와 <예 5.3.8>에 주어진 표본분위수의 극한분포에 대한 결과로부터

$$\sqrt{n}(\hat{\theta}_n^{med}-\theta)\xrightarrow[n\to\infty]{d} N(0,4)$$

이고, 중심극한정리와 <예 5.4.3>에 주어진 로지스틱분포의 분산으로부터

$$\sqrt{n}(\hat{\theta}_n^{mean}-\theta)\xrightarrow[n\to\infty]{d} N(0,\pi^2/3)$$

또한 <예 6.4.4>에 주어진 최대가능도추정량의 극한분포로부터

$$\sqrt{n}(\hat{\theta}_n^{MLE}-\theta)\xrightarrow[n\to\infty]{d} N(0,3)$$

따라서 표본크기가 충분히 커지는 경우에 극한분포의 분산이 작은 순서대로 효율성이 좋은 순서는 최대가능도추정량, 표본평균, 표본중앙값의 순서이다.

점근상대효율성:

두 추정량 $\hat{\theta}_n^{1}, \hat{\theta}_n^{2}$에 대하여

$$\sqrt{n}(\hat{\theta}_n^{i}-\theta)\xrightarrow[n\to\infty]{d} N(0,\sigma_i^2(\theta))\quad (i=1,2)$$

와 같은 점근정규성이 성립할 때, 그 극한분포의 분산의 역수의 비인 $\sigma_1^{-2}(\theta)/\sigma_2^{-2}(\theta)$을 추정량 $\hat{\theta}_n^{1}$의 $\hat{\theta}_n^{2}$에 대한 점근상대효율성(漸近相對效率性, asymptotic relative efficiency)이라고 하며 기호로는 다음과 같이 나타낸다.

$$ARE(\{\hat{\theta}_n^{1}\},\{\hat{\theta}_n^{2}\})=\sigma_1^{-2}(\theta)/\sigma_2^{-2}(\theta)$$

이와 같은 점근상대효율성의 값이 커진다는 것은 표본크기가 커지면서 추정의 정밀도가 상대적으로 높아지는 것을 뜻하며, 따라서 상대적으로 추정의 정밀도가 더

121) 여기에서 $[(n+1)/2]$는 $(n+1)/2$ 이하의 가장 큰 자연수를 뜻한다. 즉 표본크기가 큰 경우에 표본중앙값은 $n=2m$이면 $X_{(m)}$, $n=2m+1$이면 $X_{(m+1)}$로 하기로 한다.

좋은 추정방법은 더 적은 표본크기로도 요구되는 추정오차한계를 만족시킬 수 있음을 뜻한다.

예 8.4.2 로지스틱분포에서 추정오차한계와 점근상대효율성

로지스틱분포 $L(\theta,1),\ -\infty<\theta<+\infty$에서 표본중앙값을 이용하여 θ에 관한 95% 점근신뢰구간을 구하면 다음과 같이 주어지는 것을 <예 8.4.1>로부터 알 수 있다.

$$\theta\in\left[\hat{\theta}_n^{med}-1.96\sqrt{4/n},\ \hat{\theta}_n^{med}+1.96\sqrt{4/n}\right]$$

이 때 추정값과 추정대상의 차이의 한계를 나타내는 $1.96\sqrt{4/n}$을 표본중앙값의 95% 점근추정오차한계라고 한다. 따라서 표본중앙값을 이용하여 95% 점근추정오차한계를 d 이하로 하기 위하여 요구되는 표본의 크기를 n_{med}라고 하면

$$n_{med}\simeq(1.96/d)^2 4$$

마찬가지로 표본평균을 이용하여 추정하는 경우에 같은 오차한계를 달성하기 위한 표본의 크기를 n_{mean}이라고 하면

$$n_{mean}\simeq(1.96/d)^2\pi^2/3$$

따라서 이들 표본크기의 역수의 비는

$$n_{mean}^{-1}/n_{med}^{-1}\simeq 12/\pi^2\fallingdotseq 1.2=ARE(\{\hat{\theta}_n^{mean}\},\{\hat{\theta}_n^{med}\})$$

즉 표본평균의 추정 정밀도가 표본중앙값에 비하여 약 1.2배이므로 표본중앙값을 이용하면 약 1.2배의 표본 개수가 필요하게 되어 효율성이 상대적으로 떨어진다는 뜻이다.

예 8.4.3 위치모수 모형에서 중앙값의 추정

<예 8.4.1>에서와 같이 모집단 분포가 연속형이고 확률밀도함수가 $f(x-\theta)$, $-\infty<\theta<+\infty$의 꼴로서 θ에 관하여 대칭인 경우, 즉

$$f(-x)=f(x)\quad\forall x:\ -\infty<x<+\infty$$

인 모형을 생각해보자. 이러한 경우에 랜덤표본 $X_1,\cdots,X_n$을 이용한 θ의 추정량으로서 표본중앙값 $\hat{\theta}_n^{med}=X_{([(n+1)/2])}$의 경우에는 <예 5.3.7>의 결과로부터 그 극한분포가

$$\sqrt{n}(\widehat{\theta}_n^{med} - \theta) \underset{n\to\infty}{\overset{d}{\to}} \mathrm{N}(0, 1/(4f^2(0)))$$

로 주어지고, 표본평균 $\widehat{\theta}_n^{mean} = \overline{\mathrm{X}}$의 경우에는 모분산이 존재한다는 조건 하에서, 즉

$$\sigma_f^2 = \int_{-\infty}^{+\infty} x^2 f(x)\,dx < +\infty$$

라는 조건 하에서 그 극한분포가 다음과 같이 주어진다.

$$\sqrt{n}(\widehat{\theta}_n^{mean} - \theta) \underset{n\to\infty}{\overset{d}{\to}} \mathrm{N}(0, \sigma_f^2)$$

한편 최대가능도추정량의 경우에는 <정리 6.4.4>의 조건들이 만족된다면 정보량이

$$I(\theta) = \mathrm{Var}_\theta\left\{\frac{\partial}{\partial\theta}\log f(\mathrm{X}_1 - \theta)\right\} = \int_{-\infty}^{+\infty}\left(\frac{f'(x)}{f(x)}\right)^2 f(x)\,dx$$

로 주어지므로 이러한 정보량이 양의 실수라는 조건 하에서 그 극한분포는 다음과 같다.

$$\sqrt{n}(\widehat{\theta}_n^{MLE} - \theta) \underset{n\to\infty}{\overset{d}{\to}} \mathrm{N}(0, I_f^{-1}),\ \ I_f = \int_{-\infty}^{+\infty}\left(\frac{f'(x)}{f(x)}\right)^2 f(x)\,dx$$

이러한 극한분포들의 분산을 모집단 분포에 따라 정리하면 <표 8.4.1>과 같이 주어지고, 이로부터 각 추정방법 간의 점근상대효율성을 정리하면 <표 8.4.2>와 같다.

표 8.4.1 표본중앙값, 표본평균, 최대가능도추정량의 극한분포의 분산

모집단 분포	$\mathrm{N}(\theta,1)$	$\mathrm{L}(\theta,1)$	$\mathrm{DE}(\theta,1)$
$(4f^2(0))^{-1}$	$\pi/2$	4	1
σ_f^2	1	$\pi^2/3$	2
I_f^{-1}	1	3	1

표 8.4.2 표본중앙값, 표본평균, 최대가능도추정량 간의 점근상대효율성

모집단 분포	$\mathrm{N}(\theta,1)$	$\mathrm{L}(\theta,1)$	$\mathrm{DE}(\theta,1)$
$ARE(\widehat{\theta}_n^{mean}, \widehat{\theta}_n^{med})$	$\pi/2$	$12/\pi^2$	$1/2$
$ARE(\widehat{\theta}_n^{mean}, \widehat{\theta}_n^{MLE})$	1	$9/\pi^2$	$1/2$
$ARE(\widehat{\theta}_n^{med}, \widehat{\theta}_n^{MLE})$	$2/\pi$	$3/4$	1

예 8.4.4 **베타분포 모형 Beta$(\alpha,1)$, $\alpha>0$에서 추정량의 비교**

베타분포 Beta$(\alpha,1)$, $\alpha>0$의 확률밀도함수는

$$f(x;\alpha)=\alpha x^{\alpha-1}I_{(0,1)}(x)$$

이고 모평균이 $m_1=\alpha/(\alpha+1)$이므로 랜덤표본 $X_1, \cdots, X_n$을 이용한 α의 적률이용추정량은

$$\hat{\alpha}_n^{MME}=\frac{\hat{m}_1}{1-\hat{m}_1}=\frac{\overline{X}}{1-\overline{X}}$$

로 주어지고, 그 극한분포는 <정리 6.1.2>로부터 다음과 같이 주어진다.

$$\sqrt{n}(\hat{\alpha}_n^{MME}-\alpha)\xrightarrow[n\to\infty]{d}N(0,(\dot{g}(m_1))^2\sigma^2),\ g(m_1)=\frac{m_1}{1-m_1},\ \sigma^2=\frac{\alpha}{\alpha+2}-\left(\frac{\alpha}{\alpha+1}\right)^2$$

$$\text{즉 }\sqrt{n}(\hat{\alpha}_n^{MME}-\alpha)\xrightarrow[n\to\infty]{d}N\left(0,\frac{\alpha(\alpha+1)^2}{\alpha+2}\right)$$

한편 이 모형의 확률밀도함수는

$$f(x;\alpha)=\alpha x^{\alpha-1}I_{(0,1)}(x)=\exp\{(\alpha-1)\log x+\log\alpha\}I_{(0,1)}(x)$$

와 같이 나타내어지는 지수족의 경우로서 <정리 6.2.4>의 조건을 만족시키므로 α의 최대가능도추정량은 가능도방정식

$$\sum_{i=1}^{n}\log X_i+\frac{n}{\alpha}=0$$

의 근으로 주어진다. 즉 α의 최대가능도추정량은

$$\hat{\alpha}_n^{MLE}=\frac{1}{\overline{(-\log X)}}$$

로 주어지고, 그 극한분포는 중심극한정리 또는 <정리 6.4.4>로부터 다음과 같이 주어진다.

$$\sqrt{n}(\hat{\alpha}_n^{MLE}-\alpha)\xrightarrow[n\to\infty]{d}N(0,I^{-1}(\alpha)),\ I(\alpha)=E_\alpha\left[-\frac{\partial^2}{\partial\alpha^2}\log f(X_1;\alpha)\right]$$

$$\text{즉 }\sqrt{n}(\hat{\alpha}_n^{MLE}-\alpha)\xrightarrow[n\to\infty]{d}N(0,\alpha^2)$$

따라서 적률이용추정량의 최대가능도추정량에 대한 점근상대효율성은

$$ARE(\{\hat{\alpha}_n^{MME}\},\{\hat{\alpha}_n^{MLE}\})=\left[\frac{\alpha(\alpha+1)^2}{\alpha+2}\right]^{-1}/\alpha^{-2}=\frac{\alpha(\alpha+2)}{(\alpha+1)^2}$$

로 주어지고, 이로부터 최대가능도추정량이 적률이용추정량에 비하여 점근적으로 더 효율적임을 알 수 있다.

이제까지의 예에서 점근상대효율성이 가장 큰 추정량은 최대가능도추정량이었다. 이와 같은 최대가능도추정량의 점근적 효율성은 다음의 정보량 부등식으로부터 추측될 수도 있다.

정리 8.4.1 정보량 부등식[122](information inequality)

확률밀도함수가 $f(x;\theta),\ \theta \in \Omega$인 확률모형에서 최대가능도추정량의 점근 정규성을 위한 기본 조건인 <정리 6.4.3>에서의 조건 $(R0) \sim (R5)$가 만족된다고 하자. 이 때 랜덤표본 $X_1, \cdots, X_n$을 이용한 실수 값 모수[123] $\eta = \eta(\theta)$의 추정량 $\hat{\eta_n} = \hat{\eta_n}(X_1, \cdots, X_n)$의 분산에 대하여 다음 부등식이 성립한다.

$$\mathrm{Var}_\theta(\hat{\eta_n}) \geq \left(\frac{\partial}{\partial\theta}\mathrm{E}_\theta(\hat{\eta_n})\right)^t [nI(\theta)]^{-1}\left(\frac{\partial}{\partial\theta}\mathrm{E}_\theta(\hat{\eta_n})\right),\ \forall\theta \in \Omega$$

[증명] 첫째로 모수 θ가 일차원인 경우의 증명에 대하여 생각해보자. 이 경우에 점수함수 $\dot{l}_n(\theta) = \frac{\partial}{\partial\theta}\sum_{i=1}^n \log f(X_i;\theta)$와 추정량 $\hat{\eta_n} = \hat{\eta_n}(X_1, \cdots, X_n)$의 공분산과 분산에 대하여 코쉬슈바르츠 부등식

$$\mathrm{Var}_\theta(\hat{\eta_n})\mathrm{Var}_\theta(\dot{l}_n(\theta)) \geq \left\{\mathrm{Cov}_\theta(\hat{\eta_n}, \dot{l}_n(\theta))\right\}^2$$

이 성립함을 알고 있다. 한편 <정리 6.4.3>으로부터 주어진 조건 하에서

$$\mathrm{E}_\theta(\dot{l}_n(\theta)) = \mathrm{E}_\theta\left\{\sum_{i=1}^n \frac{\partial}{\partial\theta}\log f(X_i;\theta)\right\} = n\mathrm{E}_\theta\left\{\frac{\partial}{\partial\theta}\log f(X_1;\theta)\right\} = 0$$

$$\mathrm{Var}_\theta(\dot{l}_n(\theta)) = \mathrm{Var}_\theta\left\{\sum_{i=1}^n \frac{\partial}{\partial\theta}\log f(X_i;\theta)\right\} = n\mathrm{Var}_\theta\left\{\frac{\partial}{\partial\theta}\log f(X_1;\theta)\right\} = nI(\theta)$$

임을 알 수 있고, 조건 $(R4)$로부터 다음이 성립한다.

$$\mathrm{Cov}_\theta(\hat{\eta_n}, \dot{l}_n(\theta)) = \mathrm{E}_\theta(\hat{\eta_n}\dot{l}_n(\theta)) = \mathrm{E}_\theta\left[\hat{\eta_n}\frac{\partial}{\partial\theta}\log\prod_{i=1}^n f(X_i;\theta)\right] = \frac{\partial}{\partial\theta}\mathrm{E}_\theta(\hat{\eta_n})$$

따라서 위의 코쉬슈바르츠 부등식에 이를 대입하면 부등식

$$\mathrm{Var}_\theta(\hat{\eta_n}) \geq \left(\frac{\partial}{\partial\theta}\mathrm{E}_\theta(\hat{\eta_n})\right)^2 / [nI(\theta)],\ \forall\theta \in \Omega$$

---

122) 이 부등식을 크라메-라오(Cramer-Rao) 부등식이라고도 한다.

123) $\eta = \eta(\theta)$가 다차원의 모수, 즉 벡터인 경우에는 같은 방법으로

$$c^t\left\{\mathrm{Var}_\theta(\hat{\eta_n}) - \left(\frac{\partial}{\partial\theta}\mathrm{E}_\theta(\hat{\eta_n})\right)^t [nI(\theta)]^{-1}\left(\frac{\partial}{\partial\theta}\mathrm{E}_\theta(\hat{\eta_n})\right)\right\}c \geq 0,\ \forall c,\ \forall\theta \in \Omega$$

와 같은 부등식이 성립하는 것을 알 수 있다.

이 성립하게 되어 모수 θ가 일차원인 경우에 정보량 부등식을 얻게 된다.

모수 θ가 다차원인 경우에는

$$\sigma_{11} = \mathrm{Var}_\theta(\widehat{\eta_n}),\ \Sigma_{12} = \mathrm{Cov}_\theta(\widehat{\eta_n}, \dot{l}_n(\theta)),$$

$$\Sigma_{22} = \mathrm{Var}_\theta(\dot{l}_n(\theta)),\ \Sigma_{21} = \mathrm{Cov}_\theta(\dot{l}_n(\theta), \widehat{\eta_n})$$

라고 하면 일차원인 경우와 마찬가지로

$$\Sigma_{12} = \mathrm{Cov}_\theta(\widehat{\eta_n}, \dot{l}_n(\theta)) = \left[\frac{\partial}{\partial\theta}\mathrm{E}_\theta(\widehat{\eta_n})\right]^t,\ \Sigma_{22} = \mathrm{Var}_\theta(\dot{l}_n(\theta)) = nI(\theta)$$

임을 알 수 있다. 한편

$$\sigma_{11} - \Sigma_{12}\Sigma_{22}^{-1}\Sigma_{21} = \mathrm{Var}_\theta(\widehat{\eta_n} - \Sigma_{12}\Sigma_{22}^{-1}\dot{l}_n(\theta)) \geq 0,\ ^\forall\theta \in \Omega$$

이므로 부등식

$$\mathrm{Var}_\theta(\widehat{\eta_n}) - \left(\frac{\partial}{\partial\theta}\mathrm{E}_\theta(\widehat{\eta_n})\right)^t [nI(\theta)]^{-1}\left(\frac{\partial}{\partial\theta}\mathrm{E}_\theta(\widehat{\eta_n})\right) \geq 0,\ ^\forall\theta \in \Omega$$

이 성립하는 것을 알 수 있다.

정리 8.4.2 불편추정량에 대한 정보량 부등식

<정리 8.4.1>의 가정 하에서 $\theta = (\theta_1, \cdots, \theta_k)^t$의 불편추정량 $\widehat{\theta_n}^{UE}$에 대하여 다음이 성립한다.

$$c^t\mathrm{Var}_\theta(\widehat{\theta_n}^{UE})c \geq c^tI^{-1}(\theta)c/n,\ ^\forall\theta \in \Omega,\ ^\forall c$$

즉 θ가 일차원 모수인 경우에는

$$\mathrm{Var}_\theta(\widehat{\theta_n}^{UE}) \geq 1/[nI(\theta)]$$

이고, θ가 다차원 모수인 경우에는 행렬

$$\mathrm{Var}_\theta(\widehat{\theta_n}^{UE}) - I^{-1}(\theta)/n$$

가 음이 아닌 정부호의 행렬인 것을 뜻한다.

[증명] $\eta = c^t\theta = c_1\theta_1 + \cdots + c_k\theta_k$인 경우에 불편추정량 $\widehat{\eta_n}^{UE} = c^t\widehat{\theta_n}^{UE}$에 대하여

$$c^t\mathrm{Var}_\theta(\widehat{\theta_n}^{UE})c = \mathrm{Var}_\theta(c^t\widehat{\theta_n}^{UE}),\ \frac{\partial}{\partial\theta}\mathrm{E}_\theta(c^t\widehat{\theta_n}) = c^t$$

이므로 <정리 8.4.1>의 부등식을 $\eta = c^t\theta$의 불편추정량 $\widehat{\eta_n}^{UE} = c^t\widehat{\theta_n}^{UE}$에 적용한 결과이다.

예 8.4.5 베타분포 모형 Beta$(\alpha,1)$, $\alpha>0$에서의 불편추정과 정보량 부등식

베타분포 Beta$(\alpha,1)$, $\alpha>0$의 확률밀도함수는

$$f(x;\alpha)=\alpha x^{\alpha-1}\mathrm{I}_{(0,1)}(x)=\exp\{(\alpha-1)\log x+\log\alpha\}\mathrm{I}_{(0,1)}(x)$$

로 나타내어지고 이는 지수족에 속하는 경우로서 <정리 8.3.2>의 조건을 만족시키므로 랜덤표본 $\mathrm{X}_1,\ \cdots,\ \mathrm{X}_n(n\geq 3)$을 이용한 통계량

$$\mathrm{Y}=\sum_{i=1}^{n}\log\mathrm{X}_i$$

는 $\alpha>0$에 관한 완비충분통계량이다. 한편

$$\mathrm{X}_i^{\alpha}\overset{iid}{\sim}\mathrm{U}(0,1)\ \ (i=1,\cdots,n)$$

이므로

$$-\alpha\log\mathrm{X}_i\overset{iid}{\sim}\mathrm{Exp}(1)\ (i=1,\cdots,n)\ \ \therefore\ -\alpha\sum_{i=1}^{n}\log\mathrm{X}_i\sim\mathrm{Gamma}(n,1)$$

따라서

$$\mathrm{E}_{\alpha}\left[1/\left(-\sum_{i=1}^{n}\log\mathrm{X}_i\right)\right]=\alpha\Gamma(n-1)/\Gamma(n)=\alpha/(n-1),\ \ (n\geq 2)$$

$$\begin{aligned}\mathrm{Var}_{\alpha}\left[1/\left(-\sum_{i=1}^{n}\log\mathrm{X}_i\right)\right]&=\alpha^2\{\Gamma(n-2)/\Gamma(n)-1/(n-1)^2\}\\&=\alpha^2/\{(n-1)^2(n-2)\},\ \ (n\geq 3)\end{aligned}$$

그러므로 <정리 8.3.1>로부터 α의 전역최소분산불편추정량은

$$\hat{\alpha}_n^{UMVUE}=(n-1)/\left(-\sum_{i=1}^{n}\log\mathrm{X}_i\right)$$

로 주어지고 그 분산은

$$\mathrm{Var}_{\alpha}(\hat{\alpha}_n^{UMVUE})=\alpha^2/(n-2)$$

로서 <정리 8.4.2>에서 주어진 정보량 부등식의 하한인 $1/[nI(\alpha)]=\alpha^2/n$보다 크지만 점근적으로는 같아지는 것을 알 수 있다. 즉

$$\lim_{n\to\infty}\mathrm{Var}_{\alpha}(\hat{\alpha}_n^{UMVUE})/[nI(\alpha)]^{-1}=1$$

또한 <예 8.4.4>로부터

$$\hat{\alpha}_n^{UMVUE}=\frac{n-1}{n}\hat{\alpha}_n^{MLE}$$

임을 알 수 있고, 최소분산불편추정량은 최대가능도추정량과 같은 극한분포를 갖는다. 즉

$$\sqrt{n}\,(\hat{\alpha}_n^{UMVUE} - \alpha) \xrightarrow[n\to\infty]{d} \mathrm{N}(0, \alpha^2)$$

이고 두 추정량은 점근적으로 같은 효율성을 갖는다.

<정리 8.4.2>로부터 일차원 모수의 경우에

$$\mathrm{Var}_\theta\left\{\sqrt{n}\,(\hat{\theta}_n^{UE} - \theta)\right\} \geq 1/I(\theta)$$

임을 알 수 있고, 이로부터

$$\sqrt{n}\,(\hat{\theta}_n - \theta) \xrightarrow[n\to\infty]{d} \mathrm{N}(0, \sigma^2(\theta))$$

와 같이 점근정규성을 갖는 추정량의 극한분포의 분산에 대하여

$$\sigma^2(\theta) \geq 1/I(\theta)$$

일 것이라는 추측을 할 수 있다. 한편 <정리 6.4.4>로부터 최대가능도추정량의 경우에

$$\sqrt{n}\,(\hat{\theta}_n^{MLE} - \theta) \xrightarrow[n\to\infty]{d} \mathrm{N}(0, 1/I(\theta))$$

이 성립하므로 점근정규성을 갖는 추정량 중에서 최대가능도추정량이 최소의 극한분포 분산을 갖는 것이라고 추측할 수 있다.

이러한 추측을 핏셔의 추측(Fisher's conjecture)이라고 하며, 이러한 추측이 일반적으로는 성립하지 않으나 추가적인 균등수렴(均等收斂, uniform convergence)의 조건 하에서는 성립하는 것이 알려져 있다.[124] 이러한 뜻에서 최대가능도추정량을 점근적으로 효율적인 추정량이라고 하며, 이러한 최대가능도추정량의 점근적 효율성은 다차원 모수의 함수를 추정하는 경우에도 성립하는 것이 알려져 있다.

예 8.4.6 감마분포 모형 $\mathrm{Gamma}(\alpha,\beta)$, $\alpha > 0$, $\beta > 0$에서의 추정량 비교

감마분포 $\mathrm{Gamma}(\alpha,\beta)$의 확률밀도함수는

$$f(x;\theta) = \frac{1}{\Gamma(\alpha)\beta^\alpha} x^{\alpha-1} e^{-x/\beta} \mathrm{I}_{(x>0)},\ \theta = (\alpha, \beta)^t$$

124) 이에 대한 상세한 논의는 참고서적 [P. J. Bickel & K. A. Doksum] Mathematical Statistics p.331~p.332에 주어져 있다.

이고 이는 다중모수 지수족에 속하는 경우로서 <정리 6.4.4>의 조건들이 만족되는 것이 알려져 있다. 이를 이용하여 <예 6.4.5>에서는 가능도방정식

$$\dot{l}_n(\theta) = \begin{pmatrix} -n\Psi(\alpha) - n\log\beta + n\overline{(\log x)} \\ -n\alpha/\beta + n\bar{x}/\beta^2 \end{pmatrix} = 0$$

의 근으로 주어지는 $\theta = (\alpha, \beta)^t$의 최대가능도추정량을 일단계 반복법에 의해 근사하는 방법을 소개하고 있다. 여기에서 $\overline{(\log x)} = n^{-1}\sum_{i=1}^{n} \log x_i$, $\Psi(\alpha) = \frac{\partial}{\partial\alpha}\log\Gamma(\alpha)$ 이며, 일단계 반복법에 의한 추정량 $\widehat{\theta}_n^{(1)} = (\widehat{\alpha}_n^{(1)}, \widehat{\beta}_n^{(1)})^t$은 다음과 같이 정의된다.

$$\widehat{\theta}_n^{(1)} = \widehat{\theta}_n^{(0)} + [-\overline{\ddot{l}}_n(\widehat{\theta}_n^{(0)})]^{-1}\overline{\dot{l}}_n(\widehat{\theta}_n^{(0)}), \ \ \widehat{\theta}_n^{(0)} = \widehat{\theta}_n^{MME}$$

여기에서 초기 추정량으로 사용되는 적률이용추정량 $\widehat{\theta}_n^{MME} = (\widehat{\alpha}_n, \widehat{\beta}_n)^t$은 연립방정식

$$\begin{cases} \widehat{\alpha}_n\widehat{\beta}_n = \overline{\mathrm{X}}_n \\ \widehat{\alpha}_n(\widehat{\beta}_n)^2 = n^{-1}\sum_{i=1}^{n}(\mathrm{X}_i - \overline{\mathrm{X}}_n)^2 \end{cases}$$

의 근으로 주어지고, <정리 6.1.2>로부터 그 극한분포를 다음과 같이 구할 수 있다.

$$\sqrt{n}\,(\hat{\theta}_n^{MME} - \theta) \xrightarrow[n\to\infty]{d} \mathrm{N}(0, \Sigma(\theta)), \ \ \Sigma(\theta) = \begin{pmatrix} 2\alpha(\alpha+1) & -2(\alpha+1)\beta \\ -2(\alpha+1)\beta & (2+3/\alpha)\beta^2 \end{pmatrix}$$

한편 이 경우에 정보량 행렬과 그 역행렬은 각각

$$I(\theta) = \mathrm{E}_\theta[-\ddot{l}_1(\theta)] = \begin{pmatrix} \dot{\Psi}(\alpha) & 1/\beta \\ 1/\beta & \alpha/\beta^2 \end{pmatrix}, \ \ I^{-1}(\theta) = \frac{1}{\alpha\dot{\Psi}(\alpha) - 1}\begin{pmatrix} \alpha & -\beta \\ -\beta & \dot{\Psi}(\alpha)\beta^2 \end{pmatrix}$$

로 주어지고 일단계 반복법에 의한 추정량 $\widehat{\theta}_n^{(1)} = (\widehat{\alpha}_n^{(1)}, \widehat{\beta}_n^{(1)})^t$에 대하여

$$\sqrt{n}\,(\widehat{\theta}_n^{(1)} - \theta) \xrightarrow[n\to\infty]{d} \mathrm{N}(0, I^{-1}(\theta))$$

이 성립하며, 최대가능도추정량 $\widehat{\theta}_n^{MME} = (\widehat{\alpha}_n^{MME}, \widehat{\beta}_n^{MME})^t$의 극한분포도 이와 같다.

따라서 이 경우에 적률이용추정량의 최대가능도추정량에 대한 점근상대효율성은

$$ARE(\{\widehat{\alpha}_n^{MME}\}, \{\widehat{\alpha}_n^{MLE}\}) = [2\alpha(\alpha+1)]^{-1}/[\alpha/(\alpha\dot{\Psi}(\alpha)-1)]^{-1},$$

$$ARE(\{\widehat{\beta}_n^{MME}\}, \{\widehat{\beta}_n^{MLE}\}) = [(2+3/\alpha)\beta^2]^{-1}/[\dot{\Psi}(\alpha)\beta^2/(\alpha\dot{\Psi}(\alpha)-1)]^{-1}$$

로 주어지고, 그 값을 계산하면[125] <표 8.4.3>과 <표 8.4.4>와 같다.

표 8.4.3 $ARE(\{\widehat{\alpha}_n^{MME}\},\{\widehat{\alpha}_n^{MLE}\}) = \dfrac{1}{2(\alpha+1)(\alpha\dot{\Psi}(\alpha)-1)}$ 의 값

α	1/10	1/2	1	2	4	10
$ARE(\{\widehat{\alpha}_n^{MME}\},\{\widehat{\alpha}_n^{MLE}\})$	0.0497	0.2271	0.3876	0.5749	0.7391	0.8798

표 8.4.4 $ARE(\{\widehat{\beta}_n^{MME}\},\{\widehat{\beta}_n^{MLE}\}) = \dfrac{\alpha\dot{\Psi}(\alpha)}{(2\alpha+3)(\alpha\dot{\Psi}(\alpha)-1)}$ 의 값

α	1/10	1/2	1	2	4	10
$ARE(\{\widehat{\beta}_n^{MME}\},\{\widehat{\beta}_n^{MLE}\})$	0.3466	0.4203	0.5101	0.6356	0.7628	0.8850

이들 표에서 알 수 있듯이 이 예에서 적률이용추정량은 최대가능도추정량에 비하여 점근적으로 효율성이 낮다. 이러한 현상은 일반적으로 성립하는 것으로서 최대가능도추정량은 점근적으로 가장 효율적인 추정량임이 알려져 있다.

125) $\Psi(\alpha)$, $\dot{\Psi}(\alpha)$는 각각 다이감마(digamma), 트라이감마(trigamma) 함수라고 불리우는 함수로서 각각 로그감마함수의 일차, 이차 도함수이고 위의 표는 패키지 R에 있는 함수를 이용하여 계산한 결과이다.

연습문제

8.1 베르누이분포 Bernoulli(p), $0 \le p \le 1$에서의 랜덤표본 $X_1, \cdots, X_n$을 이용한 두 추정량

$$\hat{p}^{(0)} = \sum_{i=1}^{n} X_i / n, \ \hat{p}^{(1)} = \frac{\sqrt{n}}{1+\sqrt{n}}\hat{p}^{(0)} + \frac{1}{1+\sqrt{n}}\frac{1}{2}$$

을 비교하려고 한다.

(a) 최대평균제곱오차 $\max_{0 \le p \le 1} E_p[(\hat{p}-p)^2]$를 기준으로 두 추정량을 비교하여라.

(b) 다음의 베이지안평균제곱오차를 기준으로 두 추정량을 비교하여라.

$$\int_0^1 E_p[(\hat{p}-p)^2] p^{\sqrt{n}-1}(1-p)^{\sqrt{n}-1} dp$$

(c) 평균제곱오차 $E_p[(\hat{p}-p)^2]$를 기준으로 $\hat{p}^{(1)}$이 $\hat{p}^{(0)}$보다 좋기 위한 p의 범위를 구하여라.

8.2 다음 각 모형에서의 랜덤표본을 $X_1, \cdots, X_n$이라고 할 때, $\theta \in \Omega$에 관한 충분통계량을 구하여라.

(a) Beta$(1,\theta)$, $\theta \in \Omega$, $\Omega = (0, +\infty)$

(b) Beta(θ,θ), $\theta \in \Omega$, $\Omega = (0, +\infty)$

8.3 다변량 정규분포 $N_k(\mu, \Sigma)$, $\mu \in R^k$, $\det(\Sigma) > 0$에서의 랜덤표본을 $X_1, \cdots, X_n$이라고 할 때 (μ, Σ)에 관한 충분통계량을 구하여라.

8.4 다음 각 모형에서의 랜덤표본을 $X_1, \cdots, X_n$이라고 할 때, $\theta = (\mu, \sigma)^t \in \Omega$에 관한 충분통계량을 구하여라.

(a) 로지스틱분포 $L(\mu, \sigma)$, $-\infty < \mu < +\infty$, $\sigma > 0$

(b) 코쉬분포 $C(\mu, \sigma)$, $-\infty < \mu < +\infty$, $\sigma > 0$

8.5 실수 전체의 집합에서의 연속형 분포를 모형으로 하는 경우에는 모수공간을

$$\Omega = \{f : f \text{는 수직선 위의 연속형 확률밀도함수}\}$$

로 나타낼 수 있다. 이러한 모형에서의 랜덤표본을 $X_1, \cdots, X_n$이라고 할 때 $f \in \Omega$에 관한 충분통계량을 구하여라.

8.6 자연수 전체의 집합에서의 이산형 분포를 모형으로 하는 경우에는 모수공간을

$$\Omega = \left\{(p_1, p_2, \cdots) : p_k \geq 0, k = 1, 2, \cdots, \sum_{k=1}^{\infty} p_k = 1\right\}$$

로 나타낼 수 있다. 이러한 모형에서의 랜덤표본을 $X_1, \cdots, X_n$이라고 할 때 $(p_1, p_2, \cdots) \in \Omega$에 관한 충분통계량을 구하여라.

8.7 두 개의 모수를 갖는 지수분포 $\text{Exp}(\mu, \sigma)$, $-\infty < \mu < +\infty$, $\sigma > 0$에서의 랜덤표본을 관측할 수 없고 이들의 순서통계량 중에서 $X_{(1)} < \cdots < X_{(r)}$ $(1 \leq r < n)$만을 관측할 수 있다고 한다. 이 때 $(\mu, \sigma)^t \in R \times R_+$에 관한 충분통계량을 구하여라.

8.8 균등분포 $U[-\theta, \theta]$, $\theta > 0$에서의 랜덤표본을 $X_1, \cdots, X_n$이라고 할 때 다음에 답하여라.

(a) $Y = \max_{1 \leq i \leq n} |X_i|$가 $\theta \in (0, +\infty)$에 관한 충분통계량임을 밝혀라.

(b) 랜덤표본의 순서통계량을 $X_{(1)} < \cdots < X_{(n)} (n \geq 2)$이라고 할 때,

$$\hat{\theta} = c_n (X_{(n)} - X_{(1)})$$

이 θ의 불편추정량이 되기 위한 c_n의 값을 구하여라.

(c) (a)에서의 충분통계량 $Y = \max_{1 \leq i \leq n} |X_i|$ $(n \geq 2)$에 기초한 추정량으로서 (b)에서의 불편추정량보다 더 작은 평균제곱오차를 갖는 추정량을 구하여라.

8.9 기하분포 $\text{Geo}(p)$, $0 < p < 1$에서의 랜덤표본을 $X_1, \cdots, X_n (n \geq 2)$이라고 할 때, $p \in (0, 1)$에 관한 완비충분통계량과 p의 전역최소분산불편추정량을 구하여라.

8.10 확률밀도함수가

$$f(x;\mu) = e^{-(x-\mu)} I_{[\mu,\infty)}(x)$$

로 주어지는 지수분포 $\mathrm{Exp}(\mu, 1)$, $-\infty < \mu < +\infty$에서의 랜덤표본을 $X_1, \cdots, X_n$이라고 할 때, $\mu \in (-\infty, +\infty)$에 관한 완비충분통계량과 μ의 전역최소분산불편추정량을 구하여라.

8.11 두 개의 모수를 갖는 지수분포 $\mathrm{Exp}(\mu, \sigma)$, $-\infty < \mu < +\infty$, $\sigma > 0$에서의 랜덤표본을 $X_1, \cdots, X_n (n \geq 2)$이라고 할 때 다음에 답하여라.

(a) $(\mu, \sigma)^t \in R \times R_+$에 관한 완비충분통계량을 구하여라.

(b) μ의 전역최소분산불편추정량을 구하여라.

(c) σ의 전역최소분산불편추정량을 구하여라.

8.12 연습문제 (8.8)에서 다음에 답하여라.

(a) $S = (\min_{1 \leq i \leq n} X_i, \max_{1 \leq i \leq n} X_i)^t$가 $\theta \in (0, +\infty)$에 관한 완비통계량이 아님을 밝혀라.

(b) $Y = \max_{1 \leq i \leq n} |X_i|$가 $\theta \in (0, +\infty)$에 관한 완비충분통계량임을 밝히고, θ의 전역최소분산불편추정량을 구하여라.

8.13 균등분포 $U[-\theta, 2\theta]$, $\theta > 0$에서 랜덤표본을 $X_1, \cdots, X_n$이라고 할 때 다음에 답하여라.

(a) $\theta \in (0, +\infty)$에 관한 최소충분통계량을 구하여라.

(b) θ의 전역최소분산불편추정량을 구하여라.

8.14 확률밀도함수가

$$f(x;\theta) = \frac{1}{\theta}, \quad x = 1, \cdots, \theta$$

로 주어지는 이산균등분포 $U\{1, \cdots, \theta\}$, $\theta \in \Omega$, $\Omega = \{1, 2, \cdots\}$에서의 랜덤표본을 $X_1, \cdots, X_n$이라고 할 때 다음에 답하여라.

(a) $Y = \max_{1 \le i \le n} X_i$가 $\theta \in \Omega$에 관한 완비충분통계량임을 밝혀라.

(b) θ의 전역최소분산불편추정량을 구하여라.

8.15 정규분포 $N(\mu, \sigma^2)$, $-\infty < \mu < +\infty$, $\sigma > 0$에서의 랜덤표본을 $X_1, \cdots, X_n (n \ge 2)$이라고 할 때 $\eta = \mu/\sigma$의 전역최소분산불편추정량을 구하여라.

8.16 포아송분포 $\mathrm{Poisson}(\theta)$, $\theta \ge 0$에서의 랜덤표본을 $X_1, \cdots, X_n$이라고 할 때

$$\eta = P_\theta(X_1 \ge r) \ (r\text{은 주어진 자연수})$$

의 전역최소분산불편추정량을 구하여라.

8.17 정규분포 $N(\mu, \sigma^2)$, $-\infty < \mu < +\infty$, $\sigma > 0$에서의 랜덤표본을 $X_1, \cdots, X_n (n \ge 2)$이라고 할 때

$$\eta = P_\theta(X_1 > a) \ (\theta = (\mu, \sigma)^t)$$

의 전역최소분산불편추정량을 구하여라.

8.18 두 개의 모수를 갖는 지수분포 $\mathrm{Exp}(\mu, \sigma)$, $-\infty < \mu < +\infty$, $\sigma > 0$에서의 랜덤표본을 $X_1, \cdots, X_n (n \ge 2)$이라고 할 때

$$\eta = P_\theta(X_1 > a) \ (\theta = (\mu, \sigma)^t)$$

의 전역최소분산불편추정량을 구하여라.

8.19 포아송분포 $\mathrm{Poisson}(\theta)$, $\theta \ge 0$에서의 랜덤표본을 $X_1, \cdots, X_n$이라고 할 때

$$\hat{\theta}_n^{(1)} = \sum_{i=1}^{n} X_i/n = \overline{X}, \ \hat{\theta}_n^{(2)} = \sum_{i=1}^{n} (X_i - \overline{X})^2/n$$

에 대하여 점근상대효율성 $ARE(\{\hat{\theta}_n^{(1)}\}, \{\hat{\theta}_n^{(2)}\})$을 구하여라.

8.20 정규분포 $N(\mu, \sigma^2)$, $-\infty < \mu < +\infty$, $\sigma > 0$에서의 랜덤표본을 $X_1, \cdots, X_n (n \ge 2)$이라고 할 때 다음에 답하여라.

(a) σ의 전역최소분산불편추정량 $\hat{\sigma}_n^{UMVUE}$을 구하여라.

(b) 표본표준편차 $S_n = \sqrt{\sum_{i=1}^{n}(X_i - \overline{X})^2/(n-1)}$ 의 전역최소불편추정량 $\widehat{\sigma_n}^{UMVUE}$에 대한 점근상대효율성 $ARE(\{S_n\},\{\widehat{\sigma_n}^{UMVUE}\})$을 구하여라.

(c) σ의 불편추정량 $\widehat{\sigma_n}^{UE}$의 분산에 대한 정보량 부등식을 구하여라.

(참고: 점근상대효율성의 계산에서 다음 근사식을 사용한다. 이러한 근사식은 부록 Ⅰ의 <예 Ⅰ.3.1>과 <정리 Ⅰ.7.1>로부터 밝힐 수 있다.)

$$\Gamma(m+1) = m^{m+1/2}e^{-m}\sqrt{2\pi}(1+r_m),\ \ \sqrt{m}\,r_m \underset{m\to\infty}{\longrightarrow} 0$$

$$(1+a/n)^n = e^a(1+R_n),\ \ \sqrt{n}\,R_n \underset{n\to\infty}{\longrightarrow} 0$$

8.21 <정리 8.4.1>의 정보량 부등식에서 주어지는 분산의 하한은 모수의 일대일 변환에 무관한 것을 밝혀라. 즉 $\xi = g(\theta)$이고 g가 일대일이고 미분가능한 함수일 때

$$\left(\frac{\partial}{\partial\theta}E_\theta(\widehat{\eta_n})\right)^t\left[n\mathrm{Var}_\theta\left(\frac{\partial}{\partial\theta}\log f(X_1;\theta)\right)\right]^{-1}\left(\frac{\partial}{\partial\theta}E_\theta(\widehat{\eta_n})\right)$$
$$=\left(\frac{\partial}{\partial\xi}E_\xi(\widehat{\eta_n})\right)^t\left[n\mathrm{Var}_\xi\left(\frac{\partial}{\partial\xi}\log f(X_1;g^{-1}(\xi))\right)\right]^{-1}\left(\frac{\partial}{\partial\xi}E_\xi(\widehat{\eta_n})\right)$$

8.22 연습문제 (8.15)에서 $\eta = \eta(\theta)$의 불편추정량 $\widehat{\eta_n}^{UE}$의 분산에 대한 정보량 부등식을 구하고, $\eta = \eta(\theta)$의 최대가능도추정량 $\widehat{\eta_n}^{MLE}$의 극한분포를 구하여라.

8.23 연습문제 (8.17)에서 $a=0$인 경우에 $\eta = \eta(\theta)$의 불편추정량 $\widehat{\eta_n}^{UE}$의 분산에 대한 정보량 부등식을 구하고, $\eta = \eta(\theta)$의 최대가능도추정량 $\widehat{\eta_n}^{MLE}$의 극한분포를 구하여라.

8.24 확률밀도함수가

$$f(x;\alpha,\beta) = \alpha\beta^{-\alpha}x^{\alpha-1}\exp(-x^\alpha/\beta^\alpha)I_{(0,+\infty)}(x)$$

인 와이블분포 Weibull(α,β), $\alpha > 0$, $\beta > 0$ 모형에서의 랜덤표본을 $X_1, \cdots, X_n$이라고 할 때, <정리 6.4.3>의 조건 $(R0) \sim (R5)$가 만족되는 것을 가정하고 $\log X_i (i=1,\cdots,n)$의 적률을 이용한 추정량

$$\widehat{\alpha_n}^0 = \sqrt{1.6449/S^2_{\log x}}, \quad S^2_{\log x} = \frac{1}{n}\sum_{i=1}^{n}(\log X_i - \overline{(\log X)})^2$$

의 최대가능도추정량 $\widehat{\alpha_n}^{MLE}$에 대한 점근상대효율성을 구하여라.

8.25 <예 8.3.8>과 <예 8.3.10>에서 $\eta = \eta(\theta)$의 최대가능도추정량 $\widehat{\eta_n}^{MLE}$과 전역최소분산불편추정량 $\widehat{\eta_n}^{UMVUE}$에 대하여

$$\sqrt{n}(\widehat{\eta_n}^{UMVUE} - \widehat{\eta_n}^{MLE}) \underset{n\to\infty}{\overset{P_\theta}{\to}} 0$$

임을 밝히고, $\sqrt{n}(\widehat{\eta_n}^{UMVUE} - \eta)$의 극한분포를 구하여라.

9

검정의 비교

9.1 검정법 비교의 기준

검정 방법의 비교 기준에 대한 이해가 가장 쉬운 경우로서 귀무가설과 대립가설이 모두 하나의 확률밀도함수로 구성되어 있는 단순 가설(單純 假說, simple hypothesis)을 검정하는 경우를 생각해보자. 즉 모집단 분포가 확률밀도함수 $f(x;\theta)$, $\theta \in \Omega = \{\theta_0, \theta_1\}$ 중의 하나인 경우에 랜덤표본 $X_1, \cdots, X_n$을 이용하여 가설

$$H_0 : \theta = \theta_0 \quad vs \quad H_1 : \theta = \theta_1$$

을 검정하는 경우를 생각해보자.

이 때 귀무가설의 기각역 "$X = (X_1, \cdots, X_n)^t \in C$"으로 표현되는 검정 방법에 의한 오류의 확률은 두 가지로서

$$P_{\theta_0}(X \in C),\ P_{\theta_1}(X \notin C) = 1 - P_{\theta_1}(X \in C)$$

로 주어진다. 또한 랜덤화 검정 $\phi(X) = \phi(X_1, \cdots, X_n)$의 경우에는 오류의 확률이

$$E_{\theta_0}\phi(X),\ E_{\theta_1}[1 - \phi(X)]$$

로 주어진다. 이러한 오류의 확률을 모두 작게 하는 검정 방법이 있다면 그러한 방법이 좋은 방법이겠으나, 어느 한쪽의 오류 확률을 작게 하면 다른 오류 확률이 커지게 되는 문제가 있다. 따라서 추정의 경우와 마찬가지로 다음과 같은 비교 기준을 생각하는 것이 보편적이다.

최대오류확률과 베이지안평균오류확률:

(a) 최대오류확률 기준: 오류 확률의 최대값, 즉

$$\max\{E_{\theta_0}\phi(X), E_{\theta_1}[1 - \phi(X)]\}$$

을 기준으로 검정 $\phi(X)$를 비교하는 것을 뜻한다.

(b) 베이지안평균오류확률 기준: 오류 확률의 가중평균인

$$\pi_0 E_{\theta_0}\phi(X) + \pi_1 E_{\theta_1}[1 - \phi(X)],\ (\pi_0 + \pi_1 = 1,\ \pi_0 > 0,\ \pi_1 > 0)$$

를 기준으로 검정 $\phi(X)$를 비교하는 것을 뜻한다. 이 때 가중치 π_0, π_1를 사전확률(事前確率, prior probability)이라고 한다.

정리 9.1.1 단순 가설의 베이즈 검정

귀무가설과 대립가설이

$$H_0 : \theta = \theta_0 \quad vs \quad H_1 : \theta = \theta_1$$

와 같이 단순 가설인 경우에

$$\phi^{\pi}(x) = \begin{cases} 1, & pdf(x;\theta_1)/pdf(x;\theta_0) > \pi_0/\pi_1 \\ 0, & pdf(x;\theta_1)/pdf(x;\theta_0) < \pi_0/\pi_1 \end{cases}$$

을 만족하는 검정은 베이지안평균오류확률을 최소로 하는 검정이다.[126)]

[증명] 베이지안평균오류확률을

$$\begin{aligned} & \pi_0 \mathrm{E}_{\theta_0}\phi(\mathrm{X}) + \pi_1 \mathrm{E}_{\theta_1}[1-\phi(\mathrm{X})] \\ =& -\mathrm{E}_{\theta_0}[\phi(\mathrm{X})\{pdf(\mathrm{X};\theta_1)/pdf(\mathrm{X};\theta_0) - \pi_0/\pi_1\}]\pi_1 \\ & -\mathrm{E}_{\theta_1}[\phi(\mathrm{X})\mathrm{I}(pdf(\mathrm{X};\theta_0)=0)]\pi_1 + \pi_1 \end{aligned}$$

과 같이 나타낼 수 있고, $0 \le \phi(\mathrm{X}) \le 1$이므로 이러한 베이지안평균오류확률을 최소로 하려면 괄호 { } 안의 것이 양수일 때와 $pdf(\mathrm{X};\theta_0)=0$일 때 $\phi(\mathrm{X})$를 가장 큰 값인 1로 하고 괄호 { } 안의 것이 음수일 때는 가장 작은 값인 0으로 하여야 함을 알 수 있다.

예 9.1.1

정규분포 $\mathrm{N}(\mu, 1)$에서의 랜덤표본을 이용하여 단순 가설

$$H_0 : \mu = \mu_0 \quad vs \quad H_1 : \mu = \mu_1$$

을 검정하는 경우에는 가능도비가

$$pdf(x;\mu_1)/pdf(x;\mu_0) = \exp\left\{n(\mu_1-\mu_0)\left(\bar{x} - \frac{\mu_1+\mu_0}{2}\right)\right\}$$

이므로 베이지안평균오류확률을 최소로 하는 검정은 다음과 같이 주어진다.

(a) $\mu_1 > \mu_0$일 때,

$$\phi^{\pi}(x) = \begin{cases} 1, & \bar{x} - \mu_0 > (\mu_1-\mu_0)/2 + \log(\pi_0/\pi_1)/(n(\mu_1-\mu_0)) \\ 0, & \bar{x} - \mu_0 < (\mu_1-\mu_0)/2 + \log(\pi_0/\pi_1)/(n(\mu_1-\mu_0)) \end{cases}$$

(b) $\mu_1 < \mu_0$일 때,

$$\phi^{\pi}(x) = \begin{cases} 1, & \bar{x} - \mu_0 < -(\mu_0-\mu_1)/2 - \log(\pi_0/\pi_1)/(n(\mu_0-\mu_1)) \\ 0, & \bar{x} - \mu_0 > -(\mu_0-\mu_1)/2 - \log(\pi_0/\pi_1)/(n(\mu_0-\mu_1)) \end{cases}$$

베이지안평균오류확률이나 최대오류확률을 기준으로 검정 방법을 비교하는 것은 귀무가설과 대립가설을 두 개의 가설로서 대등하게 취급한다는 뜻을 내포하고 있는 것이

126) 여기에서 '양수÷0'은 $+\infty$로 어떤 실수보다도 큰 것으로 약속한다.

며, 이는 7장에서 소개된 전통적인 검정의 형식 논리와는 다른 것이다.[127)]

한편 전통적인 검정의 형식 논리에 따르면 오류의 확률 중 하나인 잘못된 귀무가설의 기각확률을 주어진 유의수준 $\alpha(0<\alpha<1)$ 이하로 하는 검정만을 비교하게 된다. 따라서 이러한 비교에서는 제 2종의 오류를 범할 확률 $\mathrm{E}_{\theta_1}[1-\phi(\mathrm{X})]$을 작게 하는, 즉 $H_1:\theta=\theta_1$에서의 검정력

$$\gamma_\phi(\theta_1)=\mathrm{E}_{\theta_1}\phi(\mathrm{X})$$

을 크게 하는 검정이 좋은 것이다.

최강력 검정:

귀무가설과 대립가설이

$$H_0:\theta=\theta_0 \quad vs \quad H_1:\theta=\theta_1$$

와 같이 단순 가설인 경우에 유의수준 $\alpha(0<\alpha<1)$인 검정 중에서 $H_1:\theta=\theta_1$에서의 검정력을 가장 크게 하는 검정을 유의수준 α의 최강력 검정(最强力 檢定, most powerful test)이라고 한다. 즉 이러한 검정을 $\phi^{MP_\alpha}(\mathrm{X})$ 또는 간략히 ϕ^{MP_α}로 나타낸다면

(i) (유의수준 $\alpha(0<\alpha<1)$): $\mathrm{E}_{\theta_0}\phi^{MP_\alpha}(\mathrm{X})\le\alpha$

(ii) (최대의 검정력): $\mathrm{E}_{\theta_1}\phi^{MP_\alpha}(\mathrm{X})\ge\mathrm{E}_{\theta_1}\phi(\mathrm{X}) \ \ {}^\forall\phi:\ \mathrm{E}_{\theta_0}\phi(\mathrm{X})\le\alpha$

정리 9.1.1 단순 가설의 최강력 검정[128)]

귀무가설과 대립가설이

$$H_0:\theta=\theta_0 \quad vs \quad H_1:\theta=\theta_1$$

와 같이 단순 가설인 경우에

(a) (가능도비 검정 꼴)

$$\phi^*(x)=\begin{cases}1, & pdf(x;\theta_1)/pdf(x;\theta_0)>k\\ \gamma, & pdf(x;\theta_1)/pdf(x;\theta_0)=k\\ 0, & pdf(x;\theta_1)/pdf(x;\theta_0)<k\end{cases}\quad (0\le\gamma\le1,\ k\ge0)$$

(b) (검정의 크기 α) $\mathrm{E}_{\theta_0}\phi^*(\mathrm{X})=\alpha$

를 만족하는 검정[129)]은 유의수준 $\alpha(0<\alpha<1)$의 최강력 검정이다.

---

127) 베이지안평균오류확률이나 최대오류확률을 기준으로 검정 방법을 비교하는 것은 단순가설이 아닌 일반적인 가설의 경우에도 가능하지만 이 책의 수준을 넘는 것이므로 생략한다.

128) 조건 (a)에서 γ가 x에 의존해도 되고, 이러한 조건 (a)는 필요조건임도 알려져 있다. 즉 최강력 검정은 (a)를 만족시켜야 하는 것도 알려져 있다.

[증명] <정리 9.1.1>에서와 같이

$$\begin{aligned}&\mathrm{E}_{\theta_1}\phi(\mathrm{X})-k\mathrm{E}_{\theta_0}\phi(\mathrm{X})\\&=\mathrm{E}_{\theta_0}[\phi(\mathrm{X})(pdf(\mathrm{X};\theta_1)/pdf(\mathrm{X};\theta_0)-k)]+\mathrm{E}_{\theta_1}[\phi(\mathrm{X})\mathrm{I}(pdf(\mathrm{X};\theta_0)=0)]\end{aligned}$$

따라서 (a)로부터 임의의 검정 $0\le\phi(\mathrm{X})\le 1$에 대하여 다음이 성립함을 알 수 있다.

$$\begin{aligned}&\left\{\mathrm{E}_{\theta_1}\phi^*(\mathrm{X})-k\mathrm{E}_{\theta_0}\phi^*(\mathrm{X})\right\}-\left\{\mathrm{E}_{\theta_1}\phi(\mathrm{X})-k\mathrm{E}_{\theta_0}\phi(\mathrm{X})\right\}\\&=\mathrm{E}_{\theta_0}[(\phi^*(\mathrm{X})-\phi(\mathrm{X}))(pdf(\mathrm{X};\theta_1)/pdf(\mathrm{X};\theta_0)-k)]\\&\quad+\mathrm{E}_{\theta_1}[(1-\phi(\mathrm{X}))\mathrm{I}(pdf(\mathrm{X};\theta_0)=0)]\\&\ge 0\\&\therefore\ \left\{\mathrm{E}_{\theta_1}\phi^*(\mathrm{X})-\mathrm{E}_{\theta_1}\phi(\mathrm{X})\right\}\ge k\left\{\mathrm{E}_{\theta_0}\phi^*(\mathrm{X})-\mathrm{E}_{\theta_0}\phi(\mathrm{X})\right\}\end{aligned}$$

그러므로 $\phi(\mathrm{X})$가 유의수준 α의 검정이라면 $\mathrm{E}_{\theta_0}\phi(\mathrm{X})\le\alpha$이므로 (b)로부터

$$\left\{\mathrm{E}_{\theta_1}\phi^*(\mathrm{X})-\mathrm{E}_{\theta_1}\phi(\mathrm{X})\right\}\ge k\left\{\mathrm{E}_{\theta_0}\phi^*(\mathrm{X})-\mathrm{E}_{\theta_0}\phi(\mathrm{X})\right\}=k\left\{\alpha-\mathrm{E}_{\theta_0}\phi(\mathrm{X})\right\}\ge 0$$

예 9.1.2

포아송분포 $\mathrm{Poisson}(\theta)$에서 크기 100인 랜덤표본을 이용하여 단순 가설

$$H_0:\theta=0.1\quad vs\quad H_1:\theta=0.05$$

을 유의수준 $\alpha=0.05$에서 검정하는 경우를 생각해보자. 이 경우에 가능도비가

$$pdf(x;\theta_1)/pdf(x;\theta_0)=e^{-n(\theta_1-\theta_0)}(\theta_1/\theta_0)^{x_1+\cdots+x_n}=e^5(1/2)^{x_1+\cdots+x_n}\quad(n=100)$$

이므로 유의수준 $\alpha=0.05$의 최강력 검정은

$$\phi^*(x)=\begin{cases}1, & x_1+\cdots+x_n\le c-1\\ \gamma, & x_1+\cdots+x_n=c\\ 0, & x_1+\cdots+x_n\ge c+1\end{cases}\qquad (n=100)(c\text{는 0 이상의 정수})$$

$$\mathrm{E}_{\theta_0}\phi^*(\mathrm{X})=0.05\ (\theta_0=0.1)$$

라는 조건에 의해 정할 수 있다. 이를 만족시키는 c와 γ는 <예 7.1.4>에서 $c=5,\ \gamma=21/38$로 정하여지는 것을 알 수 있다.

---

129) 일반적으로 (a), (b)를 만족시키는 $k,\ \gamma$가 존재하는 것이 알려져 있다.

9.2 전역최강력 검정

모집단 분포가 확률밀도함수 $f(x;\theta)$, $\theta \in \Omega$ 중의 하나인 경우에 랜덤표본 $\mathrm{X} = (\mathrm{X}_1, \cdots, \mathrm{X}_n)^t$을 이용하여 일반적인 가설

$$H_0 : \theta \in \Omega_0 \quad vs \quad H_1 : \theta \in \Omega_1 \ \ (\Omega_0 \cap \Omega_1 = \varnothing,\ \Omega_0 \cup \Omega_1 = \Omega)$$

을 유의수준 $\alpha(0 < \alpha < 1)$에서 검정할 때 대립가설의 각 모수 값에서의 검정력, 즉

$$\gamma_\phi(\theta_1) = \mathrm{E}_{\theta_1}\phi(\mathrm{X}),\ \theta_1 \in \Omega_1$$

을 크게 하는 검정이 좋은 것이다.

전역최강력 검정:

일반적인 가설

$$H_0 : \theta \in \Omega_0 \ \ vs \ \ H_1 : \theta \in \Omega_1$$

을 검정할 때, 다음을 만족시키는 검정 ϕ^{UMP_α}을 유의수준 $\alpha(0 < \alpha < 1)$의 전역최강력 검정(全域最强力 檢定, uniformly most powerful test)이라고 한다.

(i) (유의수준 $\alpha(0 < \alpha < 1)$):

$$\max_{\theta \in \Omega_0} \mathrm{E}_\theta \phi^{UMP_\alpha}(\mathrm{X}) \le \alpha$$

(ii) (대립가설 전역에서 최대의 검정력):

$$\mathrm{E}_{\theta_1}\phi^{UMP_\alpha}(\mathrm{X}) \ge \mathrm{E}_{\theta_1}\phi(\mathrm{X}) \ \ {}^\forall\theta_1 \in \Omega_1 \ \ {}^\forall\phi:\ \max_{\theta \in \Omega_0} \mathrm{E}_\theta\phi(\mathrm{X}) \le \alpha$$

예 9.2.1

정규분포 $\mathrm{N}(\mu, 1)$에서의 랜덤표본을 이용하여 가설

$$H_0 : \mu = \mu_0 \quad vs \quad H_1 : \mu > \mu_0$$

을 유의수준 $\alpha(0 < \alpha < 1)$에서 검정할 때 전역최강력 검정이 다음과 같이 주어지는 것을 밝혀라.

$$\phi^*(x) = \begin{cases} 1, & \bar{x} - \mu_0 \ge z_\alpha/\sqrt{n} \\ 0, & \bar{x} - \mu_0 < z_\alpha/\sqrt{n} \end{cases}$$

[풀이] 대립가설 하의 임의의 모수 값 μ_1에 대하여, 단순 가설

$$H_0 : \mu = \mu_0 \quad vs \quad H_1(\mu_1) : \mu = \mu_1$$

에 대한 유의수준 α의 최강력 검정은 <정리 9.1.2>로부터 구할 수 있다. 그런데 가능도비가

$$pdf(x;\mu_1)/pdf(x;\mu_0) = \exp\left\{n(\mu_1-\mu_0)\left(\overline{x} - \frac{\mu_1+\mu_0}{2}\right)\right\}$$

로 주어지고 이는 $\overline{x}$의 증가함수이므로, 최강력 검정은 다음 조건에 의해 정해진다.

$$\phi^*(x) = \begin{cases} 1, & \overline{x} \ge c \\ 0, & \overline{x} < c \end{cases}, \quad \mathrm{E}_{\mu_0}\phi^*(\mathrm{X}) = \alpha$$

그런데 귀무가설 $H_0 : \mu = \mu_0$ 하에서 $\overline{\mathrm{X}} \sim \mathrm{N}(\mu_0, 1/n)$이므로 $c = \mu_0 + z_\alpha/\sqrt{n}$이고, 이러한 최강력 검정이 μ_1의 값에 관계없이 성립하므로 이 검정이 유의수준 α의 전역최강력 검정이다.

예 9.2.2

정규분포 $\mathrm{N}(\mu,1)$에서의 랜덤표본을 이용하여 가설

$$H_0(-) : \mu \le \mu_0 \quad vs \quad H_1 : \mu > \mu_0$$

을 검정할 때, <예 9.2.1>의 검정이 유의수준 $\alpha(0<\alpha<1)$의 전역최강력 검정임을 밝혀라.

[풀이] 첫째로 <예 9.2.1>의 검정에 대하여 검정력 함수가

$$\begin{aligned} \mathrm{E}_\mu\phi^*(\mathrm{X}) &= \mathrm{P}_\mu(\overline{\mathrm{X}} - \mu_0 \ge z_\alpha/\sqrt{n}) \\ &= \mathrm{P}_\mu(\sqrt{n}(\overline{\mathrm{X}}-\mu) \ge \sqrt{n}(\mu_0-\mu)+z_\alpha) \\ &= \mathrm{P}(\mathrm{Z} \ge \sqrt{n}(\mu_0-\mu)+z_\alpha),\ \mathrm{Z}\sim\mathrm{N}(0,1) \end{aligned}$$

로서 μ의 증가함수임을 알 수 있다. 따라서

$$\max_{\mu \le \mu_0} \mathrm{E}_\mu\phi^*(\mathrm{X}) = \mathrm{E}_{\mu_0}\phi^*(\mathrm{X}) = \alpha$$

이다. 즉 <예 9.2.1>의 검정 ϕ^*는 귀무가설이 $H_0(-) : \mu \le \mu_0$인 경우에도 유의수준 α의 검정이다.

둘째로 $H_0(-) : \mu \le \mu_0$에 대하여 유의수준 α인 검정은 $H_0 : \mu = \mu_0$에 대하여도 유의수준 α의 검정이다. 즉

$$\left\{\phi : \max_{\mu \le \mu_0}\mathrm{E}_\mu\phi(\mathrm{X}) \le \alpha, 0 \le \phi(\mathrm{X}) \le 1\right\} \subseteq \left\{\phi : \mathrm{E}_{\mu_0}\phi(\mathrm{X}) \le \alpha, 0 \le \phi(\mathrm{X}) \le 1\right\}$$

그런데 <예 9.2.1>의 검정 ϕ^*는 오른쪽의 조건을 만족시키는 검정들 중에서 검정력이 최대인 검정이므로 당연히 왼쪽의 조건을 만족시키는 검정들보다는

그 검정력이 같거나 크다.

그러므로 <예 9.2.1>의 검정 ϕ^*는

$$H_0(-): \mu \le \mu_0 \quad vs \quad H_1: \mu > \mu_0$$

을 검정할 때에도 유의수준 $\alpha(0<\alpha<1)$의 전역최강력 검정이다.

정리 9.2.1 단일모수 지수족과 전역최강력 한쪽 검정[130)]

모집단 분포의 확률밀도함수가

$$f(x;\theta) = \exp\{g(\theta)T(x) - \mathrm{B}(\theta) + \mathrm{S}(x)\},\ x \in \mathscr{X},\ \theta \in \Omega \subseteq R^1$$

와 같이 나타내어지는 단일모수 지수족이고 $g(\theta)$가 θ의 증가함수일 때, 랜덤표본을 이용하여 가설

$$H_0: \theta \le \theta_0 \quad vs \quad H_1: \theta > \theta_0$$

을 유의수준 $\alpha(0<\alpha<1)$에서 검정한다고 하자. 이 때 다음 조건을 만족시키는 검정 ϕ^*는 유의수준 α의 전역최강력 검정이다.

(a) (가능도비 검정 꼴) $\phi^*(x) = \begin{cases} 1, & T(x_1)+\cdots+T(x_n) > c \\ \gamma, & T(x_1)+\cdots+T(x_n) = c \\ 0 & T(x_1)+\cdots+T(x_n) < c \end{cases}$

(b) (검정의 크기 α) $\mathrm{E}_{\theta_0}\phi^*(\mathrm{X}) = \alpha$

[증명] 첫째로 θ_0보다 큰 임의의 θ_1에 대하여, 단순 가설

$$H_0(\theta_0): \theta = \theta_0 \quad vs \quad H_1(\theta_1): \theta = \theta_1$$

에 대한 유의수준 α의 최강력 검정은 <정리 9.1.2>로부터 구할 수 있다. 그런데 가능도비가

$$\begin{aligned} & pdf(x;\theta_1)/pdf(x;\theta_0) \\ & = \exp\{(g(\theta_1)-g(\theta_0))(T(x_1)+\cdots+T(x_n)) - \mathrm{B}(\theta_1) + \mathrm{B}(\theta_0)\} \end{aligned}$$

이고, 이는 $T(x_1)+\cdots+T(x_n)$의 증가함수이므로 최강력 검정은 (a), (b)에 의해 정해진다.

---

130) 귀무가설과 대립가설이 $H_0: \theta \ge \theta_0\ vs\ H_1: \theta < \theta_0$인 경우에 유의수준 α의 전역최강력 검정을 위한 조건은 다음과 같다.

(a) $\phi^*(x) = \begin{cases} 1, & T(x_1)+\cdots+T(x_n) < c \\ \gamma, & T(x_1)+\cdots+T(x_n) = c \\ 0, & T(x_1)+\cdots+T(x_n) > c \end{cases}$ (b) $\mathrm{E}_{\theta_0}\phi^*(\mathrm{X}) = \alpha$

또한, 이러한 최강력 검정이 θ_1의 값에 관계없이 성립하므로 검정 ϕ^*는 가설

$$H_0(\theta_0):\theta=\theta_0 \quad vs \quad H_1:\theta>\theta_0$$

에 대한 유의수준 α의 전역최강력 검정이다.

둘째로 <예 9.2.2>에서와 같이 검정 ϕ^*의 검정력 함수 $\mathrm{E}_\theta\phi^*(\mathrm{X})$가 θ의 증가함수임을 밝히기만 하면

$$\max_{\theta\le\theta_0}\mathrm{E}_\theta\phi^*(\mathrm{X})=\mathrm{E}_{\theta_0}\phi^*(\mathrm{X})=\alpha$$

이 성립하므로 검정 ϕ^*는 귀무가설이 $H_0:\theta\le\theta_0$인 경우에도 유의수준 α의 검정이다. 또한 이로부터

$$\left\{\phi:\max_{\theta\le\theta_0}\mathrm{E}_\theta\phi(\mathrm{X})\le\alpha, 0\le\phi(\mathrm{X})\le 1\right\}\subseteq\left\{\phi:\mathrm{E}_{\theta_0}\phi(\mathrm{X})\le\alpha, 0\le\phi(\mathrm{X})\le 1\right\}$$

임을 이용하여 검정 ϕ^*가 가설

$$H_0:\theta\le\theta_0 \quad vs \quad H_1:\theta>\theta_1$$

을 검정할 때에도 유의수준 $\alpha(0<\alpha<1)$의 전역최강력 검정임을 알 수 있다. 그런데 검정 ϕ^*의 검정력 함수 $\mathrm{E}_\theta\phi^*(\mathrm{X})$가 θ의 증가함수임은 다음과 같이 밝힐 수 있다.

모수공간에서 임의의 $\theta', \theta''\,(\theta'<\theta'')$에 대하여 $\alpha'=\mathrm{E}_{\theta'}\phi^*(\mathrm{X})$이라고 하고, 단순 가설

$$H_0(\theta'):\theta=\theta' \quad vs \quad H_1(\theta''):\theta=\theta''$$

을 유의수준 α'에서 검정한다고 하면 항상 α'의 확률로 기각하는 랜덤화 검정 $\phi_{\alpha'}(x)\overset{x}{\equiv}\alpha'$은 유의수준 α'의 검정이므로 이 경우의 최강력 검정 $\phi^{MP_{\alpha'}}$보다 검정력이 같거나 작다. 즉

$$\mathrm{E}_{\theta''}\phi^{MP_{\alpha'}}(\mathrm{X})\ge\mathrm{E}_{\theta''}\phi_{\alpha'}(\mathrm{X})=\alpha'$$

그런데 <정리 9.1.2>로부터 명백히 이 경우의 최강력 검정 $\phi^{MP_{\alpha'}}$은 (a)와 $\alpha'=\mathrm{E}_{\theta'}\phi^*(\mathrm{X})$에 의해 정해진다. 즉 $\phi^{MP_{\alpha'}}$은 검정 ϕ^*와 일치한다. 따라서

$$\mathrm{E}_{\theta''}\phi^*(\mathrm{X})\ge\mathrm{E}_{\theta''}\phi_{\alpha'}(\mathrm{X})=\alpha'=\mathrm{E}_{\theta'}\phi^*(\mathrm{X})$$

즉 $\mathrm{E}_\theta\phi^*(\mathrm{X})$는 θ의 증가함수이다.

예 9.2.3 포아송분포의 평균에 대한 한쪽 검정

포아송분포 $\text{Poisson}(\theta)$, $0<\theta<+\infty$에서의 $n=100$개의 랜덤표본 $X_1, \cdots, X_{100}$을 이용하여

$$H_0:\theta \ge 0.1 \quad vs \quad H_1:\theta < 0.1$$

을 검정할 때 유의수준 $\alpha = 0.05$의 전역최강력 검정을 구하여라.

[풀이] 포아송분포의 확률밀도함수는

$$f(x;\theta) = \exp(x\log\theta - \theta - \log x!),\ x=0,1,\cdots$$

로 나타내어지는 단일모수 지수족의 경우이므로 <정리 9.2.1>을 적용할 수 있다. 따라서 유의수준 $\alpha=0.05$의 전역최강력 검정은 다음 조건에 의해 정하여진다.

$$\phi^*(x) = \begin{cases} 1, & x_1+\cdots+x_n \le c-1 \\ \gamma, & x_1+\cdots+x_n = c \\ 0, & x_1+\cdots+x_n \ge c+1 \end{cases} \quad (n=100)(c\text{는 0 이상의 정수})$$

$$E_{\theta_0}\phi^*(X) = 0.05\ (\theta_0 = 0.1)$$

이를 만족시키는 c와 γ는 <예 7.2.6>에서 알 수 있듯이 $c=5$, $\gamma = 21/38$로 주어진다. 참고로 <예 7.2.6>에서 언급하였듯이 이 검정의 검정력 함수는 θ의 감소함수임을 <정리 9.2.1>의 증명으로부터 알 수 있다.

예 9.2.4 지수분포의 평균에 대한 한쪽 검정

지수분포 $\text{Exp}(\theta)$, $0<\theta<+\infty$에서의 랜덤표본 $X_1, \cdots, X_n$을 이용하여

$$H_0:\theta \le \theta_0 \quad vs \quad H_1:\theta > \theta_0 \ (\theta_0\text{는 주어진 값})$$

을 검정할 때 유의수준 $\alpha(0<\alpha<1)$의 전역최강력 검정을 구하여라.

[풀이] 지수분포 $\text{Exp}(\theta)$의 확률밀도함수는

$$f(x;\theta) = \exp(-x/\theta - \log\theta),\ x\in(0,+\infty)$$

로 나타내어지는 단일모수 지수족의 경우이므로 <정리 9.2.2>를 적용할 수 있다. 따라서 유의수준 α의 전역최강력 검정은 다음 조건에 의해 정하여진다.

$$\phi^*(x) = \begin{cases} 1, & x_1 + \cdots + x_n \geq c \\ 0, & x_1 + \cdots + x_n < c \end{cases},$$

$$E_{\theta_0}\phi^*(X) = \alpha$$

그런데 $\theta = \theta_0$일 때

$$\sum_{i=1}^{n} X_i/\theta_0 \sim \text{Gamma}(n,1), \text{ 즉 } 2\sum_{i=1}^{n} X_i/\theta_0 \sim \text{Gamma}(n,2) = \chi^2(2n)$$

이므로 $c = \theta_0 \chi^2_\alpha(2n)/2$로 주어진다. 즉 유의수준 α의 전역최강력 검정의 기각역은

$$\text{“}\bar{x}/\theta_0 \geq \chi^2_\alpha(2n)/2n\text{”}$$

예 9.2.5 정규분포의 평균에 대한 양쪽 가설

정규분포 $N(\mu,1)$, $-\infty < \mu < +\infty$에서의 랜덤표본을 이용하여 가설

$$H_0 : \mu = \mu_0 \quad vs \quad H_1 : \mu \neq \mu_0$$

을 유의수준 $\alpha(0 < \alpha < 1)$에서 검정할 때 전역최강력 검정이 존재하지 않음을 밝혀라.

[풀이] 이 경우에 전역최강력 검정 ϕ^*가 존재한다면, 임의의 μ_1, $\mu_2(\mu_1 < \mu_0 < \mu_2)$에 대하여 이 검정 ϕ^*는

$$H_0 : \mu = \mu_0 \quad vs \quad H_1(\mu_1) : \mu = \mu_1$$

에 대하여 유의수준 α의 최강력 검정이어야 하고

$$H_0 : \mu = \mu_0 \quad vs \quad H_1(\mu_2) : \mu = \mu_2$$

에 대하여서도 유의수준 α의 최강력 검정이어야 한다. 따라서 <정리 9.1.2>의 필요조건으로부터 다음 두 조건을 모두 만족시키는 c_1, c_2가 존재하여야 한다.

$$\phi^*(x) = \begin{cases} 1, & \bar{x} \leq c_1 \\ 0, & \bar{x} > c_1 \end{cases} \text{ 이고 } \phi^*(x) = \begin{cases} 1, & \bar{x} \geq c_2 \\ 0, & \bar{x} < c_2 \end{cases}$$

이러한 상수 c_1, c_2는 존재하지 않으므로 전역최강력 검정은 존재하지 않는다.

예 9.2.6 정규분포의 평균에 대한 양쪽 검정의 성질131)

정규분포 $N(\theta,1)$, $-\infty < \theta < +\infty$에서의 랜덤표본 $X = (X_1,\cdots,X_n)^t$을 이용하여 가설

$$H_0 : \theta = \theta_0 \quad vs \quad H_1 : \theta \neq \theta_0$$

을 유의수준 $\alpha(0 < \alpha < 1)$에서 검정할 때의 최대가능도비 검정인

$$\phi^*(x) = \begin{cases} 1 & |\sqrt{n}(\bar{x} - \theta_0)| \geq z_{\alpha/2} \\ 0 & |\sqrt{n}(\bar{x} - \theta_0)| < z_{\alpha/2} \end{cases}$$

에 대하여 다음이 성립하는 것을 밝혀라.

(a) $E_{\theta_0}\phi^*(X) = \alpha,\ \left[\dfrac{d}{d\theta}E_\theta\phi^*(X)\right]_{\theta=\theta_0} = 0$

(b) $\forall\phi : E_{\theta_0}\phi(X) = \alpha,\ \left[\dfrac{d}{d\theta}E_\theta\phi(X)\right]_{\theta=\theta_0} = 0,$

$$E_{\theta_1}\phi^*(X) \geq E_{\theta_1}\phi(X) \quad \forall\theta_1 : \theta_1 \neq \theta_0$$

[증명] (a) 검정 ϕ^*의 검정력 함수는 표준정규분포의 누적분포함수 $\Phi(z)$를 이용하여

$$E_\theta\phi^*(X) = 1 - \Phi(z_{\alpha/2} - \delta) + \Phi(-z_{\alpha/2} - \delta),\ \delta = \sqrt{n}(\theta - \theta_0)$$

로 나타내어지므로 (a)가 성립하는 것은 명백하다.

(b) 첫째로 이 경우에 $p_\theta(X) = pdf(X;\theta)$, $\dot{p}_\theta(X) = \dfrac{d}{d\theta}pdf(X;\theta)$라고 하면

$$\left[\frac{d}{d\theta}E_\theta\phi(X)\right]_{\theta=\theta_0} = E_{\theta_0}[\phi(X)\dot{p}_{\theta_0}(X)/p_{\theta_0}(X)]$$

임을 알 수 있다.

---

131) 일반적으로 조건 $\max_{\theta\in\Omega_0}E_\theta\phi(X) \leq \alpha$, $\min_{\theta\in\Omega_1}E_\theta\phi(X) \geq \alpha$을 만족시키는 검정 $\phi(X)$를 유의수준 α의 치우침 없는 검정 또는 불편검정(不偏檢定, unbiased test)이라고 한다. 또한 이러한 조건을 만족시키며 대립가설 하의 검정력을 가장 크게 하는 검정을 유의수준 α의 전역최강력 불편검정(uniformly most powerful unbiased test)이라고 한다. <예 9.2.6>에서 조건 (a)는 이러한 불편성의 조건을 대신한 것으로서 (b)로부터 이 예에서의 양쪽 검정은 전역최강력 불편검정임을 알 수 있다. 이러한 전역최강력 불편검정은 단일모수 지수족의 경우는 물론 다중모수 지수족의 경우에도 유사한 방법으로 찾을 수 있다고 알려져 있다. 이에 대한 상세한 논의는 참고서적 [E. L. Lehmann & J. P. Romano] Testing Statistical Hypothesis 3rd ed.에 주어져 있다.

둘째로 <정리 9.1.2>에서와 같이 $\theta_1 \neq \theta_0$인 θ_1에 대하여 미정 승수 k_1, k_2를 고려하여

$$E_{\theta_1}\phi(X) - k_1 E_{\theta_0}\phi(X) - k_2 E_{\theta_0}[\phi(X)\dot{p}_{\theta_0}(X)/p_{\theta_0}(X)]$$

을 최대로 하는 검정 ϕ^{**}에 대하여 알아보자. 여기에서

$$E_{\theta_1}\phi(X) - k_1 E_{\theta_0}\phi(X) - k_2 E_{\theta_0}[\phi(X)\dot{p}_{\theta_0}(X)/p_{\theta_0}(X)]$$
$$= E_{\theta_0}\left[\phi(X)\left\{p_{\theta_1}(X)/p_{\theta_0}(X) - k_1 - k_2\dot{p}_{\theta_0}(X)/p_{\theta_0}(X)\right\}\right]$$

이므로 이 값을 $0 \le \phi(X) \le 1$에 대하여 최대로 하려면 괄호 { } 안의 것이 양수일 때 $\phi(X)$를 가장 큰 값인 1로 하고 괄호 { } 안의 것이 음수일 때는 가장 작은 값인 0으로 하여야 함을 알 수 있다. 즉 이를 최대로 하는 ϕ^{**}는 다음과 같이 주어진다.

$$\phi^{**}(x) = \begin{cases} 1, & p_{\theta_1}(x)/p_{\theta_0}(x) \ge k_1 + k_2\dot{p}_{\theta_0}(x)/p_{\theta_0}(x) \\ 0, & p_{\theta_1}(x)/p_{\theta_0}(x) < k_1 + k_2\dot{p}_{\theta_0}(x)/p_{\theta_0}(x) \end{cases}$$

따라서

$$E_{\theta_1}\phi^{**}(X) - k_1 E_{\theta_0}\phi^{**}(X) - k_2 E_{\theta_0}[\phi^{**}(X)\dot{p}_{\theta_0}(X)/p_{\theta_0}(X)]$$
$$\ge E_{\theta_1}\phi(X) - k_1 E_{\theta_0}\phi(X) - k_2 E_{\theta_0}[\phi(X)\dot{p}_{\theta_0}(X)/p_{\theta_0}(X)]$$

이로부터 다음이 성립하는 것을 알 수 있다.

$$E_{\theta_1}\phi^{**}(X) - E_{\theta_1}\phi(X)$$
$$\ge k_1[E_{\theta_0}\phi^{**}(X) - E_{\theta_0}\phi(X)]$$
$$+ k_2\left\{E_{\theta_0}[\phi^{**}(X)\dot{p}_{\theta_0}(X)/p_{\theta_0}(X)] - E_{\theta_0}[\phi(X)\dot{p}_{\theta_0}(X)/p_{\theta_0}(X)]\right\}$$

따라서 검정 ϕ^{**}가 조건 (a)를 만족시키도록 양수 k_1, k_2를 정할 수 있다면 다음이 성립한다.

$$E_{\theta_1}\phi^{**}(X) \ge E_{\theta_1}\phi(X) \ \forall\theta_1 : \theta_1 \neq \theta_0 \ \ \forall\phi : E_{\theta_0}\phi(X) = \alpha \ \left[\frac{d}{d\theta}E_\theta\phi(X)\right]_{\theta=\theta_0} = 0$$

마지막으로, 검정 ϕ^{**}가 조건 (a)를 만족시키도록 양수 k_1, k_2를 정하면 검정 ϕ^{**}가 검정 ϕ^*로 주어지는 것을 밝힐 수 있다.

9.3 비모수적 검정과 점근적 비교

모집단 분포에 대한 모형의 설정에서 정규분포 또는 로지스틱분포와 같이 확률밀도함수의 특정한 형태를 가정하지 않는 경우의 검정에 대하여 생각해보자.

예 9.3.1 **위치모수 모형에서 부호검정**

<예 8.4.3>에서와 같이 모집단 분포가 연속형이고 확률밀도함수가

$$f(x-\theta),\ -\infty<\theta<+\infty$$

의 꼴로서 θ에 관하여 대칭, 즉 $f(-x)=f(x)\ \ ^\forall x: -\infty<x<+\infty$이고 f에 대응하는 누적분포함수 F가 순증가함수인 모형을 생각해보자. 이러한 모형 하에서 랜덤표본 $X_1, \cdots, X_n$을 이용하여 가설

$$H_0(\theta_0):\theta=\theta_0 \quad vs \quad H_1:\theta>\theta_0$$

을 유의수준 $\alpha(0<\alpha<1)$에서 검정할 때, 통계량

$$S_n=\sum_{i=1}^{n} I(X_i>\theta_0)$$

을 이용하는 방법에 대하여 생각해보자.

이 경우에 통계량 S_n의 분포에 대하여

$$S_n \sim B(n,p(\theta)),\ p(\theta)=P_\theta(X_1>\theta_0)=1-F(\theta_0-\theta)$$

임을 알고 있고, 위의 가설이 $p(\theta)$에 관한 가설

$$H_0(1/2):p(\theta)=1/2 \quad vs \quad H_1:p(\theta)>1/2$$

에 대응하므로 다음과 같은 검정을 유의수준 α의 검정으로 사용할 수 있다.

$$\phi_s(X_1,\cdots,X_n)=\begin{cases}1, & S_n\geq c+1\\ \gamma, & S_n=c \qquad (0\leq\gamma\leq 1)\\ 0, & S_n\leq c-1\end{cases}$$

$$E_{\theta_0}\phi_s(X)=P_{\theta_0}(S_n\geq c+1)+\gamma P_{\theta_0}(S_n=c)=\alpha,$$

$$\text{즉}\quad \sum_{k=c+1}^{n}\binom{n}{k}(1/2)^n+\gamma\binom{n}{c}(1/2)^n=\alpha$$

이 경우에

$$E_\theta\phi_s(X_1,\cdots,X_n)=E\phi_s(Z_1+\theta,\cdots,Z_n+\theta),\ Z_i\overset{iid}{\sim}f\,(i=1,\cdots,n)$$

이고, $\phi_s(x_1,\cdots,x_n)$이 각 성분 $x_i(i=1,\cdots,n)$의 증가함수이므로 다음이 성립한다.

$$\max_{\theta \le \theta_0} \mathrm{E}_\theta \phi_s(\mathrm{X}) = \mathrm{E}_{\theta_0}\phi_s(\mathrm{X}) = \alpha$$

따라서 위의 검정 ϕ_s는 가설

$$H_0 : \theta \le \theta_0 \quad vs \quad H_1 : \theta > \theta_0$$

에 대한 유의수준 α의 검정으로 사용할 수 있다. 이와 같이 통계량 S_n을 사용하여 연속형 분포의 중앙값에 대한 검정을 하는 방법을 부호검정(符號檢定, sign test)이라고 한다.

이러한 부호검정은 모집단 분포에 대하여 특정한 함수 형태를 가정하지 않고도 사용할 수 있는 범용성(汎用性, robustness)이 있는 반면에 특정한 모집단에 적용하면 효율성이 떨어질 수도 있을 것이다. 이러한 효율성의 판단에는 주로 특정한 대립가설에서의 검정력을 일정한 수준으로 유지하기 위하여 필요한 표본크기를 비교의 기준으로 사용한다.

예 9.3.2 **위치모수 모형에서 부호검정의 검정력 근사**

<예 9.3.1>의 가설

$$H_0(\theta_0) : \theta = \theta_0 \quad vs \quad H_1 : \theta > \theta_0$$

에 대한 부호검정 통계량 S_n의 극한분포에 대하여 이항분포의 정규근사를 적용하면

$$\frac{S_n - np(\theta)}{\sqrt{n\sigma^2(\theta)}} \xrightarrow[n\to\infty]{d} \mathrm{N}(0,1),\ \sigma^2(\theta) = p(\theta)(1-p(\theta))$$

이 성립하므로, 표본크기가 클 때 유의수준 α의 기각역을 다음과 같이 근사할 수 있다.

$$\text{“}S_n \ge c_n\text{”},\ c_n \simeq np(\theta_0) + \sqrt{n}\,\sigma(\theta_0) z_\alpha,\ p(\theta_0) = 1/2,\ \sigma(\theta_0) = 1/2$$

따라서 대립가설 $\theta = \theta_1 (\theta_1 > \theta_0)$에서의 검정력은 다음과 같이 근사할 수 있다.

$$\begin{aligned}
\gamma_n(\theta_1) &= \mathrm{P}_{\theta_1}(S_n \ge c_n) \\
&= \mathrm{P}_{\theta_1}\left(\frac{S_n - np(\theta_1)}{\sqrt{n\sigma^2(\theta_1)}} \ge \frac{c_n - np(\theta_1)}{\sqrt{n\sigma^2(\theta_1)}}\right) \\
&\simeq \mathrm{P}_{\theta_1}\left(\mathrm{Z} \ge \frac{c_n - np(\theta_1)}{\sqrt{n\sigma^2(\theta_1)}}\right),\ \mathrm{Z} \sim \mathrm{N}(0,1) \\
&\simeq 1 - \Phi\{-\sqrt{n}\,(p(\theta_1) - p(\theta_0))/\sigma(\theta_1) + \sigma(\theta_0) z_\alpha/\sigma(\theta_1)\}
\end{aligned}$$

그러므로 고정된 대립가설 $\theta=\theta_1(\theta_1>\theta_0)$에 대하여는

$$\lim_{n\to\infty}\gamma_n(\theta_1)=1$$

이 성립하고, 귀무가설에 가까이 접근하는 대립가설

$$\theta_{1n}\simeq\theta_0+K/\sqrt{n}\quad(K>0)$$

에 대하여는 다음과 같은 근사식이 성립한다.

$$\gamma_n(\theta_{1n})\simeq 1-\Phi\{-\sqrt{n}(\theta_{1n}-\theta_0)\dot{p}(\theta_0)/\sigma(\theta_0)+z_\alpha\},\ \dot{p}(\theta)=\frac{d}{d\theta}p(\theta)=f(\theta_0-\theta)$$

따라서 $\gamma_n(\theta_{1n})\simeq\gamma$이기 위해 필요한 표본크기는 근사적으로 다음과 같이 구할 수 있다.

$$\sqrt{n}(\theta_{1n}-\theta_0)\dot{p}(\theta_0)/\sigma(\theta_0)-z_\alpha\simeq z_{1-\gamma}$$

$$\therefore\ n\simeq(2f(0))^{-2}\left(\frac{z_\alpha+z_{1-\gamma}}{\theta_{1n}-\theta_0}\right)^2$$

정리 9.3.1 검정력의 근사와 표본크기

실수인 모수 θ에 관한 가설

$$H_0(\theta_0):\theta=\theta_0\quad vs\quad H_1:\theta>\theta_0$$

을 유의수준 $\alpha(0<\alpha<1)$에서 검정할 때 크기 n인 랜덤표본에 기초한 검정통계량 T_n을 이용한 크기 α인 기각역의 형태가 다음과 같다고 하자.

$$\sqrt{n}(T_n-\mu(\theta_0))/\sigma(\theta_0)\geq t_n$$

또한 검정통계량 T_n에 대하여

$$\sqrt{n}(T_n-\mu(\theta))/\sigma(\theta)\underset{n\to\infty}{\overset{d}{\to}}\mathrm{N}(0,1)$$

과 같은 점근정규성이 성립하고[132] $\mu(\theta)$, $\sigma(\theta)$는 각각 미분가능하고 연속인 함수라고 하자.

(a) (검정력의 근사) 귀무가설에 가까이 접근하는 대립가설하의 모수

$$\theta_{1n}\simeq\theta_0+K/\sqrt{n}(K>0)$$

에 대하여 다음과 같은 검정력의 근사식이 성립한다.

132) 엄밀하게는 $\theta_{1n}\simeq\theta_0+K/\sqrt{n}(K>0)$에서의 점근정규성을 필요로 하고, 이는 θ_0 근방의 열린 구간에서의 θ들에 대한 균등점근정규성(均等漸近正規性, uniform asymptotic normality)이 성립되면 충분하다.

$$\gamma_n(\theta_{1n}) = \mathrm{P}_{\theta_{1n}}(\sqrt{n}(T_n - \mu(\theta_0))/\sigma(\theta_0) \ge t_n)$$
$$\simeq 1 - \Phi\{-\sqrt{n}(\theta_{1n} - \theta_0)\dot{\mu}(\theta_0)/\sigma(\theta_0) + z_\alpha\},\ \dot{\mu}(\theta) = \frac{d}{d\theta}\mu(\theta)$$

(b) (표본크기의 근사) (a)에서의 대립가설하의 모수 θ_{1n}에서의 검정력이 γ, 즉

$$\gamma_n(\theta_{1n}) \simeq \gamma$$

이기 위해 필요한 표본크기를 $N(T_n;\gamma,\theta_{1n})$이라고 하면 다음의 근사식이 성립한다.

$$N(T_n;\gamma,\theta_{1n}) \simeq (\dot{\mu}(\theta_0)/\sigma(\theta_0))^{-2}\left(\frac{z_\alpha + z_{1-\gamma}}{\theta_{1n} - \theta_0}\right)^2$$

[증명] 점근정규성이 성립하고, 검정의 크기가 α이므로

$$\mathrm{P}_{\theta_0}\{\sqrt{n}(T_n - \mu(\theta_0))/\sigma(\theta_0) \ge t_n\} = \alpha,\ \mathrm{P}(Z \ge t_n) \simeq \alpha,\ Z \sim \mathrm{N}(0,1)$$
$$\therefore\ t_n \simeq z_\alpha$$

따라서 대립가설 $\theta = \theta_1(\theta_1 > \theta_0)$에서의 검정력에 대하여 다음 근사식이 성립한다.

$$\gamma_n(\theta_1) = \mathrm{P}_{\theta_1}(\sqrt{n}(T_n - \mu(\theta_0))/\sigma(\theta_0) \ge t_n)$$
$$= \mathrm{P}_{\theta_1}\left(\sqrt{n}\frac{T_n - \mu(\theta_1)}{\sigma(\theta_1)}\frac{\sigma(\theta_1)}{\sigma(\theta_0)} + \sqrt{n}\frac{\mu(\theta_1) - \mu(\theta_0)}{\sigma(\theta_0)} \ge t_n\right)$$
$$\simeq \mathrm{P}_{\theta_1}\left(Z \ge -\sqrt{n}\frac{\mu(\theta_1) - \mu(\theta_0)}{\sigma(\theta_1)} + \frac{\sigma(\theta_0)}{\sigma(\theta_1)}z_\alpha\right),\ Z \sim \mathrm{N}(0,1)$$
$$\simeq 1 - \Phi\{-\sqrt{n}(\mu(\theta_1) - \mu(\theta_0))/\sigma(\theta_1) + z_\alpha\sigma(\theta_0)/\sigma(\theta_1)\}$$

그러므로 $\theta_{1n} \simeq \theta_0 + K/\sqrt{n}(K > 0)$에서의 검정력을 다음과 같이 근사할 수 있다.

$$\gamma_n(\theta_{1n}) \simeq 1 - \Phi\{-\sqrt{n}(\theta_{1n} - \theta_0)\dot{\mu}(\theta_0)/\sigma(\theta_0) + z_\alpha\}$$

또한 표본크기 $N(T_n;\gamma,\theta_{1n})$의 근사식은 다음의 근사계산으로부터 얻을 수 있다.

$$\sqrt{N(T_n;\gamma,\theta_{1n})}(\theta_{1n} - \theta_0)\dot{\mu}(\theta_0)/\sigma(\theta_0) - z_\alpha \simeq z_{1-\gamma}$$

점근상대효율성:

실수인 모수 θ에 관한 가설

$$H_0(\theta_0): \theta = \theta_0 \quad vs \quad H_1: \theta > \theta_0$$

을 유의수준 $\alpha(0<\alpha<1)$에서 검정할 때 크기 n인 랜덤표본에 기초한 검정통계량 $T_{in}(i=1,2)$들이 <정리 9.3.1>의 조건들을 만족시킨다고 하자. 또한 대립가설하의 모수 $\theta_{1n} \simeq \theta_0 + K/\sqrt{n}(K>0)$에서 검정력이 γ이기 위해 필요한 표본크기를 $N(T_{in};\gamma,\theta_{1n})(i=1,2)$이라고 할 때, 이들 표본크기의 역수의 극한 값

$$\lim_{n\to\infty} N^{-1}(T_{1n};\gamma,\theta_{1n})/N^{-1}(T_{2n};\gamma,\theta_{1n})$$

을 T_{1n}에 의한 검정 방법 1의 T_{2n}에 의한 검정 방법 2에 대한 점근상대효율성(漸近相對效率性, asymptotic relative efficiency)이라고 한다. 이러한 점근상대효율성을 기호로는 $ARE(\{T_{1n}\},\{T_{2n}\})$로 나타내고, 이는 <정리 9.3.1>로부터 다음과 같이 나타내어진다.

$$\begin{aligned} ARE(\{T_{1n}\},\{T_{2n}\}) &= \lim_{n\to\infty} N^{-1}(T_{1n};\gamma,\theta_{1n})/N^{-1}(T_{2n};\gamma,\theta_{1n}) \\ &= (\dot{\mu}_1(\theta_0)/\sigma_1(\theta_0))^2/(\dot{\mu}_2(\theta_0)/\sigma_2(\theta_0))^2 \end{aligned}$$

예 9.3.3 부호검정의 t 검정에 대한 점근상대효율성

모집단 분포가 연속형으로서 μ에 관해 대칭이며 확률밀도함수가

$$\frac{1}{\sigma}f\left(\frac{x-\mu}{\sigma}\right),\ -\infty<\mu<+\infty,\ \sigma>0$$

인 경우에도, 가설

$$H_0(\mu_0): \mu=\mu_0 \quad vs \quad H_1: \mu>\mu_0$$

을 유의수준 $\alpha(0<\alpha<1)$에서 검정하려면 통계량

$$S_n = \sum_{i=1}^{n} \mathrm{I}(\mathrm{X}_i > \mu_0)$$

을 이용하는 부호검정을 <예 9.3.1>에서와 같이 적용할 수 있다.

이 경우에도 $\mu_{1n} \simeq \mu_0 + K/\sqrt{n}(K>0)$에서 부호검정에 의한 검정력이 γ이기 위해 필요한 표본크기는 <예 9.3.2>에서와 같이

$$N(S_n;\gamma,\mu_{1n}) \simeq (2f(0)/\sigma)^{-2}\left(\frac{z_\alpha + z_{1-\gamma}}{\mu_{1n}-\mu_0}\right)^2$$

으로 주어진다.

한편 모집단의 분포가 정규분포라면

$$\text{“}\sqrt{n}(\overline{\mathrm{X}}-\mu_0)/\mathrm{S} \ge t_\alpha(n-1)\text{”}$$

로 주어지는 t 검정을 사용할 것이다. 이러한 t 검정의 통계량

$$T_n = \sqrt{n}(\overline{\mathrm{X}}-\mu_0)/\mathrm{S}$$

에 대하여 다음과 같은 점근정규성이 성립하는 것을 알 수 있다.[133)]

$$\sqrt{n}\left(\frac{\overline{X}-\mu_0}{S}-\frac{\mu_{1n}-\mu_0}{\sqrt{Var(X_1)}}\right)\underset{n\to\infty}{\overset{d}{\to}} N(0,1),\ \sqrt{Var(X_1)}=\sigma\left(\int_{-\infty}^{+\infty} z^2 f(z)dz\right)^{1/2}$$

따라서 t 검정의 경우에 표본크기의 근사식은 <정리 9.3.1>로부터 다음과 같이 주어진다.

$$N(T_n;\gamma,\mu_{1n})\simeq(1/\sqrt{Var(X_1)})^{-2}\left(\frac{z_\alpha+z_{1-\gamma}}{\mu_{1n}-\mu_0}\right)^2$$

그러므로 부호검정의 t 검정에 대한 점근상대효율성은

$$ARE(\{S_n\},\{T_n\})=(2f(0)/\sigma)^2/(1/\sqrt{Var(X_1)})^2=4(f(0))^2\int_{-\infty}^{+\infty} z^2 f(z)dz$$

으로 주어지고, <예 8.4.3>으로부터 이는 추정량으로서 표본중앙값의 표본평균에 대한 점근상대효율성과 같은 것을 알 수 있다.

표 9.3.1 부호검정의 t 검정에 대한 점근상대효율성

모집단 분포	$N(\mu,\sigma^2)$	$L(\mu,\sigma)$	$DE(\mu,\sigma)$
$ARE(\{S_n\},\{T_n\})$	$2/\pi=0.636...$	$\pi^2/12=0.822...$	2

부호검정과 같이 모집단 분포에 대하여 특정한 함수 형태를 가정하지 않고도 사용할 수 있는 검정 방법을 비모수적(非母數的, nonparametric) 검정이라고 하며, 이러한 방법은 모집단 분포에 대한 가정의 타당성을 판단하기 어려운 경우에 유용한 방법이다. 이러한 비모수적 검정의 가장 대표적 방법인 크기 순서를 이용하는 방법에 대하여 알아보자.

예 9.3.4 위치모수 모형에서 부호순위 검정통계량

<예 9.3.1>에서와 같이 모집단 분포가 연속형이고 확률밀도함수가

$$f(x-\theta),\ -\infty<\theta<+\infty$$

의 꼴로서 θ에 관하여 대칭, 즉 $f(-x)=f(x)\ \ \forall x: -\infty<x<+\infty$인 경우에 랜덤표본 $X_1, \cdots, X_n$을 이용하여 가설

$$H_0(\theta_0): \theta=\theta_0 \quad vs \quad H_1: \theta>\theta_0$$

133) 모평균이 $\mu_{1n}\simeq\mu_0+K/\sqrt{n}(K>0)$일 때의 극한분포를 뜻하는 것이다.

을 검정한다고 하자. 이 때 $|X_1-\theta_0|, \cdots, |X_n-\theta_0|$을 작은 것부터 크기 순서로 나열하는 경우에 $|X_i-\theta_0|$의 크기 순서를 $|X_i-\theta_0|$의 순위라고 하며 $R(|X_i-\theta_0|)$로 나타내고, 즉

$$R(|X_i-\theta_0|)=1+\sum_{j=1}^{n} I(|X_j-\theta_0|<|X_i-\theta_0|)$$

이고 다음의 통계량을 부호순위(符號順位, signed rank) 검정통계량이라고 한다.

$$W_n=\sum_{i=1}^{n} sgn(X_i-\theta_0)R(|X_i-\theta_0|)$$

여기에서 $sgn(x)$는 x의 부호를 나타내는 함수이다.

정리 9.3.2 부호순위 검정통계량의 귀무가설하의 분포

귀무가설 $H_0(\theta_0):\theta=\theta_0$하에서 부호순위 검정통계량의 분포에 대하여 다음이 성립한다.

(a) $W_n \overset{d}{\equiv} \sum_{j=1}^{n} j\,S(j),\ S(j): iid,\ P(S(j)=-1)=P(S(j)=+1)=1/2$
$(j=1,\cdots,n)$

(b) $$(W_n-E_{\theta_0}W_n)/\sqrt{Var_{\theta_0}(W_n)} \underset{n\to\infty}{\overset{d}{\to}} N(0,1),$$

$$E_{\theta_0}(W_n)=0,\ Var_{\theta_0}(W_n)=\sum_{j=1}^{n} j^2=n(n+1)(2n+1)/6$$

[증명] 증명 과정에서 부호 벡터와 순위 벡터를 각각 다음과 같이 나타내기로 한다.

$$S=(S(1),\cdots,S(n))^t=(sgn(X_1-\theta_0),\cdots,sgn(X_n-\theta_0))^t,$$
$$R=(R(1),\cdots,R(n))^t=(R(|X_1-\theta_0|),\cdots,R(|X_n-\theta_0|))^t$$

(a) 첫째로 귀무가설 $H_0(\theta_0):\theta=\theta_0$하에서 X_1의 분포가 θ_0에 관하여 대칭이므로

$$\begin{aligned}
&P_{\theta_0}(|X_1-\theta_0|\le x, sgn(X_1-\theta_0)=+1)\\
&=P_{\theta_0}(0<X_1-\theta_0\le x)\\
&=\frac{1}{2}P_{\theta_0}(|X_1-\theta_0|\le x)\\
&=P_{\theta_0}(|X_1-\theta_0|\le x)P_{\theta_0}(sgn(X_1-\theta_0)=+1),
\end{aligned}$$

$$P_{\theta_0}(|X_1-\theta_0|\le x, sgn(X_1-\theta_0)=-1)$$

$$= P_{\theta_0}(|X_1 - \theta_0| \le x) P_{\theta_0}(sgn(X_1 - \theta_0) = -1)$$

즉 귀무가설 $H_0(\theta_0): \theta = \theta_0$하에서 $|X_i - \theta_0|$와 $sgn(X_i - \theta_0)$가 서로 독립이고, 부호 벡터 $S = (S(1), \cdots, S(n))^t$와 순위 벡터 $R = (R(1), \cdots, R(n))^t$는 서로 독립이다.

둘째로 $R(i) = j$일 때 $i = R^{-1}(j)$로 나타내는 역순위 벡터를 $R^{-1} = (R^{-1}(1), \cdots, R^{-1}(n))^t$라고 하면 부호순위 검정통계량을 다음과 같이 나타낼 수 있다.

$$W_n = \sum_{i=1}^{n} sgn(X_i - \theta_0) R(|X_i - \theta_0|) = \sum_{i=1}^{n} S(i) R(i) = \sum_{j=1}^{n} S(R^{-1}(j)) j$$

한편 $X_1, \cdots, X_n$이 서로 독립이고 동일한 분포를 따르므로, $\{1, 2, \cdots, n\}$의 임의의 치환 π에 대하여 다음이 성립함을 알 수 있다.

$$\begin{aligned}(S(\pi^{-1}(j)))_{1 \le j \le n} &= (sgn(X_{\pi^{-1}(j)} - \theta_0))_{1 \le j \le n} \overset{d}{\equiv} (sgn(X_j - \theta_0))_{1 \le j \le n} \\ &= (S(j))_{1 \le j \le n}\end{aligned}$$

또한 귀무가설 $H_0(\theta_0): \theta = \theta_0$하에서, $S = (S(1), \cdots, S(n))^t$와 $R = (R(1), \cdots, R(n))^t$의 독립성으로부터 다음이 성립함을 알 수 있다.

$$\begin{aligned}&P_{\theta_0}(S(R^{-1}(1)) = s_1, \cdots, S(R^{-1}(n)) = s_n) \\ &= \sum_{\pi \in \Pi} P_{\theta_0}(S(R^{-1}(1)) = s_1, \cdots, S(R^{-1}(n)) = s_n, R = \pi) \\ &= \sum_{\pi \in \Pi} P_{\theta_0}(S(\pi^{-1}(1)) = s_1, \cdots, S(\pi^{-1}(n)) = s_n, R = \pi) \\ &= \sum_{\pi \in \Pi} P_{\theta_0}(S(\pi^{-1}(1)) = s_1, \cdots, S(\pi^{-1}(n)) = s_n) P_{\theta_0}(R = \pi) \\ &= \sum_{\pi \in \Pi} P_{\theta_0}(S(1) = s_1, \cdots, S(n) = s_n) P_{\theta_0}(R = \pi) \\ &= P_{\theta_0}(S(1) = s_1, \cdots, S(n) = s_n)\end{aligned}$$

따라서 귀무가설 $H_0(\theta_0): \theta = \theta_0$하에서 다음이 성립함을 알 수 있다.

$$W_n = \sum_{j=1}^{n} S(R^{-1}(j)) j \overset{d}{\equiv} \sum_{j=1}^{n} j S(j)$$

또한 귀무가설 $H_0(\theta_0): \theta = \theta_0$하에서 X_j의 분포가 θ_0에 관하여 대칭이므로

$$P_{\theta_0}(S(j) = -1) = P_{\theta_0}(S(j) = +1) = 1/2$$

이고, (a)가 성립하는 것을 알 수 있다.

(b) $\sigma_n = \sqrt{\mathrm{Var}_{\theta_0}(W_n)}$, $Z_n = W_n/\sigma_n$이라고 하면, (a)로부터

$$\mathrm{E}_{\theta_0}(W_n) = 0,\ \sigma_n^2 = \mathrm{Var}_{\theta_0}(W_n) = \sum_{j=1}^{n} j^2 = n(n+1)(2n+1)/6$$

또한 (a)로부터 귀무가설 $H_0(\theta_0): \theta = \theta_0$하에서 Z_n의 누율생성함수를 다음과 같이 근사할 수 있다.

$$\begin{aligned} cgf_{Z_n}(t;\theta_0) &= \sum_{j=1}^{n} \log\{(\exp(-jt/\sigma_n) + \exp(jt/\sigma_n))/2\} \\ &= \sum_{j=1}^{n} \log\left\{1 + \frac{1}{2}\frac{j^2}{\sigma_n^2}t^2 + \frac{1}{4!}\frac{j^4}{\sigma_n^4}t^4 + \cdots\right\} \\ &= \sum_{j=1}^{n}\left\{\left(\frac{1}{2}\frac{j^2}{\sigma_n^2}t^2 + \frac{1}{4!}\frac{j^4}{\sigma_n^4}t^4 + \cdots\right) - \frac{1}{2}\left(\frac{1}{2}\frac{j^2}{\sigma_n^2}t^2 + \cdots\right)^2 + \cdots\right\} \\ &\simeq \sum_{j=1}^{n}\frac{1}{2}\frac{j^2}{\sigma_n^2}t^2 + \cdots \\ &\simeq \frac{1}{2}t^2 + \cdots \end{aligned}$$

따라서 귀무가설 $H_0(\theta_0): \theta = \theta_0$하에서 W_n의 점근정규성이 성립한다. 즉

$$(W_n - \mathrm{E}_{\theta_0} W_n)/\sqrt{\mathrm{Var}_{\theta_0}(W_n)} = Z_n \underset{n\to\infty}{\overset{d}{\to}} \mathrm{N}(0,1)$$

정리 9.3.3 부호순위 검정통계량의 표현

$$W_n^+ = \sum_{i=1}^{n} \mathrm{I}(\mathrm{X}_i - \theta_0 > 0) R(|\mathrm{X}_i - \theta_0|)$$

라고 하면 다음이 성립한다.

(a) $W_n = 2W_n^+ - n(n+1)/2$

(b) 귀무가설 $H_0(\theta_0): \theta = \theta_0$하에서

$$W_n^+ \overset{d}{\equiv} \sum_{j=1}^{n} jB_j,\ B_j \overset{iid}{\sim} \mathrm{Bernoulli}(1/2)\ \ (j = 1, \cdots, n)$$

$$(W_n^+ - n(n+1)/4)/\sqrt{n(n+1)(2n+1)/24} \underset{n\to\infty}{\overset{d}{\to}} \mathrm{N}(0,1)$$

[증명] 모집단 분포가 연속형이므로

$$sgn(\mathrm{X}_i - \theta_0) = 2\mathrm{I}(\mathrm{X}_i - \theta_0 > 0) - 1$$

이고, 이를 $W_n = \sum_{i=1}^{n} sgn(X_i - \theta_0)R(|X_i - \theta_0|)$에 대입하여 정리하면 (a)가 성립하는 것을 알 수 있다. 또한 <정리 9.3.2>의 (a)로부터

$$W_n^+ = (W_n + n(n+1)/2)/2 \overset{d}{\equiv} \sum_{j=1}^{n} j(S(j)+1)/2$$

이므로 (b)가 성립하는 것을 알 수 있다.

<정리 9.3.2>로부터 귀무가설 $H_0(\theta_0): \theta = \theta_0$하에서 부호순위 검정통계량 W_n의 분포는 모집단 분포의 확률밀도함수 형태에 관계없는 분포를 갖는 것을 알 수 있으며 W_n의 큰 값은 대립가설 $H_1: \theta > \theta_0$에 대한 증거라고 할 수 있다. 따라서

$$H_0(\theta_0): \theta = \theta_0 \quad vs \quad H_1: \theta > \theta_0$$

에 대한 유의수준 α의 부호순위 검정은 다음과 같이 주어진다.

$$\phi_{SR}(X_1, \cdots, X_n) = \begin{cases} 1, & W_n \geq c+1 \\ \gamma, & W_n = c \quad (0 \leq \gamma \leq 1), \ E_{\theta_0}\phi_{SR}(X) = \alpha \\ 0, & W_n \leq c-1 \end{cases}$$

또한 <정리 9.3.3>으로부터 W_n^+를 이용하여 이를 다음과 같이 나타낼 수도 있다.

$$\phi_{SR}(X_1, \cdots, X_n) = \begin{cases} 1, & W_n^+ \geq c^+ + 1 \\ \gamma, & W_n^+ = c^+ \quad (0 \leq \gamma \leq 1), \ E_{\theta_0}\phi_{SR}(X) = \alpha \\ 0, & W_n^+ \leq c^+ - 1 \end{cases}$$

이러한 과정에서 필요한 W_n 또는 W_n^+의 귀무가설하의 누적확률은 부록 Ⅲ에 소개되어 있는 패키지 R을 이용하여 계산할 수 있다.

한편 <정리 9.3.2>와 <정리 9.3.3>으로부터 표본크기가 클 때 유의수준 α의 기각역은 다음과 같이 근사할 수 있는 것을 알 수 있다.

"$W_n / \sqrt{n(n+1)(2n+1)/6} \geq z_\alpha$"

또는 "$(W_n^+ - n(n+1)/4) / \sqrt{n(n+1)(2n+1)/24} \geq z_\alpha$"

정리 9.3.4 한쪽 가설에 대한 부호순위 검정

모집단 분포가 연속형이고 확률밀도함수가

$$f(x-\theta), \ -\infty < \theta < +\infty$$

의 꼴로서 θ에 관하여 대칭, 즉 $f(-x) = f(x) \ \ ^\forall x: -\infty < x < +\infty$인 경우에 랜덤표본 $X_1, \cdots, X_n$을 이용하여 가설

$$H_0 : \theta \le \theta_0 \quad vs \quad H_1 : \theta > \theta_0$$

을 유의수준 $\alpha(0 < \alpha < 1)$에서 검정할 때, 부호순위 검정 ϕ_{SR}에 대하여 다음이 성립한다.

(a) $W_n^+ = \sum\sum_{1 \le i \le j \le n} \mathrm{I}(\mathrm{X}_i + \mathrm{X}_j > 2\theta_0)$

(b) 검정력 함수 $\gamma_{\phi_{SR}}(\theta) = \mathrm{E}_\theta \phi_{SR}(\mathrm{X})$는 θ의 증가함수이고, 다음이 성립한다.

$$\max_{\theta \le \theta_0} \mathrm{E}_\theta \phi_{SR}(\mathrm{X}) = \mathrm{E}_{\theta_0} \phi_{SR}(\mathrm{X}) = \alpha$$

[증명] (a) $\mathrm{Y}_i = \mathrm{X}_i - \theta_0$를 사용하여 W_n^+를 다음과 같이 나타낼 수 있다.

$$\begin{aligned}
W_n^+ &= \sum_{i=1}^n \mathrm{I}(\mathrm{Y}_i > 0) R(|\mathrm{Y}_i|) \\
&= \sum_{i=1}^n \mathrm{I}(\mathrm{Y}_i > 0) \left\{1 + \sum_{j=1}^n \mathrm{I}(|\mathrm{Y}_j| < |\mathrm{Y}_i|)\right\} \\
&= \sum_{i=1}^n \mathrm{I}(\mathrm{Y}_i > 0) + \sum_{i=1}^n \sum_{j=1}^n \mathrm{I}(\mathrm{Y}_i > 0,\ -\mathrm{Y}_i < \mathrm{Y}_j < \mathrm{Y}_i) \\
&= \sum_{i=1}^n \mathrm{I}(\mathrm{Y}_{(i)} > 0) + \sum_{i=1}^n \sum_{j<i} \mathrm{I}(\mathrm{Y}_{(i)} > 0,\ -\mathrm{Y}_{(i)} < \mathrm{Y}_{(j)}) \\
&= \sum_{i=1}^n \mathrm{I}(\mathrm{Y}_{(i)} > 0) + \sum_{i=1}^n \sum_{j<i} \mathrm{I}(\mathrm{Y}_{(j)} + \mathrm{Y}_{(i)} > 0) \\
&= \sum_{i=1}^n \mathrm{I}(\mathrm{Y}_i > 0) + \sum_{i=1}^n \sum_{j<i} \mathrm{I}(\mathrm{Y}_j + \mathrm{Y}_i > 0) \\
&= \sum\sum_{1 \le i \le j \le n} \mathrm{I}(\mathrm{Y}_i + \mathrm{Y}_j > 0)
\end{aligned}$$

(b) 부호순위 검정의 정의

$$\phi_{SR}(\mathrm{X}_1, \cdots, \mathrm{X}_n) = \begin{cases} 1, & W_n^+ \ge c^+ + 1 \\ \gamma, & W_n^+ = c^+ \quad (0 \le \gamma \le 1) \\ 0, & W_n^+ \le c^+ - 1 \end{cases}$$

로부터 $\phi_{SR}(\mathrm{X}_1, \cdots, \mathrm{X}_n)$은 W_n^+의 증가함수이다. 그런데 (a)로부터

$$W_n^+ = \sum\sum_{1 \le i \le j \le n} \mathrm{I}(\mathrm{X}_i + \mathrm{X}_j > 2\theta_0)$$

이므로 W_n^+는 각각의 $\mathrm{X}_i (i = 1, \cdots, n)$의 증가함수이다. 따라서 $\phi_{SR}(\mathrm{X}_1, \cdots, \mathrm{X}_n)$은 각 성분 $\mathrm{X}_i (i = 1, \cdots, n)$의 증가함수이다. 한편 이 검정의 검정력

함수를

$$\gamma_{\phi_{SR}}(\theta)=\mathrm{E}_\theta\,\phi_{SR}(\mathrm{X}_1,\cdots,\mathrm{X}_n)=\mathrm{E}\,\phi_{SR}(\mathrm{Z}_1+\theta,\cdots,\mathrm{Z}_n+\theta),\ \mathrm{Z}_i\overset{iid}{\sim}f(i=1,\cdots,n)$$

과 같이 나타낼 수 있으므로 검정력 함수 $\gamma_{\phi_{SR}}(\theta)$는 θ의 증가함수이고 (b)가 성립한다.

<정리 9.3.4>로부터 알 수 있듯이, 연속형의 대칭인 분포의 중앙값에 대한 한쪽 가설이나 양쪽 가설의 검정에 부호순위 검정을 사용할 수 있고, 이는 모집단 분포의 특정한 형태를 가정하지 않고도 사용할 수 있는 비모수적 검정이다. 이러한 부호순위 검정의 효율성을 알아보려면 다음과 같은 점근정규성이 필요하다. 이 정리의 증명은 이 책의 수준을 넘으므로 생략한다.

정리 9.3.5 부호순위 검정의 점근정규성

부호순위 검정에서의 검정통계량 W_n^+에 대하여 다음의 근사식이 성립한다.

(a) $\dfrac{W_n^+-\mathrm{E}_\theta(W_n^+)}{\sqrt{\mathrm{Var}_\theta(W_n^+)}}\ \underset{n\to\infty}{\overset{d}{\to}}\ N(0,1)$

(b) $\mu(\theta)=\dfrac{1}{2}\mathrm{P}_\theta(\mathrm{X}_1+\mathrm{X}_2>2\theta_0)$,

$\sigma^2(\theta)=\mathrm{Cov}_\theta(\mathrm{I}(\mathrm{X}_1+\mathrm{X}_2>2\theta_0),\ \mathrm{I}(\mathrm{X}_1+\mathrm{X}_3>2\theta_0))$라고 하면

$$\mathrm{E}_\theta(W_n^+)\simeq n^2\mu(\theta),\ \mathrm{Var}_\theta(W_n^+)\simeq n^3\sigma^2(\theta)$$

<정리 9.3.5>로부터 통계량 W_n^+/n^2에 <정리 9.3.1>을 적용할 수 있으므로 부호순위 검정의 검정력에 대한 근사식을 다음과 같이 구할 수 있다.

정리 9.3.6 부호순위 검정의 검정력 근사와 표본크기

<정리 9.3.4>의 가정하에서 부호순위 검정에 대하여 다음의 근사식이 성립한다.

(a) (검정력의 근사) 대립가설하의 모수 $\theta_{1n}\simeq\theta_0+K/\sqrt{n}\,(K>0)$에 대하여

$$\gamma_{\phi_{SR}}(\theta_{1n})\simeq 1-\Phi\{-\sqrt{n}(\theta_{1n}-\theta_0)\dot{\mu}(\theta_0)/\sigma(\theta_0)+z_\alpha\},$$

$$\dot{\mu}(\theta_0)=\int_{-\infty}^{+\infty}f^2(x)dx,\ \ \sigma^2(\theta_0)=1/12$$

(b) (표본크기의 근사) $\gamma_n(\theta_{1n}) \simeq \gamma$이기 위해 필요한 표본크기 $N(W_n^+;\gamma,\theta_{1n})$에 대하여

$$N(W_n^+;\gamma,\theta_{1n}) \simeq \left(\sqrt{12}\int_{-\infty}^{+\infty} f^2(x)dx\right)^{-2}\left(\frac{z_\alpha + z_{1-\gamma}}{\theta_{1n}-\theta_0}\right)^2$$

[증명] <정리 9.3.5>에서 $\mu(\theta)$와 $\sigma^2(\theta_0)$를 구해보면

$$\mu(\theta) = \frac{1}{2}\int_{-\infty}^{+\infty}(1-\mathrm{F}(2\theta_0 - 2\theta - x))f(x)dx,$$

$$\sigma^2(\theta_0) = \mathrm{E}\,[(1-\mathrm{F}(-\mathrm{Z}))^2] - [\mathrm{E}\,(1-\mathrm{F}(-\mathrm{Z}))]^2,\ \mathrm{Z} \sim \mathrm{F}$$
$$= \mathrm{E}\,(\mathrm{U}^2) - [\mathrm{E}\,(\mathrm{U})]^2,\ \mathrm{U} \sim \mathrm{U}(0,1)$$

이므로 <정리 9.3.1>로부터 (a), (b)가 성립하는 것을 알 수 있다.

예 9.3.5 부호순위 검정의 t 검정에 대한 점근상대효율성

모집단 분포가 연속형으로서 μ에 관해 대칭이며 확률밀도함수가

$$\frac{1}{\sigma}f\left(\frac{x-\mu}{\sigma}\right),\ -\infty < \mu < +\infty,\ \sigma > 0$$

인 경우에도, 가설

$$H_0(\mu_0): \mu = \mu_0 \quad vs \quad H_1: \mu > \mu_0$$

을 유의수준 $\alpha(0 < \alpha < 1)$에서 검정하려면 통계량

$$W_n = \sum_{i=1}^{n} sgn(\mathrm{X}_i - \theta_0)R(|\mathrm{X}_i - \theta_0|)$$

을 이용하는 부호순위 검정을 <정리 9.3.4>에서와 같이 적용할 수 있다.

이 경우에도 $\mu_{1n} \simeq \mu_0 + K/\sqrt{n}\,(K > 0)$에서 부호검정에 의한 검정력이 γ이기 위해 필요한 표본크기는 <정리 9.3.6>에서와 같이

$$N(W_n;\gamma,\mu_{1n}) \simeq \left(\sqrt{12}\int_{-\infty}^{+\infty} f^2(z)dz/\sigma\right)^{-2}\left(\frac{z_\alpha + z_{1-\gamma}}{\mu_{1n}-\mu_0}\right)^2$$

으로 주어진다.

한편 <예 9.3.3>으로부터 t 검정의 경우에 필요한 표본크기는

$$N(T_n;\gamma,\mu_{1n}) \simeq (1/\sqrt{\mathrm{Var}(\mathrm{X}_1)})^{-2}\left(\frac{z_\alpha + z_{1-\gamma}}{\mu_{1n}-\mu_0}\right)^2,$$

$$\sqrt{\mathrm{Var}(\mathrm{X}_1)} = \sigma\left(\int_{-\infty}^{+\infty} z^2 f(z)dz\right)^{1/2}$$

그러므로 부호순위 검정의 t 검정에 대한 점근상대효율성은

$$ARE(\{W_n\},\{T_n\}) = 12\left(\int_{-\infty}^{+\infty} f^2(z)dz\right)^2 \int_{-\infty}^{+\infty} z^2 f(z)dz$$

으로 주어지고, 모집단 분포에 따른 점근상대효율성의 값은 <표 9.3.2>에서와 같다. 이 표와 부호검정에 대한 <표 9.3.1>을 비교하여 보면 부호순위 검정의 상대효율성이 부호검정에 비하여 매우 높은 것을 알 수 있다. 심지어는 정규분포의 경우에도 그 점근상대효율성이 95%에 이르는 것을 알 수 있다. 즉, 부호순위 검정은 모집단 분포의 특정한 형태에 대한 가정이 없이도 사용할 수 있다는 범용성과 더불어 효율성도 비교적 높아서 매우 유용한 검정 방법이다.

표 9.3.2 부호순위 검정의 t 검정에 대한 점근상대효율성

모집단 분포	$\mathrm{N}(\mu,\sigma^2)$	$\mathrm{L}(\mu,\sigma)$	$\mathrm{DE}(\mu,\sigma)$
$ARE(\{W_n\},\{T_n\})$	$3/\pi = 0.954...$	$\pi^2/9 = 1.096...$	1.5

연습문제

9.1 베르누이분포 Bernoulli(p), $0 \le p \le 1$에서의 랜덤표본 $X = (X_1, \cdots, X_n)^t$ $(n=8)$을 이용하여 다음 가설을 검정하려고 한다.

$$H_0 : p = 1/2 \ \ vs \ \ H_1 : p = 3/4$$

(a) 다음의 베이지안평균오류확률을 최소로 하는 베이즈검정 ϕ^{π}를 구하여라.

$$\pi_0 E_{p_0} \phi(X) + \pi_1 E_{p_1}[1 - \phi(X)],$$

$$(\pi_0 + \pi_1 = 1,\ \pi_0 > 0,\ \pi_1 > 0)(p_0 = 1/2,\ p_1 = 3/4)$$

(b) 위의 가설을 유의수준 $\alpha = 0.05$에서 검정하려고 할 때 최강력 검정을 구하여라.

(c) (b)의 검정의 $p = 3/4$에서의 검정력 $\gamma(3/4)$를 구하여라.

9.2 분산행렬 Σ가 알려진 정칙행렬인 다변량 정규분포 $N_p(\mu, \Sigma)$에서의 랜덤표본 $X_1, \cdots, X_n$을 이용하여 다음 가설을 검정하려고 한다.

$$H_0 : \mu = \mu_0 \ \ vs \ \ H_1 : \mu = \mu_1 \ \ (\mu_0,\ \mu_1\text{는 주어진 벡터이고 } \mu_0 \ne \mu_1)$$

(a) 다음의 베이지안평균오류확률을 최소로 하는 베이즈검정 ϕ^{π}를 구하여라.

$$\pi_0 E_{\mu_0} \phi(X) + \pi_1 E_{\mu_1}[1 - \phi(X)],\ \ (\pi_0 + \pi_1 = 1,\ \pi_0 > 0,\ \pi_1 > 0)$$

(b) 위의 가설을 유의수준 $\alpha = 0.05$에서 검정하려고 할 때 최강력 검정을 구하여라.

9.3 정규분포 $N(0, \sigma^2)$, $\sigma^2 > 0$에서의 랜덤표본을 $X_1, \cdots, X_n$을 이용하여 가설

$$H_0 : \sigma^2 \le \sigma_0^2 \ \ vs \ \ H_1 : \sigma^2 > \sigma_0^2 \ \ (\sigma_0^2\text{은 주어진 양수 })$$

을 검정할 때 유의수준 $\alpha(0 < \alpha < 1)$의 전역최강력 검정을 구하여라.

9.4 확률밀도함수가

$$f(x;\theta) = \theta x^{\theta-1} I_{(0,1)}(x)$$

로 주어지는 베타분포 Beta$(\theta,1)$, $\theta > 0$에서의 랜덤표본 $X_1, \cdots, X_n$을 이용하여 가설

$$H_0 : \theta \le \theta_0 \quad vs \quad H_1 : \theta > \theta_0 \ \ (\theta_0\text{는 주어진 양수})$$

을 검정할 때 유의수준 $\alpha(0 < \alpha < 1)$의 전역최강력 검정을 구하여라.

9.5 확률밀도함수가

$$f(x;\theta) = \theta x^{-\theta-1} I_{(1,\infty)}(x)$$

로 주어지는 파레토분포 Pareto$(1,\theta)$, $\theta > 0$에서의 랜덤표본 $X_1, \cdots, X_n$을 이용하여 가설

$$H_0 : \theta \ge \theta_0 \quad vs \quad H_1 : \theta < \theta_0 \ \ (\theta_0\text{는 주어진 양수})$$

을 검정할 때 유의수준 $\alpha(0 < \alpha < 1)$의 전역최강력 검정을 구하여라.

9.6 지수분포 Exp(θ), $0 < \theta < +\infty$에서의 랜덤표본 $X_1, \cdots, X_n$을 이용하여

$$H_0 : \theta = \theta_0 \quad vs \quad H_1 : \theta \ne \theta_0 \ \ (\theta_0\text{는 주어진 양수})$$

을 검정할 때 유의수준 $\alpha(0 < \alpha < 1)$의 전역최강력 검정이 존재하지 않음을 밝혀라.

9.7 확률밀도함수가

$$f(x;\theta) = \theta x^{\theta-1} \exp(-x^{\theta}) I_{(0,+\infty)}(x)$$

인 와이불분포 Weibull$(\theta,1)$에서의 랜덤표본을 $X_1, \cdots, X_n$을 이용하여 가설

$$H_0 : \theta = 1 \quad vs \quad H_1 : \theta > 1$$

을 검정할 때 유의수준 $\alpha(0 < \alpha < 1)$의 전역최강력 검정이 존재하지 않음을 밝혀라.

9.8 지수분포 Exp(θ), $0 < \theta < +\infty$에서의 랜덤표본 $X = (X_1, \cdots, X_n)^t$을 이용하여 가설

$$H_0 : \theta = \theta_0 \quad vs \quad H_1 : \theta \ne \theta_0 \ \ (\theta_0\text{는 주어진 양수})$$

을 유의수준 $\alpha(0<\alpha<1)$에서 검정할 때 두 조건

$$E_{\theta_0}\phi(X)=\alpha,\ \left[\frac{d}{d\theta}E_{\theta}\phi(X)\right]_{\theta=\theta_0}=0$$

을 만족시키는 검정 중에서 전역최강력 검정을 구하여라.

9.9 초기하분포 $H(n;N,D),\ 1\le D\le N$ ($n,\ N$은 알려진 자연수)를 따르는 관측 자료 X를 이용한 다음의 가설 검정에 대하여 답하여라.

(a) $H_0: D=D_0\ \ vs\ \ H_1: D=D_1$ ($D_0,\ D_1$은 주어진 자연수이고 $D_0<D_1$) 을 유의수준 $\alpha(0<\alpha<1)$에서 검정할 때, 최강력 검정이 다음과 같이 주어지는 것을 밝혀라.

$$\phi^*(x)=\begin{cases}1, & x\ge c+1\\ \gamma, & x=c\\ 0, & x\le c-1\end{cases}\quad(0\le\gamma\le1),\ E_{D_0}\phi^*(X)=\alpha$$

(b) (a)의 검정이 다음 가설에 대하여 유의수준 $\alpha(0<\alpha<1)$의 전역최강력 검정임을 밝히고, $N=60,\ n=5,\ D_0=6,\ \alpha=0.01$일 때 c와 γ를 구하여라.(<예 3.1.1> 참조)

$$H_0: D\le D_0\ \ vs\ \ H_1: D>D_0$$

9.10 균등분포 $U[0,\theta],\ \theta>0$에서의 랜덤표본을 $X=(X_1,\cdots,X_n)^t$이라고 할 때 다음에 답하여라.

(a) $H_0:\theta=\theta_0\ \ vs\ \ H_1(\theta_1):\theta=\theta_1$ ($\theta_0,\ \theta_1$는 주어진 양수이고 $\theta_1>\theta_0$) 을 유의수준 $\alpha(0<\alpha<1)$에서 검정할 때, 다음 조건을 만족시키는 검정이 최강력 검정임을 밝혀라.

$$\phi^*(x)=1,\ x_{(n)}>\theta_0,\ E_{\theta_0}\phi(X)=\alpha$$

(b) $H_0:\theta=\theta_0\ \ vs\ \ H_1:\theta>\theta_0$ (θ_0는 주어진 양수) 을 유의수준 $\alpha(0<\alpha<1)$에서 검정할 때, 최대가능도비 검정이 전역최강력 검정임을 밝혀라.

(c) $H_0 : \theta = \theta_0 \;\; vs \;\; H_1 : \theta \neq \theta_0$ (θ_0는 주어진 양수)

을 유의수준 $\alpha(0 < \alpha < 1)$에서 검정할 때, 다음 검정 $\phi^*(\mathrm{X})$가 전역최강력 검정임을 밝혀라.

$$\phi^*(x) = \begin{cases} 1, & x_{(n)} < \theta_0 \sqrt[n]{\alpha} \text{ 또는 } x_{(n)} > \theta_0 \\ 0, & \theta_0 \sqrt[n]{\alpha} \leq x_{(n)} \leq \theta_0 \end{cases}$$

9.11 1리터당 주행거리가 15 km라고 연비가 표시되어 있는 특정 자동차의 실제 연비를 조사하여 이보다 연비가 나쁜 증거가 뚜렷하면 더욱 정밀한 검사를 하려고 한다. 이를 위해 10대의 자동차를 랜덤추출하여 1리터당 주행거리를 측정한 결과 다음의 자료를 얻었다.

12.5 14.4 10.8 16.1 14.8 15.1 13.8 15.5 13.5 14.0

이 자동차의 실제 1리터당 주행거리를 θ km라고 하여, 검정하고자 하는 적절한 가설을 세우고 유의수준 $\alpha = 0.05$에서 부호검정을 하여라.

9.12 <예 9.3.3>에서와 같이 점근상대효율성을 알아볼 때, 정규분포에서 벗어나는 모형으로서 확률밀도함수가

$$f(x) = (1-\epsilon)\phi(x) + \epsilon\frac{1}{\sigma_c}\phi\left(\frac{x}{\sigma_c}\right) \;\; (0 < \epsilon < 1, \sigma_c > 0), \;\; \phi(x) = \frac{1}{\sqrt{2\pi}}e^{-\frac{1}{2}x^2}$$

로 주어지는 오염된(contaminated) 정규분포의 모형 $\frac{1}{\sigma}f\left(\frac{x-\mu}{\sigma}\right)$, $-\infty < \mu < +\infty$, $\sigma > 0$를 상정하여 점근상대효율성의 변화를 조사하기도 한다. 이와 같이 오염된 분포의 모형에서 부호검정의 t 검정에 대한 점근상대효율성 $ARE(\{S_n\}, \{T_n\})$의 공식을 구하고, 다음 경우에 그 값을 구하여라.

$$\sigma_c = 4, \;\; \epsilon = 0.01, 0.05, 0.10, 0.20, 0.25$$

9.13 건강한 사람들의 심장지수(cardiac index)는 평균 3.50(liters/minm^2)임이 알려져 있다. 심장질환의 경험이 있는 사람들의 심장지수가 이보다 떨어지는지를 알아보기 위하여 20명의 심장질환 경험자에 대하여 조사한 결과 다음의 자료를 얻었다.

$$\begin{array}{cccccccccc} 2.45 & 3.55 & 4.05 & 0.95 & 1.90 & 3.48 & 3.80 & 1.40 & 3.65 & 3.30 \\ 2.33 & 2.91 & 3.69 & 1.83 & 1.35 & 4.10 & 2.77 & 2.60 & 3.32 & 2.34 \end{array}$$

심장질환 경험자의 실제 심장지수를 θ(liters/minm^2)라고 하여, 검정하고자 하는 적절한 가설을 세우고 유의수준 $\alpha = 0.05$에서 부호순위 검정을 하여라.

9.14 연습문제 (9.13)에서 유의수준 $\alpha = 0.05$의 부호검정을 하여라.

9.15 연습문제 (9.12)에서와 같이 오염된 정규분포의 모형을 상정하는 경우에 부호순위 검정의 t 검정에 대한 점근상대효율성 $ARE(\{W_n\},\{T_n\})$의 공식을 구하고, 다음 경우에 그 값을 구하여라.

$$\sigma_c = 4,\ \ \epsilon = 0.01, 0.05, 0.10, 0.20, 0.25$$

10

분산분석과 회귀분석

10.1 일원분류모형의 분산분석

여러 모집단의 평균을 비교할 때 가장 흔히 사용되는 모형으로서 일원분류정규분포 모형

$$\begin{cases} X_{ij} = \mu_i + e_{ij} \\ e_{ij} \overset{iid}{\sim} N(0, \sigma^2),\ i = 1, \cdots, k;\ j = 1, \cdots, n_i \\ -\infty < \mu_i < +\infty\ (i = 1, \cdots, k),\ \sigma^2 > 0 \end{cases}$$

은 4장에서 소개되었다. 이는 서로 다른 k개의 수준(水準, level)을 갖는 하나의 인자(因子, factor)를 실험대상에 적용할 때 어떤 효과가 나타나는가를 알아보는 경우에 흔히 설정되는 모형이다. 이 때 각 수준에서의 적용을 처리(處理, treatment)라고 하며, 새로운 모수를

$$\begin{cases} \bar{\mu} = \sum_{i=1}^{k} n_i \mu_i / n,\ n = n_1 + \cdots + n_k \\ \alpha_i = \mu_i - \bar{\mu} \end{cases}$$

와 같이 정의하여 $\bar{\mu}$는 전반적인 처리 효과로, α_i는 수준 i의 처리 효과를 뜻하는 것으로 해석하기도 한다. 이러한 모수를 이용하여 일원분류모형을 다음과 같이 나타내기도 한다.

$$\begin{cases} X_{ij} = \bar{\mu} + \alpha_i + e_{ij},\ \sum_{i=1}^{k} n_i \alpha_i = 0 \\ e_{ij} \overset{iid}{\sim} N(0, \sigma^2),\ i = 1, \cdots, k;\ j = 1, \cdots, n_i \\ -\infty < \bar{\mu} < +\infty,\ -\infty < \alpha_i < +\infty\ (i = 1, \cdots, k),\ \sigma^2 > 0 \end{cases}$$

정리 10.1.1 일원분류정규분포모형에서의 전역최소분산불편 추정량

일원분류정규분포모형에서의 각 모수의 전역최소분산불편 추정량은 다음과 같이 주어진다.

$$\hat{\mu}_i = \overline{X}_i = \sum_{j=1}^{n_i} X_{ij} / n_i\ (i = 1, \cdots, k),$$

$$\hat{\bar{\mu}} = \sum_{i=1}^{k} n_i \hat{\mu}_i / n,\ \hat{\alpha}_i = \hat{\mu}_i - \hat{\bar{\mu}}\ (i = 1, \cdots, k),\ n = n_1 + \cdots + n_k$$

$$\widehat{\sigma^2} = \sum_{i=1}^{k} \sum_{j=1}^{n_i} (X_{ij} - \overline{X}_i)^2 / (n - k)$$

[증명] 이 경우에 결합확률밀도함수는

$$pdf(x;\theta) = \exp\left\{-\frac{1}{2\sigma^2}\sum_{i=1}^{k}\sum_{j=1}^{n_i}(x_{ij}-\mu_i)^2 - \frac{n}{2}\log(2\pi\sigma^2)\right\},\ \theta = (\mu_1,\cdots,\mu_k,\sigma^2)^t$$

와 같이 나타내어지고 <정리 8.3.2>의 조건을 만족시키는 지수족의 경우이다. 따라서 $\theta = (\mu_1,\cdots,\mu_k,\sigma^2)^t$에 관한 완비충분통계량

$$\left(\overline{X}_1,\cdots,\overline{X}_k,\ \sum_{i=1}^{k}\sum_{j=1}^{n_i}(X_{ij}-\overline{X}_i)^2\right)^t$$

의 함수로서 각 모수의 불편 추정량들인 위의 추정량들은 모두 각 모수의 전역최소분산불편 추정량이다.

모분산 σ^2의 최대가능도 추정량은

$$\widehat{\sigma^2}^{MLE} = \sum_{i=1}^{k}\sum_{j=1}^{n_i}(X_{ij}-\overline{X}_i)^2/n$$

으로 주어지고 <정리 10.1.1>에서 다른 모수의 경우에는 모두 최대가능도 추정량과 전역최소분산불편 추정량이 같다.

정리 10.1.2 일원분류정규분포모형에서의 표본분포에 관한 기본 정리

(a) 표본평균 $\widehat{\mu_i} = \overline{X}_i$들은 서로 독립이고 각각의 분포는 $N(\mu_i, \sigma^2/n_i)$이다.

(b) 모분산 추정량 $\widehat{\sigma^2} = \sum_{i=1}^{k}\sum_{j=1}^{n_i}(X_{ij}-\overline{X}_i)^2/(n-k)$와 $(\overline{X}_1,\cdots \overline{X}_k)^t$는 서로 독립이다.

(c) $(n-k)\widehat{\sigma^2}/\sigma^2$은 자유도 $(n-k)$인 카이제곱분포를 따른다.

[증명] <정리 4.2.2>를 정규분포 $N(\mu_i, \sigma^2)$에서의 랜덤표본 $(X_{i1},X_{i2},\cdots,X_{in_i})^t$에 적용하면 $\overline{X}_i$와 $SS_i = \sum_{j=1}^{n_i}(X_{ij}-\overline{X}_i)^2$은 서로 독립이고

$$\overline{X}_i \sim N(\mu_i, \sigma^2/n_i),\ SS_i/\sigma^2 \sim \chi^2(n_i-1)\ \ (i=1,\cdots,k)$$

임을 알고 있다. 또한 이들 랜덤표본 $(X_{i1},X_{i2},\cdots,X_{in_i})^t\ (i=1,\cdots,k)$들이 서로 독립이고

$$(n-k)\widehat{\sigma^2} = \sum_{i=1}^{k}\sum_{j=1}^{n_i}(X_{ij}-\overline{X}_i)^2 = \sum_{i=1}^{k}SS_i$$

이므로 카이제곱분포의 성질로부터 (b), (c)가 성립한다.

<정리 10.1.2>의 기본 정리로부터 모평균 μ_i들의 선형결합에 대한 신뢰집합을 구할 수 있으며, 이러한 신뢰집합을 다음과 같이 μ_i들의 선형결합에 대한 동시신뢰구간(同時信賴區間, simultaneous confidence interval)으로 나타낼 수 있다.

정리 10.1.3 일원분류정규분포모형에서의 신뢰집합과 동시신뢰구간

계수가 r인 $k\times r$ 행렬 C에 대하여 C의 열벡터공간을 $\mathrm{col}(C)=\{Ca : a\in R^r\}$로 나타내고 $D=\mathrm{Var}_{\mu,\sigma^2}(\hat{\mu})/\sigma^2=diag(1/n_i)$라고 하면 일원분류정규분포모형에서 다음이 성립한다.

(a) $\mathrm{P}_{\mu,\sigma^2}\left\{(C^t\mu-C^t\hat{\mu})^t(C^tDC)^{-1}(C^t\mu-C^t\hat{\mu})\le r\widehat{\sigma^2}\mathrm{F}_\alpha(r,n-k)\right\}=1-\alpha$

(b) $\mathrm{P}_{\mu,\sigma^2}\left\{|c^t\mu-c^t\hat{\mu}|\le\sqrt{\sum_{i=1}^k c_i^2\widehat{\sigma^2}/n_i}\,\sqrt{r\mathrm{F}_\alpha(r,n-k)},\ ^\forall c\in\mathrm{col}(C)\right\}=1-\alpha$

[증명] (a) <정리 10.1.2>의 (a)와 다변량 정규분포의 성질로부터

$$C^t\hat{\mu}\sim\mathrm{N}(C^t\mu,(C^tDC)\sigma^2)$$

$$\therefore\ (C^t\hat{\mu}-C^t\mu)^t(C^tDC\sigma^2)^{-1}(C^t\hat{\mu}-C^t\mu)\sim\chi^2(r)$$

또한 <정리 10.1.2>의 (b)와 (c)로부터

$$(n-k)\widehat{\sigma^2}/\sigma^2\sim\chi^2(n-k)$$

이고 $(C^t\hat{\mu}-C^t\mu)^t(C^tDC\sigma^2)^{-1}(C^t\hat{\mu}-C^t\mu)$와 $(n-k)\widehat{\sigma^2}/\sigma^2$은 서로 독립이다. 따라서 (a)는 F분포의 대의적 정의로부터 명백하다.

(b) 아래의 등식으로부터 (b)가 (a)를 다르게 표현한 것임을 알 수 있다.

$$\max_{c:\,\mathrm{col}(C),\,c\ne0}\frac{(c^t(\mu-\hat{\mu}))^2}{c^tDc}=\max_{a\in R^r,\,a\ne0}\frac{(a^tC^t(\mu-\hat{\mu}))^2}{a^tC^tDCa}$$

$$=\max_{b\in R^r,\,b\ne0}\frac{[b^t(C^tDC)^{-1/2}C^t(\mu-\hat{\mu})]^2}{b^tb}$$

$$=(C^t\hat{\mu}-C^t\mu)^t(C^tDC)^{-1}(C^t\hat{\mu}-C^t\mu)$$

모평균들의 선형결합 $c_1\mu_1+\cdots+c_k\mu_k$ 중에서 특히 그 계수의 합이 0인 선형결합, 즉

$$c_1\mu_1+\cdots+c_k\mu_k\ \ (c_1+\cdots+c_k=0)$$

를 대비(對比, contrast)라고 하며, 특히 두 개의 계수가 1, −1이고 다른 계수는 모두 0

인 대비를 기본대비라고 하며 처리 효과의 비교에 흔히 사용된다. 이러한 대비는 흔히

$$\alpha_i = \mu_i - \overline{\mu} \quad (i = 1, \cdots, k)$$

를 사용하여

$$c_1\alpha_1 + \cdots + c_k\alpha_k \ (c_1 + \cdots + c_k = 0) \text{ 또는 } \alpha_i - \alpha_j$$

로 나타낸다. 이러한 대비에 대한 동시신뢰구간은 다음과 같이 주어진다.

정리 10.1.4 일원분류정규분포모형에서의 대비에 대한 동시신뢰구간

(a) $$P_{\mu,\sigma^2}\left\{|c^t\alpha - c^t\hat{\alpha}| \le \sqrt{\sum_{i=1}^{k} c_i^2\widehat{\sigma^2}/n_i}\ \sqrt{(k-1)F_\alpha(k-1, n-k)},\ \forall c : c_1 + \cdots + c_k = 0\right\} = 1 - \alpha$$

(b) $$P_{\mu,\sigma^2}\left\{|(\alpha_i - \alpha_j) - (\hat{\alpha}_i - \hat{\alpha}_j)| \le \sqrt{(n_i^{-1} + n_j^{-1})\widehat{\sigma^2}}\ \sqrt{(k-1)F_\alpha(k-1, n-k)},\ \forall i \ne j\right\} \ge 1 - \alpha$$

(c) $\alpha^* = \alpha/m,\ m = k(k-1)/2$라고 하면

$$P_{\mu,\sigma^2}\left\{|(\alpha_i - \alpha_j) - (\hat{\alpha}_i - \hat{\alpha}_j)| \le \sqrt{(n_i^{-1} + n_j^{-1})\widehat{\sigma^2}}\ t_{\alpha^*/2}(n-k),\ \forall i \ne j\right\} \ge 1 - \alpha$$

[증명] (a)는 <정리 10.1.3>에서 $r = k-1$인 경우이고, (a)의 사건이 (b)의 사건의 부분 사건이므로 (a), (b)가 성립하는 것은 명백하다. 또한, <정리 10.1.3>으로부터 $r = 1$일 때

$$P_{\mu,\sigma^2}\left\{|(\alpha_i - \alpha_j) - (\hat{\alpha}_i - \hat{\alpha}_j)| \le \sqrt{(n_i^{-1} + n_j^{-1})\widehat{\sigma^2}}\ t_{\alpha^*/2}(n-k)\right\} = 1 - \alpha^*,\ \forall i \ne j$$

이 성립한다. 따라서 (c)가 성립하는 것은 다음 부등식으로부터 명백하다.

$$P(A_1 \cap \cdots \cap A_m) \ge 1 - \sum_{l=1}^{m}(1 - P(A_l))$$

<정리 10.1.4>의 증명에서 적용된 부등식을 본페로니(Bonferroni) 부등식이라고 하며 (c)의 신뢰구간을 본페로니 동시신뢰구간이라고 부르고, (b)의 신뢰구간은 쉐페(Scheffe)의 동시신뢰구간이라고 한다. 처리의 개수가 많아질수록 본페로니의 동시신뢰구간이 쉐페의 구간보다 짧게 되어 보다 실용적인 것을 <표 10.1.1>로부터 알 수 있다. 반면에 쉐페의 방법은 두 개씩의 비교만이 아닌 보다 많은 대비에 대한 동시신뢰구간에도 적용할 수 있다는 장점이 있다.

표 10.1.1

$[n=20]$	$\alpha=0.05$				$\alpha=0.1$			
	$k=3$	$k=4$	$k=7$	$k=10$	$k=3$	$k=4$	$k=7$	$k=10$
$\sqrt{(k-1)\mathrm{F}_\alpha(k-1,n-k)}$	2.680	3.117	4.182	5.213	2.299	2.717	3.701	4.596
$t_{\alpha^*/2}(n-k)$	2.654	3.008	3.760	4.518	2.315	2.673	3.397	4.077

일원분류정규분포모형에서 수준의 구별이 의미가 있는가를 판단하기 위한 검정으로서 가설

$$H_0 : \mu_1 = \cdots = \mu_k \ \ vs \ \ H_1 : \mu_1, \cdots, \mu_k \text{가 모두 같지는 않다.}$$

의 검정을 처리의 유의성 검정이라고 한다. 이러한 가설은

$$H_0 : \alpha_1 = \cdots = \alpha_k = 0 \ \ vs \ \ H_1 : \alpha_1, \cdots, \alpha_k \text{가 모두 0은 아니다.}$$

로 나타낼 수도 있으며, 최대가능도비 검정은 다음과 같이 주어진다.

정리 10.1.5 일원분류정규분포모형에서의 유의성 검정

일원분류정규분포모형에서

$$SSB = \sum_{i=1}^{k} n_i(\overline{\mathrm{X}}_i - \overline{\mathrm{X}})^2, \ SSW = \sum_{i=1}^{k}\sum_{j=1}^{n_i}(\mathrm{X}_{ij} - \overline{\mathrm{X}}_i)^2 = (n-k)\widehat{\sigma^2}$$

이라고 하면, 유의성 검정의 최대가능도비 검정의 검정통계량은

$$F_n = \frac{SSB/(k-1)}{SSW/(n-k)}$$

이고 크기 $\alpha(0<\alpha<1)$인 기각역은 다음과 같이 주어진다.

$$\text{“}F_n \geq \mathrm{F}_\alpha(k-1, n-k)\text{”}$$

[증명] 로그가능도와 각 모수공간에서의 최대가능도 추정값을 구하면 다음과 같다.

$$l(\theta) = -\sum_{i=1}^{k}\sum_{j=1}^{n_i}(x_{ij} - \mu_i)^2/(2\sigma^2) - (n/2)\log(2\pi\sigma^2)$$

$$\theta = (\mu_1, \cdots, \mu_k, \sigma^2)^t, \ \ \hat{\theta}^{\Omega} = (\overline{x_1}, \cdots, \overline{x_k}, \widehat{\sigma^2}^{\Omega})^t, \ \ \hat{\theta}^{\Omega_0} = (\overline{x}, \cdots, \overline{x}, \widehat{\sigma^2}^{0})^t$$

$$\widehat{\sigma^2}^{\Omega} = \sum_{i=1}^{k}\sum_{j=1}^{n_i}(x_{ij} - \overline{x}_i)^2/n, \ \ \widehat{\sigma^2}^{0} = \sum_{i=1}^{k}\sum_{j=1}^{n_i}(x_{ij} - \overline{x})^2/n$$

$$\therefore \ 2(l(\hat{\theta}^{\Omega}) - l(\hat{\theta}^{\Omega_0})) = n\log(\widehat{\sigma^2}^{0}/\widehat{\sigma^2}^{\Omega})$$

그런데

$$n\widehat{\sigma^2}^0 = \sum_{i=1}^{k}\sum_{j=1}^{n_i}(x_{ij}-\overline{x})^2 = \sum_{i=1}^{k}\sum_{j=1}^{n_i}(x_{ij}-\overline{x_i})^2 + \sum_{i=1}^{k}n_i(\overline{x_i}-\overline{x})^2 = SSW + SSB$$

$$n\widehat{\sigma^2}^{\Omega} = \sum_{i=1}^{k}\sum_{j=1}^{n_i}(x_{ij}-\overline{x_i})^2 = SSW$$

이므로 검정통계량은 F_n으로 주어지고 기각역은 F_n의 큰 값으로 주어진다.

한편 $n\times 1$ 벡터들로부터 $n\times 1$ 벡터로의 변환으로서

$$(x_{ij}) \overset{A}{\mapsto} (\overline{x}_i - \overline{x}) = A(x_{ij})$$

로 정의된 변환 A를 생각하면

$$SSB = \sum_{i=1}^{k}\sum_{j=1}^{n_i}(\overline{x_i}-\overline{x})^2 = (A(x_{ij}))^t(A(x_{ij}))$$

$$(x_{ij}) \overset{A}{\mapsto} (\overline{x_i}-\overline{x}) \equiv (z_{ij}) \overset{A}{\mapsto} (\overline{z_i}-\overline{z}) = (\overline{z_i}) = (\overline{x_i}-\overline{x}) = A^2(x_{ij})$$

$$(x_{ij})^t A(y_{ij}) = (x_{ij})^t(\overline{y_i}-\overline{y}) = \sum_{i=1}^{k}\sum_{j=1}^{n_i}x_{ij}(\overline{y_i}-\overline{y}) = \sum_{i=1}^{k}n_i\overline{x_i}\,\overline{y_i} - n\overline{x}\,\overline{y}$$

$$(x_{ij})^t A^t(y_{ij}) = (\overline{x_i}-\overline{x})^t(y_{ij}) = \sum_{i=1}^{k}\sum_{j=1}^{n_i}(\overline{x_i}-\overline{x})y_{ij} = \sum_{i=1}^{k}n_i\overline{x_i}\,\overline{y_i} - n\overline{x}\,\overline{y}$$

따라서

$$A^2 = A,\ \ A^t = A,\ \ SSB = (\mathrm{X}_{ij})^t A(\mathrm{X}_{ij})$$

한편 $H_0 : \mu_1 = \cdots = \mu_k = \overline{\mu}$인 경우에 $\mathrm{Z}_{ij} = (\mathrm{X}_{ij} - \overline{\mu})/\sigma$라고 하면

$$\mathrm{Z}_{ij} = (\mathrm{X}_{ij} - \overline{\mu})/\sigma \overset{iid}{\sim} \mathrm{N}(0,1),\ j = 1,\cdots,n_i;\ i = 1,\cdots,k$$

$$SSB = \sum_{i=1}^{k}n_i(\overline{\mathrm{X}}_i - \overline{\mathrm{X}})^2 = \sigma^2\sum_{i=1}^{k}n_i(\overline{\mathrm{Z}}_i - \overline{\mathrm{Z}})^2 = \sigma^2\sum_{i=1}^{k}\sum_{j=1}^{n_i}(\overline{\mathrm{Z}}_i - \overline{\mathrm{Z}})^2 = \sigma^2(\mathrm{Z}_{ij})^t A(\mathrm{Z}_{ij})$$

그러므로 <정리 4.4.5>로부터 $H_0 : \mu_1 = \cdots = \mu_k$ 하에서

$$SSB/\sigma^2 \sim \chi^2(r),\ r = trace(A)$$

이다. 한편

$$r = trace(A) = \sum_{i=1}^{k}\sum_{j=1}^{n_i}\left(\frac{1}{n_i} - \frac{1}{n}\right) = k-1$$

이고, $SSB = \sum_{i=1}^{k}n_i(\overline{\mathrm{X}}_i - \overline{\mathrm{X}})^2$가 표본평균 $\overline{\mathrm{X}}_1,\ \cdots,\ \overline{\mathrm{X}}_k$만의 함수이므로 <정리 10.1.1>에 따라

$$SSW/\sigma^2 = \sum_{i=1}^{k}\sum_{j=1}^{n_i}(X_{ij} - \overline{X}_i)^2/\sigma^2 = (n-k)\widehat{\sigma^2}/\sigma^2 \sim \chi^2(n-k)$$

이고 SSB와 SSW는 서로 독립이다. 그러므로 F분포의 대의적 정의로부터 H_0하에서

$$F_n = \frac{(SSB/\sigma^2)/(k-1)}{(SSW/\sigma^2)/(n-k)} \sim F(k-1, n-k)$$

이고, 크기 α인 기각역은 "$F_n \geq F_\alpha(k-1, n-k)$"로 주어진다.

처리 효과를 나타내는 모수로서

$$\widetilde{\alpha}_i = \mu_i - \widetilde{\mu},\ \widetilde{\mu} = \sum_{i=1}^{k}\mu_i/k$$

를 사용하여 일원분류정규분포모형을 나타내는 경우도 흔히 있다. 이러한 경우에는

$$X_{ij} = \widetilde{\mu} + \widetilde{\alpha}_i + e_{ij},\ \sum_{i=1}^{k}\widetilde{\alpha}_i = 0$$

와 같이 처리 효과에 대한 선형 제약조건이 가중치 n_i가 사용되지 않은 것으로 된다. 이러한 모수를 사용하는 경우에 유의성 검정의 귀무가설은 $H_0 : \widetilde{\alpha}_1 = \cdots = \widetilde{\alpha}_k = 0$로 나타내어지고 이는 $H_0 : \mu_1 = \cdots = \mu_k$ 또는 $H_0 : \alpha_1 = \cdots = \alpha_k = 0$와 같은 가설이므로 <정리 10.1.5>의 방법으로 검정할 수 있다.

또한 $c_1 + \cdots + c_k = 0$일 때

$$\sum_{i=1}^{k}c_i\widetilde{\alpha}_i = \sum_{i=1}^{k}c_i\mu_i = \sum_{i=1}^{k}c_i\alpha_i$$

이므로 $\widetilde{\alpha}_i = \mu_i - \widetilde{\mu}\,(i = 1, \cdots, k)$들의 대비에 대한 동시신뢰구간에 대하여는 <정리 10.1.4>의 방법을 그대로 적용할 수 있다.

한편 $\widetilde{\alpha}_i = \mu_i - \widetilde{\mu}\,(i = 1, \cdots, k)$들의 일반적인 선형 결합에 대한 추론은 이들을 $\mu_i(i = 1, \cdots, k)$들의 선형 결합으로 나타내어 <정리 10.1.3>으로부터 구할 수 있다. 같은 방법으로 $\alpha_i(i = 1, \cdots, k)$들에 대한 추론도 할 수 있다.

예 10.1.1

일원분류정규분포모형에서 $\widetilde{\alpha}_i = \mu_i - \widetilde{\mu}\,(i = 1, \cdots, k)$의 전역최소분산불편 추정량은

$$\hat{\widetilde{\alpha}}_i = \hat{\mu}_i - \hat{\widetilde{\mu}} = \overline{X}_i - \overline{\overline{X}}\ (i = 1, \cdots, k),\ \overline{\overline{X}} = \sum_{i=1}^{k}\overline{X}_i/k$$

이고, 이들에 대한 동시신뢰구간은 <정리 10.1.3>의 (b)로부터 다음과 같이 주어진다.

$$P_{\mu,\sigma^2}\left\{|\widehat{\alpha_i}| \le \sqrt{[(k-1)^2 n_i^{-1} + \sum_{j \ne i} n_j^{-1}]\widehat{\sigma^2}/k^2}\ \sqrt{(k-1)F_\alpha(k-1, n-k)},\ \forall i = 1, \cdots, k\right\} \ge 1-\alpha$$

한편 $\alpha_i = \mu_i - \bar{\mu}(i = 1, \cdots, k)$에 대한 동시신뢰구간은 다음과 같이 주어진다.

$$P_{\mu,\sigma^2}\left\{|\widehat{\alpha_i}| \le \sqrt{(n_i^{-1} - n^{-1})\widehat{\sigma^2}}\ \sqrt{(k-1)F_\alpha(k-1, n-k)},\ \forall i = 1, \cdots, k\right\} \ge 1-\alpha$$

10.2 이원분류모형의 분산분석

두 개의 인자 A, B가 있고 각 인자의 수준이 a개, b개 있는 경우에는 각 인자의 수준의 조합을 '처리'라고 하며 이러한 경우에 처리 효과를 분석하기 위한 모형으로서는 흔히

$$\begin{cases} X_{ijk} = \mu_{ij} + e_{ij} \\ e_{ijk} \overset{iid}{\sim} N(0, \sigma^2),\ i = 1, \cdots, a;\ j = 1, \cdots, b;\ k = 1, \cdots, n_{ij} \\ -\infty < \mu_{ij} < +\infty\ (i = 1, \cdots, a;\ j = 1, \cdots, b),\ \sigma^2 > 0 \end{cases}$$

로 나타내어지는 이원분류정규분포모형을 생각한다. 여기에서 n_{ij}는 (i, j) 칸(間, cell)에서 같은 처리가 반복되는 횟수를 뜻한다. 이러한 이원분류정규분포모형에서의 추정량과 그 표본분포는 일원분류모형에서와 같은 방법으로 다음과 같이 주어지는 것을 알 수 있다.

정리 10.2.1 이원분류정규분포모형에서의 추정량과 표본분포

(a) 각 모수의 전역최소분산불편 추정량은 다음과 같이 주어진다.

$$\widehat{\mu_{ij}} = \overline{X_{ij.}} = \sum_{k=1}^{n_{ij}} X_{ijk}/n_{ij}\ (i = 1, \cdots, a;\ j = 1, \cdots, b)$$

$$\widehat{\sigma^2} = \sum_{i=1}^{a}\sum_{j=1}^{b}\sum_{k=1}^{n_{ij}} (X_{ijk} - \overline{X_{ij.}})^2/(n-ab),\ n = \sum_{i=1}^{a}\sum_{j=1}^{b} n_{ij}$$

(b) 표본평균 $\widehat{\mu_{ij}} = \overline{X_{ij.}}$ 들은 서로 독립이고 각각의 분포는 $N(\mu_{ij}, \sigma^2/n_{ij})$이다.

(c) 모분산 추정량 $\widehat{\sigma^2}=\sum_{i=1}^{a}\sum_{j=1}^{b}\sum_{k=1}^{n_{ij}}(\mathrm{X}_{ijk}-\overline{\mathrm{X}_{ij.}})^2/(n-ab)$와 $(\overline{\mathrm{X}_{11.}},\cdots,\overline{\mathrm{X}_{ab}})^t$는 서로 독립이다.

(d) $(n-ab)\widehat{\sigma^2}/\sigma^2$은 자유도 $(n-ab)$인 카이제곱분포를 따른다.

한편, 모분산 σ^2의 최대가능도 추정량은

$$\widehat{\sigma^2}^{MLE}=\sum_{i=1}^{a}\sum_{j=1}^{b}\sum_{k=1}^{n_{ij}}(\mathrm{X}_{ijk}-\overline{\mathrm{X}_{ij.}})^2/n$$

으로 주어지고 모평균 μ_{ij}의 최대가능도 추정량이 표본평균임은 명백하다.

<정리 10.2.1>로부터 모평균 μ_{ij}들의 선형결합에 대한 신뢰집합이나 동시신뢰구간을 일원분류의 경우와 같이 구할 수 있으며, 이를 정리하면 다음과 같다. 여기에서 벡터나 행렬은

$$\hat{\mu}=(\widehat{\mu_{11}},\cdots,\widehat{\mu_{1b}};\cdots;\widehat{\mu_{a1}},\cdots,\widehat{\mu_{ab}})^t$$

와 같은 순서로 나열되어 있는 것을 뜻한다.

정리 10.2.2 이원분류정규분포모형에서의 신뢰집합과 동시신뢰구간

계수가 p인 $(ab)\times p$ 행렬 C에 대하여 C의 열벡터공간을 $\mathrm{col}(C)=\{Cx : x\in R^p\}$로 나타내고 $D=\mathrm{Var}_{\mu,\sigma^2}(\hat{\mu})/\sigma^2=diag(1/n_{ij})$라고 하면 이원분류정규분포모형에서 다음이 성립한다.

(a) $\mathrm{P}_{\mu,\sigma^2}\left\{(C^t\mu-C^t\hat{\mu})^t(C^tDC)^{-1}(C^t\mu-C^t\hat{\mu})\le p\widehat{\sigma^2}\mathrm{F}_\alpha(p,n-ab)\right\}=1-\alpha$

(b) $\mathrm{P}_{\mu,\sigma^2}\left\{|c^t\mu-c^t\hat{\mu}|\le\sqrt{\sum_{i=1}^{a}\sum_{j=1}^{b}c_{ij}^2\widehat{\sigma^2}/n_{ij}}\sqrt{p\mathrm{F}_\alpha(p,n-k)},\ ^\forall c\in\mathrm{col}(C)\right\}$
$=1-\alpha$

한편, 일원분류의 경우와 같이 새로운 모수를

$$\begin{cases}\overline{\mu_{..}}=\sum_{i=1}^{a}\sum_{j=1}^{b}n_{ij}\mu_{ij}/n,\ n=n_{11}+\cdots+n_{ab}\\ \overline{\mu_{i.}}=\sum_{j=1}^{b}n_{ij}\mu_{ij}/n_{i.},\ \overline{\mu_{.j}}=\sum_{i=1}^{a}n_{ij}\mu_{ij}/n_{.j},\ n_{i.}=n_{i1}+\cdots+n_{ib},\ n_{.j}=n_{1j}+\cdots+n_{aj}\\ \alpha_i=\overline{\mu_{i.}}-\bar{\mu},\ \beta_j=\overline{\mu_{.j}}-\bar{\mu},\ \gamma_{ij}=\mu_{ij}-\overline{\mu_{i.}}-\overline{\mu_{.j}}+\overline{\mu_{..}}\end{cases}$$

와 같이 정의하여 $\overline{\mu_{..}}$는 전반적인 처리 효과, α_i는 A인자 수준 i의 처리 효과, β_j는 B인자 수준 j의 처리 효과를 뜻하는 것으로 해석하고 주효과(主效果, main effect)라고 부른다. 또한 γ_{ij}는 각 인자의 처리 효과의 가법적 모형이 설명할 수 없는 비가법적(非加法的, non-additive) 처리 효과를 뜻하는 것으로 교호작용효과(交互作用效果, interaction effect)라고 부른다.

이러한 새로운 모수들의 해석이 쉽고 그에 대한 추정이나 검정 방법이 간결하게 주어지는 것은 반복 횟수가 같은 경우, 즉 $n_{ij}=r(i=1,\cdots,a; j=1,\cdots,b)$인 경우로서 이러한 모형을 균형(均衡, balanced)된 이원분류모형이라고 한다.

균형된 이원분류모형의 경우에는 새로운 모수가

$$\begin{cases} \overline{\mu_{..}}=\sum_{i=1}^{a}\sum_{j=1}^{b}\mu_{ij}/ab,\ \overline{\mu_{i.}}=\sum_{j=1}^{b}\mu_{ij}/b,\ \overline{\mu_{.j}}=\sum_{i=1}^{a}\mu_{ij}/a \\ \alpha_i=\overline{\mu_{i.}}-\overline{\mu_{..}},\ \beta_j=\overline{\mu_{.j}}-\overline{\mu_{..}},\ \gamma_{ij}=\mu_{ij}-\overline{\mu_{i.}}-\overline{\mu_{.j}}+\overline{\mu_{..}} \end{cases}$$

로 정의되며, 이를 이용하여 균형된 이원분류정규분포모형을 다음과 같이 나타내기도 한다.

$$\begin{cases} \mathrm{X}_{ijk}=\overline{\mu_{..}}+\alpha_i+\beta_j+\gamma_{ij}+e_{ijk}, \\ \sum_{i=1}^{a}\alpha_i=0,\ \sum_{j=1}^{b}\beta_j=0,\ \sum_{i=1}^{a}\gamma_{ij}=0(j=1,\cdots,b),\ \sum_{j=1}^{b}\gamma_{ij}=0(i=1,\cdots,a) \\ e_{ijk}\overset{iid}{\sim}\mathrm{N}(0,\sigma^2),\ i=1,\cdots,a;\ j=1,\cdots,b;\ k=1,\cdots,r \\ \overline{\mu_{..}},\alpha_i,\beta_j,\gamma_{ij}\text{는 실수이고 } \sigma^2>0 \end{cases}$$

이러한 모형에서 사용되는 모수의 추정은 각 모수를 μ_{ij}의 선형결합으로 표현하여 구할 수 있으며, 이러한 추정량을 이용하여 주효과를 비교하거나 교호작용효과의 유의성 여부를 검정할 수 있다.

주효과의 기본대비에 대한 동시신뢰구간은 <정리 10.2.2>를 이용하여 <정리 10.1.4>에서와 같이 구할 수 있으며, 이를 A인자 주효과의 기본대비에 대하여 정리하면 다음과 같다.

정리 10.2.3 균형된 이원분류정규분포모형에서 주효과 기본대비에 대한 동시신뢰구간[134)]

(a) $n_{ij}=r$인 경우에, $\hat{\alpha}_i=\overline{\mathrm{X}_{i..}}-\overline{\mathrm{X}_{...}}$, $n_{i.}=rb$, $n=rab$이고

$$\mathrm{P}_{\mu,\sigma^2}\left\{|(\alpha_i-\alpha_l)-(\hat{\alpha}_i-\hat{\alpha}_l)|\le\sqrt{(n_{i.}^{-1}+n_{l.}^{-1})\hat{\sigma^2}}\sqrt{(a-1)\mathrm{F}_\alpha(a-1,n-ab)},\ {}^\forall i\ne l\right\}\ge 1-\alpha$$

134) 이러한 동시신뢰구간은 일반적인 이원분류정규분포모형의 경우에도 성립한다.

(b) $\alpha^* = \alpha/m,\ m = a(a-1)/2$라고 하면

$$\mathrm{P}_{\mu,\sigma^2}\left\{|(\alpha_i - \alpha_l) - (\widehat{\alpha_i} - \widehat{\alpha_l})| \le \sqrt{(n_{i.}^{-1} + n_{l.}^{-1})\widehat{\sigma^2}}\ t_{\alpha^*/2}(n-ab),\ ^{\forall} i \ne l\right\} \ge 1 - \alpha$$

균형된 이원분류정규분포모형에서 교호작용효과의 유의성에 대한 가설

$$H_0^{AB}: \gamma_{ij} \overset{i,j}{\equiv} 0 \quad vs \quad H_1^{AB}: \gamma_{ij}(i=1,\cdots,a;\ j=1,\cdots,b)\text{가 모두 0은 아니다.}$$

의 검정을 교호작용효과 유의성 검정이라고 한다. 이러한 가설은

$$H_0^{AB}: \mu_{ij}\text{가 } i\text{의 함수와 } j\text{의 함수의 합이다.} \quad vs \quad H_1^{AB}: H_0^{AB}\text{가 아니다.}$$

로 나타낼 수도 있으며, 최대가능도비 검정은 다음과 같이 주어진다.

정리 10.2.4 균형된 이원분류정규분포모형에서 교호작용효과의 유의성 검정[135)]

$n_{ij} = r$인 균형된 이원분류정규분포모형에서

$$SS_{AB} = \sum_{i=1}^{a}\sum_{j=1}^{b} r(\overline{\mathrm{X}_{ij.}} - \overline{\mathrm{X}_{i..}} - \overline{\mathrm{X}_{.j.}} + \overline{\mathrm{X}_{...}})^2,\quad SSE = \sum_{i=1}^{a}\sum_{j=1}^{b}\sum_{k=1}^{r}(\mathrm{X}_{ijk} - \overline{\mathrm{X}_{ij.}})^2$$

이라고 하면, 교호작용효과 유의성 검정의 최대가능도비 검정의 검정통계량은

$$F_n = \frac{SS_{AB}/(a-1)(b-1)}{SSE/(n-ab)}$$

이고 크기 $\alpha(0<\alpha<1)$인 기각역은 다음과 같이 주어진다.

$$\text{“}F_n \ge \mathrm{F}_\alpha((a-1)(b-1), n-ab)\text{”}$$

[증명] 로그가능도와 각 모수공간에서의 최대가능도 추정값을 구하면 다음과 같다.

$$l(\theta) = -\sum_{i=1}^{a}\sum_{j=1}^{b}\sum_{k}(x_{ijk} - \overline{\mu_{..}} - \alpha_i - \beta_j - \gamma_{ij})^2/(2\sigma^2) - (n/2)\log(2\pi\sigma^2)$$

$$\theta = (\mu_{11}, \cdots \mu_{ab}, \sigma^2)^t,\quad \mu_{ij} = \overline{\mu_{..}} + \alpha_i + \beta_j + \gamma_{ij},$$

$$\hat\theta^{\Omega} = (\overline{x_{11.}}, \cdots, \overline{x_{ab.}}, \widehat{\sigma^2}^{\Omega})^t,\quad \widehat{\sigma^2}^{\Omega} = \sum_{i=1}^{a}\sum_{j=1}^{b}\sum_{k}(x_{ijk} - \overline{x_{ij.}})^2/n$$

$$\hat\theta^{\Omega_0} = (\widehat{\mu_{11}}^0, \cdots, \widehat{\mu_{ab}}^0, \widehat{\sigma^2}^0)^t,\quad \widehat{\overline{\mu_{..}}}^0 = \overline{x_{...}},\ \widehat{\alpha_i}^0 = \overline{x_{i..}} - \overline{x_{...}},\ \widehat{\beta_j}^0 = \overline{x_{.j.}} - \overline{x_{...}},\ \widehat{\gamma_{ij}}^0 = 0$$

$$\widehat{\sigma^2}^0 = \sum_{i=1}^{a}\sum_{j=1}^{b}\sum_{k}(x_{ijk} - \overline{x_{i..}} - \overline{x_{.j.}} + \overline{x_{...}})^2/n$$

$$\therefore\ 2(l(\hat\theta^{\Omega}) - l(\hat\theta^{\Omega_0})) = n\log(\widehat{\sigma^2}^0/\widehat{\sigma^2}^{\Omega})$$

---

135) 이러한 최대가능도비 검정은 $n_{ij} = n_{i.}n_{.j}/n$을 만족시키는 이원분류정규분포모형의 경우에도 성립한다.

그런데 $n\widehat{\sigma^2}^0 = \sum_{i=1}^{a}\sum_{j=1}^{b}\sum_{k}(x_{ijk} - \overline{x_{i..}} - \overline{x_{.j.}} + \overline{x_{...}})^2 = SSE + SS_{AB}$

$$n\widehat{\sigma^2}^{\Omega} = \sum_{i=1}^{k}\sum_{j=1}^{n_i}(x_{ijk} - \overline{x_{ij.}})^2 = SSE$$

이므로 검정통계량은 F_n으로 주어지고 기각역은 F_n의 큰 값으로 주어진다.

한편 $n\times 1$ 벡터들로부터 $n\times 1$ 벡터로의 변환으로서

$$(x_{ijk}) \overset{\Pi}{\mapsto} (\overline{x_{ij.}} - \overline{x_{i..}} - \overline{x_{.j.}} + \overline{x_{...}}) = \Pi(x_{ijk})$$

로 정의된 변환 Π를 생각하면

$$SS_{AB} = \sum_{i=1}^{a}\sum_{j=1}^{b}\sum_{k}(\overline{x_{ij.}} - \overline{x_{i..}} - \overline{x_{.j.}} + \overline{x_{...}})^2 = (\Pi(x_{ijk}))^t(\Pi(x_{ijk}))$$

$$(x_{ijk}) \overset{\Pi}{\mapsto} (\overline{x_{ij.}} - \overline{x_{i..}} - \overline{x_{.j.}} + \overline{x_{...}}) \equiv (z_{ijk}) \overset{\Pi}{\mapsto} (\overline{z_{ij.}} - \overline{z_{i..}} - \overline{z_{.j.}} + \overline{z_{...}}) = (\overline{z_{ij.}}) = \Pi^2(x_{ijk})$$

$$(x_{ijk})^t\Pi(y_{ijk}) = (x_{ijk})^t(\overline{y_{ij.}} - \overline{y_{i..}} - \overline{y_{.j.}} + \overline{y_{...}}) = \sum_{i=1}^{a}\sum_{j=1}^{b} r\overline{x_{ij.}}(\overline{y_{ij.}} - \overline{y_{i..}} - \overline{y_{.j.}} + \overline{y_{...}})$$

$$(x_{ijk})^t\Pi^t(y_{ijk}) = (\overline{x_{ij.}} - \overline{x_{i..}} - \overline{x_{.j.}} + \overline{x_{...}})^t(y_{ijk}) = \sum_{i=1}^{a}\sum_{j=1}^{b}(\overline{x_{ij.}} - \overline{x_{i..}} - \overline{x_{.j.}} + \overline{x_{...}})r\overline{y_{ij.}}$$

따라서

$$\Pi^2 = \Pi,\ \ \Pi^t = \Pi,\ \ SS_{AB} = (\mathrm{X}_{ijk})^t\Pi(\mathrm{X}_{ijk})$$

한편 $H_0^{AB}: \mu_{ij} = \overline{\mu_{..}} + \alpha_i + \beta_j$인 경우에 $\mathrm{Z}_{ij} = (\mathrm{X}_{ijk} - \overline{\mu_{..}} - \alpha_i - \beta_j)/\sigma$라고 하면

$$\mathrm{Z}_{ijk} = (\mathrm{X}_{ijk} - \overline{\mu_{..}} - \alpha_i - \beta_j)/\sigma \overset{iid}{\sim} \mathrm{N}(0,1),\ j = 1,\cdots,n_i;\ i = 1,\cdots,k$$

$$SS_{AB} = \sum_{i=1}^{a}\sum_{j=1}^{b}\sum_{k}(\overline{\mathrm{X}_{ij.}} - \overline{\mathrm{X}_{i..}} - \overline{\mathrm{X}_{.j.}} + \overline{\mathrm{X}_{...}})^2 = \sigma^2\sum_{i=1}^{a}\sum_{j=1}^{b}\sum_{k}(\overline{\mathrm{Z}_{ij.}} - \overline{\mathrm{Z}_{i..}} - \overline{\mathrm{Z}_{.j.}} + \overline{\mathrm{Z}_{...}})^2$$

$$\therefore\ SS_{AB} = \sigma^2\sum_{i=1}^{a}\sum_{j=1}^{b}\sum_{k}(\overline{\mathrm{Z}_{ij.}} - \overline{\mathrm{Z}_{i..}} - \overline{\mathrm{Z}_{.j.}} + \overline{\mathrm{Z}_{...}})^2 = \sigma^2(\mathrm{Z}_{ijk})^t\Pi(\mathrm{Z}_{ijk})$$

그러므로 <정리 4.4.5>로부터 $H_0^{AB}: \mu_{ij} = \overline{\mu_{..}} + \alpha_i + \beta_j$ 하에서

$$SS_{AB}/\sigma^2 \sim \chi^2(m),\ m = trace(\Pi)$$

이다. 한편

$$m = trace(\Pi) = \sum_{i=1}^{a}\sum_{j=1}^{b}\sum_{k}\left(\frac{1}{r} - \frac{1}{rb} - \frac{1}{ra} + \frac{1}{rab}\right) = (a-1)(b-1)$$

이고, $SS_{AB} = \sum_{i=1}^{a}\sum_{j=1}^{b}\sum_{k}(\overline{X}_{ij.} - \overline{X}_{i..} - \overline{X}_{.j.} + \overline{X}_{...})^2$가 표본평균 $\overline{X}_{11}, \cdots, \overline{X}_{ab}$ 만의 함수이므로 <정리 10.2.1>에 따라

$$SSE = \sum_{i=1}^{a}\sum_{j=1}^{b}\sum_{k}(X_{ijk} - \overline{X}_{ij.})^2 = (n-ab)\widehat{\sigma^2}$$

와 SS_{AB}는 서로 독립이다. 그러므로 <정리 4.4.5>와 F분포의 대의적 정의로부터 H_0^{AB}하에서

$$F_n = \frac{(SS_{AB}/\sigma^2)/(a-1)(b-1)}{(SSE/\sigma^2)/(n-ab)} \sim \mathrm{F}((a-1)(b-1), n-ab)$$

이고, 크기 α인 기각역은 "$F_n \geq \mathrm{F}_{\alpha}((a-1)(b-1), n-ab)$"로 주어진다.

같은 방법으로 주효과의 유의성 검정도 다음과 같이 주어지는 것을 밝힐 수 있다.

정리 10.2.5 균형된 이원분류정규분포모형에서 주효과의 유의성 검정

$n_{ij} = r$인 균형된 이원분류정규분포모형에서

$$SS_A = \sum_{i=1}^{a} br(\overline{X}_{i..} - \overline{X}_{...})^2, \ SS_B = \sum_{j=1}^{b} ar(\overline{X}_{.j.} - \overline{X}_{...})^2$$

이라고 하면, 주효과 유의성 검정에 대하여 다음이 성립한다.

(a) $H_0^A : \alpha_1 = \cdots = \alpha_a = 0 \ \ vs \ \ H_1^A : \alpha_i (i = 1, \cdots, a)$가 모두 0은 아니다.

의 최대가능도비 검정통계량은

$$F_n = \frac{SS_A/(a-1)}{SSE/(n-ab)}$$

이고 크기 $\alpha(0 < \alpha < 1)$인 기각역은 다음과 같이 주어진다.

"$F_n \geq \mathrm{F}_{\alpha}((a-1), n-ab)$"

(b) $H_0^B : \beta_1 = \cdots = \beta_b = 0 \ \ vs \ \ H_1^B : \beta_j (j = 1, \cdots, b)$가 모두 0은 아니다.

의 최대가능도비 검정통계량은

$$F_n = \frac{SS_B/(b-1)}{SSE/(n-ab)}$$

이고 크기 $\alpha(0 < \alpha < 1)$인 기각역은 다음과 같이 주어진다.

"$F_n \geq \mathrm{F}_{\alpha}((b-1), n-ab)$"

10.3 분산분석에서의 검정력 함수

일원분류정규분포모형이나 이원분류정규분포모형에서 유의성 검정을 위한 검정통계량의 대립가설 하의 분포는 다음의 비중심분포(非中心分布, noncentral distribution)로 나타내어진다.

정리 10.3.1 비중심 카이제곱분포

서로 독립이고 정규분포 $\mathrm{N}(\mu_i, 1)$을 따르는 확률변수들 $\mathrm{X}_i (i = 1, \cdots, r)$에 대하여

$$\mathrm{Y} = \mathrm{X}_1^2 + \cdots + \mathrm{X}_r^2$$

이라고 할 때 다음이 성립하는 것을 밝혀라.

(a) $\delta = \mu_1^2 + \cdots + \mu_r^2$이라고 하면 Y의 누율생성함수는 다음과 같이 주어진다.

$$cgf_{\mathrm{Y}}(t) = \sum_{k=1}^{\infty} \frac{t^k}{k!} 2^{k-1}(k-1)!(r + k\delta), \ t < 1/2$$

(b) $\mathrm{Poisson}(\delta/2)$분포와 $\chi^2(r+2k)$분포의 확률밀도함수를 각각 $pdf_{P(\delta/2)}(k)$, $pdf_{\chi^2(r+2k)}(y)$라고 하면 Y의 확률밀도함수는 다음과 같이 주어진다.

$$pdf_{\mathrm{Y}}(y) = \sum_{k=0}^{\infty} pdf_{P(\delta/2)}(k) pdf_{\chi^2(r+2k)}(y)$$

[증명] $\mathrm{X} \sim \mathrm{N}(\mu, 1)$일 때 다음이 성립하는 것을 알 수 있다.

$$\mathrm{E}[\exp(t\mathrm{X}^2)] = \int_{-\infty}^{+\infty} \frac{1}{\sqrt{2\pi}} \exp\left\{ -\frac{1}{2}(1-2t)\left(x - \frac{\mu}{1-2t}\right)^2 + \frac{t\mu^2}{1-2t} \right\} dx$$

$$= (1-2t)^{-1/2} \exp\left(\frac{\mu^2 t}{1-2t} \right), \ t < 1/2$$

(a) $$mgf_{\mathrm{Y}}(t) = \prod_{i=1}^{r} \mathrm{E}[\exp(t\mathrm{X}_i^2)] = (1-2t)^{-r/2} \exp\left[\frac{(\mu_1^2 + \cdots + \mu_r^2)t}{1-2t} \right], \ t < 1/2$$

$$\therefore cgf_{\mathrm{Y}}(t) = -\frac{r}{2}\log(1-2t) + \frac{1}{2}\delta\left(\frac{2t}{1-2t} \right), \ t < 1/2$$

$$= \frac{r}{2} \sum_{k=1}^{\infty} \frac{1}{k}(2t)^k + \frac{1}{2}\delta \sum_{k=1}^{\infty} (2t)^k, \ t < 1/2$$

$$= \sum_{k=1}^{\infty} \frac{t^k}{k!} 2^{k-1}(k-1)!(r + k\delta), \ t < 1/2$$

(b) (a)부터 Y의 분포는 $\delta=\mu_1^2+\cdots+\mu_r^2$를 통하여 $(\mu_1,\cdots,\mu_r)^t$에 의존하는 것을 알 수 있다.

따라서, $V\sim\chi^2(r-1)$, $Z\sim N(\theta,1)$, $\theta^2=\delta$이고 서로 독립인 V와 Z에 대하여

$$Y\overset{d}{\equiv}V+Z^2$$

이 성립하는 것을 알 수 있다.

$$\therefore\ pdf_Y(y)=\int_0^{+\infty}pdf_V(y-x)pdf_{Z^2}(x)\,dx$$
$$=\int_0^{+\infty}pdf_{\chi^2(r-1)}(y-x)pdf_{Z^2}(x)\,dx$$

한편 표준정규분포의 누적분포함수를 $\Phi(z)$라고 하면

$$pdf_{Z^2}(x)=\frac{d}{dx}\{\Phi(\sqrt{x}-\theta)-\Phi(-\sqrt{x}-\theta)\}$$
$$=\frac{1}{2\sqrt{x}}\frac{1}{\sqrt{2\pi}}e^{-\frac{1}{2}x-\frac{1}{2}\theta^2}(e^{\theta\sqrt{x}}+e^{-\theta\sqrt{x}})$$
$$=\sum_{k=0}^{\infty}pdf_{P(\delta/2)}(k)pdf_{\chi^2(1+2k)}(x)c_k,\ c_k=\frac{\Gamma(k+1/2)\Gamma(k+1)2^{2k}}{\Gamma(2k+1)\Gamma(1/2)}$$

그런데

$$\Gamma(1/2)\Gamma(2k+1)=\Gamma(1/2)(1\cdot 3\cdot\cdots(2k-1))(2\cdot 4\cdot\cdots\cdot 2k)$$
$$=\Gamma(1/2)((1/2)\cdot\cdots\cdot(k-1/2))2^k\cdot 2^k(k!)$$
$$=2^{2k}\Gamma(k+1/2)\Gamma(k+1)$$

$$\therefore\ pdf_{Z^2}(x)=\sum_{k=0}^{\infty}pdf_{P(\delta/2)}(k)pdf_{\chi^2(1+2k)}(x)\text{-}$$

따라서

$$pdf_Y(y)=\int_0^{+\infty}pdf_{\chi^2(r-1)}(y-x)pdf_{Z^2}(x)\,dx$$
$$=\sum_{k=0}^{\infty}pdf_{P(\delta/2)}(k)\int_0^{+\infty}pdf_{\chi^2(r-1)}(y-x)pdf_{\chi^2(1+2k)}(x)\,dx$$
$$=\sum_{k=0}^{\infty}pdf_{P(\delta/2)}(k)pdf_{\chi^2(r+2k)}(y)$$

비중심 카이제곱분포의 정의:

$$Y \sim \chi^2(r;\delta) \Leftrightarrow Y \overset{d}{\equiv} X_1^2 + \cdots + X_r^2,\ X_i \sim N(\mu_i, 1)\text{이고 서로 독립}$$
$$(i=1,\cdots,r),\ \delta = \sum_{i=1}^{r} \mu_i^2$$
$$\Leftrightarrow cgf_Y(t) = \sum_{k=1}^{\infty} \frac{t^k}{k!} 2^{k-1}(k-1)!(r+k\delta),\ t < 1/2$$
$$\Leftrightarrow pdf_Y(y) = \sum_{k=0}^{\infty} pdf_{P(\delta/2)}(k)\, pdf_{\chi^2(r+2k)}(y)$$

다음 정리는 <정리 4.4.5>를 일반화한 것으로서 서로 독립인 정규분포를 따르는 확률변수들의 이차형식의 분포가 비중심 카이제곱분포일 조건을 주고 있다.

정리 10.3.2

$X \sim N(\mu, I)$일 때, $A^2 = A$이면 다음이 성립한다.

$$X^t A X \sim \chi^2(r;\delta),\ r = trace(A),\ \delta = \mu^t A \mu$$

[증명] 멱등행렬의 대각화 정리로부터

$$A = P\begin{pmatrix} I_r & 0 \\ 0 & 0 \end{pmatrix} P^t,\ PP^t = P^t P = I$$

$Z = P^t X$ 라고 하면 $Z \sim N(P^t\mu, P^t P) = N(\eta, I),\ \eta = P^t \mu$

$$\therefore X^t A X = X^t P\begin{pmatrix} I_r & 0 \\ 0 & 0 \end{pmatrix} P^t X = Z^t \begin{pmatrix} I_r & 0 \\ 0 & 0 \end{pmatrix} Z = \sum_{i=1}^{r} Z_i^2 \sim \chi^2(r;\delta),\ \delta = \eta_1^2 + \cdots + \eta_r^2$$

한편 $r = trace(A)$인 것은 명백하고, $(\eta_1, \cdots, \eta_r)^t = (I_r, 0)\eta$이므로

$$\delta = \sum_{i=1}^{r} \eta_i^2 = \eta^t \begin{pmatrix} I_r \\ 0 \end{pmatrix} (I_r\ 0)\eta = \mu^t P \begin{pmatrix} I_r & 0 \\ 0 & 0 \end{pmatrix} P^t \mu = \mu^t A \mu$$

비중심 F 분포의 정의:

$$Y \sim F(r_1, r_2;\delta) \Leftrightarrow Y \overset{d}{\equiv} \frac{V_1/r_1}{V_2/r_2},\ V_1 \sim \chi^2(r_1;\delta),\ V_2 \sim \chi^2(r_2),\ V_1, V_2\text{는 서로 독립}$$

이러한 비중심 카이제곱분포나 비중심 F분포의 정의에서 δ를 비중심도모수 (noncentrality parameter)라고 하며, 이들 분포의 확률밀도함수나 누적확률은 부록 III에 소개되어 있는 패키지 R을 이용하여 계산할 수 있다.

예 10.3.1 **일원분류정규분포모형에서 유의성 검정의 검정력 함수**

일원분류정규분포모형

$$\begin{cases} X_{ij} = \bar{\mu} + \alpha_i + e_{ij}, \ \sum_{i=1}^{k} n_i\alpha_i = 0 \\ e_{ij} \overset{iid}{\sim} N(0,\sigma^2), \ i = 1,\cdots,k; \ j = 1,\cdots,n_i \\ -\infty < \bar{\mu} < +\infty, \ -\infty < \alpha_i < +\infty \, (i = 1,\cdots,k), \ \sigma^2 > 0 \end{cases}$$

에서 처리 효과의 유의성에 대한 가설

$$H_0 : \alpha_1 = \cdots = \alpha_k = 0 \quad vs \quad H_1 : \alpha_1,\cdots,\alpha_k \text{가 모두 0은 아니다.}$$

를 검정하기 위한 검정통계량

$$F_n = \frac{SSB/(k-1)}{SSW/(n-k)}$$

의 분포에 대하여 생각해보자. <정리 10.1.5>의 증명 과정에서

$$SSB = (X_{ij})^t A(X_{ij}), \ A(x_{ij}) = (\bar{x_i} - \bar{x})$$

$$A^2 = A, \ A^t = A, \ trace(A) = k-1$$

임을 알고 있다. 따라서 <정리 10.3.2>로부터

$$SSB/\sigma^2 \sim \chi^2(k-1;\delta), \ \ \delta = (\mu_i)^t A(\mu_i)/\sigma^2 = \sum_{i=1}^{k} n_i\alpha_i^2/\sigma^2$$

임을 알 수 있다. 또한 SSB와 SSW가 서로 독립이고 $SSW/\sigma^2 \sim \chi^2(n-k)$이므로,

$$F_n = \frac{SSB/(k-1)}{SSW/(n-k)} \sim F(k-1, n-k;\delta), \ \ \delta = \sum_{i=1}^{k} n_i\alpha_i^2/\sigma^2$$

임을 알 수 있다. 즉 이 검정의 검정력 함수는 다음과 같이 주어진다.

$$P_\delta\{F_n \ge F_\alpha(k-1, n-k)\}, \ F_n \sim F(k-1, n-k;\delta)$$

한편 비중심 카이제곱분포의 대의적 정의로부터

$$F_n \overset{d}{\equiv} \frac{(V + Z^2)/(k-1)}{W/(n-k)}, V \sim \chi^2(k-2), Z \sim N(\sqrt{\delta},1), W \sim \chi^2(n-k); \text{서로 독립}$$

이로부터

$$f_\alpha = F_\alpha(k-1, n-k), \ Y = (k-1)f_\alpha W/(n-k) - V, \ \theta = \sqrt{\delta}$$

라고 하면 검정력 함수를 다음과 같이 나타낼 수 있다.

$$P_\delta\{F_n \ge f_\alpha\} = P_\theta\{Z^2 \ge Y\}, \ Z \sim N(\theta,1)\text{와 } Y\text{는 서로 독립}$$

그런데 표준정규분포의 확률밀도함수를 $\phi(z)$라고 하면

$$\frac{d}{d\theta}\mathrm{P}_{\theta}\{Z^2 \geq y\} = e^{-\frac{1}{2}y}\phi(\theta)(e^{\sqrt{y}\theta} - e^{-\sqrt{y}\theta}) > 0,\ ^{\forall}\theta > 0$$

임을 알 수 있다. 따라서 F검정의 검정력 함수인

$$\mathrm{P}_{\delta}\{F_n \geq f_{\alpha}\} = \mathrm{P}_{\theta}\{Z^2 \geq Y\},\ \theta = \sqrt{\delta}$$

은 $\delta = \sum_{i=1}^{k} n_i\alpha_i^2/\sigma^2$의 증가함수임을 알 수 있다.

예 10.3.2 이원분류정규분포모형에서 유의성 검정의 검정력 함수

반복 횟수가 r인 균형된 이원분류정규분포모형

$$\begin{cases} X_{ijk} = \overline{\mu_{..}} + \alpha_i + \beta_j + \gamma_{ij} + e_{ijk}, \\ \sum_{i=1}^{a}\alpha_i = 0,\ \sum_{j=1}^{b}\beta_j = 0,\ \sum_{i=1}^{a}\gamma_{ij} = 0(j = 1,\cdots,b),\ \sum_{j=1}^{b}\gamma_{ij} = 0(i = 1,\cdots,a) \\ \underline{e_{ijk}} \overset{iid}{\sim} \mathrm{N}(0,\sigma^2),\ i = 1,\cdots,a;\ j = 1,\cdots,b;\ k = 1,\cdots,r \\ \underline{\mu_{..}},\alpha_i,\beta_j,\gamma_{ij}\text{는 실수이고 } \sigma^2 > 0 \end{cases}$$

에서 교호작용효과의 유의성에 대한 가설

$$H_0^{AB}: \gamma_{ij} \overset{i,j}{\equiv} 0 \quad vs \quad H_1^{AB}: \gamma_{ij}(i = 1,\cdots,a;\ j = 1,\cdots,b)\text{가 모두 0은 아니다.}$$

를 검정하기 위한 검정통계량

$$F_n = \frac{SS_{AB}/(a-1)(b-1)}{SSE/(n-ab)}$$

의 분포에 대하여 생각해보자. <정리 10.2.4>의 증명 과정에서

$$SS_{AB} = (X_{ijk})^t\Pi(X_{ijk}),\ \Pi(x_{ijk}) = (\overline{x_{ij.}} - \overline{x_{i..}} - \overline{x_{.j.}} + \overline{x_{...}})$$

$$\Pi^2 = \Pi,\ \Pi^t = \Pi,\ trace(\Pi) = (a-1)(b-1)$$

임을 알고 있다. 따라서 <정리 10.3.2>로부터

$$SS_{AB}/\sigma^2 \sim \chi^2((a-1)(b-1);\delta_{AB}),\ \delta_{AB} = (\mu_{ij})^t\Pi(\mu_{ij})/\sigma^2 = \sum_{i=1}^{a}\sum_{j=1}^{b} r\gamma_{ij}^2/\sigma^2$$

임을 알 수 있다. 또한 SS_{AB}와 SSE가 서로 독립이고 $SSE/\sigma^2 \sim \chi^2(n-ab)$ 이므로,

$$F_n = \frac{SS_{AB}/(a-1)(b-1)}{SSE/(n-ab)} \sim \mathrm{F}((a-1)(b-1), n-ab;\delta_{AB}),\ \delta_{AB} = \sum_{i=1}^{a}\sum_{j=1}^{b} r\gamma_{ij}^2/\sigma^2$$

임을 알 수 있다. 즉 이 검정의 검정력 함수는

$$\mathrm{P}_{\delta_{AB}}\{F_n \geq \mathrm{F}_\alpha((a-1)(b-1), n-ab)\}, \ F_n \sim \mathrm{F}((a-1)(b-1), n-ab; \delta_{AB})$$

로 주어지고 <예 10.3.1>에서와 같은 방법으로 이 검정력 함수는 $\delta_{AB} = \sum_{i=1}^{a}\sum_{j=1}^{b} r\gamma_{ij}^2/\sigma^2$의 증가함수임을 알 수 있다. 같은 방법으로, 주효과의 유의성에 대한 가설

$$H_0^A : \alpha_1 = \cdots = \alpha_a = 0 \ \ vs \ \ H_1^A : \alpha_i (i = 1, \cdots, a)\text{가 모두 0은 아니다.}$$

의 검정의 경우에는

$$F_n = \frac{SS_A/(a-1)}{SSE/(n-ab)} \sim \mathrm{F}((a-1), n-ab; \delta_A), \ \ \delta_A = \sum_{i=1}^{a} br\alpha_i^2/\sigma^2$$

이고 가설

$$H_0^B : \beta_1 = \cdots = \beta_b = 0 \quad vs \quad H_1^B : \beta_j (j = 1, \cdots, b)\text{가 모두 0은 아니다.}$$

의 검정의 경우에는

$$F_n = \frac{SS_B/(b-1)}{SSE/(n-ab)} \sim \mathrm{F}((b-1), n-ab; \delta_B), \ \ \delta_B = \sum_{j=1}^{b} ar\beta_j^2/\sigma^2$$

이며 이 검정들의 검정력 함수는 모두 비중심도모수 δ의 증가함수임을 알 수 있다. 다음의 분산분석표(分散分析表, analysis of variance table)는 이를 요약하여 나타내고 있다.

표 10.3.1 이원분류 분산분석표

요 인	제곱합 SS	자유도 df	평균제곱 $MS = SS/df$	검정통계량 $F = MS/MSE$	비중심도모수
주효과 A	SS_A	$(a-1)$	MS_A	MS_A/MSE	$\sum_{i=1}^{a} br\alpha_i^2/\sigma^2$
주효과 B	SS_B	$(b-1)$	MS_B	MS_B/MSE	$\sum_{j=1}^{b} ar\beta_j^2/\sigma^2$
교호작용 $A \times B$	SS_{AB}	$(a-1)(b-1)$	MS_{AB}	MS_{AB}/MSE	$\sum_{i=1}^{a}\sum_{j=1}^{b} r\gamma_{ij}^2/\sigma^2$
오 차	SSE	$n-ab$	MSE		
합 계	SST	$n-1$			

10.4 회귀분석

변수 사이의 함수관계 조사를 할 때 가장 기본적으로 사용되는 모형으로서 다음의 선형회귀정규분포모형은 4장에서 소개되었다.

$$\begin{cases} Y_i = x_{i0}\beta_0 + x_{i1}\beta_1 + \cdots + x_{ip}\beta_p + e_i \\ e_i \overset{iid}{\sim} N(0,\sigma^2),\ i=1,\cdots,n \\ \beta_0,\beta_1,\cdots,\beta_p \text{는 실수},\ \sigma^2 > 0 \end{cases}$$

이러한 선형회귀정규분포모형을 벡터와 행렬을 사용하여 나타내기 위하여

$$Y = \begin{pmatrix} Y_1 \\ \vdots \\ Y_n \end{pmatrix},\ X = \begin{pmatrix} x_{10}\ x_{11} & \cdots & x_{1p} \\ \vdots\ \ \vdots & & \vdots \\ x_{n0}\ x_{n1} & \cdots & x_{np} \end{pmatrix},\ \beta = \begin{pmatrix} \beta_0 \\ \beta_1 \\ \vdots \\ \beta_p \end{pmatrix},\ e = \begin{pmatrix} e_1 \\ \vdots \\ e_n \end{pmatrix}$$

라고 하고, 설명변수의 행렬인 $n \times (p+1)$행렬 X는 설명변수의 주어진 값의 행렬로서 계수가 $(p+1)$인 것으로 가정하면 선형회귀정규분포모형을 다음과 같이 나타낼 수 있다.

$$\begin{cases} Y = X\beta + e \\ e \sim N_n(0,\sigma^2 I) \\ \beta \in R^{p+1},\ \sigma^2 > 0,\ rank(X) = p+1 \end{cases}$$

이러한 선형회귀정규분포모형에서 회귀계수의 최대가능도 추정량과 최소제곱 추정량은 일치하는 것으로서 그 표본분포는 이미 4장과 6장에서 소개되었으며 이를 정리하면 다음과 같다.

정리 10.4.1 선형회귀정규분포모형에서의 추정량과 표본분포

(a) 회귀계수의 선형결합 $c^t\beta$와 σ^2의 전역최소분산불편 추정량은 다음과 같이 주어진다.

$$c^t\hat{\beta} = c^t(X^tX)^{-1}X^tY$$

$$\widehat{\sigma^2} = \| Y - X\hat{\beta} \|^2/(n-p-1) = (Y - X\hat{\beta})^t(Y - X\hat{\beta})/(n-p-1)$$

(b) $\hat{\beta} = (X^tX)^{-1}X^tY \sim N_{p+1}(\beta, \sigma^2(X^tX)^{-1})$

(c) $\hat{\beta}$와 $\widehat{\sigma^2}$은 서로 독립이다.

(d) $(n-p-1)\widehat{\sigma^2}/\sigma^2 \sim \chi^2(n-p-1)$

[증명] 이 경우에 Y의 확률밀도함수는 $\theta = (\beta^t, \sigma^2)^t \in R^{p+1} \times (0,\infty)$를 모수로 하여

$$\begin{aligned} pdf(y;\theta) &= \exp\left\{-\frac{1}{2\sigma^2}(y - X\beta)^t(y - X\beta) - \frac{n}{2}\log(2\pi\sigma^2)\right\} \\ &= \exp\{-y^ty/(2\sigma^2) + y^tX\beta/\sigma^2 - \beta^tX^tX\beta/(2\sigma^2) - n[\log(2\pi\sigma^2)]/2\} \end{aligned}$$

와 같이 나타내어지고 <정리 8.3.2>의 조건을 만족시키는 지수족의 경우이다. 따라서 $(\mathrm{X}^t\mathrm{Y}, \mathrm{Y}^t\mathrm{Y})$가 $\theta = (\beta^t, \sigma^2)^t \in R^{p+1} \times (0, \infty)$에 관한 완비충분통계량이다. 그런데

$$X^t\mathrm{Y} = (X^tX)\hat{\beta},\ \mathrm{Y}^t\mathrm{Y} = (n-p-1)\widehat{\sigma^2} + \hat{\beta}^t(X^tX)\hat{\beta}$$

이므로 $(\hat{\beta}, \widehat{\sigma^2})$은 $(\mathrm{X}^t\mathrm{Y}, \mathrm{Y}^t\mathrm{Y})$의 일대일 함수로서 이 역시 θ에 관한 완비충분통계량이다.

한편 <정리 6.5.2>로부터 $c^t\hat{\beta}$과 $\widehat{\sigma^2}$은 각각 $c^t\beta$와 σ^2의 불편추정량이다. 따라서 완비충분통계량의 함수인 $c^t\hat{\beta}$과 $\widehat{\sigma^2}$은 각각 $c^t\beta$와 σ^2의 전역최소분산불편 추정량이다.

표본분포에 관한 (b), (c), (d)의 증명은 <정리 4.4.6>에 주어져 있다.

<정리 10.4.1>의 표본분포를 이용하여 회귀계수 β의 선형결합에 대한 신뢰집합과 동시신뢰구간을 <정리 10.1.3>에서와 같은 방법으로 구할 수 있으며 이를 정리하면 다음과 같다.

정리 10.4.2 선형회귀정규분포모형에서의 신뢰집합과 동시신뢰구간

계수가 r인 $(p+1)\times r$ 행렬 C에 대하여 C의 열벡터공간을 $\mathrm{col}(C) = \{Ca : a \in R^r\}$로 나타내면 선형회귀정규분포모형에서 다음이 성립한다.

(a) $$\mathrm{P}_{\beta,\sigma^2}\{(C^t\beta - C^t\hat{\beta})^t(C^t(X^tX)^{-1}C)^{-1}(C^t\beta - C^t\hat{\beta}) \le r\widehat{\sigma^2}\mathrm{F}_\alpha(r, n-p-1)\} = 1-\alpha$$

(b) $$\mathrm{P}_{\beta,\sigma^2}\left\{|c^t\beta - c^t\hat{\beta}| \le \sqrt{c^t(X^tX)^{-1}c\,\widehat{\sigma^2}}\sqrt{r\mathrm{F}_\alpha(r, n-p-1)},\ \forall c \in \mathrm{col}(C)\right\} = 1-\alpha$$

선형회귀모형에서는 회귀계수 전체의 유의성보다는 일부의 유의성에 대한 판단을 필요로 하는 경우가 많이 있다. <예 6.5.1>에서와 같이 $x_{i0} = 1\,(i = 1, \cdots, n)$인 경우에는

$$\mathrm{E}(\mathrm{Y}_i | x_{i0}, x_{i1}, \cdots, x_{ip}) = \beta_0 + \beta_1 x_{i1} + \cdots + \beta_p x_{ip}\ (i = 1, \cdots, n)$$

로서 절편 β_0을 제외한 회귀계수 $(\beta_1, \cdots, \beta_p)$의 유의성이 관심의 대상이다. 이러한 회귀계수 일부의 유의성에 대한 가설 검정을 다음과 같이 할 수 있다.

정리 10.4.3 선형회귀정규분포모형에서의 회귀계수의 유의성 검정

선형회귀정규분포모형

$$\begin{cases} \mathrm{Y} = X_0\beta_0 + X_1\beta_1 + e \\ e \sim \mathrm{N}_n(0, \sigma^2 \mathrm{I}) \\ \beta_0 \in R^{p_0},\ \beta_1 \in R^{p_1} \sigma^2 > 0 \\ rank(X_0, X_1) = p_0 + p_1,\ rank(X_0) = p_0,\ rank(X_1) = p_1 \end{cases}$$

을 가정할 때, 일부 회귀계수의 유의성에 대한 가설

$$H_0 : \beta_1 = 0 \quad vs \quad H_1 : \beta_1 \neq 0$$

의 최대가능도비 검정에 대하여 다음이 성립한다.

(a) $\Pi_0 = X_0(X_0^t X_0)^{-1} X_0^t,\ X_{1|0} = (\mathrm{I} - \Pi_0)X_1,\ \Pi_{1|0} = X_{1|0}(X_{1|0}^t X_{1|0})^{-1} X_{1|0}^t$ 라고 하면

$$\min_{\beta_0 \in R^{p_0}} \| \mathrm{Y} - X_0\beta_0 \|^2 = \min_{\beta_0 \in R^{p_0}, \beta_1 \in R^{p_1}} \| \mathrm{Y} - X_0\beta_0 - X_1\beta_1 \|^2 + \mathrm{Y}^t \Pi_{1|0} \mathrm{Y}$$

(b) $R(1|0) = \mathrm{Y}^t \Pi_{1|0} \mathrm{Y}$, $SSE = \mathrm{Y}^t(\mathrm{I} - \Pi_0 - \Pi_{1|0})\mathrm{Y}$ 라고 하면 검정통계량은

$$F_n = \frac{R(1|0)/p_1}{SSE/(n - p_0 - p_1)}$$

이고 크기 $\alpha(0 < \alpha < 1)$인 기각역은 다음과 같이 주어진다.

$$\text{“} F_n \geq \mathrm{F}_\alpha(p_1, n - p_0 - p_1) \text{”}$$

(c) 검정통계량에 대하여 다음이 성립하고, 검정력 함수는 δ의 증가함수이다.

$$F_n = \frac{R(1|0)/p_1}{SSE/(n - p_0 - p_1)} \sim \mathrm{F}(p_1, n - p_0 - p_1; \delta),\ \delta = \beta_1^t X_1^t \Pi_{1|0} X_1 \beta_1 / \sigma^2$$

[증명] 이 경우에 $X = (X_0, X_1),\ \Pi_{0,1} = X(X^t X)^{-1} X^t,\ \Pi_0 = X_0(X_0^t X_0)^{-1} X_0^t$ 라고 하면 $\Pi_{0,1},\ \Pi_0,\ \Pi_{1|0}$는 모두 정사영행렬이고 다음이 성립하는 것을 <정리 6.5.3>에서 알고 있다.

$$\Pi_{0,1} = \Pi_0 + \Pi_{1|0},\ \Pi_0^t \Pi_{1|0} = 0$$

따라서

$$\mathrm{I} - \Pi_0 = (\mathrm{I} - \Pi_{0,1}) + \Pi_{1|0}$$

이고, (a)가 성립하는 것은 다음으로부터 명백하다.

$$\min_{\beta_0 \in R^{p_0}} \| Y - X_0\beta_0 \|^2 = Y^t(I - \Pi_0)Y$$

$$\min_{\beta_0 \in R^{p_0}, \beta_1 \in R^{p_1}} \| Y - X_0\beta_0 - X_1\beta_1 \|^2 = Y^t(I - \Pi_{0,1})Y$$

한편, 이 경우에 로그가능도는

$$l(\theta) = -\frac{1}{2\sigma^2} \| y - X_0\beta_0 - X_1\beta_1 \|^2 - \frac{n}{2}\log(2\pi\sigma^2)$$

이므로, σ^2에 대한 전체 모수공간과 귀무가설하에서의 최대가능도 추정량은 다음과 같다.

$$\widehat{\sigma^2}^{\Omega} = \min_{\beta_0 \in R^{p_0}, \beta_1 \in R^{p_1}} \| Y - X_0\beta_0 - X_1\beta_1 \|^2 / n = SSE/n$$

$$\widehat{\sigma^2}^{0} = \min_{\beta_0 \in R^{p_0}} \| Y - X_0\beta_0 \|^2 / n = (SSE + Y^t\Pi_{1|0}Y)/n$$

$$\therefore\ 2(l(\hat{\theta}^{\Omega}) - l(\hat{\theta}^{\Omega_0})) = n\log(\widehat{\sigma^2}^{0} / \widehat{\sigma^2}^{\Omega}) = n\log\left(1 + \frac{Y^t\Pi_{1|0}Y}{SSE}\right)$$

따라서 검정통계량은 F_n으로 주어지고 기각역은 F_n의 큰 값으로 주어진다.

한편 $\Pi_{1|0}$가 멱등행렬이고

$$trace(\Pi_{1|0}) = trace\{X_{1|0}(X_{1|0}^t X_{1|0})^{-1}X_{1|0}\} = trace\{(X_{1|0}^t X_{1|0})^{-1}X_{1|0}^t X_{1|0}\} = p_1$$

이므로, <정리 10.3.2>로부터 다음이 성립하는 것을 알 수 있다.

$$R(1|0)/\sigma^2 = Y^t\Pi_{1|0}Y/\sigma^2 \sim \chi^2(p_1;\delta),\ \ \delta = (X_0\beta_0 + X_1\beta_1)^t\Pi_{1|0}(X_0\beta_0 + X_1\beta_1)/\sigma^2$$

그런데 $\Pi_{1|0}X_0 = 0$이므로

$$\delta = \beta_1^t X_1^t \Pi_{1|0} X_1\beta_1/\sigma^2$$

또한 같은 방법으로

$$SSE/\sigma^2 = Y^t(I - \Pi_{0,1})Y/\sigma^2 \sim \chi^2(n - p_0 - p_1)$$

임을 알 수 있고,

$$\Pi_{1|0}(I - \Pi_{0,1}) = \Pi_{1|0}(I - \Pi_0 - \Pi_{1|0}) = 0$$

이므로

$$R(1|0) = Y^t\Pi_{1|0}Y \text{ 와 } SSE = Y^t(I - \Pi_0 - \Pi_{1|0})Y$$

가 서로 독립이다. 따라서 일반적으로

$$F_n = \frac{R(1|0)/p_1}{SSE/(n - p_0 - p_1)} \sim F(p_1, n - p_0 - p_1;\delta)$$

이다. 한편 귀무가설 $H_0 : \beta_1 = 0$하에서는

$$\delta = \beta_1^t X_1^t \Pi_{1|0} X_1 \beta_1 / \sigma^2 = 0$$

이므로 크기 $\alpha(0 < \alpha < 1)$인 기각역은 (b)에서와 같이

$$\text{“}F_n \geq \mathrm{F}_\alpha(p_1, n - p_0 - p_1)\text{”}$$

로 주어진다.

또한 <예 10.3.1>과 같은 방법으로 이 검정의 검정력 함수가 δ의 증가함수인 것을 밝힐 수 있다.

정리 10.4.4 회귀계수의 선형결합에 대한 유의성 검정

선형회귀정규분포모형

$$\begin{cases} \mathrm{Y} = X\beta + e \\ e \sim \mathrm{N}_n(0, \sigma^2 \mathrm{I}) \\ \beta \in R^{p+1},\ \sigma^2 > 0,\ rank(X) = p+1 \end{cases}$$

을 가정할 때, 계수가 r인 $r \times (p+1)$ 행렬 C^t에 대하여 가설

$$H_0 : C^t\beta = 0 \ \ vs \ \ H_1 : C^t\beta \neq 0$$

의 최대가능도비 검정에 대하여 다음이 성립한다.

(a) $\Pi_{1|0} = X(X^tX)^{-1}C(C^t(X^tX)^{-1}C)^{-1}C^t(X^tX)^{-1}X^t, \quad \hat{\beta} = (X^tX)^{-1}X^t\mathrm{Y}$ 라고 하면

$$\min_{\beta \in R^{p+1},\, C^t\beta = 0} \| \mathrm{Y} - X\beta \|^2 = \min_{\beta \in R^{p+1}} \| \mathrm{Y} - X\beta \|^2 + \mathrm{Y}^t \Pi_{1|0} \mathrm{Y}$$

$$\mathrm{Y}^t \Pi_{1|0} \mathrm{Y} / \sigma^2 = (C^t\hat{\beta})^t [\mathrm{Var}(C^t\hat{\beta})]^{-1} (C^t\hat{\beta})$$

(b) $\Pi_{1,0} = X(X^tX)^{-1}X^t$, $SSE = \mathrm{Y}^t(\mathrm{I} - \Pi_{1,0})\mathrm{Y}$, $R(1|0) = \mathrm{Y}^t \Pi_{1|0} \mathrm{Y}$ 라고 하면 검정통계량은

$$F_n = \frac{R(1|0)/r}{SSE/(n-p-1)}$$

이고 크기 $\alpha(0 < \alpha < 1)$인 기각역은 다음과 같이 주어진다.

$$\text{“}F_n \geq \mathrm{F}_\alpha(r, n-p-1)\text{”}$$

(c) 검정통계량에 대하여 다음이 성립하고, 검정력 함수는 δ의 증가함수이다.

$$F_n = \frac{R(1|0)/r}{SSE/(n-p-1)} \sim \mathrm{F}(r, n-p-1; \delta),\ \ \delta = \beta^t C [C^t (X^tX)^{-1} C]^{-1} C^t \beta / \sigma^2$$

[증명] 증명의 핵심은 이 정리에서의 가설 검정을 <정리 10.4.3>의 가설 검정으로 대응하여 인지하는 것이다. 이러한 대응을 이해하기 위하여, 행렬 C 의 열벡터공간의 정규직교기저(正規直交基底, orthonormal basis) 벡터를 열로 갖는 $(p+1)\times r$ 행렬을 C_1이라고 하고 이를 확장하여 R^{p+1}의 정규직교기저 벡터를 열로 갖는 $(p+1)\times(p+1)$ 행렬을 $(C_0\ \ C_1)$이라고 하자. 즉

$$C_0^t C_0 = \mathrm{I}_{p+1-r},\ C_1^t C_1 = \mathrm{I}_r,\ C_0^t C_1 = 0$$

이고 $C = C_1 B$인 정칙행렬 B가 존재한다. 이로부터

$$\begin{cases} X\beta = X(C_0\ \ C_1)(C_0\ \ C_1)^t\beta = D_0\gamma_0 + D_1\gamma_1 \\ D_0 = XC_0,\ D_1 = XC_1,\ \gamma_0 = C_0^t\beta,\ \gamma_1 = C_1^t\beta \\ rank(D_0) = p+1-r,\ rank(D_1) = r,\ rank(D_0, D_1) = p+1 \end{cases}$$

와 같이 <정리 10.4.3>의 선형회귀모형에 대응하도록 모형을 나타낼 수 있다. 또한

$$C^t\beta = 0 \Leftrightarrow B^t C_1^t\beta = 0 \Leftrightarrow C_1^t\beta = 0 \Leftrightarrow \gamma_1 = 0$$

$$\min_{\beta\in R^{p+1},\, C^t\beta=0} \| \mathrm{Y} - X\beta \|^2 = \min_{\gamma_0\in R^{p+1-r}} \| \mathrm{Y} - D_0\gamma_0 \|^2$$

이므로, <정리 10.4.3>의 (a)로부터 행렬 $(D_0\ \ D_1)$의 열벡터공간

$$\mathrm{col}((D_0, D_1)) = \left\{ D_0\gamma_0 + D_1\gamma_1 : \gamma_0\in R^{p+1-r}, \gamma_1\in R^r \right\}$$

에서 행렬 D_0의 열벡터공간의 직교여공간(直交餘空間, orthogonal complement)

$$\mathrm{col}(D_{1|0}) = \left\{ a\in\mathrm{col}((D_0, D_1)) : a^t D_0 = 0 \right\}$$

으로의 정사영행렬을 $\Pi_{1|0}$라고 하면 다음이 성립하는 것을 알고 있다.

$$\min_{\beta\in R^{p+1},\, C^t\beta=0} \| \mathrm{Y} - X\beta \|^2 = \min_{\gamma_0\in R^{p+1-r},\, \gamma_1\in R^r} \| \mathrm{Y} - D_0\gamma_0 - D_1\gamma_1 \|^2 + \mathrm{Y}^t\Pi_{1|0}\mathrm{Y}$$

한편 $(D_0\ \ D_1) = X(C_0\ \ C_1)$이므로

$$\begin{aligned} \mathrm{col}((D_0, D_1)) &= \left\{ X(C_0\gamma_0 + C_1\gamma_1) : \gamma_0\in R^{p+1-r}, \gamma_1\in R^r \right\} \\ &= \left\{ X\beta : \beta\in R^{p+1} \right\} = \mathrm{col}(X) \end{aligned}$$

임을 알 수 있고, 행렬 D_0의 열벡터공간의 직교여공간 $\mathrm{col}(D_{1|0})$이 행렬

$$S = X(X^tX)^{-1}C$$

의 열벡터공간임을 다음으로부터 알 수 있다.

$$\begin{aligned}\mathrm{col}(D_{1|0}) &= \{a \in \mathrm{col}((D_0, D_1)) : a^t D_0 = 0\}\\ &= \{a \in \mathrm{col}(X) : a^t X C_0 = 0\}\\ &= \{X\beta : \beta^t X^t X C_0 = 0\}\\ &= \{X\beta : X^t X\beta \in \mathrm{col}(C)\}\\ &= \{X(X^t X)^{-1} C\xi : \xi \in R^r\}\\ &= \mathrm{col}(X(X^t X)^{-1} C)\end{aligned}$$

따라서 행렬 D_0의 열벡터공간의 직교여공간 $\mathrm{col}(D_{1|0})$ 으로의 정사영행렬이

$$\Pi_{1|0} = S(S^t S)^{-1} S^t = X(X^t X)^{-1} C(C^t(X^t X)^{-1} C)^{-1} C^t(X^t X)^{-1} X^t$$

로 주어지고, (a)가 성립하는 것을 알 수 있다. 또한 <정리 10.4.3>에서와 같은 방법으로 (b), (c)가 성립하는 것은 명백하다.

지금까지의 선형회귀모형과는 다르게

$$\begin{cases} \mathrm{Y} = X\beta + e,\ C^t\beta = 0 \\ e \sim \mathrm{N}_n(0, \sigma^2 \mathrm{I}) \\ \beta \in R^{p+1}, \sigma^2 > 0, \\ rank(X) = p+1-r < p+1, rank(C^t) = r \\ X, C^t \text{의 행들은 선형적으로 독립} \end{cases}$$

와 같이 설명변수의 행렬 X의 열들이 선형적으로 종속이고 제약조건

$$C^t\beta = 0$$

이 추가된 꼴로 주어지는 모형을 생각할 수 있다. 이러한 모형을 선형모형(線型模型, linear model)이라고 하며, 이는 일원분류모형이나 이원분류모형 등의 분산분석 모형이나 선형회귀모형을 모두 포괄하는 모형이다.

예 10.4.1 선형모형으로서의 일원분류정규분포모형

일원분류정규분포모형

$$\begin{cases} \mathrm{X}_{ij} = \bar{\mu} + \alpha_i + e_{ij},\ \sum_{i=1}^{k} n_i \alpha_i = 0 \\ e_{ij} \overset{iid}{\sim} \mathrm{N}(0, \sigma^2),\ i = 1, \cdots, k;\ j = 1, \cdots, n_i \\ -\infty < \bar{\mu} < +\infty,\ -\infty < \alpha_i < +\infty\ (i = 1, \cdots, k),\ \sigma^2 > 0 \end{cases}$$

에서

$$\mathrm{Y} = (\mathrm{X}_{11},\cdots,\mathrm{X}_{1n_1};\cdots;\mathrm{X}_{k1},\cdots,\mathrm{X}_{kn_k})^t, e = (e_{11},\cdots,e_{1n_1};\cdots;e_{k1},\cdots,e_{kn_k})^t$$

$$X = \begin{pmatrix} 1_{n_1} & 1_{n_1} & 0 & \cdots & 0 \\ 1_{n_2} & 0 & 1_{n_2} & \cdots & 0 \\ \vdots & \vdots & \vdots & & \vdots \\ 1_{n_k} & 0 & 0 & \cdots & 1_{n_k} \end{pmatrix},\ \beta = (\overline{\mu},\alpha_1,\cdots,\alpha_k)^t,\ c^t = (0,n_1,\cdots,n_k)$$

라고 하면, 이 모형을 다음과 같이 나타낼 수 있다.

$$\begin{cases} \mathrm{Y} = X\beta + e,\ c^t\beta = 0 \\ e \sim \mathrm{N}_n(0,\sigma^2 \mathrm{I}) \\ \beta \in R^{k+1},\ \sigma^2 > 0 \end{cases},\ X = \begin{pmatrix} 1_{n_1} & 1_{n_1} & 0 & \cdots & 0 \\ 1_{n_2} & 0 & 1_{n_2} & \cdots & 0 \\ \vdots & \vdots & \vdots & & \vdots \\ 1_{n_k} & 0 & 0 & \cdots & 1_{n_k} \end{pmatrix}$$

이러한 모형의 표현에서 행렬 X를 일원분류모형의 설계행렬(設計行列, design matrix)이라고 부른다. 이러한 설계행렬의 경우에

$$rank(X) = k < k+1$$

이지만 β에 대한 제약조건 $c^t\beta = 0$이 추가되어 모수 β에 의한 모형의 식별이 가능한 것이다. 이 경우에 행렬 X^tX가 정칙행렬이 아니므로 그 역행렬을 생각할 수 없게 되고, 정사영행렬들의 표현이 다르게 주어지지만 개념적으로는 <정리 10.4.4>에서와 같은 방법으로 모수의 추정이나 검정에 관한 이론이 전개될 수 있다.

연습문제

10.1 어떤 화학약품의 합성 공정에서 반응온도에 따른 수율의 비교를 하기 위하여 온도 80℃, 90℃, 100℃, 110℃에서 랜덤하게 실험을 행한 결과 다음과 같은 자료를 얻었다.

반응온도에 따른 수율			
80℃	90℃	100℃	110℃
90.2	89.8	91.6	90.8
90.0	90.5	91.4	90.3
89.5	90.8	91.2	90.4
	91.3		

이 자료에 다음 일원분류정규분포모형을 가정하고 답하여라.

$$\begin{cases} X_{ij} = \mu_i + e_{ij} \\ e_{ij} \overset{iid}{\sim} N(0, \sigma^2),\ i = 1, \cdots, 4;\ j = 1, \cdots, n_i \\ -\infty < \mu_i < +\infty\ (i = 1, \cdots, k),\ \sigma^2 > 0 \end{cases}$$

(a) 반응온도라는 인자의 유의성에 대한 가설

$$H_0 : \mu_1 = \cdots = \mu_4 \quad vs \quad H_1 : \mu_1, \cdots, \mu_4 \text{가 모두 같지는 않다.}$$

을 최대가능도비 검정법에 의해 유의수준 $\alpha = 0.05$의 검정을 하여라.

(b) 각 반응온도에 따른 평균 수율의 비교를 위한 쉐페의 동시신뢰구간을 신뢰수준 0.90에서 구하여라.

(c) (b)에서 신뢰수준 0.90의 동시신뢰구간을 본페로니의 방법으로 구하여라.

(d) (b)에서의 방법이 (c)에서의 방법에 비해 갖는 장점을 예를 통하여 설명하여라.

10.2 일원분류정규분포모형

$$\begin{cases} X_{ij} = \mu_i + e_{ij} \\ e_{ij} \overset{iid}{\sim} N(0, \sigma^2),\ i = 1, \cdots, k;\ j = 1, \cdots, n_i \\ -\infty < \mu_i < +\infty\ (i = 1, \cdots, k) \end{cases}$$

에서 분산 σ^2이 알려져 있다고 가정할 때, 가설

$$H_0 : \mu_1 = \cdots = \mu_k \quad vs \quad H_1 : \mu_1, \cdots, \mu_k \text{가 모두 같지는 않다.}$$

에 대하여 크기 $\alpha(0 < \alpha < 1)$인 최대가능도비 검정의 기각역을 구하여라.

10.3 여러 개의 이항분포를 비교하는 경우로서

$$X_{i,n_i} \sim B(n_i, p_i) \ (i = 1, \cdots, k)$$

이고 $X_{i,n_i}(i = 1, \cdots, k)$들이 서로 독립인 경우를 생각해보자. 표본크기 n_i가 충분히 클 때의 분산안정변환인

$$\sqrt{n_i}\left\{\sin^{-1}(\sqrt{X_{i,n_i}/n_i}) - \sin^{-1}\sqrt{p_i}\right\} \xrightarrow[n_i \to \infty]{d} N(0, 1/4)$$

와 같은 근사와 연습문제 (10.2)를 이용하여 다음 가설을 유의수준 $\alpha(0 < \alpha < 1)$에서 근사적으로 검정하는 방법을 제안하여라.

$$H_0 : p_1 = \cdots = p_k \quad vs \quad H_1 : p_1, \cdots, p_k \text{가 모두 같지는 않다.}$$

10.4 어떤 제품의 중합반응에서 약품의 흡수속도(g/hr)는 촉매량(A)과 반응온도(℃)(B)에 따라 달라진다고 생각된다. 촉매량의 네 가지 수준과 반응온도의 세 가지 수준에서 흡수속도를 관측한 결과 다음과 같은 자료를 얻었다.

약품의 흡수속도			
	B_1(110)	B_2(120)	B_3(130)
A_1(0.2)	87, 94, 96	108, 99, 101	111, 116, 115
A_2(0.4)	95, 98, 101	110, 114, 118	126, 121, 127
A_3(0.6)	99, 100, 107	112, 117, 115	127, 125, 131
A_4(0.8)	91, 98, 104	109, 103, 107	120, 116, 122

이 자료에 다음 이원분류정규분포모형을 가정하고 답하여라.

$$\begin{cases} X_{ijk} = \overline{\mu}_{..} + \alpha_i + \beta_j + \gamma_{ij} + e_{ijk}, \\ \sum_{i=1}^{4}\alpha_i = 0,\ \sum_{j=1}^{3}\beta_j = 0,\ \sum_{i=1}^{4}\gamma_{ij} = 0(j = 1, \cdots, 3),\ \sum_{j=1}^{3}\gamma_{ij} = 0(i = 1, \cdots, 4) \\ \underline{e_{ijk}} \overset{iid}{\sim} N(0, \sigma^2),\ i = 1, \cdots, 4;\ j = 1, \cdots, 3;\ k = 1, \cdots, 3 \\ \overline{\mu}_{..}, \alpha_i, \beta_j, \gamma_{ij}\text{는 실수이고 } \sigma^2 > 0 \end{cases}$$

(a) 촉매량(A)과 반응온도(B)의 교호작용효과의 유의성에 대한 가설

$$H_0^{AB} : \gamma_{ij} \overset{i,j}{\equiv} 0 \quad vs \quad H_1^{AB} : \gamma_{ij}(i = 1, \cdots, a;\ j = 1, \cdots, b)\text{가 모두 0은 아니다.}$$

를 최대가능도비 검정법에 의해 유의수준 $\alpha = 0.05$에서 검정을 하여라.

(b) 촉매량에 따른 평균 흡수속도의 비교를 위한 쉐페의 동시신뢰구간을 신뢰수준 0.90에서 구하여라.

(c) (b)에서 신뢰수준 0.90의 동시신뢰구간을 본페로니의 방법으로 구하여라.

10.5 교호작용효과가 없는 균형된 이원분류정규분포모형

$$\begin{cases} X_{ijk} = \overline{\mu_{..}} + \alpha_i + \beta_j + e_{ijk}, \\ \sum_{i=1}^{a} \alpha_i = 0,\ \sum_{j=1}^{b} \beta_j = 0, \\ \underline{e_{ijk}} \overset{iid}{\sim} N(0, \sigma^2),\ i = 1, \cdots, a;\ j = 1, \cdots, b;\ k = 1, \cdots, r \\ \overline{\mu_{..}}, \alpha_i, \beta_j \text{는 실수이고 } \sigma^2 > 0 \end{cases}$$

에서 다음에 답하여라.

(a) $\overline{\mu_{..}}$, α_i, β_j, σ^2의 전역최소분산불편 추정량을 구하여라.

(b) A인자 효과의 유의성에 대한 가설

$H_0^A : \alpha_1 = \cdots = \alpha_a = 0 \quad vs \quad H_1^A : \alpha_i (i = 1, \cdots, a)$가 모두 0은 아니다.

에 대하여 크기 $\alpha (0 < \alpha < 1)$인 최대가능도비 검정의 기각역을 구하여라.

(c) (b)에서의 검정통계량의 분포를 구하여라.

10.6 $X \sim N(\mu, I)$일 때, A_0, A_1이 대칭행렬로서 멱등행렬이고

$$A_0 = A_1 + A_2,\quad x^t A_2 x \geq 0,\quad \forall x$$

이면, $X^t A_2 X \sim \chi^2(r_2; \delta_2)$, $r_2 = trace(A_2)$, $\delta_2 = \mu^t A_2 \mu$이고 $A_1 A_2 = 0$임을 밝혀라.(참고: 부록 II '정사영의 직교분해')

10.7 회귀모형으로서 다음과 같은 모형을 가정하고 아래에 답하여라.

$$\begin{cases} Y_{ij} = c + dj + e_{ij} \\ e_{ij} \overset{iid}{\sim} N(0, \sigma^2),\ i = 1, \cdots, a;\ j = 1, \cdots, b \\ c, d \text{는 실수},\ \sigma^2 > 0 \end{cases}$$

(a) 위의 모형을 적절한 벡터를 사용하여 다음과 같이 나타낼 수 있음을 밝혀라.

$$\begin{cases} \mathrm{Y} = d_0 x_0 + d x_1 + e, \ x_0^t x_1 = 0 \\ e \sim \mathrm{N}_n(0, \sigma^2 \mathrm{I}), \ n = ab \\ d_0, d\text{는 실수}, \ \sigma^2 > 0 \end{cases}$$

(b) 회귀모형의 유의성에 대한 가설

$$H_0 : d = 0 \quad vs \quad H_1 : d \neq 0$$

에 대하여 크기 $\alpha(0 < \alpha < 1)$인 최대가능도비 검정의 기각역을 구하여라.

(c) (b)에서의 검정통계량의 분포를 구하여라.

10.8 회귀모형으로서 다음과 같은 모형을 가정하고 아래에 답하여라.

$$\begin{cases} \mathrm{Y}_i = \beta_0 + \beta_1 x_i + e_i, \ x_1, \cdots, x_k\text{는 주어진 수이고 모두 같지는 않다.} \\ e_i \sim \mathrm{N}(0, \sigma^2 / w_i), \ i = 1, \cdots, k; \ e_1, \cdots, e_k\text{는 서로 독립} \\ \beta_0, \beta_1\text{은 실수}, \ \sigma^2 > 0; \ w_i > 0\text{는 주어진 수} \end{cases}$$

(a) 이러한 모형에서 β_0, β_1의 최대가능도 추정량은 가중 제곱합

$$\sum_{i=1}^{k} w_i \{ y_i - (\beta_0 + \beta_1 x_i) \}^2$$

을 최소로 하는 가중최소제곱추정량(加重最小제곱推定量, weighted least squares estimator)으로 주어지는 것을 밝혀라.

(b) 이러한 모형에서 회귀모형의 유의성에 대한 가설

$$H_0 : \beta_1 = 0 \quad vs \quad H_1 : \beta_1 \neq 0$$

에 대하여 크기 $\alpha(0 < \alpha < 1)$인 최대가능도비 검정의 기각역을 구하여라.

(c) (b)에서의 검정통계량의 분포를 구하여라.

10.9 로지스틱회귀모형이라고 불리우는 다음과 같은 모형을 가정하고 아래에 답하여라.

$$\begin{cases} \mathrm{Y}_i \sim \mathrm{B}(n_i, p_i), \ i = 1, \cdots, k; \ \mathrm{Y}_1, \cdots, \mathrm{Y}_k\text{는 서로 독립} \\ \log\left(\dfrac{p_i}{1 - p_i}\right) = \beta_0 + \beta_1 x_i, \ x_1, \cdots, x_k\text{는 주어진 수이고 모두 같지는 않다.} \\ \beta_0, \ \beta_1\text{은 실수} \end{cases}$$

(a) 가능도방정식은

$$\begin{cases} \sum_{i=1}^{k}(y_i - n_i p_i) = 0 \\ \sum_{i=1}^{k} x_i (y_i - n_i p_i) = 0 \end{cases} \quad \left(\log \frac{p_i}{1-p_i} = \beta_0 + \beta_1 x_i\right)$$

로 주어지고, 가능도방정식의 근이 있다면 그 근이 최대가능도 추정값이 되는 것을 밝혀라.

(b) 표본크기 $n_i(i=1,\cdots,k)$들이 충분히 클 때, 최대가능도 추정량의 일단계 반복법에 의한 근사 추정값을 다음의 반복가중최소제곱법으로 구할 수 있는 것을 설명하여라.

(0단계) $\hat{p}_i = Y_i/n_i$, $w_i^{(0)} = n_i\hat{p}_i(1-\hat{p}_i)$, $z_i^{(0)} = \log \dfrac{\hat{p}_i}{1-\hat{p}_i}$

(r단계) $(r = 1, 2, \cdots)$

$$(\hat{\beta}_0^{(r)}, \hat{\beta}_1^{(r)})^t = \operatorname{argmin}\left\{(\beta_0, \beta_1)^t ; \sum_{i=1}^{n} w_i^{(r-1)}(z_i^{(r-1)} - \beta_0 - \beta_1 x_i)^2\right\}$$

$$w_i^{(r)} = n_i\hat{p}_i^{(r)}(1-\hat{p}_i^{(r)}),\ \ z_i^{(r)} = \hat{\beta}_0^{(r)} + \hat{\beta}_1^{(r)} x_i + \frac{y_i - n_i\hat{p}_i^{(r)}}{n_i\hat{p}_i^{(r)}(1-\hat{p}_i^{(r)})}$$

10.10 로그선형회귀모형이라고 불리우는 다음과 같은 모형을 가정하고 아래에 답하여라.

$$\begin{cases} Y_{ij} \sim \text{Poisson}(\lambda_i),\ j = 1,\cdots,n_i; i = 1,\cdots,k; \lambda_i > 0,\ Y_{ij}\text{는 서로 독립} \\ \log(\lambda_i) = \beta_0 + \beta_1 x_i,\ \ x_1,\cdots,x_k\text{는 주어진 수이고 모두 같지는 않다.} \\ \beta_0, \beta_1\text{은 실수} \end{cases}$$

(a) $y_{i\cdot} = y_{i1} + \cdots + y_{in_i}(i = 1,\cdots,k)$라고 할 때 가능도 방정식은

$$\begin{cases} \sum_{i=1}^{k}(y_{i\cdot} - n_i\lambda_i) = 0 \\ \sum_{i=1}^{k} x_i(y_{i\cdot} - n_i\lambda_i) = 0 \end{cases} \quad (\log \lambda_i = \beta_0 + \beta_1 x_i)$$

로 주어지고, 가능도 방정식의 근이 있다면 그 근이 최대가능도 추정값이 되는 것을 밝혀라.

(b) 표본 크기 $n_i(i=1,\cdots,k)$들이 충분히 클 때, 가능도방정식의 일단계 근사해가 다음과 같이 주어지는 것을 설명하여라.

$$\begin{aligned}\hat{\beta}^{(1)} &= \hat{\beta}^{(0)} + (X^t \widehat{W}^{(0)} X)^{-1} X^t \widehat{W}^{(0)} \left(\frac{y_{i\,\bullet} - n_i\hat{\lambda}_i^{(0)}}{n_i\hat{\lambda}_i^{(0)}}\right)_{1 \le i \le k} \\ &= (X^t \widehat{W}^{(0)} X)^{-1} X^t \widehat{W}^{(0)} \left\{ X\hat{\beta}^{(0)} + \left(\frac{y_{i\,\bullet} - n_i\hat{\lambda}_i^{(0)}}{n_i\hat{\lambda}_i^{(0)}}\right)_{1 \le i \le k} \right\} \\ &= (X^t \widehat{W}^{(0)} X)^{-1} X^t \widehat{W}^{(0)} z^{(0)}\end{aligned}$$

여기에서

$$\hat{\beta}^{(0)} = (\hat{\beta}_0^{(0)}, \hat{\beta}_1^{(0)})^t, \quad X = (1, x), \ \ 1 = (1,\cdots,1)^t, \ \ x = (x_1,\cdots,x_k)^t,$$

$$\widehat{W}^{(0)} = diag(\hat{w}_i^{(0)}), \ \ \hat{w}_i^{(0)} = n_i\hat{\lambda}_i^{(0)}$$

$$z_i^{(0)} = \hat{\beta}_0^{(0)} + \hat{\beta}_1^{(0)} x_i + \frac{y_{i\,\bullet} - n_i\hat{\lambda}_i^{(0)}}{n_i\hat{\lambda}_i^{(0)}} \ (i=1,\cdots,k)$$

이고, 어깨 글자 (0)는 초기값을 나타낸다.

11

베이지안 추론

11.1 사전분포와 사후분포

추정량을 비교할 때의 베이지안평균제곱오차 또는 검정법을 비교할 때의 베이지안 평균오류확률이라는 비교 기준에서와 같이 베이지안 추론에서는 모수 $\theta \in \Omega$에 관한 사전분포(事前分布, prior distribution)가 있는 것을 전제로 하여 추론의 효율성을 평가한다. 흔히 이러한 사전분포는 모수 $\theta \in \Omega$에 관한 확률밀도함수 $\pi(\theta)$로 나타내어지고, 이는 자료를 관측하기 전의 정보가 수량화된 것으로 해석한다. 이와 같은 사전분포의 존재성과 유일성은 논란의 여지가 많고 이에 따른 베이지안 추론에 대한 논쟁의 시초가 되기도 한다.

이제부터는 사전 정보가 사전확률밀도함수[136](事前確率密度函數, prior probability density function) $\pi(\theta)$로 주어진 것을 전제로 하여 베이지안 추론을 소개하도록 한다. 다음의 베이즈 정리는 베이지안 추론의 근본을 제공하는 정리이다.

정리 11.1.1 베이즈 정리[137]

확률밀도함수가 $f(x|\theta),\ \theta \in \Omega$인 모집단에서의 랜덤표본이 $X_1, \cdots, X_n$이고 모수 $\theta \in \Omega$에 관한 사전확률밀도함수가 $\pi(\theta)$이면, $X = (X_1, \cdots, X_n)^t = x$가 주어진 조건에서 θ의 확률밀도함수는 다음과 같은 θ에 관한 비례식에 의하여 정해진다.

$$\pi(\theta|x) \propto L(\theta;x)\pi(\theta),\ \ \theta \in \Omega$$

$$L(\theta;x) = pdf(x|\theta) = \prod_{i=1}^{n} f(x_i|\theta)$$

[증명] 조건부 확률밀도함수의 정의에 따라

$$\pi(\theta|x) = pdf(x,\theta)/pdf_X(x) = pdf(x|\theta)\pi(\theta)/pdf_X(x)$$

이고, 비례상수를 정해주는 X의 주변확률밀도함수가

136) 사전분포가 확률분포가 아닌 경우도 고려하여 베이지안 추론을 하기도 한다. 이러한 경우의 사전분포를 불완전사전분포(不完全事前分布, improper prior distribution)라고 한다.
137) 이 정리는 <정리 1.2.2>를 확률밀도함수의 경우로 나타낸 것이며, 이 장에서는 조건부 확률밀도함수인 것을 강조하는 뜻에서 모형의 확률밀도함수를 $f(x;\theta)$ 대신 $f(x|\theta)$로 나타내고, 확률변수 Θ와 취하는 값 θ를 구별하지 않고 모두 θ로 나타내기로 한다.

$$pdf_{X}(x) = \begin{cases} \displaystyle\int_{\Omega} pdf(x|\theta)\pi(\theta)d\theta & (\text{연속형 경우}) \\ \displaystyle\sum_{\theta \in \Omega} pdf(x|\theta)\pi(\theta) & (\text{이산형 경우}) \end{cases}$$

와 같이 비례식의 합으로 결정되는 것을 알 수 있다.

<정리 11.1.1>에서의 조건부 확률밀도함수 $\pi(\theta|x)$를 사후확률밀도함수(事後確率密度函數, posterior probability density function)라고 하며 <정리 11.1.1>을 간략하게

$$posterior \propto likelihood \times prior$$

와 같이 나타내기도 한다.

예 11.1.1 이항 가능도와 베타 사전분포

베르누이 모집단 Bernoulli(θ), $0 \le \theta \le 1$에서의 랜덤표본을 $X = (X_1, \cdots, X_n)^t$이라고 할 때, θ의 사전분포가 Beta(α, β), $\alpha > 0$, $\beta > 0$이면

$$\pi(\theta|x) \propto L(\theta;x)\pi(\theta) \propto \theta^t (1-\theta)^{n-t} \theta^{\alpha-1}(1-\theta)^{\beta-1} I_{(0,1)}(\theta), \quad t = \sum_{i=1}^{n} x_i$$

$$\therefore \pi(\theta|x) \propto \theta^{t+\alpha-1}(1-\theta)^{n-t+\beta-1} I_{(0,1)}(\theta)$$

따라서 θ의 사후분포는 Beta$(t+\alpha, n-t+\beta)\left(t = \sum_{i=1}^{n} x_i\right)$임을 알 수 있다. 즉

$$\pi(\theta|x) = \frac{\Gamma(n+\alpha+\beta)}{\Gamma(t+\alpha)\Gamma(n-t+\beta)} \theta^{t+\alpha-1}(1-\theta)^{n-t+\beta-1} I_{(0,1)}(\theta)$$

예 11.1.2 포아송 가능도와 감마 사전분포

포아송 모집단 Poisson(θ), $\theta \ge 0$에서의 랜덤표본을 $X = (X_1, \cdots, X_n)^t$이라고 할 때, θ의 사전분포가 Gamma(α, β), $\alpha > 0$, $\beta > 0$이면

$$\pi(\theta|x) \propto L(\theta;x)\pi(\theta) \propto e^{-n\theta}\theta^t \theta^{\alpha-1} e^{-\theta/\beta} I_{[0,+\infty)}(\theta), \quad t = \sum_{i=1}^{n} x_i$$

$$\therefore \pi(\theta|x) \propto \theta^{t+\alpha-1} e^{-(n+\beta^{-1})\theta} I_{[0,+\infty)}(\theta)$$

따라서 θ의 사후분포는 Gamma$(t+\alpha, (n+\beta^{-1})^{-1})\left(t = \sum_{i=1}^{n} x_i\right)$임을 알 수 있다. 즉

$$\pi(\theta|x) = \frac{1}{\Gamma(t+\alpha)(n+\beta^{-1})^{-t-\alpha}} \theta^{t+\alpha-1} e^{-\theta/(n+\beta^{-1})^{-1}} I_{[0,+\infty)}(\theta)$$

예 11.1.3 지수분포 가능도와 감마 사전분포

지수분포 모집단 $\mathrm{Exp}(\theta), \theta > 0$에서의 랜덤표본을 $\mathrm{X} = (\mathrm{X}_1, \cdots, \mathrm{X}_n)^t$이라고 할 때, $\lambda = 1/\theta$의 사전분포가 $\mathrm{Gamma}(\alpha, \beta), \ \alpha > 0, \ \beta > 0$이면

$$\pi(\lambda|x) \propto L(\lambda;x)\pi(\lambda) \propto \lambda^n e^{-\lambda t}\lambda^{\alpha-1}e^{-\lambda/\beta}\mathrm{I}_{(0,+\infty)}(\lambda), \ \ t = \sum_{i=1}^{n} x_i$$

$$\therefore \ \pi(\lambda|x) \propto \lambda^{n+\alpha-1}e^{-(t+\beta^{-1})\lambda}\mathrm{I}_{(0,+\infty)}(\lambda)$$

따라서 $\lambda = 1/\theta$의 사후분포는 $\mathrm{Gamma}(n+\alpha, (t+\beta^{-1})^{-1})\left(t = \sum_{i=1}^{n} x_i\right)$임을 알 수 있다. 즉

$$\pi(\lambda|x) = \frac{1}{\Gamma(n+\alpha)(t+\beta^{-1})^{-n-\alpha}}\lambda^{n+\alpha-1}e^{-\lambda/(t+\beta^{-1})^{-1}}\mathrm{I}_{(0,+\infty)}(\lambda)$$

이러한 사후분포를 θ를 사용하여 나타내면

$$(t+\beta^{-1})/\theta_{|\mathrm{X}=x} \sim \mathrm{Gamma}(n+\alpha, 1), \ \ t = \sum_{i=1}^{n} x_i$$

또는 θ의 사후확률밀도함수는

$$\pi(\theta|x) = \pi(\lambda|x)\left|\frac{d\lambda}{d\theta}\right|, \ \ \lambda = 1/\theta$$

$$\therefore \ \pi(\theta|x) = \frac{1}{\Gamma(n+\alpha)(t+\beta^{-1})^{-n-\alpha}}\theta^{-n-\alpha+1}e^{-(t+\beta^{-1})/\theta}\theta^{-2}\mathrm{I}_{(0,+\infty)}(\theta)$$

예 11.1.4 정규분포 가능도와 정규 사전분포(분산을 아는 경우)

정규분포 모집단 $\mathrm{N}(\theta, \sigma^2), \ -\infty < \theta < +\infty$에서 분산 σ^2을 알고 있는 경우에 랜덤표본을 $\mathrm{X} = (\mathrm{X}_1, \cdots, \mathrm{X}_n)^t$이라고 할 때, θ의 사전분포가 $\mathrm{N}(\mu_0, \sigma_0^2)$이면

$$\pi(\theta|x) \propto L(\theta;x)\pi(\theta) \propto \exp\left\{-\frac{1}{2\sigma^2}\sum_{i=1}^{n}(x_i-\theta)^2\right\}\exp\left\{-\frac{1}{2\sigma_0^2}(\theta-\mu_0)^2\right\}$$

$$\pi(\theta|x) \propto \exp\left\{-\frac{n}{2\sigma^2}(\theta-\bar{x})^2 - \frac{1}{2\sigma_0^2}(\theta-\mu_0)^2\right\}$$

따라서

$$\mu(x) = (n\sigma^{-2}\bar{x} + \sigma_0^{-2}\mu_0)/(n\sigma^{-2}+\sigma_0^{-2}), \ \ \sigma^2(x) = (n\sigma^{-2}+\sigma_0^{-2})^{-1}$$

라고 하면

$$\pi(\theta|x) \propto \exp\left\{-\frac{(\theta-\mu(x))^2}{2\sigma^2(x)}\right\} \quad \therefore \ \pi(\theta|x) = (2\pi\sigma^2(x))^{-1/2}\exp\left\{-\frac{(\theta-\mu(x))^2}{2\sigma^2(x)}\right\}$$

$$\text{즉 } \theta_{|\mathrm{X}=x} \sim \mathrm{N}(\mu(x), \sigma^2(x))$$

이제까지의 예에서 공통점은 사전분포와 사후분포의 함수 형태가 같다는 것이다. 이와 같이 사후분포가 사전분포와 같은 함수 형태로 주어지는 경우의 사전분포를 켤레 사전분포(conjugate prior distribution)라고 부른다.

정리 11.1.2 정규분포 가능도와 켤레 사전분포

정규분포 모집단 $\mathrm{N}(\mu,\sigma^2)$, $-\infty<\mu<+\infty$, $\sigma^2>0$에서의 랜덤표본을 $\mathrm{X}=(\mathrm{X}_1,\cdots,\mathrm{X}_n)^t$이라 하고 $\theta=(\mu,\sigma^2)^t$의 사전분포가

$$\begin{cases}(\sigma^2\text{이 주어진 조건에서 }\mu\text{의 조건부분포})\ \mu_{\sigma^2}\sim \mathrm{N}(\mu_0,\sigma^2/\kappa_0)\\(\sigma^2\text{의 역수의 분포})\ \nu_0\sigma_0^2/\sigma^2\sim\chi^2(\nu_0)\end{cases}$$

라고 할 때,

$$\kappa_n=n+\kappa_0,\ \nu_n=n+\nu_0,\ s^2=\sum_{i=1}^{n}(x_i-\bar{x})^2/(n-1)$$

$$\mu_n(x)=(n+\kappa_0)^{-1}(n\bar{x}+\kappa_0\mu_0),$$

$$\nu_n\sigma_n^2(x)=\nu_0\sigma_0^2+(n-1)s^2+(\kappa_0^{-1}+n^{-1})^{-1}(\bar{x}-\mu_0)^2$$

이라고 하면 $\theta=(\mu,\sigma^2)^t$의 사후분포에 대하여 다음이 성립한다.

(a) (결합 사후분포)

$$\begin{cases}(\mathrm{X}=x\text{ 와 }\sigma^2\text{이 주어진 조건에서 }\mu\text{의 조건부분포})\\\qquad\mu_{|\sigma^2,x}\sim\mathrm{N}(\mu_n(x),\sigma^2/\kappa_n)\\(\mathrm{X}=x\text{ 가 주어진 조건에서 }\sigma^2\text{의 역수의 분포})\\\qquad\nu_n\sigma_n^2(x)/\sigma^2_{|x}\sim\chi^2(\nu_n)\end{cases}$$

(b) (μ의 주변 사후분포) ($\mathrm{X}=x$가 주어진 조건에서 μ의 분포)

$$\frac{\mu-\mu_n(x)}{\sigma_n(x)/\sqrt{\kappa_n}}_{|x}\sim t(\nu_n)$$

[증명] 사전분포와 사후분포가 모두 σ^2의 역수인 $1/\sigma^2$을 사용하여 표현되었으므로, 이를 강조하기 위하여 $\pi(\mu|\sigma^2)d\mu\,\pi(\sigma^{-2})d\sigma^{-2}$과 같이 미분 기호도 포함하여 나타내기로 한다.

(a) 베이즈 정리에 따라 다음 비례식으로부터 사후분포를 구할 수 있다.

$$\pi(\mu,\sigma^{-2}|x)d\mu\,d\sigma^{-2}\propto L(\mu,\sigma^2;x)\pi(\mu|\sigma^2)\,d\mu\,\pi(\sigma^{-2})\,d\sigma^{-2}$$

한편 가능도와 사전분포로부터 이 비례식을 계산하면 다음과 같다.

$$L(\mu,\sigma^2;x) \propto (\sigma^2)^{-n/2}\exp\left\{-\frac{(n-1)s^2+n(\mu-\overline{x})^2}{2\sigma^2}\right\}$$

$$\pi(\mu|\sigma^2)d\mu \propto (\sigma^2/\kappa_0)^{-1/2}\exp\left\{-\frac{(\mu-\mu_0)^2}{2\sigma^2/\kappa_0}\right\}d\mu$$

$$\pi(\sigma^{-2})d\sigma^{-2} \propto (\sigma^{-2})^{\nu_0/2-1}\exp\left(-\frac{1}{2}\frac{\nu_0\sigma_0^2}{\sigma^2}\right)d\sigma^{-2}$$

$$n(\mu-\overline{x})^2+\kappa_0(\mu-\mu_0)^2=(n+\kappa_0)(\mu-\mu_n(x))^2+n\kappa_0(\overline{x}-\mu_0)^2/(n+\kappa_0)$$

따라서

$$\kappa_n=n+\kappa_0,\ \ \mu_n(x)=(n+\kappa_0)^{-1}(n\overline{x}+\kappa_0\mu_0),$$

$$\nu_n=n+\nu_0,\ \ \nu_n\sigma_n^2(x)=\nu_0\sigma_0^2+(n-1)s^2+(\kappa_0^{-1}+n^{-1})^{-1}(\overline{x}-\mu_0)^2$$

라고 하면 다음과 같은 비례식을 얻게 되어 (a)의 사후분포가 성립하는 것을 알 수 있다.

$$\begin{cases}\pi(\mu|\sigma^2,x)\,d\mu \propto (\sigma^2/\kappa_n)^{-1/2}\exp\left\{-\dfrac{(\mu-\mu_n(x))^2}{2\sigma^2/\kappa_n}\right\}d\mu \\ \pi(\sigma^{-2}|x)\,d\sigma^{-2} \propto (\sigma^{-2})^{\nu_n/2-1}\exp\left\{-\dfrac{1}{2}\dfrac{\nu_n\sigma_n^2(x)}{\sigma^2}\right\}d\sigma^{-2}\end{cases}$$

(b) (a)로부터

$$\frac{\mu-\mu_n(x)}{\sigma/\sqrt{\kappa_n}}\ _{|\sigma^2,x} \sim \mathrm{N}(0,1)$$

임을 알 수 있다. 따라서, $\mathrm{X}=x$인 조건에서 $\dfrac{\mu-\mu_n(x)}{\sigma/\sqrt{\kappa_n}}$와 $\dfrac{\nu_n\sigma_n^2(x)}{\sigma^2}$은 서로 독립이고

$$\frac{\mu-\mu_n(x)}{\sigma/\sqrt{\kappa_n}}\ _{|x} \sim \mathrm{N}(0,1),\ \ \frac{\nu_n\sigma_n^2(x)}{\sigma^2}\ _{|x} \sim \chi^2(\nu_n)$$

이고, t분포의 대의적 정의로부터

$$\frac{\mu-\mu_n(x)}{\sigma_n(x)/\sqrt{\kappa_n}}=\frac{\mu-\mu_n(x)}{\sigma/\sqrt{\kappa_n}}\Bigg/\sqrt{\frac{\nu_n\sigma_n^2(x)}{\sigma^2}/\nu_n}\ _{|x} \sim t(\nu_n)$$

이제까지의 예나 정리에서 주어진 켤레 사전분포가 아닌 사전분포의 경우에는 흔히 사후분포의 계산이 어려운 경우가 많이 있다. 특히 베이즈 정리에서 비례상수로 간주되는 랜덤표본의 주변분포를 계산하는 것이 매우 어려운 경우가 많이 있다. 이러한 경

우에는 마코프연쇄 모의실험(Markov chain Monte Carlo)을 이용하여 사후분포를 구하는 방법이 개발되어 있다.[138)]

이러한 계산적 측면보다는 사전 정보를 잘 반영하도록 사전분포를 정하는 것이 중요하지만, 켤레 사전분포를 전제하면 사후분포에 대한 이론 전개가 용이하므로 이 책에서는 켤레 사전분포를 가정한 베이즈 추론을 소개하기로 한다.

11.2 베이지안 추론

베이지안 추론에서는 사후분포를 근본으로 하여 추론의 목적에 부합하도록 사후분포를 요약하여 사용하게 된다. 예를 들어 베이지안 관점에서의 추정값으로는 사후분포의 대표값인 사후평균(事後平均, posterior mean), 사후중앙값(事後中央값, posterior median), 사후최빈값(事後最頻값, posterior mode) 등을 사용하고, 추정의 정밀도는 사후분포의 분산 또는 분위수 등으로 나타낸다.

예 11.2.1 **정규분포 가능도와 정규 사전분포(분산을 아는 경우) 모형에서 베이지안 추정**

정규분포 모집단 $\mathrm{N}(\theta,\sigma^2)$, $-\infty<\theta<+\infty$에서 분산 σ^2을 알고 있는 경우에 랜덤표본을 $\mathrm{X}=(\mathrm{X}_1,\cdots,\mathrm{X}_n)^t$이라고 할 때, θ의 사전분포가 $\mathrm{N}(\mu_0,\sigma_0^2)$이면 사후분포가

$$\theta_{|\mathrm{X}=x}\sim \mathrm{N}(\mu(x),\sigma^2(x))$$

$$\mu(x)=(n\sigma^{-2}\bar{x}+\sigma_0^{-2}\mu_0)/(n\sigma^{-2}+\sigma_0^{-2}),\ \sigma^2(x)=(n\sigma^{-2}+\sigma_0^{-2})^{-1}$$

로 주어지는 것을 <예 11.1.4>로부터 알고 있다. 따라서 이 경우에는 사후분포의 평균, 중앙값, 최빈값이 모두 일치하고, 베이지안 관점에서의 추정값으로는

$$\hat{\theta}=(n\sigma^{-2}\bar{x}+\sigma_0^{-2}\mu_0)/(n\sigma^{-2}+\sigma_0^{-2})$$

을 생각할 수 있다. 이 추정값은 사전분포의 평균 μ_0와 표본평균 $\bar{x}$의 가중평균으로서 가중치가 사전분포의 정밀도를 나타내는 σ_0^{-2}와 표본의 정밀도를 나타내는 $n\sigma^{-2}$로 주어지는 것을 알 수 있다. 또한, 이 경우에 사후분포로부터

$$\mathrm{P}\{|\theta-\hat{\theta}|\le z_{\alpha/2}\sigma(x)|\mathrm{X}=x\}=1-\alpha$$

138) 이에 대한 상세한 논의는 참고서적[Robert and Casella, 1999]에 주어져 있다.

와 같은 사후확률을 얻게 되고, 이로부터 모평균 θ에 관한 구간

$$\hat{\theta} - z_{\alpha/2}\sigma(x) \le \theta \le \hat{\theta} + z_{\alpha/2}\sigma(x)$$

을 신뢰수준(信賴水準, credible level) $1-\alpha$의 베이지안 신뢰구간(credible interval)이라고 부른다. 이와 같은 베이지안 신뢰구간에서는 신뢰수준이 사후확률로 해석될 수 있는 점이 사전분포의 존재를 가정하지 않는 입장에서의 신뢰구간에 대한 해석과 그 의미가 다르다는 점에 유의하여야 한다.

예 11.2.2 정규분포 가능도와 켤레 사전분포 모형에서 베이지안 추정

정규분포 모집단 $\mathrm{N}(\mu, \sigma^2)$, $-\infty < \mu < +\infty$, $\sigma^2 > 0$에서의 랜덤표본을 $\mathrm{X} = (\mathrm{X}_1, \cdots, \mathrm{X}_n)^t$이라 하고 $\theta = (\mu, \sigma^2)^t$의 사전분포가

$$\begin{cases} (\sigma^2\text{이 주어진 조건에서 } \mu\text{의 조건부분포})\ \mu_{|\sigma^2} \sim \mathrm{N}(\mu_0, \sigma^2/\kappa_0) \\ (\sigma^2\text{의 역수의 분포})\ \nu_0\sigma_0^2/\sigma^2 \sim \chi^2(\nu_0) \end{cases}$$

인 경우에 <정리 11.1.2>로부터 μ의 주변 사후분포가 다음과 같이 주어지는 것을 알고 있다.

$$\frac{\mu - \mu_n(x)}{\sigma_n(x)/\sqrt{\kappa_n}}_{|x} \sim t(\nu_n)$$

$$\kappa_n = n + \kappa_0,\ \ \mu_n(x) = (n+\kappa_0)^{-1}(n\bar{x} + \kappa_0\mu_0),$$

$$\nu_n = n + \nu_0,\ \ \nu_n\sigma_n^2(x) = \nu_0\sigma_0^2 + (n-1)s^2 + (\kappa_0^{-1} + n^{-1})^{-1}(\bar{x} - \mu_0)^2$$

이 경우에도 $\nu_n = n + \nu_0 > 1$이므로 사후분포인 t분포의 평균이 존재하고, 이는 중앙값, 최빈값과 일치한다. 따라서 베이지안 관점에서의 추정값으로는

$$\hat{\mu} = \mu_n(x) = (n+\kappa_0)^{-1}(n\bar{x} + \kappa_0\mu_0)$$

을 생각할 수 있으며, 이 경우에도 이 추정값은 사전분포의 평균 μ_0와 표본평균 $\bar{x}$의 가중평균으로 주어지는 것을 알 수 있다. 또한, 이 경우에 μ의 사후분포로부터

$$\mathrm{P}\left\{|\mu - \hat{\mu}| \le t_{\alpha/2}(\nu_n)\sigma_n(x)/\sqrt{\kappa_n} | \mathrm{X} = x\right\} = 1 - \alpha$$

이므로 신뢰수준 $1-\alpha$의 모평균 μ에 관한 베이지안 신뢰구간은 다음과 같이 주어진다.

$$\hat{\mu} - t_{\alpha/2}(\nu_n)\sigma_n(x) \le \mu \le \hat{\mu} + t_{\alpha/2}(\nu_n)\sigma_n(x)$$

한편, 모분산 σ^2의 사후분포는 <정리 11.1.2>로부터

$$Y = \frac{\nu_n \sigma_n^2(x)}{\sigma^2}\Big|_{X=x} \sim \chi^2(\nu_n)$$

이므로 이를 이용하여 σ^2에 대한 베이지안 추정을 할 수 있다. 사후분포의 평균은

$$\widehat{\sigma^2}^{mean} = E(\sigma^2 | X = x) = \nu_n \sigma_n^2(x) E(Y^{-1} | X = x) = \frac{\nu_n}{\nu_n - 2}\sigma_n^2(x),\ \nu_n > 2$$

로 주어지고, 사후분포의 중앙값은

$$P\left\{\sigma^2 \le \frac{\nu_n}{\chi_{0.5}^2(\nu_n)}\sigma_n^2(x) | X = x\right\} = P\left\{\nu_n \sigma_n^2(x)/\sigma^2 \ge \chi_{0.5}^2(\nu_n) | X = x\right\} = 0.5$$

로부터

$$\widehat{\sigma^2}^{median} = \frac{\nu_n}{\chi_{0.5}^2(\nu_n)}\sigma_n^2(x)$$

임을 알 수 있다. 또한 σ^2의 사후분포의 최빈값을 σ^2의 사후확률밀도함수로부터 구하면

$$\widehat{\sigma^2}^{mode} = \frac{\nu_n}{\nu_n + 2}\sigma_n^2(x)$$

로 주어지는 것을 알 수 있으며, 표본크기가 큰 경우에는 $\nu_n = n + \nu_0 \to \infty$ 이므로

$$\frac{\nu_n}{\nu_n - 2} \simeq 1,\ \frac{\nu_n}{\chi_{0.5}^2(\nu_n)} \simeq 1,\ \frac{\nu_n}{\nu_n + 2} \simeq 1$$

이고 세 추정값이 모두 $\widehat{\sigma^2} = \sigma_n^2(x)$에 가까워지는 것을 알 수 있다.

한편 σ^2의 사후분포로부터

$$P\left\{\chi_{1-\alpha/2}^2(\nu_n) \le \nu_n \sigma_n^2(x)/\sigma^2 \le \chi_{\alpha/2}^2(\nu_n) | X = x\right\} = 1 - \alpha$$

이므로 신뢰수준 $1 - \alpha$의 모분산 σ^2에 관한 베이지안 신뢰구간을

$$\frac{\nu_n}{\chi_{\alpha/2}^2(\nu_n)}\sigma_n^2(x) \le \sigma^2 \le \frac{\nu_n}{\chi_{1-\alpha/2}^2(\nu_n)}\sigma_n^2(x)$$

와 같이 구할 수 있다.

많은 경우에 표본크기가 클 때에는 사후분포를 정규분포로 근사할 수 있게[139] 되어 사후평균, 중앙값이나 최빈값들이 근사적으로 같게 되고 근사 정규분포를 이용하여 근사적인 베이지안 신뢰구간을 구할 수 있다.

---

139) 이에 대한 상세한 논의는 참고서적[Berger, 1985]에 주어져 있다.

예 11.2.3 이항 가능도와 베타 사전분포 모형에서 베이지안 추정

베르누이 모집단 Bernoulli(θ), $0 \le \theta \le 1$에서의 랜덤표본을 $\mathrm{X} = (\mathrm{X}_1, \cdots, \mathrm{X}_n)^t$이라고 할 때, θ의 사전분포가 Beta(α_1, α_2), $\alpha_1 > 0$, $\alpha_2 > 0$인 경우에 사후분포는

$$\theta_{|\mathrm{X}=x} \sim \mathrm{Beta}(t+\alpha_1, n-t+\alpha_2),\ t = \sum_{i=1}^{n} x_i$$

로 주어지는 것을 <예 11.1.1>로부터 알고 있다. 따라서 사후분포의 평균은

$$\hat{\theta}^{mean} = \mathrm{E}(\theta|\mathrm{X}=x) = \frac{t+\alpha_1}{n+\alpha_1+\alpha_2} = \frac{n}{n+\alpha_1+\alpha_2}\frac{t}{n} + \frac{\alpha_1+\alpha_2}{n+\alpha_1+\alpha_2}\frac{\alpha_1}{\alpha_1+\alpha_2}$$

이고, 이 추정값은 사전분포의 평균 $\dfrac{\alpha_1}{\alpha_1+\alpha_2}$와 표본비율 $\dfrac{t}{n} = \dfrac{1}{n}\sum_{i=1}^{n} x_i$의 가중평균으로 주어지는 것을 알 수 있다. 또한, θ의 사후확률밀도함수로부터 사후분포의 최빈값을 구하면

$$\hat{\theta}^{mode} = \frac{(t+\alpha_1-1)_+}{(t+\alpha_1-1)_+ + (n-t+\alpha_2-1)_+},\ a_+ = \max(a, 0)$$

임을 알 수 있다.

한편, θ의 사후분포인 베타분포의 상방 p 분위수를 $B_p(t+\alpha_1, n-t+\alpha_2)$로 나타내면

$$\mathrm{P}\left\{B_{1-\alpha/2}(t+\alpha_1, n-t+\alpha_2) \le \theta \le B_{\alpha/2}(t+\alpha_1, n-t+\alpha_2)|\mathrm{X}=x\right\} = 1-\alpha$$

이므로 신뢰수준 $1-\alpha$의 모비율 θ에 관한 베이지안 신뢰구간은

$$B_{1-\alpha/2}(t+\alpha_1, n-t+\alpha_2) \le \theta \le B_{\alpha/2}(t+\alpha_1, n-t+\alpha_2)$$

로 주어진다. 여기에서 베타분포의 분위수는 베타분포와 F분포의 관계를 이용하여 F분포의 분위수로부터 다음과 같이 구할 수 있다.

$$B_p(r_1, r_2) = \frac{(r_1/r_2)\mathrm{F}_p(2r_1, 2r_2)}{1+(r_1/r_2)\mathrm{F}_p(2r_1, 2r_2)}$$

또한 표본크기가 큰 경우에는 베타분포의 정규근사[140]를 이용하여 사후분포에 대하여

---

140) 분포를 나타내는 기호와 확률변수를 같은 기호로 나타낸다면, 카이제곱분포에 대하여

$$\sqrt{\nu}\,(\chi^2(\nu)/\nu - 1) \approx \mathrm{N}(0,2),\ \nu \to \infty$$

이므로 서로 독립인 $\chi^2(\nu_1)$, $\chi^2(\nu_2)$에 대하여 $\nu_1 \to \infty$, $\nu_2 \to \infty$, $\dfrac{\nu_1}{\nu_1+\nu_2} \to \gamma\ (0 < \gamma < 1)$ 일 때

$$\sqrt{\nu_1+\nu_2}\left\{\begin{pmatrix}\chi^2(\nu_1)/\nu_1 \\ \chi^2(\nu_2)/\nu_2\end{pmatrix} - \begin{pmatrix}1 \\ 1\end{pmatrix}\right\} \approx \mathrm{N}\left(0, \begin{pmatrix}2/\gamma & 0 \\ 0 & 2/(1-\gamma)\end{pmatrix}\right)$$

$$\theta_{|X=x} \approx N(\hat{\theta}, \hat{\theta}(1-\hat{\theta})/(n+\alpha_1+\alpha_2)),\ \hat{\theta} = \hat{\theta}^{mean},\ n \to \infty$$

와 같이 근사적으로 정규분포임을 알 수 있다. 따라서 표본크기가 큰 경우에 근사적인 베이지안 신뢰구간은 다음과 같이 주어진다.

$$\hat{\theta} - z_{\alpha/2}\sqrt{\hat{\theta}(1-\hat{\theta})/(n+\alpha_1+\alpha_2)} \le \theta \le \hat{\theta} + z_{\alpha/2}\sqrt{\hat{\theta}(1-\hat{\theta})/(n+\alpha_1+\alpha_2)}$$

베이지안 관점에서 가설

$$H_0 : \theta \in \Omega_0 \quad vs \quad H_1 : \theta \in \Omega_1$$

을 검정할 때에는 각 가설의 사후확률 $P(\theta \in \Omega_0 | X = x)$과 $P(\theta \in \Omega_1 | X = x)$을 비교하여 판단하게 된다. 이를 요약하여 두 가설의 사후확률의 비인

$$\frac{P(\theta \in \Omega_0 | X = x)}{P(\theta \in \Omega_1 | X = x)} = \frac{P(\theta \in \Omega_0 | X = x)}{1 - P(\theta \in \Omega_0 | X = x)}$$

를 검정을 위한 요약 통계량으로 제시하기도 하며 이를 가설 H_0의 사후승산비(事後勝算比, posterior odds ratio)라고 부른다.

예 11.2.4 단순 가설의 베이지안 검정

두 단순 가설

$$H_0 : \theta = \theta_0 \quad vs \quad H_1 : \theta = \theta_1$$

에 대한 사전확률이

$$\pi_0 = P(\theta = \theta_0),\ \pi_1 = P(\theta = \theta_1) = 1 - P(\theta = \theta_0)$$

라고 하면, 랜덤표본 $X = (X_1, \cdots, X_n)^t = x$가 주어진 조건에서 각 가설의 사후확률은 베이즈 정리로부터 다음 비례식에 의하여 정해진다.

$$P(\theta = \theta_0 | X = x) \propto pdf(x|\theta_0)\pi_0,\ P(\theta = \theta_1 | X = x) \propto pdf(x|\theta_1)\pi_1$$

따라서 가설 H_0의 사후승산비는

한편 베타분포의 대의적 정의로부터 다음이 성립한다.

$$\text{Beta}(r_1, r_2) \overset{d}{\equiv} \frac{\chi^2(2r_1)}{\chi^2(2r_1) \oplus \chi^2(2r_2)},\ \chi^2(2r_1)\text{과 } \chi^2(2r_2)\text{는 서로 독립}$$

따라서 $Z_i = \sqrt{\nu_1+\nu_2}(\chi^2(\nu_i)/\nu_i - 1),\ \nu_i = 2r_i (i = 1,2)$라고 하면

$$\text{Beta}(r_1, r_2) \overset{d}{\approx} \frac{\nu_1}{\nu_1+\nu_2} + \frac{1}{\sqrt{\nu_1+\nu_2}}\gamma(1-\gamma)(Z_1 - Z_2)$$

$$\therefore \text{Beta}(r_1, r_2) \approx N(r_1/(r_1+r_2),\ \gamma(1-\gamma)/(r_1+r_2))$$

$$\frac{\mathrm{P}(\theta \in \Omega_0 | \mathrm{X} = x)}{1 - \mathrm{P}(\theta \in \Omega_0 | \mathrm{X} = x)} = \frac{pdf(x|\theta_0)\pi_0}{pdf(x|\theta_1)\pi_1}$$

로 주어진다. 따라서 <정리 9.1.1>에 주어진 베이즈 검정이 이러한 사후승산비에 기초한 검정과 일치하는 것을 알 수 있다.

예 11.2.5 정규분포 모형에서 단순 가설의 베이지안 검정

정규분포 $\mathrm{N}(\mu, 1)$에서의 랜덤표본을 이용하여 단순 가설

$$H_0 : \mu = \mu_0 \quad vs \quad H_1 : \mu = \mu_1$$

을 검정하는 경우에 사전확률이

$$\pi_0 = \mathrm{P}(\mu = \mu_0), \ \pi_1 = \mathrm{P}(\mu = \mu_1) = 1 - \mathrm{P}(\mu = \mu_0)$$

라고 하면, 가설 H_0의 사후승산비는

$$\frac{pdf(x|\mu_0)\pi_0}{pdf(x|\mu_1)\pi_1} = \exp\left\{n(\mu_0 - \mu_1)\left(\bar{x} - \frac{\mu_0 + \mu_1}{2}\right) + \log(\pi_0/\pi_1)\right\}$$

로 주어지고 이를 이용하여 <예 9.1.1>에서와 같이 검정을 할 수 있다. 또는 표본평균 $\bar{x}$의 변화에 따른 가설 H_0의 사후승산비의 변화를 그래프로 나타내어 가설 검정에 대한 정보를 요약할 수도 있다.

예 11.2.6 정규분포 가능도와 켤레 사전분포 모형에서 베이지안 검정

정규분포 모집단 $\mathrm{N}(\mu, \sigma^2)$, $-\infty < \mu < +\infty$, $\sigma^2 > 0$에서의 랜덤표본을 $\mathrm{X} = (\mathrm{X}_1, \cdots, \mathrm{X}_n)^t$이라 하고 $\theta = (\mu, \sigma^2)^t$의 사전분포가

$$\begin{cases} (\sigma^2\text{이 주어진 조건에서 } \mu\text{의 조건부분포}) \ \mu_{|\sigma^2} \sim \mathrm{N}(\mu_0, \sigma^2/\kappa_0) \\ (\sigma^2\text{의 역수의 분포}) \ \nu_0\sigma_0^2/\sigma^2 \sim \chi^2(\nu_0) \end{cases}$$

인 경우에 <정리 11.1.2>로부터 μ의 주변 사후분포가 다음과 같이 주어지는 것을 알고 있다.

$$\frac{\mu - \mu_n(x)}{\sigma_n(x)/\sqrt{\kappa_n}}\Big|_x \sim t(\nu_n)$$

$$\kappa_n = n + \kappa_0, \ \mu_n(x) = (n + \kappa_0)^{-1}(n\bar{x} + \kappa_0\mu_0),$$

$$\nu_n = n + \nu_0, \ \nu_n\sigma_n^2(x) = \nu_0\sigma_0^2 + (n-1)s^2 + (\kappa_0^{-1} + n^{-1})^{-1}(\bar{x} - \mu_0)^2$$

따라서 가설 $H_0 : \mu \le \mu_0$의 사후확률을 $t(\nu_n)$분포의 누적분포함수를 사용하여

$$\mathrm{P}(\mu \le \mu_0 | \mathrm{X}=x) = cdf_{t(\nu_n)}\left(\frac{\mu_0 - \mu_n(x)}{\sigma_n(x)}\right)$$

와 같이 나타낼 수 있다. 그러므로 가설

$$H_0 : \mu \le \mu_0 \quad vs \quad H_1 : \mu > \mu_0$$

을 검정할 때 가설 H_0의 사후승산비는

$$\frac{\mathrm{P}(\mu \le \mu_0 | \mathrm{X}=x)}{1-\mathrm{P}(\mu \le \mu_0 | \mathrm{X}=x)} = cdf_{t(\nu_n)}\left(\frac{\mu_0 - \mu_n(x)}{\sigma_n(x)}\right) \Big/ \left\{1 - cdf_{t(\nu_n)}\left(\frac{\mu_0 - \mu_n(x)}{\sigma_n(x)}\right)\right\}$$

로 주어지고 그 값은 R을 이용하여 계산할 수 있다.

예 11.2.7 이항 가능도와 베타 사전분포 모형에서 베이지안 검정

베르누이 모집단 $\mathrm{Bernoulli}(\theta),\ 0 \le \theta \le 1$에서의 랜덤표본을 $\mathrm{X} = (\mathrm{X}_1, \cdots, \mathrm{X}_n)^t$이라고 할 때, θ의 사전분포가 $\mathrm{Beta}(\alpha_1, \alpha_2),\ \alpha_1 > 0,\ \alpha_2 > 0$인 경우에 사후분포는

$$\theta_{|\mathrm{X}=x} \sim \mathrm{Beta}(t+\alpha_1, n-t+\alpha_2),\ t = \sum_{i=1}^{n} x_i$$

로 주어지는 것을 <예 11.1.1>로부터 알고 있다.

따라서 가설 $H_0 : \theta \le \theta_0$의 사후확률을 베타분포의 누적분포함수를 사용하여

$$\mathrm{P}(\theta \le \theta_0 | \mathrm{X}=x) = cdf_{\mathrm{Beta}(t+\alpha_1, n-t+\alpha_2)}(\theta_0)$$

와 같이 나타낼 수 있고, 이러한 누적확률은

$$\mathrm{Beta}(r_1, r_2) \stackrel{d}{\equiv} \frac{(r_1/r_2)\mathrm{F}(2r_1, 2r_2)}{1+(r_1/r_2)\mathrm{F}(2r_1, 2r_2)}$$

와 같은 베타분포와 F분포의 관계로부터 F분포의 누적확률을 이용하여 구할 수도 있다.

또한 표본크기가 큰 경우에는 사후분포의 정규근사

$$\theta_{|\mathrm{X}=x} \approx \mathrm{N}(\hat{\theta}, \hat{\theta}(1-\hat{\theta})/(n+\alpha_1+\alpha_2)),\ \hat{\theta} = \hat{\theta}^{mean},\ n \to \infty$$

로부터 가설 $H_0 : \theta \le \theta_0$의 사후확률을 근사할 수 있다. 즉 표준정규분포의 누적분포함수를 Φ라고 하면 가설 $H_0 : \theta \le \theta_0$의 사후확률을

$$\mathrm{P}(\theta \le \theta_0 | \mathrm{X}=x) \simeq \Phi\left(\frac{\theta_0 - \hat{\theta}}{\sqrt{\hat{\theta}(1-\hat{\theta})/(n+\alpha_1+\alpha_2)}}\right)$$

와 같이 근사할 수 있고, 이로부터 가설

$$H_0 : \mu \le \mu_0 \quad vs \quad H_1 : \mu > \mu_0$$

을 검정하기 위한 가설 H_0의 사후승산비를 근사 계산할 수 있다.

11.3 베이즈추정량과 최소최대추정량

자료를 관측하기 전의 정보를 확률로 나타내는 사전분포를 전제로 하는 베이지안 추론에서는 주어진 자료로부터 갱신된 정보를 나타내는 사후분포가 추론의 근본이다. 즉 추정량의 선택이나 평가가 모두 주어진 자료로부터의 사후분포에 근거하여 이루어지고, 관측되지 않은 그러나 관측 가능하였던 자료는 추론의 근거로 여기지 않는다.

반면에 사전분포를 전제로 하지 않는 통계적 추론에서는 관측 가능한 모든 자료를 고려하여 특정한 추정량의 반복적 사용에서의 효용성을 평가의 근거로 여기는 것이다. 따라서 이러한 관점에서는 가능한 관측 결과가 반복되는 상대도수를[141] 뜻하는 확률분포 $pdf(x|\theta)$를 기준으로 하는 평균적인 효용성이 평가의 기준이 된다. 예를 들면 실수 값 모수 θ의 추정량 $\hat{\theta} = \hat{\theta}(\mathrm{X})$의 평균제곱오차라고 불리우는[142]

$$MSE(\hat{\theta}, \theta) = \mathrm{E}[(\hat{\theta} - \theta)^2|\theta] = \begin{cases} \int (\hat{\theta}(x) - \theta)^2 pdf(x|\theta)dx & (\text{연속형 경우}) \\ \sum_x (\hat{\theta}(x) - \theta)^2 pdf(x|\theta) & (\text{이산형 경우}) \end{cases}$$

가 그와 같은 평가 기준 중의 하나이다.

이러한 평균제곱오차를 이용하여 추정량의 비교 기준으로서 베이지안평균제곱오차[143]

---

141) 이와 같이 확률을 반복되는 실험에서의 도수로만 해석하여 통계적 방법의 의미를 찾는다는 뜻에서 비(非)베이지안(non-Bayesian) 추론의 관점을 빈도적(頻度的, frequentist's) 관점이라고도 한다.

142) 이제까지의 $\mathrm{E}_\theta[(\hat{\theta} - \theta)^2]$와 같은 표현 대신 베이지안 관점에서는 θ가 주어진 조건에서 X의 분포에 대한 기댓값을 뜻하므로 조건부 기댓값을 나타내는 기호로서 $\mathrm{E}[(\hat{\theta} - \theta)^2|\theta]$와 같은 표현을 사용하기로 한다.

143) 베이지안평균제곱오차 $r(\pi, \hat{\theta})$가 관측 자료 X와 θ에 대한 기댓값이라는 것을 강조하기 위하여

$$r(\pi, \hat{\theta}) = \mathrm{E}^{(\mathrm{X}, \theta)}[(\hat{\theta}(\mathrm{X}) - \theta)^2] \text{ 또는 } r(\pi, \hat{\theta}) = \mathrm{E}^{\pi}\{\mathrm{E}[(\hat{\theta} - \theta)^2|\theta]\}$$

와 같이 나타내기도 한다.

$$r(\pi, \hat{\theta}) = \int_{\Omega} \mathrm{E}[(\hat{\theta} - \theta)^2|\theta]\, \pi(\theta)d\theta$$

또는 최대평균제곱오차

$$\max_{\theta \in \Omega} \mathrm{E}[(\hat{\theta} - \theta)^2|\theta]$$

가 보편적으로 사용되는 것은 8장에서 소개되었다. 이러한 비교 기준에서 최적의 추정량을 각각 베이즈추정량, 최소최대추정량이라고 한다.

베이즈추정량과 최소최대추정량:

(a) 베이즈추정량: 사전분포 π에 대한 베이지안평균제곱오차를 최소로 하는 추정량 $\hat{\theta}^{\pi}$를 θ의 베이즈추정량이라고 한다. 즉

$$r(\pi, \hat{\theta}^{\pi}) = \min_{\hat{\theta}} r(\pi, \hat{\theta})$$

(b) 최소최대추정량: 최대평균제곱오차를 최소로 하는 추정량 $\hat{\theta}^{m}$를 θ의 최소최대추정량 또는 미니맥스추정량이라고 한다. 즉

$$\max_{\theta \in \Omega} \mathrm{E}[(\hat{\theta}^{m} - \theta)^2|\theta] = \min_{\hat{\theta}} \max_{\theta \in \Omega} \mathrm{E}[(\hat{\theta} - \theta)^2|\theta]$$

정리 11.3.1 베이즈추정량

확률밀도함수가 $f(x|\theta),\ \theta \in \Omega \subseteq R^1$인 모집단에서의 랜덤표본이 $\mathrm{X}_1, \cdots, \mathrm{X}_n$이고 모수 θ의 사전확률밀도함수가 $\pi(\theta)$일 때, θ의 베이즈추정량은 사후평균제곱오차(posterior mean squared error), 즉 $\mathrm{X} = (\mathrm{X}_1, \cdots, \mathrm{X}_n)^t = x$가 주어진 조건에서 평균제곱오차의 기댓값[144)]

$$\mathrm{E}\{(\hat{\theta}(\mathrm{X}) - \theta)^2|\mathrm{X} = x\}$$

을 최소로 하는 사후평균으로 주어진다. 즉

$$\hat{\theta}^{\pi}(x) = \underset{\hat{\theta}}{\mathrm{argmin}}\,\mathrm{E}\{(\hat{\theta} - \theta)^2|\mathrm{X} = x\} = \mathrm{E}(\theta|\mathrm{X} = x)$$

[증명] 베이지안평균제곱오차는 X와 θ의 결합분포에 대한 기댓값으로서

$$r(\pi, \hat{\theta}) = \mathrm{E}^{(\mathrm{X}, \theta)}[(\hat{\theta}(\mathrm{X}) - \theta)^2]$$

144) 이 정리에서는 이러한 평균제곱오차의 기댓값이 항상 실수로 주어지는 것을 전제로 하고 있다.

과 같이 나타낼 수 있다. 한편 <정리 2.3.4>에 주어진 조건부기댓값의 성질로부터

$$r(\pi, \hat{\theta}) = \mathrm{E}^{(\mathrm{X},\theta)}[(\hat{\theta}(\mathrm{X}) - \theta)^2] = \mathrm{E}[\mathrm{E}\{(\hat{\theta}(\mathrm{X}) - \theta)^2|\mathrm{X}\}]$$

임을 알 수 있다. 따라서 $\hat{\theta}^*(x)$를

$$\hat{\theta}^*(x) = \underset{\hat{\theta}}{\mathrm{argmin}}\mathrm{E}\{(\hat{\theta} - \theta)^2|\mathrm{X} = x\}$$

라고 정의하면

$$\mathrm{E}\{(\hat{\theta}(\mathrm{X}) - \theta)^2|\mathrm{X} = x\} \geq \mathrm{E}\{(\hat{\theta}^*(\mathrm{X}) - \theta)^2|\mathrm{X} = x\}, \ \forall \hat{\theta}$$

$$\therefore\ r(\pi, \hat{\theta}) = \mathrm{E}[\mathrm{E}\{(\hat{\theta}(\mathrm{X}) - \theta)^2|\mathrm{X}\}] \geq \mathrm{E}[\mathrm{E}\{(\hat{\theta}^*(\mathrm{X}) - \theta)^2|\mathrm{X}\}] = r(\pi, \hat{\theta}^*), \ \forall \hat{\theta}$$

$$\therefore\ \min_{\hat{\theta}} r(\pi, \hat{\theta}) = r(\pi, \hat{\theta}^*),\ \text{즉}\ \hat{\theta}^{\pi}(x) = \hat{\theta}^*(x) = \underset{\hat{\theta}}{\mathrm{argmin}}\mathrm{E}\{(\hat{\theta} - \theta)^2|\mathrm{X} = x\}$$

한편 이러한 사후평균제곱오차를 최소로 하는 것이 사후평균임은 명백하다. 즉

$$\underset{\hat{\theta}}{\mathrm{argmin}}\mathrm{E}\{(\theta - \hat{\theta})^2|\mathrm{X} = x\} = \mathrm{E}(\theta|\mathrm{X} = x)$$

<정리 11.3.1>은 $\theta = (\mu, \sigma)^t$인 경우의 $(\hat{\mu} - \mu)^2/\sigma^2$, $(\hat{\sigma}/\sigma - 1)^2$ 등과 같이 θ가 다차원 모수이고 추정 대상이 모수의 실수값 함수 $\eta = \eta(\theta)$일 때 추정 오차를 반영하는 일반적인 손실함수(損失函數, loss function) $L(\theta, \hat{\eta})$의 경우에도 성립한다.

이러한 손실함수에 대하여 추정량의 비교 기준으로서 베이지안평균손실을 뜻하는 함수

$$r(\pi, \hat{\eta}) = \int_{\Omega} \mathrm{E}[L(\theta, \hat{\eta}(\mathrm{X}))|\theta]\,\pi(\theta)d\theta = \mathrm{E}^{(\mathrm{X},\theta)}[L(\theta, \hat{\eta}(\mathrm{X}))]$$

을 베이즈위험함수(베이즈危險函數, Bayes risk function)라고 부르며, 이를 최소로 하는 추정량 $\hat{\eta}^{\pi}$를 손실함수가 $L(\theta, \hat{\eta})$인 경우의 베이즈추정량이라고 한다. 즉

$$r(\pi, \hat{\eta}^{\pi}) = \min_{\hat{\eta}} r(\pi, \hat{\eta})$$

이러한 베이즈추정량은 <정리 11.3.1>에서와 같이 사후기대손실(事後期待損失, posterior expected loss) $\mathrm{E}\{L(\theta, \hat{\eta})|\mathrm{X} = x\}$을 최소로 하는 추정량으로 주어진다. 즉

$$\hat{\eta}^{\pi}(x) = \underset{\hat{\eta}}{\mathrm{argmin}}\mathrm{E}\{L(\theta, \hat{\eta})|\mathrm{X} = x\}$$

베이즈추정량과 마찬가지로 최소최대추정량도 이러한 손실함수의 경우로 일반화 된다. 즉 최대평균손실을 최소로 하는 추정량 $\hat{\eta}^m$을 손실함수가 $L(\theta, \hat{\eta})$인 경우의 최소최대추정량이라고 한다. 즉

$$\max_{\theta \in \Omega} \mathrm{E}[L(\theta, \hat{\eta}^m)|\theta] = \min_{\hat{\eta}} \max_{\theta \in \Omega} \mathrm{E}[L(\theta, \hat{\eta})|\theta]$$

예 11.3.1 이항 가능도와 베타 사전분포 모형에서 베이즈추정량

베르누이 모집단 Bernoulli(θ), $0 \le \theta \le 1$에서의 랜덤표본을 $X = (X_1, \cdots, X_n)^t$이라고 할 때, θ의 사전분포가 Beta(α_1, α_2), $\alpha_1 > 0$, $\alpha_2 > 0$이고 손실함수가 제곱오차인

$$L(\theta, \hat{\theta}) = (\hat{\theta} - \theta)^2$$

인 경우의 베이즈추정량은 <정리 11.3.1>로부터 사후평균 $E(\theta | X = x)$로 주어진다. 따라서 <예 11.1.1>과 <예 11.2.3>으로부터 이 경우의 베이즈추정량은

$$\hat{\theta}^{\pi} = E(\theta | X = x) = \frac{t + \alpha_1}{n + \alpha_1 + \alpha_2}, \ t = \sum_{i=1}^{n} x_i$$

예 11.3.2 정규분포 가능도와 켤레 사전분포 모형에서 모평균의 베이즈추정량

정규분포 모집단 $N(\mu, \sigma^2)$, $-\infty < \mu < +\infty$, $\sigma^2 > 0$에서의 랜덤표본을 $X = (X_1, \cdots, X_n)^t$이라 하고 $\theta = (\mu, \sigma^2)^t$의 사전분포가

$$\begin{cases} (\sigma^2\text{이 주어진 조건에서 } \mu\text{의 조건부분포}) \ \mu_{|\sigma^2} \sim N(\mu_0, \sigma^2/\kappa_0) \\ (\sigma^2\text{의 역수의 분포}) \ \nu_0 \sigma_0^2 / \sigma^2 \sim \chi^2(\nu_0) \end{cases}$$

이고 손실함수가

$$L(\theta, \hat{\mu}) = (\hat{\mu} - \mu)^2 / \sigma^2$$

인 경우에 μ의 베이즈추정량은 사후기대손실

$$E[(\hat{\mu} - \mu)^2 / \sigma^2 | X = x]$$

을 최소로 하는 추정량 $\hat{\mu}$으로 주어진다. 따라서 베이즈추정량은

$$E[2(\hat{\mu}^{\pi} - \mu)/\sigma^2 | X = x] = 0, \text{ 즉 } \hat{\mu}^{\pi} = E(\mu\sigma^{-2} | X = x) / E(\sigma^{-2} | X = x)$$

로 주어진다.

한편 <정리 11.1.2>로부터 $\theta = (\mu, \sigma^2)^t$의 결합사후분포는 다음과 같이 주어진다.

$$\begin{cases} \mu_{|\sigma^2, x} \sim N(\mu_n(x), \ \sigma^2/\kappa_n) \\ \nu_n \sigma_n^2(x) / \sigma^2{}_{|x} \sim \chi^2(\nu_n) \end{cases}$$

$$\kappa_n = n + \kappa_0, \ \nu_n = n + \nu_0, \ s^2 = \sum_{i=1}^{n} (x_i - \bar{x})^2 / (n-1),$$

$$\mu_n(x) = (n + \kappa_0)^{-1} (n\bar{x} + \kappa_0 \mu_0),$$

$$\nu_n \sigma_n^2(x) = \nu_0 \sigma_0^2 + (n-1)s^2 + (\kappa_0^{-1} + n^{-1})^{-1} (\bar{x} - \mu_0)^2$$

따라서

$$\begin{aligned}\mathrm{E}(\mu\sigma^{-2}|\mathrm{X}=x) &= \mathrm{E}[\mathrm{E}(\mu\sigma^{-2}|\sigma^2, \mathrm{X}=x)|\mathrm{X}=x] \\ &= \mathrm{E}[\sigma^{-2}\mathrm{E}(\mu|\sigma^2, \mathrm{X}=x)|\mathrm{X}=x] \\ &= \mathrm{E}(\sigma^{-2}\mu_n(x)|\mathrm{X}=x) \\ &= \mu_n(x)\mathrm{E}(\sigma^{-2}|\mathrm{X}=x)\end{aligned}$$

$$\therefore\ \hat{\mu}^{\pi} = \mathrm{E}(\mu\sigma^{-2}|\mathrm{X}=x)/\mathrm{E}(\sigma^{-2}|\mathrm{X}=x) = \mu_n(x) = (n+\kappa_0)^{-1}(n\bar{x}+\kappa_0\mu_0)$$

예 11.3.3 정규분포 가능도와 켤레 사전분포 모형에서 모분산의 베이즈추정량

<예 11.3.2>에서 손실함수가 다음과 같을 때 σ^2의 베이즈추정량에 대하여 생각해 보자.

$$L(\theta, \widehat{\sigma^2}) = (\widehat{\sigma^2}/\sigma^2 - 1)^2$$

이 경우에 σ^2의 베이즈추정량은 사후기대손실

$$\mathrm{E}[(\widehat{\sigma^2}/\sigma^2 - 1)^2|\mathrm{X}=x]$$

을 최소로 하는 추정량 $\widehat{\sigma^2}$으로 주어진다. 따라서 베이즈추정량은

$$\mathrm{E}[2(\widehat{\sigma^2}^{\pi}/\sigma^2 - 1)\sigma^{-2}|\mathrm{X}=x] = 0,\ \text{즉}\ \widehat{\sigma^2}^{\pi} = \mathrm{E}(\sigma^{-2}|\mathrm{X}=x)/\mathrm{E}(\sigma^{-4}|\mathrm{X}=x)$$

한편 <정리 11.1.2>로부터 σ^2의 사후분포는

$$\nu_n\sigma_n^2(x)/\sigma^2{}_{|x} \sim \chi^2(\nu_n)$$

$$\nu_n = n+\nu_0,\ s^2 = \sum_{i=1}^{n}(x_i-\bar{x})^2/(n-1)$$

$$\nu_n\sigma_n^2(x) = \nu_0\sigma_0^2 + (n-1)s^2 + (\kappa_0^{-1}+n^{-1})^{-1}(\bar{x}-\mu_0)^2$$

$$\therefore\ \widehat{\sigma^2}^{\pi} = \mathrm{E}(\sigma^{-2}|\mathrm{X}=x)/\mathrm{E}(\sigma^{-4}|\mathrm{X}=x) = \nu_n\sigma_n^2(x)\nu_n/(2\nu_n+\nu_n^2) = \frac{\nu_n}{\nu_n+2}\sigma_n^2(x)$$

따라서 이 경우의 베이즈추정량은 사후분포의 최빈값과 일치하는 것을 <예 11.2.2>로부터 알 수 있다.

정리 11.3.2 베이즈추정량과 최소최대추정량

모수 $\theta \in \Omega$에 의존하는 모집단에서의 랜덤표본 $\mathrm{X} = (\mathrm{X}_1, \cdots, \mathrm{X}_n)^t$을 이용한 $\eta = \eta(\theta)$의 추정량 $\hat{\eta} = \hat{\eta}(\mathrm{X})$에 대하여 손실함수가 $L(\theta, \hat{\eta})$이라고 할 때, 다음

두 조건을 만족하는 추정량 $\hat{\eta}^*$는 최소최대추정량이다.

(a) (상수의 위험함수)[145] 평균손실 $R_{\hat{\eta}^*}(\theta) = \mathrm{E}[L(\theta, \hat{\eta}^*)|\theta]$이 θ의 함수로서 상수 함수이다. 즉

$$R_{\hat{\eta}^*}(\theta) = R_{\hat{\eta}^*}(\theta_0) \quad \forall \theta \in \Omega (\exists \theta_0 \in \Omega)$$

(b) (베이즈추정량) $\hat{\eta}^*$가 베이즈추정량이 되는 사전확률분포 π가 존재한다.

[증명] 조건 (a)로부터 π가 확률분포이므로

$$\max_{\theta \in \Omega} R_{\hat{\eta}^*}(\theta) = R_{\hat{\eta}^*}(\theta_0) = \int_{\Omega} R_{\hat{\eta}^*}(\theta_0)\pi(\theta)d\theta = \int_{\Omega} R_{\hat{\eta}^*}(\theta)\pi(\theta)d\theta = r(\pi, \hat{\eta}^*)$$

한편 조건 (b)로부터

$$r(\pi, \hat{\eta}^*) = r(\pi, \hat{\eta}) = \min_{\hat{\eta}} r(\pi, \hat{\eta}) = \min_{\hat{\eta}} \int_{\Omega} R_{\hat{\eta}}(\theta)\pi(\theta)d\theta \le \min_{\hat{\eta}} \max_{\theta \in \Omega} R_{\hat{\eta}}(\theta)$$

$$\therefore \max_{\theta \in \Omega} R_{\hat{\eta}^*}(\theta) \le \min_{\hat{\eta}} \max_{\theta \in \Omega} R_{\hat{\eta}}(\theta) \text{ 즉 } \max_{\theta \in \Omega} R_{\hat{\eta}^*}(\theta) = \min_{\hat{\eta}} \max_{\theta \in \Omega} R_{\hat{\eta}}(\theta)$$

예 11.3.4 이항분포 모형에서 최소최대추정량

베르누이 모집단 $\mathrm{Bernoulli}(\theta)$, $0 \le \theta \le 1$에서의 랜덤표본 $\mathrm{X} = (\mathrm{X}_1, \cdots, \mathrm{X}_n)^t$을 이용하여 θ를 추정할 때 제곱오차 손실함수

$$L(\theta, \hat{\theta}) = (\hat{\theta} - \theta)^2$$

에 대한 최소최대추정량을 구하여라.

[풀이] θ의 사전분포가 $\mathrm{Beta}(\alpha_1, \alpha_2)$인 경우에 <예 11.3.1>로부터 베이즈추정량은 사후평균으로서 다음과 같이 주어지는 것을 알고 있다.

$$\hat{\theta}^{mean} = \frac{t+\alpha_1}{n+\alpha_1+\alpha_2} = \frac{n}{n+\alpha_1+\alpha_2}\frac{t}{n} + \frac{\alpha_1+\alpha_2}{n+\alpha_1+\alpha_2}\frac{\alpha_1}{\alpha_1+\alpha_2}, \quad t = \sum_{i=1}^{n} x_i$$

한편 $a\hat{\theta} + b(0 < a < 1,\ b > 0,\ \hat{\theta} = \frac{t}{n})$꼴의 추정량에 대하여 위험함수가

$$\mathrm{E}[((a\hat{\theta} + b) - \theta)^2|\theta] = a^2\theta(1-\theta)/n + (b + (a-1)\theta)^2$$

로 주어지므로, 상수의 위험함수를 가질 조건은

---

145) 일반적으로 추정량 $\hat{\eta}$에 대하여 평균손실 $R_{\hat{\eta}}(\theta) = \mathrm{E}[L(\theta, \hat{\eta})|\theta]$을 θ의 함수로서 $\hat{\eta}$의 위험함수(危險函數, risk function)라고 한다.

$$(1-a)^2 = a^2/n,\ a^2/n - 2b(1-a) = 0$$

$$\therefore\ a = \frac{n}{n+\sqrt{n}},\ b = \frac{\sqrt{n}/2}{n+\sqrt{n}}$$

따라서 추정량 $\hat{\theta}^* = \frac{n}{n+\sqrt{n}}\frac{t}{n} + \frac{\sqrt{n}/2}{n+\sqrt{n}}$은 사전분포가 $\mathrm{Beta}(\sqrt{n}/2, \sqrt{n}/2)$일 때의 베이즈추정량으로서 상수의 위험함수를 가진다. 그러므로 <정리 11.3.2>로부터 이 추정량이 제곱오차 손실함수에 대한 최소최대추정량이다.[146)]

정리 11.3.3 최소호의 사전분포열과 최소최대추정량

모수 $\theta \in \Omega$에 의존하는 모집단에서의 랜덤표본 $\mathrm{X} = (\mathrm{X}_1, \cdots, \mathrm{X}_n)^t$을 이용한 $\eta = \eta(\theta)$의 추정량 $\hat{\eta} = \hat{\eta}(\mathrm{X})$에 대하여 손실함수가 $L(\theta, \hat{\eta})$이라고 할 때, 다음 조건을 만족하는 추정량 $\hat{\eta}^*$는 최소최대추정량이다.

(추정을 가장 어렵게 하는 사전분포[147)] 열의 존재) 사전확률분포 π_k와 그에 대한 베이즈추정량 $\hat{\eta}^{\pi_k}(k = 1, 2, \cdots)$의 열에 대하여

$$\lim_{k\to\infty} r(\pi_k, \hat{\eta}^{\pi_k}) \ge \max_{\theta\in\Omega} R_{\hat{\eta}^*}(\theta)$$

[증명] 사전확률분포 π_k와 그에 대한 베이즈추정량의 정의로부터

$$r(\pi_k, \hat{\eta}^{\pi_k}) = \min_{\hat{\eta}} r(\pi_k, \hat{\eta}) = \min_{\hat{\eta}} \int_{\Omega} R_{\hat{\eta}}(\theta)\pi_k(\theta)\,d\theta \le \min_{\hat{\eta}}\max_{\theta\in\Omega} R_{\hat{\eta}}(\theta)\ (k = 1, 2, \cdots)$$

따라서 주어진 조건의 부등식으로부터

$$\min_{\hat{\eta}}\max_{\theta\in\Omega} R_{\hat{\eta}}(\theta) \ge \lim_{k\to\infty} r(\pi_k, \hat{\eta}^{\pi_k}) \ge \max_{\theta\in\Omega} R_{\hat{\eta}^*}(\theta)$$

$$\therefore\ \max_{\theta\in\Omega} R_{\hat{\eta}^*}(\theta) = \min_{\hat{\eta}}\max_{\theta\in\Omega} R_{\hat{\eta}}(\theta)$$

146) 이 최소최대추정량과 최대가능도추정량의 비교를 위하여는 연습문제 (8.1)을 참조하기 바란다.

147) 이러한 사전확률분포의 열 $\{\pi_k; k = 1, 2, \cdots\}$을 최소호의(最小好意, least favorable) 사전분포열이라고 한다.

예 11.3.5 정규분포 모형에서 모평균의 최소최대추정량

정규분포 모집단 $\mathrm{N}(\mu,\sigma^2)$, $-\infty < \mu < +\infty$, $\sigma^2 > 0$에서의 랜덤표본 $\mathrm{X} = (\mathrm{X}_1,\cdots,\mathrm{X}_n)^t$을 이용하여 μ를 추정할 때 손실함수

$$L(\theta,\hat{\mu}) = (\hat{\mu} - \mu)^2/\sigma^2$$

에 대한 최소최대추정량을 구하여라.

[풀이] $\theta = (\mu,\sigma^2)^t$의 사전분포가 <정리 11.1.2>의 켤레 사전분포인 경우에 베이즈추정량은 다음과 같이 주어지는 것을 <예 11.3.2>로부터 알고 있다.

$$\hat{\mu}^{\pi} = \mu_n(x) = (n+\kappa_0)^{-1}(n\bar{x} + \kappa_0\mu_0)$$

한편 <정리 11.1.2>에 주어진 $\theta = (\mu,\sigma^2)^t$의 결합사후분포로부터

$$\mu_{|\sigma^2,x} \sim \mathrm{N}(\mu_n(x), \sigma^2/\kappa_n), \ \ \kappa_n = n + \kappa_0$$

$$\therefore \ \mathrm{E}[(\mu - \hat{\mu}^{\pi})^2/\sigma^2|\sigma^2, \mathrm{X} = x] = 1/(n+\kappa_0)$$

따라서 베이즈추정량의 베이즈위험함수는

$$r(\pi,\hat{\eta}^{\pi}) = \mathrm{E}^{(\mathrm{X},\theta)}[(\hat{\mu}^{\pi} - \mu)^2/\sigma^2] = \mathrm{E}[\mathrm{E}[(\mu - \hat{\mu}^{\pi})^2/\sigma^2|\sigma^2,\mathrm{X}]] = 1/(\mathrm{n}+\kappa_0)$$

그러므로 <정리 11.1.2>의 켤레 사전분포

$$\begin{cases} \mu_{|\sigma^2} \sim \mathrm{N}(\mu_0,\sigma^2/\kappa_0) \\ \nu_0\sigma_0^2/\sigma^2 \sim \chi^2(\nu_0) \end{cases}$$

에서 $\kappa_0 = 1/k$이라고 하고 이 사전분포 열을 $\pi_k(k = 1,2,\cdots)$라고 하면

$$\lim_{k\to\infty} r(\pi_k,\hat{\eta}^{\pi_k}) = \lim_{k\to\infty}\frac{1}{n+1/k} = \frac{1}{n}$$

한편 표본평균 $\hat{\mu}^* = \bar{x}$에 대하여 위험함수가

$$\mathrm{E}[(\hat{\mu}^* - \mu)^2/\sigma^2|\theta] = \frac{1}{n}, \ \ \forall\theta\in\Omega$$

로 주어지므로 다음과 같이 <정리 11.3.3>에 주어진 조건이 성립하는 것을 알 수 있다.

$$\therefore \ \max_{\theta\in\Omega}\mathrm{E}[(\hat{\mu}^* - \mu)^2/\sigma^2|\theta] = \frac{1}{n} \le \lim_{k\to\infty} r(\pi_k,\hat{\eta}^{\pi_k})$$

따라서 표본평균 $\hat{\mu}^* = \bar{x}$가 주어진 손실함수에 대한 최소최대추정량이다.

연습문제

11.1 확률밀도함수가

$$f(x;\theta) = \theta x^{-\theta-1} \mathrm{I}_{(1,+\infty)}(x)$$

로 주어지는 파레토분포 $\mathrm{Pareto}(1,\theta)$, $\theta > 0$에서의 랜덤표본이 $\mathrm{X}_1, \cdots, \mathrm{X}_n$이고 θ의 사전분포가 $\mathrm{Gamma}(\alpha,\beta)$, $\alpha > 0$, $\beta > 0$일 때, θ의 사후분포를 구하여라.

11.2 다항분포 모형

$$\mathrm{X} = (\mathrm{X}_1, \cdots, \mathrm{X}_k)^t \sim \mathrm{Multi}(n, (p_1, \cdots, p_k)^t), p_1 + \cdots + p_k = 1,\ \ p_j > 0,\ \ j = 1, \cdots, k$$

에서 $\theta = (p_1, \cdots, p_r)^t\,(r = k-1)$의 사전분포가 $Dirichlet(\alpha_1, \cdots, \alpha_r, \alpha_{r+1})$ $(r = k-1)$일 때, θ의 사후분포를 구하여라.

11.3 확률밀도함수가

$$f(x;\mu,\sigma) = \frac{1}{\sigma}\exp\left(-\frac{x-\mu}{\sigma}\right)\mathrm{I}_{(\mu,\infty)}(x),\quad -\infty < \mu < +\infty,\ \ \sigma > 0$$

인 두 개의 모수를 갖는 지수분포 $\mathrm{Exp}(\mu,\sigma)$에서의 랜덤표본이 $\mathrm{X}_1, \cdots, \mathrm{X}_n$이고, $\theta = (\mu,\sigma)^t$의 사전분포가 다음과 같을 때, $\theta = (\mu,\sigma)^t$의 사후분포를 구하여라.

$$\begin{cases} (\sigma\text{가 주어진 조건에서 } \mu\text{의 조건부분포})\ (\mu_0 - \mu)_{|\sigma} \sim \mathrm{Exp}(\sigma/\kappa_0) \\ (\sigma\text{의 역수의 분포})\ \sigma_0/\sigma \sim \mathrm{Gamma}(\nu_0, 1) \end{cases}$$

11.4 선형회귀정규분포 모형

$$\begin{cases} \mathrm{Y} = X\beta + e \\ e \sim \mathrm{N}_n(0, \sigma^2 \mathrm{I}) \\ \beta \in R^{p+1},\ \sigma^2 > 0,\ rank(X) = p+1 \end{cases}$$

에서 β와 σ^2의 사전분포가 다음과 같을 때, β와 σ^2의 사후분포를 구하여라.

$$\begin{cases} (\sigma^2\text{이 주어진 조건에서 } \beta\text{의 조건부분포})\ \beta_{|\sigma^2} \sim \mathrm{N}(\beta_0, \sigma^2 K_0^{-1}) \\ (\sigma^2\text{의 역수의 분포})\ \nu_0\sigma_0^2/\sigma^2 \sim \chi^2(\nu_0) \end{cases}$$

11.5 지수분포 $\mathrm{Exp}(\theta), \theta > 0$에서의 랜덤표본이 $X = (X_1, \cdots, X_n)^t$이고 $\lambda = 1/\theta$의 사전분포가 $\mathrm{Gamma}(\alpha_1, \alpha_2)$, $\alpha_1 > 0$, $\alpha_2 > 0$일 때, θ의 사후분포로부터 다음을 구하여라.

(a) 사후분포의 평균, 중앙값과 최빈값

(b) 신뢰수준 $1-\alpha$의 θ에 관한 베이지안 신뢰구간

11.6 포아송 모집단 $\mathrm{Poisson}(\theta), \theta \geq 0$에서의 랜덤표본이 $X = (X_1, \cdots, X_n)^t$이고 θ의 사전분포가 $\mathrm{Gamma}(\alpha_1, \alpha_2)$, $\alpha_1 > 0$, $\alpha_2 > 0$일 때, θ의 사후분포로부터 다음을 구하여라.

(a) 사후분포의 평균, 중앙값과 최빈값

(b) 신뢰수준 $1-\alpha$의 θ에 관한 베이지안 신뢰구간

(c) 표본크기가 큰 경우에 사후분포의 정규근사와 그를 이용한 베이지안 신뢰구간

11.7 지수분포 $\mathrm{Exp}(\theta), \theta > 0$에서의 랜덤표본 $X = (X_1, \cdots, X_n)^t$을 이용하여 단순 가설

$$H_0 : \theta = \theta_0 \quad vs \quad H_1 : \theta = \theta_1$$

을 검정하는 경우에 사전확률이

$$\pi_0 = P(\theta = \theta_0),\ \pi_1 = P(\theta = \theta_1) = 1 - P(\theta = \theta_0)$$

일 때, 가설 H_0의 사후승산비를 구하여라.

11.8 지수분포 $\mathrm{Exp}(\theta), \theta > 0$에서의 랜덤표본이 $X = (X_1, \cdots, X_n)^t$이고 $\lambda = 1/\theta$의 사전분포가 $\mathrm{Gamma}(\alpha, \beta)$, $\alpha > 0$, $\beta > 0$인 경우에, 가설

$$H_0 : \theta \leq \theta_0 \quad vs \quad H_1 : \theta > \theta_0$$

을 검정할 때 가설 H_0의 사후승산비를 구하여라.

11.9 포아송 모집단 $\mathrm{Poisson}(\theta), \theta \geq 0$에서의 랜덤표본이 $X = (X_1, \cdots, X_n)^t$이고 θ의 사전분포가 $\mathrm{Gamma}(\alpha, \beta)$, $\alpha > 0$, $\beta > 0$인 경우에, 가설

$$H_0 : \theta \leq \theta_0 \quad vs \quad H_1 : \theta > \theta_0$$

을 검정할 때 사후분포의 정규근사를 이용하여 가설 H_0의 사후승산비를 구하여라.

11.10 확률밀도함수가

$$f(x;\theta)=\theta x^{-\theta-1}\mathrm{I}_{(1,+\infty)}(x)$$

로 주어지는 파레토분포 $\mathrm{Pareto}(1,\theta)$, $\theta>0$에서의 랜덤표본이 $X_1, \cdots, X_n$이고 θ의 사전분포가 $\mathrm{Gamma}(\alpha,\beta)$, $\alpha>0$, $\beta>0$일 때, 손실함수

$$L(\theta,\hat{\theta})=(\hat{\theta}/\theta-1)^2$$

에 대한 θ의 베이즈추정량을 구하여라.

11.11 확률밀도함수가

$$f(x;\mu,\sigma)=\frac{1}{\sigma}\exp\left(-\frac{x-\mu}{\sigma}\right)\mathrm{I}_{(\mu,\infty)}(x),\ -\infty<\mu<+\infty,\ \sigma>0$$

인 두 개의 모수를 갖는 지수분포 $\mathrm{Exp}(\mu,\sigma)$에서의 랜덤표본이 $X_1, \cdots, X_n$이고 $\theta=(\mu,\sigma)^t$의 사전분포가 다음과 같다고 하자.

$$\begin{cases}(\sigma\text{가 주어진 조건에서 }\mu\text{의 조건부분포})\ (\mu_0-\mu)_{|\sigma}\sim \mathrm{Exp}(\sigma/\kappa_0)\\(\sigma\text{의 역수의 분포})\ \sigma_0/\sigma\sim \mathrm{Gamma}(\nu_0,1)\end{cases}$$

(a) 손실함수 $L(\theta,\hat{\mu})=(\hat{\mu}-\mu)^2/\sigma^2$에 대한 μ의 베이즈추정량을 구하여라.

(b) 손실함수 $L(\theta,\hat{\sigma})=(\hat{\sigma}/\sigma-1)^2$에 대한 σ의 베이즈추정량을 구하여라.

11.12 베르누이 모집단 $\mathrm{Bernoulli}(\theta)$, $0<\theta<1$에서의 랜덤표본 $X=(X_1,\cdots,X_n)^t$을 이용하여 θ를 추정할 때 손실함수가 다음과 같다고 하자.

$$L(\theta,\hat{\theta})=\frac{(\hat{\theta}-\theta)^2}{\theta(1-\theta)}$$

(a) θ의 사전분포가 균등분포 $\mathrm{U}(0,1)$일 때 베이즈추정량을 구하여라.

(b) θ의 최소최대추정량을 구하여라.

11.13 포아송 모집단 $\mathrm{Poisson}(\theta)$, $\theta>0$에서의 랜덤표본 $X=(X_1,\cdots,X_n)^t$을 이용하여 θ를 추정할 때 손실함수가 다음과 같다고 하자.

$$L(\theta,\hat{\theta})=(\hat{\theta}-\theta)^2/\theta$$

(a) θ의 사전분포가 Gamma(α,β), $\alpha>0$, $\beta>0$일 때 베이즈추정량을 구하여라.

(b) θ의 최소최대추정량을 구하여라.

11.14 지수분포 Exp(θ), $\theta>0$에서의 랜덤표본 $X=(X_1,\cdots,X_n)^t$을 이용하여 θ를 추정할 때 손실함수가 다음과 같다고 하자.

$$L(\theta,\hat{\theta})=(\hat{\theta}/\theta-1)^2$$

(a) $\lambda=1/\theta$의 사전분포가 Gamma(α,β), $\alpha>0$, $\beta>0$일 때 θ의 베이즈추정량을 구하여라.

(b) θ의 최소최대추정량을 구하여라.

부록

부록 Ⅰ: 미분과 적분

1. 집합의 연산과 사건

과학적 실험이나 자연현상 또는 사회현상을 관측할 때 가능한 모든 관측 결과들의 집합을 표본공간이라고 할 때, 특정한 관측 결과들의 집합은 표본공간의 부분집합이다. 이러한 부분집합들의 연산에 대하여 알아보고, '사건'의 엄밀한 정의에 대하여 생각해 보자.

합집합(union of sets), **교집합**(intersection of sets)**과 여집합**(complementary set)**:**

(a) 합집합

$$A_1 \cup A_2 = \{x : x \in A_1 \text{ 또는(or) } x \in A_2\}$$

$$A_1 \cup A_2 \cup \cdots \cup A_n = \{x : x \in A_1 \text{ 또는 } \cdots \text{ 또는 } x \in A_n\}$$

$$= \{x : x \in A_i \text{인 } i \text{가 } 1, \cdots, n \text{ 중에 존재}\}$$

$$\bigcup_{n=1}^{\infty} A_n = A_1 \cup A_2 \cup \cdots = \{x : \exists\, n (n = 1, 2, \cdots) \text{ s.t. } x \in A_n\}$$ 148)

(b) 교집합

$$A_1 \cap A_2 = \{x : x \in A_1 \text{이고(and) } x \in A_2\}$$

$$A_1 \cap A_2 \cap \cdots \cap A_n = \{x : x \in A_1 \text{이고 } \cdots \text{ 이고 } x \in A_n\}$$

$$= \{x : 1, \cdots, n \text{ 중의 모든 } i \text{에 대하여 } x \in A_i\}$$

$$\bigcap_{n=1}^{\infty} A_n = A_1 \cap A_2 \cap \cdots = \{x : \forall\, n (n = 1, 2, \cdots),\ x \in A_n\}$$ 149)

(c) 여집합

$$A_1^c = \{x : x \notin A_1\} = \{x : A_1 \text{의 원소가 아닌 } x\}$$

---

148) $\exists n$에서 $\exists$는 exist의 E를 뒤집어 표기한 것으로 'n이 존재하여'라는 뜻이고, s.t.는 such that의 약자이다.

149) '$\forall n$'은 '모든 n에 대하여'를 뜻하며, $\forall$는 any, all, arbitrary에서의 A를 뒤집어 놓은 기호이다.

예 I.1.1

$$\bigcup_{n=1}^{\infty}\left[\frac{1}{n},\ 1\right]=(0,\ 1],\quad \bigcup_{n=1}^{\infty}\left(\frac{1}{n},\ 1\right]=(0,\ 1],$$

$$\bigcap_{n=1}^{\infty}\left(-\frac{1}{n},\ 1\right)=[0,\ 1),\quad \bigcap_{n=1}^{\infty}\left[-\frac{1}{n},\ 1\right)=[0,\ 1)$$

드 모르간의 법칙:

$$(\mathrm{A}_1\cup\mathrm{A}_2)^c=\mathrm{A}_1^c\cap\mathrm{A}_2^c,\quad (\mathrm{A}_1\cap\mathrm{A}_2)^c=\mathrm{A}_1^c\cup\mathrm{A}_2^c$$

$$(\bigcup_{n=1}^{\infty}\mathrm{A}_n)^c=\bigcap_{n=1}^{\infty}\mathrm{A}_n^c,\quad (\bigcap_{n=1}^{\infty}\mathrm{A}_n)^c=\bigcup_{n=1}^{\infty}\mathrm{A}_n^c$$

예 I.1.2

$$\left(\bigcup_{n=1}^{\infty}\left(-\infty,\ -\frac{1}{n}\right]\right)^c=((-\infty,\ 0))^c=[0,\ +\infty)=\bigcap_{n=1}^{\infty}\left(-\frac{1}{n},\ +\infty\right)$$

분배법칙:

$$\mathrm{A}\cup(\mathrm{B}_1\cap\mathrm{B}_2)=(\mathrm{A}\cup\mathrm{B}_1)\cap(\mathrm{A}\cup\mathrm{B}_2),\quad \mathrm{A}\cap(\mathrm{B}_1\cup\mathrm{B}_2)=(\mathrm{A}\cap\mathrm{B}_1)\cup(\mathrm{A}\cap\mathrm{B}_2)$$

$$\mathrm{A}\cup(\bigcap_{n=1}^{\infty}\mathrm{B}_n)=\bigcap_{n=1}^{\infty}(\mathrm{A}\cup\mathrm{B}_n),\quad \mathrm{A}\cap(\bigcup_{n=1}^{\infty}\mathrm{B}_n)=\bigcup_{n=1}^{\infty}(\mathrm{A}\cap\mathrm{B}_n)$$

예 I.1.3

$$[1,\ 2)\cup\left(\bigcap_{n=1}^{\infty}\left(-\frac{1}{n},\ 1\right)\right)=[1,\ 2)\cup[0,\ 1)=[0,\ 2)=\bigcap_{n=1}^{\infty}\left(-\frac{1}{n},\ 2\right)$$

과학적 실험이나 자연현상 또는 사회현상을 관측할 때 특정한 관측 결과들의 '가능성'을 숫자로 나타내고자 하는 것은 표본공간의 부분집합에 '확률'을 정해주는 것이다. 이러한 과정에서 다음 '확률의 공리'를 가정하고 '사건' A에 '확률' P(A)를 정해준다는 것을 1장에서 소개하였다.

확률의 공리:

(1) 확률의 범위: 각 '사건' A에 대하여 $P(A)\geq 0$

(2) 전체의 확률: 표본공간 S에 대하여 $P(S)=1$

(3) 가산가법성(countable additivity): '사건' A_1, A_2, $\cdots$에 대하여 $A_i \cap A_j = \varnothing$ $(i \neq j)$이면

$$P(A_1 \cup A_2 \cup \cdots) = P(A_1) + P(A_2) + \cdots$$

이제 이러한 공리에 함축되어 있는 '사건'의 뜻을 생각해보자. 확률의 공리에서 전제하고 있는 것은 '사건'이란 '확률을 정해줄 수 있는 부분집합'이란 것이다. 첫째, "표본공간 S에 확률을 정해줄 수 있고" 그 값을 전체확률 1로 정해준다는 것이므로 표본공간 S는 '사건'이다. 둘째, "각 부분집합 $A_n (n=1,2,\cdots)$에 확률을 정해줄 수 있으면 이들의 합집합 $A_1 \cup A_2 \cup \cdots$에 확률을 정해줄 수 있고" 그 값이 각각의 확률의 무한합이라는 것이므로, "각각의 $A_n (n=1,2,\cdots)$이 '사건'이면 이들의 합집합 $A_1 \cup A_2 \cup \cdots$도 '사건'이라는 것이다. 또한, 전체의 확률과 가산가법성의 공리에 따르면 A의 확률이 정해지면 여집합 A^c도 $1-P(A)$로 정해질 수 있음을 전제하고 있다. 즉 A가 '사건'이면 A^c도 '사건이라는 것이다.

사건의 정의:

표본공간 S의 부분집합들로서 다음을 만족하는 부분집합들을 사건이라 하고, 이들의 모임을 사건의 집합체(sigma field of events)라고 하고 ε로 나타낸다.

(1) 전체사건: 표본공간 S는 사건이다. 즉 $S \in \varepsilon$

(2) 합사건: A_1, A_2, $\cdots$가 사건이면 $A_1 \cup A_2 \cup \cdots$도 사건이다. 즉 $A_1 \in \varepsilon$, $A_2 \in \varepsilon$, $\cdots$이면

$$\bigcup_{n=1}^{\infty} A_n \in \varepsilon$$

(3) 여사건: A가 사건이면 A^c도 사건이다. 즉 $A \in \varepsilon$이면 $A^c \in \varepsilon$

예 I.1.4

A_1, A_2, $\cdots$가 사건이면 A_1^c, A_2^c, $\cdots$도 사건이므로, $A_1 \cap A_2 \cap \cdots = (A_1^c \cup A_2^c \cup \cdots)^c$도 사건이다.

2. 실수 수열의 극한

(1) 실수 수열의 최소상한과 최대하한

(a) 실수 수열 $\{a_n\}_{n=1,2,\cdots}$의 최소상한(least upper bound, supremum): $\sup_{n\geq 1} a_n$

(i) $\sup_{n\geq 1} a_n = +\infty \Leftrightarrow \forall \mathrm{K}(\text{실수})\{\exists n : a_n > \mathrm{K}\}$

(ii) $\sup_{n\geq 1} a_n < +\infty \Leftrightarrow \exists \mathrm{K}(\text{실수})\{\forall n : a_n \leq \mathrm{K}\}$ (상방유계, bounded above)

(iii) $\sup_{n\geq 1} a_n = u(\text{실수}) \Leftrightarrow \{\forall n : a_n \leq u\}$이고 $\{\forall n : a_n \leq \mathrm{K}$ 이면 $u \leq \mathrm{K}\}$

$\Leftrightarrow \{\forall n : a_n \leq u\}$이고 $\{\forall \epsilon > 0, \exists n : a_n > u - \epsilon\}$

$\Leftrightarrow \{\forall \epsilon > 0, \forall n, a_n < u + \epsilon\}$이고

$\{\forall \epsilon > 0, \exists n : a_n > u - \epsilon\}$

(b) 실수 수열 $\{a_n\}_{n=1,2,\cdots}$의 최대하한(greatest lower bound, infimum): $\inf_{n\geq 1} a_n$

(i) $\inf_{n\geq 1} a_n = -\infty \Leftrightarrow \forall \mathrm{K}(\text{실수})\{\exists n : a_n < \mathrm{K}\}$

(ii) $\inf_{n\geq 1} a_n > -\infty \Leftrightarrow \exists \mathrm{K}(\text{실수})\{\forall n : a_n \geq \mathrm{K}\}$ (하방유계, bounded below)

(iii) $\inf_{n\geq 1} a_n = l(\text{실수}) \Leftrightarrow \{\forall n : a_n \geq l\}$이고 $\{\forall n : a_n \geq \mathrm{K}$ 이면 $l \geq \mathrm{K}\}$

$\Leftrightarrow \{\forall n : a_n \geq l\}$이고 $\{\forall \epsilon > 0, \exists n : a_n < l + \epsilon\}$

$\Leftrightarrow \{\forall \epsilon > 0, \forall n, a_n > l - \epsilon\}$이고

$\{\forall \epsilon > 0, \exists n : a_n < l + \epsilon\}$

예 I.2.1

(a) $\sup_{n\geq 1}\left(1-\frac{1}{n}\right) = 1, \quad \inf_{n\geq 1}\left(1-\frac{1}{n}\right) = 0$

(b) $\sup_{n\geq 1}\frac{(-1)^n}{n} = \frac{1}{2}, \quad \inf_{n\geq 1}\frac{(-1)^n}{n} = -1$

(c) $\sup_{n\geq 1}(-1)^n n = +\infty, \quad \inf_{n\geq 1}(-1)^n n = -\infty$

(d) $\sup_{n\geq 1} n\left(-\frac{1}{2}\right)^n = \sup_{n\geq 1} 2n\left(\frac{1}{2}\right)^{2n} = \frac{1}{2},$

$\inf_{n\geq 1} n\left(-\frac{1}{2}\right)^n = \inf_{n\geq 1}\left\{-(2n-1)\left(\frac{1}{2}\right)^{2n-1}\right\} = -\frac{1}{2}$

(2) 증가하는 실수 수열의 극한

실수 수열 $\{a_n\}_{n=1,2,\cdots}$이 증가하면, 즉 $a_1 \le a_2 \le \cdots \le a_n \le a_{n+1} \le \cdots$이면 $\sup_{n \ge 1} a_n$을 n이 무한히 커질 때 수열 $\{a_n\}$의 극한이라고 정의하고 다음과 같이 나타낸다.

$$\lim_{n \to \infty} a_n = \sup_{n \ge 1} a_n$$

이 때, 증가하는 실수 수열 $\{a_n\}$이 상방유계이면 수열 $\{a_n\}$이 실수값인 $\sup_{n \ge 1} a_n$으로 수렴(收斂, converge)한다고 하고, 상방유계가 아니면 수열 $\{a_n\}$이 $\sup_{n \ge 1} a_n = +\infty$로 발산(發散, diverge)한다고 한다.

(3) 감소하는 실수 수열의 극한

실수 수열 $\{a_n\}_{n=1,2,\cdots}$이 감소하면, 즉 $a_1 \ge a_2 \ge \cdots \ge a_n \ge a_{n+1} \ge \cdots$이면 $\inf_{n \ge 1} a_n$을 n이 무한히 커질 때 수열 $\{a_n\}$의 극한이라고 정의하고 다음과 같이 나타낸다.

$$\lim_{n \to \infty} a_n = \inf_{n \ge 1} a_n$$

이 때, 감소하는 실수 수열 $\{a_n\}$이 하방유계이면 수열 $\{a_n\}$이 실수값인 $\inf_{n \ge 1} a_n$으로 수렴한다고 하고, 하방유계가 아니면 수열 $\{a_n\}$이 $\inf_{n \ge 1} a_n = -\infty$로 발산한다고 한다.

(4) 실수 수열의 상극한과 하극한

(a) 상극한(上極限, limit supremum)

실수 수열 $\{a_n\}_{n=1,2,\cdots}$에서 $\sup_{n \ge N} a_n \, (N=1,2,\cdots)$은 감소하므로, 즉

$$\sup_{n \ge 1} a_n \ge \sup_{n \ge 2} a_n \ge \cdots \ge \sup_{n \ge N} a_n \ge \sup_{n \ge N+1} a_n \ge \cdots$$

이므로 $\sup_{n \ge N} a_n \, (N=1,2,\cdots)$의 극한인 $\inf_{N \ge 1} \sup_{n \ge N} a_n$을 생각할 수 있다. 이 극한을 수열 $\{a_n\}$의 상극한이라 하고, 다음과 같이 나타낸다.

$$\overline{\lim_{n \to \infty}} a_n = \inf_{N \ge 1} \sup_{n \ge N} a_n$$

따라서 최대하한과 최소상한의 정의로부터 다음이 성립하는 것을 알 수 있다.

$$\overline{\lim_{n \to \infty}} a_n = \bar{l} \text{(실수)}$$

$$\Leftrightarrow \text{(i)} \ \forall \epsilon > 0, \{a_n < \bar{l} + \epsilon \ \text{a.b.f.}(n)\} \text{(all but finite)}^{150)},$$

$$\text{즉} \ \{\exists N (\forall n \ge N, a_n < \bar{l} + \epsilon)\}$$

---

150) '유한개를 제외한 전부의 자연수 n에 대하여' 또는 '충분히 큰 자연수 n에 대하여'라는 뜻의 표현이다.

(ii) $\forall \epsilon > 0$, $\{a_n > \bar{l} - \epsilon \text{ i.o. } (n)\}$(infinitely often)[151],

즉 $\{\forall N (\exists n \geq N, a_n > \bar{l} - \epsilon)\}$

(b) 하극한(下極限, limit infimum)

실수 수열 $\{a_n\}_{n=1,2,\cdots}$ 에서 $\inf_{n \geq N} a_n (N=1,2,\cdots)$은 증가하므로, 즉

$$\inf_{n \geq 1} a_n \leq \inf_{n \geq 2} a_n \leq \cdots \leq \inf_{n \geq N} a_n \leq \inf_{n \geq N+1} a_n \leq \cdots$$

이므로 $\inf_{n \geq N} a_n (N=1,2,\cdots)$의 극한인 $\sup_{N \geq 1} \inf_{n \geq N} a_n$을 생각할 수 있다. 이 극한을 수열 $\{a_n\}$의 하극한이라 하고, 다음과 같이 나타낸다.

$$\underline{\lim}_{n \to \infty} a_n = \sup_{N \geq 1} \inf_{n \geq N} a_n$$

$\Leftrightarrow$ (i) $\forall \epsilon > 0$, $\{a_n > \underline{l} - \epsilon \text{ a.b.f.} (n)\}$(all but finite),

즉 $\{\exists N (\forall n \geq N, a_n > \underline{l} - \epsilon)\}$

(ii) $\forall \epsilon > 0$, $\{a_n < \underline{l} + \epsilon \text{ i.o.} (n)\}$(infinitely often),

즉 $\{\forall N (\exists n \geq N, a_n < \underline{l} + \epsilon)\}$

예 1.2.2

$$a_n = \begin{cases} 2^n, & n = 1, \cdots, 10 \\ (-1)^n, & n \geq 11 \end{cases}$$

인 경우에,

$$\sup_{n \geq N} a_n = \begin{cases} 2^{10}, & N \leq 10 \\ +1, & N \geq 11 \end{cases} \quad \inf_{n \geq N} a_n = -1, \ N \geq 1$$

$$\overline{\lim}_{n \to \infty} a_n = \inf_{N \geq 1} \sup_{n \geq N} a_n = +1, \quad \underline{\lim}_{n \to \infty} a_n = \sup_{N \geq 1} \inf_{n \geq N} a_n = -1$$

$\forall \epsilon : 0 < \epsilon < 1$,

(i) $\{n : a_n < 1 + \epsilon\} = \{11, 12, 13, \cdots\}$(all but 1,2,$\cdots$,10)

(ii) $\{n : a_n > 1 - \epsilon\} = \{1, 2, \cdots, 10\} \cup \{12, 14, 16, \cdots\}$(infinitely often)

151) '무한히 많은 자연수 n에 대하여'라는 뜻의 표현이다.

예 I.2.3

$$\overline{\lim_{n\to\infty}}(-1)^n n = +\infty, \quad \underline{\lim_{n\to\infty}}(-1)^n n = -\infty$$

상극한과 하극한의 성질:

(a) $\underline{\lim_{n\to\infty}} a_n \le \overline{\lim_{n\to\infty}} a_n$

(b) $\underline{\lim_{n\to\infty}} a_n = -\overline{\lim_{n\to\infty}}(-a_n)$

(c) $\overline{\lim_{n\to\infty}}(a_n + b_n) \le \overline{\lim_{n\to\infty}} a_n + \overline{\lim_{n\to\infty}} b_n, \ \underline{\lim_{n\to\infty}}(a_n + b_n) \ge \underline{\lim_{n\to\infty}} a_n + \underline{\lim_{n\to\infty}} b_n$

(d) $a_n \le b_n$ a.b.f.(n)이면 $\underline{\lim_{n\to\infty}} a_n \le \underline{\lim_{n\to\infty}} b_n, \ \overline{\lim_{n\to\infty}} a_n \le \overline{\lim_{n\to\infty}} b_n$

(5) 실수 수열의 극한

실수 수열 $\{a_n\}$의 상극한과 하극한이 같을 때, 그 값을 수열 $\{a_n\}$의 극한이라 하고 다음과 같이 나타낸다.

$$\lim_{n\to\infty} a_n = \overline{\lim_{n\to\infty}} a_n = \underline{\lim_{n\to\infty}} a_n$$

따라서 상극한과 하극한의 성질로부터 다음이 성립하는 것을 알 수 있다.

$\lim_{n\to\infty} a_n = l$(실수)

$\Leftrightarrow$ (i) $\forall \epsilon > 0, \{a_n > l - \epsilon \text{ a.b.f.}(n)\}$(all but finite),

즉 $\{\exists N(\forall n \ge N, a_n > l - \epsilon)\}$

(ii) $\forall \epsilon > 0, \{a_n < l + \epsilon \text{ a.b.f.}(n)\}$(all but finite),

즉 $\{\exists N(\forall n \ge N, a_n < l + \epsilon)\}$

$\Leftrightarrow \forall \epsilon > 0, \{|a_n - l| < \epsilon \text{ a.b.f.}(n)\}$(all but finite),

즉 $\{\exists N(\forall n \ge N, |a_n - l| < \epsilon)\}$

예 I.2.4

(a) $\overline{\lim_{n\to\infty}} \dfrac{(-1)^n}{n} = 0,\ \underline{\lim_{n\to\infty}} \dfrac{(-1)^n}{n} = 0$

(b) $\overline{\lim_{n\to\infty}}\, n\left(-\dfrac{1}{2}\right)^n = \inf_{N\geq 1} \dfrac{2N}{2^{2N}} = 0,\ \underline{\lim_{n\to\infty}}\, n\left(-\dfrac{1}{2}\right)^n = \sup_{N\geq 1}\left\{-\dfrac{(2N+1)}{2^{2N+1}}\right\} = 0$

3. 테일러 정리와 멱급수 전개

정리 I.3.1 테일러 정리(Taylor's theorem)

(a) 함수 f가 열린 구간 $(a-h, a+h)(h>0)$에서 n번 미분가능하고 n차 도함수가 연속함수이면, 그 구간 내의 모든 x에 대하여 다음 등식이 성립한다.

$$f(x) = f(a) + \sum_{r=1}^{n-1} \frac{f^{(r)}(a)}{r!}(x-a)^r + R_n(x,a)$$

$$R_n(x,a) = \frac{1}{(n-1)!}\int_0^1 (1-u)^{n-1} f^{(n)}(a+u(x-a))du\,(x-a)^n$$

$$= \frac{f^{(n)}(\xi)}{n!}(x-a)^n,\ \exists\,\xi : |\xi - a| \leq |x-a|$$

(b) 함수 f가 열린 구간 $(a-h, a+h)(h>0)$에서 n번 미분가능하면, 그 구간 내의 모든 x에 대하여 다음이 성립한다.

$$f(x) = f(a) + \sum_{r=1}^{n} \frac{f^{(r)}(a)}{r!}(x-a)^r + R_{n+1}(x,a),\quad \lim_{x\to a} R_{n+1}(x,a)/(x-a)^n = 0$$

예 I.3.1

(a) $e^x = \displaystyle\sum_{r=0}^{n-1} \frac{1}{r!}x^r + \frac{1}{(n-1)!}\int_0^1 (1-u)^{n-1} e^{ux} du\, x^n$

(b) $-\log(1-x) = \displaystyle\sum_{r=1}^{n-1} \frac{1}{r}x^r + \int_0^1 (1-u)^{n-1}(1-ux)^{-n} du\, x^n$

정리 I.3.2 멱급수의 절대수렴과 미분

(a) 수렴 반경: 멱급수 $\sum_{n=1}^{\infty} c_n (x-a)^n$이 절대수렴하는 충분조건은

$\exists\, r(r<1)\ s.t.\ (\sqrt[n]{|c_n|}\,|x-a| \le r\ \text{a.b.f.}(n))$ 즉 $\overline{\lim_{n\to\infty}}\sqrt[n]{|c_n|}\,|x-a|<1;$

$\sum_{n=1}^{\infty}|c_n(x-a)^n| < +\infty \quad \forall x : |x-a|<\mathrm{R},\ \mathrm{R}=1/\overline{\lim_{n\to\infty}}\sqrt[n]{|c_n|}\quad (1/0 \equiv +\infty)$

(b) 멱급수의 미분: 절대수렴하는 멱급수로 정의된 함수

$$f(x)=f(a)+\sum_{n=1}^{\infty}c_n(x-a)^n,\ -\mathrm{R}<x-a<\mathrm{R}$$

는 무한번 미분가능하고, 다음의 항등관계가 성립한다.

$$f(x)=f(a)+\sum_{n=1}^{\infty}\frac{f^{(n)}(a)}{n!}(x-a)^n,\ -\mathrm{R}<x-a<\mathrm{R}$$

예 I.3.2

(a) $e^x = 1+\sum_{n=1}^{\infty}\frac{1}{n!}x^n,\ -\infty<x<+\infty\ \ (\because \lim_{n\to\infty}\frac{1}{n}\log n! = +\infty)$

(b) $-\log(1-x)=\sum_{n=1}^{\infty}\frac{1}{n}x^n,\ -1<x<1\ \ (\because \lim_{n\to\infty}\frac{\log n}{n}=0)$

정리 I.3.3 다변수 함수의 테일러 정리

다변수 함수 f가 k차원의 열린 구간 $(a-h, a+h)=\prod_{i=1}^{k}(a_i-h_i, a_i+h_i)\,(h_i>0)$에서 n번 편미분 가능하고 모든 편도함수가 연속함수일 때, 편미분계수를

$$f_{/i}(a)=\left[\frac{\partial}{\partial x_i}f(x)\right]_{x=a},\ f_{/ij}(a)=\left[\frac{\partial^2}{\partial x_i\partial x_j}f(x)\right]_{x=a},\ \cdots$$

로 나타내면 열린 구간의 모든 x에 대하여 다음 등식이 성립한다.

$$f(x)=f(a)+\sum_{i=1}^{k}f_{/i}(a)(x_i-a_i)+\sum_{i=1}^{k}\sum_{j=1}^{k}\frac{1}{2!}f_{/ij}(a)(x_i-a_i)(x_j-a_j)$$
$$+\cdots+R_n(x,a)$$

$$R_n(x,a)=\frac{1}{(n-1)!}\int_0^1(1-u)^{n-1}\sum_{i_1=1}^{k}\cdots\sum_{i_n=1}^{k}f_{/i_1\cdots i_n}(a+u(x-a))$$
$$\times du\,(x_{i_1}-a_{i_1})\cdots(x_{i_n}-a_{i_n})$$

이러한 근사공식을 나타낼 때, 일차 편도함수 벡터와 이차 편도함수 행렬을 각각

$$\dot{f}(x)=\left(\frac{\partial}{\partial x_1}f(x),\cdots,\frac{\partial}{\partial x_k}f(x)\right)^t,\ \ddot{f}(x)=\left(\frac{\partial^2}{\partial x_i\partial x_j}f(x)\right)$$

로 나타내면 위의 근사 공식은 다음과 같이 주어진다.

$$f(x)=f(a)+\dot{f}(a)^t(x-a)+\frac{1}{2!}(x-a)^t\ddot{f}(a)(x-a)+\cdots+R_n(x,a)$$

정리 I.3.4 다변수 함수의 멱급수

절대수렴하는 멱급수로 정의된 다변수 함수

$$f(x)=\sum_{r_1=0}^{\infty}\cdots\sum_{r_k=0}^{\infty}c_{r_1\cdots r_k}(x_1-a_1)^{r_1}\cdots(x_k-a_k)^{r_k},$$

$$-h_i< x_i-a_i<h_i(i=1,\cdots,k)$$

는 이 열린 구간에서 무한번 미분가능하고 다음의 항등관계가 성립한다.

$$\begin{aligned}f(x)&=f(a)+\sum_{r=1}^{\infty}\frac{1}{r!}\sum_{\substack{r_1+\cdots+r_k=r\\ r_i\geq 0}}\binom{r}{r_1\cdots r_k}\left[\frac{\partial^r}{\partial x_1^{r_1}\cdots\partial x_k^{r_k}}f(x)\right]_{x=a}\\&\quad\times(x_1-a_1)^{r_1}\cdots(x_k-a_k)^{r_k}\\&=f(a)+\dot{f}(a)^t(x-a)+\frac{1}{2!}(x-a)^t\ddot{f}(a)(x-a)+\cdots\end{aligned}$$

예 I.3.3

(a) $$\begin{aligned}e^{x_1+x_2}&=\left(1+x_1+\frac{1}{2!}x_1^2+\cdots\right)\left(1+x_2+\frac{1}{2!}x_2^2+\cdots\right)\\&=1+(x_1+x_2)+\frac{1}{2!}(x_1^2+2x_1x_2+x_2^2)+\cdots\\&=\sum_{r=0}^{\infty}\frac{1}{r!}\sum_{\substack{r_1+r_2=r\\ r_i\geq 0}}\binom{r}{r_1r_2}x_1^{r_1}x_2^{r_2},\ (-\infty<x_i<+\infty,\ i=1,2)\end{aligned}$$

(b) $$\begin{aligned}-\log(1-x_1-x_2)&=\sum_{r=1}^{\infty}\frac{1}{r}(x_1+x_2)^r\\&=\sum_{r=1}^{\infty}\frac{1}{r!}\sum_{\substack{r_1+r_2=r\\ r_i\geq 0}}\binom{r}{r_1r_2}(r-1)!x_1^{r_1}x_2^{r_2},\\&\quad(-1<x_1+x_2<1)\end{aligned}$$

4. 정적분과 이상적분

(1) (리이만)적분

닫힌(closed) 구간 $[a,b]$에서 연속인 함수 f에 대하여 다음의 정적분이 정의된다.

$$\int_{[a,b]} f(x)dx = \lim_{n\to\infty}\frac{b-a}{n}\sum_{i=1}^{n} f\left(a+\frac{b-a}{n}i\right)$$

(2) 음이 아닌 함수의 이상(improper)적분[152)]

(a) 열린 구간에서의 적분:

구간 $(a,b]$에서 연속이고 음이 아닌 함수 f에 대하여,

$$\int_{(a,b]} f(x)dx = \lim_{\substack{h\to 0\\ h>0}}\int_{[a+h,b]} f(x)dx$$

(b) 무한 구간에서의 적분:

구간 $(-\infty,b]$에서 연속이고 음이 아닌 함수 f에 대하여,

$$\int_{(-\infty,b]} f(x)dx = \lim_{a\to-\infty}\int_{[a,b]} f(x)dx$$

(c) 수직선 전체에서의 적분:

수직선 전체인 $(-\infty,+\infty)$에서 연속이고 음이 아닌 함수 f에 대하여,

$$\int_{(-\infty,+\infty)} f(x)dx = \lim_{a\to-\infty}\int_{[a,0]} f(x)dx + \lim_{b\to+\infty}\int_{[0,b]} f(x)dx$$

(3) 적분가능(integrable) 함수

구간 I(열린 구간, 무한 구간, 수직선 전체 등)에서 연속인 함수 f에 대하여,

$$f^{+}(x) = \max(f(x),0),\ f^{-}(x) = -\min(f(x),0)$$

라고 하면, 음이 아닌 두 함수의 이상적분으로

$$\int_{\mathrm{I}} f^{+}(x)dx,\quad \int_{\mathrm{I}} f^{-}(x)dx$$

를 생각할 수 있다. 한편

$$f = f^{+} - f^{-}$$

이므로, 함수 f의 이상적분을

$$\int_{\mathrm{I}} f(x)dx = \int_{\mathrm{I}} f^{+}(x)dx - \int_{\mathrm{I}} f^{-}(x)dx$$

---

152) 음이 아닌 함수를 전제로 하므로 이 정의에서의 극한값들은 실수이거나 $+\infty$이다. 따라서, (c)의 이상적분의 정의에서 $\infty-\infty$꼴의 부정형은 나오지 않는다.

로 정의한다. 따라서 이 적분 값이 실수이기 위하여는 다음이 성립하여야 한다.

$$\int_I f^+(x)dx < +\infty, \quad \int_I f^-(x)dx < +\infty$$

그런데 $|f| = f^+ + f^-$ 이므로, 이 조건은 아래 조건과 동치이다.

$$\int_I |f(x)|dx < +\infty$$

이 조건을 만족시키는 함수를 구간 I에서 적분가능 함수라고 한다.

예 I.4.1

(a) $\int_1^{\infty} x^{-n}dx < +\infty \Leftrightarrow n > 1$

(b) $\int_0^1 x^{\alpha-1}dx < +\infty \Leftrightarrow \alpha > 0$

(c) $\int_{-\infty}^{+\infty}\left(\frac{x}{1+x^2}\right)^+ dx = \int_0^{+\infty}\frac{x}{1+x^2}dx = +\infty$,

$\int_{-\infty}^{+\infty}\left(\frac{x}{1+x^2}\right)^- dx = \int_{-\infty}^{0}\frac{-x}{1+x^2}dx = +\infty$이므로

$$\int_{-\infty}^{+\infty}\left(\frac{x}{1+x^2}\right)^+ dx - \int_{-\infty}^{+\infty}\left(\frac{x}{1+x^2}\right)^- dx$$

은 $\infty - \infty$꼴이 되어 이상적분으로서 $\int_{-\infty}^{+\infty}\frac{x}{1+x^2}dx$ 은 정의될 수 없다.

5. 이중합과 이중적분

정리 I.5.1 토넬리(Tonelli) 정리[153]

(a) 이중합: 음이 아닌 함수 $f(x_1, x_2)$에 대하여

$$\sum_{x_1}\left\{\sum_{x_2} f(x_1, x_2)\right\} = \sum_{x_2}\left\{\sum_{x_1} f(x_1, x_2)\right\}$$

(b) 이중적분: 음이 아닌 함수 $f(x_1, x_2)$에 대하여

$$\int_{-\infty}^{+\infty}\left\{\int_{-\infty}^{+\infty} f(x_1, x_2)dx_2\right\}dx_1 = \int_{-\infty}^{+\infty}\left\{\int_{-\infty}^{+\infty} f(x_1, x_2)dx_1\right\}dx_2$$

153) 이 정리는 음이 아닌 함수를 전제로 하고 있기 때문에 이중합은 실수이거나 $+\infty$이다.

일반적인 함수의 이중합과 이중적분[154]**:**

$$\sum_{x_1}\left\{\sum_{x_2} f(x_1,x_2)\right\} = \sum_{x_1}\left\{\sum_{x_2} f^+(x_1,x_2)\right\} - \sum_{x_1}\left\{\sum_{x_2} f^-(x_1,x_2)\right\}$$

$$\int_{-\infty}^{+\infty}\left\{\int_{-\infty}^{+\infty} f(x_1,x_2)dx_2\right\}dx_1$$

$$= \int_{-\infty}^{+\infty}\left\{\int_{-\infty}^{+\infty} f^+(x_1,x_2)dx_1\right\}dx_2 - \int_{-\infty}^{+\infty}\left\{\int_{-\infty}^{+\infty} f^-(x_1,x_2)dx_1\right\}dx_2$$

정리 I.5.2 후비니(Fubini) 정리[155]

(a) 이중합: 절대수렴하는 이중합의 경우에 다음이 성립한다.

$$\sum_{x_1}\left\{\sum_{x_2} f(x_1,x_2)\right\} = \sum_{x_2}\left\{\sum_{x_1} f(x_1,x_2)\right\}$$

(b) 이중적분: 적분가능 함수 $f(x_1,x_2)$에 대하여 다음이 성립한다.

$$\int_{-\infty}^{+\infty}\left\{\int_{-\infty}^{+\infty} f(x_1,x_2)dx_2\right\}dx_1 = \int_{-\infty}^{+\infty}\left\{\int_{-\infty}^{+\infty} f(x_1,x_2)dx_1\right\}dx_2$$

6. 치환적분법

정리 I.6.1 치환적분

정의역 $\mathscr{Y}$가 n차원 공간 R^n에서의 열린 집합인 일대일 함수 $\omega: \mathscr{Y} \to \mathscr{X}$가 미분가능하고, 1차 편도함수가 연속함수로서 야코비안(Jacobian) 행렬식

$$J_\omega(y) = \det\left(\frac{\partial}{\partial y_i}\omega_j(y)\right)$$

이 정의역에서 0이 아닐 때, 함수 ω의 치역에서 정의된 적분가능한 함수 f에 대하여 다음이 성립한다.

$$\int_A f(x)dx = \int_{\omega^{-1}(A)} f(w(y))|J_\omega(y)|dy$$

위의 치환적분 공식을 간략하게

$$f(x)dx = f(\omega(y))\left|\det\left(\frac{\partial w(y)}{\partial y}\right)\right| dy$$

---

154) 적분가능 함수의 정의에서와 같이 일반적인 함수의 이중합이나 이중적분은 절대수렴하는 것을 전제로 한다.

155) 이 정리들은 다중적분의 경우에도 성립한다.

로 나타내기도 하며, 실제 적용할 때에는 함수 $y=u(x)$의 역함수인 $\omega(y)=u^{-1}(y)$로 치환하는 경우가 많이 있다. 이러한 경우에는 역함수 정리로부터

$$\frac{\partial}{\partial y}u^{-1}(y)=\left(\frac{\partial}{\partial x}u(x)\right)^{-1},\ y=u(x)$$

임을 이용하여 야코비안 행렬식을 계산할 수도 있다.

예 I.6.1 극좌표 변환

이상적분

$$\mathrm{I}=\int_{-\infty}^{+\infty}e^{-\frac{1}{2}x^2}dx$$

의 값을 극좌표 변환

$$\omega:\begin{cases}x_1=r\cos\theta\\ x_2=r\sin\theta,\ \ 0\le\theta<2\pi,\ 0\le r<+\infty\end{cases}$$

을 이용하여 구해보자. 이 극좌표 변환의 야코비안 행렬식을 구하면

$$J_\omega(y)=\det\begin{pmatrix}\dfrac{\partial x_1}{\partial r} & \dfrac{\partial x_2}{\partial r}\\ \dfrac{\partial x_1}{\partial\theta} & \dfrac{\partial x_2}{\partial\theta}\end{pmatrix}=\det\begin{pmatrix}\cos\theta & \sin\theta\\ -r\sin\theta & r\cos\theta\end{pmatrix}=r$$

따라서 $dx_1dx_2=r\,dr\,d\theta$

$$\mathrm{I}^2=\int_{-\infty}^{+\infty}\int_{-\infty}^{+\infty}e^{-\frac{1}{2}(x_1^2+x_2^2)}dx_1dx_2=\int_0^{2\pi}\int_0^{+\infty}re^{-\frac{1}{2}r^2}drd\theta=2\pi$$

$$\therefore\ \int_{-\infty}^{+\infty}e^{-\frac{1}{2}x^2}dx=\sqrt{2\pi}$$

그러므로 함수 $f(z)=\dfrac{1}{\sqrt{2\pi}}e^{-\frac{1}{2}z^2}\mathrm{I}_{(-\infty,+\infty)}(z)$는 확률밀도함수의 조건을 만족한다.

예 I.6.2 감마함수

양수 α에 대하여

$$\Gamma(\alpha)=\int_0^{+\infty}x^{\alpha-1}e^{-x}dx$$

로 정의된 함수를 감마함수라고 하며 감마함수는 다음과 같은 성질을 갖는다.

(a) 임의의 양수 α에 대하여 $\Gamma(\alpha)$는 실수이다.

(b) $\Gamma(\alpha)=(\alpha-1)\Gamma(\alpha-1),\ \alpha>1$ 특히 $\Gamma(n)=(n-1)!,\ n=1,2,\cdots$

(c) $\Gamma(1/2)=\sqrt{\pi}$

[증명] (a) (i) $0<\alpha<1$일 때,

$$0<\int_0^{+\infty}x^{\alpha-1}e^{-x}dx\le\int_0^1 x^{\alpha-1}dx+\int_1^{+\infty}e^{-x}dx=\frac{1}{\alpha}+e^{-1}<+\infty$$

(ii) $\alpha\ge1$일 때, α보다 같거나 큰 최소의 자연수를 $\{\alpha\}$라고 하면 양수 x에 대하여

$$(x/2)^{\{\alpha\}-1}/(\{\alpha\}-1)!\le e^{x/2}=1+(x/2)+(x/2)^2/2!+\cdots$$

이므로

$$\begin{aligned}0&<\int_0^{+\infty}x^{\alpha-1}e^{-x}dx\\&=2^{\alpha-1}\int_0^{+\infty}\left(\frac{x}{2}\right)^{\alpha-1}e^{-x}dx\le2^{\alpha-1}(\{\alpha\}-1)!\int_0^{+\infty}e^{x/2}e^{-x}dx\\&<+\infty\end{aligned}$$

(b) $\alpha>1$일 때 부분적분을 이용하면

$$\begin{aligned}\Gamma(\alpha)&=\int_0^{+\infty}x^{\alpha-1}e^{-x}dx\\&=[x^{\alpha-1}(-e^{-x})]_0^{+\infty}-\int_0^{+\infty}(-e^{-x})dx^{\alpha-1}\\&=(\alpha-1)\int_0^{+\infty}e^{-x}x^{\alpha-2}dx\\&=(\alpha-1)\Gamma(\alpha-1)\end{aligned}$$

한편 $\Gamma(1)=\int_0^{+\infty}e^{-x}dx=1$이므로 자연수 n에 대하여

$$\begin{aligned}\Gamma(n)&=(n-1)\Gamma(n-1)=(n-1)(n-2)\Gamma(n-2)\\&=(n-1)(n-2)\cdots\Gamma(1)=(n-1)!\end{aligned}$$

(c) $\Gamma(1/2)=\int_0^{+\infty}x^{-1/2}e^{-x}dx$에서 $\sqrt{x}=z/\sqrt{2}$로 치환하면

$$\begin{aligned}\Gamma(1/2)&=\int_0^{+\infty}x^{-1/2}e^{-x}dx\\&=\int_0^{+\infty}(z/\sqrt{2})^{-1}e^{-z^2/2}d(z^2/2)\\&=\sqrt{2}\int_0^{+\infty}e^{-z^2/2}dz\\&=\sqrt{2}/2\int_{-\infty}^{+\infty}e^{-z^2/2}dz\end{aligned}$$

그런데 <예 Ⅰ.6.1>에서

$$\int_{-\infty}^{+\infty} e^{-\frac{1}{2}x^2} dx = \sqrt{2\pi}$$

$$\therefore\ \Gamma(1/2) = \sqrt{2}/2 \int_{-\infty}^{+\infty} e^{-z^2/2} dz = \sqrt{\pi}$$

7. 이항확률의 근사 계산

정리 Ⅰ.7.1 스털링(Stirling)의 공식

$$m! \sim m^{m+1/2} e^{-m} \sqrt{2\pi},\ m \to \infty$$

여기에서 $a_m \sim b_m,\ m \to \infty$ 의 의미는 $\lim_{m \to \infty} a_m / b_m = 1$을 뜻한다.

[증명]

$$\begin{aligned} m! &= \Gamma(m+1) \\ &= \int_0^{+\infty} x^m e^{-x} dx \\ &= \int_0^{+\infty} e^{m \log x - x} dx \\ &= \int_0^{+\infty} e^{m \log my - my} m\, dy \\ &= m^{m+1} \int_0^{+\infty} e^{m(\log y - y)} dy \\ &= m^{m+1} e^{-m} \int_0^{+\infty} e^{m(\log y - y + 1)} dy \quad (\log y = \log(1 + (y-1))\text{의 전개}) \\ &= m^{m+1} e^{-m} \int_0^{+\infty} \exp\left[m \left\{ -\frac{1}{2}(y-1)^2 + \frac{1}{3}(y-1)^3 - \frac{1}{4}(y-1)^4 + \cdots \right\} \right] dy \\ &= m^{m+1} e^{-m} \int_0^{+\infty} e^{-\frac{m}{2}(y-1)^2} \exp\left\{ \frac{m}{3}(y-1)^3 - \frac{m}{4}(y-1)^4 + \cdots \right\} dy \end{aligned}$$

여기에서 $z = \sqrt{m}(y-1)$로 치환하면

$$\begin{aligned} m! &= m^{m+1} e^{-m} \int_{-\sqrt{m}}^{+\infty} e^{-\frac{1}{2}z^2} \exp\left(\frac{1}{\sqrt{m}} \frac{1}{3} z^3 - \frac{1}{m} \frac{1}{4} z^4 + \cdots \right) \frac{1}{\sqrt{m}} dz \\ &= m^{m+1/2} e^{-m} \sqrt{2\pi} \int_{-\infty}^{+\infty} \frac{1}{\sqrt{2\pi}} e^{-\frac{1}{2}z^2} \\ &\quad \times \left\{ 1 + \frac{1}{\sqrt{m}} \frac{1}{3} z^3 + \frac{1}{m} \left(\frac{1}{2} \frac{1}{9} z^6 - \frac{1}{4} z^4 \right) + \cdots \right\} dz \\ &\sim m^{m+1/2} e^{-m} \sqrt{2\pi},\ m \to \infty \end{aligned}$$

이러한 근사 공식을 이용하면 이항분포의 누적확률을 적분으로 근사할 수 있음을 밝힐 수 있다.

정리 I.7.2 이항확률의 정규 근사

(a) $q=1-p$라고 할 때, $a \le \dfrac{x-np}{\sqrt{npq}} \le b$인 x에 대하여

$$\binom{n}{x}p^x(1-p)^{n-x} \sim \frac{1}{\sqrt{2\pi}}\exp\left\{-\frac{1}{2}\left(\frac{x-np}{\sqrt{npq}}\right)^2\right\}\frac{1}{\sqrt{npq}},\ n\to\infty$$

(b)

$$\sum_{x:\,a \le \frac{x-np}{\sqrt{npq}} \le b}\binom{n}{x}p^x(1-p)^{n-x} \sim \int_a^b \frac{1}{\sqrt{2\pi}}e^{-\frac{1}{2}z^2}dz,\ n\to\infty$$

[증명] (a) 스털링의 공식으로부터

$$\begin{aligned}\binom{n}{x}p^x(1-p)^{n-x} &= \frac{n!}{x!(n-x)!}p^x(1-p)^{n-x}\\ &\sim \frac{n^{n+1/2}e^{-n}\sqrt{2\pi}}{x^{x+1/2}e^{-x}\sqrt{2\pi}(n-x)^{n-x+1/2}e^{-(n-x)}\sqrt{2\pi}}p^x(1-p)^{n-x}\\ &\sim \frac{1}{\sqrt{2\pi}}\frac{p^x(1-p)^{n-x}}{\left(\frac{x}{n}\right)^x\left(1-\frac{x}{n}\right)^{n-x}}\frac{1}{\sqrt{n\frac{x}{n}\left(1-\frac{x}{n}\right)}}\end{aligned}$$

여기에서 $z=\dfrac{x-np}{\sqrt{npq}}$라고 하면

$$\begin{aligned}&\log\frac{p^x(1-p)^{n-x}}{\left(\frac{x}{n}\right)^x\left(1-\frac{x}{n}\right)^{n-x}}\\ &= -x\left(\log\frac{x}{n}-\log p\right)-(n-x)\left(\log\left(1-\frac{x}{n}\right)-\log(1-p)\right)\\ &= -(np+z\sqrt{npq})\log\left(1+z\frac{\sqrt{q/p}}{\sqrt{n}}\right)-(nq-z\sqrt{npq})\log\left(1-z\frac{\sqrt{p/q}}{\sqrt{n}}\right)\\ &= -\frac{1}{2}z^2+\frac{1}{\sqrt{n}}(\cdots)+\cdots \quad (\because\ -\log(1-t)=t+t^2/2+t^3/3+\cdots,\ t\to 0)\end{aligned}$$

$$\therefore\ \frac{p^x(1-p)^{n-x}}{\left(\frac{x}{n}\right)^x\left(1-\frac{x}{n}\right)^{n-x}}=\exp\left\{-\frac{1}{2}z^2+\frac{1}{\sqrt{n}}(\cdots)+\cdots\right\}\sim\exp\left(-\frac{1}{2}z^2\right)$$

한편 $a \le \dfrac{x/n-p}{\sqrt{pq/n}} \le b,\ -b \le \dfrac{(1-x/n)-(1-p)}{\sqrt{pq/n}} \le -a$이므로

$$\frac{1}{\sqrt{n\frac{x}{n}\left(1-\frac{x}{n}\right)}} \sim \frac{1}{\sqrt{np(1-p)}} = \frac{1}{\sqrt{npq}}$$

그러므로 $a \le \frac{x-np}{\sqrt{npq}} \le b$일 때, $z = \frac{x-np}{\sqrt{npq}}$에 대하여

$$\binom{n}{x}p^x(1-p)^{n-x} \sim \frac{1}{\sqrt{2\pi}} \frac{p^x(1-p)^{n-x}}{\left(\frac{x}{n}\right)^x\left(1-\frac{x}{n}\right)^{n-x}} \frac{1}{\sqrt{n\frac{x}{n}\left(1-\frac{x}{n}\right)}}$$

$$\sim \frac{1}{\sqrt{2\pi}}\exp\left(-\frac{1}{2}z^2\right)\frac{1}{\sqrt{npq}}$$

(b) $a \le \frac{x-np}{\sqrt{npq}} \le b$를 만족시키는 최소의 정수를 $x_{\min}$, 최대의 정수를 $x_{\max}$라고 하고,

$$z_1 = \frac{x_{\min}-np}{\sqrt{npq}}, \cdots, z_N = \frac{x_{\max}-np}{\sqrt{npq}},\ \phi(z) = \frac{1}{\sqrt{2\pi}}e^{-\frac{1}{2}z^2}$$

라고 하면 $z_1 \sim a,\ z_N \sim b,\ \frac{N-1}{\sqrt{npq}} = z_N - z_1 \sim b-a$

$$\therefore \sum_{x\,:\,a \le \frac{x-np}{\sqrt{npq}} \le b} \binom{n}{x}p^x(1-p)^{n-x} \sim \frac{1}{\sqrt{npq}} \sum_{x\,:\,a \le \frac{x-np}{\sqrt{npq}} \le b} \phi\left(\frac{x-np}{\sqrt{npq}}\right)$$

$$\sim \frac{b-a}{N-1}\sum_{j=1}^{N}\phi(z_j)$$

$$\sim \int_a^b \phi(z)dz$$

부록Ⅱ: 행렬 대수

1. 행렬의 기본 성질

다차원 확률변수의 분포를 나타내고 그 성질들을 이해하는 데에 행렬은 매우 핵심적인 도구이다. 이러한 행렬의 뜻과 연산과 관련된 기본적인 내용 중에서 이 책의 내용을 이해하는 데에 필요한 것을 소개하고자 한다. 관련된 예나 증명은 보편적인 행렬 대수 관련 서적에 주어져 있으므로 참조하기 바란다.

행렬: 실수의 사각배열

$$A = \begin{pmatrix} a_{11} & \cdots & a_{1n} \\ a_{21} & \cdots & a_{2n} \\ \vdots & \vdots & \vdots \\ a_{m1} & \cdots & a_{mn} \end{pmatrix} = (a_{ij})_{\substack{1 \le i \le m \\ 1 \le j \le n}} : m \times n \text{ 행렬, } m\text{행 } n\text{열}$$

행렬의 연산:

덧셈: $A = (a_{ij})$, $B = (b_{ij})$ 모두 $m \times n$ 행렬

$$(a_{ij}) + (b_{ij}) = (a_{ij} + b_{ij})$$

곱셈: $A = (a_{ij})$는 $m \times n$ 행렬, $B = (b_{jk})$는 $n \times p$ 행렬, c는 실수

$$(a_{ij})(b_{jk}) = (a_{i1}b_{1k} + \cdots + a_{in}b_{nk}) : m \times p \text{ 행렬}$$

$$c(a_{ij}) = (ca_{ij})$$

행렬의 열벡터공간[156](列空間, column space) $\mathrm{col}(A)$ **:**

$$A = \begin{pmatrix} a_{11} & \cdots & a_{1n} \\ a_{21} & \cdots & a_{2n} \\ \vdots & \vdots & \vdots \\ a_{m1} & \cdots & a_{mn} \end{pmatrix} \text{의 열벡터 } a_1 = \begin{pmatrix} a_{11} \\ a_{21} \\ \vdots \\ a_{m1} \end{pmatrix}, \cdots, a_n = \begin{pmatrix} a_{1n} \\ a_{2n} \\ \vdots \\ a_{mn} \end{pmatrix} \text{의 선형결합으로 이루어}$$

지는 집합

$$\mathrm{col}(A) = \{\beta_1 a_1 + \cdots + \beta_n a_n : \beta_1, \cdots, \beta_n \text{은 실수}\} = \{A\beta : \beta \in R^n\}$$

---

156) 행렬 A의 행벡터 $(a_{11}, \cdots, a_{1n})$, $\cdots$, $(a_{m1}, \cdots, a_{mn})$의 선형결합으로 이루어지는 집합은 A의 행벡터공간이라고 한다.

선형독립성[157]**:**

벡터 $a_1 = \begin{pmatrix} a_{11} \\ a_{21} \\ \vdots \\ a_{m1} \end{pmatrix}, \cdots, a_n = \begin{pmatrix} a_{1n} \\ a_{2n} \\ \vdots \\ a_{mn} \end{pmatrix}$ 중의 어느 하나도 나머지 벡터들의 선형결합으로 표현되지 않을 때, 즉

$$\beta_1 a_1 + \cdots + \beta_k a_k = 0 \text{이면 } \beta_1 = \cdots = \beta_k = 0$$

일 때 $a_1, \cdots, a_n$들이 선형독립(linearly independent)이라고 한다.

행렬의 계수[158]**(階數, rank)** $rank(A)$ **:**

행렬 $A = \begin{pmatrix} a_{11} & \cdots & a_{1n} \\ a_{21} & \cdots & a_{2n} \\ \vdots & \vdots & \vdots \\ a_{m1} & \cdots & a_{mn} \end{pmatrix}$의 열벡터 $a_1 = \begin{pmatrix} a_{11} \\ a_{21} \\ \vdots \\ a_{m1} \end{pmatrix}, \cdots, a_n = \begin{pmatrix} a_{1n} \\ a_{2n} \\ \vdots \\ a_{mn} \end{pmatrix}$ 중에서 선형독립인 열벡터들의 최대 개수

열벡터공간의 기저(基底, basis)와 차원(次元, dimension):

행렬 $A = (a_1, \cdots, a_n)$의 열벡터공간

$$\text{col}(A) = \{\beta_1 a_1 + \cdots + \beta_n a_n : \beta_1, \cdots, \beta_n \text{은 실수}\} = \{A\beta : \beta \in R^n\}$$

의 임의의 벡터를 선형결합으로 표현할 수 있는 벡터 $b_1, \cdots, b_k$들로서 선형독립인 벡터들을 열벡터공간의 기저라고 하고, 그 개수 k를 열벡터공간의 차원이라고 한다. 따라서 열벡터공간의 차원은 행렬의 계수와 같다.

행렬과 선형변환:

$m \times n$ 행렬 $A = (a_{ij})$에 대하여 $L(x) = Ax,\ x \in R^n$로 정의하면

$$L(x+y) = L(x) + L(y),\ L(cx) = cL(x),\ ^\forall x \in R^n,\ ^\forall y \in R^n,\ ^\forall c \in R^1$$

이고, 이러한 R^n에서 R^m으로의 선형변환은 $m \times n$ 행렬과 일대일로 대응한다. 따라서 행렬 A의 열공간은 선형변환으로서는 A의 치역을 뜻한다.

157) 이 책에서의 벡터는 특별한 언급이 없는 한 열벡터를 뜻한다.
158) 선형독립인 열벡터의 최대 개수와 선형독립인 행벡터의 최대 개수는 같다.

예 II.1.1

$$A = \begin{pmatrix} 1 & -2 & 3 \\ 2 & 4 & -2 \end{pmatrix}$$

(a) $\begin{pmatrix} 3 \\ -2 \end{pmatrix} = \begin{pmatrix} 1 \\ 2 \end{pmatrix} + (-1)\begin{pmatrix} -2 \\ 4 \end{pmatrix}$, $\beta_1\begin{pmatrix} 1 \\ 2 \end{pmatrix} + \beta_2\begin{pmatrix} -2 \\ 4 \end{pmatrix} = \begin{pmatrix} 0 \\ 0 \end{pmatrix}$이면 $\beta_1 = \beta_2 = 0$

(b) 열공간 $\mathrm{col}(A) = \{A\beta : \beta \in R^3\}$은 기저가 $\begin{pmatrix} 1 \\ 2 \end{pmatrix}, \begin{pmatrix} -2 \\ 4 \end{pmatrix}$인 2차원 벡터공간

(c) $rank(A) = 2$

항등행렬(恒等行列, identity matrix)과 역행렬(逆行列, inverse matrix):

(항등행렬)

$$\mathrm{I} = \begin{pmatrix} 1 & 0 \cdots & 0 \\ 0 & 1 \cdots & 0 \\ \vdots & \vdots \ \vdots & \vdots \\ 0 & 0 \cdots & 1 \end{pmatrix}$$

(역행렬) $m \times m$ 행렬 A에 대하여 $AA^{-1} = A^{-1}A = \mathrm{I}$인 행렬 A^{-1}이 존재하면, A^{-1}를 A의 역행렬이라고 한다. 역행렬이 존재하는 행렬을 정칙행렬(正則行列, nonsingular matrix)이라고 한다.

예 II.1.2

$a_{11}a_{22} - a_{12}a_{21} \neq 0$일 때, $A = \begin{pmatrix} a_{11} & a_{12} \\ a_{21} & a_{22} \end{pmatrix}$의 역행렬은

$$A^{-1} = \frac{1}{a_{11}a_{22} - a_{12}a_{21}} \begin{pmatrix} a_{22} & -a_{12} \\ -a_{21} & a_{11} \end{pmatrix}$$

행렬의 전치(轉置, transpose)와 그 성질:

$m \times n$ 행렬 $A = \begin{pmatrix} a_{11} & \cdots & a_{1n} \\ a_{21} & \cdots & a_{2n} \\ \vdots & \vdots & \vdots \\ a_{m1} & \cdots & a_{mn} \end{pmatrix}$의 행과 열을 바꾸어 놓은 $n \times m$ 행렬

$$A^t = \begin{pmatrix} a_{11} & \cdots & a_{m1} \\ a_{12} & \cdots & a_{m2} \\ \vdots & \vdots & \vdots \\ a_{1n} & \cdots & a_{mn} \end{pmatrix}$$

$$(A+B)^t = A^t + B^t, \ (AB)^t = B^t A^t$$

행렬 계수의 성질:

(a) $rank(A^t) = rank(A)$

(b) $rank(A+B) \le rank(A) + rank(B)$

(c) $rank(AB) \le rank(A)$, $rank(AB) \le rank(B)$

(d) A가 정칙행렬이면 $rank(AB) = rank(B)$,

B가 정칙행렬이면 $rank(AB) = rank(A)$

행렬식(行列式, determinant) $\det(A)$ 또는 $|A|$:

(2×2 행렬) $\det\begin{pmatrix} a_{11} & a_{12} \\ a_{21} & a_{22} \end{pmatrix} = a_{11}a_{22} - a_{12}a_{21}$

(3×3 행렬)

$$\det\begin{pmatrix} a_{11} & a_{12} & a_{13} \\ a_{21} & a_{22} & a_{23} \\ a_{31} & a_{32} & a_{33} \end{pmatrix} = a_{11}\det\begin{pmatrix} a_{22} & a_{23} \\ a_{32} & a_{33} \end{pmatrix} - a_{12}\det\begin{pmatrix} a_{21} & a_{23} \\ a_{31} & a_{33} \end{pmatrix} + a_{13}\det\begin{pmatrix} a_{21} & a_{22} \\ a_{31} & a_{32} \end{pmatrix}$$

($m \times m$ 행렬) 행렬 $A = \begin{pmatrix} a_{11} & \cdots & a_{1m} \\ a_{21} & \cdots & a_{2m} \\ \vdots & \vdots & \vdots \\ a_{m1} & \cdots & a_{mm} \end{pmatrix}$에서 첫번째 행과 j번째 열을 빼버린 $(m-1)\times(m-1)$ 행렬을 $\widetilde{A_{1j}}$라고 하면

$$\det(A) = \sum_{j=1}^{m} (-1)^{1+j} a_{1j} \det(\widetilde{A_{1j}})$$ [159)]

예 II.1.3

$$A = \begin{pmatrix} 1 & 2 & 4 \\ 1 & 2 & 2 \\ 1 & 1 & 1 \end{pmatrix},\ \det(A) = 1\det\begin{pmatrix} 2 & 2 \\ 1 & 1 \end{pmatrix} - 2\det\begin{pmatrix} 1 & 2 \\ 1 & 1 \end{pmatrix} + 4\det\begin{pmatrix} 1 & 2 \\ 1 & 1 \end{pmatrix} = -2$$

$$B = \begin{pmatrix} 1 & 2 & 4 & 3 \\ 1 & 2 & 2 & 2 \\ 1 & 1 & 1 & 1 \\ 1 & 2 & 3 & 3 \end{pmatrix},\ \det(B) = 1\det\begin{pmatrix} 2 & 2 & 2 \\ 1 & 1 & 1 \\ 2 & 3 & 3 \end{pmatrix} - 1\det\begin{pmatrix} 1 & 2 & 2 \\ 1 & 1 & 1 \\ 1 & 3 & 3 \end{pmatrix} + 4\det\begin{pmatrix} 1 & 2 & 2 \\ 1 & 1 & 1 \\ 1 & 2 & 3 \end{pmatrix} - 3\det\begin{pmatrix} 1 & 2 & 2 \\ 1 & 1 & 1 \\ 1 & 2 & 3 \end{pmatrix} = -1$$

---

159) i번째 행을 기준으로 하여 다음과 같이 정의하여도 같은 값을 얻게 되는 것이 알려져 있다. 여기에서 $\widetilde{A_{ij}}$는 행렬 A에서 i번째 행과 j번째 열을 빼버린 $(m-1)\times(m-1)$ 행렬을 뜻한다.

$$\det(A) = \sum_{j=1}^{m} (-1)^{i+j} a_{ij} \det(\widetilde{A_{ij}})$$

행렬식의 성질:

$$\det(AB)=\det(A)\det(B),\quad \det(A^t)=\det(A),\quad \det(\mathrm{I})=1$$

역행렬과 행렬식:

(a) A의 역행렬 A^{-1}이 존재한다. $\Leftrightarrow$ $\det(A)\neq 0$

(b) A의 역행렬 A^{-1}이 존재할 때, $\det(A^{-1})=1/\det(A)$

(c) $\det(A)\neq 0$ 일 때, $(A^{-1})_{ij}=(-1)^{j+i}\det(\widetilde{A_{ji}})/\det(A)$

예 II.1.4

<예 Ⅱ.1.3>에서 $A=\begin{pmatrix}1&2&4\\1&2&2\\1&1&1\end{pmatrix}$, $\det(A)=-2$

$$\det(\widetilde{A_{11}})=\det\begin{pmatrix}2&2\\1&1\end{pmatrix}=0,\ \det(\widetilde{A_{21}})=\det\begin{pmatrix}2&4\\1&1\end{pmatrix}=-2,\ \det(\widetilde{A_{31}})=\det\begin{pmatrix}2&4\\2&2\end{pmatrix}=-4$$

$$\det(\widetilde{A_{12}})=\det\begin{pmatrix}1&2\\1&1\end{pmatrix}=-1,\ \det(\widetilde{A_{22}})=\det\begin{pmatrix}1&4\\1&1\end{pmatrix}=-3,\ \det(\widetilde{A_{32}})=\det\begin{pmatrix}1&4\\1&2\end{pmatrix}=-2$$

$$\det(\widetilde{A_{13}})=\det\begin{pmatrix}1&2\\1&1\end{pmatrix}=-1,\ \det(\widetilde{A_{23}})=\det\begin{pmatrix}1&2\\1&1\end{pmatrix}=-1,\ \det(\widetilde{A_{33}})=\det\begin{pmatrix}1&2\\1&2\end{pmatrix}=0$$

$$\therefore\ A^{-1}=\frac{1}{-2}\begin{pmatrix}0&2&-4\\1&-3&2\\-1&1&0\end{pmatrix}=\begin{pmatrix}0&-1&2\\-1/2&3/2&-1\\1/2&-1/2&0\end{pmatrix}$$

행렬의 곱셈과 역행렬:

행렬 A, B의 역행렬 A^{-1}, B^{-1}이 존재할 때, AB의 역행렬이 존재하고

$$(AB)^{-1}=B^{-1}A^{-1}$$

대각합(對角合, trace) $trace(A)$ 와 그 성질:

$m\times m$ 행렬 $A=(a_{ij})$의 대각원소의 합, 즉 $trace(A)=\sum_{i=1}^{m}a_{ii}$

(a) $trace(AB)=trace(BA),\ trace(A+B)=trace(A)+trace(B)$

(b) $trace(AA^t)=trace(A^tA)=\sum_{i=1}^{m}\sum_{j=1}^{m}a_{ij}^2$

고유값(eigen value)과 고유벡터(eigen vector):

$m \times m$ 행렬 $A=(a_{ij})$에 대하여[160)]

$$Ax = \lambda x, \; x \neq 0$$

를 만족시키는 복소수 λ와 복소수를 성분으로 하는 벡터 x를 각각 A의 고유값과 그에 대응하는 고유벡터라고 한다.

대칭행렬(對稱行列, symmetric matrix):

대각 원소에 대하여 대칭인 원소가 같은 $m \times m$ 행렬 $A=(a_{ij})$, 즉 $A=A^t$

직교행렬(直交行列 orthogonal matrix):

열벡터들이 서로 직교하고 길이가 1인 행렬, 즉 $PP^t = P^tP = \mathrm{I}$ 인 행렬 P

대칭행렬의 대각화 정리:

원소가 실수인 $m \times m$ 행렬 A가 대칭행렬이면

$$Ax_i = \lambda_i x_i, \; x_i^t x_i = 1, \; x_i^t x_j = 0\,(i \neq j)\,(i,j = 1,2,\cdots,m)$$

를 만족시키는 실수의 고유값 λ_i와 실수 성분의 고유벡터 $x_i (i=1,\cdots,m)$이 존재한다. 즉

$$A = P\,diag(\lambda_i)P^t, \; PP^t = P^tP = \mathrm{I}$$

인 직교행렬 $P=(x_1, x_2, \cdots, x_m)$가 존재한다.

고유방정식(固有方程式, characteristic equation):

$m \times m$ 행렬 A의 고유값을 근으로 갖는 방정식

$$\det(A - \lambda \mathrm{I}) = 0$$

예 II.1.1

행렬 $A = \begin{pmatrix} 1 & 1 & 1 \\ 1 & 2 & 2 \\ 1 & 2 & 4 \end{pmatrix}$의 고유방정식은

$$\det(A - \lambda \mathrm{I}) = -\lambda^3 + 7\lambda^2 - 8\lambda + 2 = -(\lambda - 1)(\lambda^2 - 6\lambda + 2) = 0$$

$$\therefore \lambda = 1, \; 3 - \sqrt{7}, \; 3 + \sqrt{7}$$

---

160) 성분을 복소수까지 허용하기 위하여는 그러한 행렬과 벡터의 합과 곱이 정의가 되어야 한다.

$Ax = \lambda x,\ \| x \| = 1$를 풀면

($\lambda_1 = 1$에 대응하는 고유벡터) $x_1 = \frac{1}{\sqrt{3}}\begin{pmatrix} -1 \\ -1 \\ 1 \end{pmatrix}$

($\lambda_2 = 3 - \sqrt{7}$에 대응하는 고유벡터) $x_2 = \frac{1}{\sqrt{56\lambda_2^2 - 40\lambda_2 + 8}}\begin{pmatrix} 2\lambda_2 \\ 4\lambda_2 - 2 \\ 6\lambda_2 - 2 \end{pmatrix}$

($\lambda_3 = 3 + \sqrt{7}$에 대응하는 고유벡터) $x_3 = \frac{1}{\sqrt{56\lambda_3^2 - 40\lambda_3 + 8}}\begin{pmatrix} 2\lambda_3 \\ 4\lambda_3 - 2 \\ 6\lambda_3 - 2 \end{pmatrix}$

이들 고유벡터를 열로 갖는 직교행렬 $P = (x_1, x_2, x_3)$에 대하여

$$A = \begin{pmatrix} 1 & 1 & 1 \\ 1 & 2 & 2 \\ 1 & 2 & 4 \end{pmatrix} = P\,diag(\lambda_i)P^t$$

대칭행렬의 행렬식과 대각합:

원소가 실수인 $m \times m$ 대칭행렬 A의 고유값을 $\lambda_1, \cdots, \lambda_m$이라고 하면

$$\det(A) = \lambda_1 \times \cdots \times \lambda_m,$$
$$trace(A) = \lambda_1 + \cdots + \lambda_m$$

그림 Ⅱ.1.1 두 벡터의 직교화

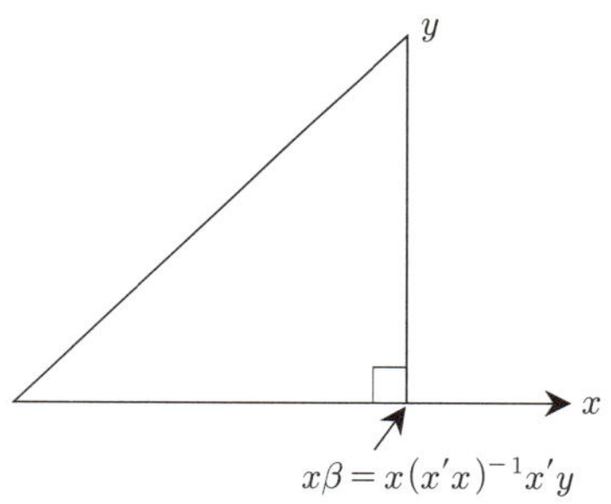

두 벡터의 직교화:

$$x \perp (y - x\beta),\ x \neq 0,\ y \neq 0$$
$$x^t(y - x\beta) = 0$$
$$\therefore\ \beta = (x^t x)^{-1} x^t y$$
$$x \perp (\mathrm{I} - x(x^t x)^{-1} x^t) y$$

Gram-Schmidt의 정규직교화(正規直交化, orthonormalization):

선형적으로 독립인 $m \times 1$ 열벡터 $x_1, x_2, \cdots, x_n$으로부터 다음과 같이 정의된 $b_1, b_2, \cdots, b_n$은 서로 직교하고 길이가 1인 열벡터들이며, 이들은 $m \times n$ 행렬 $(x_1, x_2, \cdots, x_n)$의 열공간의 기저를 이룬다. 이러한 기저를 정규직교기저(正規直交基底, orthonormal basis)라고 한다.

$$\begin{cases} y_1 = x_1 \\ y_2 = x_2 - y_1(y_1^t y_1)^{-1} y_1^t x_2 \\ \cdots\cdots \\ y_k = x_k - \sum_{j=1}^{k-1} y_j (y_j^t y_j)^{-1} y_j^t x_k \ (k = 1, \cdots, n) \end{cases}$$

$$b_k = y_k / \| y_k \|,\ k = 1, \cdots, n$$

[증명] 두 벡터의 직교화를 축차적으로 적용하면 서로 직교하는 $y_1,\ y_2,\ \cdots,\ y_n$을 얻게 되고, 이들을 길이가 1인 벡터 $b_1,\ b_2,\ \cdots,\ b_n$로 정규화한 것이다.

분할된 행렬의 덧셈과 곱셈:

$A_{ij},\ B_{ij}$가 행렬인 경우에

$$\begin{pmatrix} A_{11} & A_{12} \\ A_{21} & A_{22} \end{pmatrix} + \begin{pmatrix} B_{11} & B_{12} \\ B_{21} & B_{22} \end{pmatrix} = \begin{pmatrix} A_{11}+B_{11} & A_{12}+B_{12} \\ A_{21}+B_{21} & A_{22}+B_{22} \end{pmatrix}$$

$$\begin{pmatrix} A_{11} & A_{12} \\ A_{21} & A_{22} \end{pmatrix} \begin{pmatrix} B_{11} & B_{12} \\ B_{21} & B_{22} \end{pmatrix} = \begin{pmatrix} A_{11}B_{11}+A_{12}B_{21} & A_{12}B_{12}+A_{12}B_{22} \\ A_{21}B_{11}+A_{22}B_{21} & A_{21}B_{12}+A_{22}B_{22} \end{pmatrix}$$

분할된 행렬의 행렬식:

(a) $\det\begin{pmatrix} A & 0 \\ 0 & B \end{pmatrix} = \det(A)\det(B)$

(b) $\det\begin{pmatrix} A & C \\ 0 & B \end{pmatrix} = \det(A)\det(B)$

(c) A_{11}^{-1}가 존재할 때, $\det\begin{pmatrix} A_{11} & A_{12} \\ A_{21} & A_{22} \end{pmatrix} = \det(A_{11})\det(A_{22} - A_{21}A_{11}^{-1}A_{12})$

[증명] (a) 다음 등식과 행렬식의 귀납적 정의로부터 명백하다.

$$\begin{pmatrix} A & 0 \\ 0 & B \end{pmatrix} = \begin{pmatrix} A & 0 \\ 0 & \mathrm{I} \end{pmatrix}\begin{pmatrix} \mathrm{I} & 0 \\ 0 & B \end{pmatrix}$$

(b) $\det(A)=0$ 인 경우에는 (b)의 성립이 명백하고, $\det(A)\neq 0$ 인 경우에는 등식

$$\begin{pmatrix} A & C \\ 0 & B \end{pmatrix} = \begin{pmatrix} A & 0 \\ 0 & B \end{pmatrix}\begin{pmatrix} \mathrm{I} & A^{-1}C \\ 0 & \mathrm{I} \end{pmatrix},\quad \det\begin{pmatrix} \mathrm{I} & D \\ 0 & \mathrm{I} \end{pmatrix} = 1$$

로부터 (b)가 성립하는 것을 알 수 있다.

(c) 다음 등식과 (a), (b)로부터 (c)가 성립하는 것은 명백하다.

$$\begin{pmatrix} \mathrm{I} & 0 \\ -A_{21}A_{11}^{-1} & \mathrm{I} \end{pmatrix}\begin{pmatrix} A_{11} & A_{12} \\ A_{21} & A_{22} \end{pmatrix}\begin{pmatrix} \mathrm{I} & -A_{11}^{-1}A_{12} \\ 0 & \mathrm{I} \end{pmatrix} = \begin{pmatrix} A_{11} & 0 \\ 0 & A_{22}-A_{21}A_{11}^{-1}A_{12} \end{pmatrix}$$

분할된 행렬의 역행렬:

A_{11}^{-1}가 존재하고 $A_{22\cdot 1} = A_{22} - A_{21}A_{11}^{-1}A_{12}$의 역행렬도 존재할 때

$$\begin{pmatrix} A_{11} & A_{12} \\ A_{21} & A_{22} \end{pmatrix}^{-1} = \begin{pmatrix} A_{11}^{-1} + A_{11}^{-1}A_{12}A_{22\cdot 1}^{-1}A_{21}A_{11}^{-1} & -A_{11}^{-1}A_{12}A_{22\cdot 1}^{-1} \\ -A_{22\cdot 1}^{-1}A_{21}A_{11}^{-1} & A_{22\cdot 1}^{-1} \end{pmatrix}$$

[증명] 행렬식의 증명에서와 같이 다음 등식으로부터 역행렬을 구할 수 있다.

$$\begin{pmatrix} \mathrm{I} & 0 \\ -A_{21}A_{11}^{-1} & \mathrm{I} \end{pmatrix}\begin{pmatrix} A_{11} & A_{12} \\ A_{21} & A_{22} \end{pmatrix}\begin{pmatrix} \mathrm{I} & -A_{11}^{-1}A_{12} \\ 0 & \mathrm{I} \end{pmatrix} = \begin{pmatrix} A_{11} & 0 \\ 0 & A_{22}-A_{21}A_{11}^{-1}A_{12} \end{pmatrix}$$

$$\begin{pmatrix} A_{11} & A_{12} \\ A_{21} & A_{22} \end{pmatrix} = \begin{pmatrix} \mathrm{I} & 0 \\ -A_{21}A_{11}^{-1} & \mathrm{I} \end{pmatrix}^{-1}\begin{pmatrix} A_{11} & 0 \\ 0 & A_{22\cdot 1} \end{pmatrix}\begin{pmatrix} \mathrm{I} & -A_{11}^{-1}A_{12} \\ 0 & \mathrm{I} \end{pmatrix}^{-1}$$

$$\therefore \begin{pmatrix} A_{11} & A_{12} \\ A_{21} & A_{22} \end{pmatrix}^{-1} = \begin{pmatrix} \mathrm{I} & -A_{11}^{-1}A_{12} \\ 0 & \mathrm{I} \end{pmatrix}\begin{pmatrix} A_{11}^{-1} & 0 \\ 0 & A_{22\cdot 1}^{-1} \end{pmatrix}\begin{pmatrix} \mathrm{I} & 0 \\ -A_{21}A_{11}^{-1} & \mathrm{I} \end{pmatrix}$$

예 II.1.6

행렬 $A=\begin{pmatrix} 1 & 2 & 4 \\ 1 & 2 & 2 \\ 1 & 1 & 1 \end{pmatrix}$에서 $A_{11}=1,\ A_{12}=(2\ \ 4),\ A_{21}=\begin{pmatrix} 1 \\ 1 \end{pmatrix},\ A_{22}=\begin{pmatrix} 2 & 2 \\ 1 & 1 \end{pmatrix}$이라고 하면

$$A_{22\cdot 1}=A_{22}-A_{21}A_{11}^{-1}A_{12}=\begin{pmatrix} 0 & -2 \\ -1 & -3 \end{pmatrix}$$

$$\therefore \det A=\det(A_{11})\det(A_{22\cdot 1})=1\times(-2)=-2$$

또한

$$A_{22\cdot 1}^{-1}=\frac{1}{-2}\begin{pmatrix} -3 & 2 \\ 1 & 0 \end{pmatrix}=\begin{pmatrix} 3/2 & -1 \\ -1/2 & 0 \end{pmatrix}$$

$$A_{11}^{-1}+A_{11}^{-1}A_{12}A_{22\cdot 1}^{-1}A_{21}A_{11}^{-1}=0,$$

$$-A_{11}^{-1}A_{12}A_{22\cdot 1}^{-1}=(-1\ \ 2),\quad -A_{22\cdot 1}^{-1}A_{21}A_{11}^{-1}=\begin{pmatrix} -1/2 \\ 1/2 \end{pmatrix}$$

$$\therefore A^{-1}=\begin{pmatrix} A_{11}^{-1}+A_{11}^{-1}A_{12}A_{22\cdot 1}^{-1}A_{21}A_{11}^{-1} & -A_{11}^{-1}A_{12}A_{22\cdot 1}^{-1} \\ -A_{22\cdot 1}^{-1}A_{21}A_{11}^{-1} & A_{22\cdot 1}^{-1} \end{pmatrix}$$

$$=\begin{pmatrix} 0 & -1 & 2 \\ -1/2 & 3/2 & -1 \\ 1/2 & -1/2 & 0 \end{pmatrix}$$

이로부터 <예 Ⅱ.1.3>, <예 Ⅱ.1.4>에서와 같은 결과를 얻는 것을 알 수 있다.

특수한 행렬의 역행렬과 행렬식:

$m\times 1$ 열벡터 $a,\ b$에 대하여

$$(\mathrm{I}+ab^t)^{-1}=\mathrm{I}-\frac{1}{1+b^ta}ab^t\quad (1+b^ta\neq 0\text{일 때})$$

$$\det(\mathrm{I}+ab^t)=1+b^ta$$

[증명] 등식

$$(\mathrm{I}+cab^t)(\mathrm{I}+ab^t)=\mathrm{I}+(c+cb^ta+1)ab^t \quad (c\text{는 실수})$$

에서 $c+cb^ta+1=0$인 경우에 $\mathrm{I}+cab^t$가 $\mathrm{I}+ab^t$의 역행렬이므로 역행렬의 공식이 성립하는 것을 알 수 있다.

한편 행렬식의 공식은 m에 관한 수학적 귀납법으로 밝힐 수 있다. 즉 $(m+1)\times(m+1)$ 항등행렬 I_{m+1}과 $m\times 1$ 열벡터 a, b 그리고 실수 a_0, b_0에 대하여

$$\mathrm{I}_{m+1}+\begin{pmatrix} a \\ a_0 \end{pmatrix}(b^t \;\; b_0)=\begin{pmatrix} \mathrm{I}_m+ab^t & ab_0 \\ a_0b^t & 1+a_0b_0 \end{pmatrix}=\begin{pmatrix} A_{11} & A_{12} \\ A_{21} & A_{22} \end{pmatrix}$$

와 같이 분할된 행렬에서 다음이 성립하는 것을 알 수 있다.

$$A_{11}^{-1}=\mathrm{I}-(1+b^ta)^{-1}ab^t,$$

$$A_{22\cdot 1}=A_{22}-A_{21}A_{11}^{-1}A_{12}=(1+b^ta+b_0a_0)/(1+b^ta)$$

따라서 귀납법에서 m일 때 가정된 공식

$$\det(\mathrm{I}_m+ab^t)=1+b^ta$$

으로부터

$$\det\begin{pmatrix} \mathrm{I}_m+ab^t & ab_0 \\ a_0b^t & 1+a_0b_0 \end{pmatrix}=\det(A_{11})\det(A_{22\cdot 1})=1+b^ta+b_0a_0$$

$$\therefore \det\left[\mathrm{I}_{m+1}+\begin{pmatrix} a \\ a_0 \end{pmatrix}(b^t \;\; b_0)\right]=1+(b^t \;\; b_0)\begin{pmatrix} a \\ b_0 \end{pmatrix}$$

음이 아닌 정부호 행렬의 조건[161]**:**

실수가 원소인 $m\times m$ 대칭행렬 Σ에 대하여

$$a^t\Sigma a\geq 0, \quad {}^\forall a\in R^m$$

가 성립하면 Σ가 음이 아닌 정부호(nonnegative definite)의 행렬이라고 한다. 이러한 조건과 다음의 각 조건은 동등하다.

(a) Σ의 모든 고유값이 0 이상이다.

(b) $\Sigma=\Sigma^{1/2}\Sigma^{1/2}$인 실수가 원소인 대칭행렬 $\Sigma^{1/2}$가 존재한다.

---

161) <정리 2.5.4>로부터 확률벡터 $\mathrm{X}=(\mathrm{X}_1,\cdots,\mathrm{X}_k)^t$의 분산행렬 $\Sigma=\mathrm{Var}(\mathrm{X})$는 대칭행렬로서 음이 아닌 정부호의 행렬이다.

[증명] 대칭행렬의 대각화 정리로부터

$$\Sigma = P diag(\lambda_i) P^t, \ PP^t = P^t P = \mathrm{I}$$

인 직교행렬 P가 존재한다. 따라서

$$a^t \Sigma a = b^t diag(\lambda_i) b = \lambda_1 b_1^2 + \cdots + \lambda_m b_m^2, \ b^t = a^t P$$

그러므로 음이 아닌 정부호의 조건은

$$\lambda_1 b_1^2 + \cdots + \lambda_m b_m^2 \geq 0, \ {}^\forall b_1 \in R^1, \ \cdots, {}^\forall b_m \in R^1$$

로 나타낼 수 있고, 이는 (a)의 조건을 뜻한다. 한편

$$\Sigma = P diag(\sqrt{\lambda_i}) diag(\sqrt{\lambda_i}) P^t = P diag(\sqrt{\lambda_i}) P^t P diag(\sqrt{\lambda_i}) P^t$$

이고, (a)로부터 $\sqrt{\lambda_i}$는 음이 아닌 실수이므로

$$\Sigma^{1/2} = P diag(\sqrt{\lambda_i}) P^t$$

라고 하면 (b)의 조건이 성립한다. 또한 (b)가 성립하면

$$a^t \Sigma a = \| \Sigma^{1/2} a \|^2 \geq 0, \ {}^\forall a \in R^m$$

임을 알 수 있다.

양의 정부호 행렬:

실수가 원소인 $m \times m$ 대칭행렬 Σ에 대하여

$$a^t \Sigma a > 0, \ {}^\forall a \in R^m, \ a \neq 0$$

가 성립하면 Σ가 양의 정부호(positive definite)의 행렬이라고 하며, 이는 음이 아닌 정부호의 행렬로서 역행렬을 갖는 정칙행렬인 것을 뜻한다.

2. 정사영 행렬

대칭행렬의 멱등(idempotent) 조건:

원소가 실수인 $m \times m$ 대칭행렬 A에 대하여

$$AA = A$$

가 성립하면, 이를 $A^2 = A$로 나타내고 대칭행렬 A가 멱등이라고 한다. 다음의 각 조건은 모두 대칭행렬 A가 멱등일 조건과 동일하다.

(a) A의 모든 고유값은 1 또는 0이다.

(b) $rank(A) + rank(\mathrm{I} - A) = rank(\mathrm{I}) = m$

[증명] 대칭행렬의 대각화 정리로부터

$$A = P\,diag(\lambda_i)P^t,\ \ PP^t = P^tP = \mathrm{I}$$

인 직교행렬 P가 존재한다. 따라서

$$A^2 = A \Leftrightarrow diag(\lambda_i^2) = diag(\lambda_i)$$

임을 알 수 있고, (a)와 멱등의 조건은 동일하다.

한편, $rank(A) = r$이라고 하면 고유값들 중에서 r개만 0이 아니고 나머지는 모두 0이므로, 0이 아닌 고유값을 $\lambda_1,\ \cdots,\ \lambda_r$이라고 하면

$$A = P\begin{pmatrix} diag(\lambda_i) & 0 \\ 0 & 0 \end{pmatrix}P^t,\ \mathrm{I} - A = P\begin{pmatrix} \mathrm{I}_r - diag(\lambda_i) & 0 \\ 0 & \mathrm{I}_{m-r} \end{pmatrix}$$

따라서

$$\begin{aligned} & rank(A) + rank(\mathrm{I} - A) = m \\ \Leftrightarrow\ & rank\begin{pmatrix} \mathrm{I}_r - diag(\lambda_i) & 0 \\ 0 & \mathrm{I}_{m-r} \end{pmatrix} = m - r \\ \Leftrightarrow\ & diag(\lambda_i) = \mathrm{I}_r,\ \text{즉}\ \lambda_1 = \cdots = \lambda_r = 1 \end{aligned}$$

그러므로 (b)가 (a)와 동등한 조건임을 알 수 있다.

정사영(orthogonal projection) 행렬:

원소가 실수인 $m \times m$ 대칭행렬 A가 멱등이면, 임의의 $x \in R^m$에 대하여

$$x = x_1 + x_2,\ x_1 \in \mathrm{col}(A),\ x_2 \perp \mathrm{col}(A)\ \ \text{즉}\ x_2^tA = 0$$

를 만족하는 $x_1,\ x_2$가 유일하게 존재한다.[162] 실제로

$$x_1 = Ax,\ x_2 = (\mathrm{I} - A)x$$

이러한 의미에서 $x_1 = Ax$를 x의 열공간 $\mathrm{col}(A)$로의 정사영이라고 한다. 즉 멱등행렬은 자신의 열공간으로의 정사영 행렬이다.

[증명] 위의 조건을 만족하는 $x_1,\ x_2$가 존재한다면, A가 대칭이므로

$$Ax_2 = (x_2^tA)^t = 0,\ \therefore\ Ax = Ax_1 + Ax_2 = Ax_1$$

그런데 $x_1 \in \mathrm{col}(A)$이고 A가 멱등이므로

$$x_1 = A\beta,\ \therefore\ Ax_1 = A^2\beta = A\beta = x_1$$

$$\therefore\ x_1 = Ax,\ x_2 = x - x_1 = (\mathrm{I} - A)x$$

---

162) 이와 같이 서로 직교하는 두 벡터의 합을 $x_1 \oplus x_2$로 나타내기도 한다.

열벡터공간으로의 정사영 행렬:

원소가 실수인 $n \times k$ 행렬 X의 계수가 k 일 때,[163] 행렬

$$\Pi_X = X(X^t X)^{-1} X^t$$

은 X의 열벡터공간으로의 정사영 행렬이다.

그림 II.2.1 열벡터공간으로의 정사영

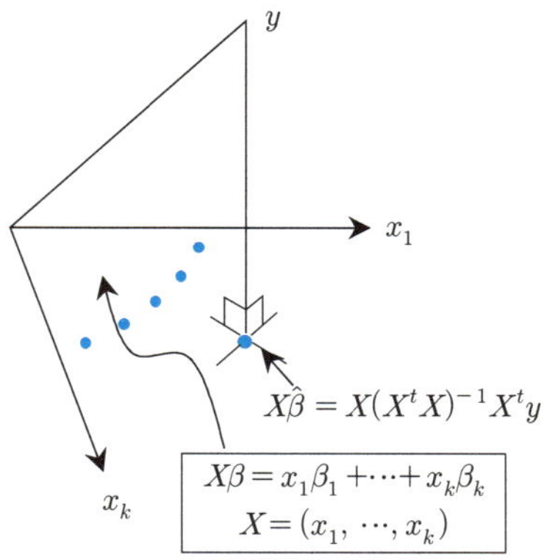

[증명] $\Pi = \Pi_X$라고 하면

$$\Pi^t = \Pi,$$

$$\Pi^2 = X(X^t X)^{-1} X^t X(X^t X)^{-1} X^t = \Pi$$

이므로 Π는 대칭행렬로서 멱등이다. 따라서 Π는 그 자신의 열벡터공간으로의 정사영 행렬이다.

한편

$$\Pi X = X$$

이므로 다음이 성립하는 것을 알 수 있다.

$$X\beta = \Pi(X\beta) \in \mathrm{col}(\Pi), \quad \therefore \mathrm{col}(X) \subseteq \mathrm{col}(\Pi)$$

$$\Pi\beta = X\{(X^t X)^{-1} X^t \beta\} \in \mathrm{col}(X), \quad \therefore \mathrm{col}(\Pi) \subseteq \mathrm{col}(X)$$

$$\therefore \mathrm{col}(X) = \mathrm{col}(\Pi)$$

따라서 Π는 X의 열벡터공간으로의 정사영 행렬이다.

직교여공간(直交餘空間, orthogonal complement):

원소가 실수인 $n \times k$ 행렬 $(X_0\ X_1)$의 열벡터공간

$$\mathrm{col}((X_0\ X_1)) = \{X_0\beta_0 + X_1\beta_1 : \beta_0 \in R^{k-r}, \beta_1 \in R^r\}$$

의 벡터로서 X_0의 열벡터들과 직교하는 벡터들의 집합, 즉

$$\{a \in \mathrm{col}((X_0\ X_1)) : a^t X_0 = 0\}$$

을 X_0의 열벡터공간의 직교여공간이라고 한다.

---

163) $rank(X) = r < k$일 때에는 $X = (X_1\ X_2)$, $rank(X_1) = r$인 $n \times r$ 행렬 X_1에 대하여 정사영 행렬이

$$\Pi_X = X\begin{pmatrix} (X_1^t X_1)^{-1} & 0 \\ 0 & 0 \end{pmatrix} X^t$$

로 주어진다. 여기에서의 행렬 $\begin{pmatrix} (X_1^t X_1)^{-1} & 0 \\ 0 & 0 \end{pmatrix}$을 $(X^t X)^-$로 나타내고 이를 $X^t X$의 일반화 역행렬(一般化 逆行列, generalized inverse)이라고 부르며 $\Pi_X = X(X^t X)^- X^t$라고 나타내기도 한다.

열벡터공간의 직교 분해:

원소가 실수인 $n \times k$ 행렬 X의 계수가 k이고

$$X = (X_0\ X_1),\ X_0 : n \times r,\ X_1 : n \times (k-r)\ \ (r < k)$$

일 때,

$$\Pi_{0,1} = X(X^t X)^{-1} X^t,\ \ \Pi_0 = X_0 (X_0^t X_0)^{-1} X_0^t$$

$$X_{1|0} = (\mathrm{I} - \Pi_0) X_1,\ \ \Pi_{1|0} = X_{1|0} (X_{1|0}^t X_{1|0})^{-1} X_{1|0}^t$$

라고 하면 다음이 성립한다.

(a) $\mathrm{col}((X_0\ X_1)) = \mathrm{col}((X_0\ \ X_{1|0}))$

(b) $\mathrm{col}(X_{1|0})$는 $(X_0\ \ X_1)$의 열벡터공간에서 X_0의 열벡터공간의 직교여공간이다.

(c) $\Pi_{0,1} = \Pi_0 + \Pi_{1|0},\ \ \Pi_0 \Pi_{1|0} = 0$

[증명]

(a)
$$\begin{aligned}
\mathrm{col}((X_0\ \ X_1)) &= \left\{X_0\beta_0 + X_1\beta_1 : \beta_0 \in R^{k-r}, \beta_1 \in R^r\right\} \\
&= \left\{X_0\beta_0 + \Pi_0 X_1\beta_1 + (\mathrm{I} - \Pi_0) X_1\beta_1 : \beta_0 \in R^{k-r}, \beta_1 \in R^r\right\} \\
&= \left\{X_0(\beta_0 + (X_0^t X_0)^{-1} X_0^t X_1 \beta_1) + X_{1|0}\beta_1 : \beta_0 \in R^{k-r}, \beta_1 \in R^r\right\} \\
&= \left\{X_0\gamma_0 + X_{1|0}\beta_1 : \gamma_0 \in R^{k-r}, \beta_1 \in R^r\right\} \\
&= \mathrm{col}((X_0\ \ X_{1|0}))
\end{aligned}$$

(b) Π_0가 X_0의 열벡터공간으로의 정사영 행렬이므로

$$\mathrm{col}(X_0) = \mathrm{col}(\Pi_0)$$

따라서 $(X_0\ \ X_1)$의 열벡터공간에서 X_0의 열벡터공간의 직교여공간에 대하여 다음이 성립하는 것을 알 수 있다.

$$\begin{aligned}
&\left\{a \in \mathrm{col}((X_0\ X_1)) : a^t X_0 = 0\right\} \\
&= \left\{X_0\beta_0 + X_1\beta_1 : (X_0\beta_0 + X_1\beta_1)^t X_0 = 0, \beta_0 \in R^k, \beta_1 \in R^{k-r}\right\} \\
&= \left\{X_0\beta_0 + X_1\beta_1 : (X_0\beta_0 + X_1\beta_1)^t \Pi_0 = 0, \beta_0 \in R^k, \beta_1 \in R^{k-r}\right\} \\
&= \left\{-\Pi_0 X_1\beta_1 + X_1\beta_1 : X_0\beta_0 + \Pi_0 X_1\beta_1 = 0, \beta_0 \in R^k, \beta_1 \in R^{k-r}\right\} \\
&\subseteq \left\{(\mathrm{I} - \Pi_0) X_1\beta_1 : \beta_1 \in R^{k-r}\right\} \\
&= \mathrm{col}(X_{1|0})
\end{aligned}$$

또한

$$\mathrm{col}((\mathrm{I}-\Pi_0)X_1) \subseteq \mathrm{col}(X_0\ X_1),$$

$$((\mathrm{I}-\Pi_0)X_1\beta_1)^t X_0 = 0$$

이므로

$$\mathrm{col}(X_{1|0}) = \mathrm{col}((\mathrm{I}-\Pi_0)X_1)$$
$$\subseteq \{a \in \mathrm{col}((X_0\ X_1)) : a^t X_0 = 0\}$$

그러므로

$$\mathrm{col}(X_{1|0})$$
$$= \{a \in \mathrm{col}((X_0\ X_1)) : a^t X_0 = 0\}$$

(c)는 (a), (b)로부터 명백하다.

그림 Ⅱ.2.2 열벡터공간의 직교 분해

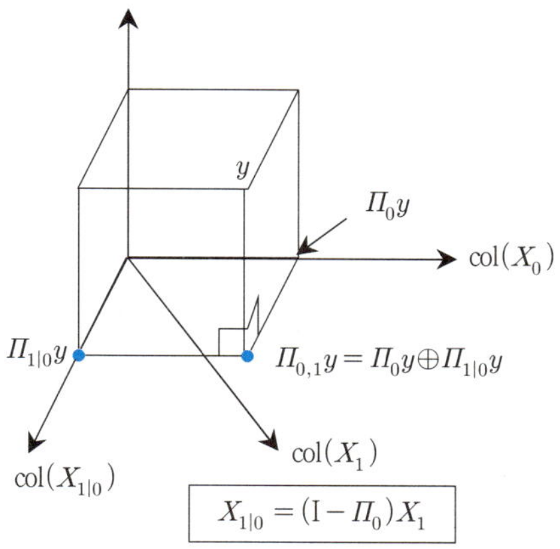

정사영의 직교 분해:

원소가 실수인 두 $n \times n$ 대칭행렬 A, B에 대하여 다음 각 조건은 동등하다.

(a) A, B가 멱등행렬이고, $AB=0$이다.

(b) $A+B$가 멱등행렬이고, $rank(A+B) = rank(A) + rank(B)$

(c) $A+B$, A가 멱등행렬이고, B는 음이 아닌 정부호의 행렬이다.

[증명] (a)⇒(b), (a)⇒(c)는 명백하므로, (b)⇒(a), (c)⇒(a)만 밝히기로 한다.

[(b)⇒(a)]

$$\begin{aligned} rank(\mathrm{I}-A) &= rank(B+(\mathrm{I}-A-B)) \\ &\le rank(B) + rank(\mathrm{I}-A-B) \\ &= rank(B) + n - rank(A+B) \quad (\because (b)) \\ &= n - rank(A) \quad (\because (b)) \end{aligned}$$

$$\therefore rank(A) + rank(\mathrm{I}-A) \le n = rank(A+(\mathrm{I}-A)) \le rank(A) + rank(\mathrm{I}-A)$$

$$\therefore rank(A) + rank(\mathrm{I}-A) = n$$

따라서 A도 멱등행렬이고, 같은 방법으로 B도 멱등행렬이다. 그런데 $A+B$도 멱등행렬이므로

$$A+B = (A+B)^2 = A+B+AB+BA, \ \therefore AB+BA=0$$

$$\therefore ABA + BA^2 = ABA + BA = 0, \ A^2BA + ABA = 0$$

$$\therefore ABA + ABA = 0, \ 2ABA = 0 \ \ \therefore BA = 0, \ AB = 0$$

[(c)⇒(a)] (c)로부터

$$P(A+B)P^t = \begin{pmatrix} I_r & 0 \\ 0 & 0 \end{pmatrix},\ P^tP = PP^t = I,\ r = rank(A+B)$$

이제 $PBP^t = \begin{pmatrix} C_{11} & C_{12} \\ C_{12}^t & C_{22} \end{pmatrix}$이고 C_{11}이 $r\times r$ 행렬이라고 하면,

$$\begin{pmatrix} I_r - C_{11} & -C_{12} \\ -C_{12}^t & -C_{22} \end{pmatrix} = P(A+B)P^t - PBP^t = PAP^t$$

이고 이 행렬은 멱등행렬이다. 따라서

$$I_r - C_{11} = (I_r - C_{11})^2 + C_{12}C_{12}^t,\ \ C_{22} = -(C_{12}^t C_{12} + C_{22}C_{22}^t)$$

$$\therefore\ 0 \le (0\ \ a^t)\begin{pmatrix} C_{11} & C_{12} \\ C_{12}^t & C_{22} \end{pmatrix}\begin{pmatrix} 0 \\ a \end{pmatrix} = a^t C_{22}a = -(a^t C_{12}^t C_{12}a + a^t C_{22}C_{22}^t a) \le 0,\ \forall a$$

$$\therefore\ C_{12} = C_{22} = 0,\ I_r - C_{11} = (I_r - C_{11})^2,\ C_{11}^2 = C_{11}$$

$$\therefore\ PBP^t = \begin{pmatrix} C_{11} & 0 \\ 0 & 0 \end{pmatrix},\ C_{11}^2 = C_{11}$$

따라서, PBP^t가 멱등행렬이고 B도 멱등행렬이다. 또한 [(b)⇒(a)]의 증명에서와 같이 $AB=0$임을 알 수 있다.

부록Ⅲ: R

1. R 패키지의 소개

(1) 장점

· 쉬운 프로그래밍 언어

· 다른 사용자들에 의해 만들어진 다양한 함수와 패키지의 활용 가능

(2) Download와 설치

· R-site: http://www.r-project.org/

· 설치: 1. R-stie에 접속한 후 좌측에 Download, Packages CRAN을 클릭

2. CRAN Mirror 중 KOREA(http://cran.nexr.com/) 선택

3. 운영체제에 맞게 Download R for Windows, Download R for MacOS X를 선택

4. base 항목에 들어간 후, Download R

2. 기초적인 숫자, 벡터, 행렬의 계산

(1) 숫자(number)

#기본적인 연산

```
> 2+2
[1] 4
> (4+2)*3
[1] 18
> (2-5)/2
[1] -1.5
```

(주석: (4+2)*3 옆에 # $\frac{4+2}{3}$, (2-5)/2 옆에 # $\frac{2-5}{2}$)

#수학함수

abs(x)	x의 절대 값	sqrt(x)	제곱근 함수
exp(x)	지수함수	ceilng(x), floor(x)	x의 올림, 버림
round(x, digits=y)		x를 소수점 y자리에서 반올림	
log(x), log10(x), log2(x)		자연대수 e, 10, 2를 밑으로 하는 로그	

```
> sqrt(4)
[1] 2
> exp(-5)
[1] 0.006737947
> floor(4.34)
[1] 4
> round(4.3523,2)
[1] 4.35
> log2(5)
[1] 2.321928
> log(2)
[1] 0.6931472
> 2^(-2)                    #2^-2
[1] 0.25
```

(2) 벡터(vector)

#seq( ) 함수

> seq(from=a, to=b, by=c)
> – a부터 c까지 c만큼 증가 또는 감소하는 자료를 생성

```
> seq(from=1, to=10, by=2)  #1부터 10까지 2만큼 증가하는 자료
[1] 1 3 5 7 9
> seq(1,10,2)               #from, to, by 생략 가능
[1] 1 3 5 7 9
> x<-seq(1,10,2)            #생성된 자료를 x 변수에 저장
> x                         #x에 저장된 값 출력
[1] 1 3 5 7 9
```

#c( ) 함수

#c(a, b, c, d, ...) 함수
– a, b, c, d, ...를 원소로 하는 열 벡터

```
> #c( ) 함수
> c(1,2,3,4)
[1] 1 2 3 4
> x<-c(3,4,5,10,4)
> x
[1]  3  4  5 10  4
```

#rep( ) 함수

rep(x, times=a)
– 벡터 x를 a번 반복

```
> rep(1,5)
[1] 1 1 1 1 1
> x<-c(1,2,3,4)
> rep(x,3)                    #벡터 x를 3회 반복
[1] 1 2 3 4 1 2 3 4 1 2 3 4
> rep(c(2,3,5),c(4,3,2))      #2를 4회, 3을 3회, 5를 2회 반복
[1] 2 2 2 2 3 3 3 5 5
```

#유용한 함수

sum(x)	원소의 합	prod(x)	원소의 곱
max(x)	최대값	min(x)	최소값
var(x)	분산	cor(x)	상관계수
sd(x)	표준 편차	mean(x)	평균
median(x)	중위수	rev(x)	역순
scale(x)	중심화	length(x)	원소의 수

```
x<-sample(1:10,10,replace=T)
> x
[1]  5  5  5  2  9  3  4 10  8  3
```

```
> sum(x)
[1] 54
> min(x)
[1] 2
> sd(x)
[1] 2.716207
> length(x)
[1] 10
```

(3) 행렬

#matrix( ) 함수

> matrix(x, nrow=a, ncol=b, byrow=FALSE or TRUE)
> - 벡터 x를 통해 행의 개수가 a, 열의 개수가 b인 행렬을 생성
> - byrow=FALSE(default)일 경우 x를 열부터 채워 나감, TRUE일 경우 행부터 채워 나감

```
> x<-seq(1,12)          #1부터 12까지인 자연수로 벡터 생성
> matrix(x,3,4)         #x 벡터를 열부터 채워 나가, 3×4인 행렬 생성
     [,1] [,2] [,3] [,4]
[1,]    1    4    7   10
[2,]    2    5    8   11
[3,]    3    6    9   12
> matrix(x,4,3)         #x 벡터를 열부터 채워 나가, 4×3인 행렬 생성
     [,1] [,2] [,3]
[1,]    1    5    9
[2,]    2    6   10
[3,]    3    7   11
[4,]    4    8   12
> matrix(x,4,3,byrow=TRUE)  #x 벡터를 행부터 채워 나가 행렬 생성
     [,1] [,2] [,3]
[1,]    1    2    3
```

```
[2,]    4    5    6
[3,]    7    8    9
[4,]   10   11   12
```

#행렬 연산 함수

+,−	더하기, 빼기	%*%	행렬 곱
%o%	외적	*	원소간 곱
solve(x)	역행렬	t(x)	전치행렬
qr(x)	QR 분해	svd(x)	특이치 분해
t(x)	전치 행렬	diag(x)	대각화 행렬

```
> x<-matrix(c(2,3,2,3,5,3,1,6,8),3,3)        #x는 3×3 행렬
> x
      [,1] [,2] [,3]
[1,]    2    3    1
[2,]    3    5    6
[3,]    2    3    8
> solve(x)                                   #x의 역행렬
           [,1]  [,2]       [,3]
[1,]  3.1428571    -3  1.8571429
[2,] -1.7142857     2 -1.2857143
[3,] -0.1428571     0  0.1428571
> t(x)                                       #x의 전치행렬
      [,1] [,2] [,3]
[1,]    2    3    2
[2,]    3    5    3
[3,]    1    6    8
```

3. 확률분포 관련 함수와 난수의 생성

(1) 정규분포

#dnorm( ) − pdf 값 계산

```
dnorm(x, mean=a, sd=b)
```
- x에서의 $N(a,b^2)$의 pdf값 출력

```
> dnorm(3,mean=0,sd=1)          #3에서의 N(0, 1^2) pdf 값
[1] 0.004431848
> x=c(-2,0,2)
> dnorm(x,mean=0,sd=1)          #벡터에 대해서도 계산 가능
[1] 0.05399097 0.39894228 0.05399097
```

#pnorm( ) – cdf 값 계산

```
pnorm(x, mean=a, sd=b, lower.tail=TRUE or FALSE)
```
- x에서의 $N(a,b^2)$의 cdf값 출력
- lower.tail=TRUE(default)일 경우 $P[X \le x]$, FALSE일 경우 $P[X > x]$ 출력

```
> pnorm(2,mean=0,sd=1)                    #P(Z ≤ 2)의 값 계산
[1] 0.9772499
> pnorm(2,mean=0,sd=1,lower.tail=FALSE)   #P(Z > 2)의 값 계산
[1] 0.02275013
> pnorm(-2,mean=-1,sd=4)   #X ~ N(-1,4^2)일 때, P(X ≤ -2)의 값
[1] 0.4012937
```

#qnorm( ) – 분위수(quantile) 출력

```
qnorm(x, mean=a, sd=b, lower.tail=TRUE or FALSE)
```
- $N(a,b^2)$인 분포에서 확률 값 x를 갖는 분위수(quantile) 출력
- lower.tail=TRUE(default)일 때 하방 분위수(lower quantile), FALSE일 때 상방 분위수(upper quantile) 출력

```
> qnorm(0.95,mean=0,sd=1)  #표준정규분포의 95% 하방 분위수
[1] 1.644854
> qnorm(0.95,mean=0,sd=1,lower.tail=FALSE)   #표준정규분포의
                                               95% 상방 분위수
```

[1] -1.644854

> qnorm(0.1,mean=2,sd=2) #$N(2, 2^2)$의 10% 하방 분위수

[1] -0.5631031

#rnorm( ) – 난수출력

rnorm(n, mean=a, sd=b)
– $N(a, b^2)$에서 난수 n개를 생성

> rnorm(10,mean=0,sd=1)

[1] -0.2297207 -0.6150735 0.7701660 0.5528715 0.7034658 2.2809836 -0.8161702 -1.2204396 1.5823120 0.4584829

> rnorm(15,mean=1,sd=2)

[1] 3.4934160 -1.6281174 2.1223635 3.0782195 2.2530173 3.2229833 0.2218553 -1.2283725 -1.1071348 0.3976586 -1.9208709 -1.2797224 1.3951149 2.0951424 -0.3492980

* R에서 제공되는 분포 관련 함수는 위의 정규분포에서의 예제에서 볼 수 있듯이 정규분포 함수의 기본적 명령어 'norm(mean, sd)'에 4가지 문자 'd'(pdf), 'p'(cdf), 'q'(quantile), 'r'(난수 생성)가 결합되어 이루어진다. 이 방식은 다른 분포함수들에 대해서도 적용된다.

(2) 다른 분포로의 확장

#이산형 확률변수

#이항분포 – binom(value, size, probability)

dbinom(x, size, prob)
pbinom(q, size, prob, lower.tail=TRUE)
qbinom(p, size, prob, lower.tail=TRUE)
rbinom(n, size, prob)

> dbinom(15,size=400,p=0.02) #B(400, 0.02)에서 15일 확률

[1] 0.008639409

#포아송분포 – pois(value, lambda)

```
dpois(x, lambda)
ppois(q, lambda, lower.tail=TRUE)
qpois(p, lambda, lower.tail=TRUE)
rpois(n, lambda)
```

#예 3.4.2

> ppois(9,5)   #X ~ Poisson(5)를 따를 때, P(X ≦ 9)의 값

[1] 0.968172

#기하분포 – geom(value, probability)

```
dgeom(x, prob)
pgeom(q, prob, lower.tail=TRUE)
qgeom(p, prob, lower.tail=TRUE)
rgeom(n, prob)
```

#음이항분포 – nbinom(value, size, prob)

size=원하는 성공 횟수, prob=한 시행에서 성공할 확률

```
dnbinom(x, size, prob, mu, log=FALSE)
pnbinom(q, size, prob, lower.tail=TRUE)
qnbinom(p, size, prob, lower.tail=TRUE)
rnbinom(n, size, prob)
```

#다항분포 – multinom(value, size, probability)

```
rmultinom(n, size, prob)
dmultinom(x, prob)
```

* 주의! p, q는 제공이 안 됨

#초기하분포 – hyper(value, m, n, k)

m=D, n=N-d, k=뽑는 개수(n) (오른쪽은 이 책에서의 기호)

```
dhyper(x, m, n, k)
phyper(q, m, n, k, lower.tail=TRUE)
qhyper(p, m, n, k, lower.tail=TRUE)
rhyper(nn, m, n, k)
```

#nn은 난수생성 개수

#표 3.1.1, H(5;60,6)의 누적확률 구하기

```
> x<-c(0,1,2,3,4,5)
> phyper(x,m=6,n=54,k=5)
[1] 0.5790539 0.9264863 0.9946103 0.9998506 0.9999989 1.0000000
```

#연속형 확률변수

#균등분포 – unif(value, min, max)

```
dunif(x, min, max, log=FALSE)
punif(q, min, max, lower.tail=TRUE)
qunif(p, min, max, lower.tail=TRUE)
runif(n, min, max)
```

#감마분포 – gamma(value, shape, scale=1/rate)

```
dgamma(x, shape, scale)
pgamma(q, shape, scale, lower.tail=TRUE)
qgamma(p, shape, scale, lower.tail=TRUE)
rgamma(n, shape, scale)
```

#예 4.2.2, Gamma(2,3)의 상방 0.05 분위수

```
> qgamma(0.05, shape=2, scale=3, lower.tail=FALSE)
[1] 14.23159
```

#베타분포 – beta(value, shape 1, shape 2)

```
dbeta(x, shape1, shape2, ncp=a)
pbeta(q, shape1, shape2, ncp=a, lower.tail=TRUE)
qbeta(p, shape1, shape2, ncp=a, lower.tail=TRUE)
rbeta(n, shape1, shape2, ncp=a)
```

* 'ncp'는 비중심 모수(noncentral parameter)로 default값은 0이다. 이는 t분포, 카이제곱분포, F분포에서도 사용된다.

#t분포 – t(value, df)

```
dt(x, df, ncp=a)
pt(q, df, ncp=a, lower.tail=TRUE)
qt(p, df, ncp=a, lower.tail=TRUE)
rt(n, df, ncp=a)
```

#그림 4.2.2, t분포의 상방 분위수 구하기

> qt(0.10,df=5,lower.tail=FALSE) #$t_{0.10}(5)$

[1] 1.475884

> qt(0.05,df=5,lower.tail=FALSE) #$t_{0.05}(5)$

[1] 2.015048

> qt(0.025,df=5,lower.tail=FALSE) #$t_{0.025}(5)$

[1] 2.570582

> qt(0.005,df=5,lower.tail=FALSE) #$t_{0.005}(5)$

[1] 4.032143

#카이제곱분포 – chisq(value, df)

```
dchisq(x, df, ncp=a)
pchisq(q, df, ncp=a lower.tail=TRUE)
qchisq(p, df, ncp=a, lower.tail=TRUE)
rchisq(n, df, ncp=a)
```

#그림 4.2.1, χ^2분포의 상방 분위수 구하기

> qchisq(0.990,df=5,lower.tail=FALSE) #$\chi^2_{0.990}(5)$

[1] 0.5542981

```
> qchisq(0.975,df=5,lower.tail=FALSE)      #χ²_0.975(5)
[1] 0.8312116
> qchisq(0.025,df=5,lower.tail=FALSE)      #χ²_0.025(5)
[1] 12.83250
> qchisq(0.010,df=5,lower.tail=FALSE)      #χ²_0.975(5)
[1] 15.08627
#비중심 카이제곱분포
> dchisq(7, df=7, ncp=2)
[1] 0.0951305                #χ²(7;2)에서 7일 확률
> pchisq(7, df=7, ncp=2)    #X ~ χ²(7;2)일 때, P(X ≦ 7)의 값
> qchisq(0.975, df=5, ncp=2,lower.tail=FALSE)      #χ²_0.975(5;2)
[1] 1.225721
```

#F분포 – f(value, df1, df2)

```
df(x, df1, df2, ncp=a)
pf(q, df1, df2, ncp=a, lower.tail=TRUE)
qf(p, df1, df2, ncp=a, lower.tail=TRUE)
rf(n, df1, df2, ncp=a)
```

```
#예 4.2.5, F_0.975(5,10) = 1/F_0.025(10,5) = 1/6.620 = 0.151 확인
> qf(0.975,df1=5,df2=10,lower.tail=FALSE)          #F_0.975(5,10)
[1] 0.1510767
> qf(0.025,df1=10,df2=5,lower.tail=FALSE)          #F_0.025(10,5)
[1] 6.619154
> 1/qf(0.025,df1=10,df2=5,lower.tail=FALSE)        #1/F_0.025(10,5)
[1] 0.1510767
#예 4.2.5, t²_0.025(5) = 2.571² = 6.610, F_0.05(1,5) = 6.610 확인
> qt(0.025,df=5,lower.tail=FALSE)                  #t_0.025(5)
[1] 2.570582
> (qt(0.025,df=5,lower.tail=FALSE))^2              #t²_0.025(5)
[1] 6.607891
```

```
> qf(0.05,df1=1,df2=5,lower.tail=FALSE)            #F0.05(1,5)
[1] 6.607891
```

#부호순위 검정통계량의 분포(정리 9.3.3)

```
dsignrank(x, n, log=FALSE)
psignrank(q, n, lower.tail=TRUE)
```

```
qsignrank(p, n, lower.tail=TRUE)
rsignrank(nn, n)
```

```
#nn은 난수생성 개수
#위의 명령어를 사용하기 위해서는 'stats' 패키지를 불러와야 한다.
> library(stats)            #'stats' 패키지 불러오는 방법
```

4. 확률분포의 그래프 그리기

(1) 기초적 그래프 명령어

```
plot(x, y, ...)
options
1. type : p(점), l(선), h(수직선), s(계단)
2. xlim=, ylim= : x, y축의 상한과 하한을 정함
3. xlab=, ylab= : x, y축의 주석을 표시
4. main= : 그림의 제목을 정의
```

```
> x<-c(1,3,5,7,9)          #정의역 x 벡터에 지정
> y<-c(2,3,4,1,2)          #함수값 y 벡터에 지정
>plot(x,y,main="그림제목",xlab="x축",ylab="y축",xlim=c(0,10)
,ylim=c(0,4),type='l')     #선으로 그림을 그림
>plot(x,y,main="그림제목",xlab="x축",ylab="y축",xlim=c(0,10)
,ylim=c(0,4),type='h')     #수직선으로 그림을 그림
```

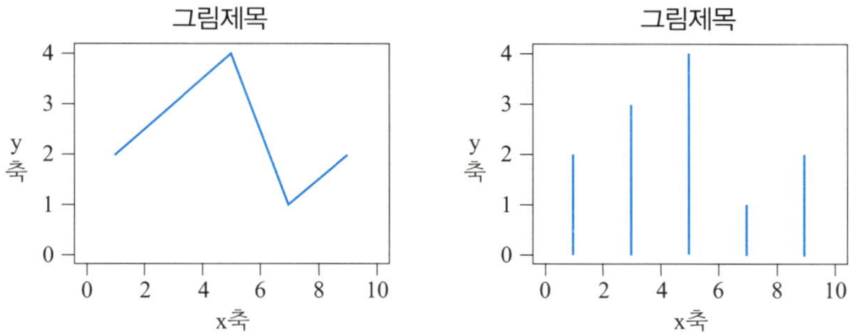

(2) 확률밀도함수와 누적분포함수의 그림

#이산형 확률변수

#이항분포

#B(5, 0.2)의 그래프

```
> x<-seq(0,5,1)                    #정의역 생성
> x
[1] 0 1 2 3 4 5
> y<-dbinom(x, size=5, prob=0.2)   #pdf값 구하기
> plot(x,y,main="이항분포 확률밀도함수", type='h')
```

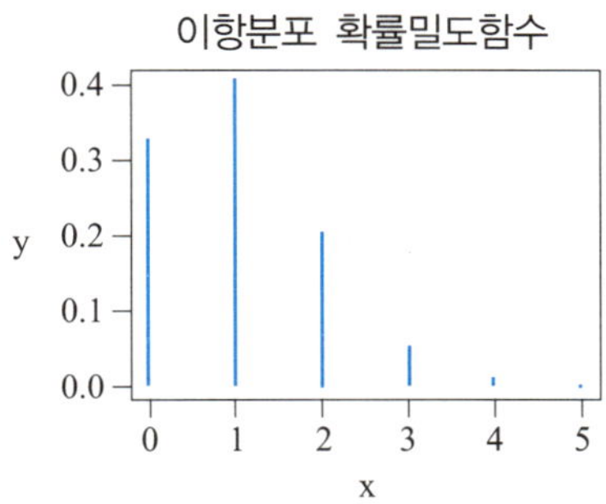

#포아송분포

#Poisson(2)의 확률밀도함수

```
> x<-seq(0,10,1)                   #정의역 생성
> x
[1]  0  1  2  3  4  5  6  7  8  9 10
> y=dpois(x, lambda=2)             #pdf값 구하기
> plot(x,y,main="포아송분포 확률밀도함수", type='h')
```

#연속형 확률변수

#균등분포

#U(0,1)의 확률밀도함수와 누적분포함수

```
> x<-seq(0,1,by=0.01)                        #정의역 구하기
> y<-dunif(x,min=0,max=1)                    #pdf값 구하기
> y2<-punif(x,min=0,max=1)                   #cdf값 구하기
> plot(x,y,main="균등분포 확률밀도함수", type='l')
> plot(x,y2,main="균등분포 누적분포함수", type='l')
```

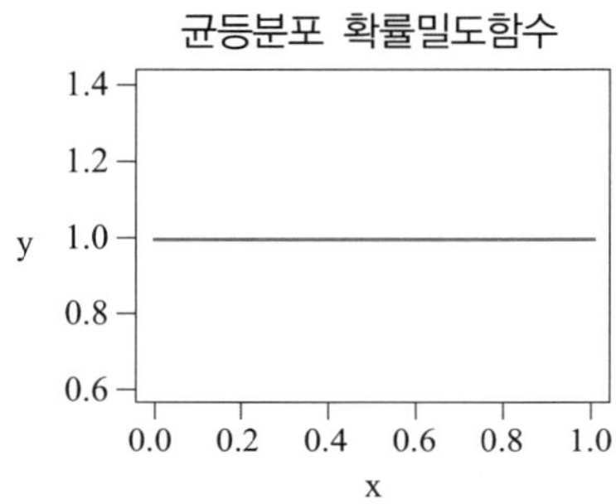

#베타분포

#Beta(3,5)의 확률밀도함수와 누적분포함수

```
> x<-seq(0,1,by=0.01)                        #정의역 생성
> y<-dbeta(x,shape1=3,shape=5)               #pdf값 구하기
> y2<-pbeta(x,shape1=3,shape=5)              #cdf값 구하기
> plot(x,y,main="베타분포 확률밀도함수", type='l')
> plot(x,y2,main="베타분포 누적분포함수", type='l')
```

#t분포

#t(7)의 확률밀도함수와 누적분포함수

```
> x<-seq(-3,3,by=0.01)                       #정의역 생성
> y<-dt(x,df=7)                              #pdf값 구하기
> y2<-pt(x,df=7)                             #cdf값 구하기
> plot(x,y,main="t분포 확률밀도함수", type='l')
> plot(x,y2,main="t분포 누적분포함수", type='l')
```

#카이제곱분포

#$\chi^2(5)$의 확률밀도함수와 누적분포함수

```
> x<-seq(0,20,by=0.01)                    #정의역 생성
> y<-dchisq(x,df=7)                       #pdf값 구하기
> y2<-pchisq(x,df=7)                      #cdf값 구하기
> plot(x,y,main="카이제곱분포 확률밀도함수", type='l')
> plot(x,y2,main="카이제곱분포 누적분포함수", type='l')
```

#$\chi^2(7;3)$ 비중심 카이제곱분포의 확률밀도함수와 누적분포함수

```
> x<-seq(0,20,by=0.01)                    #정의역 생성
> y<-dchisq(x,df=7,ncp=3)                 #pdf값 구하기
> y2<-pchisq(x,df=7,ncp=3)                #cdf값 구하기
> plot(x,y,main="비중심 카이제곱분포 확률밀도함수", type='l')
> plot(x,y2,main="비중심 카이제곱분포 누적분포함수", type='l')
```

#F분포

#$F(3,5)$의 확률밀도함수와 누적분포함수

```
> x<-seq(0,7,by=0.01)                     #정의역 생성
> y<-df(x,df1=3,df2=5)                    #pdf값 구하기
> y2<-pf(x,df1=3,df2=5)                   #cdf값 구하기
> plot(x,y,main="F분포 확률밀도함수", type='l')
> plot(x,y2,main="F분포 누적분포함수", type='l')
```

#$F(3,5;3)$ 비중심 F분포의 확률밀도함수와 누적분포함수

```
> x<-seq(0,7,by=0.01)                     #정의역 생성
> y<-df(x,df1=3,df2=5,ncp=3)              #pdf값 구하기
> y2<-pf(x,df1=3,df2=5,ncp=3)             #cdf값 구하기
> plot(x,y,main="비중심 F분포 확률밀도함수", type='l')
> plot(x,y2,main="비중심 F분포 누적분포함수", type='l')
```

5. 모의실험을 이용한 근사

(1) 인덱싱(indexing)

인덱싱 기법은 기존에 정의된 벡터나 행렬 등에서 일부를 이용하거나 값을 변환시킬 때 사용되는 방법이다. 주로 연산자 [ ]을 사용한다.

```
> x<-seq(from=1,to=12,by=1)
> y<-matrix(x,nrow=3,ncol=4)      #y에 matrix를 저장
> y
     [,1] [,2] [,3] [,4]
[1,]    1    4    7   10
[2,]    2    5    8   11
[3,]    3    6    9   12
```

#원소추출 방법

```
> y[1,3]                  #행렬 y의 1행 3열 원소
[1] 7
> z<-y[3,2]               #행렬 y의 3행 2열 원소를 z에 저장
```

#부분행렬 출력

```
> y[,3]                   #행렬 y의 3열
[1] 7 8 9
> y[2,]                   #행렬 y의 2행
[1]  2  5  8 11
> y[c(1,2),c(2,3)]        #행렬 y의 1,2행 2,3열을 갖는 부분 행렬
     [,1] [,2]
[1,]    4    7
[2,]    5    8
> z<-y[,2]                #행렬 y의 2열을 z에 저장
```

(2) 조건문

if (조건) 명령문
if (조건) 명령문1 else 명령문2
조건이 사실이면 명령문 1, 거짓이면 명령문 2 실행
ifelse(조건, 명령문1, 명령문 2)
조건이 사실이면 명령문 1, 거짓이면 명령문 2 실행

```
> x<-rnorm(1,0,1)
> x
[1] 0.6034367
> if (x<0) print(abs(x))                   #x가 0보다 작으면 절대값 x 출력
> if (x<0) print(abs(x)) else print(x)    #x가 0보다 작으면 절대값 x 출력,
                                            그렇지 않으면 x 출력
[1] 0.6034367
> ifelse(x<0,abs(x),x)                     #x가 0보다 작으면 절대값 x 출력,
                                            그렇지 않으면 x 출력
[1] 0.6034367
```

(3) 반복문

for (반복) 명령문

```
> for(i in 1:5) print(seq(1,i,by=1)) #1부터 5까지 i에 대한 실행을 진행
[1] 1
[1] 1 2
[1] 1 2 3
[1] 1 2 3 4
[1] 1 2 3 4 5
#1부터 10까지 합 구하기
> sum=0                          #sum 초기값 0 지정
> for(i in 1:10){sum=sum+i}      #sum에 1부터 차례로 숫자를 더해 나감
> sum                            #저장된 sum을 출력
[1] 55
```

(4) 모의실험을 이용한 근사

#예 5.4.1. 로지스틱 분포 $L(0,1)$에서의 난수 생성

```
> u<-runif(5,min=0,max=1)        #U(0,1)에서 5개의 난수 생성
> u
[1] 0.6783980 0.2839465 0.1469696 0.7358961 0.4723853
> z<-log(u/(1-u))                #z = log(u/(1-u))
> z
[1] 0.7464195 -0.9249691 -1.7585698  1.0247462 -0.1105712
```

#예 5.4.2, 난수를 이용한 정적분의 근사

> n<-100 #n은 100으로 지정

> x<-runif(n,min=0,max=1)*2+1 #$x_i = 2u_i + 1 (i = 1, \cdots, n)$

> y<-2*x^2 #$y_i = 2x_i^2 (i = 1, \cdots, n)$

> bary=mean(y) #$\bar{y} = \frac{1}{n}\sum_{i=i}^{n} y_i$

> bary

[1] 8.958902

> sy=sd(y) #s_y를 sy에 저장

> sy

[1] 4.7617

> bary-1.96*sy/sqrt(n) #$\bar{y} - 1.96 s_y \frac{1}{\sqrt{n}}$

[1] 8.025609

> bary+1.96*sy/sqrt(n) #$\bar{y} + 1.96 s_y \frac{1}{\sqrt{n}}$

[1] 9.892195

#예 5.4.5, 표본비율의 극한분포를 이용한 원주율 π의 근사

> n<-100 #n은 100으로 지정

> u1<-runif(n,min=0,max=1)

> u2<-runif(n,min=0,max=1)

> x<-u1^2+u2^2 #$x_i = u_{i1}^2 + u_{i2}^2 (i = 1, \cdots, n)$

> for(i in 1:n){z[i]=ifelse(x[i]<=1,1,0)} #x_i가 1보다 작으면 $z_i = 1$ 그렇지 않으면 $z_i = 0 (i = 1, \cdots, n)$

> phat=mean(z) #$\hat{p} = \frac{1}{n}\sum_{i=1}^{n} I_{(x_i \leqq 1)}$

> 4*phat

[1] 3.08

부록Ⅳ: 여러 가지 분포표

〈표 1〉 이항분포표

표 안의 값은 X ~ B(n,p)일 때,

$$P(X \leq x) = \sum_{k=0}^{x} \binom{n}{k} p^k (1-p)^{n-k}$$

을 나타낸다.

n	x	p								
		.10	.20	.30	.40	.50	.60	.70	.80	.90
1	0	0.9000	0.8000	0.7000	0.6000	0.5000	0.4000	0.3000	0.2000	0.1000
	1	1.0000	1.0000	1.0000	1.0000	1.0000	1.0000	1.0000	1.0000	1.0000
2	0	0.8100	0.6400	0.4900	0.3600	0.2500	0.1600	0.0900	0.0400	0.0100
	1	0.9900	0.9600	0.9100	0.8400	0.7500	0.6400	0.5100	0.3600	0.1900
	2	1.0000	1.0000	1.0000	1.0000	1.0000	1.0000	1.0000	1.0000	1.0000
3	0	0.7290	0.5120	0.3430	0.2160	0.1250	0.0640	0.0270	0.0080	0.0010
	1	0.9720	0.8960	0.7840	0.6480	0.5000	0.3520	0.2160	0.1040	0.0280
	2	0.9990	0.9920	0.9730	0.9360	0.8750	0.7840	0.6570	0.4880	0.2710
	3	1.0000	1.0000	1.0000	1.0000	1.0000	1.0000	1.0000	1.0000	1.0000
4	0	0.6561	0.4096	0.2401	0.1296	0.0625	0.0256	0.0081	0.0016	0.0001
	1	0.9477	0.8192	0.6517	0.4752	0.3125	0.1792	0.0837	0.0272	0.0037
	2	0.9963	0.9728	0.9163	0.8208	0.6875	0.5248	0.3483	0.1808	0.0523
	3	0.9999	0.9984	0.9919	0.9744	0.9375	0.8704	0.7599	0.5904	0.3439
	4	1.0000	1.0000	1.0000	1.0000	1.0000	1.0000	1.0000	1.0000	1.0000
5	0	0.5905	0.3277	0.1681	0.0778	0.0313	0.0102	0.0024	0.0003	0.0000
	1	0.9185	0.7373	0.5282	0.3370	0.1875	0.0870	0.0308	0.0067	0.0005
	2	0.9914	0.9421	0.8369	0.6826	0.5000	0.3174	0.1631	0.0579	0.0086
	3	0.9995	0.9933	0.9692	0.9130	0.8125	0.6630	0.4718	0.2627	0.0815
	4	1.0000	0.9997	0.9976	0.9898	0.9688	0.9222	0.8319	0.6723	0.4095
	5	1.0000	1.0000	1.0000	1.0000	1.0000	1.0000	1.0000	1.0000	1.0000

〈표 1. 이항분포표〉 계속

n	x	p								
		.10	.20	.30	.40	.50	.60	.70	.80	.90
6	0	0.5314	0.2621	0.1176	0.0467	0.0156	0.0041	0.0007	0.0001	0.0000
	1	0.8857	0.6554	0.4202	0.2333	0.1094	0.0410	0.0109	0.0016	0.0001
	2	0.9842	0.9011	0.7443	0.5443	0.3438	0.1792	0.0705	0.0170	0.0013
	3	0.9987	0.9830	0.9295	0.8208	0.6563	0.4557	0.2557	0.0989	0.0159
	4	0.9999	0.9984	0.9891	0.9590	0.8906	0.7667	0.5798	0.3446	0.1143
	5	1.0000	0.9999	0.9993	0.9959	0.9844	0.9533	0.8824	0.7379	0.4686
	6	1.0000	1.0000	1.0000	1.0000	1.0000	1.0000	1.0000	1.0000	1.0000
7	0	0.4783	0.2097	0.0824	0.0280	0.0078	0.0016	0.0002	0.0000	0.0000
	1	0.8503	0.5767	0.3294	0.1586	0.0625	0.0188	0.0038	0.0004	0.0000
	2	0.9743	0.8520	0.6471	0.4199	0.2266	0.0963	0.0288	0.0047	0.0002
	3	0.9973	0.9667	0.8740	0.7102	0.5000	0.2898	0.1260	0.0333	0.0027
	4	0.9998	0.9953	0.9712	0.9037	0.7734	0.5801	0.3529	0.1480	0.0257
	5	1.0000	0.9996	0.9962	0.9812	0.9375	0.8414	0.6706	0.4233	0.1497
	6	1.0000	1.0000	0.9998	0.9984	0.9922	0.9720	0.9176	0.7903	0.5217
	7	1.0000	1.0000	1.0000	1.0000	1.0000	1.0000	1.0000	1.0000	1.0000
8	0	0.4305	0.1678	0.0576	0.0168	0.0039	0.0007	0.0001	0.0000	0.0000
	1	0.8131	0.5033	0.2553	0.1064	0.0352	0.0085	0.0013	0.0001	0.0000
	2	0.9619	0.7969	0.5518	0.3154	0.1445	0.0498	0.0113	0.0012	0.0000
	3	0.9950	0.9437	0.8059	0.5941	0.3633	0.1737	0.0580	0.0104	0.0004
	4	0.9996	0.9896	0.9420	0.8263	0.6367	0.4059	0.1941	0.0563	0.0050
	5	1.0000	0.9988	0.9887	0.9502	0.8555	0.6846	0.4482	0.2031	0.0381
	6	1.0000	0.9999	0.9987	0.9915	0.9648	0.8936	0.7447	0.4967	0.1869
	7	1.0000	1.0000	0.9999	0.9993	0.9961	0.9832	0.9424	0.8322	0.5695
	8	1.0000	1.0000	1.0000	1.0000	1.0000	1.0000	1.0000	1.0000	1.0000
9	0	0.3874	0.1342	0.0404	0.0101	0.0020	0.0003	0.0000	0.0000	0.0000
	1	0.7748	0.4362	0.1960	0.0705	0.0195	0.0038	0.0004	0.0000	0.0000
	2	0.9470	0.7382	0.4628	0.2318	0.0898	0.0250	0.0043	0.0003	0.0000
	3	0.9917	0.9144	0.7297	0.4826	0.2539	0.0994	0.0253	0.0031	0.0001

〈표 1. 이항분포표〉 계속

n	x	p								
		.10	.20	.30	.40	.50	.60	.70	.80	.90
	4	0.9991	0.9804	0.9012	0.7334	0.5000	0.2666	0.0988	0.0196	0.0009
	5	0.9999	0.9969	0.9747	0.9006	0.7461	0.5174	0.2703	0.0856	0.0083
	6	1.0000	0.9997	0.9957	0.9750	0.9102	0.7682	0.5372	0.2618	0.0530
	7	1.0000	1.0000	0.9996	0.9962	0.9805	0.9295	0.8040	0.5638	0.2252
	8	1.0000	1.0000	1.0000	0.9997	0.9980	0.9899	0.9596	0.8658	0.6126
	9	1.0000	1.0000	1.0000	1.0000	1.0000	1.0000	1.0000	1.0000	1.0000
10	0	0.3487	0.1074	0.0282	0.0060	0.0010	0.0001	0.0000	0.0000	0.0000
	1	0.7361	0.3758	0.1493	0.0464	0.0107	0.0017	0.0001	0.0000	0.0000
	2	0.9298	0.6778	0.3828	0.1673	0.0547	0.0123	0.0016	0.0001	0.0000
	3	0.9872	0.8791	0.6496	0.3823	0.1719	0.0548	0.0106	0.0009	0.0000
	4	0.9984	0.9672	0.8497	0.6331	0.3770	0.1662	0.0473	0.0064	0.0001
	5	0.9999	0.9936	0.9527	0.8338	0.6230	0.3669	0.1503	0.0328	0.0016
	6	1.0000	0.9991	0.9894	0.9452	0.8281	0.6177	0.3504	0.1209	0.0128
	7	1.0000	0.9999	0.9984	0.9877	0.9453	0.8327	0.6172	0.3222	0.0702
	8	1.0000	1.0000	0.9999	0.9983	0.9893	0.9536	0.8507	0.6242	0.2639
	9	1.0000	1.0000	1.0000	0.9999	0.9990	0.9940	0.9718	0.8926	0.6513
	10	1.0000	1.0000	1.0000	1.0000	1.0000	1.0000	1.0000	1.0000	1.0000
11	0	0.3138	0.0859	0.0198	0.0036	0.0005	0.0000	0.0000	0.0000	0.0000
	1	0.6974	0.3221	0.1130	0.0302	0.0059	0.0007	0.0000	0.0000	0.0000
	2	0.9104	0.6174	0.3127	0.1189	0.0327	0.0059	0.0006	0.0000	0.0000
	3	0.9815	0.8389	0.5696	0.2963	0.1133	0.0293	0.0043	0.0002	0.0000
	4	0.9972	0.9496	0.7897	0.5328	0.2744	0.0994	0.0216	0.0020	0.0000
	5	0.9997	0.9883	0.9218	0.7535	0.5000	0.2465	0.0782	0.0117	0.0003
	6	1.0000	0.9980	0.9784	0.9006	0.7256	0.4672	0.2103	0.0504	0.0028
	7	1.0000	0.9998	0.9957	0.9707	0.8867	0.7037	0.4304	0.1611	0.0185
	8	1.0000	1.0000	0.9994	0.9941	0.9673	0.8811	0.6873	0.3826	0.0896
	9	1.0000	1.0000	1.0000	0.9993	0.9941	0.9698	0.8870	0.6779	0.3026
	10	1.0000	1.0000	1.0000	1.0000	0.9995	0.9964	0.9802	0.9141	0.6862
	11	1.0000	1.0000	1.0000	1.0000	1.0000	1.0000	1.0000	1.0000	1.0000

〈표 1. 이항분포표〉 계속

n	x	p								
		.10	.20	.30	.40	.50	.60	.70	.80	.90
12	0	0.2824	0.0687	0.0138	0.0022	0.0002	0.0000	0.0000	0.0000	0.0000
	1	0.6590	0.2749	0.0850	0.0196	0.0032	0.0003	0.0000	0.0000	0.0000
	2	0.8891	0.5583	0.2528	0.0834	0.0193	0.0028	0.0002	0.0000	0.0000
	3	0.9744	0.7946	0.4925	0.2253	0.0730	0.0153	0.0017	0.0001	0.0000
	4	0.9957	0.9274	0.7237	0.4382	0.1938	0.0573	0.0095	0.0006	0.0000
	5	0.9995	0.9806	0.8822	0.6652	0.3872	0.1582	0.0386	0.0039	0.0001
	6	0.9999	0.9961	0.9614	0.8418	0.6128	0.3348	0.1178	0.0194	0.0005
	7	1.0000	0.9994	0.9905	0.9427	0.8062	0.5618	0.2763	0.0726	0.0043
	8	1.0000	0.9999	0.9983	0.9847	0.9270	0.7747	0.5075	0.2054	0.0256
	9	1.0000	1.0000	0.9998	0.9972	0.9807	0.9166	0.7472	0.4417	0.1109
	10	1.0000	1.0000	1.0000	0.9997	0.9968	0.9804	0.9150	0.7251	0.3410
	11	1.0000	1.0000	1.0000	1.0000	0.9998	0.9978	0.9862	0.9313	0.7176
	12	1.0000	1.0000	1.0000	1.0000	1.0000	1.0000	1.0000	1.0000	1.0000
13	0	0.2542	0.0550	0.0097	0.0013	0.0001	0.0000	0.0000	0.0000	0.0000
	1	0.6213	0.2336	0.0637	0.0126	0.0017	0.0001	0.0000	0.0000	0.0000
	2	0.8661	0.5017	0.2025	0.0579	0.0112	0.0013	0.0001	0.0000	0.0000
	3	0.9658	0.7473	0.4206	0.1686	0.0461	0.0078	0.0007	0.0000	0.0000
	4	0.9935	0.9009	0.6543	0.3530	0.1334	0.0321	0.0040	0.0002	0.0000
	5	0.9991	0.9700	0.8346	0.5744	0.2905	0.0977	0.0182	0.0012	0.0000
	6	0.9999	0.9930	0.9376	0.7712	0.5000	0.2288	0.0624	0.0070	0.0001
	7	1.0000	0.9988	0.9818	0.9023	0.7095	0.4256	0.1654	0.0300	0.0009
	8	1.0000	0.9998	0.9960	0.9679	0.8666	0.6470	0.3457	0.0991	0.0065
	9	1.0000	1.0000	0.9993	0.9922	0.9539	0.8314	0.5794	0.2527	0.0342
	10	1.0000	1.0000	0.9999	0.9987	0.9888	0.9421	0.7975	0.4983	0.1339
	11	1.0000	1.0000	1.0000	0.9999	0.9983	0.9874	0.9363	0.7664	0.3787
	12	1.0000	1.0000	1.0000	1.0000	0.9999	0.9987	0.9903	0.9450	0.7458
	13	1.0000	1.0000	1.0000	1.0000	1.0000	1.0000	1.0000	1.0000	1.0000
14	0	0.2288	0.0440	0.0068	0.0008	0.0001	0.0000	0.0000	0.0000	0.0000
	1	0.5846	0.1979	0.0475	0.0081	0.0009	0.0001	0.0000	0.0000	0.0000

〈표 1. 이항분포표〉 계속

n	x	p								
		.10	.20	.30	.40	.50	.60	.70	.80	.90
	2	0.8416	0.4481	0.1608	0.0398	0.0065	0.0006	0.0000	0.0000	0.0000
	3	0.9559	0.6982	0.3552	0.1243	0.0287	0.0039	0.0002	0.0000	0.0000
	4	0.9908	0.8702	0.5842	0.2793	0.0898	0.0175	0.0017	0.0000	0.0000
	5	0.9985	0.9561	0.7805	0.4859	0.2120	0.0583	0.0083	0.0004	0.0000
	6	0.9998	0.9884	0.9067	0.6925	0.3953	0.1501	0.0315	0.0024	0.0000
	7	1.0000	0.9976	0.9685	0.8499	0.6047	0.3075	0.0933	0.0116	0.0002
	8	1.0000	0.9996	0.9917	0.9417	0.7880	0.5141	0.2195	0.0439	0.0015
	9	1.0000	1.0000	0.9983	0.9825	0.9102	0.7207	0.4158	0.1298	0.0092
	10	1.0000	1.0000	0.9998	0.9961	0.9713	0.8757	0.6448	0.3018	0.0441
	11	1.0000	1.0000	1.0000	0.9994	0.9935	0.9602	0.8392	0.5519	0.1584
	12	1.0000	1.0000	1.0000	0.9999	0.9991	0.9919	0.9525	0.8021	0.4154
	13	1.0000	1.0000	1.0000	1.0000	0.9999	0.9992	0.9932	0.9560	0.7712
	14	1.0000	1.0000	1.0000	1.0000	1.0000	1.0000	1.0000	1.0000	1.0000
15	0	0.2059	0.0352	0.0047	0.0005	0.0000	0.0000	0.0000	0.0000	0.0000
	1	0.5490	0.1671	0.0353	0.0052	0.0005	0.0000	0.0000	0.0000	0.0000
	2	0.8159	0.3980	0.1268	0.0271	0.0037	0.0003	0.0000	0.0000	0.0000
	3	0.9444	0.6482	0.2969	0.0905	0.0176	0.0019	0.0001	0.0000	0.0000
	4	0.9873	0.8358	0.5155	0.2173	0.0592	0.0093	0.0007	0.0000	0.0000
	5	0.9978	0.9389	0.7216	0.4032	0.1509	0.0338	0.0037	0.0001	0.0000
	6	0.9997	0.9819	0.8689	0.6098	0.3036	0.0950	0.0152	0.0008	0.0000
	7	1.0000	0.9958	0.9500	0.7869	0.5000	0.2131	0.0500	0.0042	0.0000
	8	1.0000	0.9992	0.9848	0.9050	0.6964	0.3902	0.1311	0.0181	0.0003
	9	1.0000	0.9999	0.9963	0.9662	0.8491	0.5968	0.2784	0.0611	0.0022
	10	1.0000	1.0000	0.9993	0.9907	0.9408	0.7827	0.4845	0.1642	0.0127
	11	1.0000	1.0000	0.9999	0.9981	0.9824	0.9095	0.7031	0.3518	0.0556
	12	1.0000	1.0000	1.0000	0.9997	0.9963	0.9729	0.8732	0.6020	0.1841
	13	1.0000	1.0000	1.0000	1.0000	0.9995	0.9948	0.9647	0.8329	0.4510
	14	1.0000	1.0000	1.0000	1.0000	1.0000	0.9995	0.9953	0.9648	0.7941
	15	1.0000	1.0000	1.0000	1.0000	1.0000	1.0000	1.0000	1.0000	1.0000

〈표 2〉 포아송분포표

표 안의 값은 $X \sim \text{Poisson}(\lambda)$일 때,

$$P(X \leq x) = \sum_{k=0}^{x} \frac{e^{-\lambda}\lambda^k}{k!}$$

을 나타낸다.

x	λ									
	1	2	3	4	5	6	7	8	9	10
0	0.3679	0.1353	0.0498	0.0183	0.0067	0.0025	0.0009	0.0003	0.0001	0.0000
1	0.7358	0.4060	0.1991	0.0916	0.0404	0.0174	0.0073	0.0030	0.0012	0.0005
2	0.9197	0.6767	0.4232	0.2381	0.1247	0.0620	0.0296	0.0138	0.0062	0.0028
3	0.9810	0.8571	0.6472	0.4335	0.2650	0.1512	0.0818	0.0424	0.0212	0.0103
4	0.9963	0.9473	0.8153	0.6288	0.4405	0.2851	0.1730	0.0996	0.0550	0.0293
5	0.9994	0.9834	0.9161	0.7851	0.6160	0.4457	0.3007	0.1912	0.1157	0.0671
6	0.9999	0.9955	0.9665	0.8893	0.7622	0.6063	0.4497	0.3134	0.2068	0.1301
7	1.0000	0.9989	0.9881	0.9489	0.8666	0.7440	0.5987	0.4530	0.3239	0.2202
8	1.0000	0.9998	0.9962	0.9786	0.9319	0.8472	0.7291	0.5925	0.4557	0.3328
9	1.0000	1.0000	0.9989	0.9919	0.9682	0.9161	0.8305	0.7166	0.5874	0.4579
10	1.0000	1.0000	0.9997	0.9972	0.9863	0.9574	0.9015	0.8159	0.7060	0.5830
11	1.0000	1.0000	0.9999	0.9991	0.9945	0.9799	0.9467	0.8881	0.8030	0.6968
12	1.0000	1.0000	1.0000	0.9997	0.9980	0.9912	0.9730	0.9362	0.8758	0.7916
13	1.0000	1.0000	1.0000	0.9999	0.9993	0.9964	0.9872	0.9658	0.9261	0.8645
14	1.0000	1.0000	1.0000	1.0000	0.9998	0.9986	0.9943	0.9827	0.9585	0.9165
15	1.0000	1.0000	1.0000	1.0000	0.9999	0.9995	0.9976	0.9918	0.9780	0.9513
16	1.0000	1.0000	1.0000	1.0000	1.0000	0.9998	0.9990	0.9963	0.9889	0.9730
17	1.0000	1.0000	1.0000	1.0000	1.0000	0.9999	0.9996	0.9984	0.9947	0.9857
18	1.0000	1.0000	1.0000	1.0000	1.0000	1.0000	0.9999	0.9993	0.9976	0.9928
19	1.0000	1.0000	1.0000	1.0000	1.0000	1.0000	1.0000	0.9997	0.9989	0.9965
20	1.0000	1.0000	1.0000	1.0000	1.0000	1.0000	1.0000	0.9999	0.9996	0.9984
21	1.0000	1.0000	1.0000	1.0000	1.0000	1.0000	1.0000	1.0000	0.9998	0.9993
22	1.0000	1.0000	1.0000	1.0000	1.0000	1.0000	1.0000	1.0000	0.9999	0.9997
23	1.0000	1.0000	1.0000	1.0000	1.0000	1.0000	1.0000	1.0000	1.0000	0.9999
24	1.0000	1.0000	1.0000	1.0000	1.0000	1.0000	1.0000	1.0000	1.0000	1.0000
25	1.0000	1.0000	1.0000	1.0000	1.0000	1.0000	1.0000	1.0000	1.0000	1.0000

〈표 3〉 표준정규분포표

표 안의 값은 $X \sim N(0,1)$일 때,

$$\Phi(x) = P(X \leq x) = \int_{-\infty}^{x} \frac{1}{\sqrt{2\pi}} e^{-z^2/2} dz$$

을 나타낸다. ($x \geq 0$에 대한 누적확률 값을 나타낸다.)

x	0.00	0.01	0.02	0.03	0.04	0.05	0.06	0.07	0.08	0.09
0.0	0.5000	0.5040	0.5080	0.5120	0.5160	0.5199	0.5239	0.5279	0.5319	0.5359
0.1	0.5398	0.5438	0.5478	0.5517	0.5557	0.5596	0.5636	0.5675	0.5714	0.5753
0.2	0.5793	0.5832	0.5871	0.5910	0.5948	0.5987	0.6026	0.6064	0.6103	0.6141
0.3	0.6179	0.6217	0.6255	0.6293	0.6331	0.6368	0.6406	0.6443	0.6480	0.6517
0.4	0.6554	0.6591	0.6628	0.6664	0.6700	0.6736	0.6772	0.6808	0.6844	0.6879
0.5	0.6915	0.6950	0.6985	0.7019	0.7054	0.7088	0.7123	0.7157	0.7190	0.7224
0.6	0.7257	0.7291	0.7324	0.7357	0.7389	0.7422	0.7454	0.7486	0.7517	0.7549
0.7	0.7580	0.7611	0.7642	0.7673	0.7704	0.7734	0.7764	0.7794	0.7823	0.7852
0.8	0.7881	0.7910	0.7939	0.7967	0.7995	0.8023	0.8051	0.8078	0.8106	0.8133
0.9	0.8159	0.8186	0.8212	0.8238	0.8264	0.8289	0.8315	0.8340	0.8365	0.8389
1.0	0.8413	0.8438	0.8461	0.8485	0.8508	0.8531	0.8554	0.8577	0.8599	0.8621
1.1	0.8643	0.8665	0.8686	0.8708	0.8729	0.8749	0.8770	0.8790	0.8810	0.8830
1.2	0.8849	0.8869	0.8888	0.8907	0.8925	0.8944	0.8962	0.8980	0.8997	0.9015
1.3	0.9032	0.9049	0.9066	0.9082	0.9099	0.9115	0.9131	0.9147	0.9162	0.9177
1.4	0.9192	0.9207	0.9222	0.9236	0.9251	0.9265	0.9279	0.9292	0.9306	0.9319
1.5	0.9332	0.9345	0.9357	0.9370	0.9382	0.9394	0.9406	0.9418	0.9429	0.9441
1.6	0.9452	0.9463	0.9474	0.9484	0.9495	0.9505	0.9515	0.9525	0.9535	0.9545
1.7	0.9554	0.9564	0.9573	0.9582	0.9591	0.9599	0.9608	0.9616	0.9625	0.9633
1.8	0.9641	0.9649	0.9656	0.9664	0.9671	0.9678	0.9686	0.9693	0.9699	0.9706
1.9	0.9713	0.9719	0.9726	0.9732	0.9738	0.9744	0.9750	0.9756	0.9761	0.9767
2.0	0.9772	0.9778	0.9783	0.9788	0.9793	0.9798	0.9803	0.9808	0.9812	0.9817
2.1	0.9821	0.9826	0.9830	0.9834	0.9838	0.9842	0.9846	0.9850	0.9854	0.9857
2.2	0.9861	0.9864	0.9868	0.9871	0.9875	0.9878	0.9881	0.9884	0.9887	0.9890
2.3	0.9893	0.9896	0.9898	0.9901	0.9904	0.9906	0.9909	0.9911	0.9913	0.9916
2.4	0.9918	0.9920	0.9922	0.9925	0.9927	0.9929	0.9931	0.9932	0.9934	0.9936
2.5	0.9938	0.9940	0.9941	0.9943	0.9945	0.9946	0.9948	0.9949	0.9951	0.9952
2.6	0.9953	0.9955	0.9956	0.9957	0.9959	0.9960	0.9961	0.9962	0.9963	0.9964
2.7	0.9965	0.9966	0.9967	0.9968	0.9969	0.9970	0.9971	0.9972	0.9973	0.9974
2.8	0.9974	0.9975	0.9976	0.9977	0.9977	0.9978	0.9979	0.9979	0.9980	0.9981
2.9	0.9981	0.9982	0.9982	0.9983	0.9984	0.9984	0.9985	0.9985	0.9986	0.9986
3.0	0.9987	0.9987	0.9987	0.9988	0.9988	0.9989	0.9989	0.9989	0.9990	0.9990

〈표 4〉 카이제곱분포표

표 안의 값은 $X \sim \chi^2(r)$일 때,

$$P(X > \chi^2_\alpha(r)) = \alpha \ (0 < \alpha < 1)$$

를 만족시키는 $\chi^2_\alpha(r)$ 값을 나타낸다.

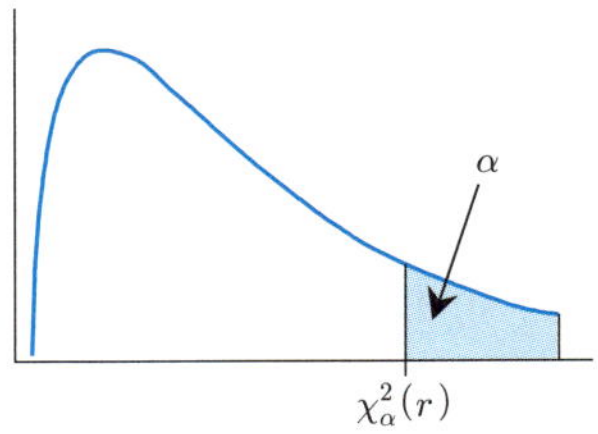

r	α							
	0.010	0.025	0.050	0.100	0.900	0.950	0.975	0.990
1	6.635	5.024	3.841	2.706	0.016	0.004	0.001	0.000
2	9.210	7.378	5.991	4.605	0.211	0.103	0.051	0.020
3	11.345	9.348	7.815	6.251	0.584	0.352	0.216	0.115
4	13.277	11.143	9.488	7.779	1.064	0.711	0.484	0.297
5	15.086	12.833	11.070	9.236	1.610	1.145	0.831	0.554
6	16.812	14.449	12.592	10.645	2.204	1.635	1.237	0.872
7	18.475	16.013	14.067	12.017	2.833	2.167	1.690	1.239
8	20.090	17.535	15.507	13.362	3.490	2.733	2.180	1.646
9	21.666	19.023	16.919	14.684	4.168	3.325	2.700	2.088
10	23.209	20.483	18.307	15.987	4.865	3.940	3.247	2.558
11	24.725	21.920	19.675	17.275	5.578	4.575	3.816	3.053
12	26.217	23.337	21.026	18.549	6.304	5.226	4.404	3.571
13	27.688	24.736	22.362	19.812	7.042	5.892	5.009	4.107
14	29.141	26.119	23.685	21.064	7.790	6.571	5.629	4.660
15	30.578	27.488	24.996	22.307	8.547	7.261	6.262	5.229
16	32.000	28.845	26.296	23.542	9.312	7.962	6.908	5.812
17	33.409	30.191	27.587	24.769	10.085	8.672	7.564	6.408
18	34.805	31.526	28.869	25.989	10.865	9.390	8.231	7.015
19	36.191	32.852	30.144	27.204	11.651	10.117	8.907	7.633
20	37.566	34.170	31.410	28.412	12.443	10.851	9.591	8.260
21	38.932	35.479	32.671	29.615	13.240	11.591	10.283	8.897
22	40.289	36.781	33.924	30.813	14.041	12.338	10.982	9.542
23	41.638	38.076	35.172	32.007	14.848	13.091	11.689	10.196
24	42.980	39.364	36.415	33.196	15.659	13.848	12.401	10.856
25	44.314	40.646	37.652	34.382	16.473	14.611	13.120	11.524

〈표 5〉 t분포표

표 안의 값은 $X \sim t(r)$일 때,

$$P(X > t_\alpha(r)) = \alpha \quad (0 < \alpha < 1)$$

를 만족시키는 $t_\alpha(r)$의 값을 나타낸다.

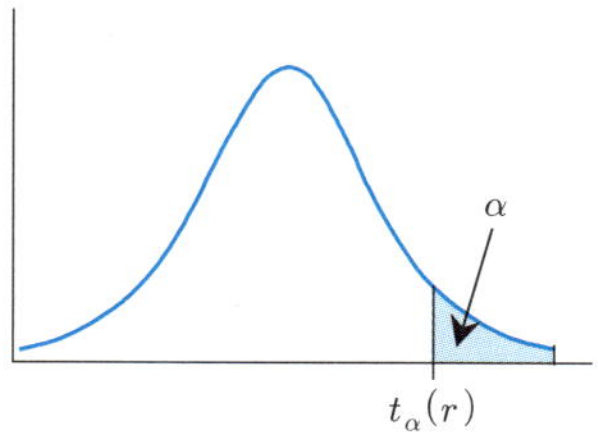

r	α				
	0.001	0.005	0.025	0.05	0.1
1	318.309	63.657	12.706	6.314	3.078
2	22.327	9.925	4.303	2.920	1.886
3	10.215	5.841	3.182	2.353	1.638
4	7.173	4.604	2.776	2.132	1.533
5	5.893	4.032	2.571	2.015	1.476
6	5.208	3.707	2.447	1.943	1.440
7	4.785	3.499	2.365	1.895	1.415
8	4.501	3.355	2.306	1.860	1.397
9	4.297	3.250	2.262	1.833	1.383
10	4.144	3.169	2.228	1.812	1.372
11	4.025	3.106	2.201	1.796	1.363
12	3.930	3.055	2.179	1.782	1.356
13	3.852	3.012	2.160	1.771	1.350
14	3.787	2.977	2.145	1.761	1.345
15	3.733	2.947	2.131	1.753	1.341
16	3.686	2.921	2.120	1.746	1.337
17	3.646	2.898	2.110	1.740	1.333
18	3.610	2.878	2.101	1.734	1.330
19	3.579	2.861	2.093	1.729	1.328
20	3.552	2.845	2.086	1.725	1.325
21	3.527	2.831	2.080	1.721	1.323
22	3.505	2.819	2.074	1.717	1.321
23	3.485	2.807	2.069	1.714	1.319
24	3.467	2.797	2.064	1.711	1.318
25	3.450	2.787	2.060	1.708	1.316

〈표 6〉 F분포표

표 안의 값은 $X \sim F(r_1, r_2)$일 때,

$$P(X > F_{\alpha}(r_1, r_2)) = \alpha \quad (0 < \alpha < 1)$$

를 만족시키는 값 $F_{\alpha}(r_1, r_2)$의 값을 나타낸다.

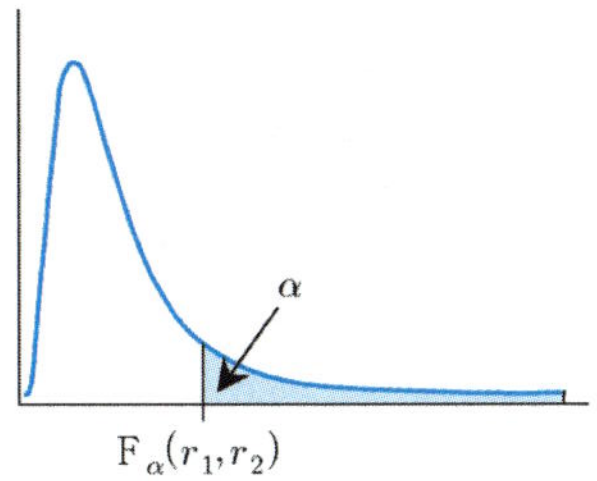

<$\alpha = 0.01$일 때>

r_2	r_1														
	1	2	3	4	5	6	7	8	9	10	11	12	13	14	15
1	4052	4999	5403	5624	5763	5858	5928	5981	6022	6055	6083	6106.	6125	6142	6157
2	98.503	99.000	99.166	99.249	99.299	99.333	99.356	99.374	99.388	99.399	99.408	99.416	99.422	99.428	99.433
3	34.116	30.817	29.457	28.710	28.237	27.911	27.672	27.489	27.345	27.229	27.133	27.052	26.983	26.924	26.872
4	21.198	18.000	16.694	15.977	15.522	15.207	14.976	14.799	14.659	14.546	14.452	14.374	14.307	14.249	14.198
5	16.258	13.274	12.060	11.392	10.967	10.672	10.456	10.289	10.158	10.051	9.963	9.888	9.825	9.770	9.722
6	13.745	10.925	9.780	9.148	8.746	8.466	8.260	8.102	7.976	7.874	7.790	7.718	7.657	7.605	7.559
7	12.246	9.547	8.451	7.847	7.460	7.191	6.993	6.840	6.719	6.620	6.538	6.469	6.410	6.359	6.314
8	11.259	8.649	7.591	7.006	6.632	6.371	6.178	6.029	5.911	5.814	5.734	5.667	5.609	5.559	5.515
9	10.561	8.022	6.992	6.422	6.057	5.802	5.613	5.467	5.351	5.257	5.178	5.111	5.055	5.005	4.962
10	10.044	7.559	6.552	5.994	5.636	5.386	5.200	5.057	4.942	4.849	4.772	4.706	4.650	4.601	4.558
11	9.646	7.206	6.217	5.668	5.316	5.069	4.886	4.744	4.632	4.539	4.462	4.397	4.342	4.293	4.251
12	9.330	6.927	5.953	5.412	5.064	4.821	4.640	4.499	4.388	4.296	4.220	4.155	4.100	4.052	4.010
13	9.074	6.701	5.739	5.205	4.862	4.620	4.441	4.302	4.191	4.100	4.025	3.960	3.905	3.857	3.815
14	8.862	6.515	5.564	5.035	4.695	4.456	4.278	4.140	4.030	3.939	3.864	3.800	3.745	3.698	3.656
15	8.683	6.359	5.417	4.893	4.556	4.318	4.142	4.004	3.895	3.805	3.730	3.666	3.612	3.564	3.522

〈표 6. F분포표〉 계속

<$\alpha = 0.025$일 때>

r_2	r_1														
	1	2	3	4	5	6	7	8	9	10	11	12	13	14	15
1	648	799	864	900	922	937	948	957	963	969	973	977	980	983	985
2	38.506	39.000	39.165	39.248	39.298	39.331	39.355	39.373	39.387	39.398	39.407	39.415	39.421	39.427	39.431
3	17.443	16.044	15.439	15.101	14.885	14.735	14.624	14.540	14.473	14.419	14.374	14.337	14.304	14.277	14.253
4	12.218	10.649	9.979	9.605	9.364	9.197	9.074	8.980	8.905	8.844	8.794	8.751	8.715	8.684	8.657
5	10.007	8.434	7.764	7.388	7.146	6.978	6.853	6.757	6.681	6.619	6.568	6.525	6.488	6.456	6.428
6	8.813	7.260	6.599	6.227	5.988	5.820	5.695	5.600	5.523	5.461	5.410	5.366	5.329	5.297	5.269
7	8.073	6.542	5.890	5.523	5.285	5.119	4.995	4.899	4.823	4.761	4.709	4.666	4.628	4.596	4.568
8	7.571	6.059	5.416	5.053	4.817	4.652	4.529	4.433	4.357	4.295	4.243	4.200	4.162	4.130	4.101
9	7.209	5.715	5.078	4.718	4.484	4.320	4.197	4.102	4.026	3.964	3.912	3.868	3.831	3.798	3.769
10	6.937	5.456	4.826	4.468	4.236	4.072	3.950	3.855	3.779	3.717	3.665	3.621	3.583	3.550	3.522
11	6.724	5.256	4.630	4.275	4.044	3.881	3.759	3.664	3.588	3.526	3.474	3.430	3.392	3.359	3.330
12	6.554	5.096	4.474	4.121	3.891	3.728	3.607	3.512	3.436	3.374	3.321	3.277	3.239	3.206	3.177
13	6.414	4.965	4.347	3.996	3.767	3.604	3.483	3.388	3.312	3.250	3.197	3.153	3.115	3.082	3.053
14	6.298	4.857	4.242	3.892	3.663	3.501	3.380	3.285	3.209	3.147	3.095	3.050	3.012	2.979	2.949
15	6.200	4.765	4.153	3.804	3.576	3.415	3.293	3.199	3.123	3.060	3.008	2.963	2.925	2.891	2.862

〈표 6. F분포표〉 계속

<$\alpha = 0.05$일 때>

r_2	r_1														
	1	2	3	4	5	6	7	8	9	10	11	12	13	14	15
1	161	199	216	225	230	234	237	239	241	242	243	244	245	245	246
2	18.513	19.000	19.164	19.247	19.296	19.330	19.353	19.371	19.385	19.396	19.405	19.413	19.419	19.424	19.429
3	10.128	9.552	9.277	9.117	9.013	8.941	8.887	8.845	8.812	8.786	8.763	8.745	8.729	8.715	8.703
4	7.709	6.944	6.591	6.388	6.256	6.163	6.094	6.041	5.999	5.964	5.936	5.912	5.891	5.873	5.858
5	6.608	5.786	5.409	5.192	5.050	4.950	4.876	4.818	4.772	4.735	4.704	4.678	4.655	4.636	4.619
6	5.987	5.143	4.757	4.534	4.387	4.284	4.207	4.147	4.099	4.060	4.027	4.000	3.976	3.956	3.938
7	5.591	4.737	4.347	4.120	3.972	3.866	3.787	3.726	3.677	3.637	3.603	3.575	3.550	3.529	3.511
8	5.318	4.459	4.066	3.838	3.687	3.581	3.500	3.438	3.388	3.347	3.313	3.284	3.259	3.237	3.218
9	5.117	4.256	3.863	3.633	3.482	3.374	3.293	3.230	3.179	3.137	3.102	3.073	3.048	3.025	3.006
10	4.965	4.103	3.708	3.478	3.326	3.217	3.135	3.072	3.020	2.978	2.943	2.913	2.887	2.865	2.845
11	4.844	3.982	3.587	3.357	3.204	3.095	3.012	2.948	2.896	2.854	2.818	2.788	2.761	2.739	2.719
12	4.747	3.885	3.490	3.259	3.106	2.996	2.913	2.849	2.796	2.753	2.717	2.687	2.660	2.637	2.617
13	4.667	3.806	3.411	3.179	3.025	2.915	2.832	2.767	2.714	2.671	2.635	2.604	2.577	2.554	2.533
14	4.600	3.739	3.344	3.112	2.958	2.848	2.764	2.699	2.646	2.602	2.565	2.534	2.507	2.484	2.463
15	4.543	3.682	3.287	3.056	2.901	2.790	2.707	2.641	2.588	2.544	2.507	2.475	2.448	2.424	2.403

연습문제 풀이

1장 확률분포

(1.1) $A_i = (i$ 번째 주사위 눈이 $6)(i=1,2,3)$, $\mathrm{P}(A_i)=1/6,\ i=1,2,3$

$$\mathrm{P}(A_1 \cup A_2 \cup A_3) = 1-\mathrm{P}(A_1^c \cap A_2^c \cap A_3^c) = 1-\prod_{i=1}^{3}(1-\mathrm{P}(A_i))$$

(1.2) $\mathrm{P}(5$ 이상$|$짝수$) = \mathrm{P}(5$ 이상 짝수$)/\mathrm{P}($짝수$)$

(1.3) $D=($불량$)$, $\mathrm{P}(D|A)=0.01,\ \mathrm{P}(D|B)=0.02,\ \mathrm{P}(D|C)=0.03$

$$\mathrm{P}(A)=0.3,\ \mathrm{P}(B)=0.5,\ \mathrm{P}(C)=0.2$$

(a) $\mathrm{P}(D)=0.019$

(b) $\mathrm{P}(A|D):\mathrm{P}(B|D):\mathrm{P}(C|D)=3:10:6$

(1.4) $A_i = (i$ 번째 부품이 작동$)(i=1,2,3)$, $P(A_i^c)=0.05,\ i=1,2,3$

$$\mathrm{P}(A_1 \cup A_2 \cup A_3) = 1-\mathrm{P}(A_1^c \cap A_2^c \cap A_3^c) = 1-\prod_{i=1}^{3}\mathrm{P}(A_i^c)$$

(1.5) (a) $\lim\limits_{k\to\infty} A_k = \bigcap\limits_{k=1}^{\infty} A_k = [2,3],\ \mathrm{P}(\lim\limits_{k\to\infty} A_k) = e^{-2}-e^{-3}$

(b) $\mathrm{P}(A_k) = e^{-2+1/k}-e^{-3},\ \lim\limits_{k\to\infty}\mathrm{P}(A_k) = e^{-2}-e^{-3}$

(1.6) (a)

$$\lim_{k\to\infty} C_k = \bigcup_{k=1}^{\infty} C_k = (0,2)$$

$$\mathrm{P}(\mathrm{X}\in\lim_{k\to\infty} C_k) = \mathrm{P}(0<\mathrm{X}<2) = \mathrm{F}(2-)-\mathrm{F}(0) = 1/2$$

(b)

$$\lim_{k\to\infty} D_k = \bigcap_{k=1}^{\infty} D_k = \{2\}$$

$$\mathrm{P}(\mathrm{X}\in\lim_{k\to\infty} D_k) = \mathrm{P}(\mathrm{X}=2) = \mathrm{F}(2)-\mathrm{F}(2-) = 1/2$$

(1.7) (a)

$$\lim_{k\to\infty} C_k = \bigcup_{k=1}^{\infty} C_k = (0,2)$$

$$\mathrm{P}(\mathrm{X}\in\lim_{k\to\infty} C_k) = \mathrm{P}(0<\mathrm{X}<2) = \mathrm{F}(2-)-\mathrm{F}(0) = 2/4$$

(b)

$$\lim_{k\to\infty} D_k = \bigcap_{k=1}^{\infty} D_k = [0,1]$$

$$\mathrm{P}(\mathrm{X}\in\lim_{k\to\infty} D_k) = \mathrm{P}(0\le\mathrm{X}\le1) = \mathrm{F}(1)-\mathrm{F}(0-) = 1/2$$

(1.8) (a) $f(k)=\mathrm{P}(\mathrm{X}=k)=\mathrm{F}(k)-\mathrm{F}(k-)=(1/2)^k,\ k=1,2,\cdots$

(b) $f(x)=2x\mathrm{I}_{(0,1)}(x)$

(c) $f(x)=2xe^{-x^2}\mathrm{I}_{(0,\infty)}(x)$

(1.9) (a) $c=\left(\sum\limits_{x=0}^{\infty}(2/3)^x\right)^{-1},\ \mathrm{F}(x)=\begin{cases}0, & x<0\\ 1-(2/3)^{k+1}, & k\le x<k+1\ (k=0,1,\cdots)\end{cases}$

(b) $c=\left(\int_0^1 x^2(1-x)dx\right)^{-1}$, $F(x)=\begin{cases}0, & x<0\\ 12(x^3/3-x^4/4), & 0\le x<1\\ 1, & x\ge 1\end{cases}$

(c) $c=\left(\int_{-\infty}^{+\infty} e^{-2|x|}dx\right)^{-1}$, $F(x)=\begin{cases}\frac{1}{2}e^{2x}, & x<0\\ 1-\frac{1}{2}e^{-2x}, & x\ge 0\end{cases}$

(1.10) $\alpha>1$

(1.11) (a) $kP(X>k)=E[kI(X>k)]\le E[XI(X>k)]$

(b) $$E(X)=\lim_{k\to\infty}\int_0^k xf(x)dx<+\infty$$

$$\Leftrightarrow \lim_{k\to\infty}\int_k^{+\infty} xf(x)dx=\lim_{k\to\infty}E[XI(X>k)]=0$$

(c) $$E(X)=\int_0^{+\infty} xf(x)dx=\int_0^{+\infty} xd[-(1-F(x))]$$

$$=[-x(1-F(x))]_0^{+\infty}+\int_0^{+\infty}(1-F(x))dx$$

(1.12) (a) $E(X)=1/2, E(X^2)=7/10$, $Var(X)=7/10-(1/2)^2$

(b) $2E(X)+3=4$, $4Var(X)=9/5$

(1.13) $$\mu\equiv E(X),\ E(X-\mu)=0$$

$$(X-a)^2=\{(X-\mu)+(\mu-a)\}^2=(X-\mu)^2+(\mu-a)^2+2(\mu-a)(X-\mu)$$

$$Var(X)=E[(X-\mu)^2]$$

(1.14) $P(X\le m)=1/2=P(X>m)$

(i) $a>m$일 때, 참고로부터

$$E(|X-a|)-E(|X-m|)$$
$$=(a-m)(P(X\le m)-P(X>m))+2\int_m^a (a-x)f(x)dx$$

(ii) $a\le m$일 때,

$$|x-a|-|x-m|=(m-a)\{I(x>m)-I(x\le m)\}+2(x-a)I(a<x\le m)$$

$$E(|X-a|)-E(|X-m|)$$
$$=(m-a)(P(X>m)-P(X\le m))+2\int_a^m (x-a)f(x)dx$$

(1.15) $$mgf(t)=\frac{1}{2}\frac{1}{1+t}+\frac{1}{2-t},\ -1<t<2$$

(1.16) $$mgf(t)=\frac{1}{2}\frac{1}{1+t}+\frac{1}{2}\frac{1}{1-t},\ -1<t<1$$

$$cgf(t)=-\log(1-t^2)=t^2+\frac{1}{2}(t^2)^2+\cdots,\ -1<t<1$$

$$E(X)=0,\ Var(X)=2$$

(1.17) $$mgf(t)=\sum_{k=0}^{\infty}\frac{\mathrm{E}(\mathrm{X}^k)}{k!}t^k=\sum_{r=0}^{\infty}\frac{(2r)!/2^r r!}{(2r)!}t^{2r}=\sum_{r=0}^{\infty}\frac{1}{r!}(t^2/2)^r$$

$$\therefore\ mgf(t)=\exp(t^2/2),\ -\infty<t<+\infty$$

(1.18) $$mgf_{\mathrm{X}}(t)=\sum_{k=0}^{\infty}\frac{E[X^k]}{k!}t^k=\sum_{k=0}^{\infty}\left[\frac{2+(-1/2)^k}{3}t^k\right]=\frac{2}{3}\frac{1}{1-t}+\frac{1}{3}\frac{1}{1+t/2},\ -1<t<1$$

(a) $$\int_{-\infty}^{\infty}e^{tx}\left[\frac{2}{3}e^{-x}I_{(0,\infty)}(x)+\frac{1}{3}2e^{2x}I_{(-\infty,0)}(x)\right]dx=\frac{2}{3}\frac{1}{1-t}+\frac{1}{3}\frac{1}{1+t/2},-1<t<1$$

이므로 분포결정성질로부터 $pdf_X(x)=\frac{2}{3}e^{-x}I_{(0,\infty)}(x)+\frac{1}{3}2e^{2x}I_{(-\infty,0)}(x)$

(b) $$cgf_{\mathrm{X}}(t)=\log mgf_{\mathrm{X}}(t)=-\log(1-t)(1+t/2)=\sum_{r=1}^{\infty}\frac{1+(-1/2)^r}{r}t^r,\ -1<t<1$$

따라서 r 차 누율은

$$c_r=\{1+(-1/2)^r\}\ (r-1)!\ (r=1,2,\cdots)$$

(1.19) $$m_1(\mathrm{Z})=\mathrm{E}(\mathrm{Z})=0,\ m_2(\mathrm{Z})=\mathrm{E}(\mathrm{Z}^2)=\mathrm{Var}(\mathrm{Z})=1$$

$$\log\left(1+\frac{1}{2!}t^2+\frac{m_3}{3!}t^3+\frac{m_4}{4!}t^4+\cdots\right)=\sum_{r=1}^{\infty}\frac{c_r}{r!}t^r,\ -h<t<h\ (\exists h>0)$$

$$\sum_{r=1}^{\infty}\frac{c_r}{r!}t^r=A-\frac{1}{2}A^2+\frac{1}{3}A^3+\cdots,\ A\equiv\frac{1}{2!}t^2+\frac{m_3}{3!}t^3+\frac{m_4}{4!}t^4+\cdots$$

$$\therefore\ c_1=0,\ c_2=1,\ c_3=m_3,\ c_4=m_4-4!\frac{1}{2}\left(\frac{1}{2}\right)^2=m_4-3$$

(1.20) $$mgf_{\mathrm{Z}}(t)=\mathrm{E}[e^{t(\mathrm{X}-\mu)/\sigma}]=mgf_{\mathrm{X}}(t/\sigma)e^{-t\mu/\sigma}$$

$$\therefore\ cgf_{\mathrm{Z}}(t)=\log mgf_{\mathrm{Z}}(t)=-t\mu/\sigma+cgf_{\mathrm{X}}(t/\sigma)=-t\mu/\sigma+\sum_{r=1}^{\infty}\frac{c_r(\mathrm{X})}{r!}(t/\sigma)^r$$

$$\therefore\ c_1(\mathrm{Z})=0,\ c_2(\mathrm{Z})=1,\ c_r(\mathrm{Z})=c_r(\mathrm{X})/\sigma^r,\ r=3,4,\cdots$$

(1.21) $$cgf_{\mathrm{X}}(t)=-3\log(1-t)=\sum_{r=1}^{\infty}\frac{3(r-1)!}{r!}t^r,\ -1<t<1$$

$$c_r(\mathrm{X})=3(r-1)!,\ r=1,2,\cdots$$

$$\therefore\ c_3(\mathrm{Z})=c_3(\mathrm{X})/\sigma^3=2/\sqrt{3},\ c_4(\mathrm{Z})=c_4(\mathrm{X})/\sigma^4=2$$

(1.22) (a) $cgf_{\mathrm{X}}(t)=-\log(1-t),\ t<1,\ c_r(\mathrm{X})=(r-1)!,\ r=1,2,\cdots$

$$\therefore\ c_3(\mathrm{Z})=c_3(\mathrm{X})/\sigma^3=2,\ c_4(\mathrm{Z})=c_4(\mathrm{X})/\sigma^4=6$$

(b) (#1.16) $$cgf(t)=-\log(1-t^2)=\sum_{r=1}^{\infty}\frac{(2r)!/r}{(2r)!}t^{2r},\ -1<t<1$$

$$\therefore\ c_3(\mathrm{Z})=c_3(\mathrm{X})/\sigma^3=0,\ c_4(\mathrm{Z})=c_4(\mathrm{X})/\sigma^4=(4!/2)/(\sqrt{2})^4$$

(1.23) (a) $\phi(x)=-\log x$가 볼록함수이므로, 젠센의 부등식으로부터

$$\mathrm{E}(-\log\mathrm{X})\geq-\log\mathrm{EX}$$

(b) $\phi(y)=y^p\,(p=1/r>1)$가 볼록함수이므로, 젠센의 부등식으로부터

$$E(Y^p)\ge (EY)^p,\ \ Y=X^r,\ \ Y^p=X$$

$$\therefore\ EX^r\le (EX)^r\,(0<r<1)$$

(1.24)

$$P(X\ge a)=E[I(X-a\ge 0)]\le E[e^{t(X-a)}I(X-a\ge 0)]\le e^{-at}E[e^{tX}],\ \forall t>0$$

$$P(X\le a)=E[I(X-a\le 0)]\le E[e^{t(X-a)}I(X-a\le 0)]\le e^{-at}E[e^{tX}],\ \forall t\le 0$$

(1.25) $P(X\le -1)\le e^t mgf_X(t)=\dfrac{e^{2t}-1}{2t},\ \forall t<0: Let\ t\to-\infty$

$$P(X\ge 1)\le e^{-t}mgf_X(t)=\frac{1-e^{-2t}}{2t},\ \forall t>0: Let\ t\to+\infty$$

2장 다차원 확률변수의 확률분포

(2.1) (a) $\displaystyle\int_0^{1/2}\int_0^y 10xy^2dxdy=(1/2)^5$

(b) $\displaystyle\int_0^1\int_0^{y\wedge(1-y)}2xdx\,5y^2dy=\int_0^1(y\wedge(1-y))^2 5y^2dy$

$$=\int_0^{1/2}5y^4dy+\int_{1/2}^1 5(1-y)^2y^2dy$$

(2.2) (a) $\displaystyle c=\left(\int_0^1\int_0^y x^2ydxdy\right)^{-1}=15$

(b) $\displaystyle\int_0^{1/2}\int_0^y 15x^2ydxdy=(1/2)^5$

(c) $\displaystyle\int_0^1\int_{y/2}^y 3x^2dx\,5y\,dy=7/8$

(2.3) (a) $\displaystyle\int_0^1\int_x^{+\infty}e^{-y}dydx=\int_0^1 e^{-x}dx$

(b) $\displaystyle\int_0^{1/2}\int_x^{1-x}e^{-y}dydx=\int_0^{1/2}(e^{-x}-e^{-(1-x)})dx$

(2.4) (a) $\displaystyle f_1(x)=\int_x^1 2dy\,I_{(0,1)}(x)$

(b) $\displaystyle f_1(x)=\int_x^{+\infty}e^{-y}dy\,I_{(0,+\infty)}(x)$

(2.5) (a) $f_{1,2}(x,y) = 2x\,2e^{-2y}\mathrm{I}_{(0,1)}(x)\mathrm{I}_{(0,\infty)}(y)$

(b) $f_{1,2}(x,y) = \dfrac{\partial}{\partial y}(2e^{-2x} - 2e^{-x-y})\mathrm{I}_{(0<x<y)} = 2e^{-x-y}\mathrm{I}_{(0<x<y)}$

(2.6)
$$f_1(x) = x\int_x^{+\infty} e^{-y}dy\,\mathrm{I}_{(0,+\infty)}(x) = xe^{-x}\mathrm{I}_{(0,+\infty)}(x)$$

$$f_2(y) = \int_0^y xdx\,e^{-y}\mathrm{I}_{(0,+\infty)}(y) = \frac{1}{2}y^2e^{-y}\mathrm{I}_{(0,+\infty)}(y)$$

부록 <예 Ⅰ.6.2>에서와 같이 부분적분을 이용하면

$$\mathrm{E}(\mathrm{X}) = 2,\ \mathrm{E}(\mathrm{Y}) = 3,\ \mathrm{E}(\mathrm{XY}) = 8\ \therefore \mathrm{Cov}(\mathrm{X},\mathrm{Y}) = 8 - 2\times 3$$

(2.7) (a) $mgf(t_1,t_2) = \displaystyle\int_0^{+\infty}\int_x^{+\infty} e^{t_1x+t_2y}e^{-y}dydx = \frac{1}{1-t_2}\frac{1}{1-t_1-t_2},\ t_2 < 1,\ t_1 + t_2 < 1$

(b) $cgf(t_1,t_2) = -\log(1-t_2) - \log(1-t_1-t_2),\ t_1 < 1,\ t_1 + t_2 < 1$

$-\log(1-A) = A + \dfrac{1}{2}A^2 + \dfrac{1}{3}A^3 + \cdots,\ -1 < A < 1$을 이용하여 전개하고 정리하면

$$cgf(t_1,t_2) = (t_1 + 2t_2) + \left(\frac{1}{2}t_1^2 + t_1t_2 + \frac{2}{2}t_2^2\right) + \cdots,\ |t_1| < 1,\ |t_1 + t_2| < 1$$

(2.8) (a) $f_2(y) = \displaystyle\int_0^y 10xy^2dx\,\mathrm{I}_{(0,1)}(y) = 5y^4\mathrm{I}_{(0,1)}(y)$

(b) $f_{1|2}(x|y) = \dfrac{2}{y^2}x\,\mathrm{I}_{(0,y)}(x)$

(c) $\mathrm{E}(\mathrm{X}|\mathrm{Y}) = \dfrac{2}{3}\mathrm{Y},\ \mathrm{E}(\mathrm{X}^2|\mathrm{Y}) = \dfrac{1}{2}\mathrm{Y}^2,\ \mathrm{Var}(\mathrm{X}|\mathrm{Y}) = \dfrac{1}{18}\mathrm{Y}^2$

(d) $\mathrm{Var}(\mathrm{E}(\mathrm{X}|\mathrm{Y})) = \dfrac{4}{9}\mathrm{Var}(\mathrm{Y}),\ \mathrm{E}(\mathrm{Var}(\mathrm{X}|\mathrm{Y})) = \dfrac{1}{18}\mathrm{E}(\mathrm{Y}^2)$

$$\mathrm{E}(\mathrm{Y}) = \frac{5}{6},\ \mathrm{E}(\mathrm{Y}^2) = \frac{5}{7}$$

(e) $f_1(x) = \displaystyle\int_x^1 10xy^2dy\,\mathrm{I}_{(0,1)}(x) = \frac{10}{3}x(1-x^3)\,\mathrm{I}_{(0,1)}(x)\ \mathrm{Corr}(\mathrm{X},\mathrm{Y}) = \frac{1}{\sqrt{1}\,\sqrt{2}}$

(2.9) (a) $f_2(y) = \displaystyle\int_0^y e^{-y}dx\,\mathrm{I}_{(0,+\infty)}(y) = ye^{-y}\mathrm{I}_{(0,+\infty)}(y)$

(b) $f_{1|2}(x|y) = \dfrac{1}{y}\,\mathrm{I}_{(0,y)}(x)$

(c) $\mathrm{E}(\mathrm{X}|\mathrm{Y}) = \dfrac{1}{2}\mathrm{Y},\ \mathrm{Var}(\mathrm{X}|\mathrm{Y}) = \dfrac{1}{12}\mathrm{Y}^2$

(d) $\mathrm{Var}[\mathrm{E}(\mathrm{X}|\mathrm{Y})] = \dfrac{1}{4}\mathrm{Var}(\mathrm{Y}) = \dfrac{1}{2},\ \mathrm{E}[\mathrm{Var}(\mathrm{X}|\mathrm{Y})] = \dfrac{1}{12}\mathrm{E}(\mathrm{Y}^2) = \dfrac{1}{2}$

(e) $f_1(x) = \displaystyle\int_x^{+\infty} e^{-y}dy\,\mathrm{I}_{(0,+\infty)}(x) = e^{-x}\,\mathrm{I}_{(0,+\infty)}(x),\ \mathrm{Var}(\mathrm{X}) = 1$

(2.10) (a) $f_2(y)=2y\,\mathrm{I}_{(0,1)}(y)$

$f_{1|2}(x|y)=\dfrac{1}{y}\mathrm{I}_{(0,y)}(x)$(#2.9 (b)와 동일), $\mathrm{E}(\mathrm{X|Y})=\dfrac{1}{2}\mathrm{Y}$, $\mathrm{Var}(\mathrm{X|Y})=\dfrac{1}{12}\mathrm{Y}^2$

$$\mathrm{Var}(\mathrm{E}(\mathrm{X|Y}))=\mathrm{Var}(\mathrm{Y})/4,\ \mathrm{E}(\mathrm{Var}(\mathrm{X|Y}))=\mathrm{E}(\mathrm{Y}^2)/12$$

(b) $f_2(y)=\displaystyle\int_0^y xe^{-y}dx\,\mathrm{I}_{(0,+\infty)}(y)=\frac{1}{2}y^2e^{-y}\mathrm{I}_{(0,+\infty)}(y)$

$f_{1|2}(x|y)=\dfrac{2}{y^2}x\,\mathrm{I}_{(0,y)}(x)$(#2.8 (b)와 동일), $\mathrm{E}(\mathrm{X|Y})=\dfrac{2}{3}\mathrm{Y}$, $\mathrm{Var}(\mathrm{X|Y})=\dfrac{1}{18}\mathrm{Y}^2$

$$\mathrm{Var}(\mathrm{E}(\mathrm{X|Y}))=\frac{4}{9}\mathrm{Var}(\mathrm{Y}),\ \mathrm{E}(\mathrm{Var}(\mathrm{X|Y}))=\frac{1}{18}\mathrm{E}(\mathrm{Y}^2)$$

(2.11) $\mathrm{Cov}(\mathrm{X}-\mathrm{E}(\mathrm{X|Y}),\mathrm{Y})=0$이므로

$$\mathrm{Var}[\mathrm{Y}+\mathrm{X}-\mathrm{E}(\mathrm{X|Y})]=\mathrm{Var}(\mathrm{Y})+\mathrm{Var}(\mathrm{X}-\mathrm{E}(\mathrm{X|Y}))$$

또한 $\mathrm{E}(\mathrm{X}-\mathrm{E}(\mathrm{X|Y}))=0$이므로

$$\mathrm{Var}(\mathrm{X}-\mathrm{E}(\mathrm{X|Y}))=\mathrm{E}[(\mathrm{X}-\mathrm{E}(\mathrm{X|Y}))^2]=\mathrm{E}[\mathrm{Var}(\mathrm{X|Y})]$$

$$\therefore\ \mathrm{Var}[\mathrm{Y}+\mathrm{X}-\mathrm{E}(\mathrm{X|Y})]=\mathrm{Var}(\mathrm{Y})+\mathrm{E}[\mathrm{Var}(\mathrm{X|Y})]$$

(a) $$f_2(y)=2y\,\mathrm{I}_{(0,1)}(y)$$

$$f_{1|2}(x|y)=\frac{1}{y}\mathrm{I}_{(0,y)}(x),\ \mathrm{E}(\mathrm{X|Y})=\frac{1}{2}\mathrm{Y},\ \mathrm{Var}(\mathrm{X|Y})=\frac{1}{12}\mathrm{Y}^2$$

$$\mathrm{E}(\mathrm{Var}(\mathrm{X|Y}))=\mathrm{E}(\mathrm{Y}^2)/12,\ \mathrm{E}(\mathrm{Y})=2/3,\ \mathrm{E}(\mathrm{Y}^2)=1/2$$

(b) $$f_2(y)=\int_0^y 10xy^2dx\,\mathrm{I}_{(0,1)}(y)=5y^4\mathrm{I}_{(0,1)}(y)$$

$$f_{1|2}(x|y)=\frac{2}{y^2}x\,\mathrm{I}_{(0,y)}(x),\ \mathrm{Var}(\mathrm{X|Y})=\frac{1}{18}\mathrm{Y}^2,$$

(2.12)

(a) $$\begin{aligned}\mathrm{Cov}(\mathrm{Y}-\mu_2-\sigma_{21}\Sigma_{11}^{-1}(\mathrm{X}-\mu_1),c^t\mathrm{X}+d)&=\mathrm{Cov}(\mathrm{Y}-\sigma_{21}\Sigma_{11}^{-1}\mathrm{X},\mathrm{X})c\\&=[\mathrm{Cov}(\mathrm{Y},\mathrm{X})-\sigma_{21}\Sigma_{11}^{-1}\mathrm{Cov}(\mathrm{X},\mathrm{X})]c=0\end{aligned}$$

(b) $\mathrm{Y}-(a^t\mathrm{X}+b)=(\mathrm{Y}-\mu_2-\sigma_{21}\Sigma_{11}^{-1}(\mathrm{X}-\mu_1))\oplus(c^t\mathrm{X}+d)$,

여기에서 $c^t=\sigma_{21}\Sigma_{11}^{-1}-a^t,\ d=-\mu_2+\sigma_{21}\Sigma_{11}^{-1}\mu_1-b$

따라서 (a)로부터

$$\begin{aligned}\mathrm{E}[\{\mathrm{Y}-(a^t\mathrm{X}+b)\}^2]&=\mathrm{E}[(\mathrm{Y}-\mu_2-\sigma_{21}\Sigma_{11}^{-1}(\mathrm{X}-\mu_1))^2]+E[(c^t\mathrm{X}+d)^2]\\&\ge\mathrm{E}[(\mathrm{Y}-\mu_2-\sigma_{21}\Sigma_{11}^{-1}(\mathrm{X}-\mu_1))^2]\end{aligned}$$

(c) $$\begin{aligned}[Corr(\mathrm{Y},a^t\mathrm{X}+b)]^2&=\left(\frac{\mathrm{Cov}(\mathrm{Y},a^t\mathrm{X}+b)}{\sqrt{\mathrm{Var}(\mathrm{Y})}\sqrt{\mathrm{Var}(a^t\mathrm{X}+b)}}\right)^2\\&=\left(\frac{\sigma_{21}a}{\sqrt{\sigma_{22}}\sqrt{a^t\Sigma_{11}a}}\right)^2\end{aligned}$$

$$= \frac{(b^t \Sigma_{11}^{-1/2} \sigma_{12})^2}{\sigma_{22} b^t b}, b = \Sigma_{11}^{1/2} a$$

$$\le \frac{\sigma_{21} \Sigma_{11}^{-1} \sigma_{12}}{\sigma_{22}}$$

(d) $\mathrm{Var}(Y - \mu_2 - \sigma_{21}\Sigma_{11}^{-1}(X - \mu_1))$
$= \mathrm{Var}(Y - \mu_2) - 2\mathrm{Cov}(Y - \mu_2, \sigma_{21}\Sigma_{11}^{-1}(X - \mu_1)) + \mathrm{Var}(\sigma_{21}\Sigma_{11}^{-1}(X - \mu_1))$
$= \sigma_{22} - 2\sigma_{21}\Sigma_{11}^{-1}\sigma_{12} + \sigma_{21}\Sigma_{11}^{-1}\mathrm{Var}(X - \mu_1)\Sigma_{11}^{-1}\sigma_{12}$
$= \sigma_{22} - \sigma_{21}\Sigma_{11}^{-1}\sigma_{12}$

(2.13) (a) 독립 (b) 종속 $\mathrm{Cov}(X,Y) = 1/4$
(c) 종속 $\mathrm{Cov}(X,Y) = 0$ (d) 종속 $\mathrm{Cov}(X,Y) = -1/18$

(2.14) (a) (#2.7)과 같은 방법으로

$$mgf_{1,2}(t_1,t_2) = 6(2-t_2)^{-1}(3-t_1-t_2)^{-1},\ t_2 < 2,\ t_1+t_2 < 3$$

(b) $cgf(t_1,t_2) = -\log(1-t_2/2) - \log(1-(t_1+t_2)/3),\ t_1 < 2,\ t_1+t_2 < 3$

$$-\log(1-A) = A + \frac{1}{2}A^2 + \frac{1}{3}A^3 + \cdots,\ -1 < A < 1\text{을}$$

이용하여 전개하고 정리하면

$$cgf(t_1,t_2) = \frac{1}{3}t_1 + \left(\frac{1}{3} + \frac{1}{2}\right)t_2 + \left(\frac{1}{2}\frac{1}{9}t_1^2 + \frac{1}{9}t_1t_2 + \frac{1}{2}\left(\frac{1}{9} + \frac{1}{4}\right)t_2^2\right) + \cdots,$$

$$|t_1| < 2,\ |t_1 + t_2| < 3$$

이로부터 $\mathrm{Var}(X) = \frac{1}{9}$, $\mathrm{Var}(Y) = \frac{1}{9} + \frac{1}{4}$, $\mathrm{Cov}(X,Y) = \frac{1}{9}$ 이므로

$$\mathrm{Var}(X+Y) = \mathrm{Var}(X) + \mathrm{Var}(Y) + 2\mathrm{Cov}(X,Y) = \frac{25}{36}$$

(c) $mgf_{X,Y-X}(s,t) = mgf_{1,2}(s-t,t) = (1-t/2)^{-1}(1-s/3),\ t < 2, s < 3$

따라서 X와 Z=Y−X는 서로 독립이다.

(2.15) (a) $f_3(z) = \int_0^z \int_0^{x_2} 48x_1x_2z\,dx_1dx_2 I_{(0,1)}(z) = 6z^5 I_{(0,1)}(z)$

$$f_{1,2|3}(x_1,x_2|z) = \frac{8}{z^4}x_1x_2 I_{(0 < x_1 < x_2 < z)}$$

(b) 종속

(2.16) (a) (#2.7)과 같은 방법으로, $t_3/3 < 1$, $(t_2+t_3)/5 < 1$, $(t_1+t_2+t_3)/6 < 1$일 때

$$mgf_{1,2,3}(t_1,t_2,t_3) = (1-t_3/3)^{-1}(1-(t_2+t_3)/5)^{-1}(1-(t_1+t_2+t_3)/6)^{-1}$$

(b) $-\log(1-A) = A + \frac{1}{2}A^2 + \frac{1}{3}A^3 + \cdots,\ -1 < A < 1$을 이용하여

$cgf(t_1,t_2,t_3) = -\log(1-t_3/3) - \log(1-(t_2+t_3)/5) - \log(1-(t_1+t_2+t_3)/5)$

를 전개하고 이차항의 계수를 찾으면

$$\mathrm{Var(X)}=\begin{pmatrix}1/36 & 1/36 & 1/36 \\ & 1/36+1/25 & 1/36+1/25 \\ & & 1/36+1/25+1/9\end{pmatrix}: \text{대칭행렬}$$

(c) $X_1+X_2+X_3=1^t X$ 이므로

$$\mathrm{Var}(X_1+X_2+X_3)=\mathrm{Var}(1^t X)=1^t\mathrm{Var}(X)1=\frac{9}{36}+\frac{4}{25}+\frac{1}{9}$$

(d) $mgf_{X_1,X_2-X_1,X_3-X_2}(s,t,u)=mgf_{1,2,3}(s-t,t-u,u)$

$\therefore mgf_{X_1,X_2-X_1,X_3-X_2}(s,t,u)=(1-u/2)^{-1}(1-t/5)(1-s/6), u<3, t<5, s<6$

따라서 X_1, X_2-X_1, X_3-X_2는 서로 독립이다.

(2.17) (a) $f_1(x)=\int_x^{+\infty}\int_y^{+\infty}90e^{-x-2y-3z}dzdy\mathrm{I}_{(0,+\infty)}(z)=6e^{-6x}\mathrm{I}_{(0,+\infty)}(x)$

$$f_{2,3|1}(x_2,x_3|x)=15e^{5x}e^{-2y-3z}\mathrm{I}_{(x<y<z)}$$

(b) (2.7)과 같은 방법으로, $t_3/3<1$, $(t_2+t_3)/5<1$일 때

$$cgf_{2,3|1}(t_2,t_3|x)=-\log(1-t_3/3)-\log(1-(t_2+t_3)/5)+(t_2+t_3)x$$

이로부터 $-\log(1-A)=A+\frac{1}{2}A^2+\frac{1}{3}A^3+\cdots$, $-1<A<1$을 이용하여 누율생성함수를 전개하고 일차항과 이차항의 계수를 찾으면 평균벡터와 분산행렬을 구할 수 있다.

$$\mathrm{E(Y|X_1)}=\begin{pmatrix}X_1+1/5 \\ X_1+8/15\end{pmatrix},\ \mathrm{Var(Y|X_1)}=\begin{pmatrix}1/25 & 1/25 \\ & 1/25+1/9\end{pmatrix}: \text{대칭행렬}$$

(c) $\mathrm{Var[E(Y|X_1)]}=\mathrm{Var}\left[\begin{pmatrix}X_1+1/5 \\ X_1+8/15\end{pmatrix}\right]=\begin{pmatrix}1/36 & 1/36 \\ & 1/36\end{pmatrix}$: 대칭행렬

$$\mathrm{E[Var(Y|X_1)]}=\begin{pmatrix}1/25 & 1/25 \\ & 1/25+1/9\end{pmatrix}: \text{대칭행렬}$$

3장 여러 가지 확률분포

(3.1) $\binom{n}{x}p^x(1-p)^{n-x}\ge\binom{n}{x-1}p^{x-1}(1-p)^{n-x+1}$

$$\Leftrightarrow\frac{1}{x}p\ge\frac{1}{n-x+1}(1-p)$$

$$\Leftrightarrow(n+1)p\ge x$$

$$\Leftrightarrow[(n+1)p]\ge x$$

(3.2) (Key) $x(x-1)\cdots(x-r+1)\binom{n}{x}=n(n-1)\cdots(n-r+1)\binom{n-r}{x-r}$

$$\sum_{x=0}^{n}x(x-1)\cdots(x-r+1)\binom{n}{x}p^{x}(1-p)^{n-x}$$
$$=n(n-1)\cdots(n-r+1)\sum_{x=r}^{n}\binom{n-r}{x-r}p^{x-r}(1-p)^{n-r-(x-r)}p^{r}$$
$$=n(n-1)\cdots(n-r+1)p^{r}$$

(3.3) $cgf_{\mathrm{B}(n,p)}(t)=n\log(1+p(e^{t}-1))$

$$=\sum_{r=1}^{\infty}\frac{t^{r}}{r!}\left\{n\sum_{k=1}^{r}\sum_{\substack{j_1+\cdots+j_k=r\\ j_i\ge 1}}\binom{r}{j_1\ \cdots\ j_k}\frac{(-1)^{k-1}}{k}p^{k}\right\}$$

$$\therefore\ c_r=n\sum_{k=1}^{r}\sum_{\substack{j_1+\cdots+j_k=r\\ j_i\ge 1}}\binom{r}{j_1\ \cdots\ j_k}\frac{(-1)^{k-1}}{k}p^{k}$$

$$\therefore\ \begin{cases}c_1=np,\ c_2=np(1-p)=\sigma^2\\ c_3=n(p-3p^2+2p^3),\ c_4=n(p-7p^2+12p^3-6p^4)\end{cases}$$

왜도 $c_3/\sigma^3=n^{-1/2}(1-2p)/\sqrt{pq}$, 첨예도 $c_4/\sigma^4=n^{-1}(1/pq-6)$

(3.4) (a) $(\mathrm{X}_1,\cdots,\mathrm{X}_r,n-\mathrm{X}_1-\cdots-\mathrm{X}_r)^t\overset{d}{\equiv}\bigoplus_{i=1}^{n}\mathrm{Multi}_i(1,(p_1,\cdots,p_r,1-p_1-\cdots-p_r)^t)$

$$\overset{d}{\equiv}\mathrm{Multi}_i(\mathrm{n},(p_1,\cdots,p_r,1-p_1-\cdots-p_r)^t)$$

(b) $P(X_1=x_1,\cdots,X_r=x_r|X_{r+1}=x_{r+1},\cdots,X_k=x_k)$

$$=\frac{P(X_1=x_1,\cdots,X_r=x_r,X_{r+1}=x_{r+1},\cdots,X_k=x_k)}{P(X_1=x_1,\cdots,X_r=x_r)}$$

$$=\frac{P(X_1=x_1,\cdots,X_r=x_r,X_{r+1}=x_{r+1},\cdots,X_k=x_k)}{P(X_1=x_1,\cdots,X_r=x_r,n-X_1-\cdots-X_r=n-x_1-\cdots-x_r)}$$

$$=\frac{\binom{n}{x_1,\cdots,x_r,\cdots,x_k}p_1^{x_1}\cdots p_r^{x_r}\cdots p_k^{x_k}}{\binom{n}{x_1,\cdots,x_r,n-x_{\bullet}}p_1^{x_1}\cdots p_r^{x_r}(1-p_{\bullet})^{n-x_{\bullet}}}, x_{\bullet}=x_1+\cdots+x_r, p_{\bullet}=p_1+\cdots+p_r$$

$$=\binom{n-x_{\bullet}}{x_{r+1},\cdots,x_k}\left(\frac{p_{r+1}}{1-p_{\bullet}}\right)^{x_{r+1}}\cdots\left(\frac{p_k}{1-p_{\bullet}}\right)^{x_k}$$

즉, $\mathrm{Multinomial}\left(n-x_{\cdot},\left(\frac{p_{r+1}}{1-p_{\cdot}},\cdots,\frac{p_k}{1-p_{\cdot}}\right)^t\right)$

(3.5)
$$\mathrm{P}(\mathrm{X}>j)=\sum_{x=j+1}^{\infty}q^{x-1}p=q^{j},\ q=1-p$$
$$\mathrm{P}(\mathrm{X}>k+j|\mathrm{X}>k)=\mathrm{P}(\mathrm{X}>k+j)/\mathrm{P}(\mathrm{X}>k)$$

(3.6) $\binom{x-1}{r-1}p^r q^{x-r} \geq \binom{x-2}{r-1}p^r q^{x-1-r}$

$\Leftrightarrow \dfrac{x-1}{x-r}q \geq 1$

$\Leftrightarrow x \leq (r-1)/p+1$

$\Leftrightarrow x \leq [(r-1)/p]+1$

(3.7) $cgf(t) = r\log\{pe^t(1-qe^t)^{-1}\},\ t < -\log q$

$= -r\log(1-p^{-1}(1-e^{-t}))$

$= \sum_{s=1}^{\infty}\dfrac{t^s}{s!}\left\{r\sum_{k=1}^{s}\sum_{\substack{j_1+\cdots+j_k=s \\ j_i \geq 1}}\binom{s}{j_1 \cdots j_k}\dfrac{(-1)^{s+k}}{k}p^{-k}\right\},\ |t| \approx 0$

$\therefore c_s = r\sum_{k=1}^{s}\sum_{\substack{j_1+\cdots+j_k=s \\ j_i \geq 1}}\binom{s}{j_1 \cdots j_k}\dfrac{(-1)^{s+k}}{k}p^{-k}$

$\therefore \begin{cases} c_1 = r/p,\ c_2 = rq/p^2 \\ c_3 = rq(1+q)/p^3,\ c_4 = rq(6q+p^2)/p^4 \end{cases}$

왜도 $c_3/\sigma^3 = r^{-1/2}(1+q)/\sqrt{q}$, 첨예도 $c_4/\sigma^4 = r^{-1}(6+p^2/q)$

(3.8) $W_r = W_1 \oplus (W_2 - W_1) \oplus \cdots \oplus (W_r - W_{r-1})$

$Cov(W_1, W_r) = Cov(W_1, W_r - W_1 + W_1)$

$= Cov(W_1, W_r - W_1) + Cov(W_1, W_1)$

$= Cov(W_1, W_1) = Var(W_1),\ W_1 \sim \text{Geo}(p)$

$= q/p^2$

(3.9) $e^{-\lambda}\lambda^x/x! \geq e^{-\lambda}\lambda^{x-1}/(x-1)!$

$\Leftrightarrow \lambda/x \geq 1$

$\Leftrightarrow x \leq [\lambda]$

(3.10) skewness $c_3/\sigma^3 = 1/\sqrt{\lambda}$

kurtosis $c_4/\sigma^4 = 1/\lambda$

$c_r = \lambda,\ r = 1,2,\cdots$

(3.11) $\text{Poisson}(\lambda_1) \oplus \cdots \oplus \text{Poisson}(\lambda_k) \overset{d}{\equiv} \text{Poisson}(\lambda_1 + \cdots + \lambda_k)$

$\text{Multinomial}(n, (p_1, \cdots, p_k)'),\ p_i = \lambda_i/(\lambda_1 + \cdots + \lambda_k)$

(3.12) (a) $(W_r > t) = (N_t \leq r-1)$

$W_r \sim \text{Gamma}(r, 1/\lambda),\ N_t \sim \text{Poisson}(\lambda t)$

(b) $W_r = W_1 \oplus (W_2 - W_1) \oplus \cdots \oplus (W_r - W_{r-1})$

$Cov(W_1, W_r) = Cov(W_1, W_1),\ W_1 \sim \text{Exp}(1/\lambda)$

$= 1/\lambda^2$

(3.13) $$\mathrm{P}(\mathrm{X} > x) \stackrel{x}{\equiv} e^{-\lambda x},\ x > 0$$

$$\mathrm{P}(\mathrm{X} > x+y | \mathrm{X} > x) = \mathrm{P}(\mathrm{X} > x+y)/\mathrm{P}(\mathrm{X} > x)$$

(3.14) $(\log f(x))' = (\alpha-1)/x - 1/\beta > 0$

$\Leftrightarrow (\alpha-1)/x > 1/\beta$

$\Leftrightarrow x < (\alpha-1)\beta$

(3.15) $$cgf(t) = -\alpha\log(1-\beta t),\ t < 1/\beta$$

$$= \sum_{r=1}^{\infty} \frac{t^r}{r!}(\alpha(r-1)!\beta^r),\ |t| \approx 0$$

$$\therefore\ c_r = \alpha(r-1)!\beta^r$$

$$\therefore \begin{cases} c_1 = \alpha\beta,\ c_2 = \alpha\beta^2 \\ c_3 = 2\alpha\beta^3,\ c_4 = 6\alpha\beta^4 \end{cases}$$

왜도 $c_3/\sigma^3 = 2/\sqrt{\alpha}$, 첨예도 $c_4/\sigma^4 = 6/\alpha$

(3.16) $mgf_X(t) = \sum_{k=0}^{\infty} \frac{E(X^{2k})}{(2k)!} t^{2k} = \sum_{k=0}^{\infty} \frac{1}{k!}(t^2/2)^k = \exp\left(\frac{t^2}{2}\right)$

$$\int_{-\infty}^{\infty} e^{tz} \frac{1}{\sqrt{2\pi}} e^{-\frac{1}{2}z^2} dz = \exp\left(\frac{1}{2}t^2\right),\ -\infty < t < \infty$$

$$\therefore\ pdf_X(x) = \frac{1}{\sqrt{2\pi}} e^{-\frac{1}{2}x^2},\ -\infty < x < \infty$$

(3.17) $$cgf(t) = \mu t + \frac{1}{2}\sigma^2 t^2$$

$$\therefore \begin{cases} c_1 = \mu,\ c_2 = \sigma^2 \\ c_r = 0,\ r = 3, \cdots \end{cases}$$

왜도 $c_3/\sigma^3 = 0$, 첨예도 $c_4/\sigma^4 = 0$

(3.18) (a) $$\mathrm{X} \stackrel{d}{\equiv} \mathrm{Exp}(\mathrm{Z}),\ \mathrm{Z} \sim \mathrm{N}(\mu, \sigma^2)$$

$$\begin{aligned} \mathrm{E}(\mathrm{X}^k) &= \mathrm{E}[\exp(k\mathrm{Z})],\ \mathrm{Z} \sim \mathrm{N}(\mu, \sigma^2) \\ &= mgf_{\mathrm{N}(\mu,\sigma^2)}(k) \\ &= \exp(k\mu + k^2\sigma^2/2) \end{aligned}$$

(b) $$\mathrm{X} \stackrel{d}{\equiv} \mathrm{Exp}(\mathrm{Z}),\ \mathrm{Z} \sim \mathrm{N}(0, 1)$$

$$\begin{aligned} \forall\, t > 0,\ \int_{-\infty}^{\infty} e^{tx} pdf_{\mathrm{X}}(x)dx &= \int_{-\infty}^{\infty} \exp(te^z) \frac{1}{\sqrt{2\pi}} e^{-\frac{1}{2}z^2} dz \\ &\geq \int_{z > \sqrt{12/t}} \exp(te^z) \frac{1}{\sqrt{2\pi}} e^{-\frac{1}{2}z^2} dz \\ &\geq \int_{z > \sqrt{12/t}} \exp(tz)dz/\sqrt{2\pi} \\ &= +\infty \end{aligned}$$

4장 표본분포

(4.1) $Y=\tan X:(-\pi/2,\pi/2)\mapsto(-\infty,\infty)$, $1-1$, *onto*

$$\begin{aligned} pdf_Y(y)&=\frac{1}{\pi}I_{(-\pi/2,\pi/2)}(x)\left|\frac{dy}{dx}\right|^{-1},\ y=\tan x\\ &=\frac{1}{\pi}\frac{1}{\sec^2 x}I_{(-\pi/2,\pi/2)}(x),\ y=\tan x\\ &=\frac{1}{\pi}\frac{1}{1+y^2}I_{(-\infty,\infty)}(y)\end{aligned}$$

(4.2) $u:\begin{cases}Y_1=X_1\\ Y_2=X_2-X_1\end{cases},\ u^{-1}:\begin{cases}x_1=y_1\\ x_2=y_1+y_2\end{cases},\ u:1-1$

$$\begin{aligned} pdf_Y(y_1,y_2)&=2e^{-x_1-x_2}I_{(0<x_1<x_2)}\left|\det\left(\frac{\partial x}{\partial y}\right)\right|\\ &=2e^{-2y_1-y_2}I_{(0<y_1<y_1+y_2)}\\ &=2e^{-2y_1}I_{(0,\infty)}(y_1)e^{-y_2}I_{(0,\infty)}(y_2)\\ &=ft^n(y_1)ft^n(y_2)\end{aligned}$$

Y_1, Y_2는 서로 독립

(4.3) $u:\begin{cases}Y_1=X_1/X_2\\ Y_2=X_2\end{cases},\ u^{-1}:\begin{cases}x_1=y_1y_2\\ x_2=y_2\end{cases},\ u:1-1$

$$\begin{aligned} pdf_Y(y_1,y_2)&=8x_1x_2I_{(0<x_1<x_2<1)}\left|\det\left(\frac{\partial x}{\partial y}\right)\right|\\ &=8y_1y_2^2I_{(0<y_1y_2<y_2<1)}\left|\det\begin{pmatrix}y_2 & 0\\ y_1 & 1\end{pmatrix}\right|\\ &=2y_1I_{(0,1)}(y_1)4y_2^3I_{(0,1)}(y_2)\\ &=ft^n(y_1)ft^n(y_2)\end{aligned}$$

Y_1, Y_2는 서로 독립

(4.4) $u:\begin{cases}Y_1=X_1\\ Y_2=X_2-X_1,\\ Y_3=X_3-X_2\end{cases}\ u^{-1}:\begin{cases}x_1=y_1\\ x_2=y_1+y_2\\ x_3=y_1+y_2+y_3\end{cases},\ u:1-1$

$$\begin{aligned} pdf_Y(y_1,y_2,y_3)&=6e^{-x_1-x_2-x_3}I_{(0\le x_1\le x_2\le x_3)}\left|\det\left(\frac{\partial x}{\partial y}\right)\right|\\ &=6e^{-3y_1-2y_2-y_3}I_{(0\le y_1,0\le y_2,0\le y_3)}\\ &=3e^{-3y_1}I_{(0\le y_1)}2e^{-2y_2}I_{(0\le y_2)}e^{-y_3}I_{(0\le y_3)}\\ &=ft^n(y_1)ft^n(y_2)ft^n(y_3)\end{aligned}$$

Y_1, Y_2, Y_3는 서로 독립

(4.5) $u:\begin{cases} Y_1 = X_1 \\ Y_2 = X_1 + X_2 \\ Y_3 = X_1 + X_2 + X_3 \end{cases}, \; u^{-1}:\begin{cases} x_1 = y_1 \\ x_2 = y_2 - y_1, \; u:1-1 \\ x_3 = y_3 - y_2 \end{cases}$

(a) $$pdf_Y(y_1, y_2, y_3) = e^{-x_1-x_2-x_3} I_{(x_1>0,\, x_2>0,\, x_3>0)} \left|\det\left(\frac{\partial x}{\partial y}\right)\right| = e^{-y_3} I_{(0<y_1<y_2<y_3)}$$

(b) $$pdf_{Y_1,Y_3}(y_1, y_3) = \int_{-\infty}^{\infty} pdf_{Y_1,Y_2,Y_3}(y_1, y_2, y_3)\,dy_2 = \int_{y_1}^{y_3} dy_2 e^{-y_3} I_{(0<y_1<y_3)} = (y_3 - y_1)e^{-y_3} I_{(0<y_1<y_3)}$$

(4.6) $u:\begin{cases} Y_1 = X_1/X_2 \\ Y_2 = X_2 \end{cases}, \; u^{-1}:\begin{cases} x_1 = y_1 y_2 \\ x_2 = y_2 \end{cases}, \; u:1-1$

(a) $$pdf_Y(y_1, y_2) = 2e^{-x_1-x_2} I_{(0<x_1<x_2)} \left|\det\left(\frac{\partial x}{\partial y}\right)\right|$$

$$= 2e^{-y_2(y_1+1)} I_{(0<y_1<1,\, y_2>0)} \left|\det\begin{pmatrix} y_2 & 0 \\ y_1 & 1 \end{pmatrix}\right|$$

$$= 2y_2 e^{-(y_1+1)y_2} I_{(y_2>0)} I_{(0<y_1<1)}$$

$$\therefore\; pdf_{Y_1}(y_1) = \int_{-\infty}^{\infty} pdf_Y(y_1, y_2)\,dy_2 = 2(y_1+1)^{-2}\int_0^{\infty} te^{-t}dt\, I_{(0<y_1<1)} = 2(y_1+1)^{-2} I_{(0<y_1<1)}$$

(b) $$pdf_{2|1}(y_2|y_1) = (y_1+1)^2 y_2 e^{-(y_1+1)y_2} I_{(0,\infty)}(y_2)$$

Given $Y_1 = y_1$, $(y_1+1)\,Y_2 \sim \mathrm{Gamma}(2,1)$

$$\therefore \begin{cases} E((y_1+1)\,Y_2|\,Y_1 = y_1) = 2 \\ Var((y_1+1)\,Y_2|\,Y_1 = y_1) = 2 \end{cases}$$

$$\therefore \begin{cases} E(Y_2|\,Y_1 = y_1) = 2(y_1+1)^{-1} \\ Var(Y_2|\,Y_1 = y_1) = 2(y_1+1)^{-2} \end{cases}$$

(4.7) $u:\begin{cases} Y = X_1 + X_2 \\ Z = X_2 \end{cases}, \; u^{-1}:\begin{cases} x_1 = y - z \\ x_2 = z \end{cases}, \; u:1-1$

$$pdf_{Y,Z}(y, z) = 2e^{-x_1-x_2} I_{(0<x_1<x_2)} \left|\det\left(\frac{\partial(x_1, x_2)}{\partial(y, z)}\right)\right| = 2e^{-y} I_{(0<y-z<z)}$$

$$\therefore\ pdf_{Y}(y)=\int_{-\infty}^{\infty} pdf_{Y,Z}(y,z)dz$$
$$=\int_{y/2}^{y} 2e^{-y}dz \mathrm{I}_{(y>0)}$$
$$=ye^{-y}\mathrm{I}_{(0,\infty)}(y)$$

(4.8) (a) "$y=x^2 \Leftrightarrow x=\pm\sqrt{y}$"

$$pdf_Y(y)=\sum_{x:x^2=y}\frac{1}{4}\mathrm{I}_{(-2,2)}(x)\left|\frac{dy}{dx}\right|^{-1}$$
$$=2\frac{1}{4}\mathrm{I}_{(0,4)}(y)|2\sqrt{y}|^{-1}$$
$$=\frac{1}{4}y^{-1/2}\mathrm{I}_{(0,4)}(y)$$

(b) "$y=x^2 \Leftrightarrow x=\pm\sqrt{y}$"

$$pdf_Y(y)=\sum_{x:x^2=y}\frac{1}{4}\mathrm{I}_{(-1,3)}(x)\left|\frac{dy}{dx}\right|^{-1}$$
$$=\sum_{x:x^2=y}\frac{1}{4}\mathrm{I}_{(-1,3)}(x)|2x|^{-1}$$
$$=2\frac{1}{4}\mathrm{I}_{(0,1)}(y)(2\sqrt{y})^{-1}+\frac{1}{4}\mathrm{I}_{(1,9)}(y)(2\sqrt{y})^{-1}$$
$$=\left(\frac{1}{4}\mathrm{I}_{(0,1)}(y)+\frac{1}{8}\mathrm{I}_{(1,9)}(y)\right)y^{-1/2}\mathrm{I}_{(0,1)}(y)$$

(4.9) (a) 극좌표 형식은 $1-1$, *onto*이므로

$$pdf_{R,\theta}(r,\theta)=pdf_{X_1,X_2}(x_1,x_2)\left|\det\frac{\partial(x_1,x_2)}{\partial(r,\theta)}\right|$$
$$=\frac{1}{\pi}\mathrm{I}_{(0<r<1)}(r)\mathrm{I}_{(0,2\pi)}(\theta)\left|\det\begin{pmatrix}\cos\theta & \sin\theta\\ -r\sin\theta & r\cos\theta\end{pmatrix}\right|$$
$$=2r\mathrm{I}_{(0,1)}(r)\frac{1}{2\pi}\mathrm{I}_{(0,2\pi)}(\theta)$$

(b) $Y_1=R,\ Y_2=\cos\Theta$: $2-1$이므로,

$$pdf_{Y_1,Y_2}(y_1,y_2)=\sum_{\substack{r:r=y_1\\ \theta:\cos\theta=y_2}} pdf_{R,\Theta}(r,\theta)\left|\det\left(\frac{\partial(y_1,y_2)}{\partial(r,\theta)}\right)\right|^{-1}$$
$$=2y_1\mathrm{I}_{(0,1)}(y_1)2\frac{1}{2\pi}\frac{1}{\sqrt{1-y_2^2}}\mathrm{I}_{(-1,1)}(y_2)$$
$$=2y_1\mathrm{I}_{(0,1)}(y_1)\frac{1}{\pi}\frac{1}{\sqrt{1-y_2^2}}\mathrm{I}_{(-1,1)}(y_2)$$

(4.10) $W_1,\ W_2-W_1,\ \cdots,\ W_k-W_{k-1},\ W_{k+1}-W_k \overset{iid}{\sim} \mathrm{Exp}(1/\lambda)$

(a) $(Y_r)_{(1\le r\le k)} \overset{d}{\equiv} \left(\frac{X_r}{X_1\oplus\cdots\oplus X_{k+1}}\right)_{1\le r\le k+1} \sim \mathrm{Dirichlet}(1,\cdots 1,1)$,

$X_r \overset{iid}{\sim} \mathrm{Gamma}(1,1/\lambda)$

(b) $(X, Y-X)$

$$\stackrel{d}{\equiv}\left(\frac{W_2}{W_2\oplus(W_4-W_2)\oplus(W_5-W_4)},\ \frac{W_4-W_2}{W_2\oplus(W_4-W_2)\oplus(W_5-W_4)}\right)$$

$\sim \text{Dirichlet}(2,2,1)$

$(X, Y-X)'=(Z_1, Z_2)$ 라고 하면,

$$pdf_{Z_1,Z_2}(z_1,z_2)=\frac{\Gamma(5)}{\Gamma(2)\Gamma(2)\Gamma(1)}z_1z_2\mathrm{I}_{(z_1>0,z_2>0,z_1+z_2<1)}$$

$$pdf_{X,Y}(x,y)=24z_1z_2\mathrm{I}_{(z_1>0,z_2>0,z_1+z_2<1)}\left|\det\left(\frac{\partial(z_1,z_2)}{\partial(x,y)}\right)\right|$$

$$=24x(y-x)\mathrm{I}_{(0<x<y<1)}$$

(4.11) $\mathrm{X}\stackrel{d}{\equiv}\dfrac{\mathrm{V}_1/r_1}{\mathrm{V}_2/r_2}$, $\mathrm{V}_i\sim\chi^2(r_i)\ \ (i=1,2)$, 서로 독립

$$\mathrm{Y}=\frac{(r_1/r_2)\mathrm{X}}{1+(r_1/r_2)\mathrm{X}}\stackrel{d}{\equiv}\frac{\mathrm{V}_1/\mathrm{V}_2}{1+\mathrm{V}_1/\mathrm{V}_2}\stackrel{d}{\equiv}\frac{\mathrm{V}_1}{\mathrm{V}_1+\mathrm{V}_2},$$

$\mathrm{V}_i\sim\text{Gamma}\left(\frac{r_i}{2},2\right)(i=1,2)$, 서로 독립

$$\therefore\ \mathrm{Y}\sim\text{Beta}\left(\frac{r_1}{2},\frac{r_2}{2}\right)$$

(4.12) (a) $P(\min_{1\le i\le n}X_i\le y)=1-P(\min_{1\le i\le n}X_i>y)$

$$=1-(P(X_1>y))^n$$

$$\therefore\ cdf_Y(y)=1-(1-y^3)^n,\ 0<y<1$$

$$\therefore\ pdf_Y(y)=n3y^2(1-y^3)^{n-1}\mathrm{I}_{(0,1)}(y)$$

(b) $P(\max_{1\le i\le n}X_i\le y)=(P(X_1\le y))^n$

$$\therefore\ cdf_Y(y)=(y^3)^n,\ 0<y<1$$

$$\therefore\ pdf_Y(y)=n(y^3)^{n-1}3y^2\mathrm{I}_{(0,1)}(y)$$

(4.13) (a) $f_{(1),(2),(3)}(x_1,x_2,x_3)=3!(2x_1)(2x_2)(2x_3)\mathrm{I}_{(0<x_1<x_2<x_3<1)}$

$$u:\begin{cases}\mathrm{Y}_1=\mathrm{X}_{(1)}/\mathrm{X}_{(2)}\\ \mathrm{Y}_2=\mathrm{X}_{(2)}/\mathrm{X}_{(3)},\\ \mathrm{Y}_3=\mathrm{X}_{(3)}\end{cases}\ u^{-1}:\begin{cases}x_{(1)}=y_1y_2y_3\\ x_{(2)}=y_2y_3\\ x_{(3)}=y_3\end{cases},\ u:1-1$$

$$0<x_{(1)}<x_{(2)}<x_{(3)}\Leftrightarrow 0<y_1y_2y_3<y_2y_3<y_3<1$$

$$\Leftrightarrow 0<y_1<1,\ 0<y_2<1,\ 0<y_3<1$$

$$\left|\det\left(\frac{\partial(x_{(1)},x_{(2)},x_{(3)})}{\partial(y_1,y_2,y_3)}\right)\right|=\left|\det\begin{pmatrix}y_2y_3 & 0 & 0\\ y_1y_3 & y_3 & 0\\ y_1y_2 & y_2 & 1\end{pmatrix}\right|=y_2y_3^2$$

$$\therefore\ pdf_{\mathrm{Y}}(y_1,y_2,y_3)=48y_1y_2^2y_3^3\mathrm{I}_{(0,1)}(y_1)\mathrm{I}_{(0,1)}(y_2)\mathrm{I}_{(0,1)}(y_3)y_2y_3^2$$

$$=ft^n(y_1)ft^n(y_2)ft^n(y_3)$$

(b) $$\begin{aligned} \mathrm{E}(\mathrm{X}_{(2)}|\mathrm{X}_{(3)}) &= \mathrm{X}_{(3)}\mathrm{E}(\mathrm{X}_{(2)}/\mathrm{X}_{(3)}|\mathrm{X}_{(3)}) \\ &= \mathrm{X}_{(3)}\mathrm{E}(\mathrm{Y}_2) \\ &= \mathrm{X}_{(3)}\int_0^1 y_2 4y_2^3 dy_2 \end{aligned}$$

(4.14)

(a) $f_{(1),\cdots,(n)}(u_1,\cdots,u_n) = n!\mathrm{I}_{(0<u_1<\cdots<u_n<1)}$

$$Y_n \equiv U_{(n)}$$

$$u : \begin{cases} Y_1 = U_{(1)}/U_{(2)} \\ \cdots \\ Y_{n-1} = U_{(n-1)}/U_{(n)} \\ Y_n = U_{(n)} \end{cases}, \quad u^{-1} : \begin{cases} u_{(1)} = y_1 \cdots y_{n-1}y_n \\ \cdots \\ u_{(n-1)} = y_{n-1}y_n \\ u_{(n)} = y_n \end{cases}, \quad u : 1-1$$

$$\begin{aligned} 0 < u_{(1)} <\cdots< u_{(n-1)} < u_{(n)} < 1 &\Leftrightarrow 0 < y_1 \cdots y_{n-1}y_n <\cdots< y_{n-1}y_n < y_n < 1 \\ &\Leftrightarrow 0 < y_1 < 1, \cdots, 0 < y_{n-1} < 1, 0 < y_n < 1 \end{aligned}$$

$$\left| \det\left(\frac{\partial(u_{(1)},\cdots,u_{(n)})}{\partial(y_1,\cdots,y_n)} \right) \right| = \left| \det\begin{pmatrix} y_2 \cdots y_n & 0 & \cdots & 0 \\ \vdots & y_3 \cdots y_n & \cdots & 0 \\ \vdots & \vdots & \vdots & \vdots \\ * & * & \cdots & 1 \end{pmatrix} \right| = y_2 y_3^2 \cdots y_n^{n-1}$$

$$\begin{aligned} \therefore\ pdf_Y(y_1,\cdots,y_{n-1},y_n) &= n!\prod_{r=1}^{n} \mathrm{I}_{(0,1)}(y_r) y_2 y_3^2 \cdots y_n^{n-1} \\ &= \prod_{r=1}^{n} \{ r y_r^{r-1} \mathrm{I}_{(0,1)}(y_r) \} \end{aligned}$$

(b) $pdf_{Y_r}(y) = ry^{r-1}\mathrm{I}_{(0,1)}(y)$

(4.15)

$$(\mathrm{U}_{(r)} > p) = \left(\sum_{i=1}^{n} \mathrm{I}_{(0,p]}(\mathrm{U}_i) \le r-1 \right)$$

$$\mathrm{U}_{(r)} \sim \mathrm{Beta}(r, n-r+1)$$

$$\sum_{i=1}^{n} \mathrm{I}_{(0,p]}(\mathrm{U}_i) \sim \mathrm{B}(n, \mathrm{P}(\mathrm{U}_1 \le p)) = \mathrm{B}(n,p)$$

(4.16) $f_{(1),(n)}(u_1,u_n) = \dfrac{n!}{1!(n-2)!1!} 1 (u_n - u_1)^{n-2} 1 \mathrm{I}_{(0<u_1<u_n<1)}$

$$X \equiv U_{(1)}$$

$$u : \begin{cases} X = U_{(1)} \\ Y = U_{(n)} - U_{(1)} \end{cases}, \quad u^{-1} : \begin{cases} u_{(1)} = x \\ u_{(n)} = x + y \end{cases}, \quad u : 1-1$$

$$0 < u_1 < u_n < 1 \Leftrightarrow x > 0, y > 0, x+y < 1$$

$$\left| \det\left(\frac{\partial(u_{(1)},u_{(n)})}{\partial(x,y)} \right) \right| = \left| \det\begin{pmatrix} 1 & 1 \\ 0 & 1 \end{pmatrix} \right| = 1$$

$$pdf_{X,Y}(x,y) = n(n-1)y^{n-2} I_{(x>0,\, y>0,\, x+y<1)} 1$$

$$\therefore\ pdf_Y(y) = n(n-1)y^{n-2}\int_0^{1-y} dx \mathrm{I}_{(0,1)}(y)$$
$$= n(n-1)y^{n-2}(1-y)\mathrm{I}_{(0,1)}(y)$$

(4.17) $f_{(1),(n)}(x_1,x_n) = n(n-1)e^{-x_1}(e^{-x_1}-e^{-x_n})^{n-2}e^{-x_n}\mathrm{I}_{(0<x_1<x_n)}$

$$\mathrm{X} \equiv \mathrm{X}_{(1)}$$
$$u:\begin{cases}\mathrm{X}=\mathrm{X}_{(1)}\\ \mathrm{Y}=\mathrm{X}_{(n)}-\mathrm{X}_{(1)}\end{cases},\ u^{-1}:\begin{cases}x_{(1)}=x\\ x_{(n)}=x+y\end{cases},\ u:1-1$$
$$0<x_{(1)}<x_{(n)} \Leftrightarrow x>0,\ y>0$$
$$\left|\det\left(\frac{\partial(x_{(1)},x_{(n)})}{\partial(x,y)}\right)\right| = \left|\det\begin{pmatrix}1&1\\0&1\end{pmatrix}\right| = 1$$
$$pdf_{\mathrm{X,Y}}(x,y) = n(n-1)e^{-nx}(1-e^{-y})^{n-2}e^{-y}\mathrm{I}_{(0,\infty)}(x)\,\mathrm{I}_{(0,\infty)}(y)$$
$$\therefore\ pdf_{\mathrm{Y}}(y) = (n-1)e^{-y}(1-e^{-y})^{n-2}\mathrm{I}_{(0,\infty)}(y)$$

(4.18) (a) $Z = -\log(1-U) \sim \mathrm{Exp}(1),\ pdf_Z(z) = e^{-z}\mathrm{I}_{(0,\infty)}(z)$

$$x = \beta z^{1/\alpha} : 1-1, z = (x/\beta)^\alpha$$
$$pdf_X(x) = pdf_Z(z)|dz/dx|$$
$$= \frac{\alpha}{\beta^\alpha}x^{\alpha-1}e^{-x^\alpha/\beta^\alpha}\mathrm{I}_{(0,\infty)}(x)$$

(b) $1-F(x) = P(X>x) = P(Z>x^\alpha/\beta^\alpha) = \exp(-x^\alpha/\beta^\alpha)$

$$\therefore\ \frac{f(x)}{1-F(x)} = \frac{\alpha}{\beta^\alpha}x^{\alpha-1}$$

(4.19) $$\mathrm{X} = \log\frac{\mathrm{U}}{1-\mathrm{U}},\ u = \frac{e^x}{1+e^x},\ u:1-1$$
$$0<u<1 \Leftrightarrow -\infty<x<\infty$$
$$pdf_{\mathrm{X}}(x) = \mathrm{I}_{(0,1)}(u)|du/dx| = \frac{e^x}{(1+e^x)^2}\mathrm{I}_{(-\infty,\infty)}(x)$$

(4.20) $\Theta = (U-1/2)\pi \sim \mathrm{U}(-\pi/2,\pi/2)$

$$X = \tan\Theta(-\pi/2<\theta<\pi/2) : \theta = Tan^{-1}(x),\ 1-1$$
$$\left|\frac{dx}{d\theta}\right| = |\sec^2\theta| = 1+x^2$$
$$pdf_X(x) = \mathrm{I}_{(-\pi/2,\pi/2)}(\theta)\left|\frac{dx}{d\theta}\right|^{-1}$$
$$= \frac{1}{1+x^2}\mathrm{I}_{(-\infty,\infty)}(x)$$

(4.21) $\mathrm{U}_r \overset{iid}{\sim} \mathrm{U}(0,1)(r=1,\cdots,n)$

$$-\log(1-\mathrm{U}_r) \overset{iid}{\sim} \mathrm{Exp}(1)(r=1,\cdots,n)$$

(a) $(\mathrm{U}_r)_{1\le r\le n}\overset{d}{\equiv}(1-\mathrm{U}_r)_{1\le r\le n}$

$(\mathrm{U}_{(r)})_{1\le r\le n}\overset{d}{\equiv}(1-\mathrm{U}_{(n-r+1)})_{1\le r\le n}$

$(-\log\mathrm{U}_{(r)})_{1\le r\le n}\overset{d}{\equiv}(-\log(1-\mathrm{U}_{(n-r+1)}))_{1\le r\le n}$

(b) $(-\log(1-\mathrm{U}_{(r)}))_{1\le r\le n}\overset{d}{\equiv}\left(\frac{1}{n}\mathrm{Z}_1+\cdots+\frac{1}{n-r+1}\mathrm{Z}_r\right)_{1\le r\le n}$,

$\mathrm{Z}_r\overset{iid}{\sim}\mathrm{Exp}(1)$

$$\therefore\ (-\log\mathrm{U}_{(r)})_{1\le r\le n}\overset{d}{\equiv}(-\log(1-\mathrm{U}_{(n-r+1)}))_{1\le r\le n}$$
$$\overset{d}{\equiv}\left(\frac{1}{n}\mathrm{Z}_1+\cdots+\frac{1}{n-(n-r+1)+1}\mathrm{Z}_{n-r+1}\right)_{1\le r\le n}$$

`(c) $(-\log\mathrm{U}_{(r)}/\mathrm{U}_{(r+1)})_{1\le r\le n}$

$\overset{d}{\equiv}\left\{\left(\frac{1}{n}\mathrm{Z}_1+\cdots+\frac{1}{r}\mathrm{Z}_{n-r+1}\right)-\left(\frac{1}{n}\mathrm{Z}_1+\cdots+\frac{1}{r+1}\mathrm{Z}_{n-r}\right)\right\}_{1\le r\le n}$

$=\left(\frac{1}{r}\mathrm{Z}_{n-r+1}\right)_{1\le r\le n}$

$$\therefore\ (-\log[\mathrm{U}_{(r)}/\mathrm{U}_{(r+1)}]^r)_{1\le r\le n}\overset{d}{\equiv}(\mathrm{Z}_{n-r+1})_{1\le r\le n}$$

(d) $((\mathrm{U}_{(r)}/\mathrm{U}_{(r+1)})^r)_{1\le r\le n}\overset{d}{\equiv}(\exp(-\mathrm{Z}_{n-r+1}))_{1\le r\le n}$, $\mathrm{Z}_r\overset{iid}{\sim}\mathrm{Exp}(1)$

$\overset{d}{\equiv}(1-\mathrm{U}_r)_{1\le r\le n}$, $\mathrm{U}_r\overset{iid}{\sim}\mathrm{U}(0,1)$

$\overset{d}{\equiv}(\mathrm{U}_r)_{1\le r\le n}$, $\mathrm{U}_r\overset{iid}{\sim}\mathrm{U}(0,1)$

(4.22) (1) $\exp\left\{\frac{1}{2}(x^2+y^2-2)\right\}\ge 1+\frac{1}{2}(x^2+y^2-1)=\frac{1}{2}(x^2+y^2)\ge xy$

$$\therefore\ f(x,y)\ge 0,\ \forall x,\ \forall y$$

(2) $f(x,y)=\phi(x)\phi(y)+xy\phi(\sqrt{2}x)\phi(\sqrt{2}y)e$, $\phi(z)=\frac{1}{\sqrt{2\pi}}e^{-\frac{1}{2}z^2}$

$\therefore\int_{-\infty}^{\infty}f(x,y)dx=\phi(y)\left(\because\int_{-\infty}^{\infty}\phi(x)dx=1,\int_{-\infty}^{\infty}x\phi(\sqrt{2}x)dx=0\right)$

$$\therefore\int_{-\infty}^{\infty}\int_{-\infty}^{\infty}f(x,y)dxdy=\int_{-\infty}^{\infty}\phi(y)dy=1$$

(4.23) $u:\begin{cases}\cos\Theta_1=\mathrm{X}_1/\sqrt{\mathrm{X}_1^2+\mathrm{X}_2^2},\ \sin\Theta_1=\mathrm{X}_2/\sqrt{\mathrm{X}_1^2+\mathrm{X}_2^2},\ 0\le\theta_1\le 2\pi\\ \cos\Theta_2=\mathrm{X}_3/\sqrt{\mathrm{X}_1^2+\mathrm{X}_2^2+\mathrm{X}_3^2},\ 0\le\theta_2\le\pi\\ \mathrm{R}=\sqrt{\mathrm{X}_1^2+\mathrm{X}_2^2+\mathrm{X}_3^2}\end{cases}$

$$u^{-1}:\begin{cases}x_1 = r\cos\theta_1\sin\theta_2\\ x_2 = r\sin\theta_1\sin\theta_2,\ u:1-1\\ x_3 = r\cos\theta_2\end{cases}$$

$$\left|\det\left(\frac{\partial(x_1,x_2,x_3)}{\partial(r,\theta_1,\theta_2)}\right)\right| = \left|\det\begin{pmatrix}\cos\theta_1\sin\theta_2 & \sin\theta_1\sin\theta_2 & \cos\theta_2\\ -r\sin\theta_1\sin\theta_2 & r\cos\theta_1\sin\theta_2 & 0\\ r\cos\theta_1\cos\theta_2 & r\sin\theta_1\cos\theta_2 & -r\sin\theta_2\end{pmatrix}\right| = r^2\sin\theta_2$$

(참조: 부록 Ⅱ의 행렬식)

$pdf_{\mathrm{R},\Theta_1,\Theta_2}(r,\theta_1,\theta_2)$

$$= (2\pi)^{-3/2}\exp\left\{-\frac{1}{2}(x_1^2+x_2^2+x_3^2)\right\}\left|\det\left(\frac{\partial(x_1,x_2,x_3)}{\partial(r,\theta_1,\theta_2)}\right)\right|$$

$$= \frac{2}{\sqrt{2\pi}}r^2e^{-\frac{1}{2}r^2}\mathrm{I}_{[0,\infty)}(r)\frac{1}{2\pi}\mathrm{I}_{[0,2\pi)}(\theta_1)\frac{1}{2}\sin\theta_2\mathrm{I}_{[0,\pi)}(\theta_2)$$

$\mathrm{R},\Theta_1,\Theta_2$: 서로 독립

$$\begin{cases}\mathrm{R}^2 \sim \chi^2(3);(pdf)\dfrac{1}{\Gamma(3/2)2^{3/2}}(r^2)^{3/2-1}e^{-\frac{r^2}{2}}d(r^2)\\ \Theta_1 \ \sim \mathrm{U}[0,2\pi)\\ \cos\Theta_2 \sim \mathrm{U}(-1,1];(pdf)\dfrac{1}{2}\mathrm{I}_{(-1,1]}|d\cos\theta_2|\end{cases}$$

(4.24) (a) $A=\begin{pmatrix}1 & -1 & 1\\ 2 & 1 & -1\end{pmatrix},\ A\mu=\begin{pmatrix}2\\1\end{pmatrix},\ A\Sigma A^t=\begin{pmatrix}5&1\\1&2\end{pmatrix},\ Y\sim \mathrm{N}\left(\begin{pmatrix}2\\1\end{pmatrix},\begin{pmatrix}5&1\\1&2\end{pmatrix}\right)$

(b)
$$\begin{pmatrix}1\\2\end{pmatrix}+\begin{pmatrix}0\\1\end{pmatrix}2^{-1}(x_3-3)=\begin{pmatrix}1\\x_3/2+1/2\end{pmatrix}$$

$$\begin{pmatrix}1&-1\\-1&2\end{pmatrix}-\begin{pmatrix}0\\1\end{pmatrix}2^{-1}(0\ \ 1)=\begin{pmatrix}1&-1\\-1&3/2\end{pmatrix}$$

$$\begin{pmatrix}X_1\\X_2\end{pmatrix}|X_3=x_3 \sim \mathrm{N}\left(\begin{pmatrix}1\\x_3/2+1/2\end{pmatrix},\begin{pmatrix}1&-1\\-1&3/2\end{pmatrix}\right)$$

(4.25) <예 4.4.8>에서와 같이,

$$(1,x_1)\frac{\sigma^2}{\mathrm{S}_{xx}}\begin{pmatrix}\sum x_{i1}^2/n & -\overline{x_1}\\ -\overline{x_1} & 1\end{pmatrix}\begin{pmatrix}1\\x_1\end{pmatrix}=\left(\frac{1}{n}+\frac{(x_1-\overline{x_1})^2}{\mathrm{S}_{xx}}\right)\sigma^2\ \widehat{\beta_0}+\widehat{\beta_1}x_1=(1,x_1)\hat{\beta},\ \hat{\beta}=(\widehat{\beta_0},\widehat{\beta_1})^t$$

$$(1,x_1)\beta=\beta_0+\beta_1x_1,\ \beta=(\beta_0,\beta_1)^t$$

$$\therefore\begin{cases}\widehat{\beta_0}+\widehat{\beta_1}x_1\sim \mathrm{N}\left(\beta_0+\beta_1x_1,\left(\dfrac{1}{n}+\dfrac{(x_1-\overline{x_1})^2}{\mathrm{S}_{xx}}\right)\sigma^2\right)\\ (n-2)\widehat{\sigma^2}/\sigma^2\sim\chi^2(n-2)\end{cases}$$

($\widehat{\beta_0}+\widehat{\beta_0}x_1$와 $(n-2)\widehat{\sigma^2}/\sigma^2$)은 서로 독립)

(4.26) (a) $\mathrm{X}_i-\overline{\mathrm{X}}=\sigma_1(\mathrm{Z}_i-\overline{\mathrm{Z}})$

$\mathrm{Y}_i-\overline{\mathrm{Y}}=\sigma_2\left\{\rho(\mathrm{Z}_i-\overline{\mathrm{Z}})+\sqrt{1-\rho^2}(\mathrm{W}_i-\overline{\mathrm{W}})\right\}\ (i=1,\cdots,n)$

임을 이용하여 계산하면 된다.

(b) $S_{WW} = W'\{I - 1(1'1)^{-1}1'\}W$, $S_{ZW}/\sqrt{S_{ZZ}} = T'W$, $T'T = 1$

(c) 예 4.4.3과 다변량 정규분포의 성질 (5)로부터

$$X_i \sim N(\mu_1, \sigma_1^2),\ Y_i - \mu_2 - \rho\sigma_2(X_i - \mu_1)/\sigma_1 \sim N(0, \sigma_2^2(1-\rho^2))$$

$$X_i \perp (Y_i - \mu_2 - \rho\sigma_2(X_i - \mu_1)/\sigma_1)$$

따라서 $(Z_1, \cdots, Z_n)'$ 과 $(W_1, \cdots, W_n)'$ 이 서로 독립이다.

이로부터 $(i), (ii), (iii)$은 $Z = (Z_1, \cdots, Z_n)'$ 가 주어진 조건부분포를 생각하여 다변량 정규분포의 성질 (6)과 (2)를 차례로 적용하면 밝힐 수 있다.

(d) 이는 (a)의 표현에 (c)를 적용하면 명백하다.

5장 표본분포의 근사

(5.1) $$P(20 < X < 40) = P\left(-1.5 < \frac{X-32}{\sqrt{64}} < 1\right)$$
$$\simeq \Phi(1) - \Phi(-1.5)$$
$$= 0.8413 - (1 - 0.9332)$$
$$= 0.7745$$

R-code: pchisq(40,32)-pchisq(20,32)=0.8435-0.0487=0.7947

(5.2) (a) $$P(19 < X \le 33) = P\left(-1.2 < \frac{X-25}{\sqrt{25}} \le 1.6\right)$$
$$\simeq \Phi(1.6) - \Phi(-1.2) = 0.9452 - (1 - 0.8849)$$
$$= 0.8301$$

(b) $$P(19.5 < X < 33.5) = P\left(-1.1 < \frac{X-25}{\sqrt{25}} < 1.7\right)$$
$$\simeq \Phi(1.7) - \Phi(-1.1)$$
$$= 0.9554 - (1 - 0.8643)$$
$$= 0.8197$$

R-code: ppois(33,25) − ppois(19,25) = 0.9502 − 0.1336 = 0.8166

(5.3) $$n(Y_n - \theta) \sim \mathrm{Exp}(1)$$
$$EY_n = \theta + 1/n,\ \mathrm{Var}(Y_n) = 1/n^2$$
$$\therefore \lim_{n\to\infty} EY_n = \theta,\ \lim_{n\to\infty}\mathrm{Var}(Y_n) = 0$$
$$\therefore \mathop{\mathrm{plim}}_{n\to\infty} Y_n = \theta$$

(5.4) $P(Y_n \leq y) = (P(X_1 \leq y))^n = (1-(1-y)^\alpha)^n,\ 0<y<1$

$$\therefore \lim_{n\to\infty} P(n^{1/\alpha}(1-Y_n) \leq y) = 1-\exp(-y^\alpha),\ y>0$$

극한분포의 확률밀도함수는

$$f(y) = \alpha y^{\alpha-1}\exp(-y^\alpha) I_{(0,\infty)}(y)$$

(5.5)
$$P(Y_n \leq y) = (P(X_1 \leq y))^n = (1-y^{-\alpha})^n$$

$$P(n^{-1/\alpha}Y_n \leq y) = \left(1-\frac{y^{-\alpha}}{n}\right)^n$$

$$\therefore \lim_{n\to\infty} P(n^{-1/\alpha}Y_n \leq y) = \exp(-y^{-\alpha}),\ y>0$$

극한분포의 확률밀도함수는

$$f(y) = \alpha y^{-\alpha-1}\exp(-y^{-\alpha}) I_{(0,\infty)}(y)$$

(5.6) $P(Y_n \leq y) = (P(X_1 \leq y))^n = (1-e^{-y})^n$

$$P(Y_n - \log n \leq y) = \left(1-\frac{e^{-y}}{n}\right)^n$$

$$\therefore \lim_{n\to\infty} P(Y_n - \log n \leq y) = \exp(-e^{-y}),\ y>0$$

극한분포의 확률밀도함수는

$$f(y) = e^{-y}\exp(-e^{-y}) I_{(0,\infty)}(y)$$

(5.7) $P(Y_n \leq y) = 1-(P(Y_1 > y))^n = 1-(1-y^\alpha)^n,\ 0<y<1$

$$\therefore \lim_{n\to\infty} P(n^r Y_n \leq y) = \begin{cases} 1, & 0<r\alpha<1 \\ 1-\exp(-y^\alpha), & r\alpha=1 \\ 0, & r\alpha>1 \end{cases}$$

(i) $0<r<1/\alpha$일 때, $n^r Y_n \xrightarrow[n\to\infty]{d} 0$

(ii) $r=1/\alpha$일 때, 극한분포의 확률밀도함수는

$$\alpha y^{\alpha-1}\exp(-y^\alpha) I_{(0,\infty)}(y)$$

(5.8) (a) $\text{Beta}(\alpha,\beta)$의 평균 $\dfrac{\alpha}{\alpha+\beta}$, 분산 $\dfrac{\alpha\beta}{(\alpha+\beta)^2(\alpha+\beta+1)}$

$$X_n \sim \text{Beta}(1,n),\ Y_n \sim \text{Beta}(n,1)$$

(i) $EX_n = \dfrac{1}{n+1}$, $\text{Var}(X_n) = \dfrac{n}{(n+1)^2(n+2)}$

$$\lim_{n\to\infty} EX_n = 0,\ \lim_{n\to\infty} \text{Var}Y_n = 0$$

(ii) $EY_n = \dfrac{n}{n+1}$, $\text{Var}(X_n) = \dfrac{n}{(n+1)^2(n+2)}$

$$\lim_{n\to\infty} EY_n = 1,\ \lim_{n\to\infty} \text{Var}Y_n = 0$$

$$\therefore \underset{n\to\infty}{\text{plim}} X_n = 0,\ \underset{n\to\infty}{\text{plim}} Y_n = 1 \text{ 즉, } \underset{n\to\infty}{\text{plim}}(X_n, Y_n)^t = (0,1)^t$$

(b) (4.16)에서 R_n의 확률밀도함수는

$$pdf_{R_n}(y) = n(n-1)y^{n-2}(1-y)I_{(0,1)}(y)$$

$$\therefore P(R_n \le y) = ny^{n-1}(1-y) + y^n,\ 0 < y < 1$$

$$\therefore \lim_{n\to\infty} P(n(1-R_n) \le y) = 1 - ye^{-y} - e^{-y},\ y > 0$$

극한 분포의 확률밀도함수는 $ye^{-y}I_{(0,\infty)}(y)$

(5.9) Z의 누적분포함수를 F라고 하고

$$x_j = \inf\{x : F(x) \ge j/k\},\ j = 1,\cdots,k-1,\ k = 1,2,\cdots$$

라고 하면, F가 연속함수이므로

$$F(x_j) = j/k,\ j = 1,\cdots,k-1$$

$x_j \le x < x_{j+1}(j = 0,\cdots,k-1,\ x_0 \equiv -\infty,\ x_k \equiv +\infty)$인 경우에

$$F_n(x_j) \le F_n(x) \le F_n(x_{j+1})$$

$$F(x_{j+1}) - 1/k = F(x_j) \le F(x) \le F(x_{j+1}) = F(x_j) + 1/k$$

$$\therefore F_n(x_j) - F(x_j) - 1/k \le F_n(x) - F(x) \le F_n(x_{j+1}) - F(x_{j+1}) + 1/k$$

$$\therefore \sup_{x_j \le x < x_{j+1}} |F_n(x) - F(x)| \le |F_n(x_j) - F(x_j)| \vee |F_n(x_{j+1}) - F(x_{j+1})| + 1/k$$

$$\therefore \sup_{-\infty < x < \infty} |F_n(x) - F(x)| = \max_{0 \le j \le k-1} \sup_{x_j \le x < x_{j+1}} |F_n(x) - F(x)|$$

$$\le \max_{1 \le j \le k-1} |F_n(x_j) - F(x_j)| + 1/k$$

$$\therefore \lim_{n\to\infty} \sup_{-\infty < x < \infty} |F_n(x) - F(x)| \le \lim_{n\to\infty} \max_{1 \le j \le k-1} |F_n(x_j) - F(x_j)| + 1/k$$

$$\le \max_{1 \le j \le k-1} \lim_{n\to\infty} |F_n(x_j) - F(x_j)| + 1/k$$

한편, $X_n \xrightarrow[n\to\infty]{d} Z$이고 Z의 누적분포함수가 연속함수이므로

$$\lim_{n\to\infty} |F_n(x_j) - F(x_j)| = 0,\ j = 1,\ \cdots, k-1$$

$$\therefore \lim_{n\to\infty} \sup_{-\infty < x < \infty} |F_n(x) - F(x)| \le 1/k,\ \forall k = 1,2,\cdots$$

$$\therefore \lim_{n\to\infty} \sup_{-\infty < x < \infty} |F_n(x) - F(x)| = 0$$

(5.10) (a) $(|X_n + Y_n| > k) \subset (|X_n| > k/2) \cup (|Y_n| > k/2)$

$$P(|X_n + Y_n| > k) \le P(|X_n| > k/2) + P(|Y_n| > k/2)$$

$$\sup_n P(|X_n + Y_n| > k) \le \sup_n P(|X_n| > k/2) + \sup_n P(|Y_n| > k/2)$$

(b) $(|X_n Y_n| > k) \subset (|X_n| > \sqrt{k}) \cup (|Y_n| > \sqrt{k})$

$$\sup_n P(|X_nY_n| > k) \le \sup_n P(|X_n| > \sqrt{k}) + \sup_n P(|Y_n| > \sqrt{k})$$

(c) $(|Z_nX_n| > \epsilon) \subset (|X_n| \le k, |Z_nX_n| > \epsilon) \cup (|X_n| > k, |Z_nX_n| > \epsilon)$

$$\subset (|Z_n| > \epsilon/k) \cup (|X_n| > k)$$

$$P(|Z_nX_n| > \epsilon) \le P(|Z_n| > \epsilon/k) + \sup_n P(|X_n| > k)$$

$$\lim_{n\to\infty} P(|Z_nX_n| > \epsilon) \le \sup_n P(|X_n| > k) \underset{k\to\infty}{\to} 0$$

(d) $X_n = o_p(1)$

$\Rightarrow \forall k_0 > 0, \forall \epsilon > 0, \exists N = N(k_0, \epsilon) : (n > N \to P(|X_n| > k_0) < \epsilon)$

한편,

$\lim_{x\to\infty} P(|X_1| > x) = 0, \cdots, \lim_{x\to\infty} P(|X_N| > x) = 0$

$\Rightarrow \forall \epsilon > 0, \exists k_1 : P(|X_1| > k_1) < \epsilon, \cdots, \exists k_N : P(|X_N| > k_N) < \epsilon$

$K = \max\{k_0, k_1, \cdots, k_n\}$이라고 하면,

$$\max_{1 \le n \le N} P(|X_n| > K) \le \max_{1 \le n \le N} P(|X_n| > k_n) < \epsilon$$

$$\sup_{n > N} P(|X_n| > K) \le \sup_{n > N} P(|X_n| > k_0) < \epsilon$$

$$\therefore k \ge K \to \sup_n P(|X_n| > k) \le \sup_n P(|X_n| > K) \le \epsilon$$

(5.11) $X_n \underset{n\to\infty}{\overset{d}{\to}} Z$이고, X_n, Z의 누적분포함수가 연속함수이므로

$$\lim_{n\to\infty} P(|X_n| > k) = P(|Z| > k) \quad \forall k > 0$$

또한, $\lim_{k\to\infty} P(|Z| > k) = 0$이므로

$$\forall \epsilon, \ \exists k_0 = k_0(\epsilon) : P(|Z| > k_0) < \epsilon/2$$

$$\exists N = N(k_0, \epsilon) : n > N \to |P(|X_n| > k_0) - P(|Z| > k_0)| < \epsilon/2$$

$$\therefore \sup_{n > N} P(|X_n| > k_0) \le P(|Z| > k_0) + \epsilon/2 < \epsilon$$

한편, $\lim_{x\to\infty} P(|X_1| > x) = 0, \cdots, \lim_{x\to\infty} P(|X_N| > x) = 0$

$$\Rightarrow \forall \epsilon > 0, \ \exists k_1 : P(|X_1| > k_1) < \epsilon, \cdots, \exists k_N : P(|X_N| > k_N) < \epsilon$$

$K = \max\{k_0, k_1, \cdots, k_N\}$이라고 하면,

$$\max_{1 \le n \le N} P(|X_n| > K) \le \max_{1 \le n \le N} P(|X_n| > k_n) < \epsilon$$

$$\sup_{n > N} P(|X_n| > K) \le \sup_{n > N} P(|X_n| > k_0) < \epsilon$$

$$\therefore k \ge K \to \sup_n P(|X_n| > k) \le \sup_n P(|X_n| > K) \le \epsilon$$

(5.12) 중심극한정리로부터

$$\sqrt{n}(\overline{X}_n - \lambda) \underset{n\to\infty}{\overset{d}{\to}} N(0, \lambda)$$

함수 g가 미분 가능한 함수이면

$$\sqrt{n}(g(\overline{X}_n)-g(\lambda)) \underset{n\to\infty}{\overset{d}{\to}} N(0,(\dot{g}(\lambda))^2\lambda)$$

그런데

$$\dot{g}(\lambda)=1/\sqrt{\lambda}$$

는 미분 가능한 함수 $g(\lambda)=2\sqrt{\lambda}$에 의해 만족되므로

$$2\sqrt{n}(\sqrt{\overline{X}_n}-\sqrt{\lambda}) \underset{n\to\infty}{\overset{d}{\to}} N(0,1)$$

$$\lim_{n\to\infty} P(\sqrt{\lambda}\in\sqrt{\overline{X}_n}\pm z_{\alpha/2}/(2\sqrt{n}))=1-\alpha$$

$$\therefore \lim_{n\to\infty} P(\lambda\in(\sqrt{\overline{X}_n}\pm z_{\alpha/2}/(2\sqrt{n}))^2)=1-\alpha$$

(5.13) 중심극한정리로부터

$$\sqrt{n}(\hat{p}_n-p) \underset{n\to\infty}{\overset{d}{\to}} N(0,p(1-p))$$

함수 g가 미분가능한 함수이면,

$$\sqrt{n}(g(\hat{p}_n)-g(p)) \underset{n\to\infty}{\overset{d}{\to}} N(0,(\dot{g}(p))^2 p(1-p))$$

그런데

$$\dot{g}(p)=1/\sqrt{p(1-p)}$$

를 풀기 위하여 $\sqrt{p}=\sin\theta\,(0<\theta<\pi/2)$라고 하면

$$\frac{d}{d\theta}g(p)=\frac{dp}{d\theta}\frac{d}{dp}g(p)=2\sin\theta\cos\theta\frac{1}{\sin\theta\sqrt{1-\sin^2\theta}}=2$$

따라서

$$g(p)=2\theta=\sin^{-1}\sqrt{p}$$

는 미분가능한 함수로서 $\dot{g}(p)=1/\sqrt{p(1-p)}$를 만족시킨다.

$$\therefore 2\sqrt{n}(\sin^{-1}\sqrt{\hat{p}_n}-\sin^{-1}\sqrt{p}) \underset{n\to\infty}{\overset{d}{\to}} N(0,1)$$

$$\lim_{n\to\infty} P(\sin^{-1}\sqrt{p}\in\sin^{-1}\sqrt{\hat{p}_n}\pm z_{\alpha/2}/(2\sqrt{n}))=1-\alpha$$

$$\therefore \lim_{n\to\infty} P\left(p\in\left[\sin(\sin^{-1}\sqrt{\hat{p}_n}\pm z_{\alpha/2}/(2\sqrt{n}))\right]^2\right)=1-\alpha$$

(5.14) (a) $W_r=W_1\oplus(W_2-W_1)\oplus\cdots\oplus(W_r-W_{r-1})$이고

$W_1, W_2-W_1, ..., W_r-W_{r-1} \overset{iid}{\approx} Geo(p)$

따라서 중심극한정리에 의해 $\sqrt{r}(W_r/r-1/p)\overset{d}{\to}N(0,(1-p)/p^2)$

$g(x)=1/x$으로 일차근사하면

$$\sqrt{r}(\hat{p}_r-p)\overset{d}{\to}-p^2N(0,(1-p)/p^2)\overset{d}{\equiv}N(0,p^2(1-p))$$

(b) $\sqrt{r}\,(g(\hat{p_r})-g(p))\xrightarrow{d}\dot{g}(p)N(0,p^2(1-p))$ 이므로

$\dot{g}(p)=\dfrac{1}{p\sqrt{1-p}}$ 을 만족해야한다. 즉, 구하는 분산안정변환은

$$\begin{aligned} g(p) &= \int \frac{1}{p\sqrt{1-p}}dp = \int \frac{1}{(1-t^2)t}(-2tdt) = -\int\left(\frac{1}{1-t}+\frac{1}{1+t}\right)dt \\ &= \log(1-t)-\log(1+t) \\ &= \log\frac{1-\sqrt{1-p}}{1+\sqrt{1-p}} \end{aligned}$$

(5.15) (a) $$\begin{aligned} cgf_{Y_n}(s) &= \sum_{k=1}^{r_n} cgf_{Z_k}\left(\frac{1}{n-k+1}s\right) \\ &= \sum_{k=1}^{r_n}\left\{-\log\left(1-\frac{s}{n-k+1}\right)\right\} \\ &= \sum_{k=1}^{r_n}\left\{\frac{s}{n-k+1}+\frac{1}{2}\left(\frac{s}{n-k+1}\right)^2+\cdots\right\} \\ &\sim \frac{1}{n}\sum_{k=1}^{r_n}\frac{1}{1-(k-1)/n}s+\frac{s^2}{2n}\frac{1}{n}\sum_{k=1}^{r_n}\frac{1}{(1-(k-1)/n)^2} \\ &\sim s\int_0^\alpha \frac{1}{1-x}dx+\frac{s^2}{2n}\int_0^\alpha\frac{1}{(1-x)^2}dx \\ &= -s\log(1-\alpha)+\frac{s^2}{2n}\frac{\alpha}{1-\alpha} \end{aligned}$$

(b) $W_n=a_nY_n+b_n$,

$a_n=\sqrt{n}/\sqrt{\alpha/(1-\alpha)}$, $b_n=\sqrt{n}(\log(1-\alpha))/\sqrt{\alpha/(1-\alpha)}$

$$mgf_{W_n}(t)=mgf_{Y_n}(a_nt)\exp(b_nt)$$
$$cgf_{W_n}(t)=cgf_{Y_n}(a_nt)+(b_nt)$$

(c) $$\begin{aligned} cgf_{W_n} &\sim -s\log(1-\alpha)+\frac{s^2}{2n}\frac{\alpha}{1-\alpha}+b_nt,\ s=a_nt \\ &\sim \frac{1}{2}t^2 \end{aligned}$$

(5.16) $$Y_n=\begin{pmatrix}\dfrac{1}{n}Z_1+\cdots+\dfrac{1}{n-r_n+1}Z_{r_n} \\ \dfrac{1}{n}Z_1+\cdots+\dfrac{1}{n-s_n+1}Z_{s_n}\end{pmatrix}$$

$$EY_{1n}\sim-\log(1-\alpha),\ Var(Y_{1n})\sim\frac{1}{n}\frac{\alpha}{1-\alpha}$$

$$EY_{2n}\sim-\log(1-\beta),\ Var(Y_{2n})\sim\frac{1}{n}\frac{\beta}{1-\beta}$$

$$Cov(Y_{1n},Y_{2n})=Var(Y_{1n})\sim\frac{1}{n}\frac{\alpha}{1-\alpha}$$

$$\sqrt{n}(\mathrm{Y}_n-\mu)\underset{n\to\infty}{\overset{d}{\to}}\mathrm{N}(0,\Sigma),\ \mu=\begin{pmatrix}-\log(1-\alpha)\\-\log(1-\beta)\end{pmatrix},\ \Sigma=\begin{pmatrix}\frac{\alpha}{1-\alpha} & \frac{\alpha}{1-\alpha}\\ \frac{\alpha}{1-\alpha} & \frac{\beta}{1-\beta}\end{pmatrix}$$

$$\begin{pmatrix}\mathrm{X}_{(r_n)}\\ \mathrm{X}_{(s_n)}\end{pmatrix}\overset{d}{\equiv}\begin{pmatrix}h(\frac{1}{n}\mathrm{Z}_1+\cdots+\frac{1}{n-r_n+1}\mathrm{Z}_{r_n})\\ h(\frac{1}{n}\mathrm{Z}_1+\cdots+\frac{1}{n-s_n+1}\mathrm{Z}_{s_n})\end{pmatrix},\ h(y)=\mathrm{F}^{-1}(1-e^{-y})$$

$$\sqrt{n}\left(\begin{pmatrix}\mathrm{X}_{(r_n)}\\ \mathrm{X}_{(s_n)}\end{pmatrix}-\begin{pmatrix}\xi_\alpha\\ \xi_\beta\end{pmatrix}\right)\underset{n\to\infty}{\overset{d}{\to}}(\dot{g})^t\mathrm{N}(0,\Sigma)=\mathrm{N}(0,(\dot{g})^t\Sigma\dot{g})$$

$$\xi_\alpha=\mathrm{F}^{-1}(\alpha),\ \xi_\beta=\mathrm{F}^{-1}(\beta),\ \dot{g}=\begin{pmatrix}(1-\alpha)/f(\xi_\alpha) & 0\\ 0 & (1-\beta)/f(\xi_\beta)\end{pmatrix}$$

$$(\dot{g})^t\Sigma\dot{g}=\begin{pmatrix}\alpha(1-\alpha)/f^2(\xi_\alpha) & \alpha(1-\beta)/(f(\xi_\alpha)f(\xi_\beta))\\ \alpha(1-\beta)/(f(\xi_\alpha)f(\xi_\beta)) & \beta(1-\beta)/f^2(\xi_\beta)\end{pmatrix}$$

$$\mathrm{IQR}_n=\mathrm{X}_{(s_n)}-\mathrm{X}_{(r_n)},\ r_n\sim n/4,\ s_n\sim 3n/4$$

$$\mathrm{IQR}\equiv\xi_{.75}-\xi_{.25}$$

$$\sqrt{n}(\mathrm{IQR}_n-\mathrm{IQR})\underset{n\to\infty}{\overset{d}{\to}}\mathrm{N}(0,\sigma^2_{\mathrm{IQR}})$$

$$\sigma^2_{\mathrm{IQR}}=\frac{1}{16}\left(\frac{3}{f(\xi_{.75})^2}-\frac{2}{f(\xi_{.75})f(\xi_{.25})}+\frac{3}{f(\xi_{.25})^2}\right)$$

(5.17) $X\overset{d}{\equiv}\sigma Z+\mu,\ Z\sim L(0,\ 1)$이고

$$\sqrt{n}(Z_{[n/2]}-F^{-1}_{L(0,\ 1)}(1/2))\overset{d}{\to}N\left(0,\frac{\alpha(1-\alpha)}{f_{L(0,\ 1)}(F^{-1}_{L(0,\ 1)}(1/2))^2}\right)=N(0,\ 4)\text{ 이므로}$$

$$\sqrt{n}(X_{[n/2]}-F^{-1}(1/2))=\sigma\cdot\sqrt{n}(Z_{[n/2]}-F^{-1}_{L(0,\ 1)}(1/2))\overset{d}{\to}N(0,\ 4\sigma^2)$$

$$X_{[3n/4]}-X_{[n/4]}\overset{p}{\to}\sigma(F^{-1}_{L(0,1)}(3/4)-F^{-1}_{L(0,1)}(1/4))=2\sigma\log 3\text{이므로 }\widehat{\sigma}_n\overset{p}{\to}\sigma$$

슬러츠키 정리로부터 $\sqrt{n}\dfrac{\widehat{\mu}_n-\mu}{\widehat{\sigma}_n}\overset{d}{\to}N(0,\ 4)$

μ에 관한 95%근사신뢰구간은 $\widehat{\mu}_n\pm 1.96\sqrt{4}\dfrac{\widehat{\sigma}_n}{\sqrt{n}}$

(5.18) (a) $||a|-|b||\le|a-b|$임을 이용하면

$$|\widehat{\sigma}_n-\frac{1}{n}\sum_{i=1}^{n}|\mathrm{X}_i-\mu||\le\frac{1}{n}\sum_{i=1}^{n}||\mathrm{X}_i-\mathrm{X}_{([n/2])}|-|\mathrm{X}_i-\mu||\le\frac{1}{n}\sum_{i=1}^{n}|\mathrm{X}_{([n/2])}-\mu|=|\mathrm{X}_{([n/2])}-\mu|$$

한편 이경우에 누적분포함수의 역함수는 연속이므로 예 5.2.7에서와 같이 분위수의 수렴성이성립한다. 즉 $\mathrm{X}_{[n/2]}\underset{n\to\infty}{\overset{\mathrm{P}}{\longrightarrow}}\mu$ 이 성립하고 이로부터

$$(\widehat{\sigma}_n - \frac{1}{n}\sum_{i=1}^{n}|X_i - \mu|) \underset{n\to\infty}{\overset{P}{\to}} 0$$

그런데 대수의 법칙으로부터 $\frac{1}{n}\sum_{i=1}^{n}|X_i - \mu| \xrightarrow[n\to\infty]{P} E(|X_1 - \mu|) = \sigma$

따라서 $\widehat{\sigma}_n \underset{n\to\infty}{\overset{P}{\to}} \sigma$

(b) 이 경우에 확률밀도 함수와 누적분포함수는 각각

$$f(x) = \frac{1}{\sigma}g(\frac{x-\mu}{\sigma}), g(z) = \frac{1}{2}e^{-|z|}$$

$$F(x) = G(\frac{x-\mu}{\sigma}), \quad G(z) = \frac{1}{2}e^{z}I_{(z\le 0)} + \left(1 - \frac{1}{2}e^{-z}\right)I_{(z>0)}$$

로서 예 5.3.8의 조건을 만족하므로

$$\sqrt{n}(\widehat{\mu}_n - \mu) = \sqrt{n}(X_{([n/2])} - \mu) \xrightarrow[n\to\infty]{d} N(0, \sigma^2)$$

이제 (a)와 슬럿츠키의 정리로부터 $\sqrt{n}\,\frac{\widehat{\mu}_n - \mu}{\widehat{\sigma}_n} \xrightarrow[n\to\infty]{d} N(0,1)$

따라서 μ에 관한 95%근사신뢰구간은 $\widehat{\mu}_n \pm 1.96\frac{\widehat{\sigma}_n}{\sqrt{n}}$

6장 추정

(6.1) $\hat{\sigma}^{MME} = \sqrt{\widehat{m}_2 - (\widehat{m}_1)^2} = \sqrt{\frac{1}{n}\sum_{i=1}^{n}(X_i - \overline{X})^2}$

$$\hat{\rho}_3^{MME} = \frac{1}{n}\sum_{i=1}^{n}(X_i - \overline{X})^3/(\hat{\sigma}^{MME})^3, \ \hat{\rho}_4^{MME} = \frac{1}{n}\sum_{i=1}^{n}(X_i - \overline{X})^4/(\hat{\sigma}^{MME})^4 - 3$$

(6.2) (a) $m_1 = 2\alpha, \ \hat{\alpha}^{MME} = \overline{X}/2$

(b) $m_1 = 2\beta, \ \hat{\beta}^{MME} = \overline{X}/2$

(c) $\begin{cases} m_1 = \alpha\beta \\ m_2 = \alpha\beta^2 + (\alpha\beta)^2 \end{cases} \quad \therefore \begin{cases} \hat{\alpha}\hat{\beta} = \overline{X} \\ \hat{\alpha}(\hat{\beta})^2 = \overline{(X)^2} - (\overline{X})^2 = \frac{1}{n}\sum_{i=1}^{n}(X_i - \overline{X})^2 \end{cases}$

$$\hat{\beta}^{MME} = \{\overline{(X^2)} - (\overline{X})^2\}/\overline{X}, \ \hat{\alpha}^{MME} = (\overline{X})^2/\{\overline{(X^2)} - (\overline{X})^2\}$$

(6.3) $X \sim \text{Weibull}(\alpha,1) \Leftrightarrow X^{\alpha} \sim \text{Exp}(1) \Leftrightarrow \alpha\log X \overset{d}{\equiv} \log Z, \ Z \sim \text{Exp}(1)$

$$\therefore E_{\alpha}(\alpha\log X_1) = E(\log Z) = \int_0^{+\infty}(\log z)e^{-z}dz$$

그런데 $\Gamma(\alpha)=\int_0^{+\infty} z^{\alpha-1}e^{-z}dz,\ \frac{d}{d\alpha}\Gamma(\alpha)=\int_0^{+\infty}(\log z)z^{\alpha-1}e^{-z}dz$

$$\therefore \int_0^{+\infty}(\log z)\,e^{-z}dz=\dot{\Gamma}(1)/\Gamma(1)=\left[\frac{d}{d\alpha}\log\Gamma(\alpha)\right]_{\alpha=1}=-0.577$$

$$\therefore \mathrm{E}_\alpha(\log \mathrm{X}_1)=\mathrm{E}(\log \mathrm{Z})/\alpha=-0.577/\alpha$$

$$\hat{\alpha}^{MME}=-0.577/\overline{(\log \mathrm{X})},\ \overline{(\log \mathrm{X})}=\frac{1}{n}\sum_{i=1}^{n}\log \mathrm{X}_i$$

(6.4) (a) $m_1=\frac{3}{4}\theta,\ \hat{\theta}^{MME}=\frac{4}{3}\overline{\mathrm{X}}$

$$L(\theta)=\theta^{-3n}\mathrm{I}_{[x_{(n)},+\infty)}(\theta)\prod_{i=1}^{n}(3x_i^2)\ \therefore\ \hat{\theta}^{MLE}=\mathrm{X}_{(n)}$$

(b) $m_1=2\theta,\ \hat{\theta}^{MME}=\overline{\mathrm{X}}/2$

$$L(\theta)=2^n\theta^{2n}\mathrm{I}_{(0,x_{(1)}]}(\theta)\prod_{i=1}^{n}x_i^{-3}\ \therefore\ \hat{\theta}^{MLE}=\mathrm{X}_{(1)}$$

(6.5) (a) $m_1=\frac{\theta}{\theta+1},\ \hat{\theta}_n^{MME}=\frac{\overline{\mathrm{X}}}{1-\overline{\mathrm{X}}}$

$$pdf(x;\theta)=\exp\{\theta\log x+\log\theta-\log x\}\mathrm{I}_{(0,1)}(x),\ \theta>0$$

지수족으로서 <정리 6.2.4>의 조건 (i), (ii), (iii)을 만족시킨다. 따라서 가능도방정식은

$$\mathrm{E}_\theta(\log \mathrm{X}_1)=\overline{(\log \mathrm{X})}$$

그런데 $\mathrm{X}_1^\theta\sim \mathrm{U}(0,1)\ \therefore\ -\theta\log \mathrm{X}_1\sim \mathrm{Exp}(1)$

$$\therefore\ \hat{\theta}_n^{MLE}=1/\overline{(-\log \mathrm{X})}$$

한편 중심극한정리로부터

$$\sqrt{n}(\overline{\mathrm{X}}-\mu)\xrightarrow[n\to\infty]{d}\mathrm{N}(0,\sigma^2),\ \mu=\frac{\theta}{\theta+1},\ \sigma^2=\frac{\theta}{\theta+2}-\mu^2$$

$$\sqrt{n}(\overline{(-\log \mathrm{X})}-\theta^{-1})\xrightarrow[n\to\infty]{d}\mathrm{N}(0,\theta^{-2})$$

따라서 <정리 5.3.3>의 일차근사를 이용하면

$$\sqrt{n}(\hat{\theta}_n^{MME}-\theta)\xrightarrow[n\to\infty]{d}\mathrm{N}(0,avar_{MME}),\ avar_{MME}=\frac{\theta(\theta+1)^2}{\theta+2}$$

$$\sqrt{n}(\hat{\theta}_n^{MLE}-\theta)\xrightarrow[n\to\infty]{d}\mathrm{N}(0,avar_{MLE}),\ avar_{MLE}=\theta^2$$

이로부터 $avar_{MLE}<avar_{MME}$임을 알 수 있다.

(b) 이 경우에 확률밀도함수는

$$pdf(x;\theta)=\exp\{\theta(-\log x)+\log\theta-\log x\}\mathrm{I}_{(1,+\infty)}(x),\ \theta>2$$

지수족으로서 <정리 6.2.4>의 조건 (i), (ii), (iii)을 만족시킨다. 따라서 가능도방정식은

$$E_\theta(-\log X_1) = \overline{(-\log X)}$$

그런데 $X_1^{-\theta} \sim U(0,1)$ $\therefore \theta \log X_1 \sim \text{Exp}(1)$

$$\therefore \hat{\theta}_n^{MLE} = 1/\overline{(\log X)}$$

한편 $\theta \log X_i (i=1,\cdots,n)$가 서로 독립이고 표준지수분포 Exp(1)을 따르므로 중심극한정리로부터

$$\sqrt{n}\left(\overline{(\log X)} - \theta^{-1}\right) \xrightarrow[n\to\infty]{d} N(0, \theta^{-2})$$

따라서 <정리 5.3.3>의 일차근사를 이용하면

$$\sqrt{n}(\hat{\theta}_n^{MLE} - \theta) \xrightarrow[n\to\infty]{d} N(0, avar_{MLE}),\ avar_{MLE} = \theta^2$$

임을 알 수 있다.

(6.6) (a) $\eta = e^{-a/\theta} : 1-1,\ \hat{\theta}^{MLE} = \overline{X}$ $\therefore \hat{\eta}^{MLE} = e^{-a/\overline{X}}$

(b) $a > 1$일 때, $\eta = a^{-\theta} : 1-1,\ \hat{\theta}_n^{MLE} = 1/\overline{(\log X)}$ $\therefore \hat{\eta}^{MLE} = a^{-1/\overline{(\log X)}}$

(6.7)

$$P_p(X_1 = x) = (1-p)^{x-1}p,\ x = 1,2,\cdots$$

$$P_p(Y_1 = y) = \begin{cases} (1-p)^{y-1}p, & y = 1,\cdots,r \\ (1-p)^r, & y = r+1 \end{cases} \quad (0 < p \le 1)$$

$$L(p) = \prod_{i=1}^{n}\left\{q^{y_i - 1}p\, I_{(y_i \le r)} + q^r I_{(y_i = r+1)}\right\},\ 0 < p \le 1\ (q = 1-p)$$

$$\therefore L(p) = (1-p)^{y. - n}p^{n-M},\ y. = y_1 + \cdots + y_n,\ M = \sum_{i=1}^{n} I_{(y_i = r+1)}$$

$$l(p) = (y. - n)\log(1-p) + (n-M)\log p,\ 0 < p < 1$$

$$\dot{l}(p) = -\frac{y. - n}{1-p} + \frac{n-M}{p} > 0 \Leftrightarrow p < \frac{n-M}{y. - M}$$

따라서

(i) $M < n$일 때, $0 < \dfrac{n-M}{y. - M} \le 1$이므로

$$\underset{0<p\le 1}{\text{argmax}}\, L(p) = \frac{n-M}{y. - M} : p\text{의 최대가능도 추정값}$$

(ii) $M = n$일 때,

$$\sup_{0<p\le 1} L(p) = \lim_{p\to 0} L(p)$$

이므로 $p=0$인 경우에 $P_{p=0}(Y_1 = r+1) = 1$인 분포를 모형에 포함시킴으로써 이 경우에도 p의 최대가능도 추정값이 0이 되도록 한다.

그러므로 모수의 공간을 $0 \le p \le 1$로 하고, 최대가능도 추정량은

$$\hat{p}^{MLE} = \frac{n-M}{Y. - M}\quad \left(Y. = \sum_{i=1}^{n} Y_i,\ M = \sum_{i=1}^{n} I_{(Y_i = r+1)}\right)$$

(6.8) 이제부터 $\overline{(g(x))}=\frac{1}{n}\sum_{i=1}^{n}g(x_i)$와 같은 기호를 사용하기로 한다.

$$l(\alpha)=n\log\alpha+n(\alpha-1)\overline{(\log x)}-n\overline{(x^{\alpha})}$$

$$\dot{l}(\alpha)=\frac{n}{\alpha}+n\overline{(\log x)}-n\overline{(x^{\alpha}\log x)}$$

$$\therefore\ \ddot{l}(\alpha)=-\frac{n}{\alpha^2}-n\overline{(x^{\alpha}(\log x)^2)}<0,\ \forall\,\alpha>0$$

한편

$$l(\alpha)=n\alpha\left\{\frac{\log\alpha}{\alpha}+\overline{(\log x)}-\frac{\overline{(x^{\alpha})}}{\alpha}\right\}-n\overline{(\log x)}$$

이고, $x_{(1)}<x_{(2)}<\cdots<x_{(n)}$이라고 가정해도 무방하므로

$$\lim_{\alpha\to\infty}\frac{\overline{(x^{\alpha})}}{\alpha}=\lim_{\alpha\to\infty}\left\{\frac{1}{n}\left(\sum_{i=1}^{n-1}(x_{(i)}/x_{(n)})^{\alpha}+1\right)\right\}\frac{(x_{(n)})^{\alpha}}{\alpha}=\begin{cases}0, & 0<x_{(n)}\le 1\\ +\infty, & x_{(n)}>1\end{cases}$$

$$\therefore\ \lim_{\alpha\to\infty}l(\alpha)=-\infty$$

또한 $$\lim_{\alpha\to 0+}l(\alpha)=\lim_{\alpha\to 0+}(n\log\alpha)=-\infty$$

따라서 <정리 6.2.2>로부터 α의 최대가능도 추정값은 가능도 방정식

$$\dot{l}(\alpha)=\frac{n}{\alpha}+n\overline{(\log x)}-n\overline{(x^{\alpha}\log x)}=0$$

의 하나뿐인 근으로 주어지고, 연습문제 (6.3)의 결과를 이용하여 α의 최대가능도 추정값은 다음과 같은 반복법을 이용하여 구할 수 있다.

$$\hat{\alpha}^{r+1}=\hat{\alpha}^{r}+[-\ddot{l}(\hat{\alpha}^{r})]^{-1}\dot{l}(\hat{\alpha}^{r}),\ (r=0,1,\cdots),\ \hat{\alpha}^{0}=-0.577/\overline{(\log x)}$$

(6.9) $pdf(x;\theta)=(2\pi\sigma^2)^{-n/2}\exp\left\{-\sum_{i=1}^{k}\sum_{j=1}^{n_i}(x_{ij}-\mu_i)^2/(2\sigma^2)\right\}$

이 경우에 로그가능도함수는

$$\log pdf(x;\theta)=-\frac{1}{2\sigma^2}\sum_{i=1}^{k}\sum_{j=1}^{n_i}x_{ij}^2+\sum_{i=1}^{k}\frac{\mu_i}{\sigma^2}\sum_{j=1}^{n_i}x_{ij}+function(\mu,\sigma^2)$$

로 나타내어지고, 지수족을 이루며 <정리 6.3.4>의 조건 (i), (ii), (iii)을 만족시킨다. 따라서 가능도방정식은 다음과 같이 주어진다.

$$\begin{cases}\mathrm{E}_\theta(n_i\overline{\mathrm{X}}_i)=n_i\overline{\mathrm{X}}_i\ (i=1,\cdots,k)\\ \mathrm{E}_\theta\left(\sum_{i=1}^{k}\sum_{j=1}^{n_i}\mathrm{X}_{ij}^2\right)=\sum_{i=1}^{k}\sum_{j=1}^{n_i}\mathrm{X}_{ij}^2\end{cases}$$

이 가능도방정식의 근이 최대가능도 추정량이므로

$$\hat{\mu}_i^{MLE}=\overline{\mathrm{X}}_i\ (i=1,\cdots,k)$$

$$\sum_{i=1}^{k}\sum_{j=1}^{n_i}((\hat{\mu}_i^{MLE})^2+\hat{\sigma^2}^{MLE})=\sum_{i=1}^{k}\sum_{j=1}^{n_i}X_{ij}^2, \text{ 즉}$$

$$\hat{\sigma^2}^{MLE}=\sum_{i=1}^{k}\sum_{j=1}^{n_i}(X_{ij}-\overline{X}_i)^2/n_{\cdot}\,(n_{\cdot}=n_1+\cdots+n_k)$$

(6.10) (a) $\xi_\alpha=\mu+\sigma z_\alpha$ 이고, (μ,σ)와 (ξ_α,σ)는 일대일 대응이므로

$$\hat{\xi}_\alpha^{MLE}=\hat{\mu}^{MLE}+\hat{\sigma}^{MLE}z_\alpha=\overline{X}+z_\alpha\sqrt{\sum_{i=1}^{n}(X_i-\overline{X})^2/n}$$

(b) $\eta=1-\Phi\left(\dfrac{a-\mu}{\sigma}\right)$($\Phi$는 표준정규분포의 누적분포함수)이고, (μ,σ)와 (η,σ)는 일대일 대응이므로

$$\hat{\eta}^{MLE}=1-\Phi\left(\frac{a-\hat{\mu}^{MLE}}{\hat{\sigma}^{MLE}}\right),\ \hat{\mu}^{MLE}=\overline{X},\ \hat{\sigma}^{MLE}=\sqrt{\sum_{i=1}^{n}(X_i-\overline{X})^2/n}$$

(6.11) 이 경우에 로그가능도는

$$l(\mu,\sigma^2;x)=-\frac{1}{2\sigma^2}x^2+\frac{\mu}{\sigma^2}x-\frac{\mu^2}{2\sigma^2}-\frac{1}{2}\log(2\pi\sigma^2)$$

이고 이로부터 정보량 행렬은

$$I(\mu,\sigma^2)=E_{\mu,\sigma^2}[-\ddot{l}(\mu,\sigma^2;X_1)]=\begin{pmatrix}1/\sigma^2 & 0\\ 0 & 1/(2\sigma^4)\end{pmatrix}$$

따라서 <정리 6.4.4>로부터

$$\sqrt{n}((\hat{\mu}_n^{MLE},\hat{\sigma}_n^{2\,MLE})^t-(\mu,\sigma^2)^t)\xrightarrow[n\to\infty]{d}N(0,I^{-1}(\mu,\sigma^2)),\ \ I^{-1}(\mu,\sigma^2)=\begin{pmatrix}\sigma^2 & 0\\ 0 & 2\sigma^4\end{pmatrix}$$

임을 알 수 있고 이는 <예 6.4.1>의 (d)와 같은 결과임을 알 수 있다.
이 극한분포와 <정리 5.3.3>의 일차근사로부터

$$\sqrt{n}(\hat{\eta}_n^{MLE}-\eta)\xrightarrow[n\to\infty]{d}(\dot{g}(\theta))^tN_2\left(0,\begin{pmatrix}\sigma^2 & 0\\ 0 & 2\sigma^4\end{pmatrix}\right),\ g(\theta)=1-\Phi\left(\frac{a-\theta_1}{\sqrt{\theta_2}}\right),\ \theta=(\mu,\sigma^2)^t$$

$$\therefore\ \sqrt{n}\left(\sum\hat{\eta}_n^{MLE}-\eta\right)\xrightarrow[n\to\infty]{d}N(0,avar),\ avar=\phi^2\left(\frac{a-\mu}{\sigma}\right)\left\{1+\frac{1}{2}\left(\frac{a-\mu}{\sigma}\right)^2\right\}$$

(6.12) (a) $pdf(x;\alpha,\beta)$

$$=\exp\left\{\alpha\log x+\beta\log(1-x)+\log\frac{\Gamma(\alpha+\beta)}{\Gamma(\alpha)\Gamma(\beta)}-\log x-\log(1-x)\right\}I_{(0,1)}(x)$$

이므로, 조건 (i), (ii), (iii)을 만족시킨다.

(b) $pdf(x;\theta)=\exp\left(-\dfrac{1}{2\theta^2}x^2+\dfrac{1}{\theta}x-\dfrac{1}{2}-\dfrac{1}{2}\log(2\pi\theta^2)\right)I_{(-\infty,+\infty)}(x)$

이므로, 조건 (i), (iii)을 만족시키지만 조건 (ii)는 성립하지 않는다.

(6.13) 이 경우에는 결합확률밀도함수가 실수 $x_i,\ y_j\,(i=1,\cdots,m;\ j=1,\cdots,n)$에 대하여

$$pdf(x,y;\theta)=\exp\left\{-\frac{1}{2\sigma_1^2}\sum_{i=1}^{m}x_i^2-\frac{1}{2\sigma_2^2}\sum_{j=1}^{n}y_j^2+\frac{\mu}{\sigma_1^2}\sum_{i=1}^{m}x_i+\frac{\mu}{\sigma_2^2}\sum_{j=1}^{n}y_j-B(\theta)\right\},$$

$$\theta=(\mu,\sigma_1^2,\sigma_2^2)^t,\ B(\theta)=-\frac{1}{2}\left(\frac{m}{\sigma_1^2}+\frac{n}{\sigma_2^2}\right)\mu^2-\frac{m}{2}\log(2\pi\sigma_1^2)-\frac{n}{2}\log(2\pi\sigma_2^2)$$

꼴로 나타내어지고, 조건 (i), (iii)을 만족시키지만 조건 (ii)는 성립하지 않는다.

(6.14) (a) $L(\mu,\sigma)=\dfrac{1}{\sigma^n}e^{-\sum_{i=1}^{n}x_i/\sigma}e^{n\mu/\sigma}\mathrm{I}_{(-\infty,x_{(1)}]}(\mu)$

이므로 $\mu\le x_{(1)}$인 영역에서 μ의 증가함수이다. 따라서 $\hat{\mu}=x_{(1)}$에서 가능도함수가 μ에 대하여 최대가 된다. 또한

$$l(\sigma)=\log L(\hat{\mu},\sigma)=-n\log\sigma-n(\bar{x}-\hat{\mu})/\sigma$$

이라고 하면

$$\dot{l}(\sigma)=-\frac{n}{\sigma}+\frac{n(\bar{x}-\hat{\mu})}{\sigma^2}>0\Leftrightarrow\sigma<\bar{x}-\hat{\mu}=\frac{1}{n}\sum_{i=1}^{n}(x_i-x_{(1)})$$

임을 알 수 있다. 따라서 이 함수는 $\sigma=\dfrac{1}{n}\sum_{i=1}^{n}(x_i-x_{(1)})$에서 최대가 된다.

$$\therefore\ \hat{\mu}^{MLE}=\mathrm{X}_{(1)},\ \hat{\sigma}^{MLE}=\frac{1}{n}\sum_{i=1}^{n}(\mathrm{X}_i-\mathrm{X}_{(1)})$$

(b) $\eta=e^{-(a-\mu)_+/\sigma},\ (a-\mu)_+=\begin{cases}a-\mu, & a\ge\mu\\ 0, & a<\mu\end{cases}$

이고, $(a-\mu)_-=\begin{cases}0, & a\ge\mu\\ -(a-\mu), & a<\mu\end{cases}$라고 하면 (μ,σ)와 $((a-\mu)_+/\sigma,\ (a-\mu)_-/\sigma,\ \sigma)$가 일대일 대응이므로

$$\hat{\eta}^{MLE}=e^{-(a-\hat{\mu}^{MLE})_+/\hat{\sigma}^{MLE}}$$

(6.15) 4장의 <예 4.3.3>으로부터

$$n(\mathrm{X}_{(1)}-\mu)/\sigma,\ (n-r+1)(\mathrm{X}_{(r)}-\mathrm{X}_{(r-1)})/\sigma\ (r=2,\cdots,n)$$

는 서로 독립이고 표준지수분포 Exp(1)를 따른다. 따라서 μ와 σ의 최대가능도 추정량을 각각 $\hat{\mu}_n,\ \hat{\sigma}_n$이라고 하면 문제 (6.14)의 풀이로부터 다음이 성립함을 알 수 있다.

$$(1)\ \begin{cases}n(\hat{\mu}_n-\mu)/\sigma=n(\mathrm{X}_{(1)}-\mu)/\sigma\sim\mathrm{Exp}(1)\\ n\hat{\sigma}_n/\sigma=\sum_{r=2}^{n}(n-r+1)(\mathrm{X}_{(r)}-\mathrm{X}_{(r-1)})/\sigma\sim\mathrm{Gamma}(n-1,1)\\ \hat{\mu}_n\text{과 }\hat{\sigma}_n\text{은 서로 독립}\end{cases}$$

(i) $a\le\mu$인 경우: $\eta=e^{-(a-\mu)_+/\sigma}=1$이고, $\hat{\mu}_n>\mu\ge a$이므로

$$\hat{\eta}_n=e^{-(a-\hat{\mu}_n)_+/\hat{\sigma}_n}=1$$

$$\therefore \mathrm{P}_{\mu,\sigma}(\hat{\eta}_n = \eta) = 1$$

(ii) $a > \mu$인 경우: $\eta = e^{-(a-\mu)/\sigma}$이고,

$$\mathrm{P}_{\mu,\sigma}(a \le \hat{\mu}_n) = \mathrm{P}_{\mu,\sigma}\{n(\hat{\mu}_n - \mu)/\sigma \ge n(a-\mu)/\sigma\} = e^{-n(a-\mu)/\sigma} \underset{n\to\infty}{\longrightarrow} 0$$

$$\therefore \lim_{n\to\infty} \mathrm{P}_{\mu,\sigma}\{\sqrt{n}(\hat{\eta}_n - \eta) \le x\} = \lim_{n\to\infty} \mathrm{P}_{\mu,\sigma}\{\sqrt{n}(\hat{\eta}_n - \eta) \le x, a > \hat{\mu}_n\}$$

$$= \lim_{n\to\infty} \mathrm{P}_{\mu,\sigma}\{\sqrt{n}(e^{-(a-\hat{\mu}_n)/\hat{\sigma}_n} - e^{-(a-\mu)/\sigma}) \le x\}$$

한편,

$$\sqrt{n}\left(\frac{a-\hat{\mu}_n}{\hat{\sigma}_n} - \frac{a-\mu}{\sigma}\right) = \sqrt{n}\left(\frac{\sigma}{\hat{\sigma}_n} - 1\right)\frac{a-\hat{\mu}_n}{\sigma} - \sqrt{n}\,\frac{\hat{\mu}_n - \mu}{\sigma}$$

$$= \sqrt{n}\left(\frac{\sigma}{\hat{\sigma}_n} - 1\right)\frac{a-\mu}{\sigma} + \sqrt{n}\left(\frac{\sigma}{\hat{\sigma}_n} - 1\right)\frac{\mu-\hat{\mu}_n}{\sigma} - \sqrt{n}\,\frac{\hat{\mu}_n - \mu}{\sigma}$$

그런데 위의 (1)로부터

$$\frac{n\hat{\sigma}_n/\sigma - (n-1)}{\sqrt{n-1}} \underset{n\to\infty}{\overset{d}{\longrightarrow}} \mathrm{N}(0,1),\ n\frac{\hat{\mu}_n - \mu}{\sigma} \sim \mathrm{Exp}(1)$$

이므로 $\sqrt{n}\left(\frac{\sigma}{\hat{\sigma}_n} - 1\right) \underset{n\to\infty}{\overset{d}{\longrightarrow}} \mathrm{N}(0,1),\ \sqrt{n}\,\frac{\hat{\mu}_n - \mu}{\sigma} \underset{n\to\infty}{\overset{\mathrm{P}}{\longrightarrow}} 0$

$$\therefore \sqrt{n}\left(\frac{a-\hat{\mu}_n}{\hat{\sigma}_n} - \frac{a-\mu}{\sigma}\right) \underset{n\to\infty}{\overset{d}{\longrightarrow}} \mathrm{N}\left(0, \left(\frac{a-\mu}{\sigma}\right)^2\right)$$

그러므로 <정리 5.3.3>의 일차근사로부터

$$\sqrt{n}(\hat{\eta}_n - \eta) \underset{n\to\infty}{\overset{d}{\longrightarrow}} \mathrm{N}\left(0, \left(\frac{a-\mu}{\sigma}e^{-(a-\mu)/\sigma}\right)^2\right)$$

(6.16) $L(\alpha,\beta) = \beta^n \alpha^{n\beta}(x_1 \cdots x_n)^{-\beta-1} \mathrm{I}_{(0,x_{(1)}]}(\alpha)$

이므로 $\alpha \le x_{(1)}$인 영역에서 α의 증가함수이다. 따라서 $\hat{\alpha} = x_{(1)}$에서 가능도함수가 α에 대하여 최대가 된다. 또한

$$l(\beta) = \log L(\hat{\alpha},\beta) = n\log\beta + n\beta\log\hat{\alpha} - (\beta+1)n\overline{(\log x)},\ \overline{(\log x)} = \frac{1}{n}\sum_{i=1}^n \log x_i$$

이라고 하면

$$\dot{l}(\beta) = \frac{n}{\beta} - n\overline{(\log(x/\hat{\alpha}))} > 0 \Leftrightarrow \beta < \frac{1}{\overline{(\log(x/\hat{\alpha}))}}$$

$$\therefore \hat{\alpha}^{MLE} = \mathrm{X}_{(1)},\ \hat{\beta}^{MLE} = \frac{1}{\overline{(\log(\mathrm{X}/\mathrm{X}_{(1)}))}} = \left[\frac{1}{n}\sum_{i=1}^n \log(\mathrm{X}_i/\mathrm{X}_{(1)})\right]^{-1}$$

(6.17) $\alpha = \theta_1 - \theta_2$, $\beta = \theta_1 + \theta_2$라고 하면 (θ_1,θ_2)와 (α,β)는 일대일 대응이고 α, β의 범위는

$$-\infty < \alpha < \beta < +\infty$$

이다. α, β를 모수로 하면 가능도 함수는

$$L(\alpha,\beta)=\frac{1}{(\beta-\alpha)^n}\mathrm{I}_{(\alpha\le x_{(1)})}\mathrm{I}_{(x_{(n)}\le\beta)}$$

로 주어지고, 이는 α의 증가함수이고 β의 감소함수이다. 따라서

$$\hat{\alpha}^{MLE}=\mathrm{X}_{(1)},\ \hat{\beta}^{MLE}=\mathrm{X}_{(n)}$$

$$\therefore\ \hat{\theta}_1^{MLE}=(\hat{\alpha}^{MLE}+\hat{\beta}^{MLE})/2=(\mathrm{X}_{(1)}+\mathrm{X}_{(n)})/2$$

$$\hat{\theta}_2^{MLE}=(\hat{\beta}^{MLE}-\hat{\alpha}^{MLE})/2=(\mathrm{X}_{(n)}-\mathrm{X}_{(1)})/2$$

(6.18) 로그가능도 함수는

$$l(\mu,\sigma^2)=-\frac{1}{2\sigma^2}\sum_{i=1}^n(x_i-\mu)^2-\frac{n}{2}\log(2\pi\sigma^2),\ 0\le\mu<+\infty,\ \sigma^2>0$$

그런데 $\sum_{i=1}^n(x_i-\mu)^2=n(\mu-\bar{x})^2+\sum_{i=1}^n(x_i-\bar{x})^2$이고

이므로 이 경우에 로그가능도 함수는 $\mu\ge 0$인 영역에서 $\hat{\mu}=(\bar{x})_+$에서 최대가 된다. 또한

$$l(\hat{\mu},\sigma^2)=-\frac{1}{2\sigma^2}\sum_{i=1}^n(x_i-\hat{\mu})^2-\frac{n}{2}\log(2\pi\sigma^2),\ \sigma^2>0$$

을 최대로 하는 σ^2 값은

$$\widehat{\sigma^2}=\frac{1}{n}\sum_{i=1}^n(x_i-\hat{\mu})^2$$

$$\therefore\ \hat{\mu}^{MLE}=(\overline{\mathrm{X}})_+,\ \widehat{\sigma^2}^{MLE}=\frac{1}{n}\sum_{i=1}^n(\mathrm{X}_i-(\overline{\mathrm{X}})_+)^2$$

(6.19) (6.8)의 풀이에서와 같이 $\overline{(g(x))}=\frac{1}{n}\sum_{i=1}^n g(x_i)$와 같은 기호를 사용하기로 한다. $\beta^{-\alpha}$을 b로 하고 α, b를 모수로 하여 로그가능도를 나타내면

$$l(\alpha,b)=n\log\alpha+n\log b+n(\alpha-1)\overline{(\log x)}-bn\overline{(x^\alpha)}$$

$$\frac{\partial}{\partial b}l(\alpha,b)=\frac{n}{b}-n\overline{(x^\alpha)}>0\Leftrightarrow b<1/\overline{(x^\alpha)}$$

이므로 각 $\alpha>0$에 대하여 로그가능도는

$$\hat{b}(\alpha)=1/\overline{(x^\alpha)}$$

에서 최대가 된다. 또한 로그가능도의 b에 관한 최대값을

$$g(\alpha)=l(\alpha,\hat{b}(\alpha))=n\log\alpha-n\log\overline{(x^\alpha)}+n(\alpha-1)\overline{(\log x)}-n$$

라고 하면

$$\dot{g}(\alpha)=\frac{n}{\alpha}-n\frac{\overline{(x^{\alpha}\log x)}}{\overline{(x^{\alpha})}}+n\overline{(\log x)}$$

$$\ddot{g}(\alpha)=-\frac{n}{\alpha^2}-n\frac{\overline{(x^{\alpha}(\log x)^2)}\,\overline{(x^{\alpha})}-[\overline{(x^{\alpha}\log x)}]^2}{[\overline{(x^{\alpha})}]^2}$$

그런데 코쉬-슈바르츠 부등식으로부터

$$[\overline{(x^{\alpha}\log x)}]^2=[\overline{(x^{\alpha/2})(x^{\alpha/2}\log x)}]^2\le\overline{(x^{\alpha/2})^2}\,\overline{(x^{\alpha/2}\log x)^2}=\overline{(x^{\alpha})}\,\overline{(x^{\alpha}(\log x)^2)}$$

$$\therefore\ \ddot{g}(\alpha)<0\ \ \forall\alpha>0$$

한편

$$g(\alpha)=n\alpha\left\{\frac{\log\alpha}{\alpha}-\frac{\log\overline{(x^{\alpha})}}{\alpha}+\overline{(\log x)}\right\}-n\overline{(\log x)}-n$$

이고 $x_{(1)}<x_{(2)}<\cdots<x_{(n)}$이라고 가정해도 무방하므로

$$\lim_{\alpha\to\infty}\frac{\log\overline{(x^{\alpha})}}{\alpha}=\lim_{\alpha\to\infty}\frac{1}{\alpha}\log\left[\left\{\frac{1}{n}\left(\sum_{i=1}^{n-1}(x_{(i)}/x_{(n)})^{\alpha}+1\right)\right\}x_{(n)}^{\alpha}\right]=\log x_{(n)}$$

$$\therefore\ \lim_{\alpha\to\infty}g(\alpha)=\lim_{\alpha\to\infty}n\alpha\left\{\frac{\log\alpha}{\alpha}-\overline{\log(x_{(n)}/x)}\right\}-n\overline{(\log x)}-n=-\infty$$

또한 $$\lim_{\alpha\to0+}g(\alpha)=\lim_{\alpha\to0+}(n\log\alpha)=-\infty$$

따라서 <정리 6.2.2>로부터 α의 최대가능도 추정값은 방정식

$$\dot{g}(\alpha)=\frac{n}{\alpha}-n\frac{\overline{(x^{\alpha}\log x)}}{\overline{(x^{\alpha})}}+n\overline{(\log x)}=0$$

의 하나뿐인 근 $\hat{\alpha}$으로 주어지고, β의 최대가능도 추정값은 다음과 같이 주어진다.

$$(\hat{\beta})^{-\hat{\alpha}}=\hat{b}(\hat{\alpha})=1/\overline{(x^{\hat{\alpha}})}\ \ \therefore\ \hat{\beta}=[\overline{(x^{\hat{\alpha}})}]^{1/\hat{\alpha}}$$

한편 $X\sim\text{Weibull}(\alpha,\beta)\Leftrightarrow(X/\beta)^{\alpha}\sim\text{Exp}(1)$이므로 다음[164]이 성립하는 것을 알 수 있다.

$$\text{Var}_{\alpha,\beta}(\log X_1)=\text{Var}(\log Z)/\alpha^2=1.6449/\alpha^2,\ Z\sim\text{Exp}(1)$$

그러므로 α의 최대가능도 추정값은 다음과 같은 반복법을 이용하여 구할 수 있다.

$$\hat{\alpha}^{r+1}=\hat{\alpha}^{r}+[-\ddot{g}(\hat{\alpha}^{r})]^{-1}\dot{g}(\hat{\alpha}^{r}),\ (r=0,1,\cdots)$$

$$\hat{\alpha}^{0}=\sqrt{1.6449/s_{\log x}^2},\ s_{\log x}^2=\frac{1}{n}\sum_{i=1}^{n}(\log x_i-\overline{(\log x)})^2$$

하여 추정값으로 사용할 수도 있다.

(6.20) (1) $f_0(x)=e^x/(1+e^x)^2=e^{-x}/(1+e^{-x})^2,\ l_0(x)=\log f_0(x)$라고 하면

---

164) (6.8)에서와 같은 방법으로 $\text{Var}(\log Z)=\left[\frac{\partial^2}{\partial\alpha^2}\log\Gamma(\alpha)\right]_{\alpha=1}$ 임을 알 수 있고, 이 값은 패키지 R에서 트라이감마(trigamma)함수를 이용하여 계산할 수 있다.

$$\dot{l}_0(x) = -1+2e^{-x}/(1+e^{-x}),\ \ddot{l}_0(x) = -2e^{-x}/(1+e^{-x})^2 < 0$$

(2) $\eta_1 = 1/\sigma,\ \eta_2 = \mu/\sigma\,(\eta_1 > 0, -\infty < \eta_2 < +\infty)$라고 하면, 로그가능도는

$$l(\eta) = n\log\eta_1 + \sum_{i=1}^{n}\log f_0(\eta_1 x_i - \eta_2) = n\log\eta_1 + n\overline{l_0(\eta_1 x - \eta_2)}$$

(3) 평균로그가능도 $\bar{l} = l/n$의 편도함수들은

$$\begin{cases}\bar{\dot{l}}_1 = \eta_1^{-1} + \overline{\dot{l}_0(\eta_1 x - \eta_2)x} \\ \bar{\dot{l}}_2 = -\overline{\dot{l}_0(\eta_1 x - \eta_2)}\end{cases} \qquad \begin{cases}\bar{\ddot{l}}_{11} = -\eta_1^{-2} + \overline{\ddot{l}_0(\eta_1 x - \eta_2)x^2} \\ \bar{\ddot{l}}_{12} = -\overline{\ddot{l}_0(\eta_1 x - \eta_2)x} \\ \bar{\ddot{l}}_{22} = \overline{\ddot{l}_0(\eta_1 x - \eta_2)}\end{cases}$$

(4) 평균로그가능도의 이차 편도함수를 $\eta_1 x_i - \eta_2$의 함수들의 평균으로 나타내기 위하여, $p_1(y) = y,\ p_2(y) = y^2$라고 하고

$$\begin{cases}x = \eta_1^{-1}p_1(\eta_1 x - \eta_2) + \eta_1^{-1}\eta_2 \\ x^2 = \eta_1^{-2}p_2(\eta_1 x - \eta_2) + 2\eta_1^{-2}\eta_2 p_1(\eta_1 x - \eta_2) + \eta_1^{-2}\eta_2^2\end{cases}$$

임을 이용하면 다음과 같이 나타낼 수 있다. 여기에서 평균이 취해지는 함수는 모두 $\eta_1 x_i - \eta_2$에서 계산되는 것을 뜻한다.

$$\begin{cases}\bar{\ddot{l}}_{11} = -\eta_1^{-2} + \eta_1^{-2}\overline{(\ddot{l}_0 p_2)} + 2\eta_1^{-2}\eta_2\overline{(\ddot{l}_0 p_1)} + \eta_1^{-2}\eta_2^2\overline{(\ddot{l}_0)} \\ \bar{\ddot{l}}_{12} = -\eta_1^{-1}\overline{(\ddot{l}_0 p_1)} + \eta_1^{-1}\eta_2\overline{(\ddot{l}_0)} \\ \bar{\ddot{l}}_{22} = \overline{(\ddot{l}_0)}\end{cases}$$

(5) 대칭인 2×2 행렬 $H = \begin{pmatrix} h_{11} & h_{12} \\ h_{21} & h_{22}\end{pmatrix}$가 정부호의 행렬일 필요충분조건은

$$\det(H) > 0,\ h_{11} > 0,\ h_{22} > 0$$

(6) $H = -\bar{\ddot{l}}$ 라고 하면, (1)과 (3)으로부터

$$h_{11} = \eta_1^{-2} - \overline{\ddot{l}_0(\eta_1 x - \eta_2 x)x^2} > 0,\ h_{22} = -\overline{\ddot{l}_0(\eta_1 x - \eta_2)} > 0$$

또한 (4)의 표현과 (1)로부터

$$\det(H) = \eta_1^{-2}\left\{\overline{(\ddot{l}_0)}\ \overline{(\ddot{l}_0 p_2)} - [\overline{(\ddot{l}_0 p_1)}]^2 - \overline{(\ddot{l}_0)}\right\} > \eta_1^{-2}\left\{\overline{(\ddot{l}_0)}\ \overline{(\ddot{l}_0 p_2)} - [\overline{(\ddot{l}_0 p_1)}]^2\right\}$$

한편 코쉬-슈바르츠 부등식으로부터

$$[\overline{(\ddot{l}_0 p_1)}]^2 = [\overline{((-\ddot{l}_0)^{1/2}(-\ddot{l}_0)^{1/2}p_1)}]^2 \le \overline{(\ddot{l}_0)}\ \overline{(\ddot{l}_0 p_2)}$$

$$\therefore \det(H) > 0$$

(7) $\bar{l}(\eta_1, \eta_2) = \log\eta_1 + \overline{\eta_1 x - \eta_2 - 2\log(1 + e^{\eta_1 x - \eta_2})}$ 이므로 다음이 성립한다.

$\bar{l}(0+, \eta_2) = -\infty,\ \bar{l}(+\infty, \eta_2) = -\infty,\ \bar{l}(\eta_1, +\infty) = -\infty,\ \bar{l}(\eta_1, -\infty) = -\infty$

(8) (6)과 (7)로부터 <정리 6.3.3>의 조건이 성립함을 알 수 있고, <정리 6.3.2>로부터 η_1, η_2의 최대가능도 추정값은 가능도 방정식

$$\begin{cases}\overline{\dot{l}_1}=\eta_1^{-1}+\overline{\dot{l}_0(\eta_1 x-\eta_2)x}=0\\ \overline{\dot{l}_2}=-\overline{\dot{l}_0(\eta_1 x-\eta_2)}=0\end{cases}$$

의 유일한 근으로 주어진다. 이로부터 $\eta_1=1/\sigma$, $\eta_2=\mu/\sigma$이 일대일 대응임을 이용하여 μ, σ의 최대가능도 추정값을 구할 수 있다.

(9) 표준 로지스틱분포 L(0,1)의 평균과 분산이 각각 0, $\pi^2/3$이므로, $L(\mu,\sigma)$의 경우에 적률이용추정량은

$$\hat{\mu}^{MME}=\overline{\mathrm{X}},\ \hat{\sigma}^{MME}=\left[\frac{3}{\pi^2}\frac{1}{n}\sum_{i=1}^{n}(\mathrm{X}_i-\overline{\mathrm{X}})^2\right]^{1/2}$$

로 주어진다. 따라서 이를 초기 추정량으로 하고 <정리 6.4.5>에 주어진 일단계 반복법을 적용하여 가능도방정식의 근사해를 구하여 추정값으로 사용할 수도 있다.

(6.21) $$\hat{\gamma}_0^{LSE}=(X_0^tX_0)^{-1}X_0^t\mathrm{Y},\ \hat{\beta}_1^{LSE}=(X_{1|0}^tX_{1|0})^{-1}X_{1|0}^t\mathrm{Y}$$

$$\mathrm{Cov}(\hat{\gamma}_0^{LSE},\hat{\beta}_1^{LSE})=(X_0^tX_0)^{-1}X_0^t\,\mathrm{Cov}(\mathrm{Y},\mathrm{Y})X_{1|0}(X_{1|0}^tX_{1|0})^{-1}$$

그런데

$$\mathrm{Cov}(\mathrm{Y},\mathrm{Y})=\mathrm{Var}(\mathrm{Y})=\sigma^2\mathrm{I},\ \ X_0^tX_{1|0}=X_0^t(\mathrm{I}-\Pi_0)X_1=0$$

$$\therefore \mathrm{Cov}(\hat{\gamma}_0^{LSE},\hat{\beta}_1^{LSE})=0$$

같은 방법으로 다음이 성립하는 것을 알 수 있다.

$$\mathrm{E}(\hat{\gamma}_0^{LSE})=(X_0^tX_0)^{-1}X_0^t\mathrm{E}(\mathrm{Y})=(X_0^tX_0)^{-1}X_0^t(X_0\gamma_0+X_{1|0}\beta_1)=\gamma_0$$

$$\mathrm{E}(\hat{\beta}_1^{LSE})=(X_{1|0}^tX_{1|0})^{-1}X_{1|0}^t\mathrm{E}(\mathrm{Y})=(X_{1|0}^tX_{1|0})^{-1}X_{1|0}^t(X_0\gamma_0+X_{1|0}\beta_1)=\beta_1$$

$$\mathrm{Var}(\hat{\gamma}_0^{LSE})=(X_0^tX_0)^{-1}X_0^t(\sigma^2\mathrm{I})X_0(X_0^tX_0)^{-1}=\sigma^2(X_0^tX_0)^{-1}$$

$$\mathrm{Var}(\hat{\beta}_1^{LSE})=(X_{1|0}^tX_{1|0})^{-1}X_{1|0}^t(\sigma^2\mathrm{I})X_{1|0}(X_{1|0}^tX_{1|0})^{-1}=\sigma^2(X_{1|0}^tX_{1|0})^{-1}$$

(6.22) (a) <정리 6.5.3>의 직교화를 반복하여 적용하면

$$x_1=(i)-1(1^t1)^{-1}1^t(i)=(i-3)$$

$$x_2=(i^2)-1(1^t1)^{-1}1^t(i^2)-x_1(x_1^tx_1)^{-1}x_1^t(i^2)=(i^2-6i+7)$$

(b) 1, x_1, x_2가 직교하므로

$$\hat{\gamma}_i=(x_i^tx_i)^{-1}x_i^t\mathrm{Y}_i\ \ (i=0,1,2),\ x_0=1$$

$$\therefore\ \hat{\gamma}_0=\overline{\mathrm{Y}},\ \hat{\gamma}_1=\frac{1}{10}\sum_{i=1}^{5}(i-3)\mathrm{Y}_i,\ \hat{\gamma}_2=\frac{1}{14}\sum_{i=1}^{5}(i^2-6i+7)\mathrm{Y}_i$$

(c) <정리 6.5.2>에서와 같이

$$\hat{\sigma}^2=\frac{1}{5-3}\sum_{i=1}^{5}(\mathrm{Y}_i-\hat{\gamma}_0-\hat{\gamma}_1(i-3)-\hat{\gamma}_2(i^2-6i+7))^2$$

7장 검정

(7.1) $H_0: \mu \le 60 \;\; vs \;\; H_1: \mu > 60$

(a) $\overline{X} \sim N(\mu, 5^2/n),\ n=25,\ Z=(\overline{X}-\mu)/(5/\sqrt{n}) = \overline{X}-\mu \sim N(0,1)$

$$P_\mu(\overline{X}>c) = P(\overline{X}-\mu > c-\mu) = 1-\Phi(c-\mu) \ \ (\mu\text{에 대한 증가함수})$$

$$\max_{\mu \le 60} P_\mu(\overline{X}>c) = P_{60}(\overline{X}>c) = 1-\Phi(c-60) = \alpha = 0.05$$

$$\therefore c = 61.645$$

(b) $\gamma(\mu) = P_\mu(\overline{X} > 61.645) = P(\overline{X}-\mu > 61.645-\mu) = 1-\Phi(61.645-\mu)$

$$\gamma(65) = 1-\Phi(-3.355) = 0.9996$$

(c)

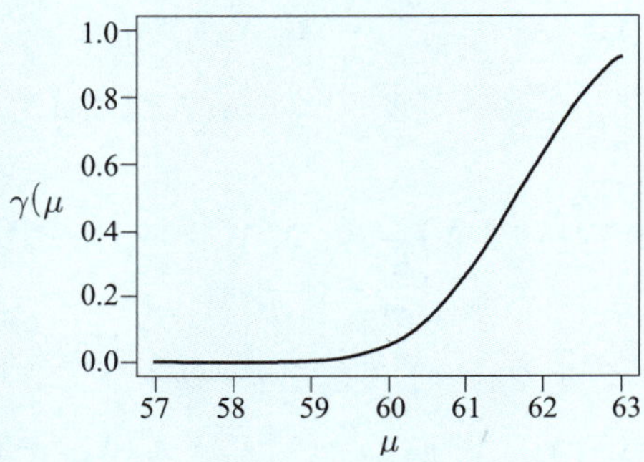

※ [R code]

```
>mu=seq(57,63,by=0.1)
>plot(mu, 1-pnorm(61.645-mu),xlim=c(57,63), type="l",ylim=c(0,1))
```

(7.2)

$$P_{62}\left(\overline{X}-60 > 1.645\frac{5}{\sqrt{n}}\right) \ge 0.9$$

$$\therefore P_{62}\left(\frac{\overline{X}-62}{5/\sqrt{n}} > \frac{60-62}{5/\sqrt{n}} + 1.645\right) \ge 0.9$$

$$\therefore \frac{60-62}{5/\sqrt{n}} + 1.645 \le -1.2815,\ \text{즉}\ n \ge 54$$

(7.3) Poisson(μ), $H_0: \mu = 0.5 \;\; vs \;\; H_1: \mu > 0.5$

(a) $P(\text{기각}|H_0) = P_{0.5}(X_1+\cdots+X_{10} \ge c) = P_{0.5}(\text{Poisson}(5) \ge c) \le 0.05$

포아송분포표나 R로부터 $c \ge 10$

c 값	…	9	10	…
$P_{0.5}(X_1+\cdots+X_{10} \ge c)$	…	0.068	0.032	…

(b) 랜덤화 과정

$$P_{0.5}(X_1+\cdots+X_{10}\geq 10)+\gamma P_{0.5}(X_1+\cdots+X_{10}=9)=0.05$$

$$\therefore\ \gamma=(0.05-0.032)/(0.068-0.032)=0.5$$

$$\begin{cases} X_1+\cdots+X_{10}\geq 10\text{이면} & H_0\text{를 기각} \\ X_1+\cdots+X_{10}=\ 9\text{이면} & 0.5\text{의 확률로 } H_0\text{를 기각} \\ X_1+\cdots+X_{10}\leq\ 8\text{이면} & H_0\text{를 채택} \end{cases}$$

© $\gamma(\mu)=P_\mu(X_1+\cdots+X_{10}\geq 10)+0.5P_\mu(X_1+\cdots+X_{10}=9)$

$$=1-\sum_{x=0}^{9}e^{-10\mu}(10\mu)^x/x!+0.5e^{-10\mu}(10\mu)^9/9!$$

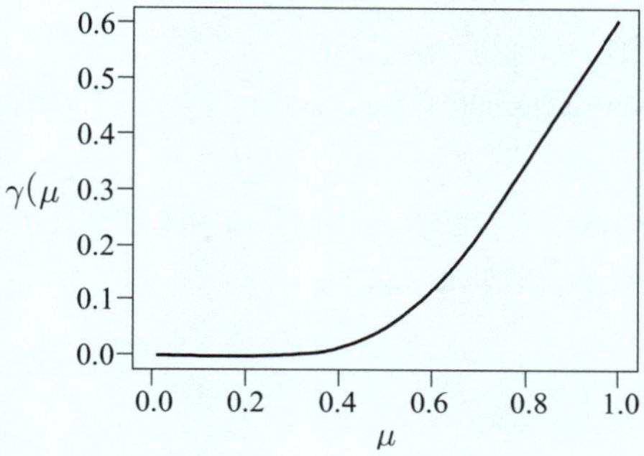

※ [R code]

```
>x=1:9
>x=0
>power=0
>mu=seq(0.01,1,by=0.01)
>for(x in 0:9)
 power<-power+exp(-10*mu)*(10*mu)^x/factorial(x)
>power<-(1-power)+0.5*exp(-10*mu)*(10*mu)^9/factorial(9)
>plot(mu,power,type="l",xlim=c(0,1))
```

(7.4) Bernoulli(p), $H_0: p=0.5$ vs $H_1: p>0.5$

(a) $P(\text{기각}|H_0)=P_{0.5}(X_1+\cdots+X_7\geq c)=P(B(7,0.5)\geq c)\leq 0.10$

이항분포표나 R로부터 $c\geq 6$

c 값	…	5	6	…
$P_{0.5}(X_1+\cdots+X_7\geq c)$	…	0.227	0.063	…

(b) 랜덤화 검정

$$P_{0.5}(X_1+\cdots+X_7\geq 6)+\gamma P_{0.5}(X_1+\cdots+X_7=5)=0.10$$

$$\therefore\ \gamma=(0.10-0.063)/(0.227-0.063)=0.23$$

$$\begin{cases} X_1+\cdots+X_7 \geq 6\text{이면} & H_0\text{를 기각} \\ X_1+\cdots+X_7 = 5\text{이면} & 0.23\text{의 확률로 } H_0\text{를 기각} \\ X_1+\cdots+X_7 \leq 4\text{이면} & H_0\text{를 채택} \end{cases}$$

(c) $\gamma(p) = P_p(X_1+\cdots+X_7 \geq 6) + 0.23 P_p(X_1+\cdots+X_7 = 5)$

$$= 1 - \sum_{x=0}^{5} \binom{7}{x} p^x (1-p)^{7-x} + 0.23 \binom{7}{5} p^5 (1-p)^{7-5}$$

※ [R code]

```
> power=0
> p=seq(0.01,1,by=0.01)
> for(x in 0:5){
+ power<-power+factorial(7)/(factorial(x)*factorial(7-x))*p^(x)*(1-p)^(7-x)
+ }
> power<-(1-power)+0.23*factorial(7)/(factorial(5)*factorial(2))*p^(5)*(1-p)^(2)
> plot(p,power,type="l",xlim=c(0,1))
```

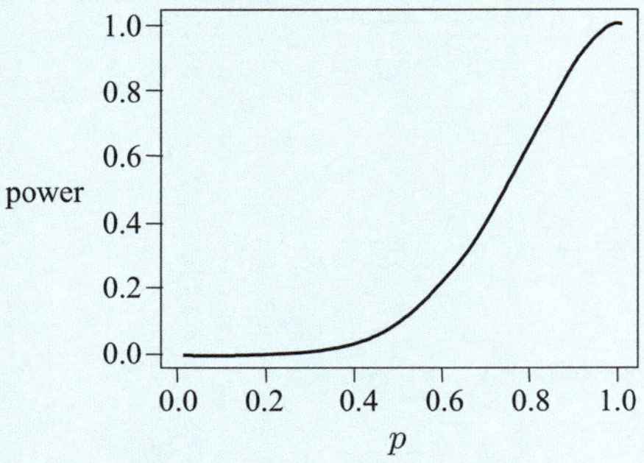

(7.5) Bernoulli(p), $H_0: p = 0.5$ vs $H_1: p > 0.5$

귀무가설 H_0 하에서 $X_1 + \cdots + X_7 \sim B\left(7, \frac{1}{2}\right)$

유의확률 $= P(X_1 + \cdots + X_7 \geq 6 \mid H_0) = 7\left(\frac{1}{2}\right)^7 + \left(\frac{1}{2}\right)^7 = \frac{1}{16}$ $(= 0.0625)$

(7.6) $N(\mu, \sigma^2)$, $-\infty < \mu < +\infty$, $0 < \sigma^2 < +\infty$.

$H_0: \mu = \mu_0$ vs $H_1: \mu \neq \mu_0$ (μ_0는 주어진 값)

(a) $$t = \frac{\overline{X} - \mu_0}{S/\sqrt{n}} = \frac{\dfrac{\overline{X} - \mu}{\sigma/\sqrt{n}} + \dfrac{\mu - \mu_0}{\sigma/\sqrt{n}}}{\sqrt{\dfrac{(n-1)S^2/\sigma^2}{(n-1)}}} = \frac{Z + \delta}{\sqrt{V/(n-1)}}$$

여기에서 $Z \sim N(0,1)$, $V \sim \chi^2(n-1)$, Z와 V는 독립

(b) $$P_{\mu,\sigma^2}\{|t| \geq t_{\alpha/2}(n-1)\} = P\left\{\left|\frac{Z+\delta}{\sqrt{V/(n-1)}}\right| \geq t_{\alpha/2}(n-1)\right\}$$

$$Z \overset{d}{\equiv} -Z \sim \mathrm{N}(0,1)$$

$$\therefore \left| \frac{Z+\delta}{\sqrt{V/(n-1)}} \right| \overset{d}{\equiv} \left| \frac{-Z+\delta}{\sqrt{V/(n-1)}} \right| \overset{d}{\equiv} \left| \frac{Z-\delta}{\sqrt{V/(n-1)}} \right|$$

$$\therefore \mathrm{P}\left\{ \left| \frac{Z+\delta}{\sqrt{V/(n-1)}} \right| \geq t_{\alpha/2}(n-1) \right\} = ft^n(|\delta|) = \gamma(|\delta|)$$ 라고 할 수 있다.

$$\gamma(|\delta|) = \mathrm{E}\left[\mathrm{P}\left\{ \left| \frac{Z+|\delta|}{\sqrt{V/(n-1)}} \right| \geq t_{\alpha/2}(n-1) \,|\, V \right\} \right]$$

$$\mathrm{P}\{|Z+|\delta|| \geq w\} = \overline{\Phi}(w-|\delta|) + \Phi(-w-|\delta|),$$

$$w \equiv t_{\alpha/2}(n-1)\sqrt{v/(n-1)}, \ \Phi(z) = \mathrm{cdf}_{N(0,1)}(z), \ \overline{\Phi} \equiv 1-\Phi$$

$$\begin{aligned} \frac{\partial}{\partial \delta} \mathrm{P}\{|Z+\delta| \geq w\} &= \phi(w-\delta) - \phi(w+\delta) \\ &= \phi(w)\, e^{-\frac{1}{2}\delta^2} (e^{\delta w} - e^{-\delta w}) \\ &> 0 \ \ \forall \delta > 0, \ \forall w > 0 \end{aligned}$$

따라서 $\gamma(|\delta|)$는 $|\delta|$의 증가함수이다.

(7.7)

$$H_0 : \theta \leq \theta_0 \ \ vs \ \ H_1 : \theta > \theta_0$$

$$l(\theta) = -n\log\theta - n\overline{x}/\theta, \ \hat{\theta}^{\Omega} = \overline{x}, \ \hat{\theta}^{\Omega_0} = \min(\overline{x}, \theta_0)$$

$$\therefore 2(l(\hat{\theta}^{\Omega}) - l(\hat{\theta}_0^{\Omega})) = 2n(\overline{x}/\theta_0 - 1 - \log(\overline{x}/\theta_0))\mathrm{I}(\overline{x} > \theta_0)$$

따라서 <그림 7.2.1>로부터 최대가능도비 검정의 기각역 형태는

$$2n(\overline{x}/\theta_0 - 1 - \log(\overline{x}/\theta_0))\mathrm{I}(\overline{x}/\theta_0 > 1) \geq c \Leftrightarrow \overline{x}/\theta_0 \geq c_1$$

한편 표본분포 이론으로부터

$$2n\overline{\mathrm{X}}/\theta = 2\sum_{i=1}^{n} \mathrm{X}_i/\theta \sim \chi^2(2n)$$

따라서 기각역의 확률은

$$\gamma(\theta) = \mathrm{P}(\mathrm{Z} \geq 2nc_1\theta_0/\theta), \ \mathrm{Z} = 2n\overline{\mathrm{X}}/\theta \sim \chi^2(2n)$$

이고, $\gamma(\theta)$는 θ에 대해 증가함수이다.

$$\therefore \max_{\theta \leq \theta_0} \mathrm{P}_{\theta}(2n\overline{\mathrm{X}}/\theta_0 \geq 2nc_1) = \mathrm{P}_{\theta_0}(2n\overline{\mathrm{X}}/\theta_0 \geq 2nc_1)$$

또한 $\theta = \theta_0$일 때 $2n\overline{\mathrm{X}}/\theta_0 \sim \chi^2(2n)$이므로, 유의수준 $\alpha\,(0 < \alpha < 1)$의 기각역은

$$2n\overline{\mathrm{X}}/\theta_0 \geq \chi^2_{\alpha}(2n)$$

(7.8)

$$H_0 : \theta = 1 \ \ vs \ \ H_1 : \theta \neq 1$$

$$l(\theta) = n\left\{\log\theta - (\theta+1)\overline{\log x}\right\} \ \ \hat{\theta}^{\Omega} = 1/(\overline{\log x}), \ \hat{\theta}^{\Omega_0} = 1$$

$$\therefore 2(l(\hat{\theta}^{\Omega}) - l(\hat{\theta}^{\Omega_0})) = 2n(\log\hat{\theta}^{\Omega} - 1 + 1/\hat{\theta}^{\Omega})$$

최대가능도비 검정의 기각역 형태: $2n(-\log t - 1 + t) \geq c, \ t = \overline{\log x}$

$$\Leftrightarrow \begin{cases} \overline{\log x} \le c_1 \text{ or } \overline{\log x} \ge c_2 \\ -\log c_1 + c_1 = -\log c_2 + c_2 \end{cases}$$

한편 표본분포 이론으로부터, $H_0: \theta = 1$가 사실일 때

$$2n\overline{\log X} = 2\sum_{i=1}^{n} \log X_i \sim 2\,\mathrm{Gamma}(n,1) \overset{d}{\equiv} \chi^2(2n)$$

따라서 유의수준 α의 기각역($0 < \alpha < 1$):

$$\begin{cases} \overline{\log X} \le c_1 \text{ or } \overline{\log X} \ge c_2 \\ -\log c_1 + c_1 = -\log c_2 + c_2 \\ \int_{2nc_1}^{2nc_2} pdf_{\chi^2(2n)}(y)dy = 1 - \alpha \end{cases}$$

(7.9) $$H_0: \theta \le 1 \;\; vs \;\; H_1: \theta > 1$$

$$l(\theta) = n(\log\theta + (\theta - 1)\overline{(\log x)}),\ \hat{\theta}^{\Omega} = -1/(\overline{\log x}),\ \hat{\theta}^{\Omega_0} = \min(1, -1/(\overline{\log x}))$$

$$\therefore\ 2(l(\hat{\theta}^{\Omega}) - l(\hat{\theta}_0^{\Omega})) = 2n(-\log(t) + t - 1)\,\mathrm{I}(t \le 1),\ t = -\overline{(\log x)}$$

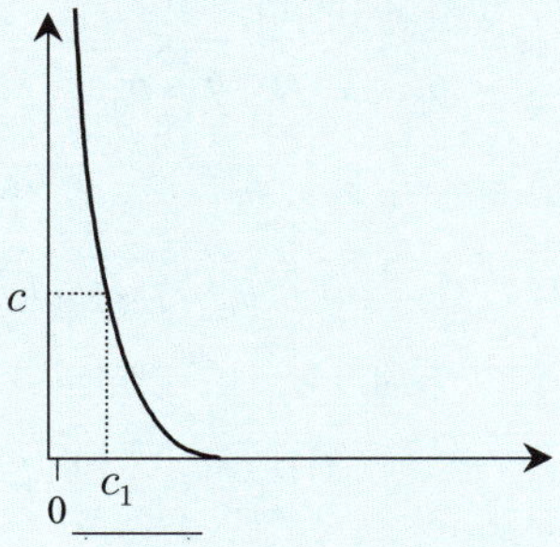

최대가능도비 검정의 기각역 형태:

$$2n(-\log(-\overline{\log x}) - \overline{\log x} - 1)\,\mathrm{I}(-\overline{\log x} \le 1) \ge c$$

$$\Leftrightarrow -\overline{\log x} \le c_1$$

$$\Leftrightarrow -\sum_{i=1}^{n} \log x_i \le nc_1$$

한편 표본분포 이론으로부터,

$$-\theta\sum_{i=1}^{n} \log X_i \sim \mathrm{Gamma}(n,1)$$

따라서 기각역의 확률은

$$\gamma(\theta) = \mathrm{P}(Z \le \theta nc_1),\ Z = -\theta\sum_{i=1}^{n} \log X_i \sim \mathrm{Gamma}(n,1)$$

이고, $\gamma(\theta)$는 θ에 대해 증가함수이다.

$$\therefore \max_{\theta \le 1} \mathrm{P}_\theta(-n\overline{\log X} \le nc_1) = \mathrm{P}_1(-n\overline{\log X} \le nc_1)$$

또한 $\theta = 1$일 때 $-2n\overline{\log X} \sim 2\mathrm{Gamma}(n,1) = \chi^2(2n)$이므로, 유의수준 α

$(0<\alpha<1)$의 기각역은

$$-2n\overline{\log X} \le \chi^2_{1-\alpha}(2n)$$

(7.10) 로그가능도와 각 모수공간에서의 최대가능도 추정값을 구하면 다음과 같다.

$$l(\theta) = -\frac{1}{2\sigma^2}\sum_{i=1}^{2}\sum_{j=1}^{n_i}(x_{ij}-\mu_i)^2 - \frac{n_1+n_2}{2}\log(2\pi\sigma^2),\ \ \theta=(\mu_1,\mu_2,\sigma^2)^t$$

$$\hat{\theta}^{\Omega}:\ \hat{\mu_2}=\overline{x_2},\ \ \hat{\mu_1}=\overline{x_1},\ \ \hat{\sigma^2}=\sum_{i=1}^{2}\sum_{j=1}^{n_i}(x_{ij}-\overline{x_i})^2/(n_1+n_2)$$

$$\hat{\theta}^{\Omega_0}:\ (\hat{\mu_1}^0,\hat{\mu_2}^0)^t=\begin{cases}(\overline{x_1},\overline{x_2}), & \overline{x_1}\le\overline{x_2}\\ (\overline{x},\overline{x}), & \overline{x_1}>\overline{x_2}\ \ (\overline{x}=n_1\overline{x_1}+n_2\overline{x_2})\end{cases}$$

$$\hat{\sigma^2}^0=\sum_{i=1}^{2}\sum_{j=1}^{n_i}(x_{ij}-\hat{\mu_i}^0)^2/(n_1+n_2)$$

따라서 $a_+=\max(a,0)$라고 하면

$$\begin{aligned}2(l(\hat{\theta}^{\Omega})-l(\hat{\theta}^{\Omega_0})) &= (n_1+n_2)\log(\hat{\sigma^2}^0/\hat{\sigma^2})\\ &= (n_1+n_2)\log\left[1+\left\{(\overline{x_1}-\overline{x_2})_+\right\}^2/\left\{(n_1^{-1}+n_2^{-1})(n_1+n_2)\hat{\sigma^2}\right\}\right]\end{aligned}$$

그러므로 유의수준 $\alpha(0<\alpha<1)$인 최대가능도비 검정의 기각역 형태는

$$\frac{\overline{x_1}-\overline{x_2}}{\sqrt{n_1^{-1}+n_2^{-1}}\,s_p}\ge c\ \ (c>0),\ \ s_p^2=\sum_{i=1}^{2}\sum_{j=1}^{n_i}(x_{ij}-\overline{x_i})^2/(n_1+n_2-2)$$

와 같은 꼴로 주어진다.

이러한 기각역의 확률은

$$\gamma(\mu_1,\mu_2,\sigma^2)=\mathrm{P}_{\mu_1,\mu_2,\sigma^2}\left(\frac{\overline{X_1}-\overline{X_2}}{S_p\sqrt{n_1^{-1}+n_2^{-1}}}\ge c\right)$$

로 주어진다. 한편 표본분포 이론으로부터

$$\frac{\overline{X_1}-\overline{X_2}-(\mu_1-\mu_2)}{\sqrt{n_1^{-1}+n_2^{-1}}\,S_p}\sim t(n_1+n_2-2)$$

이므로, <예 7.2.2>에서와 같은 방법으로 이 기각역의 확률이

$$\frac{\mu_1-\mu_2}{\sqrt{n_1^{-1}+n_2^{-1}}\,\sigma}$$

의 증가함수임을 알 수 있다. 따라서 귀무가설 $H_0:\mu_1\le\mu_2$ 하에서 이 기각역의 확률이 최대가 되는 것은 $\mu_1=\mu_2$일 때이다. 또한 $\mu_1=\mu_2$일 때

$$\frac{\overline{X_1}-\overline{X_2}}{\sqrt{n_1^{-1}+n_2^{-1}}\,S_p}\sim t(n_1+n_2-2)$$

이므로, 위의 기각역에서 $c=t_\alpha(n_1+n_2-2)$로 하면 이러한 검정은 크기가 α인 유의수준 α의 검정이다. 즉 유의수준 $\alpha(0<\alpha<1)$의 최대가능도비 검정의 기각

역은 다음과 같다.

$$“\frac{\overline{X_1}-\overline{X_2}}{\sqrt{n_1^{-1}+n_2^{-1}}\,S_p} \ge t_\alpha(n_1+n_2-2)”$$

(7.11) $N(\mu_1,\sigma^2)$, $N(\mu_2,\sigma^2)$, $-\infty<\mu_i<+\infty\,(i=1,2)$, $0<\sigma^2<+\infty$

$$H_0:\mu_1=\mu_2 \ \ vs \ \ H_1:\mu_1\neq\mu_2$$

$$t=\frac{\overline{X_1}-\overline{X_2}}{\sqrt{n_1^{-1}+n_2^{-1}}\,S_p}=\frac{\dfrac{\overline{X_1}-\overline{X_2}}{\sigma\sqrt{n_1^{-1}+n_2^{-1}}}}{\sqrt{\dfrac{\left(\sum_{i=1}^{n_1}(X_{1i}-\overline{X}_1)^2+\sum_{j=1}^{n_2}(X_{2j}-\overline{X}_2)^2\right)/\sigma^2}{(n_1+n_2-2)}}}$$

$$\overset{d}{\equiv}\frac{Z+\delta}{\sqrt{V/(n_1+n_2-2)}}$$

여기에서 $\delta=\dfrac{\mu_1-\mu_2}{\sigma\sqrt{n_1^{-1}+n_2^{-1}}}$, $Z\sim N(0,1)$, $V\sim\chi^2(n_1+n_2-2)$, Z와 V는 독립

$$\therefore P_{\mu_1,\mu_2,\sigma_1^2,\sigma_2^2}\{|t|\ge t_{\alpha/2}(n_1+n_2-2)\}$$

$$=P\left\{|Z+\delta|\ge t_{\alpha/2}(n_1+n_2-2)\sqrt{V/(n_1+n_2-2)}\right\}$$

따라서 (7.6)에서와 같은 방법으로 이 검정력 함수는 $|\delta|$의 증가함수임을 보일 수 있다.

(7.12) $N(\mu_1,\sigma_1^2)$, $N(\mu_2,\sigma_2^2)$, $-\infty<\mu_i<+\infty$, $0<\sigma_i^2<+\infty\,(i=1,2)$

$$H_0:\sigma_1^2\le\sigma_2^2 \ \ vs \ \ H_1:\sigma_1^2>\sigma_2^2$$

로그가능도와 각 모수공간에서 $\theta=(\mu_1,\mu_2,\sigma_1^2,\sigma_2^2)^t$의 최대가능도 추정값을 구하면 다음과 같다.

$$l(\theta)=-\sum_{i=1}^{2}\sum_{j=1}^{n_i}(x_{ij}-\mu_i)^2/(2\sigma_i^2)-\sum_{i=1}^{2}(n_i/2)\log(2\pi\sigma_i^2)$$

$$\hat{\theta}^{\Omega}:\ \hat{\mu_i}=\overline{x}_i,\ \ \hat{\sigma_i^2}=\sum_{j=1}^{n_i}(x_{ij}-\overline{x}_i)^2/n_i\ \ (i=1,2)$$

$$\hat{\theta}^{\Omega_0}:\ \hat{\mu_i}^0=\overline{x}_i(i=1,2),\ \ (\hat{\sigma_1^2}^0,\hat{\sigma_2^2}^0)^t=\begin{cases}(\hat{\sigma_1^2},\hat{\sigma_2^2}), & \hat{\sigma_1^2}\le\hat{\sigma_2^2}\\ (\hat{\sigma^2}^0,\hat{\sigma^2}^0), & \hat{\sigma_1^2}>\hat{\sigma_2^2}\end{cases}$$

$$\hat{\sigma^2}^0=\sum_{i=1}^{2}\sum_{j=1}^{n_i}(x_{ij}-\overline{x}_i)^2/(n_1+n_2)=(n_1\hat{\sigma_1^2}+n_2\hat{\sigma_2^2})/(n_1+n_2)$$

따라서 $t=\hat{\sigma_1^2}/\hat{\sigma_2^2}$이라고 하면

$$2(l(\hat{\theta}^{\Omega})-l(\hat{\theta}^{\Omega_0}))=(n_1\log\hat{\sigma^2}^0/\hat{\sigma_1^2}+n_2\log\hat{\sigma^2}^0/\hat{\sigma_2^2})I(\hat{\sigma_1^2}>\hat{\sigma_2^2})$$

$$=\left\{-n_1\log t+(n_1+n_2)\log\left(\frac{n_1}{n_1+n_2}t+\frac{n_2}{n_1+n_2}\right)\right\}\mathrm{I}(t>1)$$

이고 우변의 함수는 $t>1$에서 순증가하는 함수이다. 따라서 최대가능도비 검정의 기각역 형태는

$$t=\widehat{\sigma_1^2}/\widehat{\sigma_2^2}\ge c_1,\ \text{즉}\ \mathrm{S}_1^2/\mathrm{S}_2^2\ge c,\ \mathrm{S}_i^2=\sum_{j=1}^{n_i}(\mathrm{X}_{ij}-\overline{\mathrm{X}}_i)^2/(n_i-1)\ \ (i=1,2)$$

와 같은 꼴로 주어진다.

이러한 기각역의 확률은

$$\gamma(\theta)=\mathrm{P}_\theta(\mathrm{S}_1^2/\mathrm{S}_2^2\ge c)=\mathrm{P}_\theta\{(\mathrm{S}_1^2/\sigma_1^2)/(\mathrm{S}_2^2/\sigma_2^2)\ge c\sigma_2^2/\sigma_1^2\}$$

로 주어진다. 한편 표본분포 이론으로부터 한편 표본분포 이론으로부터

$$(\mathrm{S}_1^2/\sigma_1^2)/(\mathrm{S}_2^2/\sigma_2^2)\sim\mathrm{F}(n_1-1,n_2-1),\ \mathrm{S}_i^2=\sum_{j=1}^{n_i}(\mathrm{X}_{ij}-\overline{\mathrm{X}}_i)^2/(n_i-1)$$

이므로 이 기각역의 확률은 σ_1^2/σ_2^2의 증가함수이다. 따라서 귀무가설 $H_0:\sigma_1^2\le\sigma_2^2$ 하에서 이 기각역의 확률이 최대가 되는 것은 $\sigma_1^2=\sigma_2^2$일 때이다. 또한 $\sigma_1^2=\sigma_2^2$일 때

$$\mathrm{S}_1^2/\mathrm{S}_2^2\sim\mathrm{F}(n_1-1,n_2-1)$$

이므로, 위의 기각역에서 $c=\mathrm{F}_\alpha(n_1-1,n_2-1)$로 하면 이러한 검정은 크기가 α인 유의수준 α의 검정이다. 즉 유의수준 $\alpha(0<\alpha<1)$의 최대가능도비 검정의 기각역은 다음과 같다.

$$\text{“}\mathrm{S}_1^2/\mathrm{S}_2^2\ge\mathrm{F}_\alpha(n_1-1,n_2-1)\text{”}$$

(7.13) $\mathrm{Exp}(\mu,\sigma),\ -\infty<\mu<+\infty,\ \sigma>0$

$$H_0:\mu=\mu_0\ \ vs\ \ H_1:\mu\ne\mu_0\ (\mu_0\text{는 주어진 값})$$

$$\mathrm{L}(\mu,\sigma)=\sigma^{-n}\exp\{-n(\overline{x}-\mu)/\sigma\}\,\mathrm{I}_{(-\infty,x_{(1)}]}(\mu)$$

$$\hat\theta^{\Omega}:\hat\mu=x_{(1)},\ \hat\sigma=\overline{x}-x_{(1)}$$

$$\hat\theta^{\Omega_0}:\hat\mu^0=\mu_0,\ \hat\sigma^0=\overline{x}-\mu_0$$

$$\therefore\ 2(l(\hat\theta^{\Omega})-l(\hat\theta_0^{\Omega}))=\begin{cases}2n\log\{1+(\hat\mu-\mu_0)/\hat\sigma\}, & x_{(1)}\ge\mu_0\\ +\infty & ,\ x_{(1)}<\mu_0\end{cases}$$

$\therefore$ 최대가능도비 검정의 기각역 형태:

$$(\hat\mu-\mu_0)_+/\hat\sigma\ge c\ \text{또는}\ \hat\mu<\mu_0\ \ (c>0)$$

$\therefore$ 유의수준 $\alpha(0<\alpha<1)$의 기각역은 위의 꼴로서

$$\max_\sigma[\mathrm{P}_{\mu_0,\sigma}((\hat\mu-\mu_0)_+/\hat\sigma\ge c)+\mathrm{P}_{\mu_0,\sigma}(\hat\mu<\mu_0)]=\alpha$$

$$\therefore\ \max_\sigma\mathrm{P}_{\mu_0,\sigma}((\hat\mu-\mu_0)/\hat\sigma\ge c)=\alpha$$

그런데, 표준지수분포로부터의 순서통계량의 표본분포로부터

$$n(\mathrm{X}_{(1)}-\mu)/\sigma,\ (n-r+1)(\mathrm{X}_{(r)}-\mathrm{X}_{(r-1)})/\sigma\ (r=2,\cdots,n) \overset{iid}{\sim} \mathrm{Exp}(1)$$

따라서, $H_0: \mu=\mu_0$가 사실일 때

$$2n(\mathrm{X}_{(1)}-\mu_0)/\sigma \sim \chi^2(2),$$

$$2n\hat{\sigma}/\sigma = 2\sum_{r=2}^{n}(n-r+1)(\mathrm{X}_{(r)}-\mathrm{X}_{(r-1)})/\sigma \sim \chi^2(2n-2)$$

$\hat{\sigma}^{UE} \equiv \sum_{i=1}^{n}(\mathrm{X}_i-\mathrm{X}_{(1)})/(n-1)$이라고 하면, $H_0: \mu=\mu_0$가 사실일 때

$$n(\mathrm{X}_{(1)}-\mu_0)/\hat{\sigma}^{UE} \overset{d}{\equiv} (\chi^2(2)/2)/(\chi^2(2n-2)/(2n-2)),\ \chi^2(2) \perp \chi^2(2n-2)$$
$$\sim \mathrm{F}(2, 2n-2)$$

$\therefore$ 유의수준 $\alpha(0<\alpha<1)$의 최대가능도비 검정의 기각역:

$$n(\mathrm{X}_{(1)}-\mu_0)/\hat{\sigma}^{UE} \geq \mathrm{F}_\alpha(2,2n-2) \text{ 또는 } \mathrm{X}_{(1)} < \mu_0$$

(7.14) $\mathrm{Exp}(\mu,\sigma),\ -\infty<\mu<+\infty,\ \sigma>0.\ H_0: \sigma=\sigma_0\ vs\ H_1: \sigma \neq \sigma_0$

$$\mathrm{L}(\mu,\sigma) = \sigma^{-n}\exp\{-n(\bar{x}-\mu)/\sigma\}\mathrm{I}_{(-\infty, x_{(1)}]}(\mu)$$

$$\hat{\theta}^{\Omega}: \hat{\mu}=x_{(1)},\ \hat{\sigma}=\bar{x}-x_{(1)}$$

$$\hat{\theta}^{\Omega_0}: \hat{\mu}^0=x_{(1)},\ \hat{\sigma}^0=\sigma_0$$

$$\therefore 2(l(\hat{\theta}^{\Omega})-l(\hat{\theta}^{\Omega_0})) = -n\log\hat{\sigma}/\sigma_0 + n\hat{\sigma}/\sigma_0 - n$$

따라서 <예 7.2.3>에서와 같은 방법으로 최대가능도비 검정의 기각역 형태는 다음과 같이 주어진다.

$$\begin{cases} \hat{\sigma}/\sigma_0 \leq c_1 \text{ 또는 } \hat{\sigma}/\sigma_0 \geq c_2 \\ c_1 - \log c_1 = c_2 - \log c_2 \end{cases}$$

한편 연습문제 (7.13)에서 밝혔듯이 표본분포 이론으로부터 $H_0: \sigma=\sigma_0$가 사실일 때

$$2n\hat{\sigma}/\sigma_0 \sim \chi^2(2n-2)$$

이므로 유의수준 α의 최대가능도비 검정의 기각역은 다음과 같이 주어진다.

$$\text{유의수준 } \alpha\text{의 기각역: } \begin{cases} \hat{\sigma}/\sigma_0 \leq c_1 \text{ 또는 } \hat{\sigma}/\sigma_0 \geq c_2 \\ c_1 - \log c_1 = c_2 - \log c_2 \\ \int_{2nc_1}^{2nc_2} pdf_{\chi^2(2n-2)}(y)dy = 1-\alpha \end{cases}$$

(7.15) (a) $H_0: \theta=\theta_0\ vs\ H_1: \theta \neq \theta_0$

$$L(\theta) = \theta^{-n}\,\mathrm{I}_{[x_{(n)}, +\infty)}(\theta)$$

$$\hat{\theta}^{\Omega}: \hat{\theta}=x_{(n)},\ \hat{\theta}^{\Omega_0}: \hat{\theta}^0=\theta_0$$

$$\therefore 2(l(\hat{\theta}^{\Omega})-l(\hat{\theta}^{\Omega_0})) = \begin{cases} -2n\log(x_{(n)}/\theta_0), & x_{(n)} \leq \theta_0 \\ +\infty, & x_{(n)} > \theta_0 \end{cases}$$

$\therefore$ 최대가능도비 검정의 기각역 형태:

$$x_{(n)}/\theta_0 \le c \text{ 또는 } x_{(n)} > \theta_0 \ \ (c \le 1)$$

$\therefore$ 유의수준 $\alpha(0<\alpha<1)$의 기각역은 위의 꼴로서

$$\mathrm{P}_{\theta_0}(\mathrm{X}_{(n)}/\theta_0 \le c) + \mathrm{P}_{\theta_0}(\mathrm{X}_{(n)} > \theta_0) = \alpha, \text{ 즉 } c^n = \alpha$$

따라서 유의수준 $\alpha(0<\alpha<1)$의 최대가능도비 검정의 기각역:

$$\mathrm{X}_{(n)}/\theta_0 \le \sqrt[n]{\alpha} \text{ 또는 } \mathrm{X}_{(n)} > \theta_0$$

(b) $H_0 : \theta \ge \theta_0 \ \ vs \ \ H_1 : \theta < \theta_0$

$$L(\theta) = \theta^{-n} \mathrm{I}_{[x_{(n)}, +\infty)}(\theta)$$

$$\hat{\theta}^{\Omega} : \hat{\theta} = x_{(n)}, \ \hat{\theta}^{\Omega_0} : \hat{\theta}^0 = \max(x_{(n)}, \theta_0)$$

$$\therefore 2(l(\hat{\theta}^{\Omega}) - l(\hat{\theta}^{\Omega_0})) = \begin{cases} -2n\log(x_{(n)}/\theta_0), & x_{(n)} \le \theta_0 \\ 0, & x_{(n)} > \theta_0 \end{cases}$$

$\therefore$ 최대가능도비 검정의 기각역 형태:

$$x_{(n)}/\theta_0 \le c \ \ (c \le 1)$$

$\therefore$ 유의수준 $\alpha(0<\alpha<1)$의 기각역은 위의 꼴로서

$$\max_{\theta \ge \theta_0} \mathrm{P}_{\theta_0}(\mathrm{X}_{(n)}/\theta_0 \le c) = \alpha, \text{ 즉 } \max_{\theta \ge \theta_0} (c\theta_0/\theta)^n = c^n = \alpha$$

따라서 유의수준 $\alpha(0<\alpha<1)$의 최대가능도비 검정의 기각역:

$$\mathrm{X}_{(n)}/\theta_0 \le \sqrt[n]{\alpha}$$

(7.16) (a) 로그가능도와 각 모수공간에서의 최대가능도 추정값을 구하면 다음과 같다.

$$l(p) = \sum_{i=1}^{k} \{x_{i\cdot} \log p_i + (n_i - x_{i\cdot}) \log(1-p_i)\}, \ \ x_{i\cdot} = \sum_{j=1}^{n_i} x_{ij}$$

$$\hat{p}_i = x_{i\cdot}/n_i \ \ (i = 1, \cdots, k)$$

$$\hat{p}_1^0 = \cdots = \hat{p}_k^0 = (x_{1\cdot} + \cdots + x_{k\cdot})/n, \ \ n = n_1 + \cdots + n_k$$

따라서 $q_i = 1 - p_i \ \ (i = 1, \cdots, k)$라고 하면

$$2\{l(\hat{p}) - l(\hat{p}^0)\} = 2\sum_{i=1}^{k} (n_i \hat{p}_i \log \hat{p}_i/\hat{p}_i^0 + n_i \hat{q}_i \log \hat{q}_i/\hat{q}_i^0)$$

$$= 2\sum_{i=1}^{k} \left\{ n_i \hat{p}_i^0 \left(\frac{\hat{p}_i}{\hat{p}_i^0} \log \frac{\hat{p}_i}{\hat{p}_i^0} \right) + n_i \hat{q}_i^0 \left(\frac{\hat{q}_i}{\hat{q}_i^0} \log \frac{\hat{q}_i}{\hat{q}_i^0} \right) \right\}$$

(b) 귀무가설 $H_0 : p_1 = \cdots = p_k$ 하에서

$$\hat{p}_i/\hat{p}_i^0 \simeq 1, \ \hat{q}_i/\hat{q}_i^0 \simeq 1 \ \ (i = 1, \cdots, k)$$

이므로, $t \simeq 1$일 때의 근사식

$$t\log t \simeq (t-1) + \frac{1}{2}(t-1)^2$$

을 적용하면

$$2\{l(\hat{p})-l(\hat{p}^0)\}\simeq\sum_{i=1}^{k}\{n_i\hat{p}_i^0(\hat{p}_i/\hat{p}_i^0-1)^2+n_i\hat{q}_i^0(\hat{q}_i/\hat{q}_i^0-1)^2\}$$

$$=\sum_{i=1}^{k}\left(\frac{X_i.-n_i\hat{p}_i^0}{\sqrt{n_i\hat{p}_i^0\hat{q}_i^0}}\right)^2$$

(c) 귀무가설 하에서 $p_1=\cdots=p_k$이므로, 공통의 모수를 p^0로 하고

$$Z_i=\sqrt{n_i}(\hat{p}_i-p^0)/\sqrt{p^0q^0},\ q^0=1-p^0,\ Z=(Z_1,\cdots,Z_k)^t$$

라고 하면 귀무가설 하에서

$$Z\approx N_k(0,I)$$

한편 귀무가설 하에서 $\hat{p}_i^0\simeq p^0$이므로

$$\sum_{i=1}^{k}\left(\frac{X_i.-n_i\hat{p}_i^0}{\sqrt{n_i\hat{p}_i^0\hat{q}_i^0}}\right)^2=\sum_{i=1}^{k}n_i(\hat{p}_i-\hat{p}_i^0)^2/\hat{p}_i^0\hat{q}_i^0\simeq\sum_{i=1}^{k}n_i(\hat{p}_i-\hat{p}_i^0)^2/p^0q^0$$

그런데 $\hat{p}_i^0=\sum_{i=1}^{k}n_i\hat{p}_i/n$이므로

$$\sum_{i=1}^{k}n_i(\hat{p}_i-\hat{p}_i^0)^2=\sum_{i=1}^{k}n_i(\hat{p}_i-p^0)^2-n(\hat{p}_i^0-p^0)^2$$

따라서 $w=(\sqrt{n_1},\cdots,\sqrt{n_k})^t$라고 하면

$$\sum_{i=1}^{k}n_i(\hat{p}_i-\hat{p}_i^0)^2/p^0q^0=Z^tZ-(w^tZ)^2/(w^tw)=Z^t(I-w(w^tw)^{-1}w^t)Z$$

그러므로 귀무가설 $H_0:p_1=\cdots=p_k$ 하에서

$$2\{l(\hat{p})-l(\hat{p}^0)\}\simeq\sum_{i=1}^{k}\left(\frac{X_i.-n_i\hat{p}_i^0}{\sqrt{n_i\hat{p}_i^0\hat{q}_i^0}}\right)^2\simeq\sum_{i=1}^{k}n_i(\hat{p}_i-\hat{p}_i^0)^2/p^0q^0\approx\chi^2(k-1)$$

(7.17) (a) 로그가능도와 각 모수공간에서의 최대가능도 추정값을 구하면 다음과 같다.

$$l(\theta)=\sum_{i=1}^{k}\left[-n_i\theta_i+n_i\overline{(x_i.)}\log\theta_i-\sum_{j=1}^{n_i}\log(x_{ij}!)\right],\ \overline{(x_i.)}=\frac{1}{n_i}\sum_{j=1}^{n_i}x_{ij}$$

$$\hat{\theta}_i=\sum_{j=1}^{n_i}X_{ij}/n_i,\ \hat{\theta}_i^0=\sum_{i=1}^{k}\sum_{j=1}^{n_i}X_{ij}/n=\sum_{i=1}^{k}n_i\hat{\theta}_i/n,\ n=n_1+\cdots+n_k$$

따라서

$$2\{l(\hat{\theta})-l(\hat{\theta}^0)\}=2\sum_{i=1}^{k}\{n_i(\hat{\theta}_i^0-\hat{\theta}_i)+n_i\hat{\theta}_i(\log\hat{\theta}_i-\log\hat{\theta}_i^0)\}$$

$$=2\sum_{i=1}^{k}n_i\hat{\theta}_i^0\{-\hat{\theta}_i/\hat{\theta}_i^0+1+\hat{\theta}_i/\hat{\theta}_i^0\log(\hat{\theta}_i/\hat{\theta}_i^0)\}$$

(b) 귀무가설 하에서 $\theta_1=\cdots=\theta_k$이므로, 공통의 모수를 θ^0라고 하면, n이 클 때

$$\hat{\theta}_i \simeq \theta^0,\ \hat{\theta}_i^0 \simeq \theta^0 \ \ \therefore\ \hat{\theta}_i/\hat{\theta}_i^0 \simeq 1 \ \ \forall i=1,\cdots,k$$

이므로

$$2\{l(\hat{\theta})-l(\hat{\theta}^0)\}=2\sum_{i=1}^{k}n_i\hat{\theta}_i^0\{-\hat{\theta}_i/\hat{\theta}_i^0+1+\hat{\theta}_i/\hat{\theta}_i^0\log(1+(\hat{\theta}_i/\hat{\theta}_i^0-1))\}$$

$$\simeq 2\sum_{i=1}^{k}n_i\hat{\theta}_i^0\{-\hat{\theta}_i/\hat{\theta}_i^0+1+(\hat{\theta}_i/\hat{\theta}_i^0-1)+(\hat{\theta}_i/\hat{\theta}_i^0-1)^2/2\}$$

$$=\sum_{i=1}^{k}\left(\frac{X_{i\,\cdot}-n_i\hat{\theta}_i^0}{\sqrt{n_i\hat{\theta}_i^0}}\right)^2$$

(c) 귀무가설 하에서 $\theta_1=\cdots=\theta_k$이므로, 공통의 모수를 θ^0로 하고

$$Z_i=\sqrt{n_i}(\hat{\theta}_i-\theta^0)/\sqrt{\theta^0},\ \ Z=(Z_1,\cdots,Z_k)^t$$

라고 하면 귀무가설 하에서

$$Z \approx N_k(0, I)$$

한편 귀무가설 하에서 $\hat{\theta}_i^0 \simeq \theta^0$이므로

$$\sum_{i=1}^{k}\left(\frac{X_{i\,\cdot}-n_i\hat{\theta}_i^0}{\sqrt{n_i\hat{\theta}_i^0}}\right)^2=\sum_{i=1}^{k}n_i(\hat{\theta}_i-\hat{\theta}_i^0)^2/\hat{\theta}_i^0 \simeq \sum_{i=1}^{k}n_i(\hat{\theta}_i-\hat{\theta}_i^0)^2/\theta^0$$

그런데 $\hat{\theta}_i^{(0)}=\sum_{i=1}^{k}n_i\hat{\theta}_i/n$이므로

$$\sum_{i=1}^{k}n_i(\hat{\theta}_i-\hat{\theta}_i^0)^2=\sum_{i=1}^{k}n_i(\hat{\theta}_i-\theta^0)^2-n(\hat{\theta}_i^0-\theta^0)^2$$

따라서 $w=(\sqrt{n_1},\cdots,\sqrt{n_k})^t$라고 하면

$$\sum_{i=1}^{k}n_i(\hat{\theta}_i-\hat{\theta}_i^0)^2/\theta^0=Z^tZ-(w^tZ)^2/(w^tw)=Z^t(I-w(w^tw)^{-1}w^t)Z$$

그러므로 귀무가설하에서

$$2\{l(\hat{\theta})-l(\hat{\theta}^0)\}\simeq\sum_{i=1}^{k}\left(\frac{X_{i\,\cdot}-n_i\hat{\theta}_i^0}{\sqrt{n_i\hat{\theta}_i^0}}\right)^2\simeq\sum_{i=1}^{k}n_i(\hat{\theta}_i-\hat{\theta}_i^0)^2/\theta^0\approx\chi^2(k-1)$$

(7.18) (a) 로그가능도와 각 모수공간에서의 최대가능도 추정값을 구하면 다음과 같다.

$$l(\theta)=\sum_{i=1}^{k}n_i(-\log\theta_i-\overline{(x_{i\,\cdot})}/\theta_i),\ \ \overline{(x_{i\,\cdot})}=\frac{1}{n_i}\sum_{j=1}^{n_i}x_{ij}$$

$$\hat{\theta}_i=\sum_{j=1}^{n_i}X_{ij}/n_i,\ \ \hat{\theta}_i^0=\sum_{i=1}^{k}\sum_{j=1}^{n_i}X_{ij}/n=\sum_{i=1}^{k}n_i\hat{\theta}_i/n,\ \ n=n_1+\cdots+n_k$$

따라서,

$$2\{l(\hat{\theta})-l(\hat{\theta}^0)\}=2\sum_{i=1}^{k}n_i\{\hat{\theta}_i/\hat{\theta}_i^0-1-\log(\hat{\theta}_i/\hat{\theta}_i^0)\}$$

(b) 귀무가설 하에서 $\theta_1 = \cdots = \theta_k$이므로, 공통의 모수를 θ^0라고 하면, n_i가 클 때

$$\hat{\theta}_i \simeq \theta^0,\ \hat{\theta}_i^0 \simeq \theta^0 \quad \therefore\ \hat{\theta}_i/\hat{\theta}_i^0 \simeq 1 \quad \forall i=1,\cdots,k$$

이므로

$$\begin{aligned} 2\{l(\hat{\theta})-l(\hat{\theta}^0)\} &= 2\sum_{i=1}^{k} n_i\{\hat{\theta}_i/\hat{\theta}_i^0 - 1 - \log(1+(\hat{\theta}_i/\hat{\theta}_i^0-1))\} \\ &\simeq 2\sum_{i=1}^{k} n_i\{\hat{\theta}_i/\hat{\theta}_i^0 - 1 - (\hat{\theta}_i/\hat{\theta}_i^0-1) + (\hat{\theta}_i/\hat{\theta}_i^0-1)^2/2)\} \\ &= \sum_{i=1}^{k} n_i(\hat{\theta}_i/\hat{\theta}_i^0-1)^2 \end{aligned}$$

(c) 귀무가설 하에서 $\theta_1 = \cdots = \theta_k$이므로, 공통의 모수를 θ^0로 하고

$$Z_i = \sqrt{n_i}(\hat{\theta}_i - \theta^0)/\theta^0,\ Z = (Z_1, \cdots, Z_k)^t$$

라고 하면 귀무가설 하에서

$$Z \approx N_k(0, I)$$

한편 귀무가설 하에서 $\hat{\theta}_i^0 \simeq \theta^0$이므로

$$\sum_{i=1}^{k} n_i(\hat{\theta}_i/\hat{\theta}_i^0-1)^2 \simeq \sum_{i=1}^{k} n_i(\hat{\theta}_i - \hat{\theta}_i^0)^2/(\theta^0)^2$$

그런데 $\hat{\theta}_i^0 = \sum_{i=1}^{k} n_i\hat{\theta}_i/n$이므로

$$\sum_{i=1}^{k} n_i(\hat{\theta}_i - \hat{\theta}_i^0)^2 = \sum_{i=1}^{k} n_i(\hat{\theta}_i - \theta^0)^2 - n(\hat{\theta}_i^0 - \theta^0)^2$$

따라서 $w = (\sqrt{n_1}, \cdots, \sqrt{n_k})^t$라고 하면

$$\sum_{i=1}^{k} n_i(\hat{\theta}_i - \hat{\theta}_i^0)^2/(\theta^0)^2 = Z^tZ - (w^tZ)^2/(w^tw) = Z^t(I - w(w^tw)^{-1}w^t)Z$$

그러므로 귀무가설 하에서

$$2\{l(\hat{\theta})-l(\hat{\theta}^0)\} \simeq \sum_{i=1}^{k} n_i(\hat{\theta}_i/\hat{\theta}_i^0-1)^2 \approx \chi^2(k-1)$$

(7.19) (a) 로그가능도와 각 모수공간에서의 최대가능도 추정값을 구하면 다음과 같다.

$$l(\theta) = -\frac{1}{2\sigma^2}\sum_{i=1}^{k}\sum_{j=1}^{n_i}(x_{ij}-\mu_i)^2 - \frac{n}{2}\log(2\pi\sigma^2),\ \theta = (\mu_1, \cdots, \mu_k, \sigma^2)^t$$

(i) $\hat{\theta}^{\Omega}$: $\sum_{i=1}^{k}\sum_{j=1}^{n_i}(x_{ij}-\overline{x}_i)^2 + \sum_{i=1}^{k}\sum_{j=1}^{n_i}(x_{ij}-\mu_i)^2 = \sum_{i=1}^{k} n_i(\overline{x}_i - \mu_i)^2,$

$$\overline{x}_i = \frac{1}{n_i}\sum_{j=1}^{n_i} x_{ij},\ \hat{\mu}_i = \sum_{j=1}^{n_i} x_{ij}/n_i\ (i=1,\cdots,k),$$

또한 <예 6.3.2>에서와 같이,

$$l(\widehat{\mu_1},\cdots,\widehat{\mu_k},\sigma^2) = -\frac{1}{2\sigma^2}\sum_{i=1}^{k}\sum_{j=1}^{n_i}(x_{ij}-\overline{x_i})^2 - \frac{n}{2}\log(2\pi\sigma^2)$$

의 σ^2에 대한 증가, 감소를 조사하면

$$\widehat{\sigma^2} = \sum_{i=1}^{k}\sum_{j=1}^{n_i}(x_{ij}-\overline{x_i})^2/n$$

(ii) $\hat{\theta}^{\Omega_0}$: $\mu_1 = \cdots = \mu_k$라고 하면, <예 6.3.2>의 결과로부터

$$\widehat{\mu_1}^0 = \cdots = \widehat{\mu_k}^0 = \overline{x} = \sum_{i=1}^{k}\sum_{j=1}^{n_i}x_{ij}/n \ (i=1,\cdots,k),$$

$$\widehat{\sigma^2}^0 = \sum_{i=1}^{k}\sum_{j=1}^{n_i}(x_{ij}-\overline{x})^2/n$$

따라서,

$$2\{l(\hat{\theta})-l(\hat{\theta}^0)\} = -n\log(\widehat{\sigma^2}/\widehat{\sigma^2}^0) = n\log(\widehat{\sigma^2}^0/\widehat{\sigma^2})$$

(b) 귀무가설 하에서 $\mu_1 = \cdots = \mu_k$이므로 공통의 모수를 μ^0라고 하면, n_i가 클 때 귀무가설 하에서 $\widehat{\mu_i} \simeq \mu^0$, $\widehat{\mu_i}^0 \simeq \mu^0$이므로

$$\overline{x_i} = \widehat{\mu_i} \simeq \mu^0,\ \overline{x} = \widehat{\mu_i}^0 \simeq \mu^0,\ \widehat{\sigma^2} \simeq \sigma^2 \ \therefore \sum_{i=1}^{k}n_i(\overline{x_i}-\overline{x})^2/(n\widehat{\sigma^2}) \simeq 0$$

따라서 n_i가 클 때 귀무가설 하에서

$$\begin{aligned}2\{l(\hat{\theta})-l(\hat{\theta}^0)\} &= n\log\left\{1+\sum_{i=1}^{k}n_i(\overline{x_i}-\overline{x})^2/(n\widehat{\sigma^2})\right\} \\ &\simeq n\left\{\sum_{i=1}^{k}n_i(\overline{x_i}-\overline{x})^2/(n\widehat{\sigma^2})\right\} \\ &= \sum_{i=1}^{k}n_i(\widehat{\mu_i}-\widehat{\mu_i}^0)^2/\widehat{\sigma^2}\end{aligned}$$

(c) 귀무가설 하에서 $\mu_1 = \cdots = \mu_k$이므로, 공통의 모수를 μ^0로 하고

$$Z_i = \sqrt{n_i}(\widehat{\mu_i}-\mu^0)/\sigma,\ Z = (Z_1,\cdots,Z_k)^t$$

라고 하면, n_i가 클 때 귀무가설 하에서

$$Z \approx N_k(0, I),\ \widehat{\sigma^2} \simeq \sigma^2$$

$$\sum_{i=1}^{k}n_i(\widehat{\mu_i}-\widehat{\mu_i}^0)^2/\widehat{\sigma^2} \simeq \sum_{i=1}^{k}n_i(\widehat{\mu_i}-\widehat{\mu_i}^0)^2/\sigma^2 = \sum_{i=1}^{k}n_i(\widehat{\mu_i}-\mu^0)^2/\sigma^2 - n(\widehat{\mu_i}^0-\mu^0)^2/\sigma^2$$

한편 $w = (\sqrt{n_1},\cdots,\sqrt{n_k})^t$라고 하면

$$\sum_{i=1}^{k}n_i(\widehat{\mu_i}-\widehat{\mu_i}^0)^2/\sigma^2 = Z^tZ - (w^tZ)^2/(w^tw) = Z^t(I - w(w^tw)^{-1}w^t)Z$$

그러므로 n_i가 클 때 귀무가설 하에서

$$2\{l(\hat{\theta})-l(\hat{\theta}^0)\} \simeq \sum_{i=1}^{k} n_i(\hat{\mu}_i-\hat{\mu}_i^0)^2/\hat{\sigma}^2 \simeq \sum_{i=1}^{k} n_i(\hat{\mu}_i-\hat{\mu}_i^0)^2/\sigma^2 \approx \chi^2(k-1)$$

(7.20) (a) 로그가능도와 각 모수공간에서의 최대가능도 추정값을 구하면 다음과 같다.

$$l(\theta)=\sum_{i=1}^{k}\left\{-\frac{n_i}{2}\log(2\pi\sigma_i^2)-\frac{1}{2}\sum_{j=1}^{n_i}\left(\frac{x_{ij}-\mu_i}{\sigma_i}\right)^2\right\}$$

$$\hat{\sigma_i^2}=\sum_{j=1}^{n_i}(\mathrm{X}_{ij}-\hat{\mu}_i)^2/n_i,\ \hat{\mu}_i=\sum_{j=1}^{n_i}\mathrm{X}_{ij}/n_i\ \ (i=1,\cdots,k)$$

$$\hat{\sigma_i^2}^0=\sum_{i=1}^{k}\sum_{j=1}^{n_i}(\mathrm{X}_{ij}-\hat{\mu}_i^0)^2/n,\ \hat{\mu}_i^0=\hat{\mu}_i,\ n=n_1+\cdots+n_k$$

따라서,

$$2\{l(\hat{\theta})-l(\hat{\theta}^0)\}=-\sum_{i=1}^{k}n_i\log(\hat{\sigma_i^2}/\hat{\sigma_i^2}^0)$$

(b) 귀무가설 하에서 $\sigma_1^2=\cdots=\sigma_k^2$이므로, σ_i^2을 θ_i로 나타내고 공통의 분산을 θ^0라고 하면 n_i가 클 때

$$\hat{\theta}_i\simeq\theta^0,\ \hat{\theta}_i^0\simeq\theta^0\ \ \therefore\ \hat{\theta}_i/\hat{\theta}_i^0\simeq 1\ \ \forall i=1,\cdots,k$$

이고 $\hat{\theta}_i^0=\hat{\sigma_i^2}^0=\sum_{i=1}^{k}n_i\hat{\sigma_i^2}/n=\sum_{i=1}^{k}n_i\hat{\theta}_i/n$이므로

$$\begin{aligned}2\{l(\hat{\theta})-l(\hat{\theta}^0)\}&=-\sum_{i=1}^{k}n_i\log\{1+(\hat{\theta}_i/\hat{\theta}_i^0-1)\}\\&\simeq-\sum_{i=1}^{k}n_i\left\{\hat{\theta}_i/\hat{\theta}_i^0-1-\frac{1}{2}(\hat{\theta}_i/\hat{\theta}_i^0-1)^2\right\}\\&=\frac{1}{2}\sum_{i=1}^{k}n_i(\hat{\theta}_i/\hat{\theta}_i^0-1)^2\end{aligned}$$

(c) 귀무가설 하에서 $\sigma_1^2=\cdots=\sigma_k^2$이므로, σ_i^2을 θ_i로 나타내고 공통의 분산을 θ^0라고 하고

$$\mathrm{Z}_i=\sqrt{n_i}(\hat{\theta}_i-\theta^0)/\sqrt{2}\,\theta^0,\ \mathrm{Z}=(\mathrm{Z}_1,\cdots,\mathrm{Z}_k)^t$$

라고 하면 귀무가설 하에서

$$\mathrm{Z}\approx\mathrm{N}_k(0,\mathrm{I})$$

한편 귀무가설 하에서 $\hat{\theta}_i^0\simeq\theta^0$이므로

$$\frac{1}{2}\sum_{i=1}^{k}n_i(\hat{\theta}_i/\hat{\theta}_i^0-1)^2\simeq\sum_{i=1}^{k}n_i(\hat{\theta}_i-\hat{\theta}_i^0)^2/(\sqrt{2}\,\theta^0)^2$$

그런데 $\hat{\theta}_i^0=\sum_{i=1}^{k}n_i\hat{\theta}_i/n$이므로

$$\sum_{i=1}^{k} n_i (\hat{\theta}_i - \hat{\theta}_i^0)^2 = \sum_{i=1}^{k} n_i (\hat{\theta}_i - \theta^0)^2 - n(\hat{\theta}_i^0 - \theta^0)^2$$

따라서 $w = (\sqrt{n_1}, \cdots, \sqrt{n_k})^t$라고 하면

$$\sum_{i=1}^{k} n_i (\hat{\theta}_i - \hat{\theta}_i^0)^2 / (\sqrt{2}\theta^0)^2 = Z^t Z - (w^t Z)^2/(w^t w) = Z^t (I - w(w^t w)^{-1} w^t) Z$$

그러므로 귀무가설하에서

$$2\{l(\hat{\theta}) - l(\hat{\theta}^0)\} \simeq \frac{1}{2} \sum_{i=1}^{k} n_i (\hat{\theta}_i / \hat{\theta}_i^0 - 1)^2 \approx \chi^2(k-1)$$

(7.21) (a) 로그가능도 함수는 다음과 같이 주어진다.

$$l(\mu_1, \mu_2, \sigma_1^2, \sigma_2^2) = -n\log(2\pi\sigma_1\sigma_2\sqrt{1-\rho_0^2}) - \frac{1}{2}\sum_{i=1}^{n} \begin{pmatrix} x_i - \mu_1 \\ y_i - \mu_2 \end{pmatrix}^t \begin{pmatrix} \sigma_1^2 & \rho_0\sigma_1\sigma_2 \\ \rho_0\sigma_1\sigma_2 & \sigma_2^2 \end{pmatrix}^{-1} \begin{pmatrix} x_i - \mu_1 \\ y_i - \mu_2 \end{pmatrix}$$

$$= -n\log(2\pi\sigma_1\sigma_2\sqrt{1-\rho_0^2}) - \frac{n}{2(1-\rho_0^2)} \left\{ \frac{\overline{(x-\mu_1)^2}}{\sigma_1^2} - 2\rho_0 \frac{\overline{(x-\mu_1)(y-\mu_2)}}{\sigma_1\sigma_2} + \frac{\overline{(y-\mu_2)^2}}{\sigma_2^2} \right\}$$

여기에서

$$\sum_{i=1}^{n} \begin{pmatrix} x_i - \mu_1 \\ y_i - \mu_2 \end{pmatrix}^t \begin{pmatrix} \sigma_1^2 & \rho_0\sigma_1\sigma_2 \\ \rho_0\sigma_1\sigma_2 & \sigma_2^2 \end{pmatrix}^{-1} \begin{pmatrix} x_i - \mu_1 \\ y_i - \mu_2 \end{pmatrix} = \sum_{i=1}^{n} \begin{pmatrix} x_i - \bar{x} \\ y_i - \bar{y} \end{pmatrix}^t \begin{pmatrix} \sigma_1^2 & \rho_0\sigma_1\sigma_2 \\ \rho_0\sigma_1\sigma_2 & \sigma_2^2 \end{pmatrix}^{-1} \begin{pmatrix} x_i - \bar{x} \\ y_i - \bar{y} \end{pmatrix} +$$

$$+ n \begin{pmatrix} \bar{x} - \mu_1 \\ \bar{y} - \mu_2 \end{pmatrix}^t \begin{pmatrix} \sigma_1^2 & \rho_0\sigma_1\sigma_2 \\ \rho_0\sigma_1\sigma_2 & \sigma_2^2 \end{pmatrix}^{-1} \begin{pmatrix} \bar{x} - \mu_1 \\ \bar{y} - \mu_2 \end{pmatrix}$$

이므로

$$\widehat{\mu_1}^0 = \overline{X}, \ \widehat{\mu_2}^0 = \overline{Y}$$

여기에서 모수를 $a^2 \equiv \widehat{\sigma_1^2}/\sigma_1^2$, $b^2 \equiv \widehat{\sigma_2^2}/\sigma_2^2$로 치환하면 $(a > 0, \ b > 0)$

$$h(a,b) \equiv l(\bar{x}, \bar{y}, a^2, b^2) = -\frac{n}{2(1-\rho_0^2)} \{a^2 - 2\rho_0 r_n ab + b^2\} + \frac{n}{2}\log a^2 b^2 + \text{상수}$$

$$\frac{\partial h}{\partial a} = \frac{n}{a} - \frac{n}{1-\rho_0^2}\{a - \rho_0 r_n b\}, \ \frac{\partial h}{\partial b} = \frac{n}{b} - \frac{n}{1-\rho_0^2}\{-\rho_0 r_n a + b\}$$

$$\frac{\partial^2 h}{\partial a^2} = -\frac{n}{a^2} - \frac{n}{1-\rho_0^2}, \ \frac{\partial^2 h}{\partial b^2} = -\frac{n}{b^2} - \frac{n}{1-\rho_0^2}, \ \frac{\partial^2 h}{\partial a \partial b} = \frac{\partial^2 h}{\partial b \partial a} = \frac{n\rho_0 r_n}{1-\rho_0^2}$$

$$\therefore \frac{\partial^2 h}{\partial a^2}\frac{\partial^2 h}{\partial b^2} - \left(\frac{\partial^2 h}{\partial a \partial b}\right)\left(\frac{\partial^2 h}{\partial b \partial a}\right) = \frac{n^2}{a^2 b^2} + \frac{n^2}{a^2(1-\rho_0^2)} + \frac{n^2}{b^2(1-\rho_0^2)} + \frac{n^2(1-\rho_0^2 r_n^2)}{(1-\rho_0^2)^2} > 0$$

즉, h의 헤시안 행렬식이 양수이고 $\dfrac{\partial^2 h}{\partial a^2} < 0$이므로 h는 순오목함수이다. 또한,

$$\dot{h}\left(\sqrt{\frac{1-\rho_0^2}{1-r_n\rho_0}}, \sqrt{\frac{1-\rho_0^2}{1-r_n\rho_0}}\right) = (0,0)$$

$$\therefore (\hat{a}^{0}, \hat{b}^{0}) = \left(\sqrt{\frac{1-\rho_0^2}{1-r_n\rho_0}}, \sqrt{\frac{1-\rho_0^2}{1-r_n\rho_0}} \right)$$

그런데 $a^2 \equiv \widehat{\sigma_1^2}/\sigma_1^2$, $b^2 \equiv \widehat{\sigma_2^2}/\sigma_2^2$ 이므로

$$(\widehat{\sigma_1^2}^{0}, \widehat{\sigma_2^2}^{0}) = (\frac{1-r_n\rho_0}{1-\rho_0^2}\widehat{\sigma_1^2}, \frac{1-r_n\rho_0}{1-\rho_0^2}\widehat{\sigma_2^2})$$

(b) (a)의 결과로부터 최대가능도비의 검정통계량을 구하면

$$2(l(\hat{\theta}^{ohm}) - l(\hat{\theta}^{ohm_0})) = -n\log\frac{(1-r_n^2)(1-\rho_0^2)}{(1-r_n\rho_0)^2}$$

이므로 , $\rho_0 = 0$인 경우에는

$$2(l(\hat{\theta}^{ohm}) - l(\hat{\theta}^{ohm_0})) = -n\log(1-r_n^2)$$

따라서 최대가능도비 검정의 기각역은 $|r_n|$이 큰 영역이다.

한편 문제 4.26에서 주어진 표본상관계수 분포의 대의적 정의

$$\frac{r_n}{\sqrt{1-r_n^2}} \overset{d}{\equiv} \frac{\sqrt{\chi^2(n-1)}\,\rho/\sqrt{1-\rho^2} \oplus \mathrm{N}(0,1)}{\sqrt{\chi^2(n-2)}}, \chi^2(n-1) \perp \chi^2(n-2) \perp \mathrm{N}(0,1)$$

로부터 $\rho_0 = 0$인 경우에는 귀무가설 $H_0 : \rho = 0$ 하에서

$$\sqrt{n-2}\,\frac{r_n}{\sqrt{1-r_n^2}} \overset{d}{\equiv} \frac{\mathrm{N}(0,1)}{\sqrt{\chi^2(n-2)/(n-2)}} \overset{d}{\equiv} t(n-2),\ \chi^2(n-2) \perp \mathrm{N}(0,1)$$

이고 $\dfrac{|r_n|}{\sqrt{1-r_n^2}}$ 은 $|r_n|$의 증가함수이므로 (b)의 결과가 성립한다.

(c) (a)의 결과로부터 최대가능도비의 검정통계량을 구하면

$$2(l(\hat{\theta}^{ohm}) - l(\hat{\theta}^{ohm_0})) = -n\log\frac{(1-r_n^2)(1-\rho_0^2)}{(1-r_n\rho_0)^2}$$

이고, 이의 증가 감소를 조사하면 $r_n < \rho_0$인 경우에 순감소이고 $r_n > \rho_0$인 경우에 순증가임을 알 수 있다.

그런데 예 5.3.7로부터 귀무가설 $H_0 : \rho = \rho_0$하에서

$$\frac{1}{2}\sqrt{n}\,(\log\frac{1+r_n}{1-r_n} - \log\frac{1+\rho_0}{1-\rho_0}) \underset{n\to\infty}{\overset{d}{\to}} \mathrm{N}(0,1)$$

이고, $\log\dfrac{1+r_n}{1-r_n}$이 r_n의 증가함수이므로 (c)의 결과가 성립한다.

(7.22) (a) 전체 모수공간에서의 최대가능도 추정값은

$$(\hat{\mu}_1^{\Omega}, \hat{\mu}_2^{\Omega}, \widehat{\sigma_1^2}^{\Omega}, \widehat{\sigma_2^2}^{\Omega}, \hat{\rho}^{\Omega}) = \left(\bar{x}, \bar{y}, \frac{1}{n}\sum_{i=1}^{n}(x_i - \bar{x})^2, \frac{1}{n}\sum_{i=1}^{n}(y_i - \bar{y})^2, r_n\right)$$

이고, 문제 7.21의 풀이로부터 ρ가 고정된 경우에 로그 가능도 $l(\mu_1,\mu_2,\sigma_1^2,\sigma_2^2,\rho)$ 를 최대로하는 $(\mu_1,\mu_2,\sigma_1^2,\sigma_2^2)$의 값은

$$\left(\bar{x},\bar{y},\frac{1-r_n\rho}{1-\rho^2}\hat{\sigma}_1^{2\,\Omega},\frac{1-r_n\rho}{1-\rho^2}\hat{\sigma}_2^{2\,\Omega}\right)$$

이다. 따라서 로그 가능도 $l(\mu_1,\mu_2,\sigma_1^2,\sigma_2^2,\rho)$에 이 값들을 대입한

$$g(\rho)=l\left(\bar{x},\bar{y},\frac{1-r_n\rho}{1-\rho^2}\hat{\sigma}_1^{2\,\Omega},\frac{1-r_n\rho}{1-\rho^2}\hat{\sigma}_2^{2\,\Omega},\rho\right)=-\frac{n}{2}\log\left((2\pi)^2\frac{(1-r_n\rho)^2}{1-\rho^2}\hat{\sigma}_1^{2\,\Omega}\hat{\sigma}_2^{2\,\Omega}\right)-n$$

을 최대로 하는 ρ가 귀무가설 $H_0:\rho\le\rho_0$ 하에서의 $\hat{\rho}^{\,\Omega_0}$이다.

그런데 $\dot{g}(\rho)=\dfrac{n}{(1-r_n\rho)(1-\rho^2)}(r_n-\rho)$ 이므로 함수 $g(\rho)$의 증감을 따져보면

$\rho<r_n$에서 순증가, $\rho>r_n$에서 순감소하므로

$$\hat{\rho}^{\,ohm_0}=\rho_0\wedge r_n \text{ (여기에서 } a\wedge b=\min(a,b))$$

따라서 최대가능도비의 검정통계량을 구하면

$$2(g(\hat{\rho}^{\,\Omega})-g(\hat{\rho}^{\,\Omega_0}))=-n\log\left(\frac{(1-r_n^2)\{1-(\rho_0\wedge r_n)^2\}}{\{1-r_n(\rho_0\wedge r_n)\}^2}\right)$$

이다. 특히 $\rho_0=0$인 경우에 최대가능도비의 검정통계량은

$$2(g(\hat{\rho}^{\,\Omega})-g(\hat{\rho}^{\,\Omega_0}))=\begin{cases}-n\log(1-r_n^2) & (r_n>0)\\ 0 & (otherwise)\end{cases}$$

이는 $r_n>0$인 영역에서 r_n의 순증가함수이므로 기각역은 $r_n>c$ 꼴이다.

그런데 $\dfrac{r_n}{\sqrt{1-r_n^2}}$ 이 r_n의 순증가함수이므로 기각역은

$$\sqrt{n=2}\,\frac{r_n}{\sqrt{1-r_n^2}}\ge t$$

꼴로 나타낼 수 있고 유의수준 $\alpha(0<\alpha<1)$의 조건을 만족하면 된다.

한편 문제 4.26에서 주어진 표본상관계수 분포의 대의적 정의는 다음과 같다.

$$\frac{r_n}{\sqrt{1-r_n^2}}\overset{d}{\equiv}\frac{\sqrt{\chi^2(n-1)}\,\rho/\sqrt{1-\rho^2}\oplus\mathrm{N}(0,1)}{\sqrt{\chi^2(n-2)}},\ \chi^2(n-1)\perp\chi^2(n-2)\perp\mathrm{N}(0,1)$$

따라서 이러한 꼴의 기각역의 확률은

$$P_\rho(\sqrt{n-2}\,\frac{r_n}{\sqrt{1-r_n^2}}\ge t)=P_\rho\left[\frac{\sqrt{\chi^2(n-1)}}{\sqrt{\chi^2(n-2)/(n-2)}}\frac{\rho}{\sqrt{1-\rho^2}}+\frac{N(0,1)}{\sqrt{\chi^2(n-2)/(n-2)}}\ge t\right]$$

꼴로서 $P(a\,random\,variable\le\dfrac{\rho}{\sqrt{1-\rho^2}})$와 같이 나타낼 수 있으므로

$\dfrac{\rho}{\sqrt{1-\rho^2}}$ 의 순증가함수임을 알 수 있다. 그런데 $\dfrac{\rho}{\sqrt{1-\rho^2}}$ 이 ρ의 순증가함수이므로 위 기각역의 확률은 ρ의 순증가함수이다. 따라서 귀무가설 $H_0 : \rho \le \rho_0$ 하에서 기각역의 최대 확률은 $\rho = \rho_0$일 때이다. 즉

$$\max_{\rho \le \rho_0} P_\rho(\sqrt{n=2}\,\frac{r_n}{\sqrt{1-r_n^2}} \ge t) = P_{\rho_0}(\sqrt{n=2}\,\frac{r_n}{\sqrt{1-r_n^2}} \ge t)$$

특히 $\rho = 0$인 경우에는 $\sqrt{n-2}\,\dfrac{r_n}{\sqrt{1-r_n^2}} \overset{d}{\equiv} t(n-2)$ 이므로 (a)의 결과가 성립한다.

(b) (a)의 풀이 과정에서 최대가능도비의 검정통계량은

$$2(g(\hat{\rho}^{\,\Omega}) - g(\hat{\rho}^{\,\Omega_0})) = \begin{cases} -n\log\left(\dfrac{(1-r_n^2)(1-\rho_0^2)}{(1-r_n\rho_0)^2}\right) & (r_n > \rho_0) \\ 0 & (otherwise) \end{cases}$$

이고, 이는 r_n의 순증가함수이므로 기각역은 $r_n > c$ 꼴이며 이러한 기각역의 확률은 ρ의 증가함수로서 귀무가설 $H_0 : \rho \le \rho_0$ 하에서 기각역의 최대 확률은 $\rho = \rho_0$일 때이다.

그런데 예 5.3.7로부터 $\rho = \rho_0$일 때

$$\frac{1}{2}\sqrt{n}\,(\log\frac{1+r_n}{1-r_n} - \log\frac{1+\rho_0}{1-\rho_0}) \xrightarrow[n\to\infty]{d} \mathrm{N}(0,1)$$

이고 $\log\left(\dfrac{1+r_n}{1-r_n}\right)$이 r_n의 순증가함수이므로 기각역의 형태는 $\log\left(\dfrac{1+r_n}{1-r_n}\right) \ge constant$ 꼴로쓸 수 있다. 그러므로 $\rho = \rho_0$일 때 기각 확률을 근사적으로 $\alpha(0 < \alpha < 1)$로 하려면 기각역은

$$\frac{1}{2}\sqrt{n}\,(\log\frac{1+r_n}{1-r_n} - \log\frac{1+\rho_0}{1-\rho_0}) \ge z_\alpha$$

로 주어져야한다.

8장 추정량의 비교

(8.1) $\mathrm{E}_p(\hat{p}^{(0)} - p) = 0,\ \mathrm{E}_p[(\hat{p}^{(0)} - p)^2] = p(1-p)/n$

$$\begin{aligned}\mathrm{E}_p[((a\hat{p}^{(0)} + b) - p)^2] &= \mathrm{E}_p[(a(\hat{p}^{(0)} - p) + b + (a-1)p)^2] \\ &= a^2p(1-p)/n + (b + (a-1)p)^2\end{aligned}$$

$$\mathrm{E}_p[(\hat{p}^{(1)}-p)^2]=\frac{1}{4(1+\sqrt{n})^2}$$

(a) $\max_{0\le p\le 1}\mathrm{E}_p[(\hat{p}^{(0)}-p)^2]=\frac{1}{4n},\ \max_{0\le p\le 1}\mathrm{E}_p[(\hat{p}^{(1)}-p)^2]=\frac{1}{4(1+\sqrt{n})^2}$

$$\therefore \max_{0\le p\le 1}\mathrm{E}_p[(\hat{p}^{(1)}-p)^2]<\max_{0\le p\le 1}\mathrm{E}_p[(\hat{p}^{(0)}-p)^2]$$

(b) $\int_0^1 \mathrm{E}_p[(\hat{p}^{(0)}-p)^2]p^{\sqrt{n}-1}(1-p)^{\sqrt{n}-1}dp=\frac{1}{n}\frac{\Gamma(1+\sqrt{n})\Gamma(1+\sqrt{n})}{\Gamma(2+2\sqrt{n})}$

$$\int_0^1 \mathrm{E}_p[(\hat{p}^{(1)}-p)^2]p^{\sqrt{n}-1}(1-p)^{\sqrt{n}-1}dp=\frac{1}{4(1+\sqrt{n})^2}\frac{\Gamma(\sqrt{n})\Gamma(\sqrt{n})}{\Gamma(2\sqrt{n})}$$

$$\frac{1}{n}\frac{\Gamma(1+\sqrt{n})\Gamma(1+\sqrt{n})}{\Gamma(2+2\sqrt{n})}=\frac{1}{n}\frac{n\Gamma(\sqrt{n})\Gamma(\sqrt{n})}{(2\sqrt{n}+1)(2\sqrt{n})\Gamma(2\sqrt{n})}$$

$$=\frac{1}{4n+2\sqrt{n}}\frac{\Gamma(\sqrt{n})\Gamma(\sqrt{n})}{\Gamma(2\sqrt{n})}$$

$$\frac{1}{4(1+\sqrt{n})^2}\frac{\Gamma(\sqrt{n})\Gamma(\sqrt{n})}{\Gamma(2\sqrt{n})}=\frac{1}{4n+8\sqrt{n}+4}\frac{\Gamma(\sqrt{n})\Gamma(\sqrt{n})}{\Gamma(2\sqrt{n})}$$

$$\int_0^1 \mathrm{E}_p[(\hat{p}^{(1)}-p)^2]p^{\sqrt{n}-1}(1-p)^{\sqrt{n}-1}dp$$

$$<\int_0^1 \mathrm{E}_p[(\hat{p}^{(0)}-p)^2]p^{\sqrt{n}-1}(1-p)^{\sqrt{n}-1}dp$$

(c) $\mathrm{E}_p[(\hat{p}^{(1)}-p)^2]=\frac{1}{4(1+\sqrt{n})^2}<\mathrm{E}_p[(\hat{p}^{(0)}-p)^2]=p(1-p)/n$

$$\Leftrightarrow p^2-p+\frac{n}{4(1+\sqrt{n})^2}<0$$

$$\Leftrightarrow \frac{1}{2}-\frac{1}{2}\sqrt{\frac{1+2\sqrt{n}}{1+2\sqrt{n}+n}}<p<\frac{1}{2}+\frac{1}{2}\sqrt{\frac{1+2\sqrt{n}}{1+2\sqrt{n}+n}}$$

(8.2) (a) $pdf(x;\theta)=\theta^n\left[\prod_{i=1}^n(1-x_i)\right]^{\theta-1}\prod_{i=1}^n \mathrm{I}_{(0,1)}(x_i)=ft_1^n(\theta,\prod_{i=1}^n(1-x_i))\,ft_2^n(x)$

따라서 분해정리로부터 $\prod_{i=1}^n(1-\mathrm{X}_i)$가 $\theta\in(0,+\infty)$에 관한 충분통계량이다.

(b) $pdf(x;\theta)=\left[\frac{\Gamma(2\theta)}{\Gamma(\theta)\Gamma(\theta)}\right]^n\left[\prod_{i=1}^n x_i(1-x_i)\right]^{\theta-1}\prod_{i=1}^n \mathrm{I}_{(0,1)}(x_i)$

$$=ft_1^n\left(\theta,\prod_{i=1}^n x_i(1-x_i)\right)ft_2^n(x)$$

따라서 분해정리로부터 $\prod_{i=1}^n \mathrm{X}_i(1-\mathrm{X}_i)$가 $\theta\in(0,+\infty)$에 관한 충분통계량이다.

(8.3) $pdf(x;\mu,\Sigma)$

$$=(\det(2\pi\Sigma))^{-n/2}\exp\left\{-\frac{1}{2}trace\left(\Sigma^{-1}\sum_{i=1}^{n}x_ix_i^t\right)+\mu^t\Sigma^{-1}\sum_{i=1}^{n}x_i-\frac{n}{2}\mu^t\mu\right\}$$

따라서 분해정리로부터

$$\left(\sum_{i=1}^{n}X_i,\ \sum_{i=1}^{n}X_iX_i^t\right)$$

또는 일대일 함수인

$$\left(\overline{X},\ \sum_{i=1}^{n}(X_i-\overline{X})(X_i-\overline{X})^t\right)$$

가 $(\mu,\Sigma)(\mu\in R^k,\ \Sigma$는 양의 정부호의 대칭행렬)에 관한 충분통계량이다.

(8.4) (a) $\Omega=\{(\mu,\sigma)^t:\ -\infty<\mu<+\infty,\sigma>0\}$

$$pdf(x;\mu,\sigma)=\prod_{i=1}^{n}\frac{1}{\sigma}\frac{e^{(x_i-\mu)/\sigma}}{(1+e^{(x_i-\mu)/\sigma})^2}$$

$$=\sigma^{-n}\exp(\sum_{i=1}^{n}x_{(i)}-n\mu)\prod_{i=1}^{n}\left[1+\exp\left(\frac{x_{(i)}-\mu}{\sigma}\right)\right]$$

$$=ft^n(\mu,\sigma,x_{(1)},\cdots,x_{(n)})$$

따라서 분해정리로부터 $(X_{(1)},\cdots,X_{(n)})^t$가 $\theta=(\mu,\sigma)^t\in\Omega$에 관한 충분통계량이다.

(b) $\Omega=\{(\mu,\sigma)^t:-\infty<\mu<+\infty,\sigma>0\}$

$$pdf(x;\mu,\sigma)=\prod_{i=1}^{n}\frac{1}{\sigma}\frac{1}{1+\{(x_i-\mu)/\sigma\}^2}$$

$$=\sigma^{-n}\prod_{i=1}^{n}\left[1+\left(\frac{x_{(i)}-\mu}{\sigma}\right)^2\right]^{-1}$$

$$=ft^n(\mu,\sigma,x_{(1)},\cdots,x_{(n)})$$

따라서 분해정리로부터 $(X_{(1)},\cdots,X_{(n)})^t$가 $\theta=(\mu,\sigma)^t\in\Omega$에 관한 충분통계량이다.

(8.5) $pdf(x;f)=\prod_{i=1}^{n}f(x_i)=\prod_{i=1}^{n}f(x_{(i)})=ft^n(f,x_{(1)},\cdots,x_{(n)})\times 1$

따라서 분해정리로부터 $(X_{(1)},\cdots,X_{(n)})^t$가 $f\in\Omega$에 관한 충분통계량이다.

(8.6) 모수를 $p=(p_1,p_2,\cdots)$로 나타내고, R을 $X_1,\ \cdots,X_n$중에서 서로 다른 것의 개수, $X_{(1)}<\cdots<X_{(R)}$을 이들을 크기 순서로 늘어놓은 순서통계량, $N_{(1)},\ \cdots,\ N_{(R)}$을 이들의 반복 회수라고 하면 다음과 같은 분해식이 성립한다.

$$pdf(x;p)=\prod_{i=1}^{n}p_{x_i}=[p_{x_{(1)}}]^{n_{(1)}}\cdots[p_{x_{(r)}}]^{n_{(r)}}=ft^n(p,r,(x_{(1)},n_{(1)}),\cdots,(x_{(r)},n_{(r)}))\times 1$$

따라서 분해정리로부터 $(R,X_{(1)},\cdots,X_{(R)},N_{(1)},\cdots,N_{(R)})^t$이 $p\in\Omega$에 관한 충분통계량이다.

(8.7) 이 문제에서는 iid인 경우의 관측자료가 아니고 순서통계량으로 주어지는 관측자료의 경우에도 그 결합확률밀도함수에 기초한 충분통계량이 정의될 수 있음을 전제로 하고 있다. 이 경우에 관측되는 순서통계량 $X_{(1)} < \cdots < X_{(r)} (1 \le r < n)$의 결합확률밀도함수는

$$pdf(y;\mu,\sigma)$$
$$= \frac{n!}{1! \cdots 1!(n-r)!} \prod_{i=1}^{r} \left[\frac{1}{\sigma} e^{-(y_i-\mu)/\sigma} I_{(\mu,\infty)}(y_i) \right] (e^{-(y_r-\mu)/\sigma})^{n-r} I_{(y_1 < \cdots < y_r)}$$
$$= \frac{n!}{(n-r)!} \frac{1}{\sigma^r} e^{-(y_1+\cdots+y_r+(n-r)y_r-n\mu)/\sigma} I_{(\mu,\infty)}(y_1) I_{(y_1 < \cdots < y_r)}$$
$$= ft^n(\mu,\sigma,y_1+\cdots+y_r+(n-r)y_r,y_1) I_{(y_1 < \cdots < y_r)}$$

따라서 분해정리로부터 $\left(X_{(1)}, \sum_{i=1}^{r} X_{(i)} + (n-r)X_{(r)} \right)^t$이 $(\mu,\sigma)^t \in R \times R_+$에 관한 충분통계량이다.

(8.8) (a) $pdf(x;\theta) = \prod_{i=1}^{n} \left[\frac{1}{2\theta} I_{[-\theta,\theta]}(x_i) \right] = (2\theta)^{-n} I(\max_{1 \le i \le n} |x_i| \le \theta)$

따라서 분해정리로부터 $\max_{1 \le i \le n} |X_i|$가 $\theta \in (0,+\infty)$에 관한 충분통계량이다.

(b)
$$(X_i) \overset{d}{\equiv} (\theta U_i),\ U_i \overset{iid}{\sim} U(-1,1),\ i=1,\cdots,n$$
$$\theta = E_\theta[c_n(X_{(n)} - X_{(1)})] = \theta c_n E(U_{(n)} - U_{(1)})$$
$$\Leftrightarrow c_n = [E(U_{(n)} - U_{(1)})]^{-1}$$

한편

$$E(U_{(n)} - U_{(1)}) = \int_{-1}^{1}\int_{-1}^{1} (y-x) \frac{n!}{(n-2)!} \frac{1}{2} \left(\frac{y-x}{2} \right)^{n-2} \frac{1}{2} I_{(y<x)} dydx$$
$$\int_{-1}^{1}\int_{x}^{1} \frac{n(n-1)}{2^n} (y-x)^{n-1} dydx = \frac{n-1}{2^n} \int_{-1}^{1} (1-x)^n dx = 2\frac{n-1}{n+1}$$
$$\therefore c_n = \frac{1}{2} \frac{n+1}{n-1} \quad (n \ge 2)$$

(c) 라오 블랙웰 정리로부터 구하는 추정량은

$$E[c_n(X_{(n)} - X_{(1)})|Y]$$

그런데 $a \vee b = \max(a,b)$, $a \wedge b = \min(a,b)$라고 하면,

$$Y = \max_{1 \le i \le n} |X_i| = \max_{1 \le i \le n} \{(X_i) \vee (-X_i)\} = X_{(n)} \vee [-X_{(1)}]$$
$$X_{(n)} - X_{(1)} = X_{(n)} \vee [-X_{(1)}] + X_{(n)} \wedge [-X_{(1)}] = Y + X_{(n)} \wedge [-X_{(1)}]$$

이므로

$$E[X_{(n)} - X_{(1)}|Y] = Y + E[X_{(n)} \wedge (-X_{(1)})|Y]$$

한편 $Z = X_{(n)} \wedge (-X_{(1)})$이라고 하고, Y와 Z의 결합확률밀도함수를 구하면

$$pdf_{X_{(1)},X_{(n)}}(x,y)=\frac{n(n-1)}{2^n}(y-x)^{n-2}I_{(-1<x<y<1)}$$

$$pdf_{-X_{(1)},X_{(n)}}(w,y)=\frac{n(n-1)}{2^n}(y+w)^{n-2}I_{(y+w>0)}I_{(-1<y<1,-1<w<1)}$$

$$pdf_{Z,Y}(z,y)=2\frac{n(n-1)}{2^n}(y+z)^{n-2}I_{(y+z>0,y>z)}I_{(-1<y<1,-1<z<1)}$$

따라서 $Y=y$인 조건 하에서 Z의 조건부확률밀도함수와 조건부 기댓값을 구하면

$$pdf_Y(y)=\int_{-\infty}^{+\infty}pdf_{Z,Y}(z,y)dz=\frac{n(n-1)}{2^{n-1}}\int_{-1}^{1}(y+z)^{n-2}dz\,I_{(0,1)}(y)$$
$$=ny^{n-1}I_{(0,1)}(y)$$

$$pdf_{Z|Y}(z|y)=pdf_{Z,Y}(z,y)/pdf_Y(y)=\frac{n-1}{2^{n-1}y^{n-1}}(y+z)^{n-2}I_{(-y,y)}(z)$$

$$E(Z|Y=y)=\frac{n-1}{2^{n-1}y^{n-1}}\int_{-y}^{y}z(y+z)^{n-2}dz=\frac{n-2}{n}y$$

이로부터

$$E[X_{(n)}-X_{(1)}|Y]=Y+E[X_{(n)}\wedge(-X_{(1)})|Y]=Y+E(Z|Y)=2\frac{n-1}{n}Y$$

$$\therefore\ E[c_n(X_{(n)}-X_{(1)})|Y]=\frac{1}{2}\frac{n+1}{n-1}2\frac{n-1}{n}Y=\frac{n+1}{n}Y$$

그러므로 구하는 추정량은 $\dfrac{n+1}{n}Y=\dfrac{n+1}{n}\max\limits_{1\le i\le n}|X_i|$이다.

(8.9) 이 경우에 모집단의 확률밀도함수는

$$pdf_{X_1}(x;p)=\exp\left\{x\log(1-p)+\log\left(\frac{p}{1-p}\right)\right\},\ x=1,2,\cdots,\ 0<p<1$$

와 같이 나타낼 수 있으므로 <정리 8.3.2>의 지수족에 관한 조건이 만족된다. 따라서

$$T=\sum_{i=1}^{n}X_i$$

가 $p\in(0,1)$에 관한 완비충분통계량이다.

한편

$$E_pI_{\{1\}}(X_1)=P_p(X_1=1)=p$$

따라서 <정리 8.3.1>로부터 p의 전역최소분산불편추정량은

$$\hat{p}^{UMVUE}=E(I_{\{1\}}(X_1)|T)=P(X_1=1|T)$$

로 주어진다. 이의 구체적인 형태는 다음과 같이 구할 수 있다.

$$P(X_1=1|T=t)=\frac{P_p(X_1=1,\sum_{i=2}^{n}X_i=t-1)}{P_p(T=t)}$$

$$= \frac{p\binom{t-2}{n-2}p^{n-1}(1-p)^{t-1-(n-1)}}{\binom{t-1}{n-1}p^n(1-p)^{t-n}}$$

$$= \frac{n-1}{t-1}$$

$$\therefore \hat{p}^{UMVUE} = \frac{n-1}{T-1} \quad (n \geq 2)$$

(8.10) $pdf(x;\mu) = e^{n\mu}\mathrm{I}_{[\mu,\infty)}(x_{(1)})e^{-x_1-\cdots-x_n}$이므로 분해정리로부터 $\mathrm{Y} = \mathrm{X}_{(1)}$이 $\mu \in R$에 관한 충분통계량이다. 한편

$$(\mathrm{X}_i - \mu) \overset{iid}{\sim} \mathrm{Exp}(1) \quad (i = 1,\cdots,n)$$

이므로, 표준지수분포로부터의 순서통계량에 관한 <예 4.3.3>으로부터

$$n(\mathrm{X}_{(1)} - \mu) \sim \mathrm{Exp}(1)$$

임을 알 수 있다. 따라서, 적분과 미분의 관계로부터 다음이 성립함을 알 수 있다.

$$\mathrm{E}_\mu g(\mathrm{X}_{(1)}) \overset{\mu}{\equiv} 0 \Leftrightarrow \int_{-\infty}^{+\infty} g\left(\frac{z}{n} + \mu\right)e^{-z}\mathrm{I}_{(0,\infty)}(z)dz \overset{\mu}{\equiv} 0$$

$$\Leftrightarrow \int_{\mu}^{+\infty} g(x)e^{-n(x-\mu)}ndx \overset{\mu}{\equiv} 0$$

$$\Leftrightarrow \int_{\mu}^{+\infty} g(x)e^{-nx}dx \overset{\mu}{\equiv} 0$$

$$\Rightarrow g(\mu)e^{-n\mu} \overset{\mu}{\equiv} 0$$

즉 $\mathrm{Y} = \mathrm{X}_{(1)}$은 $\mu \in R$에 관한 완비충분통계량이다. 또한

$$\mathrm{E}_\mu[n(\mathrm{X}_{(1)} - \mu)] = 1 \text{ 즉 } \mathrm{E}_\mu\left(\mathrm{X}_{(1)} - \frac{1}{n}\right) = \mu$$

이므로, $\hat{\mu}^{UMVUE} = \mathrm{X}_{(1)} - \frac{1}{n}$이 μ의 전역최소분산불편추정량이다.

(8.11) (a) $$pdf(x;\mu,\sigma) = \sigma^{-n}e^{-(x_1+\cdots+x_n-n\mu)/\sigma}\mathrm{I}_{[\mu,\infty)}(x_{(1)})$$

이므로 분해정리로부터 $(\mathrm{X}_{(1)}, \sum_{i=1}^{n}\mathrm{X}_i)^t$이 $(\mu,\sigma)^t \in R \times R_+$에 관한 충분통계량이다. 한편

$$(\mathrm{X}_i - \mu)/\sigma \overset{iid}{\sim} \mathrm{Exp}(1) \ (i = 1,\cdots,n)$$

이므로, 표준지수분포로부터의 순서통계량에 관한 <예 4.3.3>으로부터

$$n(\mathrm{X}_{(1)} - \mu)/\sigma,\ (n-r+1)(\mathrm{X}_{(r)} - \mathrm{X}_{(r-1)})/\sigma \ (r = 2,\cdots,n) \overset{iid}{\sim} \mathrm{Exp}(1)$$

임을 알 수 있다. 따라서 $(\mathrm{X}_{(1)}, \sum_{i=1}^{n}\mathrm{X}_i)^t$의 일대일 함수로서 $(\mu,\sigma)^t \in R \times R_+$에 관한 충분통계량인

$$(\mathrm{S},\mathrm{T})^t=(\mathrm{X}_{(1)},\sum_{i=1}^{n}(\mathrm{X}_i-\mathrm{X}_{(1)}))^t=(\mathrm{X}_{(1)},\sum_{r=2}^{n}(n-r+1)(\mathrm{X}_{(r)}-\mathrm{X}_{(r-1)}))^t$$

를 생각하면

$$n(\mathrm{S}-\mu)/\sigma\sim\mathrm{Exp}(1),\ \mathrm{T}/\sigma\sim\mathrm{Gamma}(n-1,1)$$

이고 S와 T는 서로 독립이다.

이를 이용하면 $(\mathrm{S},\mathrm{T})^t$가 완비통계량임을 다음과 같이 적분과 미분의 관계와 라플라스 변환의 유일성으로부터 밝힐 수 있다.

$$\mathrm{E}_{\mu,\sigma}g(\mathrm{S},\mathrm{T})\overset{\mu,\sigma}{\equiv}0\Leftrightarrow\int_0^{+\infty}\int_0^{+\infty}g\left(\frac{\sigma z}{n}+\mu,\sigma w\right)e^{-z}\frac{1}{\Gamma(n-1)}w^{n-2}e^{-w}dzdw\overset{\mu,\sigma}{\equiv}0$$

$$\Leftrightarrow\int_\mu^{+\infty}\int_0^{+\infty}g(x,y)e^{-n(x-\mu)/\sigma}y^{n-2}e^{-y/\sigma}dy\,dx\overset{\mu,\sigma}{\equiv}0$$

$$\Leftrightarrow\int_\mu^{+\infty}\int_0^{+\infty}g(x,y)e^{-nx/\sigma}y^{n-2}e^{-y/\sigma}dy\,dx\overset{\mu,\sigma}{\equiv}0$$

$$\Rightarrow\int_0^{+\infty}g(\mu,y)e^{-n\mu/\sigma}y^{n-2}e^{-y/\sigma}dy\overset{\mu,\sigma}{\equiv}0\ \ (\because\ \text{적분과 미분의 관계})$$

$$\Rightarrow\int_0^{+\infty}g(\mu,y)y^{n-2}e^{-y/\sigma}dy\overset{\mu,\sigma}{\equiv}0$$

$$\Rightarrow g(\mu,y)y^{n-2}\overset{\mu,y}{\equiv}0,\ \text{즉}\ g(x,y)\overset{x,y}{\equiv}0\ \ (\because\ \text{라플라스 변환의 유일성})$$

따라서 $(\mathrm{S},\mathrm{T})^t=(\mathrm{X}_{(1)},\sum_{i=1}^{n}(\mathrm{X}_i-\mathrm{X}_{(1)}))^t$는 $(\mu,\sigma)^t\in R\times R_+$에 관한 완비충분통계량이다.

(b), (c) $\mathrm{E}_{\mu,\sigma}[n(\mathrm{X}_{(1)}-\mu)/\sigma]=1,\ \mathrm{E}_{\mu,\sigma}\left[\sum_{i=1}^{n}(\mathrm{X}_{(i)}-\mathrm{X}_{(1)})/\sigma\right]=n-1$

$$\mathrm{E}_{\mu,\sigma}\mathrm{X}_{(1)}=\mu+\sigma/n,\ \mathrm{E}_{\mu,\sigma}\left[\sum_{i=1}^{n}(\mathrm{X}_{(i)}-\mathrm{X}_{(1)})/(n-1)\right]=\sigma$$

$$\therefore\ \mathrm{E}_{\mu,\sigma}\left[\mathrm{X}_{(1)}-\frac{1}{n}\sum_{i=1}^{n}(\mathrm{X}_{(i)}-\mathrm{X}_{(1)})/(n-1)\right]=\mu$$

따라서 완비충분통계량 $(\mathrm{S},\mathrm{T})^t=(\mathrm{X}_{(1)},\sum_{i=1}^{n}(\mathrm{X}_i-\mathrm{X}_{(1)}))^t$의 함수로서 불편추정량인

$$\hat{\mu}^{UMVUE}=\mathrm{X}_{(1)}-\frac{1}{n}\sum_{i=1}^{n}(\mathrm{X}_{(i)}-\mathrm{X}_{(1)})/(n-1),$$

$$\hat{\sigma}^{UMVUE}=\sum_{i=1}^{n}(\mathrm{X}_{(i)}-\mathrm{X}_{(1)})/(n-1)$$

는 각각 μ, σ의 전역최소분산불편추정량이다.

(8.12) (a) $(\mathrm{X}_i)\overset{d}{\equiv}(-\mathrm{X}_i)$ 즉 $\mathrm{X}_i(i=1,\cdots,n)$들은 0에 관해 대칭인 분포를 갖는다. 따라서

$$\max_{1\le i\le n} X_i \overset{d}{\equiv} \max_{1\le i\le n}(-X_i) = -\min_{1\le i\le n} X_i$$

$$\therefore E_\theta(\max_{1\le i\le n} X_i) = -E_\theta(\min_{1\le i\le n} X_i)$$

실제로 이들의 밀도함수를 구하여 기댓값을 계산하면

$$E_\theta(\max_{1\le i\le n} X_i) = \frac{n-1}{n+1}\theta,\ E_\theta(\min_{1\le i\le n} X_i) = -\frac{n-1}{n+1}\theta$$

따라서

$$E_\theta(\max_{1\le i\le n} X_i + \min_{1\le i\le n} X_i) \overset{\theta}{\equiv} 0$$

즉 항등적으로 0이 아닌 함수 $g(\min_{1\le i\le n} X_i, \max_{1\le i\le n} X_i) = \max_{1\le i\le n} X_i + \min_{1\le i\le n} X_i$에 대하여 그 기댓값이 항상 0인 것을 알 수 있다. 그러므로 $S = (\min_{1\le i\le n} X_i, \max_{1\le i\le n} X_i)^t$는 $\theta \in (0, +\infty)$에 관한 완비통계량이 아니다.

(b) $|X_i| \overset{iid}{\sim} U[0,\theta],\ i = 1,\cdots,n$

따라서 $Y = \max_{1\le i\le n} |X_i|$의 확률밀도함수는

$$pdf_Y(y;\theta) = \frac{n}{\theta^n} y^{n-1} I_{[0,\theta]}(y)$$

그러므로 적분과 미분의 관계로부터 다음이 성립함을 알 수 있다.

$$E_\theta g(Y) \overset{\theta>0}{\equiv} 0 \Rightarrow \int_0^\theta g(y)\frac{n}{\theta^n} y^{n-1} dy \overset{\theta>0}{\equiv} 0 \Rightarrow g(\theta)\theta^{n-1} \overset{\theta>0}{\equiv} 0 \Rightarrow g(Y) = 0$$

따라서 $Y = \max_{1\le i\le n} |X_i|$는 $\theta > 0$에 관한 완비충분통계량이고,

$$E_\theta\left(\frac{n+1}{n} Y\right) = \frac{n+1}{n}\int_0^\theta y \frac{n}{\theta^n} y^{n-1} dy \overset{\theta>0}{\equiv} \theta$$

이므로 <정리 8.3.2> (b)로부터 $\frac{n+1}{n} Y = \frac{n+1}{n} \max_{1\le i\le n} |X_i|$은 θ의 전역최소분산불편추정량이다.

(8.13) (a) $a \vee b = \max(a,b)$라고 하면 가능도함수가 다음과 같이 나타내어진다.

$$L(\theta) = pdf(x;\theta) = (3\theta)^{-n} I(-\theta \le x_{(1)}, x_{(n)} \le 2\theta) = (3\theta)^{-n} I_{((-x_{(1)})\vee(x_{(n)}/2),\,+\infty)}(\theta)$$

따라서 θ의 최대가능도추정량은

$$\hat{\theta}^{MLE} = (-X_{(1)}) \vee (X_{(n)}/2)$$

로 유일하게 주어지고, 분해정리로부터 이는 $\theta \in (0, +\infty)$에 관한 충분통계량이다. 그러므로 이는 최소충분통계량이다.

(b) $Y = (-X_{(1)}) \vee (X_{(n)}/2)$의 누적분포함수를 구해보면

$$P_\theta\{(-X_{(1)}) \vee (X_{(n)}/2) \le y\} = P_\theta(-y \le X_i \le 2y, i = 1,\cdots,n) = (y/\theta)^n,$$

$$0 \le y \le \theta$$

$$\therefore\ pdf_{\mathrm{Y}}(y;\theta)=\theta^{-n}ny^{n-1}\mathrm{I}_{[0,\theta]}(y)$$

이를 이용하면 $\mathrm{Y}=(-\mathrm{X}_{(1)})\vee(\mathrm{X}_{(n)}/2)$가 완비통계량임을 다음과 같이 적분과 미분의 관계로부터 밝힐 수 있다.

$$\mathrm{E}_\theta g(\mathrm{Y})\overset{\theta}{\equiv}0\Leftrightarrow\int_0^\theta g(y)\theta^{-n}ny^{n-1}dy\overset{\theta}{\equiv}0\Leftrightarrow\int_0^\theta g(y)ny^{n-1}dy\overset{\theta}{\equiv}0\Rightarrow g(\theta)\theta^{n-1}\overset{\theta}{\equiv}0,$$

$$\text{즉 }\Rightarrow g(y)\overset{y}{\equiv}0$$

따라서 $\mathrm{Y}=(-\mathrm{X}_{(1)})\vee(\mathrm{X}_{(n)}/2)$는 $\theta\in(0,+\infty)$에 관한 완비통계량이다. 또한

$$\mathrm{E}_\theta(\mathrm{Y})=\frac{n}{n+1}\theta$$

이므로 $\hat{\theta}^{UMVUE}=\dfrac{n+1}{n}\mathrm{Y}=\dfrac{n+1}{n}(-\mathrm{X}_{(1)})\vee(\mathrm{X}_{(n)}/2)$이 θ의 전역최소분산불편추정량이다.

(8.14) (a) $x_{(n)}=\max\limits_{1\le i\le n}x_i$, $N=\{1,2,\cdots\}$이라고 하면

$$pdf(x;\theta)=\theta^{-n}\mathrm{I}(x_{(n)}\le\theta)\prod_{i=1}^n\mathrm{I}_N(x_i)=ft_1^n(\theta,x_{(n)})ft_2^n(x)$$

따라서 분해정리로부터 $\mathrm{Y}=\max\limits_{1\le i\le n}\mathrm{X}_i$가 $\theta\in\Omega$에 관한 충분통계량이다.
한편

$$\mathrm{P}_\theta(\max_{1\le i\le n}\mathrm{X}_i\le y)=(y/\theta)^n,\ y=1,\cdots,\theta$$

$$pdf_{\mathrm{Y}}(y;\theta)=\mathrm{P}_\theta(\mathrm{Y}\le y)-\mathrm{P}_\theta(\mathrm{Y}\le y-1)=(y/\theta)^n-((y-1)/\theta)^n,\ y=1,\cdots,\theta$$

이로부터 $\mathrm{Y}=\max\limits_{1\le i\le n}\mathrm{X}_i$가 $\theta\in\Omega$에 관한 완비통계량임을 다음과 같이 밝힐 수 있다.

$$\mathrm{E}_\theta g(\mathrm{Y})\overset{\theta}{\equiv}0\Leftrightarrow\sum_{y=1}^{\theta}g(y)\{(y/\theta)^n-((y-1)/\theta)^n\}\overset{\theta}{\equiv}0$$

$$\Rightarrow g(\theta)\{\theta^n-(\theta-1)^n\}\overset{\theta}{\equiv}0$$

$$\Rightarrow g(y)\overset{y}{\equiv}0$$

그러므로 $\mathrm{Y}=\max\limits_{1\le i\le n}\mathrm{X}_i$가 $\theta\in\Omega$에 관한 완비통계량이다.

(b) $\mathrm{E}_\theta(\mathrm{X}_1)=\dfrac{\theta+1}{2}$이고 $\mathrm{Y}=\max\limits_{1\le i\le n}\mathrm{X}_i$가 $\theta\in\Omega$에 관한 완비통계량이므로 <정리 8.3.1>로부터 θ의 전역최소분산불편추정량은 $\hat{\theta}^{UMVUE}=\mathrm{E}[(2\mathrm{X}_1-1)|\mathrm{Y}]$로 주어진다. 이의 구체적인 형태는 다음과 같이 구할 수 있다.

$$\mathrm{P}_\theta(\mathrm{X}_1=x|Y=y)=\frac{\mathrm{P}_\theta(\mathrm{X}_1=x,\mathrm{Y}=y)}{\mathrm{P}_\theta(\mathrm{Y}=y)},\ x=1,\cdots,y$$

$$=\begin{cases} \dfrac{(1/\theta)[(y/\theta)^{n-1}-((y-1)/\theta)^{n-1}]}{(y/\theta)^n-((y-1)/\theta)^n}, & x=1,\cdots,y-1 \\ \dfrac{(1/\theta)(y/\theta)^{n-1}}{(y/\theta)^n-((y-1)/\theta)^n}, & x=y \end{cases}$$

$$\therefore \mathrm{P}(\mathrm{X}_1=x|\mathrm{Y}=y)=\begin{cases} \dfrac{y^{n-1}-(y-1)^{n-1}}{y^n-(y-1)^n}, & x=1,\cdots,y-1 \\ \dfrac{y^{n-1}}{y^n-(y-1)^n}, & x=y \end{cases}$$

$$\mathrm{E}(\mathrm{X}_1|\mathrm{Y}=y)=\sum_{x=1}^{y}x\mathrm{P}(\mathrm{X}_1=x|\mathrm{Y}=y)$$

$$=\frac{y(y-1)}{2}\frac{y^{n-1}-(y-1)^{n-1}}{y^n-(y-1)^n}+y\frac{y^{n-1}}{y^n-(y-1)^n}$$

$$\therefore 2\mathrm{E}(\mathrm{X}_1|\mathrm{Y}=y)-1=\frac{y^{n+1}-(y-1)^{n+1}}{y^n-(y-1)^n}$$

$$\therefore \hat{\theta}^{UMVUE}=\frac{\mathrm{Y}^{n+1}-(\mathrm{Y}-1)^{n+1}}{\mathrm{Y}^n-(\mathrm{Y}-1)^n}$$

(8.15) <예 8.3.4>에서와 같이 다중모수 지수족에서의 완비충분통계량에 관한 정리로부터 $(\overline{\mathrm{X}},\mathrm{S}^2)^t=(\overline{\mathrm{X}},\sum_{i=1}^{n}(\mathrm{X}_i-\overline{\mathrm{X}})^2/(n-1))^t$은 $\theta=(\mu,\sigma^2)^t\in(-\infty,+\infty)\times(0,+\infty)$에 관한 완비충분통계량이다. 또한 정규모집단에서의 표본분포에 관한 기본정리로부터

$$\mathrm{Z}=\frac{\overline{\mathrm{X}}-\mu}{\sigma/\sqrt{n}}\sim\mathrm{N}(0,1),\ \mathrm{V}=\frac{(n-1)\mathrm{S}^2}{\sigma^2}\sim\chi^2(n-1)$$

이고 $\overline{\mathrm{X}}$와 S^2은 서로 독립임을 알고 있다. 따라서

$$\mathrm{E}_\theta(\overline{\mathrm{X}})=\mu,\ \mathrm{E}_\theta\sqrt{\frac{\sigma^2}{(n-1)\mathrm{S}^2}}=\mathrm{E}(1/\sqrt{\mathrm{V}})=\frac{\Gamma((n-2)/2)}{\Gamma((n-1)/2)\sqrt{2}}$$

$$\therefore \mathrm{E}_\theta(c_n\overline{\mathrm{X}}/\mathrm{S})=c_n\mathrm{E}_\theta(\overline{\mathrm{X}})\mathrm{E}_\theta(1/\mathrm{S})=\mu/\sigma\Leftrightarrow c_n\sqrt{n-1}\frac{\Gamma((n-2)/2)}{\Gamma((n-1)/2)\sqrt{2}}=1$$

따라서 완비충분통계량 $(\overline{\mathrm{X}},\mathrm{S}^2)^t$의 함수로서 $\eta=\mu/\sigma$의 불편추정량인

$$\hat{\eta}^{UMVUE}=c_n\overline{\mathrm{X}}/\mathrm{S},\ \left(c_n=\frac{\Gamma((n-1)/2)\sqrt{2}}{\Gamma((n-2)/2)\sqrt{n-1}}\right)$$

가 $\eta=\mu/\sigma$의 전역최소분산불편추정량이다.

(8.16) <예 8.3.2>로부터 $\mathrm{T}=\mathrm{X}_1+\cdots+\mathrm{X}_n$이 $\theta>0$에 관한 완비충분통계량이고,

$$\eta=\mathrm{P}_\theta(\mathrm{X}_1\geq r)=\mathrm{E}_\theta\mathrm{I}_{[r,\infty)}(\mathrm{X}_1)$$

로부터 $\hat{\eta}_0^{UE}=\mathrm{I}_{[r,\infty)}(\mathrm{X}_1)$는 $\eta=\mathrm{P}_\theta(\mathrm{X}_1\geq r)$의 불편추정량이므로 <정리 8.3.1>로부터

$$\hat{\eta}(\mathrm{T})=\mathrm{E}[\mathrm{I}_{[r,\infty)}(\mathrm{X}_1)|\mathrm{T}]=\mathrm{P}(\mathrm{X}_1\geq r|\mathrm{T})$$

는 $\eta=\mathrm{P}_\theta(\mathrm{X}_1\geq r)$의 전역최소분산불편추정량이다. 한편 $\hat{\eta}(\mathrm{T})$의 구체적 형태는

다음과 같이 구할 수 있다.

$$\begin{aligned}
P(X_1 \ge r|T=t) &= \frac{P_\theta(X_1 \ge r, T=t)}{P_\theta(T=t)} \\
&= \sum_{k=r}^{t} P_\theta(X_1=k, X_2+\cdots+X_n=t-k)/P_\theta(T=t) \\
&= \sum_{k=r}^{t} P_\theta(X_1=k)P_\theta(X_2+\cdots+X_n=t-k)/P_\theta(T=t) \\
&= \sum_{k=r}^{t} \frac{e^{-\theta}\theta^k}{k!}\frac{e^{-(n-1)\theta}((n-1)\theta)^{t-k}}{(t-k)!} \Big/ \frac{e^{-n\theta}(n\theta)^t}{t!} \\
&= \sum_{k=r}^{t} \binom{t}{k}\left(1-\frac{1}{n}\right)^{t-k}\left(\frac{1}{n}\right)^k, \ t \ge r
\end{aligned}$$

$$\therefore \ \hat{\eta}(T) = \sum_{k=r}^{T} \binom{T}{k}\left(1-\frac{1}{n}\right)^{T-k}\left(\frac{1}{n}\right)^k I_{[r,\infty)}(T)$$

(8.17) (8.15)에서와 같이 $Y=(\overline{X}, S^2)^t$이 $\theta=(\mu,\sigma)^t \in (-\infty,+\infty)\times(0,+\infty)$에 관한 완비충분통계량이고, $\eta = E_\theta(I_{(a,\infty)}(X_1))$이므로 <정리 8.3.1>로부터 η의 전역최소분산불편추정량은

$$\hat{\eta}^{UMVUE} = E[I_{(a,\infty)}(X_1)|Y] = P(X_1 > a|Y)$$

로 주어진다. 이의 구체적인 형태는 다음과 같이 구할 수 있다.

첫째로, $(X_i-\mu)/\sigma \overset{iid}{\sim} N(0,1)$이므로

$$\frac{X_1-\overline{X}}{S}$$

는 $\theta=(\mu,\sigma)^t \in (-\infty,+\infty)\times(0,+\infty)$에 관한 보조통계량이다. 따라서 이는 완비충분통계량 $Y=(\overline{X}, S^2)^t$와 서로 독립이다.

$$\therefore \ P(X_1 > a|Y=y) = P\left(\frac{X_1-\overline{X}}{S} > \frac{a-y_1}{\sqrt{y_2}}|Y=y\right) = P\left(\frac{X_1-\overline{X}}{S} > \frac{a-y_1}{\sqrt{y_2}}\right)$$

한편

$$\frac{X_1-\overline{X}}{S} \overset{d}{\equiv} -\frac{X_1-\overline{X}}{S}$$

이고,

$$W \overset{d}{\equiv} -W \text{이면 } P(W>w) = \frac{1}{2} - \frac{1}{2}sgn(w)P(W^2 \le w^2)$$

따라서 $W = \dfrac{X_1-\overline{X}}{S}$라고 하면

$$P(X_1 > a|Y=y) = \frac{1}{2} - \frac{1}{2}sgn(w)P(W^2 > w^2), \ w = \frac{a-y_1}{\sqrt{y_2}}$$

그런데 $X_1-\overline{X}=a^tX$, $a=e_1-n^{-1}1$, $a^t1=0$임을 알 수 있고

$$(X_1-\overline{X})^2=(a^ta)X^t\Pi_aX,\ \Pi_a=a(a^ta)^{-1}a^t$$

$$(n-1)S^2=X^t\{(I-\Pi_1-\Pi_a)\oplus\Pi_a\}X,\ \Pi_1=1(1^t1)^{-1}1^t$$

이므로, 서로 독립이고 $V_1\sim\chi^2(1)$, $V_2\sim\chi^2(n-2)$인 V_1, V_2에 대하여

$$W^2=\left(\frac{X_1-\overline{X}}{S}\right)^2\overset{d}{\equiv}\frac{(a^ta)V_1}{(V_1\oplus V_2)/(n-1)}$$

$$\therefore W^2\overset{d}{\equiv}\frac{(n-1)^2}{n}\mathrm{Beta}(1/2,(n-2)/2)$$

따라서 $\mathrm{Beta}(1/2,(n-2)/2)$ 분포의 누적분포함수를 $B(x)$라고 하면

$$P(W^2>w^2)=B\left(\frac{n}{(n-1)^2}w^2\right)=B\left(\frac{n(a-y_1)^2}{(n-1)^2y_2}\right)$$

그러므로 η의 전역최소분산불편추정량은

$$\hat{\eta}^{UMVUE}=\frac{1}{2}-\frac{1}{2}sgn(a-\overline{X})B\left(\frac{n(a-\overline{X})^2}{(n-1)^2S^2}\right)$$

(8.18) 연습문제 (8.11)로부터 $(S,T)^t=(X_{(1)},\sum_{i=1}^{n}(X_i-X_{(1)}))^t$ 는 $(\mu,\sigma)\in R\times R_+$에 관한 완비충분통계량이고, S와 T는 서로 독립이며 각각의 분포는 다음과 같다.

$$n(S-\mu)/\sigma\sim\mathrm{Exp}(1),\ T/\sigma\sim\mathrm{Gamma}(n-1,1)$$

따라서 정리 8.3.1로부터

$$\eta=P_\theta(X_1>a)=E_\theta I_{(a,\infty)}(X_1)$$

의 전역최소분산불편추정량은

$$\hat{\eta}=E[I_{(a,\infty)}(X_1)|S,T]=P(X_1>a|S,T)$$

로 주어진다. 이의 구체적인 형태는 다음과 같이 구할 수 있다.

(i) $(X_i-\mu)/\sigma\overset{iid}{\sim}\mathrm{Exp}(1)$이므로

$$\frac{X_1-S}{T}=\frac{X_1-X_{(1)}}{X_1+\cdots+X_n-nX_{(1)}}$$

은 $\theta=(\mu,\sigma)^t\in(-\infty,+\infty)\times(0,+\infty)$에 관한 보조통계량이다. 따라서 정리 8.3.3으로부터 이 통계량은 완비충분통계량 $Y=(S,T)^t$와 서로 독립이다.

$$\therefore P(X_1>a|Y=y)=P(\frac{X_1-S}{T}>\frac{a-y_1}{y_2}|Y=y)=P(\frac{X_1-S}{T}>\frac{a-y_1}{y_2})$$

그런데 $X_1-S=X_1-X_{(1)}\geq 0$ 이므로, $a_+=\max(a,0)$라고 하면

$$P(\frac{X_1-S}{T}>w)=\begin{cases}1 & ,w<0\\ P(\frac{X_1-S}{T}>w_+) & ,w\geq 0\end{cases}$$

(ii) $X_{(1)} = \min(X_1, \min_{2 \le i \le n} X_i)$

이므로, $Z_1 = X_2, \cdots, Z_{n-1} = X_n$, $m = n-1$, $a \wedge b = \min(a,b)$ 라고 하면

$$\frac{X_1 - X_{(1)}}{X_1 + \cdots + X_n - nX_{(1)}} = \frac{X_1 - X_1 \wedge Z_{(1)}}{X_1 + Z_1 + \cdots + Z_m - (m+1)X_1 \wedge Z_{(1)}}$$

따라서

$$\begin{aligned} &P\left(\frac{X_1 - X_{(1)}}{X_1 + \cdots + X_n - nX_{(1)}} > w_+\right) \\ &= P\left(\frac{X_1 - X_1 \wedge Z_{(1)}}{X_1 + Z_1 + \cdots + Z_m - (m+1)X_1 \wedge Z_{(1)}} > w_+\right) \\ &= P\left(\frac{X_1 - Z_{(1)}}{X_1 + Z_1 + \cdots + Z_m - (m+1)Z_{(1)}} > w_+, X_1 > Z_{(1)}\right) \end{aligned}$$

또한 (i)에서 밝혔듯이 이 확률은 보조통계량에 관한 확률이므로 μ, σ에 의존하지 않는다.그러므로 이제 이 확률의 계산에서 $\mu = 0, \sigma = 1$ 이라고 가정하도록 한다. 이러한 경우에

$$X_1 \sim \mathrm{Exp}(1),\ mZ_{(1)} \sim \mathrm{Exp}(1),\ \sum_{i=1}^{m}(Z_i - Z_{(1)}) \sim \mathrm{Gamma}(m-1,1)$$

이고 $X_1, Z_{(1)}, \sum_{i=1}^{m}(Z_i - Z_{(1)})$는 서로 독립이다. 이로부터

$$P(X_1 - Z_{(1)} > x) = \frac{m}{m+1}e^{-x},\ x \ge 0$$

임을 알 수 있고, 위의 확률을 $V = \sum_{i=1}^{m}(Z_i - Z_{(1)})$를 이용하여 다음과 같이 나타낼 수 있다.

$$\begin{aligned} &P\left(\frac{X_1 - Z_{(1)}}{X_1 + Z_1 + \cdots + Z_m - (m+1)Z_{(1)}} > w_+, X_1 > Z_{(1)}\right) \\ &= P\{(X_1 - Z_{(1)})(1 - w_+) > (Z_1 + \cdots + Z_m - mZ_{(1)})w_+, X_1 > Z_{(1)}\} \\ &= P\left\{(X_1 - Z_{(1)}) > (Z_1 + \cdots + Z_m - mZ_{(1)})\frac{w_+}{1 - w_+}\right\} I_{(w_+ < 1)} \\ &= \begin{cases} E[\frac{m}{m+1}\exp(-\frac{w_+}{1 - w_+}V)], & 0 \le w_+ < 1 \\ 0, & w_+ \ge 1 \end{cases} \end{aligned}$$

여기에서

$$V = \sum_{i=1}^{m}(Z_i - Z_{(1)}) \sim \mathrm{Gamma}(m-1,1)$$

임을 이용하면 다음이 성립함을 알 수 있다.

$$P\left(\frac{X_1-Z_{(1)}}{X_1+Z_1+\cdots+Z_m-(m+1)Z_{(1)}}>w_+, X_1>Z_{(1)}\right)$$

$$=\begin{cases}\dfrac{m}{m+1}(1-w_+)^{m-1}, & w_+<1\\ 0, & w_+\geq 1\end{cases}$$

따라서 $\eta=\exp(-(a-\mu)_+/\sigma)$의 전역최소분산불편추정량은

$$\hat{\eta}=\begin{cases}1 & ,a-S<0\\ \dfrac{n-1}{n}\left(1-\dfrac{a-S}{T}\right)^{n-2} & ,0\leq a-S<T\\ 0 & ,a-S\geq T\end{cases}$$

(8.19) 중심극한정리로부터

$$\sqrt{n}\,(\widehat{\theta_n}^{(1)}-\theta)\underset{n\to\infty}{\overset{d}{\to}}N(0,\theta)$$

한편 <예 5.3.2>와 문제 (1.19)로부터

$$\sqrt{n}\,(\widehat{\theta_n}^{(2)}-\theta)\underset{n\to\infty}{\overset{d}{\to}}N(0,avar_2),\ avar_2=\sigma^4\left(c_4\left(\frac{X_1-\mu}{\sigma}\right)+2\right)$$

또한 포아송분포의 누율생성함수와 문제 (1.20)으로부터

$$c_4\left(\frac{X_1-\mu}{\sigma}\right)=c_4(X_1)/\sigma^4=\theta/\theta^2=1/\theta$$

$$\therefore\ \sqrt{n}\,(\widehat{\theta_n}^{(2)}-\theta)\underset{n\to\infty}{\overset{d}{\to}}N(0,\theta+2\theta^2)$$

따라서 구하는 점근상대효율성은

$$ARE(\{\widehat{\theta_n}^{(1)}\},\{\widehat{\theta_n}^{(2)}\})=\frac{\theta^{-1}}{(\theta+2\theta^2)^{-1}}=1+2\theta$$

(8.20) (a) <예 8.3.4>로부터 $(\overline{X},S_n^2)^t=(\overline{X},\sum_{i=1}^n(X_i-\overline{X})^2/(n-1))^t$은 $\theta=(\mu,\sigma^2)^t\in R^1\times R_+$에 관한 완비충분통계량이다. 또한 정규모집단에서의 표본분포에 관한 기본 정리로부터

$$V=\frac{(n-1)S_n^2}{\sigma^2}\sim\chi^2(n-1)$$

이고 $\overline{X}$와 S_n^2은 서로 독립임을 알고 있다. 따라서

$$E_\theta\sqrt{\frac{(n-1)S_n^2}{\sigma^2}}=E(\sqrt{V})=\frac{\Gamma(n/2)\sqrt{2}}{\Gamma((n-1)/2)}$$

$$\therefore\ E_\theta(c_nS_n)=\sigma\Leftrightarrow c_n=\sqrt{n-1}\,\frac{\Gamma((n-1)/2)}{\Gamma(n/2)\sqrt{2}}$$

따라서 완비충분통계량 $(\overline{X},S^2)^t$의 함수로서 σ의 불편추정량인

$$\widehat{\sigma_n}^{UMVUE}=c_nS_n,\ \left(c_n=\sqrt{n-1}\,\frac{\Gamma((n-1)/2)}{\Gamma(n/2)\sqrt{2}}\right)$$

가 σ의 전역최소분산불편추정량이다.

(b) <예 5.3.5>로부터 정규분포로부터의 표본표준편차의 극한분포는

$$\sqrt{n}\,(\mathrm{S}_n-\sigma)\underset{n\to\infty}{\overset{d}{\to}}\mathrm{N}(0,\sigma^2/2)$$

한편

$$\Gamma(m+1)=m^{m+1/2}e^{-m}\sqrt{2\pi}\,(1+r_m),\ \ \sqrt{m}\,r_m\underset{m\to\infty}{\to}0$$

$$\left(1+\frac{a}{n}\right)^n=e^a(1+R_n),\ \ \sqrt{n}\,R_n\underset{n\to\infty}{\to}0$$

임을 이용하면 다음이 성립하는 것을 밝힐 수 있다.

$$\lim_{n\to\infty}\sqrt{n}\,(c_n-1)=0$$

따라서 σ의 전역최소분산불편추정량에 대하여 다음이 성립한다.

$$\sqrt{n}\,(\widehat{\sigma_n}^{UMVUE}-\sigma)=c_n\sqrt{n}\,(\mathrm{S}_n-\sigma)+\sqrt{n}\,(c_n-1)\sigma\underset{n\to\infty}{\overset{d}{\to}}\mathrm{N}(0,\sigma^2/2)$$

즉 전역최소분산불편추정량의 극한분포는 표본표준편차의 극한분포와 같고 구하는 점근상대효율성은

$$ARE(\{\mathrm{S}_n\},\{\widehat{\sigma_n}^{UMVUE}\})=1$$

(c) 정규분포 $\mathrm{N}(\mu,\sigma^2)$의 모수를 $\theta=(\mu,\sigma)^t$로 하는 경우에 정보량 $I(\theta)$를 <정리 6.4.3>으로부터 다음과 같이 구할 수 있다.

$$l(\theta)=\log f(x;\theta)=-\frac{1}{2}\frac{(x-\mu)^2}{\sigma^2}-\log\sigma-\frac{1}{2}\log(2\pi)$$

$$\dot{l}(\theta)=\frac{\partial}{\partial\theta}=\left(\frac{x-\mu}{\sigma^2},\frac{(x-\mu)^2}{\sigma^3}-\frac{1}{\sigma}\right)^t$$

$$\ddot{l}(\theta)=\frac{\partial}{\partial\theta}\dot{l}(\theta)=\begin{pmatrix}-\dfrac{1}{\sigma^2} & -2\dfrac{x-\mu}{\sigma^3}\\ -2\dfrac{x-\mu}{\sigma^3} & -3\dfrac{(x-\mu)^2}{\sigma^4}+\dfrac{1}{\sigma^2}\end{pmatrix}$$

$$\therefore\ I(\theta)=\mathrm{Var}_\theta\left\{\frac{\partial}{\partial\theta}\log f(\mathrm{X}_1;\theta)\right\}=\mathrm{E}_\theta\{-\ddot{l}(\theta)\}=\begin{pmatrix}1/\sigma^2 & 0\\ 0 & 2/\sigma^2\end{pmatrix}$$

따라서 <정리 8.4.1>로부터 $\eta(\theta)=\sigma$의 불편추정량 $\widehat{\sigma_n}^{UE}$의 분산에 대한 하한은

$$\mathrm{Var}_\theta(\widehat{\sigma_n}^{UE})\ge\left(\frac{\partial}{\partial\theta}\eta(\theta)\right)^t\left[n\mathrm{Var}_\theta\left(\frac{\partial}{\partial\theta}\log f(\mathrm{X}_1;\theta)\right)\right]^{-1}\left(\frac{\partial}{\partial\theta}\eta(\theta)\right)$$

$$=(0\ \ 1)\left[n\begin{pmatrix}1/\sigma^2 & 0\\ 0 & 2/\sigma^2\end{pmatrix}\right]^{-1}\begin{pmatrix}0\\1\end{pmatrix}$$

$$=\frac{1}{n}\frac{\sigma^2}{2}$$

(8.21) 일대일 변환 $\xi=g(\theta)$로 모수의 변환을 하면

$$f(x;\theta) = f(x;g^{-1}(\xi))$$

$$\frac{\partial}{\partial\theta}\log f(x;\theta) = \frac{\partial\xi}{\partial\theta}\frac{\partial}{\partial\xi}\log f(x;g^{-1}(\xi))$$

이고, 그 분포는 변함이 없으므로

$$\frac{\partial}{\partial\theta}\mathrm{E}_\theta(\widehat{\eta_n}) = \frac{\partial\xi}{\partial\theta}\frac{\partial}{\partial\xi}\mathrm{E}_\xi(\widehat{\eta_n})$$

$$\mathrm{Var}_\theta\left(\frac{\partial}{\partial\theta}\log f(\mathrm{X}_1;\theta)\right) = \left(\frac{\partial\xi}{\partial\theta}\right)\mathrm{Var}_\xi\left(\frac{\partial}{\partial\xi}\log f(\mathrm{X}_1;g^{-1}(\xi))\right)\left(\frac{\partial\xi}{\partial\theta}\right)^t$$

그러므로 이를 θ가 모수일 때의 하한

$$\left(\frac{\partial}{\partial\theta}\mathrm{E}_\theta(\widehat{\eta_n})\right)^t\left[n\mathrm{Var}_\theta\left(\frac{\partial}{\partial\theta}\log f(\mathrm{X}_1;\theta)\right)\right]^{-1}\left(\frac{\partial}{\partial\theta}\mathrm{E}_\theta(\widehat{\eta_n})\right)$$

에 대입하여 정리하면 ξ를 모수로 할 때의 하한을 얻게 되고, 두 하한이 같은 것임을 알 수 있다.

(8.22) 연습문제 (8.20)의 (c)에서와 같이, 정규분포 $\mathrm{N}(\mu,\sigma^2)$의 모수를 $\theta=(\mu,\sigma)^t$로 하는 경우에 정보량 $I(\theta)$는 다음과 같이 주어진다.

$$l(\theta) = \log f(x;\theta) = -\frac{1}{2}\frac{(x-\mu)^2}{\sigma^2} - \log\sigma - \frac{1}{2}\log(2\pi)$$

$$\dot{l}(\theta) = \frac{\partial}{\partial\theta} = \left(\frac{x-\mu}{\sigma^2}, \frac{(x-\mu)^2}{\sigma^3} - \frac{1}{\sigma}\right)^t$$

$$\ddot{l}(\theta) = \frac{\partial}{\partial\theta}\dot{l}(\theta) = \begin{pmatrix} -\frac{1}{\sigma^2} & -2\frac{x-\mu}{\sigma^3} \\ -2\frac{x-\mu}{\sigma^3} & -3\frac{(x-\mu)^2}{\sigma^4} + \frac{1}{\sigma^2} \end{pmatrix}$$

$$\therefore\ I(\theta) = \mathrm{Var}_\theta\left\{\frac{\partial}{\partial\theta}\log f(\mathrm{X}_1;\theta)\right\} = \mathrm{E}_\theta\{-\ddot{l}(\theta)\} = \begin{pmatrix} 1/\sigma^2 & 0 \\ 0 & 2/\sigma^2 \end{pmatrix}$$

따라서 <정리 8.4.1>로부터 $\eta(\theta)=\mu/\sigma$의 불편추정량 $\widehat{\sigma_n}^{UE}$의 분산에 대한 하한은

$$\begin{aligned}\mathrm{Var}_\theta(\widehat{\eta_n}^{UE}) &\ge \left(\frac{\partial}{\partial\theta}\eta(\theta)\right)^t\left[n\mathrm{Var}_\theta\left(\frac{\partial}{\partial\theta}\log f(\mathrm{X}_1;\theta)\right)\right]^{-1}\left(\frac{\partial}{\partial\theta}\eta(\theta)\right) \\ &= (1/\sigma \quad -\mu/\sigma^2)\left[n\begin{pmatrix} 1/\sigma^2 & 0 \\ 0 & 2/\sigma^2 \end{pmatrix}\right]^{-1}\begin{pmatrix} 1/\sigma \\ -\mu/\sigma^2 \end{pmatrix} \\ &= \frac{1}{n}\left(1 + \frac{1}{2}\frac{\mu^2}{\sigma^2}\right)\end{aligned}$$

한편 $\eta(\theta)=\mu/\sigma$는 일대일 변환 $(\mu,\sigma)^t \mapsto (\mu/\sigma,\sigma)^t$의 한 성분이므로 <정리 6.3.1> 로부터

$$\widehat{\eta_n}^{MLE} = \widehat{\mu_n}^{MLE}/\widehat{\sigma_n}^{MLE} = \overline{\mathrm{X}}\Big/\sqrt{\sum_{i=1}^{n}(\mathrm{X}_i - \overline{\mathrm{X}})^2/n}$$

또한 최대가능도 추정량 $\hat{\theta}_n^{MLE} = (\hat{\mu}_n^{MLE}, \hat{\sigma}_n^{MLE})^t$의 극한분포는

$$\sqrt{n}(\hat{\theta}_n^{MLE} - \theta) \xrightarrow[n\to\infty]{d} \mathrm{N}(0, [I(\theta)]^{-1}),\ \ [I(\theta)]^{-1} = \begin{pmatrix} \sigma^2 & 0 \\ 0 & \sigma^2/2 \end{pmatrix}$$

따라서 <정리 5.3.3>으로부터 일차근사를 이용하여 극한분포를 구하면

$$\sqrt{n}(\hat{\eta}_n^{MLE} - \eta(\theta)) \xrightarrow[n\to\infty]{d} \mathrm{N}(0, avar(\theta)),$$

$$avar(\theta) = \left(\frac{\partial}{\partial\theta}\eta(\theta)\right)^t [I(\theta)]^{-1} \left(\frac{\partial}{\partial\theta}\eta(\theta)\right) = 1 + \frac{1}{2}\frac{\mu^2}{\sigma^2}$$

(8.23) 표준정규분포의 누적분포함수와 확률밀도함수를 각각 Φ와 ϕ로 나타내면

$$\eta = \eta(\theta) = \mathrm{P}_\theta\left(\frac{\mathrm{X}_1 - \mu}{\sigma} > \frac{0-\mu}{\sigma}\right) = 1 - \Phi(-\mu/\sigma)$$

$$\frac{\partial}{\partial\mu}\eta(\theta) = \frac{1}{\sigma}\phi\left(-\frac{\mu}{\sigma}\right) = \frac{1}{\sigma}\phi\left(\frac{\mu}{\sigma}\right),\ \ \frac{\partial}{\partial\sigma}\eta(\theta) = -\frac{\mu}{\sigma^2}\phi\left(-\frac{\mu}{\sigma}\right) = -\frac{\mu}{\sigma^2}\phi\left(\frac{\mu}{\sigma}\right)$$

한편 <정리 6.4.3>으로부터 $\theta = (\mu, \sigma)^t$에 대한 정보량을 다음과 같이 구할 수 있다.

$$l(\theta) = \log f(x;\theta) = -\frac{1}{2}\frac{(x-\mu)^2}{\sigma^2} - \log\sigma - \frac{1}{2}\log(2\pi)$$

$$\dot{l}(\theta) = \frac{\partial}{\partial\theta}l(\theta) = \left(\frac{x-\mu}{\sigma^2}, \frac{(x-\mu)^2}{\sigma^3} - \frac{1}{\sigma}\right)^t$$

$$\ddot{l}(\theta) = \frac{\partial}{\partial\theta}\dot{l}(\theta) = \begin{pmatrix} -\frac{1}{\sigma^2} & -2\frac{x-\mu}{\sigma^3} \\ -2\frac{x-\mu}{\sigma^3} & -3\frac{(x-\mu)^2}{\sigma^4} + \frac{1}{\sigma^2} \end{pmatrix}$$

$$\therefore\ I(\theta) = \mathrm{Var}_\theta\left\{\frac{\partial}{\partial\theta}\log f(\mathrm{X}_1;\theta)\right\} = \mathrm{E}_\theta\{-\ddot{l}(\theta)\} = \begin{pmatrix} 1/\sigma^2 & 0 \\ 0 & 2/\sigma^2 \end{pmatrix}$$

따라서 <정리 8.4.1>로부터 불편추정량 $\hat{\eta}_n^{UE}$의 분산에 대한 하한은

$$\left(\frac{\partial}{\partial\theta}\eta(\theta)\right)^t \left[n\mathrm{Var}_\theta\left(\frac{\partial}{\partial\theta}\log f(\mathrm{X}_1;\theta)\right)\right]^{-1} \left(\frac{\partial}{\partial\theta}\eta(\theta)\right)$$

$$= \left[\phi\left(\frac{\mu}{\sigma}\right)\right]^2 (1/\sigma - \mu/\sigma^2) \left[n\begin{pmatrix} 1/\sigma^2 & 0 \\ 0 & 2/\sigma^2 \end{pmatrix}\right]^{-1} \begin{pmatrix} 1/\sigma \\ -\mu/\sigma^2 \end{pmatrix}$$

$$= \frac{1}{n}\left[\phi\left(\frac{\mu}{\sigma}\right)\right]^2 \left(1 + \frac{\mu^2}{2\sigma^2}\right)$$

한편 $\theta = (\mu, \sigma)^t$의 최대가능도추정량 $\hat{\theta}_n^{MLE}$의 극한분포는 <정리 6.4.4>로부터

$$\sqrt{n}(\hat{\theta}_n^{MLE} - \theta) \xrightarrow[n\to\infty]{d} \mathrm{N}(0, [I(\theta)]^{-1}),\ \ I(\theta)^{-1} = \begin{pmatrix} \sigma^2 & 0 \\ 0 & \sigma^2/2 \end{pmatrix}$$

따라서 <정리 5.3.3>으로부터

$$\sqrt{n}\,(\eta(\hat{\theta}_n^{MLE}) - \eta(\theta)) \underset{n\to\infty}{\overset{d}{\to}} \mathrm{N}(0, (\dot{\eta}(\theta))^t [I(\theta)]^{-1} \dot{\eta}(\theta)),\ \ \dot{\eta}(\theta) = \frac{\partial}{\partial\theta}\eta(\theta)$$

$$\therefore\ \sqrt{n}\,(\hat{\eta}_n^{MLE} - \eta(\theta)) \underset{n\to\infty}{\overset{d}{\to}} \mathrm{N}\left(0, \left[\phi\left(\frac{\mu}{\sigma}\right)\right]^2\left(1+\frac{\mu^2}{2\sigma^2}\right)\right)$$

(8.24) 와이블분포 $\mathrm{Weibull}(\alpha,\beta)$의 확률밀도함수는

$$f(x;\alpha,\beta) = \alpha\beta^{-\alpha}x^{\alpha-1}\exp(-x^\alpha/\beta^\alpha)\mathrm{I}_{(0,+\infty)}(x),\ \ \theta = (\alpha,\beta)^t$$

이고 <정리 6.4.4>의 조건들이 만족되는 것이 알려져 있으며, 연습문제 (6.19)의 풀이에서는 $\theta = (\alpha,\beta)^t$의 최대가능도 추정량을 구하는 방법이 소개되었다. 한편 <정리 6.4.3>으로부터 $\theta = (\alpha,\beta)^t$에 대한 정보량 행렬을 다음과 같이 구할 수 있다.

$$l(\theta) = \log f(x;\theta) = \log\alpha - \alpha\log\beta + (\alpha-1)\log x - (x/\beta)^\alpha$$

$$\dot{l}_1(\theta) = \frac{\partial}{\partial\alpha} l(\theta) = 1/\alpha - \log\beta + \log x - (x/\beta)^\alpha \log(x/\beta)$$

$$\dot{l}_2(\theta) = \frac{\partial}{\partial\beta} l(\theta) = -\alpha/\beta + (\alpha/\beta)(x/\beta)^\alpha$$

$$\ddot{l}_{11}(\theta) = -1/\alpha^2 - (x/\beta)^\alpha[\log(x/\beta)]^2,\ \ \ddot{l}_{22}(\theta) = \alpha/\beta^2 - \alpha(\alpha+1)(x/\beta)^\alpha/\beta^2$$

$$\ddot{l}_{12}(\theta) = -1/\beta + (\alpha/\beta)(x/\beta)^\alpha\log(x/\beta) + (x/\beta)^\alpha/\beta$$

그런데 $\mathrm{X} \sim \mathrm{Weibull}(\alpha,\beta) \Leftrightarrow (\mathrm{X}/\beta)^\alpha \sim \mathrm{Exp}(1)$이므로 $\mathrm{Z} = (\mathrm{X}/\beta)^\alpha$를 이용하여 정보량 행렬을 나타내면 다음과 같다.

$$I(\theta) = -\mathrm{E}_\theta \ddot{l}(\theta) = \begin{pmatrix} [1+\mathrm{E}\{\mathrm{Z}(\log\mathrm{Z})^2\}]/\alpha^2 & -\mathrm{E}(\mathrm{Z}\log\mathrm{Z})/\beta \\ -\mathrm{E}(\mathrm{Z}\log\mathrm{Z})/\beta & \alpha^2/\beta^2 \end{pmatrix}$$

여기에서 부분적분을 이용하고 패키지 **R**에서 다이감마, 트라이감마라고 불리우는

$$\Psi(\alpha) = \frac{\partial}{\partial\alpha}\log\Gamma(\alpha),\ \ \dot{\Psi}(\alpha) = \frac{\partial}{\partial\alpha}\Psi(\alpha)$$

의 값을 계산하면

$$\mathrm{E}\{Z(\log\mathrm{Z})^2\} = \dot{\Psi}(1) + [\Psi(1)]^2 + 2\Psi(1) = 0.8236$$

$$\mathrm{E}(\mathrm{Z}\log\mathrm{Z}) = 1 + \Psi(1) = 0.4228$$

이로부터

$$[I(\theta)]^{-1} = \begin{pmatrix} 0.6079\,\alpha^2 & 0.2570\,\beta \\ 0.2570\,\beta & 1.1086\,\beta^2/\alpha^2 \end{pmatrix}$$

따라서 α의 최대가능도 추정량의 극한분포는

$$\sqrt{n}\,(\hat{\alpha}_n^{MLE} - \alpha) \underset{n\to\infty}{\overset{d}{\to}} \mathrm{N}(0, 0.6079\,\alpha^2)$$

한편 $\mathrm{W}_i = \log\mathrm{X}_i (i=1,\cdots,n)$라고 하면 <예 5.3.2>로부터

$$\sqrt{n}\left(\frac{1}{n}\sum_{i=1}^n(\mathrm{W}_i - \overline{\mathrm{W}})^2 - \mathrm{Var}(\mathrm{W}_1)\right) \underset{n\to\infty}{\overset{d}{\to}} \mathrm{N}(0, (\rho_4+2)\mathrm{Var}^2(\mathrm{W}_1))$$

$$\rho_4 = \mathrm{E}[(\mathrm{W}_1 - \mathrm{E}(\mathrm{W}_1))^4]/\mathrm{Var}^2(\mathrm{W}_1) - 3$$

그런데

$$\alpha \log(\mathrm{X}_1/\beta) = \log \mathrm{Z},\ \mathrm{Z} \sim \mathrm{Exp}(1)$$

이므로

$$\mathrm{Var}(\mathrm{W}_1) = \mathrm{Var}(\log \mathrm{Z})/\alpha^2 = \dot{\Psi}(1)/\alpha^2 = 1.6449/\alpha^2,$$
$$\mathrm{E}[(\mathrm{W}_1 - \mathrm{E}(\mathrm{W}_1))^4] = \mathrm{E}[(\log \mathrm{Z} - \mathrm{E}(\log \mathrm{Z}))^4]/\alpha^4$$

한편 R의 $psigamma(1,r) = \Psi^{(r)}(1)$을 이용하여 계산하면

$$\begin{aligned}
&\mathrm{E}[(\log \mathrm{Z} - \mathrm{E}(\log \mathrm{Z}))^4] \\
&= \Gamma^{(4)}(1) - 4\Gamma^{(3)}(1)\Gamma^{(1)}(1) + 6\Gamma^{(2)}(1)[\Gamma^{(1)}(1)]^2 - 3[\Gamma^{(1)}(1)]^4 \\
&= 14.60260
\end{aligned}$$

$$\therefore\ \rho_4 = 14.60260/1.6449^2 = 2.396985$$

$$\therefore\ \sqrt{n}\,(\mathrm{S}^2_{\log x} - 1.6449/\alpha^2) \underset{n\to\infty}{\overset{d}{\to}} N(0,(\rho_4+2)1.6449^2/\alpha^4)$$

$$\therefore\ \sqrt{n}\,(\sqrt{1.6449/\mathrm{S}^2_{\log x}} - \alpha) \underset{n\to\infty}{\overset{d}{\to}} \mathrm{N}(0,(\rho_4+2)\alpha^2/4)$$

따라서 이 경우에 적률이용추정량의 최대가능도추정량에 대한 점근상대효율성은

$$ARE(\{\hat{\alpha}_n^{\,0}\},\{\hat{\alpha}_n^{\,MLE}\}) = [(\rho_4+2)\alpha^2/4]^{-1}/[0.6079\alpha^2]^{-1} = 0.5530$$

(8.25) (a) <예 8.3.8> $(\mathrm{Poisson}(\theta), \theta \ge 0, \eta = e^{-2\theta})$: $\hat{\eta}_n^{\,UMVUE} = (1-2/n)^{n\overline{\mathrm{X}}}$을 간략하게 $\hat{\eta}_n$으로 나타내기로 한다.

$$\begin{aligned}
-n\overline{\mathrm{X}}\log(1-2/n) &= n\overline{\mathrm{X}}\left(2/n + \frac{1}{2}(2/n)^2 + \cdots\right) \\
&= 2\overline{\mathrm{X}} + \overline{\mathrm{X}}\frac{2}{n} + \cdots \\
&= 2\overline{\mathrm{X}} + [\sqrt{n}\,(\overline{\mathrm{X}}-\theta) + \sqrt{n}\,\theta]\frac{2}{n\sqrt{n}} + \cdots \\
&= 2\overline{\mathrm{X}} + R_n,\ \sqrt{n}\,R_n = [\sqrt{n}\,(\overline{\mathrm{X}}-\theta) + \sqrt{n}\,\theta]\frac{2}{n} + \cdots \underset{n\to\infty}{\overset{\mathrm{P}_\theta}{\to}} 0
\end{aligned}$$

$$\hat{\eta}_n = \exp\{n\overline{\mathrm{X}}\log(1-2/n)\} = e^{-2\overline{\mathrm{X}}}\left(1 - R_n + \frac{1}{2!}R_n^2 + \cdots\right) = e^{-2\overline{\mathrm{X}}} + r_n,$$

$$\sqrt{n}\,r_n = e^{-2\overline{\mathrm{X}}}(-\sqrt{n}\,R_n + \cdots) \underset{n\to\infty}{\overset{\mathrm{P}_\theta}{\to}} 0$$

$$\therefore\ \sqrt{n}\,(\hat{\eta}_n - \hat{\eta}_n^{\,MLE}) = \sqrt{n}\,(\hat{\eta}_n - e^{-2\overline{\mathrm{X}}}) \underset{n\to\infty}{\overset{\mathrm{P}_\theta}{\to}} 0$$

그런데

$$\sqrt{n}\,(\hat{\eta}_n^{\,MLE} - e^{-2\theta}) = \sqrt{n}\,(e^{-2\overline{\mathrm{X}}} - e^{-2\theta}) \underset{n\to\infty}{\overset{d}{\to}} \mathrm{N}(0, 4\theta e^{-4\theta})$$

이므로

$$\sqrt{n}(\hat{\eta}_n - e^{-2\theta}) = \sqrt{n}(\hat{\eta}_n - \hat{\eta}_n^{MLE}) + \sqrt{n}(\hat{\eta}_n^{MLE} - e^{-2\theta})$$

$$\underset{n\to\infty}{\overset{d}{\to}} \mathrm{N}(0, 4\theta e^{-4\theta})$$

(b) <예 8.3.10> $(\mathrm{Exp}(\theta), \theta > 0, \eta = e^{-a/\theta}) : \sqrt{n}(\hat{\eta}_n^{UMVUE} - \hat{\eta}_n^{MLE}) \underset{n\to\infty}{\overset{\mathrm{P}_\theta}{\to}} 0$

$\hat{\eta}_n^{UMVUE} = \left(1 - \dfrac{a/\overline{\mathrm{X}}}{n}\right)^{n-1} \mathrm{I}_{(a/n,\infty)}(\overline{\mathrm{X}})$을 간략하게 $\hat{\eta}_n$으로 나타내기로 한다.

$$-n\log\left(1 - \frac{a/\overline{\mathrm{X}}}{n}\right) = n\left[\frac{a/\overline{\mathrm{X}}}{n} + \frac{1}{2}\left(\frac{a/\overline{\mathrm{X}}}{n}\right)^2 + \cdots\right]$$

$$= (a/\overline{\mathrm{X}}) + \frac{1}{2}(a/\overline{\mathrm{X}})^2\frac{1}{n} + \cdots$$

$$= (a/\overline{\mathrm{X}}) + \frac{1}{2}[\sqrt{n}((a/\overline{\mathrm{X}})^2 - (a/\theta)^2) + \sqrt{n}(a/\theta)^2]\frac{1}{n\sqrt{n}} + \cdots$$

$$= (a/\overline{\mathrm{X}}) + R_n,$$

$$\sqrt{n}R_n = \frac{1}{2}[\sqrt{n}((a/\overline{\mathrm{X}})^2 - (a/\theta)^2) + \sqrt{n}(a/\theta)^2]\frac{1}{n} + \cdots \underset{n\to\infty}{\overset{\mathrm{P}_\theta}{\to}} 0$$

$$\left(1 - \frac{a/\overline{\mathrm{X}}}{n}\right)^n = e^{-a/\overline{\mathrm{X}}}\left(1 - R_n + \frac{1}{2!}R_n^2 + \cdots\right) = e^{-a/\overline{\mathrm{X}}} + r_n,$$

$$\sqrt{n}r_n = e^{-a/\overline{\mathrm{X}}}(-\sqrt{n}R_n + \cdots) \underset{n\to\infty}{\overset{\mathrm{P}_\theta}{\to}} 0$$

또한

$$\sqrt{n}\left(\left(1 - \frac{a/\overline{\mathrm{X}}}{n}\right)^{n-1} - \left(1 - \frac{a/\overline{\mathrm{X}}}{n}\right)^n\right) = \left(1 - \frac{a/\overline{\mathrm{X}}}{n}\right)^{n-1}\frac{a/\overline{\mathrm{X}}}{\sqrt{n}} \underset{n\to\infty}{\overset{\mathrm{P}_\theta}{\to}} 0$$

$$\therefore \sqrt{n}\left(\left(1 - \frac{a/\overline{\mathrm{X}}}{n}\right)^{n-1} - e^{-a/\overline{\mathrm{X}}}\right) \underset{n\to\infty}{\overset{\mathrm{P}_\theta}{\to}} 0$$

한편

$$\mathrm{P}_\theta\left\{\sqrt{n}\left(1 - \frac{a/\overline{\mathrm{X}}}{n}\right)^{n-1}(1 - \mathrm{I}_{(a/n,\infty)}(\overline{\mathrm{X}})) \ge \epsilon\right\} \le \mathrm{P}_\theta(\overline{\mathrm{X}} \le a/n)$$

$$\mathrm{P}_\theta(\overline{\mathrm{X}} \le a/n) \le \mathrm{P}_\theta(\overline{\mathrm{X}} - \theta \le -\theta + a/n \le -\theta + \theta/2), \ ^\forall n : a/n \le \theta/2$$

$$0 \le \mathrm{P}_\theta(\overline{\mathrm{X}} \le a/n) \le \mathrm{P}_\theta(|\overline{\mathrm{X}} - \theta| \ge \theta/2) \underset{n\to\infty}{\to} 0$$

$$\therefore \sqrt{n}\left(\hat{\eta}_n - \left(1 - \frac{a/\overline{\mathrm{X}}}{n}\right)^{n-1}\right) \underset{n\to\infty}{\overset{\mathrm{P}_\theta}{\to}} 0$$

따라서

$$\therefore \sqrt{n}(\hat{\eta}_n - \hat{\eta}_n^{MLE}) = \sqrt{n}(\hat{\eta}_n - e^{-a/\overline{\mathrm{X}}}) \underset{n\to\infty}{\overset{\mathrm{P}_\theta}{\to}} 0$$

그런데

$$\sqrt{n}\,(\hat{\eta}_n^{MLE} - e^{-a/\theta}) = \sqrt{n}\,(e^{-a/\overline{X}} - e^{-a/\theta}) \underset{n\to\infty}{\overset{d}{\to}} \mathrm{N}(0, e^{-2a/\theta}a^2/\theta^2)$$

이므로

$$\sqrt{n}\,(\hat{\eta}_n - e^{-a/\theta}) = \sqrt{n}\,(\hat{\eta}_n - \hat{\eta}_n^{MLE}) + \sqrt{n}\,(\hat{\eta}_n^{MLE} - e^{-a/\theta})$$
$$\underset{n\to\infty}{\overset{d}{\to}} \mathrm{N}(0, e^{-2a/\theta}a^2/\theta^2)$$

9장 검정의 비교

(9.1) (a) $p_0 = 1/2,\ p_1 = 3/4$라고 하면 가능도비가 다음과 같이 주어진다.

$$\frac{pdf(x;p_1)}{pdf(x;p_0)} = \frac{\left(\frac{3}{4}\right)^{\sum_{i=1}^{8}x_i}\left(\frac{1}{4}\right)^{8-\sum_{i=1}^{8}x_i}}{\left(\frac{1}{2}\right)^{\sum_{i=1}^{8}x_i}\left(\frac{1}{2}\right)^{8-\sum_{i=1}^{8}x_i}} = \frac{3^{\sum_{i=1}^{8}x_i}}{2^8}$$

따라서 <정리 9.1.1>로부터 베이즈검정은 다음과 같다.

$$\phi^{\pi}(x) = \begin{cases} 1, & \sum_{i=1}^{8}x_i > \log_3\left(\frac{\pi_0}{\pi_1}2^8\right) \\ 0, & \sum_{i=1}^{8}x_i < \log_3\left(\frac{\pi_0}{\pi_1}2^8\right) \end{cases} \quad (\pi_0 + \pi_1 = 1,\ \pi_0 > 0,\ \pi_1 > 0)$$

(b) (a)에서의 가능도비를 이용하여 <정리 9.1.2>로부터 유의수준 $\alpha = 0.05$의 최강력 검정은 다음 조건에 의해 정해진다.

$$\phi^*(x) = \begin{cases} 1, & x_1 + \cdots + x_n \ge c+1 \\ \gamma, & x_1 + \cdots + x_n = c \\ 0, & x_1 + \cdots + x_n \le c-1 \end{cases} \quad (0 \le \gamma \le 1)(n=8)$$

$$\mathrm{E}_{p_0}\phi^*(\mathrm{X}) = 0.05 \quad (p_0 = 1/2)$$

한편 이항분포의 누적확률로부터 다음 표에서와 같이 확률을 구할 수 있다.

k 값	…	5	6	7	…
$\mathrm{P}_{0.5}(\mathrm{X}_1 + \cdots + \mathrm{X}_8 \ge k)$	…	0.3633	0.1445	0.0352	…

이 값들로부터

$$\mathrm{P}_{0.5}(\mathrm{X}_1 + \cdots + \mathrm{X}_8 \ge c+1) \le 0.05 \le \mathrm{P}_{0.5}(\mathrm{X}_1 + \cdots + \mathrm{X}_8 \ge c)$$

를 만족시키는 정수 c를 찾으면 $c = 6$이고,

$$E_{0.05}\phi^*(X) = P_{0.5}(X_1+\cdots+X_8 \geq 7) + \gamma P_{0.5}(X_1+\cdots+X_8=6) = 0.05$$

$$0.05 = 0.0352 + \gamma(0.1445 - 0.0352) \quad \therefore \gamma = \frac{0.0148}{0.1093} = 0.1358$$

따라서 유의수준 $\alpha = 0.05$의 최강력 검정은

$$\phi^*(x) = \begin{cases} 1, & x_1+\cdots+x_n \geq 7 \\ 0.1358, & x_1+\cdots+x_n = 6 \\ 0, & x_1+\cdots+x_n \leq 5 \end{cases} \quad (n=8)\text{이다.}$$

(c) $\gamma(p) = P_p(X_1+\cdots+X_8 \geq 7) + 0.1358\, P_p(X_1+\cdots+X_8 = 6)$

$$\gamma(3/4) = 0.367 + 0.1358\,(0.311) = 0.4092$$

(9.2) (a) 이 경우에 확률밀도함수를 다음과 같이 나타낼 수 있다.

$pdf(x;\mu)$

$$= (\det(2\pi\Sigma))^{-1/2}\exp\left\{-\sum_{i=1}^{n}(x_i-\mu)^t\Sigma^{-1}(x_i-\mu)/2\right\}$$

$$= (\det(2\pi\Sigma))^{-1/2}\exp\left\{-\sum_{i=1}^{n}(x_i-\bar{x})^t\Sigma^{-1}(x_i-\bar{x})/2 - n(\bar{x}-\mu)^t\Sigma^{-1}(\bar{x}-\mu)/2\right\}$$

따라서 가능도비를 간략히 하면 다음과 같다.

$$\frac{pdf(x;\mu_1)}{pdf(x;\mu_0)} = \exp\{n(\mu_1-\mu_0)^t\Sigma^{-1}(\bar{x}-\mu_0) - n(\mu_1-\mu_0)^t\Sigma^{-1}(\mu_1-\mu_0)/2\}$$

그러므로

$$T(x) = (\mu_1-\mu_0)^t\Sigma^{-1}(\bar{x}-\mu_0)$$

라고 하면 <정리 9.1.1>로부터 베이즈 검정은 다음과 같다.

$$\phi^\pi(x) = \begin{cases} 1, \ T(x) \geq (\mu_1-\mu_0)^t\Sigma^{-1}(\mu_1-\mu_0)/2 + n^{-1}\log(\pi_0/\pi_1) \\ 0, \ T(x) < (\mu_1-\mu_0)^t\Sigma^{-1}(\mu_1-\mu_0)/2 + n^{-1}\log(\pi_0/\pi_1) \end{cases}$$

(b) (a)에서의 가능도비를 이용하여 <정리 9.1.2>로부터 유의수준 $\alpha = 0.05$의 최강력 검정은 다음 조건에 의해 정해진다.

$$\phi^*(x) = \begin{cases} 1, \ T(x) \geq k \\ 0, \ T(x) < k \end{cases}$$

$$E_{\mu_0}\phi^*(X) = 0.05$$

그런데 $H_0: \mu = \mu_0$하에서

$$T(X) = (\mu_1-\mu_0)^t\Sigma^{-1}(\bar{X}-\mu_0) \sim N(0, (\mu_1-\mu_0)^t\Sigma^{-1}(\mu_1-\mu_0)/n)$$

이므로 유의수준 $\alpha = 0.05$의 최강력 검정의 기각역은 다음과 같이 주어진다.

$$\text{“}(\mu_1-\mu_0)^t\Sigma^{-1}(\bar{X}-\mu_0) \geq 1.645\sqrt{(\mu_1-\mu_0)^t\Sigma^{-1}(\mu_1-\mu_0)/n}\text{”}$$

(9.3) 이 경우에 확률밀도함수는

$$f(x;\sigma^2) = \exp\left\{-\frac{x^2}{2\sigma^2} - \frac{1}{2}\log(2\pi\sigma^2)\right\}$$

로 나타내어지고, 이는 $\theta = -1/\sigma^2$을 모수로 하는 단일모수 지수족의 경우이므로 <정리 9.2.1>로부터 가설

$$H_0 : \theta \le \theta_0 \;\; vs \;\; H_1 : \theta > \theta_0 \;\; (\theta_0 = -1/\sigma_0^2)$$

에 대한 유의수준 α의 전역최강력 검정은 다음 조건에 의해 정해진다.

$$\phi^*(x) = \begin{cases} 1, & \sum_{i=1}^{n} x_i^2 \ge c \\ 0, & \sum_{i=1}^{n} x_i^2 > c \end{cases}, \quad \mathrm{E}_{\sigma_0^2}\phi^*(\mathrm{X}) = \alpha$$

그런데

$$\sum_{i=1}^{n} \mathrm{X}_i^2/\sigma^2 \sim \chi^2(n)$$

이므로 유의수준 $\alpha = 0.05$의 전역최강력 검정의 기각역은 다음과 같이 주어진다.

$$\text{“}\sum_{i=1}^{n} \mathrm{X}_i^2/\sigma_0^2 \ge \chi_\alpha^2(n)\text{”}$$

(9.4) 이 경우에 확률밀도함수는

$$f(x;\theta) = \exp\{(\theta-1)\log x + \log\theta\}, \; 0 < x < 1$$

로 나타내어지는 단일모수 지수족의 경우이므로 <정리 9.2.1>로부터 가설

$$H_0 : \theta \le \theta_0 \;\; vs \;\; H_1 : \theta > \theta_0$$

에 대한 유의수준 α의 전역최강력검정은 다음 조건에 의해 정해진다.

$$\phi^*(x) = \begin{cases} 1, & \sum_{i=1}^{n} \log x_i \ge c \\ 0, & \sum_{i=1}^{n} \log x_i < c \end{cases}$$

$$\mathrm{E}_{\theta_0}\phi^*(\mathrm{X}) = \alpha$$

그런데

$$\mathrm{X}_i^\theta \overset{iid}{\sim} \mathrm{U}(0,1), \text{ 즉 } -\theta\log \mathrm{X}_i \overset{iid}{\sim} \mathrm{Exp}(1) \;\; (i = 1,\cdots,n)$$

$$-\theta\sum_{i=1}^{n}\log \mathrm{X}_i \sim \mathrm{Gamma}(n,1) \;\; \therefore \; -2\theta\sum_{i=1}^{n}\log \mathrm{X}_i \sim \mathrm{Gamma}(n,2) = \chi^2(2n)$$

이므로 유의수준 $\alpha = 0.05$의 최강력 검정의 기각역은 다음과 같이 주어진다.

$$\text{“}\overline{(-\log \mathrm{X})} \le \frac{\chi_{1-\alpha}^2(2n)}{2n}\frac{1}{\theta_0}\text{”} \;\; \left(\overline{(-\log \mathrm{X})} = \frac{1}{n}\sum_{i=1}^{n}(-\log \mathrm{X}_i)\right)$$

(9.5) 이 경우에 확률밀도함수는

$$f(x;\theta) = \exp\{-(\theta+1)\log x + \log\theta\}, \; x \ge 1$$

로 나타내어지는 단일모수 지수족의 경우이므로 <정리 9.2.1>로부터 가설

$$H_0 : \theta \ge \theta_0 \;\; vs \;\; H_1 : \theta < \theta_0$$

`에 대한 유의수준 α의 전역최강력 검정은 다음 조건에 의해 정해진다.

$$\phi^*(x)=\begin{cases}1, & -\sum_{i=1}^{n}\log x_i \le c\\ 0, & -\sum_{i=1}^{n}\log x_i > c\end{cases},\quad \mathrm{E}_{\theta_0}\phi^*(\mathrm{X})=\alpha$$

그런데

$$\mathrm{X}_i^{-\theta}\overset{iid}{\sim}\mathrm{U}(0,1),\ 즉\ \theta\log\mathrm{X}_i\overset{iid}{\sim}\mathrm{Exp}(1)\quad(i=1,\cdots,n)$$

$$\theta\sum_{i=1}^{n}\log\mathrm{X}_i\sim\mathrm{Gamma}(n,1)\quad\therefore\ 2\theta\sum_{i=1}^{n}\log\mathrm{X}_i\sim\mathrm{Gamma}(n,2)=\chi^2(2n)$$

이므로 유의수준 $\alpha=0.05$의 전역최강력 검정의 기각역은 다음과 같이 주어진다.

$$\text{“}\overline{\log\mathrm{X}}\ge\frac{\chi^2_\alpha(2n)}{2n}\frac{1}{\theta_0}\text{”}\quad\left(\overline{(\log\mathrm{X})}=\frac{1}{n}\sum_{i=1}^{n}\log\mathrm{X}_i\right)$$

(9.6) 전역최강력 검정 ϕ^*가 존재한다면, 임의의 θ_1, $\theta_2(\theta_1<\theta_0<\theta_2)$에 대하여 이 검정 ϕ^*는

$$H_0:\theta=\theta_0\ \ vs\ \ H_1(\theta_1):\theta=\theta_1$$

에 대하여 유의수준 α의 최강력 검정이어야 하고

$$H_0:\theta=\theta_0\ \ vs\ \ H_1(\theta_2):\theta=\theta_2$$

에 대하여서도 유의수준 α의 최강력 검정이어야 한다.

그런데 이 경우에 가능도비는

$$\frac{pdf(x;\theta_1)}{pdf(x;\theta_0)}=\exp\left\{(-\theta_1^{-1}+\theta_0^{-1})n\bar{x}-n\log\theta_1/\theta_0\right\}$$

이므로, <정리 9.1.2>의 필요 조건으로부터 다음 두 조건을 모두 만족시키는 c_1, c_2가 존재하여야 한다.

$$\phi^*(x)=\begin{cases}1, & \bar{x}\le c_1\\ 0, & \bar{x}>c_1\end{cases}\ \text{이고}\ \phi^*(x)=\begin{cases}1, & \bar{x}\ge c_2\\ 0, & \bar{x}<c_2\end{cases}$$

이러한 상수 c_1, c_2는 존재하지 않으므로 전역최강력 검정은 존재하지 않는다.

(9.7) 전역최강력 검정 ϕ^*가 존재한다면, 임의의 $\theta_1(\theta_1>1)$에 대하여 이 검정 ϕ^*는

$$H_0:\theta=1\ \ vs\ \ H_1(\theta_1):\theta=\theta_1$$

에 대한 유의수준 α의 최강력 검정이어야 한다.

그런데 이 경우에 가능도비는

$$\frac{pdf(x;\theta_1)}{pdf(x;1)}=\exp\left\{(\theta_1-1)\sum_{i=1}^{n}\log x_i-\sum_{i=1}^{n}x_i^{\theta_1}+\sum_{i=1}^{n}x_i+n\log\theta_1\right\}$$

따라서 <정리 9.1.2>의 필요 조건으로부터 $H_1(\theta_1):\theta=\theta_1$에 대한 최강력 검정은 적절한 상수 c에 대하여 다음 조건을 만족시켜야 한다.

$$\phi^*(x) = \begin{cases} 1, \ (\theta_1 - 1)\sum_{i=1}^n \log x_i - \sum_{i=1}^n x_i^{\theta_1} + \sum_{i=1}^n x_i > c \\ 0, \ (\theta_1 - 1)\sum_{i=1}^n \log x_i - \sum_{i=1}^n x_i^{\theta_1} + \sum_{i=1}^n x_i < c \end{cases}$$

이러한 기각역의 형태는 θ_1에 따라 다르게 주어지므로 전역최강력 검정은 존재하지 않는다.

(9.8) 확률밀도함수와 가능도 함수의 도함수를 각각

$$p_\theta(x) = pdf(x;\theta), \ \dot{p}_\theta(x) = \frac{d}{d\theta} pdf(x;\theta)$$

라고 하면, 두 조건을 만족시키는 검정 중에서 대립가설

$$H_1(\theta_1) : \theta = \theta_1$$

에 대한 최강력검정은 다음 조건들에 의하여 정해지는 것을 <예 9.2.6>에서 알고 있다.

$$\phi^*(x) = \begin{cases} 1, \ p_{\theta_1}(x)/p_{\theta_0}(x) \geq k_1 + k_2 \dot{p}_{\theta_0}(x)/p_{\theta_0}(x) \\ 0, \ p_{\theta_1}(x)/p_{\theta_0}(x) < k_1 + k_2 \dot{p}_{\theta_0}(x)/p_{\theta_0}(x) \end{cases}$$

$$\mathrm{E}_{\theta_0}\phi^*(\mathrm{X}) = \alpha, \ \left[\frac{d}{d\theta}\mathrm{E}_\theta \phi^*(\mathrm{X})\right]_{\theta=\theta_0} = 0$$

한편 가능도비가

$$p_{\theta_1}(x)/p_{\theta_0}(x) = \exp\left\{-(\theta_1^{-1} - \theta_0^{-1})\sum_{i=1}^n x_i - n\log(\theta_1/\theta_0)\right\}$$

이므로, 위의 부등식의 풀이로부터 검정 ϕ^*의 기각역이 다음 세 가지 중 하나인 것을 알 수 있다.

$$\text{“}\sum_{i=1}^n x_i \leq a\text{”}, \ \text{“}\sum_{i=1}^n x_i \geq b\text{”}, \ \text{“}\sum_{i=1}^n x_i \leq a \text{ 또는 } \sum_{i=1}^n x_i \geq b\text{”}$$

그러나 이들 중 기각역의 형태가 한쪽 검정의 형태인 경우에는 <정리 9.2.1>의 증명과정에서 밝혔듯이 그러한 한쪽 검정의 검정력 함수는 증가함수이거나 감소함수가 되어 주어진 조건

$$\left[\frac{d}{d\theta}\mathrm{E}_\theta \phi^*(\mathrm{X})\right]_{\theta=\theta_0} = 0$$

을 만족시킬 수 없다. 따라서 기각역의 형태가 다음과 같이 양쪽인 경우만 고려하면 된다.

$$\text{“}\sum_{i=1}^n x_i \leq a \text{ 또는 } \sum_{i=1}^n x_i \geq b\text{”}$$

따라서 이러한 형태의 기각역을 갖는 검정 중에서 주어진 조건을 만족시키는 검정을 찾으면 된다. 한편, <예 9.2.6>에서와 같이

$$\left[\frac{d}{d\theta}\mathrm{E}_\theta\phi(\mathrm{X})\right]_{\theta=\theta_0}=\mathrm{E}_{\theta_0}[\phi(\mathrm{X})\dot{p}_{\theta_0}(\mathrm{X})/p_{\theta_0}(\mathrm{X})]$$

이므로 주어진 조건을 다음과 같이 나타낼 수 있다.

$$\mathrm{E}_{\theta_0}\phi^*(\mathrm{X})=\alpha,\ \mathrm{E}_{\theta_0}[\phi^*(\mathrm{X})\dot{p}_{\theta_0}(\mathrm{X})/p_{\theta_0}(\mathrm{X})]=0$$

여기에서 점수함수는

$$\dot{p}_\theta(x)/p_\theta(x)=\sum_{i=1}^{n}x_i/\theta^2-n/\theta=n(\overline{x}-\theta)/\theta^2$$

로 주어지고, 그 기댓값이 0이므로, 즉 $\mathrm{E}_{\theta_0}[\dot{p}_{\theta_0}(\mathrm{X})/p_{\theta_0}(\mathrm{X})]=0$이므로 위의 조건을 $1-\phi^*$에 대하여 나타내면 다음과 같다.

$$\mathrm{E}_{\theta_0}[1-\phi^*(\mathrm{X})]=1-\alpha,\ \mathrm{E}_{\theta_0}[\{1-\phi^*(\mathrm{X})\}(\overline{\mathrm{X}}-\theta_0)]=0$$

또한 표본분포 이론으로부터 $2n\overline{\mathrm{X}}/\theta=2\sum_{i=1}^{n}\mathrm{X}_i/\theta\sim\chi^2(2n)$이므로, 채택역을

$$\text{“}c_1<2n\overline{\mathrm{X}}/\theta_0<c_2\text{”}$$

로 나타내고 $c_1,\ c_2$를 다음 두 조건을 만족시키도록 정하면 위의 두 조건이 만족된다.

$$\int_{c_1}^{c_2}pdf_{\chi^2(2n)}(x)dx=1-\alpha,\ \int_{c_1}^{c_2}(x/2n-1)pdf_{\chi^2(2n)}(x)dx=0$$

즉 이 두 조건을 만족시키는 $c_1,\ c_2$에 대하여 기각역이

$$\text{“}2n\overline{\mathrm{X}}/\theta_0\le c_1 \text{ 또는 } 2n\overline{\mathrm{X}}/\theta_0\ge c_2\text{”}$$

로 주어지는 검정 ϕ^*가 문제에 주어진 두 조건을 만족시키는 검정 중에서 대립가설

$$H_1(\theta_1):\theta=\theta_1$$

에 대한 최강력 검정이고, θ_1의 선택에 의존하지 않는다. 따라서 이 검정이 구하는 전역최강력 검정이다.

(9.9) (a) 이 경우에 가능도비는

$$\frac{pdf(x;D_1)}{pdf(x;D_0)}=\frac{\binom{D_1}{x}\binom{N-D_1}{n-x}\Big/\binom{N}{n}}{\binom{D_0}{x}\binom{N-D_0}{n-x}\Big/\binom{N}{n}},\ (D_1>D_0)$$

로 주어지고, 이 가능도비가 x의 증가함수임을 다음으로부터 알 수 있다.

$$\frac{pdf(x+1;D_1)}{pdf(x+1;D_0)}\Big/\frac{pdf(x;D_1)}{pdf(x;D_0)}=\frac{(D_1-x)(N-D_0-n+x+1)}{(D_0-x)(N-D_1-n+x+1)}>1$$

따라서 가설

$$H_0:D=D_0\ \ vs\ \ H_1:D=D_1$$

에 대한 유의수준 α의 최강력 검정은 다음과 같이 주어진다.

$$\phi^*(x) = \begin{cases} 1, & x \geq c+1 \\ \gamma, & x = c \\ 0, & x \leq c-1 \end{cases} \quad (0 \leq \gamma \leq 1), \ \mathrm{E}_{D_0}\phi^*(\mathrm{X}) = \alpha$$

(b) (a)의 검정이 D_1의 선택에 의존하지 않으므로 (a)의 검정은

$$H_0(D_0): D = D_0 \ \ vs \ \ H_1: D > D_0$$

에 대한 유의수준 α의 전역최강력 검정이다.

한편 <정리 9.2.1>의 증명에서와 같은 이유로 이 검정의 검정력 함수는 D의 증가함수이다.

$$\mathrm{E}_{D'}\phi^*(\mathrm{X}) \leq \mathrm{E}_{D''}\phi^*(\mathrm{X}) \ \ ^\forall D' < D''$$

따라서

$$\max_{D \leq D_0} \mathrm{E}_D \phi^*(\mathrm{X}) = \mathrm{E}_{D_0}\phi^*(\mathrm{X}) = \alpha$$

즉 (a)의 검정 ϕ^*는 가설

$$H_0: D \leq D_0 \ \ vs \ \ H_1: D > D_0$$

에 대하여도 유의수준 α의 검정으로서 전역최강력 검정인 것을 알 수 있다.

한편, $N=60,\ n=5,\ D_0=6,\ \alpha=0.01$인 경우에는 <예 3.1.1>에 주어진 다음의 누적확률표를 이용하여 c와 γ를 정할 수 있다.

표 3.1.1 초기하분포 $\mathrm{H}(5;60,6)$의 누적확률

c	0	1	2	3	4	5
$\sum_{x=0}^{c}\binom{6}{x}\binom{54}{5-x}/\binom{60}{5}$	0.57905	0.92648	0.99461	0.99985	0.99999	1.00000

이 표로부터

$$\mathrm{P}_{D_0}(\mathrm{X} \geq 3) = 0.00536 \leq 0.01 \leq \mathrm{P}_{D_0}(\mathrm{X} \geq 2)$$

$c=2$임을 알 수 있고,

$$\mathrm{P}_{D_0}(\mathrm{X} \geq 3) + \gamma \mathrm{P}_{D_0}(\mathrm{X}=2) = 0.00536 + \gamma(0.07352 - 0.00536) = 0.01$$

$$\therefore \gamma = \frac{0.00464}{0.06816} = 0.0680$$

(9.10) (a) $H_0: \theta = \theta_0 \ \ vs \ \ H_1(\theta_1): \theta = \theta_1 \ \ (\theta_1 > \theta_0)$

이 경우에 가능도비는

$$\frac{pdf(x;\theta_1)}{pdf(x;\theta_0)} = \begin{cases} (\theta_1/\theta_0)^{-n}, & x_{(n)} \leq \theta_0 \\ +\infty, & \theta_0 < x_{(n)} \leq \theta_1 \end{cases}$$

이므로, <정리 9.1.2>에서 $k \geq (\theta_1/\theta_0)^{-n}$인 경우에 대응하는 조건인

$$\phi^*(x) = 1, \ x_{(n)} > \theta_0, \ \mathrm{E}_{\theta_0}\phi^*(\mathrm{X}) = \alpha$$

을 만족시키는 검정은 유의수준 α의 최강력 검정이다.

(b) $$H_0 : \theta = \theta_0 \ \ vs \ \ H_1 : \theta > \theta_0$$

$$\hat{\theta}^{\Omega} : \hat{\theta} = \max(x_{(n)}, \theta_0) \ \ \hat{\theta}^{\Omega_0} : \hat{\theta}^0 = \theta_0$$

$$\therefore 2(l(\hat{\theta}^{\Omega}) - l(\hat{\theta}^{\Omega_0})) = \begin{cases} 0, & x_{(n)} \le \theta_0 \\ +\infty, & x_{(n)} > \theta_0 \end{cases}$$

따라서 유의수준 $\alpha(0 < \alpha < 1)$의 최대가능도비 검정

$$\phi^*(x) = 1, \ x_{(n)} > \theta_0, \ \mathrm{E}_{\theta_0}\phi^*(\mathrm{X}) = \alpha$$

를 만족시키는 검정 ϕ^*로 주어지고, (a)로부터 이 검정은 대립가설

$$H_1(\theta_1) : \theta = \theta_1 \ (\theta_1 > \theta_0)$$

에서의 θ_1에 관계없이 최강력 검정이므로 대립가설이 $H_1 : \theta > \theta_0$인 경우에 전역 최강력 검정이다.

(c) (i) 주어진 검정에 대하여

$$\mathrm{E}_{\theta_0}\phi^*(\mathrm{X}) = \mathrm{P}_{\theta_0}(\mathrm{X}_{(n)} < \theta_0 \sqrt[n]{\alpha}) = \alpha$$

가 성립하므로, (a)로부터 주어진 검정은 대립가설

$$H_1(\theta_1) : \theta = \theta_1 \ (\theta_1 > \theta_0)$$

에 대한 유의수준 $\alpha(0 < \alpha < 1)$의 최강력 검정이다.

(ii) 한편 유의수준 α인 즉

$$\mathrm{E}_{\theta_0}\phi(\mathrm{X}) \le \alpha$$

인 임의의 검정 ϕ의 $H_1(\theta_2) : \theta = \theta_2 \ (\theta_2 < \theta_0)$에서의 검정력에 대하여 다음이 성립한다.

$$\begin{aligned} \mathrm{E}_{\theta_2}\phi(\mathrm{X}) &= (\theta_2^{-n}/\theta_0^{-n})\mathrm{E}_{\theta_0}\phi(\mathrm{X})\mathrm{I}(\mathrm{X}_{(n)} \le \theta_2) \\ &\le (\theta_2/\theta_0)^{-n}\mathrm{E}_{\theta_0}\phi(\mathrm{X}) \\ &\le (\theta_2/\theta_0)^{-n}\alpha \end{aligned}$$

$$\therefore \mathrm{E}_{\theta_2}\phi(\mathrm{X}) \le \min\{(\theta_0/\theta_2)^n\alpha, 1\} = \mathrm{P}_{\theta_2}\{\mathrm{X}_{(n)} < \theta_0\sqrt[n]{\alpha}\} = \mathrm{E}_{\theta_2}\phi^*(\mathrm{X})$$

따라서 ϕ^*는 대립가설이

$$H_1(\theta_2) : \theta = \theta_2 \ (\theta_2 < \theta_0)$$

인 경우에도 유의수준 $\alpha(0 < \alpha < 1)$의 최강력 검정이다.

그러므로 (i), (ii)로부터 주어진 검정 ϕ^*는 대립가설

$$H_1 : \theta \ne \theta_0$$

에 대한 전역최강력 검정이다.

(9.11) <예 9.3.1> 또는 <예 9.3.3>의 모집단 분포의 가정 하에서 검정하고자 하는 가설은

$$H_0 : \theta \ge \theta_0 \ \ vs \ \ H_1 : \theta < \theta_0 \ (\text{1리터당 주행거리 } \theta\,\text{km}, \ \theta_0 = 15)$$

이고, 통계량

$$S_n = \sum_{i=1}^{n} \mathrm{I}(\mathrm{X}_i < 15) \quad (n=10)$$

을 이용하는 부호검정을 할 수 있다. 이러한 부호검정에서는 $\theta = \theta_0$인 경우에 S_n의 분포인 이항분포 $B(n,1/2)$이 누적확률을 이용하여 유의수준 $\alpha = 0.05$의 검정을 정할 수 있다.

k 값	…	7	8	9	…
$\mathrm{P}_{\theta_0}(S_{10} \geq k)$	…	0.1719	0.0547	0.0107	…

이러한 분포표로부터 유의수준 $\alpha = 0.05$의 부호검정을 구하면 다음과 같다.

$$\phi_s(\mathrm{X}_1,\cdots,\mathrm{X}_{10}) = \begin{cases} 1, & S_{10} \geq 9 \\ 0.8932, & S_{10} = 8 \\ 0, & S_{10} \leq 7 \end{cases}$$

주어진 자료를 이용하면 $S_{10} = 7$이므로, 유의수준 $\alpha = 0.05$에서 연비가 나쁘다고 할 충분한 근거가 없다.

(9.12) 문제에 주어진 오염된 정규분포를 따르는 확률변수 X_1에 대하여

$$\mathrm{Var}(\mathrm{X}_1) = (1-\epsilon) + \epsilon\sigma_c^2$$

이므로, 오염된 분포의 모형에서 부호검정의 t 검정에 대한 점근상대효율성은 다음과 같이 주어진다.

$$ARE(\{S_n\},\{T_n\}) = (2f(0))^2/(1/\sqrt{\mathrm{Var}(\mathrm{X}_1)})^2 = \frac{2}{\pi}(1-\epsilon+\epsilon/\sigma_c)^2(1-\epsilon+\epsilon\sigma_c^2)$$

이로부터 $\sigma_c = 4$일 때, 각 ϵ에 대한 $ARE(\{S_n\},\{T_n\})$를 구하면 다음과 같다.

ϵ	0.01	0.05	0.10	0.20	0.25
$ARE(\{S_n\},\{T_n\})$	0.7212	1.0320	1.3618	1.8398	1.9963

(9.13) <예 9.3.4> 또는 <예 9.3.5>의 모집단 분포의 가정 하에서 검정하고자 하는 가설은

$$H_0 : \theta \geq 3.50 \quad vs \quad H_1 : \theta < 3.50 \quad (\theta_0 = 3.50)$$

이고, 통계량

$$W_n = \sum_{i=1}^{n} sgn(\mathrm{X}_i - \theta_0) R(|\mathrm{X}_i - \theta_0|) \text{ 또는 } W_n^+ = \sum_{i=1}^{n} \mathrm{I}(\mathrm{X}_i - \theta_0 > 0) R(|\mathrm{X}_i - \theta_0|)$$

을 이용한 부호순위 검정을 할 수 있다.

W_n^+를 이용하여 유의수준 $\alpha = 0.05$의 부호순위 검정을 나타내면 다음과 같다.

$$\phi_{SR}(X_1,\cdots,X_n)=\begin{cases}1, & W_n^+\le c^+-1\\ \gamma, & W_n^+=c^+ \quad (0\le\gamma\le 1),\ E_{\theta_0}\phi_{SR}(X)=0.05\\ 0, & W_n^+\ge c^++1\end{cases}$$

이러한 과정에서 필요한 W_n^+의 귀무가설 하의 누적확률을 패키지 R을 이용하여 계산하면 다음과 같다.

k 값	⋯	60	61	62	⋯
$P_{\theta_0}(W_n^+\le k)$	⋯	0.04865	0.05270	0.05699	⋯

이러한 분포표로부터 유의수준 $\alpha=0.05$의 c^+와 γ의 값을 구하면 다음과 같다.

$$c^+=61,\ \gamma=0.333$$

한편, 이 경우에 관측된 통계량의 값은

$$W_n^+=36$$

이므로 유의수준 $\alpha=0.05$에서 귀무가설을 기각하게 된다. 참고로 R을 이용하여 유의확률(문제 (7.5) 참조)을 구하면

$$p-value=P_{\theta_0}(W_n^+\le 36)=0.00415$$

임을 알 수 있다. 참고로 R 코드를 소개하면 다음과 같다.

```
X=c(2.45,3.55,4.05,0.95,1.90,3.48,3.80,1.40,3.65,3.30,2.33,2.91,3.69,
  1.83,1.35,4.10,2.77,2.60,3.32,2.34)
theta=3.5
n=length(X)
R=order(abs(X-theta))
Wn=sum(sign(X-theta)*R)
Wn_plus=(Wn+n*(n+1)/2)/2
psignrank(k, n)              # P_θ0(W_n^+ ≤ k)
psignrank(Wn_plus, n)        # p-value
```

(9.14) <예 9.3.4> 또는 <예 9.3.5>의 모집단 분포의 가정 하에서 검정하고자 하는 가설은

$$H_0:\theta\ge 3.50 \quad vs \quad H_1:\theta<3.50$$

이고, 통계량

$$S_n=\sum_{i=1}^{n}I(X_i<3.50)\ \ (n=20)$$

을 이용하는 부호 검정을 할 수 있다. 이러한 부호 검정에서는 $\theta=3.50$인 경우에 S_n의 분포인 이항분포 $B(n,1/2)$의 누적확률을 이용하여 유의수준 $\alpha=0.05$의 검정을 정할 수 있다.

k 값	…	13	14	15	…
$P_{\theta_0}(S_{20} \geq k)(\theta_0 = 3.50)$	…	0.1316	0.0577	0.0207	…

이러한 분포표로부터 유의 수준 $\alpha = 0.05$의 부호 검정을 구하면 다음과 같다.

$$\phi_s(X_1, \cdots, X_{20}) = \begin{cases} 1, & S_{20} \geq 15 \\ 0.7919, & S_{20} = 14 \\ 0, & S_{20} \geq 13 \end{cases}$$

주어진 자료를 이용하면 $S_{20} = 14$이므로, 유의수준 $\alpha = 0.05$에서 랜덤화 확률 0.7919로 귀무가설을 기각하게 된다.

한편 문제 (9.13)과 (9.14)에서 알 수 있듯이 효율이 떨어지는 검정법을 사용하면 귀무 가설의 반증을 찾아내기 어려울 수도 있는 것이다.

(9.15) 문제에 주어진 오염된 정규분포를 따르는 확률변수 X_1에 대하여

$$\mathrm{Var}(X_1) = (1-\epsilon) + \epsilon\sigma_c^2$$

이고, <예 9.3.5>로부터 부호순위 검정의 t 검정에 대한 점근상대효율성은

$$ARE(\{W_n\}, \{T_n\}) = \left(\sqrt{12}\int_{-\infty}^{\infty} f^2(x)dx\right)^2 / (1/\sqrt{\mathrm{Var}(X_1)})^2$$

이므로, 이를 구체적으로 계산하면 다음과 같다.

$$\int_{-\infty}^{\infty} f^2(x)dx = \frac{(1-\epsilon)^2}{2\sqrt{\pi}} + \frac{\epsilon^2}{2\sigma_c\sqrt{\pi}} + \sqrt{\frac{2}{\pi}}\frac{\epsilon(1-\epsilon)}{\sigma_c\sqrt{1+\sigma_c^{-2}}}$$

$$\therefore ARE(\{W_n\}, \{T_n\})$$

$$= 12\left(\frac{(1-\epsilon)^2}{2\sqrt{\pi}} + \frac{\epsilon^2}{2\sigma_c\sqrt{\pi}} + \sqrt{\frac{2}{\pi}}\frac{\epsilon(1-\epsilon)}{\sqrt{\sigma_c^2+1}}\right)^2((1-\epsilon)+\epsilon\sigma_c^2)$$

이로부터 $\sigma_c = 4$일 때, 각 ϵ에 대한 $ARE(\{W_n\}, \{T_n\})$를 구하면 다음과 같다.

ϵ	0.01	0.05	0.10	0.20	0.25
$ARE(\{W_n\}, \{T_n\})$	1.0696	1.4632	1.8246	2.2049	2.2657

10장 분산분석과 회귀분석

(10.1) (a) $H_0: \mu_1 = \mu_2 = \mu_3 = \mu_4$ vs $H_1: \mu_1, \cdots, \mu_4$가 모두 같지는 않다.

<정리 10.1.5>에 의해 최대가능도비 검정의 검정통계량은 다음과 같이 계산할 수 있다.

$$SSB=\sum_{i=1}^{k} n_i(\overline{X}_i-\overline{X})^2=3.42,\ SSW=\sum_{i=1}^{k}\sum_{j=1}^{n_i}(X_{ij}-\overline{X}_i)^2=1.66\ \ (k=4)$$

$$F_n=\frac{SSB/3}{SSW/9}=6.180,\ F_{0.05}(3,9)=3.862$$

∴ 유의수준 $\alpha=0.05$에서 반응온도에 따라 수율의 차이가 있다고 할 수 있다.

(b) <정리 10.1.4>에 의해 쉐페(Scheffe)의 동시신뢰구간은 다음과 같이 주어진다.

$$P_{\mu,\sigma^2}\Big\{|(\mu_i-\mu_j)-(\hat{\mu_i}-\hat{\mu_j})| \le \sqrt{(n_i^{-1}+n_j^{-1})\widehat{\sigma^2}}\ \sqrt{(k-1)F_\alpha(k-1,n-k)},\ ^\forall i\ne j\Big\} \ge 1-\alpha$$

$$\sqrt{(k-1)F_\alpha(k-1,n-k)}=2.904,\ \sqrt{\widehat{\sigma^2}}=0.4294$$

$$\therefore P_{\mu,\sigma^2}\Big\{|(\mu_i-\mu_j)-(\hat{\mu_i}-\hat{\mu_j})| \le 1.246\sqrt{(n_i^{-1}+n_j^{-1})},\ ^\forall i\ne j\Big\}\ge 0.90$$

(i,j)	동시신뢰구간의 하한	동시신뢰구간의 상한
(1,2)	−1.6516	0.2516
(1,3)	−2.5173	−0.4826
(1,4)	−1.6173	0.4173
(2,3)	−1.7516	0.1516
(2,4)	−0.8516	1.0516
(3,4)	−0.1173	1.9173

(c) <정리 10.1.4>에 의해 본페로니(Bonferroni)의 동시신뢰구간은 다음과 같이 주어진다.

$$P_{\mu,\sigma^2}\Big\{|(\mu_i-\mu_j)-(\hat{\mu_i}-\hat{\mu_j})| \le \sqrt{(n_i^{-1}+n_j^{-1})\widehat{\sigma^2}}\,t_{\alpha^*/2}(n-k),\ ^\forall i\ne j\Big\}\ge 1-\alpha$$

$$\alpha^*=0.10/6=0.0166\cdots,\ t_{\alpha^*/2}(n-k)=2.933,\ \sqrt{\widehat{\sigma^2}}=0.4294$$

$$\therefore P_{\mu,\sigma^2}\Big\{|(\mu_i-\mu_j)-(\hat{\mu_i}-\hat{\mu_j})| \le 1.259\sqrt{(n_i^{-1}+n_j^{-1})},\ ^\forall i\ne j\Big\}\ge 0.90$$

(i,j)	동시신뢰구간의 하한	동시신뢰구간의 상한
(1,2)	−1.6615	0.2615
(1,3)	−2.5279	−0.4720
(1,4)	−1.6279	0.4279
(2,3)	−1.7615	0.1615
(2,4)	−0.8615	1.0615
(3,4)	−0.1279	1.9279

(d) <정리 10.1.4>의 (a)로부터 (b)의 방법의 경우에는 두 개씩의 비교만이 아닌 모든 대비에 대한 동시신뢰구간에도 적용가능하다는 장점이 있다. 예를 들어, (b)번 풀이를 보완하여 $\mu_1-(\mu_2+\mu_3+\mu_4)/3$의 신뢰구간을 추가할 수 있다. <정리 10.1.4>의 (a)에 주어진 공식에 따라 이러한 대비의 신뢰구간을 구하면

$$-1.4755 \le \mu_1-(\mu_2+\mu_3+\mu_4)/3 \le -0.3910$$

임을 알 수 있고, (b)의 구간들과 함께 90%의 신뢰수준에서 이를 추가할 수 있다.

(10.2) $$l(\theta)=-\sum_{i=1}^{k}\sum_{j=1}^{n_i}(x_{ij}-\mu_i)^2/(2\sigma^2)-(n/2)\log(2\pi\sigma^2)$$

$$\theta=(\mu_1,\cdots\mu_k)^t,\ \hat{\theta}^{\Omega}=(\overline{x_1},\cdots,\overline{x_k})^t,\ \hat{\theta}^{\Omega_0}=(\overline{x},\cdots,\overline{x})^t$$

$$\therefore\ 2(l(\hat{\theta}^{\Omega})-l(\hat{\theta}^{\Omega_0}))=\sum_{i=1}^{k}n_i(\overline{x_i}-\overline{x})^2/(2\sigma^2)$$

따라서 크기 $\alpha(0<\alpha<1)$인 최대가능도비 검정의 기각역은

$$\sum_{i=1}^{k}n_i(\overline{X_i}-\overline{X})^2/\sigma^2 \ge \chi^2_{\alpha}(k-1)$$

(10.3) $T_{i,n_i}=\sin^{-1}(\sqrt{X_{i,ni}/n_i})$, $\mu_i=\sin^{-1}\sqrt{p_i}$라고 하면 $T_{i,n_i}\approx N(\mu_i,1/(4n_i))$이고 서로 독립이므로, 근사적으로 문제 (10.2)의 $\overline{X_i}$에 대응한다. 따라서

귀무가설 $H_0:p_1=\cdots=p_k$하에서 근사적으로

$$4\sum_{i=1}^{k}n_i(\overline{T_{i,n_i}}-\overline{T})^2\approx\chi^2(k-1)$$

그러므로 근사적으로 크기 $\alpha(0<\alpha<1)$인 검정의 기각역은

$$4\sum_{i=1}^{k}n_i(\overline{T_{i,n_i}}-\overline{T})^2\ge\chi^2_{\alpha}(k-1)$$

(10.4) (a) <정리 10.2.4>에 의해 교호작용효과 유의성 검정의 최대가능도비 검정의 검정통계량은 다음과 같이 계산할 수 있다.

$$SS_{AB}=\sum_{i=1}^{a}\sum_{j=1}^{b}r(\overline{X_{ij.}}-\overline{X_{i..}}-\overline{X_{.j.}}+\overline{X_{...}})^2=55.277,$$

$$SSE=\sum_{i=1}^{a}\sum_{j=1}^{b}\sum_{k=1}^{r}(X_{ijk}-\overline{X_{ij.}})^2=365.333$$

$$(a=4,\ b=3,\ r=3)$$

$$F_n=\frac{SS_{AB}/6}{SSE/24}=0.605\quad F_{0.05}(6,24)=2.508$$

∴ 유의수준 $\alpha=0.05$에서 촉매량(A)과 반응온도(℃)(B) 사이의 교호작용이 있다고 할 충분한 근거가 없다.

(b) <정리 10.2.3>에 의해 주효과(촉매량)의 기본대비에 대한 쉐페 동시신뢰구간은

다음과 같이 주어진다.

$$P_{\mu,\sigma^2}\left\{|(\alpha_i-\alpha_l)-(\widehat{\alpha_i}-\widehat{\alpha_l})|\le \sqrt{(n_{i.}^{-1}+n_{l.}^{-1})\widehat{\sigma^2}}\sqrt{(a-1)\mathrm{F}_\alpha(a-1,n-ab)},\ {}^\forall i\ne l\right\}\ge 1-\alpha$$

$$\sqrt{(a-1)\mathrm{F}_\alpha(a-1,n-ab)}=2.642,\quad \sqrt{\widehat{\sigma^2}}=3.901$$

$$\therefore\ P_{\mu,\sigma^2}\left\{|(\alpha_i-\alpha_l)-(\widehat{\alpha_i}-\widehat{\alpha_l})|\le 10.306\sqrt{(n_{i.}^{-1}+n_{l.}^{-1})},\ {}^\forall i\ne l\right\}\ge 0.90$$

이러한 동시신뢰구간을 표로 정리하면 다음과 같다.

(i,j)	동시신뢰구간의 하한	동시신뢰구간의 상한
(1,2)	−14.0805	−4.3639
(1,3)	−16.6360	−6.9194
(1,4)	−9.6360	0.0805
(2,3)	−7.4138	2.3027
(2,4)	−0.4138	9.3027
(3,4)	2.1417	11.8582

(c) <정리 10.2.3>에 의해 주효과(측매량) 기본대비에 대한 본페로니 동시신뢰구간은 다음과 같이 주어진다.

$$P_{\mu,\sigma^2}\left\{|(\alpha_i-\alpha_l)-(\widehat{\alpha_i}-\widehat{\alpha_l})|\le \sqrt{(n_{i.}^{-1}+n_{l.}^{-1})\widehat{\sigma^2}}\,t_{\alpha^*/2}(n-ab),\ {}^\forall i\ne l\right\}\ge 1-\alpha$$

$$\alpha^*=0.10/6=0.0166\cdots,\quad t_{\alpha^*/2}(n-ab)=2.573,\quad \sqrt{\widehat{\sigma^2}}=3.901$$

$$\therefore\ P_{\mu,\sigma^2}\left\{|(\alpha_i-\alpha_l)-(\widehat{\alpha_i}-\widehat{\alpha_l})|\le 10.037\sqrt{(n_{i.}^{-1}+n_{l.}^{-1})},\ {}^\forall i\ne l\right\}\ge 0.90$$

(i,j)	동시신뢰구간의 하한	동시신뢰구간의 상한
(1,2)	−13.9537	−4.4907
(1,3)	−16.5092	−7.0462
(1,4)	−9.5092	−0.0462
(2,3)	−7.2870	2.1759
(2,4)	−0.2870	9.1759
(3,4)	2.2685	11.7314

(10.5) 다음과 같은 제곱합의 분해가 성립하는 것을 확인할 수 있다.

$$\sum_{i=1}^a\sum_{j=1}^b\sum_{k=1}^r(a_{ijk})^2=\sum_{i=1}^a\sum_{j=1}^b\sum_{k=1}^r(a_{ijk}-\overline{a_{ij.}})^2+\sum_{i=1}^a\sum_{j=1}^b\sum_{k=1}^r(\overline{a_{ij.}})^2$$

$$\sum_{i=1}^a\sum_{j=1}^b r(\overline{a_{ij.}})^2=\sum_{i=1}^a\sum_{j=1}^b r(\overline{a_{ij.}}-\overline{a_{i..}}-\overline{a_{.j.}}+\overline{a_{...}})^2+\sum_{i=1}^a\sum_{j=1}^b r(\overline{a_{i..}}+\overline{a_{.j.}}-\overline{a_{...}})^2$$

$$\sum_{i=1}^{a}\sum_{j=1}^{b} r(\overline{a_{i..}}+\overline{a_{.j.}}-\overline{a_{...}})^2=\sum_{i=1}^{a}\sum_{j=1}^{b} r(\overline{a_{i..}}-\overline{a_{...}}+\overline{a_{.j.}}-\overline{a_{...}})^2+\sum_{i=1}^{a}\sum_{j=1}^{b} r(\overline{a_{...}})^2$$

$$\sum_{i=1}^{a}\sum_{j=1}^{b} r(\overline{a_{i..}}-\overline{a_{...}}+\overline{a_{.j.}}-\overline{a_{...}})^2=\sum_{i=1}^{a}\sum_{j=1}^{b} r(\overline{a_{i..}}-\overline{a_{...}})^2+\sum_{i=1}^{a}\sum_{j=1}^{b} r(\overline{a_{.j.}}-\overline{a_{...}})^2$$

여기에서 $a_{ijk}=x_{ijk}-\overline{\mu_{..}}-\alpha_i-\beta_j$를 대입하여 정리하면

$$\begin{aligned}
&\sum_{i=1}^{a}\sum_{j=1}^{b}\sum_{k=1}^{r}(x_{ijk}-\overline{\mu_{..}}-\alpha_i-\beta_j)^2\\
&=\sum_{i=1}^{a}\sum_{j=1}^{b}\sum_{k=1}^{r}(x_{ijk}-\overline{x_{ij.}})^2+\sum_{i=1}^{a}\sum_{j=1}^{b} r(\overline{x_{ij.}}-\overline{x_{i..}}-\overline{x_{.j.}}+\overline{x_{...}})^2\\
&\quad+\sum_{i=1}^{a}\sum_{j=1}^{b} r(\overline{x_{i..}}+\overline{x_{.j.}}-\overline{x_{...}}-\overline{\mu_{..}}-\alpha_i-\beta_j)^2\\
&=\sum_{i=1}^{a}\sum_{j=1}^{b} r(\overline{x_{i..}}-\overline{x_{...}}-\alpha_i)^2+\sum_{i=1}^{a}\sum_{j=1}^{b} r(\overline{x_{.j.}}-\overline{x_{...}}-\beta_j)^2\\
&\quad+\sum_{i=1}^{a}\sum_{j=1}^{b} r(\overline{x_{...}}-\overline{\mu_{..}})^2
\end{aligned}$$

따라서 각 모수의 최대가능도 추정값은 다음과 같이 주어진다.

$$\widehat{\overline{\mu_{..}}}=\overline{x_{...}},\ \hat{\alpha}_i=\overline{x_{i..}}-\overline{x_{...}},\ \hat{\beta}_j=\overline{x_{.j.}}-\overline{x_{...}}$$

$$\widehat{\sigma^2}^{\Omega}=\sum_{i=1}^{a}\sum_{j=1}^{b}\sum_{k=1}^{r}(x_{ijk}-\overline{x_{i..}}-\overline{x_{.j.}}+\overline{x_{...}})^2/n$$

(a) $\theta=(\overline{\mu_{..}},\alpha_1,\cdots,\alpha_{a-1},\beta_1,\cdots,\beta_{b-1},\sigma^2)^t$라고 하면, 이 경우에 결합확률밀도함수는

$$pdf(x;\theta)=\exp\left\{-\frac{1}{2\sigma^2}\sum_{i=1}^{a}\sum_{j=1}^{b}\sum_{k=1}^{r}(x_{ijk}-\overline{\mu_{..}}-\alpha_i-\beta_j)^2-\frac{n}{2}\log(2\pi\sigma^2)\right\}$$

로 나타내어지고 <정리 8.3.2>의 조건을 만족시키는 지수족의 경우이다. 따라서 θ에 관한 완비충분통계량은

$$\left(\overline{\mathrm{X}_{...}},\ (\overline{\mathrm{X}_{i..}})_{1\le i\le a-1},\ (\overline{\mathrm{X}_{.j.}})_{1\le j\le b-1},\ \sum_{i=1}^{a}\sum_{j=1}^{b}\sum_{k=1}^{r}\mathrm{X}_{ijk}^2\right)^t$$

로 주어진다. 따라서 이들의 함수로서 각 모수의 불편추정량인

$$\widehat{\overline{\mu_{..}}}=\overline{\mathrm{X}_{...}},\ \hat{\alpha}_i=\overline{\mathrm{X}_{i..}}-\overline{\mathrm{X}_{...}},\ \hat{\beta}_j=\overline{\mathrm{X}_{.j.}}-\overline{\mathrm{X}_{...}}$$

$$\widehat{\sigma^2}=\sum_{i=1}^{a}\sum_{j=1}^{b}\sum_{k=1}^{r}(\mathrm{X}_{ijk}-\overline{\mathrm{X}_{i..}}-\overline{\mathrm{X}_{.j.}}+\overline{\mathrm{X}_{...}})^2/(n-a-b+1)$$

은 각각 $\overline{\mu_{..}}$, α_i, β_j, σ^2의 전역최소분산불편 추정량이다.

(b) 귀무가설 $H_0^A:\alpha_1=\cdots=\alpha_a=0$에서 각 모수의 최대가능도 추정값은

$$\widehat{\overline{\mu_{..}}}^0=\overline{x_{...}},\ \hat{\alpha}_i^0=0,\ \hat{\beta}_j^0=\overline{x_{.j.}}-\overline{x_{...}},\ \widehat{\sigma^2}^0=\sum_{i=1}^{a}\sum_{j=1}^{b}\sum_{k=1}^{r}(x_{ijk}-\overline{x_{.j.}})^2/n$$

$$\therefore\ 2(l(\hat{\theta}^{\Omega}) - l(\hat{\theta}^{\Omega_0})) = n\log(\widehat{\sigma^2}^0 / \widehat{\sigma^2}^{\Omega})$$

그런데

$$n\widehat{\sigma^2}^0 = \sum_{i=1}^{a}\sum_{j=1}^{b}\sum_{k=1}^{r}(x_{ijk} - \overline{x_{.j.}})^2$$

$$= \sum_{i=1}^{a}\sum_{j=1}^{b}\sum_{k=1}^{r}(x_{ijk} - \overline{x_{i..}} - \overline{x_{.j.}} + \overline{x_{...}})^2 + \sum_{i=1}^{a}\sum_{j=1}^{b} r(\overline{x_{i..}} - \overline{x_{...}})^2,$$

$$= n\widehat{\sigma^2}^{\Omega} + \sum_{i=1}^{a}\sum_{j=1}^{b} r(\overline{x_{i..}} - \overline{x_{...}})^2,$$

이다. 따라서

$$SSW = \sum_{i=1}^{a}\sum_{j=1}^{b}\sum_{k=1}^{r}(x_{ijk} - \overline{x_{ij.}})^2,\ SS_{AB} = \sum_{i=1}^{a}\sum_{j=1}^{b} r(\overline{x_{ij.}} - \overline{x_{i..}} - \overline{x_{.j.}} + \overline{x_{...}})^2,$$

$$SS_A = \sum_{i=1}^{a}\sum_{j=1}^{b} r(\overline{x_{i..}} - \overline{x_{...}})^2$$

라고 하면 검정통계량은

$$F_n = \frac{SS_A/(a-1)}{(SSW + SS_{AB})/(n-ab+(a-1)(b-1))}$$

으로 주어지고, 크기 α인 최대가능도비 검정의 기각역은

$$F_n \geq \mathrm{F}_{\alpha}(a-1, n-ab+(a-1)(b-1))$$

(c) (b)에서의 검정통계량의 분포는

$$F_n \sim \mathrm{F}(a-1, n-ab+(a-1)(b-1); \delta_A),\ \delta_A = \sum_{i=1}^{a} br\alpha_i^2/\sigma^2$$

(10.6) 부록 Ⅱ의 정사영의 직교 분해로부터 실대칭 행렬 A, B에 대하여 다음이 성립한다.

A, B가 멱등행렬이고 $AB=0$

$\Leftrightarrow A+B$, A가 멱등행렬이고 B가 음 아닌 정부호의 행렬

문제의 주어진 조건으로부터 $A_0 = A_1 + A_2$, A_1이 멱등행렬이고 A_2가 음아닌 정부호의 행렬이므로 A_1, A_2가 멱등행렬이고 $A_1A_2 = 0$이다. 따라서, <정리 10.3.2>로부터

$$\mathrm{X}^t A_2 \mathrm{X} \sim \chi^2(r_2; \delta_2),\ r_2 = trace(A_2),\ \delta_2 = \mu^t A_2 \mu$$

(10.7) (a)

$$d_0 = c + \bar{j}d,\ \bar{j} = (b+1)/2,$$

$$x_0 = (1, \cdots, 1) = 1_n,\ x_1 = ((1-\bar{j})^t, \cdots, (b-\bar{j})^t)^t$$

$$\mathrm{Y} = (\mathrm{Y}_{11}, \cdots, \mathrm{Y}_{1b}; \cdots; \mathrm{Y}_{a1}, \cdots, \mathrm{Y}_{ab})^t,\ e = (e_{11}, \cdots, e_{1b}; \cdots; e_{a1}, \cdots, e_{ab})^t$$

(b) 로그가능도와 각 모수공간에서의 최대가능도 추정값을 구하면 다음과 같다.

$$l(\theta) = -\ \| y - d_0x_0 - dx_1 \|^2/(2\sigma^2) - (n/2)\log(2\pi\sigma^2)$$

$$\theta=(d_0,d,\sigma^2)^t,\ \hat{\theta}^{\Omega}=((x_0^t x_0)^{-1}x_0^t y,(x_1^t x_1)x_1^t y,\widehat{\sigma^2}^{\Omega})^t,\ \hat{\theta}^{\Omega_0}=((x_0^t x_0)^{-1}x_0^t y,0,\widehat{\sigma^2}^{0})^t$$

$$\widehat{\sigma^2}^{\Omega}=\| y-\hat{d}_0 x_0-\hat{d}x_1 \|^2/n,\ \widehat{\sigma^2}^{0}=\| y-\hat{d}_0 x_0 \|^2/n,$$

$$\therefore\ 2(l(\hat{\theta}^{\Omega})-l(\hat{\theta}^{\Omega_0}))=n\log(\widehat{\sigma^2}^{0}/\widehat{\sigma^2}^{\Omega})$$

그런데 $\Pi_i=x_i(x_i^t x_i)^{-1}x_i^t\,(i=0,1)$라고 하면

$$n\widehat{\sigma^2}^{0}=y^t(\mathrm{I}-\Pi_0-\Pi_1)y+y^t\Pi_1 y=n\widehat{\sigma^2}^{\Omega}+y^t\Pi_1 y,$$

$$y^t\Pi_1 y=a\left[\sum_{j=1}^{b}\left(j-\frac{b+1}{2}\right)\overline{y}_{.j}\right]^2\Big/\sum_{j=1}^{b}\left(j-\frac{b+1}{2}\right)^2$$

$$y^t(\mathrm{I}-\Pi_0-\Pi_1)y=\sum_{i=1}^{a}\sum_{j=1}^{b}(y_{ij}-\overline{y}_{..})^2-y^t\Pi_1 y$$

이므로 검정통계량은

$$F_n=\frac{y^t\Pi_1 y/1}{y^t(\mathrm{I}-\Pi_0-\Pi_1)y/(n-2)}$$

으로 주어지고, 크기 α인 기각역은 "$F_n\ge \mathrm{F}_\alpha(1,n-2)$"로 주어진다.

(c) $\mu=(\mu_{ij})=(c+dj)$라고 하면

$$F_n\sim \mathrm{F}(1,n-2;\delta),\ \delta=\mu^t\Pi_1\mu/\sigma^2=a\sum_{j=1}^{b}\left(j-\frac{b+1}{2}\right)^2 d^2/\sigma^2$$

(10.8) (a) 이 경우에 로그가능도는

$$l(\theta)=-\frac{1}{2\sigma^2}\sum_{i=1}^{k}w_i\{y_i-(\beta_0+\beta_1 x_i)\}^2-\frac{1}{2}\sum_{i=1}^{k}\log(2\pi\sigma^2/w_i)$$

그러므로 $\beta=(\beta_0,\beta_1)^t$와 σ^2의 최대가능도 추정량은 다음과 같이 주어진다.

$$\hat{\beta}^w=\underset{\beta}{\mathrm{argmin}}\sum_{i=1}^{k}w_i\{y_i-(\beta_0+\beta_1 x_i)\}^2,\ \widehat{\sigma^2}^{\Omega}=\min_{\beta}\sum_{i=1}^{k}w_i\{y_i-(\beta_0+\beta_1 x_i)\}^2/k$$

(b) $\overline{x}=\sum_{i=1}^{k}w_i x_i/\sum_{i=1}^{k}w_i,\ \overline{y}=\sum_{i=1}^{k}w_i y_i/\sum_{i=1}^{k}w_i$라고 하면

$$\begin{aligned}&\sum_{i=1}^{k}w_i\{y_i-(\beta_0+\beta_1 x_i)\}^2\\&=\sum_{i=1}^{k}w_i\left\{y_i-\overline{y}^w-\beta_1(x_i-\overline{x}^w)\right\}^2+\sum_{i=1}^{k}w_i(\overline{y}^w-\beta_1\overline{x}^w-\beta_0)^2\end{aligned}$$

이므로, 각 모수공간에서의 최대가능도 추정값을 구하면 다음과 같다.

$$\theta=(\beta_0,\beta_1,\sigma^2)^t,\ \hat{\theta}^{\Omega}=(\overline{y}^w+\hat{\beta}_1\overline{x}^w,S_{xy}^w/S_{xx}^w,\widehat{\sigma^2}^{\Omega})^t,\ \hat{\theta}^{\Omega_0}=(\overline{y}^w,0,\widehat{\sigma^2}^{0})^t$$

$$S_{xy}^w=\sum_{i=1}^{k}w_i(x_i-\overline{x}^w)(y_i-\overline{y}_i^w),\ S_{xx}^w=\sum_{i=1}^{k}w_i(x_i-\overline{x}^w)^2,\ S_{xy}^w=\sum_{i=1}^{k}w_i(y_i-\overline{y}^w)^2,$$

$$SSE = S_{yy}^w - (S_{xy}^w)^2 / S_{xx}^w$$

$$\widehat{\sigma^2}^{\Omega} = \sum_{i=1}^{k} w_i \left\{ y_i - \bar{y}^w - \widehat{\beta}_1^{\,w}(x_i - \bar{x}^w) \right\}^2 / k = SSE/k$$

$$\widehat{\sigma^2}^{0} = \sum_{i=1}^{k} w_i (y_i - \bar{y}^w)^2 / k = S_{yy}^w / k$$

$$\therefore\ 2(l(\hat{\theta}^{\Omega}) - l(\hat{\theta}^{\Omega_0})) = k\log(\widehat{\sigma^2}^{0} / \widehat{\sigma^2}^{\Omega}) = k\log\left(1 + \frac{(S_{xy}^w)^2 / S_{xx}^w}{SSE}\right)$$

따라서 최대가능도비 검정의 통계량은

$$F_n = \frac{(S_{xy}^w)^2 / S_{xx}^w}{SSE/(n-2)}$$

으로 주어지고, 크기 α인 기각역은 "$F_n \ge \mathrm{F}_\alpha(1, n-2)$"로 주어진다.

(c) $\mu = (\mu_i) = (\beta_0 + \beta_1 x_i)$라고 하면

$$F_n \sim \mathrm{F}(1, n-2; \delta),\ \delta = (S_{x\mu}^w)^2 / (S_{xx}^w \sigma^2) = \beta_1^2 S_{xx}^w / \sigma^2$$

(10.9) (a) 이 경우에 로그가능도는

$$l(\beta) = \sum_{i=1}^{k} \{ y_i(\beta_0 + \beta_1 x_i) + n_i \log(1 - p_i) \},\ \left(\log\frac{p_i}{1 - p_i} = \beta_0 + \beta_1 x_i\right)$$

한편 $\dot{p}_i = (\partial p_i / \partial \beta_0, \partial p_i / \partial \beta_1)^t$라고 하면

$$\left(\frac{1}{p_i} + \frac{1}{1 - p_i}\right)\dot{p}_i = (1, x_i)^t,\ \text{즉}\ \dot{p}_i = (p_i(1 - p_i), p_i(1 - p_i)x_i)^t$$

따라서 가능도방정식은 다음과 같이 주어진다.

$$\dot{l}(\beta) = \begin{pmatrix} \sum_{i=1}^{k}(y_i - n_i p_i) \\ \sum_{i=1}^{k} x_i (y_i - n_i p_i) \end{pmatrix} = 0$$

그런데 $w_i = n_i p_i (1 - p_i)$라고 하면

$$-\ddot{l}(\beta) = \begin{pmatrix} \sum_{i=1}^{k} w_i & \sum_{i=1}^{k} w_i x_i \\ \sum_{i=1}^{k} w_i x_i & \sum_{i=1}^{k} w_i x_i^2 \end{pmatrix}$$

$H = -\ddot{l}$라고 하면, $w_i = n_i p_i (1 - p_i) > 0$이므로

$$h_{11} = \sum_{i=1}^{k} w_i > 0,\ h_{22} = \sum_{i=1}^{k} w_i x_i^2 > 0$$

$$\det(H) = \left(\sum_{i=1}^{k} w_i\right) \sum_{i=1}^{k} w_i (x_i - \overline{x^w})^2 > 0$$

따라서 $H = -\ddot{l}$가 정부호의 행렬(문제 (6.20) 풀이 참조)이고, 가능도방정식의 근이 있다면 그 근은 최대가능도 추정값이다.

(b) $1=(1,\cdots,1)^t$, $x=(x_1,\cdots,x_k)^t$, $X=(1,x)$, $W=diag(w_i)$라고 하면, (a)의 계산으로부터

$$\dot{l}(\beta)=X^tW\left(\frac{y_i-n_ip_i}{n_ip_i(1-p_i)}\right),\ -\ddot{l}(\beta)=X^tWX$$

임을 알 수 있다. 이를 이용하여 가능도방정식의 일단계 근사를 나타내면

$$\beta^{(1)}=\beta^{(0)}+[-\ddot{l}(\beta^{(0)})]^{-1}\dot{l}(\beta^{(0)})$$
$$=\beta^{(0)}+(X^tW^{(0)}X)^{-1}X^tW^{(0)}\left(\frac{y_i-n_ip_i^{(0)}}{n_ip_i^{(0)}(1-p_i^{(0)})}\right)$$
$$\therefore\ \beta^{(1)}=(X^tW^{(0)}X)^{-1}X^tW^{(0)}\left\{X\beta^{(0)}+\left(\frac{y_i-n_ip_i^{(0)}}{n_ip_i^{(0)}(1-p_i^{(0)})}\right)\right\}$$

즉 $z_i^{(0)}=\beta_0^{(0)}+\beta_1^{(0)}x_i+\dfrac{y_i-n_ip_i^{(0)}}{n_ip_i^{(0)}(1-p_i^{(0)})}$ 라고 하면

$$\beta^{(1)}=(X^tW^{(0)}X)^{-1}X^tW^{(0)}z^{(0)}$$
$$=\mathrm{argmin}\left\{(\beta_0,\beta_1)^t;\sum_{i=1}^n w_i^{(0)}(z_i^{(0)}-\beta_0-\beta_1x_i)^2\right\}$$

따라서 (r단계)의 근사식을 얻을 수 있다.

한편, 표본크기 $n_i(i=1,\cdots,k)$들이 충분히 클 때 $\hat{p}_i=\mathrm{Y}_i/n_i$에 대하여

$$\sqrt{n_i}(\hat{p}_i-p_i)\underset{n\to\infty_i}{\overset{d}{\to}}\mathrm{N}(0,p_i(1-p_i))$$

이므로 극한분포의 일차 근사로부터

$$\sqrt{n_i}\left(\log\frac{\hat{p}_i}{1-\hat{p}_i}-\log\frac{p_i}{1-p_i}\right)\underset{n\to\infty_i}{\overset{d}{\to}}\left(\frac{\partial}{\partial p_i}\log\frac{p_i}{1-p_i}\right)\mathrm{N}(0,p_i(1-p_i))$$
$$\therefore\ \sqrt{n_i}\left(\log\frac{\hat{p}_i}{1-\hat{p}_i}-\log\frac{p_i}{1-p_i}\right)\underset{n\to\infty_i}{\overset{d}{\to}}\mathrm{N}\left(0,\frac{1}{p_i(1-p_i)}\right)$$
$$\therefore\ z_i^{(0)}=\log\frac{\hat{p}_i}{1-\hat{p}_i}\approx\mathrm{N}\left(\beta_0+\beta_1x_i,\frac{1}{n_ip_i(1-p_i)}\right)$$

임을 알 수 있다. 이로부터 (0단계)와 (1단계)에 착안하게 되는 것이다.

(10.10) (a) 이 경우에 로그가능도는

$$l(\beta_0,\beta_1)=\sum_i\sum_j\{-\lambda_i+y_{ij}\log\lambda_i\}-\sum_i\sum_j\log(y_{ij}!)$$
$$=\sum_i\{-n_i\lambda_i+y_{i\cdot}(\beta_0+\beta_1x_i)\}-\sum_i\sum_j\log(y_{ij}!)$$
$$=\beta_0\sum_i y_{i\cdot}+\beta_1\sum_i x_iy_{i\cdot}-A(\beta)+S(y)$$

다중모수 지수족의 성질로부터 가능도방정식은 다음과 같고, 근이 있다면 그 근

이 최대가능도추정값이 된다.

$$\begin{cases} E_\beta\left[\sum_i Y_i .\right] = \sum_i y_i . \\ E_\beta\left[\sum_i x_i Y_i .\right] = \sum_i x_i y_i . \end{cases}$$

여기서 $E_\beta\left[\sum_i Y_i .\right] = \sum_i n_i\lambda_i,\ E_\beta\left[\sum_i x_i Y_i .\right] = \sum_i x_i n_i \lambda_i$이므로 가능도방정식을 정리하면 다음과 같고, 가능도방정식의 근이 있다면 그 근은 최대가능도 추정값이다.

$$\begin{cases} \sum_i (y_i . - n_i\lambda_i) = 0 \\ \sum_i x_i(y_i . - n_i\lambda_i) = 0 \end{cases} \quad (\log\lambda_i = \beta_0 + \beta_1 x_i)$$

(b) (a)의 계산으로부터

$$\dot{l}_n(\beta) = \begin{pmatrix} \sum_i (y_i . - n_i\lambda_i) \\ \sum_i x_i(y_i . - n_i\lambda_i) \end{pmatrix}, \quad \ddot{l}_n(\beta) = -\ddot{A}(\beta) = -\begin{pmatrix} \sum_i n_i\lambda_i & \sum_i n_i x_i \lambda_i \\ \sum_i n_i x_i \lambda_i & \sum_i n_i x_i^2 \lambda_i \end{pmatrix}$$

한편, 문제에 주어진 가중치 행렬의 정의로부터 다음이 성립함을 알 수 있다.

$$X^t \widehat{W}^{(0)} X = \begin{pmatrix} \mathbf{1}^t \\ x^t \end{pmatrix} \widehat{W}^{(0)} (\mathbf{1}\ \ x) = \begin{pmatrix} \mathbf{1}^t \widehat{W}^{(0)} \mathbf{1} & \mathbf{1}^t \widehat{W}^{(0)} x \\ x^t \widehat{W}^{(0)} \mathbf{1} & x^t \widehat{W}^{(0)} x \end{pmatrix} = \begin{pmatrix} \sum_i \widehat{w}_i^{(0)} & \sum_i \widehat{w}_i^{(0)} x_i \\ \sum_i \widehat{w}_i^{(0)} x_i & \sum_i \widehat{w}_i^{(0)} x_i^2 \end{pmatrix} = -\ddot{l}_n(\hat\beta^{(0)})$$

$$\begin{aligned} X^t \widehat{W}^{(0)} \left(\frac{y_i . - n_i \widehat{\lambda}_i^{(0)}}{n_i \widehat{\lambda}_i^{(0)}} \right)_{1 \le i \le k} &= \begin{pmatrix} \mathbf{1}^t \\ x^t \end{pmatrix} \widehat{W}^{(0)} \left(\frac{y_i . - n_i \widehat{\lambda}_i^{(0)}}{n_i \widehat{\lambda}_i^{(0)}} \right)_{1 \le i \le k} \\ &= \begin{pmatrix} \mathbf{1}^t \widehat{W}^{(0)} \left(\frac{y_i . - n_i \widehat{\lambda}_i^{(0)}}{n_i \widehat{\lambda}_i^{(0)}} \right)_{1 \le i \le k} \\ x^t \widehat{W}^{(0)} \left(\frac{y_i . - n_i \widehat{\lambda}_i^{(0)}}{n_i \widehat{\lambda}_i^{(0)}} \right)_{1 \le i \le k} \end{pmatrix} \\ &= \begin{pmatrix} \sum_i \widehat{w}_i^{(0)} \left(\frac{y_i . - n_i \widehat{\lambda}_i^{(0)}}{n_i \widehat{\lambda}_i^{(0)}} \right) \\ \sum_i \widehat{w}_i^{(0)} x_i \left(\frac{y_i . - n_i \widehat{\lambda}_i^{(0)}}{n_i \widehat{\lambda}_i^{(0)}} \right) \end{pmatrix} = \dot{l}_n(\hat\beta^{(0)}) \end{aligned}$$

따라서 가능도방정식의 일단계 근사를 나타내면

$$\begin{aligned} \hat\beta^{(1)} &= \hat\beta^{(0)} + [-\ddot{l}_n(\hat\beta^{(0)})]^{-1} \dot{l}_n(\hat\beta^{(0)}) \\ &= \hat\beta^{(0)} + (X^t \widehat{W}^{(0)} X)^{-1} X^t \widehat{W}^{(0)} \left(\frac{y_i . - n_i \hat\lambda_i^{(0)}}{n_i \hat\lambda_i^{(0)}} \right)_{1 \le i \le k} \end{aligned}$$

$$= (X^t \widehat{W}^{(0)} X)^{-1} X^t \widehat{W}^{(0)} \left\{ X\hat{\beta}^{(0)} + \left(\frac{y_i. - n_i \hat{\lambda}_i^{(0)}}{n_i \hat{\lambda}_i^{(0)}} \right)_{1 \le i \le k} \right\}$$

$$= (X^t \widehat{W}^{(0)} X)^{-1} X^t \widehat{W}^{(0)} z^{(0)}$$

11장 베이지안 추론

(11.1) $\pi(\theta|x) \propto L(\theta;x)\pi(\theta) \propto \theta^n (x_1 \cdots x_n)^{-\theta-1} \theta^{\alpha-1} e^{-\theta/\beta} \mathrm{I}_{[0,+\infty)}(\theta)$

$$\therefore \pi(\theta|x) \propto \theta^{n+\alpha-1} e^{-(t+\beta^{-1})\theta} \mathrm{I}_{[0,+\infty)}(\theta), \ t = \sum_{i=1}^{n} \log x_i$$

따라서 θ의 사후분포는 $\mathrm{Gamma}(n+\alpha, (t+\beta^{-1})^{-1})$ $(t = \sum_{i=1}^{n} \log x_i)$임을 알 수 있다. 즉

$$\pi(\theta|x) = \frac{1}{\Gamma(n+\alpha)(t+\beta^{-1})^{-n-\alpha}} \theta^{n+\alpha-1} e^{-\theta/(t+\beta^{-1})^{-1}} \mathrm{I}_{[0,+\infty)}(\theta)$$

(11.2) $\theta = (p_1, \cdots, p_r)^t (r = k-1)$, $p. = p_1 + \cdots + p_r$, $x. = x_1 + \cdots + x_r$이라고 하면

$$L(\theta;x) \propto p_1^{x_1} \cdots p_r^{x_r} (1-p.)^{n-x.}$$

$$\pi(\theta) \propto p_1^{\alpha_1 - 1} \cdots p_r^{\alpha_r - 1} (1-p.)^{\alpha_{r+1}-1} \mathrm{I} \ (p_i > 0, \ i = 1, \cdots, r, \ p. < 1)$$

$$\therefore \pi(\theta|x) \propto L(\theta;x)\pi(\theta)$$

$$\propto p_1^{\alpha_1 + x_1 - 1} \cdots p_r^{\alpha_r + x_r - 1} (1-p.)^{\alpha_{r+1} + n - x. - 1} \mathrm{I} \ (p_i > 0, \ i = 1, \cdots, r, \ p. < 1)$$

따라서

$$\theta = (p_1, \cdots, p_r)^t_{|X=x} \sim Dirichlet(\alpha_1 + x_1, \ \cdots, \alpha_r + x_r, \alpha_{r+1} + n - x.)$$

(11.3) 베이즈 정리에 따라 다음 비례식으로부터 사후분포를 구할 수 있다.

$$\pi(\mu, \sigma|x) d\mu \, d\sigma^{-1} \propto L(\mu, \sigma; x) \pi(\mu|\sigma) \, d\mu \, \pi(\sigma^{-1}) \, d\sigma^{-1}$$

한편 가능도와 사전분포로부터 이 비례식을 계산하면 다음과 같다.

$$L(\mu, \sigma; x) \propto \sigma^{-n} \exp\left(-\frac{n\bar{x} - n\mu}{\sigma} \right) \mathrm{I}_{(-\infty, x_{(1)})}(\mu)$$

$$\pi(\mu|\sigma) \, d\mu \propto \exp\left(-\frac{\mu_0 - \mu}{\sigma/\kappa_0} \right) \mathrm{I}_{(0,+\infty)}(\mu_0 - \mu) d\mu$$

$$\pi(\sigma^{-1}) \, d\sigma^{-1} \propto (\sigma^{-1})^{\nu_0 - 1} \exp(-\sigma_0/\sigma) \, \mathrm{I}_{(0,+\infty)}(\sigma^{-1}) d\sigma^{-1}$$

따라서

$$\kappa_n = n + \kappa_0, \ \nu_n = n + \nu_0 - 1, \ \mu_n(x) = \min(x_{(1)}, \mu_0)$$

$$\nu_n \sigma_n(x) = n\bar{x} + \kappa_0 \mu_0 - (n + \kappa_0) \mu_n(x) + \sigma_0$$

라고 하면 위의 비례식으로부터 다음과 같은 사후분포가 성립한다.

$$\begin{cases} \pi(\mu|\sigma,x)\,d\mu \propto (\sigma/\kappa_n)^{-1}\exp\left\{-\dfrac{\mu_n(x)-\mu}{\sigma/\kappa_n}\right\}\mathrm{I}_{(0,+\infty)}(\mu_n(x)-\mu)\,d\mu \\ \pi(\sigma^{-1}|x)\,d\sigma^{-1} \propto (\sigma^{-1})^{\nu_n-1}\exp\left\{-\dfrac{\nu_n\sigma_n(x)}{\sigma}\right\}\mathrm{I}_{(0,+\infty)}\,d\sigma^{-1} \end{cases}$$

즉

$$\frac{\mu_n(x)-\mu}{\sigma/\kappa_n}\,_{|\sigma,x} \sim \mathrm{Exp}(1),\quad \frac{\nu_n\sigma_n(x)}{\sigma}\,_{|x} \sim \mathrm{Gamma}(\nu_n,1)$$

임을 알 수 있다. 따라서, $X=x$인 조건에서 $\dfrac{\mu_n(x)-\mu}{\sigma/\kappa_n}$와 $\dfrac{\nu_n\sigma_n(x)}{\sigma}$은 서로 독립이고

$$2\frac{\mu_n(x)-\mu}{\sigma/\kappa_n}\,_{|x} \sim \chi^2(2),\quad \frac{\nu_n\sigma_n(x)}{\sigma}\,_{|x} \sim \chi^2(2\nu_n)$$

이고, F분포의 대의적 정의로부터 $X=x$인 조건에서 μ의 주변 사후분포는

$$\frac{\mu_n(x)-\mu}{\sigma_n(x)/\kappa_n}\,_{|x} \sim \mathrm{F}(2,2\nu_n)$$

(11.4) 사전분포와 사후분포가 모두 σ^2의 역수인 $1/\sigma^2$을 사용하여 표현되었으므로, 이를 강조하기 위하여 $\pi(\beta|\sigma^2)\,d\beta\,\pi(\sigma^{-2})d\sigma^{-2}$과 같이 미분 기호도 포함하여 나타내기로 한다.

(a) 베이즈 정리에 따라 다음 비례식으로부터 사후분포를 구할 수 있다.

$$\pi(\beta,\sigma^{-2}|y)\,d\beta\,d\sigma^{-2} \propto L(\beta,\sigma^2;y)\pi(\beta|\sigma^2)\,d\beta\,\pi(\sigma^{-2})\,d\sigma^{-2}$$

여기에서 가능도와 사전분포로부터 이 비례식은 다음과 같이 주어진다.

$$L(\beta,\sigma^2;y) \propto (\sigma^2)^{-n/2}\exp\{-\|y-X\beta\|^2/(2\sigma^2)\}$$

$$\pi(\beta|\sigma^2)\,d\beta \propto (\sigma^2)^{-(p+1)/2}\exp\{-(\beta-\beta_0)^t K_0(\beta-\beta_0)/(2\sigma^2)\}\,d\beta$$

$$\pi(\sigma^{-2})\,d\sigma^{-2} \propto (\sigma^{-2})^{\nu_0/2-1}\exp\left(-\frac{1}{2}\frac{\nu_0\sigma_0^2}{\sigma^2}\right)d\sigma^{-2}$$

한편 최소제곱추정량의 성질로부터 다음이 성립하는 것을 알 수 있다.

$$\|y-X\beta\|^2 = \|y-X\hat\beta\|^2 + \|X\hat\beta-X\beta\|^2,\quad \hat\beta=(X^tX)^{-1}X^ty$$

$$\therefore L(\beta,\sigma^2;y) \propto (\sigma^2)^{-n/2}\exp\{-\|y-X\hat\beta\|^2/(2\sigma^2)\}$$
$$\times\exp\{-(\beta-\hat\beta)^t X^tX(\beta-\hat\beta)/(2\sigma^2)\}$$

또한

$$\beta_n(y) = (X^tX+K_0)^{-1}(X^tX\hat\beta+K_0\beta_0)$$

라고 하면

$$(\beta-\hat\beta)^t X^tX(\beta-\hat\beta)+(\beta-\beta_0)^t K_0(\beta-\beta_0)$$
$$=(\beta-\beta_n(y))^t(X^tX+K_0)(\beta-\beta_n(y))+(\hat\beta-\beta_0)^t(K_0^{-1}+(X^tX)^{-1})^{-1}(\hat\beta-\beta_0)$$

임을 알 수 있다. 따라서

$$K_n = X^t X + K_0,\ \ \nu_n = n + \nu_0,\ \ s^2 = \| y - X\hat{\beta} \|^2 / (n-p-1)$$

$$\nu_n \sigma_n^2(y) = \nu_0 \sigma_0^2 + (n-p-1)s^2 + (\hat{\beta} - \beta_0)^t (K_0^{-1} + (X^t X)^{-1})^{-1} (\hat{\beta} - \beta_0)$$

다음과 같은 비례식을 얻게 된다.

$$\begin{cases} \pi(\beta|\sigma^2, y)\, d\beta \propto (\sigma^2)^{-(p+1)/2} \exp\left\{-(\beta - \beta_n(y))^t K_n (\beta - \beta_n)/(2\sigma^2)\right\} d\beta \\ \pi(\sigma^{-2}|y)\, d\sigma^{-2} \propto (\sigma^{-2})^{\nu_n/2-1} \exp\left\{-\dfrac{1}{2} \dfrac{\nu_n \sigma_n^2(y)}{\sigma^2}\right\} d\sigma^{-2} \end{cases}$$

즉

$$\beta_{|\sigma^2, y} \sim \mathrm{N}(\beta_n(y), K_n^{-1}\sigma^2),\ \ \nu_n \sigma_n^2(y)/\sigma^2{}_{|y} \sim \chi^2(\nu_n)$$

(11.5) (a) <예 11.1.3>으로부터 θ의 사후분포는

$$\frac{(t + \alpha_2^{-1})}{\theta}{}_{|x} \sim \mathrm{Gamma}(n + \alpha_1, 1),\ \ t = \sum_{i=1}^{n} x_i$$

$$\mathrm{Y} = \frac{2\nu_n \theta_n(x)}{\theta}{}_{|x} \sim \chi^2(2\nu_n),\ \ \nu_n = n + \alpha_1,\ \theta_n(x) = \frac{n\bar{x} + \alpha_1(\alpha_1\alpha_2)^{-1}}{n + \alpha_1}$$

이를 이용하여 θ에 대한 베이지안 추정을 할 수 있다. 사후분포의 평균은

$$\hat{\theta}^{mean} = \mathrm{E}(\theta|\mathrm{X} = x) = 2\nu_n \theta_n(x) \mathrm{E}(\mathrm{Y}^{-1}|\mathrm{X} = x) = \frac{\nu_n}{\nu_n - 1}\theta_n(x),\ \nu_n > 1$$

로 주어지고, 사후분포의 중앙값은

$$\mathrm{P}\left\{\theta \le \frac{2\nu_n}{\chi_{0.5}^2(2\nu_n)}\theta_n(x) | \mathrm{X} = x\right\} = \mathrm{P}\left\{\frac{2\nu_n \theta_n(x)}{\theta} \ge \chi_{0.5}^2(2\nu_n) | \mathrm{X} = x\right\} = 0.5$$

로부터

$$\hat{\theta}^{median} = \frac{2\nu_n}{\chi_{0.5}^2(2\nu_n)}\theta_n(x)$$

임을 알 수 있다. 또한 θ의 사후분포의 최빈값을 θ의 사후확률밀도함수

$$\pi(\theta|x)\, d\theta \propto (\theta^{-1})^{n+\alpha_1-1} \exp\left(-\frac{n\bar{x} + \alpha_2^{-1}}{\theta}\right)\theta^{-2} d\theta$$

로부터 구하면

$$\hat{\theta}^{mode} = \frac{\nu_n}{\nu_n + 1}\theta_n(x)$$

한편 표본크기가 큰 경우에는 $\nu_n = n + \alpha_1 \to \infty$이므로

$$\frac{\nu_n}{\nu_n - 1} \simeq 1,\ \ \frac{2\nu_n}{\chi_{0.5}^2(2\nu_n)} \simeq 1,\ \ \frac{\nu_n}{\nu_n + 1} \simeq 1$$

이고 세 추정값이 모두 $\hat{\theta} = \theta_n(x)$에 가까워지는 것을 알 수 있다.

(b) θ의 사후분포로부터

$$P\{\chi^2_{1-\alpha/2}(2\nu_n) \le 2\nu_n\theta_n(x)/\theta \le \chi^2_{\alpha/2}(2\nu_n)|X=x\} = 1-\alpha$$

이므로 신뢰수준 $1-\alpha$의 θ에 관한 베이지안 신뢰구간은 다음과 같이 주어진다.

$$\frac{2\nu_n}{\chi^2_{\alpha/2}(2\nu_n)}\theta_n(x) \le \theta \le \frac{2\nu_n}{\chi^2_{1-\alpha/2}(2\nu_n)}\theta_n(x)$$

(11.6) (a) <예 11.1.2>로부터 θ의 사후분포는 $\text{Gamma}(n\bar{x}+\alpha_1,(n+\alpha_2^{-1})^{-1})$이다. 즉

$$(n+\alpha_2^{-1})\theta_{|X=x} \sim \text{Gamma}((n+\alpha_2^{-1})\hat{\theta},1),\ \hat{\theta} = \frac{n\bar{x}+\alpha_2^{-1}(\alpha_1\alpha_2)}{n+\alpha_2^{-1}}$$

$$Y = 2(n+\alpha_2^{-1})\theta_{|X=x} \sim \chi^2(2\nu_n(x)),\ \nu_n(x) = n\bar{x}+\alpha_1$$

이를 이용하여 θ에 대한 베이지안 추정을 할 수 있다. 사후분포의 평균은

$$\hat{\theta}^{mean} = E(\theta|X=x) = E(Y|X=x)/[2(n+\alpha_2^{-1})] = \frac{n\bar{x}+\alpha_2^{-1}(\alpha_1\alpha_2)}{n+\alpha_2^{-1}}$$

로 주어지고, 사후분포의 중앙값은

$$P\left\{\theta \ge \frac{\chi^2_{0.5}(2\nu_n(x))}{2(n+\alpha_2^{-1})}|X=x\right\} = P\{2(n+\alpha_2^{-1})\theta \ge \chi^2_{0.5}(2\nu_n(x))|X=x\} = 0.5$$

로부터

$$\hat{\theta}^{median} = \frac{\chi^2_{0.5}(2\nu_n(x))}{2(n+\alpha_2^{-1})}$$

임을 알 수 있다. 또한 θ의 사후분포의 최빈값을 θ의 사후확률밀도함수

$$\pi(\theta|x)d\theta \propto \theta^{\nu_n(x)-1}\exp(-(n+\alpha_2^{-1})\theta)d\theta$$

로부터 구하면

$$\hat{\theta}^{mode} = \frac{\nu_n(x)-1}{n+\alpha_2^{-1}},\ \nu_n(x) > 1$$

한편 표본크기가 큰 경우에는 $\nu_n(x) = n\bar{x}+\alpha_2^{-1} \simeq n\theta+\alpha_2^{-1} \to \infty$이므로

$$\chi^2_{0.5}(2\nu_n(x)) \simeq 2\nu_n(x)$$

이고 세 추정값이 모두 $\hat{\theta} = \dfrac{n\bar{x}+\alpha_2^{-1}(\alpha_1\alpha_2)}{n+\alpha_2^{-1}}$에 가까워지는 것을 알 수 있다.

(b) θ의 사후분포로부터

$$P\{\chi^2_{1-\alpha/2}(2\nu_n(x)) \le 2(n+\alpha_2^{-1})\theta \le \chi^2_{\alpha/2}(2\nu_n(x))|X=x\} = 1-\alpha$$

이므로 신뢰수준 $1-\alpha$의 θ에 관한 베이지안 신뢰구간은 다음과 같이 주어진다.

$$\frac{\chi^2_{1-\alpha/2}(2\nu_n(x))}{2(n+\alpha_2^{-1})} \le \theta \le \frac{\chi^2_{\alpha/2}(2\nu_n(x))}{2(n+\alpha_2^{-1})}$$

(c) 한편 카이제곱분포의 정규근사

$$\chi^2(2\nu) \approx \mathrm{N}(2\nu, 4\nu),\ \nu \to \infty$$

를 이용하면, 표본크기가 큰 경우에 θ의 사후분포는

$$\theta_{|X=x} \sim \mathrm{N}(\hat{\theta}, \hat{\theta}/(n+\alpha_2^{-1})),\ n \to \infty$$

와 같이 정규분포로 근사할 수 있다. 따라서 표본크기가 큰 경우에 베이지안 신뢰구간은

$$\hat{\theta} - z_{\alpha/2}\sqrt{\hat{\theta}/(n+\alpha_2^{-1})} \le \theta \le \hat{\theta} + z_{\alpha/2}\sqrt{\hat{\theta}/(n+\alpha_2^{-1})}$$

로 근사할 수 있다.

(11.7) 가설 H_0의 사후승산비는

$$\frac{pdf(x|\mu_0)\pi_0}{pdf(x|\mu_1)\pi_1} = \exp\{-n(\theta_0-\theta_1) + n(\bar{x})\log(\theta_0/\theta_1) + \log(\pi_0/\pi_1)\}$$

(11.8) <예 11.1.3>으로부터 $\lambda = 1/\theta$의 사후분포는 $\mathrm{Gamma}(n+\alpha, (t+\beta^{-1})^{-1})$ $(t = \sum_{i=1}^{n} x_i)$ 임을 알고 있다. 즉

$$2(t+\beta^{-1})/\theta_{|X=x} \sim \chi^2(2(n+\alpha)),\ t = \sum_{i=1}^{n} x_i$$

따라서 가설 $H_0 : \theta \le \theta_0$의 사후확률을 $\chi^2(2(n+\alpha))$분포의 누적분포함수를 사용하여

$$\mathrm{P}(\theta \le \theta_0 | X = x) = 1 - cdf_{\chi^2(2(n+\alpha))}(2(t+\beta^{-1})/\theta_0)$$

와 같이 나타낼 수 있다. 그러므로 가설

$$H_0 : \theta \le \theta_0 \ \ vs \ \ H_1 : \theta > \theta_0$$

을 검정할 때 가설 H_0의 사후승산비는

$$\frac{\mathrm{P}(\theta \le \theta_0 | X = x)}{1 - \mathrm{P}(\theta \le \theta_0 | X = x)}$$

$$= \{1 - cdf_{\chi^2(2(n+\alpha))}(2(t+\beta^{-1})/\theta_0)\} / cdf_{\chi^2(2(n+\alpha))}(2(t+\beta^{-1})/\theta_0)$$

로 주어지고 그 값은 R을 이용하여 계산할 수 있다.

(11.9) <예 11.1.2>로부터 θ의 사후분포는 $\mathrm{Gamma}(n\bar{x} + \alpha, (n+\beta^{-1})^{-1})$이다. 즉

$$(n+\beta^{-1})\theta_{|X=x} \sim \mathrm{Gamma}((n+\beta^{-1})\hat{\theta}, 1),\ \hat{\theta} = \frac{n\bar{x} + \beta^{-1}(\alpha\beta)}{n+\beta^{-1}}$$

한편 감마분포의 정규근사

$$\mathrm{Gamma}(r, 1) \approx \mathrm{N}(r, r),\ r \to \infty$$

를 이용하면, 표본크기가 큰 경우에 θ의 사후분포는

$$\theta_{|X=x} \sim \mathrm{N}(\hat{\theta}, \hat{\theta}/(n+\beta^{-1})),\ n \to \infty$$

와 같이 정규분포로 근사할 수 있다.

따라서 가설 $H_0 : \theta \le \theta_0$의 사후확률을

$$\mathrm{P}(\theta \le \theta_0 | \mathrm{X}=x) \simeq \Phi\left(\frac{\theta_0 - \hat{\theta}}{\sqrt{\hat{\theta}/(n+\beta^{-1})}}\right),\ \hat{\theta} = \frac{n\bar{x} + \beta^{-1}(\alpha\beta)}{n+\beta^{-1}}$$

와 같이 근사할 수 있고, 이로부터 가설 $H_0 : \theta \le \theta_0$의 사후승산비는

$$\Phi\left(\frac{\theta_0 - \hat{\theta}}{\sqrt{\hat{\theta}/(n+\beta^{-1})}}\right) \Big/ \left[1 - \Phi\left(\frac{\theta_0 - \hat{\theta}}{\sqrt{\hat{\theta}/(n+\beta^{-1})}}\right)\right]$$

로 근사할 수 있다.

(11.10) 연습문제 (11.1)로부터 θ의 사후분포는

$$\theta_{|\mathrm{X}=x} \sim \mathrm{Gamma}(n+\alpha, (t+\beta^{-1})^{-1}),\ t = \sum_{i=1}^{n} \log x_i = n\overline{(\log x)}$$

즉 $$2(n\overline{(\log x)} + \beta^{-1})\theta_{|\mathrm{X}=x} \sim \chi^2(2(n+\alpha))$$

임을 알고 있다. 한편 <예 11.3.3>에서와 같이 이 경우에 θ의 베이즈추정량은 사후기대손실 $\mathrm{E}[(\hat{\theta}/\theta - 1)^2 | \mathrm{X}=x]$을 최소로 하는 추정량 $\hat{\theta}$으로 주어진다. 따라서 베이즈추정량은

$$\mathrm{E}[2(\hat{\theta}^{\pi}/\theta - 1)\theta^{-1} | \mathrm{X}=x] = 0,\ \text{즉}\ \hat{\theta}^{\pi} = \mathrm{E}(\theta^{-1} | \mathrm{X}=x) / \mathrm{E}(\theta^{-2} | \mathrm{X}=x)$$

$$\therefore\ \hat{\theta}^{\pi} = \frac{n+\alpha-2}{n\overline{(\log x)} + \beta^{-1}}\quad (n \ge 2)$$

(11.11) (11.3)으로부터 μ, σ의 사후분포는 다음과 같다.

$$\frac{\mu_n(x) - \mu}{\sigma/\kappa_n}\,_{|\sigma,x} \sim \mathrm{Exp}(1),\quad \frac{\nu_n \sigma_n(x)}{\sigma}\,_{|x} \sim \mathrm{Gamma}(\nu_n, 1)$$

$$\kappa_n = n + \kappa_0,\ \nu_n = n + \nu_0 - 1,\ \mu_n(x) = \min(x_{(1)}, \mu_0)$$

$$\nu_n \sigma_n(x) = n\bar{x} + \kappa_0 \mu_0 - (n+\kappa_0)\mu_n(x) + \sigma_0$$

(a) <예 11.3.2>에서와 같이 μ의 베이즈추정량은 사후기대손실

$$\mathrm{E}[(\hat{\mu} - \mu)^2 / \sigma^2 | \mathrm{X}=x]$$

을 최소로 하는 추정량 $\hat{\mu}$으로 주어진다. 따라서 베이즈추정량은

$$\mathrm{E}[2(\hat{\mu} - \mu)/\sigma^2 | \mathrm{X}=x] = 0,\ \text{즉}\ \hat{\mu} = \mathrm{E}(\mu\sigma^{-2} | \mathrm{X}=x) / \mathrm{E}(\sigma^{-2} | \mathrm{X}=x)$$

한편 μ, σ의 사후분포로부터

$$\begin{aligned}
\mathrm{E}(\mu\sigma^{-2} | \mathrm{X}=x) &= \mathrm{E}[\mathrm{E}(\mu\sigma^{-2} | \sigma, \mathrm{X}=x) | \mathrm{X}=x] \\
&= \mathrm{E}[\sigma^{-2}(\mu_n(x) - \sigma/\kappa_n) | \mathrm{X}=x] \\
&= \mu_n(x)\mathrm{E}(\sigma^{-2} | \mathrm{X}=x) - \mathrm{E}(\sigma^{-1} | \mathrm{X}=x)/\kappa_n
\end{aligned}$$

$$\mathrm{E}(\sigma^{-1} | \mathrm{X}=x) = (\nu_n \sigma_n(x))^{-1} \nu_n$$

$$\mathrm{E}(\sigma^{-2} | \mathrm{X}=x) = (\nu_n \sigma_n(x))^{-2} \nu_n (\nu_n + 1)$$

$$\begin{aligned}
\therefore\ \hat{\mu} &= \mu_n(x) - \mathrm{E}(\sigma^{-1} | \mathrm{X}=x) / [\kappa_n \mathrm{E}(\sigma^{-2} | \mathrm{X}=x)] \\
&= \mu_n(x) - \nu_n \sigma_n(x) / [(\nu_n + 1)\kappa_n]
\end{aligned}$$

(b) <예 11.3.3>에서와 같이 σ의 베이즈추정량은 사후기대손실

$$E[(\hat{\sigma}/\sigma-1)^2|X=x]$$

을 최소로 하는 추정량 $\hat{\sigma}$으로 주어진다. 따라서 베이즈추정량은

$$E[2(\hat{\sigma}/\sigma-1)\sigma^{-1}|X=x]=0,\ \text{즉}\ \hat{\sigma}=E(\sigma^{-1}|X=x)/E(\sigma^{-2}|X=x)$$

그러므로 (a)에서의 계산으로부터 베이즈추정량은

$$\hat{\sigma}=E(\sigma^{-1}|X=x)/E(\sigma^{-2}|X=x)=\nu_n\sigma_n(x)/(\nu_n+1)$$

(11.12) (a) 균등분포 $U(0,1)$는 $Beta(1,1)$분포이므로, <예 11.1.1>로부터 θ의 사후분포는

$$\theta_{|X=x}\sim Beta(t+1,n-t+1),\ t=\sum_{i=1}^{n}x_i=n\bar{x}$$

임을 알고 있다. 한편, <예 11.3.2>에서와 같이 θ의 베이즈추정량은 사후기대손실

$$E\left[\frac{(\hat{\theta}-\theta)^2}{\theta(1-\theta)}|X=x\right]$$

을 최소로 하는 추정량 $\hat{\mu}$으로 주어진다. 따라서 베이즈추정량은

$$E\left[\frac{2(\hat{\theta}-\theta)}{\theta(1-\theta)}|X=x\right]=0$$

$$\therefore\ \hat{\theta}=E[(1-\theta)^{-1}|X=x]/E[\theta^{-1}(1-\theta)^{-1}|X=x]=t/n=\bar{x}$$

(b) 이 경우에 (a)의 베이즈추정량 $\hat{\theta}=\bar{x}$의 위험함수는

$$R_{\hat{\theta}}(\theta)=E[(\hat{\theta}-\theta)^2|\theta]/\theta(1-\theta)=1/n$$

로서 상수이다. 그러므로 <정리 11.3.2>로부터 추정량 $\hat{\theta}=\bar{x}$가 이 손실함수에 대한 최소최대추정량이다.

(11.13) (a) <정리 11.3.1>은 일반적인 손실함수의 경우에도 성립하므로 θ의 베이즈추정량은 사후기대손실

$$E[(\hat{\theta}-\theta)^2/\theta|X=x]$$

을 최소로 하는 추정량 $\hat{\mu}$으로 주어진다. 따라서 θ의 베이즈추정량은

$$E[2(\hat{\theta}-\theta)/\theta|X=x]=0,\ \text{즉}\ \hat{\theta}=1/E(\theta^{-1}|X=x)$$

한편, <예 11.1.2>로부터 θ의 사후분포는 $Gamma(n\bar{x}+\alpha,(n+\beta^{-1})^{-1})$이므로

$$E(\theta^{-1}|X=x)=\frac{\Gamma(n\bar{x}+\alpha-1)}{\Gamma(n\bar{x}+\alpha)}(n+\beta^{-1})=\frac{n+\beta^{-1}}{n\bar{x}+\alpha-1}$$

$$\therefore\ \hat{\theta}=1/E(\theta^{-1}|X=x)=\frac{n\bar{x}+\alpha-1}{n+\beta^{-1}}$$

(b) 베이즈추정량과 같은 꼴의 추정량 $a\bar{X}+b$의 위험함수는

$$R_{a\bar{X}+b}(\theta)=E[(a\bar{X}+b-\theta)^2/\theta|\theta]=\{a^2\theta/n+(b+(a-1)\theta)^2\}/\theta$$

따라서 $\alpha=1,\ \beta=k$인 경우의 베이즈추정량 $\hat{\theta}^k=a_k\bar{x},\ a_k=n/(n+k^{-1})$의 위험함수는

$$R_{\hat{\theta}^k}(\theta) = \mathrm{E}[(\hat{\theta}^k - \theta)^2/\theta|\theta] = a_k^2/n + (a_k - 1)^2\theta$$

이고, 사전분포 π_k :Gamma$(1,k)$ 에 대한 베이즈위험함수는

$$\begin{aligned} r(\pi_k, \hat{\theta}^k) &= \int_0^{+\infty} R_{\hat{\theta}^k}(\theta)\pi_k(\theta)d\theta \\ &= \int_0^{+\infty} \{a_k^2/n + (a_k-1)^2\theta\}\pi_k(\theta)d\theta \\ &= a_k^2/n + (a_k-1)^2 k \\ &= [n/(n+k^{-1})]^2/n + k^{-1}/(n+k^{-1})^2 \\ \therefore \lim_{k\to\infty} r(\pi_k, \hat{\theta}^k) &= \frac{1}{n} \end{aligned}$$

한편 추정량 $\overline{\mathrm{X}}$는 위의 계산에서 $a=1$, $b=0$에 대응하는 경우이고, 그 위험함수는

$$R_{\overline{\mathrm{X}}}(\theta) = \frac{1}{n}$$

의 상수로서 다음을 만족한다.

$$\lim_{k\to\infty} r(\pi_k, \hat{\theta}^k) = \frac{1}{n} \geq \max_{\theta>0} R_{\overline{\mathrm{X}}}(\theta)$$

따라서 <정리 11.3.3>으로부터 표본평균 $\overline{\mathrm{X}}$가 주어진 손실함수에 대한 최소최대추정량이다.

(11.14) (a) <예 11.1.3>으로부터 $\lambda = 1/\theta$의 사후분포는

$$\mathrm{Gamma}(n+\alpha, (t+\beta^{-1})^{-1})\ (t = \sum_{i=1}^n x_i)$$

임을 알고 있다. 즉

$$2(t+\beta^{-1})/\theta_{|\mathrm{X}=x} \sim \chi^2(2(n+\alpha)),\ \ t = \sum_{i=1}^n x_i = n\overline{x}$$

한편 <예 11.3.3>에서와 같이 이 경우에 θ의 베이즈추정량은 사후기대손실

$$\mathrm{E}[(\hat{\theta}/\theta - 1)^2|\mathrm{X}=x]$$

을 최소로 하는 추정량 $\hat{\theta}$으로 주어진다. 따라서 베이즈추정량은

$$\mathrm{E}[2(\hat{\theta}/\theta-1)\theta^{-1}|\mathrm{X}=x] = 0$$

$$\therefore\ \hat{\theta} = \mathrm{E}(\theta^{-1}|\mathrm{X}=x)/\mathrm{E}(\theta^{-2}|\mathrm{X}=x) = \frac{n\overline{x}+\beta^{-1}}{n+\alpha+1}$$

(b) 베이즈 추정량과 같은 꼴의 추정량 $a\overline{\mathrm{X}}+b$의 위험함수는

$$\mathrm{R}_{a\overline{\mathrm{X}}+b}(\theta) = \mathrm{E}[\{(a\overline{\mathrm{X}}+b)/\theta - 1\}^2|\theta] = a^2/n + (b+(a-1)\theta)^2/\theta^2$$

따라서 $\alpha = 1/k$, $\beta = k$인 경우에 베이즈추정량

$$\hat{\theta}^k = a_k \overline{x} + b_k \ \ (a_k = n/(n+1+k^{-1}),\ b_k = k^{-1}/(n+1+k^{-1}))$$

의 위험함수는

$$\mathrm{R}_{\hat{\theta}^k}(\theta) = \mathrm{E}[(\hat{\theta}^k/\theta - 1)^2|\theta] = a_k^2/n + \{b_k + (a_k - 1)\theta\}^2/\theta^2\}$$

이고, 사전분포

$$\pi_k : 1/\theta \sim \mathrm{Gamma}(1/k, k)$$

에 대한 베이즈위험함수는

$$\begin{aligned} r(\pi_k, \hat{\theta}^k) &= \int_0^{+\infty} R_{\hat{\theta}^k}(\theta)\pi_k(\theta^{-1})d\theta^{-1} \\ &= \int_0^{+\infty} [a_k^2/n + \{b_k + (a_k - 1)\theta\}^2/\theta^2]\pi_k(\theta^{-1})d\theta^{-1} \\ &= a_k^2/n + b_k^2(k+1) + 2b_k(a_k - 1) + (a_k - 1)^2 \end{aligned}$$

$$\therefore \lim_{k\to\infty} r(\pi_k, \hat{\theta}^k) = \frac{1}{n+1}$$

한편 추정량 $\hat{\theta}^* = \frac{n}{n+1}\overline{\mathrm{X}} = \frac{1}{n+1}\sum_{i=1}^n \mathrm{X}_i$는 위의 계산에서 $a = \frac{n}{n+1}$, $b = 0$에 대응하는 경우이고, 그 위험함수는

$$\mathrm{R}_{\hat{\theta}^*}(\theta) = \frac{1}{n+1}$$

의 상수로서 다음을 만족한다.

$$\lim_{k\to\infty} r(\pi_k, \hat{\theta}^k) = \frac{1}{n+1} \geq \max_{\theta > 0} R_{\hat{\theta}^*}(\theta)$$

따라서 <정리 11.3.3>으로부터 $\hat{\theta}^* = \frac{1}{n+1}\sum_{i=1}^n \mathrm{X}_i$가 주어진 손실함수에 대한 최소최대추정량이다.

찾아보기

T

U

V

W

참고문헌

1. [J. O. Berger] (1985) *Statistical Decision Theory and Bayesian Analysis*, 2nd ed., Springer-Verlag.
2. [P. J. Bickel & K. A. Doksum] (2007) *Mathematical Statistics : Basic ideas and selected topics* 2nd ed. vol.I, Prentice Hall, Upper Saddle River, New Jersey.
3. [P. Billingsley] (1995) *Probability and Measure* 3rd ed., John Wiley & Sons, Inc., New York.
4. [E. L. Lehmann & J. P. Romano] (2005) *Testing Statistical Hypothesis* 3rd ed., Spinger, New York.
5. [D. Pollard] (1991) *Asymptotic for least absolute deviation regression estimators*, Econometric Theory, 7, 186-199.
6. [C. P. Robert & G. Casella] (1999) Monte Carlo Statistical Methods, Springer.

저자 약력

김 우 철 서울대학교 문리과대학 수학과 (학사)
서울대학교 대학원 수학과 (석사)
미국 Purdue 대학교 대학원 통계학과 (박사)
(現) 서울대학교 자연과학대학 통계학과 명예교수

수리통계학

펴낸날 2012년 3월 2일 초판 1쇄
2026년 3월 3일 개정판 5쇄
지은이 김우철
펴낸이 김동현
펴낸곳 민영사
주소 경기도 하남시 미사강변중앙로7번안길 25, C동 201호
전화 (02) 711-1225
팩스 (02) 6000-9301
등록 1990년 5월 7일 제1-1050호
HOME minyoungsa.com
메일 minyoungpub@naver.com

ISBN 979-11-86378-36-6 93310

정가 37,000원